August Demmin

Die Kriegswaffen in ihren geschichtlichen Entwicklungen

SEVERUS Verlag

ISBN: 978-3-95801-135-9
Druck: SEVERUS Verlag, 2015

Der SEVERUS Verlag ist ein Imprint der Diplomica Verlag GmbH.
Bibliografische Information der Deutschen Nationalbibliothek:
Die Deutsche Nationalbibliothek verzeichnet diese Publikation in der Deutschen Nationalbibliografie; detaillierte bibliografische Daten sind im Internet über http://dnb.d-nb.de abrufbar.

http://www.severus-verlag.de

Printed in Germany

August Demmin

Die Kriegswaffen in ihren geschichtlichen Entwicklungen

Eine Enzyklopädie der Waffenkunde. Mit über 4500 Abbildungen von Waffen und Ausrüstungen sowie über 650 Marken von Waffenschmieden

SEVERUS

DIE

KRIEGSWAFFEN

IN IHREN

GESCHICHTLICHEN ENTWICKELUNGEN

EINE

ENCYKLOPÄDIE DER WAFFENKUNDE

VON

AUGUST DEMMIN

MIT ÜBER 4500 ABBILDUNGEN VON WAFFEN
UND AUSRÜSTUNGEN SOWIE ÜBER 650 MARKEN VON WAFFENSCHMIEDEN.

Notwendige Berichtigungen.

S. 23. Z. 32 Knochenleim ſtatt Knochenbein.
S. 32. Z. 29 Copis ſtatt acinaces.
S. 45. Z. 20 Länge ſtatt Läge.
S. 79. Z. 20 Roſsſtirne ſtatt Roſsſtein.
S. 83. Z. 15 Palia, deutſcher Dill (v. Diele?).
S. 359. Anmerkung. VII—X. Jahrh. ſtatt XII—X. Jahrh.
S. 830. Z. 4. hinzuzufügen: Kochly und Rüstow.
S. 842. Z. 8. Hauſchild ſtatt Abwehrſchild.
S. 873. Anmerkung. Cluny- ſtatt Glanz-Muſeum.

Inhalt.

EINLEITUNG.

Alles, was geeignet ist, das Interesse der Altertums- und Geschichts-Forscher, der Männer des Kriegswesens, der Künstler und Kunstfreunde hinsichtlich der bei den verschiedenen Völkern gebräuchlichen Bewaffnung und ihrer im Laufe der Jahrhunderte allmählich fortschreitenden Entwickelung zu erwecken, ist in dem ersten Abschnitt dieses Buches, in dem der Geschichte der Waffen, zusammengedrängt worden. Einzelne Auszüge aus derselben findet der Leser in längerer oder kürzerer Wiederholung am Anfang der verschiedenen Unterabteilungen, was ihn der Mühe überhebt, jedesmal das ganze Buch zu durchblättern, wenn er irgend einen Abschnitt desselben nachzulesen wünscht. Außerdem noch in dem oben benannten Teile die geschichtliche Entwickelung jeder einzelnen Waffengattung vollständiger zu geben, erschien um so weniger nötig, als davon in besonderen Abschnitten die Rede ist, welche die Beschreibung der Waffen in zeitgemäßer Folge enthalten. Für ein Buch, das die Bestimmung hat, dem Fachmann, jedem Gebildeten sowohl als auch dem Sammler als Führer und wissenschaftliche Encyklopädie zu dienen, möchte das oben angedeutete System wohl das richtigste sein; denn die hier und da vorkommenden Wiederholungen, welche es unvermeidlich macht, tragen doch auch wiederum zur Erleichterung des Studiums bei.

Ein besonderer Abschnitt beschreibt außerdem den Entwickelungsgang in der Waffenschmiedekunst und giebt die Monogramme von Werken alter Waffenschmiede wie auch deren Namenszeichnungen an, soweit sie überhaupt bekannt sind. Ein anderer Abschnitt spricht von den Waffen und Buchstabenfolgen, welche bei den Gerichtshöfen der Freischöffen in Gebrauch waren. Das ganze Werk besteht aus sechs Hauptteilen, von denen die wichtigsten über die Waffen des Altertums, des Mittelalters, des Rückgriffs (Renaissance), des 16. und 17. Jahrhunderts handeln.

Der Verfaſſer, welcher seit vielen Jahren alle Muſeen und Zeughäuſer Europas und die wichtigſten Sammlungen von Kunſtfreunden beſuchte, hat an authentiſchem Stoff ſo viel zeichnen und zuſammentragen können, daß er von der Berückſichtigung der einſchlägigen Litteratur meiſt abſehen konnte. Bezüglich der nicht mehr vorhandenen Waffen ſah er ſich auf das Studium von alten Handſchriften, Buchmalereien, auf Denk- und Geldmünzen, auf Stempeln und der auf ſonſtigen Denkmalen vorkommenden Nachbildungen angewieſen, wo die Bildnerei meiſt ziemlich genaue, nur in ſeltenen Fällen zweifelhafte Formen überliefert hat.

Die erſte, 1869, in drei Sprachen erſchienene Auflage dieſes erſten encyklopädiſchen Handbuches der Waffenkunde iſt ſeitdem, ſchon in der zweiten 1886 erſchienenen und mehr noch in dieſer dritten Auflage, beſonders durch fortgeſetzte Reiſen des Verfaſſers, ununterbrochen in Text und Abbildungen vervollkommnet und bereichert worden.

Trotz des unſere Zeit beherrſchenden Geſchmacks an geſittungsgeſchichtlichen Forſchungen, welcher eine wahre Flut von einzelzweigigen und lokalgeſchichtlichen Abhandlungen, wie von ſonſtigen wichtigeren Arbeiten hervorgerufen hat, erſchien doch bis dahin wie heute auch, weder in Frankreich, noch in Deutſchland, noch anderswo ein ſonſtiges vollſtändiges Werk über die alte Waffenſchmiedekunſt. Und doch dürfte es kaum eine für den Künſtler und Geſchichtsforſcher ſowie für den Wehrſtand weniger entbehrliche Wiſſenſchaft geben als die, welche befähigt, beim erſten Anblick eines Schwertes, Helms oder Schildes den Zeitabſchnitt und das Volk feſtzuſtellen, welchem der Mann, der dieſe Waffen getragen, angehört hat.

Die Unſicherheit auf dieſem Gebiete hatte zu zahlreichen Irrungen Anlaß gegeben, die nach und nach das Bürgerrecht erwarben und auf ſolche Weiſe zur Verewigung geſchichtlicher Irrtümer beitrugen. Die ſchlechte Anordnung einer großen Anzahl von Muſeen und Zeughäuſern mußte vor allem die Verbreitung ſolcher volkstümlichen Irrtümer befördern; ſie haben ſich allmählich in geschichtliche Abhandlungen und in faſt alle Handbücher eingeſchlichen, ſind an Bildnereien, auf Staffelei- und Wandmalereien zu ſehen und verwandeln ſelbſt Pinakotheken und Glyptotheken oft in Lehranſtalten für Zeitverſtöße. Mehrere dieſer Waffenſammlungen wieſen Stücke auf, bei denen die angemerkten Zeitbeſtimmungen um Jahrhunderte über die wahre Urſprungszeit hinausgingen. Beſonders häufig traf und trifft man noch folche Irrtümer in den fchweizerifchen Mufeen und Zeughäufern an. Da giebt es z. B. eine Unzahl von Degen, die Karl dem Kühnen angehört haben follen, deren Formen jedoch auf den erften Blick das Ende des 16. und fogar des 17. Jahrhunderts verraten; desgleichen Rüftungen aus denfelben Zeitaltern, die der Schlacht bei Sempach zugefchrieben wurden. Das Gymnafium in Murten zeigte Harnifche aus dem 17. Jahrhundert, die «den in der Schlacht getöteten Burgundern abgenommen wurden», als im Jahre 1476 der «fchreckliche» Herzog unter den Mauern der Stadt feine Ehre verlor, nachdem er bei Granfon feine Schätze eingebüßt hatte. Eine andere Rüftung, deren Helm mit Schirm und Sturmbändern, deren lange Krebfe, fowie die Form der Bruftplatten ebenfalls das 17. Jahrhundert kennzeichnen, wurde dem Adrian von Bubenberg, dem tapfern Anführer der 1500 Berner, welche Murten zehn Tage lang gegen die Artillerie Karls des Kühnen verteidigten, beigelegt. In dem Zeughaufe zu Solothurn waren die unrichtigen Bezeichnungen auch fehr zahlreich; denn alle Perfonen der berühmten, nach einer Zeichnung Difteli's aufgeftellten Gruppe, welche die durch den ehrwürdigen Nic. von der Flüe bewirkte Verföhnung der Eidgenoffen auf dem Landtage von Stanz darftellen foll, find mit Rüftungen aus dem 16. und 17. Jahrhundert bekleidet.

Der viel bewunderte, aber moderne eiferne Schild, den man Philipp dem Guten beilegt (1419), der Rundfchilde ungeachtet, mit denen die in Relief gearbeiteten Ritter bewaffnet find und der in der Schweiz fogar in Kupfer geftochen und, von einer gelehrten Abhandlung begleitet, veröffentlicht wurde, galt dort für eine koftbare Reliquie des Mittelalters; diefelbe Ehre widerfuhr einem Bruftharnifch der franzöfifchen Kavallerie des erften Kaiferreichs, an dem ein ungefchickter Waffenfchmied in plumper Manier zwei Stellen als Frauenbrüfte herausgetrieben hat. Der Händler, der die beiden genannten Stücke an das Zeughaus verkaufte und der felbft in Solothurn wohnte, mag mitunter wohl noch recht herzlich über feinen wohlgelungenen Handel ins Fäuftchen gelacht haben.

In der Züricher Rüftkammer galten die gewölbten Bruftharnifche halbgerippter Rüftungen für Frauenküraffe, als ob der Frauenbufen fich am unteren Teile der Bruft befände.

Selbft in England, das doch wegen feiner archäologifchen Forfchungen in gutem Anfehen fteht, hielt die Waffenfammlung des Londoner Towers an einer großen Anzahl ganz willkürlicher Bezeichnungen fest, bevor John Hewett das Unrichtige derselben in seinem kritischen Verzeichnisse nachgewiesen. Dr. Meyrick, welcher in betreff alter Waffen lange Zeit für einen Born der Weisheit galt, hatte bei der Einrichtung jenes Museums, wie bei der Abfassung des Verzeichnisses seiner berühmten Sammlung in der Zeitbestimmung Fehler begangen, die zuweilen um mehrere Jahrhunderte von der Richtigkeit abwichen.

In der Armeria zu Madrid sind die irrigen Angaben so beträchtlich, daß die Tagzeichnungen sich sogar um vier- bis fünfhundert Jahre von der Ursprungszeit der Stücke entfernen, und solche groben Fehler sind selbst in den Text übergegangen, welcher die veröffentlichte bildliche Darstellung dieser Waffen begleitet. Auch im Zeughaus zu Venedig wird eine dem Ende des 16. Jahrhunderts angehörige Rüstung Erasmo da Maroni, genannt Gattamelata, (1438) zugeschrieben.

Das gelehrte Deutschland ist nicht minder reich an derartigen Irrungen. Für das Ambraser Museum in Wien hatte Schrenck von Notzing schon 1601 eine lateinische Beschreibung herausgegeben, die von Engelbert Moses van Campenhouten ins Deutsche übersetzt und von zahlreichen Stichen, einer willkürlicher als der andere, begleitet wurde. Noch zu dieser Stunde enthält die Ambraser Sammlung eine Rüstung aus dem Ende des 16. Jahrhunderts, die dem römischen Könige Albert beigelegt wird, obwohl dieser schon 1410 starb. Im Zeughause zu Wien konnte der Kunstfreund sich das Vergnügen machen, Gliedermänner in Rüstungen aus dem Anfange des 17. Jahrhunderts mit einander fechten zu sehen; der Vorgesetzte erklärte ihm jedoch, daß jene «Germanen vorstellen, welche gegen Römer kämpfen». — Auch hatte er Gelegenheit, im Dresdener Museum eine Rüstung mit Helm aus dem 17. Jahrhundert zu bewundern, die dem Könige Eduard IV. von England beigelegt wurde, der indes schon im Jahre 1484 nicht mehr regierte. Ehe v. Hefner-Alteneck zum Direktor des bayerischen National-Museums in München ernannt worden war, wurde daselbst der Ringkragen eines Kollers von Büffelleder aus dem dreißigjährigen Kriege, als zu dem Gamboison oder dem mit Rüsthosen und Rüststrümpfen versehenen Waffenwamms aus dem 14. Jahrhundert gehörig, aufgestellt.

Das Museum in Kassel bewahrte unter seinen «antiken» Waffen einen Morian und einen Birnenhelm, beide, das läßt sich nicht leugnen, tüchtig verrostet, nichts desto weniger aber von den antiken Truppen des 17. Jahrhunderts herrührend. Im braunſchweigſchen Stadt-Muſeum war ein ähnlicher, gleichfalls aufs ſchönſte verroſteter Morian mit dem Merkzeichen «12. Jahrhundert» verſehen und die Sammlung des Herzogs von Braunſchweig im Schloſſe Blankenburg wies einen Zweihänder vom 15. Jahrhundert auf, den Heinrich der Löwe († 1195) geführt haben ſoll! Eine ähnliche 7 Fuß lange Waffe und ein dazu gehöriger Schild wird zu Weſtminſter Eduard III. (1327—1377) zugeſchrieben! Es wäre leicht, hier noch eine beträchtliche Anzahl ſolcher Irrtümer anzuführen, die auf Rechnung italieniſcher oder franzöſiſcher Muſeen kommen; doch mag das Geſagte genügen. Alle dieſe Zeitverſtöße hatten ohne Ausnahme ihren Weg in die Litteratur gefunden. Sieht man doch ſogar in einer mit Stichen verſehenen Abſchreiberei (Armes et armures par Lacombe, Hachette, 1868), den Harniſch vom Ende der Regierung Heinrichs IV. († 1610) als Rüſtung Karls des Kühnen († 1477) bezeichnet, — Birnenhelme als Morian, große Keſſelhauben vom 14. Jahrhundert, als Mézail (was einfach die Augenöffnung und den Stirnteil eines Helmes bezeichnet) figurieren, ja die Franziska — zweiſchneidige Streitaxt der Franken — als Verteidigungswaffe — das Fauſtrohr des 17. Jahrhunderts, als Petrinal, die Hellebarde Partiſane, die Guiſarme als Fauchard, den Sponton und die Partiſane aber Hellebarden angeführt.

Das Streben, geſchichtliche Merkwürdigkeiten aufzeigen zu können, mag wohl manches Muſeum verlockt haben, für die von ihm bewahrten Gegenſtände Urſprungsdaten oder Titel anzunehmen oder anfertigen zu laſſen, die, nachdem die Überlieferung ſich dieſelben angeeignet, zu wahren Evangelien für die Kuſtoden und die große Menge geworden ſind, bei welcher der gröbſte Unſinn ſich ja am leichteſten fortpflanzt. Wann endlich wird man anfangen zu begreifen, daß eine ſchöne Bildner-, Maler-, Punzirarbeit oder jedes andere künſtleriſche Erzeugnis nur zweier Titel bedarf, die der Kenner in der Ausführung und in der Phyſiognomie des Zeitabſchnittes entdeckt, welcher letzterer ihm der altertümliche Stempel offenbart, der faſt mit der gotiſchen Kunſt verſchwand und deſſen Gepräge weder auf den Erzeugniſſen der folgenden Jahrhunderte, alſo auch nicht auf den der Antike nachgebildeten Werken zu finden iſt? Solche oft ſo gewagten und falſchen Bezeichnungen dienen zu weiter nichts, als daß ſie Sammler und Konſervatoren in Mißachtung bringen.

Die Irrtümer, denen man ſchon häufig genug in der chronologiſchen Einteilung und in den Beſtimmungen der Entſtehungszeit der Waffen begegnet, werden noch zahlreicher, wenn es ſich um den Verfertiger und die Nationalität handelt. Waffenſchmiede ohne alles Verdienſt, die Methuſalems Alter hätten erreichen müſſen, wenn ſie nur die Hälfte deſſen, was ihnen zugeſchrieben wird, geſchaffen hätten, werden auf Koſten der wirklichen Künſtler herausgeſtrichen, die Meiſterwerke der letzteren aber unter der Benennung eines begünſtigten Arbeiters angeführt, der das ihm gewährte Lob zumeiſt einer übertriebenen Vaterlandsliebe des Autors verdankt, was doch Männern nicht geziemt, deren Aufgabe es iſt, geſchichtlicher Wahrheit Bahn zu brechen, die auf bildneriſchen, von der Parteilichkeit der Chroniſten unbeeinflußten Urkunden fußt.

Dennoch bleibt es wahr und traurig zugleich, daß — mögen die archäologiſchen Forſcher noch ſo ſehr den Staub der Jahrhunderte aufwirbeln und mit dem Beweis in der Hand alle dieſe unfreiwilligen Irrtümer, all dieſe kindiſche Taſchenſpielerei dem Auge darlegen — die Maſſe der Kompilatoren unbeirrt fortfährt, Bücher mit Hilfe von Büchern zu machen und ſtets von neuem wieder abzuſchreiben, was ſchon vordem von Vater auf Sohn ganz kritiklos abgeſchrieben worden war.

Während italieniſche Erzeugniſſe gewöhnlich in den Sammlungen von keramiſchen Gegenſtänden und Moſaiken, franzöſiſche in den Sammlungen beſchmelzter Metallwaren und von Prachtmöbeln vorherrſchen, ſind die Schätze der Waffenſammlungen aller Orten ihrem größeren Beſtande nach deutſchen Urſprungs. Es giebt kein Land, wo die Waffenſchmiedekunſt ſo verbreitet geweſen wäre, wie in Deutſchland, oder wo man die Anfertigung von Schienrüſtungen, deren Platten ſogar die Beine der Pferde bedeckten, in ſolcher Vollendung betrieben hätte. Die zahlreichen Hauptſtädte und fürſtlichen Reſidenzen, ſowie auch die bedeutendſten freien Reichsſtädte haben während des Mittelalters und der Zeit des Rückgriffs (Renaiſſance) dem Künſtler ein weites Feld geöffnet und es ihm möglich gemacht, ſeine Phantaſiethätigkeit auf Prunkwaffen zu richten, deren koſtbare Arbeit ihm häufig mit Golde aufgewogen wurde, und zwar oft von einfachen Patriziern, wie den Fuggern und anderen reichen Kaufherren, die zu dieſer Zeit mit dem Degen ebenſo gut wie mit der Elle und dem Geldſack umzugehen wußten.

Trotz der Monogramme, welche auf den schönen Büchsen, Schwertern, Helmen und Panzern vermerkt sind, trotz der Zeichnungen der Figuren und Verzierungen, welche die deutsche Schule anzeigen, wurden doch die Mehrzahl dieser Waffen in vielen Verzeichnissen und Veröffentlichungen als italienische Erzeugnisse aufgeführt. Als ob Italien, das Vaterland der Antonio Picinino, Andrea da Ferrara, Ventura Cani, Lazarino Caminazzi, Colombo, Badile, Francino, Mutto, Berselli, Benisolo, Giocatane und vieler anderer berühmter Waffenschmiede, der Verherrlichung durch Schmuggelware und des Schmuckes fremder Federn bedürfte.

Aus dem Abschnitt, welcher die Waffenschmiedekunst behandelt, wird man ersehen können, wie wenig die Verfasser solcher Schriften sich auf der Höhe der Kunstkritik und der neuen archäologischen Entdeckungen zu erhalten wußten; für sie waren die Rüstungen, welche in München und Augsburg für die Könige von Frankreich angefertigt wurden, nach wie vor italienische Rüstungen geblieben, so gut wie die, welche Peter Pah, Wulff, Kolmann und Peter (Pedro) in denselben Städten ausführten, in ihren Augen spanischen Ursprungs blieben. Ebenso wenig nahmen sie Notiz davon, daß Seusenhofer von Innsbruck mit der Anfertigung der Waffen für die Söhne Franz' I. beauftragt wurde; eine prachtvolle Arbeit, die auch wieder ihre italienische Bezeichnung erhalten mußte. In Deutschland war solche Mißachtung der nationalen Kunst besonders in die öffentlichen Sammlungen gedrungen. Denn als der Verfasser während des Abschlusses der ersten Auflage dieses Buches in dem Dresdener Museum mehrere schöne, italienischen Meistern zugeschriebene Rüstungen als das unbestreitbare Werk deutscher Waffenschmiede erkannte, wurde ihm nur mit Achselzucken und ungläubigem Lächeln geantwortet. Heutzutage bestreitet man dies nicht mehr; man weiß, daß diese Waffen zum Teil durch denselben Kellermann von Augsburg ausgeführt worden sind, dem man eine einzige Rüstung mit 14000 Thlr. bezahlte. Die berühmte Rüstung im Dresdener Museum, deren getriebene Arbeit die Thaten des Herkules darstellt, ist gleichfalls ein deutsches Werk.

Man vergleiche nur die Rüstung Heinrichs II. im Louvre mit den von Hefner-Alteneck unter ausgeschossenen Blättern des königl. Kupferstichkabinetts entdeckten und photographisch veröffentlichten Zeichnungen, welche die Maler Schwarz, van Achen, Brockberger und Johann Milich für die Münchener Werkstätten entwarfen und die in dem Kupferſtichkabinett dieſer Stadt aufbewahrt werden, — man wird daran, wie auch an dem Schilde der Ambraſer Sammlung, von dem eine Nachbildung nach Frankreich gekommen war, eine bisweilen ſogar ſklaviſch-genaue Ausführung jener Modelle finden. Die in dem kaiſerlichen Arſenal zu Wien, ſowie in der Ambraſer Sammlung aufgeſtellten Rüſtungen zeigen beſonders, was die deutſche Waffenſchmiedekunſt zu leiſten vermochte. Die Tauſchierarbeiten laſſen ſogar bezüglich ihrer Gediegenheit ähnliche in Spanien ausgeführte weit hinter ſich, und die getriebene Arbeit iſt der Italiens völlig ebenbürtig. Was die Formen der Rüſtung angeht, ſo ſind ſie immer edel und glücklich gewählt.

Das Feuergewehr, mehr noch als die blanke Waffe und die Schienenrüſtung verdankt ſeine weſentlichen Verbeſſerungen den deutſchen Waffenſchmieden, welche die Windbüchſe 1560, den Büchſenlauf (canon rayé) 1440, nach anderen 1500, die Radſchloßflinte 1508, den Stecher (double détente) 1543 und den eiſernen Ladeſtock 1698 erfunden haben. Seitdem iſt 1827 noch das Zündnadelgewehr hinzugekommen.

Da der archäologiſche Charakter und die Eigentümlichkeit des in dieſer Schrift behandelten Stoffes leicht zu unfruchtbaren Abſchweifungen und zur Anwendung einer Zunftſprache führen könnte, welche nur allzu häufig dazu dienen muß, den Mangel wirklicher Kenntniſſe und völlig verdauter Studien zu verdecken, ſo ſchien es geraten, ſo viel wie möglich Anmerkungen zu vermeiden und nur Namen, die jeder ohne langes Suchen verſtehen kann, für die Bezeichnung derjenigen Gegenſtände zu gebrauchen, die in den franzöſiſchen, engliſchen und deutſchen Ausgaben dieſes Werkes vorkommen. Der Verfaſſer hat indes nicht unterlaſſen können, gewiſſenhaft die Quellen anzugeben — mögen dieſe nun Denkmale, Handſchriften oder noch vorhandene Waffen ſein—, wo er geſchöpft hat, um damit dem Leſer ein Mittel der Kontrolle und Leitfäden für Fachſtudien an die Hand geben. In den gleichzeitig in franzöſiſcher und engliſcher Sprache erſcheinenden Ausgaben dieſes Werkes iſt dasſelbe Syſtem als das geeignetſte im Auge behalten worden.

Bevor wir zur Sache ſelbſt übergehen, möchte es zweckmäßig ſein, einen Blick auf die verſchiedenen größeren Sammlungen zu werfen, um aus deren Entſtehung und Ausbildung klar zu machen, auf welche Weise die Liebhaberei für alte Waffen sich in Europa seit den Tagen des Rückgriffs (Renaissance) entwickelt hat.

Die ersten Zusammenstellungen von Rüstkammern als Sammlungen, die also nicht zum Gebrauch dienen sollten, scheinen nicht weiter als bis zum 16. oder bis zum Ende des 15. Jahrhunderts zurückzugehen.

Man weiß aus dem im Jahre 1848, von Lerome de Lincy veröffentlichten, in der Bibliothèque des Chartes herausgegebenen Verzeichnis, daß Ludwig XII. im Jahre 1502 ein Waffenkabinett zu Amboise errichtet hatte. Das berühmte Museum historischer Waffen in Dresden, eines der reichsten in Europa, verdankt seinen Ursprung Heinrich dem Frommen. August I., welcher 33 Jahre hindurch sammelte (1553—1586), ist jedoch der wahre Gründer des jetzigen Museums, das aus sechzigtausend Stücken besteht und besonders reich an Schwertern ist; indes gehen nur wenige Waffen und Rüstungen über das 15. Jahrhundert hinaus.

M. Reibisch hat aus dieser Sammlung bereits in Dresden 1825 heftweise eine: «Auswahl merkwürdiger Gegenstände aus der königl. sächs. Rüstkammer» mit vielen Abbildungen veröffentlicht. Seitdem sind ferner verschiedene künstlerisch ausgeführte Waffen des Museums in Lichtdruck erschienen.

Der Marschall Strozzi († 1558) hinterließ ein Waffenkabinett, welches drei Säle einnahm und worüber Brantôme ziemlich ausführlich berichtet hat:

«Si le Mareschal Strozzy estoit exquis en belle bibliothèque, il l'estoit bien autant en armurerie et en beau cabinet d'armes; car il en avoit une grande salle et deux chambres, que j'ay veues autrefois à Rome, en son palasis in Burgo; et ses armes estoient de toutes sortes, tant à cheval qu'à pied, à la françoise, espagnole, italienne, allemande, hongroise, et à la bohémienne; bref, de plusieurs autres nations chrestiennes; comme aussi à la turquesque, moresque, arabesque et sauvage. Mais, ce qui estoit le plus beau à voir, c'estoient les armes, à l'antique mode, des anciens soldats et légionnaires romains. Tout cela estoit si beau, qu'on ne sçavoit que plus admirer, ou les armes, ou la curiosité du personnage qui les avoit là mises. Et, pour plus orner le tout, il y avoit un cabinet à part remply de toutes sortes d'engins de guerre, de machines, d'eschelles, de ponts, de fortifications, d'artifices et d'instruments; bref, de toutes inventions de guerre, pour offenser et defendre; et le tout fait et représenté de bois si au naïf et au vray, qu'il n'y avoit là qu'à prendre le patron sur le naturel, et s'en servir au besoin. J'ay veu depuis tous ces cabinets à Lyon, où M. Strozzy dernier, son fils, les fit transporter, pour n'avoir esté conservez si curieusement, comme je les avois veus à Rome. Aussi je les vis là tout gastetz et brouillez, dont j'en eus du deuil au cœur; et c'en est un très-grand dommage; car ils valoient beaucoup, et un roy ne l'est eust sceu trop achepter; mais M. Strozzy brouilla et vendit tout; ce que je lui remonstray un jour; car il laissoit telle choss pour cent escus, qui en valoit plus de mille. Et, entr'autres choses rares que j'y ay remarqué, il y avoit une rondelle de coque de tortuë marine, si grande qu'elle eust couvert le plus grand homme qui fut, depuis la teste jusques aux pieds; et si dure, qu'une arquebuse l'eust mal-aisément pu percer de loin, et pourtant peu pesante. Il y avoit aussi deux queues de chevaux marins, les plus belles, les plus longues, les plus espaisses, et les plus blanches que je vis jamais. J'auray possible esté trop long et fascheux à parler de ce cabinet d'armes; mais certes, si je m'eusse voulu amuser à en raconter des particularitez, l'on y eust trouvé du plaisir à les lire.»

Die schöne Ambraser Sammlung jetzt zu Wien, in dem Schlosse Belvedere, enthält auch nur auserlesene Stücke. Sie wurde im Jahre 1570 von dem Erzherzoge Ferdinand I., dem Gemahl der schönen Philippine Welser von Augsburg, in seinem Schlosse Ambras bei Innsbruck angelegt, wo der Fürst 500 vollständige Rüstungen und eine bedeutende Anzahl Angriffswaffen und Harnische vereinigt hatte. Von diesem auch aus Kuriositäten und Kunstgegenständen bestehenden Kabinett ist der kleinere Teil in Ambras zurückgeblieben, während der größere mit der Waffensammlung in Wien vereinigt wurde; sie enthielt unter andern: 900 geschichtliche Abbildungen von freilich nur geringem künstlerischen Werte; Sammlungen von 2500 Medaillen und Münzen und mehreren tausend Kupferstichen; ferner eine Bibliothek von 4000 gedruckten Bänden und 500 Handschriften, worunter sich die drei berühmten Bände mit Aquarellen von Glockenthon befinden. Letztere weisen genaue Abbildungen von Rüstungen und Waffen auf aus den drei Zeughäusern des Kaisers Maximilian, die vordem ein Ganzes bildeten, das seinesgleichen suchte. Der größte Teil der Sammlung, von welcher nur zehn schöne Rüstungen von den Franzosen als Kriegsbeute weggenommen waren, ist im Jahre 1806 nach Wien gebracht worden. Die erste Beschreibung dieser Schätze wurde, wie schon bemerkt, im 17. Jahrhundert von Jakob Schrenck von Notzing in lateinischer Sprache herausgegeben und trotz ihres geringen Wertes von Engelbert Moses van Campenhouten ins Deutsche übertragen. Der Kustos des Autikenkabinetts in Wien, Baron von Sacken, hat ein neues Werk im Jahre 1862 herausgegeben, in welchem die merkwürdigsten Stücke der Sammlung photographiert sind. Außerdem besitzt Wien die berühmte kaiserliche Sammlung im Artillerie-Arsenal und eine andere im Stadt-Zeughause[1]).

[1]) In neuerer Zeit ist die kaiserliche Waffensammlung in das neue kunsthistorische Hof-Museum übergebracht worden, wo sie nun mit der Ambraser Sammlung vereinigt ein Ganzes suamacht. Im Arsenal ist dafür ein Heeres-Museum ge-

Das großartige Gebäude des kaiserlichen Artillerie-Arsenals zu Wien, ein Werk Theophil Hansens und eine schöne architektonische Schöpfung der Neuzeit, erhebt sich in imposanten Massen neben dem Bahnhofe der Südbahn. Seine Räumlichkeiteu umschließen eine der reichsten Sammlungen Europas, die aus den Waffenkabinetten der ersten österreichischen Kaiser herrührt und mehr als 700 Nummern zählt.

Ein von Qu. v. Leitner in Wien 1866 und 1870 herausgegebenes Werk: «Waffensammlung des österreichischen Kaiserhauses im k. k. Artillerie-Arsenal-Museum zu Wien». Mit 61 Taf. Fol. giebt die Beschreibung davon.

Das früher in einem unscheinbaren, im Jahre 1732 aufgeführten Gebäude befindliche Zeughaus der Stadt Wien stammt aus dem 15. Jahrhundert her und enthält nur wenig schöne Rüstungen, dahingegen 40 Setzschilde (pavois) aus dem 15. Jahrhundert und eine Menge Hieb- und Stoßwaffen. Dort ist auch der Kopf des Großveziers Mustapha zu sehen, jenes Ungeheuers, dem der Sultan die seidene Schnur überschickte, als er im Jahre 1683 eine Niederlage unter den Mauern Wiens erlitten hatte. Die besten Stücke dieses Museums, dem es an aller und jeder Einteilung fehlte, das dafür aber einen Überfluß an wahrhaft lächerlichen Bezeichnungen hatte, sind in Nachahmung der burgundischen Rüstungen mit schwarzer Farbe überpinselt.

Die erste Erwähnung einer Waffensammlung im Tower von London findet sich in der Aufnahme vom Jahre 1547 und in einer Verfügung aus dem Jahre 1578 vor. Paul Hentzner, ein deutscher Reisender, spricht ebenfalls schon im Jahre 1598 von den schönen Waffen im Tower, obgleich diese damals eher ein Zeughaus als ein Museum bildeten. Mit dem eigentlichen Kern der Sammlung wurde indes im Jahre 1630 in Greenwich begonnen, und aus dem, was die Plünderungen während der Bürgerkriege übrig gelassen hatten, ging gegen Ende des 17. Jahrhunderts die jetzige Galerie hervor, die ihre spätere systematische Ordnung dem Dr. Meyrick verdankt. Seit dem Jahre 1820 sind die Sammlungen durch Ankäufe von Zeit zu Zeit vermehrt worden, bei dem Brande vom Jahre 1841 haben sie nur wenige Kanonen eingebüßt, die das Feuer gänzlich vernichtet hatte.

---

bildet worden. Die Wiener Zeughaus-Rüstkammer befindet sich gegenwärtig als «Waffenmuseum» der Stadt Wien im Rathause, wo darüber ein Verzeichnis der 1500 Nummern mit Abbildungen von Schmied- und Plattnerzeichen hergestellt worden ist.

Ein Konfervator ift nicht da, doch hat der Archäolog John Hewett inzwifchen ein amtliches Verzeichnis des Arfenals herausgegeben, das zwanzig Rubriken enthält; vorhanden find: 13 Nummern für die antiken Waffen, 40 für die antiken Waffen der Steinzeit, 120 für die Bronzeperiode und 25 für das Eifenalter; ferner an Stücken, die in die Zeit vom Beginn des Mittelalters bis auf unfere Tage fallen, ungefähr 5700 Nummern. Das Ganze macht eine Sammlung von vielleicht 5800 Gegenftänden aus, unter denen das Morgenland befonders gut vertreten ift. Bereits im 18. Jahrhundert ift durch «Fr. Grofe, treatise on ancient armour and weapont; 49 pl. 4. London 1786» ein Band über die im Tower befindlichen Waffen und Rüftungen veröffentlicht worden. Außer diefer im Tower aufgeftellten Sammlung ift noch die von Llewelyn Meyrick zu Goodrich-Court (Herefordshire, fpäter im Kenfington-Mufeum) als eine der vollftändigften zu erwähnen. Von dem Gründer diefer berühmten Sammlung find folgende zwei Werke erfchienen: «Meyrick, S. R., ongraved illustrations of ancient arms and armour; a series of 154 etchings of the collection at Goodrich-Court, Herefordshire; engraved by Skelton, 2 v. m. Portr. London 1854» und: «Meyrick, S. R., a critical inquiry ints ancient armour as it existed in Europa particulary in Great Britain from the norman conquest to the reign of King Charles II. 80 pl. London 1842.» Die erfte Auflage tagzeichnet felbft von 1824.

Zu Uplands, bei Fareham, Hampshire, befindet fich die aus 512 Nummern beftehende fchöne Sammlung John Beardmore, M. A., deren illuftriertes Verzeichnis 1844 zu London bei W. Boone erfchienen ift.

Das Zeughaus in Berlin, welches einige gefchichtliche Rüftungen der Kurfürften befaß, war arm an alten Waffen. Es beftand zum größten Teile aus Feuerftein- und Schlagfchloß (Perkuffions)-Gewehren, fowie aus Fahnen und Standarten, die Preußen in feinen Kriegen eroberte, und befindet fich in dem fchönen von Nehring errichteten Gebäude, dem die Schlüterfchen Masken fterbender Krieger eine europäifche Berühmtheit verliehen haben. Gegenwärtig ift die Sammlung fehr vermehrt worden, befonders durch die des Prinzen Karl und bildet eine Abteilung der «Ruhmeshalle». Das Schloß Monbijou in Berlin enthielt eine größere Anzahl gefchichtlicher Waffen und Rüftungen; leider gebrach es durchweg an Raum, um zweckmäßig aufgeftellt und chronologifch geordnet werden zu können.

Der Urſprung des Artillerie-Muſeums in Paris reicht bis 1788 zurück. Anfänglich war eine Sammlung von Waffen und Maſchinen angelegt worden, die man am 14. Juli 1789 plünderte. Im Jahre 1795 jedoch wurde dies Muſeum im Dominikaner-(Jakobiner-)Kloſter St. Thomas d'Aquin wieder hergeſtellt und 1799 durch die berühmte Sammlung des Zeughauſes in Straßburg, 1804 durch die Galerie der Herzöge von Bouillon bereichert, welche dieſelbe ehemals in Sedan angelegt hatten. Bei einer abermaligen Plünderung im Jahre 1830 verlor das Muſeum nur einen geringen Teil ſeiner Schätze, die ihm nach den Julitagen faſt alle zurückgegeben wurden. Im Jahre 1852 kamen zwanzig der wertvollſten und ſchönſten Stücke aus dem Artillerie-Muſeum in den Louvre; doch machte eine kaiſerliche Verordnung dieſen Verluſt inſofern wieder gut, als ſie die Überführung koſtbarer Waffen aus der Bibliothek in das Artillerie-Muſeum anbefahl. Seitdem iſt das Muſeum durch viele ſchöne Geſchenke aufs neue bereichert geworden, unter denen die des Kaiſers Napoleon III. und die des Baron des Mazis beſonders hervorzuheben ſind. Es ſteht heute — im Hotel des Invalides — als eine der vollſtändigſten und reichſten Sammlungen da; denn die treffliche Anordnung des verſtorbenen Konſervators Penguilly l'Haridon läßt nur wenig zu wünſchen übrig. 50 Nummern waren von ihm darin für Waffen aus der Steinperiode, 150 für Waffen der Bronzezeit und des Altertums, 30 Nummern für die des Eiſenalters, 1970 Nummern für die Waffen und Rüſtungen aus dem Mittelalter, des Rückgriffs (Renaiſſance) und aus dem 17. und 18. Jahrhundert verzeichnet; ferner 3000 für morgenländiſche und neuzeitige Waffen, für Feuerſchlünde, Maſchinen und andere Gegenſtände, im ganzen 5200 mit Sorgfalt verzeichnete Nummern.

Eine andere alte und wichtige Sammlung bietet die der Grafen von Erbach, im Schloß Erbach in Heſſen-Darmſtadt bei Heppenheim. Sie iſt gegen Ende des 18. und Anfang des 19. Jahrhunderts von dem Grafen Franz, einem leidenſchaftlichen Sammler, angelegt worden und enthält 460 Angriffs- und Verteidigungs-, ſowie 620 Feuerwaffen und einige hundert andere aus der Stein-, Bronze- und Eiſenzeit, antiken, keltiſchen und germaniſchen Urſprungs. Graf Eberhard, ein Enkel des Gründers, hat das Verzeichnis ſelbſt redigiert.

Die Armeria in Turin, welche durch den König Karl Albert im Jahre 1833 gegründet und von dem Grafen Vittorio Seyſſel d'Aix im Jahre 1840[1]) katalogiſiert worden iſt, zählt 1554 Nummern alt- und neuzeitiger Waffen, unter denen eine beträchtliche Anzahl ſeltener und kunſtvoller Verteidigungswaffen vorkommen. (Neuerdings ſtellenweiſe durch eine Feuersbrunſt zerſtört.)

Auch das National-Muſeum (Bargello) zu Florenz, das Muſeum Correr in Venedig und das Muſeum Poldi-Pezzoli in Mailand enthalten ſchöne, reiche und merkwürdige Angriffswaffen und Rüſtſtücke.

Das Muſeum in Sigmaringen iſt gleichfalls eine neuere Schöpfung, zu welcher nicht früher als im Jahre 1842 der erſte Grund gelegt worden iſt. In des Verfaſſers «Guide artistique pour l'Allemagne» befindet ſich ein Kapitel, das in Kürze die Beſchreibung der zahlreichen Sammlungen giebt, welche der Fürſt von Hohenzollern in ſeiner Reſidenz vereinigte und die ſeitdem noch bedeutend vermehrt worden ſind durch Ankauf der Sammlung des Barons von Mayenfiſch, des verſtorbenen fürſtlichen Intendanten der ſchönen Künſte in Sigmaringen. Der das Amt eines Bibliothekars und Konſervators verwaltende Dr. v. Lehnert hat ein chronologiſches Verzeichnis nach Folgen abgefaßt und viele, auf photographiſchem Wege gewonnene Abbildungen der merkwürdigſten Gegenſtände veröffentlicht. Die Sammlung der Waffen und Rüſtungen enthält mehr als 3000 Stücke, von denen manche in künſtleriſcher und geſchichtlicher Beziehung ſehr wertvoll ſind. Das Gebäude, das der Fürſt im engliſch-gotiſchen Stil nach dem Plane Krügers aus Düſſeldorf errichten ließ, bietet ſchöne Verhältniſſe und iſt ſeines Inhaltes würdig. Die Fresken des Prof. Müller aus Düſſeldorf lohnen allein ſchon eine Reiſe nach Sigmaringen, das außerdem Muſeen für alle Zweige des Wiſſens, mit Ausnahme von phyſikaliſchen Inſtrumenten und naturgeſchichtlichen Gegenſtänden, beſitzt. Über dieſes Muſeum beſteht ein mit vorzüglichen Stichen ausgeſtattetes Werk, herausgegeben von Hefner-Alteneck[2]).

Das bayeriſche National-Muſeum, ſchon jetzt eines der reichſten an Kunſtgegenſtänden der Gotik und des Rückgriffs (Renaiſſance) iſt erſt im Jahre 1853 durch den König Maximilian II. gegründet worden. Es umfaßt 50 Säle in den drei Stockwerken eines ausgedehnten Gebäudes. Der unermüdlichen Thätigkeit des verſtor-

---

[1]) «Armeria antica e moderna di S. M. Carlo Alberto. C. 10 tav. Torino 1840» von Seyſſel, d'Aix.

[2]) Die Kunſtkammer S. K. H. des Fürſten Karl Anton von Hohenzollern-Sigmaringen. München, Bruckmann. 1866 ff.

benen Barons von Aretin und den gründlichen Kenntniſſen des nunmehr im Ruheſtand befindlichen Direktors, von Hefner-Alteneck, verdankt Deutſchland die ſo raſch bewirkte Anſammlung dieſer Schätze, zu denen mehr als tauſend alte Waffen und Rüſtungen gehören. Die beträchtliche Anzahl und der künſtleriſche und geſchichtliche Wert der meiſten ausgeſtellten Gegenſtände erheben das bayeriſche National-Muſeum zu einer Anſtalt erſten Ranges dieſer Art.

München beſitzt auch noch im Städtiſchen Zeughaus die Sammlung von alten Zunftwaffen, vom 14. Jahrhundert ab, eine Stiftung, die erſt ſeit 1866 beſteht. Alles darin iſt in chronologiſcher Folge gruppirt, um die, ſo zu ſagen, nach Zeitabſchnitten hergeſtellte bürgerliche Bewaffnung anſchaulich zu machen, deren letzte Vertreter dem Ende des 30jährigen Krieges angehören. Dieſes Zeughaus, über deſſen Beſtände der Konſervator Kaſpar Braun im Jahre 1866 einen Notizen-Katalog herausgegeben, enthält im ganzen 1400 alte Waffen und Rüſtungen für Mann und Roß.

Auch das germaniſche National-Muſeum in Nürnberg begann ſehr reich an alten Waffenſtücken, beſonders an Feuerwaffen, zu werden, als es noch neuerdings (1889) die bisher auf Schloß Feiſtritz angekaufte Waffenſammlung des Fürſten Sulkowski erwarb, wodurch der Waffenreichtum des Muſeums beſonders ſtark angeſchwollen iſt und man wieder zu vielen Nürnberger Rüſtſtücken gelangt, welche abhanden gekommen waren.

Die in dem 1865—1872 durch Bockmüller ausgeführten Gebäude der «Vereinigten großherzoglichen Sammlungen» zu Karlsruhe (Saal IV) vorhandenen alten Waffen, beſonders türkiſche, worunter Kriegsbeuten des Markgrafen Ludwig Wilhelm von Baden (1655—1707), Fahnen, Pferderüſtungen, und außer Waffen aus der alten badiſchen Rüſtkammer, ſowie griechiſcher-etruriſcher Stücke, bilden jetzt auch eine ſchöne Sammlung.

Das Muſeum zu Darmſtadt, gegründet von dem im Jahre 1830 verſtorbenen Großherzog Ludwig I., enthält 620 Nummern verſchiedener Waffen, worunter 9 Ganz- und 50 Halb-Rüſtungen, 7 Schilder, 55 Helme, 170 Feuerwaffen, 75 Schwerter und Säbel, 73 Dolche, Lanzen, Hellebarden, Streithämmer und 10 Armbrüſte.

Die im Schloſſe Eltz im Moſelthal befindliche Sammlung iſt zwar nicht ſehr zahlreich, aber doch intereſſant.

Auch die Sammlung des Grafen v. Hachenburg, auf Schloß Hachenburg (Weſterwald), enthält ſchöne, belangreiche, beſonders

Jagdwaffenſtücke, welche vom Mittelalter ab bis zur Neuzeit hauptſächlich Familienerinnerungen vertreten.

Die auf Schloß Braunfels (K. Wetzlar) befindliche Sammlung iſt noch bedeutender wie die Hachenburgs. Beſonders intereſſant ſind hier die jetzt ſelten gewordenen Granatgewehre hervorzuheben.

Eine im Rathauſe zu Emden befindliche Rüſtkammer iſt reich an Waffen und Harniſchen aus der Zeit des 30jährigen Krieges, beſitzt aber keine altzeitigen Rüſtzeuge.

Im Bergſchloſſe Mürau, eine Stunde von Müglitz bei Hohenſtadt in Mähren, befindet ſich eine größtenteils aus Feuerwaffen, namentlich türkiſchen (bedeutend vermehrt durch Beuteſtücke aus Leopold I. zweitem Türkenkriege), beſtehende Waffenſammlung, worüber Prof. Karl Leihner vom deutſchen Staatsgymnaſium zu Kremſier, die 1691 ſtattgefundene Aufnahme[1]) im «Programm» des Gymnaſiums (Kremſier 1889) veröffentlicht hat. Nach Volny war die Mürauer Waffenſammlung — welche der Cardinal-Fürſtbiſchof jetzt in einem Saal des Schloſſes zu Chropin hat aufſtellen laſſen — «neben einer zu Vöttau im Znaimer Kreiſe, die bedeutendſte im Lande». Einige der wertvolleren Stücke davon befinden ſich im Schloſſe zu Kremſier.

Bedeutend auch iſt die berühmte Sammlung des Herrn Theodor Blell in Tüngen bei Wormditt in Oſtpreußen (ſeitdem zu Lichterfelde bei Berlin). Bujack Altpreußiſche Monatsſchrift Tl. II, Königsberg 1873) hat ſie beſchrieben; es ſind 1100 Stück Waffen aller Gattungen und Zeiten.

Die Waffenſammlung zu Koburg iſt neuerer Bildung, aber bereits ſehr reich an ſchönen Stücken.

Eine ebenfalls aus neuerer Zeit herrührende bedeutende Sammlung iſt die des Herrn Zſchille zu Großenhain in Sachſen, dieſelbe enthält bereits zahlreiche Nummern, worunter ſehr koſtbare Stücke, beſonders vom 15. und 16. Jahrhundert; weiterhin davon verſchiedene in Abbildungen.

Die Waffenſammlung im Frankfurter Archiv-Muſeum iſt reich an Rüſtungen. Daſſelbe iſt ein Vermächtnis des Herrn Alexander Felner und noch durch ein anderes, aus Feuerwaffen beſtehendes von Kahlo, vermehrt.

[1]) «Inventarium über das Ober- und untere Zaig-Haus des Fürſtl. Biſchofflichen von Olmütz on Schloss Mirau. Beſchrieben den 9. Aprilis 1691.»

Als befonders vollftändig und reich ausgeftattet muß auch das Zeughaus (Landhaus) zu Graz hier genannt werden, wofelbft fich die vollftändige Bewaffnung vom 15. Jahrhundert für 1000 Mann befindet, fowie

die neuere Waffenfammlung auf Schloß Ambras — (welche nicht mit der urfprünglichen, jetzt in Wien befindlichen zu verwechfeln ift) — und wo ebenfalls intereffante Stücke vorhanden find.

Eine von dem 1884 verftorbenen Klingenfchmied Robert Röhrig in Solingen zufammengebrachte Sammlung, befonders von Schwertern und Säbeln, welche namentlich für das Markenftudium Intereffantes bietet, ift jetzt in den Befitz des Herrn von Lilienthal in Elberfeld übergegangen. (Verzeichnis vom Verfaffer.)

Im Schloffe Ofterftein bei Gera befindet fich ein Rüftfaal und eine intereffante Waffenfammlung.

In Stuttgart befitzt ferner das Altertums-Mufeum gute Waffenftücke, fo wie dergleichen die Sammlungen von Berthold zu Dresden und von Meyer zu Meersburg.

Der König von Schweden, Karl XV., hat auch ein Kabinett alter Waffen gegründet, deffen vorzüglichfte Stücke aus der Sammlung Soldinska in Nürnberg herrühren und im Jahre 1856 erworben wurden. Es find darin mehr als 1000 Nummern enthalten, unter welchen viele morgenländifche und eine anfehnliche Zahl abendländifcher Waffen des 17. Jahrhunderts hervorzuheben find. Eine Reihe von Abbildungen aus diefer fchönen Sammlung ift bei Lahure in Paris erfchienen.

Das vom Kaifer Napoleon III. gegründete Waffenkabinett, welches fich jetzt im Schloffe Pierrefonds befindet, kann als eins der reichften, befonders an fchönen deutfchen Tournierrüftungen aus der beften Zeit gelten. Nach dem ebenfalls von Penguilly-l'Haridon herausgegebenen Verzeichnis enthält es 525 alte Waffen und Rüftungen und vier Kriegsmafchinen, deren zwei, Balliften (Euthytona), fälfchlich Katapulte genannt, zum Schleudern von Pfeilen dienten und nach den Angaben der griechifchen Autoren Hiero und Philo, die zur Zeit der Nachfolger Alexanders und des Vitruvius lebten, wiederhergeftellt wurden. Die beiden anderen find Katapulte (Palintonae), welche ebenfalls nach der Befchreibung Hiero's angefertigt find; alle vier befinden fich jetzt in dem Mufeum zu St. Germain. Photographifche Abbildungen aus diefer Sammlung, von Chevalier, die bei Claye 1867 erfchienen, find nicht in den Handel gekommen.

Eine schöne Sammlung alter Waffen und Rüstungen jüngeren Ursprungs, nur aus Prachtstücken bestehend, war auch die des Senators Grafen v. Nieuwerkerke in Paris, nunmehr im Besitz eines Amerikaners. Dies Kabinett, das sich im Louvre befand und durchweg aus auserlesenen Gegenständen bestand, hatte schon mehr als 330 Nummern aufzuweisen, mit deren Katalogisierung Herr von Beaumont beschäftigt war.

Auch einer mehr für den Handel zusammengebrachten Sammlung, die des Händlers Spitzer's zu Paris, welche leider viel zweifelhafte Stücke enthält, muß hier Erwähnung geschehen.

Noch sei ferner des Museums von Chartres gedacht, welches eine gute Sammlung alter Waffen besitzt; unter andern auch die Philipp IV., dem Schönen (1285—1314), zugeschriebene Rüstung, wovon allerdings nur der Kesselhelm maßgebend für die Zeit ist, da das (teilweise moderne) Panzerhemd verschiedenen Zeiträumen angehört.

Für das Studium der Waffen aus Stein und Bronze, der primitiven wie der antiken, sind die Museen in Mainz, Wiesbaden, Berlin, Kopenhagen, Schwerin, Sigmaringen, St. Germain und die ethnographische Sammlung Cristys in London vor allem zu empfehlen.

Jeder Kunstfreund kennt die Waffenmuseen von Madrid[1]) und von Tzarskoe-Selo in Petersburg[2]), deren merkwürdigste Gegenstände in lithographischen und photographischen Abbildungen erschienen sind; aber bis auf den heutigen Tag fehlen in unserer Litteratur alle Angaben über die Gründung und Entwickelung dieser Museen, wie auch derjenigen von Venedig und Malta.

Die Zeughäuser der Schweizer Kantone reichen zwar bis zu den ersten Kriegen der Eidgenossenschaft hinauf, doch gehen nur wenige der vorhandenen Gegenstände über das Ende des 15. Jahrhunderts zurück, und es läßt sich eigentlich nur von den Städten Bern, Zürich, Genf, Solothurn und Luzern behaupten, daß sie eine Sammlung alter Waffen besitzen. Murten und Liesthal sind in dieser

[1]) Darüber: »A. Jubinal. La Armeria real ou Collection des princip: pieces de la Galerie d'Armes anciennes de Madrid. 2 v. avec 123 planches. Paris 1840.« Ein Werk voller Zeitverstöße.

L. Laurent zu Madrid hat seitdem eine höchst belangreiche Anzahl von Folio-Photographien der Armeria herausgegeben.

[2]) Worüber ein bedeutendes illustriertes Werk erschienen ist.

Beziehung weniger reich und die anderen kantonalen Hauptſtädte haben faſt nichts mehr von ihren Rüſtungen und Angriffswaffen aufzuweiſen.

Holland beſitzt kein Muſeum alter Waffen und auch nichts dergleichen in ſeinen Zeughäuſern; von den ſpärlichen Privatſammlungen ſind nur zwei, nämlich die des Baron Bogaert van Heeswyk, auf ſeinem Schloſſe nahe bei Herzogenbuſch, und die des verſtorbenen Malers Krüſemann, der Erwähnung wert. Letztere iſt jetzt Eigentum der archäologiſchen Geſellſchaft in Amſterdam.

Die Sammlung alter Waffen in Brüſſel iſt ziemlich umfangreich und befindet ſich im Muſeum der Porte de Hal.

Außer den bereits angeführten Muſeen erſten Ranges und großen Sammlungen beſtehen noch verſchiedene auch wichtige Sammlungen, die im Verlaufe dieſer Schrift häufig angeführt ſind. Rechnet man hierzu noch alle in Bildung begriffenen, ſo läßt ſich wohl behaupten, daß die Liebhaberei für Waffen heutzutage kaum hinter derjenigen für keramiſche Erzeugniſſe zurückſteht.

I

Abriss der Geschichte der Waffen.

Zu allen Zeiten, für die Urvölker schon als auch mehr noch für die gesitteten Nationen, war stets die Bewaffnungsfrage von großer Wichtigkeit. Der ohne Verteidigungsmittel erschaffene Mensch sah sich gezwungen, Werkzeuge zu erfinden, die ihn in den Stand setzten, die Angriffe der wilden Mitbewohner des Erdballs, denen die schaffende Kraft als Ersatz für die mangelnde Vernunft natürliche Verteidigungsmittel (Klauen, Zähne etc.) verliehen hatte, — abzuwehren. Später ist diese, ursprünglich allein zur Vernichtung dienende, Waffe einer der mächtigsten Hebel der Gesittung und ihr Sicherungsmittel geworden. Die Vervollkommnung der Mordwerkzeuge mußte schließlich der Einsicht den Platz des Faustrechts verschaffen, da ja in neuerer Zeit selbst der unersättlichste Eroberer ein sich selbst unbewußter Pionier der Gesittung ist. Hat nicht das Schießpulver der Buchdruckerkunst und der Reformation den Weg bahnen und den Stillstand und Rückgang der geistigen Entwickelung verhindern müssen, indem es den vorgeschrittenen Völkern, der Barbarei gegenüber, zu Hilfe kam Der menschliche Geist erfand in ihm ein Mittel, dem Übergewicht der rohen Massen zu widerstehen und diese niederzuhalten! Ein wie großes und beklagenswertes Übel der Krieg auch sein mag, die stete Vervollkommnung der Waffe wird man deshalb doch nicht beklagen dürfen; denn obschon sie jenen zeitweise noch mörderischer macht, beschränkt sie doch auch wiederum seine Dauer und läßt ihn auf diese Weise weniger unheilvoll für die Menschheit werden.

Von den ältesten der uns bekannten Kulturländer, Indien und Amerika, ist es wohl der letztgenannte Erdteil, auf dessen Boden die früheste Spur einer in ihrer Form vollendeten Verteidigungswaffe zurückgeblieben ist. Es ist dies nämlich ein Helm, der die Figur einer Flachbildnerei in Palenke ſchmückt, einem Indianerdorf, dem Überreſt der Stadt Kulhuacan, die vielleicht über 3500 Jahre alt iſt und einen Umfang von mehr als dreißig Kilometern bildete.

Neuerdings hat man in Amerika Baureſte von Städten entdeckt, die ſelbſt über 10000 Jahr hinaufreichen, alſo älter als alles derartig Bekanntes in anderen Weltteilen ſind.

Um ſich ein genaueres Bild von dem allmählichen Fortſchritt, den die Anfertigung der Waffen bei den verſchiedenen Völkern erfuhr, machen zu können, ſowie von den Übergängen und Verwandtſchaften, die in den Formen hervortreten, muß man zunächſt vier beſtimmte Klaſſen unterſcheiden, nämlich: Waffen aus vorgeſchichtlicher Zeit, der Epoche des Knochens und Holzes, des rohen, in Bruchflächen gehauenen und des geſchliffenen Steines; — Waffen aus der ſogenannten Bronzezeit, in welche Kategorie auch die heute bekannteſten Erzeugniſſe der Alten, der Germanen, der Skandinavier, Bretonen, Kelten (?) Gallier und anderer fallen; — Waffen aus der ſogenannten Eiſenzeit, beſonders die der Merowinger und erſten Karlinger, d. h. der Zeit des zu Ende gehenden Altertums und des frühen Mittelalters; — und ſchließlich die Waffen des Mittelalters, des Rückgriffs (Renaiſſancezeit) und des 17. und 18. Jahrhunderts.

Wenn auch hier ein Bronzealter angenommen wird, ſo ſoll damit nicht etwa geſagt ſein, daß der Gebrauch des Eiſens in jener Zeit unbekannt war, ſondern nur, daß bei Anfertigung von Werkzeugen und Waffen, ſogar ſchneidenden, die Bronze weit häufiger als das Eiſen in Anwendung kam. Eiſenbarren in Keil- oder Hackenform und ſonſtiger ſchmiedeiſerne Gegenſtände, die im aſſyriſchen Muſeum des Louvre aufbewahrt werden, noch mehr jedoch das Fragment eines aſſyriſchen Panzerhemdes aus Stahl und die Eiſenklammer der egyptiſchen Pyramide, im britiſchen Muſeum, beweiſen, daß die Ägypter tauſende von Jahren und die Aſſyrer im 10. Jahrhundert v. Chr. dieſes Metall ebenſo gut wie die ſpäteren Ägypter kannten.

Ohne nötig zu haben bis Tubalkain hinauf zu ſteigen, kann man doch Kap. 28 des Buches Hiob, welches etwa 700 Jahre v. Chr. geſchrieben ſein mag, der darin geſchehenen Erwähnung des Eiſens wegen anführen.

Schah-Hameh (das Blut der Könige) ſagt: «Djemſchid (fabelhafter König, dem die Gründung von Perſepolis zugeſchrieben wird), regierte 700 Jahre (?), erweichte das Eiſen und gab ihm die Form des Helmes, der Speerſpitzen, der Stückpanzer, der Ringpanzer etc.»

Dreißig Stellen in der Iliade und Odyſſee (vom 10. Jahrhundert v. Chr.), worin das Eiſen als «das ſchwer zu bearbeitende Metall» angeführt wird, bezeugen, daß es den Griechen gleichfalls früh ſchon bekannt war. Später hatte Troja ſelbſt eiſerne Münzen. Übrigens iſt die Bronze eine Miſchung von Metallen (im Grimmſchen Wörterbuche, wenig zutreffend, Meſſing, fr. laiton, welches viel mehr Zink ent- hält, genannt), wie ſie ähnlich oder als Erſatzmittel in der Natur nicht vorkommt und die der Menſch, je nach Zeit und Ort, bald aus Kupfer und Zinn, bald aus Kupfer, Zinn, Blei, Antimonium etc.[1] ſich bereiten mußte. Selbſtverſtändlich ſetzt dies eine Kenntnis der Zuſammenſchmelzung voraus; denn während das reine Kupfer un- mittelbar durch den Hammer verarbeitet werden kann, iſt die Bronze erſt dem Guß zu unterwerfen. Das Roheiſen iſt aber nur von dem verbundenen Kohlenſtoff größten Teiles zu trennen, um ſchmiedbar zu werden; dies geſchieht durch vermehrte Zuführung atmoſphäri- ſchen Sauerſtoffes, welcher den Kohlenſtoff verbrennt und den zur Verarbeitung nötigen hohen Hitzegrad hervorbringt, was ſogar den Kaffern nicht unbekannt; ſie bedienen ſich zur Zuleitung des Sauer- ſtoffes der . Schläuche. Da die Bereitung des Schmiedeeiſens nur einen höheren Hitzegrad verlangt, welcher durch einen Strom atmo- ſphäriſchen Sauerſtoffes leicht erreicht werden kann, ſo iſt es ein- leuchtend, daß die Bronze notwendig der Anwendung des Eiſens nachfolgen mußte; denn dieſes läßt ſich auch ohne vollſtändige Schmelzung bearbeiten.

Erde, Holz, Knochen, Horn, Tierhäute und Steine, die allerorten auf dem Erdball anzutreffen ſind, waren alſo die Stoffe, welche der Menſch urſprünglich zur Herſtellung der ihm notwendigen Geräte und Waffen benutzte. Die Anwendung des Steines bei Verfertigung dieſer Dinge reicht überall bis in die Kindheit der Völker zurück,

[1] Den Verſuchen des Verfaſſers nach iſt die ſchneidige Härte der Bronze bei den Alten durch Beimiſchung von Phosphor und durch Hämmern erlangt worden. Dr. Grofs hat im Neuenburger See (Schweiz) ein Schwert von Bronze gefunden, welchem ſelbſt Eiſenteile beigemiſcht ſind. Verſchiedene im Norden Deutſchlands aus Grä- bern ſtammende Bronzewaffen bieten 85 Teile Kupfer und 15 Teile Zinn.

Wie man aus Homers Dichtungen erſieht, kannten die Griechen im 10. Jahr- hundert v. Chr. noch nicht die Mittel, um der Bronze die ihr ſpäter beigebrachte Widerſtandsfähigkeit zu geben. Verſchiedentlich iſt dies durch die Iliade feſtgeſtellt. So zerſpringt das Schwert des Menelaus auf dem Helme des Paris und deſſen Wurf- ſpiefs biegt ſich beim Anprall am Schild ſeines Feindes (G. III.). Auf Agamemnons Schild biegt ſich Ephidemas' Speer «wie Blei auf Silber» (G. XI.) u. dergl. m.

und noch heutigen Tages befteht die Bewaffnung des Wilden aus den nämlichen kunftlofen Naturprodukten. Ja, es giebt fogar Länder, deren Bewohner, ungeachtet ihnen die Bearbeitung und Anwendung der Metalle zu anderen Zwecken wohl bekannt war, noch lange Zeit an der Verwendung des Steines für Angriffswaffen fefthielten. So gefchah es in Amerika vor der letzten Wieder-Entdeckung diefes Erdteils durch Kolumbus. Der Feuerftein, der Chalcedon, der Serpentin und vor allem der zerbrechliche fchwarze Obfidian, aus dem der Inka feine Spiegel zu fchneiden pflegte, wurden zur Anfertigung der Klingen von Speeren, Schwertern und Pfeilen, der Kriegsäxte und Meffer verwendet; nur Werkzeuge machte man dort aus Kupfer oder Bronze.

In Europa reichen die fteinernen Waffen bis ins höchfte Altertum zurück und find ein Beweis mehr dafür, daß der Menfch fchon während des dritten geologifchen Zeitalters exiftiert haben müffe. Diefe Annahme ift noch wefentlich unterftützt worden durch die Auffindung der in Horn eingegrabenen Zeichnungen des Maftodon oder Mammut, fowie durch zahlreiche Knochen von Höhlenbären, welche, vermengt mit Beilen aus Feuerftein, in plutonifchen Erdfchichten aufgefunden wurden. Doch muß eine forgfältige Prüfung jener vertieften Zeichnung erft den Verdacht von Fälfchungen befeitigt haben, ehe die Erörterung diefer Hypothefe ernftlich vorzunehmen ift. Auch genügt es nicht, daß diefe Knochen in alluvialen Diluvialfchichten gefunden wurden, die Verwerfungen erlitten haben können, wie das die beweglichen Anhäufungen» («Depots-Meubles») darthun, fo genannt, weil fie aus Stoffen und Gegenftänden verfchiedener Zeiten zufammengefetzt find.

Der unverrückte, aufgefchwemmte alpige Grund — Diluvium alpium — enthält keine organifchen Stoffe im Zuftande des Glutins-Offins Beftandteil, welches den nicht verfteinerten (foffilen) Knochen kennzeichnet. Alle aus Knochen dargeftellten Werkzeuge und Waffen, welche noch folches Knochenbein (Offin-Glutin) in fich fchließt und von angefchwemmtem Grunde (Alluvium) kommen, fowie alle aus Kiefelfteinen gemachten Werkzeuge und Waffen, deren Abfchleifung nicht das Ergebnis eines Naturprozeffes ift, reichen nicht bis zur Zeit der großen Wafferumwälzung hinauf, wo — fo wie jetzt noch am Meeresftrande — die Abrundung der Kiefelfteine durch das Rollen der Wogen bewerkftelligt worden ift.

Mahudel, im Jahre 1734, und Mercali waren die erſten, welche in den bis dahin allgemein als Blitzſteine angeſehenen und ſo benannten roh behauenen Steinen, Waffen des vorſintflutlichen Menſchen erkannten. Die ſpärlich aufgefundenen Dolche, Bolzen u. dergl. m. aus Renntiergeweihen, ſtammen von denſelben Diluvialmenſchen, beſonders von den Höhlenbewohnern, darunter in Europa (Frankreich und Deutſchland), ab.

Es würde unmöglich ſein, das Vorgangsrecht eines Volkes vor dem andern hinſichtlich der erſten Anfertigung dieſer Gegenſtände feſtſtellen zu wollen, da ſie überall vorkommen. In Frankreich ſind von nur in Bruchflächen geſpaltene (ungeſchliffene) Feuerſteinwaffen mit Knochen von Renntieren und foſſilen Knochen vermengt, gefunden worden, die einen wie die andern von Menſchenhand bearbeitet und als Stiel dem Steine angepaßt, der ſtets die Schneide bildet, und deſſen Bearbeitung ohne metallene Inſtrumente und ätzende Säuren ſich nur durch die geringe Schwierigkeit erklären läßt, mit der der friſch aus den Steinbrüchen geholte und den Einflüſſen der Luft noch nicht ausgeſetzte Feuerſtein ſich in langen Bruchflächen teilen läßt. Genaue Grenzlinien zwiſchen den ſogenannten Zeitaltern des rohen und des geſchliffenen Steines und ſelbſt zwiſchen der Stein- und der Bronzezeit laſſen ſich mit ebenſo geringer Sicherheit feſtſtellen wie alles, was auf die mehr oder weniger vorgeſchichtlichen Zeiten Bezug hat. Beide Erzeugniſſe, ja alle drei, ſind mit einander vermengt aufgefunden worden, was auf Übergangszeiten hindeutet. Die auf dem Gräberfelde zu Hallſtatt bei Iſchl[1]), wo über 1000 Gräber geöffnet worden ſind, ſtattgefundenen Ausgrabungen haben ſteinerne, bronzene, eiſerne, ja ſelbſt mit Bronze verzierte eiſerne Waffen und Werkzeuge zu Tage gefördert, welche teilweiſe in einem und demſelben Grabe beiſammen lagen. Die Küchenabfälle (Kjökkenmöddings) Dänemarks wie die in den Pfahlbauten der Schweiz, Savoyens, des Großherzogtums Baden, Mecklenburgs (Wismar u. a.) u. dergl. m.[2]) gefundenen Gegenſtände können, obwohl ſie alle im aufgeſchwemmten Erdreich (Alluvium) gefunden worden ſind, doch

[1]) Wieder von einigen Gelehrten den unfindbaren Kelten (!!) zugeſchrieben.

[2]) Der Einbaum (aus einem Baumſtamme gezimmertes Boot) in Eichenholz, welcher in den Wahnen unter Torflagern gefunden worden und im Kölner Muſeum aufbewahrt iſt, ebenſo wie neun bei Mainz aufgedeckte Pfähle berechtigen anzunehmen, daſs auch im deutſchen Rheine Pfahlbauten beſtanden haben.

größtenteils mit Beftimmtheit dem fogenannten Zeitalter des reinen Steines zuerkannt werden, wo die Waffen und Gerätfchaften noch keine Spur von Metall aufweifen, während die Pfahlbauten bei Noceto, zu Caftiana, bei Parma und in Pefchiera dem des fogenannten Bronzealters entfprechenden Zeitraume angehören.

Von allen Steinwaffen der Urzeit find es befonders die in Dänemark gefundenen und jetzt in Deutfchland häufig nachgemachten, welche die meifte Vollendung zeigen; fie fcheinen, feltfam genug, anzudeuten, daß die Gefittung dazumal mehr im Norden wie in den mittleren Teilen Europas vorgefchritten war. Es ift indes wohl zu berückfichtigen, daß diefe in aufgefchwemmten Schichten[1]) gefundenen Waffen jünger find als die der Höhlen und der Ablagerungen der Diluvial- oder Quartär-Schichten.[2])

Die gefchliffenen Steinwaffen beftehen zumeift aus Serpentin-Granit, einem Stein von geringer Härte, wenngleich härter als der Serpentin. Außerdem finden fich Waffen aus Chalcedon, Bafalt, Jafpis und Nephrit in verfchiedenen Farben. Der in der Auvergne fo häufig vorkommende Jadac, ehedem zur Anfertigung von Amuletten gegen Rückgratkrankheiten benutzt, weshalb er auch Nephrit (Nierenftein) genannt ift, wurde ebenfalls zu Waffen und Werkzeugen verwandt. Vermutlich waren die Talismane oder Siegerfteine der fkandinavifchen Sögur (Sagas) nichts anderes als Serpentin. Bei den keilförmigen Stückchen, die zu klein find, um als Waffe oder Werkzeug gedient zu haben, fcheint das häufig am breiten Teil vorkommende Loch, das Öhr der Schnur zu fein, an welcher man den Talisman um den Hals trug. Im Norden find diefe Steine ftets grün, eine Farbe, die für die teutonifchen Völker etwas Sympathifches und Symbolifches gehabt haben muß, da fie fich späterhin vorherrfchend in ihren Schmelzarbeiten und Buchmalereien wiederfindet, während das Blau fich in den gleichen Erzeugniffen gallifchen und franzöfifchen Urfprungs befonders bemerkbar macht.

Die Amulette in Hammerform, ja einige Hämmer felbft, waren dem Donner- und Kriegsgotte Thor geheiligt. Die fogenannten Donnerkeile oder Teufelsfinger, welche befonders häufig im Lehm

---

[1]) Anfchwemmungen und Ablagerungen vermittelft des Waffers. «Recente-alluvium».

[2]) Ablagerungen der Eiszeit des jüngften der neuern Zeit vorangegangenen Abfchnittes.

der Mark Brandenburg gefunden werden, find aber verfteinerte Blemniten, alfo keine menfchlichen Erzeugniffe.

Die Vorzeit des klaffifchen Altertums fcheint überall, wie bereits angeführt, gleichzeitig Waffen aus Stein, Bronze und Eifen gekannt zu haben, denn die Mufeen in London und Berlin enthalten mehrere fehr alte Stücke ägyptifchen und affyrifchen Urfprungs.

Die Waffen aus Bronze werden ebenfo häufig im Norden wie auf klaffifchem Boden gefunden. Vielleicht find davon dem Abendlande durch orientalifche Völker zugeführt worden, da fich die Waffen der fogenannten Bronzezeit unter einander mehr ähneln als diejenigen der andern Zeitalter. Auch begegnen, in den fkandinavifchen Sagas, die Eroberer den noch auf fteinerne Waffen angewiefenen Völkern mit Geringfchätzung und nennen fie «Erdteufel». Selbft nachdem Cäfar Gallien erobert hatte, hörte der Gebrauch der Bronzewaffen in diefem Lande noch nicht vollftändig auf und es läßt fich wohl behaupten, daß zu den Erfolgen der Franken das Übergewicht der eifernen Waffen ebenfo beitrug, wie es vordem die Siege der Römer da begünftigt hatte.

Wenn Tacitus (54—134 n. Chr.) über die Germanen in feiner Germania (al. 6) folgendes fchreibt: «Nicht einmal Eifen (?) verarbeiten fie, wie dies aus der allgemeinen Art ihrer Waffen hervorgeht. Wenige haben Schwerter oder größere Lanzen; fie führen nur Speere oder, nach ihrer eigenen Benennung, Framen mit einem knappen und kurzen Eifen (?). Mit diefer nämlichen Waffe kämpfen fie fowohl in der Ferne wie im Handgemenge», fo zeigt dies fowohl Widerfpruch wie große Oberflächlichkeit des römifchen Schriftftellers, da ja in vielen Mufeen Mengen folcher und anderartiger germanifcher Eifenwaffen, aber gar keine gallifchen Eifenwafffen aus diefer Zeit vorhanden find, was auch wieder die echte germanifche Schwäche verfchiedener deutfcher Altertumsforfcher für Zufchreibungen von deutfchen Erzeugniffen an die unfindbaren Kelten feftftellt; Mengen davon müffen ja immer wieder als keltische Erzeugniffe gelten.

Tacitus, welcher keine Kelten anführt und die Germanen als Urbewohner bezeichnet, muß dabei eingeftehen, daß der von den Römern gegen die Germanen bereits feit 210 Jahren geführte Krieg diefelben immer noch nicht unterworfen hatte. «Nicht die Punier», fchreibt er, «nicht die Samnier, nicht Spanien und Gallien, felbft nicht die Parther haben uns fo widerftanden. Schärfer freilich als Arfaces' († 254 n. Chr.) königliche Macht ift die Freiheit der Germanen. Sie, die den Carlo und Scaurus Aurelius und Servilius Cäpio, auch M. Manlius fchlugen oder zu Gefangenen machten, haben fünf konfularifche Heere dem römifchen Volke zugleich, den Varus und unter ihm drei Legionen selbft dem Cäfar entriffen. — Capus Cäfars gewaltige Drohungen find zum Spott geworden, als die Germanen der Legionen Standlager erftürmten und felbft nach Gallien griffen; in der nächften Zeit find fie mehr vom Triumph als in der Schlacht befiegt worden.»

Bei der fchon fo vorgerückten Ausrüftung der Römer konnte die Tapferkeit der Germanen allein nicht zu folchen Ergebniffen führen, ihre Bewaffnung mußte auch fchon eine bedeutend verbefferte fein.

Um nun die europäifchen Waffen aus diefen Zeiträumen, deren Erzeugniffe fich fo ähnlich fehen und zwifchen denen fo häufig Übergangsperioden auftreten, chronologifch ordnen zu können, muß man vor allem die Anlage und Ausftattung der verfchiedenen Gräber kennen.

Die älteften haben als Mitgaben weder Stein- oder Thongebilde, noch Metallgegenftände; nur folche aus Holz, Knochen, Geweihen oder Tierzähnen. — Die hierbei felten aufgefundenen Skelette find meift in hockender Stellung beerdigt und haben mehr flache Schädel. Sehr erhabene, von mehr oder weniger riefigen Steinen (fr. Dolmen, engl. Cremlech, dän. Strendyfer) umgebene und überragte Grabhügel (Hünengräber), deren gewöhnlich mit Steinplatten gefchloffene Höhlung keine verbrannten Knochen und nur fteinerne Waffen enthält, können als fehr alte Gräber angefehen werden.

Eine zweite Kategorie kennzeichnet fich meiftens durch einen weniger erhöhten Grabhügel, durch das Fehlen großer Steinblöcke, wie durch eine aus rohen Steinen, von geringem Umfange, kunftlos dargeftellte Höhlung (die Kegelgräber im Norden Deutfchlands); ferner durch die Urne, welche auf Verbrennung[1])

[1]) Wenn Tacitus in feiner Germania (al. 27) allein von Leichenverbrennung berichtet, fo beweift dies keineswegs, dafs, wie bei den Römern, teilweife auch fchon bei verfchiedenen deutfchen Stämmen das Begraben der Leichen ftattfand.

Bei den Sachfen allein war die Leichenverbrennung felbft noch im 8. Jahrhundert fo allgemein gebräuchlich, dafs Karl d. Gr. diefelbe, fowie das Hügelbedecken der Gräber, bei Todesftrafe den Sachfen verbot (Capitulare paderbrunnense, 785).

der Leichen hindeutet. Hier findet man gewöhnlich bronzene Erzeugniffe, auch wohl Gegenftände aus Gold und Bernftein, aber weder Eifen noch Silber.

Die noch weniger erhöhten Gräber, die faft gänzlich aus Erde beftehen, gehören dem dritten Zeitabfchnitte an, wo die Verbrennung wieder wegfällt und ftatt ihrer die Beerdigung aufs neue eintritt, wo auch die Grabfelder nicht felten von Norden nach Süden liegende Friedhöfe bilden. Diefe Gräber enthalten auch Gegenftände aus Eifen, Silber und Glas.

Sofern es fich um Waffen aus dem Altertum handelt, find vor allem die Denkmale der Ägypter, Affyrer, Perfer und Inder in Betracht zu ziehen. Die Bibel, welche Tubal-Kain als den erften der Metallbearbeitung kundigen Menfchen anführt, enthält befonders eine Stelle (Samuel, 17), welche die jüdifche und philiftäifche Bewaffnung kennen lehrt: «Ein Mann ging hervor aus dem Lager der Philifter, Goliath mit Namen, der trug einen Helm, einen Schuppenpanzer, Beinfchienen und einen Spieß, alles von Erz.» In ähnlicher Weife ift der jüdifche König Saul mit ehernem Helm und Panzer gerüftet. Das Musée judaique im Louvre bietet nichts als einige in Bethlehem gefundene Bruchftücke von drei- und vierkantigen nur glattgefpaltenen, nicht

gefchliffenen Mefferklingen aus Feuerftein, wovon hier verkleinert eine Durchmeffer-Abbildung. Die erften Spuren eines fchon geordneten Kriegswefens finden fich in der Gefchichte Ägyptens vor, man erfieht hier, daß bereits Sefoftris, 2275 v. Chr., ein wohl eingefchultes Heer befaß.

Bei wenigen Völkern des alten Morgenlandes ift man aber über die Bewaffnung genauer unterrichtet, wie bei den Affyrern. Die umfänglichen, von dem reichften Erfolg gekrönten Ausgrabungen der letzten vier Decennien auf den Trümmerftätten am Euphrat und Tigris haben einen überrafchenden Einblick eröffnet in entlegene Zeiten, die bis dahin vor unfer Auge mit dem Staub und Schutt der Jahrtaufende tief überfchüttet, durch die Trugbilder der Sagen von Ninus

---

Teilweife fcheint fich die Cremation bis ins 13. Jahrhundert in Deutfchland erhalten zu haben, da der deutfche Orden 1249 fich veranlafst fah, gegen die Leichenverbrennung aufzutreten.

Zu bemerken ift noch, dafs die Ausftattungen von Beigaben — Waffen, Gefäfse, Schmuck u. dergl. m. —, welche noch bis Ende des Merovingifchen Zeitabfchnitts bei den Franken überall in den Gräbern gebräuchlich waren, durchaus nicht mehr in der Karlingifchen Epoche ftattfanden.

und Semiramis, von Sardanapal und Arbaces bis zur Unkenntlickeit getrübt waren. Das Britifche Mufeum und das Louvre, die Sammlungen zu Berlin, München und Zürich befitzen, teils im Original, teils im Abguß, zahlreiche Denkmale aus Babylonien und noch mehr aus Affyrien, insbefondere eine Menge von den Flachbildnereien, mit welchen die kriegsluftigen Könige die Wände ihrer weiten Paläfte in Niniveh zur Verherrlichung ihrer Thaten, am liebften ihrer Feldzüge und Eroberungen, zu fchmücken pflegten. Dem darftellenden Bilde tritt für den Leichtgläubigen das erklärende Wort (?) zur Seite. Die fchwierige Schrift will man entziffert haben, ja nunmehr Herrfcher und Ereigniffe feftftellen, die bis zu 2800 und felbft 3800 v. Chr hinaufreichen.[1]) Und nicht bloß Babylonien und Affyrien find fo aus ihrem Grabe neu erftanden, auch auf die Gefchichte aller umliegenden Völker, fo der Meder und Perfer im Often, der Syrer und Kleinafiaten im Weften, fallen vielfach merkwürdige Streiflichter. (?)

Niniveh war, wie wir jetzt wiffen wollen, nichts anderes als eine Kolonie von Babylon — diefes vielleicht 2500, jenes um 1900 v. Chr. gegründet —, und fo wäre denn auch die gefamte Kultur und insbefondere die Bewaffnung hier wie dort ganz diefelbe gewefen.

Die Affyrer mögen alfo ein vollkommen geordnetes Heerwefen geftellt haben, wohl gegliedert in verfchiedene Abteilungen, wohl gerüftet mit Waffen zu Schutz und Trutz. Die Schwerbewaffneten trugen einen kegelförmigen Spitzhelm mit Sturmbändern, manchmal auch mit Schiebplatten, oder eine zum Helm umgeformte Eifenkappe mit hohem Kamm; ferner einen Waffenrock aus Leder, wohl aus Büffelhaut, mit Stahlplatten auf der Bruft, oder einen gefteppten Rock mit eifernen oder bronzenen Schuppen. Reichte der Rock nur bis zum Knie, fo fchloffen fich Schuppenhofen und Schnürftiefel an ihn an. Der Schild war rund oder oval, manchmal bis zur Halbkreisform gewölbt, aus Leder oder Metall, wohl auch aus Holz gefertigt. Als Angriffswaffen dienten der kurze Speer, das gerade oder gekrümmte Schwert, das an einem Wehrgehenke auf der linken Seite hing, der reich verzierte Dolch im Gürtel, oft auch die Streitaxt oder der Streitkolben mit eifernen Spitzen. Das leichte Fußvolk, die Bogenfchützen und Schleuderer, hatten einen

[1]) S. über den Zweifel diefer Keilfchrift-Entzifferung die Bemerkung S. 69 in des Verfaffers «Encyklopädie des Beaux-arts plaftiques etc.»

einfacheren Helm oder auch nur eine lederne oder metallene Stirnbinde, wie ſpäter manchmal auch wohl die fränkiſchen Krieger. In der Schlacht bilden die Schwerbewaffneten das erſte und zweite Glied in knieender oder etwas gebückter Stellung, damit die Bogenſchützen und hinter dieſen noch die Schleuderer, über die Vormänner hinwegſchießen konnten.

Eine weitere Abteilung des Heeres waren die Streitwagenkämpfer, die Bogen, Speer und Streitaxt führten, und zu denen auch der König und die Anführer gehörten. In der Regel läuft neben dem reich geſchirrten Zweigeſpann noch ein Erſatzpferd her. Auf dem zweirädrigen Wagen ſtehen meiſt drei Männer: der Wagenlenker, der Bogenſchütze und der Schildträger, alle mit Panzerhemden, die nur die Arme freilaſſen, und mit Schuppenbeinkleidern verſehen. Zuweilen iſt auch das Pferd vom Kopfe bis zum Schwanz durch einen vollſtändigen Lederpanzer geſchützt. — Endlich war noch zahlreiche Reiterei vorhanden, die einen langen Speer oder den Bogen, ſelten einen Schild, dafür aber ein kurzes Maſchenpanzerhemd mit Hinterſchurz trugen. Sattel und Sporen fehlten anfänglich, und Steigbügel kannten die Alten überhaupt nicht.

Vielfach ſind auf den aſſyriſchen Flachbildnereien Belagerungen dargeſtellt. Neben Einſchließungswällen und Minen werden vor allem die Sturmböcke mit dickem eiſernen Knopf oder ſpeerförmiger Spitze angewendet; ſie befinden ſich in vierrädrigen, mit Fellen auch Flechtwerk bedeckten Wagengeſtellen oder im unteren Stockwerk eines beweglichen hölzernen Turmes, und werden oft auf einem ſchief aufgeſchütteten Damm herangeſchoben. Weiter ſieht man Maſchinen zum Schleudern von Wurfgeſchoſſen, um Breche in die Mauern zu legen oder die Verteidiger von weitem zu treffen, alſo Balliſten und Katapulten, deren Erfindung den Aſſyrern zugeſchrieben wird. In der Form weichen dieſe Maſchinen von den griechiſchen und römiſchen wenig ab. Die Belagerten ſuchen mit Pfeilen, Steinen und Feuerbränden ſich zu wehren, oder auch den Sturmbock mit Ketten oder Seilen aufzufangen. Bei dem Sturm auf die Feſtung klimmen die Schwerbewaffneten, das Schwert an der Seite, in der Linken den Schild, in der Rechten den Speer, auf Leitern, während die Bogenſchützen unter dem Schutz von mannshohen Schilden mit gekrümmter Spitze oder mit einer Art Dach, einen Pfeilregen gegen die Feinde auf der Mauer entſenden.

Wie Babylonier und Affyrier fich in ihrer kriegerifchen Rüftung nicht von einander unterfchieden haben, obwohl die weitere Ausbildung des Heerwefens den letzteren zukommt, fo werden auch medifche und perfifche Bewaffnung in allem Wefentlichen gleich gewefen fein. Doch befitzt man über jene gar keine monumentale Darftellungen, über diefe nur wenig Flachbildnereien, namentlich zu Perfepolis, der von Darius Hyftafpis (521—485) gegründeten und von feinen Nachfolgern vergrößerten Burg und Grabftätte der Achämeniden (558—330); aber auch darunter keine kriegerifchen Scenen, fondern nur feierliche Aufzüge von Bewaffneten bei Hofe. Der Perfer führt da neben dem Schwert und dem breiten Dolchmeffer den kurzen Speer, die Streitaxt oder die Schleuder, am häufigften aber den Bogen. An die Stelle der Kappe, die faft die Form des Faltenhuts der franzöfifchen Magiftratsperfonen hatte, trat im Laufe der Zeit der metallene Helm mit Feder- oder Roßhaarbufch, Sturmband, über einander gelegten Schiebplatten, vielleicht auch mit beweglichem Vifier. Der Waffenrock, wie die Hofe aus Leder, wurde immer mehr mit eifernen Schuppen bedeckt oder durch Bruftplatten verwahrt. Darüber zogen die Großen ein Purpurgewand an. Der ovale oder auch länglich viereckige Schild war aus Flechtwerk, mit Leder überzogen. Mit Vorliebe fochten die Perfer zu Pferd, nach dem Vorgang der Meder, deren Land die Heimat der edelften Roffe war. Die Reiterei trug entweder eine fchwere Rüftung oder einen leichten Schuppenpanzer. Auch die Pferde waren oft durch Stirn- und Bruftplatten oder durch eine vollftändige Lederdecke gefchützt. Der König kämpfte nach alter Sitte, die ebenfo in Affyrien, wie in Syrien und Ägypten beftand, meift vom Streitwagen herab, den Bogen in der Hand, im vollen Schmuck. Die Perfer find vielleicht auch die Erfinder des Senfen- oder Sichelwagens, bei dem an der Spitze der Deichfel, mitunter auch am Wagenkaften, immer aber an der Achfe, fcharfe, fichelförmige Eifen angebracht waren. Auch die zahlreichen Mithrasdenkmale, welche den Gott in phrygifcher Mütze oder Glockenhelm nach etruskifcher Form und mit kurzem Dolch zeigen, wollte man fchon zu Rekonftruktionen altperfifcher Bewaffnung benutzen; allein diefelben ftammen aus viel fpäterer Zeit, meift erft aus dem 2. Jahrhundert n. Chr. — Unter den Neu-Perfern, den Arfaciden (250 v. Chr. — 226 n. Chr.) und Saffaniden (226—651) war die fchwere Reiterei felbft berühmt Der befiederte Stahlhelm mit Vifier, der Kettenpanzer von Kopf bis zu Fuß, der kleine

Schild, der eingelegte Speer, Gefchirr und Panzerung der Roffe, alles erinnert da an die Rittergeftalten ausgangs des Mittelalters. Ein gewölbter Bronzehelm der Saffanidenzeit (im Britifchen Mufeum) hat viele Ähnlichkeit mit dem deutfchen Glockenhelm des 10. Jahrhunderts.

Was die Ausrüftung der von den Indern, Affyrern, Perfern wie fpäter von den Griechen und Römern im Kriege benutzten Elefanten anbelangt, fo ift Sicheres darüber nicht vorhanden. Die Form des Turmes, welcher das Hauptausrüftungsftück der Kriegselefanten war, mag einigermaßen bekannt fein, aber die plaftifchen Darftellungen deffelben an oftindifchen Tempeln find noch nicht aufgenommen und außer ihnen hat kein Denkmal eine Darftellung desfelben überliefert. («S. weiteres darüber S. 439 im Handbuch der bildenden und gewerblichen Kunft» des Verfaffers — Leipzig, bei K. Scholtze, fowie «Armandie», His. Mil. des Elephants. Paris 1843).

Seit der Eroberung des Landes durch die Araber (651) unter mohammedanifchen und mongolifchen Herrfchern nimmt die neuperfifche Bewaffnung einen mufelmännifchen Charakter an. Während der Regierung der Dynaftie der Sophis (1501—1736) haben die perfifchen Waffen kaum in den Formen gewechfelt und gleichen fich alle. Die Buchmalereien einer von Anfang des 17. Jahrhunderts tagzeichnenden Abfchrift des Sahah Nameh (Heldenbuch), das den Dichter Firdufi (999) zum Verfaffer hat und fich in der Bibliothek zu München befindet, zeigen diefelben Formen der Helme und diefelben Waffen, welche man heute noch in Perfien findet. Von dorther ift auch der türkifche Krummfäbel zu uns gekommen, deffen franzöfifcher Name (cimiterre) aus dem perfifchen chimichir oder chimchir abgeleitet wurde; in Deutfchland nannte man diefe Waffe auch wohl Seymitar. Der römifche Krummfäbel (acinaces), ein Urahne des deutfchen Säbels, der fchon bei den Daciern und am linken Ufer des Rheins im 4. Jahrhundert bekannt war, wurde in dem übrigen Mittel-Europa nach dem erften Kreuzzuge eingeführt.

Ohne weitere Berückfichtigung des mythifchen Altertums, in welches die Hindu ihren Urfprung und ihre Gefchichte verlegen, möchte es doch wohl zuläffig fein, die erfte bekannte Dynaftie ihrer Könige, der mehre, nur aus den Niederfchlägen ihrer poetifchen Litteratur einigermaßen bekannte Gefittungs-Zeitabfchnitte vorausgingen, ins Jahr 1500 v. Chr. zu verſetzen. Es iſt zu beklagen, daß die engliſchen Statthalter, welche in Indien auf einander folgten, nicht mehr von den zahlreichen und großartigen Überreſten einer alten Geſittung geſammelt haben, mit denen der Boden noch jetzt bedeckt iſt. Die wenigen in dem Britiſchen und dem South-Kenſington-Muſeum aufbewahrten Bildwerke ſind unzulänglich, und weder das Louvre- noch das Berliner Muſeum beſitzen etwas von dieſen ſonderbaren ge- drehten und gewundenen Figuren im Geſchmack der kirchlichen Bildwerke der Rococozeit vom Ende des 17. und Anfang des 18. Jahrhunderts. Keins der altindiſchen Denkmale und Baureſte reicht aber über die Zeit des Buddhismus, dem 542 v. Chr. geſtorbenen vierten Buddha, wenn nicht ſelbſt nur bis 250 v. Chr., der Regie- rungszeit des Königs Aſoka, hinauf. Es ſind demnach keine Denk- male vorhanden, die dem Studium über die Bewaffnung der alten Inder zur Grundlage dienen könnten. Im South-Kenſington-Muſeum ausliegende Photographien einer Anzahl Baureſte von Tempeln, Paläſten und in Granit gehauenen Denkſteinen, zeigen, daß die Inder ihre Kriegsthaten nicht auf Bauwerken zu verherrlichen pflegten. Unter den Bildnereien ſind es nur die wenigen Steine von Ben- januggur, die Hunguls, welche kriegeriſche Scenen zur Darſtellung bringen, und dieſe reichen auch, mit einer Ausnahme nur, nicht weiter, als bis zu dem der erſten Hälfte des chriſtlichen Mittelalters ungefähr entſprechenden Zeitraume. In Indien ſelbſt ſind wohl öfters (wie zu Ellora) Götterkämpfe, aber äußerſt ſelten menſchliche Kriegsauftritte dargeſtellt worden. Solche finden ſich nur zu Sanchi in Central- indien. Es ſind Flachbildnereien, welche die Portale eines Tope, d. h. buddhiſtiſchen Grabhügels ſchmücken, die aber auch nur wenige Jahrhunderte hinaufreichen.

Der Vorwurf ſtellt die Belagerung einer Stadt dar, mit Zügen von Fußvolk und auf Roß und Elefant reitenden Anführern. Pfeile und Steine ſind hier die Wurfgeſchoſſe.

Außerdem beſitzt man faſt nur noch, im Muſeum zu Peruſcha- pura-Poſchara, die weiterhin, im Abſchnitte der Hindu-Bewaffnung abgebildete Gruppe, welche ſehr verworren Krieger ohne Helme und in Schuppenpanzer darſtellt. Bekannt iſt ſonſt, daß die alten Inder, außer dem Bogen, auch Wurfkeulen und Wurffchei- ben, wie ſolche heute noch die Siks, als Geſchoſſe handhaben, ſowie mit ſechs Mann beſetzte Streitwagen im Kriegsgebrauch hatten.

Die Figuren des oben beſchriebenen Topes ſtellen feſt, daß die Bewaffnung der Hindu ſich bezüglich ihrer Angriffswaffen wenig geändert hat: nur mit dem Helme iſt eine gründliche Änderung vorgegangen ſeit dem Anfange des 14. Jahrhunderts unſerer Zeitrechnung, als der arabiſche Geſchmack anfing, eine Rückwirkung auf diejenigen Elemente auszuüben, die ihm ſelbſt zuvor eine andere Richtung gegeben hatten. Was Java anbelangt, ſo vermag allein das ſchöne Standbild der Kriegsgöttin im Berliner Muſeum, des Schwertes wegen, einen ſchwachen Anhalt für die ehemalige Bewaffnung der altzeitigen Bewohner dieſer Inſel zu geben.

Obſchon Ägypten chronologiſch vor Babylon einzureihen iſt, ſo nimmt das Land in der Geſchichte der Waffen doch eine ſo untergeordnete Stellung ein, daß es geraten erſchien, die aſſyriſche Waffe vorgehen zu laſſen.

Ägypten, deſſen Bewohner ſich von Hauſe aus mehr dem Ackerbau und den Wiſſenſchaften als dem Kriegsleben zuneigten, weiſt in ſeinen Denkmalen viel weniger kriegeriſche Scenen als die der Aſſyrer auf, namentlich in den Zeiten des alten Reiches (4000—2200 v. Chr.). Indeſſen reichen die Flachbildnereien von Theben und anderen Orten im Verein mit den Waffen, die im Original in den Muſeen zu Paris, London, Berlin u. ſ. w. aufbewahrt werden, immerhin aus, um eine ziemlich genaue Vorſtellung von dem ägyptiſchen Kriegsweſen zu gewinnen. Man ſieht das Fußvolk bei Trompeten- und Trommelklang mit verſchiedenen Feldzeichen in vortrefflicher Ordnung einhermarſchieren. Die Schwerbewaffneten, oft in eine Phalanx zuſammengedrängt, führen Speer, Streitaxt, Schwert oder Dolch und großen Schild; die Bogenſchützen, denen die Schleuderer zur Seite ſtehen, ſind noch mit Beil, Sichelſchwert oder hölzerner Wurfkeule nebſt kleinem Schild verſehen. Seit den glänzenden Tagen der 18. und 19. Dynaſtie (1600—1300 v. Chr.), unter denen das Pferd überhaupt erſt genannt wird, bilden die Wagenkämpfer, den König an ihrer Spitze, den erleſenſten Teil des Heeres. Die zweiräderigen Wagen ſind von vortrefflicher Arbeit und mit mancherlei Zierat geſchmückt. Das edle Geſpann trägt reiches Geſchirr, öfters Decke und wallenden Federbuſch. Nach dem Xenophon zugeſchriebenen περὶ ἱππικῆς (Kap. II, A 9—11) ſchützten die Ägypter um 400 v. Chr. ihre Wagenpferde mit doppelten geſteppten Decken, die an Kopf und Hals noch mit Metall beſetzt waren. Dagegen kommen Reiter auf Denkmalen nur äußerſt ſelten vor. Auch im Feſtungsbau waren die Ägypter bewandert.

Betrachtet man die einzelnen Waffen näher, ſo iſt ſichtlich der Speer zum Stoß wie zum Wurf gebraucht worden. Die Schwertklingen beſtehen, wie die in blauer Farbe auf Wandgemälden abgebildeten zeigen, in der Regel aus Eiſen. Ein zweiſchneidiger Dolch aus Bronze im Berliner Muſeum mag in hohes Altertum zurückreichen, während die wenigen Dolche aus demſelben Metall im Louvre durch ihre Form auf griechiſchen Urſprung hinzudeuten ſcheinen, wiewohl ſie in Ägypten gefunden wurden. Die Schwertſcheide umgiebt gewöhnlich nur die nach vorn zu gekehrte Seite des Schwertes; an die Stelle der gekrümmten Wurfkeule trat ſpäter die gerade, eiſerne Stabkeule, am oberen Ende mit Metallkugel, am unteren mit einem Haken zum Handſchutz (oder zum Faſſen der Waffe des Gegners?) verſehen. Eine andere eigentümliche Waffe iſt das Tem, eine Keulenſtreitaxt mit gekrümmter Schneide, welcher eine oben hinzugefügte Kugel zugleich die Wucht einer Keule gab. Der Bogen iſt manchmal ſo groß, daß der Schütze beim Spannen das eine Ende mit dem Fuß auf dem Boden feſthalten muß, um das andere mit der Hand niederzudrücken. Die Pfeile beſtehen aus Rohr und haben eine Gabel zum Auffetzen auf die Sehne; die Spitze iſt aus Eiſen oder Erz, wohl auch aus Stein. Der Schild, der öfters faſt Manneshöhe hat, unten viereckig, oben abgerundet, iſt mit einem durch einen Deckel verſchließbaren Loch verſehen, um den Feind, ohne ſich ſelbſt bloß zu ſtellen, beobachten zu können. Zum Kopfſchutz dient bei dem Könige ein hoher Helm, mit der Königsſchlange geziert; ſonſt in der Regel eine anliegende Kappe aus Leder oder Filz, oder auch einfach eine Zeughaube mit oder ohne Troddeln, die mit der Schellenkappe des Narren im Mittelalter oder mit dem Helm des indiſchen Hungul Ähnlichkeit hat.[1]) Den Leib deckt ein Lederpanzer, oft mit breiten Metallbändern. Der König trägt ein Panzerhemd aus buntfarbigen Metallſchuppen. Priſſe d'Avesnes in ſeinen ägyptiſchen Denkmalen giebt die Zeichnung eines ſolchen, das nach der Inſchrift auf einer der Bronzeſchuppen die, 20—25 cm meſſen, aus der Zeit der 18. Dynaſtie (ca. 1400 v. Chr.) ſtammt. Das Panzerhemd aus Krokodilshaut im Belvedère zu Wien mag auch ſehr alt ſein. Arm- und Beinſchienen aus Erz ſind ein Vorzug des Königs

[1]) Im Muſeum zu Leyden befindet ſich ein deutſcher Helm aus dem 12. Jahrhundert, welcher irrtümlich da den Ägyptern zugeſchrieben iſt und auf eines Mummenhaupte (!) gefunden ſein ſoll.

und feiner vornehmften Krieger. Auf einem Relief zu Theben trägt ein verwundeter Krieger eine Art Kapuze, ohne daß man jedoch angeben kann, ob diefes Stück zu der kriegerifchen Rüftung oder zu der gewöhnlichen Kleidung gehörte.

Von den alten Arabern ift hinfichtlieh ihrer Ausrüftung faft gar nichts bekannt. Man weiß nur, daß bis zu Mohammeds Regierung Pferde faft gar nicht vorhanden waren und das Kamel, welches gänzlich das Pferd erfetzte, gemeinlich zwei Bogenfchützen trug. Hinfichtlich der fpäteren arabifchen Waffen, ift der Lefer aufs Regifter verwiefen.

Obfchon die Chinefen ihrer Gefchichte ein noch viel unwahrfcheinlicheres Alter als die Oftindier der ihrigen zufchreiben, aber doch wohl den Anfpruch erheben können, daß ihre Gefittung zu den älteften gehört, fo bieten ihre Waffen, obfchon nicht recht künftlerifch behandelt, für den Sammler und Altertumsforfcher wenig Reiz, ebenfo wie die Japans, deffen Gefchichte erft mit dem Jahre 667 v. Chr. beginnt und wo von den bis jetzt 122 fich folgenden «Mikados» der erfte 585 v. Chr. zur Herrfchaft gelangt.

Wie überall faft im Morgenlande, zeigen fich die Formen der chinefifchen und japanifchen Waffen unverändert Jahrhunderte hindurch, weshalb alle folche Waffen von viel geringerem Intereffe als die europäifchen find, wo wechfelnder Formenreichtum dem Studium kriegerifcher Ausrüftungen gefchichtlicher, ja felbft vorgefchichtlicher Zeitabfchnitte ein weites Feld darbietet. Es wäre deshalb überflüffig, diefe wie alle andere folche orientalifchen Waffen (indifchen, türkifchen u. dergl. m.) im befonderen Abfchnitte zu behandeln. Jede Gattung davon befindet fich in den Sonderabfchnitten der Waffenarten chronologifch eingereiht und im Verzeichnis angeführt.

Was die Bewaffnung der Phönicier betrifft, fo haben Nachgrabungen in den Trümmern ihrer Städte felbft keine Ergebniffe geliefert. Doch ift aus ägyptifchen Denkmalen bekannt, daß die Syrer fchon im 16. Jahrhundert einem Pharao u. a. Kriegswagen, Rüftungen, Helme und Streitäxte als Tribut abzuliefern hatten. Ferner find auf Infeln des ägyptifchen Meeres und in den neuerfchloffenen Gräbern von Mykenä phönicifche Waffen aus Kupfer und Erz gefunden worden. Kadmos, der mythifche Gründer der phönicifchen Niederlaffung in Theben, galt den Griechen ja felbft als Erfinder der ehernen

Rüftung. Feft fteht jedenfalls, daß die Phönicier die Metalle, welche die Bergwerke in der Heimat und in der Fremde ihnen lieferten,

Phönicifcher Helm mit fturmbandförmigen Nackenfchutzftäben, fowie einem Knopfbügel als Glockenverftärkung. Nach einem alten phönicifchen Tongefäße.

vortrefflich zu bearbeiten verftanden. — Auch auf der fchon früher (13. Jahrh.) von ihnen befetzten Infel Cypern, die befonders viel Kupfer (daher cuprum benannt) darbot, ift durch neuere Ausgrabungen eine reiche Ausbeute an phönicifchen Arbeiten gewonnen worden. Indeffen fcheint die weiterhin abgebildete Thonfigur der Zeit nicht aus der phönicifchen, fondern der perfifchen Herrfchaft (feit 525 v. Chr.) zu ftammen.

Etrurien, Griechenland und Rom haben glücklicherweife genug Waffen hinterlaffen, an denen fich die Werkweife in der Hauptform wie in der Ausführung der einzelnen Teile offenbart, und befonders von den Zeiten an, wo diefe Länder blühten, läßt fich ihre Gefchichte der Waffen nach den zahlreichen in Mufeen aufbewahrten Stücken aller Art begründen und verfolgen. Was aber fcythifche, fowie famnitifche Waffen anbelangt, ift nichts Beftimmtes feftzuftellen. (S. im Spezialabfchnitt der griechifchen Waffen, weiteres darüber.)

Da die Kriegskunft oder Heerführungskunde (Strategie) ebenfo wie die Kunft und die Kunde der Truppenaufftellung (Taktik) und die Kampf- und Gefechtslehre (Machetik), ja felbft das Berechnen der Heeresftärke (Stratarithmetik), auch die Kriegslagerkunde (Stratopedie) und die Kriegsübungen (Armiludiae) bei den Griechen wie bei den Römern bereits über eine vollftändige Kriegslitteratur (Stratographie) verfügten, fo bleibt es fchwer erklärlich, daß nichts Befonderes und Vollftändigeres hinfichtlich der Ausrüftungsftücke in allen ihren Einzelheiten von den Alten hinterlaſſen worden iſt und deshalb alles darauf Bezughabende hier und da aufgeleſen werden muß.

Die Angriffs- und Verteidigungswaffen der Griechen in der homeriſchen Zeit (1000 J. v. Chr.) beſtanden alle aus Bronze, obgleich das Eiſen, wie bereits angeführt, lange ſchon bekannt war. Die Verteidigungsrüſtung zeigt den Helm von Erz mit Roßſchweif, den Stückpanzer (Θώραξ), beſtehend aus Bruſt- und Rückenſchild (jeder Teil aus einem Stück gegoſſen oder geſchmiedet) oder auch den Panzer mit Schiebplatten, die nach Art der Dachziegel geformt waren und wo auch noch Panzerflügel (πτεῖρυγες) vorkommen; ferner den großen konvexrunden Schild oder den kleinen Schild leichter Truppen, den pelta (πέλτη) (beide mit einem, wie auch und häufiger mit zwei Trägern, d. h. ein Hand- und ein Armbügel, ſowie mit einer Schildfeſſel (τελαμών), an welcher der Schild über der linken Schulter getragen wurde.) Es ſcheint, daß die Schildfeſſel auch anfänglich als Handhabe diente, da Herodot (500 v. Chr.) die Erfindung der Schildhandgriffe ſeinen Landsleuten, den Karern, zuſchreibt. Knemiden oder Beinſchienen vervollkommneten die Rüſtung. Angriffswaffen waren: Hieb- und Stoßſchwert mit gerader Klinge, anfangs kurz und breit, ſpäter lang, zweiſchneidig mit ſcharfer Spitze und einer Scheide von viereckiger Form, ſtets zuerſt an der rechten Seite, in jüngſter Zeit an der linken[1]) hängen, ſowie das Parazonion, ein kurzer, breiter Dolch, eine Art Ochſenzunge, der an der linken Seite getragen wurde. — Der Speer von 11—15 Fuß Länge mit breiter, langer und ſcharfer Schneide, gegen die Öſe zu abgerundet, in der Mitte mit einer Kante, diente gleichzeitig zum Wurf und Stoß. — Der eigentliche Wurfſpieß, eine Art von langem Pfeile, hatte ein Amentum, einen Wurfriemen. Die Griechen hatten damals keine Reiterei, es fehlte ihnen ſogar an einem Ausdrucke, der die Handlung des Reitens wiedergab; es mag darin die Urſache liegen, daß auch die franzöſiſche Sprache kein Hauptwort kennt, um das Reiten im allgemeinen zu bezeichnen.[2]) Selbſt in der

[1]) Da Homer nirgends erwähnt, auf welcher Seite ſeiner Zeit (10. Jahrhundert) das Schwert getragen wurde und auch aus dem ſpäteren noch ſogenannten «heroiſchen Zeitabſchnitte» der drei folgenden Jahrhunderte (9., 8. und 7.) Vaſenbilder mit Menſchengeſtalten gar nicht angefertigt worden ſind, ſo iſt Sicheres darüber erſt durch Vaſenbilder vom 6. Jahrhundert bekannt, wo das Schwert links, ſpäter aber, wie bei den Römern, und auch wie früher bereits bei den Griechen, an der rechten Seite hing.

[2]) Monter à cheval, ou chevaucher, im Fr., aber reiten im allgemeinen, ſo als auf Eſeln, Kamelen u. a. m., kann man nur durch «monter» ausdrücken, da

Iliade, wo das Wort für «Reiter» fteht (z. B. XI. Gefang, da, wo Agamemnon den Pifander von feinem Streitwagen ftürzt), find nicht fowohl Reiter als Wagenkämpfer gemeint. Die Wagen waren gewöhnlich zweiräderig, «über der Deichfel befeftigt am Pedare» u. f. w. — «Die zwei Pferde zogen den Wagen mittels an der Deichfel (ὀρυμός) befeftigter Iochs (τορυγόν), fpäter am Kummet (ταινία)» — u. a. m. — S. Ilias XVI. Gefang. Indeffen fpricht Homer, wie fein jüngerer Zeitgenoffe Hefiod, auch von auf Pferden ftreitenden Amazonen und von den aus Roß und Mann zufammengefetzten Centauren; Priamus und Sarpedon hatten ja die Amazonen bekämpft. Ferner kommt im XI. Gef. der Ilias eine Stelle vor, wo es heißt, daß «Reiter — Reiter töteten», und daß die «dröhnenden Fußtritte ihrer Roffe eine ungeheuere Staubwolke aufwirbelten», — aber auch dies fcheint nur eine Bildform zu fein, da Agamemnon alles vom Streitwagen herab tötet. Was nun eine «Reiterei», d. h. eine Abteilung berittener Krieger anbelangt, fo gefchieht in Homers Dichtungen nirgends davon auch nur die geringfte Erwähnung, aber auf dem Nereidendenkmal (der jüngeren attifchen Kunftfchule?) ift ein verwundeter, vom Pferde herabhängender Krieger dargeftellt. In noch fpäterer Zeit, um 400 v. Chr. (nach anderen aber um 700 v. Chr.), fügten die Griechen indeffen ihren Heerkörpern außer der Wagenreiterei die Pferdereiterei fowie Schleuderer-Abteilungen hinzu. Der Pfeilbogen war bereits, fowohl bei den Griechen wie bei den Trojanern, Zeitens Homers, eingeführt, von erfteren galten die Kreter als befonders gewandte Schützen. Im IV. Gefang 105. f. d. Iliade wird der Bogen des Pandaros als aus 16 Palmen (4 Fuß) langen Hörnern einer wilden Ziege dargeftellter gefchildert, wovon eins der Enden beim Abfchießen auf dem Erdboden geftützt ift und wozu Pandaros einen bereits befiederten Pfeil aus dem Köcher zieht. Diefer Bogen hatte alfo 8 Fuß Länge.

Zu Homers Zeiten warf man auch noch große Steine nur mittels der Hände, fchoß aber wie gefagt mit Pfeilen, — gefchickte Schleu-

---

chevaucher allein für Pferde reiten anwendbar ift. Das Berliner Mufeum befitzt eine Vafe von Orviedeto, wo Pferde mit leitenden, aber nicht mit reitenden Kriegern abgebildet find. Auf folchen Vafenbildern fpäterer Zeit, fo unter andern auf einer archäifchen Hydra der Sammlung des Prinzen Vidoni (fchwarze Figuren auf gelbem Grunde 500—400 v. Chr.) find fchon Pferdereiter dargeftellt, häufiger aber kommen felbft auf Vafen diefer Zeit Stierreiter vor. Auch Amazonen zu Pferde trifft man häufig in folchen Abbildungen an (fiehe weiteres hierüber im Abfchnitt d. gr. Waffen.

derer gab es noch nicht. In der Ilias (XIII. Geſang) wird ein
einziges mal dieſe Waffenart erwähnt: «Die Lokrer zogen mit
Bogen allein aus und mit Schleuder». Die weiter hinten abgebildeten
Eicheln (βάλανος) oder Schleuderbleie gehören alſo ſpäteren Zeiten an.

Aeneias (4. Jahrh. v. Chr.), der altzeitigſte griechiſche Kriegs-
ſchriftſteller, ſpricht im 29. Abſchnitt ſeiner «Verteidigung der Städte»
von Linnenpanzer, von aus «Weidenruten geflochtenen Helmen
und Schilden mit ledernen und hölzernen Handhaben».

Aſklepiodotos hat u. a. Nachfolgendes über die griechiſche
Heereseinrichtung und Bewaffnung hinterlaſſen: «Die Hopliten oder
Schwerbewaffneten hatten große Schilde, Panzer, Beinſchienen und
lange Spieße makedoniſcher Art» (alſo ſehr lange). «Die «Peltaſten
oder Pfilen», die Leichtbewaffneten, hatten weder Beinſchienen
noch Panzer, kleineren Schild (Pelta) und kürzeren Spieß, aber auch
Wurfſpieße, Schleuder und Pfeilbogen.»

Die Reiterei beſtand aus drei verſchiedenen Abteilungen: den
Nahekämpfern, wovon Mann und Roß völlig geharniſcht, wo der
Spieß lang und der Schild lang und viereckig war; den Fern-
kämpfern, den Tarantinern, die aus Bogenſchützen und Skythen
beſtanden, und den Mittelkämpfern einer leichten Reiterei (Ela-
phroi). Die makedoniſchen Schilde waren von Erz, ein wenig hohl und
hatten acht Spannen im Durchmeſſer, die Spieße 10—12 Ellen Länge.

Mit Ceryx (κῆρυξ) bezeichnet man den Herold oder Aufſeher den
Fetialis und die Legati der Römer). Derſelbe war durch das Tragen
eines Steckens (κηρύλειον, caduceus) kenntlich.

Griechiſcher Herold (Ceryx, κῆρυξ)
in einer panzerartigen Bekleidung
und einer Koptbedeckung (arkadi-
ſcher Hut?), mit breitem Schirm,
der den Eiſenhüten des Mittelalters
ähnelt und auch wohl aus Metall
(Bronze) zu ſein ſcheint. In der Hand
hält der Herold den ſein Amt be
zeichnenden Stecken. — Nach einem
im Louvre befindlichen Vaſenbilde,

Der öffentliche Ausrufer, welcher mit Trompetenton Verkündigungen kundgab, hieß aber auch Ceryx.

Aelianus berichtet ferner, daß die Pfilen oder leichtbewaffneten Fußkämpfer doch ftatt des Panzers, Koller trugen und daß zu der damaligen fchweren Rüftung Helme oder arkadifche Hüte (?), Beinfchienen und Schuppen- oder Eifenketten-Panzer gehörten. Was unter arkadifchem Hute verftanden wird, ift nirgends zu finden. Wahrfcheinlich aber war dies auch ein Helm.

Schon von 401 v. Chr. ab waren bei den Griechen durch ausländifche angeworbene Fernkämpfer Truppen gebildet worden, welche mit Bogen und Schleudern, aber ohne jegliche Schutzrüftung kämpften, und deshalb den Namen Gymneten (Nackte) trugen.

Vom griechifchen Gefchützwefen find noch vorhandene Exemplare nirgends bekannt und die von Köchly und Rüftow, nach Heron (100 v. Chr.) und Philon (150 v. Chr.) zufammengeftellten Wiedergaben mehr oder minder hypothefifch. Außer dem armbruftartigen Handballiften oder Gaftrapheten, welcher weiterhin abgebildet ift, beftanden die bei den Griechen aus um 400 v. Chr. vorkommenden Gefchützen, in Katapulten oder Pfeilgefchützen und in Lithobolen oder winkelfpannenden Steinwerfen.

Die etrurifche Bewaffnung, welche hier zum Teil der fpätergriechifchen vorangeftellt werden follte, zeigt in dem erften Zeitabfchnitte phönicifche Einwirkung, wurde jedoch in der Folge von Griechenland beeinflußt, das feit der Gründung zahlreicher Anfiedelungen in Italien (vom 8. Jahrhundert an) zu Etrurien in naher Beziehung ftand. Später verliert die etrurifche Bewaffnung ihren Sondercharakter und geht völlig in der römifchen auf.

Über die etrurifche Ausrüftung ift man durch einige Vafenbilder und Gräberfunde unterrichtet. Sie beftand aus Helm, Bruft- und Rückenpanzer, Beinfchienen, Rund- oder Langfchild. Die Etrusker führten bereits das Pilum, wie ein Fundftück aus einem Grabe aus Vulci beweift.

Diefe Bewaffnung zeigt auffallende Ähnlichkeit mit der römifchen zur Zeit des Servius Tullius (um 550 v. Chr.). «Später jedoch findet man, mit der fortfchreitenden Entwickelung der römifchen Kriegskunft, auch da eine der größeren Beweglichkeit der einzelnen Heeresbeftandteile entfprechende Umwandlung der Bewaffnung. Der Thorax der Königszeit wurde bei dem Fußvolke für alle Zeiten durch die Lorica (Leder- oder Kettenpanzer) verdrängt. Die Reiterei, in frühester Zeit der Kern des Heeres, trug damals jedenfalls die ehernen Bruſt- und Rückenpanzer; ſpäter jedoch, nachdem ihr Charakter, als der einer adeligen Ritterkaſte immer mehr ſchwand, nahm auch ſie eine leichtere Bewaffnung an, bis zu Polybios' Zeit (geb. 202 v. Chr.) die ſchwere griechiſche Rüſtung wieder in Gebrauch kam.» Unter Chalkaſpiden verſtand man mit Erzſchildern bewaffnete Krieger.

Die Kenntnis der römiſchen Bewaffnung iſt zum Teil Werken von alten Schriftſtellern zu entnehmen, zum Teil aus bildlichen Darſtellungen zu ſchöpfen, welche ſich auf Triumphbögen, Ehrenſäulen Italiens und auf den weniger reichen, aber ſehr zuverläſſigen Grabdenkmalen finden. In den Muſeen und Sammlungen iſt verhältnismäßig wenig von römiſchen Waffen vorhanden und dieſe ſind meiſt ſchlecht erhalten. Die römiſchen Gräber enthalten zwar Geräte jeder Art, aber keine Waffen. Die Römer gaben dem Krieger die Attribute ſeines Standes nicht ins Grab mit.

Für früh-römiſche Waffen bieten faſt nur die etruskiſchen Vaſenbilder Anhaltspunkte, da anzunehmen iſt, daß die Ausrüſtung der Römer mit den dieſen umgebenden Völkern Italiens übereinſtimmend war.

Die erſten ſicheren Nachrichten über die Ausrüſtung der bis 5000 Mann ſtarken Legionen findet man in den Schriften des Polybios, der etwa um das Jahr 160 v. Chr. darüber ſchreibt.

Das römiſche Heer dieſer ſpäteren Zeit, welches in geregelten Abteilungen (Manipeln) aufgeſtellt wurde, ſetzte ſich zuſammen aus Schwerbewaffneten (Hopliten), Leichtbewaffneten (Veliten) und Reiterei. Die erſte Gattung beſtand aus den Principes, Hastati und Triarii. Sie waren alle gleichmäßig bewaffnet mit ehernem Helm, der mit Kamm und Federn geſchmückt war, Scutum (Langſchild), Beinſchienen (Ocrae), Pilum und Gladius (kurzes Schwert). Die Principes trugen den Ringpanzer, die übrigen aber nur eine eherne Bruſtplatte von mäßiger Größe. Die Triarier führten ſtatt der Haſta (Speer mit kleiner Klinge) auch das Pilum (Wurfſpeer mit langer Eiſenklinge). Die Veliten hatten ebenfalls das kurze Schwert, ferner die Parma (*πάρμη*) einen leichten runden Schild, leichte Wurfſpeere und ſpäter eine helmartige Kappe aus Leder (Pileatus). Von den Reitern berichtet Polybios nur, daß ihre Bewaffnung der der Griechen ähnlich ſei. Die Veliten, ein leichtes Fußvolk, wurden aus den Jüngſten und Unbemitteltſten des Volkes gehoben und bildeten bei jeder Legion von 6000 eine Abteilung von 1200. — Den Namen Velites trugen in Frankreich auch unter Napoleon, welcher bekanntlich alles Römifche nachgeäfft hat, leichte Truppen.

Accenfi militari hießen urfprünglich die überzähligen Truppen, beftimmt, um die durch den Tod in den Legionen verurfachten Lücken auszufüllen. Später bildete man aber damit befondere Kohorten, die zu der levis armatura oder zu den leichtbewaffneten den letzten Zug, hinter den Rorarii (Nachhut) bildenden Truppen gehörten, welche faft ohne Waffen nur zum Steinwerfen benutzt wurden (pugnis et lapidibus depugnubant). Siehe davon auf der Trajanus-Säule.

Claffiarii hießen die für Schiffskämpfe gedrillten Truppen (Marine-Soldaten), worunter aber auch die nautae (Matrofen) und remiges (Ruderer) inbegriffen waren.

Sagittarii, Fußbogenfchützen und sagittarii equites, berittene Bogenfchützen waren römifche Hilfstruppen, worunter auch Germanen, von fehr mangelhafter Bewaffnung. (Siehe die Antonius-Säule.)

Man nannte die, mit Lebensmitteln, Waffen und fonftigem perfönlichem Gepäck (sarcina) beladenen Truppen Impediti, im Gegenfatze zu den Expediti, den leichtbewaffneten Hilfstruppen, velites, (fr. tirailleurs) und den fchwerbewaffneten Legionares, welche beide ohne Gepäck marfchierten. Als auch letztere unter Marius († 86 v. Chr.) ihr Gepäck tragen mußten, nannte das Volk fie muli Mariani (Mariusfche Maulefel).

Parmatus hieß der mit dem Rundfchild, der parma, verfehene Reiter, wie auch die damit Bewaffneten des leichten Fußvolks.

Während der Kaiferzeit trugen die Schwerbewaffneten Helm, Panzer, Scutum, Beinfchienen (ocreae), Gladius, Dolch (pugio) und Pilum; nach Vegetius auch eine Anzahl von Wurfpfeilen (plumbati), welche an der Innenfeite des Schildes getragen wurden. Die Reiter, welche nach nur römifcher Art ausgerüftet waren, hatten Helm, (lorica), Panzer, Schwert (spata), Schild, den Contus (einen Speer, welcher oben und unten mit Spitzen verfehen war) und den Köcher (pharetra) mit mehreren Wurffpießen. Auch Streitkolben, mit Stacheln verfehen (clavae), werden als eine Waffe der römifchen Reiter erwähnt.

Die Leichtbewaffneten trugen Helm, das kurze Schwert (Gladius), Schild, Wurffpeer (tragulae?) und zum Teil den Panzer.

Nur bei den fremden Hilfstruppen war auch der Bogen (arcus), in ausgeftreckter (Patulus)-Form, wo zwei Hörner ähnliche Stücke vereinigt find, im Gebrauch. Mehr halbzirkelförmige Bogen (Sinuofus- oder Sinuatus-Form), wie bei den Griechen kamen aber auch bei den römifchen Hilfstruppen vor, nur manchmal die fcythifche Form. (Siehe dazu weiterhin Abbildungen, fo wie die eines Bogenfchützen der Hilfstruppen im Mufeum zu Mainz vorhandenen Cippus.) Die fremden Bogenfchützen zu Pferde hießen Hippotoxotae.

Der römifche Helm beftand oft aus Leder mit Metallbefchlag (diefe Art ift bei den alten Schriftftellern meift mit galea bezeichnet), wenn aus Metall hieß er caffis (ἀρχυρ). Urfprünglich war das Material Erz; unter Camillus (ca. 350 v. Chr.) wurde der Eifenhelm eingeführt, welcher jedoch allezeit nur den Kerntruppen zugeteilt war. Cataetix hieß ein anderer, ein ganz niedriger, aber den Kopf umfchließender Lederhelm. Die Form des Metallhelmes näherte fich dem alten griechifchen; er ift mit Nackenfchutz, Sturmbändern und einem Stirnfchild verfehen; das letzte ift nach oben gerichtet und dient zum Schutze der von oben kommenden Schwerthiebe. Die Reiterhelme zeichnen fich oft durch ftarke Rippen und Runzeln aus, welche wie Locken geordnet waren. Diefe Rippen vermehrten die Widerftandsfähigkeit des Helms bedeutend, deren Zier (Apex) oft mit Haarbufch (crifta) verfehen war. Die hörnerartige, corniculum genannte Zier, ähnlich den griechifchen Antennen, war eine den Mutigen bewilligte Auszeichnung.

Die lorica (θώραξ), der Panzer, war bei den Römern vielartig und fehr namenreich. Urfprünglich nur aus Leder, an den Achfeln, fowie an dem unteren Ende gemeinlich in eine oder mehre Reihen von Streifen auslaufend, welche letztere von den griechifchen Panzerflügeln abftammten. Dazu kamen zwei Schulterfchutze, ebenfalls von Leder.

Die lorica hamata[1]) war der Ringpanzer.

Die lorica fegmentata, der Schienenpanzer, wo die Schienen meift wagerecht den Leib umfchloffen.

[1]) Die Römer kannten fpäter auch fchon die Doppelmafche, mit welcher die Ringbrünnen des Mittelalters gebildet find, wie dies der im Wiesbadener Mufeum befindliche Gürtel wohl feftftellt.

Lorica certa und hamis concerta, fowie lorica squamata und lorica plumata waren alle Benennungen des Schuppenpanzers.

Die lorica fegmentata (neulateinifche Bezeichnung), von der kein Exemplar bis auf uns gekommen ift, war ganz eigenartig dargeftellt und aus zwei Hauptteilen, wie der Stückpanzer für Bruft- und Rücken beftehend. Beide Stücke waren vorn durch Schnallen, auf dem Rücken mit Scharnieren verbunden. Um den Rücken liefen fünf bis fechs ebenfalls mit Scharnieren verfehene Bänder, welche vorn geknüpft wurden.

Über oder unter der Lorica trugen die römifchen Soldaten das Cingulum, ein breiter, faft ftets mit Metall befchlagener Hüftengürtel, wovon ein fchurzartiges Riemenwerk — gleichzeitig ein Schutz und ein Abzeichen — von vier bis fechs Streifen, welches ebenfalls mit Metallftücken von verfchiedener Form und Art verfehen ift, herabhing.

Der Gladius, das kurze Schwert, hat eine breite, zweifchneidige an der Spitze verftärkte aber kurze Klinge mit kräftigem Griffe, der gewöhnlich aus Holz beftand. Pugio hieß bei den Römern der vorn getragene, clunaculum, ein auf dem Rücken getragener Dolch, wie letzterer auf der Trajan-Säule abgebildet ift. Die Reiterei führte Schwerter von größerer Läge (Spata).

Nach Polybios wurde das Schwert, befonders von den Legionarii equites[1]) rechts getragen. Jofephus berichtet daffelbe von den Reitern, dagegen hatte nach feiner Angabe das Fußvolk im erften Jahrhundert das Schwert links und den Dolch rechts.

Das Pilum, welches, wie oben erwähnt, fchon bei den Etruskern im Gebrauch war, beftand aus einer langen Eifenftange mit geftählter Spitze, welche mit dem hölzernen Schafte gleicher Länge fehr feft verbunden war. Jeder Teil hatte (nach Polybios) $4^1/_2$ Fuß und die ganze Waffe alfo 9 Fuß Länge. Es gab kleine und große Pila. Der Schwerbewaffnete führte deren zwei, ein fchweres und ein leichtes. Die Waffe hat, fo lange fie im Gebrauch war, manche Veränderungen erfahren, welche fich aber nur auf die Art der Verbindung des Eifens mit dem Holze, auf Länge und Gewicht bezieht; ihr Handgriff bietet ähnliches mit dem Turnierfpeer des Mittelalters.

Über die Form der Hafta und des Contus (Reiterfpeer) hat man keine deutlichen Überlieferungen. Die Fundftücke, welche da-

[1]) Leichte aus dreihundert Mann beftehende Reiter-Abteilung, wovon immer eine jeder Legion beigegeben war.

von vorhanden find, fowie einige Reliefs, geben keine deutliche Auskunft. Der Contus war fchon der griechifche Reiterfpeer zu Alexanders Zeit.

Die Wurfpfeile (plumbati, auch Matiobarbuli) des Vegetius find durch ein Fundftück im Wiesbadener Mufeum vertreten. Dasfelbe weift eine kurze mit Widerhaken verfehene Spitze auf, unterhalb welcher ein Bleigewicht befeftigt ift. Dadurch wird die Wucht des Wurfes verftärkt. Das Schaftende der Wurfpfeile war indeffen gefiedert.

Das Scutum (θυρεός), ein vier Fuß hoher Schild, hatte gekrümmte Form, wahrfcheinlich fchon zur Zeit des Polybios. Diefe Waffe beftand aus zwei Lagen Holz, welche auf einander geleimt waren, um dauernd ihre Krümmung zu behalten. Das Holz war mit Fell oder Leder überzogen und gewann durch Metallbefchlag (Rand und Mittelrippe) bedeutend an Feftigkeit. Auch fehlte dem Schilde nicht der verfchiedenartigfte Metallfchmuck. Ehe das Scutum aufkam, war der Clipeus (ἀσπίς) (ein größerer Rundfchild) gebräuchlich, der aber fpäter verdrängt wurde. An feine Stelle trat der bereits oben erwähnte kleine Rundfchild, Parma genannt. Es gab auch noch eine fechseckige Schildform, welche auf rheinifchen Grabfteinen vorkommt und Cetra hieß der von Riemen angefertigte kleine Rundfchild, deffen fich aber wohl nur die Afrikaner, Spanier und alten Bretonen bedienten. Die runde (?) fchottifche Tartfche foll davon abftammen.

Beinfchienen (ocreae) waren in der frühen wie in der Verfallzeit gebräuchlich, alfo auch während der Blütezeit der römifchen Herrfchaft üblich. (Siehe weiterhin die Abbildung des Centurio Feftus.)

La galiga, ein gefchloffener, mit Nägeln befchlagener Schuh (clavus caligaris), welcher mittelft den Spann und die Knöchel bedeckende Riemen befeftigt wurde, war die gemeinliche Fußbekleidung der römifchen Soldaten, Centurionen, aber nicht die der höheren Offiziere. (Siehe die Abbildung des Feldzeichenträgers — Signifer) — Da aber auch Legionare (fiehe das Grabdenkmal des Valerius Coispus im Mufeum zu Mainz) und darunter Adlerträger — (aquilifer) — (fiehe das Grabdenkmal im Mainzer Mufeum) mit einfachen Soleae, d. h. mit fandalenartigen, aus Rie-

[1]) Bei den noch vorhandenen Denkmalen hat diefer Schild aber niemals folche Länge und mifst gemeinlich nicht mehr denn drei Fuss.

menwerk beftehenden Fußbekleidungen angetroffen werden, fo fcheinen diefelben Veränderungen unterworfen gewefen zu fein.

Die Bewaffnung der römifchen Cirkus-Fechter (gladiatores, von gladius, Schwert) war eine von der militärifchen faft gänzlich verfchiedene und rührte mehr unmittelbar von der etrurifchen her. In Etrurien hatten ja diefe fcheußlichen Kämpfe unfprünglich bei Leichenfeiern an Stelle von Menfchenopfern ftattgefunden.

Das erfte römifche Schaufpiel eines Gladiatorenkampfes fand zu Rom 264 v. Chr. statt.

Unter dem wachfenden Einfluffe des Chriftentums ist die Gladiatura (Cirkus-Fechtkunft) erft anfangs des V. Jahrh. ausser Brauch gekommen.

Die Gladiatoren waren in Scharen (familiae) eingeteilt und wurden durch verfchiedene größere Städte in dazu errichteten Anstalten (ludi gladiatorii) von Unternehmern, Auffehern, (lanistae) — welche gleichzeitig die Lehrer waren und deren Gehalt Gladiatorium hieß, — in ftrenger Manneszucht gehalten; sie beftanden aus Schwer- und Leichtbewaffneten. Zu den erfteren gehörten die Gegenkämpfer der Retiarii, die Secutores, deren Bewaffnung aus Panzer, auch dem hopliten-förmigen Helm, großem viereckigem Schilde und langem Dolch beftand — die Samis und Samniten mit auf beiden Seiten durch Flügel (pennae) gefchloffenen Helmen, mit dem Scuta, geradem Schilde, auch Beinfchienen (ocrae) und einem rechtarmigen Schutz (manica). Ihre Gegner waren die ähnlich bewaffneten Procatores; — ebenfalls von Kopf bis zu Fuß gerüftet, Hoplomachi (auch nach dem Keltifchen (?) «Cruppellarii» genannt), und die Eques, d. h. die berittenen Gladiatoren-Mirmiliones mit gallifchen Helmen, die Thraces oder Parmulari, bildeten den Übergang von fchwer- zu leichtbewaffneten Gladiatoren. Letztere hatten offene Helme, den kleinen viereckigen Schild (parma threcidia) und die rechte Armberge; ihre Angriffswaffe war ein gekrümmtes, Sica genanntes Dolchmeffer.

Die leichtbewaffneten Fechter bestanden aus den Retiarii ohne Schutz-Rüftung, mit dreizackiger Gabel (Fuscina tridens) und dem Jaculum, einem Fangnetz (rete); — aus den Laquetores, die sich nur von den Retiarii dadurch unterfchieden, daß fie ftatt des Jaculum oder Netzes, ein Lasso, die Wurffchlinge (laques), führten.

Man nannte Catervarii (im Gegensatze zu den Ordinarii oder angelernten Gladiatoren) alle ungedrillten Fechter, welche in Scharen kämpften; Dimachaeri, die in beiden Hände Schwerter Führenden, Postulaticii alle Überzähligen, welche zur Mittagszeit die Müden erfetzten und Suppofititii, die an der Stelle Erfchlagener zu Tretenden.

Der Bestiarius war ein untergeordneter Gladiator, für den Venatio, d. h. den Tierkampf.

Unter Arenarii begriff man alle und jede Art von Cirkus-Fechtern, und Rueliarius wurde der abgedankte Gladiator benannt.

Den Impressario, welcher grosse Cirkus-Darftellungen veranstaltete, nannte man Munerarius, und Spoliarium hieß man die Totenkammer, wo der erfchlagene Fechter entkleidet wurde.

Pugil (πύκτης) hieß der Fauftkämpfer (in pugillatu cestare — als Fauftkämpfer auftreten), welcher ganz nackt kämpfte und nur die Unterärme mit auf Lederftreifen befeftigten Metall-Kügelchen (caesti) umwickelt hatte, was den Fauftampf viel blutiger machte. (S. weitere Einzelheiten über die römische Bewaffnung in dem Sonderabschnitt darüber).

Die Naumachiae (v. gr. naus, Schiff, und maché, combat ναυμαχία), Schiffs- oder Seegefechtsspiele, welche in den gleichnamigen dazu eingerichteten künstlichen Wafferbecken ftattfanden, können gewiffermaßen auch zu den Gladiatoren-Vorftellungen gerechnet werden. (S. Suet. Tib. 72; Tit. 7.)

Die Römer befaßen Kriegsmafchinen wie die Griechen. Außer dem Senfenwagen (?), der aus Perfien ftammt, wandten fie auch die Widder an, die fchon im alten Teftament, im XXI. Kap. 22 V. des Hefekiel (599 v. Chr.) erwähnt find, wo es heißt, daß «der König von Babylon feine Böcke führen laffe wider die Mauern von Jerufalem».

Im allgemeinen bezeichneten die Alten den Sturmbock (Widder) mit Aries. (Siehe die Abdildung davon.)

Unter den Sturmmafchinen find vor allem zwei Arten hervorzuheben: die Katapulte (Tormentum), welche große Pfeile (trifat) oder Speere, auch wohl Brandpfeile fchleuderten, die Ballifte[1]), deren Wurfgefchoffe ftärkeren Umfangs, befonders mächtige Steine waren.

---

[1]) Selbft in Deutfchland hatten die Römer Balliften-Niederlagen, fo unter andern in Boppart a. Rh. (Baliftari Bondobricae).

S. im Abfchnitte «Die Kriegsmafchinen oder Mafchinengefchütze» alle Einzelheiten über die römifchen.

Manche dieſer Geſchoſſe hatten die Geſtalt der an beiden Enden zugeſpitzten Barren und trugen zuweilen in Griechenland, wie die Schleuder Eicheln (βάλανος) die Inſchrift ΔΕΞΑΙ (empfange), was durch mehrere bei den Ausgrabungen gefundene Exemplare aus Blei erwieſen iſt. Die Griechen nannten die Katapulte mit wagerechter Schußlinie Euthytona und die Katapulte mit Bogenwurf Palintona.

Es gab auch eine Art Schwingmaſchine, den Tolleno, mit zwei Körben, die dazu diente, die Krieger in die belagerten Plätze zu verſetzen. Rhodios ſpricht ferner in ſeinem περὶ πολεμικῆς τέχνης etc. (Athen, 1868) von einer tragbaren Katapulte oder Balliſte, einer der Armbruſt unſeres Mittelalters gleichenden Waffe, deren Beſchreibung und Bezeichnung er nach byzantiniſchen Handſchriften giebt; indes läßt ſich doch bezweifeln, ob dieſe Art von Armbruſt — die Rhodios Gaſtraphetes (ſ. weiterhin die Abbildung) nennt, weil der Armbruſtſchütze ſie gegen ſeinen Leib ſtemmen mußte — bis zu den älteren Zeiten der Griechen zurückgehe, obwohl allerdings in den Zeiten der Seleuciden Handballiſten (auch Skorpione genannt) vorkommen. (S. d. Abſchnitt Kriegsmaſchinen.)

Zwei wenig bekannte Denkmale im Muſeum zu Puy bekunden auch, daß bei den Römern ſchon eine Art Armbruſt in Gebrauch war, deren Namen, Arcubalista und Manubalista, Flavius Vegetius Renatus, ein lateiniſcher militäriſcher Schriftſteller vom Ende des 4. Jahrh. n. Chr., in ſeinem dem Kaiſer Valentinianus zugeeigneten «De re milit.» (II, 15, IV, 22) bereits anführt. Die erſte dieſer Flachbildnereien, welche beide weiterhin abgebildet ſind, befindet ſich auf einer zu Polignac-sur-Loire, 1831 gefundenen Grabmal-Säule (Cippus); die andere auf einem in römiſcher Villa ausgegrabenen Frieſe.

Aus der Einleitung ist es dem Leſer bekannt, daß mehrere dieſer Maſchinen, die von Hero, Philo und Vitruv beſchrieben und von ihnen Catapulta euthytona, Catapulta oxybetes und Catapulta scorpio genannt wurden, für die Sammlung Napoleons III. wiederhergeſtellt worden waren. Sie befinden ſich jetzt im Muſeum zu St. Germain. Was den Polyſpaſt oder die Krähe des Archimedes anbetrifft, ein Inſtrument, das ganze Schiffe in die Höhe hob und zertrümmerte, ſo iſt es nicht näher bekannt geworden; indes läßt ſich wohl annehmen, daß es ein mit Haken verſehener Krahn war, und auch dazu diente, den Kopf des Widders zu faffen, deffen zum Rollen eingerichtete Verdeckung Schildkröte genannt wurde. Rhodios hat ferner in feinem intereffanten Werke auseinandergefetzt, daß feine Vorfahren, die Griechen, fogar Explofionsmafchinen, eine Art Kanonen mit komprimierter Luft befaßen, welche wahrfcheinlich wie unfere Windbüchfen eingerichtet waren.

Sambuca hieß die Sturmleiter (fiehe Feftus s v.; veg. mil. IV, 21.)

Bronzene, mehr oder weniger nach phönizifchen oder griechifchen Muftern angefertigte Waffen find in den Gräbern faft aller der europäifchen Völker gefunden worden, welche die Römer Barbaren nannten; jedoch find die Waffen des fkandinavifchen Kontinents, d. i. Dänemarks und Nordweftdeutfchlands, gleich den dänifchen aus der Steinzeit, vollkommener als die Waffen der anderen nördlichen Länder und ftehen fogar den griechifchen und römifchen wenig nach. Die in den Mufeen von Kopenhagen und London aufbewahrten Exemplare, in letzterem den angelfächfifchen und britifchen Erzeugniffen eingereiht, zeigen deutlich, mit welcher Kunft jene Völker damals fchon das Metall zu bearbeiten verftanden und die Verschiedenheit der Lokalformen widerfpricht der Anficht «der Einfuhr derfelben von Etrurien». Die Verteidigungswaffen des fkandinavifchen Kriegers fcheinen der runde oder längliche Schild, der Panzer und der Helm gewefen zu fein. Die großen Kopfreifen geben aber der Vermutung Raum, daß die Helme nur von den Anführern getragen wurden, wie das bei den Franken und überhaupt bei den Germanen, sowie bei den Galliern, allgemein der Fall war. Der bronzene Helm mit Hörnern, welcher in der Themfe gefunden wurde und fich jetzt im Britifchen Mufeum unter den nationalen Waffen befindet, möchte wohl dänifchen Urfprungs fein, fo gut wie der neben ihm aufgeftellte Schild.

Ein im Thorberger Moor in Schleswig aufgefundener Larven-Helm von Silber, dem 3. Jahrhundert n. Chr. angehörig (fiehe weiterhin die Abbildung) gehört zu diefen Anführer-Helmen.

Was nun die kelto-gallifchen und niederbretonifchen Waffen aus Bronze angeht, fo verwickelt fich die Frage noch mehr. Es wäre fchwierig, wenn nicht gar unausführbar, für die auf franzöfifchem Boden gefundenen ftreng unterfchiedene Kategorien feftzuftellen. Alles erfcheint dabei unficher. Selbft die meißelförmigen Kelte, jedenfalls Klingen des Javelot (Wurffpeeres), welche fich durch ihre gerade, mit beweglichen oder feſten Ringen, auch Lappen[1]) verſehene, zur Befeſtigung des Wurf-Riemens (Amentum) dienende Tülle auszeichnen, ſind ebenſo oft in Rußland als in Frankreich, Italien, Deutſchland und England gefunden worden, was die Unmöglichkeit einer genauen Einteilung hinreichend beweiſt. Die keltiſchen (?) Völkerſchaften waren überall und beſſer nirgends.

Zu der Bewaffnung des Galliers[2]), welche noch zu Cäſars Zeit, ſelbſt bezüglich der Schwerter und anderer Angriffswaffen, nur aus Bronze hergeſtellt wurde, gehören koniſche, ſehr ſpitze Helme, wie deren im Muſeum zu Rouen und zu Falaise zu ſehen ſind, jedoch wahrſcheinlich nur von den Anführern, den Brennen, getragen wurden. Ganz ſicher läßt ſich indes die Form dieſer Waffe nicht feſtſtellen, weil ganz ähnliche Stücke auch in Poſen und im Inn in Bayern gefunden worden ſind. Im Bayriſchen Nationalmuſeum kommt dieſe Waffe unter der Bezeichnung ungariſcher oder avariſcher Helm vor. Der Panzer ſoll, wie bei den Römern, aus zwei ganzen Stücken beſtanden haben, wie ſolche in dem Artilleriemuſeum zu Paris, in dem von St. Germain und im Louvre zu ſehen ſind. Die Verteidigungsrüſtung wurde durch den Schild vervollſtändigt. Die Bildnereien des Sarkophags in der Vigna Ammendola und die Flachbildnereien des Triumphbogens zu Orange zeigen dieſen Schild unter zwei verſchiedenen Formen, die eine im Oval, die andere im länglichen Viereck und in der Mitte breiter als an den Enden. Die Angriffswaffen waren ſpäter: die Streitaxt in ihren verſchiedenen Geſtalten, zu denen man auch den ſchon erwähnten Kelt zu rechnen pflegt, den ich jedoch ausſchließlich nur für die Klinge eines Wurfſpeeres halte; beſonders aber das Schwert in ſeinen Abarten, ſei es das kurze griechiſche, ſei es das dreiſchneidige ohne Scheide, wie eine Flachbildnerei auf dem Sockel der Melpomene im Louvre es darſtellt; endlich der Wurfſpeer (Javelot, der germaniſche Ger) als Stoß- und Wurfwaffen und der Bogen. Auf den aus Pergamos ſtammenden Gallierſtandbildern (circa 230 v. Chr.) ſieht man den

[1]) Die Kelte (von Keltis, Meiſsel) bieten zwei Hauptabteilungen: Hohlkelte und Schaftkelte. Letztere, d. dän. Paalstave, haben gemeinlich nur Lappen zum Befeſtigen an den Stielen, erſtere hingegen haben dazu Tüllen und ſind hohl. Ringe oder Öfen für die Riemenbefeſtigung ſowohl wie für das Amentum kommen faſt nur bei den Hohlkelten vor.

[2]) S. weiterhin die vom Verfaſſer nach der in dieſem Werke abgebildeten Fundſtücke zuſammengeſtellte Ausrüſtung des galliſchen Kriegers.

großen fechseckigen Schild und das kurze breite Schwert mit Scheide. Die gallifche Eber-Standarte, welche fich auf einem Basrelief des Triumphbogens zu Orange befindet, deutet durch ihre Form den Einfluß an, welchen die römifche Bewaffnung fchließlich auf die der Gallier ausgeübt hatte. Im Mufeum zu Prag befindet fich ein folches Feldzeichen aus Bronze, das in Böhmen gefunden worden ift.

Über die germanifchen Waffen der fogenannten Bronzezeit[1]) herrfcht eine ebenfo große Ungewißheit, wie über die der Gallier. Die zahlreichen, auf dem Gräberfelde zu Hallftadt in Oberöfterreich angeftellten Ausgrabungen, bei denen mehr als taufend germanifche Gräber geöffnet worden find, haben diefe Ungewißheit noch vermehrt. Steinerne, bronzene und eiferne Waffen fanden fich hier in buntem Gemifch. Die Helme, welche in diefen Grabftätten gefunden wurden, gleichen durchaus denjenigen mit doppeltem Kamme im Mufeum zu St. Germain, welche gewöhnlich den Etruskern und Umbriern, von einigen auch fogar den Kelten (?) zugefchrieben werden. Ein anderer aber ift in Spiralform aus dickem Draht hergeftellt.

Faft in allen britifchen Waffen, die in den Mufeen Englands ausgeftellt find, erkennt man die dänifchen Formen wieder, und bei den Waffenfunden zu Hallftadt fehlte der Kelt niemals. Das kurze Schwert erinnert überall an das griechifche (*Ειφυς*), den kurzen Gladius, deffen eigentümliche Form bei dem fkandinavifchen fowohl als auch bei dem germanifchen wiederkehrt. Was gewöhnlich keltifches Schwert genannt wird, ift eine Bezeichnung, die ebenfo völlig unbeftimmt und ungenügend ift, wie die diefes Volkes felbft.

Alle in Rußland und Ungarn gefundenen Bronzewaffen folcher entlegenen Zeiten beftehen faft ausfchließlich in Streitäxten und Speerbefchlägen, worunter mehrere ruffifche fich durch Widderköpfe auszeichnen.

Diejenige Periode, welche fehr unpaffend als «Zeitalter des Eifens» bezeichnet wird, follte folgerichtig mit dem Ende des fünften Jahrhunderts, d. h. mit dem Untergange des abendländifchen Reiches aufhören; indes wird fie häufig verlängert, mitunter fogar bis an das Ende der Regierungszeit der Karlinger, was allerdings fehr bequem, aber um fo weniger richtig ift. Unbedingt muß die Epoche, welche

[1]) Siehe weiterhin die vom Verfaffer nach den in diefem Werke abgebildeten Fundftücken zufammengeftellte Ausrüftung des Germanen der Bronzezeit.

der Herrfchaft des Rittertums vorausgeht, das 7. und 8. Jahrhundert, als Ende des fogenannten Eifenalters angefehen werden.

Es ift bereits bemerkt worden, wie das Eifen zwar zu allen Zeiten bekannt war, jedoch im höheren Altertume hinter der leichter zu bearbeitenden Bronze zurückftand, und daß auch fpäterhin feine immer allgemeinere Verwendung für die Anfertigung von Angriffs- und Verteidigungswaffen die Bronze nicht ganz aus dem Gebrauche verdrängen konnte. Die Römer hatten frühzeitig den Vorzug der eifernen Waffen vor den bronzenen begriffen, weshalb fie denn auch bald das letztere Metall nur noch zur Anfertigung ihrer Verteidigungswaffen benutzten. Es ift hier nochmals zu wiederholen, daß der römifche Soldat im Jahre 202 v. Chr. keine bronzenen Angriffswaffen mehr führte, und es ift anzunehmen, daß im zweiten punifchen Kriege die neue Waffe nicht wenig zu den Siegen der Römer über die Karthager beitrug. Die wenigen eifernen Waffen, welche in den gallifchen Gräbern und hauptfächlich auf den catalaunifchen Feldern (bei Chalons, Departement der Marne), mit Waffen aus Bronze vermifcht, aufgefunden und im Mufeum von St. Germain aufgeftellt worden find, fcheinen mehr germanifchen Urfprungs zu fein, da fie den in Tiefenau und Neuchâtel in der Schweiz gefundenen Schwertern, die man den wegen ihrer Eifenarbeiten fo geprie fenen Burgundern zufchreiben kann, in vieler Beziehung gleichen. Das im Jahre 450 durch die fyftematifchen Metzeleien der Römer verwüftete Helvetien wurde um das Jahr 500 durch die Burgunder, die fich des Weftens bemächtigten, durch die Alemannen, die den ganzen Strich, der noch heute von der deutfchen Zunge beherrfcht wird, einnahmen, und durch die Oftgoten, die fich im Süden niederließen, wo vornehmlich italienifch, franzöfifch und romanifch gefprochen wird, wieder bevölkert. Die Burgunder waren ftark und groß, die lange Angel ihrer Schwerter deutet auf große Hände. Eine Axt und zwei eiferne Lanzenbefchläge, die bei dem Dorfe Onswala (Bara-Schonen) in der Schweiz gefunden wurden, beweifen ebenfalls durch ihre abweichenden Formen, daß fie einem anderen Volke als dem gallifchen und fränkifchen und darum vielleicht auch dem burgundifchen angehört haben.

Die Bewaffnung der Völker germanifchen Stammes der Bronzezeit ift zum großen Teil unbekannt; was man darüber weiß, befchränkt fich einzig darauf, daß Speer (der Ger im Altdeutfchen[1]), Axt oder

[1]) Oder Gehr, wovon German, Germanen (?) S. Angon, Framea, Javeline, Javelet, Trajula, Jacula und Inculatum.

Hammer und Schwert zu ihren Lieblingswaffen gehörten, und daß fie viereckige Schilde, von 8 Fuß Höhe bei 2 Fuß Breite, aus geflochtenen und mit Tierhaut überzogenen Weiden, mit grellen, namentlich roten und weißen Farben bemalt hatten. Diefe Schilde wurden fpäterhin durch andere runde Schilde aus Lindenholz mit einer eifernen Randeinfaffung und Nabel erfetzt; es find viele folcher eifernen Gerippe von runden Schilden mit ftark vorfpringendem Nabel gefunden worden, eine Form, die bei den fränkifchen Stämmen in befonderer Gunft geftanden zu haben fcheint; — fie waren ebenfalls von Lindenholz und mit mehreren Lederlagen bedeckt.[1]) In Sigmaringen, Bayern, Heffen, Schlefien, England und Dänemark find ganz diefelben Schilde in Gebrauch gewefen. Alanen und Goten führten, nach einem römifchen Diptychon, um 500 n. Chr., einen fünf- oder fechseckigen Schild. Die Streitaxt der nordgermanifchen Stämme weicht in ihrer Form von der anderer germanifchen Stämme des Südens ab. Die Franziska (f. w. h.) der Eroberer Galliens findet fich nirgends in Mitteldeutfchland, wo überall die fächfifche breite Axtform vorherrfchte. Bronzefpangen, welche einen Bruftpanzer bildeten, find im Germanifchen Mufeum zu Nürnberg vorhanden und das einzige bekannte Überbleibfel eines germanifchen Eifenpanzers aus diefen Zeiten wird im Mufeum von Zürich aufbewahrt; es ift auf dem Landftriche gefunden worden, wo ehemals die Alamannen wohnten, und eine fehr merkwürdige aus kleinen Schuppen beftehende Arbeit. Die im 5. Jahrhundert faft fchon verfchwundenen Quaden waren allem Anfcheine nach von den Sueven diejenigen, welche damals Rüftungen aus Horn befaßen, ebenfo wie die aus dem Kaukafus ftammenden fcythifchen Alanen mit ihren ungeheueren Speeren und Rüftungen aus Hornplättchen und die Finnen mit ihren Knochenpanzern. Vom 8. Jahrhundert ift ein Derbyfhire in germanifch-fächfifcher Helmegeftell gefunden worden,

[1]) «Kund ihm war es, dafs Holz ihm nimmer helfen mochte, die Linde gegen die Lohe.» (Beowulflied vom VIII. Jahrh.)

«Deckend fich gegen den Schufs mit fiebenfältigem Schilde» (v. 733).

«Und nun fuhr durch den hölzernen Schild, überzogen mit Rindshaut» (v. 776).

«Aber die Deckhaut hielt das zerbrochene Holz zufammen» (v. 1035) v. (Walther von Aquitanien).

Die Skandinavier nannten den Lindenholzfchild einfach: «Linde», den Speer «Afker» und ihren aus Ulme und Eiche gefertigten Bogen «Alma».

welches mit Hornplatten bedeckt war. (Siehe die Abbildung davon im Abfchnitte der Helme.)

Hinfichtlich folches frühen Hornfchutzes hat der Dichter-Kompilator der Nibelungen das vom Drachenblute erzeugte «Gehörnen» («Hurnin, des fnidet in kein Wappen») wohl von einer früher gebräuchlichen Hornrüftung bei den Burgundern bildlich, wie Homer hinfichtlich Achilles, gebraucht, d. h. wie diefer um die eine Stelle, wo die Rüftung Blößen ließ, feine Erzählung gedreht; auch hat er wohl die bereits fertige Fabel nachgefchrieben. Der verwundbare Punkt befand fich beim «gehörnten Siegfried» zwifchen den Schulterblättern, wo das Panzerhemd anfänglich zufammengefchnürt wurde, alfo an der Stelle, welche am wenigften gefchützt war. Der Euhemerismus[1]) ift demnach wohl die Grundlage hinfichtlich beider Fabeln. Daß aber auch bei den Sachfen Hornfchutze gebräuchlich waren, kann durch den bei Bentygrange (Derbyfhire) gefundenen Hornhelm als feftgeftellt angenommen werden. (Siehe auch v. 1464 des Beowulfliedes.)

Was ferner für die Exiftenz folcher Ausrüftungen fpricht, ift die Anführung des Chroniften, daß: «1115 vor Köln im Heere Heinrichs V. eine Schar mit undurchdringlichen «Hornharnifchen» vorhanden war («Loricis corneis ferro impenetrabilibus» — Pantal. chr. Wurdt. Colon. chr. St. Pant., 915).

Schuppenpanzer, auch von gebranntem Leder, «corium», wie «boltriftum» benannt, kommen, befonders in England, bis zum 13. Jahrhundert vor, und da die Übergangsrüftung von der großen Ketten- oder Mafchenbrünne zur eifernen Schienenrüftung aus ledernen oder hörnernen Schienen beftand, fo mögen derartige Harnifche felbft wohl noch am Ende des 13. Jahrhunderts und anfangs des 14. Jahrhunderts ftellenweife im Gebrauch gewefen fein.

Auf römifchen Denkmalen fieht man germanifche Schleuderer das Gefecht eröffnen, öfters auch germanifche Reiter. Eine Szene der Trajansfäule zeigt die Erftürmung eines Kaftells an der Donau oder Theiß durch Fußvolk mit Bogen, Schild, Keule und Sturmbock, fowie durch germanifche Reiter, die famt ihren Pferden vollftändige Schuppenpanzer tragen.

---

[1]) Die Doktrin des Euhemeros, eines griechifchen Philofophen, welcher lehrt, dafs alle Götter nichts als vergötterte Menfchen find — fowie dafs alles Fabelhafte in der Götterlehre immer auf etwas Wirklichem geftützt ift.

Die Bewaffnung der Franken ift von allen Stämmen der germanifchen Völkerfamilie die am meiften bekannte; den Befchreibungen einiger Schriftfteller (Sidonius Apollinarius, und 450 unferer Zeitrechnung, Procopius, Agathias, Gregorius v. Tours etc.) und den zahlreichen Nachforfchungen in den merowingifchen Grabfeldern ift es zu verdanken, daß die Bewaffnung des gewaltigen fränkifchen Kriegers faft vollftändig wieder hergeftellt werden kann.[1]) Seine Verteidigungsrüftung beftand, wie die der Germanen diefer Zeit überhaupt, aus einem Schilde, der klein, rund, gewölbt und auf Eifengeftell aus Lindenholz angefertigt, etwa nur 50—55 cm im Durchmeffer hatte. Obfchon der gemeine Krieger, deffen Kopf oft zum Teil gefchoren war und der, ähnlich wie der Chinefe, den Reft feiner («um Furcht zu erregen») rotgefärbten Haare geflochten, aber über der Stirn aufeinander gelegt trug, fchon in diefer eigentümlichen Kopfausrüftung einen Schutz gegen Schwertftreiche befaß, fo war ihm der Helmfchutz nicht unbekannt und befonders bei den Anführern überall verbreitet. Wenn Tacitus (1. Jahrhundert n. Chr.) in den Annalen, II. 14, fagt: «Non loricam germano, non galeam» (weder Panzer noch Helm) und i. Germ. c. 6. — «Vix uni alterive caffis aut galea» — fo beweift das nur feine Oberflächlichkeit. Die älteften germanifchen Helme aus der fogenannten Bronzezeit fcheinen, wie der weiterhin abgebildete, aus fchneckenartig gewundenem dicken Draht, ebenfo wie der Bruftpanzer und der Armfchutz, beftanden zu haben, wohingegen in der fogenannten Eifenzeit der Plattenpanzer und als Kopffchutz der Eifenkreuzhelm auftritt. Mit folchem Eifenkreuzhelm bewaffnete germanifche Leibwachen Trajans zeigt bereits deffen Siegesfäule (2. Jahrhundert n. Chr.) und ein folches Helmgeftell aus Bronze (Britifches Mufeum), wahrfcheinlich angelfächfifcher Herkunft, ift zu Leckhampton-Hill gefunden worden. In dem Lex. Franc. Ripuar. (Fränkifch-niederlothringifches Gefetz v. 511 bis 534) T. XXXVI, § 11, ift ferner von diefen Eifenkreuzen die Rede. Andere Helmformen waren indeffen bei den Franken auch im Gebrauche, da bekanntlich Clotar II. (584) und Dagobert (622) behelmt gefchildert werden. Im Beowulflied (Specht), diefer alten angelfächfifchen Dichtung, welche im 8. Jahrhundert umgedichtet worden ift, lieft man (398): «So kommt nur unter den Kampf-

[1]) Siehe die weiterhin vom Verfaffer nach noch vorhandenen Stücken zufammengeftellte.

helmen» etc. — (407) «Da mit Helmen ging der Harte» etc. — fowie andere derartige Stellen noch. Die Kimbern im nördlichen Deutfchland waren aber noch vollftändiger bewaffnet, weil die Bearbeitung des Eifens bei ihnen, wie bei den Burgundern, fchon auf einer vorgerückteren Stufe ftand; fie trugen wirkliche Helme. Hundert Jahre v. Chr. hatten diefe Kimbern eine dreißigtaufend Mann zählende Reiterei, bei der die «Rüftungen mit Tierfiguren verziert waren und die hutförmigen Helme und die Panzer aus Eifen beftanden».

Wie weit die Franken auch in der Bearbeitung des Eifens alle, befonders die Römer, überflügelt hatten, davon geben ihre mit Silberverzierungen, d. h. taufchierte eiferne Waffen und Schmuckgegenftände Zeugnis. Diefe Werkweife, welche fowohl den Griechen wie den Römern gänzlich unbekannt war und aus Indien von den Vorfahren diefer Germanen in Germanien eingeführt worden zu fein fcheint, war anderswo in Europa unbekannt.

Der Franken Angriffswaffen, vollftändiger als ihre Schutzrüftungen, waren erftlich das 80 cm meffende dünne, fpitze, doppelfchneidige Schwert (Spata), der 45—55 cm lange Skramafax[1]), engl. auch Kneif, genanntes Dolchmeffer, der 10—25 cm lange Sax (Seax, Sahs, auch Achat), ein Meffer, letztere drei links, erfteres rechts am Hüftengürtel getragen. Man hat den Skramafax mit Angeln, d. h. Handgriffen von unverhältnismäßiger Länge, gefunden, wovon eine im Züricher Zeughaufe, über 22 cm, andere im Mufeum zu Sigmaringen felbft 25 cm meffen, was anfänglich zur Anficht Anlaß gab, diefe Waffen für ein Werkzeug der Holzbearbeitung zu halten, weil die fo langen Angeln das Anfaffen mit beiden Händen erlaubten. Der Skramafax ift aber eine Waffe der Saxen, wovon der Volksname der Sachfen abgeleitet wird und als Langfax, manchmal als Schwertbezeichnung vorkommt. (S. Eckessahs Dietrich von Bern.) Der urfprügliche Sahs war indeffen wie der kürzere fpätere Skramafaxus (nach Gregor von Tours) wohl immer nur einfchneidig, alfo nicht das zweifchneidige Schwert (die Spata):

«Ihr zur Seite liegt der Seelberaubte
Von Sahswunden fiech. Mit dem Schwerte nicht er
Auf keiner Weife wund ward.»

---

[1]) Siehe Skramafaxus (bei Gregor v. Tours, 6. Jahrhundert), fowie in den Chroniken — Skrama — entweder von gr. fkamma, abgegrenzter Kampfplatz für Athleten, oder von fkarfan, fcheren, wovon auch Schere. Auch in den Gefta (Thaten) Francorum wird diefe Waffe Skramafaxus genannt.

(Greg. 4, 51 u. G. F. 35. Wiglafs Erzählung vom Tode des Helden.) «Den Sahs fie nahm, den braunen Knief, die breite Klinge.» (Do.) Ein fernerer Beweis, daß der einfchneidige Sax in diefer langgriffigen Form ficher eine Waffe und kein Werkzeug war, fowie daß derfelbe auch wohl meift zweihändig gehandhabt wurde, geht aus nachfolgender Schilderung Math. Paris (Hist. Angl. Proelium apud Bovines) hervor: «Ipse Otto cum gladio quem tenebat ad modium sicae (conteau, Meffer) ex una parte acutum (alfo einfchneidig) hostibus ictus impertabiles hinc inde junctis manibus (alfo zweihändige Führung) quascunque attingebat, vel attonitos reddebat, vel sessores cum ipsis solo tenus prosternebat». Diefes einfchneidige Dolchmeffer trug der Franke immer, ftets ift er, in den Gräbern der Krieger, ihrem langen Sax (der Spata) beigegeben. Der Skramafax mit einfchneidiger Klinge, welcher bei allen Völkern germanifcher Abkunft in Gebrauch gewefen zu fein fcheint, da das Mufeum in Kopenhagen fo gut wie die meiften Mufeen Deutfchlands und der Schweiz folche befitzen, war fpitz, mit Blutrinnen, um fein Gewicht zu verringern. Penguilly l'Haridon hat diefe Waffe in gelungener Weife für das Artillerie-Mufeum in Paris herftellen laffen. Pfeil und Bogen wurden zumeift nur auf der Jagd gebraucht. Der Angon (Wurffpieß) oder das Pilum mit der mit Widerhaken[1]) verfehenen Spitze, mit langem eifernen Schaft, der Geer, genannte Stoß- und Haufpeer, und die Franziska genannte Streitaxt, vervollftändigten die Bewaffnung. Der Angon diente dazu, dem Feinde den Schild, in welchen fich diefe Waffe tief einbohrte, zu entreißen. Der Franke griff alsdann feinen Gegner mit dem Schwerte oder mit der Franziska an, einer eigentümlichen Axt mit einer Schneide (nicht mit zwei, wie einige Kompilatoren es anderen nachgefchrieben haben); auch warf er diefe Axt wohl nach dem Schild des Feindes, wenn das Pilum oder der Angon fein Ziel verfehlt hatte.[2])

Das im Louvre aufbewahrte Schwert Childerichs I., 457—481,

---

[1]) Welcher bei dem römifchen Pilum erft in ganz letzter Zeit vorkommt.

[2]) Von den germanifchen Trachten ift fehr wenig bekannt. Hinfichtlich der deutfchen Frauen berichtet Tacitus (Amor. 1, 3—43) faft nur, dafs fie die linke Bruft und beide Arme unbedeckt hatten. — Einige Altertumsforfcher (u. a. Gottling — 1836) glauben mit Unrecht, dafs ein in der Loggia de Lanzii (Halle) zu Florenz befindliches und unter dem Namen «Göttin des Schweigens» bekanntes Standbild Thusnelda vorftelle und aus der Lebzeit derfelben tagzeichnet, da bei diefer Figur ebenfalls die linke Bruft und die Arme nackt dargeftellt find u. dergl. m.

kann durch feine fchlechte Wiederherftellung nur Irrtum verbreiten. Der Knauf, der ans obere Angelende des Schwertes gehört, ift an deffen unteren Teil gefetzt worden, fo daß er die Abwehrftange verdoppelt, wodurch das Schwert eine geradezu unmögliche Form erhält. Für das Studium der Bewaffnung in Frankreich gegen das Ende der Merowinger (481—752) und zu Anfang der karlingifchen Zeit (750—911) ift nur wenig vorhanden, befonders aus letzterer, da in diefen Gräbern nicht mehr Mitgaben gefunden wurden, oder doch fehr felten nur, ganz ausnahmsweife und allein im Norden, in den Suevengräbern, u. a. auch an dem Begräbnisplatz bei Immenftadt im Ditmarfchen, unter den Beigaben Silberdonare von Karl dem Großen vorhanden waren. Das diefem Kaifer zugefchriebene Schwert nebft Sporen ift faft alles, was noch von Grabmitgaben diefer Zeit bekannt ift. Der elfenbeinerne Deckel vom Antiphonarium des heil. Gregorius aus dem Ende des 8. Jahrhunderts ift auch wohl römifchen Urfprungs und rührt wahrfcheinlich von einem Diptychon her. Nicht früher als unter der Regierung Karls des Kahlen findet man in deffen illuftrierter Bibel einige Anhaltspunkte, und noch dazu erfcheinen diefe wenig ficher, vielmehr als ein Produkt künftlerifcher Phantafie, das nur mit großer Vorficht aufgenommen werden darf. Der König ift darin auf feinem Throne fitzend dargeftellt, von Wachen umgeben, die faft römifche Kleidungen und lederne Panzerriemen wie die Prätorianer haben; während eine Flachbildnerei der Kirche St. Julien in Brioude (Haute-Loire), welches in das 7. oder 8. Jahrhundert (?) fällt, den Krieger im Mafchenpanzerhemde und mit konifchem Helme zeigt, und die Weffobrunner Handfchrift in München vom Jahre 810 einen Helm mit Nackenfchutz und einen Schild mit Nabel aufweift. Jener fonderbare Anzug der Garden Karls des Kahlen ftimmt nicht überein mit der Ausfage des Mönches von St. Gallen, der gegen Ende des 9. Jahrhunderts fchrieb, daß Karl der Große und feine Krieger fchon buchftäblich mit Eifen bedeckt gewefen wären; daß der Kaifer einen eifernen Helm und Bruftharnifch gehabt, feine Arme mit eifernen Schienen, feine Schenkel mit eifernen Schuppen bewaffnet und das Schienbein mit Eifenfchienen bedeckt gewefen wäre, daß überdies fein Pferd von Kopf bis zu Fuß in Eifen gefteckt hätte.

Diefes Zeugnis erhält feine Beftätigung durch die Gefetze des Monarchen felbft, die feinen Mannfchaften die Armfchienen (armillae), den Helm, den Schild und die Schienen als Beinfchutz vorfchreiben. Obgleich nun der Codex aureus evangel. des Klofters von St. Emmeran in Regensburg, der ficher um 870 gefchrieben worden ift, in der Tracht einiger Kriegsleute an römifche Formen, ähnlich denen der angeführten Bibel und des Codex aureus von St. Gallen, erinnert, fo ift es doch nicht anzunehmen, daß die unter Karl dem Großen fchon fo furchtbare Bewaffnung in folchem Grade unter der Regierung Karls II. follte zurückgegangen fei. Die Leges Longobardorum des 9. Jahrhunderts in der Bibliothek in Stuttgart fcheinen diefe Zweifel zu beftätigen; denn der lombardifche König trägt eine lange germanifche Tartfche, welche man erft in der Bewaffnung des 14. Jahrhunderts wiederfindet, und die Flachbildnerei des aus dem 9. Jahrhundert herrührenden Reliquienkaftens in der Schatzkammer von St. Moriz in der Schweiz ftellt den Krieger in vollftändigem Mafchenpanzerhemde dar. Die fchon vorgefchrittene Bewaffnung unter Karl dem Großen wird aber auch und befonders faßlich durch deffen im Parifer Medaillenkabinett aufbewahrte Schachfiguren (fiehe weiterhin die Abbildungen davon) feftgeftellt. Der Fußkämpfer trägt da fchon eine Art Keffelhaube, eine Schuppenpelerine und einen dreiviertel mannshohen herzförmigen Schild und der Reiter felbft fchon die Keffelbarthaube.

Weiterhin ift keine gefchichtliche noch archäologifche Spur mehr zu entdecken, wenn man nicht das Martyrologium, eine in derfelben Bibliothek vorhandene Handfchrift, und die Biblia sacra, welche fich gleichfalls als Manufkript in der National-Bibliothek zu Paris befindet, beide aus dem 10. Jahrhundert ftammend, hinzurechnen will. Der deutfche Ritter tritt darin fchon mit derfelben militärifchen Ausrüftung auf, wie der normannifche auf dem vom Ende des 11. Jahrhunderts herrührenden Teppich von Bayeux.

Die Dürftigkeit der auf diefen Stoff einfchlägigen Urkunden aus dem karlingifchen Zeitabfchnitt (687—987) macht für die folgende Zeit der Kreuzzüge (1096—1270) einer größeren Fülle urkundlicher Nachrichten Platz.

Eine angelfächfifche Handfchrift des Britifchen Mufeums, die Psychomachia, und Prudentius aus dem 10. Jahrhundert zeigt den Kriegsmann noch ohne Mafchenpanzerhemd und mit dem Glockenhelm, in der Art, wie diefe Verteidigungswaffe in der bereits angeführten Biblia sacra vorkommt, während ein anderes angelfächfifches Manufkript, Aelfric, aus dem 11. Jahrhundert den Ritter im Mafchenpanzerhemde und mit einem Helme von fonderbarer Form, ohne Naſenſchutz vorführt; und das Martyrologium der Stuttgarter Bibliothek ſchon einen koniſchen Helm mit Naſenſchutz aufweiſt. Für den Altertumsforſcher hat der Aelfric noch beſonderes Intereſſe wegen des Studiums der verſchiedenen Schwertformen, deren jede, ſozuſagen, das Zeichen ihrer Zeit trägt, inſofern es ihm ſtets wichtig ſein wird, das Jahrhundert mit Genauigkeit nach der Länge und der Übereinſtimmung von Klingen und Stichblättern zu beſtimmen. In den Illuſtrationen dieſer Handſchrift kommen Schwerter mit dreiteiligen Knäufen am Gefäß vor, dieſelben, mit denen auch die Krieger der Biblia sacra bewaffnet ſind. In einer in der Düſſeldorfer Bibliothek bewahrten Handſchrift aus dem 11. Jahrh., welches die Klagelieder Jeremiae und die Apocalypse enthält, trägt der deutſche Ritter das kleine Panzerhemd (haubert) mit langen Ärmeln, das wie die Rüſthoſen und Rüſtſtrümpfe gemaſcht iſt, dazu die kleine Keſſelhaube (bacinet) und den langen konvexen, oben vierkantigen und nach unten zugeſpitzten Schild. Eine ſolche Rüſtung trägt auch das Standbild eines der Gründer des Domes von Naumburg aus derſelben Zeit — nur mit dem Unterſchiede, daß der Schild die Form des in Frankreich normanniſch genannten Schildes zeigt; — außerdem iſt ſie noch auf einer im 12. Jahrh. ausgeführten Bildnerei am Thore von Heimburg in Öſterreich, nahe der ungariſchen Grenze, zu ſehen. Die Krieger der Mitra von Seligenthal in Bayern, auf welcher das Martyrium des heiligen Stephan und des Erzbiſchofs Becket von Canterbury dargeſtellt iſt, ſind mit gewölbten Helmen verſehen, jedoch hoch wie Zuckerhüte. Eine an der Baſilika von Zürich befindliche Flachbildnerei, den Herzog Burckhard darſtellend, aus dem 11. Jahrhundert, erinnert in der Form des Helmes und Schwertes wieder an die Waffenbilder des Stuttgarter Martyrologiums. Ein kleines Standbild von gelbem Kupfer aus dem 10. Jahrh. (Sammlung des Grafen v. Neuwerkerke) iſt ebenfalls äußerſt wertvoll für das Studium der Helme, inſofern der Naſenſchutz des koniſchen Helmes, welchen der Krieger trägt, durch die Breite des unteren Teils von den übrigen Naſenſchutzen dieſer Zeit abweicht. Ein kurz nach der Unterjochung Englands durch Wilhelm den Eroberer (1066) ausgeführte Bayeuxer Teppich enthält in ſeiner merkwürdigen Arbeit ſchätzenswerte Urkunden für die Geſchichte der normanniſchen Waffen im 11. Jahrhundert. Der koniſche Helm der Flachbildnerei von Brioude kommt auf dem Teppich vor, aber gewöhnlich mit dem unbeweglichen Naſenſchutz, wie er in dem deutfchen Martyrologium des 10. Jahrh. zu fehen ift. Heinrich I. von England (1100—1135) und der König von Schottland, Alexander I. (1107—1128), find beide auf ihren Siegeln mit denfelben konifchen Helmen, die in Frankreich normannifch heißen, dargeftellt, und erft gegen Ende des 12. Jahrhunderts erfcheint in England der Glockenhelm, wie ihn das Siegel des Königs Richard Löwenherz zeigt (1189—1199), während diefer felbe Helm in Deutfchland fchon gegen das 9. Jahrh. in Gebrauch war. (Vergleiche die Weffobrunner Handfchrift und den Reliquienkaften von St. Moriz.) Die unter Heinrich dem Löwen († 1195) im Dome zu Braunfchweig ausgeführten Wandmalereien zeigen jedoch noch Ritter mit dem konifchen Helme neben anderen, die bereits mit dem Topfhelme (heaume) bedeckt find.

Im 10. Jahrh. war auch bei dem fächfifchen Heere, unter Heinrich I. (919 der erfte deutfche König fächfifchen Stammes), ein fogenannter Heuhut, d. h. ein Strohhut als Kopfbedeckung eingeführt worden, mit der 30000 Mann, Anführer und gemeine Krieger, ftatt des Helmes verfehen waren. Ob diefe «Strohhüte von breiter Form», eine Art nationaler Eigentümlichkeit, genügend die aus fefteren Stoffen angefertigten Eifenkreuze und Helme hinfichtlich des Schutzes erfetzen konnten, kann nicht feftgeftellt werden, da näheres darüber nicht bekannt ift.[1]) Viel fpäter tauchten auch bei den Ruffen baumwollene Filzhüte auf Eifengeftelle (Schapki oumashnyja) auf, womit viele Krieger behelmt waren.

Gegen Ende des 10. und am Anfange des 11. Jahrh. trug der Ritter ein langes Waffenkleid, den Haubert (großes Panzerhemd, Haubert, v. deutfchen Halsberg, altdeutfch: brunne, — brunnica abgeleitet), welches gewöhnlich bis an das Knie reichte, deffen Ärmel jedoch im Anfange nur bis zum Ellbogen gingen und erft fpäter verlängert wurden. Eine Art Kapuze, Camail genannt, bedeckte Kopf und Nacken dergeftalt, daß nur ein kleiner Teil des Gefichts entblößt blieb. Diefer Haubert, eine Art Kittel, war aus Leder oder aus Leinwand gemacht, auf welche Stoffe entweder ftarke Ringe von gefchmiedetem Eifen neben einander aufgenäht, oder Ketten in die Länge oder Breite, oder auch Metallplatten verfchiedener Art, die

[1]) Kaiser Otto d. Gr. (936—973) drohte den Franzofen, «foviel Strohhüte vor Paris zu führen als fie niemals gefehen hätten», was zu der Annahme berechtigt, dafs folche Kopfbedeckungen auch von diefes Kaifers niederfächfifchem Fufsvolke, aber wohl nur im Sommer, allgemein getragen wurden.

oft die Geſtalt von Schuppen hatten, befeſtigt waren. Die Tapete von Bayeux ſtellt Wilhelm den Eroberer ſchon mit langen Rüſthoſen (Brünhoſen) dar, die wie der Haubert mit Ringen beſetzt ſind; jedoch ſind dort noch die Beine der Ritter, ähnlich denen der angelſächſiſchen Krieger, mit Riemen (femoraliae) bewickelt. Die ſchon erwähnte Bildsäule eines der Gründer des Doms von Naumburg zeigt ebenfalls lange Rüſthoſen, ſowie die unter Heinrich dem Löwen geſchlagenen Münzen.

Der normanniſche Haubert war damals eine Art von enganliegender Jacke mit daran ſitzenden Rüſthoſen und beſtand aus einem einzigen Stücke, das den Körper wie ein Tricot vom Halſe bis zur Knieſcheibe und bis zum Ellbogen bedeckte. Der loſe Camail (Helmbrünne oder Kettenkapuze) beſchützte den Nacken, einen Teil des Geſichts und des Kopfes, welcher außerdem noch bei den Normannen mit dem koniſchen Helm mit langem Naſenſchirm und zuweilen auch noch mit Nackenſchutz verſehen war.

Das Panzerhemd (Brunne — brogne, im Franz.) zeigt häufig ein Gitterwerk von Lederſtreifen in regelmäßigen Rauten aufgeſetzt. Die Kreuzungspunkte waren mit ſehr dicken, neben einander aufgenähten Ringen oder mit vernieteten Nagelköpfen beſetzt, zwei Arten, die in den Zeichnungen der Manuſkripte ſehr leicht zu verwechſeln ſind. Das echte und gute Panzerhemd beſtand aus mehreren Lagen gepolſterten und geſteppten Zeuges, über welche jenes Gitterwerk gelegt war. Es giebt aber auch Panzerhemden, die gänzlich aus Schuppen beſtehen, und Brunnen oder Brunikas, deren Gitterwerk weder mit Nagelköpfen noch mit Ringen beſetzt iſt. Die Schuppenpanzerhemden dieſes Zeitraums, Jazerans oder Korazims benannt, ſind ſehr ſelten oder vielleicht gar nicht mehr vorhanden. Das älteſte, was ich in Handſchriften des Mittelalters gefunden habe, iſt eine Art Jacke mit dachziegelförmigen Schuppen, mit der ein Ritter in dem Codex aureus des 9. Jahrhunderts von St. Gallen bekleidet iſt. Es dürfen jedoch Jazerans dieſer Art nicht mit ähnlichen der nachfolgenden Zeiten verwechſelt werden, von denen ein geſchichtliches Exemplar, das, welches der König Sobieski im Jahre 1629 vor Wien getragen hat, im Muſeum zu Dresden befindlich iſt. Es ſcheint auch, daß die Brünnen mit ziegelförmigen Schuppen im Norden nicht ſelten waren, weil die Magdeburger Heller von 1150 und 1160, ſowie mehrere andere deutſche Heller aus derſelben Zeit ſie im Bilde haben.

Die Weleslavfche Handfchrift in der Bibliothek des Fürften Lob kowitz zu Raudnitz hilft darzuthun, daß die Leibrüftung in Böhmen zur Zeit des 13. Jahrhunderts nicht fehr vorgefchritten war, indes find darin fchon die Schnabelfchuhe, die große Keffelhaube und der kleine Schild zu fehen, der fich gleichfalls in den Buchmalereien eines wertvollen Manufkripts aus demfelben Zeitalter, der deutfchen, von Heinrich von Veldeke verfaßten Äneide, in der Bibliothek zu Berlin, vorfindet. In der letzteren Handfchrift find die Schlachtroffe felbft fchon mit gegitterten, mit Nagelköpfen oder Ringen befetzten Decken behängt und die Ritter mit dem Topfhelm, den der Helmfchmuck ziert, verfehen, was in diefem Zeitabfchnitt felten vorkommt. Die deutfche Handfchrift Triftan und Ifolde, aus dem 13. Jahrhundert, in der Bibliothek zu München, ift auch in diefer Beziehung nicht weniger merkwürdig; Ritter erfcheinen darin fchon mit Beinfchienen und mit Eifenfchnabelfchuhen.

Bei den Normannen wurde die Schutzrüftung durch einen Schild vervollftändigt, der gewöhnlich herzförmig, d. h. oben rund und unten fpitz war und die Hüfte, zuweilen fogar auch die Schulter des Kriegers überragte. Der angelfächfifche Schild war noch rund und gewölbt wie bei den Franken und wie der Rundfchild des 15. Jahrhunderts. Die Angriffswaffen beftanden in dem Schwerte mit geradkreuziger Abwehrftange, in dem Streitkolben, der Streitaxt mit langem oder kurzem Schaft und in den mannshohen Speeren, wo am Ende zuweilen ein kleiner Wimpel flatterte. Schleuder und Bogen waren die Schußwaffen. Die Helme der Bogenfchützen zeigen fich gemeiniglich ohne Nafenfchutz.

Alle Panzerhemden (Brünnen) können demnach eingeteilt werden: in beringelte, die aus flachen, neben einander aufgenähten Ringen angefertigt wurden; bekettete, von ovalen, ineinander greifenden Ringen gemacht, und in befchildete, d. h. folche, die aus rautenförmigen Stücken und aus dachziegelförmigen Schuppen dargeftellt waren.

Das eigentliche Mafchenpanzerhemd, von dem irrigerweife angenommen wird, daß es erft infolge der Kreuzzüge aus dem Orient gekommen fei, war in Mitteleuropa fchon durch die Römer und im Norden fchon vor dem 11. Jahrhundert bekannt; in Tiefenau find Fragmente gefunden worden, die aus Ringen von 5 Millimeter im Durchfchnitt beftehen, vortrefflich gearbeitet und ficher um einige Jahrhunderte früher als die Kreuzzüge entftanden find. Lieft man doch auch im Heldengedichte Gudrun: «daß Hernig ſeine Brünne in den Schild gleiten ließ»; und weiterhin, «daß ſeine Kleider mit dem Roſte ſeines Hauberts bedeckt waren». Das im 11. Jahrhundert geſchriebene Rätſel Aldhelm ſpricht auch von dieſer «aus Metall, ohne Hilfe irgend eines Gewebes gebildeten Lorica» (Panzerhemd), eine Stelle, die deutlich genug das eigentliche Maſchenpanzerhemd bezeichnet, desgleichen eine andere im Roman de Rou, der nach der normanniſchen Eroberung geſchrieben wurde. Dieſes ſelbe Panzerhemd iſt es, von dem die byzantiniſche Prinzeſſin Anna Comnena (1083—1148) in ihren Denkſchriften ſagt: «daß es einzig aus genieteten Stahlringen gemacht, damals noch in Byzanz[1]) unbekannt geweſen ſei und nur allein von den Männern des Nordens getragen würde». Ferner erwähnt noch ein Mönch von Noirmoutiers, der zur Zeit Ludwigs VII. (1137—1180) lebte, ſolch Maſchenpanzerhemd aus Anbaſs, bei der Beſchreibung der Waffen Gottfrieds von der Normandie.

Im 11. Jahrhundert, ausnahmsweiſe auch früher ſchon, taucht das wallende Waffenhemde oder der Waffenrock von Zeug (fr. hoqueton) auf, welcher über der Brünne getragen wurde und nicht mit dem ſpäteren eigentlichen Rüſtwaffenrock (fr. cotte d'armes, poln. litenka), noch mit dem Lendner von Leder zu verwechſeln iſt.

Das gegitterte Panzerhemd ſowohl, wie auch der beringelte Haubert waren pfeilfeſt, aber viel zu ſchwer und vermochten den Stoßwaffen, beſonders dem Speere, wenig Widerſtand zu leiſten. Daher wurden ſie denn auch nach und nach abgeſchafft. Anfang des 13. Jahrhunderts trugen die wohlhabenderen Ritter faſt alle ſchon oder noch Maſchenpanzerhemden, die jedoch ebenſowenig ſtoßfeſt waren. Erſt die Kunſt des Drahtziehens (1306 von Rudolf von Nürenberg erfunden?) ermöglichte es, daß im 14. Jahrhundert auch der weniger bemittelte Kriegsmann ſich ein ſolches anſchaffen konnte. Die geſchmiedeten Ringe, anfangs Stück für Stück angefertigt und jeder vernietet, hatten den Preis der Maſchenpanzerhemden zu ſehr in die Höhe getrieben, um der kleinen Ritterſchaft und den gemeinen Kriegsleuten den Gebrauch derſelben bis dahin zu geſtatten. In der Schlacht bei Bouvines (1214) findet man die Bewaffnung ſchon bedeutend vervollkommnet: Rüſthoſen, Panzerhemden mit Camails (Ketten-

[1]) Die Römer hatten indeſſen bereits genietete Maſchenpanzer und kannten wohl auch ſchon das Drahtziehen.

kapuzen) und Ärmel beftanden fämtlich aus Mafchen, die dermaßen eng mit einander verbunden waren, daß der Dolch, die tückifche Mifericordia oder der Panzerbrecher, keine Stelle fanden zum eindringen. Um den niedergeworfenen Gegner zu töten, mußte man ihn erfchlagen.

Während der Regierung Ludwigs des Heiligen (1226—1270) wurde die vollftändige Mafchenrüftung allgemein von den wohlhabenden Edelleuten in Frankreich und Italien getragen. Ohne Futter, auf beiden Seiten gleich, fchloß fie fich wie ein Hemd dem Körper an, und wurde über einer Bekleidung von Leder oder gefteppten Zeuge angelegt: dem Gamboifon, Gambifon oder Gambefon. Diefer machte auch die längfte Zeit die einzige Verteidigungsrüftung der Fußfoldaten in Frankreich aus, wo die Bewaffnung des gemeinen Söldners zur Zeit des Mittelalters mangelhaft war, weil die Städte weder die Unabhängigkeit noch den Reichtum der großen flamändifchen, deutfchen und italienifchen Städte befaßen, um ein Korps regelrecht bewaffneter Bürgerfoldaten bilden zu können. Der Gamboifon findet fich auch im 16. Jahrhundert wieder, wo er meiftens aus mit Schnürlöchern verfehenem Leinenzeuge beftand. Außer der Brünne erfcheint noch, wahrfcheinlich anfangs des 13. Jahrhunderts, eine zweite Schutzrüftung, welche die Ritter über der Brünne trugen und Platte genannt wurde, für deren Anfertigung in Frankreich Soiffons[1]) berühmt gewefen zu fein fcheint. Die Platte blieb etwa von 1230 bis 1350 im Gebrauch. Sie war von Leder, mit herunterlaufenden eifernen Schienen, und inwendig mit Leinwand gefüttert. An der Außenfeite erblickte man die oft verzinkten Köpfe der Nägel (fr. clous, boullons, barres), mit denen die Eifenfchienen unter dem Leder (vermittelft Nieten) befeftigt waren. (Siehe die Holzftandbilder v. 1350 im Bamberger Dom.) Alte Platten im Original find nirgends vorhanden, das fälfchlich mit diefem Namen im Darmftädter Kabinettsmufeum bezeichnete Rüftftück ift eine Brigantine vom 15. Jahrhundert. (Siehe im Abfchnitt der «vollftändigen Bewaffnung des Mittelalters» weiter unten die Abbildung der wahren Platte.)

Viele folcher Platten waren auch äußerlich unter den Nietnägeln oft mit Sammet, ja felbft Goldbrokat überzogen. Es ift anzunehmen, daß die Stahlfchienen fich auch wohl kreuzten oder auch

---

[1]) S. Parzival v. Wolfram von Efchenbach, v. 261: «Von Soissons war die Harnifchplatte». Im felben Verfe kommt auch «Härfenier» (Wattenkappe) vor.

fich dachziegelartig deckten und daß die Platten auf dem Rücken zugefchnürt (nie gehakt) wurden (wie Siegfrieds Panzer von Hornfchuppen, wo der fchutzlofe Schnürplatz dem Meuchelmörder Hagen mittelft Anklebens eines Lindenblattes bezeichnet war). Gemeinlich ift die Platte deshalb in Inventarien als Paar angeführt, auch manchmal als Leibchen mit und ohne Schöße bezeichnet. Solche Platten werden, wie fchon bemerkt, in Sammlungen oft mit der Brigantine vom 15. Jahrhundert verwechfelt; ebenfo ein Panzer in anfchließender Leibchenform, wo fich deckende Schuppen und nicht Schienen den Schutz bilden. Es giebt Brigantinen, die auch von außen Nieten auf Sammet wie die Platten zeigen. Brigantinen erfchienen fpäter und find nie über Brünnen getragen worden. Die älteften Platten waren ohne Gräte, d. h. ohne Kante in der Mitte des Vorderteils und aus fchmäleren Schienen mit kleineren Nägelköpfen hergeftellt, fo daß fie mehr den Brigantinen des 15. Jahrhunderts ähnelten. Später wurden die Schienen breiter, die Nagelköpfe dicker und weniger zahlreich, wie die Platten des weiterhin abgebildeten Standbildes der Holzflachbildnerei im Dome zu Bamberg (1370) und des Reiterftandbildes des heil. Georg im Hofe des Prager Schloffes (1373) deutlich zeigen.

Bruchftück einer Platten-Eifenfchiene in natürlicher Größe vom 14. Jahrhundert, aus der 1399 zerftörten Burg Tannenberg.

Von diefer altzeitigen[1]) Platte fprechen folgende Stellen:

«Eine Platte meifterlich befchlagen:
«Solde fie zu Streite han getragen
«Her Wigdez's der kann man
«Do er den argen Würme ghetan
«Durch Larien willen erfluk
«Sie were meift erlich genuk
«Gemecht von richen Pleken.»

(Ritter Johann von Michelsug beim Turnier v. Paris, 1280.)

«Is vero, qui idem allodium vel decem mansos emerit, debet ratione ejusdem allodii cum armatura, quae Plata vulgariter dicitur et aliis avibus armis» etc.

[1]) Zu den fpäteren Platten-Arten kann man auch die angeführte Brigantine oder Panzerjacke, fowie andere ähnliche Rüftungen zählen; die Nagelköpfe find da aber viel kleiner und viel zahlreicher.

(«Privilegium Calmense primum» des Hochmeifters deutfchen Ordens Hermann von Salza — 1233.)

Diefe Stelle hat Bezug auf die halbfchwere Reiterei, der leichten war zur Schutzrüftung nur eine Brünne gegeben, wohingegen die fchwere von Kopf zu Fuß (plenis armis) berüftet wurde.

«Da weren die Waffen und viel Jahre devor als wie hernach gefchrieben fteht: Ein jeglicher guter Mann: Fürften, Grafen, Herren, Ritter und Edelknechte, die weren gewaffnet in Platten, auch die Bürger mit Waffenröcken darüber, wohl zu ftürmen und ftreiten mit Schößen und Leibchen, welche zu den Platten gehören» etc. — (Limburger Chronik von 1330.)

«In diefer Zeit vergingen die Platten — die Ritter u. a. führten nur Schuppen, Panzer» etc. — (Limburger Chronik von 1350.)

«Da gingen die weftphälifchen Lendner[1]) an». — (Limburger Chronik 1370.)

«In ganzen blech und ir geleich (Gelenk) blieben ungefcheitelt,
«Uz ftahel wol gehertet waren fi gemacht.»

(Konrad v. Würzburg, Troj. 28. a.)

«Pour faire et forger la garnison de deux paires de plâtes, dont les unes sont couvertes de veluyau asuré, et les autres

---

[1]) Die Chronik fpricht hier von dem zuerft in England unter Eduard III. (1327 bis 1377) aufgekommenen Lendner (fr. côte-hardie) ein eng anliegender bis über die Hüften reichender und ganz faltenlofer Waffenrock aus dickem Büffelleder, welcher gemeinlich über dem Mafchenpanzerhemd getragen wurde. Nur zum Zierat dienend, wurden folche Lendner aber auch aus Seide oder Sammet angefertigt und ungerüftet getragen, ja fogar zuletzt von Frauen. Da wo bei der Platte nicht die Nagelköpfe zu fehen find, ift es fchwer, in Abbildungen diefelben von dem oft auch kürzeren Lendner zu unterfcheiden. Eine dritte Art bildete der erft im 11. Jahrhundert aufgetauchte wallende Zeugwaffenrock (fr. hoqueton, auch auqueton, engl. cotte-armour), welcher gleich den heutigen Staubmänteln als Überwurf diente. Es beftanden alfo aufser der Platte noch der «Lendner und der Waffenrock oder das Waffenhemd», als äufsere, über der Rüftung getragene Gewänder.

Im fpäteren Mittelalter trugen in Frankreich die Krieger auch oft bei nächtlichen, Camifades (vom lat. Camifa, Hemd) genannten Überfällen weifse Hemden («camifas») über den Harnifchen, um fich in der Finfternis gegenfeitig zu erkennen. Von diefen Camifaden ift der Name Camifard abgeleitet, welcher den nach dem Widerruf des Nanter Ediktes (1685) die Waffen ergreifenden Proteftanten der Cevennen und der Lozère gegeben worden ift. Gambifon hiefs eine gemeinlich gepolfterte Art Lendner, welcher unter dem Panzerhemde oder unter der Schienenrüftung getragen ward. Es foll aber auch Gambifons gegeben haben, die man wie den Lendner und den Hoqueton über der Schutzrüftung trug.

de veluyau vert ou oré de broderies; pour les deux paires, six milliers de clous, dont les trais milliers sont air crousant, et les autres sont.....» (alfo nur die Köpfe der Nietnägel waren verziert). — (Comptes de l'argenterie des Etienne de la Fontaine von 1352.)

«Une pièce et une aune et demi de cendal vermeil de fors, en graine, pour faire cotes à plates» etc. — (Comptes de l'argenterie wie oben.)

«Une plate neuve couverte de samit vermeil» etc. — (Inventaire de Louis Hüten, 1316.)

«VI paire de plates febles, dont IV nulle value.» — (Inventaire du chateau à Dover, 1361.)

«I peire de plates covertes de vert velvet. — Inventaire des effets des Humphrey de Bohun.

«Une peire de plates couvertz d'un drap dor; une paire coauverty de rouge samyt.» Inventaire du Tresor de 1330 (Nottingham castle).

Zum Zweikampfe zwifchen William v. Douglas und Thomas v. Erfhyn werden beiderfeitig «unum par de platis» angefchafft.

«Do leit ich einen Halfperc an,
Veft en ftarc, lieht, wel getan,
Dorüber eine blaten gut.»

(Ulr. v. Lichtst. 450, 18.)

«Er fnort ein blaten drobe
Dui was gefniten (gefchnürt)» etc.

(Konrad v. Würzburg. Troj. 370. 8.)

«Som wol ben armed in en Haburgoun,
In a bright brest plat and a gypoun.
And som wold have a payre plates large.»

(«Knigtes Fall» — Chaucer — † 1400.)

«Als es 1392 galt, den Hof zu Wilka einzunehmen, mußte der Stadt Görlitz Plattner, Platten, Panzer, Hantfchken Eifenhüte und Hauben anfertigen» (Alte oberlaufitzer Gefchütze von Dr. Mofchkau).

Befonders war die Platte in Turnieren notwendig, wo die Brünne wohl gegen Schläge, aber nicht gegen den Speerftoß fchützte.

Ferner trug der Ritter noch beim Turnieren, wahrfcheinlich aber nur über der Platte und erft im 13. Jahrhundert, die Bruftplatte oder das Stahlftück (fr. la pièce d'acier, auch pectoral und mamillière, engl. brest plate)[1]), wovon auch kein Original

[1]) S. S. 68 Chaucers «Knigtes Tall». «Leur lances percerent la pièce d'acier, les plates et toutes les armures jusqu'au chair.» — Frossart, description du combat entre Tristan de Boyes et Miles de Weisd., 1382.

mehr vorhanden iſt, wie dieſelbe auf den angeführten Holzbildnereien ebenfalls dargeſtellt iſt; dieſelbe reichte nur von den Schultern bis zum Nabel. Ein kleiner Dreiſpitz-Schild (fr. petit écu) im 13., die Tartſche im 14. Jahrhundert dienten ferner dazu, die Lanzenſtöße abzuwenden oder aufzufangen; der Topfhelm ſchützte das Haupt. Das Streitroß, welches ſpäter ebenfalls von Kopf zu Füßen mit Eiſen bedeckt war, zeigt ſich um dieſe Zeit noch ohne Schutzrüſtung, aber der Sattel davon mit ſehr hoher Rückenlehne, damit der Reiter, welcher, ganz nach dem Kopf des Pferdes zu gebückt, ſeinen Gegner anritt, nicht ſo leicht heruntergeſtochen werden konnte. Es iſt notoriſch, daß damals noch keine Bruſtharniſche oder Stückpanzer aus einem Eiſenſtücke (fr. cuirasse), aber doch ſchon Rüſthaken im Gebrauch waren, welche an der Schulter befeſtigt wurden.

Die Schienenrüſtung (im Mittelalter ohne den Helm Hurniſch, fr. harnais, engl. harneß), eine Bezeichnung, die aber auch mehr dem Panzer allein beigelegt wird, anfangs teilweiſe aus Leder[1]), ſpäter erſt aus Stahl angefertigt, geht, der verbreiteten Meinung entgegen, in Deutſchland viel weiter zurück als in Italien, wo ſie erſt im 14. Jahrhundert auftaucht, während deutſche Handſchriften des 13. Jahrhunderts ſchon den Krieger in dieſer neuen Rüſtung und mit dem Topfhelm (fr. heaume) bewaffnet darſtellen.

Über dem Panzerhemd trug der Ritter oft, wie bereits angeführt, eine Art Kittel ohne Ärmel, aus leichterem Stoff gemacht und Waffenhemd (fr. hoqueton, nicht zu verwechſeln mit dem Lendner von ſchwerem Leder, in Form ähnlich der Platte) genannt, der bis an die Knieſcheibe reichte und worauf ſich das Wappen und andere Merkzeichen geſtickt befanden. Dieſes Kleidungsſtück war zumeiſt das Werk der Burgfrau. Der große Haubert oder weiße Haubert (die ganze Brünne, die vollſtändige Maſchenrüſtung, welche anzulegen in Frankreich nur allein die Ritter berechtigt waren, und die 25—30 Pfund wog), beſtand aus Rüſthoſen und langem Waffenrock mit Kettenkapuze und Ärmeln, welche in der letzten Zeit die Arme und Hände in eine Art von Futteral hüllten, das zuweilen nur

[1]) Ende des 13. Jahrhunderts wurde zur Verſtärkung des Maſchenſchutzes zuerſt geſottenes Leder (fr. cuir, bouilli) benutzt, welches oft mit Metallbuckeln, d. h. mit groſsen runden, unten vernieteten Nagelköpfen, beſchlagen war. Die wohl zuerſt erſchienenen ſoartigen ledernen Beinſchienen hieſsen Lerſen, auch Lederſen (fr. cuiries). Der Name Cuiraſse im Fr. für Stückpanzer rührt ebenfalls von dieſem für Rüſtungen angewendeten Stoff her.

den Daumen, der ebenfalls mit Mafchen bedeckt war, frei ließ. Unter diefem Haubert trugen die Ritter, wie fchon bemerkt, auf der Bruft noch eine große eiferne Platte. Solchergeftalt war damals die allgemeinübliche Waffentracht der franzöfifchen Ritterfchaft. Die Flügelchen, Wappenfchildchen oder Schulterflügel, Plättchen, die an den Schulterblättern der Mafchenpanzerhemden und der bald außer Gebrauch gekommenen Leder- oder Hornplattenrüftungen befeftigt wurden, waren eine Art mehr oder weniger hoher, oftmals auch ovaler Wappenfchilde, wie fie an dem Standbilde Rudolf von Hierfteins (1318) im Dome zu Bafel zu fehen find. Diefe Flügelchen (fr. ailettes) trugen gleich dem Schilde die Wappen der Ritter, indes find fie nur etwa fünfzig Jahre im Gebrauch gewefen (1280 bis 1330. (S. die verfchiedenen Abbildungen weiterhin.) Gemeinlich waren diefelben hochftehend und konnten deshalb nicht zum Schutze der Schultern dienen, wie dies von einigen angenommen wird. Die «Epauletten» follen davon abftammen. Mufeifon hießen die eifernen Verftärkungen, womit die Mafchenrüftung an Armen und Beinen zuweilen verfehen waren, aber auch die Verftärkungen der engen Wamsärmel der Söldner im 14. und 15. Jahrhundert. (S. weiterhin die Abbildung.)

Die kleine Keffelhaube (bacinet, vom keltifchen bac (?), auch Hirnkappe (fr. cervelière) genannt, die mit der großen Keffelhaube, welche vom 13. bis zum Anfange des 15. Jahrhunderts im Gebrauch war, nicht verwechfelt werden darf, wurde ebenfowohl über als unter der Kettenkapuze oder Ringhaube oder Helmbrünne (fr. camail) getragen; doch bedeckte auch fie nicht den Kopf zunächft, vielmehr gefchah dies durch eine gepolfterte Zeugmütze, Wattenkappe, «Härfenier» (fr. auch chaperon) genannt, die vermittelft Riemen an die Mafchenkappe befeftigt wurde. Über diefer dreifachen Kopfbedeckung wurde dann noch während des ernftlichen Kampfes wie des Turniers der Topfhelm (fr. heaume) getragen, ein umfangreicher Helm, welcher in der erften Zeit keinen Kamm hatte und den der Ritter, wenn er zu Pferde reifte, an den Sattel feftzuhaken pflegte. Der lange, unten gefpitzte, oben abgerundete Schild vervollftändigte diefe Schutzwaffen. Später behielt man fogar noch die große Keffelhaube unter dem Topfhelme bei, der nun noch weiter geworden war. Das kleine Panzerhemd (fr. haubergeon) wurde in Frankreich nur von Schildknappen und Bogenfchützen getragen; man nannte es auch wohl Jacke (fr. jaque) und noch gegen Ende des 16. Jahrhunderts war dasfelbe im Gebrauch. Im allgemeinen ift es fchwer zu erkennen, welcher Zeit ein altes Panzerhemd angehört, da alle auf diefelbe Weife mit vernieteten Mafchen (fr. à grains d'orge), gemacht worden find. Es ift jedoch anzunehmen, daß die größere Schwere des Ringes auch fein höheres Alter anzeigt. Die doppelte Mafche, für deren Anfertigung im 13. Jahrhundert ganz befonders Chambly (Oife) berühmt war, zeigt, den alten Schriftftellern zufolge, ftets vier aufeinander gelegte und verbundene Ringe. Viele diefer Mafchenpanzerhemden, denen man heutigen Tages begegnet, find nachgemacht, was der Kunftfreund an der mangelnden Vernietung erkennt. Die Panzerhemden der Perfer und Tfcherkeffen werden indes noch jetzt teils mit vernieteten Ringen, teils ohne Vernietung der Ringe angefertigt. Bezüglich der Brigantinen (italienifche Panzerjacken) ift zu bemerken, daß diefelben nicht über das 15. Jahrhundert hinausgehen, zu welcher Zeit fie befonders in Italien im Gebrauche waren. Häufig wird die Brigantine in der einfchlägigen Litteratur mit den Korazins oder gar mit der Platte oder felber mit dem Haubert verwechfelt. Zu jener Zeit wurde die Brigantine von den Bogenfchützen zu Pferde oder von wenig bemittelten Edelleuten getragen. Übrigens gab es auch Brigantinen, wo die Außenfeite, wie früher bei der Platte, mit Seidenfammet bedeckt war. In diefer Weife wurde fie in Italien häufig, felbft in Friedenszeiten, als eine bei den Patriziern und Adligen beliebte Tracht, an Stelle des ausgepolfterten Wamfes gebraucht; fie gewährte Schutz gegen den Dolch des Banditen. Auch Karl der Kühne pflegte fie zu tragen. Die Brigantine beftand gewöhnlich aus kleinen länglichen und rechtwinkligen Platten, die einander zur Hälfte bedeckten und auf den Stoff genietet waren. In verfchiedenen Mufeen find fie mit der Rückfeite, die Schuppen nach außen, ausgeftellt, was unrichtig ift, weil die Rundung der Platten darauf hindeutet, daß die Brigantine mit dem Eifenwerk gefüttert war und über dem gewöhnlichen Wams getragen wurde.

Das Schwert, welches während diefer verfchiedenen Zeiträume eine rechtwinklige Parierftange hatte, und der Speer bildeten die hauptfächlichften Angriffswaffen.

Nachdem gegen Ende des 13. Jahrhunderts das Panzerhemd verkürzt und demfelben Bein- und Armfchienen von Stahl oder gefottenem Leder beigefügt worden waren, erfuhr die Bewaffnung überall eine gründliche Umgeftaltung zu Ende des 14. Jahrhunderts.

Um diefe Zeit bürgert fich die deutfche Rüftung, die mehr oder weniger vollftändig aus Stahlplatten gebildet war und Schienenrüftung (fr. armure à plates, fpan. armadura de punta en blanco, d. h. von leichtem Eifen, engl. plate armour) genannt wird, allgemein ein. Diefe Rüftung, befonders in ihrer vollkommenen Ausbildung, geht im Norden viel weiter zurück als in Italien und Frankreich, wo die Übergangsepoche bis zur Regierung Philipps VI. (1328—50), unter welchem es noch keine vollftändige Schienenrüftung gab, dauert. Triftan und Ifolde, die fchon erwähnte deutfche Handfchrift, zeigt die Ritter in Schienenrüftung, mit Topfhelmen verfehen und auf völlig geharnifchten Roffen. Daß aber die burgundifche Bewaffnung noch weit weniger vorgefchritten war, beweifen die Buchmalereien einer burgundifchen Handfchrift in der Bibliothek des Arfenals zu Paris, einer römifchen Gefchichte, die für den Herzog von Burgund von Johann Ohnefurcht (1404—1419) gefchrieben fein foll, aber eher dem Ende des 15. Jahrhunderts anzugehören fcheint. Diefe Kleinmalereien dienten mir auch zur Beftätigung deffen, was ich früher fchon in den fchweizerifchen Zeughäufern zu bemerken Gelegenheit hatte, daß nämlich die fchwarze Farbe in den zur burgundifchen und fardinifchen Bewaffnung gehörigen Stücken vorherrfcht, während die öfterreichifchen Rüftungen zumeift aus blankem Stahl beftanden.

Schwarz angeftrichenes Eifenzeug, refp. Ausrüftungen, wurde aber auch von der fich im Schmalkaldifchen Kriege (1546—1547) eigentümlichen neuen, unter dem Namen Deutfche Reiter ausgebildeten Heerhaufen getragen, weshalb man diefe leichte Reiterei oft einfach als die Schwarzen bezeichnete. Sie hießen auch, wegen ihrer geringeren Pferde als die für die Kyrisser und Lanzierer verwendeten, «Ringerpferde». Ihre Ausrüftung beftand in einem, Hundekappe genannten Eifenhut, dem leichten, Corfelet genannten eifernen Stückpanzer, oder dem Lederkoller mit eiferner Halsberge (Koller- oder Ringkragen). Ihre Angriffswaffen waren das Fauftrohr (Reiterpiftole mit Radfchloß) und das Schwert. Als franzöfifche Söldner — fowohl die unter den Guifen (1576—1596) gebildeten Heerhaufen gegen die Hugenotten, wie auch und mehr noch als Söldner diefer gegen die Katholiken — hießen folche, meift aus armen deutfchen Edelleuten beftehenden Reiter: «Reitres».

Ringerpferde (ringe Pferde) wurden übrigens auch im 16. Jahrhundert alle fchlecht berittenen leichten Reiter, welche die

Ritter, außer den fchwerer gerüfteten Knappen oder Reifigen, mit ins Feld führten, genannt. Aus folchen Ringpferden bildete Kaifer Karl V. befondere Kompagnien, welche fpäter, ihrer fchwarzen Panzer wegen, wie fchon angeführt, fchwarze Reiter, im 17. Jahrhundert aber Karabiniere, auch Arkebufiere genannt wurden.

Die Bezeichnung einer vollftändigen Rüftung (fr. armure), mit Ausnahme des Helms, durch Harnifch (fr. harnais) taucht erft in der zweiten Hälfte des 16. Jahrhunderts auf.

Die Schienenrüftung war über ein Jahrhundert lang nur teilweife artikuliert, d. h. mit beweglichen Gliedern verfehen; erft im 15. Jahrhundert erfcheint die ganzgegliederte. Das Grabmal Jacopo Cavalli († 1384) zu Venedig zeigt, daß die teilweife gegliederte Schienenrüftung Ende des 14. Jahrhunderts fich auch fchon in Italien verbreitet hatte.

Als das Mafchenpanzerhemd durch die neue Rüftung verdrängt worden war, hatte auch das Unterkleid eine Änderung erfahren. Ein Wams ohne Ärmel, aber mit Rüfthofen und Strümpfen dazu, bildeten die Bekleidung, welche den aus einem Stücke gemachten Knabenanzügen unferer Tage fehr ähnlich fah. Das Ganze war gewöhnlich aus Leinwand gemacht, leicht gepolftert und unter dem Bruftfchilde, neben der Kniefcheibe und der Kniekehle auch an dem Armgelenk mit Mafchen befetzt, um den Körper an den Stellen zu befchützen, wo die Mängel der Rüftung dem Schwerte und dem kleinen dreifchneidigen Dolche, den man Panzerbrecher (fr. misericorde) nannte, Spielraum geben konnten. Das einzige Exemplar eines folchen Anzuges, das bis auf uns gekommen ift, befindet fich vollftändig und faft unverfehrt im bayerifchen Nationalmufeum zu München. Das Gewicht eines vollftändigen Schienen-Harnifch (ohne den Helm) war 20—26 kg, der Helm 2—4 kg, ein Panzerhemd 4—7 kg, der Schild 3—6 kg u. f. w. Man kann annehmen, daß die Gefamtrüftung eines Ritters 32—46 kg betrug, welche aber gemeinlich vollftändig nur kurze Zeit auf ihm laftete.

Es ift hier der Platz, den noch vielfach feftgehaltenen Irrtum zu berichtigen, als ob die Männer aus der Zeit des Rittertums hinfichtlich ihres Wuchfes und ihrer Körperbildung denen der Jetztzeit überlegen gewefen wären; gerade das Gegenteil! Die Rüftungen vom 14. bis 16. Jahrhundert find zu enge, als daß fie von ftarkgebauten Männern der Gegenwart getragen werden könnten. Die Verfuche, welche ich zu diefem Zwecke in deutfchen, franzöfifchen und englifchen Zeughäufern anftellen ließ, haben vollftändig beftätigt, was ich fchon in anderen Sammlungen beobachtet hatte. Die größere Muskelentwickelung der heutigen Gefchlechter findet befonders in dem Bau der Beine und Waden ihren Ausdruck; für eine Wade des 19. Jahrhunderts ift es faft unmöglich, in eine Rüftung des Mittelalters oder des Rückgriffs hineinzukommen. Das gegenwärtige Gefchlecht ift auch viel dickköpfiger geworden, da es felten nur einen Helm des Mittelalters aufzufetzen vermag.

Während des 15. und 16. Jahrhunderts haben die Formen der Schienenrüftung große Änderungen erlitten. Je nach Zeit und Land fpiegelt fich in ihnen faft immer die Mode der bürgerlichen Tracht wider; fie deuten auch die Umgeftaltungen an, welche die veränderte Kampfweife und die Erfindung der tragbaren Feuergewehre notwendig herbeiführen mußten. Während der größeren Hälfte des 15. Jahrhunderts ift die Rüftung noch gotifch in allen ihren Teilen; alles ift übereinftimmend, die Formen des Schwertes und Bruftpanzers bieten die fchönften Typen deffen dar, was je in diefer Art gemacht worden ift. Gegen Ende des 15. Jahrhunderts und zu Anfang des 16. erfcheint die Form des Bruftpanzers oft gewölbt, die Ränder (fr. passegardes) find übermäßig groß, die gegliederten Schenkelfchienen zeigen eine größere Ausdehnung; die ganze Rüftung verliert fchon an Reinheit ihrer Linien und an Ausdruck des Ernftes und der Kraft.

Die gerippte, auch maximilianifche oder mailändifche Rüftung ift die vollkommenfte, wenn nicht die fchönfte von allen, und eine deutfche Erfindung. Sie bezeichnet den Zeitraum des «letzten Ritters», denn fchon der Panzer aus der Regierungszeit Heinrichs II. von Frankreich (1547—59), der das enganliegende Wams nachahmt, hat nichts Männliches mehr. Auffallender aber noch ift diefer Verfall an den Panzern aus der Zeit der Mignons, hier ahmt die Erbfenfchote, genannt Vorderküraß, den Buckel des Polichinells nach. Die Rüftung gerät immer mehr ins Groteske. Der Bruftpanzer verkleinert fich und wird flacher; das lange Beinzeug, Krebfe genannt, welche an Stelle der Schenkelfchienen getreten find, heben die Hüften noch mehr hervor und verwandeln den Menfchen in einen Dekapoden. Fernerhin erfetzen die hohen Stiefel und die Housseaux, eine Art Stiefel-Gamafchen, fchon unter Heinrich IV. die Beinfchienen; weit mehr aber noch verkümmert die Rüftung unter Ludwig XIV. Mit ihrer Schwere hatte fie auch ihren

Charakter eingebüßt und macht bald gänzlich dem Leder Platz. In Deutfchland wie in Frankreich trat zur Zeit des dreißigjährigen Krieges der Koller mit feinem großen Ring- oder Halskragen an die Stelle des Panzers, der nur noch als eine Spezialwaffe getragen wurde.

Um das über die Rüftungen des Mittelalters und des Rückgriffs (Renaiffance) Angeführte zeitfolgend kurz zu faffen, fei hier noch bemerkt, daß die Brünne allein bis Ende des 12. Jahrhunderts, die Brünne mit der Platte während des 13. Jahrhunderts, die Schienenrüftung im 14., 15. und 16. Jahrhundert anfänglich in Leder, bald aber aus Eifen im Gebrauch war.

Von 1530—1580 war auch eine leichtere, alleggiate, engl. allecrete, genannte Art Harnifche, befonders für Söldner, namentlich der fchweizerifchen, im Gebrauch.

Was die Beurteilung und Klaffifizierung von Rüftungen anbelangt, fo ift es bei jedem Stück möglich, die Zeit der Anfertigung desfelben vermittelft des Gepräges feftzuftellen, das ihm die Zeit des Urfprungs aufgedrückt, wie dies bei der bürgerlichen Tracht auch nicht anders der Fall ift. Der konifche Helm, in Frankreich «normännifch» genannt, dem man fchon auf vielen Denkmalen des 10. Jahrhunderts begegnet; der Topfhelm (fr. heaume), nach englifcher Form mit Nafenfchirm, nach deutfcher Form mit feftem Sturz im 12. und 13. Jahrhundert; der Topfhelm mit Helmzier vom 13. bis 15. Jahrhundert; die kleine Keffelhaube oder Hirnkappe, die unter dem Topfhelm getragen wurde; die große Keffelhaube des 13. und 14. Jahrhunderts; die Schale oder der Schallern (Salade auch celata veneiano) des 15. Jahrhunderts; die Eifenhüte und Eifenkappen, deren erfte Spuren fchon in den Handfchriften des 10. und 11. Jahrhunderts gefunden werden[1]); die zahlreichen Mifcharten des Burgunderhelms oder die Pickelhaube (fr. bourguignote, auch casquetel) mit dem Sturz- oder Vifierhelme, auch Helmlin genannt (fr. armet), des 16. bis 17. Jahrhunderts «ce dernier mot de l'armurier en fait de casque»; desgleichen der Morian und der Birnenhelm, welche gewöhnlich nur vom Fußvolke getragen wurden: alle find dazu geeignet, die Urfprungszeit einer Rüftung feftzuftellen.

Eine ungleich wichtigere Rolle als bei den Alten hat der Schild

[1]) Auch fchon in der Bewaffnung der römifchen Gladiatoren, f. die Abbildung davon weiterhin.

bei den nordifchen Völkern gefpielt, wo er fogar die Schöpfung einer eigentümlichen, der klaffifchen völlig entgegengefetzten Kunft veranlaßte. Auf dem germanifchen Schilde find auch die erften plaftifchen Kundgebungen des Feudalgeiftes und der Urfprung der Wappen zu fuchen. Wenn Tacitus, der in dem erften Jahrhundert unferer Zeitrechnung fchrieb, fagt (De moribus Germanorum), daß die Deutfchen ihre Schilde mit fchönen Farben und auf verfchiedene Weife bemalten, fo verftand er eben nicht, daß diefe Malereien gewiffermaßen Hieroglyphen waren, welche die glänzenden Waffenthaten des Anführers, dem der Schild angehörte, zur Darftellung brachten. Der Brauch, ihre Waffenthaten durch das Bild auf dem Schilde zu veranfchaulichen, war bei den Germanen fo verbreitet, daß fogar die altdeutfchen Wörter Schilderer, fchildern (für Maler, malen) von Schild abzuleiten find. Diefe Heldenthaten wurden auf dem Schilde abgebildet und zwar entweder unter der Form der Waffe, mit deren Hilfe fie vollbracht worden waren, oder derjenigen des Feindes oder befiegten Ungeheuers. Während der Lebenszeit des Helden blieben fie fein Wahrzeichen und bildeten fo die erften Wappen. Diefe waren anfangs nicht erblich, weil der Sohn kein Recht auf die Auszeichnung des väterlichen Schildes hatte. Ihm lag es ob, das Recht, feinen Schild zu bemalen, erft durch die eigene rühmliche That zu erwerben, und er blieb bis dahin, wie Virgil fagt, Parma inglorius alba.

Vom 10. Jahrhundert an, wo in Deutfchland die Turniere fchon landesüblich waren, beginnt auch das Wappen der ganzen Familie, der ganzen Linie gemeinfchaftlich anzugehören und fchließlich erblich zu werden. Um nun die Kontrolle über den neuen Adel zu ermöglichen, wurde zu Anfang diefes Zeitraums, alfo lange vor den Kreuzzügen, der Brauch eingeführt, daß der Ritter an der Schranke des Turniers Helm und Schild niederlegen mußte; die Herolde erhielten dadurch den Beweis, daß der Träger diefer Waffen das Recht hatte, zu turnieren. Zu Anfang der Kreuzzüge im 11. Jahrhundert hatte faft ganz Europa fchon diefe Wahrzeichen angenommen, und feitdem haben die Wappen und die heraldifche Kunft nicht aufgehört unter den chriftlichen Völkern und felbft bei den Mauren Spaniens zu herrfchen. Etwas fpäter nahmen die Adeligen die Gewohnheit an, den Namen ihrer Schlöffer und Landgüter ihrem Familiennamen beizufügen, was die Teilung (Divifion) in den Familienwappen zur Folge hatte.

Die Normannen und wahrfcheinlich felbft fchon die Franken haben frühzeitig den Gebrauch der Wappen nach Frankreich gebracht; die Schilde der normannifchen Ritter waren alle mit abenteuerlichen Tieren etc. bemalt, was nichts anderes als das gewöhnliche Wappen bedeutete.

Der Schild ift diejenige Verteidigungswaffe, die am meiften in ihren Formen gewechfelt hat. Der keltifche (?), germanifche, fkandinavifche, bretonifche Schild mit Nabel; der viereckige germanifche aus Weidengeflecht aus den vor merowingifchen Zeiten; der merowingifche, karlingifche, angelfächfifche Rundfchild; der lange bemalte Schild des 10. und 11. Jahrhunderts, in Frankreich normännifcher Schild genannt; der dreieckige Schild derfelben Epoche; der kleine Dreifpitz (petit ecu) des 12. und 13. Jahrhunderts; der deutfche Setzfchild[1]); der Waffenmantel; der Rundfchild des 15. und 16. Jahrhunderts; der Fauftfchild, die kleine Tartfche — fie alle find aufeinander gefolgt und bieten den Studien ein weites Feld.

Auch der Fechthandfchuh zeigt die Urfprungszeit an. Der frühefte, der vom 12. und 13. Jahrhundert, war anfangs nur eine Art von Mafchenfack, welcher durch das äußerfte Ende des Ärmels am Panzerhemde gebildet wurde. Im 13. Jahrhundert fieht man fchon den eigentlichen Handfchuh mit getrennten Fingern. Im 15. Jahrhundert wird er durch den Faufthandfchuh erfetzt. Von Schienen gebildet, die in der Richtung der Haupteinteilung der Hand angebracht find, ift er an der Rüftung der Jungfrau von Orleans zu fehen; und von ihm fagt Bayard: «Ce que gantelet gagne, gorgerin le mange» (was der Handfchuh errungen, wird von der Kehle verfchlungen). Das Aufkommen der Piftole um die Mitte des 16. Jahrunderts ftellte die getrennten Finger am Handfchuh wieder her.

Die Fußbekleidung aus Eifenplatten, Eifenfchuhe (fr. solerets oder pédieux), erfcheinen überall im 14. Jahrhundert und im Norden fchon im 12. und 13. Jahrhundert, als die Mafchenftrümpfe durch Beinfchienen erfetzt wurden. Die Form des Eifenfchuhes bezeichnet ebenfalls die Zeit einer Rüftung. Anfangs lanzettförmig, verlängerte fich feine Spitze bald fo weit, daß er die abenteuerlichen Schnabelfchuhe nachahmte. Vom Jahre 1420—1470 ift der go-

---

[1]) Pavescheur oder Pavesieux hiefs im Franz.: der mit diefem Schilde (Pavois) Bewaffnete. Pavesade die fliegende Verfchanzung eines Schiffes u. a. m.

tiſche Spitzbogen, von 1470—1550 der Holzſchuh und der Bärenfuß, und nach 1570 der Entenſchnabel vorherrſchend; jedoch erfordern die Übergangsepochen große Vorſicht. Gegen Ende des 17. Jahrhunderts hatten die Reiterſtiefel (fr. housseaux) und die Stiefel überhaupt die Eiſenſchuhe und Beinſchienen gänzlich verdrängt. Übrigens kann die Form der ſogenannten Schnabelſchuhe bei der Zeitbeſtimmung einer Rüſtung nur da maßgebend ſein, wo man wegen ihrer Nationalität außer Zweifel iſt; denn die Einführung dieſer Mode war in den verſchiedenen Ländern verſchieden. In Frankreich war ſie von 1360—1420 herrſchend, während die öſterreichiſchen Ritter ſchon in der Schlacht bei Morgarten (1319) die langen Enden ihrer Eiſenſchuhe abſchnitten, nachdem ſie vom Pferde geſtiegen waren. Heinrich II., König von England (1154—1189), verbarg ſeine ungeſtalteten Füße in Schnabelſchuhen.

Wahrſcheinlich iſt es, daß der Urſprung dieſer Mode aus Ungarn herrührt.

Die Schutzrüſtungen des Pferdes ſind ebenſogut wie die des Mannes dem Einfluſſe der Mode unterworfen geweſen; denn die maximilianiſche Rippung des Panzers findet ſich wieder auf dem Bruſtpanzer oder Vordergebüge, dem Stirnblech oder der Roßſtein, den Flankenſtücken oder Neben-Vordergebüge, dem Hinterzeuge oder Hintergebüge und der Schwanzdecke in der Ausrüſtung des Roſſes. Die älteſte dieſer Rüſtungen, die ich auffinden konnte, zeigt ſich auf einem unter Heinrich dem Löwen († 1195) geſchlagenen Heller, wo das Pferd des Herzogs mit Gitterwerk von Nagelköpfen bedeckt iſt; einer ſehr ähnlichen begegnet man in den Zeichnungen der deutſchen Äneide, jener ſchon früher erwähnten Handſchrift aus dem 13. Jahrhundert.

Der Sporn, ohne Rad, mit geradem Hals ändert ſich erſt im 11. Jahrhundert, wo er anfängt, ſich in ſanfter Neigung zu erheben, während im 13. Jahrhundert der Spornhals gebrochen oder wellenförmig anſteigt.

Das Spornrad erſcheint im 14. Jahrhundert und zwar am häufigſten mit acht Spitzen. Im 15. Jahrhundert verlängert ſich der Spornhals über alles Maß bis gegen das 16. Jahrhundert, wo die künſtleriſche Phantaſie ihn ſchließlich in ein Spielzeug verwandelt. Der Bügel des Sporns, rund bis zum 13. Jahrhundert, weil die mit dem Maſchenſtrumpf bekleideten Füße immer rund waren, wird vom 14. Jahrhundert ab ſpitzwinklig, da die Schienen des Beinſchutzes der nunmehrigen Schienenrüſtung der Füße eine ſpitzwinklige Form haben.

Der Sattel zeigt vielfach abwechſelnde Formen, beſonders der Turnierſattel. Am ſeltenſten iſt der berühmte deutſche Sattel aus Holz (13. und 14. Jahrhundert), auf welchem der mit der Lanze Ausfallende ſich nur ſtehend erhalten konnte.

Eine lange Reihe bilden die verſchiedenen Formen des Schwertes; da iſt das Rappier — ein Duell- und Fechtdegen, welcher nicht über die erſte Hälfte des 16. Jahrhunderts hinausgeht, zu welcher Zeit, unter Karl V., die moderne Fechtkunſt (fr. escrime vom Deutſchen «ſchirmen») in Aufnahme kam; — ferner die alte Claymore (eine ſchottiſche Waffe), die keinen Korb hatte (wie man dies oft fälſchlich behauptet), der Seymitar (culter-venatorius der Römer) und der Säbel (Copis der Römer?), der ſchon bei den Daciern zur Zeit Trajans im Gebrauch war; — der Yatagan, Khandjar, Fliſſat und Koukris. Sie bieten ebenſo viele Abweichungen dar, wie das Dolchmeſſer, der Dolch, das Stilett, der Khouthar und der Cris. Der Speer, die Kolbe, der Morgenſtern, die Senſe, Sichel, die Hippe, der Streithammer, der Flegel, die Streitaxt, die Hellebarde, die Partiſane, das Sponton, die Korſeke, die Kriegsgabel und der Flintenſpeer (Bajonnett) gewähren dem Studium ein ebenſo reiches Material, wie die Schleuder, der Schleuderſtock, der Bogen, die Armbruſt und das Blasrohr.

Es iſt nicht außer acht zu laſſen, daß vom 14. Jahrhundert bis zum Ende des 16. die Ritter, insbeſondere die franzöſiſchen, eine auch in England, Deutſchland und Italien verbreitete Sitte hatten, zu Fuß zu kämpfen, wie das in der Schlacht bei Crécy 1346 geſchah. Dieſe Abweichung von dem traditionellen Herkommen der Ritterſchaft hat zu einer eigentümlichen Art von Rüſtung geführt, die beſonders unter Karl VII. (c. 1445) üblich war; das kaiſerliche Artillerie-Muſeum in Wien beſitzt die beiden ſchönſten Exemplare derſelben, welche aus der Ambraſer Sammlung herſtammen, aber, wie mir ſcheint, nie benutzt worden und für den Gebrauch völlig ungeeignet ſind. Ich glaube nicht, daß es möglich iſt, ſich in Rüſtungen mit doppelten Gelenken zu bewegen. Es würde für die Geſchichte der Waffen von großem Intereſſe ſein, wenn die Direktionen der Muſeen einige Verſuche in dieſer Beziehung anſtellen laſſen wollten.

Seit Ende des 14. Jahrhunderts, zur Zeit der Einrichtung geregelter Kampffpiele oder Turniere, befonders der Rennftechen (fr. joutes), machte fich das Bedürfnis fühlbar, den Kopf gegen die furchtbaren Stöße des fchweren Speeres zu fchützen, der fpäterhin zu einer Art Balken anfchwoll (f. die Ambraser Sammlung) und an dem Panzer wie an einem Schraubstocke befestigt wurde. Der Topfhelm, diefer ungeheuerliche Kopffchutz, welcher damals Kettenkapuze und Keffelhaube zugleich bedeckte, wurde bald noch vermittelft Schrauben und Ketten an der Rüftung befeftigt. Die älteften noch erhaltenen Exemplare diefer umfangreichen Kopfbedeckung find englifcher Herkunft.

Der Urfprung diefer Kampffpiele ift bei den Germanen zu fuchen, von welchen fchon Tacitus (Germania 24) fagt, daß «folche fonft nirgends bekannte Spiele immer derfelben Art in allen ihren Zufammenkünften vorgenommen werden. Daß da junge nackte Leute fich fpringend in Mitte drohender Schwerter und Speere werfen und fo ein kühnes, durch Gewohnheit zur Kunft gewordenes Schaufpiel ohne jeden Entgelt ausführen». Aus diefen Spielen find ficherlich die fpäteren, Turniere genannten Waffengänge hervorgegangen, wovon Nidhard, Neffe Karls d. Gr., welcher 844 (Leb. III.) fchrieb, fchon erzählt, wie die Edlen Ludwigs d. Gr. und die feines Bruders Karl in zwei gleichen Truppen fich in Waffenfpielen bekämpften, und wie beide Fürften felber daran teilnahmen. Durch die Franken wurden Turniere in Frankreich und von da durch die Normannen in England, ebenfo wie durch die Weftgoten in Spanien eingeführt, wo unter Karl d. Gr., 811, alfo drei Jahre vor deffen Tode, in Barcelona eines der erften bedeutenden Turniere abgehalten worden ift.

Gemeiniglich wird die Einführung der noch weniger geregelten Turniere in die Gewohnheiten des Rittertums gegen das 12. Jahrhundert gefetzt; indes gehen die doch fchon teilweife organifierten, wenn auch noch nicht ganz nach Satzungen geregelten Waffenfpiele weit vor diefe Zeit zurück. Solche haben, wie bereits bemerkt, fchon im 9. Jahrhundert, befonders in Deutfchland, ftattgefunden, ein Umftand, der es zur Genüge erklärt, daß die Anfertigung der Rüftungen hier mit fo großer Meifterfchaft betrieben wurde.

Die Gefchichte hat ungefähr 183 regelmäßige Turniere verzeichnet, ungerechnet die beträchtliche Anzahl kleiner Waffengänge. Die wichtigften derfelben, die vom 9. Jahrhundert bis Anfang des 13. Jahrhunderts ftattfanden und faft fämtlich in Deutfchland abgehalten wurden, find: im Jahre 811 Turnier zu Barcelona bei Gelegenheit der Krönung des Grafen Linoſre; im Jahre 842 zu Straßburg unter Karl dem Kahlen; 925 zu Regensburg unter Heinrich dem Vogelſteller; 932 zu Magdeburg unter demſelben Fürſten; 938 zu Speier unter Otto I.; 942 zu Rothenburg unter Konrad von Franken; 948 zu Konſtanz unter Ludwig von Schwaben; 968 zu Merſeburg an der Saale; 996 zu Braunſchweig; 1019 zu Trier unter Heinrich II.; 1029 gleichfalls zu Trier; 1042 zu Halle unter Heinrich III.; 1080 zu Augsburg unter Hermann von Schwaben; 1118 und 1119 zu Göttingen; im Jahre 1148 zu Lüttich unter Theodor von Holland, in Anweſenheit von 14 Fürſten und Herzögen, 91 Grafen, 84 Baronen, 133 Rittern und 300 anderen Edelleuten; 1165 zu Zürich unter dem Herzoge Welf von Bayern; 1174 in Beaucaire unter Heinrich II. von England; im Jahre 1234 in Corbie in der Picardie, wo Floris IV., Graf von Holland, getötet wurde; 1240 zu Neuß bei Köln, wo 60 Ritter auf dem Platze blieben und 1274 zu Chalons, wo auch der König Eduard von England mit engliſchen Rittern turnierte und ebenfalls eine Anzahl der Stecher getötet wurden. Beim ſcharfen Turnier des Grafen v. Katzenellnbogen, 1403 zu Darmſtadt, blieben auch 26 Ritter auf dem Platze.

1392 fand ein großes Turnier bei Schaffhauſen ſtatt. Eins der berühmteſten ſpäteren Turniere war das vom Camp du Drap d'or, 1520, unter Franz I.

Die verſchiedenen Arten der Turniere beſtanden, beſonders in Frankreich, in: 1. den Zweikämpfen (fr. Combats singuliers), d. h. dem paarweiſen Stechrennen, dem Tjote (v. fr. Joutes, altfr. joustes). Deutſchland hatte aber auch noch das Nachturnieren, wo mit ungefährlichen Speeren und Schwertern geſtritten wurde, Turniere, die ebenfalls Jutes hießen; 2. in den Buhuren[1]) (fr. quadrilles, ital. quadriglia), wo haufenweiſe gekämpft wurde (auch ital. bogordo, altfr. bouhourt); 3. in den Schlachtſpielen (fr. trépignée) und 4. in den Burgturnieren (fr. castilles). In Frankreich gab man auch den Namen Behourt oder Bohourd einem Kampfſpiel, wo ein befestigter Ort angegriffen und verteidigt wurde, was alſo den Castilles ähnlich war. Bei Trampelkämpfen (fr. trepignés) ging alles wüſt durcheinander.

In «Maximilians Triumph» kommen elf Gruppen, eine jede von

1) «Da ward mit freudigen Sitten, künſtlich Buhurt geritten» («Eidegaſt». V. 623 im Parzival und Titurel von Wolfram von Eſchenbach).

fünf Rittern, vor, die für elf verfchiedene Turnierarten die Vertreter find: Welfchgeftech; Hochenzweggeftech (mit an der rechten Bruft befindlichem Schilde); Teutfchgeftech; Welfchrennen mit den Murneten (kleine Schilde links?); Geftech mit Painharnafch; Gefchifftrennen (wo die Tartfchen bei Berührung in Stücke fliegen); Püntrennen (wo die Tartfchen über den Kopf wegfpringen); Pfannenrennen (Roftrennen (?), mit Rofte auf der Bruft); Scheibenrennen (mit runden Scheiben auf der Bruft); Schweifrennen (?) und Velt-(Felt-)Rennen. — Hans Schwenkels 1544 herausgegebenes «Wappenmeifterbuch» führt nur acht verfchiedene Arten Turniere an: Deutfches Geftech; Rennen feft angezogen; Rennen unter dem Bund; Gefchweiftrennen; Feld- und Kampfrennen; Welfches Geftech; — Kampf (zu Fuß).

Das Zweikampf-Stechrennen (fr. joute) wurde mit «Stechen über die Palia» bezeichnet, wenn beim Rennen die Kämpfer, durch eine Plankenfchranke voneinander getrennt, fich anrannten. Die Ableitung diefer Benennung bleibt unbeftimmt, da Palia Kampfpreis heißt; wohl eher kann fie von Baglio, Querbalken, abftammen.

Palia genanntes Zweikampf-Stechrennen, wo die Reiter fich, durch eine Planken-Schranke getrennt, anrennen. Nach einem Kupferftich vom 16. Jahrhund. der Samml. Firmin-Didot — «König Heinrich II. vom Grafen Montgomery verwundet».

Beim Vor- oder dem Rechten Turniere waren Kolben im Gebrauche, beim Nachturnier, dem Jouten (fr. jouxtes — joutes, auch combats de la table ronde), ftritt man mit gebrochenen Speeren und gemeinlich ftumpfen, courtoises, auch gracieuses genannten Schwertern.

Verfchiedentlich ift angenommen worden, daß zweikämpfige Stechrennen erft in fpäterer Zeit eingeführt wären, ein Irrtum, welcher fchon durch die Heldenfagen widerlegt ift, da ja überall hier bereits Speerrennen zwifchen nur immer zwei Kämpfern, auch außer den Turnieren, zu den ritterlichen Abenteuern gehörten. Der den Alten durchaus unbekannte Ehren- oder Beleidigungs-Zweikampf, das Duell, fcheint überhaupt germanifchen Urfprungs zu fein.

Die Quadrillen oder Buhurten wurden anfänglich nur durch vier Ritter ausgeführt, was die Benennung erklärt. Die letzte Quadrille hat 1662 unter Ludwig XIV. zu Paris auf dem Platze ftattgefunden, welcher davon heute noch den Namen (Place du caroussel) trägt. Quintaines, auch Cuitaine hieß das Puppenftechen, wodurch junge Leute im Speerftechen unterwiefen wurden. Das sog. Karuffel (fr. caroussel, v. it. carosello), welches drei verfchiedene Arten: «Kopfrennen», «Ringrennen» oder «Ringftechen» und «Quintanrennen» begriff, und von Heinrich IV. und Ludwig XIII. von Italien in Frankreich eingeführt wurde, auch im 18. Jahrhundert noch an den meiften europäifchen Höfen an der Stelle der Turniere ftattfand, wurde bereits auch fchon im 16. Jahrhundert in Deutfchland betrieben. Eine Befchreibung von folchen zu Dresden 1588 abgehaltenen Ringrennen befindet fich in mehreren Büchern. In einer Aufnahme von 1599 der «Rüft- und Sattelkammer von Max Függer» kommen «Spieße zum Ringelrennen» vor. Die in den franzöfifchen Turnieren meift gebräuchlichen ftumpfen Schwerter nannte man im Franzöfifchen courtoises, auch gracieuses, die ernftlicheren Waffen aber: armes à outrance. Turnierfpeere, welche gemeinlich 15 Fuß oder 5 Meter lang waren, gab es, befonders in Frankreich, vier Arten: gebrochene Speere (fr. lances brisées), — welche, halb eingefägt, beim Stoße leicht am Ende knickten; — hohle Speere (fr. lances creuses), die ebenfo leicht zerbrachen; ftumpfe Speere (fr. lances gracieuses ou courtoises — auch mornées und frettées genannt), deren Eifen, ftatt der Spitze eine Frette oder Morne genannte Art Ring, hatten und ferner die Todeskampffpeere (fr. lances à outrance, auch lances émoulues, d. h. fcharf gefchliffen), wo das «Kerbeifen» fpitz war. Es ift hier zu bemerken, daß aber, wie oft fälfchlich angenommen wird, Gottesgerichtskämpfe nie bei Turnieren vorkamen. Man hatte auch Roftftechen, wo der Kämpfer mit unbefchütztem Haupte rannte, und wo ein auf der Bruft befeftigtes viereckiges Stahlftück, Roft genannt, mit der Speerfpitze abgeftoßen werden mußte. Dies Rennen war fo gefährlich, daß, dem «Triumph des Kaifers Maxi-

Abbildung des Ringrennens, eine der drei Arten des Karuſſels, welches 1596 zu Kopenhagen ſtattgefunden hat. Das Spiel fand, wie man ſieht, hier durch ungerüſtete Reiter ſtatt und der zu ſtechende Ring hing unter einer Krone. — Nach einem Stiche aus der Zeit.

milian» nach, immer ein offener Sarg dabei in den Schranken aufgeſtellt wurde. Statt der Speere ſind auch vier Meter lange zweihändige Schwerter, die Rennpanzerſtecher, im Gebrauch geweſen, deren Klingen dünn, drei- oder zweiſchneidig, alſo ähnlich den Rapierklingen, waren. (S. Sammlung Zſchille.) Die Beſchläge der oben angeführten ſtumpfen Speere (fr. lances courtoises) wurden, wenn ſie auch nicht die ringförmigen, ſondern zwei ebenfalls ſtumpfe,

aber hakenförmige Umlagen hatten, wie die ſpitzhakenförmigen doch auch rocs und rochets genannt. Bis Ende des 14. Jahrhunderts, wo das Maſchenpanzerhemd, meiſt ohne Bruſtſchild oder Stahlſtück und ohne Platte, überwiegend war, beſtand der hakenförmige ſtumpfe Beſchlag, von da ab aber bis Ende des 15. Jahrhunderts in kurzen ſtumpfen Spitzen. (S. darüber in den Abbildungen des Abſchnittes der Speere.)

Auf den deutſchen, gemeinlich ernſteren Turnieren, wo die Rüſtungen auch ſchwerer waren, gab es Speere wie Balken, deren Dicke oft 15 Zentimeter überſtieg. (S. die noch vorhandenen in der Ambraſer Sammlung, ſowie die Abbildungen davon in Lucas Cranachs Turnieren, bei Barts Nr. 124—125.) Eine der älteſten franzöſiſchen Turnierordnungen iſt die Gottfrieds v. Reuilly († 1068), auch das «Traité sur l'habillement des tourneyeurs» von Antoine de la Salle iſt älter wie die deutſchen Turnierbücher, es tagzeichnet von 1458. Von deutſchen Büchern über Turnierweſen beſitzt man: «Wann vnnd vmb welicher vrſachen willen das löblich Ritterſpiel», Augsburg 1518; Rüxners Turnierbuch in erſter Auflage von 1530, in zweiter von 1532 und in dritter mit Holzſchnitten Joſt Ammans von 1566; Bartholomäus Clamorinus, Turnierbüchlein — ein Auszug des Rüxnerſchen Werkes, 1549 zu Bintz in Brabant, 1565 zu Wien und 1590 zu Dresden erſchienen. Rüxner giebt die Beſchreibung von nur 36 Turnieren (Stechen), wovon das erſte zu «Meydburg an dem Werd» (?) und das letzte zu Worms ſtattgefunden hat, — ferner viele «Ritterſpiele» und «Fußturniere». Hinſichtlich der Kampfſpiele des 15. Jahrhunderts, die gemeinlich auch nicht immer weniger blutig wie die etwas ſpäteren abliefen und zur Stärkung der kriegeriſchen Eigenſchaften beitrugen, haben oben angeführter Antoine de la Salle und eingehender noch René d'Anjou, König von Neapel und Sizilien († 1480), alle Einzelheiten, ſowohl die der Gebräuche, wie die der Bewaffnung in den Turnieren in Frankreich beſchrieben. Unter Maximilian I. «Freydals[1]) Turnierbuch» vom Ende des 15. Jahrhunderts («Rennenſtechen», «Turnieren» und «Kämpfen») giebt auch von den ritterlichen Thaten in Wort und Bild Kunde. In dem bereits angeführten «Wappenmeiſterbuch» von Hans Schwenkel ſind die Turniere Herzog Wilhelm IV. von Bayern (1510—1545) dargeſtellt (zu München 1817—1828 gedruckt). Ferner beſitzt man

[1]) Vom Ende des 15. Jahrhunderts, 1882 zu Wien herausgegeben vom Grafen Crennevill und Guirin von Leitner. Es ſind darin 64 Turniere beſchrieben.

das Turnierbuch des Herzogs Heinrich des Mittleren von Braunfchweig-Lüneburg (1468—1532), die Turnierbücher des Kurfürften Johann des Beftändigen von Sachfen, die Heilbronner Turnierordnung von 1485, Würsungs: «Von wann das ritterfpiel des turniers erdacht und geubet» von 1518; Rüxners «Urfprung des Turniers» von 1530; das Turnierbuch von Grüneberger, ein anderes von Max Walther von 1477—1489; Siegmund von Gebfattel, Befchreibung von fünf Turnieren; die Schönbartbücher der Rennen Nürnberger Gefchlechter und noch einige andere gedruckte Turnierbücher mit Turnierregeln u. dergl. m.

Vom Ende des 15. Jahrhunderts ab waren die Turniere aber doch auch häufig nicht mehr fo ernftliche Waffenübungen und Kampffpiele wie die früheren und viel weniger geeignet, ritterliche Künfte und kriegerifchen Mut zu verbreiten. Es gab Turniere, wo die Ritter felbft Blafen mit rotem Wein füllen und unter der Rüftung verbergen ließen, um diefelben, beim Kämpfen in den Schranken, heimlich aufzuftechen, und die Damen glauben zu machen, daß die Edlen ihr Blut für fie fließen ließen. Unter anderem fand diefe Lächerlichkeit auf dem Turnier zu Onolzbach, dem jetzigen Ansbach, bei des Polenkönigs Kafimir Hochzeit ftatt.

Ritter vom 12. Jahrhundert im Stechrennen. Das Pferd des einen ift vollftändig mit dem «Gelieger» (fr. housse) vom Kopfe bis zum Schwanze behängt. Die Schilde ſind herzförmig, wie dieſelben ſo klein ſonſt ſelten im 12. Jahrhundert vorkommen und die bewimpelten Speere ſind noch dünn und ohne Handfaß, Schwebeſtoß- oder Brechſcheibe der ſpäteren Turnierſpeere. Auch die mit Ringhauben und Fäuſtlingen verſehenen Brünnen ſind noch nicht durch Stahlſtücke oder Bruſtſchild gegen die Speerſtöße verſtärkt. Die kegelförmigen Helme, mit Naſenſchutz nur, ſind auch noch weit von den ſpäteren Topfhelmen verſchieden. Nach Petri d'Ebulos «Carmen de Bello Siculo inter Henricum VI. Imp. et Tancredum» aus der Berner Bibliothek (cod. 120) von Fürst Hohenlohe veröffentlicht.

Zwei ſtechende Ritter vom 15. Jahrhundert in Schienenrüſtungen mit großen Stech- oder Topfhelmen, ſowie daran befeſtigter Barthaube. Die Turniertartſchen ſind mit Ausſchnitt, die Speere dreiſpitzig, alſo keine ganz ſtumpfen Speere, und mit Brechſcheiben verſehen. Die ſpitzen Schnabeleiſenſchuhe ſind mit ſpitzbügligen, langhalſigen Radſporen beſchlagen, die Pferde haben nur einen Bruſtſchutz (fr. hours). — Nach dem meluſiniſchen Kodex von 1468 im germaniſchen Muſeum zu Nürnberg.

Buhurten (fr. quadrille), Turnier, wo — haufenweiſe gekämpft wurde. Nach einem v. Verfaſſer in der «Histoire des Peinstres» etc. veröffentlichten Aquarell H. Burgkmaiers († 1559). Sonderbarerweiſe tragen die Ritter hier Gitterkolben-Turnierhelme m. phantaſtiſch. Zierat oder Kleinodien und Barthauben. Die Beine ſind nur durch d. Pferdebruſtſchutz (hours) ſowie durch an den Hours befeſtigte «Diechlinge» geſchützt. Die Gelieger der Roſſe (herabhängende Zierdecken (fr. housse) ſind meiſt unverziert, nur bei dem einen Ritter m. geſtreiſt. Muſter. Intereſſant ſind auch die deutlich dargeſtellten Hufeiſen.

Kolbenturnier, Bruchſtück nach der Zeichnung einer Handſchrift von 1441 im germaniſchen Muſeum zu Nürnberg. Die Helme mit Barthauben ſind hier ebenfalls, wie bei der vorhergehenden Abbildung, nur gegittert, alſo keine eigentlichen Kolbenhelme, aber auch mit Kleinodien oder Helmzieren verſehen. Die Pferde tragen Roßſtirnen und Hours, einer der Streitenden hat einen hoch auſſteigenden Sattelſchutz.

Die Turniere waren oft ſo mörderiſch, daß bis zu 60 Perſonen in einem einzigen Waffengange umkamen. Trotz dem im 9. Jahrhundert von dem Papſte Eugen II. und ſpäter von verſchiedenen ſeiner Nachfolger gegen dieſe blutigen Spiele (torneamenta) geſchleuderten Anathema verbreiteten ſie ſich mehr und mehr, und als nach Rückkehr der erſten Kreuzfahrer der Gebrauch der erblichen Wappen allgemeine Annahme gefunden, nahmen durch Einführung eines heraldifchen, fehr verwickelten Gefetzbuches und eines ftrengen Reglements diefe kriegerifchen Übungen fogar einen übertriebenen ritterlichen Charakter an, der in der Provence an poetifche Begeifterung ftreifte.

Auf den Turnieren, wo Grieswartel[1]), fpäter Jufticirer (fr. juges de camp) genannt, welche die Kämpfer in den Grenzen der Spiele hielten, den Erfolg feftftellten und wo dem Herolde[2]) (nach Vorbild der griechifchen κήρυκες — und der römifchen fetiales), wohl allein oblag, die Wappen zu befchauen und das Turnierrecht feftzuftellen, wurden zu Friedenszeiten ebenfoviele, wenn nicht noch mehr Perfonen zu Rittern gefchlagen, als in Kriegszeiten auf dem Schlachtfelde, und im Verlauf diefer prunkvollen Fefte fchloß fich mancher adlige Ehebund. Dem jungen Landedelmann, der die meifte Zeit mit Jagen in der Nähe feines feften Schloffes zubrachte und gewöhnlich auf Felfen oder in undurchdringlichen Wäldern haufte, bot fich kaum eine andere Gelegenheit, mit adligen Frauen und Edelfräulein zufammenzutreffen, und diefe ermangelten dann auch nicht, ihre Reize ins rechte Licht zu ftellen. Sie waren oft derartig mit Flitterftaat gefchmückt und in fo glänzende Stoffe gekleidet, daß die fchweren Schranken und Tribünen ein bunter Blumenkranz zu krönen fchien. War aber der Augenblick gekommen, wo «die Schönfte der Schönen» — die Königin des Tages — die Preife unter die Sieger austeilte, und hatten fich die Frauen und Jungfrauen von ihren Sitzen erhoben, dann durchliefen die Blicke der Ritter jene bunte Reihen, um fich eine Tänzerin auszuwählen, welche der Tänzer dann auch häufig zur Gattin erkor. Viele Edelleute ftürzten fich, um bei folchen Feften ihre Nebenbuhler durch Pracht der Rüftungen und des Gefolges zu verdunkeln, in Schulden und gerieten in Stricke der gelben Hüte.

Als nach einem zu Paris, am Thore St. Antoine, im Jahre 1559 ftattgefundenen Turniere Heinrich II., der dabei von dem Grafen Montgomery

---

[1]) Grieswärtel werden aber oft auch mit Maintenatoren bezeichnet. Diefe hatten gemeinlich jeder drei Patrinen und forderten auch zum Kampfe heraus. Es waren wohl auch diefe letzteren, welche den Rittern den Speer «einlegten», d. h. auf den vorderen und unter den hinteren Rüfthaken legten, was dem fo fchwer Gerüfteten oft allein unmöglich wurde. Zu obigem Turnierperfonal gehörten ferner noch Rüftmeifter und Turnierknechte.

[2]) Es gab ferner Wappenkönige, die den höchften Grad unter den Herolden bekleideten und von denfelben gewählt wurden.

S. auch die Heroldswiffenschaft von Bart. de Saxoferato von 1350.

erhaltenen Wunde erlegen war, gerieten die Turniere in Frankreich faft fchon außer Brauch, und als auch Karl IX. 1571 auf einem andern Turnier vom Herzog von Guife verwundet worden war, hatten folche Spiele ihr Ende erreicht, wurden aber durch die Caroussels erfetzt, welche, wie oben angeführt, aus drei Spielen beftanden: 1. Kopfrennen, 2. Ringrennen, 3. Quintanrennen oder Faquinrennen (v. it. fachino, v. lat. faciculus, Strohband). Wenn beim erften nur Köpfe als Ziele dienten, waren es hier ganze Holzfiguren, wonach geftoßen wurde. Davon «courre le faquin» und «brider le faquin».

Älter noch wie die blutigen Turnierkämpfe waren die Gotteskampfurteile (Ordalien), wo der Fußkämpfer Campio genannt wurde.

Die Turniere wurden in Deutfchland gewöhnlich in drei ftreng gefchiedene Gattungen eingeteilt: das eigentliche Turnier oder Rennen, das Stechen und das Fußturnier. Diefe Abteilungen find felbft wieder in achtzehn Unterabteilungen gebracht worden. Doch darf man es damit nicht fo ftreng nehmen, da dies den Sitten des Mittelalters nicht entfpricht; denn während der Dauer folcher Ergötzlichkeiten wurden die Grenzen weit weniger beachtet, als dies von den Büchermachern des 16. Jahrhunderts gefchah, deren Einbildungskraft ja auch nicht weniger fruchtbar in Erfindung von Kriegsmafchinen gewefen ift.

Die Turnierrüftung oder das Stechzug (fr. armure à joutes, engl. jousting-armour), von der einige Schriftfteller meinen, daß fie leichter als die Kriegsrüftung gewefen fei, war im Gegenteil viel fchwerer und die deutfchen und flamändifchen noch viel fchwerer als die franzöfifchen. Alle diefe fchönen Rüftungen aus blankem Stahl, welche fich durch Reinheit und Strenge ihrer Linien, fowie durch ihre Größenverhältniffe auszeichnen, waren von fo außerordentlicher Schwere, daß der Mann notwendig ihrem Gewicht erlegen wäre, der fie länger als eine Stunde hätte tragen wollen. Das Fußturnier und das Rennen (Kampf zu Pferde mit dem Speere) waren ftets auf den Turnieren verbunden, da der Ritter oft zu Fuß und in derfelben Rüftung den Kampf fortfetzte, nachdem er von dem Gegner aus dem Sattel gehoben und zu Boden geworfen worden war. Die für das Fußturnier befonders angefertigten Waffen find fehr felten und Zeichnungen aus jener Zeit (dem 15. Jahrhundert), welche in dem Maximiliansmufeum zu Augsburg aufbewahrt werden, laffen erkennen, daß felbft in den Turnieren, wo man fich mit dem hölzernen

Kolben fchlug (Kolbenturnier), weder der Kolben (fr. massette), noch der Roft- oder Gitterhelm ausfchließlich gebraucht wurden, da in dem Handgemenge Ritter mit dem gewöhnlichen Topfhelm erfcheinen, deren Schwerter an dem Bruftfchilde vermittelft Ketten befeftigt find, während andere fich des weniger gefährlichen hölzernen Kolbens bedienen. In den franzöfifchen Turnieren des 15. Jahrhunderts waren auch die Schwerter fchneid- und fpitzenlos; eine Art ausgekehlte ftumpfe und kurze Eifenftange bildete die Schneide.[1])

Einer Aufnahme der Ambrafer Sammlung von 1596 nach, waren: «die Harnifche (d. h. die vollftändigen Rüftungen, aber ohne Helm) weiß (d. h. blank) oder gefärbt (d. h. blau oder braun im Feuer angelaufen, fchwarz (angeftrichen wie die gewöhnlichen burgundifchen), fchwarz-weiß (fchwarz mit weißen Streifen angeftrichen), mit Sammet überzogen (wie u. a. die Brigantinen), geriffelt (d. h. gerippt, fr. cannelé, alfo die fogenannten maximilianifchen oder mailändifchen), mit Malergold bemalt, die Orte (Spitzen) von durchfchlagenem Eifen oder Meffing (durchbrochen, fr. à jour), geftempft, hohlgefchliffen (getrieben) und befchmelzt».

Für die Schilder gab es Mouven, d. h. Überzüge, was im Abfchnitt der Schilder angeführt ift.

Hinfichtlich der Schutzrüftungen der Streitroffe, befonders beim Turnier, fo kennt man aus dem 12. Jahrhundert fchon, nach der Wandmalerei der Painted Chamber von Weftminfter, einen Ritter, deffen Roß überall, nur Ohren, Maul und Füße ausgenommen, in Kettenrüftung gehüllt ift. In «Roumans d'Alexander», vom 12. Jahrhundert (Parifer National-Bibliothek), befindet fich die Abbildung eines ebenfalls fo vollftändig ausgerüfteten Roffes. Auch in Spanien wurden die Schlachtroffe bereits im 14. Jahrhundert vollftändig gepanzert, wie dies aus einem Befehle Don Alonfo XI. (1338) hervorgeht. Indeffen waren in den früheren Turnieren die Roffe meift noch ohne Schutzrüftungen, aber vom Kopfe bis zum Schwanze mit lang herabwallendem Zeug, den Wappendecken oder Geliegern (fr. housse), behangen, fowie dies Seite 87 das abgebildete Rennen vom 12. Jahrhundert darftellt, wo die Roffe noch ohne Schutzrüftung find. Solche Behänge, welche fich bis in die letzten Zeiten der Turniere, auch oft zufammen mit den Schutzrüftungen, erhielten,

---

[1]) Von den im Abfchnitte der Schwerter abgebildeten Turnierfchwertern und Turnierkolben des 15. Jahrh. find noch vorhandene Exemplare unbekannt.

nahmen im Laufe des 16. Jahrhunderts bedeutend an Umfang ab,
beſonders als in den ſpäteren Turnieren die Roſſe den Bruſtpolſter
(fr. hours) und ſelbſt auch, wie weiterhin Abbildungen zeigen, vollſtändige, ſelbſt die Füße bedeckende, gelenkige Schienenrüſtungen erhielten und wo auch am Halſe faſt immer Schellen angebracht waren.

Das Gelieger, dieſe auf dem Rücken liegende Wappendecke, au-
der nicht allein Wappen, ſondern auch andere Figuren und andere Verzierungen aufgenäht oder geſtickt wurden, reicht vor dem allgemeinen
Gebrauch der Turnierpferderüſtung bis anfangs der erſten Hälfte des
Mittelalters hinauf, wo es beſonders häufig, vom 11. Jahrhundert ab,
auch auf Siegeln vorkommt, wovon unter andern das König Otto-
kars von Böhmen (1261—1268) eine beſonders reiche Wappendecke,
die überall mit Sternen beſäet, auch zwei verſchiedene Wappen, ſich
dreimal wiederholend, auf Hals und Rückenſtück hat. Viel reicher
noch giebt die maneſiſche Handſchrift vom 13. Jahrhundert das Gelieger des «Siegers im Turnier». In der «Vie et miracles de
St. Louis», Handſchrift von 1300, trägt der König den Zeugwaffenkittel (fr. hoqueton) und das Pferd das Gelieger, welch beide, ſowohl wie der Schild, ein Dreiſpitz, überall mit Lilien beſäet ſind
Während des 14. und 15. Jahrhunderts kommt die Wappendecke
viel ſeltener vor, ausgenommen in Polen, wo das Gelieger bis ins
18. Jahrhundert hinein gebräuchlich und immer ſehr reich war.

Die in den letzten Zeiten der Turniere dem Pferde aufgebür-
dete Schutzrüſtung hatte an Schwere ſo zugenommen, daß die Tiere
nur ſehr kurze Zeit ſolche aus Eiſenplatten beſtehenden Panzer, ſowie
die ebenſo gediegenen Harniſche ihrer Reiter zu tragen ver
mochten Ende des 16., mehr noch anfangs des 17. Jahrhunderts,
tauchte, beſonders auch bei den regelmäßigen Bewaffnungen, namentlich bei den Arkebuſiern, an Stelle der Panzer und Decken ein
lang vom Rücken des Roſſes herabhängendes, aus Lederſtreifen beſtehendes Geſchirr auf, wie dies im 4. Abſchnitt (Mittelalter) ein dort
abgebildeter Arkebuſier nach Joſt Ammons Kunſtbüchlein darſtellt.

Im Morgenlande findet man die Pferdeſchutzrüſtung auch im
16. Jahrhundert ſtark verbreitet (ſiehe dies unter Abbildungen im Abſchnitt der perſiſchen Waffen, ſo das Roß von Djahir-el-Chin-Mo-
hammed, genannt Babur († 1530), dem Nachfolger Tamerlans und des
perſiſchen Kriegers aus dem Schah-Named (1580—1600) in der
Münchener Bibliothek. Bei den Chineſen kommen ſolche Pferdeaus-
rüſtungen noch viel häufiger vor.

Die Ausrüftungen des Ritters bildeten zwei Hauptarten: «Kampf- und Turnierharnifche» Letztere, das fogenannte «Turnierzeug», beftand feiner Zeit wieder aus zwei Hauptklaffen, den «Renn- und Stechzeugen». Benennungen alter Aufnahmen nach gehörte gemeinlich zu erfteren: «der Rennhut, der Rennbart, die Bruft mit Vorder- und Hinterhaken, das Sattelblech, die Schulterbänder, der Rücken mit Schwänzel, das Magenblech mit Bauchringen und die Rennhofen, gefchobene Achfelftücke mit Flügeln, Ober- und Unterarme mit Kacheln und Brechrand, eine fteife Hentze für den linken Arm, fowie für links auch noch eine runde Achfelfcheibe». — Das Stechzeug beftand gewöhnlich aus: «dem Stechhelm mit Hinterfchraube, der Bruft mit Vorderrüft- und Hinterhaken, dem Sattelblech, den Schulterbändern, dem Rücken mit Schwänzel, den Achfelftücken mit Hinterflügeln, dem Ober- und Unterarm mit Ellbogenkacheln und Vorderarmblech, dem rechten Armzeuge mit hohem Brechrande, dem linken Armzeuge mit fteifer Hentze und dem Magenblech und Bauchreifen mit Schößen».

Wie das Turnier war auch die eigentliche Fechtkunft nach Regeln für Stoß-, Hieb- und Krumfchwert (nl. scherma, it. schermire, fp. esgrima, fr. escrime, alle v. deutfch. fchirmen abgeleitet, engl. fencing) den Alten unbekannt, denn der Römer: ars pugnandi, ars gladii, ars gladiatora et armorum entfprechen fämtlich nicht dem, was man als neuzeitige Fechtkunft bezeichnet, welche fich eigentlich wohl erft unter Karl V. (1516—1556) in Spanien herausgebildet hat. Von Spanien ging diefe neue Kunft nach Italien über, wo diefelbe von da aus während zweier Jahrhunderte faft ganz Europa die gefchickteften Fechtmeifter liefert. Seit Heinrich II. (1547—1559) begannen indeffen fchon franzöfifche Fechtmeifter fehr ftark mit den italienifchen wettzubewerben und unter Ludwig XIII. (1610—1643) war felbft die Stoß- und Hiebfechtkunft, wo die Auslage (fr. garde), der Ausfall (botte), die Retirade (retraite), die Paffade (passe) und die Menfur (mesure), auch die Finten (feintes) Hauptgrundlagen bilden, eine durchaus franzöfifche geworden. Wieder aber gab hier wohl die deutfche Litteratur die älteften Lehrbücher über diefe Kunft: Meyer 1570, J. Suter; in Frankreich G. Thibault, der Akademiker Anvers 1628; — Danet, Paris 1766; — De Laboëssière 1818; — Lafaugère 1837; — Grisier et Chatelain, fowie in Deutfchland wieder neuerer Zeit: v. Pöllnitz, Halberftadt 1825; — Lings, Berlin 1863; — Lübeck, Frankfurt 1869

— und Montag, Leipzig 1882. Außerdem noch mehrere Anleitungen über Bajonettfechten.

Die überall dazu verwandten Waffen waren und find noch, zum Hiebfechten: das Rapier oder der Fechtfchulfchläger, zum Stoß das Florett (fr. fleuret) oder der Fechtfchulftoßdegen mit und ohne Knöpfchen (fleuret-moucheté und demoucheté) am Orte. Früher gehörten noch dazu die linke Hand (fr. la main gauche), ein Dolch mit einfacher oder auch dreiteiliger Klinge, fowie die runden, eckigen und wellenförmigen Faufttartfchen, alle für die linke Hand zur Abwehr (fr. parade) dienend.

Die gotifche Bewaffnung, germanifchen Urfprungs, verbreitete fich mit großer Schnelligkeit überall, wo der Geift des Rittertums fich entwickelt hatte. Man begegnet ihr in England, Frankreich, Spanien, und felbft auf dem klaffifchen Boden Italiens; doch hat er überall Veränderungen erleiden müffen, je nach den Sitten und dem Gefchmack der verfchiedenen Völker. In Italien ift die Bewaffnung ftets ohne charakteriftifchen Stil und mangelhaft geblieben, obgleich fie in der Zeichnung und Einzelausführung der Verzierungen fich fehr vorgefchritten zeigt. Die dortigen Künftler ftanden zu fehr unter dem Einfluß klaffifcher Rückerinnerungen, als daß es ihnen möglich gewefen wäre, fich von dem antiken Stile loszumachen und fich mit einem anderen völlig neuen zu befreunden, der große Strenge und gänzliches Vergeffen der Vergangenheit erforderte. Ebenfo entging es ihnen, was die neue Kampfart an Änderungen hinfichtlich der Schutzwaffen notwendig gemacht hatte.

In Spanien gab der Einfall der Mauren weit eher den Antrieb zur Vervollkommnung der Waffenfchmiedekunft diefes Landes, als daß er deren Verfall befchleunigt hätte, wie einige Schriftfteller unrichtigerweife annehmen; denn der Rückgang der fpanifchen Bewaffnung wird erft nach Vertreibung der Mauern aus Granada (1492) fichtbar; und wenn auch bezüglich einiger Specialitäten die Wendung kurzzeitig günftig war, welche die fpanifchen Künftler zu der Einfachheit und dem großen Stil der Gotik zurückführte, fo war doch diefe Periode nur von kurzer Dauer, da unter dem Einfluß der italienifchen Schule, befonders während der Regierung Karls V., ein gänzlicher Verfall eintrat. Nur die Malerei verftand es, fich von diefem fremden und fchlecht verdauten Einfluß wieder frei zu machen und Meifterwerke voll Originalität und Geifteskraft zu fchaffen. —

Die Ende des 15. Jahrhunderts und während des ganzen 16. Jahrhunderts berüchtigten deutfchen Landsknechte, deren Haufenbildung Kaifer Maximilian I. († 1519) zuzufchreiben ift, hatten keine regelrechte Bewaffnung. Jeder Angeworbene mußte aber Speer, Schwert, Bruftftückpanzer und Pickelhaube (Burgunderhelm) mitbringen. Obfchon die Formen diefer Waffen nicht vorgefchrieben waren, fo ftellten fie fich doch gemeinlich ziemlich gleichförmig heraus und die Kleidung, wenn auch beliebig, ebenfalls. (S. für die Speere den Langfpieß und für die Schwerter die Lansquenette Abbildungen in den beiden Spezialabfchnitten.) Die Länge der Speere diefer Söldner, welche, abgefehen von den Janitfcharen, das erfte geordnete Fußvolk des neuen Zeitabfchnittes bildeten, war 7—8 Meter, alfo 2—3 Meter länger als der Speer der Schweizer, mit welchen fie aber, teilweife, den Zweihänder, d. h. das lange zweihändige, oft in der Klinge geflammte Schwert, gemein hatten. Die große Länge diefes Speeres hielt man damals für wirkungsvoller in den zum Angriff gebildeten «Vierecken» und für den, zur Abwehr mit «Stirn nach allen Seiten», gebräuchlichen «Igel» der Schlachtftellung des «hellen Haufens». Gegen Ende des 16. Jahrhunderts war fchon die Hälfte jeder, immer aus 400 Landsknechten beftehenden «Fähnlein», mit Feuergewehren, meift Ratfchloß-Arkebufen, bewaffnet.

Die morgenländifchen Waffen heutiger Zeitrechnung haben feit Jahrhunderten nur wenig in ihrer Form gewechfelt; fie find faft ganz fo geblieben, wie die Völker des Altertums fie kannten. Handfchriften, befonders die fchon erwähnte in der Bibliothek zu München bewahrte Kopie des Schah-Nameh (Königsbuches), beweifen u. a. durch ihre Illuftrationen, daß die perfifche Bewaffnung bereits im 16. Jahrhundert war, was fie noch heute ift.

In der japanifchen und chinefifchen Ausrüftung ift noch weit weniger Änderung zu Tage getreten; denn wenn auch die Tracht in Zeiträumen, welche um drei bis vier Jahrhunderte auseinander liegen, Umwandlung erfahren hat, fo ift die Form der Waffen doch faft gänzlich die alte geblieben. Alle aus den letzten Kriegen herrührenden Säbel, Kriegsgabeln, Piken, Degen, ja felbft Panzer und Helme im Artilleriemufeum zu Paris, zeigen fich durchaus denen im Tower zu London aufgeftellten, aus früheren Jahrhunderten, ähnlich.

Die Kriegsmafchinen, die Artillerie der Alten, Katapulte,

Balliften, Wippen, Widder u. a. m.[1]), find aus dem Altertum ins Mittelalter übergegangen, welches indes nur wenig daran geändert hat. Buchmalereien jenes Zeitabfchnittes laffen es erkennen, daß die Einrichtung folcher Geftelle ungefähr diefelbe war. Daß diefe Kriegsmafchinen auch wirklich fo beftanden haben, ift u. a. aufs neue beftätigt worden durch die unter dem Schutte des Schloffes Ruffikon in der Schweiz aufgefundenen Trümmer von im 13. Jahrhundert durch Feuer zerftörte Balliften. Im Antikenkabinett von Zürich werden diefe Trümmer nebft einer Menge von ftarken Pfeilfpitzen aufbewahrt. Die Bibliothek des Fürften von Waldburg-Wolfegg befitzt eine Handfchrift aus dem 15. Jahrhundert mit Zeichnungen von Zeitblom, unter denen auch die Katapulte, das tormentum der Römer — die franzöfifche onagre — fich vorfindet, jedoch in verändertem Bau und derjenigen ähnlich, welche man in dem Recueil d'anciens poëtes français, in der k. Bibliothek zu Paris, abgebildet findet. Die Archive von Mons aus dem Jahre 1406 fprechen ebenfalls von folchen alten Kriegsmafchinen, doch find die Spuren eines Polyfpaft nirgends zu finden. Außer diefen Wurfmafchinen foll das Mittelalter noch eine Menge andere eigener Erfindung befeffen haben, die bei Belagerungen und zum Schutze des Feldlagers thätig waren, wie dies in den fchon erwähnten Aquarellen von Nicolaus Glockenthon (1505), welche die Abbildung der in den Zeughäufern des Kaifers Maximilian aufgehäuften Waffen geben, zu fehen ift. Zwei Sammlungen von Zeichnungen aus dem Anfange des 15. Jahrhunderts, ebenfalls in der Ambrafer Sammlung, zeigen den neuen Erfindungen ähnliche Taucherapparate. Grund ift indes anzunehmen, das wirkliche Vorhandenfein aller jener phantaftifchen Formen zu mißtrauen, an denen die Handfchriften und andere litterarifche Erfcheinungen des fpäten Mittelalters und der Zeit des Rückgriffs fo reich find. Wie heute noch, fo find auch damals die von der Einbildungskraft hervorgebrachten Zerftörungswaffen meiftenteils Entwürfe geblieben. Geht man nun zu den Handfeuer- und Handfchußwaffen über, fo finden fich im Altertum zuerft die Schleuder (gr. fkiandone, lat. funda), der Bogen und der Schleuderftock (lat. fustibalus, fr. fustibale), welcher, Vag. Mait. III., 14 nach, 1,20 m lang, und wo die Schleuder in der Mitte des mit beiden Händen zu gebrauchenden Stockes befeftigt war. Römifche damit bewaffnete Hilfstruppen hießen «Fundibalatores».

[1]) Siehe den Abfchnitt «Kriegsmafchinen».

Die Armbruſt, welche Rhodios in der Gaſtrafete der Griechen wiederzuerkennen glaubt, und die den Römern nicht unbekannt war (ſ. die Abbildung weiterhin), ja welche Ammianus Marcellinus (v. 4. Jahrh. n. Chr.) ſelbſt ſchon die Goten führen läßt, ſcheint erſt wieder Ende des 10. Jahrhunderts, aber nur anfänglich in Mitteleuropa, aufgenommen worden zu ſein. Wie hätten ſonſt der Prinzeſſin Anna Comnena (1083—1148) dieſe Waffen unbekannt bleiben können? Die Prinzeſſin ſagt wörtlich: «eine Tzagra iſt ein Bogen, den wir nicht kannten» etc.

Die Schleuder und der ihr verwandte Schleuderſtock — dieſe an einen Schaft gebundene Schleuder — kommen ſogar noch im 16. Jahrhundert vor, wo man ſie zum Werfen glühender Kugeln und Granaten benutzte, wie die oben angeführten Zeichnungen Glockenthons nachweiſen.

Der Bogen iſt bei den Völkern germaniſchen Stammes kaum anders als auf der Jagd gebraucht worden; Franken, Sachſen, Alemannen, Burgunder, Kelten (?), Cherusker, Markomannen u. a. führten ihn ungern im Kriege, als eine knabenhafte und tückiſche Waffe, und pflegten ihm die Wurfſtreitaxt und den Wurfſpieß, die germaniſche Frama, den Speer (Ger) als Wurf- und Schußwaffen, vorzuziehen. Nur als römiſche Hilfstruppen der Römer mögen die Germanen verpflichtet geweſen ſein, auch im Kriege Bogen und Pfeil zu handhaben, wie dies eine Flachbildnerei der Trajansſäule feſtzuſtellen ſcheint. Gregor von Tours ſpricht indeſſen auch von im Jahre 388 n. Chr. ſich ausgezeichnet habenden fränkiſchen Pfeilſchützen-Abteilungen.

Auf dem Teppich von Bayeux ſind Normannen mit dem Bogen bewaffnet dargeſtellt und man weiß, daß ſie in der Schlacht bei Haſtings von dieſer Waffe Gebrauch gemacht haben. Die Deutſchen jedoch ſchenkten, wie geſagt, den Schußwaffen vor Erſcheinung der Armbruſt nur geringe Beachtung. Der Bogen der Normannen war klein, ungefähr einen Meter groß. Dagegen maß der Bogen des ſeit dem 13. Jahrhundert ſo berühmten engliſchen Bogenſchützen faſt zwei Meter; ſeine Länge richtete ſich nach der Größe des Mannes, dem er genau angepaßt zu werden pflegte, und zwar der Art, daß man, bei ausgeſtreckten Armen, von dem Ende des einen Mittelfingers bis zu demjenigen des anderen das Maß nahm. Der engliſche Bogenſchütze hatte eine ſo außerordentliche Geſchicklichkeit im Schießen erlangt, daß er zwölf Pfeile in einer Minute abſenden konnte und dabei ſelten ſein Ziel verfehlte.

Der italienifche Bogen, zumeift aus Stahl, war, wie der deutfche Bogen, nur anderthalb Meter lang. Die englifchen Pfeile maßen 90 Centimeter.

Im 12. Jahrhundert trug der Bogenfchütze zwei Behälter: der eine, der Köcher (altfr. couin, nfr. careois, im alten Englifchen Guiver,[1]) enthielt die Pfeile (fr. fleches, vom deutfchen Flitz, welche nach den Chroniken von St. Denis damals Pilles und Sayettes benannt wurden), der andere, Archais[2]) geheißen, war für den Bogen beftimmt. Die Spitzen der Pfeile wechfelten in der Form; manche glichen denen der Armbruftbolzen (fr. carrels, carreaux), die zwei-, drei-, fogar vierkantig und auch mit Widerhaken (fr. Fleches-barbues) gleich den antiken Pfeilen verfehen waren. Es gab außerdem wie Korkzieher gewundene Spitzen, Keltfpitzen und Halbmondfpitzen (Lunas); diefe letzteren dienten dazu, die Kniekehlen der Menfchen und Pferde zu durchfchneiden.

Die von Anna Comnena mit dem Namen Tzagra bezeichnete Armbruft wird von Wilhelm von Tyrus zur Zeit des erften Kreuzzuges erwähnt (1097). Unter Ludwig VI., dem Dicken (1108—1137), war fie in Frankreich fchon fehr verbreitet. Ein Kanon des zweiten, 1139 abgehaltenen, Konzils verbietet die Anwendung derfelben unter — Chriften, wohlverftanden, während er es gutheißt, Ungläubige und Ketzer damit ums Leben zu bringen. Richard Löwenherz (1189 bis 1199) ließ jedoch des Breves ungeachtet, das Papft Innocenz III. dagegen erlaffen hatte, in England Armbruftfchützen in feine Truppen eintreten. Philipp Auguft (1180—1223) fchuf in Frankreich die erften Armbruftfchützen-Kompagnien zu Fuß und zu Pferde, deren Wichtigkeit fo fehr zunahm, daß ihr Anführer den Titel eines Großmeifters der Armbruftfchützen führte und nach dem Generalfeldmarfchall von Frankreich den erften Rang einnahm. Erft 1515 wurde diefes Amt mit dem des Großmeifters der Artillerie vereinigt.

Die Verfaffung (charte) Theobalds, Grafen von Champagne, aus dem Jahre 1222 fagt: «Chacun de la commune de Vitré aura XX livres, aura aubeleste en son ostel et quarriaux etc.» In der Chronik von St. Denis werden die Armbruftfchützen gleichfalls erwähnt. Die erften in den Malereien jener Zeit vorkommenden Abbildungen folcher Schützen find diejenigen, welche eine angelfächfifche

---

[1]) Der Pharetra (φαρέτρα) der Alten.

[2]) Corytus (κώρυτος)

Handfchrift aus dem 11. Jahrhundert, im Britifchen Mufeum enthält, ferner die unter Heinrich dem Löwen († 1195) im Dom zu Braunfchweig und die in der Kapelle von St. Johann zu Gent im 13. Jahrhundert ausgeführten Wandmalereien.

Die kaiferliche Bibel vom 10. Jahrhundert (F. von St. Germain, lat. 303) zeigt eine Geifenfußarmbruft. (Siehe im Abfchnitt: Die Armbruft.)

Es ift bekannt, daß Boleslav, Herzog von Schweidnitz, fchon im Jahre 1286 das Armbruftfchießen einführte, welches kurz darauf auch in Nürnberg und Augsburg Eingang fand. In Frankreich, wo Karl VII. die Anpflanzung von Eibenbäumen auf allen Kirchhöfen der Normandie für Anfertigung diefer Waffe vorgefchrieben hatte, verdrängte ihr Gebrauch den Bogen gänzlich, den die Engländer jedoch bis ans Ende der Regierungszeit Elifabeths (1558—1603) beibehielten. Die Bogenfchützen waren dort ohne Ausnahme mit Brigantinen (italienifchen kurzen Panzerhemden) und Helmen bewaffnet. Der Bogen ficherte ihnen noch lange das Übergewicht im Schießen über das franzöfifche Heer, deffen Armbruftfchützen kaum mit zwei, drei Bolzenfchüffen auf zwölf Pfeilfchüffe antworten konnten. Außerdem machte der Regen die Armbruftfehne fchlaff und beraubte fie der Kraft, während die Sehne des Bogens leicht gegen Feuchtigkeit gefchützt werden konnte. Diefem Übelftand war es auch teilweife zuzufchreiben, daß die Schlacht bei Crécy (1346) verloren ging, weil nämlich die franzöfifchen Armbruftfchützen kaum im ftande waren, die ficheren Pfeilfchüffe der englifchen Bogenfchützen zu erwidern. Als aber im Jahre 1356, infolge einer abermaligen Niederlage bei Poitiers, die Mängel der Armbruft von neuem fich herausgeftellt hatten, wurden auch in Frankreich wieder Bogenfchützenkorps eingeführt, die es bald zu einer fo großen Gefchicklichkeit brachten, daß fie der Adel, dem fie gefährlich fchienen, auflöfen ließ. Im Jahre 1627, bei der Belagerung von Larochelle, befanden fich fogar noch englifche Bogenfchützen im Solde Richelieus welche den Angriff auf die Infel Ré mitmachten.

Die Armbruft, welche eine Lieblingswaffe in Deutfchland geworden war, erhielt da in mehrfacher Hinficht Verbefferungen. In Frankreich hörte ihr Gebrauch im 17. Jahrhundert vollftändig auf. Armbruftfchützen-Heerhaufen verfchwanden fortan gänzlich. Die Armbrüfte der Reiterei waren leichter als die des Fußvolks und ließen fich mit Hilfe eines einfachen Spanners (Haken), andere mittelft des

Geifenfußes anziehen; die Spannwinde (fr. cric à manivelle, auch cranequin genannt), die dazu diente, die Waffe des Fußvolks fchußfertig zu machen, verfchaffte diefen Armbruftfchützen den Namen Cranequeniers. Der Chronift Monftrelet (1390—1453) nennt fie indes Petaudiers und Bibaudiers.

Es giebt acht verfchiedene Arten Armbrüfte. Diefe find:

Die Hakenarmbruft (fr. arbalète à crochet), die einfachfte Art, welche mittelft eines lofen Hakens, wenn nicht allein mit der Fauft, gefpannt wurde. Gemeinlich war diefelbe auch mit einem Steigbügel verfehen.

Die Geifenfußarmbruft (fr. à pied de biche), eine Waffe für die Reiterei.

Die Kurbel- oder Windenarmbruft, mit Spannwinde (fr. crunequin).

Die Flafchenzugarmbruft (fr. arbalète à tour, auch de passot), fehr zweckmäßig bei Belagerungen und beim Scheibenfchießen. Mit diefer Armbruft waren die Genfer Armbruftfchützen in der Schlacht bei Azincourt (1415) bewaffnet.

Die deutfche oder Zahnradarmbruft (fr. rouet d'engrénage).

Die Stein- oder Kugelarmbruft (fr. arbalète à galets) des 16. Jahrhunderts, welche ihren Namen von den kleinen runden Steinen hat, die fie fchleuderte, fowie Kugeln von Blei oder gebranntem Kiefelthon an Stelle der Bolzenpfeile (fr. carreaux de flèche). Bei etwas größerem Kaliber nannte man diefe Armbruft Balefter.

Die Lauf- oder Rinnenarmbruft (fr. arbalète à baguette), eine fchwerfällige Waffe und ohne Kraft, aus Ludwigs XIV. Zeiten.

Endlich die chinefifche Armbruft, mit einem Auszug verfehen, der vermittelft eines Handfpanners auf den Schaft gleitet und zwanzigmal, wie ein Repetiergewehr feine Ladungen, einen neuen Pfeil liefert.

Mit Ausnahme der durch Stein- oder Kugelarmbruft gefchleuderten Gefchoffe wurden die übrigen Bolzen (fr. carrels oder carreaux) genannt, welcher Name von der gewöhnlich vierkantigen Form des die Spitze umgebenden Eifens herrührte. Der Drehpfeil (fr. vireton) war ein mit Holz- oder Lederflügeln an der Achfe verfehener drehender Bolzen. Der fchlagende, matras genannte Bolzen endete mit einer runden Scheibe oder Linfe, welche tötete, indem fie niederfchlug, und war eher ein Jagd- als ein Kriegsgefchoß. Man bediente fich folcher Schlagbolzen zur Erlegung des Wildes, deren Bälge unverfehrt und ohne Blutflecke erhalten bleiben follten.

Kommt man nun zu den Pulverfeuerwaffen[1]), wovon der Gebrauch in Europa nicht über das 14. Jahrhundert zurückgeht, fo drängen fich hier fehr verwickelte Fragen auf.

Das Schießpulver ift den Chinefen viel früher bekannt gewefen. Es hat aber für eine mönchifche Erfindung gegolten; und zwar wird von den Einen Berthold Schwarz im Klofter zu Freiburg im Breisgau (c. 1350), von Anderen Konftantin Amalzen, nach dritter Verfion endlich ein englifcher Mönch, namens Roger Bacon, welcher im 13. Jahrhundert (1214—1294) lebte, als Erfinder bezeichnet. Gleichwohl fcheinen es die keltifchen (?) und die klaffifchen Völker doch auch bereits gekannt zu haben.

Die durch die Bemühungen des Dr. Keller fozufagen wiederhergeftellten See- oder Pfahlbauten in der Schweiz, enthalten häufig Brandkugeln mit einer Mifchung, welche diejenige des Schießpulvers fein könnte. Bezeichnungen wie: Shet-à-gene (Hunderttöter) und Agenaster (Feuergewehr?) der heiligen Bücher Indiens, fowie die alten Kriegsmafchinen, vermittelft welcher, nach Diocaffius, Caligula den Donner und das Feuer des Himmels nachahmte, berechtigen ebenfalls dazu, das Vorhandenfein des Schießpulvers fchon in damaliger Zeit anzunehmen, was Voffius (liber observationum) auch in einer Befchreibung des Julius Africanus, der um das Jahr 221 unferer Zeitrechnung lebte, zu erkennen meint.

Der ferner im Mittelalter gebrauchte Brandpfeil, die Falarica der Römer, von dem Gregor v. Tours glaubt, daß er keltifchen (?) Urfprungs fei, enthielt wahrfcheinlich ein Präparat aus ähnlichen Stoffen, wie die zur Herftellung des Schießpulvers dienenden.

Während der Belagerung Konftantinopels (669—676) teilte der Grieche Kallinikos aus Helispolis dem Kaifer Conftantinus IV. Pogonatus das Geheimnis der Zubereitung des griechifchen Feuers[2])

[1]) Die Schutzpatronin der Artilleriften ift St. Barbara, wie St. Georg der von Reitern, St. Gereon vom Fufsvolke, befonders der Anführer davon, St. Sebaftian der von Pfeilfchützen, St. Bonaventura von Wagenftreitern und St. Joh. v. Nepomuk der von Brückenfchlägern (Pontoniers).

[2]) Bei den alten Griechen verwendete man (fiehe Aeneias vom 4. Jahrh. v. Chr.) Effig zum Löfchen folcher Feuer.

mit, die er in drei verfchiedenen Weifen bei den Arabern kennen gelernt hatte, und deren eine dem heutigen Schießpulver fehr ähnlich gewefen zu fein fcheint.

Die Beftandteile, aus denen es angefertigt wurde, follen Salpeter, Schwefel, gemifcht mit Naphtha, Erdharz und Pech gewefen fein, eine Mifchung, die gegen den Feind teils flüffig, teils in Kugeln geformt, in Anwendung kam.

Die Feuergewehre, deren fich, nach Higiacus, die Araber im Jahre 690 vor Mekka bedienten, laffen vermuten, daß der Islam feine erfte Verbreitung nicht allein durch das Schwert, fondern auch mit Hilfe des Schießpulvers gefunden hat, deffen Zubereitung wahrfcheinlich den Arabern aus Indien überliefert worden ift, da fie den Salpeter Thely-Sini, d. h. indifcher oder chinefifcher Schnee, heißen, wie die Perfer ihn Nemek-Tschini, indifches oder chinefifches Salz, nennen. Aeneas aber, der zur Zeit Philipps von Makedonien (4. Jahrh. v. Chr.) lebte, giebt fchon folgende Vorfchrift für Zubereitung eines ähnlichen Kriegsbrandftoffes: «Um ein Feuer darzuftellen, welches fich durch nichts löfchen läßt, nehme man Pech, Schwefel, Werg, Weihrauchkörner und Abfälle harzigen Holzes, woraus Fackeln angefertigt werden, und mache Bälle aus diefer Mifchung.» — Nach Graecus (10. Jahrhundert) hätte das griechifche Feuer aus Schwefel, Weinftein, Leim, Pech, Salpeter und Gummi beftanden, wohingegen Valturius dasfelbe aus Holzkohle, Salpeter, Schwefel, Pech, «brennendes Waffer», Myrrhe und Kamphor zubereiten will. Für das «brennende Waffer» giebt es folgende Vorfchrift: pulverifierter Schwefel, Weinftein, Kochfalz und alter Wein. Nach Gorarey wurde in chinefifchen, 618 v. Chr. unter der Herrfchaft des Taigoff verfaßten Schriften eine Feuerwaffe großen Kalibers erwähnt, mit der Infchrift: «Ich fchleudere den Tod auf Verräter und Zerftörung dem Aufruhr zu.» Liefern nicht auch die Schießfcharten in der 250 Jahre vor unferer Zeitrechnung gebauten chinefifchen Mauer den Beweis, daß die Chinefen bereits zu diefer Zeit die Gefchützkunft kannten? Diefe Schießfcharten find am Ende mit runden Löchern für die gegen das Zurückprallen von Gefchützen angewendeten Drehringe verfehen. Auch Hauptmann Ufano hat in feiner Erzählung feftgeftellt, daß König Vitey (85 v. Chr.) gegen die Tataren in Pegu Kanonen in Anwendung brachte. Ferner weiß man, daß Conftantin V., genannt Copronymus (der Schmutzige), zwifchen 741 und 775 n. Chr. mit Kanonen gegen die Sarazenen vorgegangen ift. Der Liber ignium ad comparendos hostes des Marcus Graecus (846 n. Chr.) giebt fchon deutlich die Vorfchrift zur Bereitung des Pulvers an und beweift, daß der Verfaffer fogar die Rakete kannte; fein Rezept fpricht unter anderem von fechs Teilen Salpeter, zwei Teilen Schwefel und zwei Teilen Kohle. Im Jahre 941 verbrennen die Griechen einen großen Teil der Flotte des Zaren Igor «mit Feuer, das aus Rohren geftoßen wurde». — 1073 greift der König Salomon von Ungarn Belgrad «mit Feuerrohren an» und 1085 haben die Tunifer «Mafchinen» auf ihren Schiffen, woraus «donnernd Feuer gefchleudert wird» und die Araber verfenden 1147 «Feuerrohre gegen Liffabon». Die regelmäßige Anwendung des Schießpulvers in dem Kriege zwifchen den Tataren und Chinefen, 1232, fowie bei der Belagerung von Sevilla, 1247, ift nachgewiefen, und die in der Schrift: De mirabilibus mundi des Bifchofs Albertus Magnus von Regensburg († 1280) gegebene Zufammenfetzung des Pulvers fowohl, als auch die der Rakete geftattet die Angabe beftimmter Daten. Albertus Magnus berichtet

Pulverftampfe, nach einer vom Artillerie-Hauptmann C. Schneider veröffentlichten Handzeichnung vom 15. Jahrhundert.

auch dabei, daß die Caftilier bereits folche Raketen 1247 vor Sevilla gebraucht hätten. In demfelben Zeitabfchnitte, im Jahre 1241, foll der Sieg der Tataren bei Liegnitz in Schlefien befonders durch das von ihnen angewendete Kanonenfeuer herbeigeführt worden fein. Eine weiterhin nochmals angeführte Handfchrift vom Jahre 1290 («Nedjm-Eddin-Hassan-Alrammaks Traktat vom Reiterkampf und von den Kriegsmafchinen», Parifer Nat.-Bibl.) giebt auch fchon eine

Menge von arabiſchen Kriegsfeuerwerkerei-Geſtellen. Selbſt in Rußland ward bereits 1389 das grobe Geſchütz eingeführt.

Das Schießpulver (v. lat. pulvis pyrius, it. polvere to-
nante, fr. poudre à canon, mittelalterliches Deutſch wie heute
noch holländiſch, Kraut), eine Miſchung von Salpeter, Holzkohle und
Schwefel, wurde bis zur Zeit der großen franzöſiſchen Staatsumwälzung auf naſſem, — von da ab aber auf trockenem Wege mit Anwendung von Trommeln dargeſtellt, und in ſechs verſchiedenen Arten
angefertigt. Es giebt Kiefel-, grobkörniges, Pellet-, prismati-
ſches, braunes und Spreng- oder Minenpulver. In Europa beſtand das älteſte Pulver aus einer Staubmaſſe; das gekörnte
reicht nicht über 1429 hinauf. Im 15. Jahrhundert hatte man bereits
drei Sorten von Schießpulver: «Mehl-, Knollen- und Lospulver».

Die Darſtellung der Schießbaumwolle (fr. coton fulminant)
iſt 1846 gleichzeitig von Schönbein in Baſel und Böttger in Frankfurt a. M. veröffentlicht worden, nachdem vorher Bracounot ſowie Pe-
louze ähnliche Wirkungen der Salpeterſäure auf Papier beobachtet
hatten.

Das kein Salpeter enthaltende rauchloſe und wenig knallende
Pulver (Pikrinpulver — von pikrinſaurem Kali, Kaliſalpeter, Kohle),
welches um 1888 in Frankreich vom Ingenieur Vieille erfunden, iſt
auch ſeit 1889 in Deutſchland eingeführt worden.

Bis zum Anfang des 14. Jahrhunderts ſcheint die Waffe, welche
man Feuergewehr nannte, in Europa nur dazu gedient zu haben,
Feuer in die belagerten Plätze zu werfen und die Maſchinen der Belagerer in Brand zu ſtecken, aber nicht zum Schleudern von Geſchoſſen aus Stein, Blei oder Eiſen; und erſt von dieſer Zeit an
beginnt die eigentliche Geſchichte der Geſchütze (v. altdeutſch.
geſcuzze) oder Pulverfeuergewehre, alſo auch der eigentlichen Artillerie (mittelalterlich Artolorey, v. fr. artillerie, it. artigleria,
abgel. entweder v. lat. arcus und telum oder von ars tollendi,
wenn nicht v. ital. arte und tirare), obwohl man aber auch vor
der Anwendung des Schießpulvers das Kriegsmaſchinen-Geſchützweſen
mit Artillerie bezeichnete.

Die erſten Artillerieſchulen ſind von den Venetianern 1506
und von Karl V. 1513 (zu Burgos) gegründet worden. Die
erſten Artillerie-Regimenter hatte Frankreich um 1671 unter
Ludwig XIV. und die erſten reitenden Artillerie-Regimenter
von 1759 ab Friedrich der Große.

Vor Anwendung des Schießpulvers hing der Erfolg des Krieges, mehr wie fpäter, von der phyfifchen Leiftungsfähigkeit der Truppen, wie von dem ftrategifchen Verftändnis ihrer Anführer und der Furia der Kämpfenden ab; denn der Befehlshaber mochte noch fo gefchickt manövrieren, die Entfcheidung erfolgte doch immer erft aus einem Kampfe Mann gegen Mann — ein erbittertes fchreckliches Ringen, wie es in den modernen Kriegen, der Anwendung furchtbaren Zerftörungsmittel wegen, feltener vorkommt.

Seitdem des Gefchützes Verwendung die Grundlage des Krieges umgeftaltet hatte, änderten auch die Schlachten gänzlich ihren Charakter.

Man begann nicht mehr mit Angriffen, bei denen, nach kurzem Pfeil- oder Bogenfchießen, die Kämpfenden mit der blanken Waffe in der Hand fich fofort aufeinanderftürzten. Man fing damit an, fich von weitem mittelst Pulvers aufzureiben, wo alles durch explodierende oder mechanifche Kräfte geworfen wurde und erft gegen Ende des Treffens, wenn es galt, entweder einen Platz zu nehmen oder zu behaupten, von deffen Befitz der Gewinn der Schlacht abhing, wurde der Kampf mit blanker Waffe notwendig, um die Entfcheidung des Tages herbeizuführen. Das Schießpulver, deffen Körnung, wie fchon angeführt, erft feit 1429 bekannt ift, hat ebenfo mächtig wie die Buchdruckerkunft dazu beigetragen, die neu errungene Gefittung vor dem Gefchicke zu bewahren, welchem die Kultur der von der Erde faft verfchwundenen älteren Völker anheimgefallen ift.

Um fyftematifch zu verfahren, muß man die Feuergewehre in zwei Hauptabteilungen fcheiden, in Feuergewehre groben Kalibers (Kanonen etc.) und in tragbare oder Handfeuergewehre.

Übereinftimmend mit der Überlieferung ift anzunehmen, daß im Mittelalter der Zufall den Gedanken hervorrief, das Pulver anzuwenden, um damit Körper durch ein Metallrohr zu fchleudern. Es ereignete fich wahrfcheinlich, daß jemand, der ein Gemifch von Salpeter, Schwefel und Kohle in einem Mörfer zerftieß, fich plötzlich infolge der dadurch bewirkten Explofion famt feiner Mörferkeule zurückgeworfen fah. Es wird daher diefer felbe Hausmörfer gewefen fein, aus dem man den erften Feuermörfer hergeftellt hat, indem man ein kleines Loch an dem Ende desfelben anbrachte, durch welches man das Feuer, ohne fich felbft zu gefährden, hineinbringen konnte. Der Mörfer kann demnach als die erfte Form der europäifchen groben Feuerwaffen angefehen werden. Bald nach Erfcheinung davon machte man fchon Steinböller oder Mörfer mit Hilfe geſchmiedeter Eiſenſtäbe, die wie die Dauben eines Faſſes aneinander gefügt und durch Reifen verbunden waren. Den größten Feuerſchlund dieſer älteſten Art beſitzt wohl das Zeughaus in Wien; derſelbe hat 110 cm im Durchmeſſer bei 250 cm Länge. Die erſte eigentliche Kanone (eine Bezeichnung, die von Kanne abzuleiten iſt), gleichfalls aus geſchmiedetem Eiſen und gewöhnlich mit dem Namen Bombarde, Donnerbüchſe bezeichnet, war noch ein Mörſer, aber mit einer Öffnung an beiden Enden. Die Ladung wurde in das untere Ende (Bodenſtück, fr. culasse) gebracht, dieſe Öffnung durch, mittelſt eines hölzernen Hammers eingetriebene Metall- oder Holzkeile verſchloſſen,. So die älteſte Art der Her-ſtellung einer Kanone; ſie war in Deutſchland noch im 16. Jahr-hundert, wiewohl in verbeſſertem Zuſtande, in Gebrauch. Darauf folgte das Geſchütz mit beweglicher Ladebüchſe, eine Kanone, die damals aus dem Flug (fr. volée) und der Zündkammer (fr. chambre à feu) beſtand und Veuglaire, deutſch Vogler (Vogelſteller), hieß, und endlich die Kanonen mit Vorder- (durch die Mündung eingebrachter) Ladung. Auf die geſchmiedeten Kanonen folgten ſpäter gegoſſene.

Will man den mehr oder weniger phantaſtiſchen Urkunden und Zeichnungen der Schriftſteller des 15. und 16. Jahrhunderts folgen, ſo würde die Erſcheinung der Donnerbüchſen (fr. bombardes) oder der an beiden Enden offenen Kanonen nach der Veuglaire zu ſetzen ſein, welch letztere aus zwei Teilen beſteht und durch die bewegliche Ladebüchſe, Zündkammer genannt, geladen wird; indes beweiſen die noch vorhandenen Exemplare, deren Urſprung und Anfertigungszeit bekannt ſind, daß der Veugler viel jünger als die Donnerbüchſe iſt.

Was den Holzmörſer anbelangt, deſſen man ſich im Mittel-alter bediente, und wovon ein gleichzeitiger Bericht und genaue Er-klärungen darüber nicht vorhanden ſind, ſo iſt vorauszuſetzen, daß es ausgehöhlte Linden- und Birkenbaumſtämme waren, welche außen mit eiſernen Reifen und innen mit Bleifütterung verſehen wurden. Eine kleine Metallröhre diente als Zündloch.

Hinſichtlich der Holzkanone lieſt man in der kleinen Witten-berger Chronik von 1730, daß «eine Holzkanone[1]) den aufrühreriſchen

[1]) Biringuccio erwähnt auch die Holzkanone und beſchreibt dieſelbe als aus zwei zuſammengefügten Teilen Nuſsbaumholz und mit Eiſen gefüttert, ſowie mit eiſernen Reifen verſehen.

Bauern, welche den Erzbifchof Matthäus Lang in Salzburg eingefchloffen hatten und diefe Stadt 1525 belagerten, bei Raftadt abgenommen worden ift». Wie fpäter die Schweden, follen diefe Bauern auch bereits Lederkanonen gehabt haben. Auch befitzen europäifche Mufeen, fowohl von Chinefen und Japanern wie von Javanern, fehr alte Hinterladerkanonen (z. B. das Marinemufeum im Louvre); namentlich ift hier ein javanifcher Vogler (Veuglaire) vom Jahre 1270 (1370) im Darmftädter Mufeum (S. Nro. 1. im Abfchnitt Kanonen) hervorzuheben.

Weitere Erwähnungen diefer neuen Feuer-Pulverwaffen ftammen aus dem Jahre 1301, wo die Stadt Amberg einen großen Feuerfchlund hatte anfertigen laffen und Brescia mit Arkebufenfeuer (?) überfchüttet wurde. Es dauerte übrigens geraume Zeit, bis alle alten Kriegsmafchinen völlig verdrängt wurden, da diefelben noch bis ans Ende des Mittelalters bei Belagerungen ihre Rolle fpielten. Im Jahre 1313 hatte die Stadt Gent ebenfalls fchon Steinböller, und es fcheint auch, als habe Eduard III. diefe neuen Waffen aus Flandern kommen laffen, um fie gegen die Schotten zu gebrauchen (1327).

Im Jahre 1324 gewährt die Republik Florenz den Prioren, den Gonfalonieren und dem Rat der Zwölf das Recht zur Ernennung zweier Beamten, die den Auftrag erhielten, eiferne Kugeln und Metallkanonen zum Schutze der Schlöffer und Dörfer der Republik anfertigen zu laffen. Daß die Steinkugeln neben den Blei- und Eifengefchoffen fich noch lange erhielten, geht aus den, auf der 1399 zerftörten Fefte Tannenberg ausgegrabenen Steinkugeln von 1 bis $2^1/_2$ Fuß Durchmeffer, hervor, Kugeln, die wahrfcheinlich durch die Frankfurter «dulle griet» gefchleudert worden find.

Wenige Jahre nach der oben erwähnten Ernennung, 1328, verfügte der deutfche Ritterorden, im Norden Deutfchlands, fchon über große Kanonen, von denen er während feiner Kriege in Preußen und Litauen Gebrauch machte. Um diefe Zeit fingen auch die freien Städte in Deutfchland an, fich mit Gefchützen zu verfehen.

Die Gefchichte liefert den Nachweis, daß bei den Belagerungen von Puy-Guillem und Cambray durch Eduard III. im Jahre 1339 die Kanone ebenfogut ihre Rolle gefpielt hat, als in der Schlacht bei Crecy im Jahre 1346, von welcher noch Abbildungen der damals von den Engländern gebrauchten Kanonen vorhanden find.

Nach einer Stelle in Petrarcas Schrift: «De remediis utriusque fortunae» (ca. 1360) gab es damals in Italien fchon Kanonen. Es ift mir unbekannt, ob die kleinen hölzernen, aus dicken mit Leder überzogenen Dauben gemachten Kanonen im Arfenal zu Genua bis in diefe Zeit zurückreichen, oder ob fie nicht vielmehr dem Zeitabfchnitte der fchwedifchen Lederkanonen aus dem dreißigjährigen Kriege angehören.

Bei der Belagerung von Dresden, 1401, «ift in der Laufitz der Krieg zum erften Male mit Büchfenpulver geführt worden». (Alte oberlaufitzer Gefchütze v. Dr. Mafchkau.) Daß aber in der Oberlaufitz, bei Liegnitz, bereits 1241 die Tartaren mit Gefchütz vorgingen, ift weiter oben bemerkt worden.

Im Jahre 1388 fertigte Ulrich Grünwald zu Nürnberg eine Kriemhild genannte große Büchfe, die 500 Gulden koftete und auf 1000 Schritte eine fechs Fuß ftarke Mauer durchfchlug. Der Transport verlangte 12 Pferde für das Rohr, 16 zu den Blockwiegen (Geftell, fr. lafette), 4 für den Haspel (Winderad), 6 für den Schirm und 20 für 15 Steinkugeln, wovon jeder Wagen nur 3 laden konnte. Die Pulverladung erforderte für jeden Schuß 14 Pfund.

Im Jahre 1428 ließen die Engländer fünfzehn Hinterlader vor Orleans fpielen.

Die erfte Erwähnung der Anwendung von Schießpulver in Frankreich befindet fich in einem Rechenkammerbuche («Régistre de la cour des comptes de Paris») vom Jahre 1338, wo Summen für das von «Puy-Guillem im Agénois» verbrauchte Kanonenpulver angeführt werden. Für Öfterreich fcheint die frühefte Erwähnung des Gebrauchs von Mörfern die Nachricht zu fein, daß Herzog Albert 1390 eine ungeheuer große Steinkugel auf Schloß Leonftein werfen ließ.

Als der Vorderlader den Hinterlader mit der beweglichen Ladebüchfe erfetzt hatte, gefchah die Einbringung der Ladung anfangs vermittelft eines Stückladers (fr. chargette) aus Kupfer, der in dem bereits angeführten, aus dem 16. Jahrhundert herrührenden Werke Frondsbergs dargeftellt ift, und von welchem das Zeughaus in Solothurn ein Exemplar befitzt. Zwifchen der Pulver- und der Kugelladung, anfangs von Stein, und kurzweg Stein, fr. pierre, genannt, befand fich der aus Holz beftehende Pfropfen. In erfter Zeit wurde das Feuer vermittelft einer brennenden Kohle oder eines glühenden Eifens an das Stück gebracht; fpäter erft bediente man fich des an einem Schaft befindlichen Zünders (der Lunte). Die ſich während der Ladung ſenkenden Schirmdächer (hölzerne Verkleidungen) hatten den Zweck, dem Kanonier oder Konſtabel und ſeinen Hilfsmann (fr. Servant) Schutz zu gewähren. In Tournay machte im Jahre 1346 ein gewiſſer Piers den erſten Verſuch mit langen und ſpitzen Geſchoſſen, die als Vorläufer unſerer jetzigen koniſchen Wurfgeſchoſſe betrachtet werden können. Die erſten Bleikugeln[1]) ſind nach der thüringiſchen Chronik durch Rothe von der Artillerie des Herzogs von Braunſchweig im Jahre 1365 angewandt worden. Dieſe neue Art Geſchoſſe wurde einige Zeit ſpäter, nebſt einer großen Anzahl eiſerner Kanonen, von deutſchen Fabrikanten den Venetianern geliefert, die ſie auch mit Erfolg bei der Belagerung von Claudia-Fóſſa benutzten.

Gegen 1400 trat an die Stelle der Bleikugel die eiſerne. Eine Handſchrift des 16. Jahrhunderts, die in der Ambraſer Sammlung aufbewahrt wird, enthält unter anderen Zeichnungen auch die eines Kanoniers, der damit beſchäftigt iſt, ſeinen Hinterlader mit glühenden Kugeln zu bedienen. Dieſe Handſchrift, ſowie eine andere der Sammlung Hauslaub in Wien, zeigt ferner, auf welche Weiſe die kleinen Sprengtonnen bei den Belagerungen zu jener Zeit gebraucht wurden.

Brandkugeln tagzeichnen aber ſchon vom Jahre 1400 und Leuchtkugeln von 1450. Sprengkugeln ſoll zuerſt Malateſta von Rimini um 1430 angewendet haben. Der Hagel- oder Igelſchuß iſt auch ſchon um 1450 bekannt geweſen.

Die Bombe (Brand- und Sprengkugeln oder Bomben), deren Aushöhlung mit Pulver u. a. gefüllt iſt und die mittelſt eines Zünders (fr. fuſée) aufpufft (explodiert), ſcheint in Italien und nicht, wie man gemeiniglich annimmt, in Holland erfunden zu ſein. Bereits 1376 ſollen die Venetianer ſolche Geſchoſſe bei der Belagerung von Jadra angewendet haben, nach anderen wäre oben angeführter Sigismondon Malateſta, Fürſt von Rimini, der Erfinder, aber erſt im Jahre 1457. Sicher iſt, daß Bomben bei der Belagerung von Mezières 1521 gebraucht und 1588 während des Flandriſchen Krieges verbeſſert worden ſind. Die Bombe iſt mit einem koniſchen, Tülle (fr. goulot) benannten Zündloch verſehen, worin der Zünder liegt; außerdem hat dies Geſchoß zwei Henkel (fr. mentonnets) von 8, 10 und 12 cm Diameter.

[1]) Bleikugeln wurden auch ſchon bei den Alten als Ferngeſchoſſe, beſonders für Schleudern, verwendet.

Das Gewicht wechfelt zwifchen 20 bis 90 kg. Paixans verwendete 1832 bei der Belagerung von Antwerpen folche Gefchoffe von 500 kg. Die Leuchtbombe (fr. Bombe lumineuse) diente, wie die Rakete, zur Beleuchtung. Ketten-, Gepaarte- und Stangen- oder Achfenkugeln (f. Nr. 62, 63 und 64 im Abfchnitt: «Kanone») kommen auch fchon im 16. Jahrhundert vor.

In der Schweiz fand die Einführung des Pulverfeuergefchützes viel fpäter ftatt; Bafel ließ die erften Kanonen im Jahre 1371, Bern im Jahre 1413 gießen.

Schon in der Schlacht bei Rhodos, im Jahre 1372, gaben die franzöfifchen Schiffe «Caronaden».

Von Verwendung der Bronze für den Guß der Feuerfchlünde und Benutzung eiferner oder bleierner Hohlkugeln ift erft im Jahre 1378 bei Gelegenheit der dreißig von dem Gießer Arau zu Augsburg gegoffenen Stücke die Rede. Bei der Einnahme der Bergfefte Wyschehrad bei Prag, 1420, fielen Ziska die vier erften nach Böhmen gekommenen Kanonen in die Hände.

Der Kanonenguß aus Bronze geht in Italien nicht weiter als bis gegen 1470 zurück. Die Zapfen (fr. tourillons), welche dazu dienen, die Kanone zu tragen, im Gleichgewicht zu halten, ihren Rückprall auf das Geftell (fr. affut) zu verhindern und den Preller[1]) überflüffig zu machen, kommen fchon Mitte des 15. Jahrhunderts in Deutfchland vor, doch weiß man nicht, von wem zuerft diefe Verbefferung, welche an Wichtigkeit alles übertrifft, was bis dahin in der Gefchützanfertigung geleiftet wurde, eingeführt worden ift; durch fie wurde zuerft ein ficheres und leichtes Richten des Gefchützes in vertikaler[2]) Richtung ermöglicht.

Karls des Kühnen Artillerie hatte noch keine Zapfen. Die bei Murten, 1476, genommenen, im Artilleriemufeum zu Paris und im Gymnafium zu Murten aufbewahrten Stücke, fowie alle, welche bei Grandfon und bei Nancy erbeutet wurden und in Laufanne und Neuenburg vorhanden find, haben keine Zapfen.

In Rußland wurde die Kanone im Jahre 1389 eingeführt; und die Taboriten, die Rächer des Joh. Huß, bedienten fich fchon im Jahre 1434 der Haubitzen (fr. obusiers), ein tfchechifch verunftalteter Name für Hauptbüchfe (Große Kanone).

---

1) Auch der Achtundzwanzig-Pfünder (fr. piece de vingt-huit) wird «Preller» genannt.

2) Man nennt «Vertikalfeuer» auch «Wurffeuer», die in hohen Bogen geworfenen.

Die Scala librorum, ein von Hartmann in Nürnberg im Jahre 1440 erfundenes, in ganz Deutfchland eingeführtes Kalibermaß war der Vorläufer aller vier Büchfenweiten-Kaliber von 6, 12, 24 und 40, welche nach Vorgang des berühmten Gießers Karls V., Georg Löfler in Augsburg, allgemein in Aufnahme kamen. Diefem Zeitraume gehört auch die gegoffene Kugel an, welche eine Umwälzung in dem Gefchützwefen hervorrufen mußte.

Hinfichtlich der Pulverminen, denen im Mittelalter die Bränderminen vorangingen, nimmt man gewöhnlich an, daß fie zum erften Male bei der Belagerung von Neapel durch den fpanifchen General Gonzalez de Cordova im Jahre 1530 angewendet worden find, obwohl Vannoccio Biringuccio fie dem italienifchen Ingenieur Francesco di Giorgio zufchreibt.

Minen- und Gegenminengraben waren aber auch fchon bei den altzeitigen Griechen im Gebrauche. (S. C. XXXVII. von der Verteidigung der Städte des Aenias vom 4. Jahrhundert v. Chr.)

Die vorübergehende oder dauernde Zufammenftellung mehrerer Gefchütze und die für folche Zufammenftellung aus dem Franzöfifchen ftammende Bezeichnung «Batterie» (v. fr. battre, fchlagen) trat auch erft fpäter auf. Man unterfcheidet Platz- und Belagerungs-Batterien (B. de place et de siege), Feld-Batterien (B. de campagne) und fchwimmende Batterien (B. flottantes), welch letztere anfänglich auf Flößen oder auf aneinander gekoppelten Schiffsgefäßen, wie in dem niederländifchen Befreiungskriege, angebracht wurden. Im 19. Jahrhundert traten an die Stelle folcher fchwimmenden Batterien flachgehende Kanonenboote und feit 1855 Panzerfchiffe. Den Namen Batterie behält zwar die hinter Stein, Eifen u. dergl. m. ausgeführte feftere Verfchanzung befindliche Gefchützaufftellung, befteht aber für folche im Feldkriege nur flüchtig durch Erdaufwürfe gedeckte in den Bezeichnungen Gefchützplacement und Gefchützfchnitt. Die Benennungen: unmittelbare (B. directe), kreuzende (B. croisées), beftreichende (B. d'enfilade), Rück- (B. de revers), Flanken- (B. de coté), Schräg- (B. en écharpe oder de bricole), ftreichende (B. rasante) Batterien u. dergl. m. haben Bezug nur auf die verfchiedenen Aufftellungen.

Neuerdings, 1887, hat man Schuhmanns Panzerketten für Feldbefeftigungen im Kriegswefen eingeführt.

Die auf Balken oder gezimmerten Kaften unbeweglich befeftigten

Feuerfchlünde wurden gegen 1492 auf Geftelle (Lafetten, fr. affuts) mit Rädern gefetzt und nach und nach mit Windzeug und Protzkaften (fr. train[1]) ausgerüftet. Gegen Ende des 14. Jahrhunderts begann man auch die alten mit Lanzen gefpickten und zur Verteidigung des Lagers beftimmten Wagen mit kleinen in Holz eingefugten Kanonen zu verfehen; fie erhielten den Namen Ribaudequins (ribaud, Hilfsfchütz) und mußten befonders gegen die Überfälle der Reiterei dienen. Solche, gewöhnlich auf zwei Rädern ruhenden Geftelle finden fich ebenfalls in Nic. Glockenthons Zeichnungen vor, die derfelbe 1505 nach den damals noch in den Zeughäufern Kaifer Maximilians vorhandenen Stücken ausführte. In der Aufnahme von 1691 einer Waffenfammlung des Schloffes Mürau in Mähren heißen die Wagen, womit Stücke an ihre Plätze gebracht werden, «Bereitswagen».

Es ift fehr fchwierig, wenn nicht gar unausführbar, alle Arten diefer Feuerfchlünde genau nach den zu ihrer Zeit gebräuchlichen Namen in Klaffen zu ordnen, da fehr oft diefelbe Waffengattung in jeder größern Stadt anders bezeichnet wurde. Es gab Rotfchlangen (serpentines), Feldfchlangen (couleuvrines), Halbfeldfchlangen (demi-couleuvrines), Falkaunen oder Falkhähne (faucons), Falkonetten (fauconneaux) und Tarasbüchfen. Es gab Mörfer, Böller oder Roller, welche wie die Steinböller auf Wagen befördert wurden. Passe-volants, Bafilisken, Spiralen, auch Pommer[2]) genannt, Bombarden, Wurfkeffel, Veuglairen, Kartaunen und Pierriers (Steinböller), Mulets à feu, find noch mehrere diefer unbeftimmten, in Frankreich üblichen Bezeichnungen. Früher nannte man da auch Cavaline den Zweipfünder auf Galeeren und Cavelot, fowohl eine Art eiferner Kanone, wie eine Art Wallbüchfe.

---

[1]) Der zweiräderige Vorderwagen eines verfahrbaren Gefchützes heifst Protze (fr. avant-train) und das beim Schiefsen notwendige Abhängen desfelben vom Geftell oder der Lafette (fr. affuts, v. ml. fusta, Baum) wird mit Abprotzen, fowie das Wiederanhängen mit Aufprotzen bezeichnet. Was die Protzen im allgemeinen anbelangt, fo giebt es Feld-, Belagerungs-, Feftungs-, Wall-, Kafematten-, fowie Sattel- und Kaftenprotzen. Die Protzkette (fr. chaine de l'avant-train) dient als Sicherheits-Verbindung.

Mit Sattelwagen (fr. Porte-corps, auch chariot à canon) bezeichnet man einen zur Überführung fchwerer Gefchützrohre, deren Geftelle nicht als Fuhrwerk eingerichtet find, beftimmten Wagen.

[2]) Pommer hiefs aber ferner ein Tonwerkzeug, das Hochhorn (Hautbois, Bombarde im Fr.).

Im 16., noch mehr im 17. Jahrhundert, wurden die Feuerfchlünde großen Kalibers viel mit Namen, fowie mit gereimten und ungereimten Infchriften gegoffen. Ziegler hat davon in den Zeughäufern Deutfchlands allein über 200 veröffentlicht. (Alte Gefchützinfchriften Berlin 1886.) S. hierüber Sonftiges im Abfchnitte der Pulverfeuerwaffen großen Kalibers.

Das Orgelgefchütz (fr. orgue à serpentins), auch Rotfchlange genannt, beftand aus einer großen Anzahl Kanonen kleinen Kalibers, welche durch die Mündung oder von hinten geladen wurden. Ihre Läufe, die entweder nacheinander oder alle mit einemmal abgefeuert wurden, ftecken bis zur Mündung in einem Geftell von Zimmerwerk oder Metall. In Deutfchland führten fie den Namen Totenorgel, welche Bezeichnung Weigel (1698) bezüglich des Zeughaufes zu Nürnberg zu dem Ausfpruch veranlaßte: «daß es dort Orgeln mit dreiunddreißig Pfeifen gäbe, auf denen der Tod feine Tänze fpiele».

Leonard Fronsperger nennt diefe Waffe auch in feinem 1575 erfchienenen Werke «Gefchrey-Gefchütz», — fowie «Hagel-Gefchütz». — Manchmal waren an beiden Seiten des Bockes der Länge nach oder auch an deffen Stirnfeite, Spieße angebracht, die weit über die Laufmündungen, zur Verteidigung bei Angriffen, hervorragten.

Espignole hieß ein auch aus Flintenläufen zufammengefetztes Gefchütz. Eines der älteften Orgelgefchütze[1]) aus den erften Jahren des 15. Jahrhunderts befindet fich im Mufeum zu Sigmaringen. Es wird von vorn geladen und befteht aus kleinen fchmiedeeifernen Kanonen, die in plumper Manier in eine Art Baumftamm eingefügt find und auf zwei Blockrädern (ohne Speiche und Felge) ruhen. Eine andere, um 1505 von Glockenthon gezeichnete Art Totentanzorgel, die fich in den Zeughäufern des Kaifers Maximilian vorfand, hat vierzig Läufe von viereckiger Form, die, vortrefflich untereinander verbunden, auf einem Feldftückgeftell mit hohen Rädern ruhen. Ein drittes Exemplar aus dem 17. Jahrhundert von 42 Läufen und derartig gefaßt, daß fie ein Dreieck bilden und fechs aufeinander folgende Salven liefern, wird im Mufeum zu Solothurn aufbewahrt. Nach den Etudes sur l'artillerie, die Napoleon III.[2]) im Jahre 1846 heraus-

[1]) In neuerer Zeit auch Mitrailleuse und Kugelfpritze genannt.

[2]) Über die wieder von Napoleon III. unter dem Namen «Mitrailleuses» im franzöfifchen Heere angeführten Orgelgefchütze, fowie über derartige fpätere verfchiedener Konftruktion, fiehe den Abfchnitt: «Die Pulverfeuerwaffen».

gegeben, fcheint es, daß es Orgeln diefer Art gegeben hat, die an 140 Schüffe auf einmal abfeuerten.

Die Schweden hatten in dem dreißigjährigen Kriege lederne, mit gelbem Kupfer oder Meffing gefütterte Kanonen, von denen die im Parifer Artilleriemufeum, in der Sammlung des Königs von Schweden, in Berlin und Hamburg aufbewahrten Exemplare zwei Meter lang find. Ein Seil, welches um das innere dünne Kupferrohr gewickelt ift, trennt diefes von dem Lederüberzuge. Diefe Feuerfchlünde hatten nur eine mittlere Tragweite und konnten nicht mehr als ein Viertel der gewöhnlichen Ladung aushalten. Sie wurden nach der Schlacht bei Leipzig befeitigt, weil fie fich zuletzt wegen übermäßiger Erhitzung von felbft entluden. An ihre Stelle trat ein Gefchütz, das von den Fachmännern das fchwedifche genannt wurde, eine Waffe, die in mehreren Punkten von derjenigen der öfterreichifchen Armee abwich. Sie war von dem Grafen von Hamilton in Vorfchlag gebracht worden. Das Arfenal in Zürich weift eine ähnliche Gattung Kanonen auf. Nur ift zur Füllung zwifchen dem Meffingrohr und dem Lederüberzuge hier nicht ein Seil, fondern eine dicke Lage Kalk verwendet. Mehrere fchmiedeeiferne Reifen, welche um das Rohr gelegt find, vermehren feine Widerftandsfähigkeit. Das geringe Gewicht diefer Waffe machte diefelbe zur Anwendung in fo gebirgigen Gegenden wie die Schweiz fehr geeignet; fie konnte auf dem Rücken eines Mannes bequem transportiert werden. Die Länge diefer Kanone beträgt 2,30 m; fie ift mit Zapfen (wie die fchwedifchen Kanonen) und mit einem Pfannendeckel mit Scharnier verfehen.

Das Sprengftück, Sprengmörfer oder Petarde (fr. petard) ift eine kleine kurze Kanone, deren man fich bis Ende des 18. Jahrhunderts bediente, um Feftungsthore zu fprengen. Es hatte gemeiniglich 40 cm Länge und 20 cm Durchmeffer. Die Ladung beftand aus Pulver und Erde; eine dicke Rolle wurde an das zu erbrechende Thor genagelt, fo daß die Petarde horizontal lag. Jetzt ift das Pulver durch Schießbaumwolle und Nitroglycerin-Präparate beim Freifprengen erfetzt. Zu der Zeit Montecuculis (1608—1680) war dies Sprengftück bereits im Gebrauch — man hatte Thor-, Ketten-, Paliffaden-, Gitter-, Fallgatter- und Minenpetarden. (S. Commentarii bell. Raimundi Principis Montecuccoli. Fol. Viennae 1718.) Obfchon die Bombe die Petarde heute erfetzt hat, fo bedient man fich dennoch derfelben manchmal, wie u. a. 1841 in Canton, wo die Engländer das Nordthor damit fprengten.

Hinfichtlich der Granaten[1]) (fr. grenade, it. granata) ift zu bemerken, daß ihre erfte Erfcheinung auf das Jahr 1536 zurückzuführen ift, während der Gebrauch des Sprengftückes, Sprengmörfer der Petarde (fr. petard[2]), deren Erfindung den Ungarn zugefchrieben wird, erft aus dem Jahre 1579 herrührt. Shrapnels (nach dem Erfinder, † 1825) find Kartätfchgranat-Hohlgefchoffe mit Bleikugel-Füllungen neuzeitiger Erfindung.

Die fchon um 1600 vorkommende Hagelkugel war ein Vorläufer des Shrapnels oder der Granatenkartätfche.

Die Kartätfchenladung (fr. tire à mitraille), unter welcher man im allgemeinen alle aus Eifenftücken oder kleineren Kugeln (fr. biscaiens) beftehende Ladungen von Feuerwaffen großen Kalibers (Kanonen, Haubitzen) verfteht, welche aber nur für nahes Schießen wirkfam ift. Kartätfchenfeuer foll zuerft im 16. Jahrhundert bei der Schlacht von Marignan, bei Verona, nach anderen 1620 unter Guftav Adolf angewendet worden fein.

Unter Kartätfchgefchützen (früher Schrotbüchfen) verfteht man im allgemeinen fowohl Orgelgefchütze (Mitrailleusen), Repetiergefchütze, Infanteriekanonen (fr. à balles) und dergleichen mehr Gefchütze für Kleinladungen.

Solche gegenwärtig von der Artillerie angewendeten Gefchoffe beftehen alfo aus Granaten (ein mit Pulver gefülltes und mit Zünder verfehenes Hohlgefchoß, welches Perkuffions-, Spreng- und Brandwirkung ausübt), Brandgranaten, Shrapnels und Kartätfchen.

Langgranaten heißen die von doppelter Länge, Brandgranaten, wenn diefelben Brandfalz enthalten. Handgranaten heißen die kleineren Kalibers, welche im 17. und 18. Jahrhundert mit der Hand gefchleudert wurden (wovon: Grenadier). Doppelwand- und Ringgranaten find befonders für bewegliche Ziele von großer Wirkung.

Die früheren englifchen Sigmentgranaten waren ftatt mit Bleikugeln, mit Eifenftücken gefüllte Shrapnels.

Diefe Sprengftückpetarde ift nicht mit dem Schlagfchwärmer der Feuerwerkpetarde (fr. le pétard), noch mit dem Kanonenfchlag zu verwechfeln.

---

[1]) Handgranaten kommen felbft fchon 1500 vor.

[2]) Mit Petard wird aber auch der Schlachtfchwärmer und der Frofch (Luftfeuerwerk) im Franzöfifchen bezeichnet.

In neuerer Zeit hat man auch elektrifche Lichtkugeln und ganz kürzlich erft (1890) in Rußland leuchtende Kanonenkugeln erfunden, letztere hauptfächlich zum Aufklärungsdienft im Seekriege. Auch foll diefe Kugel beim Anprall im Zerplatzen verheerend wirken, ja das ganze angefchlagene Schiff in Brand fetzen.

Die zu den Leuchtgefchoffen gehörende Rakete (fr. Raquette, v. ital. rochetta, auch fusée) ift ein aus Eifenhülfen auffteigende Feuerwerkskörper; lanternes de piece nennt der Franzofe die Feuerleger oder Zündlichter, lanternes à gargousse die Stückpatronenhülfen und lanternes à mitraille die Kartätfchenbüchfen. Von Zeit zu Zeit Sterne werfende, zu den Funkenfeuern gehörende Raketen heißen im Franzöfifchen lances à feu, und aus in Bleihydrate getränktem Holz-Zündftäbe für Kanonen Lances.

Serpentofe (fr. Serpenteau) ift auch nicht allein der Name des im Zickzack abbrennenden, Schwärmer genannten Funkenfeuers, fondern auch des mit kleinen Stachelgranaten gefpickten eifernen Reifens, welcher früher zum Werfen auf Wallbrüchen (fr. Breches) diente.

Mit Feuertopf (fr. Pot à feu) bezeichnet man den offenen Behälter, welcher mit Schwärmern und Leuchtkugeln angefüllt, Lichtgarben auswirft. Im allgemeinen find die Feuerwerkskörper in Flammen- und Funkenfeuer einzuteilen. Paßkugel hieß früher die dem Kaliber eines Gefchützes angepaßte Kugel im Gegenfatze zu den kleinen Kaliberkugeln. In der Aufnahme von 1691 der Waffenfammlung des Bergfchloffes Mürau in Mähren kommen eiferne Ringe und Ausfchnitte in Brettern von gleicher Größe der Gefchützmündungen zum Anpaffen von Kugeln für diefelben unter der Benennung Kugellehr vor. Mordfchläge hießen mit Pulver gefüllte kupferne oder eiferne Gefäße mit Bleikugeln und Zünder, die, abgefchoffen, oder an der Oberfläche des Bodens vergraben, beim Anftoß aufpufften. Taufkeffel nannte man mit heißflammigem Pech, zum Eintauchen von Feuerkugeln gefüllte Keffel. Löfer hießen die eifernen oder beinernen Stifte zum Anzünden einer Feuerkugel.

Preußen hat auch feit 1889 die Grufonfchen, vom Oberft Schumann († 1880) erfundenen Panzergeftelle (Panzerlafetten, auch Panzertürme genannt) für Rohre von 3,7 und 5,3 cm Durchmeffer (Kaliber), befonders für fchnell anzulegende Schützengräben in Anwendung gebracht. Das Innere folcher, mit drehbarem Panzerdach hergeftellten Türmchen — wo aus den Gefchützen Kartätfchen- und Shrapnelfeuer in Entfernungen von 3- bis 6000 m abgegeben werden kann — gewährt Raum für zwei Mann, die vierzig Schüffe in der Minute feuern können. Hundertundfechzig Patronen und fonftiger Schießbedarf befindet fich in einem aus Wellblech hergeftellten Vorraum.

Hauptmann Chapel in Frankreich hat auch 1889 neue Gefchoffe erfunden, die, ähnlich den «Bumerangs» der Auftralier, Rückwirkungen haben follen, fo daß man damit felbft hinter Panzerfchanzen liegende Truppen rückwärts treffen kann.

Es ift hier der Platz, zu bemerken, daß die Luftfeuerwerkskunft oder die Luftfeuerwerkerei (fr. pyrotechnie — v. gr. πῦρ (Feuer) und τέχνη (Kunft) — eine Bezeichnung, die aber auch für die Kriegsfeuerwerkerei angewendet wird) fchon frühzeitig in China gepflegt wurde, daß diefelbe indeffen in Europa mehr neuzeitigen und italienifchen Urfprungs zu fein fcheint. Über die frühmorgenländifche Kriegsfeuerwerkerei hat befonders Favé in feinen: «Etudes sur le passé et l'avenir de l'artillerie», — Paris 1862, viel aus alten Schriften zufammengetragen. Die Orientalen hatten fchon Pulverglaskugeln mit Schlagröhren, eiferne Keffelbomben und dergl. m. (f. Ned.-Ed.-Hassan Abrammaks Traktat von 1290). Viele andere noch folcher Kriegsfeuerwerksgefchütze, fo die Madfaas', genannten mörferförmigen Holzbüchfen, die Feuerfpeere, die Feuerkolben und dergl. m. bereits in «Schems-Eddin-Mohammed 1320» (Handfchrift zu Petersburg) und in einem arab. Manufkript der Parifer Bibliothek abgebildet, und fämtlich auf Tafel 30 des Atlaffes vom «Handbuch einer Gefchichte des Kriegswefens Max Jähns» zufammen und teilweife auch hier wiedergegeben, zeigen, daß fchon im 13. und 14. Jahrhundert, befonders bei den Arabern, die Kriegsfeuerwerkskunft bedeutend vorgefchritten war. Was nun die europäifchen Luftfeuerwerke (fr. feux d'artifice) anbelangt, fo ift das 1379 zu Vicenza, beim Friedensfeft abgebrannte, als das ältefte bekannt. Auch faft alle namhaften Luftfeuerwerker ftammten aus Italien, wo die berühmten Ruggieri, wovon der erfte P. Ruggieri, Ludwig XV., und der Sohn Ruggieris, Napoleon I. Luftfeuerwerker waren. Zu den älteftbekannten in Deutfchland abgebrannten Luftfeuerwerken zählt das 1519 von Jakob Fugger in Augsburg zur Feier der Wahl Karl V. als römifcher König veranftaltete. Befonders wird ein unter Lud-

wig XIV. zu Verſailles am 1. Juli 1664 beim Aachener Friedens-
ſchluß gegebenes Feuerwerk als das bis dahin großartigſte gerühmt.
Die Luftfeuerwerker (fr. artificiers) des Königs trugen damals
die hier nach Abraham Boſſe dargeſtellte Tracht. Im älteren Ge-
ſchützweſen hießen Feuerwerker auch die zur Bedienung der Böller,
Mörſer Angeſtellten, welche mit den Büchſenmeiſtern die erſte
Klaſſe der Artilleriſten ausmachten. Gegenwärtig bezeichnet man
mit Feuerwerker da nur noch den höheren Unteroffizier.

 «Les éléments de Pyrotechnie par Ruggieri», — «Les
nouveaux recherches sur les feu d'artifice par F. M. Char-
tier» und der «Manuel de l'artificier par Vergnaud» ſind
wohl die älteſten und bekannteſten Werke, welche über Luftfeuerwerk
handeln.

Luftfeuerwerker
(franzöſiſch: artificier)
Ludwig des XIV.

 Im Mittelalter hießen Feldſchützen die heutigen Artilleriſten
oder Bediener von Feldgeſchützen, Feuerwerker die Böllerbediener
und Büchſenmeiſter die Handhaber der Mauerbruchgeſchütze
größten Kalibers.

 Der gezogene Lauf der Handfeuerwaffe, eine deutſche Erfindung vom Ende des 15. Jahrhunderts, iſt etwas ſpäter auch auf
Geſchütze großen Kalibers angewendet worden, wie es die deutſche

Kanone des 16. Jahrhunderts im Muſeum zu Haag, die eiſerne Kanone mit dreizehn gewundenen Zügen, aus dem Jahre 1661, im Zeug-
haus zu Berlin, ſowie die aus Eiſen geſchmiedete mit acht geraden
Zügen, aus dem Jahre 1694, in Nürnberg beweiſen. Erſt ſpäter
wurde dem gezogenen Laufe für ſchweres Geſchütz eine ernſtliche
Beachtung zu teil, ſeitdem der Engländer Benjamin Rubens (Mit-
glied der königlichen Geſellſchaft in London, geb. 1707) ihn zum
Gegenſtand ſeiner mathematiſchen Studien genommen. Die moderne
Geſchützkunſt hat ſozuſagen eine Erneuerung erfahren durch die im
Jahre 1822 veröffentlichten Arbeiten Paxians', durch die Leiſtungen
Armſtrongs und durch die außerordentlichen Fortſchritte, welche
Krupp in der Anfertigung von Kanonen aus Gußſtahl ins Leben
gerufen. Eine 1867 in Paris ausgeſtellte Kanone von Krupp wog
tauſend Centner und wurde von hinten mit einem gleichfalls aus
Gußſtahl beſtehenden, 11 Centner wiegenden Geſchoß geladen.

Die kurze Schiffskanone (fr. Caronade), früher gemeiniglich aus Eiſen, iſt kürzer als die gewöhnliche Kanone und ohne
Wulſt (fr. bourrelet), d. h. Reif um die Mündung, ſowie ohne Ge-
ſims (fr. moulure). Ihre Ladung ſteigt bis zu Kugeln von 30 kg und
verlangt wenig Pulver; ihre Kaliber ſind: 12, 18, 24 und 36. Dies
Geſchoß iſt 1774 in Carron bei Stirling (Schottland) erfunden und
zuerſt 1779 in der engliſchen Marine angewendet worden. Die früher
von Eiſen und ſeitdem von Bronze angefertigten Pulverfeuergeſchütze
großen Kalibers ſind, beſonders in Deutſchland, durch Gußſtahl-
geſchütze verdrängt worden. Jahrelange Verſuche haben erwieſen,
daß der Gußſtahl eine $1\frac{1}{2}$ mal größere Widerſtandsfähigkeit gegen
das Rohreiſen als die Bronze bietet.

Die erſte tragbare oder Handfeuerwaffe, oder der Übergang
dazu, mag wohl die Armbruſt mit dem daraus geſchleuderten
Raketenbolzen geweſen ſein, wovon u. a. in der zweiten Hälfte
des 14. Jahrhunderts große Beſtände im Zeughaus von Bologna
vorhanden waren.

Die tragbaren Feuerwaffen unterſchieden ſich in Europa in der
erſten Zeit der Anwendung des Schießpulvers noch nicht ſtreng von
Geſchützſtücken großen Kalibers. Erſt gegen Mitte des 14. Jahrhunderts ſtößt man auf die erſten Spuren von Handgewehren,
und es ſcheint, als ob die Flamänder den Gebrauch davon kannten,
bevor dieſelben noch anderswo Verbreitung gefunden. Die Stadt
Lüttich machte ſchon mehrere Verſuche in Anfertigung kleiner Hand-

kanonen, der fogenannten Knallbüchfen, die in Perugia im Jahre 1364, in Padua im Jahre 1386 und in der Schweiz im Jahre 1392 in Aufnahme kamen, auch im Jahre 1382 in der Schlacht bei Roofebecke, und im Jahre 1383 bei der Belagerung von Trosky in Litauen ihre Rolle fpielten. In den Urkunden von Bologna von 1399 kommt diefe Waffe unter dem Namen sclopo vor, wovon escopette (Stutzen) abzuleiten ift. Solche Knallbüchsen beftanden aus einem eifernen Rohr mit, gleichzeitig als Handhabe dienenden, am hinteren Ende eingefchobenem eifernen Stielverfchluß.

Diefe kleine Hand-Pulverfeuerwaffe diente fchon im Jahre 1414 bei Arras dazu, Bleikugeln zu fchleudern, ebenfo auch bei der Belagerung von Bonifacio in Korfika (1420), wo folche Kugeln die Rüftungen durchbohrten. In den Jahren 1429 und 1430 wurde die neue Waffe beim Scheibenfchießen in Nürnberg und Augsburg gebraucht, und dann auch bei der Reiterei, wie der von Paulus Sanctinus angewandte Ausdruck Eques scoppetarius darthut.

Die fortwährenden Änderungen in der Anfertigung der verfchiedenen tragbaren Waffen, die feit dem Aufkommen der Handkanonen erfunden wurden, haben zu noch viel zahlreicheren Benennungen Anlaß gegeben, als es bei dem Feuergewehre großen Kalibers der Fall war. Indeffen laffen fie fich mit ftrenger Berückfichtigung ihres Mechanismus auf dreizehn verfchiedene Arten zurückführen:

Die Handfeuerwaffe aus der Mitte des 15. Jahrhunderts, die Arkebufe (v. lat. arcus, Bogen und dem it. bugio, durchbohrt, oder dem altd. Büffe, Büchfe), eine plumpe Waffe von Schmiedeeifen, auf einem Stück rohen Holzes befeftigt und nicht zum Anlegen geeignet. Das Zündloch, das anfangs oben auf der Kanone angebracht war, ift zuweilen mit einem Zündlochdeckel mit Zapfen oder Scharnier verfehen, der zum Schutze gegen Feuchtigkeit dient. Einige Zeit nach dem Erfcheinen diefes Feuergewehrs, von welchem fich noch unter den bereits erwähnten Glockenthonfchen Aquarellen vier Exemplare abgebildet finden, die an den vier Ecken eines Brettes befeftigt, von dem Schützen vermittelft einer Lunte abgefeuert werden, wurde das Zündloch an der rechten Seite des Rohrs angebracht. Diefe Feuerwaffe ward häufig von zwei Leuten bedient. Von kleinerem Umfange und zum Gebrauch des Reiters beftimmt, führte fie in Frankreich den Namen pétrinal, nach dem alten fpanifchen Worte pedernal (Feuerftück), oder vielleicht auch, weil man fie beim Abfeuern gegen den Panzer (plaftron, d. h. Vorderpanzer) ftemmte.

Die zum Anlegen eingerichtete Handfeuerwaffe aus dem 14. Jahrhundert; fie unterfcheidet fich von der vorhergehenden durch eine Art von grob gearbeitetem Kolben. Das Zündloch ift gewöhnlich an der rechten Seite der Kanone. Alle diefe Waffen haben lofe Lunten.

Die Handkanone mit Hahn (fr. à serpentin) oder Drachen ohne Feder und ohne Drücker, gegen 1424 erfunden. Die Lunte wurde von da an mit dem Gewehr verbunden und an den Hahn befeftigt. War diefe Waffe beffer gearbeitet, wurde fie auch wohl Feldfchlange (fr. couleuvrine à main) oder auch gleich der vorhergehenden Bruftrohr (fr. petrinal, poitrinal) genannt, fofern fie einen Kolben hatte, um gegen den Panzer geftemmt werden zu können.

Die Handkanone mit Hahn, ohne Feder, aber mit Drücker, zum Anlegen eingerichtet und fchon von größerer Treffähigkeit.

Der Haken (Hakbuffe, fr. haquebuse oder Handkanone mit Haken) mit Hahn, Feder und Drücker, aus der zweiten Hälfte des 15. Jahrhunderts. Dies ift eine fchon vervollkommnete Waffe und der Urahne unferes modernen Gewehrs. Ihr Rohr hatte ungefähr ein Meter Länge.

Der Doppelhaken oder die doppelte Hakbuffe, Feuergewehr mit doppeltem Hahn oder Haken. Sie diente gewöhnlich zur Verteidigung der Wälle und hatte eine Länge von ein bis zwei Metern, fowie zwölflötige Kugeln. Das Schloß unterfchied fich von demjenigen der einfachen Hakbuffe dadurch, daß es zwei Hähne hatte, die in entgegengefetzter Richtung niederfchlugen. Häufig wurde fie durch einen mit feinen Enden durch eiferne Spitzen oder Räder verfehenen Fuß (im Franz. fourquine) getragen. Alle diefe Waffen hatten weder Vifier noch Korn und fchleuderten eiferne, bleierne oder eiferne mit Blei umgebene Kugeln.

Die deutfche oder Radfchloßbüchfe, im Jahre 1515 zu Nürnberg erfunden. Sie zeichnet fich durch ihr Radfchloß aus, welches gewöhnlich aus zwölf Stücken befteht. Die Zündung wurde durch Eifen- oder Schwefelkies[1]) bewirkt. Ein Stahlrad dient

[1]) Eine chemifche Verbindung von Eifen und Schwefel, welche bei höherer Temperatur unter Feuererfcheinung (Vernalfäure) oxydiert, wurde bereits von den Römern zur Erzeugung von Feuer verwendet. Römifche Patrouillen führten es zu diefem Zwecke mit fich.

als Wärmeerzeuger; durch Reibung werden abgeriffene Stückchen des Kiefes ins Glühen und zum Verbrennen gebracht, wodurch fich die Ladung entzündet. Bei dem fpäter eingeführten Steinfchloßgewehr erfetzt der härtere Feuerftein den Stahl, während diefer felbft an Stelle des Schwefelkiefes tritt und nun das Material für die Funken liefert. Das Steinfchloßgewehr hat einen federnden Hahn (Schnapphahn), der aber fchon vor der Anwendung des Feuerfteins in Gebrauch war. (S. weiter hinten.)

Die Radfchloßbüchfe vermochte jedoch nie die Luntenhakbuffe gänzlich zu verdrängen, da deren Mechanismus einfacher, folider und ficherer war; denn während des Kampfes zerbröckelte der Schwefelkies häufig und nötigte das Gewehr zum Schweigen.

Das Mufeum in Dresden befitzt eine kleine Handfeuerwaffe von 28 cm Länge und mit einem Kaliber von 12 cm aus dem Anfange des 16. Jahrhunderts, welche wohl der Erfindung des Rades vorausgegangen und der erfte Antrieb dazu gewefen fein mag. Eine Rafpel bewirkt das Funkenfprühen vermöge ihrer Reibung gegen den Schwefelkies, fobald fie mittels des Schloffes zurückgezogen wird. Man fah fälfchlich in diefer Waffe lange Zeit die erfte von dem deutfchen Mönche Berthold Schwarz (ca. 1330) erfundene Feuerwaffe. In der Kompilations-Litteratur wird diefe Handkanone vom 16. Jahrhundert jetzt noch häufig als das erfte Feuerhandgewehr und mit dem Namen Mönchsbüchfe bezeichnet.

Die Muskete, deren Bau und Mechanismus mit denen der Arkebufe (f. u.) übereinftimmend find, ift ebenfalls entweder mit Lunte oder mit Rad zu entladen und unterfcheidet fich nur durch ihr Kaliber von der Arkebufe; Ladung und Gefchoß der Muskete[1]) haben das doppelte im Umfange. Ihr größeres Gewicht macht die Anwendung einer Stützgabel (fr. fourquine), wie beim Doppelhaken, erforderlich.

Die franzöfifche Muskete vom Jahre 1694 hatte gewöhnlich, nach St. Remy, ein Kaliber von 20 Bleikugeln auf das Pfund; fie maß 3 Fuß 8 Zoll Rohrlänge und mit Schaft 5 Fuß.

Die Arkebufe oder Muskete mit gezogenem Lauf und

---

[1]) In Preufsen, wo die Luntenmuskete Musquet, deren Stützgabel der Furquet, der Ladeftock Ladeftecken und die Lunte der Lunten hiefs, enthielt das Musketier-Kommando 36 Hauptgriffe nach ebenfoviel Kommandos, und das Pikenier-Kommando zehn Handhabungen.

mit Kugeln, die durch den hölzernen Hammer eingetrieben wurden. Der in Deutschland, nach einigen in Leipzig 1498, nach anderen in Wien durch Kaspar Zollner erfundene gezogene Lauf wurde erst im Jahre 1793 bei der französischen Armee für die Versailler Karabine eingeführt.

Die Schnapphahnmuskete (fr. à chenappan, mit Stahl und Schwefelkies) zeigt durch ihren Namen den deutschen Ursprung ihrer Erfindung an, welche in die Mitte des 16. Jahrhunderts fällt. In der großherzoglichen Sammlung auf Ettersburg bei Weimar befindet sich ein solches Gewehr, welches die Jahreszahl 1540 trägt und es ist auch bekannt, daß der Kammerherr v. Norwich gelegentlich einer dem Büchsenmacher Henri Radoe im Jahre 1588 gemachten Zahlung erwähnt, daß letzterer an einer Pistole das Radschloß in ein Schnapphahnschloß umgeändert habe. Der Name Chenappan (Schnapphahn) wurde in Frankreich bald darauf den mit dieser neuen Arkebuse bewaffneten Banditen gegeben. Auch wurden die Mikelets der Pyrenäen, die Ludwig XIII. unter die Regimenter steckte, und die letzten Überreste der Waldenser, welche die religiöse Unduldsamkeit dem Handwerke der Landstreicher und Schmuggler zugeführt hatte, Schnapphähne genannt. Die Schnapphahnbatterie, welche immer noch vermittelst des Schwefelkieses ihre Dienste verrichtete, kann als Vorläufer der französischen Batterie mit Feuerstein angesehen werden. Fast alle orientalischen Waffen und besonders die türkischen Gewehre sind seit dieser Zeit mit Schnapphähnen versehen. Man hatte auch sogen. «spanische und holländische Schnapphahnschlösser». Ersteres bestand aus 9, letzteres aus 14 Teilen. Im geschichtlichen Museum zu Dresden befinden sich drei Pistolen mit den 14teiligen Schnapphahnschlössern, welche die Jahreszahlen 1598, 1611 und 1615 tragen.

Die französische Steinschloßflinte (fr. fusil à batterie française à silex), mit Feuerstein und Stahl, ist aller Wahrscheinlichkeit nach in Frankreich gegen 1640 erfunden worden. Sie wird Füsiliermuskete genannt, wenn das Bajonett eine Dille hat; eine Erfindung, die fälschlich dem englischen General Mackay (1691) zugeschrieben wird. Sie ist bei der französischen Armee durch Vauban eingeführt worden. Die Dille gestattete den Schuß, während das Bajonett auf dem Lauf blieb. Vorher hatte das Bajonett einen Stiel und war, da dieser in den Lauf beim Angriff mit der blanken Waffe erst befestigt werden mußte, von nur geringem Nutzen.

Hinzuzufügen ift hier noch das Tromblon, die Donner- oder Streibüchfe, Mousqueten oder Musketen, die Stutzbüchfe und Fufillette, die kleine Rakete genannt wurde.

Italienifche Schriftfteller haben ihrem Vaterlande die Erfindung der Flinte (fusil) zufchreiben wollen, weil der franzöfifche Name fusil vom italienifchen focile (abgeleitet von dem lateinifchen focus) herzukommen fcheint. Da aber das Wort fusil in Frankreich fchon in den Jagdverordnungen aus dem Jahre 1515, alfo faft 150 Jahre vor der Zeit, wo das Radfchloß durch das Feuerfteinfchloß erfetzt wurde, erfcheint, fo läßt fich wohl annehmen, daß der Name fusil fich damals auf die Arkebufen alten Syftems bezog. Als Beleg für meine obige Angabe, daß die Erfindung der Flintenfpieße oder Bajonettdille mit Unrecht dem englifchen General Mackay (im Jahre 1691) zugefchrieben worden ift, möge die Bemerkung dienen, daß in der Culemannfchen Sammlung[1]) eine Radarkebufe aus dem 16. Jahrhundert befitzt, an der das lange Bajonett, deffen Klinge gleich als Krätzer dient, mit einer Dille verfehen ift. (S. den Abfchnitt über Flintenfpieße oder Bajonettes.)

Die Veränderung, welche das Gewehrfchloß durch die Feuerfteinzündung erlitt, war eine wefentliche, trat jedoch weder plötzlich noch radikal auf, weil ihr das Schnapphahnfchloß, das fchon einen federnden Hahn hatte, vorausgegangen war. Bei der franzöfifchen Batterie erfetzte der Feuerftein den Stahl, während diefer nun ftatt des bröckeligen Schwefelkiefes als Funkengeber diente. Der Feuerftein wurde in den Schnabel des Hahns geklemmt und fchlug gegen das Metall.

Vauban erfand auch eine Flinte mit Doppelfeuer, der Arkebufe mit Doppelzündung und Rad entfprechend, damit für den Fall, daß die Batterie verfagen follte, ein Luntenhahn das Feuer an den Zündftoff führen könnte. Die alte Luntenmuskete wurde in der franzöfifchen Armee erft gegen 1700 vollftändig durch das neue Steinfchloßgewehr erfetzt.

Fürft Leopold I. von Anhalt-Deffau, der Organifator der preußifchen Infanterie, führte im Jahre 1698 den eifernen Ladeftock für die Bewaffnung feiner Truppen ein, und diefe Verbefferung trug zum Sieg bei Mollwitz 1741 wefentlich bei.

Die Patrone (fr. Cartouche), d. h. die von einem Behälter

[1]) Seit deffen Tode befindet fich die Sammlung im Befitze der Stadt Hannover.

umfchloffene, fertige Ladung des Feuergewehrs, fcheint zum erftenmal in Spanien gegen das Jahr 1569 in Anwendung gebracht worden zu fein; in Frankreich wurde fie im Jahre 1644 zu gleicher Zeit mit der Patrontafche angenommen, die Guftav Adolf gegen 1630 zuerft eingeführt hatte.

Der Karabiner ift eine Waffe mit gezogenem[1]), gewöhnlich kürzerem Lauf und für die Reiterei beftimmt; jedoch nennt man Karabiner auch alle fonftigen Kriegsfeuergewehre, welche mit gezogenem Rohr verfehen find.

Die Streubüchfe (fr. mousquet-tonnerre oder -tromblon) hatte ein weites Rohr und eine Mündung in Trompetenform; fie fchleuderte 10—12 Kugeln auf einmal.

Stutzen nennt man in Tirol ein kurzläufiges Kugelgewehr.

Granatgewehr hieß die Waffe, mit welcher im 18. Jahrhundert Handgranaten gefchoffen wurden. Der Lauf war kurz und weit. Oft ftand noch damit nebenan ein gewöhnlicher Gewehrlauf in Verbindung. Die neuzeitigen Granatgewehre für Sprengftoffe find feit der Konvention von 1868 unterfagt.

Die Piftole oder das Fauftrohr, auch Puffer genannt, diefe verkleinerte Arkebufe und Flinte, deren Name nach den einen vom deutfchen «Fäuftlein», nach anderen von dem italienifchen pistallo, Knopf, Zierat (nicht von der Stadt Piftoja) herrührt, fcheint aus Perugia zu ftammen, wo fchon im Jahre 1364 diefe Fauftpuffer, eine Palma lang, angefertigt wurden.

Das Terzerol (fr. coup de poing pistolet de poche) ift eine kleine Tafchenpiftole, wahrfcheinlich italienifchen Urfprungs.

Das Perkuffions- oder Piftongewehr, wohl beffer Schlagrohrgewehr, deffen Erfindung fälfchlich dem englifchen Kapitän Ferguffon, Kommandanten eines heffifchen Regiments im amerikanifchen Kriege (1776—1783), zugefchrieben wird, ftammt erft aus dem Jahre 1807, zu welcher Zeit fein wirklicher Erfinder, der fchottifche Waffenfchmied Forfyth, ein Patent auf das Piftongewehr nahm.

Die erften chemifchen Unterfuchungen, welche die Zufammenfetzung explodierender Zündftoffe (entzündliche Ammoniakfalze, nicht mit Knallfalz zu verwechfeln) betreffen, fcheint Pierre Bouldure im Jahre 1699 angeftellt zu haben. Nikolas Lemery fetzte diefe Unterfuchungen im Jahre 1712 weiter fort. Bayon, ein armer

[1]) Drall heifst die Zugwendung eines gezogenen Feuerrohres.

Apotheker unter Ludwig XV., fcheint im Jahre 1764 das Knallquecksilber dargeftellt zu haben, deffen Erfindung fälfchlich Howard zugefchrieben wird. Es ift dies eine Mifchung aus Kohlen-, Stick- und Sauerftoff und Queckfilber. Im Jahre 1800 fetzte Howard auch das erfte explodierende Schießpulver aus Knallqueckfilber und Salpeter zufammen, eine fehr geeignete Mifchung zum Erfatz des Zündpulvers. Liebig und Gav-Luffac haben fodann im Jahre 1824 die Knallpräparate analyfiert. Die Erfindung der explodierenden Verbindung von Salmiak, Gold, Silber oder Platina, desgleichen die des chlorfauren Kali, konzentrierter Salzfäure (kali oxymuriaticum), welche zwifchen 1785—1787 erfolgten, ift den Fourcroy, Vauquelin und Berthollet zu verdanken.

Im Jahre 1808 wurde das Gewehr Forfyths, durch den Waffenfchmied Pauly umgeändert, in Frankreich eingeführt. Auch ift noch das Perkuffionsgewehr des Engländers Jofeph Eggs zu erwähnen, infofern es denfelben Waffenfchmied 1818 zur Erfindung des Zündhütchens (fr. capsule) veranlaßte, welche von Bellot 1820 in Frankreich eingeführt wurde. Es ift dies ein kleiner kupferner Cylinder, der an einer Seite offen, an der anderen gefchloffen und mit Zündftoff gefüllt ift. Im Jahre 1826 fand fodann Delvigne ein Mittel, die Kugel in den gezogenen Lauf des Karabiners ohne Hilfe des Hammers und auf eine Weife einzuzwängen, daß die Nachteile der vor ihm verfuchten Syfteme vermieden wurden[1]).

Der Stecher[2]), fehr unrichtig im Franzöfifchen double détente, engl. trigger of precision genannt, ein finnreicher Mechanismus, welcher den Zweck hat, die durch das Losfchnellen des gewöhnlichen Drückers hervorgebrachte Bewegung faft unmerklich zu machen, ift im Jahre 1543 von einem Waffenfchmied in München erfunden worden. Diefe Vorrichtung bildet kein Syftem für fich, fondern nur eine Verbefferung, die den meiften Karabinern angepaßt werden kann und mit der faft alle alten deutfchen Präzifionswaffen vom 16. bis zum 18. Jahrhundert verfehen find. Es giebt von folchen Stechern: «Nadelfchneller» (Wiener), «Rückfchneller» (franzöfifch) und «Abzugsfchneller».

Wie angeführt, ift das Radfchloß zu jeder Zeit fehr wenig

---

[1]) Das Mufeum Porte de Hal in Brüffel befitzt Gewehrkugeln aus gebranntem Thon mit Bleiüberzug.

[2]) Nicht mit dem von Ydle 1855 erfundenen Stechfchlofs zu verwechfeln.

im Kriege gebraucht worden; hingegen wurde es als Jagd- und Luxusgewehr allgemein verwendet und hat erft dem Schlagrohrgewehr Platz gemacht.

Die Arkebufe und die Muskete mit Lunte und Rad find zwei Gattungen, die, um es nochmals zu wiederholen, weder in ihrem Mechanismus noch in der Form, fondern lediglich im Kaliber voneinander abweichen; fie dienten zur Bewaffnung der regulären Feldtruppen.

Die Hakenfchützen waren mit großen Pulverhörnern, mit Zündkrautflafchen, mit mehreren Ellen Luntendocht und mit einem Kugelfack verfehen. Die Musketiere hatten außer dem Pfühl und Degen ein mit hölzernen Kapfeln (Pulvermaßen) verfehenes Wehrgehänge, das Pulverhorn, einen Kugelfack, Lunte und Luntenkapfel (fr. couvre-mèche); letztere, ein aus Kupfer beftehendes Gehäufe, wurde von den Holländern erfunden und ift faft gleichbedeutend mit der Luntenkapfel der Grenadiere im 18. Jahrhundert.

Die tragbaren Feuergewehre, welche von hinten geladen werden, ebenfo diejenigen mit mehreren Läufen und fogar die Gewehre mit Drehpuffer (Revolver) gehen bis zum Anfange des 16. Jahrhunderts und felbft bis zum Ende des 15.[1]) Jahrhunderts zurück; fie fcheinen deutfchen Urfprungs zu fein. Das Parifer Artilleriemufeum befitzt eine deutfche Arkebufe mit Rad aus dem 16. Jahrhundert, die von hinten, und eine andere ebenfalls aus dem 16. Jahrhundert, an welcher das Scharnierrohr vermittelft fingerhutartiger beweglicher Hülfe geladen wird, ein Syftem, das in neuerer Zeit wieder Aufnahme gefunden hat.

Wie beim Feuergewehr großen Kalibers ift übrigens dem Hinterladerfyftem auch bei dem Handfeuergewehr das Vorderladerfyftem vorangegangen.

Die Amüfette des Marfchalls von Sachfen (1696—1750), im Artilleriemufeum zu Paris, ift ebenfalls ein Hinterlader. Waffen diefer Art findet man noch im Tower zu London, in den Mufeen zu Dresden und Sigmaringen und im kaiferlichen Arfenal zu Wien. Das Mufeum in Sigmaringen befitzt eine deutfche Büchfe des 16. Jahrhunderts mit Drehpuffer zu fieben Schüffen und eine deutfche Flinte des 18. Jahrhunderts zu vier Schüffen. Das Parifer Artillerie-

[1]) Ein folcher dreiläufiger Drehpuffer im Zeughaufe zu Venedig.

muſeum enthält ſogar ein Exemplar dieſer Waffengattung, woran ſich noch ein Luntenſchloß befindet.

In neuerer Zeit ſind es in Frankreich Pauly im Jahre 1808, Leroy im Jahre 1813 und noch ſpäter Lepage, Gaſtine-Renette und Lefaucheux (1830—1852) geweſen, die verſchiedene Syſteme von Hinterladungs-Schlagrohrgewehren erfunden haben. Das Syſtem Lefaucheux iſt allein, und zwar bei den meiſten Jagdgewehren in Anwendung geblieben, nachdem es durch Grevelot eine ſehr bedeutende Verbeſſerung hinſichtlich der Anfertigung der Zündkapſeln erfahren hatte. Eine ältere Erfindung iſt auch das Drehpuffer- oder Revolvergewehr oder die Flinte mit Kuliſſe oder mit nicht drehbarer Repetition. Dieſe Waffe kann mehrere Ladungen auf einmal aufnehmen, welche hintereinander liegen und ſchnell nacheinander abgefeuert werden können. Das Muſeum in Sigmaringen beſitzt ein altes Kuliſſengewehr ſolcher Gattung, womit ſechs Schüſſe hintereinander gegeben werden können.

Das Flaubertſche Hinterladergewehr (in Rußland Monte-Chriſto-Gewehr genannt) iſt auch ſehr verbreitet, beſonders für die Vogeljagd. Ferner die Delvigneſche Büchſe mit Perkuſſionsſchloß (1838).

Seitdem man in Amerika angefangen hat, Zündkapſeln anzufertigen (Metallpatronen), iſt das Revolvergewehr in dieſem Lande wieder in Aufnahme gekommen, wo Spencer und Wincheſter verſchiedene Syſteme erſonnen haben.

Der Piſtolen-Revolver (v. engl. revolv, rollen, weit drehend) oder die Repetitionspiſtole, beſſer Drehpuffer, kam 1815 aufs neue in Gebrauch durch den Waffenſchmied Lenormand in Paris, der eine ſolche Waffe mit fünf Schüſſen anfertigte. Bald darauf folgte der Revolver Devisme mit ſieben Schüſſen und der Revolver Hermann zu Lüttich, die Piſtole Mariette mit vierundzwanzig Schüſſen und endlich im Jahre 1835 der Revolver Colt, der beſte von allen, deſſen Syſtem bei ſolchen Waffen in Anwendung geblieben iſt. Das germaniſche Muſeum zu Nürnberg beſitzt einen Drehpuffer oder Drehling vom 17. Jahrhundert. Derſelbe hat acht Ladungen, welche aber mit der Hand gedreht werden müſſen, und einen Luntenhahn.

Das ſogenannte, 1844 vom Oberſt Thoavenin erfundene Dorngewehr hat eine Büchſen-Konſtruktion, wo ein cylindrokoniſches Geſchoß auf dem am Boden der Seele angebrachten Stahlcylinder eingetrieben wird. Dies Gewehr ift von dem Expanfionsgefchoß nach Minié verdrängt worden.

Die 1849 vom Kapitän Minié, nach ihm Miniégewehr genannte Waffe mit Expanfionsgefchoß, ift feinerfeits wieder 1866 durch den Hinterlader verdrängt worden.

Nach diefer Befchreibung oder Aufzählung der verfchiedenen Syfteme von Feuergewehren bleibt nur noch übrig, von dem berühmten hinten geladenen Zündnadelgewehr zu fprechen.

Der Erfinder, Johann Nikolas Dreyfe, in Sömmerda bei Erfurt 1787 geboren und 1868 geftorben, ftellte das erfte Zündnadelgewehr im Jahre 1827, nach fiebzehnjährigen Verfuchen her, und erhielt im Jahre 1828 ein Patent für feine Zündfeder und feine Zündfpiegelpatronen. Dies Gewehr, deffen erftes endgiltiges Modell um das Jahr 1841 in Preußen angenommen wurde, hatte mancherlei Umänderungen erfahren, denn erft 1836 wurde daraus ein Hinterlader. Seitdem hat jedes Volk fein Zündnadelgewehr geliefert und fich bemüht, eine Waffe zu erfinden, die felbft noch derjenigen überlegen fei, welche in dem Kriege von 1866 fo überrafchende und furchtbare Refultate erzielt hatte. Es hält fchwer zu beftimmen, welcher von diefen Verbefferungen die Palme gebührt.

Die hervorragendften unter folchen, alle dem Dreyfefchen Syftem angehörenden oder fich demfelben anfchließenden Waffen find in neuefter Zeit außer dem Chaffepot: das Gras-Gewehr (Fusil M./74), in Frankreich für Infanterie und Jäger an der Stelle des Chaffepots angenommen; das Berdan-Gewehr Nr. 2 eines gleichnamigen amerikanifchen Generals, deffen Nr. 3 mit Cylinderverfchluß (18—20 Schuß in der Minute), auch feit 1871 in Rußland Eingang gefunden hat; das Martini-Henry-Gewehr der englifchen Infanterie, ebenfalls mit Cylinderverfchluß; das Vetterli-Gewehr, eine auch in Italien adoptierte Repetierwaffe der Schweizer Infanterie; das Beaumont-Gewehr mit Cylinderverfchluß (16 gezielte Schüffe in der Minute), das feinen Namen von dem dies Syftem exploitierenden Maftrichter Kaufmann trägt und bei der holländifchen Infanterie als Waffe eingeführt ift; das norwegifche Magazin-Krag-Petterfon-Gewehr, welches aber fchon wieder dem Jarmann-Gewehr hat weichen müffen; die badifche, nach dem Hinterlader-Syftem Terrys konftruierte Jägerbüchfe, die feit der Einführung des preußifchen Zündnadelgewehrs in Baden ebenfalls fchon außer Gebrauch gekommen ift. Verfchiedene andere Zündnadelgewehre figurierten noch in einem fogenannten

Wettbewerb-Schießverfuche in Spandau bei Berlin am 7. September 1868. Als Ergebnis diefes vergleichenden Schießens mit den damaligen Mufternadelgewehren der verfchiedenen Heere ftellte fich nach dem amtlichen Bericht folgendes heraus: das preußifche Zündnadelgewehr kann in einer Minute 12 Schüffe abgeben, das Chaffepot (Frankreich) 11, das Snider-Gewehr (England) 10, der Peabody (Schweiz) 13, das Gewehr Wänzl (Öfterreich) 10, das Gewehr Werndl (derfelbe Staat) 12, das Gewehr Werder (Bayern) 12, das Gewehr Berdan-Carle 14, das Remingtongewehr (Dänemark) 14 und das Repetitionsgewehr von Henry Winchefter (Nordamerika) 19. Das Modell Winchefter ift in letzte Linie zu ftellen; es hatte auf 19 Schüffe nur 11 Treffer. Von dem bei ähnlichen Verfuchen im April 1869 auch zu Spandau, geprüften Magenhoefer-Gewehr, welches 26 Schuß in der Minute und fehr wenig Abfprung haben, alfo alle oben genannten Waffen übertreffen follte, fcheint fpäter nicht mehr die Rede gewefen zu fein. Seit 1877 find diefe Milliarden koftenden Gewehrbeftände in Preußen wie fpäter in Bayern durch das Maufergewehr erfetzt worden. Es hat den Namen von feinem durch die Gebrüder Maufer zu Oberndorf in Württemberg erfundenen Cylinderverfchluß..

Gegenwärtig ift man wieder auf ein Repetierfyftem gekommen, welches aber fo umgearbeitet ift, daß es jeden Mann in die Lage fetzt, 10 Schuß hintereinander abzugeben. Der Vorrat davon foll 1 500 000 erreichen. Befonders thätig in der Anfertigung diefer Gewehre war die Fabrik auf der Niederftaat bei Danzig. Den Werken der Gebrüder Maufer in Oberndorf, W. Löwe in Berlin, dem Gußftahlwerke in Witten ift neuerdings von der türkifchen Regierung die Anfertigung von 500 000 Gewehren übertragen worden. Das neue Lebel-Gewehr der Franzofen, deffen Befchreibung im Abfchnitt der Handfeuerwaffen gegeben ift, hat ein acht Patronen enthaltendes Magazin und eine auf 2000 Meter berechnete Einteilung am Vifier. Gegenwärtig befitzt die deutfche Infanterie in dem neuen Gewehr 88 eine Waffe, deren Leiftungsfähigkeit noch alle vorhergehend befchriebenen übertreffen und 7570 in der Durchfchlagskraft der des Maufergewehrs überlegen fein und auch in der Anfangsgefchwindigkeit des Gefchoffes das Lebelgewehr hinter fich laffen foll. Der Vifierfchuß geht bis zu 250 Meter, der Fernfchuß bis zu 1000 Meter. Im Jahre 1885 hat die Metallpatronenfabrik Lorenz zu Karlsruhe Bleigefchoffe mit Stahlhüllen erfunden. Die

Durchfchlagskraft diefer Gefchoffe hat fich als außerordentlich bewährt.

Zeitfolgig find die Zündnadelgewehre aufzureihen: Dreyfe, Chaffepot (Frankr.), Snider (Engl.), Wänzl (Öfterr.), Peabody (Engl.), Remington (Amerika), Spenzer (1. Repetier-Karabiner Amerika), Werder (Bayern), Martini-Henry (Engl.), Werndl (Öfterr.) 1871, Vetterli 1870 (Ital.), Maufer 1871 (Öfterr.), Berdan 1871 (Rußl.), Beaumont 1871 (Niederl.) und Jarmann (Schweiz).

Repetier- oder Magazingewehre: Spenzer, Lee, Hotchkin, Dreyfe.

II.

Waffen vorgeschichtlicher Zeit, besonders gespaltene und geschliffene Steinwaffen.

1. Waffen aus gespaltenem Stein.

Wie bereits angeführt (f. S. 22), mußten notwendigerweife Erde, Holz, Tierhäute, Geweihe, Knochen[1]) und vor allem die über den ganzen Erdball verbreiteten Steine die erften Stoffe biiden, welche der Menfch zur Anfertigung feiner Waffen und Werkzeuge benutzte; eine allgemeine Gefchichte, die von der Bewaffnung der verfchiedenen Völker handelt, hat daher auch mit diefen älteften Erzeugniffen zu beginnen. Wie ferner bereits bemerkt wurde, gingen die rohen Steinwaffen mit natürlichen Bruchflächen den aus gefchliffenem Stein gefertigten voraus. Es giebt allerdings auch Waffen, welche weder den rohen Zuftand der erften, noch den geglätteten der andern aufweifen, die zwar glatt, aber nicht gefchliffen find. Sie gehören Übergangsperioden an, deren Anfangszeit je nach den Ländern wechfelt. In Frankreich ift der Verfuch gemacht worden, folche Erzeugniffe in drei Klaffen zu zwängen, nämlich die des erften Vorkommens, befonders der in Höhlen gefundenen, die aus der Zeit des Vorhandenfeins des Renntiers in Frankreich und diejenigen der Dolmen (keltifchen [?] Grabhügel). Indes läßt folche Einteilung viel zu wünfchen übrig, infofern diefe Zeiträume bei der fortfchreitenden Entwickelung der Gefittung mitunter bedeutend voneinander abweichen, fogar bei Völkern derfelben Abkunft und derfelben Raffe.

---

[1]) Die aus Horn oder Knochen, befonders von den Höhlenbewohnern herrührende Waffen bieten nur Unbedeutendes.

Stücke ſolcher ſteinernen, das Bild des Maſtodon tragenden Waffen, die, mit Knochen vermengt, in einer Höhle Perigords aufgefunden ſind, könnten wohl ein Beweis mehr für das Daſein des Menſchen während des dritten geologiſchen Zeitraums ſein, wenn die hier eingegrabenen Zeichnungen zuvor mikroſkopiſchen Unterſuchungen unterworfen würden, um jeden Verdacht eines Betruges zu beſeitigen. Jedoch iſt es nicht hinreichend erwieſen, daß derartige Knochen nicht aus durcheinander geworfenen Alluvial- und Diluvialſchichten, welche Erſchütterungen erlitten haben können, herrühren, wie ſolches die «beweglichen Anhäufungen» (Dépot-Meubles) erkennen laſſen, die ſo genannt werden, weil ſie aus Stoffen und Gegenſtänden verſchiedener Perioden zuſammengeſetzt ſind. Das alpiniſche, nicht bewegte Diluvium enthält keinen organiſchen Stoff im Zuſtand des Knochenleims[1], einer Subſtanz, welche den nicht foſſilen Knochen kennzeichnet, ſo daß alſo jedes Alluvium, welches den geringſten Knochen mit Knochenleim birgt, ſicher jünger iſt als die große, Sintflut genannte Erdumwälzung.

Viele aus Stein geformte Waffen und Werkzeuge laſſen auch durch ein ſicheres Zeichen erkennen, daß ſie nicht über die ſogenannte Sintflut hinausgehen. Sie beſtehen nämlich aus Kieſelſteinen, die ihre runde Form und Glätte allein durch gegenſeitiges Abſchleifen erhalten haben, wie dies noch heute durch die gegen den Strand rollenden Meereswogen ſtattfindet. Was die Anfertigung der Waffen aus Bruchſtein ohne Metallwerkzeug oder ätzende Säuren anbelangt, ſo iſt dieſelbe durch die Leichtigkeit zu erklären, mit welcher der friſch aus Steinbrüchen hervorgeholte Feuerſtein ſich nach ſeinen Bruchflächen teilen läßt, bevor er dem Einfluß der Luft ausgeſetzt iſt.

1
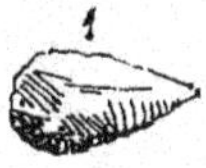
2

3

1. Babyloniſche Pfeilſpitze aus Feuerſtein von 6 cm Länge, aus der Zeit der Gründung von Babylon (2640 v. Chr.). — Berliner Muſeum.

2. Ägyptiſches Meſſer aus Feuerſtein von 15 cm L. — Berliner Muſeum.

3. Ägyptiſches Meſſer aus Feuerſtein von 15 cm L. — Berliner Muſeum.

[1] Glutin, — Ossein.

4

4. Ägyptische Speerklinge aus Feuerstein von 15 cm L., die, wie eine Menge für die Anfertigung von Waffen und Werkzeugen bestimmt, Feuersteinsplitter zu Sarbut-el-Chadem (Sinaihalbinsel) gefunden worden sind. Britisches Museum.

5

5. Germanische Streitaxt aus Basalt von 18 cm L., bei Linz in Österreich gefunden. — Museum zu Sigmaringen.

6
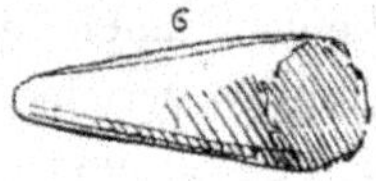

6. Keil aus Serpentin von 16 cm L., bei Linz in Österreich gefunden. — Museum in Sigmaringen.

7

7. Germanische Speerklinge (od. Meißel[1]) aus Feuerstein von 18 cm L., bei Balingen gefunden. — Museum zu Sigmaringen.

8

8. Germanisches Beil aus Feuerstein von 12 cm L., auf Rügen gefunden. — Berliner Museum.

9

9. Germanisches Messer aus Feuerstein von 12 cm L. — Berliner Museum.

10

10. Germanische Speerspitze.

11. Doppelsichel-Streitaxt in geglättetem Stein, eine Waffe, welche aus der Übergangszeit des gespaltenen zu der des polierten Steines stammt. Sie hat 14 cm Länge und ist in Lüneburg gefunden worden. — Museum der Stadt Hannover.

12

12. Kelto(?)-gallische Streitaxt aus gelbem Feuerstein, «pain de beurre» (Stück Butter) genannt. Sie ist 25 cm lang und bei Pressigny-le-Grand (Indre-et-Loire) gefunden worden. S. den Moniteur, Journ. universel de l'Empire, vom 18. Mai 1865. — Sammlung des Verfassers.

---

[1]) Der dänische Palstave.

13

13. Kelto(?)-galliſches Meſſer aus gelbem Feuerſtein von 12 cm L., desſelben Urſprungs wie Nr. 12. — Sammlung des Verfaſſers.

14

14. Kelto(?)-galliſches Meſſer aus gelbem Feuerſtein von $7^1/_2$ cm L., desſelben Urſprungs wie Nr. 12 und 13. — Sammlung des Verfaſſers.

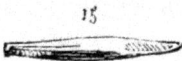

15

15. Helvetiſcher Dolch aus Feuerſtein von 12 cm, bei Estavayer im Neufchâteler See gefunden. — Muſeum in Freiburg.

16

16. Britiſche Pfeilſpitze aus Feuerſtein von 6 cm. Sie kann einem Zeitraume angehören, welcher der Ankunft der Phöniker vorausgeht. — Sammlung Llewelyn-Meyrick in Godrich-Court.

17

17. Irländiſche Pfeilſpitze mit Widerhaken aus weißlichem Feuerſtein von 14 cm. — Sammlung Criſty in London.

18
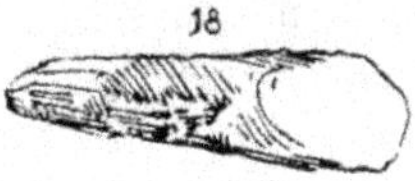

18. Britiſcher Keil oder Beil aus weißlichem Feuerſtein von 14 cm. Er iſt in Cisbury-Camp bei Suſſex gefunden worden. — Sammlung Criſty in London.

19

19. Iberiſcher oder hiſpaniſcher Dolch aus Feuerſtein von 14 cm, in Gibraltar gefunden. — Sammlung Criſty in London.

20

20. Böhmiſches Meſſer aus Feuerſtein von 14 cm. — Muſeum in Prag.

21
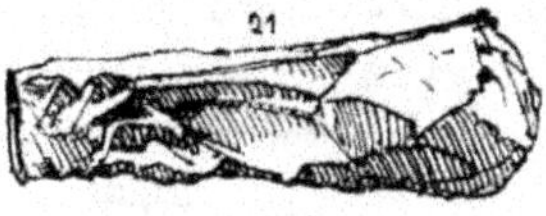

21. Däniſche Streitaxt aus Feuerſtein von 27 cm (auf däniſch Kiler af Flint). — Muſeum von Kopenhagen.

22

22. Däniſche Axt aus Feuerſtein von 14 cm. — Muſeum von Kopenhagen.

23

23. Däniſche Klinge oder Speerſpitze (Lansespits af Flint) aus Feuerſtein von 18 cm; ſie iſt ſpitz, wie eine Stahlwaffe. — Muſeum zu Kopenhagen.

24

24. Däniſche Speerklinge aus Feuerſtein von 22 cm, weniger ſpitz als die vorhergehende, jedoch ebenſo geſchickt gearbeitet. — Muſeum in Kopenhagen.

25

25. Däniſcher Dolch aus Feuerſtein von 29 cm (Dolk af Flint), auf bewunderungswürdige Weiſe gearbeitet. — Muſeum in Kopenhagen.

26

26. Däniſcher Dolch mit Griffknopf von 34 cm, ausgezeichnet ſchöne Arbeit. — Muſeum in Kopenhagen.

27

27. Däniſche Säbelaxt aus Feuerſtein von 38 cm, ſehr ſchöne Arbeit. — Muſeum in Kopenhagen.

28

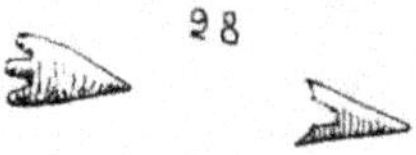

28. Zwei däniſche Pfeilſpitzen mit Widerhaken aus Feuerſtein von 3 cm (Pilespitser af Flint). — Muſeum in Kopenhagen.

29

29. Lange däniſche Pfeilſpitze ohne Widerhaken aus Feuerſtein von 18 cm. — Muſeum in Kopenhagen.

2. Geschliffene Steinwaffen.

Jene ſchönen aus geſpaltenen Steinen, d. h. nur vermittelſt Abſchlags dargeſtellten Waffen, die an Feinheit der Arbeit alle geſchliffenen Steinwaffen der zweiten Periode anderer Länder übertreffen, begründen die Annahme, daß die Geſittungs-Zeitabſchnitte Dänemarks denen der übrigen germaniſchen und galliſchen Völker nicht entſprechen, und daß in dieſem Lande der Stein noch verarbeitet wurde, als die benachbarten Völker ſich zu gleichem Zwecke bereits der Bronze bedienten. Die angeſchwemmten (Alluvial)-Schichten, welche in den ſogenannten Kjökkenmöddings (Küchenabfällen) anſehnliche Mengen dieſer Waffen enthielten, ſcheinen anzudeuten, daß die Anfertigung derſelben in eine ſpätere Zeit fällt als die älteſten der ſchweizeriſchen, badiſchen und ſavoyiſchen Pfahlbauten, welche keinen Gegenſtand aus Metall enthalten, und daß ſie andererſeits wahrſcheinlich über die Pfahlbauten von Noceto, Castiana und Peschiera der Bronzeperiode nicht hinausreichen.

Selbst unter Rücksichtnahme auf die mehr oder weniger rasche Gesittungsentwickelung in jedem Lande hält es schwer, den Vorgang eines Volkes vor dem andern bezüglich der Anfertigung dieser ältesten Waffen zu bestimmen. Nur Voraussetzungen lassen sich aufstellen, wo alle Geschichte in Dunkel gehüllt ist, und wo die Ergebnisse neuer Nachgrabungen von Zeit zu Zeit das wieder umstoßen, was frühere Funde festgestellt hatten. Auch in England[1]) sind diese Waffen einzig nur in angeschwemmten Schichten gefunden worden; aber die schon im vorigen Abschnitt erwähnten Stücke der Sammlung Cristys in London, die entweder aus rohem oder gespaltenem Feuerstein angefertigt wurden, könnten wohl über den vierten geologischen Zeitabschnitt hinausgehen. Da die neuzeitigen Waffen der wilden Völkerschaften in dem Rahmen dieses Werkes nur teilweise Raum finden können, so haben auch deren steinerne Waffen, selbst die aus früheren Zeiten, unberücksichtigt bleiben müssen, was um so eher berechtigt ist, als die Wilden noch heutigen Tages in derselben Weise ihre Waffen anfertigen, wie dies vor Jahrhunderten stattfand. Bezüglich Mexikos hat der Verfasser jedoch eine Ausnahme gemacht, da die in Abbildung gegebenen Waffen heutigen Tages nicht mehr im Gebrauche sind.

Es ist ebenso schwierig, genaue Grenzen zu ziehen zwischen den Zeiträumen, in denen die Völker sich der rohen Steinwaffen bedienten, und denjenigen, die schon Waffen aus geschliffenem Stein oder aus Bronze aufzuweisen haben, weil beide, selbst auch alle drei Erzeugnisse, vermengt aufgefunden worden sind.

Die auf dem Gräberfelde zu Hallstadt stattgefundenen Nachgrabungen haben sogar den Beweis geliefert, daß auch das Eisen schon, wenn nicht selbst früher in Deutschland bekannt war, als noch der Stein und die Bronze größtenteils zur Anfertigung der schneidenden Waffen verwendet wurden. Der Leser wird in dem Abschnitt über die Erzeugnisse des sogenannten Eisenzeitalters Abbildungen

---

[1]) Etwas Erstaunliches, wenn man es wirklich annehmen könnte, wäre der im 11. Jahrhundert in England noch bestehende Gebrauch von Steinwaffen. Wilhelm von Poitiers berichtet nämlich, dass in der Schlacht von Hastings solche Waffen gehandhabt worden seien: «Jactant Angli cuspides et diversorum generum tela, saevissimas quoque secures et lignis imposita saxa.»

finden, welche in den Gräbern zu Hallſtadt, neben Waffen aus Stein und Bronze aufgefundene eiſerne Speerbeſchläge darſtellen.

30

30. Germaniſcher Keil, Amulett oder Talisman, aus Serpentin, 4 cm. — Sammlung des Verfaſſers.

31

31. Germaniſches Beil, Serpentin, 22 cm, in Geiſenheim bei Mainz gefunden. — Sammlung Criſty in London.

32

32. Germaniſche Doppelaxt, grünlicher Streich- oder Probierſtein, 15 cm, bei Hildesheim gefunden. — Sammlung Criſty in London.

33

33. Germaniſche Hammeraxt, Granit, 15 cm, in Mecklenburg gefunden. — Sammlung Criſty, London.

34

34. Germaniſche Hammeraxt, Serpentin, 15 cm lang, in Kaufbeuren gefunden. — Bayeriſches National-Muſeum in München.

35

35. Germaniſches Beil, Serpentin, 15 cm, gefunden zu Enns bei Linz mit Waffen aus Bronze und Eiſen. — Muſeum Franzisco-Carolinum zu Linz.

36

36. Bruchſtück einer germaniſchen Streitaxt, Serpentin, 19 cm, gefunden mit Bronze- und Eiſenwaffen in den Gräbern von Halſtadt. — Antikenmuſeum zu Wien.

37

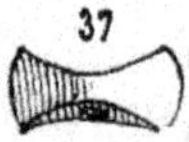

37. Britiſche Doppelaxt, Baſalt, 11 cm. — Sammlung Criſty, London.

38

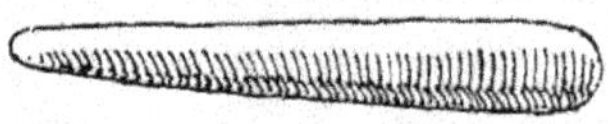

38. Großes kelto(?)-galliſches Beil, Jadaïque (Nierenſtein), 38 cm. — Muſeum in Vannes.

39

39. Kleines kelto(?)-germaniſches Beil, Granit-Serpentin, 8 cm, im Nivernais gefunden. — Sammlung des Verfaſſers.

40

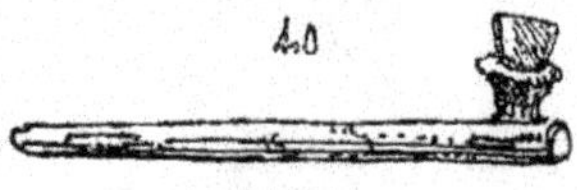

40. Kelto(?)-ſchweizeriſche Axt, Serpentin, in Hirſchhorn gefaßt und mit hölzernem Griff, in einem ſchweizeriſchen Pfahlbau gefunden. — Muſeum in Zürich.

41

41. Kelto(?)-ſchweizeriſche Axt, Serpentin, an einem langen Heft von Holz befeſtigt, bei Rotenhauſen gefunden. — Muſ. in Zürich.

42

42. Däniſche Axt, Baſalt, von 13 cm Länge. — Muſeum in Kopenhagen.

43

43. Däniſcher Streithammer, Baſalt, von 12 cm Länge. — Muſ. in Kopenhagen.

44

44. Däniſche Streitaxt mit 2 Schneiden, Baſalt, von 21 cm Länge. — Muſeum in Kopenhagen.

45

45. Däniſche Doppelaxt, Baſalt, von 12 cm Länge. — Muſeum in Kopenhagen.

46
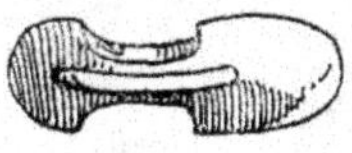

46. Däniſche Doppelaxt, Baſalt, von 21 cm Länge.

47

47. Däniſcher Axthammer, Miölner genannt, Baſalt, von 22 cm Länge, in einem Grabe an der Küſte Schottlands gefunden. Der Miölner in noch ausgeſprochener Hammerform iſt das Attribut des ſkandinaviſchen Gottes Thor. In den Sagas wird ſeiner oft erwähnt. — Sammlung Llewelyn-Meyrick.

48

48. Iberiſches oder hiſpaniſches Beil aus Baſalt, von 18 cm Länge. — Sammlung Criſty, London.

49
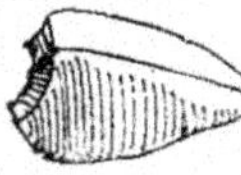

49. Überreſte einer ungariſchen Streitaxt aus Baſalt, von 18 cm Länge. — Sammlung Criſty, London.

50
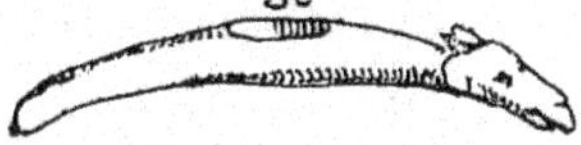

50. Ruſſiſcher Streithammer mit Tierkopf aus ſchwarzem Stein, von 28 cm L. — Muſeum von St. Petersburg. Abguß im Muſeum zu St. Germain.

51. Mexikaniſches Schwert v. 15. Jahrhundert aus Eiſenholz, mit zehn Schneiden aus ſchwarzem Obſidian[1]) verſehen. Dieſe Waffe hat 60 cm. Länge.

[1]) Der Obſidian iſt ein vulkaniſches Produkt von ſchwärzlicher ins Grüne ſpielender Farbe, ein ſchmelzähnlicher Stoff und der feinſten Schleifung fähig, aus welchem die Inkas (Peru) ihre Spiegel und die Prieſter des Huitzilopochtli ihren Schmuck zu ſchneiden pflegten. Der Obſidian iſt jedoch nicht der einzige Stein, den die alten Amerikaner zur Anfertigung ihrer ſchneidenden Waffen gebrauchten, ſie benutzten auch den Feuerſtein, den Chalcedon und den Serpentin.

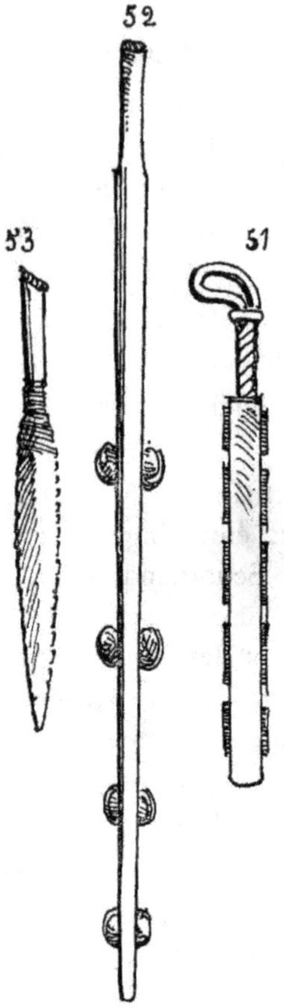

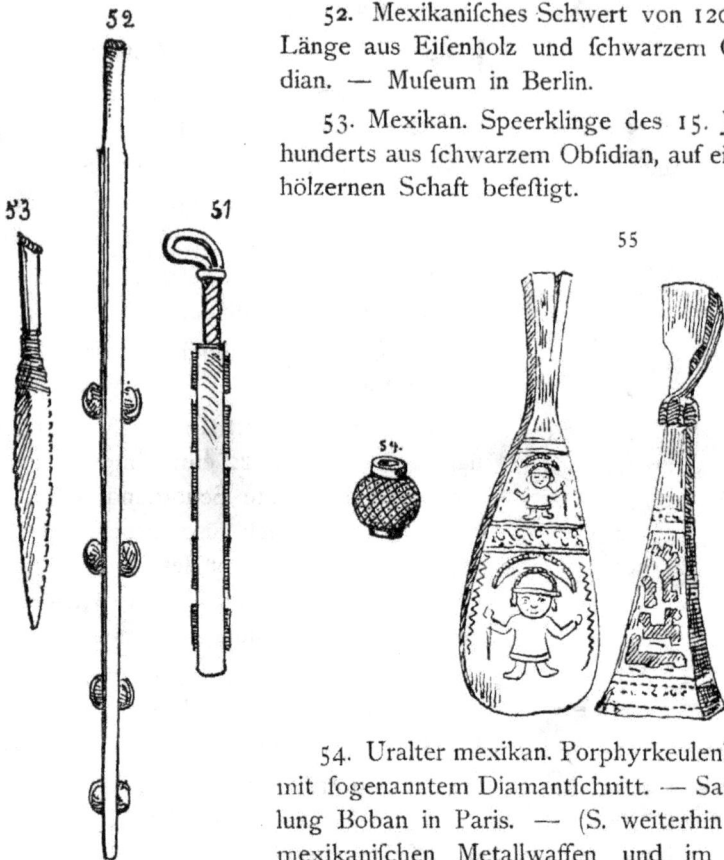

52. Mexikaniſches Schwert von 120 cm Länge aus Eiſenholz und ſchwarzem Obſidian. — Muſeum in Berlin.

53. Mexikan. Speerklinge des 15. Jahrhunderts aus ſchwarzem Obſidian, auf einem hölzernen Schaft befeſtigt.

54. Uralter mexikan. Porphyrkeulenkopf mit ſogenanntem Diamantſchnitt. — Sammlung Boban in Paris. — (S. weiterhin die mexikaniſchen Metallwaffen und im Abſchnitt der Sporen die der abgebildeten Meßſcheide.

55. Zwei Kriegsſchlägel in eingelegtem Holze aus der Inkazeit Perus (949—1533.)

III.

Antike Waffen aus den sogenannten Bronze- und Eisen-Zeitaltern.

Hindu, amerikanische, ägyptische, babylonische und assyrische Waffen; medische, alt- und neupersische, mongolische, chinesische, japanische und arabisch-maurische Waffen; griechische und etrurische, römische und samnitische wie skythische Waffen.

Die Umgeſtaltung in der Bewaffnung bei den alten morgenländiſchen Völkern iſt in dem geſchichlichen Abſchnitt S. 28 bis 49 entwickelt worden, und wie es ſcheint, haben weit eher die Chaldäer und Aſſyrer die Anfertigungsweiſe ihrer Waffen den älteren Ägyptern und ſelbſt den Griechen mitgeteilt, als daß die Ägypter ſie von jenen entlehnt hätten.

Wir haben geſehen, daß Eiſen ſowohl als Bronze ohne Unterſchied ſogar im hohen Altertum für die Anfertigung der Angriffs- und Schutzwaffen gebraucht wurden, daß alſo die Feſtſtellung eines wirklichen Zeitalters der Bronze und des Eiſens unzuläſſig iſt. Wenn demungeachtet dieſe Einteilung in dem Abſchnitt, der von den Waffen der nordiſchen Völker handelt, beibehalten wurde, ſo geſchah dies nur in der Befürchtung, daß eine der Sache mehr entſprechende Anordnung die einmal gewohnten Anſchauungen verwirren könnte.

Der Verfaſſer hat indes, indem er die üblichen Bezeichnungen beibehielt, ſeinen Vorbehalt gemacht und erklärt, wie jene Klaſſifizierung zu verſtehen ſei.

Aus Indien, Amerika, Ägypten, Aſſyrien und Perſien ſind wenige Waffen und Rüſtungen im Original, ebenſo wenige Urkunden darüber bis auf uns gekommen; die Geſchichte der kriegeriſchen Ausrüſtung dieſer Länder kann faſt nur an ihren Denkmalen ſtudiert werden.

Reicher find die Mufeen an griechifchen und römifchen Waffen, was erlaubt, die Umgeftaltung in der Bewaffnung auf dem klaffifchen Boden während einer Reihe von mehreren Jahrhunderten genauer zu verfolgen.

Nach oder wohl vor den Rüftungen der Hindu und Ägypter kommen der Zeitfolge gemäß die amerikanifchen Waffen, weil alles dafür fpricht, daß die untergegangene Gefittung des alten Amerika fogar derjenigen eines großen Teils von Indien, ja felbft der Ägypter vorausging und daß fie ficher älter war als die Kultur der Länder, welche wir mit dem Namen der klaffifchen zu bezeichnen pflegen.

Wenn Indien hier an die Spitze geftellt worden ift, fo hat damit nur der überall eingeführte Gebrauch gefchont werden follen.

Die amerikanifchen Thongebilde (Terrakotten) aus den heroifchen Zeiten, zu welchen auch einige palankifche und mitlaifche Erzeugniffe zu rechnen find, zeigen, felbft im Zuftande künftlerifchen Verfalls, in welch hohem Grade diefes Volk, deffen Schatten nicht einmal mehr auf den Blättern der Gefchichte an uns vorüberzieht, die Kunft zu pflegen verftand, und die Reinheit der Linien, die künftliche Anordnungen der Verzierungen zu wahren wußte, wie folche an den ägyptifchen, affyrifchen und griechifchen Erzeugniffen fich wiederfinden.

Der Louvre befitzt eine diefer alten Töpferarbeiten von jenfeits des Meeres, die in ihrer Zeichnung an die Verzierungen der etrurifchen Vafen und an die klaffifche Mythologie erinnert; es ift ein Herkules, der feinen Gegner zu Boden wirft. Auch giebt es eine Anzahl amerikanifcher Terrakotten, deren Mäanderverzierungen (greques) gleichfalls aus früherer Zeit tagzeichnen als die entfprechenden in Griechenland. Je weiter die Urfprungszeit zurückliegt, defto mehr nähern fie fich der Vollendung der griechifchen Kunft, fo daß die neueren ftets die weniger künftlerifchen find, eine Wahrnehmung, welche dazu berechtigt, auf das Vorhandenfein einer alten, im Verfall begriffenen Kunftübung zu fchließen, deren Blütezeit viele Jahrtaufend vor Chrifti Geburt hinaufreichen mag. Hat man nicht erft letztlich Baurefte von Städten in Amerika entdeckt, die über zehntaufend Jahre v. Chr. hinausreichen, alfo felbft älter wie die älteften chinefifchen find?

Waffen der Hindu.

(S. 33 über die altindiſche Bewaffnung.)

Aus den alten Kulturländern Oſtindiens, deren Geſchichte (?) bis nahe an das dritte Jahrtauſend vor Chriſti Geburt hinaufreicht, iſt bisher noch keine Spur von den damaligen Waffen aufgefunden worden. Die wenigen hier unten abgebildeten altzeitigen Figuren zeigen, daß bei den Hindu die Beſchaffenheit der Angriffswaffen faſt nicht gewechſelt hat, und daß nur der Helm einer gründlichen Umänderung, die vom 14. bis zum 15. Jahrhundert unſerer Zeitrechnung ſtattgefunden hat, unterzogen wurde, wie der Leſer aus dem von den abendländiſchen Waffen des chriſtlichen Mittelalters handelnden Abſchnitt erſehen wird. Die Fernwaffen der alten Inder waren der Bogen (dhanus im Sanskrit), die Wurfkeule und die Wurfſcheibe. Erſterer zeigt ſich ſo vorherrſchend, daß nach ihm die ganze Kriegskunſt als «dhanusveda» — Bogenkunde, bezeichnet wurde. Auch der Streitwagen ſpielte hier ſeine bedeutende Rolle; er ſoll immer mit 6 Kriegern: 2 Schwergerüſteten, 2 Bognern und 2 Roßlenkern mit Wurfſpeeren, beſetzt geweſen ſein. Dies alles kennt man aber nur aus Texten; Denkmale mit Abbildungen davon ſind unbekannt. Außer den Streitwagen hatten ſpäter die Inder noch bewehrte Elefanten zum Angriff der feindlichen geſchloſſenen Heereskörper. Dieſe, auch von den Griechen ſeit dem indiſchen Feldzuge Alexanders im makedoniſchen Heere eingeführten Rieſentiere wurden ſpäter von den Arabern, ſeitdem Indien in den Kreis der mohammedaniſchen Herrſchaft gezogen war, (1000 n. Chr.) im Kriege benutzt. — Aus vorchriſtlicher Zeit iſt, ſelbſt in Abbildung, gar nichts Indiſches vorhanden, was über den hier behandelten Gegenſtand Aufſchluß geben könnte.

A. Indiſche Krieger aus dem 1. Jahrh. chriſtlicher Zeitrechnung. Die Schutzrüſtungen beſtehen aus kurzärmlichen Schuppen-Panzerhemden und die Angriffs- oder Trutzwaffen aus keulenartigen Speeren und geraden, breiten, ſehr kurzen Schwertern. Helme ſind nicht vorhanden.

Arabiſcher Krieger des Altertums, nach Layards Ninive und Babylon.

Die Bewaffnung beſteht hier noch allein aus einer Helmkappe, einem Lederwams und aus Pfeil und Bogen mit Pfeilköcher, an deſſen unterem Ende jedoch auch noch der Kopf eines Streitkolbens hervorzuragen ſcheint.

Münze des Indo- und ſkythiſchen Königs Vasa Deva vom 2. oder 3. Jahrh. n. Chr. Die Rüſtung beſteht hier in Kettenpanzerhemd, langem geraden Schwerte und der Lanze. Ob die Kopfbedeckung der Helm war, iſt nicht feſtzuſtellen.

Indoskythen vom 13. Jahrhundert n. Chr. Da dieſelben nach einer Moſaikarbeit dieſer Zeit zu St. Markus in Venedig kopiert ſind, ſo iſt die Sicherheit dieſer Tracht und Bewaffnung nicht feſtzuſtellen.

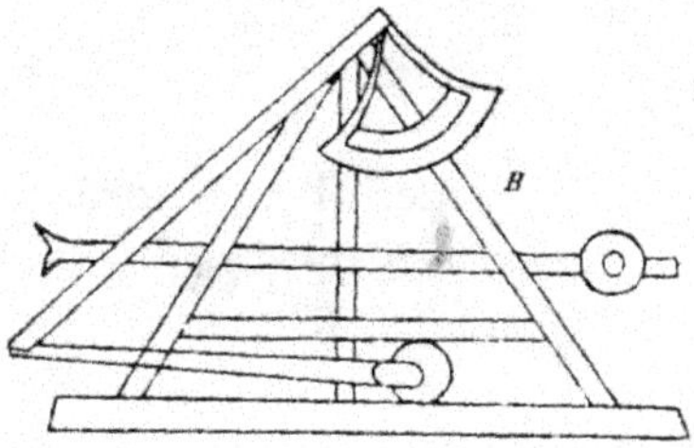

B. Arabifche Schleudermafchine aus der zweiten Hälfte des 13. Jahrh. — Nach Egertons Handbook of indian arms.

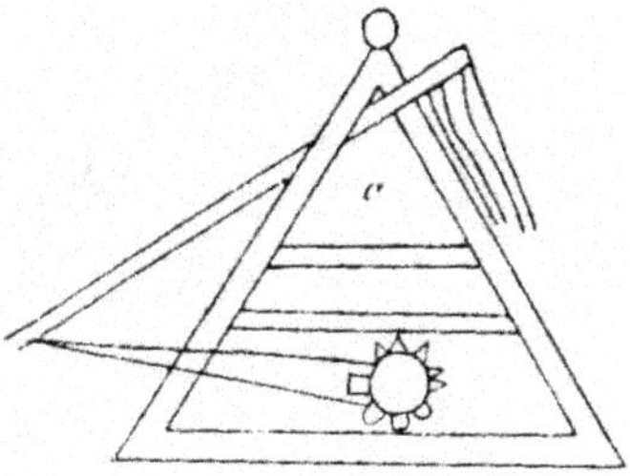

C. Do. Do.

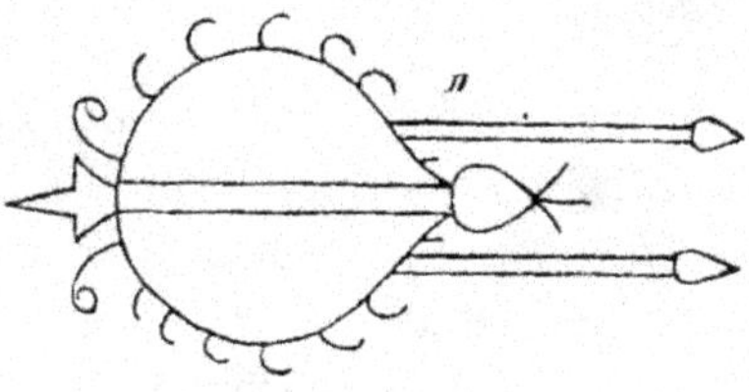

D. Arabifches Feuergefchoß aus der zweiten Hälfte des 13. Jahrh. — Nach Egertons Handbook of indian arms. (S. die Abbildungen anderer derartiger arabifcher Feuergefchoffe vor den Pulverfeuerwaffen, fowie S. 119.

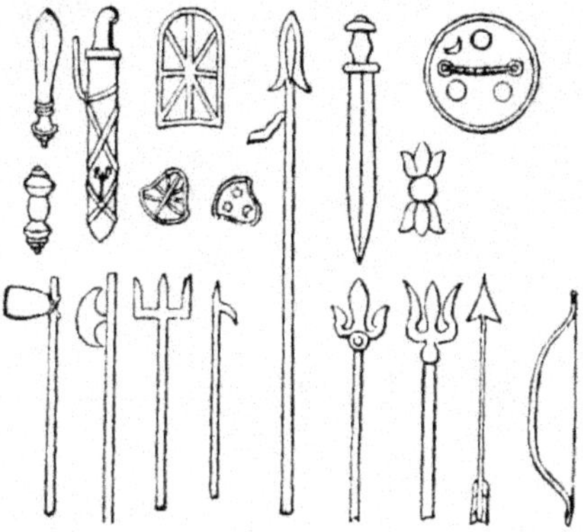

E. Altindifche Waffen nach Abbildungen auf den Topes von Sanchi (50—100 n. Chr.) und Udayagiri (400 n. Chr.). Die Mehrzahl diefer Waffen hat Verwandtfchaft mit den ägyptifchen.

Spaniſcher Araber oder Maure, deſſen Bewaffnung noch allein in der doppelten Ledertartſche (wie das im Artillerie-Muſeum zu Paris befindliche Exemplar vom 15. Jahrh.) und dem ſeymitarförmigen aber doch geradelaufenden einſchneidigen Schwert beſteht. — Nach Jones and Gury Alhambra.

Polygariſche (Südindiſche) Rüſtung, welche perſiſchen Einfluß erkennen läßt. Außer dem Maſchen-Panzerhemde mit langen Ärmeln beſtehen die Schutzwaffenſtücke noch in Armſchienen, Bruſtplatte und Glockenhelm mit daranhängendem ringhaubenartigen Kopf- und Nackenſchutz, welcher nur einen Teil des Geſichtes unbedeckt läßt. Speer und Säbel eine Art Seymitar mit kantigem breiten Ort ſind die Angriffswaffen.

1

1. Hindu-Krieger, nach den Granit-Denkſteinen v. Benjanuggur, von denen das Kenſington-Muſeum phot. Abbild. beſitzt. Dieſe Denkmale ſtammen wahrſcheinlich aus einer unſerem Mittelalter entſprechenden Zeit.[1])

4 3 2

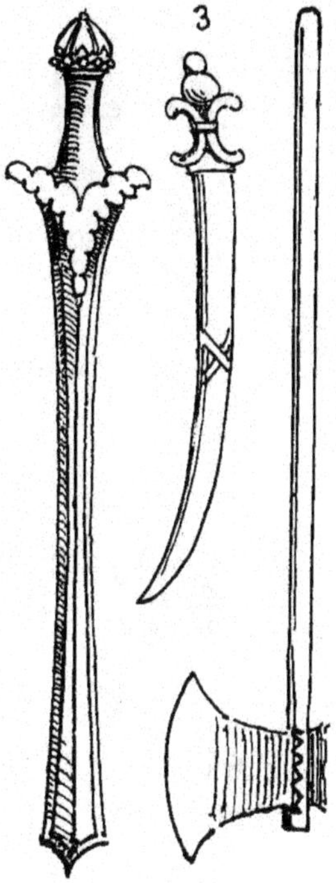

2. Hindu-Streitaxt, nach einer indiſchen Bildnerei der Stadt Saitron in Rujpootana (von ums Jahr 1100 unſerer Zeitrechnung). — Kenſington-Muſeum zu London.

3. Hindu-Säbel, nach einer Flachbildnerei von Benjanuggur und von dem Denkmale von Huſſoman.

4. Javaneſiſches Schwert, nach der Kriegsgöttin im Berliner Muſeum.

5

5. Indiſches Doppel-Speer-Eiſen vom 6. Jahrhundert. — Artillerie-Muſeum zu Paris.

6

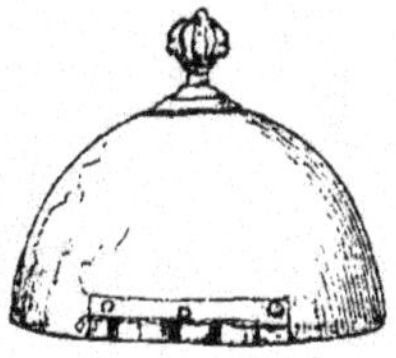

6. Indiſcher Stahlhelm von Bhotan — Indiſches Muſeum zu London.

[1]) Wie man bemerken wird, befindet ſich das Schwert, wie bei den ſpäteren Griechen und den früheren Römern, an der rechten Seite, wohingegen die Aſſyrer, die alten Griechen und die modernen Völker dasſelbe an der linken trugen.

Die nach einer Photographie ausgeführte Zeichnung iſt von der Gegenſeite genommen, ſo daſs die Kämpfenden unrichtigerweiſe die Angriffswaffe mit der linken Hand führen.

7

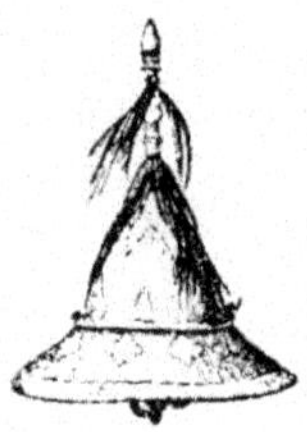

7. Khamiti-Helm aus der Provinz Assam des Indiſch-Britiſchen Reiches. — Indiſches Muſeum zu London.

8

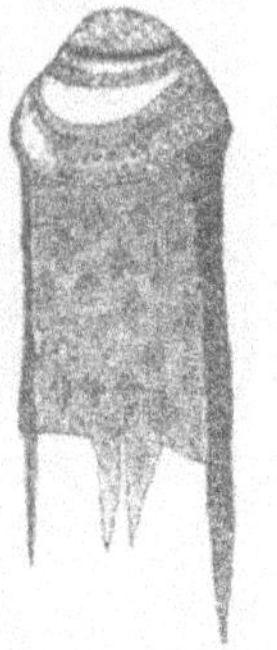

8. Indiſcher Eiſenhut von Lahore, welcher wohl perſiſchen Urſprungs ſein mag. Neuzeitiges Erzeugnis. — Indiſches Muſeum zu London.

Nachfolgende Rüſtſtücke aus der Regierungszeit Akbars, des Großmoguls und Kaiſers von Hindoſtan von 1526 ab, ſind nach der Handſchrift: «Ain-i-Akbard» ebenſo wie die indiſchen Benennungen kopiert.

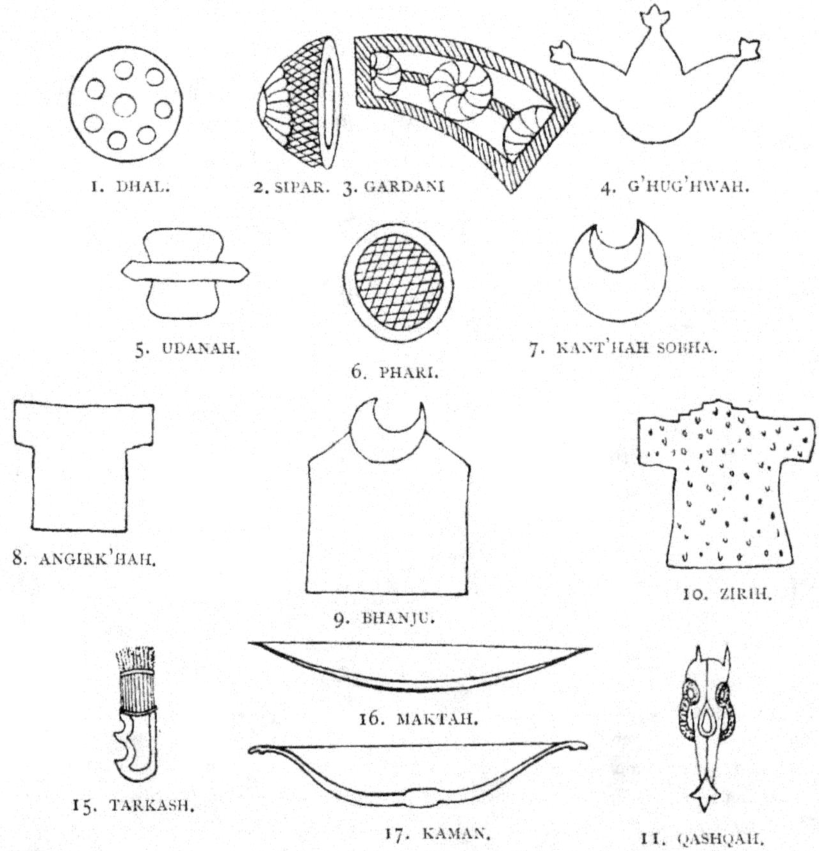

12. 13.
TSCHEHOUTA.

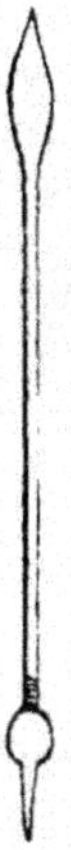

14.
BARCHAH.

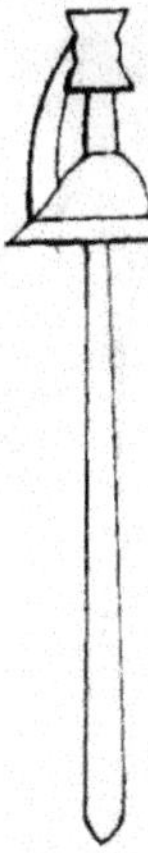

BHELHETAH

21.
KATARAH.

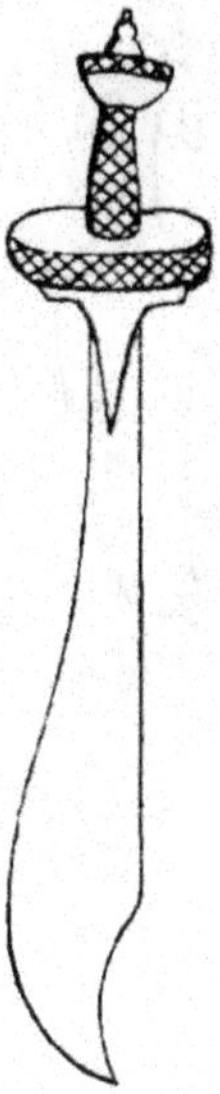

18.

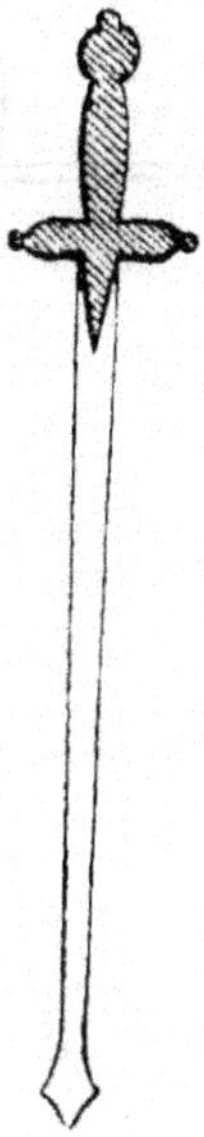

19.
BANEH.

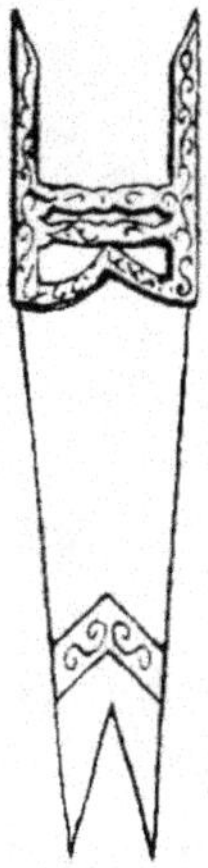

26. JAMDHAR
DOULICANEH.

27. JAMDHAR.

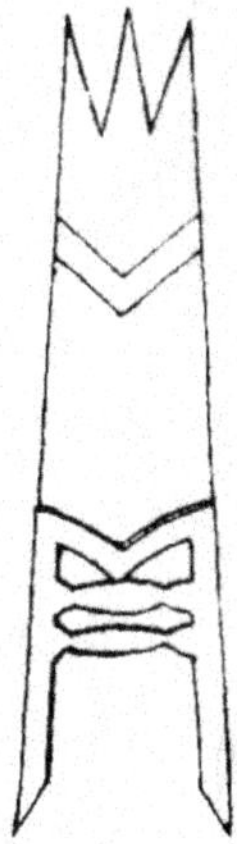

32. JAMDHAR
SEHLICANEH.

28. KHAPWAH.

29. JHANBWAH.

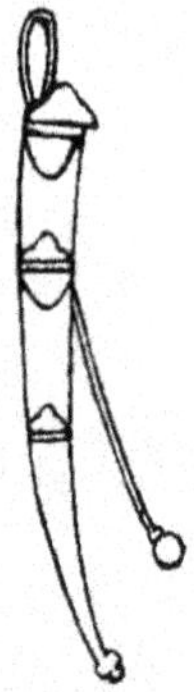

25. GUPTI KARD.

30. NARSING MOT'H.

31. BANK.

22. TARANGALAH.

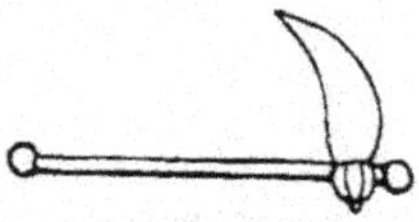

33. ZAGHNOL.

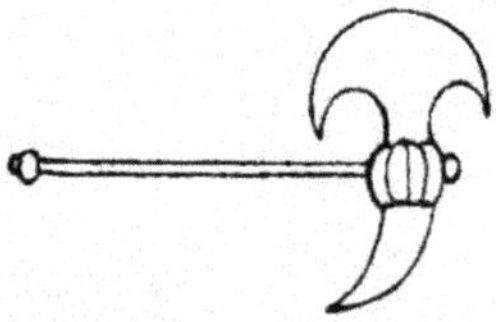

34. TABAR-ZAGHNOL.

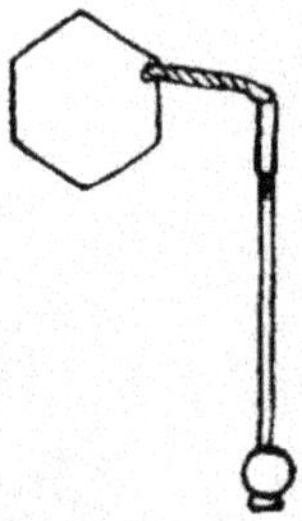

24. FLAIL.

23. CHAQU.

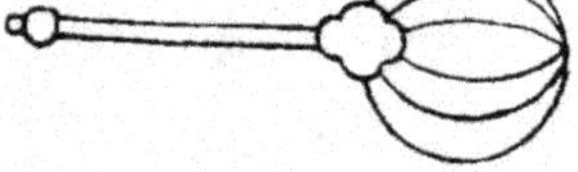

35. SHUSHBUR.

Diefe Waffen giebt die Handfchrift koloriert. Hier nachfolgend die Verdeutfchung der indifchen Bezeichnungen.

1. Schild.
2. do.
3. Pferdepanzer.
4. Kettenhemd.
5. — ?
6. Rohrfchild.
7. Kehl- oder Nackenfchutz.
8. Waffenrock.
9. do. mit Nackenfchutz.
10. Kettenpanzerhemd.
11. Roßftirne.
12. Speer.
13. Wurffpeer.
14. Speer.
15. Pfeilköcher.
16. Gerader Bogen.
17. Gekrümmter Bogen.
18. Seymitar.
19. Schwert.
20. do.
21. Dolch.
22. Streitaxt.
23. Klapp-Streitmeffer.
24. Flegel.
25. Dolchmeffer.
26. Zungendolch (Khuttar).
27. Dolchmeffer (perfifche Form).
28. do. do.
29. do. (Vishnu.) perf. Form.
30. do.
31. do. (perfifche Form).
32. Dreizungendolch (Khattar).
33. Spitzaxt.
34. Doppelaxt.
35. Kugelkolben.

Sivaji (v. 17. Jahrh.) auf dem Marfch. — Nach einer Handfchrift-Buchmalerei in der Nationalbibliothek zu Paris. Befonders bemerkenswert find hier die kleinen Rundfchilde mit einem Handfaß, der Schwertgriff Sivajis, deffen nur aus Schnur beftehende Steigbügel und rundes behängtes Feldzeichen.

(S. die fchon mehr neuperfifche Rüftung Djahiv-el-chin-kohemed v. 16. Jahrhundert).

Siehe weiteres über die gegenwärtigen Waffen der verſchiedenen Provinzen des Britiſch-Indiſchen Reiches im Sonderabſchnitte der Helme, der Handfeuergewehre und der verſchiedenen Jagd- und Kriegsgeräte.

Amerikanische Waffen.

In dem geſchichtlichen Abſchnitt iſt bereits bemerkt worden, daß die Völker Amerikas ſich erst ſpät der Bronze und niemals des Eiſens zur Anfertigung ihrer Angriffswaffen bedient und die europäiſchen Eroberer bei ihrer Ankunft die Herrſchaft des reinen Steines für alles, was ſchneidende Waffe war, dort vorgefunden haben. Schutzwaffen wurden aus Bronze, Gold, Perlmutter, Horn, Holz und Tierhaut dargeſtellt; es ſind Spuren verſchiedener Waffen aufgefunden worden, deren Urſprung ſich ins höchſte Altertum verliert. Dazu gehört der weiter hin abgebildete, einer Flachbildnerei aus Stuck in den Baureſten von der Stadt Palanke[1]) entnommene Helm. Palanke, von 30 Kilometer Umfang, liegt in dem Staate Chiapa im ſüdlichen Teile von Mexiko. Hier iſt auch die Wiege der früheſten, jetzt verſchwundenen amerikaniſchen Geſittung zu ſuchen, die, wenn nicht noch älter, doch wahrſcheinlich der Kulturepoche der Hindu, wenn nicht der Ägypter ſelbſt, gleichzeitig war. Der Helm auf dem Basrelief von Xochicalco iſt jünger, gehört aber immerhin einem achtunggebietenden Altertume an, nämlich einer Zeit, zu der das Pferd, welches erſt ſpäter durch Seefahrer eingeführt wurde, noch unbekannt war. Da die amerikaniſchen Waffen aus der Periode, welche dem chriſtlichen Mittelalter entſpricht, unbedeutend und wenig zahlreich ſind, ſo konnten ſie füglich an das Ende des die geglätteten Steinwaffen behandelnden Abſchnittes geſtellt werden, aber nicht dahin, wo die Waffen aus einem früheren Zeitraume als die der merowingiſchen behandelt ſind. Dieſe amerikaniſchen Waffen der Steinzeit beſtehen gewöhnlich aus Holz, mit Schneiden von Obſidian. Die alten Azteken hatten auch Atlatl genannte Wurfbretter zum Schleudern der Wurfſpeere.

---

[1]) Palanke, oder beſſer Culhuacan, oder Huchuetlapatl'an iſt erſt im Jahre 1787 durch Antonio del Rio und Joſé Alonzo Calderon entdeckt worden.

1

1. Amerikaniſcher Helm, nach einer Flachbildnerei von Palanke. Die in dem Werke von Waldeck erwähnte Figur dieſes Basreliefs iſt ſitzend, das linke Bein unter den Körper geſchoben, dargeſtellt, wie man den Gott Buddha oder den Fo der Chineſen oftmals abgebildet findet.

2

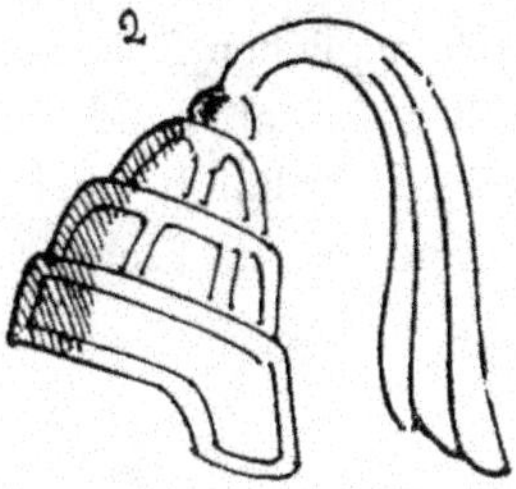

2. Mexikaniſcher Helm, nach einer Flachbildnerei aus hohem Altertum zu Xochicalco, Provinz Cuernaraca in Mexiko.

3

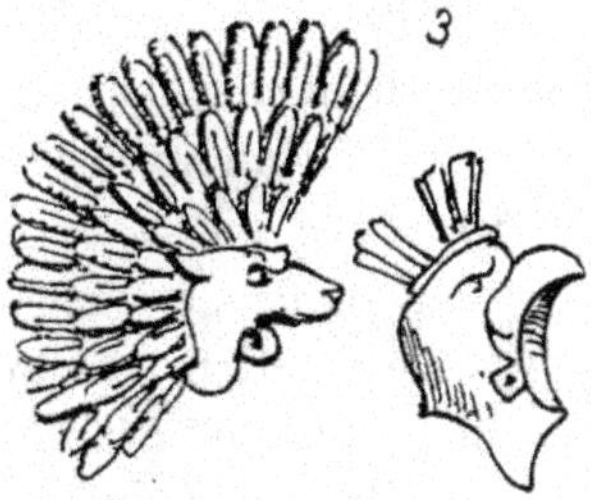

3. Zwei mexikaniſche Helme, nach einer im Beſitz des verſtorbenen v. Waldeck befindlichen mexikaniſchen Handſchrift, welche aus dem Anfange des 15. Jahrhunderts unſerer Zeitrechnung herrührt und die Eroberung Ascapuſalas beſchreibt.

4

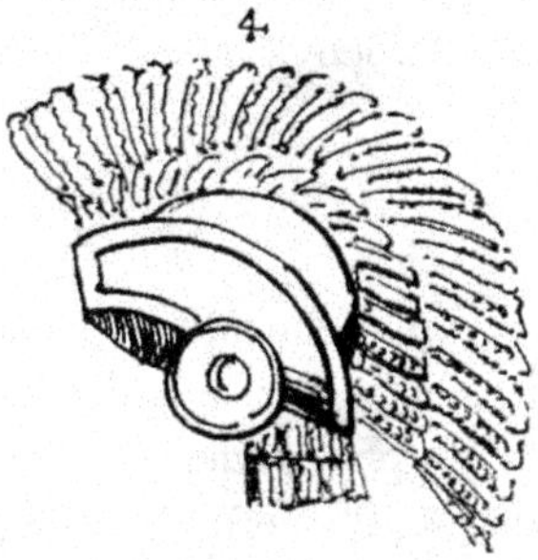

4. Mexikaniſcher Helm aus maſſivem Golde, mit Federn verziert, aus dem 15. Jahrhundert. Er machte einen Teil der königlichen Rüſtung aus, die in Mexiko durch Feuersbrunſt zerſtört worden iſt.

5

5. Mexikaniſcher Helm aus Leder, Holz, Leopardenfell und Federn, vom 15. Jahrhundert. Handſchrift.

6

6. Mexikaniſcher Helm aus Holz und Federn, vom 15. Jahrhundert. Handſchrift.

7

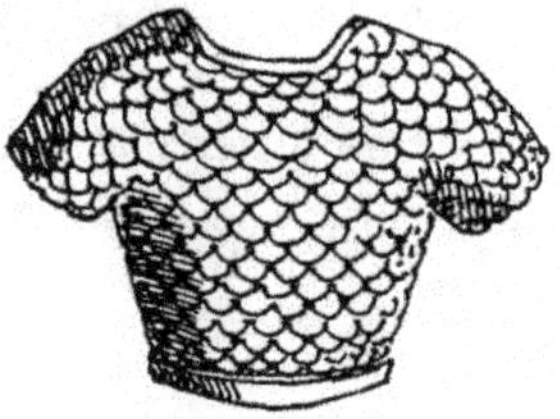

7. Mexikaniſcher Panzer aus Schuppen von Perlmutter (Jazeran oder Korazin), vom 15. Jahrhundert. Dieſe ſchöne Schutzwaffe war ein Teil jener königlichen Rüſtung, deren auf der vorigen Seite abgebildeter Helm aus maſſivem Golde beſtand; ſie iſt ebenfalls bei der Feuersbrunſt zerſtört worden.

8

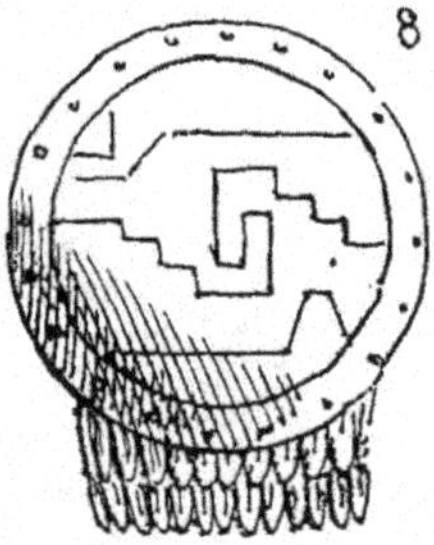

8. Mexikaniſcher Rundfahnenſchild, von 60 cm im Durchmeſſer, aus Gold und Silber und an ſeinem unteren Teile mit Federn verziert.[1]) Er gehörte zu derſelben königlichen Rüſtung des 15. Jahrhunderts, die in Mexiko zerſtört wurde. Was die hieroglyphiſchen Verzierungen bedeuteten, hat noch nicht entziffert werden können.

9

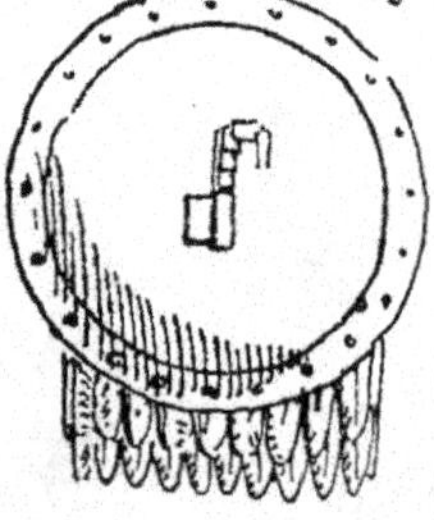

9. Mexikaniſcher Rundfahnenſchild, von 60 cm im Durchmeſſer, ganz aus Leder und mit einer Hieroglyphe geziert, durch welche bei den alten Mexikanern die Ziffer 100 bezeichnet wurde. Hier bedeutet ſie alſo wohl, daß der Schild einem Centurio oder einem 100 Mann befehligenden Hauptmann angehört hat.

---

[1]) Dieſe fahnenartige Auſtattung findet man auch an altgriechiſchen Schildern. (S. weiter hin die Abbildungen davon, ſowie ferner im Abſchnitt der Fahnen.)

10

10. Mexikaniſches Feldzeichen, Standarte von Gold, aus dem 15. Jahrhundert, 30 cm lang, mit einer Heuſchrecke (chapouline) auf der Spitze.

11. Mexikaniſches Feldzeichen aus dem 15. Jahrhundert, von Gold, mit einem Adlerkopfe in natürlicher Größe an der Spitze.

11

Im naturgeſchichtlichen Muſeum zu Wien befindet ſich das durch Cortez erbeutete Feldzeichen von Federn des mexikaniſchen Königs Montezuma. (S. im Abſchnitt «Die Fahne».) (S. Nr. 10 im Abſchnitt Steigbügel, den mexikaniſchen vom 16. Jahrhundert.)

Bezüglich einiger Angriffswaffen aus Holz und aus Obſidian iſt das Ende des die geglätteten Steinwaffen behandelnden Abſchnittes (S. 142) nachzuſehen.

12. Amerikaniſche Bronze-Streitaxt vom 15. Jahrhundert. Nach Giliss Expedition.

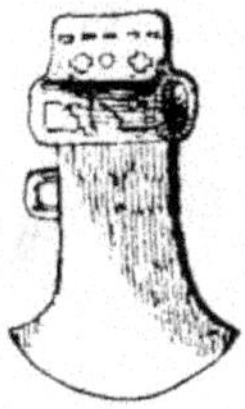

13. Do.

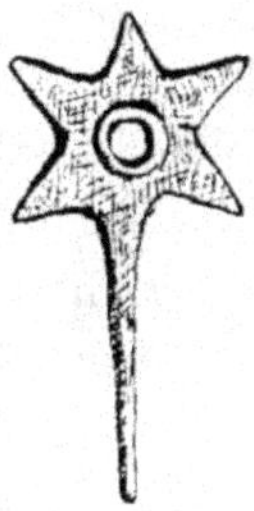

14. Do.

15. Inka-Holzhelm und Inka-Streitkolben von 1526 nach Xerez.

Assyrifche und perfifche, mongolifche, chinesifche und japanifche Waffen.

Die Gefchichte der Bewaffnung der Babylonier und Affyrer, Meder und Perfer ift S. 28—33 im Abriß gegeben. Es ist da gezeigt worden, wie das Eifen fowohl als die Bronze in diefen Gegenden fchon im 10. Jahrhundert v. Chr. verwendet wurden, wie es die Eifenbarren und einige andere aus Eifen gemachte Geräte, die im Louvre aufbewahrt werden, nebft dem Bruchftück des Mafchenpanzerhemdes aus Stahl im Britifchen Mufeum beweifen. Obfchon die Gefchichte Ägyptens viel weiter hinaufreicht, wie die Babyloniens, fo ift doch hinfichtlich der ägyptifchen Bewaffnung meift nur aus fpäterer Zeit und fehr wenig Stoff vorhanden, weshalb hier den affyrifchen und altperfifchen Waffen der Vorrang gegeben worden ift. Was Perfien anbelangt, fo werden noch immer, genau nach altzeitigen Muftern, befonders die reich taufchierten Rüftftücke des neueren Zeitabfchnittes[1]) der Dynaftie der Sophis (1501—1730), wie Helme, Armzeuge und Schilde, aber nicht zum Gebrauche, fondern nur zur Ausfuhr, für Altertumshändler, in Perfien fehr kunftgerecht angefertigt und im Handel für altzeitig ausgegeben.

Die mongolifche Bewaffnung zeigt in allen Teilen eine Verwandtfchaft oder Nachahmung der mittelalterlich-perfifchen, obfchon feit der Eroberung Perfiens durch die Araber (651) unter mohammedanifchen und mongolifchen Herrfchern auch der mufelmännifche Einfluß, aber fehr unbedeutend nur, fich kennbar macht. Was die chinefifchen und japanifchen Waffen betrifft, fo find diefelben, wie faft alles in China und Japan, unveränderlich, viele Jahrhunderte hindurch, bis heute, abgefehen von der Handfeuerwaffe, in Form und Anwendung geblieben. Hinfichtlich der Angriffswaffen diefer beiden Länder ift der Lefer auf die verfchiedenen Sonderabfchnitte derfelben verwiefen. Das chinefifche Heerwefen der Neuzeit tagzeichnet übrigens erft von der 1647 ftattgefundenen Eroberung des Reiches durch die Mandfchu.

Auch von der Bewaffnung der älteften Bewohner Arabiens (v. d. Perfern Arabiftan genannt), d. h. der füdweftlichften großen Halbinfel Afiens, die fich Söhne Sems nannten, ift faft gar nichts bekannt, wenig auch nur von Waffen der alten Mauren der Barbarei. Die Araber, welche von 710 n. Chr. Spanien eroberten und teilweife

[1]) S. Nr. 16 im Abfchnitt der Helme und auch hier in diefem Kapitel.

aus Mauren bestanden, haben auch aus den ersten Zeiten der dortigen Überflutung wenig Anhaltspunkte hinsichtlich ihrer Ausrüstung hinterlassen. Später hatten sie viel den Abendländern in Schutz- und Trutzwaffen entlehnt, ebenso wie deren ritterlichen Gebräuche, so daß auch hier nichts Bestimmtes festzustellen ist.

Assyrische Flachbildnerei; mit Speeren versehene Reiter auf der Jagd. Die statt des Sattels vorhandene Decke — wenn nicht Reitkissen — ist vermittelst eines Bruftriemens gehalten. Die Zäume haben Stirnrieme und Trensengebisse. Einer der Reiter trägt außer dem Speer einen länglichen Schild, auch eine Art Helm, wohingegen der andere als Schutzwaffen nur Beinschienen aufweist. (7. Jhrh. v. Chr.?)

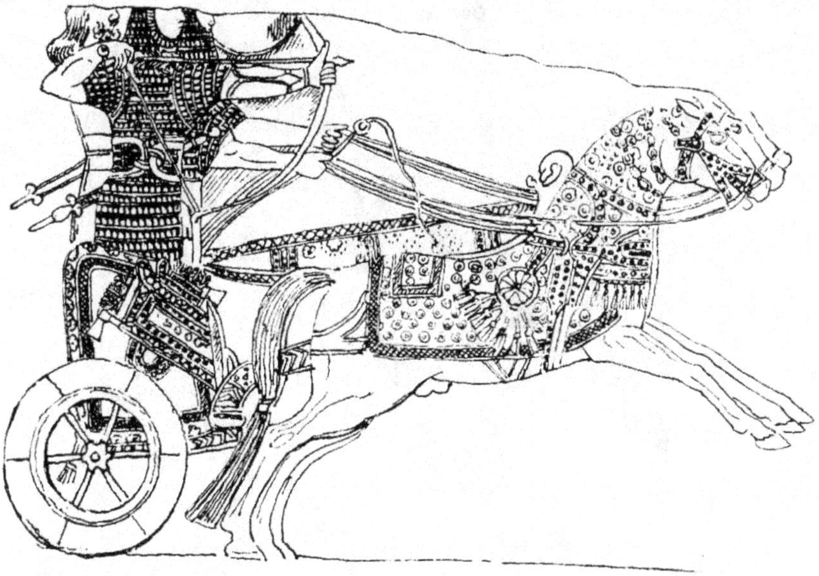

Assyrischer Streitwagen. Pferde mit Panzerdecken; Krieger in vollständiger Kettenrüstung mit Schwert, Schild, Pfeil und Bogen. Ein metallener Köcher mit Streitaxt hängt am Wagenkasten. — Flachbildnerei von Nimrud bei Ninive. — (10. Jahrhundert v. Chr.?)

Alabafter-Flachbildnerei (nach Monuments de Ninive, decouverts et decrits par P. E. Botta, mesurés et dessinés par M. E. Flandin, ouvrage publié par ordre du gouvernement, Paris 1849/50, 5 B. in Folio) aus dem Palafte Khorfabads (Bärenftadt), auch Khuruftabad (Schakalftadt) genannt, welcher 711 v. Chr. vom König Sargon gegründet worden ift, um den damals in Trümmern liegenden Palaft Ninives zu erfetzen.

Die Schutzwaffen beftehen aus Kegel- und Glocken-Helmen, Schuppenpanzern mit Achfelfchutz und aus Beinfchienen. Der Reiter hat außerdem noch gefchuppte Rüfthofen und Oberarmfchutze, einer der Krieger auch den Rundfchild. Angriffswaffen bilden der Speer, der Bogen und die Kriegsgeißel mit Kugel am Riemenende. Von rechts getragenen Schwertern fehen auch bei allen die Scheidenfpitzen hervor Der Reiter, deffen Pferd eine Schutzdecke trägt, hat noch außer dem Pfeil- den Bogenköcher, sowie einen Speer.

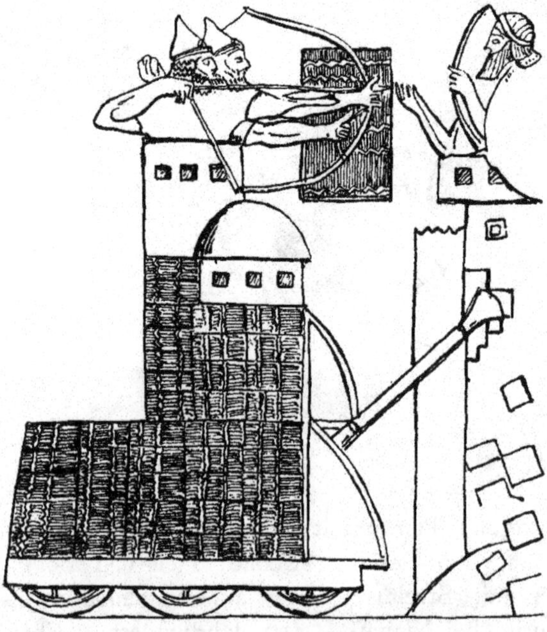

Affyrifche Mauerfchläger (lat. terebra) mit Schutzwänden (lat. plutoi) in Schildkrötenart (testudo aritaria, auch Musculi). Angreifer wie Verteidiger kämpfen mit Pfeil und Bogen und find die erſteren auch mit Spitzhelmen und viereckigen Schilden verſehen. — Flachbildnerei im Britiſchen Muſeum (7. Jahrh. v. Chr.?).

1

2

1. Aſſyriſch-babyloniſcher Bogenſchütze, im Waffenrock, mit Beinſchienen und der Stirnbinde an Stelle des Helms. Flachbildnerei aus dem 7. Jahrhundert v. Chr. — Louvre.

2. Krieger des aſſyriſchen Fußvolkes, bewaffnet mit dem Panzerhemd, dem Helm mit Helmſchmuck, einem Rundſchilde und dem Speer. Auch die Beinſchienen fehlen nicht. Flachbildnerei aus der Regierungszeit Sardanapals VI. oder Aſſurbanipals (668—626 v. Chr.).

3

3. Aſſyriſcher Krieger, ohne Beinſchienen, Wild bekämpfend. — Flachbildnerei von Khorſabad, aus der Regierungszeit des Sargon. (8. Jahrhundert v. Chr.) Britiſches Muſeum.

4

4. Krieger des aſſyriſchen Heeres aus der Zeit des Sanherib (705—681 v. Chr.). Nach einer Flachbildnerei im Britiſchen Muſeum. Die Form des koniſchen Helmes nähert ſich derjenigen des ſamnitiſchen (ſiehe der Abſchnitt über die römiſchen und ſamnitiſchen Waffen), das Panzerhemd und die Rüſtthoſen ſcheinen aus Maſchen zu beſtehen, der Schild iſt rund auch ſtark gewölbt und ſo hoch, daß er als Stütze dienen kann.

4a. Aſſyriſche Bogenſchützen mit ſpitzen Helmen und armloſen Waffenröcken, deren Rücken- und Bruſtteile gepanzert ſind. Ein nur teilweiſe ſichtbarer Bogen ſcheint die griechiſche sinuosus- oder sinuatus-Form zu haben. Der hintere Krieger erhebt zum Schutze den runden nur mit einer Handhabe verſehenen Schild. — Flachbildnerei von Ninive, dieſer, den Büchern Moſes nach, von Aſſur, Sems Sohn 1268 v. Chr., nach Diodorus (1 Jhrh. v. Chr.) aber von Ninus (2000 v. Chr.) gegründeten Hauptſtadt Aſſyriens.

5

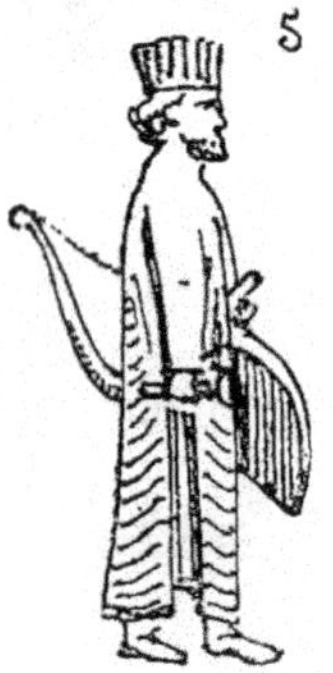

5. Altperſiſcher Bogenſchütze, nach einer Flachbildnerei von Perſepolis, der Hauptſtadt von Perſis (Furs) und der ganzen perſiſchen Monarchie (ſeit 515 v. Chr.). Das lange Panzerhemd, wahrſcheinlich aus Büffelhaut, fällt bis zum Knöchel herab. Die Kopfbedeckung in Tiara-Form hat mit einem Helme nichts gemein, ſcheint jeooch eine Arbeit aus Metall zu ſein. Der Bogenſchütze trägt das Schwert an der linken Seite, während rechts oft ein breites Dolchmeſſer hängt.

6

6. Altperſiſcher Krieger, nach einer Flachbildnerei von Perſepolis, deſſen Abguß ſich im Britiſchen Muſeum befindet. Der Schild, von Stützhöhe, iſt ſtark gewölbt oder halbkreisrund, der Helm, mit Sturmbändern und Nackenſchutz aus einem Stück, weicht durchaus von den auf ſonſtigen Flachbildnereien befindlichen aſſyriſchen Helmen ab.

6a. Aſſyriſcher Helm. Nach einer Flachbildnerei von Babilon. — Britiſches Muſeum.

6b. Aſſyriſcher Bronzehelm eines Fußvolksführers. — Privat-Beſitz.

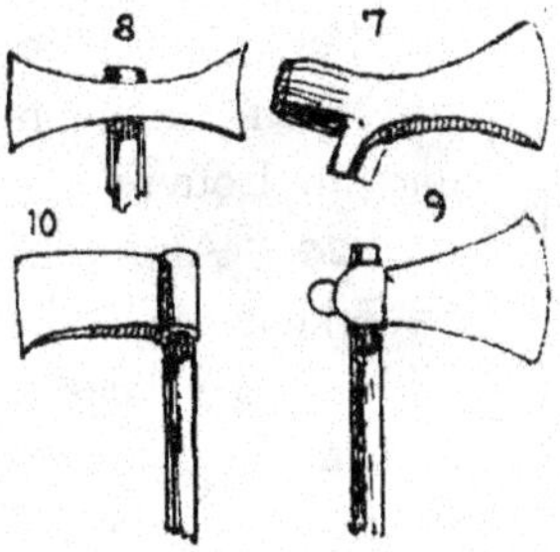

7. Babyloniſche Hammer-Streitaxt aus Bronze, 19 cm lang, in Babylon gefunden — Britiſches Muſeum.

8. Aſſyriſche Doppel-Streitaxt, wahrſcheinlich aus Eiſen, nach einer Flachbildnerei (Kujjundſchik-Ninive).

9. Aſſyriſche einfache Streitaxt, wahrſcheinlich aus Eiſen, nach einer Flachbildnerei (Kujjundſchik-Ninive).

10. Aſſyriſche einfache Streitaxt, mit der auch die Köcher der auf Wagen kämpfenden Krieger verſehen waren. Nach einem Flachbildnerei-Abguß im Louvre.

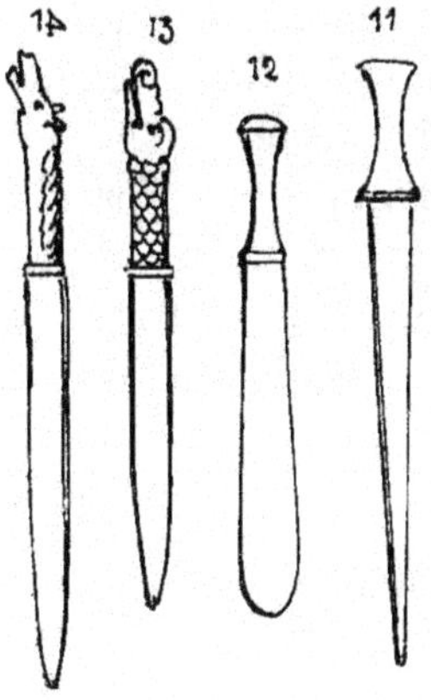

11. Babyloniſcher Dolch aus Bronze. — Britiſches Muſeum.

12. Aſſyriſcher Dolch aus Bronze. — Louvre und Berliner Muſeum.

13. Aſſyriſcher Dolch mit Hippopotamoskopf, wahrſcheinlich aus Bronze, nach der Flachbildnerei zu Nimrud, aus dem 10. Jahrh. v. Chr. Louvre-Muſeum.

14. Aſſyriſcher Dolch aus Bronze. Berliner Muſeum.

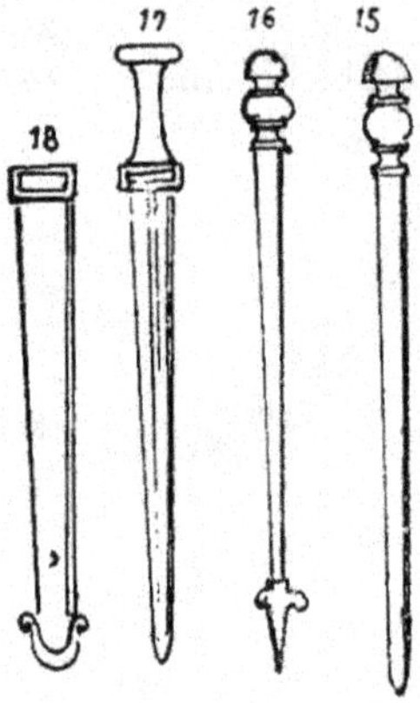

15. Aſſyriſches Schwert aus Bronze, nach der Flachbildnerei von Khorſabad, aus der Regierungszeit des Königs Sargon (722 bis 705 v. Chr.).

16. Aſſyriſches Schwert. Flachbildnerei aus der Regierungszeit Sardanapals III., Aſſurnazirpals, ca. 860. Palaſt zu Ninive. — Im Berliner Muſeum und im Louvre.

17 und 18. Perſiſches (?) Schwert mit ſeiner Scheide, nach einer antiken Gruppe: Mithra einen Stier opfernd[1]). (S. Rom: von De la Chauſſée.)

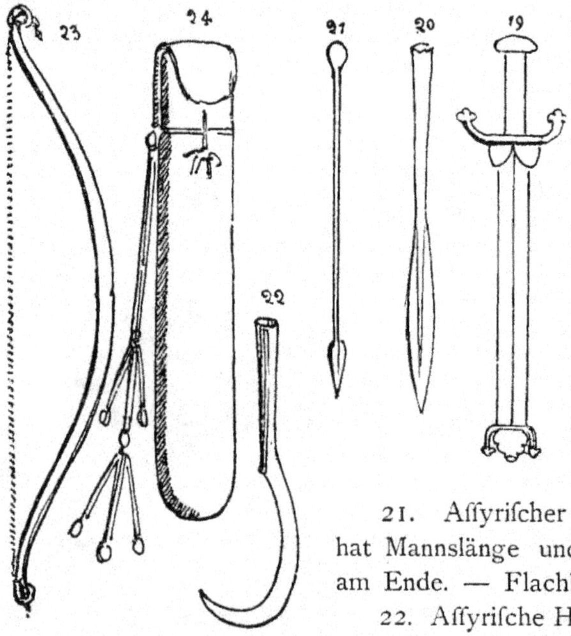

19. Perſiſches Schwert. — Abguß einer Flachbildnerei aus Perſepolis. Im Britiſchen Muſeum und im Louvre.

20. Aſſyriſche Speerklinge.—Flachbildnerei des Palastes zu Ninive; 7. Jahrh. v. Chr., aus der Regierungszeit Sardanapals VI. — Im Britiſchen Museum und im Louvre.

21. Aſſyriſcher Speer. Der Schaft hat Mannslänge und ein Gegengewicht am Ende. — Flachbildnerei.

22. Aſſyriſche Harpe (Sichelmesser). Flachbildnerei. Eine ähnliche Waffe aus Eiſen iſt zu Päſtum in Lucanien gefunden worden und wird im Artilleriemuſeum zu Paris aufbewahrt. (S. auch die römiſchen Waffen u. d. ägyptiſchen Skiop.)

23. Medischer Bogen. — Flachbildnerei.

24. Medischer Köcher mit daran befeſtigtem Fangſeil.—Flachbildnerei.

---

1) Mithra, der Sohn des Berges Ulbordi, nach der perſiſchen Mythologie des Zend-Aveſta, aus deſſen Überreſten man die Lehren Zoroaſters entnehmen kann. Die Zeitbeſtimmungen für die Lebzeit dieſes Mannes, Schöpfers des Magierkultus, oder

25
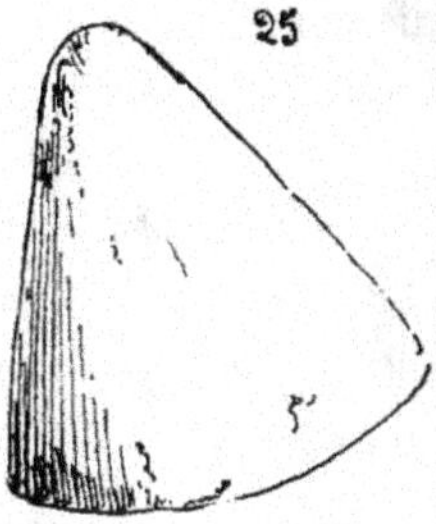

25. Aſſyriſcher Helm aus Bronze, dessen Echtheit beglaubigt iſt. — Britisches Muſeum. Die koniſche Form dieſes Helms findet ſich bei den Kelten und Galliern, ſowie im chriſtlichen Mittelalter wieder, beſonders bei den Normannen. Vergl. auch im Abſchnitt über die römiſchen Waffen den ſamnitischen Helm.

26
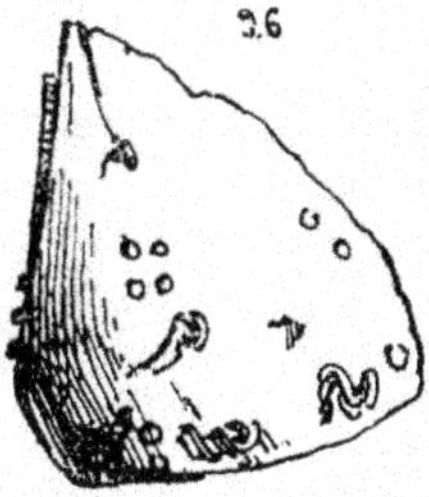

26. Aſſyriſcher Helm aus Eiſen, aus Kujjundſchik ſtammend. Dieſes für die Geſchichte der Waffen ſehr wertvolle Stück beweiſt den Gebrauch des Eiſens zu einer Zeit, welche die Bronzeperiode der Alten genannt wird. — Britiſches Museum. Ein ganz ähnlicher Helm, jedoch aus Bronze und den Germanen zugeſchrieben, findet ſich in der Klemmſchen Sammlung zu Dresden.

27
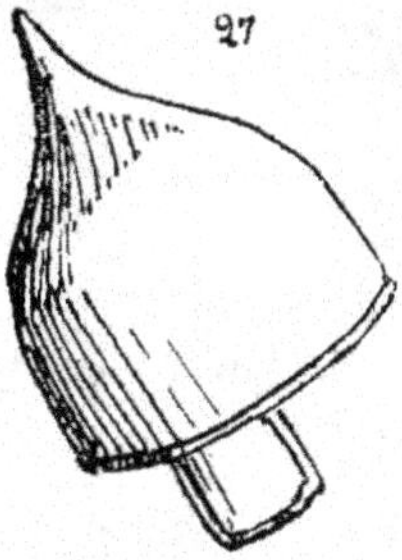

27. Aſſyriſcher Reiterhelm, wahrſcheinlich aus Bronze, nach einer Flachbildnerei des Palaſtes Sardanapals II. (aſſur-ban-kabal), aus dem 7. Jahrh. v. Chr. — Louvre-Muſeum. — Dieſer Helm iſt intereſſant wegen ſeiner Sturmbänder.

28. Helm eines Kriegers des aſſyriſchen Fußvolkes, wahrſcheinlich aus Bronze, nach einer Flachbildnerei vom Palaſt Sardanapals VI. zu Ninive. (7. Jahrhundert v. Chr.) — Louvre-Muſeum.

28
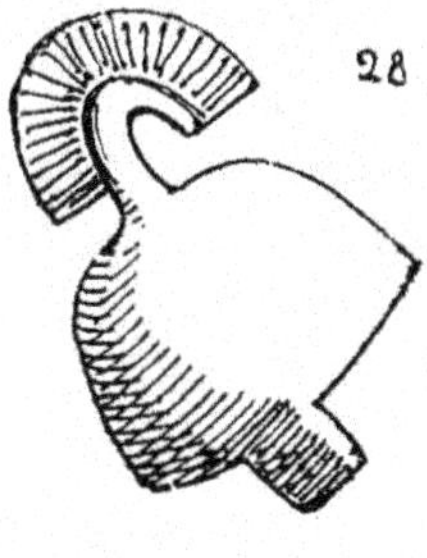

29
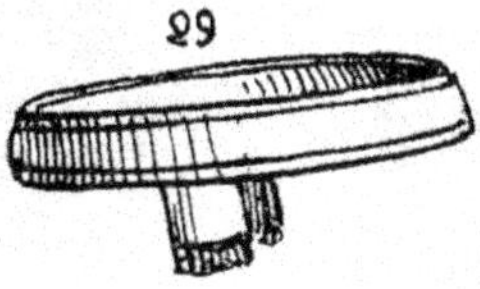

29. Stirnbinde ohne Boden und mit Sturmbändern oder Ohrklappen, wahrſcheinlich aus Metall, wenn nicht aus Leder und mit Metall beſetzt. Dieſer Kopfſchutz der aſſyriſchen Bogenſchützen deckte nur den Mittelteil des Kopfes

vielmehr des Parſentums, ſchwanken zwiſchen dem 2. und dem 7. Jahrh. v. Chr. Der Mithra, nach welchem dieſe Waffen kopiert ſind, gehört ſchwerlich einer Zeit an, in der die alten Parſen ſich noch der Zendſprache bedienten. Im Muſeum zu Wiesbaden befindet ſich eine grosse in der Nähe der Stadt ausgegrabene Mithragruppe der Römer (4. Jahrhundert n. Chr.?). Die Gruppe, welcher obiges Schwert ganz römischer Form entnommen ist, wird wohl auch römische Anfertigung sein.

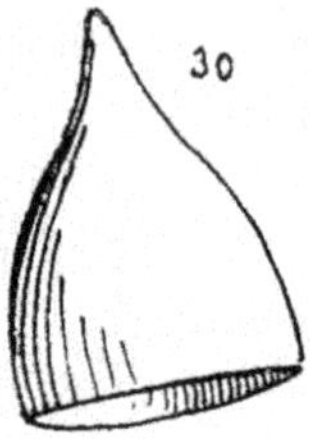

30

und erinnert an die des fränkiſchen Kriegers. — Flachbildnerei im Britiſchen, im Louvre- und im Berliner Museum.

30. Kegelförmiger Helm ohne Sturmbänder, wahrſcheinlich aus Bronze, den die Bogenſchützen und auch wohl die Reiter trugen. Nach einer Flachbildnerei des 10. Jahrhunderts v. Chr. — Louvre-Muſeum.

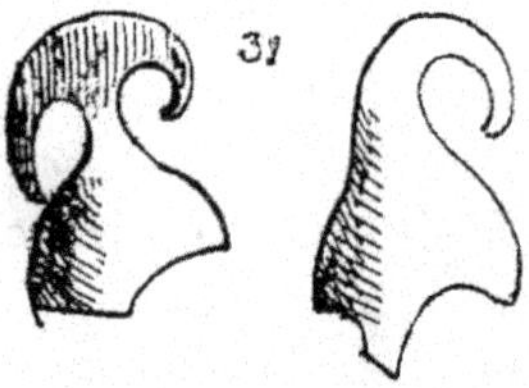

31

31. Zwei aſſyriſche Helme, wahrſcheinlich aus Bronze, nach Flachbildnerei. Die erſte Form, mit Helmſchmuck in zwei Spitzen, iſt von den Griechen nachgeahmt worden und ſcheint aus der alten amerikaniſchen Kulturepoche herzuſtammen.

32

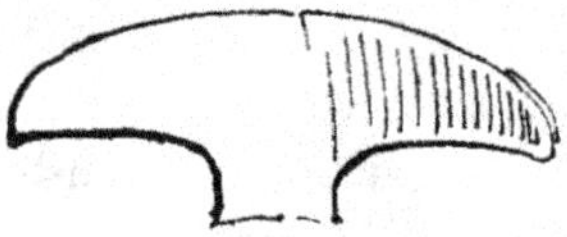

32. Kamm eines aſſyriſchen Helmes aus Bronze. — Britiſches Muſeum.

32a. Aſſyriſcher lederner Kegelhelm mit Metallſtreifen-Verſtärkung und beweglichen Sturmbändern oder Ohrenſchutz. — Nach Bonomis Ninive.

33

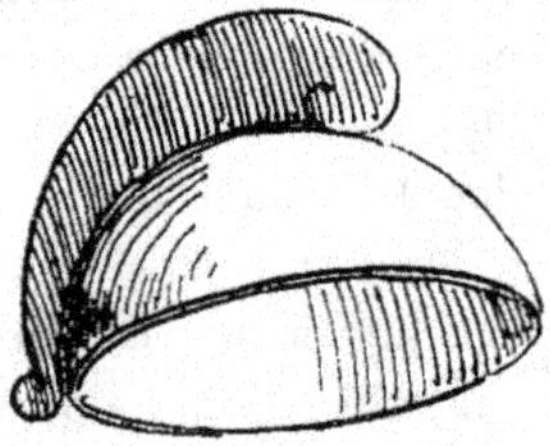

33. Perſiſcher Helm nach einer Gruppe, die Mithras, einen Stier opfernd, darſtellt. (S. o. S. 31 und 164.) Aber wohl römiſch.

34

34. Helm oder kriegeriſche Kopfbedeckung (Tiara?) eines perſiſchen Anführers, nach einer Flachbildnerei im Britiſchen Muſeum. Dieſer Kopfſchutz, welcher gleichfalls aus Metall zu ſein ſcheint, wurde auch im Kriege getragen.

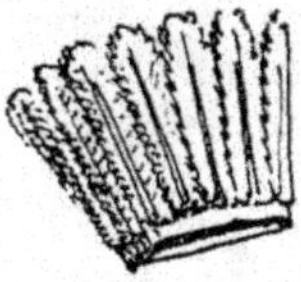
35

35. Hohe Tiara-förmige Faltenmütze in Federbildung eines perſiſchen Bogenſchützen, nach einer Flachbildnerei zu Perſepolis (ca. 500 v. Chr.). Abguß davon im Britiſchen Muſeum. Die Bemerkung zu der vorhergehenden Nr. gilt auch für dieſe.

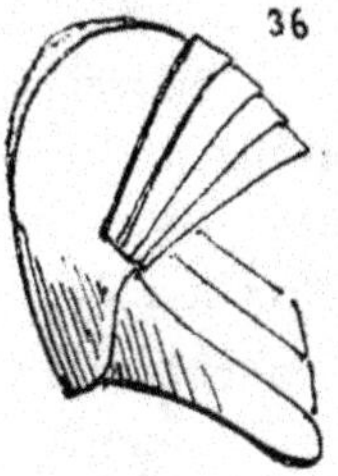
36

36. Perſiſcher Helm mit Schienen, wahrſcheinlich aus Bronze, nach einer perſiſchen Flachbildnerei (Abguß im Britiſchen Muſeum). Dieſe Waffe iſt inſofern intereſſant, als ſie ſchon die Idee des Schienenhelmes, wie man ihn im 16. Jahrhundert antrifft, hervortreten läßt.

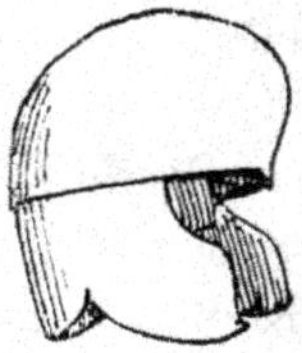
37

37. Perſiſcher Helm mit breiten Sturmbändern nnd Nackenſchutz, nach einer Flachbildnerei, wovon Abgüſſe im Louvre und im Britiſchen Muſeum. (Auch für dieſe Nr. gilt die Bemerkung zu den vorigen.)

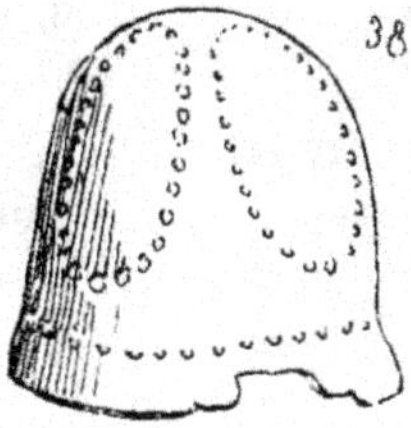
38

38. Perſiſcher Helm aus der Regierungszeit der Saſſaniden (226—651 n. Chr.). Eine im Britiſchen Muſeum befindliche Bronzewaffe.

39

39. Babyloniſcher gewölbter Rundſchild in Stützhöhe. Britiſch. Muſeum.

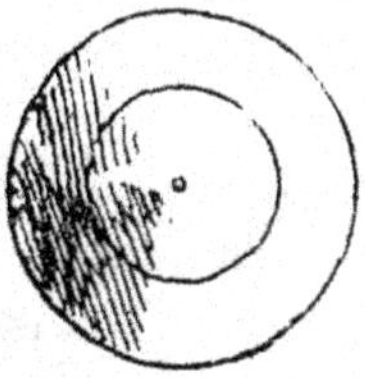
40

40. Aſſyriſcher Schild. Flachbildnerei.

41. Perſiſcher Schild (in einer dem römiſchen ancile ähnlichen Form mit Viſier. Flachbildnerei.

42

41

42. Perſiſcher Schild, nach dem pompejaniſchen Moſaik, welches die Schlacht zwiſchen Darius und Alexander darſtellt. — Muſeum zu Neapel.

43

44

43. Aſſyriſcher Setzſchild. Flachbildnerei aus dem 7. Jahrh. v. Chr., der Regierungszeit Sardanapals VI. — Louvre.

44. Aſſyriſcher Setzſchild, in Stützhöhe nach einer Flachbildnerei, welche die Belagerung einer Stadt durch Aſſurnazirpal (ca. 860) darſtellt. — Britiſches Muſeum. Eine andere Flachbildnerei zeigt ein mannshohes oben abgerundetes Setzſchild, welches ein Krieger zur Deckung des neben ihm ſchießenden Bogners aufrecht hält.

Perſiſcher Reiter in Maſchen- oder Ketten-Panzerhemd, mit Stechhelm, kleinem runden Schilde, Pfeil-Köcher und Speer. Die Rüſtung des Pferdes beſteht aus vereinigtem Kopfſtück, Bruſt- und Mähnenschutz. Obſchon dem 4. Jahrhundert n. Chr. angehörend, hat die ganze Ausrüſtung etwas viel Neuzeitigeres. Nach einer Sapor II. (Saſſanide — 309—379) bei Tag-Boſtan (Albiſtan?), in der Nähe des Berges Biſatun oder Behiſtan bei Kirmanſchuhan (Medien) darſtellenden Felſen-Sculptur. Dieſe Bildnerei hat bereits einen gänzlich abweichenden Charakter von der Sapor I. in Sehapour, bei Kazeroun, im 3. Jahrh. n. Chr. errichteten Flachbildnerei. (Nach »Ker Porter, Travels in Georgia, Perſia, Armenien«. T. II. Pl. 62.)

Altperſiſcher Krieger, wahrſcheinlich von der Leibgarde, den Doryphoren, deren Tracht die der perſiſchen Könige ähnliche war. Die Bewaffnung beſteht aus Speer und krummen Bogen (der griechiſchen sinuoſus- oder sinuatus-Form) mit Pfeilköcher, von welchem ein Fangseil herabhängt. — Flachbildnerei vom Palaft zu Perfepolis, heut Tschehil oder Tschil-Minar, d. h. der vierzig Säulen, der von Alexander (330 v. Chr.) teilweife niedergebrannten Hauptftadt des alten Perfiens. Die Satrapae hatten diefelbe Tracht.

Flachbildnerei von Nakefch-i-Ruftam bei Perfepolis, welches die Übergabe der Kidaris (Herrfchaftszeichen) durch Ardafchire den erften Saffaniden an Schapur I. (240 n. Chr.) darftellt. Hinfichtlich der Schutz- und Trutzwaffen der Neu-Perfer find hier nur die Helmkappe mit Nackenfchutz und Sturmbänder und das gebogene Schwert hervorzuheben, da die beiden Fürften und deren Pferde ohne Rüftung erfcheinen. Intereffant find die Zäume, Bruft- und Schwanzriemen mit Rofetten der Buckeln.

Neuperfifche Flachbildnerei, Reiter aus der Saffanidenzeit (226–652) darftellend. Ganz eigentümlich ift hier der Helm mit den drei fruchtförmigen Spitzen, fowie das mit fünf derfelben Frucht behängte Feldzeichen. Ovaler Schild, Speere und Pfeilköcher machen die zu erkennende fonftige Bewaffnung aus, da von den Leibrüftungen (?) nur Oberarmringe hervortreten. Weder Sattel, Steigbügel noch Sporen.

Getriebene Silberarbeit (Monumenti inediti d'all inftituto di correfpondenza), welche einen König der Neu-Perferzeit, wahrfcheinlich einen Saffaniden (226—652 n. Chr.) vorftellt. Höchft interesfant ift die Form des Bogens mit den beidendigen großen Krümmungen und der ungewöhnlichen Springkraft, fowie den windflügelförmigen Enden. Die Schutzrüftung an Mann und Roß ift fehr reich. Letzteres hat felbft Bruft- und Beinfchutz aber weder Steigbügel noch Sporen.

Kämpfender König, nach der getriebenen, wahrscheinlich arabischen, Arbeit eines silbernen Käftchens, dem Stile nach, vom 12. Jh., n. Chr., wenn nicht früher. Mit darin enthaltener Erde vom Tempel zu Jerusalem, nach Polen gebracht, ist der jetzt mit dem Blute des heiligen Stanislaus getränkten Erde angefüllte Behälter auf der Kanzel in der Kirche zu Krakau aufbewahrt. Das Arabisch-Kufische rundum, eine Schrift, welche im 10. Jahrhundert außer allgemeinen Gebrauch geriet und durch das Nesehi verdrängt wurde, sagt: »Der König ist für das Reich, was das Wasser für die Weide ist.« An drei Stellen dieser Schrift befindet sich das griechische, gleicharmige Kreuz eingeprägt, von einer Form also, wie die von dem Deutschherrenorden der »Brüder des Marienhospitals zu Jerusalem »angenommene nachdem derselbe, 1190, zum Ritterorden erhoben war. Das Ordenskreuz, dessen vier gleichlange Arme an den Spitzen Lilien darstellen, hatte im Mittelpunkt-Schilde den Reichsadler. — Die Bewaffnung der oben abgebildeten Gruppe zeigt außer den Speeren, dem ovalen mit Palmenverzierung bedeckten Schilde und den Ringpanzern, einen kegelförmigen Spangenhelm, wie derselbe, meist aber niedriger und manchmal gewölbt, im Abendlande bereits in der Bronzezeit und bis ins XIII. Jahrhundert hinein vorkommt. Es scheint sich hier wohl mehr um eine neupersische als um eine arabische Ausrüstung zu handeln.

Aſſyriſcher Rundſchild mit kegelförmigen, zum Stoß dienenden Buckeln, wovon der in der Mitte einen Löwenkopf darſtellt. — Nach Goſſe.

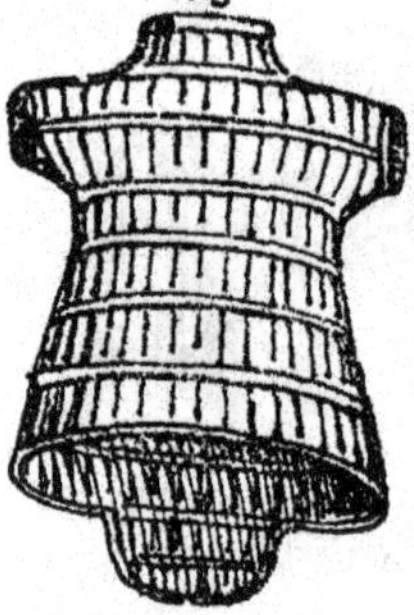

45. Waffenrock der aſſyriſchen Reiterei, mit Hinterſchurz, wahrſcheinlich aus Metallplatten, die auf eine Tierhaut genäht ſind. Basrelief im Britiſchen Muſeum, woſelbſt auch Fragmente eines aſſyriſchen Panzerhemdes aus gehärtetem Stahl.

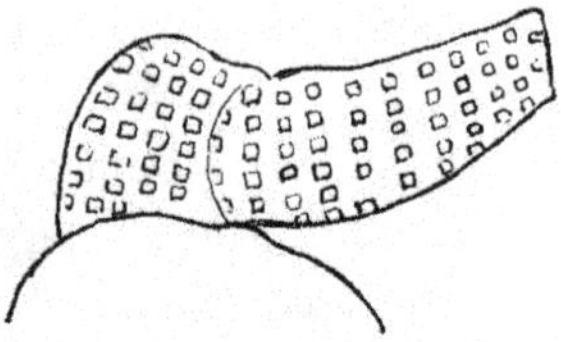

Teil eines aus viereckigen aufgenieteten Plättchen beſtehenden perſiſchen Panzerhemdes, nach der Moſaik: »Darius in der Schlacht bei Iſſos« (333 v. Chr.). Ob aber dieſe Schutzrüſtung, welcher man noch im Mittelalter begegnet (S. den weiterhin abgebildeten Siegelring Childerichs I. [457—481 n. Chr.]), durch den altzeitigen Moſaiker getreu nachgeahmt iſt, bleibt zweifelhaft.

46. Aſſyriſcher Widder. Flachbildnerei im Palaſte zu Nimrud.

Mit Schild, Speer und Seymitar (einschneidiges Krummschwert) bewaffnete chinesische Fußkämpfer. — Nach der Malerei einer Hahrsprüngigen (craquelé) altzeitigen chinesischen Porzellanvase.

Neuzeitige Mandschurische Ausrüstung, wo die Schutzwaffen aus einen. Halb-Stückpanzer mit Achselstücken und einem Helm bestehen, welcher letzterer mit dem Helme des Kaisers von China (S. No. 187. im Abschnitt der Helme) Ähnlichkeit hat. Die Angriffswaffen bestehen aus dem Krummschwert, dem Bogen und Pfeilen. Ein altzeitiger chinesischer Harnisch oder eine Abbildung davon ist dem Verfasser nirgends bekannt. Selbst die Museen zu London, Paris, Wien und Berlin besitzen kein derartiges Exemplar. (S. im Abschnitt der Helme Nr. 186 und 187, der Schwerter den Seymitar No. 89, der Säbel Nr. 91 und 92; — im Abschnitt der Streitäxte Nr. 31, der Speere Nr. 32, der Armbrüste Nr. 20 und der Hackbusse Nr. 19.)

Japaniſcher Preisfechter, deſſen den ganzen Körper, mit Ausnahme der Beine und Füße, bedeckende Rüſtung aus ſchienenartig angereihten und aufgenieteten Plättchen hergeſtellt iſt. Der glocken-, kappenförmige Helm iſt mit Nackenſchutz, Augenſchirm, Sturmbändern, Seitenhörnern und einem Vorkopfzierat verſehen. Hohe Kampfhandſchuhe ſchützen Hand und Unterarm. Das etwas gekrümmte Schwert zeichnet ſich durch einen ſehr langen Handgriff aus und iſt ſtumpfortig. S. weiter über japaniſche Waffen in den Abſchnitten: »Schwert« und »Helm«.

Djahir-el-chis Mohammed, genannt Babur (der Tiger), Nachfolger Tamerlans und Gründer des Mohamedaniſchen Herſcherſtammes (1526), der Großen Moguls, welcher Ende des 18. Jahrh. erloſchen iſt. Dieſer Kaiſer und König von Oſtindien mit der Hauptſtadt Delhi, deſſen Sprache, Sitten und Rüſtung perſiſch waren, ſtarb 1530. Die hier nach einer indiſchen Malerei vom XVI. Jahrh. (Sam. Didot) gegebene Ausrüſtung, hat demnach in allen Teilen den rein perſiſchen Charakter. Der Speer iſt beidendig beſchlagen, oben d. lat. cuspis, unten ſpiculum), das Schwert mit gradliniger

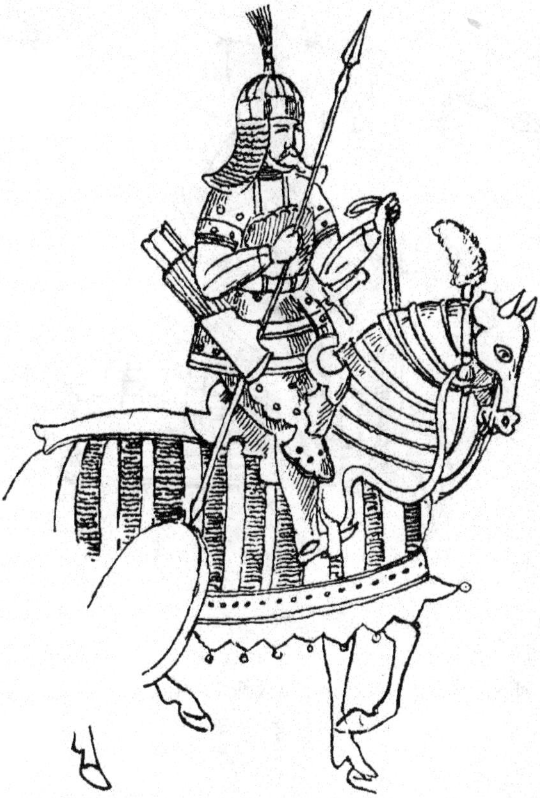

Quer-Abwehrſtange, die Schuhe ſind ſchnabelförmig, der Helm hat langen Nackenſchutz, der Harniſch iſt tonnenförmig und mit eigentümlich geformtem Lendenſchutz. Der Vorderteil der vollſtändigen Pferderüſtung ſcheint ausſchließlich geſchient zu ſein. Pfeilköcher, Sattel mit Steigbügeln, aber keine Sporen.

Vollſtändige perſiſche Reiterbewaffnung. Die Angriffswaffen ſind der (bei den Römern mit cuspis und spiculum benannte, doppeltbeſchlagene Speer, auch eine Waffe der Sarmaten), ſowie Pfeile und Bogen im Köcher. Der Krieger trägt den Spitzhelm mit Nackenſchutz und das Maſchenpanzerhemd und Waffenrock über die Brünne; das Pferd iſt mit einer Rüſtung aus Eiſenſchienen bedeckt, die durch Kettchen mit einander verbunden ſind. — Nach

einer mit 215, um das Jahr 1600 angefertigten Buchmalerei ausgeſtatteten Handſchrift in der Münchener Bibliothek. Es iſt dies die Kopie des Schah-Nameh (Heldenbuches), von dem Dichter Firduſi, der unter der Regierung des Ghasnawiden Mahmud lebte.

Krieger neuerer Zeit von Irak-Adſchemi oder Adjemi (d. h. Barbarenland), perſiſche Provinz, welche aus dem größten Teile des alten Mediens beſteht. Kleiner runder Schild, Glockenhelm, perſiſcher Säbel und beſtachelter Streitkolben ſind die alleinigen Schutz- und Trutzwaffen, da die ſonſtige Bekleidung kein Schutz-Rüſtzeug bietet. — Aloph. gal. royale de coſtumes. —

Perfifche Rüftung vom 18. Jahrh., fo wie diefelbe noch heute für die Ausfuhr des Kuriofitätenhandels in Perfien angefertigt wird. — Mufeum Zarkoe Selo zu Petersburg. — (S. auch in den Abfchnitten »Helm« und Schwert.)

Affyrifcher Krieger in vollftändiger Ausrüftung auf dem Kellek fchwimmend. — Nach Layard. — Kelleks heißen auch in Perfien die, auf dem Euphrat und dem Tigris, von aufgeblafenen Schläuchen getragenen Flöße.

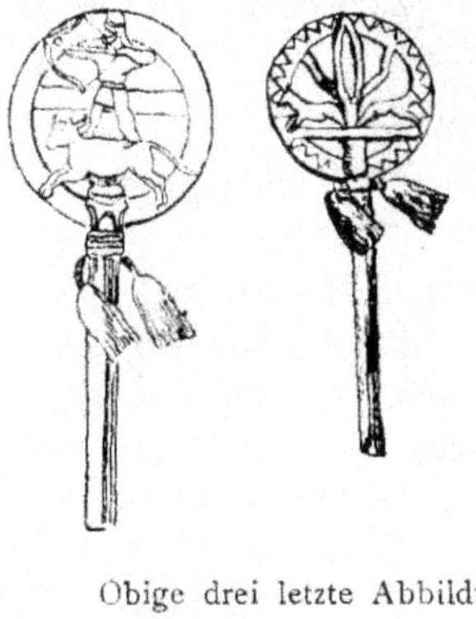

Affyrifche Feldzeichen. — Nach Goffe.

Obige drei letzte Abbildungen gehören auf Seite 172. Ferner ift zu bemerken, dafs den hier vorhergehend behandelten altindifchen, amerikanifchen, perfifchen, chinefifchen und japanifchen Waffen, bequemeren Überblicks wegen verfchiedene aus fpäteren Zeitabfchnitten hinzugefügt worden find.

Ägyptische und phönicische Waffen

in Bronze und Eisen.

Kein Volk und Reich, ſelbſt China nicht, kann mit dem Beginne einer teilweiſe faſt urkundlichen Geſchichte in ein ſo hohes Altertum hinaufreichen, wie Ägypten. Volle drei Jahrtauſende vor den erſten, noch halb barbariſchen Anfängen der griechiſchen Kultur eröffnet der erſte geſchichtlich bekannte König, Menes, die lange Reihe der Hunderte von Pharaonen. Das alte Reich umfaßt 12 Dynaſtien, die etwa von 4000—2200 v. Chr. anzuſetzen ſind und in This, Memphis, Theben und anderen Städten hoflagerten; es iſt die Zeit der 3 großen Pyramiden, des Mörisſees und des Labyrinths. Dann folgt die fünfhundertjährige Fremdherrſchaft der aſiatiſchen Hykſos (2200—1700), bis der 17. Dynaſtie die Befreiung des Landes gelingt, und damit das neue Reich, das 10 Herrſcherſtämme zählt (1700—525), beginnt. Die thatkräftigen davon der 18. und 19. Dynaſtie (1600 bis 1300), dort die Tutmes und Amenophis, hier die beiden, von den Griechen in dem Namen Seſoſtris verſchmolzenen Könige Seti I. und Ramſes II., unternehmen zahlreiche Kriegszüge, die allerdings von den Inſchriften ſelbſt und noch mehr von der ſpäteren Überlieferung ſtark übertrieben werden. Seit dieſer Zeit politiſchen Aufſchwungs und kriegeriſchen Glanzes werden auf den Wänden der Tempel und Gräber die Darſtellungen von Kämpfen und Schlachten, welche in den Bauten des alten Reiches nur ſpärlich vertreten ſind, häufiger, wenn auch immer noch nicht ſo zahlreich, wie in den aſſyriſchen Paläſten. Außer den Schlachtgemälden, die meiſt in einer eigentümlichen Hohl-Flachbildnerei (basrelief en creux) ausgeführt ſind, beſitzt man aber auch noch verſchiedene Waffen im Original. Die Denkmale der Pharaonen des alten Reiches zeigen faſt gar keine anſchauliche Kriegsdarſtellungen, wovon erſt auf den zu Ben-Harſon, aus der 12. Manethoniſchen Herrſcherfamilie (2380 bis 2167?) herrührenden Gräbern vorkommen. Daß die Ägypter Streitwagen hatten, iſt beſonders durch die weiterhin gegebene Flachbildnerei von Ibſambul (Abu-Simbel) aus den von Ramſes II (1388 bis 22 v. Chr.) gegründeten Felſentempeln feſtgeſtellt. Auch die gegen Ramſes kämpfenden Cheliter ſind auf Streitwagen dargeſtellt. Im Muſeum zu Florenz will man ſelbſt einen noch wohl erhalteuen ägyptiſchen aus Birkenholz angefertigten Streitwagen beſitzen.

Die wenigen ägyptischen Werkzeuge und Waffen aus Eisen, welche in den Museen zu Paris, Berlin und London aufbewahrt werden und sicher bis in das höchste Altertum hinaufreichen, stellen es außer Zweifel, daß dieses Metall in Ägypten wie in Assyrien gleichzeitig mit der Bronze in Gebrauch war. Die Kompilation verbreitet immer noch diesen schon lange vom Verfasser widerlegten Irrtum des Nichtvorhandenseins eiserner Werkzeuge und Waffen bei den alten Ägyptern und Assyrern. Alles, was an Angriffswaffen, aus der Steinzeit herstammend, gefunden worden ist, besteht, wie der diese Waffen behandelnde Abschnitt dargelegt hat, in einigen Pfeilspitzen, einigen Messern und Speerklingen aus gespaltenem Feuerstein, welche in den Museen von Berlin und London aufbewahrt werden. Die Pfeilspitzen sind in Babylon selbst gefunden worden und scheinen nicht über die Gründung dieser Stadt zurückzugehen. Außerdem besitzt das Britische Museum einige für die Anfertigung von schneidenden Waffen bestimmte Feuersteinsplitter, welche von Sarbut-el-Chadem herrühren. Der im Altertums-Museum zu Leiden aufbewahrte Helm von Eisenblech (S. No. 20B, Abschnitt der Helme), welcher einer wohl aus der Luft gegriffenen Überlieferung nach von einem Mumien-Haupt herrühren soll, ist nicht ägyptisch; er gehört dem 12. Jahrh. n. Chr. an.

Das für die Wiederherstellung der ägyptischen Bewaffnung interessanteste Stück ist ein aus dachziegelförmig über einander liegenden Schiebplatten bestehendes Panzerhemd, von welchem Prisse d'Avesnes in seinem Werke eine Abbildung giebt, weil es auf Grund der auf eine der Bronzeschuppen gravierten Inschrift die Zeit (c. 1500 v. Chr.) bestimmt festzustellen erlaubt. Mehrere von demselben Altertumsforscher abgebildete Angriffswaffen haben zu seltsame Formen, als daß sich der Zweck derselben erklären ließe. (S. auch S. 34 u. 35.)

Daß die Ägypter außer dem Wurfspeer, Pfeilköcher, Schleudern und Schleuderstöcken, auch Wurfleinen (lasso) mit Kugeln an den Enden als Fernwaffen handhabten, ist auch durch Denkmale festgestellt.

Was die phönicische Ausrüstung anbelangt, (s. S. 36 und 37), so muß ich mich hier auf die S. 186 abgebildete Thonfigur aus Cypern beschränken, welche aber auch die Bewaffnung der Ägypter, Assyrer oder Perser darstellen kann, da alle diese Völker Cypern beherrscht haben. Außerdem ist S. 37 noch ein phönicischer Helm und S. 188 eine Belagerung abgebildet.

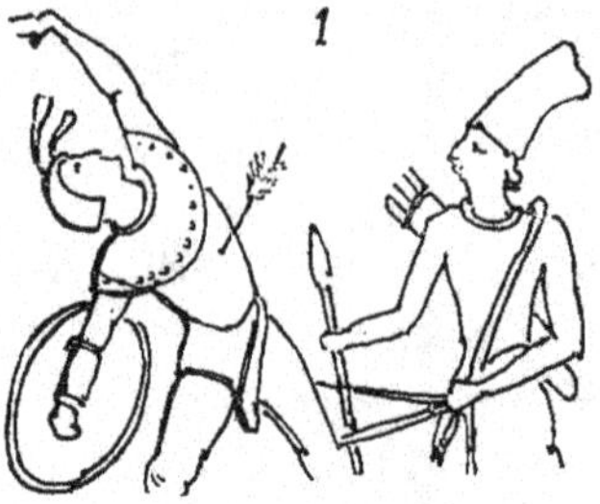

1. Ägyptiſcher Kämpfer, nach einer Wandmalerei zu Theben. Die Kopfbedeckungen ſind von ſeltſamer Form und die Angriffswaffen beſtehen nur aus Speeren und Pfeilen.

2. Ägyptiſche Krieger, nach einer Flachbildnerei zu Theben. Außer dem Schilde mit Viſier ſcheinen dieſe Männer bloß mit dem Skiop oder Khop, dem Sichelſchwert, bewaffnet zu ſein. (Siehe weiteres darüber unten Nr. 19, S. 185.)

Drei ägyptiſche Krieger, deren Ausrüſtung von den hier vorhergehend dargeſtellten abweicht. Die Helme, wovon der des dritten Streiters, — welcher Schienenpanzer nnd Achſelſtücke hat — Nacken und Ohren gänzlich bedeckt, ſind ganz verſchiedenförmig. Die Schilde haben alle hier nur eine Handhabe, das abwehrſtangenloſe Schwert hat nichts vom Khob (Sichelſchwert) und die Dolche gleichen dem griechiſchen Paracenium. Der links ſtehende Krieger trägt ſein Rundſchild an einer Schildfeſſel auf dem Rücken. — Flachbildnerei der Mauer des Palastes zu Theben[1]) (Medijnet-Alou) — nach Jomard und Balzac — welche unter dem Konsulate über die Ägyptische Expedition schrieben, aber dieser damaligen Strömung noch alles Archäologische verschönerten und den griechischen und römischen Anstrich gaben, was hier besonders ins Auge springend ist.

Ägypter eine Burg der Kheta in Mesopotamien stürmend, Flachbildnerei vom 6. Jahrh. v. Chr. (?). Die Schilde der Belagerer sind meist mit Visieren (Gucklöchern) versehen, Speere, Schwerter ohne Stichblätter oder Abwehrstangen, Kolben und Bogen die Angriffswaffen.

[1]) Zeit der Gründung unbekannt. Im 6. Jahrh. n. Chr. von Cambyses erobert, geplündert durch Polemeus VII. (117—107 v. Chr.). Theben ist fast gänzlich von Gallus 28 v. Chr. zerstört worden und bildet heute 5 Dörfer.

Eigentümlich ſtellen ſich am Fuße der Burg die Schutzgeſtelle heraus, worunter ſtreitende Krieger dargeſtellt ſind. Von den Waffen der Belagerten zeigt die Bildnerei nur Bögen und lange Speere. — Nach Roſellinis: »Monumenti dell Egitto e della Nubia« 9. B. Piſa 1832.

Ramſes II. nach einer Flachbildnerei der von dieſem Könige (1388—22 v. Chr) gegründete Tempel im Felſen Abu-Simbel (Isambul). Am Streitwagen ſind zwei Köcher angebracht und der vom Könige gehandhabte Bogen hat über $^3/_4$ Mannshöhe-Länge. Die Form dieſes ägyptiſchen Streitwagens iſt bedeutend von dem hier unten abgebildeten der Chetier abweichend.

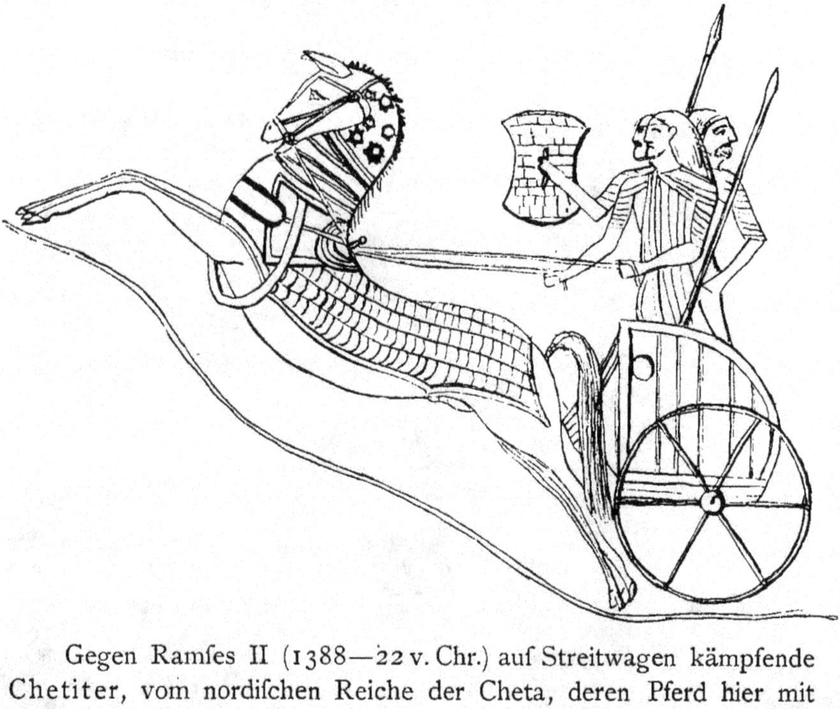

Gegen Ramſes II (1388—22 v. Chr.) auf Streitwagen kämpfende Chetiter, vom nordiſchen Reiche der Cheta, deren Pferd hier mit Panzer- oder Steppdecke und ſternbeſetztem Mähnenſchutz dargeſtellt iſt.

Die Bewaffnung der Krieger beſteht nur aus Speeren und einem Schilde mit nur einem Handgriffe. Der Zweck des runden Loches auf der linken Seite am Streitwagen iſt ſchwer zu beſtimmen. — Flachbildnerei von Abu-Simbel (Ibſambul) vom 14. Jahrh. v. Chr. —

Ägyptiſcher Behent, eine Art Helm (?) nach dem Kopfe eines von Belzani bei Karnak (Theben) ausgegrabenen Granit-Rieſenſtandbildes (König Thotmes III. (?) Dieſer Kopfſchutz (?) läßt Ohren und Geſicht unbedeckt, ſchließt aber Nacken und Kinn vollkommen ein. — Britiſches Muſeum.

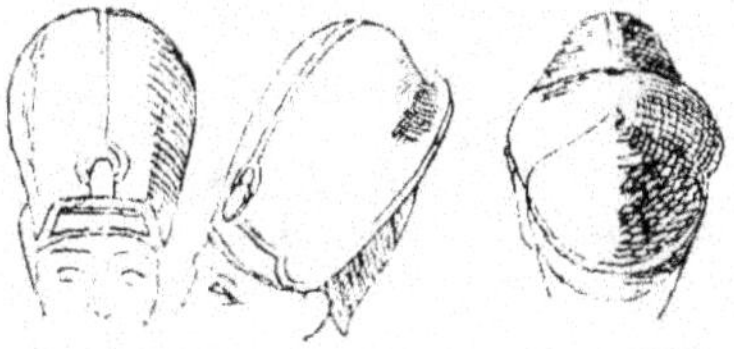

Ägyptiſcher Königlicher Kriegshelm in drei Anſichten dargeſtellt. — Turiner Muſeum.

3

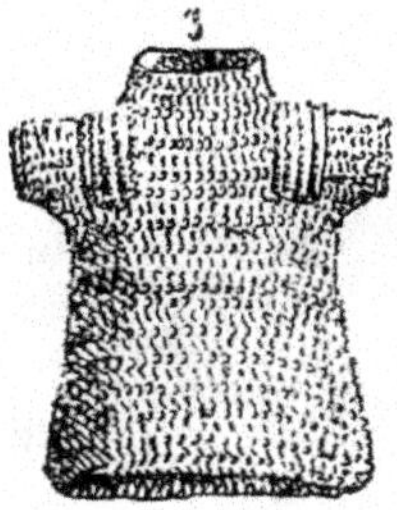

3. Ägyptiſches Maſchenpanzerhemd, nach dem Werke Denons. Unter den Zeichnungen von Priſſe d'Avesnes befindet ſich auch die Abbildung eines ägyptiſchen Panzerhemdes aus Bronzeſchuppen, deren jede 20 mm Breite bei 35 mm Höhe hat. Eine dieſer Schuppen trägt eine Inſchrift, der zufolge die Anfertigung in die Zeit der 18. Dynaſtie (ca. 1500 v. Chr.) fällt.

5

4.

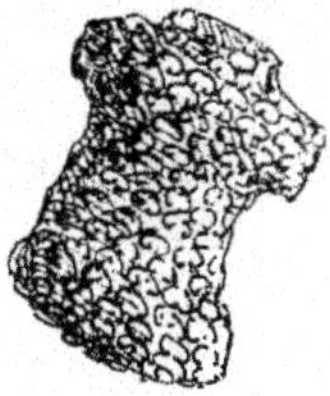

4. Ägyptiſches Panzerhemd aus Krokodilshaut. — Ägyptiſches Muſeum des Belvedere zu Wien.

5. Ägyptiſcher Schild mit Viſier, nach Denon. Das ſchon erwähnte Basrelif von Theben zeigt einen ähnlichen Schild, jedoch von ovaler Form.

Zackenſchild mit Viſier aus der Zeit der zwölften Dynaſtie (2200 v. Chr.?) — Nach Wilkinſons »Manners etc. of the anciento Egyptians«.

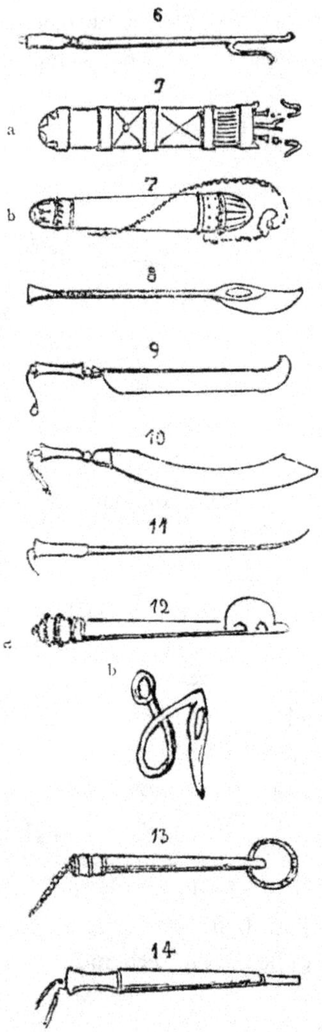

6. Degenbrecher oder Stabkeule mit Handſchutz, nach dem Werke Denons abgebildet.

7a und 7b. Ägyptiſche Köcher. id.

8. Ägyptiſches Keulenbeil, Tem genannt. id.

9. Ägyptiſches Schwert. id.

10. Ägyptiſcher Krummſäbel. id.

11. Ägyptiſcher Wurfſpieß. id.

12a. Ägyptiſcher Schleuderſtock (lat. Fuſtibalus). id.

12b. Ägyptiſche Schleuder nach Denon.

13. Unbekannte Waffe. id.

14. Unbekannte Waffe. id.

14^{I}. Ägyptiſcher Grad-Bogen eines gemeinen Kriegers. — Nach Wilkenſon.

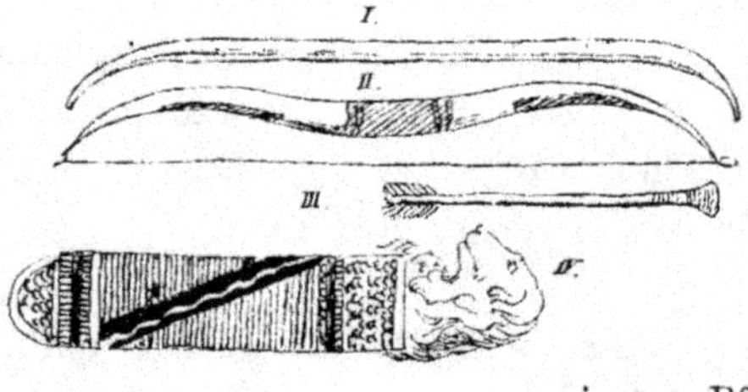

14^{II}. Ägyptiſcher gekrümmter Bogen eines Anführers. — Nach Roſellini.

14^{III}. Ägyptiſcher Pfeil mit Steinſpitze in Keilform.

14^{IV}. Ägyptiſcher, reich verzierter Pfeilköcher. — Nach Roſellini.

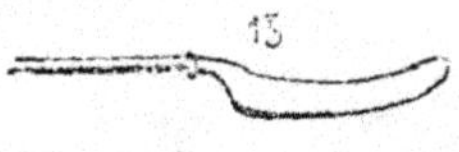

15. Beil, (Skiop?) nach einer Flachbildnerei von Theben.

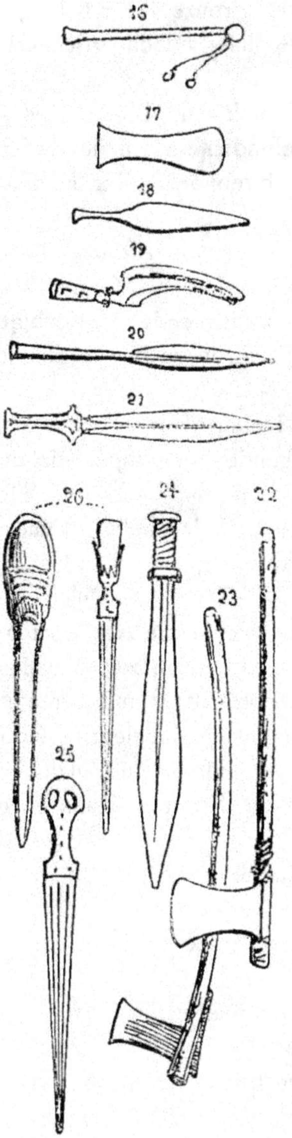

16. Kriegs-Geißel oder Skorpion.

Die Größe dieſer Waffen hat nicht angegeben werden können, jedoch ſcheinen ſie eine Länge von 60 bis 65 cm gehabt zu haben.

Wahrſcheinlich waren ſie aus Bronze oder Eiſen gefertigt.

17. Ägyptiſcher Keil oder Beil aus Bronze, 10 cm lang. — Muſeum zu Berlin.

18. Ägyptiſches Meſſer oder Speerklinge aus Eiſen, 15 cm lang. — Muſeum zu Berlin.

19. Skiop, oder Khap, ägyptiſches Sichelſchwert oder Schleuderſichel aus Eiſen, 15 cm lang. — Muſeum zu Berlin. Im Britiſchen Muſeum iſt es etwas größer zu ſehen auf dem Relief der Schlacht Setis I. (1400 v. Chr.) gegen die Tehennu in Libyen.

20. Ägyptiſche Speerklinge aus Bronze, 26 cm lang. — Louvre.

21. Ägyptiſcher Dolch aus Bronze, 26 cm lang. Der Handgriff iſt von mit Bronze belegtem Holze. — Britiſches Muſeum.

22 Kleine ägyptiſche Streitaxt aus Bronze, 12 cm lang, die vermittelſt Riemen an einem hölzernen Stiel von 38 cm befeſtigt iſt. — Britiſches Muſeum.

23. Kleine ägyptiſche Streitaxt aus Bronze, 11 cm lang, an einem hölzernen Stiel von 40 cm befeſtigt. — Louvre.

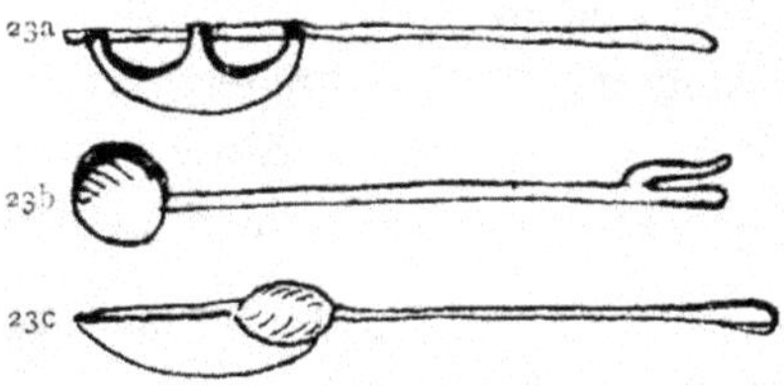

23a. Tem genannte Doppel-Mondſichel-Streitaxt, eine Waffe, die nur bei den alten Ägyptern vorkommt.

23b. Ägyptiſche Stabkeule mit Handſchutz.

23c. Ägyptiſche Mondſichelförmige Streitaxt.

26 b 26 a

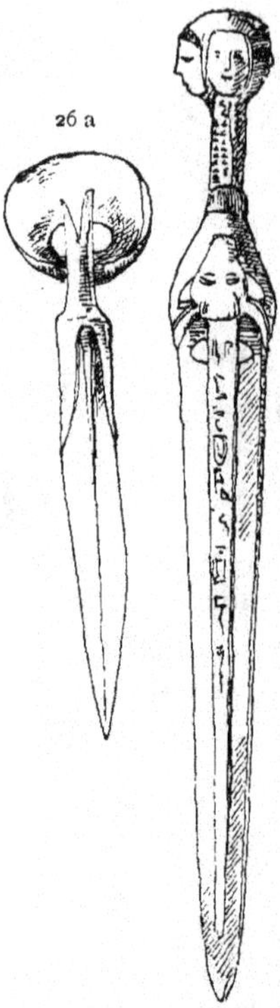

27 28 29 30

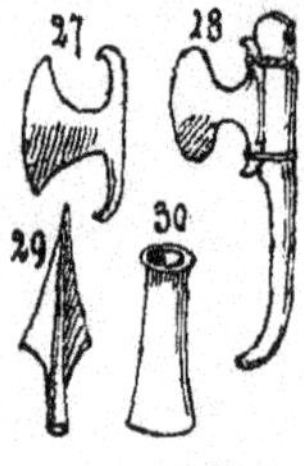

31 32

24. Dolchmeſſer aus Bronze, 34 cm lang. — Louvre. Dieſe Waffe hat jedoch griechiſchen Charakter. (Paraſenium).

25. Ägyptiſcher Dolch aus Bronze, 28 cm lang, in Theben aufgeſunden und in dem Werke von Priſſe d'Avesnes abgebildet. Der Handgriff iſt aus Horn.

26. Ägyptiſcher Dolch aus Bronze, 30 cm lang, mit ſeiner Scheide. Der Griff, mit korbförmigem, die Hand bedeckendem Stichblatte, iſt aus Elfenbein, mit bronzenen, vergoldeten Nagelköpfen beſetzt.

26a. Ägyptiſcher Dolch. Klinge aus Bronze. Das die Hand bedeckende korbartige Stichblatt und die Hülſe des Griffes ſind von mit Silber und Gold bekleidetem Cedernholz. Fundort: Grab der Königin Aah-Hotep (1800 v. Chr.?) zu Qurnat bei Theben. — Muſeum zu Bulak.

26b. Ägyptiſcher Dolch ohne Abwehrſtange. Dreiköpfiger Knauf. Klinge von Gold mit Hieroglyphen. Der Cedernholzgriff iſt mit roten und blauen Glasflüssen (Schmelze?) eingelegt. Fundort: Qurnat bei Theben. — Muſeum zu Bulak.

27. Kleine ägyptiſche Streitaxt[1]) aus Eiſen, 10 cm. — Louvre.

28. Kleine ägyptiſche Streitaxt aus Eiſen, 18 cm. — Louvre.

29. Ägyptiſche Speerſpitze aus Eiſen, 12 cm. — Louvre.

30. Ägyptiſche Wurfſpeerſpitze, Keltform, aus Eiſen, 12 cm. — Louvre.

31. Cypriſche Speerſpitze aus Bronze, 20 cm, welche auf der Inſel Cypern gefunden und den Ägyptern zuzuſchreiben iſt.

Die Seitenkrümmung am entgegengeſetzten Ende der Spitze giebt dieſer Waffe etwas Modernes und Wildes, was bei keiner anderen

1) Dieſe Streitaxtform, welche das Anbinden an einen Holzſtiel erfordert, war den Ägyptern eigen und ſonſt nirgends bei den Alten im Gebrauch.

ägyptiſchen Waffe angetroffen wird. (S. Archaeologia etc. des archäologiſchen Vereins zu London — v. J. 1877.)

32. Kleines Standbild eines Kriegers in gebranntem unglaſierten Thon, ebenfalls auf der Inſel Cypern[1]) gefunden und in der oben angeführten »Archaeologia« veröffentlicht. Der Helm hat hier mehr die perſiſche als die ägyptiſche Form, ebenſo der Schild, was berechtigen könnte, dieſe Thonarbeit der Zeit der perſiſchen Herrſchaft auf der Inſel zuzuſchreiben.

Figur eines Schardana, d. h. eines Officiers der Leibgarde Ramſes II. (1250 v. Chr.), Flachbildnerei des Felſentempels bei Iſambul am linken Nilufer Nubiens. Die Bewaffnung hat den ausgeſprochenen Homer-griechiſchen Charakter; ſie beſteht außer dem von Schulterblättern getragenen Panzer und Lendenſchurze aus einem gerippten Glockenhelm mit ſehr großer, kugelförmiger Helmzier, dem zweibüglichen Rundſchilde (πάρμη) und einem breiten ſpitz zulaufenden Schwerte ohne Stichblatt. — Arme und Füße ſind in dieſer »Barabra-Ausrüſtung mit ägyptiſchen Anklängen« ohne Schutzſtücke. — Die aus Kleinaſien ſtammenden Sardanae waren Fremden-Legionaire im ägyptiſchen Heere. — Flachbildnerei von Ibſambul.

Krieger der Philiſtaer, wahrſcheinlich von den Hilfsvölkern der Ägypter, da die ganze Ausrüſtung der des hier vorhergehend abgebildeten Shardana gleicht, der Rundſchild aber nur einbüglich, iſt, d. h. nur einen Handgriff hat und die Bewaffneten auch Stoß- und Wurfſpeere tragen. — Nach Wilkinſon.

1) S. S. 37 den phöniciſchen Helm.

Phöniciſche Krieger vor einer Feſtung. Die Ausrüſtungen haben viel Griechiſches, zeigen aber nur Helm, Panzer Schild und Speer, ſowie Pfeil und Bogen. Die zu Homers Zeiten bei den Griechen noch nicht eingeführte Reiterei, hat hier Lendenſchutz in hoſenartiger Form. Nach einer phöniciſchen Silberſchale des 6. Jahrh. v. Chr. — alſo vor der ägyptiſchen Eroberung — von Amathunt ſtammend. (Nach Cernola-Sterns Cypern).

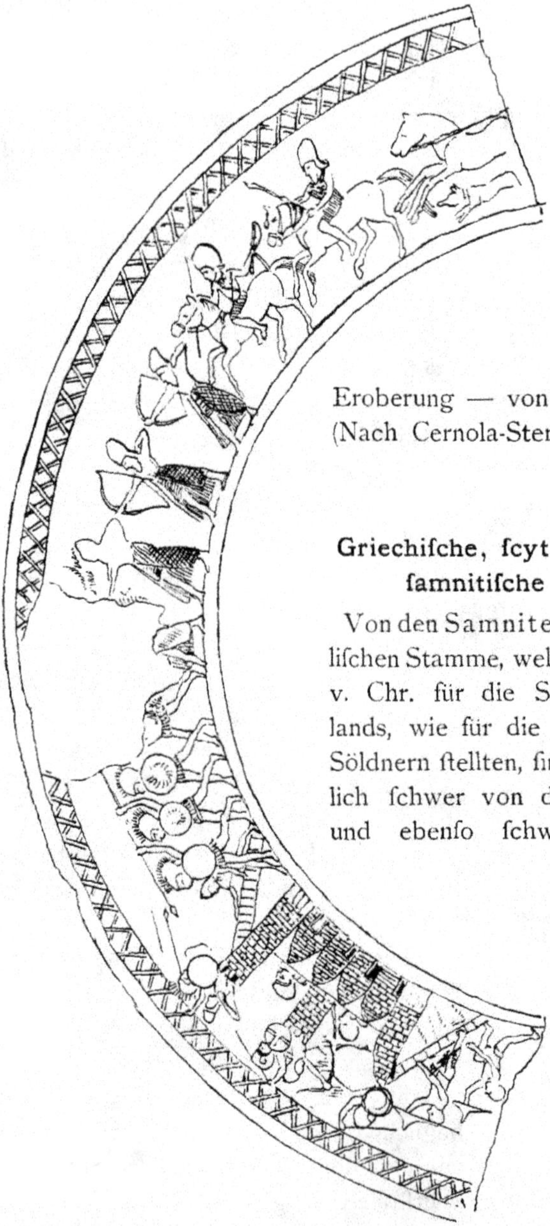

Griechiſche, ſcythiſche, etruskiſche, ſamnitiſche u. a. Waffen.

Von den Samniten, dem umbriſch-ſabelliſchen Stamme, welche im 5. und 4. Jahrh. v. Chr. für die Städte Groß-Griechenlands, wie für die Siciliens Mengen von Söldnern ſtellten, ſind die Waffen gemeinlich ſchwer von denen der Griechen, und ebenſo ſchwer von denen der Etrusker zu unterſcheiden. Das von letzteren benannte Volturnum, wurde ja teils 424 v. Chr. von den Samniten erobert, welche ihm den Namen Capua beilegten und 343 dem römiſchen Staate einverleibten. Gleiches Schickſal hatte das griechiſche Cumä. In den Kämpfen gegen die Römer, während des heroiſchen Zeitabſchnittes der

Republik, waren mit den Samniten die ihnen verwandten Sabiner, Peligner, Marfer, Saffinaten u. a. m., ebenfo die mitverbundenen Etrusker, ja felbft verfchiedene Staaten Griechenlands (die der Apulier, Salentiner u. a. m.) verbündet. Im Jahre 82 v. Chr., nach dem Siege Sullas, hatten die Samniter aufgehört einen eigenen Volksftamm zu bilden. Aller diefer Umftände wegen fand eine folche Vermifchung und gegenfeitige Nachahmung in der Kriegsausrüftung ftatt, daß hier fchwer genaue Abgrenzungen angenommen werden können. — Von noch erhaltenen Waffen der Scythen, welche bekanntlich von 624—596 ganz Kleinafien unter ihrer Botmäßigkeit hielten, ift, der Kenntnis des Verfaffers nach, felbft gar nichts mehr vorhanden. Die weiterhin abgebildeten famnitifchen Krieger find Vafenbildern entnommen. Um den Lefer der Mühe weiteren Nachfchlagens zu überheben, fei hier das bereits in dem gefchichtlichen Abfchnitt (S. 37—42) über die griechifche, etrurifche u. d. m. Waffen gefagte abgekürzt teilweife wiederholt. Die griechifchen Angriffs- und Schutzwaffen aus der Zeit Homers (10. Jahrh. v. Chr.), teilweife auch viel fpäter noch bei den Hopliten oder ftark bewaffneten, wie bei den Peltaften[1]), oder leichten Truppen, beftanden in dem Stückpanzer (*θωραξ*) zufammengeftellt aus Vor- und Rückenfchild, welcher ungefähr 8 ko wog, dem Helme, welcher bei Homer unter fehr verfchiedenen Bezeichnungen vorkommt, aber wovon der ganz vollftändige, d. h. vierfchirmige (mit Stirnfchirm, *φύλος*; Nackenfchutz; Sturmbänder oder Backenfchirme, *φύλος*, und Nafenfchutz, *τεφράφλος*, hieß und $1^1/_2$ ko wog); — den Beinfchienen oder Knemiden (*Χνημις*) mit der Crepida (*Χρηπις*) zur Befchuhung, und dem runden Schilde (*πάρμη*), welcher fpäter oval und noch fpäter wieder rund erfcheint, auch einen Schildnabel (*ἄμσων*) und eine Schildfeffel (*τελμων*) hatte.[2])

Der große fchwere Clipeus oder Clipeum war wie fpäter auch bei den Römern die Waffe des fchweren Fußvolkes und die Parma (*πάρμη*) ein leichter lederner Rundfchild eine der griechifchen und römifchen Veliten. Der Sturz- oder Vifierhelm war befonders bei den Lakedämoniern in Gebrauch. Es gab auch Schuppenpanzer

---

[1]) Hetären (Freunde, Waffenbrüder) hiefsen, nur in Macedonien, die eingeborenen Krieger zu Rofs und zu Fufs, und Pagetären, die welche als die eigentlichen Waffengefährten der Könige galten.

[2]) Lat. balteus. Im 7. G. der Iliade beschreibt Homer den Schild des Ajax als »mit sieben häutigen Fellen des Büffels und einer achten Lage Bronze« bedeckt.

(Θωραξλεπιδωτος). Die Helme hatten gemeinlich einen Kamm (λόφος). Der Leibgurt (ξωστηρ) war befchlagen. Auch von einer Mitra genannten Kopfbinde ift bei Homer die Rede, deren Name in neuerer Zeit der Bifchofsmütze gegeben wurde. Spätere Panzer hatten ferner zum Schutz des Unterleibes »Panzerflügel« (πτερυγες), fowie darunter noch ledernen Schurtz (ξωμα).

Diefe Schutzwaffen beftanden meift aus bronzenen, obfchon das Eifen, wie bereits angeführt, den Griechen bekannt war und felbft Zinn[1]) bei den Waffenfchmieden Verwendung fand. Die ganze Schutzrüftung hies θώραε.

Hinfichtlich der Befchuhung ift nichts Sicheres feftzuftellen. Im heroifchen Zeitalter (Zeiten Homers — bis 6. Jahrh. v. Chr.) fcheint der griechifche Krieger barfüßig gegangen zu fein, fo wie ihn noch die älteften Vafenbilder mit Menfchengeftalten (7.—6. Jahrh.) darftellen. In fpäteren Abbildungen find die Füße mit dicken Sohlen vermittelst Schnürriemens befchuht. Diefe χρηπις — bei den Römern Crepidae, auch Soleae genannte Sandale hatte einen platten Riemen (amentum) und Schnürlöcher, ἀγκύλη, lat.: anfa crepida. Die verfchiedenen griechifchen Fußbekleidungen waren fpäter: Die Sandale; welche die Männer trugen; die Perfika, welche von den Frauen und befonders von den Kurtifanen getragen wurde; die Krepide, das eifenbefchlagene Fußwerk der Philofophen und Soldaten, das den Fuß nicht ganz bedeckte, und die Garbatine, die Fußbekleidung der Bauern. Außerdem gab es noch den Kothurn und den Halbftiefel. Der erftere diente als Fußbekleidung der tragifchen Schaufpieler, um fie größer erfcheinen zu laffen, wenn fie Heldenrollen gaben. Die Riemen, an den Sohlen befeftigt, welche meiftens aus Kork waren, gingen verfchmälernd über den Fuß, wie bei den heutigen Schlittfchuhen, und zwifchen den beiden großen Zehen hindurch u. f. w. Dies war auch die Fußbekleidung der Könige und die der reichen Leute. Der Halbftiefel war befonders bei den komifchen Schaufpielern in Gebrauch. Es war eine Art von Schnürftiefelchen, das gewöhnlich über den Fußknöchel ging. Eine antike Diana im Mufeum Pio Clementino und zahlreiche andere antike Statuen find mit Halbftiefeln bekleidet.

---

[1]) S. Iliade XVII, wo die Rede von den durch Vulkan hergeftellten zinnernen Knemiden die Rede ift.

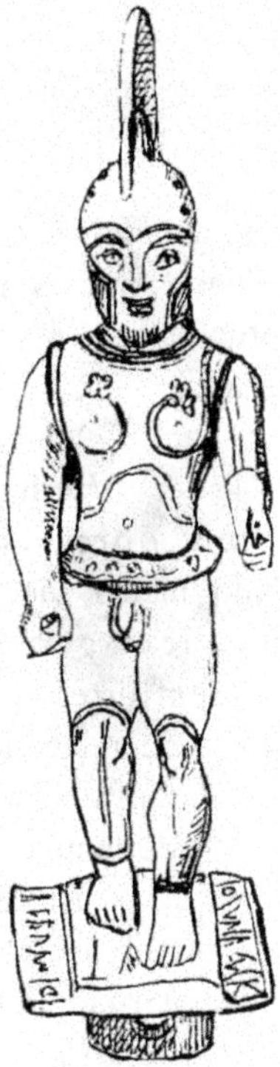

Spartaniſcher Krieger im Stück-Panzer (*Θωραξ*) mit Beinſchienen (*Χυημις*) und Helm mit breiten Sturmbändern und hoher Zier. Der Panzer zeigt ausgetriebene Bruſtwarzen und Nabel. — Bronze-Figur bei Sparta gefunden, nach den Mitteilungen des arch. Inſt. in Athen.

Etruskiſcher Krieger, nach einer Bronze-Figur zu Florenz (S. Micoli Arch. Muſ. tv. 39.) Der Panzer (*Θώραξ* — Thorax) gleicht dem ſpäteren römiſchen Schuppenpanzer (*Θωραελεπσωῖος*), iſt aber viel kürzer und hat Schulterſchutze. Lenden und Füße ſind nackt, nur vom Knie bis zum Knöchel ſchützen verzierte Beinſchienen oder Knemiden (*Χυημις*, lat. ocrae). Auf dem mit einem Sturze (?) d. h. Viſier und Ohrenſpitzen (aufgeklappte Sturmbänder — *παραγαθις*) verſehenen Helme befindet ſich der faſt nur in Dambrettmuſter bei etruskiſchen Helmen vorkommende Kamm (*λόφος* — Apex). Beſonders bezeichnend iſt der runde gewölbte etruskiſche Schild, welcher, wegen der Sichtbarkeit der Finger, als mit zwei Handhaben bezeichnet werden kann. Die einzige Angriffswaffe ſcheint ein Speer geweſen zu ſein.

Theſeus, unbeſchuhet, im Panzer, einer Art lorica, alſo kein Stückpanzer (θῶραξ). Die Seitenteile ſind geſchuppt, nach Art der ſquamata, der Vorderteil aber iſt von oben nach unten, (alſo nicht wie die lorica hamata) geſchient und hat Panzerflügel (πτέρυγες)[1] über Lendenſchurz (ζῶνα). Angeknöpfte Achſelſtücke und Vorderſchurz vervollſtändigen dieſe Rüſtung. — Nach der rotgelben Malerei auf ſchwarzem Grunde eines (vulcentiſchen?) Crater (κρατηρ) v. 5—7. Zeitabſchnitt, alſo v. 600—400 v. Chr. (S. S. 46 der 5. Keramirk. Studie des Verfaſſers. — Sammlung Palagi zu Mailand.

Diomedes (?) welcher dem, die Leiche des Achilles tragenden Aſias folgt. Unbeſchuht, außer Helm (κόρυς) und Beinſchienen (Χνημις) trägt dieſer Krieger einen großen runden Schild (πάρμη) mit dem daraufgemalten Dreibein (triquetra),[2] wohingegen auf den

[1]) Die Chalyber hatten Panzerflügel von Hanfſeilen.

[2]) Später erſcheint das Dreibein als Wappen Alt-Siciliens, weil es ſeiner dreieckigen Geſtalt wegen Triquatrus hieſs. Das ehemalige »Vereinigte Königreich beider Sicilien« oder Neapel, bis 1860 ſelbſtändig, welches in das Gebiet dieſſeits

Schilden der anderen Krieger andere Symbole (Medufenhaupt, Anker u. a.) dargeftellt find, ebenfo wie im Mittelalter die Wappen. Die Triquetra ift auch auf dem Rundfchilde eines Kämpfers vom Vafenbilde den »Tod des Antilochos« darftellend, befindlich (Millingen, Anc. Mon. I, T. 4). — Nach der fchwarzen Malerei auf ziegel-rot-gelbem Grunde eines Lagena (λάγηνος) der gegenwärtig in München befindlichen Sammlung Candelori.

---

der Meerenge (Neapel im eigentlichen Sinne) und das jenfeits derfelben gelegene (Infel Sicilien) zerfiel, hat auch nur vor 1130—94 n. Chr. unter normännifcher Herrfchaft, von 1266—1282 unter der des Haufes Anjou geftanden. Infolge deffen trägt das Wappen Neapels das normännifche Rofs mit dem Dreibein (Alt-Siciliens wegen), fowie die Lilien des Haufes Anjou. Eigentümlicher Weife kommt aber das Dreibein nicht in dem allgemeinem, fehr verwickelten Wappen des vereinigten Königreiches vor, fondern nur auf den Briefmarken deffelben von 1857—1860. Die einer am Fufse des Taurus und am Fluffe Ceftros gelegene Pifidianiften-Stadt Kleinafiens, Selge, zugefchriebenen Münzen zeigen ferner neben einem Speerwerfer, das Triquetra. Selge blieb bekanntlich lange unabhängig und wurde erft von den Römern unterworfen. Aufser den angegebenen beiden Figuren trägt diefe Münze noch: *ΕΣΤΓΕΔΙΙΥ*. Mit Triquetra bezeichnet man aber auch eine aus drei Kreisbogen gebildete myftifche Figur, welche in romanifchen Kirchen vorkommt.

Krieger nach einem Vaſenbilde des Ariſtonophos (Mon. dell' Inst. IX. T. XV), wo das auf dem großen Rundſchilde (πάρμη) mit Viſierausſchnitt des Hopliten befindliche Schildzeichen einen Stierkopf, wie das der vorherigen Abbildung ein Dreibein darſtellt. Derartige Schildzeichen kommen ſchon bei den Griechen zu Homers Zeit vor. Bei den Athenern war es die Eule, bei den Thebanern der Sphinx, bei den Sikoniern das Σ und bei den Lakedämoniern das Λ (lambda Λ, λ). Neun gewappnete im ὁπλίτης δρόμος marſchierende Krieger eines von Gerhard (A. V. 4. 258) veröffentlichten Vaſenbildes haben jeder ein anderes Zeichen auf ihren großen Rundſchilden (Vogel, Antilope, Menſchen- wie Tigerkopf, Verzierungs-Figuren verſchiedener Art).

So iſt auch u. a. in einer Vaſenmalerei Hektor abgebildet, auf deſſen Rundſchild ſich die mehrmal gekrönte Schlange befindet. Auf dem Schilde des Achilles, Vaſenbild, den Kampf um ſeine Waffen darſtellend, iſt das Wahrzeichen eine Art Dreifuß mit zwei oben angebrachten Ringen.

Griechiſches Bronze-Standbild des Mars, wo die Form des Schuppenpanzers mit überhängenden Schulterblättern als Rückenverſtärkung, die eines Helmes mit hoher Zier und Stirnſchirm,

(φάλος), die Einlegung der reich verzierten Beinschienen (κνημις), sowie die zwei Handgriffe des Rundschildes insgesamt besonders deutlich ausgeführt sind. Der Schuppenpanzer (θώραξ λεπιδωτός) stammt aus der nach-homerischen Zeit. — Britisches Museum.

Scythische[1]) (oder nach Herodot Scolotische) Krieger, deren Schutzwaffen aus Helm (κόρυς), Panzer (kein θώραξ), d. h. kein Stückpanzer, sondern dem λεπισωτός) und aus dem Vorderschutz bestehen. Vom Helme hängen lange Streifen als Sturmbänder und Hals- und Nackenschutz (?) herab. Der eine dieser Krieger hat auch an Armen und Beinen mit Ringe verstärkte Lederschutze[2]). Beide sind

[1]) Bekanntlich hatten die Scythen 624—596 v. Chr. Klein-Asien unterworfen.

[2]) Auf einem Vasenbilde (Opferung troischer Jünglinge durch Achilles) sind die phrygische Mützen tragenden Troianer in einer, dieser scythischen ähnlichen Tracht, also als bracatii (Hosentragende) dargestellt. Hose von Hals zum Fuss (bracatus totum corpus).

unbeſchuhet und ſchildlos, ebenſo, wie der unten abgebildete Scythe. Die Angriffswaffen beſtehen aus dem ſcythiſchen Pfeilbogen[1]) und einem kurzen Schwerte ohne Stichblatt. — Nach der rotgelben Malerei auf ſchwarzem Grunde einer valkeniſchen (?) Schale (Calix oder Kylix — κύλιζ) v. 5. bis 7. Zeitabſchnitte (600—400 v. Chr.) S. S. 46 der 5. Keramik-Studie des Verfaſſers. — Muſeum zu Berlin.

Scythiſcher (nach Herodot Scolotiſcher) Krieger, deſſen Schutzwaffen allein aus Panzer, Vorderſchutz, Helm mit Helmzier (κώνος) und Sturmbändern, ſowie aus Bein- und Armſchutzen beſtehen. Er iſt unbeſchuhet. Seine Angriffswaffe ſcheint eine kleine Hammer-Streitaxt, wenn nicht wohl eher der Streithammer zu ſein, welchen man bei den Alten ſonſt nur, wie auch die Streitaxt, in den Händen von Amazonen[1]) abgebildet findet. Gleich dem auf vorherſtehender Seite dargeſtellten Scythen hat dieſer Krieger weder Lanze noch Schild und den bracatus totum corpus. — Nach der Malerei einer Schale (Calix oder Kylix, κύλιξ) v. 5. bis 6. Zeitabſchnitte, alſo 600 bis 400 v. Chr.. (S. S. 116, 5. Keramik-Studie des Verfaſſers). — Muſeum zu Berlin.

---

[1]) In der Jliade Homers (10. Jahrh.) haben Priam und der Groſsvater Sarpedons gegen damit bewaffnete Amazonen gekämpft.

Aſiatiſcher Krieger mit Rundſchild, Beinſchienen und aus gegitterten Spangen beſtehender Panzer und Vorder- und Hinterſchutz, ſowie dem griechiſchen Helm mit Nackenſchutz und Helmſchmuck als Schutzwaffen. Die Angriffswaffen beſtehen aus einem Speere mit Doppelſpitze, wie er nur ſehr ſelten vorkommt und dem innerlich der Klinge ſchneidenden Falx, welcher als der Ahne des abendländiſchen Senſen- oder Krummſchwertes, aber nicht des an der äußeren Krümmung ſchneidigen Säbels und dem ſolchen ähnlichen Copis angeſehen werden kann.

53

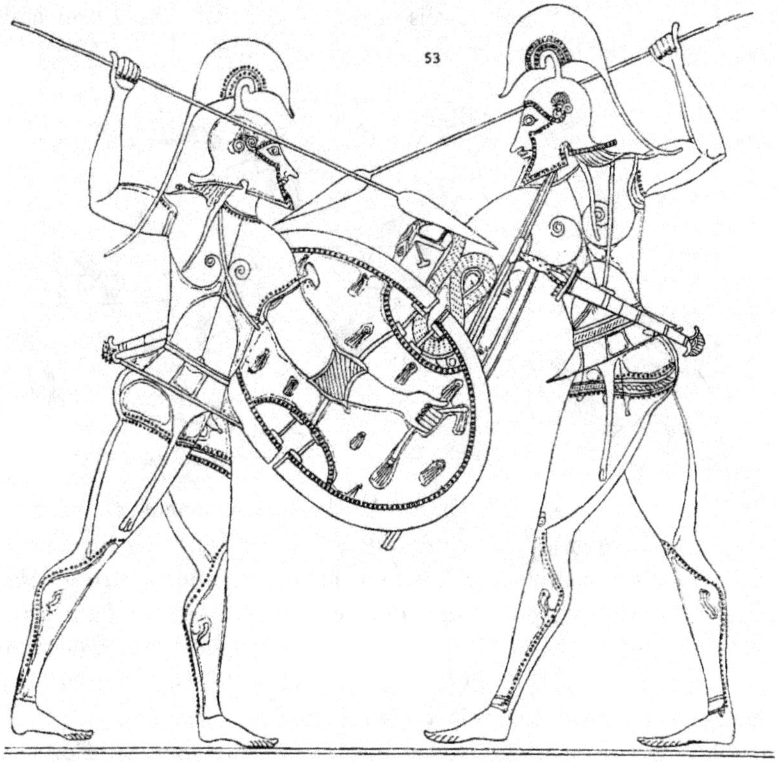

Griechiſche Kämpfer nach einem im Louvre befindlichen, rotbraun auf ſchwarzem Grund ausgeführten Vaſenbilde aus dem 5. Jahrh. v. Chr. Die Schutzwaffen beſtehen aus dem ſog. klaſſiſchen Helme (*αὐλῶπις*) mit hohem Schwanzkamme, vollſtändigem Geſichtsſchutz, vollſtändigem Panzer (*Θώραξ*), Beinſchienen (*κνημίς*) und ovalem hohlgewölbten Schilde mit drei Arm- und Handgriffen. Die Schilde ſind an der Langſeite durch ovale Einſchnitte durchbrochen (böotiſche Schilde). Der ganz runde griechiſche (doriſche oder argiviſche) Schild hat gewöhnlich nur zwei Handhaben. Außer dem Speere (*ἔγχος*, ſpäter *δόρυ*), mit welcher die Krieger ſich behämpfen, ſieht man noch eine zweite Angriffswaffe, das an einem über die Schulter gehenden Tragbande (*τελαμών*) hängende kurze (höchſtens 50 cm meſſende) doppelſchneidige Schwert (*ξίφος*) mit ſpitzem Ort und Handgriff mit Abwehrſtange. Die einſchneidige, an der ſcharfen Seite leicht gekrümmte Waffe nannte man *μάχαιρα* (Meſſer), deſſen ſich beſonders die Spartaner bedienten (ſ. Homer). Arme und Füße ſind nackt.

Da die Schwerter hier auf der linken Seite des Kriegers herabhängen, ſo iſt dies ein Beweis mehr, ebenſo wie die Formen der Helme und Schilde, des hohen Alters der Vaſe.

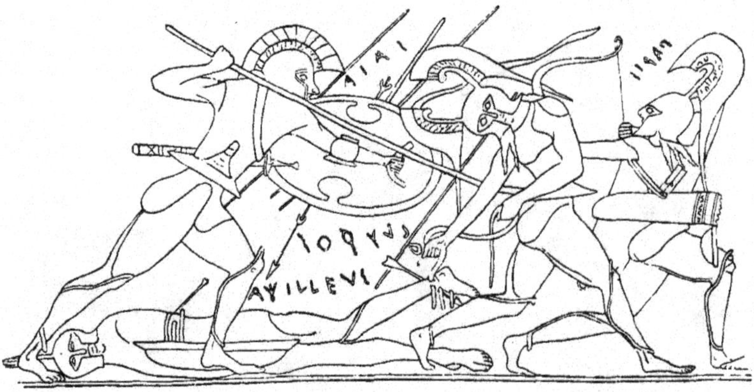

Kampf um den Leichnam Achills. Aus einem chalkidiſchen Vaſenbild. (Böotien). Die Schutzwaffen beſtehen aus den ſogenannten klaſſiſchen altgriechiſchen Helmen mit hohen Helmzieren, den *αὐλῶπις*, welcher das Geſicht gänzlich bedeckte (»galeis abſcondunt ora«), vollſtändigem Panzer (*Θώραξ*), Beinſchienen (*κνημίς*) und ovalen hohlgewölbten Schilden mit zwei Handhaben. Als Angriffswaffen ſieht man Schwerter, Bogen (*βιός τόξον*), Pfeilköcher, Speere, wovon der eine ſtatt der Spitze ein Hakebeil-artiges Eiſen hat, in Form der breiten am Orte ſtumpfeckigen chineſiſchen Seymitare, wie ſolche auch, beſonders während des 15. Jahrh. in Deutſchland verbreitet waren, — alſo dem altrömiſchen Jagdmeſſer (culter venatorius), ſowie auch der römiſchen Machera — μάχαιρα — dem von Iſid. (orig. XVIII, 6, 2) angeführten einſchneidigen Krummſchwert ähnlich.

Nach der Malerei einer chalkiſchen (Chalkis auf der Inſel Euböa) Vaſe wahrſcheinlich vom 5. Jh. v. Chr., wo der Vorwurf ſelbſtverſtändlich nur einem Cykliſchen Dichter entnommen ſein kann.[1])

Griechiſcher Kämpfer nach einem Vaſenbilde v. 5. Jahrh. v. Chr. (?) Glockenhelm mit Nackenſchutz, Sturmbändern und Zier (λόφος) eine Art λόφος. Der mit Schulterblättern und Flügeln (πτέυγες, herabhängende Metallſtreifen zum Schutz des Unterleibes) verſehene Stückpanzer iſt über ledernen Schurz (ξῶμα) angelegt und der zweihändige Rundſchild ohne Viſierausſchnitt zeigt eine Schildfessel (τελαμων). Unter den Beinſchienen befinden ſich bereits Schnürſohlen, κρηπίς, die ſpäteren römiſchen crepidae, auch Soleae, welche nicht mit dem Sandalium (σανδάλυον, σάνδαλον) eine Art Frauenſchuh, wie dies häufig geſchieht, im Namen zu verwechſeln ſind. Das wohl noch zu dieſer Zeit an der linken Seite getragene Schwert fehlt und die breite Speerſpitze iſt dreikantig.

[1]) Wovon Heſiod (IX. Jh.), Peiſondros v. Camiros, Panyaſis v. Samos (V. Jh.) die bedeutendſten waren, welche Homer folgten und die Troja-Sagen vervollſtändigten. Dieſer Kampf um Achills Leichnam mag aber wohl eher nach Arktinos' v. Milet Gedichte dargeſtellt ſein.

Zwei griechiſche Krieger (Patroklos und Achilles) nach dem inneren Bilde der Soſiasſchale aus Vulci (3. Jahrh. v. Chr.). — Muſeum zu Berlin. Es zeigt ſich hier in allen Einzelheiten der Schuppenpanzer (θώραξ λεπιδωτός) mit hängenden Achſelſtücken und Vorder- und Hinterſchutz; ein ebenfalls beſchuppter Helm (κόρυς) mit Nackenſchutz, aufgeklappten Sturmbändern (φάλαρα) und Helmzier (κῶνος); ein Streitkolben (κορύνη, ſ. Homer, Il. VII, 141) und einen Bogen-Köcher, den γωρυτος (der Pfeilköcher hiess φαρέτρα). Die unbeſchützten Füße haben ſoleae in der einfachſten Form.

Hopliten- oder Schwerbewaffneten-Ausrüſtung, nach einem Vaſenbilde vom V. oder IV. Jh. v. Chr. Der »vollſtändige« d. h. »vierſchirmige« Helm (τετράφαλος) hat auf dem Kamm (κύμβαχος) einen befiederten Helmſchmuck (κῶνος), der Stückpanzer (θώραξ) keine Flügel (πτέρυγες, d. h. herabhängende Metallſtreifen zum Schutze des Unterleibes u. d. m.), wohl aber eine Art ledernen Schurz (ζῶμα); der ovale bötiſche Schild zeigt Viſier-Einſchnitte, einen Armträger und einen ganz am Ende befindlichen Handgriff. Eine Schildfeſſel (τελαμών) zum Aufhängen des Schildes über die Schulter ist nicht vorhanden. Die Spitze des Speeres ist blattförmig, die hervorragende Scheidespitze des an der linken Seite hängenden Schwertes breit und abgerundet. Die Füße find unbeschuht, aber die Beine durch Schienen ($\varkappa\nu\eta\mu\iota\varsigma$) geschützt.

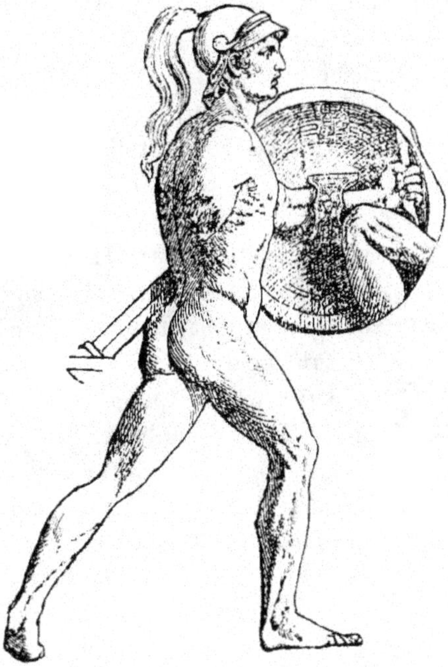

Krieger-Figur von der Hekatengruppe (der Göttin des nächtlichen Mondlichtes), einer Flachbildnerei von Pergamos, auch Pergamon genannt, der Hauptstadt Mysiens (i. nördlichen Kleinasien), gegründet 280 v. Chr. Diese im Museum zu Berlin befindliche Skulptur, welche aus der Regierungszeit des Attalos II. (157 v. Chr.) oder von der des Eumenos II. (198 v. Chr.) tagzeichnet, figuriert hier besonders der Form der links hängenden Schwertscheide und des runden mit zwei Handhaben versehenen Schildes wegen (s. weiterhin die Abb. d. Schilde).

In der Ilias wird auch die Burg von Troja Pergamos geheißen.

Die Athene-Gruppe desselben Fundortes und derselben Zeit zeigt ein ganz ähnlichen Rundschild mit ebenfalls zwei Handhaben.

Nicht alle in Museen und Sammlungen vorhandenen griechischen Helme find im Gebrauch gewesen. Die in sehr dünner Bronze ausgeführten Stücke stammen aus Gräbern und wurden eigens dazu, — wie später auch manchmal im Mittelalter — für äußere Grabdenkmale oder Grabschmuck, angefertigt; ihre Dünne beweist, daß sie nicht im Kriege hätten dienen können.

Die griechischen Angriffswaffen waren das damals an der linken, etwas später an der rechten Seite getragene Hieb- und Stoßschwert ($\xi\iota\varphi o\varsigma$), mit gerader, zweischneidiger, sehr kurzer, quer-

ſtangloſer, aber ſpitzer Klinge und aus der viereckig geformten Scheide; der Speer (*δόρυ*, — bei Homer *ἔγχος*, — welcher bei der ſpäteren Reiterei Alexanders contus — *κόντος* hieß), von 11 bis 12 Fuß Länge und breiter, langer, nach der Dille zu abgerundeter Spitze (*αἰχμή*) mit einer hervorragenden Kante; der Wurfſpieß oder der Javelot, die Javeline (lat. Jaculum, fr. Javelot) mit ſeinem amentum (»*τὸμμα τῶν ἀκοντίων*« genannten, zum Zurückziehen oder zum Werfen dienende Riemen, eine Art langer Pfeil, den die Kämpfenden ſchleuderten und den man bei Römern und Germanen wiederfindet. — Der amentum dieſer auch zum Stoß dienende »Hasta amentata,« war, wie die hier beigefügte Abbildung zeigt,

aus langen Riemen beſtehend, wohingegen der ansatus eines anderen, hasta ansata genannten Speeres, wie derſelbe hier nebenſtehend dargeſtellt iſt, nur ein Handgriff (nodus) war.

Das amentum wurde ſpäter ſelbſt ſo verlängert, daß es nach der Schleuderung oder dem Stoß des Speeres zum wieder an ſich ziehen deſſelben dienen konnte. Es war alsdann an den Oeſen oder Ringen des Hohlkeltes befeſtigt, damit dieſer wenig feſt ſitzende Beſchlag des Speeres ſich nicht von der Stange loslöſte. (S. d. Abbildung der Gallier und Germanen.) Außerdem noch der griechiſche Pfeilbogen d. h. in der gekrümmt-offenen oder Sinus- (*κόλπος*) Form (S. d. röm. Waffen, Nr. 51) mit Pfeilen (*τόξευμα, ὀιστός, ἰός* — lat. ſagitta) und dem breit-doppelſchneidigen Dolchmeſſer (*παραξώνιον*) dem Parazonium.

Hinſichtlich des Stoßſpeeres und des Wurfſpeeres iſt hier wohl die geeignete Stelle, darüber im allgemeinen ausführlich einzugehen, da für dieſe Waffen ſehr verſchiedene Benennungen beſtehen, die oft nichts Begrenztes haben.

Angon (fr., v. lat. uncus Haken), eine Art Halbſpeer, deſſen Eiſen Widerhaken hatte und eine fränkiſche, von den Franken Framea genannte Waffe geweſen ſein ſoll. Agathias II (6. Jahrh.) ſagt, daß, ſobald der Franke ſein Angon geworfen und damit den Schild des Feindes durchdrungen hat, vorſpringt, den Schaft des geworfenen Speeres mit dem Fuße niedertritt und ſo den Schild des Gegners herabzieht, um alsdann den nun Deckungsloſen mit der

Frunciska oder mit dem Ger genannten Stoßſpeere zu töten. Im Franzöſiſchen wird auch der Muſchelhaken, das an beiden Enden mit Widerhaken verſehene Eiſen zum Hervorziehen von Weichtieren aus Felsgrund, Angon de peche genannt. (S. im Abſchnitte der Kriegsmaſchinen den Angon catapaliſtique.)

Contus (κοντός), ein Reiterſpeer, gleich der macedoniſchen Sariſſa, war aber weniger lang. Er war von der griechiſchen und der römiſchen Reiterei angenommen, diente indeſſen auch auf der Jagd.

Falarica, eine, ſowohl im Kriege, wie auf der Jagd gebräuchliche Art Schleuderſpeer. Sie war ſehr lang und hatte unter dreikantiger Spitze eine ſchwere Bleikugel.

Falarica von Sagantus, wovon es mit 3 Fuß langen Eiſenſpitzen (Vergl. Aen. G. 705. 34, 14, 11.) gab, war ein mit Brennſtoff, Pech und Werg u. dgl. m., verſehener Brandpfeil und wurde vermittelſt Maſchinen geworfen.

Obige Framea, ein Stoß- und Wurfſpeer der Germanen, wahrſcheinlich anfänglich mit breiter keltförmiger Spitze.

Ger oder Gehr, Stoß-, auch wohl manchmal Wurfſpeer der Germanen, wovon der Name Germane abgeleitet wird.

Hasta (ἔγχος), im allgemeinen ein römiſcher Speer, deſſen Schaft (μειλινον) gemeinlich, gleich den der mittelalterlichen Speere von Eſchenholz war und ein dreikantiges Eiſen (λόγχη) hatte. Die hasta velitaris für leicht bewaffnetes Fußvolk und die hasta amentata (s. S. 202), d. h. mit Riemen, waren davon Abarten (S. S. 47, 175 u. 177).

Javeline oder Javelot (s. weiter oben).

Inculatum war ebenfalls der Name des Wurfſpießes und lonche das ſpitze Eiſen daran.

Lancea, wohl ähnlich dem oben angeführten Speer der Griechen (λόγκη), wovon aber weder eine autentiſche Abbildung und ganz und gar kein Exemplar mehr vorhanden iſt. Die Lancea ſcheint mit dem Contus Ähnlichkeit gehabt zu haben, diente indeſſen ſowohl zum Stoß wie zum Wurf und hatte einen Nodus genannten Riemen.

Pilum (ὑσσός), die bekannte 2 Meter lange National-Waffe des römiſchen Fußvolkes, welche oben aus einer 1 m 20 cm langen eiſernen Stange (ſ. Nr. 41, die röm. Waffen) und einem Holzſchaft beſtand (ſ. No. 12 d. Legionär), an welchen der zwiſchen Wulſte befindliche Handgriff faſt dieſelbe Form wie an den Turnierſpeeren des Mittelalters hatte.

Sariſſa (σάρισσα), der 5—6 Meter lange Speer der macedoniſchen Phalanx. (Die Speere der deut. Landsknechte maßen 7—8 m.)

Spiculum (*σαυρωτήρ, οὐρίαχος, στύραξ*), ein $3^1/_2$ Fuß langer Speer, war ſpäter gleichbedeutend mit Pilum, bezeichnet aber anfänglich auch nur den dicken Teil eines Speerſchaftes. ſowie den Widerhaken eines Pfeiles.

Von dieſer den Griechen unbekannten römiſchen Waffe iſt kein vollſtändiges Exemplar mehr vorhanden, denn das im Muſeum zu Kiel befindliche iſt fränkiſcher Herkunft. Das fränkiſche Pilum war dem römiſchen ähnlich, nur mit dem Unterſchiede, daß die Spitze Widerhaken (lat. adunca oder hamata) zeigte, welche unter Auguſtus auch von den Römern ſollen angenommen (?) ſein. (S. 58 und S. 201 die Angabe des Agathias hinſichtlich des Zweckes der Widerhaken des Angon, und des kleinen Pilums mit Widerhaken, was wohl auch auf das fränkiſche große Pilum anzuwenden iſt.) Das hier vorher angeführte Spiculum war das unter Hadrian (117 bis 138 n. Chr.) einen halben Fuß verkürzte Pilum. Cäſar erwähnt auch ein Mauerpilum (pilum murale), wohl wahrſcheinlich das von Polybios angeführte, 9 Fuß lange.

Trajula oder Jacula, kleiner Wurfſpieß des leichten römiſchen Fußvolkes, der Veliten. Auch eine Art Wurfgeſchoß der Kriegsmaſchine, wurde Trajula; und wie das Wurfnetz der Gladiatoren, Jaculum genannt.

Veruculum (*ὀβελίσκος*) hiess der kleinſte der beiden vom römiſchen Fußvolke getragenen Wurfſpeere. Der Beſchlag daran unterſchied ſich vom Verutum durch ſeine dreikantige Spitze. Das Veruculum maß 3 Fuß, die Spitze davon 5 Zoll.

Verutum oder veru (*σαύνιον*), ein ſehr ſpitzer kleiner Wurfſpeer, welchen das römiſche Fußvolk von den Samniten entlehnt hatte. Das Eiſen daran war lang und rund, wie der Bratſpieß, deſſen Namen er trug.

Hinſichtlich der ſchon bei den Griechen vorkommenden Fahnen-Schilde ſind im Abſchnitte der Fahnen davon Abbildungen gegeben.

Obſchon die Griechen anfangs keine Reiterei hatten, ſo kannten ſie doch das Reiten, ja daſſelbe muß ſchon zu Homers Zeiten kunſtartig zur Ausbildung gelangt ſein.[1])

---

[1]) Dies geht aus Ilias XV. 679 ff. hervor. — Drei Stellen des Homer beweiſen, daſs die alten Griechen zu reiten verſtanden: Odyſſee V, 371: *αὐταρ Ὀδυσσεὺς ἀμφ' ἐνὶ δούρατι βαῖνε, κέληθ' ὡς ἵππον ἐλαύνων* „er klammerte ſich mit den Füſsen um einen Holzbalken wie einer, der dahinjagt, ein Kunſtreiterpferd." Ilias X, 513: *καρπαλίμως δ' ἵππων ἐπεβήσετο* »er (Diomedes) beſteigt das eine der Roſſe« (cf. 499). Das andere Roſs beſteigt Odyſſeus, was zwar nicht geſagt iſt, aber

Der Bogen (*βιὸε, τόξον*) war zu Homers Zeiten eine Lieblingswaffe der Anführer und Fürften felbft, — fpäter wurden damit nur die leichten und die Hilfstruppen bewaffnet und in noch fpäteren Zeiten (400 v. Chr.) fügten fie ihren Heeresabteilungen noch die Schleuderer und Reiter hinzu.

Die Spartaner follen ftatt des geraden Schwertes Krummfchwerter oder Säbel (*μάχαιρα*) getragen haben, wovon wahrfcheinlich der fpätere Copis (*κόπις*) abftammt.

Seit dem indifchen Feldzuge Alexanders wurden auch bewehrte und beturmte Elephanten im Macedonifchen Heere eingeführt.

Griechen wie Römer kannten damals weder Sattel noch Steigbügel; fie faßen auf einem Kiffen (ephippium). Die erfte Erwähnung des Sattels gefchieht unter Theodofius im 4. Jahrhundert n. Chr., wo eine Vorfchrift das Gewicht desfelben für Poftpferde auf 30 kg als Maximum beftimmt.

Bezüglich der etrurifchen und famnitifchen Waffen ift noch zu bemerken, daß fie fich in drei Unterabteilungen ordnen laffen, nämlich in die, welche unter phönicifchem Einfluß (afiatifche Waffen) entftanden find und fogar älter als die griechifche Gefittung zu fein fcheinen; in diejenigen, welche aus der Zeit der griechifchen Anfiedelung ftammen, und endlich in diejenigen, welche nicht weiter als bis zur latinifchen Epoche, kurze Zeit vor der Eroberung Etruriens durch die Römer zurückgehen.

Die griechifchen Waffen haben mit den etrurifchen zufammen behandelt werden müffen, da aus der frühen Periode von den letzteren wenig mehr vorhanden ift und es daher unzuläffig gewefen wäre, fie getrennt vorzuführen.

1

1. Griechifche Kämpfer, nach einer bemalten Vafe, im Louvre. Die Krieger tragen Helm mit Kamm, Panzer und Schild, aber nur der eine Knemiden. Speer und Schwert bilden ihre Angriffswaffen.

aus dem Verfe 541 *καί ῥ' οἱ μὲν κατέβησαν* (f. S. 38) *ἐπὶ χθόνα, τοὶ δὲ χαρέντες* hervorgeht. Ilias XV 679 ff.: „*ὡς δ' ὅτ' ἀνὴρ ἵπποισι κελητίζειν εὖ εἰδώς*“ »fo wie ein Mann, der fich auf Kunftreiterei verfteht u. f. w.« Das Reiten wurde alfo entweder als Kunft, oder im Notfalle geübt.

2

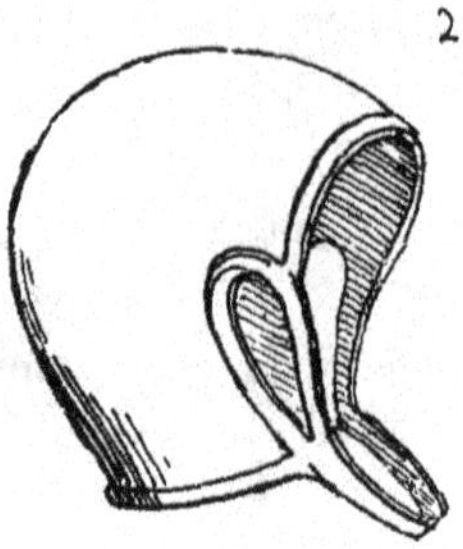

2. Griechiſcher Helm, kataityx genannt, wahrſcheinlich von Leder und aus dem 8. Jahrhundert v. Chr. herrührend, nach einem Bronzeſtandbildchen des Diomedes. Dieſer Helm hat keinen Kamm, aber Sturmbänder und ſcheint die älteſte Form zu kennzeichnen.

3

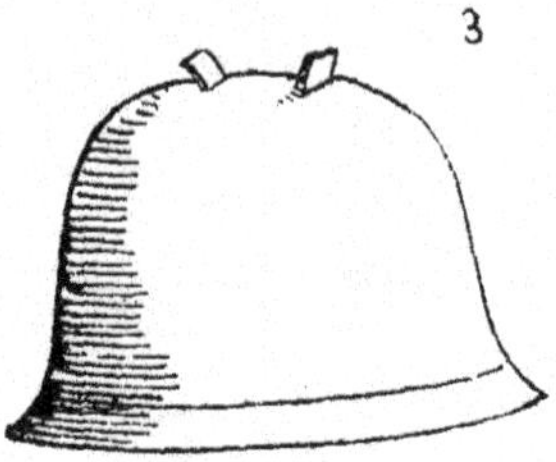

3. Etruriſcher Helm aus Bronze und dem erſten Zeitabſchnitt zugeſchrieben. — C. 1 im Artillerie-Muſeum zu Paris. — Es iſt jedoch ein ähnlicher Helm auf dem germaniſchen Gräberfelde zu Hallſtadt gefunden worden, deſſen Grabſtätten nicht weiter als bis zum Anfang unſerer Zeitrechnung zurückgehen.

4.

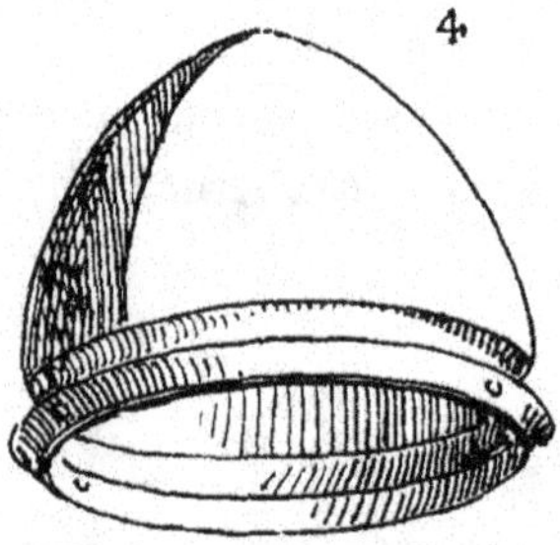

4. Etruriſcher Helm aus Bronze, im Louvre aufbewahrt. Er wird gleichfalls den archaiſchen Zeiten zugeſchrieben. Ähnliche Exemplare befinden ſich noch im Artillerie-Muſeum zu Paris (C. 2), in den Muſeen zu Berlin, Turin (Nr. 340), Mainz (Nr. 380), im Tower zu London und in der Samml. Zschille.

5

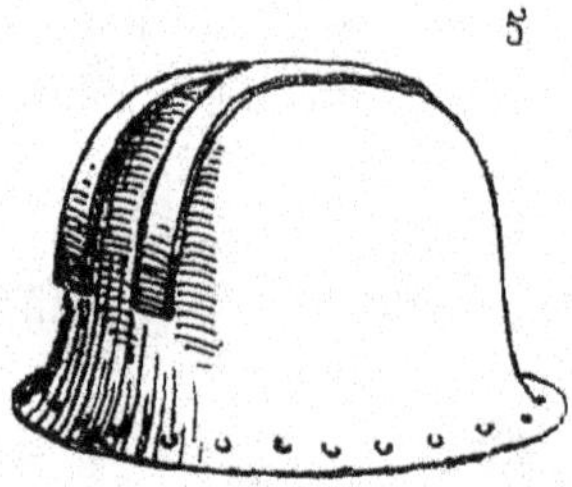

5. Helm aus Bronze, den Umbriern[1]) zugeſchrieben, im Muſeum zu St. Germain. Ein ähnliches in den germaniſchen Gräbern von Hallſtadt gefundenes Exemplar befindet ſich in dem Antiken-Kabinet zu Wien und ein anderes, zu Steingaden in Bayern gefundenes, im Muſeum zu Augsburg.

[1]) Die Umbrier waren ein mächtiges Volk in Mittelitalien, dann durch die Kelten und andere Stämme beſchränkt. Der Meinung einiger moderner Geſchichtsſchreiber entgegen wird wohl dieſes Volk weniger alt als das etruriſche geweſen ſein.

6

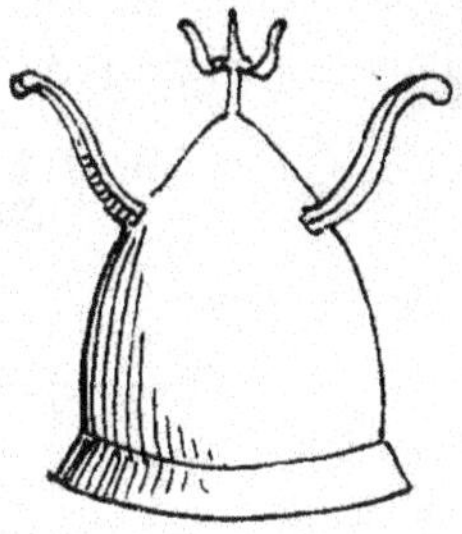

6. Etruriſcher Bronzehelm mit Antennen (nach antennae — Schiffsrahen) einer hörnerförmigen Zier. Exemplare im Louvre-Muſeum, in Mainz, Karlsruhe und Pariſer Artillerie-Muſeum, ſowie im Pariſer Medaillen-Kabinet, wo dieſer Helm Goldverzierungen hat.

7

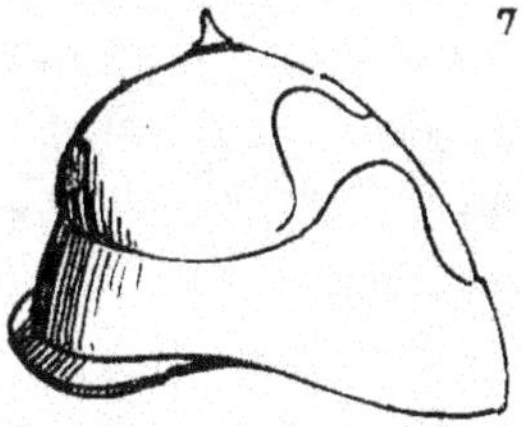

7. Etruriſcher archaiſcher Bronzehelm mit darauf figuriertem Viſier, ähnlich dem beweglichen Viſiere der Helme des chriſtlichen Mittelalters.

8. Griechischer Bronzehelm mit Inſchriften. — Britiſches Muſeum.

8

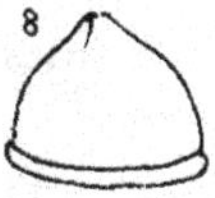

8

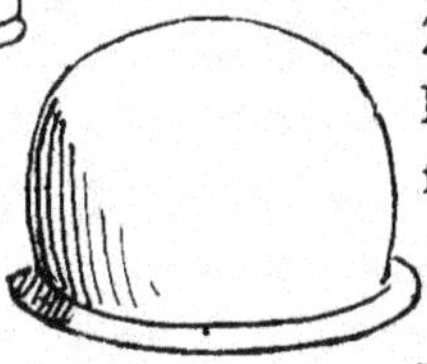

9. Griechiſcher Bronzehelm eines Hopliten[1]), nach einem antiken Standbilde. Ähnliche Exemplare befinden ſich in den Zeughäuſern zu Turin (Nr. 341), Berlin, Mainz, Goodrich-Court, Sammlung Witgenſtein, früher in Walluf am Rhein, Muſeum zu Karlsruhe und in dem Artilleriemuſeum zu Paris. Ein derartiger Helm im Britiſchen Muſeum iſt mit griechiſchen Inſchriften verſehen. Die venezianiſchen Keſſelhauben des 15. Jahrhunderts ſtreben die Form dieſer Waffe an. Ein ähnlicher Helm iſt auch in Steingaden bei Hohenſchwangau in Bayern geſunden worden. (Muſeum zu Augsburg.)

9

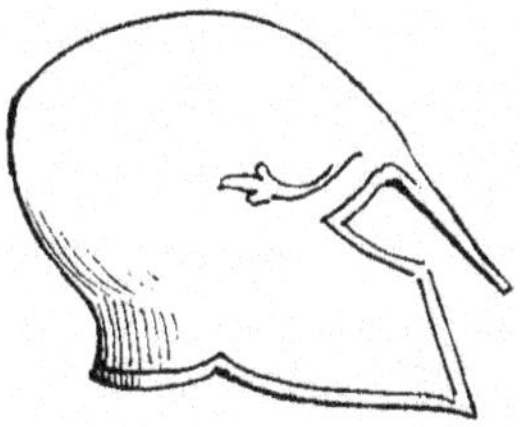

9a. Griechiſcher Helm nach einer Marmor-Flachbildnerei des Apollo-Tempels zu Phigaleia in Arcadien, Kämpfe zwiſchen Griechen und Amazonen darſtellend. — Britiſches Muſeum.

[1]) Soldat der regulären, vollſtändig bewaffneten Truppe, nach dem griechiſchen hoplon, Verteidigungswaffe.

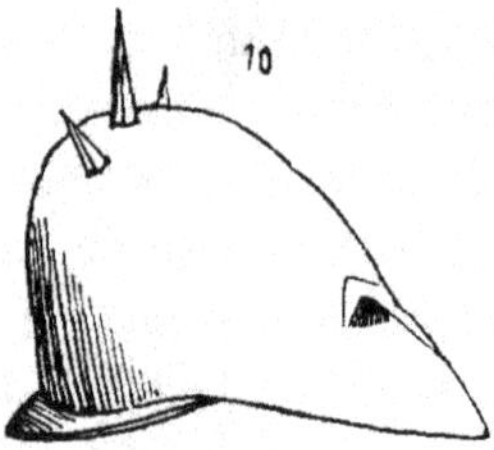

10. Griechischer Bronzehelm mit Stachel-Antennen im Zeughaus zu Turin. (S. den Helm Nr. 6.)

11. Griechischer, das Gesicht gänzlich bedeckender Bronzehelm (αὐλῶπις) im Museum zu Mainz und Karlsruhe. Ein bewunderungswürdiges Stück, wo die getriebene Arbeit zwei kämpfende Stiere darstellt. Er ist oben mit Antennen (ἐπύκριον) und einem Federbuschhalter versehen. Sammlung Zschille ähnliches Exemplar.

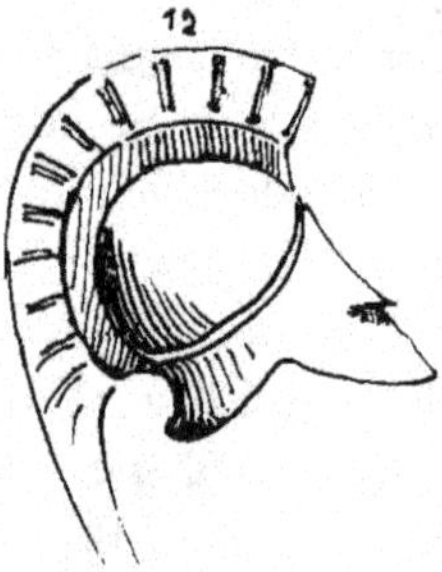

12. Altgriechischer Helm der Heroenzeit, nach einer bemalten etrurischen Vase im Louvre. Es ist dies die Form des griechischen Helmes, die man als die vorzugsweise klassische bezeichnen kann und an einer großen Anzahl von Bildwerken wiederfindet, wovon aber kein Exemplar bis auf uns gekommen ist. Der Helmschmuck (κῶνος) scheint eine Befiederung (crista) von Pferdehaar zu haben.[1])

13

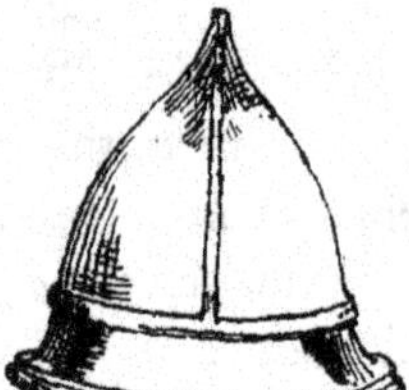

13. In Tirol gefundener Bronzehelm mit Gravierungen, wahrscheinlich etrurisch.

14

14. Etrurischer, in Apulien gefundener Bronzehelm, mit Sturmbändern (Wangenklappen, παραγναθίς, jugulae oder buccu-lae) und Stirnschirm — φάλος. — Museum zu Karlsruhe. (S. den ähnlichen römischen Helm: Nr. 11.)

---

[1]) Die vollständigsten griechischen $^1/_2$ Ko. wiegender Helme waren die Vierschirmigen (τετράφαλος).

15

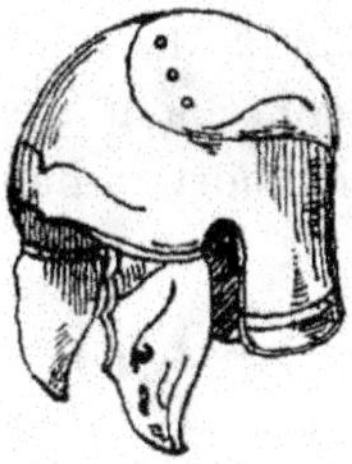

15. Etrurischer, in Etrurien gefundener Bronzehelm mit greifförmigen Sturmbändern (παραγαθίς). — Museum zu Karlsruhe.

16. Etrurischer, in Etrurien gefundener Bronzehelm ohne Sturmbänder und wahrscheinlich aus archaischer Zeit stammend. — Museum zu Karlsruhe.

16

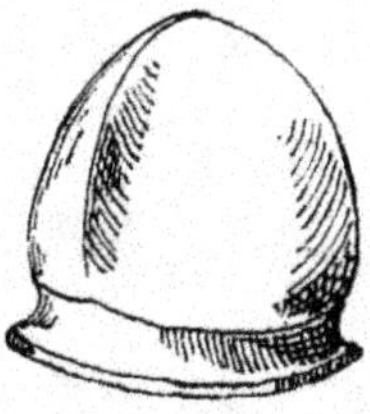

17. Altgriechischer Helm der Heroenzeit, nach den Malereien einer sogenannten etrurischen Vase im Louvre-Museum; die Form ist selten und äußerst kunstvoll. Der Helmschmuck κῶνος, welcher eine Art Adler darstellt, scheint mit Roßhaaren λόφος verziert zu sein.

17

18

18. Altgriechischer Helm, nach einem antiken Standbilde. Der Helmschmuck (κῶνος) ist mit bürstenartig gestutztem Kamm (λόφος) von Roßhaaren besetzt und die Glocke mit reichen Verzierungen in getriebener Arbeit bedeckt. Kann auch römisch sein.

18a

18a. Griechischer Helm mit Nackenschutz, (praesidium cervicis?) nach einem Riesenstandbildkopf der Athene. Außer der Helmzier befinden sich auf beiden Seiten die der Göttin geweihte Eule. — Britisches Museum.

19

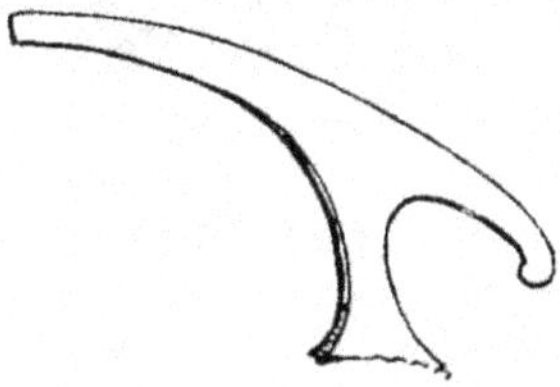

19. Griechischer Helmschmuck (κῶνος — apex) aus Bronze, in einem Grabe gefunden. — C. 13, Artillerie-Museum zu Paris. Man vergleiche, wegen ähnlicher Bildung, den assyrischen Helm unter Nr. 32, S. 166.

20

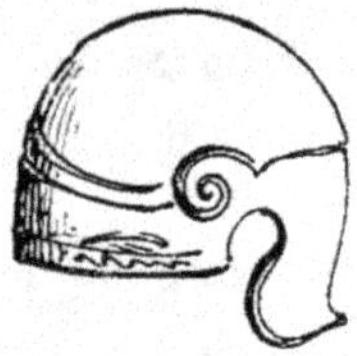

20. Griechiſcher Helm aus Bronze, mit Nackenſchutz. H. 6 Artillerie-Muſeum zu Paris. — Dieſer Helm ſcheint einem Reiter aus der Zeit des Verfalls angehört zu haben. (S. Nr. 30 der römiſchen(?) Helme.)

21

21. Griechiſcher Bronzehelm mit Sturmbändern *παραγαθίς* aus Bronze. — C. 8 Artillerie-Muſeum zu Paris.

22

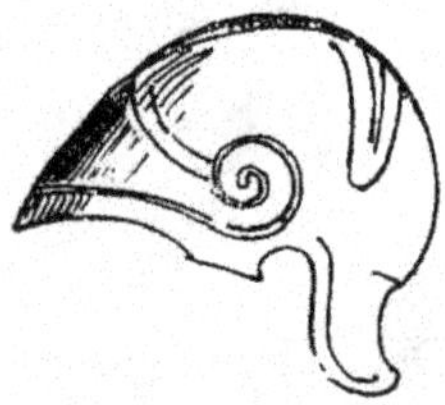

22. Griechiſcher Reiterhelm aus Bronze, mit Nackenſchutz und Helmzierträger — *κῶνος*. — H. 1 Artillerie-Muſeum zu Paris. Dieſer Helm gehört der Verfallzeit an.

22 Bis.

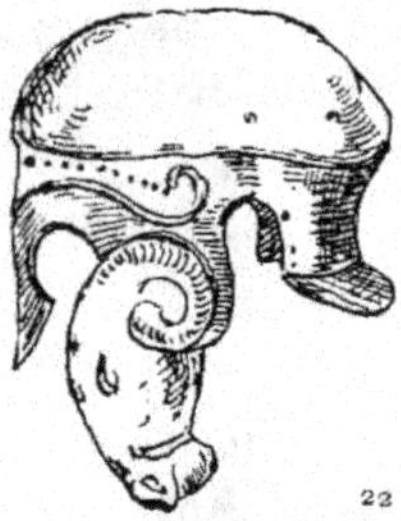

22. Bis. Griechiſcher zu Lokri, in Unteritalien gefundene vierschirmiger (*τετράφαλος*) Bronzehelm. Die Sturmbänder haben die Geſtalt eines Widderkopfes.

22 Ter.

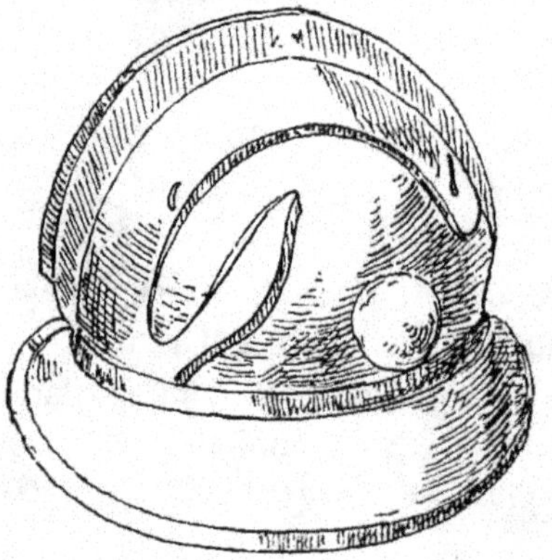

22. Ter. Griechiſcher Bronzehelm in Glockenform mit Verſtärkungsbügel — Fundort Olympia.

23

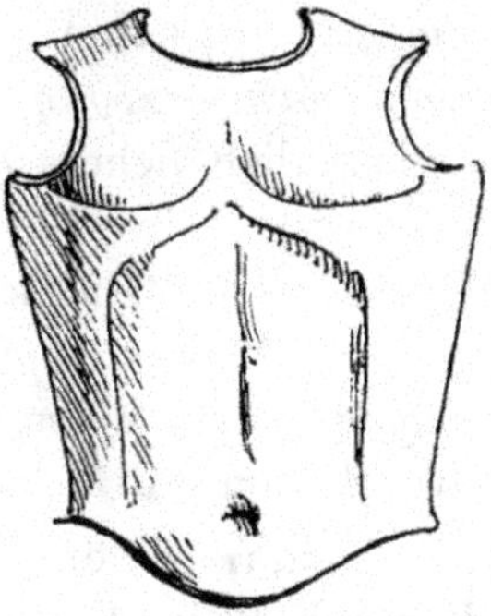

24

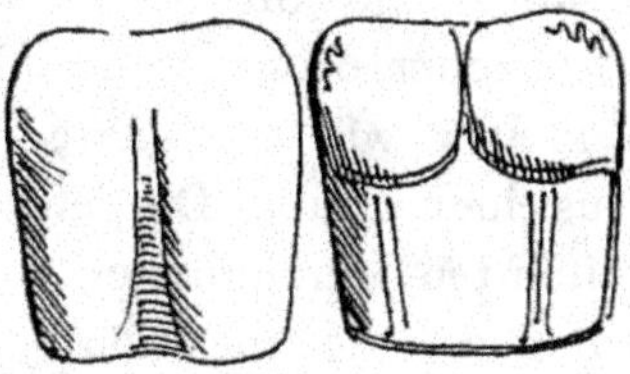

24 Bis.

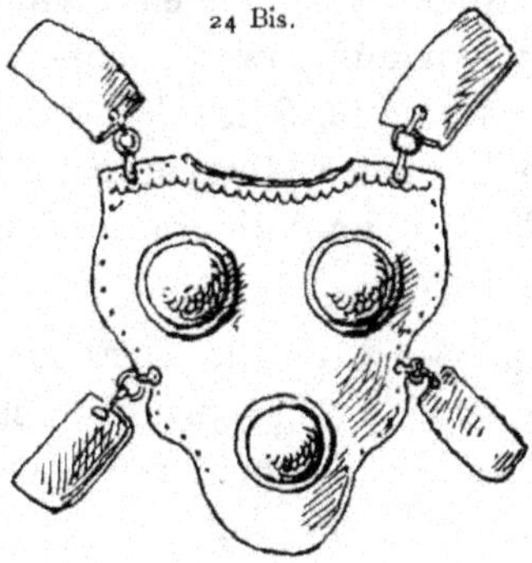

25

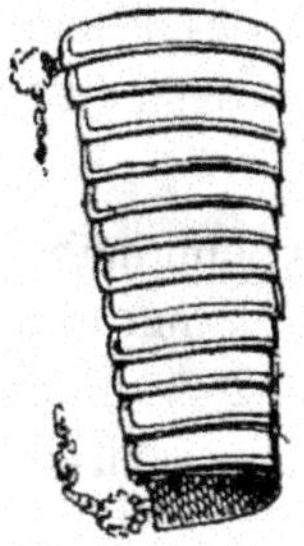

23. Bruſtplatte [1]) eines etruriſchen Stückpanzers — γυαλοθώραξ oder θώρηξ aus einem einzigen getriebenen Stücke beſtehend, deren Flachbildnerei die Teile des menſchlichen Oberkörpers ausgeprägt darſtellt. Sie ſtammt aus einem etruriſchen Grabe und befindet ſich im Muſeum zu Karlsruhe. — Das Artillerie-Muſeum zu Paris beſitzt einen Abguß derſelben. C. 17. Ähnliche ſind in einem Grabe zu Paeſtum gefunden worden.

24. Vollſtändiger griechiſcher Stückpanzer θώρηξ altgr. γύαλον, aus Bronze [1]), aus einem Grabe bei Neapel.

24. Bis. γύαλα — ἡμιθωράκιον — καρδιοφύλαξ — pectorale Bruſtplatte eines griechiſchen Stückpanzers (θώρηξ) mit 3 Buckeln, welcher wohl ohne Rückenplatte getragen worden iſt. Dieſe Schutzwaffe hat Ähnlichkeit mit den perſiſchen, mehr noch mit den türkiſchen Janitſcharen-Panzern v. XVI. bis XVII. n. Chr., welche weiterhin im Abſchnitt der Panzer abgebildet ſind. — Muſeum zu Karlsruhe.

25. ψέλλιον oder ψέλιον — Brachiale, armilla militaris, bronzener, griechiſcher (?) Waffenärmel, wie man denſelben auch bei Völkern der nordiſchen Gegenden, aber meiſt da aus Draht und in Schlangenwindung antrifft (ſ. d. germaniſchen und däniſchen weiter hin abgebildeten) — Sammlung von Bonſtetten bei Bern.

[1]) Mit pectorale — ἡμιθωράκιον, καρδιοφύλαξ, γύαλον — bezeichnete man ohne Unterſchied die Bruſt- wie die Rückenplatte.

26
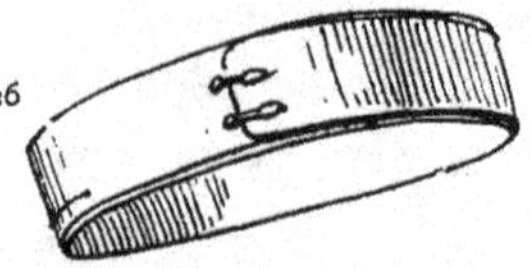

27a
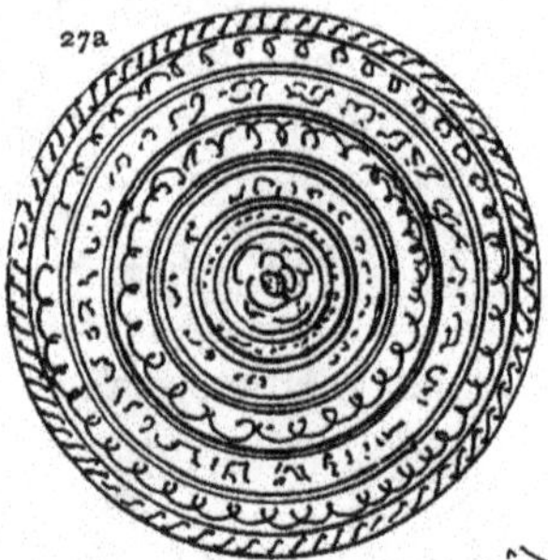

27b

28
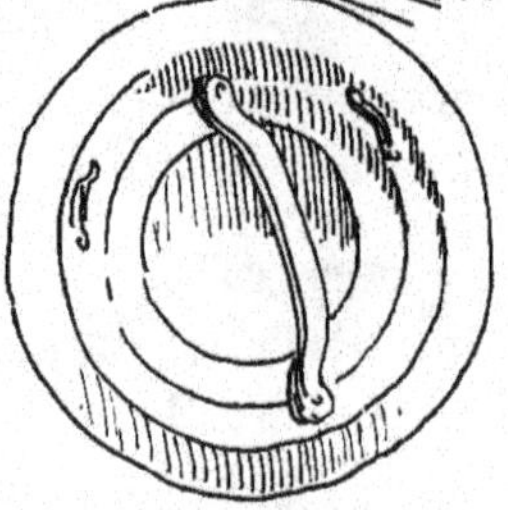

29

26. Griechiſcher Soldaten-(Hopliten)-gürtel ζωστήρ — μίτρα, cingulum mit Schließvorrichtung περόνη — κόρπη — ἐντή, fibula, bei äußerlich ſichtbaren Schnallenzungen — acusti, fr. ardillons zona ζώνη — hies bei den Griechen der obigen ähnliche aber den Panzer mit dem Schurz — ζῶμα — verbindende Gürtel. Nr. 372 im Muſeum zu Mainz.

27. πάρμη — parma, gewölbter, gewöhnlich 3 bis 4½ Fuß im Durchſchnitt meſſender und oft 30 Pfund wiegender, etruriſcher, bronzener Rundſchild, alſo kleiner wie der ἄσπις — clipeum. Aus einem Grabe. Die getriebenen und ciſelirten Verzierungen der Kreislinien bieten eine merkwürdige Arbeit, aſiatiſch-phöniciſchen Charakters, welcher darauf hinweiſt, daß dieſe Waffe der erſten etruriſchen Periode angehört. Im Britiſchen Muſeum; ein Abguß unter Nr. G. 9, im Artillerie-Muſeum zu Paris.

28. πάρμη — parmula (?) ein noch kleinerer, etruriſcher nur 30 cm durchmeſſender Rundſchild aus Bronze und von der innern Seite mit ſeiner nur einen Handhabe dargeſtellt, Muſeum zu Mainz. Das Artillerie-Muſeum zu Paris beſitzt einen Abguß desſelben unter der Nr. C. 22.

29. Griechiſcher Schildnabel (ὀμφαλός — umbo)[1]; mißt 25 mm und iſt in der Umgegend von Mainz gefunden worden, in welcher Stadt er auch aufbewahrt

[1]) Der griechiſche oder etruriſche Rundſchild hatte gewöhnlich zwei, manchmal ſelbſt drei Handhaben; die eine im Mittelpunkte war für den Arm, die andere, am Rande, für die Hand beſtimmt. Auſserdem war er mit einem Riemenbande, der Schildfeſſel

wird. Das Artillerie-Muſeum zu Paris beſitzt einen Abguß davon unter der Nummer C. 22.

Peltasta — πελταστής — d. h. mit der pelta — πέλτη — dem halbmond- oder mondſichelförmigem Schilde Bewaffneter. Auch hier ſind zwei Bügel, einer für den Arm, der andere für die Hand. Ersterer befindet ſich im Mittelpunkte des Schildes. Der Speer iſt an jedem Ende beschlagen, alſo oben mit dem αἰχμή, cuspis, und unten mit dem Speerſchuh σαυρωτής — spiculum der Römer. Nach einem athenischen Vasenbilde. — (Skyphos — σκύφος — Henkelkump.)

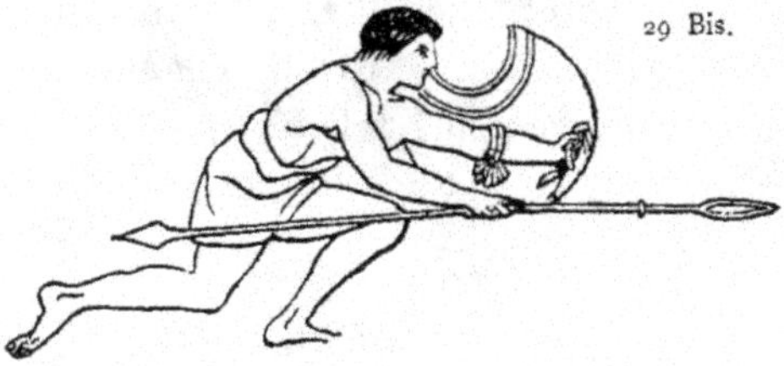
29 Bis.

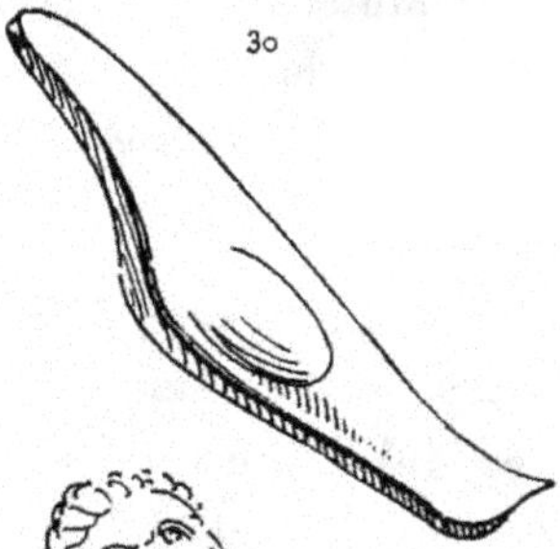
30

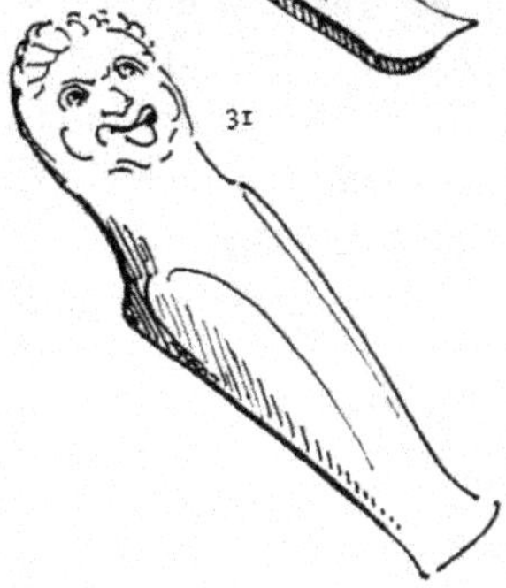
31

30. Bronzene κνημίς, Beinſchiene (ocrea der Römer) eines griechiſchen Reiters, 45 cm lang. C. 22 im Pariſer Artillerie-Muſeum. Der hintere Teil des Beines blieb hier ſchutzlos. Ein mit ſolchen Knemiden Gerüſteter hieß ocreatus — εὐκνημίς (S. Homer.) Bei den Griechen ſoll es aber auch Doppel-Knemiden gegeben haben, die ſowohl die Wade wie den Vorderteil des Beines ſchützten und wozu auch wohl ſtatt der Bronze Zinn verwendet wurde. (S. 196 Homer.) Dem Verfaſſer iſt aber keine Abbildung dieſer Doppel-Knemiden bekannt.

31. Andere bronzene Knemide eines etruriſchen Reiters, 50 cm lang.

(τελαμών — ſ. S. 199) verſehen, um über den Rücken gehängt werden zu können. Bei den ovalen Schilden trifft man oft die drei Handhaben an (ſ. S. 197). Clipeus und clipeum (ἀσπις) war der beſonders für das ſpätere Fuſsvolk geeignete Rundſchild, welcher auch unter Servius bei den Römern mehr allgemein in Gebrauch kam. Der älteſte griechiſche wie der hier abgebildete etruriſche Schild hatte anfänglich nur einen Handgriff, wie auch die Schilde aller faſt morgenländiſchen Völker. Allmählich erſt fand der mit zwei und ſelbſt mit drei Bügeln verſehene Schild, welchen die Griechen den Karern zuſchreiben, Verbreitung. Vom VI. Jh. ab war der zweibüglige Schild in allen griechiſchen Staaten im Gebrauch.

Mufeum zu Karlsruhe. Das Mufeum zu Mainz befitzt eine ähnliche und das Parifer Artillerie-Mufeum einen Abguß unter Nr. C. 16. Die unbeweglichen Kniefcheiben ftellen Löwenköpfe dar. Das Bein blieb an feiner hintern Seite auch hier ungefchützt.

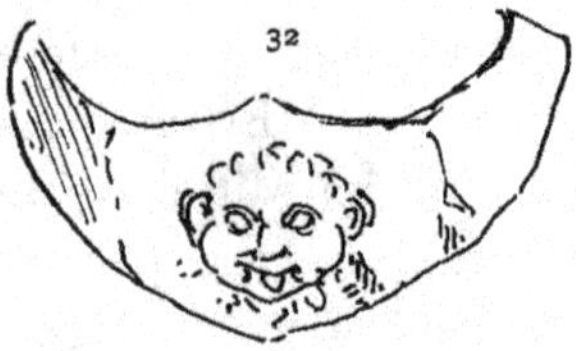

32. Etrurifcher Pferdebruftharnifch aus Bronze (lat. antilena aenea (?). In den Mufeen zu Karlsruhe und Mainz, Abguß Nr. C. 15 im Parifer Artillerie-Mufeum.

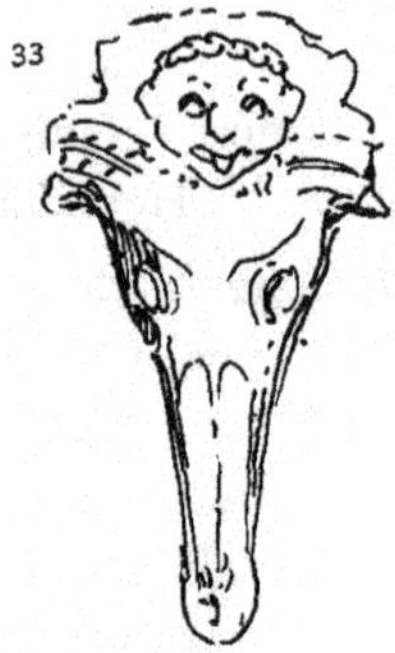

33. Etrurifches Pferdeftirnblech (nl. camus, auch, wie der Zaum, frenum, fr. chanfrein) aus Bronze. — Mufeum zu Karlsruhe, Mainz und Abguß Nr. C. 18 im Parifer Artillerie-Mufeum. Die Nummern 31, 32 und 33 fcheinen derfelben Mannes- und Pferderüftung angehört zu haben.

33 Bis. Griechifcher Pferdezaum — *χαλινός* — frenum — mit Stirnblech (nl. camus recte frenum, fr. chanfrein) und dem auf der Stirne aufgerichteten Haarbüfchel (lat. cirrus in vertice). Der Bruftriemen (lat. antilena) trägt hier einen Zeugbehang.

34. *Ξίφος* (poetifch *ἄορ*), kurzes fpitzortiges griechifches Schwert ohne Stichblatt mit plattem Griff (*κώπη, λάβη*) aus Bronze, 47 cm, Nr. 348, Mufeum zu Mainz.

Das einfchneidige noch kürzere (*μάχαιρα* — machaera) griechifche Schlachtmeffer war dem S. 173 abgebildeten chinefifchen Seymitar, welcher auch als griechifche Speerklinge (f. S. 196) figurirt, eben fo wie dem römischen culter venatorius ähnlich. Vom *μάκαιρο*, dem spartanischen Säbel, welcher wie der römische

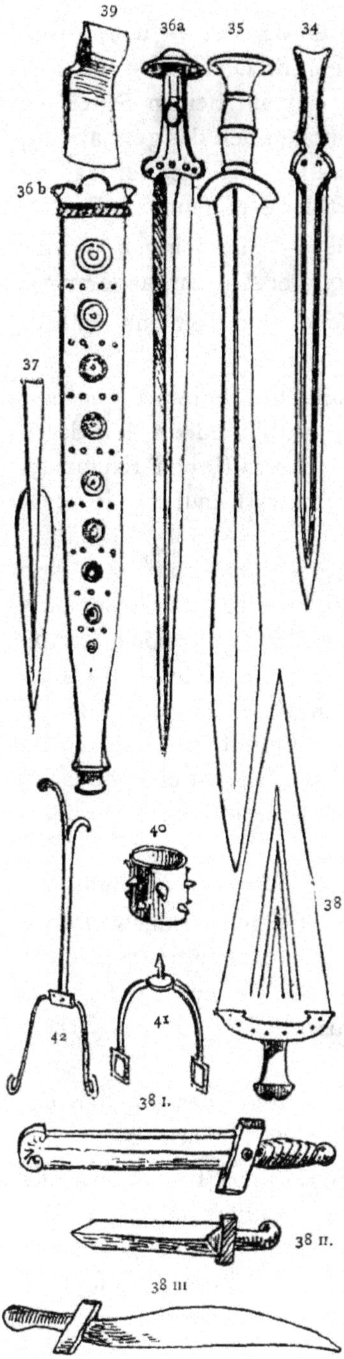

copis — κόπις und der spätere morgen- wie abendländische Säbel auch die Schneide (acies) an der äusseren und nicht wie der ensis falcatus (S. Ovid. Mel. I, 718, IV, 726) und wie die supina der Thraces (Gladiatoren) an der inneren Krümmung hatte, ſ. die Abbildung weiterhin.)

35. σπάθη, längeres griechiſches ſpitzortiges Schwert ohne Stichblatt aus Bronze, 78 cm lang, C. 18 im Artillerie-Muſeum zu Paris.

36 a und b. Sogenanntes gallo-griechiſches Bronze-Schwert mit ſpitzem Ort und ohne Stichblatt, 60 cm lang mit ſeiner gleichfalls aus Bronze beſtehenden Scheide (ξιφοθήκη), im Arrondiſſement d'Uzès gefunden. — B. 19 im Artillerie-Muſeum zu Paris.

Alle dieſe nicht langen Schwerter (ξιφοθήκη) ſind mit Griffen (κώπη) ohne Abwehrstange (κνώδων) und mit ſpitzen Orten (mucro) verſehen. Mit mucro wird auch oft im Lat. das vollständige Schwert bezeichnet.

37. Bladförmige Wurf-Pfeilſpitze aus Bronze (αἰχμή) wahrſcheinlich griechiſcher Herkunft, in einer Torfgrube bei Abbeville (Somme) gefunden. — B. 23 im Pariſer Artillerie-Muſeum. Im Muſeum zu Mainz eine gleiche Pfeilſpitze unter Nr. 349.

38. Antiker Dolch aus Bronze, παραζώνιον — parazonium genannt gleichermaßen bei den Griechen und Römern (als Waffe der Centurionen) im Gebrauch, welcher nicht mit der

μάχαιρα — der Machera noch mit der *ξίφος*, der ligula, einem kleinen Schwerte der retiarii zu verwechſeln iſt. Dieſes parazonium mißt 42 cm. Das römiſche Parazonium hat auf beiden Seiten der Klinge Blutrinnen, was weder das griechiſche noch das germaniſche, d. h. die ſogenannte Ochſenzunge aufweiſt. Die Secespita, ein Opfermeſſer hatte dieſelbe Form. — Artillerie-Muſeum zu Paris.

38 I. Spätgriechiſches Schwert *ξίφος* — poetiſch *ἄορ* — mit ſtumpfortiger Scheide *κολεός* und kurzer,querer Abwehrſtange *πτέρυξ*.

31. II. Kurzes, ſpitzortiges, griechiſches Schwert mit einſeitig gebogenem Knauf. — Vaſenbild.

38 III. Einſeitig ſchneidendes ſpartaniſches Schwert, *μάχαιρα*, welches wie der römiſche cop.s zu den Vorfahren des Säbels gehört, da es wie dieſer die Schneide auf der äußeren Krümmung und nicht, wie das Krumm- oder Senſenſchwert, auf der inneren Krümmung hat.

38 IV

38 IV. *Χίφος* — poetiſch *ἄορ* — griechiſches Schwert, welches mit ſeiner querliegenden Abwehrſtange (*κνώδων*, *πτέρυξ* — mora) wie mit der Klinge (lamina) ganz und gar in einer Scheide (*κολεός*, *ξιφοθήκη* — vagina) und umwundener Griff — *κώπη* eingeſchloſſen wurde. So artige Scheiden kommen bei anderen Völkern nicht vor.

39. Griechiſches (?) Beil aus Bronze. — Berliner Muſeum.

40. Griechiſcher oder etruriſcher Kopf einer Keulenwaffe oder eines Streitkolben (*κορύνη*, lat. clava), mit ſtachligen Spitzen, in dem ehemaligen Königreich Neapel gefunden. — Muſeen zu Berlin, St. Germain und Artillerie-Muſeum zu Paris. (S. S. 200 den Streitkolben.)

41. Griechiſcher Sporn aus Bronze, in dem ehemaligen Königreich Neapel gefunden. — Artillerie-Muſeum zu Paris.

42. Antiker Sporn (lat. calcar — calx) aus Bronze mit nicht nur einem Stachel — calcis aculeus — ſondern mit zwei eigentümlich von einander abgebogenen). Wohl griechiſch. Radſporen waren weder den Griechen noch den Römern bekannt. — Artillerie-Muſeum zu Paris. Wahrſcheinlich wurde der Sporn bei den Griechen nur am linken Fuss getragen.

42 Bis.

42. Bis. Ringkeule (φάλαγγες und φαλάγγια — phalangae oder palangae). Nach dem in einem Grabe Paestums gefundenen Exemplar, wie es auch die darinnen aufgedeckte Malerei des griechischen Reiters zeigt.

43. Langstielige Amazonen-Streitaxt (πέλεκυς, lat. securis) nach den Malereien einer gr.-etr. Schale (Calix), eines Crater (κρατήρ) und eines Stamnos, letzterer im Britischen Museum. Alle aus dem Zeitraume von 500—400 v. Ch. — Scythen sind auf Vasenbildern derselben Zeitperiode mit ganz gleichen Streitäxten versehen. (S. S. 196. IV.) Es ist dies eine Waffe, die man eben nirgends in den Händen von Griechen abgebildet findet, also auch nur bei Völkerschaften im Gebrauch war, mit welchen die Griechen Krieg führten.

43

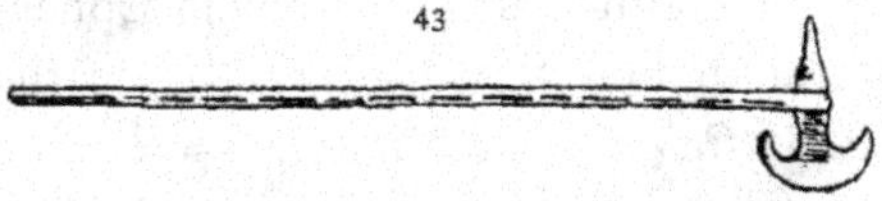

Man findet eine andere Form von Streitaxt auf der Trajanssäule (s. weiterhin), da aber in den Händen römischer Krieger, bei welchen diese Waffe zu dem accinctus, d. h. der vollständigen Ausrüstung zu gehören scheint. Die ἀξίνη — βουπλήξ, τύκος? ascia griechische (?) einseitige Bronzeaxt war keine eigentliche δίστομος — bipennis d. h. Kriegsstreitaxt.

43 Bis.

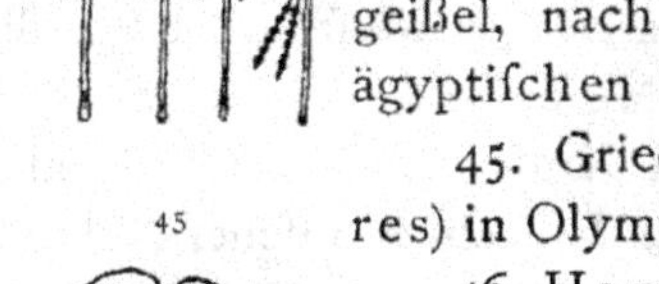

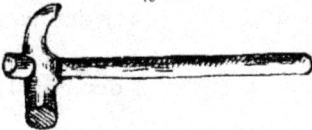

43. Bis. Kurzstieliger Streithammer (malleus, σφῦρα) in Papageischnabel-Form, welchen man nur in den Händen von Amazonen und Scythen antrifft. — Nach einem Vasenbilde (s. weiterhin über Amazonen).

44

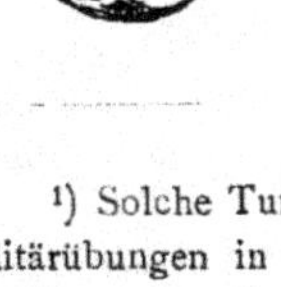

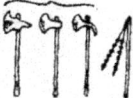

44. μάστιξ etc. — flagrum fimbriatum, Streitgeißel, nach einer etrurischen Vase. (S. S. 185 den ägyptischen Skorpion.)

45. Griechischer Springstein (ἅλτηρες — halteres) in Olympia gefunden und in Berlin aufbewahrt.[1])

45

46. Harpe (ἅρπη), dessen Widerhaken Hamus (Dornenstachel) hieß. Jupiter, Herkules, Merkur und

[1]) Solche Turngewichte von Stein oder Blei, mit und ohne Haken waren auch zu Militärübungen in Gebrauch. Der schwerste davon wird von Juvenal (I. Jh. n. Ch.) „massa graves" genannt. Auch die Springstangen hatten denselben Namen.

46

vor allem Perseus [1]) führten nach der antiken Mythologie diefe Waffe. — Nach einer pompejanifchen Wandmalerei.

47

47. Hoplit (Schwerbewaffneter ?), regulärer Soldat, der mit einem Schild in Dreiblattform bewehrt ift; nach der Abhandlung von Rhodios, περὶ πολεμικῆς τέχνης, Athen 1868. Diefer Soldat ist intereffant wegen feines etrurifch geformten Helmes und der einem Epheublatt ähnlichen Schildform. (S. Pelta.)

48

49

50

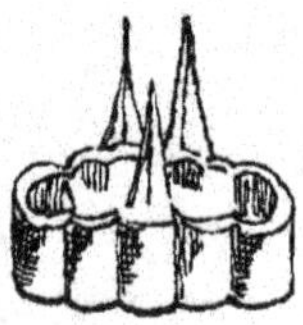

48. θώραξ λεπιδωτός [2]) = lorica squamae, Schuppenpanzer, welcher, — obwohl der Trajanssäule (114 n. Ch.) entnommen, alfo römifch, doch hier unter den griechifchen eingereiht worden ift, da, wie die Abbildung S. 200 zeigt, diefe Schutzrüftung bereits in ganz gleicher Art bei den Griechen im 3. Jh. v. Ch. gebräuchlich war. Das kurze Schwert — ξίφος — gladius ift auf der rechten Seite an einem Schulter-Wehrgehänge — τελαμών — balteus befeftigt, gehört also nicht mehr der heroifchen Zeit an.

49. Eichel (βάλανος, lat. glans), Gefchoß (telum) der griechifchen Katapulte, das Wort *ΔΕΞΑΙ* (empfange) tragend.

Eine ähnliche im Parifer Artillerie-Mufeum. Griechen und Römer hatten auch folche Bleigefchoffe, glandes gen., für Schleuderer. Eines davon in Italien gefunden (Sigmaringer Mufeum) trägt die Legionsnummer LXV. — Andere im Mufeum zu St. Germain.

„Fir", auch „Feri" (firmiter, mit Kraft fchleudern, „Roma" („frappe Rome") sind andere auf folchen Eicheln römifcher Abkunft aufgelefene Infchriften.

50. Griechischer Spannhaken oder Fingerhalter (fr. doigtier

---

[1]) Auf einer Marmorflachbildnerei im Mufeum zu Neapel, Perfeus und Andromeda darftellend, ift ebenfalls eine folche Waffe abgebildet.

[2]) Von λέπιδες — Fifchfchuppe. Diefer Panzer ift auch noch auf der Trajans-Säule abgebildet. Bei Homer kommt er unter der Bezeichnung χιτών φολιδωτός vor.

oder crochet pour tendre) aus Bronze, 9 cm lang, welcher zum Spannen der Bogen diente. — Medaillen-Kabinett zu Paris.

51. Gaftraphetes oder Handballifte, tragbare Waffe, der Armbruft des Mittelalters ähnlich, aber größer (nach dem Werke von Rhodios, welcher fie nach byzantinifchen Urkunden (? wohl eher nach Heron und Philon) hergeftellt hat. (S. weiteres darüber S. 41—49.) Indes bleibt es fehr zweifelhaft, ob folch eine tragbare Ballifte oder Armbruft je bei den Griechen des Altertums beftanden hat.

51

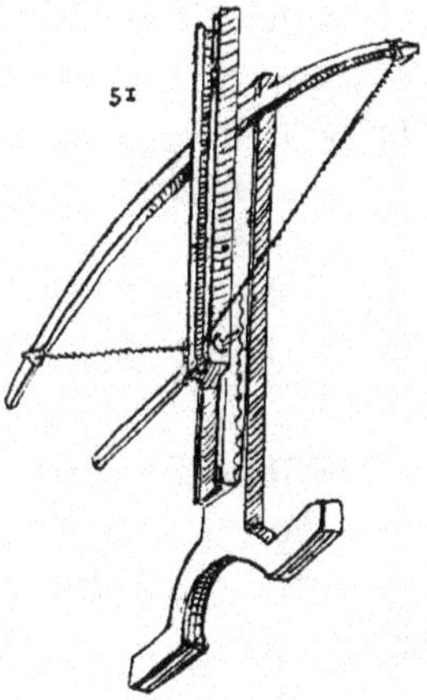

Die Manuballifta der Römer (S. Veg. Mil. II, 15, IV, 22), welche derselbe Autor von dem „Manuballiftratus" handhaben läßt, fcheint ebenfalls bereits ähnlich der fpäteren Armbruft gewefen zu sein.

Auch Rüstow u. Köchly: „Gefchichte des griech. Kriegswefens", Aarau 1852 — geben von obiger Gaftrapheta oder Bauchspanner eine ganz ähnliche Abbildung als „Mittelgattung zwischen grobem Gefchütz und kleinem Ferngewehr". Ferner kann auch wohl der von Veget. Mil. IV, 22; — Ammian XV, III und Vitruv. X, 1, 3 angeführte *σκορπίος* — *σκορπίων*. — scorpio, als Vorläufer der mittelalterlichen Armbruft angefehen werden.

52. Widder (*κριός* — aries, fr. belier) unter feiner Schildkröte (*χέλυς*[1]) — teftudo, fr. blinde roulante), f. b. Vitruv. teftudo arietaria, X, 13, 2 u. 15 u. 16; Caes. B. G. V. 43 u. 52, fowie die Abbildung auf dem Triumphbogen des Septimus Severus (193—211 n. Ch.) und i. d. Werke von Rhodios; f. ferner im nächften Abfchnitt d. römifchen Waffen das von Schildern der Krieger gebildete, auch teftudo benannte Stürm-Dach.

52

Was die von Vitruvius ausführlich befchriebene catapulta — *καταπέλτης* — anbetrifft, welche die Griechen wahrfcheinlich auch fchon gekannt haben mögen, fo ift diefelbe nicht weniger als fechsmal auf der Trajansläule (114 n. Ch.) abgebildet. (S. weiteres im Abfchnitt Kriegsmafchinen u. S. 172, No. 46 den affyrifchen Widder.

[1]) Ob diefer den Römern bekannte verdeckte Widder fo auch fchon bei den Griechen im Gebrauch war, ift aber wohl nicht feftzuftellen.

52. Bis. Griechiſcher Streitwagen (ἅρμα — oder τὰ ἅρματα) heroiſcher Zeit, mit einer Achse (ἄξων) und 2 Rädern (τροχοί). Das Rad iſt hier kein Blockrad (κύκλωμα — tympanum) mehr, ſondern das Speichenrad (τροχός — κύκλος — rota radiata) mit Nabe (χνόη — modiolus), Felgen (ἴτυς), Speichen (ἀκτίς — radius — κνήμη, radii) und Reifen (orbis oder cantus), hat aber nur vier Speichen, wo hingegen die Räder des römiſchen im Vatikan befindlichen Rennwagens (ſ. die Abbildung davon weiterhin) zwölf Speichen hatten. Der römiſche Wagenſtuhl hatte auch nicht das hier am griechiſchen Kaſten — δίφρος — befindliche offene Geländer, welches indeſſen auch nicht immer bei dem griechiſchen vorkommt. Die Deichsel (ῥυμός) und die daran befeſtigten Joche (ζυγόν) fehlen. (S. Homer, Il. 5. 338 u. 20. 392.) Diese Abbildung iſt nach der Malerei einer zu Saticola (heute St. Agatha) gefundenen Vase dargeſtellt, alſo aus ſehr ſpäter heroiſcher Zeit, da bis zu Homers Zeiten hinausreichende bemalte Vaſen nicht vorhanden ſind noch beſtanden haben.

52 Bis.

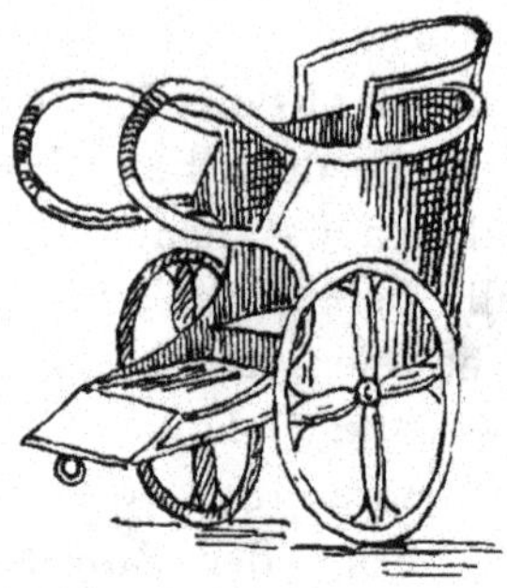

Der Streitwagen (ἅρμα, lat. mit dem Keltiſchen eſſedum bezeichnet; fr. char de guerre) ebenso wie der Circus-Rennwagen (lat. carrus, auch currus — curro, fr. char de course), welche beide zweirädrig und hinten zum Einſteigen eingerichtet, sollen, Virgil nach, vom Könige Athens Erichthonius (1593—1559 v. Ch.), nach anderen von Triptolem, König von Eleuſis oder Trochilus, ja ſelbſt von der Pallas oder von Neptun erfunden ſein. Bei den Aegyptern reichen aber wohl die Streitwagen bis ins 17. Jh. v. Ch. hinauf. Es gab, beſonders für den Circus, die von 2 nebeneinander geſpannten Pferden gezogene, biga — συνωρίς — oder bijugus — bijugis; — die mit 3 Pferden beſpannte Trija, wo zwei Pferde vermittelſt der eigentlichen biga — ein Querholz — an der Deichſel (temo, ῥυμός) und das dritte, das Riemenpferd (παρήορος — σειροφόρος — equus funalis, fr. cheval de volée) an der Leine (simplici vinculo — copula) zogen; — die quadriga — τέθριππον ἅρμα — für 4 — die sejugae oder sejugis für 6 und die septijuga für 7 an der copula ziehende Pferde. Zwei Pferde, die jugales, zogen vermittelſt einer über die Rücken liegenden stratera bei der quadriga an der Deichsel, zwei, die Riemenpferde, die funalis, wovon das rechte mit dexter jugalis — ζύγιος — das linke ſiniſter oder laevus funalis bezeichnet wurde, an der Leine (copula). Der Einübungsplatz für alle dieſe Rennwagen hieß trigarium und der Wagenlenker agitator, häufiger noch auriga — ἡνίοχος — auriga (ἡνίοχος) hieß der Lenker im allgemeinen und der einer quadriga aber quadrigarius.

Streit- oder Kriegswagen waren, wie in Griechenland (ſ. S. 39), aber viel früher ſchon (ſ. oben) bei den Aegyptern (ſ. S. 182 die Abbildungen der von Ramſes II. — 1388—22 v. Ch.) ſo wie bei den Aſſyriern (ſ. S. 159 die Streitwagen v. 10. Jh. v. Ch., ſ. auch S. 30, 31 u. 34) und bei den Perſern im Gebrauch. Oben angeführte Bezeichnung ἅρμα, „Streitwagen", war die des heroiſchen Zeitabſchnittes. Im Vatikan befindet ſich wohl der einzig noch bis heute erhaltene currus mit feſter Achse (axis — ἄξων), alſo nicht wie das Plauſtrum — ἅμαξα — mit an den Rädern feſtſitzender und mit dieſen in Zapfenmuttern der Nabe (χνόη — modiolus) ſich drehender Achse (axis rotarum).

Senſenwagen (ἅρμα δρεπανηφόρος — currus falcatus, fr. char à faux oder char à faucilles) ſcheinen nur im ſemitiſchen Orient und bei den Galliern oder Kelten (Schlacht bei Sentium, 295 v. Ch. u. a.), bei den Belgiern, ſowie bei den Völkern des ſüdlichen Britannien neben den gewöhnlichen Streitwagen in Gebrauch geweſen zu ſein. Senſenförmige Klingen an Deichſel- und Achsenenden dienten bei dieſen auf keinem Denkmal oder durch ſonſtige Abbildungen, ſondern nur durch Ueberlieferungen uns bekannten corvinus genanntes Senſenwagen zur Niedermetzelung der Feinde. (S. auch weiteres im Abſchnitte der römiſchen Waffen, ſowie im Abſchnitte „Tragbare oder Handfeuerwaffen" den mittelalterlichen Streitwagen mit Sichelachsen (fr. ribaudequin).

In den Homeriſchen Schlachtbildern kämpften die Helden, d. h. Anführer ſowohl der Griechen wie der Trojaner der Maſſe des Fußvolkes voran auf mit zwei, auch mit vier Roſſen beſpannten Wagen, wo außer dem Kämpfer noch der Wagenlenker im Kaſten (δίφρος) ſtand. Seit dem Auftreten der Dorier (Spartaner u. a. m.) verſchwand bei den Griechen der Streitwagen vom Schlachtfelde und findet nur noch ſeine Verwendung wie bei den Römern in den agones, den Wettkämpfen ſtatt, wo das Wagenrennen einen Hauptteil der gymnaſtiſchen Vorſtellungen ausmachte. Die großen Olympien wurden erft unter Theodofins, 396 n. Ch. gänzlich aufgehoben. Bei den Scythen waren aus den Schlachtwagen Wohnungwagen geworden, weshalb diefe, fonft nirgends anfäffigen, hamaxobier genannt wurden.

Schließlich mag hier noch die von Homer, alfo v. XI. J. n. Ch. gegebene Befchreibung der Ausrüftung des Atriden figuriren:

Bronzene mit filbernen Agraffen verfehene Beinfchienen; mit 10 ftahlblauen, 12 goldenen und 20 zinnernen Rippen verfehener Panzer; ein von Goldknöpfchen blinkendes Schwert in Silberfcheide an Goldgehänge; ein von 10 Bronzerippen eingefaßtes und 20 Zinnbuckel bedeckter Schild; den vierkeglichen (?) Helm mit flatterndem Pferdehaar etc.

Römifche, famnitifche, dacifche [1]) Waffen aus Bronze und Eifen. Waffen verfchiedener römifcher Verbündeter.

[Röm. Könige der Gründung Roms v. 753 v. Chr. ab; Republik v. 509 und Kaifer v. 31 v. Chr. bis 476 n. Chr.]

Wie in dem vorhergehendem Abfchnitt, welcher von der Bewaffnung der Griechen handelt, findet fich auch hier nachfolgend eine befondere den Abbildungen fich anfchließende Überficht der bereits S. 42—50 behandelten Ausrüftung des römifchen Volkes und einiger ihm dienftbarer Stämme.

Von der etrurifchen Bewaffnung in der frühen Zeit ift zunächft zu fagen, daß diefelbe fich unter phönicifchem und griechifchem Einfluffe entwickelt hatte. Man vermag aber nicht, das Dunkel zu durchdringen, welches über der Gefchichte der altitalifchen Bevölkerung laftet. Nur wenige Fundftücke aus etrurifchen Gräbern und einige Vafenbilder geben über die Ausrüftung der Ureinwohner Italiens Kunde. Die älteften Fundftücke von Schutz- und Angriffswaffen (arma — tela) find einige Helme von einfacher Glockenform; hier und da zeigen fich auch fchon Sturmbänder. Der Schild der Etrusker ift rund und gewölbt. Sie führten den Speer und wahrfcheinlich auch fchon das Pilum [2]). Auf Vafenbildern Etruriens findet man denjenigen der Römer in der fervianifchen Zeit fehr ähnliche Ausrüftungen. Eine Bronzeftandbild in Florenz zeigt den voll-

[1]) Dacifche Waffen find nur durch die Trajansfäule bekannt.

[2]) ὑσσός — fchwerer Stofsfpeer. In Vulci fand man unter altetruskifchen Waffen den eifernen Teil eines Pilums (Muf. Gregor. pl. 21, Nr. 6).

ftändig gerüfteten tuskifchen Krieger fpäterer Zeit. Man fieht da den bebufchten Helm mit Stirn- und Backenfchutz, den Schuppenpanzer mit befonderen Schulterftücken, Speer, Rundfchild und Beinfchienen. Bereits v. IV. Jahrh. ab, wo Etrurien beginnt langfamer Hand in Rom aufzugehen[1]) fängt auch die Gleichmäßigkeit der etrurifchen und römifchen Bewaffnung an.

Beftimmter, wenn auch nicht überall lückenlos und unzweifelhaft find die Angaben über die römifche Bewaffnung, welche man teils aus alten Schriftftellern, teils aus Darftellungen römifcher Soldaten auf Triumphbogen, Grabdenkmalen u. f. w. fchöpfen muß. Den Brauch der germanifchen Völker, bis Ende des merowingifchen Zeitabfchnittes, Waffen in das Grab des Kriegers zu legen, übten die Römer nicht. Es ift begreiflich, daß man deshalb nur weniger und minder gut erhaltene Rüftftücke befitzt. Aber wenn man auch hierauf Bedacht nehmen muß, fo erfcheint dennoch die Zahl der Waffenfunde felbft fo gering, daß fie in gar keinem Verhältnis zu der ungeheuren Ausdehnung des ehemaligen römifchen Reiches und zu der großen Anzahl von Schlachten fteht, welche die Römer lieferten. Jedes einzelne Stück ift deshalb befonders fehr wichtig, weil es ermöglicht, die oftmals recht ungenaue Darftellung der Waffen des römifchen Kriegers auf den prunkvollen Denkmalen römifchen Ruhmes zu kontrolieren. Viel genauer und zuverläffiger find dagegen die Grabmale mit Darftellungen einzelner Krieger, von denen fehr viele diesfeits der Alpen, befonders am Rhein gefunden wurden. Auf diefen Denkmalen begegnet man einer genauen, nicht durch künftlerifche Rückfichten verfchönerten Wiedergabe der einzelnen Rüftftücke.

Die dritte Quelle, welche Kunde über römifche Waffen giebt, die fchriftliche Überlieferung, ift nicht viel mehr befriedigend, befonders hinfichtlich der erften Zeit. Für die mittlere Vergangenheit ift man meift auf die Angaben des Polybios befchränkt, der im 2. Jahrhundert vor Chr. die Schutz- und Angriffswaffen feiner Zeit befchreibt. Später fließen die Quellen reichlicher; nichtsdeftoweniger bleibt noch manche wichtige Frage ungelöft[2]).

---

[1]) Im Jahre 395 v. Ch. hat Rom nach zehnjähriger Belagerung Veii (jetzt Ifola Farnefe) eingenommen und 283 v. Ch. alle etrurifchen Lucumonier unter feine Botmäfsigkeit gebracht. Im Jahre IV des Kaiferreiches bildete ganz Etrurien eine römifche Provinz (Tuscia).

[2]) Aeneias (4. Jh. v. Ch.), T. Arianus (109 v. Ch.), Asklepiodotos (f. S. 40), Aelianus; Onofander (1. Jh. n. Ch.), Polyaenus (2. Jh. n. Ch.). Polybius (210—124 v. Ch.), C. Elianus

Was zunächft den Stoff, aus welchem die Römer ihre Waffen fertigten, angeht, fo ift es fehr wahrfcheinlich, daß fie, gleich den Griechen und Etruskern, anfangs nur die Bronze verwendeten; jedoch kam zur Zeit des Polybios dies Metall nur noch bei Helmen, Bruftfchilden und anderen Schutzwaffen in Anwendung; die Angriffswaffen, alfo die Wurf-, Hieb-, Schneide- und Stoßwaffen, waren alle fchon ganz oder teilweife aus Eifen oder Stahl [1]) wie in Germanien, als man fich in Gallien noch immer der Bronze bediente.

Der Schwerpunkt des römifchen Heeres lag zu der Königszeit in der Reiterei. Ihre Zahl betrug zwar nur ein Zehntel des Fußvolkes, allein fie waren die am beften gerüfteten, die der auserlefenften Krieger. Zur Zeit des Servius Tullius 578—534 v. Chr. änderte fich jedoch mit der ganzen Staatsverfaffung auch die Einrichtung des Heerwefens. Das Volk wurde in fünf Klaffen eingeteilt. Die Angehörigen der erften Klaffen kämpften in den vorderften Reihen und waren am vollftändigften bewaffnet, Hoplomachus ὁπλομάχος — vom ‚Kopf bis zum Fuß' bewaffnet), namentlich mit Helm [2]), Panzer [3]), ehernem Rundfchild und Beinfchienen, dazu trugen fie den Speer (hasta viel kürzer als die lancea der griechifchen Reiterei unter Alexander d. Gr. v. IV. Jahrh.) und das Schwert [4]).

(3. Jh. n. Ch.) und der Kaifer Leon (4. Jh. n. Ch.) bei den Griechen; A. Plautus (227—184 v. Chr), Philo (um 150 v. Ch.) für Kriegsmafchinen, C. T. Varro (116—26 v. Ch,), Hero (um 100 v. Ch.) für Kriegsmafchinen, J. Caefar (100—44 v. Ch.), T. P. Vitruvius, (unter Caefar und Auguftus), T. Livius (59—19 v. Ch.), S. P. Sifenna (77 v. Ch.), Feftus (3—47 n. Ch.), L. I. C. Salluftius, Crifpus (86—38 v. Ch.), Frontinus (40—106), C. Tacitus (55—117) für Kriegsmafchinen, H. Modeftinus (3. Jh. n. Ch.), F. Vegetius (4. Jh. n. Ch.), ja felbft die Dichter A. Plautus (227—184 v. Ch.) und P. T. Varro (82—37 v. Ch. „De bello Sequanico") find hier zu benutzen (f. hinfichtlich des Mangels wiffenfchaftlicher Anhaltspunkte über die Bewaffnungen S. 37). Eine Hopletik, armorum fcientia, d. h. Waffenkunde aus diefen Zeitabfchnitten ift nicht vorhanden.

[1]) Bei den Griechen, die ebenfalls den Stahl verarbeiteten, gab man den Namen adamas, ἀδάμας (unbezwinglich) dem myftifchen „Götterftahl".

[2]) Galea, Lederhelm, Caffis, Metallhelm.

[3]) Lorica, der Lederpanzer, Lorica segmentata, der gefchiente Lederpanzer, Squamata, auch lorica certa und hamis concerta, der Schuppenpanzer und lorica hamata, der Ringpanzer (f. weiteres S. 44 u. 45).

[4]) Das urfprüngliche römifche Schwert ift wohl der Ensis, welcher von Virgil und Livius als Waffe der Heroen gepriefen wird. Wahrfcheinlich war es einfchneidig, lang und ähnlich wie das der Gallier, weshalb der Ensis — ξίφος — zuweilen auch das gallifche Schwert genannt wird. Das kurze zweifchneidige, mit verftärkter Spitze verfehene Schwert, welches unter dem Namen Gladius die römifche Nationalwaffe wird, nahmen die Römer — laut Jähns, „Gefch. des Kriegswefens", Leipzig 1880 — nach der Schlacht bei Cannä (216 v. Ch.) von den Phöniciern, — laut Polybios (210—227

Die zweite Klasse entbehrte den Panzer und trug statt des Rundschildes (clipeus) den Langschild (scutum), welcher in der Kaiserzeit mit nur einer Handhabe vorkommen soll, was zweifelhaft ist. Die dritte trug keine Beinschienen, und die vierte besaß nur das Scutum als Schutzwaffe. Diese und die letzte Klasse, die rorarii, waren nur noch mit Schleuder und Wurfspieß bewehrt und bestimmt, den Kampf einzuleiten. Dazu kam noch die Reiterei, in welcher, der Kosten wegen, nur reiche Leute dienen konnten, obwohl Servius Tullius sie allen Klassen zugänglich gemacht hatte, während sie früher nur ein Vorrecht der ersten Klassen war.

Während der republikanischen Zeit (509 v. C. bis 31 n. C.) ändert sich die Organisation des Heeres. An Stelle der Aufstellung in ununterbrochener Reihe (Phalanx) tritt die Manipularstellung [1]). Das Fußvolkheer wies vier verschiedene Waffengattungen auf: Hastati (von dem so benannten Speer), Principes, Triarii und Velites.

Hastati, Principes und Triarii faßt man unter der Bezeichnung Schwerbewaffnete zusammen. Sie trugen den Metallhelm (von Erz oder Eisen, cassis) mit hoher Helmzierde (crista, iuba). Die Hastati trugen auch bereits merkwürdigerweise unter der Republik armlose, nur bis zur Hüfte reichende Panzerhemden von Ketten-

---

v. Ch.) aber von den Spaniern oder Keltiberiern an — und blieb auch immer noch neben der von der Hüfte bis zur Erde reichenden, langen Spatha im Gebrauch, welche letztere erst im 2. Jh. auftritt, wo sie unter Hadrian (117—138 n. Ch.) eingeführt worden war. Der Gladius (wovon Gladiator) hatte auch als Richtschwert die Liktorenaxt, (securis), welche aus dem auf der linken Schulter der Liktoren ruhenden Bündel Ruthen (fasces) hervorragte — ersetzt.

[1]) Manipuli, so nach ihrem Feldzeichen, dem manipulus oder maniplus (δράγμα, ἄμαλλα, οὖλος), anfänglich aus einem auf langer Stange getragenen Heubündel, wovon der Name manipulus) genannt. Diese kleinen Scharen waren Jähns nach aus etwa acht Mann Stirn und acht Mann Tiefe zusammengesetzt. Tacitus und Virgil berechnen den manipulus als von principes (Schwerbewaffnete der dritten Abteilung einer Legion — legio, stratopedon), — von hastati (Schwerbewaffnete der zweiten Abteilung der Legion) — sowie von velites (leicht bewaffnete Plänkler) — je aus 120 Mann, wo hingegen der manipulus von triarii oder von pilani (d. h. der mit dem Pilum Schwerbewaffneten der dritten Schlachtlinie) aus nur 60 Mann bestehend. Den neuzeitigen Heereseinteilungen nach entspricht die 5000 Mann starke Legion — dem Regiment, die 500 Mann starke Cohorte (cohors) — dem Bataillon und der 60 Mann zählende Manipulus einer Kompagnie. Ein 36 Mann zählender Haufe hiess turma. Später schwollen die Legionen bis zu 10000 an und die manipuli wurden in zwei Centurien und sechs Decurien (10 Mann) eingeteilt, wo von letzteren der Befehlshaber decanus, der von 10 Reitern aber decurio hiess.

gewebe (ἅλυσις — molli lorica catena) wie dies die von der Trajansſäule entnommenen und am Conſtantinusbogen angebrachten Marmorbildnereien, welche berittene hastati darſtellen, deutlich zeigen. Auf der Marcus-Aurelius-(Antonius)ſäule zu Rom ſind auch ganz ähnlich gerüſtete aber unberittene hastati abgebildet. Die Centurionen und höheren Führer trugen als Helmzier drei rote oder ſchwarze Federn, ſpäter auch gefärbte Roßhaarkämme [1]) (juba, equina crista) am Helme. Die fernere Bewaffnung der drei genannten Kriegerklaſſen beſtand in dem Lang- oder Setzſchilde (scutum), der gewöhnlich gewölbt und viereckig und aus Holz, Leder und Metallbeſchlag war. Er hatte vier Fuß Länge und dritthalb Fuß Breite und Handgriffe. Eine Schiene (ocrea) am rechten Beine, aus feiner elaſtiſcher Bronze oder aus Leder, das Cingulum und die Lorica vervollſtändigten die Schutzwaffen. Die Angriffswaffen beſtanden in dem langen, ſchweren Stoßſpeer (hasta) oder dem Pilum, in dem ſogenannten ſpaniſchen Schwert (gladius hispaniensis), welches kurz, ſtark, zweiſcheidig war und an dem Wehrgehenk (balteus) an der rechten, ſelten an der linken Seite hing, und von den Römern als ‚ſpaniſche' oder ‚keltiberiſche' Klinge Zeitens Hannibals angenommen worden war.

Der Ensis unterſcheidet ſich vom kurzen Hieb- und Stoßſchwerte, dem Gladius (welcher auch als Richtſchwert dient, und ſo benutzt wurde), daß er länger und mehr zum Hieb geeignet war. Nicht mit dem Schilde ausgerüſtete Hauptleute aber trugen gemeiniglich das Schwert nur an der linken Seite am cinctorium (alſo nicht am balteus, dem Wehrgehäng), ſo u. a. auch die Konſuln und die Tribunen. Der Centurio (ἑκατοντάρχης) iſt indeſſen immer mit dem gladius am balteus an der rechten Seite dargeſtellt (u. a. auf der Trajansſäule).

Die an beiden Enden beſchlagenen Speere, welche beſonders auch heute noch, bei den morgenländiſchen Völkern, namentlich bei den Perſern (S. 175 u. 176) früher ſchon im Gebrauch waren, kommen auch bei den Griechen (ſ. S. 213 den Peltaſten) und Römern vor, wo die obere Eiſenſpitze cuſpis αἰχμή, die untere, der Speerſchuh, ſpiculum — σαυρωτήρ — genannt wurde. Der Ort, d. h. die Spitze

[1]) Die Rüſtung des Centurio ſcheint gewählter geweſen zu ſein, als die des gemeinen Haſtatus. Sein Bruſtharniſch hatte Schulterbleche und ſchützte die Hüften. Auch erſcheint er oft mit einer Menge militäriſcher Auszeichnungen von Silber, ſog. Phaleren, geſchmückt, wie ſie weiterhin abgebildet ſind.

eines Schwertes hieß mucro. Hasta pura hieß der bei den Römern als kriegerische Auszeichnung verliehene Speer ohne allen Eisenbeschlag, also eine Art langer spießloser Stecken.

Die Velites oder Leichtbewaffneten führten sieben dünne Wurfspieße (trajulae? oder jaculae[1]), deren Eisenspitze eine Palme lang war, außerdem den Gladius mit einem meist aus Holz angefertigten Griff (capulus) in einer ledernen metallbeschlagenen Scheide (vagina) und einen leichten Schild (parma[2]) von ca. 3 Fuß Durchmesser, der bald rund, bald auch oval war. Endlich trugen sie noch zum Teil den Lederhelm (galea), von Wolfshaut (?).

Die Schleuderer (σφενδονῆται, funditores) jener Zeit führten die achäische Wurfwaffe. Die Verwendung der Schleuder, welche bei den Tuskern schon im Gebrauch war, kam erst nach dem zweiten punischen Kriege (219—202 v. Ch.) bei den Römern zur Annahme. Außer den bleiernen Eicheln bedienten sich die römischen Schleuderer auch bleierner Kugeln, an welchen kurze Pfeile (martiobarbulus?) befestigt waren. (S. die Abb. weiter hin.) Wahrscheinlich werden dies wohl Abkömmlinge der von den Kriegern Perseus', Königs von Makedonien (179—160 v. Ch.) für Schleudern als Wurfgeschosse angewandten 1 Fuss langen mit 3 Holz-Flügelchen versehenen Bolzen, welche cestrosphendone — κεστροσφενδόνη hießen, gewesen sein. Diese Wurfgeschosse trugen oft Inschriften. Man schleuderte aber auch Kiesel (lapis missilis). — Sagitarii auch arcuarii nannte man die Bogner und ferentarii die nur mit den Händen Steine werfenden der levis armatura.

Das schon bei den Assyriern gebräuchliche Fangseil (lat. laqueus, der lasso, v. span. lazo) findet sich nicht unter den römischen Angriffswaffen, wohl aber das Wurfnetz (wie die Schleuder funda auch jaculum genannt), indessen nur für Gladiatorenkämpfe.

Auch die Stockschleuder, den fustibulus, findet man bei den Römern eingeführt, da, unter Trajan († 117 n. Ch.), damit ausgerüstete fundibulatores genannte leicht Bewaffnete dem Heere eingereiht waren. Mit fustibulus bezeichnet man aber auch größere, der Ballistenart angehörige Schleudermaschinen.

---

1) Der Speer der Leichtbewaffneten kommt auch unter dem Namen hasta velitaris vor. Die Griechen hielten ihn für eine Erfindung der Etrusker; er war leicht und mit dünnerem Beschlag.

2) Mit diesem Schilde waren auch Gladiatoren bewaffnet. Die Parma erscheint an Stelle des vom Scutum verdrängten grösseren Clipeus.

Außer den Funditores gab es auch in der Kaiserzeit 4 Fuß lange Schleuderſtöcke (fuſtibuli) handhabende Stockſchleuderer (fuſtibulatores oder fundibulatores). Schleuderer und Stockſchleuderer trafen noch mit ziemlicher Sicherheit ihr Ziel auf 600 Fuß Entfernung. Sagittarii auch arquites, hießen die Bogener.

Die Reiterei hatte lederne Schilde (cetra), einen ledernen Bruſtpanzer und an beiden Beinen lederne Schienen. Die Schilde waren bald, wie das Scutum (θυρεός), viereckig geformt, bald auch oval In ſpäterer Zeit erſcheinen auch der eherne Stückpanzer und eherne Helme bei den Reitern. Zur Zeit des Polybios (210 v. Ch.) kam die ſchwere griechiſche Rüſtung wieder in Gebrauch. Als Angriffswaffen führte man Speere mit zwei Spitzen (conti [1]), lange Schwerter (spathae) und einen Köcher mit Wurfſpießen [2]). Auch Streitkolben mit Stacheln kommen als Trutzwaffe der Reiter vor. Es gab weder Steigbügel noch Sättel [3]), letztere wurden durch wollene Decken oder Kiſſen (ephippia) erſetzt. Die Pferde hatten keine Hufeiſen; es wurden ihnen bei Krankheiten oder auf ſchlechtem Boden Sohlen aus Geflecht oder Eiſen (ſoleae, ferreae) mittels Riemen angelegt [4]) und Pferdeſandalen (fr. hippoſandales).

Es iſt wohl nicht überflüſſig, hier einige Worte noch über die

---

[1]) Ähnlich der makedoniſchen Sariſſa, aber kürzer wie der zweiſpitzige Speer der Sarmaten.

[2]) Cornus hieſs der aus Kornelkirſchbaumholz angefertigte Wurfſpieſs.

[3]) Ein Sattel (sella equeſtris) befindet ſich indeſſen auf der Theodoſiſchen Säule ſowie auf den am Rhein gefundenen Denkmalen, welche alſo aus der Kaiſerzeit herrühren. Es ſcheint, daſs die Römer den Gebrauch des Sattels erſt ſpät, gegen das 4. Jahrhundert von den nordiſchen Völkern angenommen haben. Zonares, ein in dieſer Zeit lebender Schriftſteller, iſt der erſte, welcher einen eigentlichen Sattel gelegentlich der Beſchreibung des 340 n. Ch. von Conſtans ſeinem Bruder Conſtantin gelieferten Gefechts erwähnt. Da eine Verordnung des Kaiſers Theodoſius vom Jahre 385 denjenigen, welche ſich Poſtpferde bedienen, verbietet, Sättel von 60 Pfund überſchreitendem Gewicht in Anwendung zu bringen, ſo iſt erwieſen, daſs im 4. Jahrh. die Sättel bei den Römern ſchon allgemein gebräuchlich waren. Da aber einer Wandmalerei Herculanums (79 n. Ch. verſchüttet) bereits ein Maultier mit Packſattel (sella bajulatoria) abgebildet iſt (ſ. darüber Cod. Aurel. Acut. I, 11; — Veget. Vet. III, 59), ſo tauchen Zweifel auf, ob der Pferdereitſattel (sella equeſtris) nicht ſchon früher als im 4. Jahrh. n. Ch. bei den Römern im Gebrauch war. Griechen wie Römer ritten anfangs entweder auf dem Felle oder auf einem darüber gelegten Kiſſen (ephippium). Die Bezeichnung Sedilia (von sedile, Sitz), womit einige Archäologen, u. a. Vazarius, — ihrer Meinung nach in richtigem Latein — den Sattel benennen, iſt unbegründet.

[4]) Da die älteſten Hufeiſen in Deutſchland gefunden wurden, ſo rührt dieſer Beſchlag wohl von den Franken her. Das in Frankreich gefundene Mauleſelhufeiſen iſt eine Nachahmung. (S. den Abſchnitt Hufeiſen.)

Fußbekleidung der römischen Soldaten hinzuzufügen, obwohl diese nicht eigentlich zu den Waffen gerechnet werden kann. Stiefeln in unserem Sinne kannten sie nicht. Die Caligae der Soldaten waren mit einem bis zur Wade reichenden Riemengeflecht versehen und an der Sohle mit starken Nägeln beschlagen. Außerdem trugen die Krieger auch Sandalen (soleae).

In der Kaiserzeit (v. 31 n. Ch. ab) endlich gewinnt das römische Heer ein ganz anderes Aussehen, besonders wird es durch die verschiedenen Arten der Hilfstruppen (auxilia) bunt und mannigfaltig. Unter Auxiliaren verstand man alle Truppengattungen, welche in den Provinzen standen [1]), ohne Unterschied, ob es Römer oder Fremde waren. Alarii hießen die Bundeshilfstruppen. Die besiegten Völkerschaften, welche den Römern dienstbar und kriegspflichtig geworden, behielten meist ihre nationale Bewaffnung bei. Außer den Legionen und Auxiliaren bestand das kaiserliche Heer noch aus der Garde (Prätorianer), den Gemeinde- und Provinzialmilizen, den Fabri [2]) und den Classiarii [3]). Flachbildnereien der Trajanssäule zeigen deutlich, daß die Bewaffnung der einzelnen Truppenabteilungen des römischen Heeres ebenso sehr von einander abwich wie diejenige unserer neuzeitigen Heere.

Die frühere Tüchtigkeit des römischen Heeres verliert sich in der Kaiserzeit. Es wird immer mehr zum Söldnerheer, das sich so nach und nach verschlechtert, da nur noch die ungebildeten Schichten am Dienste beteiligt sind. Die alte Kraft, die Tapferkeit, die Bereitwilligkeit, Kriegsermüdungen zu ertragen, verschwinden. Die Soldaten verweichlicht das Wohlleben, welches ihnen durch die fortwährenden reichen Geschenke der Kaiser ermöglicht wird. Man will keine schweren Waffen mehr tragen: die Helme werden immer leichter und schließlich, wie Vegetius (Ende des IV. Jh. n. Ch.) berichtet, durch die Pilei, leichte Filzkappen ersetzt. Überhaupt zeigt sich die lebhafteste Abneigung gegen schwere Schutzwaffen. Infolgedessen mußten auch die Angriffswaffen Veränderung erleiden; das altberühmte Schwert, Gladius, wird verlängert und nimmt den Namen Spatha an [4]). Das Pilum, früher eine außerordentlich

---

[1]) Mit Ausnahme der Legionen, welche sich zeitweilig daselbst befanden.

[2]) Handwerker, Zimmerleute, Schmiede, also etwa unseren Pionieren entsprechend.

[3]) Die Flottenmannschaften.

[4]) Unter Hadrian (117—138 n. Ch.)

wuchtige Waffe [1]), wird erleichtert und tritt als Spiculum [2]) oder als noch leichteres Vericulum [3]) auf. Ferner erfcheinen in der Kaiferzeit Speere mit Wurfriemen (amentum), unter dem Namen Lanceae; mit diefer Waffe griff man auf Griechenland zurück, wofelbft fie von den Peltaften geführt worden war [4]). Der Verfall des römifchen Heeres wird befonders deutlich durch die Wiedereinführung der Phalanxftellung und durch den Umftand, daß der alte Speer zu Zeiten das ungleich wirkfamere Pilum verdrängen konnte. Endlich fei noch der fchon erwähnten Wurfpfeile (plumbati oder martiobarbuli) gedacht. In der fpäteften Zeit taugt nur noch die Reiterei zum Angriffe, da fie gut bewaffnet und gefchult war. Die Fußfoldaten murren beftändig gegen die Schutzwaffen, legen die Panzer (cataphractae [5]) und Helme (galeae) ab und werden fchließlich ganz unbrauchbar. (Über Fahnen und Feldzeichen f. den Spezialabfchnitt dafür.)

Teilweife mag hier noch wiederholt werden (f. d. Anmerkung S. 225), daß unter der Republik (509—31) der kleinfte von 2 centurionen befehligte und aus 120 Mann (alfo weniger als der 300. Teil einer 5000 zählenden Legion) beftehende Heeresabteilung — bei welcher anfänglich pilani, d. h. Pilumträger, fpäter aber auch Triarii, von der dritten Abteilung der Legion ftanden — Manipel hieß.

Impeditus hieß der belaftete Soldat und mit acinatus bezeichnete man den bewaffneten, d. h. unter feiner Ausrüftung bereit ftehenden Krieger, mit miles non acinatus den abgerüfteten und mit expeditus den leicht bewaffneten, fowie die velites und rorarii. Phaleratus hieß der mit phalerae — diefen reichen, den Etruriern entlehnten Auszeichnungen gefchmückt. Tribuni militares waren im Range über die centuriones fowie über die legati; eine Art antiker Stabsoffiziere, fetiales hießen alle, die an fremde

---

1) Cäfar erwähnt ein pilum murale (Mauerpilum), welches der Befchreibung des Polybios entfprechen könnte. Demnach wäre es neun Fufs lang gewefen.

2) Von Vegetius befchrieben. Es war einen halben Fufs kürzer als das gewöhnliche Pilum, hatte auch nur ein ca. 21 cm langes, dreikantiges Eifen und nicht wie das fränkifche Pilum eine Spitze mit Widerhaken.

3) Diefe Waffe wird auch Verutum genannt.

4) In der bekannten die Schlacht von Iffus darftellenden Mosaik zu Pompeji ift Alexander mit folcher lancea (λόγχη) bewaffnet.

5) Cataphractae (καταφράκτης) nennt Vegetius alle Arten von Panzern des römifchen Fufsvolkes.

Völker gefandten Herolde. Das vom fetialis getragene Stabsfinnbild des Friedens hieß caduceus. Bei Kriegserklärung wurde letzteres durch den Wurffpeer (jaculum) erfetzt. Einen ähnlichen Stecken trug aber auch während der Schlacht jeder vor dem Adlerfeldzeichen fchreitende centurio.

Mit fpeculatores bezeichnet man nicht allein die Plänkler fowie die Kundfchafter; man gab auch während der Kaiferherrfchaft (v. 31 v.Chr. ab) diefen Namen den mit Speeren bewaffneten Kriegern der Leibgarde des Kaifers, welche vor ihm herfchritten, wie dies Tacitus und andere, auch Abbildungen davon auf der Trajansfäule bekunden.

Evocati nennt man die ausgedienten (veterani), fich aber wieder aufs neue verpflichtenden legionari, welche auf Grabdenkmalen gewöhnlich mit dem Schwerte im Gürtel und einem Weinrebenftock (vitis) in der rechten Hand abgebildet find, welcher letzterer darauf hinweift, daß ein evocatus den Rang der Centurionen hatte.

Emeriti hießen die ganz ausgedienten (20 Jahre Dienft für Legionäre und 16 Jahre für Prätorianer).

Die coactores waren die gegen die Überläufer beordneten Zugfchließer; die Kundfchafter hießen antecessores und die Einrufer zum Kriegsdienft conquisitores.

1. Römifcher Soldat, Hilfsfoldat (Velit), nach einem im Rhein gefundenen und im Mufeum zu Mainz aufbewahrten Grabfteine; ein Abguß davon im Artillerie-Mufeum zu Paris. Diefer Krieger ift bewaffnet mit zwei langen Wurffpießen von Mannshöhe, dem hier ausnahmsweife bei Gemeinen an der linken Seite am Hüftgürtel (cingulum) getragenen langen Schwerte (spatha) und dem links davon herabhängendem Dolch oder Dolchmeffer (pugis oder parazonium) unter dem Hüftwehrgehenk der hier vierriemig, über den Lendenfchurz (campeftre, auch cinctus bei den Gladiatoren und Amazonen) herabfallende Gemächtefchutz (praefidium mentulae?). (S. über letzteres die Anmerkung bei Nr. 12.)

Das Mufeum zu Wiesbaden befitzt einen ähnlichen Leichenftein (LICAIUS · SERI · F · MILES · I-X · CHO. I. u. f. w.), wo der abgebildete Legionär, aber theilweife wie der weiterhin — No. 12 — dargeftellte ausgerüftet ift, mit Ausnahme, daß hier, ftatt des Pilums, ebenfalls zwei dünne lange Speere mit fpitzblättrigen oder zungenförmigen Eifen in der rechten Hand befindlich find und der Schwertgürtel (cingulum) wie der im Mittelalter (von 1320—1420) fchräg über dem Bauche laufende, Dupfing genannte, dargeftellt ift. Auch hier fcheinen die Füße gänzlich nackt, unbefchuht, ja fandalenlos.

2. Römifcher Krieger der regelmäßigen Truppe (Haftatus [1]) — Lanzenträger — vom Rücken aus gefehen. Er ift abgebildet nach einer Flachbildnerei der Trajansfäule, die Trajan drei Jahre vor feinem Tode, im J. 114 n. Chr., errichten ließ und welche hauptfächlich feine Waffenthaten in den Kriegen von 100—103 gegen die Dacier zur Darftellung bringt, welche mit der Eroberung des Trajanifchen Dacien (Moldau, Walachei, Transfilvanien und der Nordoften von Ungarn) endeten. Der Panzer ift gefchient, alfo eine Lorica segmentata, beftand aus den vermittelft dreifingerbreiten Schienen dargeftellten Bruft- (pectorale), Rücken- (*γύαλον*?) und Schulterblätter- (humeralia) Schutz. Der Helm von Metall (*κόρυς* caffis) hat als Zier einen Ring.

Die Griechen wandten das Wort *γύαλον* ebenfo für die Bruftwie für die Rückenplatte an. Die Römer fcheinen für letztere keine befondere Benennung gehabt zu haben, bezeichneten auch oft den ganzen Panzer mit pectorale.

Der aus Stahlfchienen (laminae) gebildete Panzer (alfo eine lorica segmentata) mit gefchobenen Achfelftücken, wie ihn in der Kaiferzeit wohl nur die gemeinen Legionäre und nie die Anführer trugen, hat auch einen, aber hier dreiriemigen, Gemächtefchutz (?) — (S. darüber weiteres bei Nr. 12 die Anmerkung.)

Die bei den Römern während der Kaiferzeit (f. d. Trajans- u. d. Antoninsfäule) gebräuchlichen Panzer der damit ausgerüfteten, loricati genannten Krieger waren die

lorica squamae — *θώραξ λεπιδωτός* — der Schuppenpanzer (Trajansfäule);

lorica plumata — federförmiger Schuppenpanzer (Trajansbogen);

lorica serta oder hamis conserta — vernieteter Schuppenpanzer, wo die Metallfchuppen nicht aufgenäht, fondern untereinander vernietet waren;

lorica segmentata — Schienenpanzer (f. oben);

---

[1]) Truppe der legionarii. Die fogenannten haftati derfelben regulären Truppe find gewöhnlich nicht, wie diefer legionarius mit Schienenpanzer, fondern in Kettenpanzer abgebildet (molli lorica — catena).

molli lorica catena — *θώραξ λυάσιδωτός* — Kettenpanzer (f. die der haftati);

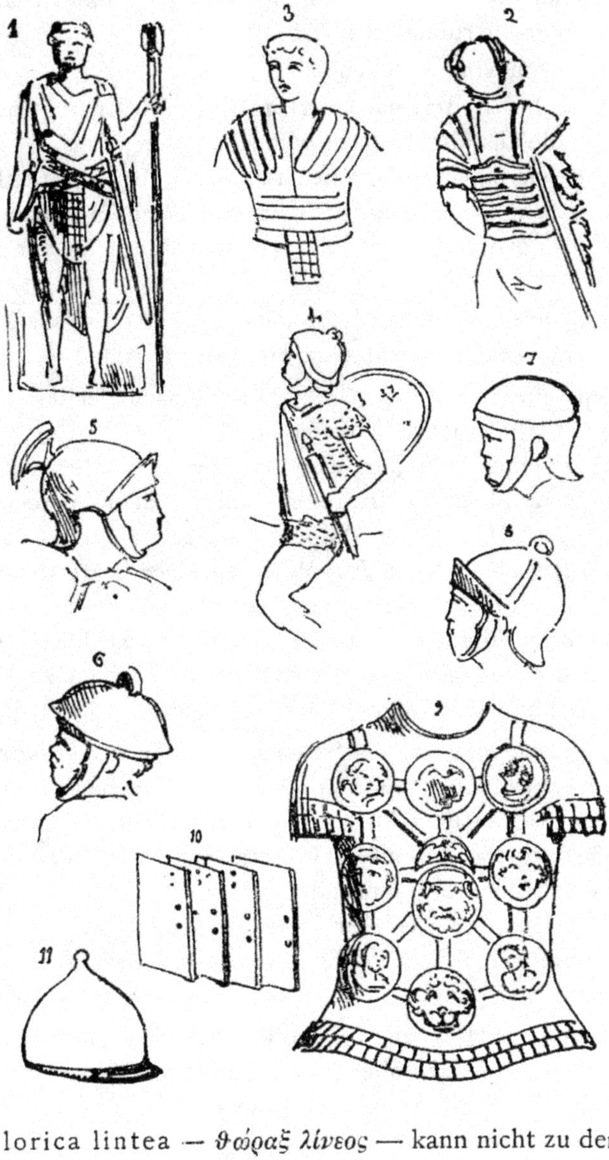

Die lorica lintea — *θώραξ λίνεος* — kann nicht zu den eigentlichen Schutzpanzern gezählt werden, da man damit ein aus in Effig getränkten Stoffen hergeftelltes jackenartiges Kleidungsftück bezeichnete.

Die legionarii find auf den Denkmalen v. 1. Jh. n. Ch. (Trajan- u. Septimus Severus-Bogen, Trajan- u. Antoninsfäulen u. a. m.) alle wie diefer hier ausgerüftet, wo hingegen Grabdenkmale am Rhein diefelben anders darftellen. (S. Nr. 12.)

3. Nr. 2 von vorn gefehen.

4. Römifcher Reiter, nach der Trajansfäule. Er trägt die Squamata, oder die aus Metallketten gemachte Jacke, eine Art Mafchenpanzerhemd (wie die auf demfelben Denkmale abgebildeten hastati), den ovalen Schild, den Helm (cassis?) mit Ring und Sturmbändern (bucculae) und das Schwert ohne Abwehrftange an der rechten Seite.

5. Kopf eines römifchen Legionärs, nach der Trajansfäule. Der Helm mit Sturmbändern hat eine Helmzier (crista).

6. Kopf eines Haftatus (Speerträger), nach der Trajansfäule.

7. und 8. Desgleichen, ebendaher.

9. Panzer eines römifchen Centurio, eines phaleratus v. 56 cm Höhe, mit neun filbernen Phaleren (militärifchen Auszeichnungen) gefchmückt, Eigentum Kaifer Wilhelm I. v. Deutfchland. Das Artillerie-Mufeum zu Paris befitzt den Abguß davon. Der Centurio vom durch die Germanen aufgeriebenen Heere des Varus, welcher auf einem im Mufeum zu Mainz, fowie der in der Varusfchlacht gefallene Manius Caelius auf feinem Grabdenkmal im Mufeum zu Bonn, befindlichen Grabfteine dargeftellt ift, trägt einen gleichen Panzer.

10. Bronzefchuppen eines Squamata oder lorica serta, auch hamis conserta genannten, römifchen Schuppenpanzers, gezeichnet nach denen, welche in Wiflisburg in der Schweiz gefunden worden find. Wiflisburg war das alte Aventicum, die fchon zu den Zeiten Julius Cäfars bekannte Hauptftadt der römifchen Schweiz (Mufeum von Wiflisburg). Der Verfaffer befitzt in feiner Sammlung mehrere andere Trümmer römifcher Waffen, die aus denfelben Nachgrabungen in Aventicum herrühren.

11. Römifcher Helm aus Bronze von 24/22 cm, auf dem Schlachtfelde von Cannä ausgegraben und dem Papfte Clemens XIV. von dem Vorfteher eines Auguftinerklofters als Gefchenk überreicht. Diefe Waffe ift fpäter, man weiß nicht wie, ins Schloß Erbach in Heffen-Darmftadt gekommen. Nr. 379 Mufeum zu Mainz und Nr. D. 1 Artillerie-Mufeum zu Paris find ähnliche Helme (f. d. etrurifchen Helm Nr. 14).

11 Bis.

11. Bis. Römifcher Stück- oder Plattenpanzer nach dem römifchen Standbilde des Kaifers „Auguftus als Feldherr", im Brazzio Nuovo des Vatikan. Solche eherne Feldherrnpanzer, dem chiton chalkochiton) griechifcher Art ähnlich, mit getriebenen Bildwerken und Schulterblättern (humeralia) findet man häufig auf kleinen Standbildern, fo auf einem des Caracallus (2. Jh. n. Ch.) im Museo Burbonico.

12 Bis. Römifcher Schildträger (scutatus) nach der Trajansfäule. Diefer Krieger ift mit dem Schienenpanzer (lorica segmentata), beftehend aus Bruft- und Schulterfchienen gerüftet. Der Helm ift der gewöhnlich bei den römifchen Speerträgern gebräuchliche, niedrige von Leder, galea genannte mit einer einfachen Öfe als Zier (crista) und Sturmbändern (bucculae, παραγαθί.) Schild d. scutum) θυρεός, von 20 cm Höhe und 20 cm Breite mit einer Schutzwaffe die hier fichtlich zwei Handhaben (ansae) und der auf der rechten Seite am Wehrgehenk (balteus) getragene Dolch (pugio [1]) Abwehrftange hat. Die Beine find ohne Schutz (cerae), die Fußbekleidungen einfache soleae mit Schnürriemen bis über die Knöchel.

12 Bis.

12 Ter.

12. Ter. Ein Impeditus, d. h. ein fein perfönliches Gepäck

[1]) Clunaculum hiefs der auf dem Rücken getragene (quia ad clunes dependet) grofse Dolch, wie man ihn auf der Trajansfäule abgebildet findet. (S. Aul. Gell. X, 25; Isidor. Orig. XVIII, 6, 6.)

(sarcina) tragender römiſcher Soldat, deſſen Schnurrbart ſeine nicht römiſche Nationalität anzeigt. Dieſe perſönliche Belaſtung iſt erſt v. Marius (119—86) in dem römiſchen Heere eingeführt worden, weshalb man ſolche Krieger mit dem Spottnamen: ‚Muli mariani[1]) marianiſche Mauleſel' — bezeichnete. Expediti nennt man von den Veliten, d. h. von den leichten Truppen, die, deren Gepäck (impedimenta) auf Wagen nachfolgt. Der abgebildete Impeditus trägt den ſchweren geſchienten Panzer (lorica segmentata), den gewölbten, viereckigen Schild (scutum), Küchengerät u. d. m. auf einer Stange. Der Helm (cassis?) hängt ihm von der rechten Schulter herab. Die Beine ſind ſchutzlos, die Fußbekleidungen (Soleae) mit Schnürriemen. — Nach der Trajansſäule.

Hastatus auch (lancearius), ein mit Speer von lanzettenförmiger Spitze (lanceolatus) und ovalem Schilde Bewaffneter des ſchweren römiſchen Fußvolkes, im Kettenpanzer (molli lorica catena), mit dem einfachen Helm (cassis) und dem kurzen, auf der rechten Seite am Schulterwehrgehänge (balteus) getragenen Schwert (gladius). Die Kopfbedeckung ſcheint der niedrige Lederhelm (cataetise) zu ſein. Die Füße ſind mit Sandalen (soleae), welche durch Schürrieme (corrigiae oder amenta) vermittelſt Schnüröſen (ansae) befeſtigt wurden, — bekleidet. — Trajansſäule (v. 114 n. Chr.)

Legionarius nach der Trajanſäule (114 n. Chr.). Runder, niedriger, wahrſcheinlich lederner Glockenhelm (cataetise) mit Sturm-

[1]) Marianiſcher Eſel wurde aber auch das aus einer gabelförmigen Stange, einem Brett und einem Riemen gebildete Traggeſtell ſelbſt genannt. Den unter ſeinem Rüſtzeug befindlichen Krieger bezeichnet man mit accinctus und den welcher Waffen wie Rüſtung

bändern (bucculae) ohne Visier (projectura) und ohne Zier (apex); Schienenpanzer (lorica segmentata), d. h. ein von Stahlschienen (laminae) gebildeter, mit ebenfalls geschienten Schulterklappen und mit dreiriemigem Gemächteschutz (s. darüber S. 239). Das kurze Schwert (gladius) am Schulterwehrgehänge (balteus) auf der rechten Seite und mit dem gewölbten viereckigen Thürschilde (scutum). Die auf der Antoninssäule (Mark-Aurel — v. 161—180 n. Chr.) dargestellten berittenen Legionäre (legionarii equites) haben dieselbe Ausrüstung.

Wie die Abbildung Nr. 12 S. 238 zeigt war die Ausrüstung der am Rhein stehenden Legionen wahrscheinlich im allgemeinen viel leichter.

Berittener römischer Legionär (eques legionarius) nach der aufdem Kapitol errichteten Mark-Aurel- (Antoninus, 138—161 n. Chr.) säule. Die legionarii equites waren in den hundert Pferde zählenden Reiterabteilungen jeder Legion einbegriffen. Die Ausrüstung dieses Kriegers war eine so schwere, wie die der schwer bewaffneten hastati, dieses mit Speeren bewaffneten Fußvolkes. Der mit geschienten Achselstücken versehene geschiente Panzer — (lorica segmentata, d. h. ein gestählter) — hat hier den auf das Gemächte hinabfallenden fünfteiligen Riemenschutz (kriegerisches Abzeichen), welcher bei den S. 238 und S. 240 abgebildeten hastatus nur dreiteilig und bei einem anderen dargestellten Legionär sechsteilig ist. Der Metallhelm (cassis) zeigt die Helmzier (apex) auch den Augenschirm (φύλυς), das Pferd, dessen untere Teile von anderen Vorwürfen auf der Säule bedeckt sind, den monile, einen oberen Halsriemen, den balteus, einen geschmückten Brusthalsgürtel und Hinterzeug (postilena). Weder Steigbügel noch Sattel, statt dessen nur das ephippium genannte Deckenkissen.

---

abgelegt hatte, um Arbeiten zu verrichten, mit non accinctus, und mit holomachus, ὁπλομάχος, den vollständig von Kopf zu Fuss ausgerüsteten.

12. Vollrundes Standbild eines römiſchen Legionärs, wofür das im Wiesbadener Muſeum befindliche Grabdenkmal des Legionärs[1]) Valerius Criſpus[2]) als Grundlage gedient hat und vom Standbildner Scholl in Mainz für das dortige Muſeum ausgeführt worden iſt[3]). Die Rüſtung dieſes römiſchen Soldaten zeigt den Lederpanzer (lorica) mit Schulterklappen und die lorica lintea, d. h. die römiſche leinene Jacke. In der linken Hand den 1 m 20 cm langen und 80 cm breiten nur hier halbcylinderförmigen Schild (scutum) mit ſeiner hier wohl einzigen Handhabe (ansa) unter dem Buckel (umbo). In der rechten Hand der ſchwere mit Eiſenſtange und verſtärktem Schafte verſehene Wurfſpieß (pilum)[4]), deſſen Spitze keinen Widerhaken zeigt. Der Metallhelm (galea oder cassis — κόρυς) mit Helmzier (crista) und Wangen- oder Sturmbändern (bucculae). Das Schwert (gladius) mit Handgriff (capulum) ohne Abwehrſtange (mora) und in einfacher Scheide (vagina) auf der rechten Seite am Bandelier (balteus). Der metallbeſchlagene

12

1) Die berittenen Legionäre, wovon immer dreihundert in jeder der römiſchen Legion angehörigen Reiterabteilung befindlich waren, hieſsen legionarii equites und trugen gemeiniglich die lorica certa, den Schienenpanzer.

2) C(aius) Valerius C(aii) f(ilius) Berta, Menenia (tribu) Crispus, mil(es) leg(ionis) VIII Aug(ustae) an(norum) XL stip(endiorum) XXI f(rater) f(aciendum) c(uravit).

3) Abgüſſe davon aus Gips in Lebensgröſse zum Preiſe von 300 M. und kleine, etwa 35 cm hohe à 30 Mk. liefert das Muſeum zu Mainz.

4) Obſchon die Römer bereits unter Auguſtus den fränkiſchen Widerhaken (hamata oder adunca) für das Pilum ſollen angenommen haben (?), ſo iſt dennoch ein ſolcher an dieſer Waffe hier nicht vorhanden.

Gürtel oder das Hüftwehrgehenk (cingulum militare oder cinctorium) mit sechsteiligem herabfallenden Riemenschurz (militärisches Abzeichen)[1]. Die Füße sind nicht wie die des dargestellten Crispus mit Halbstiefeln (caligae), sondern mit Sandalen (soleae) bekleidet, ähnlich wie die im Mainzer Museum aufbewahrten, welche den Römern (?) zugeschrieben werden. Lenden- und Armschutz (bracae) von Leder. Die Schenkel (femora), von den Hüften bis zu den Knieen sind mit der feminalia oder femoralia, der kurzen Hose bedeckt, welche unten zenienartig ausgeschnitten ist.

Auf dem Grabstein scheinen die Füße nackt, da sowohl die Schnürriemen (amenta oder corrigiae) wie die Schnürösen (ansae) und selbst die Sohlen (soleae), die Sandalen durch Verwitterung des Sandsteins ganz und gar nicht mehr sichtbar sind, falls dieselben bestanden haben.

Der Armschutz (brachialia) wie der Lendenschutz (femoralia), der Oberlendenschutz (lumbi) unter welchen letzteren die (femoralia) die kürzen nur die Unterlenden (femora) bedeckenden Hosen hervorsehen, waren alle von Leder.

Die ganze Ausrüstung ist hier durchaus anders und viel leichter wie die auf den Trajan- und Septimus-Severbogen, sowie auf den Trajan- und Antoninssäulen (v. 2. Jahrh. n. Chr.) abgebildeten legionarii.

13. Ein römischer Feldzeichenträger (signifer), nach dem bei Bonn gefundenen und im Museum daselbst aufbewahrten Grabdenkmal des Pintaius[2]. Über der Tunica trägt dieser Krieger die

---

[1]) Diese am Cingulum befestigten, meist beschlagenen Riemen die sonst fast nur an dem unter dem Kaiserreich vom gemeinen Legionär getragenen Stahlschienenpanzer, der lorica segmentata, besonders auf der Trajanssäule angetroffen werden (s. die vorhergehenden Abbildungen Nr. 1, 2 u. 3) und von 3 bis 6 abwechselnd vorkommen, mögen, weil nicht allein zum Schutze des Gemächtes (praesidium mentulae?) da sie oft nur bis über die Mitte des Bauches hängen, gedient haben und begriffsverwandt mit den auf Ärmeln genähten galons oder chevrons im jetzigen französischen Heere gewesen sein. Wahrscheinlich bezeichneten sie die Dienstzeit, die Zahl der vom Träger mitgemachten Schlachten, Feldzüge oder dergleichen. Eine lateinische Benennung dieser Riemen ist nicht bekannt, aber dieselben mögen wohl von den griechischen Panzerflügeln — πτέρυγες —, die rund um den Leib herabhingen (s. S. 192) abstammen. Auf der Trajanssäule trifft man man bei den Abbildungen der legionarii immer nur dreiriemige Gemächtevorhänge an.

[2]) „Pintaius Pedilici f. astur transmontanus castello Intercatia, signifer Coh. V. asturum anno XXX etc."

Lorica hamata und wieder darüber das Lederwams. Am Gürtel befindet ſich ein vierteiliger metallener Riemenſchurtz (Panzerflügel der Griechen (?). Über dem Helm (galea oder cassis?) mit Sturmbändern (bucculae) ein Tierfell[1]). Schwert (gladius) hier auf der linken und Dolch (pugio[2]) auf der rechten Seite. In der rechten Hand das Signum mit Lorbeerkranz, der Querſtange und zwei hängenden Eicheln, darunter der Adler (aquila) mit dem Fulmen (Blitz), ſowie Mondſicheln (lunatus). Am unteren Ende der Stange ein Haken zum Tragen auf der Schulter. Sandalenartige Halbſtiefel (caligae). Ein einziger Leibgürtel (cingulum militare oder cinctorium) für Dolch und Schwert (letzteres ohne Abwehrſtange mora), mit dem vierteiligen Riemenſchurz.

13

13. Bis. Römiſcher Feldzeichenträger (signifer) aus der Kaiſerzeit, nach einem bei Mainz aufgefundenen und im dortigen Muſeum aufbewahrten Grabdenkmal des Lucius Fauſtus. Über dem Schuppenpänzer (lorica serta oder hamis conserta), d. h. aus ſchuppenförmigen Plättchen, welcher die Arme faſt bis zum Ellenbogen bedeckt und

[1]) Omnes autem signani vel signiferi, quamvis pedites, loricas minores accipiebant et galeas ad terrorem hostium ursinis pellibus tectas.“ Veget. II, XVI. — Dieſer Helm mit darüber gezogener Tierkopfhaut — galea pellibus tecta, welcher beſonders bei den Fahnen- oder Feldzeichenträgern in Gebrauch war (ſ. Veget. Mil. II, 16), iſt auch auf der Trajansſäule abgebildet.

[2]) Der kleinere auf dem Rücken getragene Dolch hieſs Clunaculum (ſ. auf der Trajansſäule).

woraus unten ebenfo gepanzerte Hofen (bracae sertae) herunterreichen, fieht man das Lederwams mit weiten Achfeldecken. Am befchlagenen Leibgürtel (cingulum militare oder cinctorium) mit zwei Schnallen (fibulae) und deren herabfallender vierriemiger Schurz, einem Abzeichen, — rechts das kurze Schwert (gladius hispaniensis) ohne Abwehrftange (mora) in Scheide (vagina). Das Bandelier oder Schulterwehrgehenk (balteus) trägt den linkfeitigen Dolch (pugio) kann aber auch wohl zum Aufhängen des ovalen Schildes (wofür in diefer Form der lateinifche Name nicht bekannt ift) gedient haben. Der Schild hat nur eine, äußerlich von dem Mittelpunktsbuckel gefchützte Handhabe. Gefchnürte, die Zehen nicht bedeckende Halbftiefel. Larvenhelm (cassis) in vollftändiger Gefichtsform mit Ohrbildungen und Bändern aber ohne Kamm (apex) noch Federbufch (crista). Das aus fechs Scheiben, einer mit Kranz verzierten Spitze und reichem ornamentalen Fuße gebildete Feldzeichen (signum) hat gerade die Länge des signifer.

13 Bis.

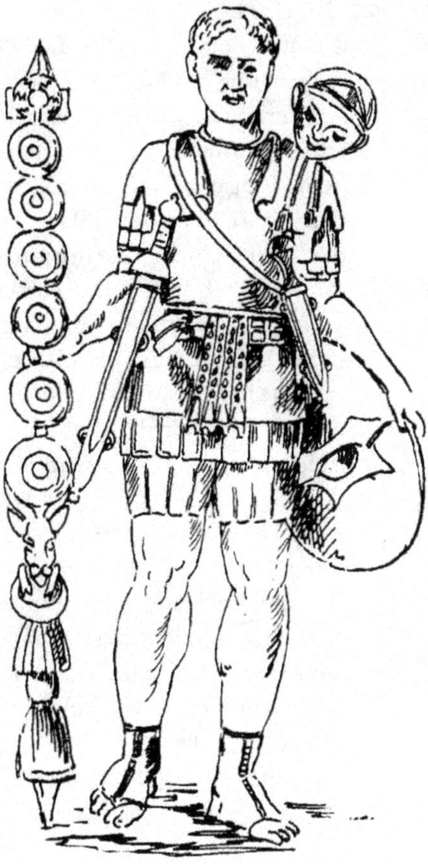

Das römifche Kompagniefeldzeichen hieß manipulus und hatte die hier dargeftellte Handform. Zuerft foll eine an Stangen befeftigte Handvoll Heu den römifchen Truppen als Feldzeichen gedient haben und diefer fpätere Manipulus davon abgeleitet fein.

14. Römiſcher Adlerträger (aquilifer)[1]), nach einem bei Mainz gefundenen und im Mainzer Muſeum vorhandenen Grabdenkmal des Muſius[2]), in hoch erhabener Arbeit. Dieſer Krieger iſt hier mit dem Ringpanzer (lorica hamata) unter einem beriemten und beſchlagenen Lederwams mit Phalerae (Schmuckplatten), welches letztere (das Lederkoller) der Vorläufer der mittelalterlichen Platte zu ſein ſcheint, ſowie mit der unter dem Ringpanzer hervorlugenden Tunica bekleidet. In der mit einem Armbande (armilla) gezierten Rechten (auf der Zeichnung hier vergeſſen) das Legionsfeldzeichen (signum, aquila), deſſen Adler Blitzſtrahlen Jupiters (fulgura) in den Fängen hält. Außer dem Schwert (gladius hispaniensis) ohne Abwehrſtange an der rechten Seite in der linken Hand den ovalen Schild, welcher in dieſer ſpäten Zeit wenig mehr im Gebrauch war, von deſſen Buckel Blitze ſpringen. Die Füße ſind nicht wie die des vorher abgebildeten Kriegers mit Halbſtiefeln (caligae), ſondern mit Sandalen (soleae) bekleidet.

14

Centurio (ſ. darüber S. 244) aus der Zeit des Trajanus (98—117 n. Chr.). Wie bei dem der abgebildeten altzeitigeren Centurionen iſt der Panzer mit Schuppen bedeckt (d. Squamata) und in der rechten Hand der Züchtigungsſtab (vitis) ein Rebſtock befindlich. Der Metallhelm (cassis) mit Sturmbändern

[1]) Wenn das Feldzeichen mit dem Bilde des Kaiſers geſchmückt war, hieſsen die Träger davon imaginarii. Den berittenen Regiments-Standartenträger (des Vexillum) nannte man vexillarius.

[2]) „Cn. Musius T. f. Gal. Veleias an. XXXII stip. XV aquilifer etc.“

(bucculae) trägt als Kamm (apex) eine lange herabwallende Feder auf der Helmzier (crista). Das von der rechten Seite, am Wehrgehenk (balteus) getragene kurze Schwert (gladius) ift faft fo kurz hier wie der römifche Dolch (pugio) und ohne Abwehrftange (mora). Die Beinfchienen (ocrae) find nicht mehr hoch hinaufreichend und verziert wie bei den nachftehend abgebildeten Centurio älterer Zeit. Nach einer Flachbildnerei des Trajanusbogens, welche gegenwärtig im Conftantinbogen untergebracht ift.

Zwei Praetoriani der Hausgarde der römifchen Kaifer, welche durch Auguftus, nach dem Vorbilde der cohors praetoriana, errichtet und durch Conftantinus aufgelöft wurde. Sie trugen Schuppenpanzer (squamatae), Metallhelme (cassis) mit Sturmbändern (bucculae) und Kamm (apex), an der rechten Seite das Kurzfchwert

(gladius) am Hüftwehrgehenk (cingulum) und am linken Arme den ovalen Schild wie der hier überftehend abgebildete Signifer. Die Füße find mit Halbftiefel (caligae) bekleidet. Ein auf der Trajansfäule dargeftellter Praetorianer ift weniger reich ausgerüftet und trägt einen einfachen Glockenhelm. — Flachbildnerei im Louvre-Mufeum.

Quintus Publicus Festus.
Leg. XI.

Centurio (ἑκατοντάρχης),
d. h. Offizier, welcher im
Range unter dem Tribun, der
ihn ernannt hatte, ſtand. Er
befehligte hundert Mann, die
Centurie und ſein Poſten
auf dem Schlachtfelde war
vor dem Adlerträger (aquilifer). Das hauptſächlichſte
Rangerkennungszeichen be-
ſtand in dem Stabe (vitis)
deſſen er ſich bediente, um
die ihm untergeordneten
Soldaten zu züchtigen. Der
Schuppenpanzer (Squamata
oder lorica serta, auch
hamis conserta) iſt mit
Phaleren geziert, die Beinſchienen (ocreae) ſind derartige, wie dieſelben von den
römiſchen Soldaten der erſten
Zeit getragen wurden, und
die Füße mit Halbſtiefel
(caligae) bekleidet. Er hält
den vitis in der rechten
Hand, auf dem linken Arme
die Abolla (kurzer Mantel). — Nach der Flachbildnerei ſeines
Grabes. —

Eine für altzeitig römiſch gehaltene, Druſus († 9 n. Chr.), vorſtellen
ſollende Steinbildnerei.

Sie diene hier nur als Muſter der ſo häufig, ſelbſt heut immer
wieder. auftretenden archäologiſchen Unwiſſenheit von nur Buch-
gelehrten.

Wagner[1) giebt dieſe Abbildung, noch 1842, als «eins der ſchönſten

[1]) Handbuch der vorzüglichſten, in Deutſchland entdeckten Altertümer aus heid-
niſcher Zeit“, 2 Bde. mit 145 Tafeln. Weimar 1842. V. I. Mainz, S. 411, V. II, Abb. 5.

Denkmäler aus Römerzeit und als das im VIII. Jahrh. n. Chr. dem Drusus gestiftete Bildnis, wie es, bis zum Jahre 1688 auf einer: «In Memoriam Drusi Germanici» unterschriebenen Steintafel an der Mauer des Zollhauses am Rheinufer zu Mainz bestand, ehe es von den Franzosen zertrümmert worden ist«. Der Herr «Superintendent» ein Kompilator reinsten Wassers, wird wohl diese Zuschreibung prüfungslos der im Anfange dieses Jahrhunderts erschienenen Geschichte der Stadt Mainz von Fuchs entnommen haben, in welcher sich ebenfalls eine Abbildung des «antiken» Drusus befindet.

Wenn das Abbild wirklich bestanden hat, so kann es nur in der Rückgriffszeit des XVI. Jahrhunderts angefertigt sein, und der Stil des Ganzen wie auch die Einzelheiten davon lassen hier auf den ersten Blick das Widersinnige der altrömischen Zuschreibung erkennen. Die dem Bauch nach griechischer Art angepaßte loricae (γυαλοθ·ώϱαξ) aus getriebenem Metall, der siebenzüngige, dabei kurze und rundum hängende Riemenschurz, der in römischer Bewaffnung nicht vorkommende, ganz gerade Jagdspeer, die bis zur Hälfte der Wade hinaufreichenden Riemen der Sandalen (soleae) mit fehlender Befestigung an den Zehen, das statt des Helmes angebrachte Fell mit Widderhörnern (galea pellibus tecta) der viel zu lange Mantel (paludamentum), ähnlich dem griechiſchen chlamydion (s. die auf der Trajansſäule) u. d. m. dienen, ebenſo wie die ganze Auffaſſung, beſonders die des Geſichtes, das Neuzeitige ſofort ins Auge ſpringen zu laſſen.

15. Römiſches Reitzeug eines Eques singularis [1]), nach dem Grabſtein des Silius [2]), gefunden in Rheinheſſen und aufbewahrt im Muſeum zu Mainz. Das Denkmal iſt beſonders des Sattels (sella equestris) wegen intereſſant, welcher den älteren Römern wie den Griechen unbekannt war und wohl erſt unter dem Kaiſerreich, beſonders auf Denkmalen am Rhein, vorkommt, wo er wahrſcheinlich von den Germanen entnommen worden iſt. Steigbügel aber ſcheinen die Römer niemals in Anwendung gebracht zu haben. Das Geſchirr dieſes Sattelpferdes (celes) — (κέλης), welches auf der Stirn herabhängende Haarbüſchel (capronae) hat, — (in der Höhe aufgerichtet bezeichnet man dieſelben mit cirrus in vertice) — zeigt auch außer dem Zaum (frenum) mit Zügel (habenae) und Gebiß (oreae) einen mit phalerae geſchmückten Bruſtriemen (antilena) und einen ebenfalls mit Phaleren gezierten After- oder Schwanzriemen (postilena), ſowie den Bauch- oder Sattelgurt (cingulum). Das Pferd iſt hier ohne zugeſtutzten Schwanz (cauda equina) und ohne die ſchon im römiſchen Heere übliche Brandmarke (character) — χαρακτήρ — Name der auch, ebenſo wie

15

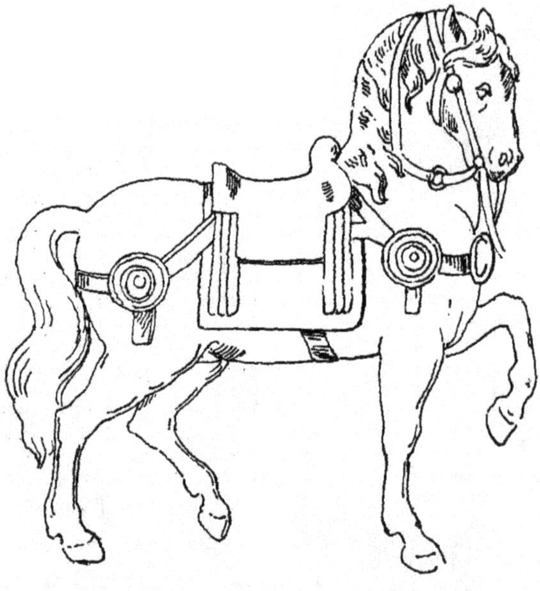

[1]) S. A. Müller, die Grabſteine der Equites singulares. Ph. XL.

[2]) „Silius Attonis f. Equ. Alae Picen. an. XLV. stip. XXIV h. f. e."

cauter oder cauterium, dem dazu dienenden Brandeisen gegeben war) dargestellt.

Bei den Römern ritten die Frauen schon wie heut auf einer Seite und nicht rittlings, d. h. mit gespreizten Beinen, wie dies schon aus den Ausdrücken «muliebriter equitare» und «equo insidere» hervorgeht. Steigbügel waren den Römern immer noch unbekannt. Die Bezeichnung derselben mit Strepae, Strivarium oder Straparium ist Mönchslatein wovon das französische Etrier abstammt. Agminalis, sc. equus hieß das mit Schilden und Helmen der

16

römischen Krieger beladene Saumpferd, wie es auf der Trajanssäule abgebildet ist.

16. Römischer Reiter, nach einem bei Bonn gefundenen und daselbst im Museum befindlichen Grabdenkmal des Marius[1]). In der linken Hand des Reiters der sechseckige Schild. Über der Tunica der Lederkoller mit 12 Schmuckstücken (phalerae.) An den

---

[1]) „C(aius) Marius L(ucii) f(ilius) Vol(tinia tribu) Lucio Augusti Eques leg(ionis) I annor(um) XXX stip(endiorum) XV h(ic) s(itus) e(st) Sex(tus) Sempronius pater facien, (dum) curavit.

Füßen Halbftiefel (caligae). Hier erfcheint das Pferd ohne Sattel — nur ein dickes Kiffen (ephippium). Der Reiter ift ohne Helm und Schwert.

17

17. Bruftbild eines Bogeners (Sagittarius) der römifchen Hilfstruppen, nach dem bei Mainz gefundenen und im dortigen Mufeum aufbewahrten Grabdenkmale des Monimus. Unter der Paenula (veftimenta claufa), einer Art Kittel mit Kapuze (cucullus), fieht der Spitzenfaum einer Tunica hervor. Die ganze Bewaffnung befteht nur aus drei langfchaftigen mit vierkantigen Spitzen befchlagenen Pfeilen und dem Bogen (arcus), in der Patulus-Form, welcher bei den Römern allein eine Waffe der Hilfstruppen war. (S. S. 42—50.)

17. Bis. Römifcher berittener Bogner, alfo von den eques sagittarius, einer Truppe, welche größtenteils aus fremden Hilfstruppen beftanden, jedoch während des Kaiferreiches (31—476) auch aus inländifchen Mannfchaften gebildet (f. Tac. ann. II, 16) und bei den Makedoniern fchon eingeführt war, wo folche Krieger mit Hippotoxota — ἱπποτοξότης — bezeichnet wurden. Der hier nach einer auf dem Kapitol Mark Aurel (Antoninus, 138—161 n. Chr.) errichteten Säule abgebildete Bogner hat Panzer (lorica), Metallhelm (caffis) mit Helmzier (apex), kurzes Schwert (gladius) an der rechten Seite und den gekrümmten Bogen (infinuofus- oder sinuatus-Form.) Das Pferd trägt den monile, einen Oberhalsriemen, den Balteus, den mit

17 Bis.

Schmuck behängten Brusthalsgurt und Hinterzeug (poſtilena). Weder Steigbügel, Sporen, noch Sattel, ſtatt deſſen nur die Deckenkiſſen (ephippium).

18. Cataphractus, Soldat von der ſchweren perſiſchen, parthiſchen und ſamnitiſchen Reiterei; römiſche Hilfstruppen, welche

18

ebenſo wie ihre Pferde, gänzlich mit Schuppen-Schutzrüſtungen von Leder und Büffelhorn von Kopf zu Fuß (a capite ad calcem; — holomachus — ὁπλομάχος) bedeckt waren. (Serv. ad. Virg. Aen. XI. 770.[1]) Dieſe Reiterei beſtand ſchon bei den Griechen, aber erſt von der Zeit Alexanders des Großen ab. Ihre Angriffswaffen waren allein Speer und Schwert, manchmal auch der Wurfſpieß. Später bildete man damit Scharen von 60 Mann, ile (Knäuel) benannt. — Nach der Theodoſiſchen Säule zu Konſtantinopel (4. Jahrh.).

18 I.

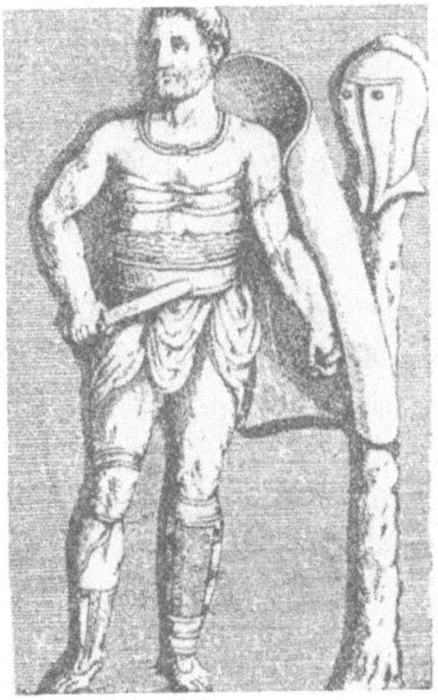

Die numidiſchen Reiter ritten ohne Zaum (ſ. Liv. XXI, 44 und Virg. Aen. IV, 41 und die römiſchen Hilfstruppen auf der Trajansſäule.) Der gänzlich ohne Sattel reitende hieß ephippiatus.

18 I. Secutor (ſ. S. 47 und 48 über Gladiatoren im allgemeinen), ſchwer bewaffneter Gladiator mit hoplitenförmigem, ganz geſchloſſenem Helm, Panzer, großem, viereckigem Schilde, Beinſchiene am linken Fuß und langem Dolche. — Standbild des unter Caracalla berühmten Gladiatoren Baton. — Baſis im Palazzo Doria in Rom.

[1]) Solche Reiter wurden auch einfach mit gepanzert, κατάφρακτος (ſ. Sall., Tac. u. Dav.) ſowie mit loricatus eques, bei den Galliern mit cruppellarii bezeichnet. Sie waren auch mit eiſernen Schuppen wie die eines Krokodils bedeckt. Auf der Trajansſäule befindet ſich ein ganz in derſelben Art dargeſtellter Sarmat. Obige Benennung wird auch von Siſenna (77 v. Ch.) dem ſchwer ausgerüſteten unberittenen Krieger beigelegt.

18 II. Samis oder Samnit und Thrax oder Threx (Thracier), Gladiatoren, welche wie die Murmiliones mit dem galliſchen Helm, aber auch mit dem Scutum genannten Schilde, Bein-

ſchiene (ocreae) und einem rechtarmigen Schutz (manica — χειρίς) bewaffnet waren. Die Samniten hatten als Angriffswaffe den langen Dolch, die Thraces oder Parmularii aber das gekrümmte, Sica genannte Dolchmeſſer oder wie der hier abgebildete, eine hakenförmige Waffe, deren Namen unbekannt iſt.

18 II Bis.

18 II. Bis. Thrax, thraciſcher Gladiator, deſſen Benennung von ſeiner thraciſchen Bewaffnung herrührt. Er trug den thraciſchen hutförmigen Helm, den kleinen viereckigen Schild, den Teſtus oder Parma thraecidica (in der Form des Scutum, aber kleiner) und das gekrümmte Dolchmeſſer (Sica [1]), ſonſt aber keine weitere Schutzrüſtung und als alleinige Bekleidung den campestre oder cinctus. — Nach einer antiken Lampe in gebranntem Thone.

[1]) Dies Dolchmeſſer hat nicht die Form des römiſchen Jagdmeſſers (cultor venatorius — θηριομαχης), wie dasſelbe häufig auf Flachbildnereien (ſ. S. 252 Nr. 18 VII) vorkommt. Ein in der „Histoire des Romains" von Duruy abgebildeter, mit Helm,

18 III.

18 III. Gladiator zu Pferde (Eques) bewaffnet mit dem runden ehernen Schilde (clipeus), der Stoßlanze (hasta) mit dreikantigem Eisen, dem Ringpanzer (lorica hamata) oder wohl besser dem aus Ketten bestehenden jackenartigen Panzer (Squamata) und dem einfachen (gallischen?) Glockenhelme mit breitem Schirme, einer Art von Metallhut. — Die Bewaffnung war also der berittener Legionäre sehr ähnlich. — Nach eine Flachbildneri des Grabes der Navoleia Tyche zu Pompeji.

18 IV.

18 IV. Retiarius, leicht bewaffneter Gladiator, mit einfachem Glockenhelm und linker Armberge. Seine einzige Angriffswaffe ist die dreizackige Gabel (furcina tridens), hier mit gekrümmtem, schlangenförmigem Stiel ausgestattet. Das von den Retiarii auch gehandhabte jaculum oder Fangnetz (rete), bietet diese Bronze von Esbarres nicht. Die Laqueatores unterscheiden sich von den Retiarii, daß sie anstatt des Fangnetzes einen Lazo hatten.

18 V. Retiarius, d. h. mit dem Fangnetz (rete) beworfner Secutor — Gladiator. — Nach einer antiken Mosaik. —

Schild und Beinschienen gerüsteter Gladiator hat dasselbe Messer als Angriffswaffe. Die Bestiarii (s. 18 II S. 252) führten gemeinlich den Seymitar in der Form des culter venatorius.

18 VI. Venator (θηριομάχης) oder Beſtiarius, untergeordneter Gladiator für den Venatio, d. h. Tierkampf, auf einem Cippus zu

18 V.

18 VI.

Parma. Der Beſtiarius iſt hier mit Beinſchienen und Panzer gerüſtet und hält in der rechten Hand den Lazo (laqueus), in der linken den mit aufrechtſtehenden Widerhaken am Eiſen (Spicum λόγχη) beſchlagenen Spieß.

18 VII.

18 VII. Kämpfende Venatores aus früherem Zeitabſchnitte, wo die Bewaffnung ſolcher Beſtiarii noch vollſtändiger war: Helm mit Sturmbändern und Zier ovaler und runder Schild, etwas gekrümmten Seymitar[1]) aber doch keinen Armſchutz. Der Schild des einen iſt die parma — thraecidica oder das kleine scutum, der des andern ein ovaler.— Flachbildnerei, Palaſt Orsini zu Rom. —

[1]) Ganz ähnlich dem culter venatorius.

Zu dem S. 47 u. 48, über die, von den etruskifchen Leichenfpielen abftammenden Gladiatorenkämpfer und Gladiatoren (v. Gladius, kurzes Schwert) bereits Angeführten, ift hier noch folgendes hinzufügen: Ceroma hieß die Ölmifchung, womit die Gladiatorenringer fich den Körper einrieben. Die gut gerüfteten Murmillones (Secutorii) hatten gewöhnlich einen Fifch (piscis) zur Helmzier, weil ihre ohne Schutzrüftung kämpfenden Gegner die retiarii, außer der dreizackigen Gabel (fuscina, — tridens) mit dem Fangnetze (rete, auch wie die Schleuder funda und jaculum genannt) bewehrt waren, wo fie den Murmillo «wie einen Fifch» zu fangen fuchten. — Es beftanden auch, was befonders die Flachbildnerei des Grabdenkmals von Navoleia Tyche zu Pompeji zeigt, berittene Gladiatoren, die gleich den meridiani mit mittelgroßen Rundfchilden und den breitkrämpigen Helmen, fowie mit den Schutzrüftungen der leichten Legionäre und mit Speeren von dreikantigen Eifenfpitzen verfehen waren. Später gab es auch Laquearii genannte Gladiatoren, welche außer den Gladius ein Wurffeil (den fpäteren fpanifchen Lazo) führten. Laterarii hießen die in Haufen gegeneinander kämpfende Gladiatoren. Andabatae wurden (nach Hieron) die mit verbundenen Augen, oder mit das Geficht bedeckendem Helme ohne Augenöffnung kämpfenden Gladiatoren genannt, wo hingegen der Sprachkundige Turnebe (1512—1565), welcher befonders Cicero, Varro, Horaz, Plinius, Aefchylos, Sophokles u. d. m. bearbeitet hat, damit römifche nach Beendigung der Circusrennen auftretende Ringer bezeichnet.

Buftuarius wurde der — am angezündeten Scheiterhaufen (rogus — *πυρά*), oder am noch nicht brennenden (pyra) — den Todeskampf ausführende Gladiator genannt.

Mit Lanifta bezeichnet man den Einüber der Gladitoren. Der nach dreijährigem Dienft frei gewordene Gladiator erhielt bei feinem Austritte einen Rudis, das ftockförmige Holzfchwert und einen Palmenzweig von Silber (palma). Rudis hieß aber auch das Fechtrapier, beffer ein mit Knauf verfehener Stock von Holz zum Einüben der Rekruten (tirones — im Gegenfatz zu dem vetus miles, veteranus.)

Erft im 5. Jahrh. n. Chr. find die Gladiatorenkämpfe gänzlich abgefchafft worden.

Das von den Griechen abftammende Pancratium — *παγκρά-τιον* —, mehr ein turnerifches Ringen als Schlagen, — fand ohne die Kampfhandschuhe (Caestus = ἱμάντες) des Boxers (pugil — πύκτης, s. weiterhin) statt. Die während der Republik und des Kaisertums stark betriebene Box- oder Schlagkunst (pugilatio, pugilatus) war auch von den Etruskern und Römern den Griechen entnommen worden. Julius Caesar hatte ferner in Rom eine Nachahmung des πυῤῥίχη — Pyrrhica, des griechischen Waffentanzes in Schutzrüstung mit Schild so wie mit Speeren und Schwertern — eingeführt. Ob auch die beiden πάλη, πάλαισμα — Lucta — genannten Ringkämpfe, welche nicht mit dem oben angeführten Pancratium zu verwechseln sind und wo beim Stehkampfe — πάλη ὀρθή nach dem Niederwerfen des einen oder der beiden Ringer nicht mehr — bei dem anderen, dem Erdkampfe — ἀλίνδησις — aber noch nach dem Niederwurfe fortgerungen wurde — in Rom eingeführt worden — ist nicht festzustellen.

18 VIII.

Desultor — μεταβάτης — ἄμφιππος — hieß der im Circus auftretende Kunstreiter, wie davon in einer Flachbildnerei im Museum zu Verona dargestellt ist.

18 VIII. — Faustkämpfer (pugil. πύκτης — in pugillatu certare — als Boxer auftretend), deren Unterarme allein mit auf Lederstreifen befestigten Metallkügelchen (caesti) gerüstet sind. — Statue im Palast Albani zu Rom. — Ein ähnliches Standbild befindet sich in der Villa Borghese.

19

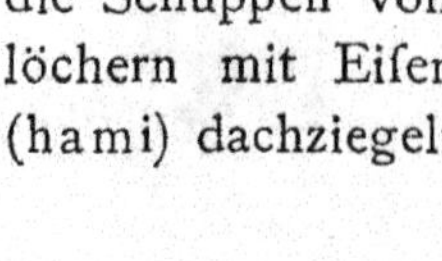

19. Bei Wiflisburg (Aventicum) in der Schweiz gefundene Schuppen (λέπιδες, squamae:) eines römischen Panzers der Squamata, oder lorica serta auch hamis conserta, — in halber Größe abgebildet. — Sammlung Bonstetten in Eichbühl bei Thun. (S. Nr. 10 S. 233).

Eine Wandmalerei zu Pompeji bietet einen solchen Panzer, wo die Schuppen von Bein immer oben aneinander in ihren Seitenlöchern mit Eisendraht verbunden sind und jede Reihe davon (hami) dachziegelförmig eine die andere zur Hälfte überdeckt.

20

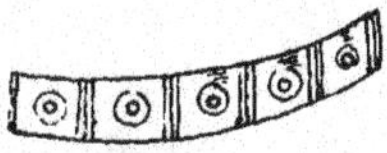

20. Römisches Hüftwehrgehänge oder Gürtel (cingulum), nach einem im Wiesbadener Museum befindlichen Denkmale.

21

21. Samnitischer, in Isernia, dem alten Samnium, gefundener Helm aus Bronze. Diese Waffe der Sammlung Erbach reicht vielleicht bis in den zweiten samnitischen Krieg hinauf (326—204 v. Chr.). Ein vergoldeter japanesischer Helm, dessen Form ähnlich ist, befindet sich im Artillerie-Museum zu Paris. (S. d. ähnlichen japanischen Helm und Abhandlung der Helme Nr. 134).

23 22

22 und 23. Zwei römische Helme, nach der Trajanssäule. Nr. 25 gleicht dem nach der Theodosiussäule abgebildeten Helme in dem Abschnitt, welcher die Waffen aus dem Zeitalter des Eisens behandelt.

22 I.

22 I. Römischer Metallhelm (cassis) eines Centurionen mit hoher Helmzier (crista; iuba) und Federkamm (apex)[1], sowie Sturmbänder (buccula — παραγναθίς) nach einer am Trajansbogen befindlich gewesenen aber jetzt im Konstantinischen Triumphbogen, beim Kolosseum angebrachten Gruppe.

---

[2]) Ein an der Helmzier oder an Helmen ohne Kamm angebrachtes Hörnchen dient als Auszeichnung für gute Führung und hiess Corniculum.

24

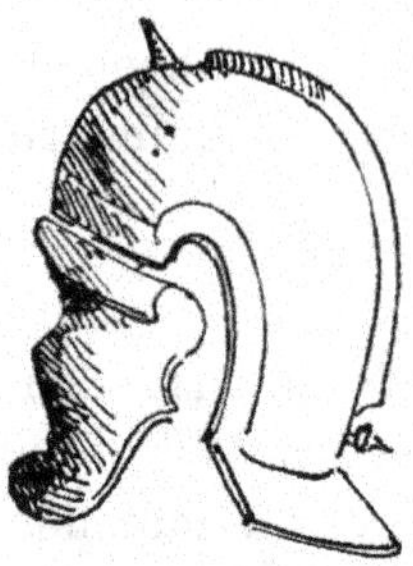

24. Römifcher Helm, von 32 cm Höhe aus Eifen mit Bronze befchlagen, der den Zeiten des Verfalls des römifchen Reiches entftammt. D. 29 im Artillerie-Mufeum zu Paris und Parifer Antikenkabinett. Es ift dies eine der merkwürdigften Waffen jener Zeit. Das Geficht wird faft ganz durch eine Art Charniermaske (Vifier, vehiculum) bedeckt.

24 I

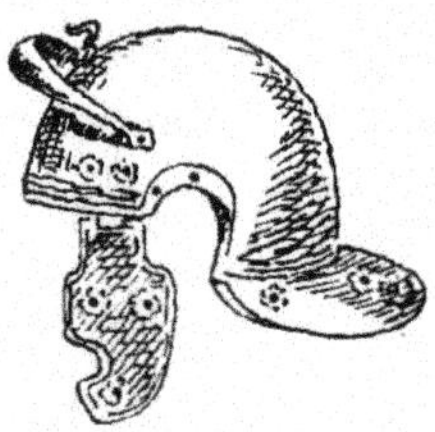

24 I. Eiferner römifcher Helm (cassis) ohne Zier, aber mit beweglichem nur fingerbreitem Sturz. Charnierfturmbänder (bucculae) und Nackenfchutz (praesidium cervicis). Fundort der Rhein bei Mainz. — Mufeum zu Worms. —

24 II.

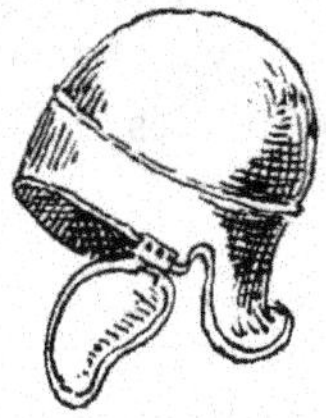

24 II. Römifcher Bronzehelm (cassis), ohne Helmzier, aber mit beweglichem doppelten Kinnfchutz oder beffer Charnierfturmband (bucculae); gefunden in einem Grabe zu Paeftum.

24 III

24 III. Römifcher Bronzehelm mit Wangen-Nacken- und Ohrenfchutz; auf det Glocke eines einfachen conus als Zier. Fundort Niederbiber. — Sammlung Neuwied.

25

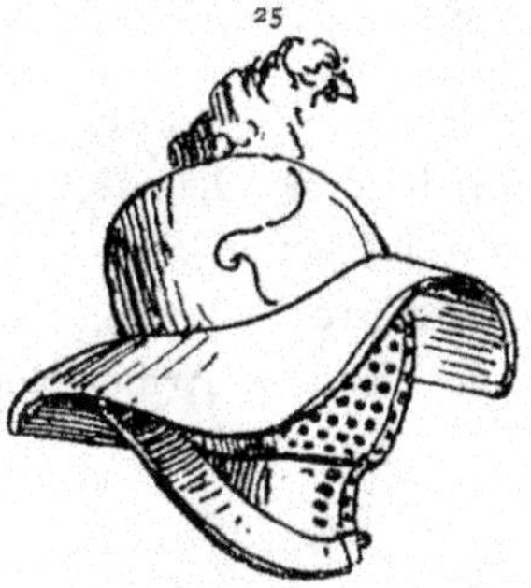

25. Römifcher Gladiatorenhelm von Bronze, aus der Sammlung Pourtalès, Mufeum zu St. Germain. Das Geficht wird faft vollftändig von dem unbeweglichen Vifier mit runden Löchen bedeckt. Eine ähnliche Form von Helmen taucht im 16. Jahrh. unferer Zeitrechnung wieder auf.

25. Bis. Zwei reich verzierte Gladiatorenhelme in Bronze aus Pompeji. — Mufeum zu Neapel.

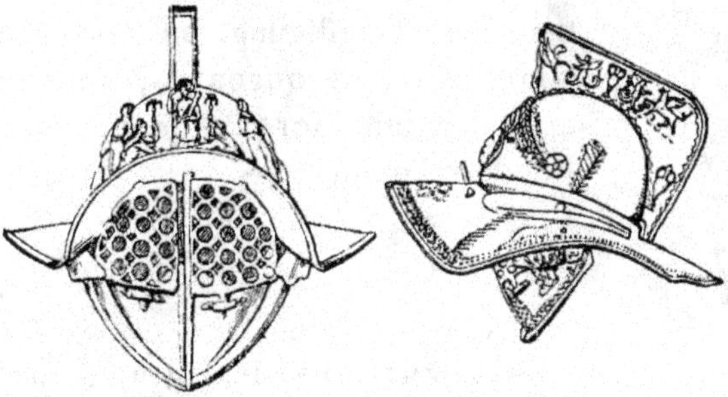

26. Helm eines römifchen Gladiators (eines Secutor, d. h. Verfolger). Der Secutor kämpfte in voller Rüftung gegen den nur mit Gabel (fuscina) und Fangnetz (rete) bewaffneten Retiarius (d. h. Netzkämpfer), welcher keinerlei Schutzwaffe trug. Der Helm ftammt von dem Grabmale des Gladiators Baton (unter Caracalla berühmt). Auf dem Epitaph eines anderen Gladiators, Namens Urbicus, welcher ebenfalls als Secutor großen Rufes genoß, findet fich ein ähnlicher Helm.

26

Die Helme der Meridiani (ergänze «gladiatores», alfo Mittagskämpfer, weil fie nur um diefe Zeit auftraten) fo wie die der Gladiatoren zu Pferde waren einfache Glockenhelme ohne Gefichtsfchutz. Die Meridiani hatten nur noch das Schwert als Angriffswaffe. Ähnliche Helme trugen die Thraces (sing. Thrax oder Thraex, fo wegen ihrer thracifchen Bewaffnung genannt), welche außerdem noch die parma und die sica (einen krummen Dolch) führten; ähnlich bewehrt waren die fogenannten Samnites, welche aber die vollftändigfte Bewaffnung hatten.

26 I.

26 I. Bronzene Unterarmberge (Brachiale) *περιβραχιόνιον* eines Gladiators. Die Ringe dienten zur Befeſtigung mittels Riemen (amenta). — Fundort Pompeji. — Manica — *χειρίς* — hieß die Schutzrüſtung des rechten Armes der Gladiatoren.

26 II

26 II. Bronzene Beinſchiene (ocrea, *κνημίς*) eines Gladiatoren. Die Ringe (annuli) dienten zur Befeſtigung mit den Schnürriemen (amenta); mit ocreatus, *χειρίς*, bezeichnete man den mit ocreae gerüſteten Krieger. — Fundort Pompeji. —

26 III. Caestus — v. caedere, ſchlagen, (*ἱμάντες*, *μύρμηξ*, — fr. ceste). Mit Bleinägeln beſetzter Fauſtkämpfer- (pugil, — *πύκτης*) Handſchuh für den Pugilatio, den von Griechen, Etruskern und Römern (beſonders unter der Republik und in der Kaiſerzeit) beliebten Fauſtkampfe. Um ſich Schläfen und Ohren gegen die Schläge des Caestus zu ſchützen, trugen die Kämpfer eine Amphotide genannte kleine Kappe. (S. Vergil: Aeneis B. V. der Kampf zwiſchen Entellus und Dares:) — Caestus hieß aber auch der von Venus getragene Gurt.

26 III

26 IV

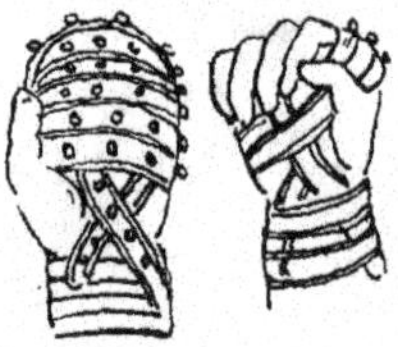

26 IV. Caestus. Nach einem anderen antiken Standbilde.

27

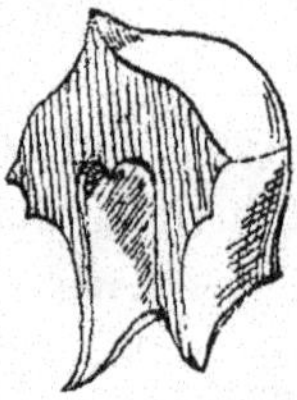

27. Römiſcher Bronzehelm. — Muſeum Poldi-Pezzoli in Mailand.

28

28. Römiſcher, bei Oſterburken im Herzogtum Baden gefundener Helm aus Bronze.

29

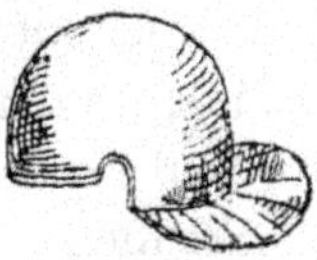

29. Römiſcher(?) Beerdigungshelm(?) mit Nackenſchutz, aus Bronze, welcher im Holſteiniſchen gefunden worden iſt. (S. die griechiſchen Helme mit Nackenſchutz.)

30

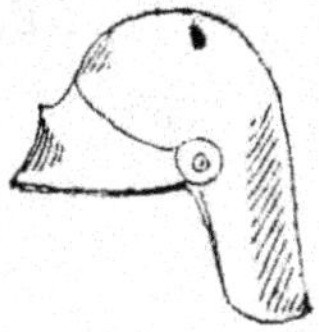

30. Römiſcher Helm mit Sturz oder Viſier (vehiculum), nach einem im Wiesbadener Muſeum aufbewahrten und bei Wiesbaden gefundenen römiſchen Grabdenkmale. Die Inſchrift giebt zu erkennen, daß es dem Dolanus, einem Ritter aus der 4. Kohorte der Thracier errichtet worden war.

30 I

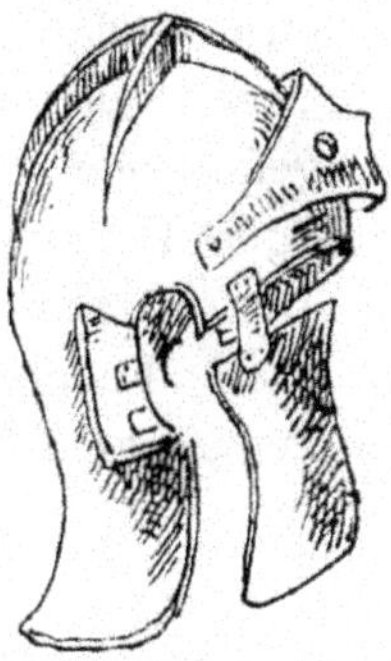

30. I. Römiſcher Bronzehelm (cassis) mit beweglichem Sturz oder Viſier (vehiculum), Kinn- Ohren- und Nackenſchutz ſowie mit Zier (criſta) in ablaufender Kreuzform. Fundort Friedberg — Muſeum zu Darmſtadt. —

30 II

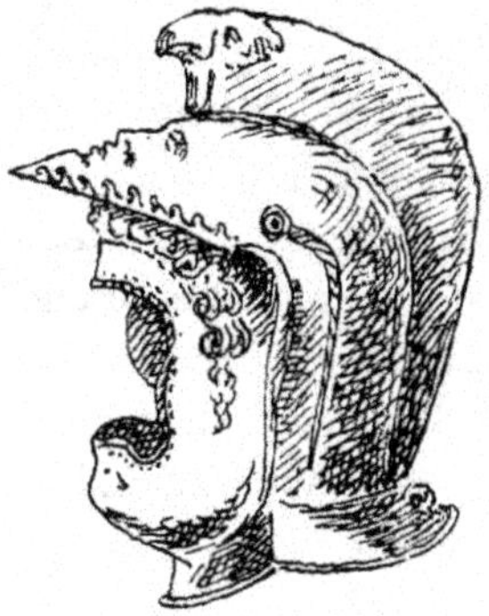

30. II. Römiſcher Bronzehelm (cassis) mit Weißmetallüberzug. Derſelbe iſt ohne Sturz (vehiculum), aber mit einer den größten Teil des Geſichtes bedeckenden unbeweglichen Larve (persona immobilis). Die Helmzier (crista) mit Adlerſchnabel hat die Form der griechiſchen λόφος. Fundort Heddernheim bei Frankfurt. Muſeum zu Frankfurt a/M.

30 III

30 III. Römifcher Soldatenhelm in Bronze aus der Kaiferzeit, gefunden beim Dorfe Schaan (Fürftentum Lichtenftein). Auf der halbkugelförmigen Glocke mit Augen- und Nackenfchirm und breiten, die Backen bedeckenden Sturmbändern (1930 gr. Gewicht) befindet fich folgende Infchrift: P. Cavidius . . Felix . . Petroni.

30 IV

30 IV. Römifcher Larvenhelm (cassis) mit vollftändiger Gefichtsform und Ohrenbildung. Nach dem im Mainzer Mufeum befindlichen, dort nahebei gefundenen Grabdenkmal des Feldzeichenträgers Lucius Fauftus aus der Kaiferzeit. Diefer Helm hat weder Kamm (apex) noch Federbufch (crista), aber einen figurirten Augenfchirm.

30 V

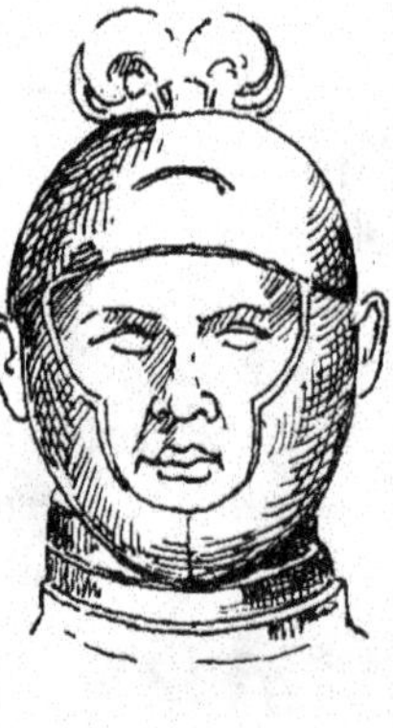

30 V. Römifcher, den Kopf gänzlich einfchließender Metallhelm, an deffen Sturmbändern vollftändige Ohrbildungen hervorragen, wo das Geficht aber ohne Schutz ift. Ein Kamm (apex) ift nicht vorhanden, aber wohl ein Federbufch (crista). Nach dem bei Wiesbaden gefundenen und dort im Mufeum aufbewahrten Grabdenkmal des Legionärs C. Valerius Crispus aus der Kaiferzeit.

30 VI

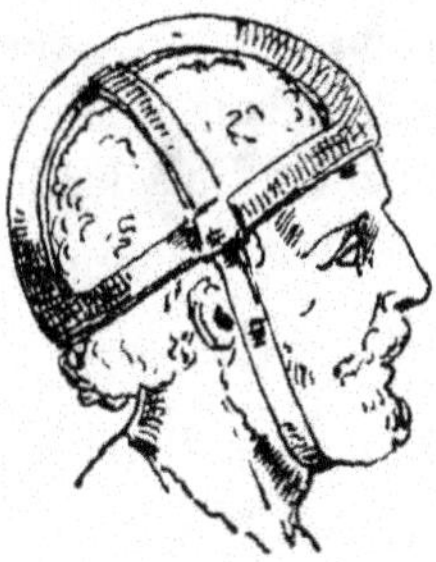

30 VI. Spangenhelm (oder Eifenkreuz?) der germanifchen Leibwache Trajans nach deffen Siegesfäule zu Rom 114 n. Ch. — f. weiterhin den britifchen Spangenhelm und den germanifchen in den folgenden Abfchnitten. Über folche Eifenkreuze f. auch das 511—534 n. Chr. abgefaßte Gefetz der ripuarifchen (niederlothringifchen) Franken T. XXXVI. B. 11.

31. Römifcher Gefichtslarvenhelm in fchön patiniertem[1]) Erz, mit Sturz oder Vifier (vehiculum) gefunden zu Wildberg in Württemberg. — Mufeum zu Stuttgart. — Auch das Mufeum zu Wiesbaden befitzt zwei fichtlich nach Abgüffen auf Gefichtern getriebene Larven; die noch daran befindlichen Scharniere laffen vermuten, daß diefe Masken Helmftücke find.

31

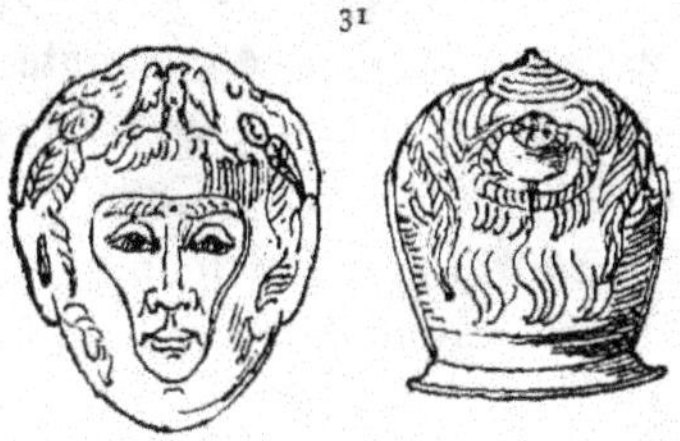

32. Scutum, halbcylinderförmiger 1 m 20 cm langer, 80 cm breiter, römifcher Schild, welcher beim Fußvolk den großen runden und den Parma clipeus erfetzt hatte. — Nach dem im Wiesbadener Mufeum befindlichen Denkmale. — Dies scutum war auch der Schild faft aller Gladiatoren, aber beim Thrax, d. h. dem thracifchen Kämpfer, fchmäler und kürzer, trug auch den Namen Parma thraecidica. Diefer Scutum war auch aus mit Tuch bezogenem Holz, äußerlich mit Leder überzogen und die Ränder in Metall. Jede Legion hatte ihre Schilde verfchiedenartig bemalt, auch mit fymbolifchen Figuren ausgeftattet (f. a. Blitze, Blumengewinde, beflügelte Blitze w. d. S. 242, u. d. m.). Der mit diefer Wehr verfehene Krieger hieß Scutatus. Das Scutum (v. σκῦτος Leder, gr. θυρεός), das fogenannte Thürfchild von mit Leinwand überzogenem Doppelbred mit Eifenrand, 4 Fuß lang, 2½ Fuß breit, foll fchon unter Camillus, im Vejenter Kriege (396 n. Chr.), den erzenen Rundfchild clipeus (altl. clupeus, auch clipeum) erfetzt haben.

32

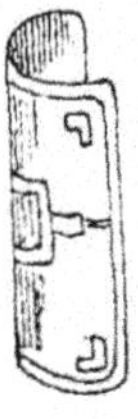

[1]) Der jetzt mit Patina bezeichnete, meift hellgrüne, durch Verhalbfäuerung gebildete Überzug alter Bronzen, befonders von künftlerifchen Waffen und Standbildchen, hiefs damals bei den Römern aerugo (v. aes Erz.) Plinius und Juvenalis nennen diefen aes corinthium, d. h. diefes oxidierte Erz nie anders.

Sonderbarer Weiſe hieß bei den Römern das dem scutum ganz gleichförmige, nur kleinere Schild der secutores und der Thraces genannten Gladiatoren parma thraecidica (bei Martialis 1. Jahrh. n. Chr. pumilionis scutum), obſchon die eigentliche 3 Fuß durchmeſſende parma der velites und der equites (Reiterei) rund war.

32 Bis.

32. Bis. Beim Berennen feſter Plätze, vermittelſt der Thürſchilde (scutum) gebildetes, und nach der Widderbedeckung, wie dieſe testudo, χέλυς — Schildkröte genanntes Sturmdach. Nach der Antoninusſäule (138—161 n. Chr.), wo der Angriff einer germaniſchen Verſchanzung dargeſtellt iſt.

33. Innere Seite eines römiſchen ovalen (clipeus ex longo rotundus ovatus) Schildes (der Name unbekannt) mit einem einzigen Griffe in der Buckelhöhlung. Nach einer Steinbildnerei im Johanneum zu Graz, welche aus Sachau ſtammt.

Der Velitenſchild war die runde parma. Es kommen auch ſechseckige Schilde auf römiſchen Grabdenkmalen vor. S. darüber S. 189.

33

Von ovalen Schilden, womit die classiarii (ἐπιβάται) — wie die für den Schiffskampf eingeübten Krieger benannt wurden ſ. die im Scheffer'ſchen Mil. nav. in Adland veröffentlichte Flachbildnerei — gerüſtet waren und womit aber auch auf dem Triumphbogen zu Orange (v. 1. Jahrh. n. Chr.) Römer und Gallier, ſo wie auf der Trajansſäule (114 n. Chr.) vorkommen, wo rorarii damit bewaffnet, auch der Adlerträger eines Grabdenkmales im Mainzer Muſeum (ſ. die Abbildung S. 242) damit verſehen ſind, findet man faſt ſonſt nur Erwähnung bei Homer (ἀμφιβρότη — ποδηνεκής). So förmige Schilde mit Ausſchnitten waren ferner die böotiſchen (ſ. S. 198). Am ſeltenſten kommen bei den Alten ſechseckige Schilde, vor wie ein ſolches das im Bonner Muſeum befindliche Reiterdenkmal zeigt (s. S. 247). Im allgemeinen findet man sonst nur bei den Alten die sieben verschieden hier nachstehend bezeichneten Schilde.

Der viereckige gewölbte Thürschild (σκῦτος oder θυρεός) der große scutum.

Der kleinere, dem scutum ganz gleichförmige Gladiatorenschild — die parma thraecidica.

Der große runde clipeus oder clipeum (ἄσπις), womit besonders das schwer bewaffnete Fußvolk der Griechen und bei den Römern zur Zeit des Servius (6. Jahrh. v. Chr.) die Krieger der ersten Klasse bewehrt waren. Dieser gewölbte Schild hatte eine Größe, welche vom Halse bis zur Wade reichte, er war entweder von Bronze oder von übereinander liegenden Rindshäuten angefertigt. Wenn aus durchflochtenen Streifen hieß er clipeus textus.

Der kleine runde clipeus (altl. clupeus, πάρμη), wozu auch der clipeus Phidiae, der von Phidias für Minerva angefertigte gehört.

Die ebenfalls runde parma von ungefähr 3 Fuß Durchmesser der römischen velites und equites, welche wohl mit dem kleinen clipeus identisch war.

Die kleine mondsichelförmige pelta (πέλτη), gewöhnlich leicht und aus denselben Stoffen wie die cetra angefertigt, womit besonders die Amazonen dargestellt sind.

Die kleine runde afrikanische, von Fellen hergestellte cetra, mit welcher sich Spanier und Bretonen beschirmten.

Die Träger solcher Schilde wurden nach den Formen davon, mit scutatus, clipeatus — ἀσπιδοφόρος, parmatus, peltatus oder peltasta, — πελταστής (peltata, wovon Amazone) und cetratus bezeichet. Der clipeatus chlamyde hatte statt des Schildes als Schutz den linken Arm mit der chlamys — (χλαμύς), einer Art thessalischen Mantel bedeckt. Bei den Griechen gab es auch wie bei den Altamerikanern Schutzdecken oder besser Fahnenschild — λαισήιον.

33 Bis. Ancile (nicht von ἀγκύλιον, sondern von ancilis auf beiden Seiten eingeschnitten) der geigenförmige heilige Schild, welcher im 8. Jahrh. n. Chr. unter Numa vom Himmel gefallen sein sollte

[1]) Ein S. 218 abgebildetes epheublattförmiges Schild kann wohl unter der peltae eingereiht werden.

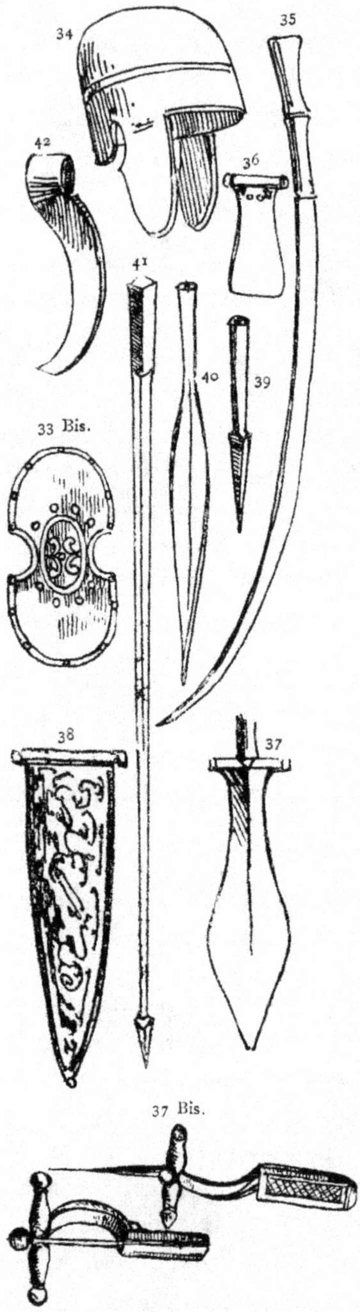

und mit nachgeahmten 11 anderen — um den echten vor Entwendung zu ſchützen — als Heiligtum von den salii genannten 12 Prieſtern aufbewahrt wurde. Der Name ancile wird auch poetiſch jedem kleinen, länglichen Schild gegeben. — Nach einer Medaille von Auguſtus. —

Irrtümlich iſt oft die in Homer vorkommende Aegis (wovon abgeleitet Aegide) mit Schild überſetzt. Dies Wort bezeichnet aber anfänglich bei den Griechen das Ziegenfell (*αἰγίς*), ſowie das damit hergeſtellte, auf der linken Schulter getragene Mäntelchen (ſ. d. Standbild der Minerva im Muſeum zu Neapel), ſpäter die verzierten Stückpanzer der makedoniſchen Könige und anderer Großen.

Der hier abgebildete, geigenförmige ancile, war in dieſer Art wohl nicht im Kriegsgebrauch und unter Aegis (*αἰγίς*), was alſo eine Ziegenhaut bezeichnet, verſtand man im poetiſchen Sinne ein, wie die hier eben angeführte chlamys, ſchützend auf die linke Schulter geworfenes Fell oder auch einen kleinen Schuppenpanzer, beide beſonders bei Standbildern der Minerva vorkommend.

34. Römiſcher Helm, in Pompeji gefunden. — Artillerie-Muſeum zu Paris.

35. Daciſcher Säbel, nach der Trajansſäule. Das Volk der Dacier bewohnte die jetzigen Donaufürſtentümer, Siebenbürgen und das nordöſtliche Ungarn. Sie kämpften entblößten Hauptes und führten als einzige Schutzwaffe den Schild.

36. Römische (?) Angonspitze aus Eisen. — Collegio Romano in Rom.

37. und 38. Römisches Dolchmesser (parazonium) — *παραζώνιον*), aus Eisen, 27 cm lang; mit seiner Scheide aus Bronze. Ein Abguß dieser in Deutschland gefundenen Waffe befindet sich unter D. 20 im Artillerie-Museum zu Paris. Bei den Römern wurde das Parazonium, besonders von den höheren Offizieren und den Tribunen, mehr zur Auszeichnung denn als Gebrauchswaffe am Wehrgehänge (cinctorium) linksseitig getragen. Ein prächtiges römisches bei Köln ausgegrabenes Parazonium des Museum zu Wiesbaden zeigt durch die reiche Ausschmückung seiner Scheide vermittelst Schmelz- und Glaseinlagen, daß diese Waffe durch fränkische Arbeiter angefertigt worden ist.

Der acinaces — *ἀκινάκης* — der Medier, Scythen und Perser war ein ganz gerader Dolch. Cluden hieß der Schauspielerdolch, dessen Klinge, wie heute noch, in den Griff zurückspringt.

37 Bis. Graphium (*γράφιον*), eiserner 22 cm langer, sich wie ein Taschenmesser zusammenklappender Schreibstift für Wachstafeln, welcher Sueton und Seneca nach, auch oft als Dolch gedient haben soll. Sueton (C. 35) schreibt, daß der Kaiser Claudius (10—49 n. Chr.) jedem «Comitor auch librarius», der zu ihm kam, vorher diesen gefährlichen Stichel abnehmen ließ. — Ein in Rom ausgegrabenes in auf- und zugeklappter Stellung abgebildetes Exemplar. —

39. Eisenspitze eines römischen Wurfspießes, 15 cm lang. Museum zu Mainz.

40. Eisenspitze eines römischen Lanceolatus-förmiges (nl. d. h., ein an beiden Enden spitz zulaufendes Blatt) Wurfspießeisen (cuspis oder lonche gr.) 28 cm lang. Museum zu Mainz.

41. Eisen von einem römischen Pilum. Dasselbe ist wie alle anderen auf römischen Grabmalen (s. S. 238.) ohne Widerhaken (hamata oder adunca). Von der Regierungszeit Augustus ab soll (?) der Meinung einiger Archäologen nach, von den Römern der Widerhaken des germanischen (fränkischen) Pilum angenommen worden und ein solches Exemplar im Museum zu Kiel vorhanden sein. Letzteres wird aber wohl von germanischen Kriegern abstammen. Die Länge des Eisens eines Pilums betrug gewöhnlich 1 m 20 cm und die des Holzschaftes 80—100 cm, so daß die ganze Länge der Waffe sich über 2 m herausstellt (s. S. 45).

42. Römiſches Sichelmeſſer aus Bronze, in Irland gefunden. Tower zu London.

42 Ter.

42 Bis.

42. Bis. Römiſches Krumm- oder Senſenſchwert — Ensis falcatus oder hamatus, wie es häufig in den Händen Merkurs und Perſeus' vorkommt. Gleich den Senſenschwertern des Mittelalters befindet ſich die Schneide an der inneren Krümmung, wo hingegen dieſelbe beim Säbel an der äußeren Krümmung liegt. (S. S. 250 den thraciſchen Dolch und das hier folgende Sichelmeſſer.)

42. Ter. Säbelförmiges Hiebſchwert (κοπίς — Copis) welches irrtümlich oft mit dem Seymitar und dem Yatagan verwechſelt wird. Es iſt dies wohl Ahne aller Säbel, da es, wie dieſes die Schneide (acies) an der äußeren Krümmung hat, wo hingegen beim Ensis falcatus und deren Abkömmling, dem Krumm- oder Senſenſchwerte die Schneide an der inneren Krümmung angebracht iſt. (S. auch S. 149 den Hinduſäbel.)

43

43. Römiſches Sichelmeſſer oder auch wohl Hippe (Falx, — arboraria et silvatica, fr. serpe und serpette) von Eiſen, aus den Nachgrabungen zu Päſtum an den Küſten Lucaniens. C. 2 im Artillerie-Muſeum zu Paris. (S. den aſiatiſchen Krieger S. 197.) Auch die Supina das krumme und in der inneren Krümmung ſchneidige Dolchmeſſer der Thraces bei den Gladiatoren (S. 250) iſt von dem falx abzuleiten. Mit dem falx Bewaffnete hießen falciferi.

Dieſer, als Kriegswaffe, in verlängerter, nur oben gekrümmter Form auftretende, alsdann aber ensis falcatus und ensis hamatus genannte Falx hatte ſelbſtverſtändlich die Schneide (acies), wie das ſpätere Krumm- und Senſenſchwert in der inneren Krümmung, was ihn beſonders vom Copis, der ſäbelförmigen Waffe, welcher die Schneide an der äußeren Krümmung hatte, auszeichnete. Aus den Nachgrabungen zu Päſtum an den Küſten Lucaniens herrührend. C. 2 im Artillerie-Muſeum zu Paris.

Dieſe Waffe, die auch auf aſſyriſchen Skulpturen angetroffen wird, iſt nicht die Harpe, die ἅρπη oder der Seymitar der Griechen, vielmehr eine mit ſcharfem Haken verſehene Art Duſack, in Sichelform, mit der man den Merkur Argus tötend und Perſeus der Meduſa das Haupt abſchneidend darſtellte; auch findet man dieſe Waffe, wie bereits angegeben, in den Händen der römiſchen Gladiatoren.

44

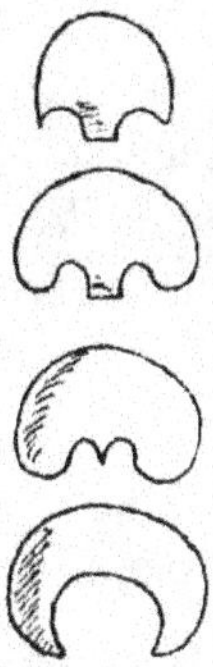

44. Vier verſchiedene römiſche Schilde, peltae (πέλται[1]) genannt, welche von Flechtwerk hergeſtellt, mit Leder überzogen und an den Rändern mit Metall beſchlagen wurden. Beſonders waren die aſiatiſchen Hilfstruppen damit bewaffnet, auch die Amazonen ſieht man mit ſolchen Schilden abgebildet. Die Pelta der Thracier war etwas cylinderförmig wie das Scutum. Wenn mondſichelförmig, wie der hier letzt abgebildete, wurde er luna genannt.

44 Bis.

44. Bis. Rüſtſtücke einer Amazone[2]) nach dem Sarkophage des Kapitol-Muſeums zu Rom: Wurfſpeilköcher (pharetra) mit Wurfpfeilen (jaculum oder javelot) und die zweiſchneidige Streitaxt (bipennis) als Angriffswaffen, der Helm (cassis) mit Kamm (crista) und der Schild in Peltaform, welche alſo nicht immer ganz dieſelbe und beſonders an den vier Spitzen verſchiebend war.

---

1) S. d. Abbildung des griechiſchen Peltasta.

2) Amazones — Ἀμαζών — mythiſche, ſcythiſche Kriegerinnen, deren Name von μαζός abgeleitet iſt; man glaubte, daſs ſie ſich, leichterer Waffenhandhabung wegen, die linke (nach andern die rechte) Bruſt wegbrannten, weshalb Amazonen faſt immer nur mit entblöſster rechter und bedeckter linken Bruſt dargeſtellt ſind. Da Männer nicht im Staate der Amazonen geduldet ſein ſollten, ſo läſst man ſie immer hinſichtlich ihrer Fortpflanzung, zwei Monate bei den Gargareern (gargarenses) zubringen, an welche ſie auch die erzeugten Knaben zurückſchickten und nur die Mädchen behielten. Oft ſind die Amozonen in bis zum Hals hinanreichenden Hemdhoſen, bracatus totum corpus — dargeſtellt und die Bewaffnung beſteht in ſolchen Abbildungen der Phantaſie gewöhnlich aus einem Helm mit Zier, aus dem pelta genannten eigentümlich ausgemalten Schild, einem kurzen Schwert und der bipennis — δίστομος genannten Doppelaxt, die aber ſtatt zweiſchneidig auch manchmal mit einer Schneide und

45

45. Römifcher Rundfchild, parma (*πάρμη*) genannter, drei Fuß im Durchmeffer, eine Schutzwaffe der Veliten oder leichten Truppen fowie der Reiterei. Das Gerippe davon war gewöhnlich aus Eifen.

46

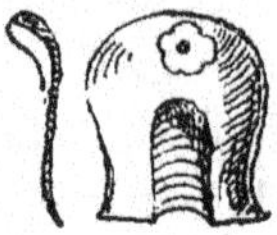

46. Schulterfchutz der Gladiatoren, nach einem Standbilde.

47 48

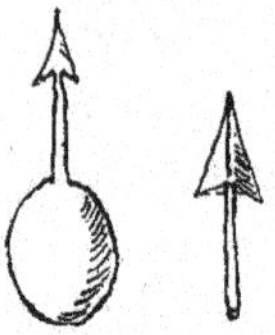

47. Pfeil mit Widerhaken und Bleikugel (sagitta hamata [1]) oder adunca). Wahrfcheinlich für Schleuderer. Die Martiobarbuli find diefer Waffe ähnlich, mehr wohl noch die griechifchen cestrosphendone.

48. Eifenfpitze mit Widerhaken (uncus) eines römifchen Speeres oder eines Pfeiles (spiculum oder sagitta hamata), nach dem Triumphbogen des Conftantin.

49

49. Wurfpfeil, eine Art Pilum (falarica?), vielleicht der Martiobarbulus (des Vegetius); nach einem in Aquila gefundenen Marmordenkmale. Mora hieß das Quereifen des hier rechts abgebildeten Speeres, welcher zur Jagd diente (venaculum). Das Jagdmeffer, eine den Perfern und Ägyptern entlehnte Waffe hieß

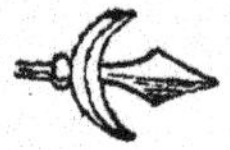

Machaerophorus und Machaerium das Meffer der Fifcher, beide unten an der Klinge in eckiger Seymitarform, wohl der Machaera (*μάχαιρα*) (f. Jid, Orig. XVIII, 6, 2) ähnlich, welche von den Griechen zur Zeit Homers außer dem Schwert getragen wurde und womit fie befonders erlegtes Wild zerftückelten.

---

einer Spitze *αἰχμή* — cuspis — dargeftellt ift. Bogen und Pfeile vervollftändigen die Ausrüftung der Amazonen, welche auch beritten abgebildet worden find, wo fie alsdann den Speer handhaben. Im allgemeinen ward jeder mit der Doppelaxt Bewaffnete bipennifer genannt. Wie die männl. Seythen (S. 195 u. 196) find auch die Amer oft mit tigerartig geftreiften Hofen dargeftellt.

Aufser den Amazonen gab man auch die Doppelaxt einigen anderen Perfönlichkeiten fo u. a. dem Lycurgus, König von Thracien, dem Sohn Jupiters und der Kalisto, dem arcas u. d. m.

[1]) Hamatus, hakig; aduncus hakenförmig einwärts gekrümmt.

50. Römischer und griechischer Bogen (arcus, in sehr altem Latein arquus, βιός, τόξον) in der Patulus-Form (ausgestreckt), welcher, bei den Griechen, während der heroischen Zeit nur, bei den Römern aber im Kriege, allein den Hilfstruppen diente. Besonders hatte der mittelst zweier Tierhörner dargestellte und cornus — κέρας — genannte Bogen die hier gegebene Patulus-Form. Der Bogenanfertiger hieß arcularius.

50

51. Bogen in der griechischen, d. h. in der gekrümmten Sinus-Form (sinuosus oder sinuatusauch Artemisbogen βιός, τόξον). Homer spricht im IV. G. d. Iliade von «mit Hörnern einer wilden Ziege angefertigten Bogen, des Pandoros Waffe, die gespannt einen Zirkel bildete». Oft wird Herkules damit dargestellt.

51

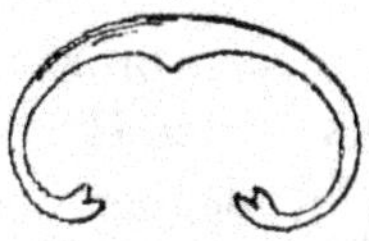

52

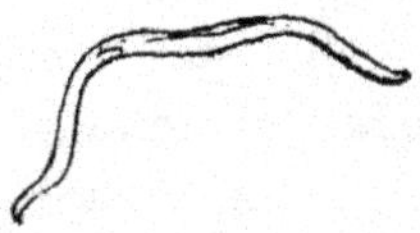

52. Scythischer Bogen (arcus scythicus. S. weiter über Pfeil und Bogen in dem Abschnitt darüber.)

52. Bis. Die römischen Schützen hatten gemeiniglich solche Bogenköcher (corytus) und Pfeilköcher (pharetra φαρέτρα), welcher letzterer bei den Alten an drei verschiedenen Stellen getragen wurde: auf den linken Hüften, hinter der rechten Schulter und auf dem Rücken über den Hüften. Man begegnet aber auch auf Vasenbildern und Flachbildnereien Köchern, die Bogen und Pfeile zusammen enthalten wie der hier, Nr. 52 Bis nach einem geschnittenen Stein abgebildet zeigt. Ein köchertragender hieß Pharetratus und der berittene Bogenschütze sagittarius eques, auch hippotoxota — ἱπποτοξότης.) Letztere Bezeichnung wird besonders, sowohl für die berittenen scythischen, wie für die persischen berittenen Bogner (s. Herodot IX. 49) in den bei den Griechen errichteten Reitertruppen (s. Aristoph. Av. 1179) sowie bei der Reiterei der Römer während der Kaiserzeit, also noch später, angewendet. Solche Hippotoxotae sind auf der Mark-Aurelsäule abgebildet. Im römischen Heere gab es Bogner (sagittarii oder arquites, letztere Benennung vom alten arquus Bogen) zu Fuß und zu

52 Bis.

Pferde (eques sagittarius). Hippotoxotae nannte man alfo die berittenen Bogner der leichten römifchen Reiterei, fowie die der fremden Völker. Der Pfeil (sagitta, τόξευμα) wenn mit Widerhaken, hieß sagitta hamata (v. hamus Angelhaken) oder auch sagitta adunca (v. uncus) und der am Pfeil befindliche Federbart ala. Mit arundo bezeichnet man einen aus Rohr angefertigten Pfeil der Ägypter, der Orientalen und der Griechen, wie derfelbe heute noch, — befonders bei den Zwergvölkern Afrikas (wohl die mythifchen pygmaei — «Fäuftlinge» der Alten) — im Gebrauch ift, und arcitenens nannte man den «Bogenführenden« (Apollo, Diana u. d. m.), tela die Gefchoffe im allgemeinen.

52 Ter.

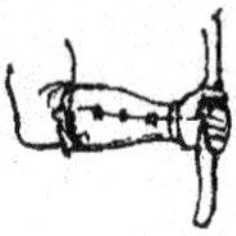

52 Ter. Römifches Bognerfpannarmband (manica — χειρίς) für den linken Arm, welcher von der Hand bis zum Ellenbogen reicht, weshalb der Bogner keinen Schild benutzen konnte (f. Veg. Mil. 1, 20.) — Nach der Trajansfäule (114 n. Chr.).

53

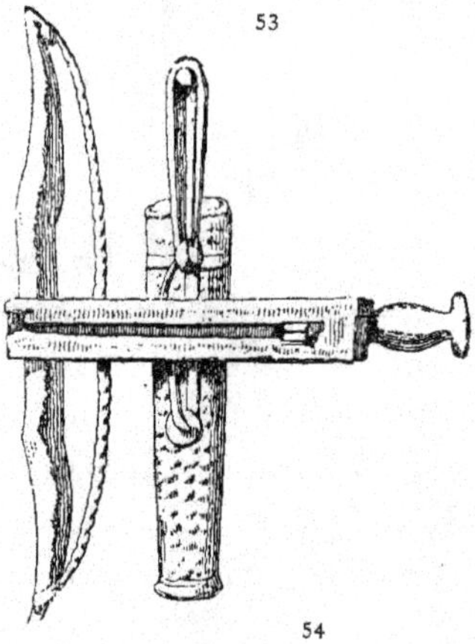

53. Armbruft (arcuballista? — manubalifta?) mit Pfeilköcher (pharetra), nach der Flachbildnerei einer bei Polignac-fur-Loire 1831 gefundenen und im Mufeum zu Puy aufbewahrten Grabmalhalbfäule (cippus). Wahrfcheinlich ift dies hier die Manuballista des Manuballistratus von der Veg. berichtet (f. da auch den Gastraphetes und ferner den Sonderabfchnitt: «Die Armbruft- oder Rüfte»).

54

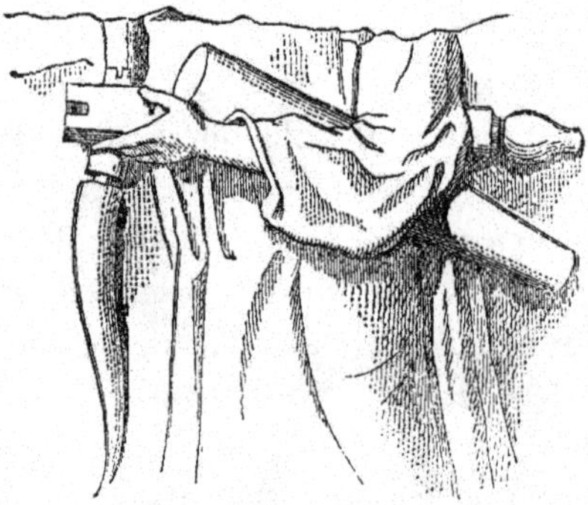

54. Armbruft nach dem in römifcher Villa, nahe bei Puy, ausgegrabenen Fries, eine Flachbildnerei des Col. Ince-Blumdall und welche ebenfalls dem Mufeum zu Puy angehört.

54 I.

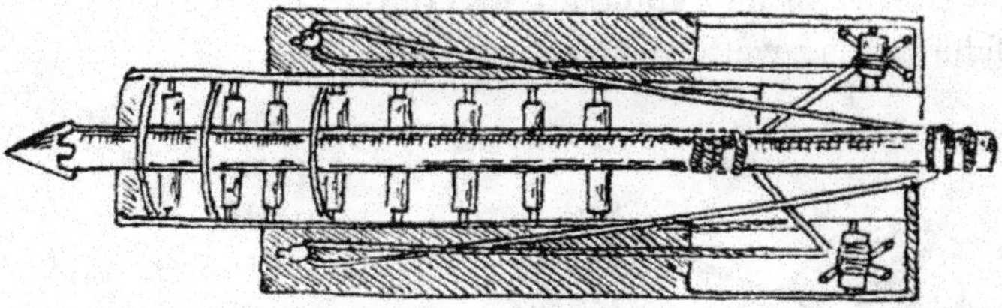

54. I Römiſcher Mauerbohrer (terebra), nach Weſcher.

54 II.

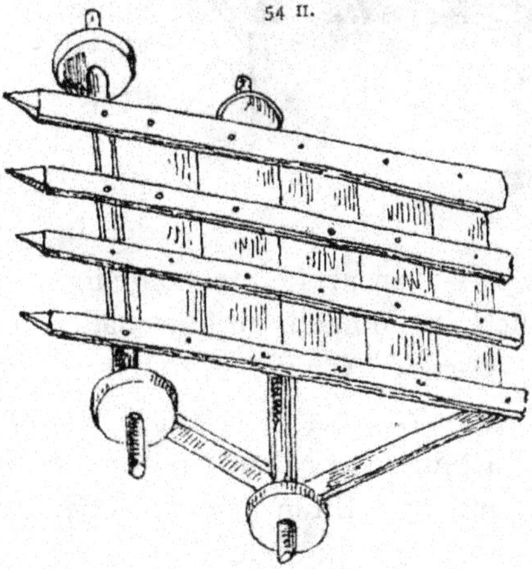

54. II Römiſcher Widder oder Sturmbock (aries auf Rädern, nach Weſcher (ſ. S. 219 den griechiſchen).

54 III. 54 IV.

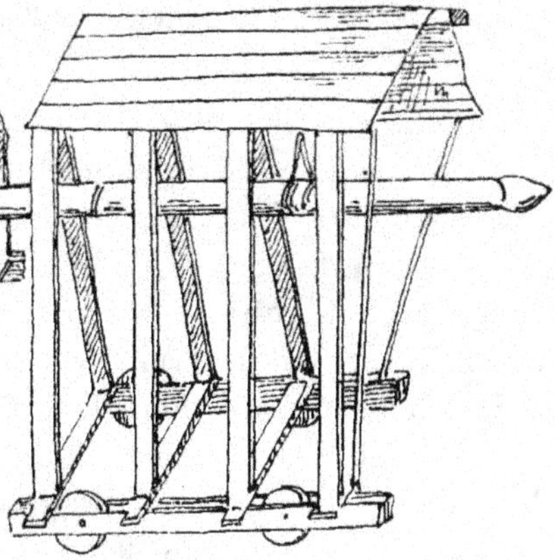

54. III Römiſche Schildkröte (testudo). Nach Weſcher.

54. IV Römiſche Schildkröte mit darunter aufgehängtem Widder.

Nach Weſcher, (ſ. im Abſchnitt «Kriegsmaſchinen oder Maſchinengeſchütze das weitere hierüber).

54 V.

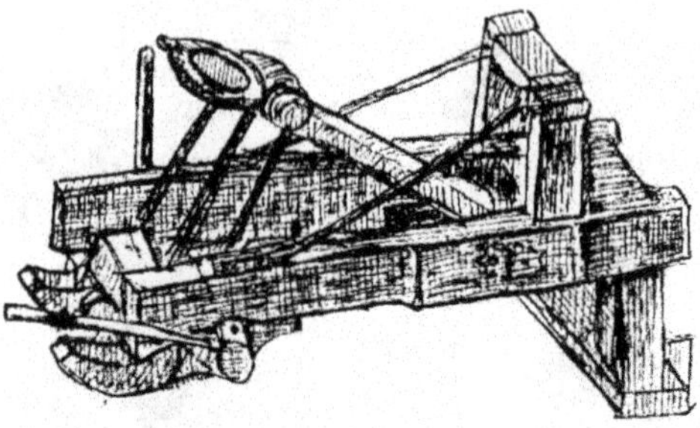

54. V Onager (v. gr. ὄναγρον, wilder Eſel) ein vom III. Jahrh. ab geführtes Wurfgeſchütz ähnlich der Ballista, alſo zum ſtark gekrümmten Bogen-Schleudern von Steinen und Kugeln dienlich. Rekonſtruiert des nach Ammianus Marcellinus (IV. Jahrh.) in allen Einzelheiten eingehender Beſchreibung.

55. Römiſche 4—5 cm große Steinkugeln für Schleuderer. Dieſelben befinden ſich im Muſeum zu Wiesbaden und nahe bei dem dortigen Ciniſtra des Castrum gefunden.

55

56

Wie bei den Griechen waren auch bei den Römern Schleuderbleie im Gebrauch, welche mit Inſchriften gegoſſen oder geſtempelt wurden, worauf ſich beſonders viele Legionsſtempel befanden. (S. S. 218.)

56. Römiſcher kurzer Dolch (pugio, ἐγχειρίδιον) in Bronze, Waffe der römiſchen höheren Offiziere, welche an der linken Seite ohne Scheide getragen wurde. — Muſeum zu Neapel.

57. Römiſche einſchneidige Streitaxt (πέλεκυς, ἀξίνη, securis). Eine Waffe die auch aus dem Bündel Ruten (fasces) hervorragte, welches die römiſchen Liktoren auf der linken Schulter trugen und bei Siegesaufzügen fasces laureati genannt wurden (ſ. S. 217 die der Amazonen). Securis hieß aber auch die mondſichelförmige Schneide am Rebmeſſer der Winzer (lat. ? — fr. serpette. S. darüber die Handſchrift von Columella), ſowie die Hacke oder der Karſt.

57 Bis.

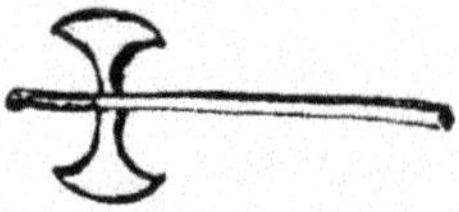

57. Bis. Römiſche Doppelſtreitaxt (Bipennis). Mit dieſer Waffe verſehene Krieger hießen Bipenniferi. Beſonders findet man aber auch damit bewaffnete Amazonen abgebildet.

58. Krummer Dolch der Thracier (sica), nach der Säule des Antonius und einem im Mainzer Muſeum befindlichen Grabdenkmal wo der unter dem Pferde des Römers hingeſtreckte Beſiegte eine ſolche Waffe führt.

57 58 59

59. Spitze eines kleinen römiſchen Wurfſpießes (vericulum, ὀβελίσκος), welchen die Fußſoldaten der regulären Truppe trugen.

59. Bis. Sparum oder Sparus von Virgil agrestis sparus genannte, volkstümliche lange Stangenwaffe, deren Holzſchaft (hastile) mit einer eiſernen Spitze und Haken (in modum pedi recurvum) beſchlagen und beſonders auf dem Lande verbreitet war und ſowohl als Jagd- wie als Kriegswaffe dient. Der Sparum hat etwas Ähnlichkeit mit der ſpätern Hellebarde. — Nach einer Flachbildnerei der Samm. Ince-Blundell.

59 Bis.

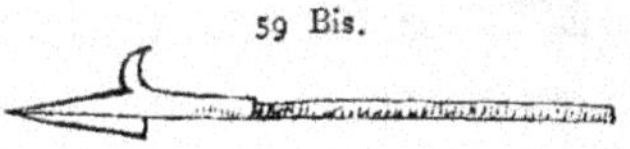

Das Sparum oder der Sparus eine viel bei dem römiſchen Landvolke gebräuchliche Waffe, ebenſo wie die Harpe mit Haken, zeigt ſich auch dem Roßſchinder des Mittelalters ſehr ähnlich. Das Sparum hatte einen Holzſchaft, war in keiner Zeit die Waffe regelmäßiger Heerkörper, ſondern nur der plötzlichen Aufgebote. Obige Abbildung iſt nach einer Flachbildnerei der Samm. Ince-Blundell dargeſtellt, wo ſie aber als Jagdwaffe dient, wie dies durch Varro. ap. non. l. c. auch bereits feſtgeſtellt iſt.

60

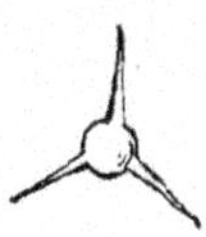

60. Römiſche vierſtachliche (stilus caecus) Fußangel (murex ferreus).
(S. S. 275, Nr. 68 die tribulus.)

61. Römiſches zweiſchneidiges (amphitomiſches fr. à double tranchant) 66 cm langes, dem griechiſchen ξίφος — gladius [1]) des ligula ähnliches, (wegen ſeiner Zungendegenform genanntes) Schwert

---

[1]) Das (Xen. Symp. II. 11; und v. Plato Symp. p. 190) als in der Form des Schwertlilienblattes bezeichnete Schwert wird auch wohl der Gladius geweſen ſein. Das Henkerſchwert (gladius carnifex), welches die Henkeraxt (securis carnifex) erſetzt hatte, war eben ſo kurz wie das Hieb- und Stechſchwert, des kriegsgebräuchlichen Gladius. Das ensis genannte Hiebſchwert war länger wie der Gladius, aber wohl nicht ſo lang wie die ſtumpfortige Spatha. Dem Verfaſſer iſt noch kein vorhandenes authentiſches Exemplar der längeren römiſchen Hiebſchwerte, dem ensis und der ſpata bekannt. Ensiculus hieſs das Kinderſchwert.

mit ſpitzem Ort (mucro) kurzem Griff (capulus) und kurzer Abwehrquerſtange (mora [1]) mit Bronze beſchlagen [2]).

61 62 63 64

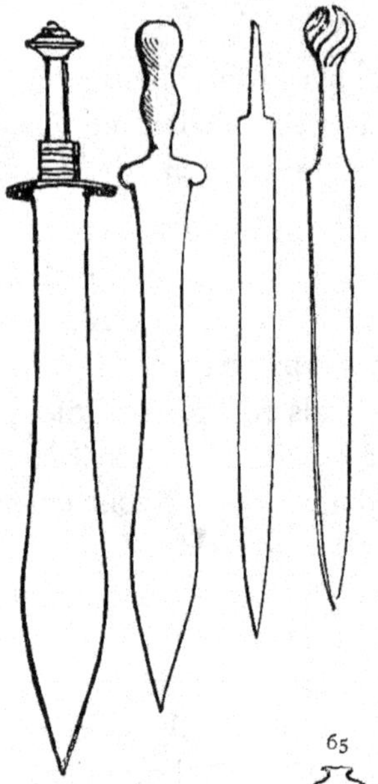

62. Römiſches ligula genanntes 64 cm langes Schwert aus Eiſen mit ebenfalls kurzer Abwehrſtange (mora) und ſpitzem Ort (mucro).

63. Römiſches Schwert aus Eiſen, 56 cm, bei Bingen gefunden. — Sammlung Sollen.

64. Römiſche eiſerne Schwertklinge (lamina gladii) mit ſpitzem Ort (mucro) und dickem, rundem, in dieſer Form bei den römiſchen Schwertern ſehr ſeltenen Knauf (bulla capulii?) Samm. Sollen.

65. Römiſche Schwertklinge aus Eiſen, 48 cm, bei Mainz gefunden. D. 14 im Artillerie-Muſeum zu Paris. (S. das vollſtändige kurze Schwert (gladius) mit Scheide (vagina) und Griff (capulus) auf der Abbildung S. 238 des Legionärs, S. 241 des Feldzeichenträgers und S. 242 des Adlerträgers, ſowie die des Dolches (pugio auch parazonium) S. 240. Der S. 233 Nr. 1 abgebildete Velit oder Hilfsſoldat ſcheint mit dem langen Schwert (ſpatha) bewaffnet zu ſein.

65

65 I.

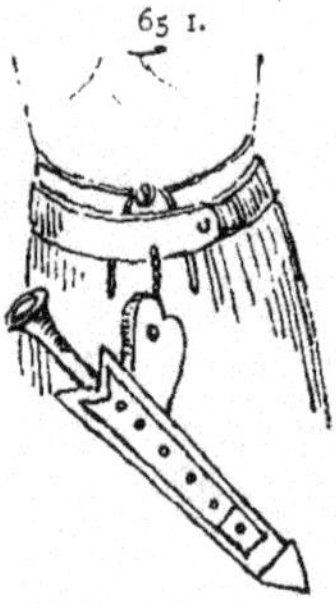

65. III Acinaces (ἀκιάκης) kurzer breiter und gradklingiger Dolch der Medier, Perſer und Scythen, welcher bei den römiſchen Hilfstruppen vorkommt. — Nach einer Flachbildnerei v. Perſepolis.

Accinaces werden oft irrtümlich krumme Dolchmeſſer genannt, auch damit ſelbſt der Copis (ſ. S. 266) bezeichnet, welcher,

---

[1]) Mora wird aber auch eine ſpartaniſche Heeresabteilung genannt.

[2]) Eine bei Mainz im Jahre 1848 ausgegrabene und dem Britiſchen Muſeum angehörende Scheide iſt mit dem Bildnis des Auguſtus und einer Darſtellung des Tiberius, der dem Kaiſer die Statue der Viktoria überreicht, verziert.

wie die dacische Waffe (s. S. 264), doch dem späteren Säbel ähnlich ist und wo die sanft gekrümmte Klinge (lamina leniter curvata), gleich dem Säbel ihre Schneide (acies) an der äußeren und nicht wie das Krumm- oder Sensenschwert, — wozu auch der ensis falcatus (s. S. 266) und die kleinere Sica (s. S. 250) gehören, an der inneren Krümmung hat.

66. Römischer Sporn (calcar) aus Bronze in der Salburg bei Homburg gefunden.

66

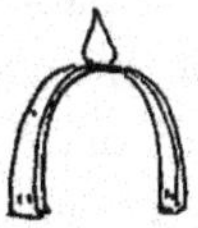

67

67. Römischer Sporn (calcar) aus Eisen. Wahrscheinlich wurde bei den Römern wie bei den Griechen der Sporn nur am linken Fuße getragen. Sporen mit Rädern waren den Römern unbekannt und der Stachel (calcis aculeus) immer kurz. — D. 43 im Artillerie-Museum zu Paris.

67 Bis.

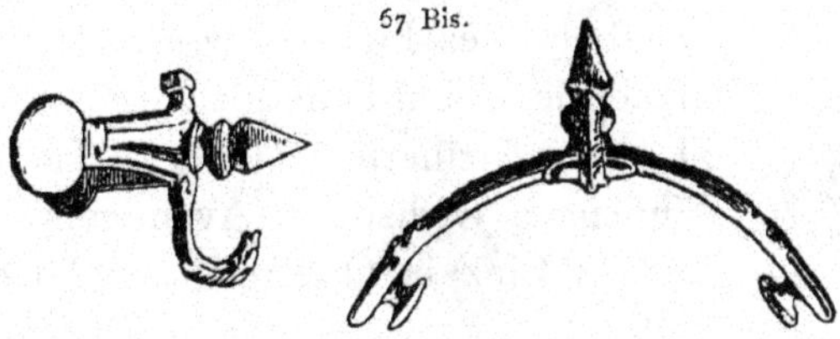

67. Bis. Römische Sporen.

67 Ter.

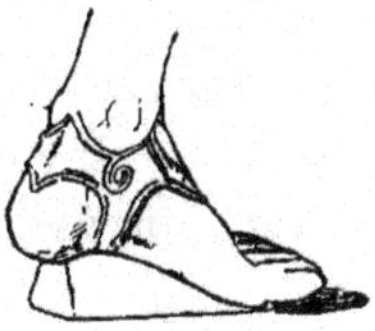

67. Ter. Spornbefestigung nach der Matteischen Amazone im Vatikan.

68

68. Römische Fußangel aus Eisen (hamus ferreus; Tribulus mit 3 Spitzen an beiden Seiten). — Artillerie-Museum zu Paris. Vierspitzige Fußangeln wurden murex ferreus genannt. (S. S. 272, Nr. 60 d. stilus caecus.)

69

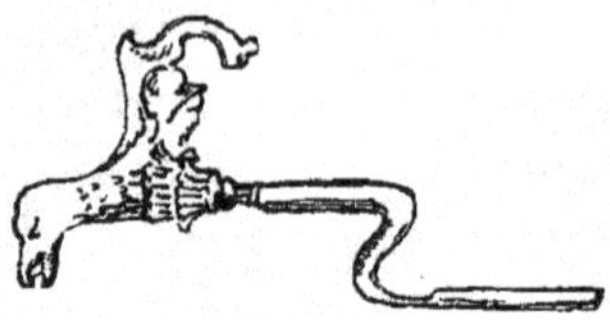

69. Römiſches in Nuſium gefundenes Wirkeiſen (boutoir auch paroir im Franz.) in Bronze für Hufſchmiede. Ein ſolches Werkzeug im Muſeum zu Wiesbaden hat die Form eines Pferdes.

70

70. Maſchenlage, der genietete Ringe eines am Rhein gefundenen und im Muſeum zu Wiesbaden aufbewahrten Gürtels. (S. S. 236 den bereits im Kettenpanzer — (molli lorica catena) dargeſtellten hastatus oder lancarius der Trajansſäule (147 n. Chr.).

71

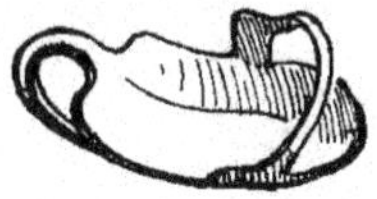

71. Römiſcher eiſerner Pferdeſchuh (solea ferrea, fr. hipposandale)[1]), den man an das Dickbein des Pferdes vermittelst eines an dem Haken des Eiſens befindlichen Riemen befeſtigte. — D. 12 im Artillerie-Muſeum zu Paris, auch in den Muſeen zu Wiflisburg (Aventicum) in der Schweiz und zu Linz in Öſterreich, in welchen Ländern dieſe Eiſen aufgefunden worden ſind. Solea sparta hieß der Schuh von Geflecht, und solea argentea (ſ. Sued. nero 30) von Silber.

Bei Viel-Evreux iſt ein ſolcher Pferdeſchuh ausgegraben worden, welcher irrtümlich mit dem auch bei den Römern gebräuchlichen Hemmſchuh (sufflamen, fr. chien, sabot auch enrayure) verwechſelt worden iſt.

72

72. Römiſcher, bei Saint-Saën gefundener Pferdeſchuh.

---

1) S. den Abſchnitt über Nagelhufeiſen.

73

73. Bei Hamm gefundener und den Römern (?) zugeſchriebener Vorder-Pferdeſchuh mit 5 Bindlöchern.

73 Bis.

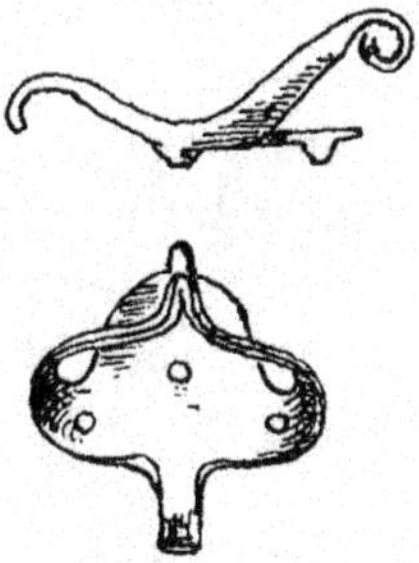

73. Bis. Römiſcher Pferdeſchuh, wohl ein Winterhufeiſen, gefunden 1887 in der römischen Poſtſtation Oſterſtätten bei Ulm. — Sammlung des Ulmer Kunſt- und Altertumsvereins. — Ein ähnliches Exemplar im Muſeum zu Darmſtadt.

Römiſche Nagelhufeiſen ſind nicht bekannt.

74

74. Römiſche Spornriemen, nach einer Amazone des Vatikan, deren linker Fuß allein beſpornt iſt.

75

75. Römiſcher Sattel (sella equestris) mit Sattelknopf (fulcrum auch adiones) v. 4. Jahrh. n. Chr. — Säule des Theodoſius.

76

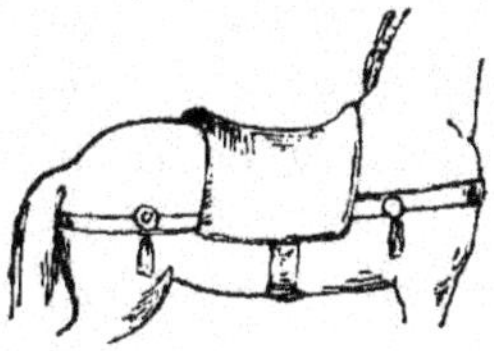

76. Römiſches Reitkiſſen (ephippium) mit Hinterzeug (postilena), und Bruſtriemen (antilena) nach einer im Muſeum zu Mainz befindlichen Grab-Bildnerei. Sagma hieß der Saumſattel, sagum, auch stragulum, und die Unterſatteldecke.

Mit agminalis, auch dorsuarius bezeichneten die Römer das beladene Kriegs-Packpferd.

Außer dieſem Reitkiſſen gab es bei den Römern noch größere, stragulum (ἐπίσλημα) genannte, ſowie für den ſpäteren Reitſattel (sella equestris), Unterdecken von zuſammengenähten Stoffen (conto — κέντρων —, auch sagum), ferner lederne Panzerdecken (scordiscum). Der gewöhnliche Packfattel hieß sella bajulatoria (v. bajulatorius und bajulus — Packträger), der hölzerne für den dorsarius oder dosuarius, d. h. dem Packpferde und Packefel, sagma (σάγμα, fr. bat) und ein anderer nur für zwei Körbe dienender clitellae (κανθήλια). Mit dorsualia bezeichnete man die ungefähr 20 cm breite Rücken-Prunkbinde des Pferdes (auch der Opfertiere). Agminalis, dorsuarius, sagmarius) und sarcinalis oder sarcinarius find die verfchiedenen für Heeres-Packpferde gebrauchten Benennungen, wo antilena den Bruftriemen und postilena (ὑπουρίς) den Schwanzriemen des Packfattels und cingula den Bauchuntergurt, wie den oft über das ephippium der sagma befeftigten Obergurt (fr. surfait de sangle) bezeichnete. Tenia hieß das Kummet, copula der Ziehftrang, mittelft welchen die Packwagen, befonders der unter der Kaiferherrfchaft für Kriegerfortfchaffung gebräuchliche Leiterwagen, der cursus clabularis von Pferden gezogen wurden.

Es ift hier der Platz für die Aufftellung noch nachfolgender Benennungen: Fulcrum — Sattelknopf, — cingula — Sattelgurt, — lorum — Zügel-Gefchirrriemen im allgemeinen, — frenum — vollftändiger Zaum, — frontale — Stirnriem, — habenae — Zügel, — Oreae — Gebiß, — balteus — monile — Oberpferdehals-Schmuckkette, welche monile lunatum genannt wurde, wenn die Schmuckftücke mondfichelförmig waren, — capistrum auch habena der Halfter, — fiscella der Maulkorb. Mit infrenatus bezeichnete man fowohl das zaumlofe Pferd, als auch den ohne Zaum reitenden (eques infrenatus), wie dies befonders in Numidien ftattfand und wovon die Trajanssäule (114 n. Chr.) Zeugnis giebt. Eques curtus wurde das Pferd mit abgeftutztem Schwanz (d. heutige «englisirte»), alfo ohne den langen Schwanz (cauda equina) genannt. Character auch cauter fowie cauterium hieß die Brandmarke, cauterius aber das Hanggeftell zum Schwebenlaffen des Pferdes bei Beinbruch, den der römifche Tierarzt (equarius) geheilt haben foll (?). Circumcisorium wurde das Aderlaßmeffer des Tierarztes genannt, welcher auch oft beim Aderlaffen die Bremfe (postomis oder prostomis, fr. morailles auch torchenez) anwendete, ein Werkzeug, das aber nicht, wie irrtümlich, auch von dem S. 296 Nr. 69 abgebildeten Wirkeifen, angenommen wird, zum Hufbefchlag dient, da derfelbe erft fpäter durch die Germanen bei den Römern eingeführt wurde. Die Abbildung einer folchen Bremfe ift auf einer im füdlichen Frankreich gefundenen römifchen Flachbildnerei vorhanden. Daß bei den Römern auch der Pferdemaulkorb (fiscella, — φιψός) fchon im Gebrauch war, ift ebenfalls durch eine Abdildung davon auf der Theodofiusfäule erwiefen.

76 Bis.

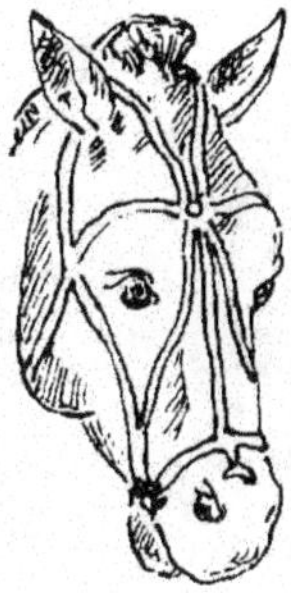

76. Bis. Römifcher vollftändiger Zaum (lat. frenum und fraenum — χαλινός —) auf dem 2 Fuß 6 Zoll großen vergoldeten, hier abgebildeten Pferdekopf, — wahrfcheinlich ein Feldzeichen. Fundort die Wertag bei Augsburg. Auf der Theodofiusfäule befindet fich die Abbildung eines fo gezäumten Pferdes, welches außerdem noch mit einem Maulkorbe (lat. Fiscella, fr. muserolle) verfehen ift.

Beim Bruft-Pferdegefchirr der Zugpferde (helcium, fp. lat.), und dem Kummet (taenia fr. collet, auch bourlet), und dem Ochfenkummet (jugium) war der Zaun meift in gleicher Art.

76 II.

76. II. Aus Brettern und Latten angefertigter römifcher Packfattel (lat. sagma, auch sella bajulatoria); nach einer Pompejanifchen Wandmalerei. Postilena war wie fchon angeführt, der Name des Schwanzriemens (fr. croupière) und antilena der des Bruftriemens an allen diefen Sätteln, beide dienten, das Vor- und Hinterrutfchen zu verhindern. Cingula war die Benennung des Gurtes (fr. sangle). Die Satteldecke (türk. u. fr. chabraque) hieß cento und scordiscum (fr. caparaçon) die Schutzpferdedecke, stragulum aber die Überdecke.

76 III.

76. III. Römisches Trensengebiß (gr. χαλινός, lat. Oreae, fr. bride). Mit Capistrum, auch habenae (fr. licon) bezeichneten die Römer den Halfter.

76 IV.

76. IV. Altrömisches oder etrurisches Kandaren- oder Stangengebiß mit Flügeln, in Bronze. Fundort Bologna.

76 V.

76. V. Römischer Circus-Rennwagen (currus) — nach dem im Vatikan befindlichen Exemplar — (s. alles weitere über Streit- und Rennwagen S. 220).

77

77. Römische Reiterstandarte (vexillum, σημεῖον). S. Tertul. Apol. 16. S. weiteres über die römischen Feldzeichen und Fahnen im Abschnitte der Fahnen, sowie S. 282 die Hilfstruppenstandarte, auch S. 240, 241 u. 242.

78

78. Capulus, Griff (176 mm lang) mit Knauf (bulla) und Abwehrstange (mora) eines römischen Schwertes (gladius), gefunden im Nydamer Moor. — Museum zu Kiel.

79

79. Römisches, dem Tiberius zugeschriebenes Schwert (gladius) mit abgebrochenem Griff (capulus), Länge der Klinge (lamina) 575 mm, Ort (mucro gladii) spitz, verzierte Scheide (vagina), in Metall und mit vier Ringen (annuli) fürs Wehrgehäng (balteus). Bei Mainz gefunden. — British Museum. —

80

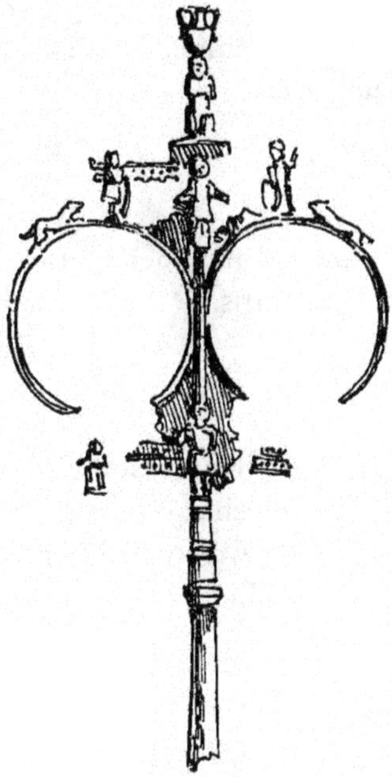

80. Signum, oder römisches Kohortenfeldzeichen, (Cohors, der zehnte Teil einer Legion, welcher drei Manipuli oder sechs Centuriae enthielt[1]) aus Bronze, in Kleinasien gefunden. Es ist dies ein prachtvolles Stück, das unzweifelhaft aus den Händen eines griechischen Künstlers hervorgegangen ist. — D. 3 im Artillerie-Museum zu Paris.

81. Dolch (pugio) oder kurzes Schwert aus Bronze (schmäler wie das Parazonium und mehr in der ligula-Form), aus dem Pfahlbau von Peschiera. Antiken-Kabinett zu Wien.

82. Einfache Streitaxt aus Bronze, in dem vormaligen Königreich Neapel gefunden. Die Form deutet auf eine Waffe und nicht auf ein Werkzeug. — B. 36 im Artillerie-Museum zu Paris.

81

82

83

83. Einfache Streitaxt aus Bronze, gleichfalls auf neapolitanischem Boden gefunden. — B. 37 im Artillerie-Museum zu Paris. Die beiden letzteren Waffen könnten wohl in eine frühere Zeit hinaufreichen.

[1]) Unter signa militaria verstand man sowohl das Adlerfeldzeichen (aquila) der ganzen Legion, wie die verschiedenen Feldzeichen aller Manipuli und Cohorten.

84 85

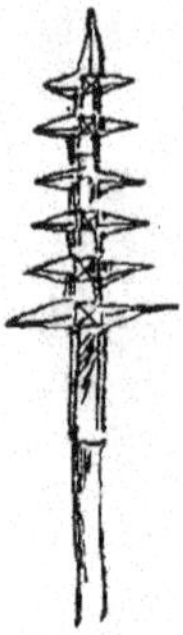

84. Stachel-Streitkolben (Römiſcher?) clava. (?) Artillerie-Muſeum zu Paris.

85. Stachel-Streitkolben (Römiſcher?) clava (?) — Artillerie-Muſeum zu Paris.

86

86. Dickſtachliger Strertkolbeu (Römiſcher?) clava (?). — Muſeum zu Salzburg. In einer antiken Wandmalerei der Villa Albani ſieht man Mars mit ſolcher clava bewaffnet.

87

87. Nach der Geſtaltung des Kaspiſchen Meeres (caspium mare od. Hyrcanum mare), Sicilis genannte Lanzenſpitze (ſ. Plinius H. N. IV. VI, 15), wie dieſelbe auch auf der Trajansſäule zweimal abgebildet iſt. — Ausgrabung von Pompeji. —

88

88. Reiterſtandarte (vexillum), mit langer Stange und in galliſcher breiter Form, mit Speer- und Trompetenbündeln gekreuzt, ein Feldzeichen germaniſcher Hilfstruppen. (S. die römiſche ſchmälere Standarte No. 77, S. 280.) — Silbermünzen von Druſus dem älteren († 9 v. Chr.) —

Bezüglich der komplizierten Kriegsmaſchinen, wovon im erſten Abſchnitt, ſowie in dem dafür weiterhin beſonders eingerichteten die Rede iſt, mag hier noch bemerkt werden, daß keine derſelben mehr beſteht. Die S. 211, 212 und im Abſchnitte der Kriegsmaſchienen abgebildeten, darunter ſelbſt die Aries, Katapulten (wovon auf der Trajanssäule) und Ballisten haben nur nach Urkunden hergestellt werden können, bieten also nichts Sicheres. Ursprünglich war der Widder ein von den Stürmenden getragener einfacher Balken mit Bronze- oder Eisenbeschlag an der Spitze, später erst wurde derselbe zwischen zwei Stützen aufgehängt und endlich mit Rädern und Schutzdach versehen (s. den Triumphbogen des Septimus Severus). Dieser Widder und die ihn fast immer begleitende Sturmleiter, welche wie alle sonstigen Leitern, auch scalae hieß, sind wohl die ältesten Kriegsmaschinen.

IV.

Byzantinische oder oströmische Bewaffnung.

Obschon wohl nur die Bewaffnung im Byzantinischen Reiche (395—1453) während der ersten Jahrhunderte eine reine Abart der römischen war, so ist es doch geraten, die Einzelheiten davon hier in diesem Abschnitte besonders zusammengestellt folgen zu lassen und dieselbe selbst bis zum XII. Jh. nicht in den Abschnitt des Mittelalters einzureihen.

Was übrigens von der byzantinischen oder romäischen, d. h. der oströmischen Ausrüstung bekannt ist, bietet nur sehr Unvollkommenes und wenig Eigenartiges, — dies selbst noch bis in die späteren Jahrhunderte hinein. Der römische Charakter ist hier überall anhänglich geblieben, namentlich bei dem Schuppenpanzer, der lorica serta oder hamis conserta (θωραξ λεπιδωτός) wie dies eine hier nachfolgende Abbildung vom VII. Jh. zeigt.

Der Beschreibung Ammianus Marcellinus (330—400 n. Ch. nach sollen aber doch auch bereits die morgenländischen Ringbrünnen in die byzantinische Ausrüstung eingeführt worden sein, wohingegen Paulus Silentarius nur von den Waffen der „Hausmannschaft" den Schild erwähnt, wobei er dieselbe eine „beschildete Schar" nennt, wie dies auch die hier folgende Abbildung vom VI. Jh. — nach einer Mosaik der S. Vitale zu Ravenna — bestätigt. Die Bewaffnung besteht hier allein aus dem Lang- oder Stoßspeer und dem ovalen Schilde mit Christi Monogramm. Da bei den anderen, fast nur mit dem Bogen bewehrten Kriegern diese Stoßwaffe nicht vorkommt, nannte man die Hofgarden δορύφοροι.

Im X. Jh. trat bei den Byzantinern die herzförmige, im XI. Jh. die längere sogenannte normännische Schildform auf, aber auch der kleine Rundschild scheint im IX. Jh. ebenso wie das Schwert allgemeinere Aufnahme gefunden zu haben.

Wohl nur vom IX.—XI. Jh. überwog in der romäischen Bewaffnung der morgenländische Einfluß, da in diesem Zeitabschnitt mehr morgenländische aus viereckigen Plättchen dargestellte Panzer (so wie ihn Childerich I., v. V. Jh., auf seinem Siegelring trägt) ohne die den Unterleib bedeckenden Panzerflügel (πτέρυγες) der Griechen und Römer, — sowie Hosen und große Schaftstiefel aufkamen. Auch den römischen Helm ersetzte ein viel flacherer und mit Nackenschutz versehener. Streitaxt, langer Speer und Bogen bildeten nun die Angriffswaffen. Was die Zuschreibung der Armbrust in der byzantinischen Bewaffnung anbetrifft, so beruht dies auf Irrtum, da ja Anna Komnena (1083—1148) von solcher als eine den Byzantinern noch „unbekannte Waffe" spricht.

Die byzantinischen Belagerungsgestelle waren auch sämtlich denen der Griechen und Römer entnommen.

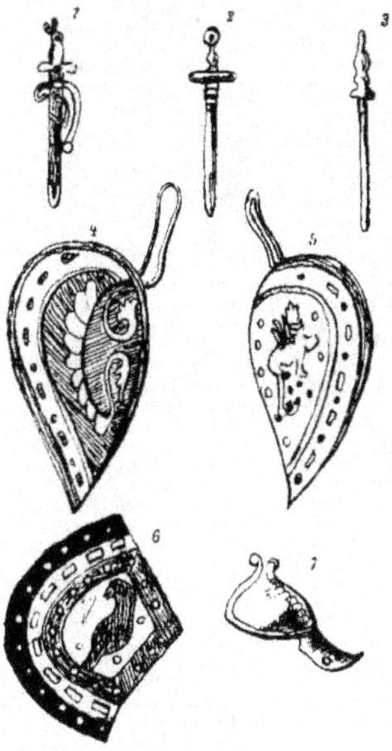

1. Romäisches, d. h. byzantinisches stumpfortiges Schwert mit kurzer gerader Abwehrstange, vom X. Jh. — Schmelzmalerei in der Münchener Schloß-Kapelle.

2. do. do.

3. Byzantinischer Stoßspeer mit geflammter breiter Klinge, vom X. Jh. — Schmelzmalerei in der Münchener Schloß-Kapelle.

4. Byzantinischer herzförmiger Schild mit Schildfessel (τελαμων) vom X. Jh. — Schmelzmalerei in der Münchener Schloß-Kapelle.

5. do. do.

6. Byzantinischer halbrunder und eckiger Schild, vom X. Jh. — Schmelzmalerei in der Münchener Schloß-Kapelle.

7. Byzantinischer niedriger Glockenhelm (cataulis) mit Nackenschutz vom X. Jh. — Schmelzmalerei in der Münchener Schloß-Kapelle.

8
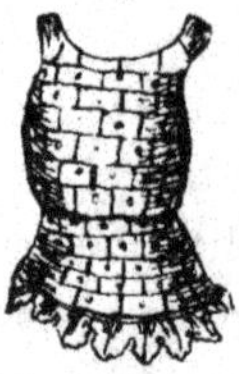
9

8. Byzantinischer Plättchen-Panzer vom IX. Jh., ähnlich dem weiterhin abgebildeten des Childerich I. vom V. Jh. in morgenländischer Art. — Monologium in der vatikanischen Bibliothek.

9. do. do. — Psalterium zu Paris.

Byzantinische Ehrengarde des Justinians (500), deren hier helmlos dargestellte Bewaffnung nur aus dem ovalen Schilde mit Christi Monogramm und dem breiteisigen Speere besteht, da die am Hals

getragenen Ringe nur zum Schmuck dienten und sonstige wirkliche Schutzrüststücke nicht vorhanden sind. — Mosaik von San Vitale zu Ravenna.

Byzantinischer Krieger [1]) nach einer Elfenbein-Flachbildnerei

[1]) Der Beschreibung Ammianus Marcellinus (330—400 n. Chr.) nach (6,8) war bei den Byzantinern im IV. Jahrh. bereits die morgenländische Maschen- oder Ketten-Brünne eingeführt. Die Mehrzahl der Krieger hatte fast nur als ausschliessliche Waffe den Bogen, die Garde aber den Speer, weshalb dieselben δορύφοροι genannt wurden.

vom VII. Jh. Der Panzer ift hier aus runden kleinen Buckeln zufammengefetzt und der Vorderfchurz befteht aus beschlagenem Riemenzeug, ebenfo wie der linke Oberarmfchutz. Unterarme und Beine find fchutzlos, letztere nur mit Riemengeflecht verfehen. Der ovale Schild ift befonders klein. Die ganze Ausrüftung hat noch den römifchen Charakter. — Domfchatz zu Aachen.

Byzantinifcher Leibwächter vom XI. oder XII. Jh. Der fpitz zulaufende Helm mit Sturmbändern und Helmfchmuck fcheint von Leder mit Metallgeftellunterlage und das Panzerhemd fchuppenartig zu fein. Das ftumpfortige Schwert mit der Spitze zugeneigter Querftange (vom XIII. Jahrh.) hat die abendländifche Form, ebenfo wie der lange normannenartige, herzförmige Schild [1]) mit Verzierungsfchmuck. — Nach der Mosaik der Markuskirche zu Venedig.

Später, hefonders vom VI. Jahrh. ab, erfcheinen auch die afiatifchen, aus mit Knöpfchen oder Buckeln befetzten Erzplatten beftehenden Schutzrüftungen (ζαβας-λορικιον). Im ganzen hatte aber die Ausrüftung immer noch römifche Anklänge, obfchon auch dabei Hofen und hohe Stiefel auftreten. Aufser den runden und ovalen Schilden erfcheinen auch dem Abendlande entlehnte herzförmige, mit wappenartigen Verzierungen oder Schmuck. Zu diefer Zeit tritt das abendländifche Schwert mit ftumpfem Orte, neben der makedonifchen Lanze und der Streitaxt auf. Aufser dem Bogen werden noch: τρικύρια, ρικτάρια, βαρδύκια u. a. genannte Wurfwaffen unbekannt gebliebener Art, von Leo Diakonus (XI. Jahrh.), angeführt, welcher auch von breiten Sätteln mit Steigbügeln fpricht.

[1]) Einen ganz ähnlichen Schild hält der Gründer (IX. Jahrh.) des Naumburger Doms, deffen Standbild weiterhin abgebildet ift.

V.

Waffen der fogenannten barbarifchen Völker des Abendlandes aus dem Zeitalter der Bronze. Kelten (?), Germanen, Gallier, Niederbretonen u. a. m.

Die hinterlaffenen Waffen der keltifchen (?) Völker, welche einen anfehnlichen Teil Mitteleuropas und fogar einige Striche im Norden davon follen inne gehabt haben, find nur fchwer von denen anderer gleichzeitiger oder wenig jüngerer Raffen zu unterfcheiden.

Galater oder Gallier und Kelten werden häufig mit einander verwechselt, ja felbft die Germanen werden zuweilen unter jene Bezeichnungen einbegriffen. Die irifchen wie die welfchen fogenannten, fpäter als Gallier bezeichneten Kelten waren auch Germanen und was die turanifch- oder ural-altaifchen Völker anbetrifft so ift ihr Einfluß auf den Germanismus ohne Bedeutung geblieben. Wo das Dunkel der Vorzeit fo wenig gelichtet ift, möchte es gewagt fein, fcharfe Grenzen für die Waffen aus dem fogenannten Zeitalter der Bronze zu ziehen; angemeffener ift es demnach, bei diefen Erzeugniffen keine ethnographifchen Unterfchiede zu machen, zumal da man genötigt ift, die Bezeichnungen mit einander zu vertaufchen, fobald es fich um vorgefchichtliche Zeiten handelt.

Nichts beweift felbft, daß die Urbewohner Germaniens nicht Germanier, fondean die unfindbaren Kelten gewefen feien.

Die fogenannten keltifchen (?) Erzeugniffe würden fich niemals befonders ordnen laffen: — das fkandinavifche, germanifche und gallifche Element zeigt fich überall vermengt, und wenn man verfucht hat, die in den fich angrenzenden Ländern entdeckten Gräber alle auf Raſſen von ganz verſchiedener Abkunft zurückzuführen, ſo haben ſie durch neuere Entdeckungen beſtändig Widerſpruch erfahren müſſen. Beſonders ſind Kelten (?) und Gallier ſchwer von einander zu ſondern.

Claideb hieß da das lange zweiſchneidige Schwert, welches mit dem Gladius hispaniensis, mit dem Gaiſa genannten Speer, dem Saunium, einer Art Pilum, dem Lankie, einem leichten Wurfſpeer, dem Stückpanzer und dem bereits mit Schmuck verſehenen Helme (ſ. Plat. u. Strabon) die Bewaffnung ausmachte.

Der Verfaſſer iſt deshalb bloß darauf bedacht geweſen, die Waffen nach ihrer verſchiedenen Herkunft zu ſondern und ſie den einzelnen Ländern, je nach den darin geredeten Sprachen zuzuteilen, ſo daß die Bronzewaffen, mögen ſie nun kelto(?)-galliſchen, kelto(?)-germaniſchen, kelto(?)-britiſchen oder ſkandinaviſchen Urſprungs ſein oder aber unſerer Zeitrechnung entſtammen, bis zum ſogenannten Eiſenzeitalter, ſämtlich zuſammengefaßt und der Reihe nach beſchrieben worden ſind. Der eiſerne Kelt (eine plattſchneidige Wurfſpeerſpitze) des bayeriſchen Nationalmuſeums in München, die ſteinernen Beile und die langen eiſernen, dem Kelt ähnlichen Lanzenklingen, die mit einer Menge Waffen und vielen Schmuckſachen aus Gold und Bronze auf dem Gräberfelde bei Hallſtatt nahe bei Iſchl gefunden wurden, geben den augenſcheinlichen Beweis dafür, daß die Bezeichnung „keltiſch“ ſowohl, als auch das ſtrenge Auseinanderhalten eines Stein-, Bronze- und Eiſenzeitalters nicht ſtatthaft iſt. Die Nachgrabungen auf dieſem Begräbnisplatze, wo mehr als tauſend Gräber geöffnet worden ſind, haben gezeigt, daß der Stein nicht nur gleichzeitig mit der Bronze und dem Eiſen verwendet wurde, ſondern auch, daß das Eiſen ſchon damals zur Anfertigung von Klingen und die Bronze zur Herſtellung von Schwertgriffen diente, wie ſolches heutigen Tages noch geſchieht.

Das Antikenkabinett zu Wien beſitzt eine ſehr große Menge von Werkzeugen, Waffen und Schmuckgegenſtänden, die man ſämtlich den Durchforschungen jenes weit eher germaniſchen Begräbnisplatzes verdankt; auch Herr Az in Linz beſitzt verſchiedene dahin gehörige und bemerkenswerte Stücke. Da dieſe Ausgrabungen in von Sackens „Grabfeld von Hallſtadt, 1868“ hinlänglich beſchrieben worden ſind, ſo war es überflüſſig, darauf hier noch näher einzugehen.

Es ist kein Bildwerk jener Zeit vorhanden [1]), nach welchem der germanische Krieger in seiner ganzen Ausrüstung dargestellt werden könnte, auch hat seine Bewaffnung je nach dem Stamme gewechselt. Der weiterhin vom Verfasser dargestellte Germane aus sogenannter Bronzezeit, — wie der ebenfalls von ihm sozusagen restaurirte Gallier — haben deshalb meist nur möglichst wahrheitsgetreu nach den hier abgebildeten einzelnen Fundstücken in voller Ausrüstung gegeben werden können. Der Schild des Nordgermanen im allgemeinen und besonders während der sogenannten Bronzezeit, war gewöhnlich viereckig, sehr groß, häufig mit Kupferbeschlägen und ohne Nabel, während die fränkischen Gräber aus dem Ende der sogenannten Eisenzeit (merowingische Periode) nur kleine runde, mit vorspringendem Nabel versehene Schilde ans Licht gefördert haben, die sich, merkwürdigerweise, in Bronze bei den Dänen unter den Gegenständen der Bronzezeit und vielleicht auch bei den anderen Skandinaviern und den Bretonen wiederfinden. Der Zeitraum in welchem bei den Skandinaviern und Bretonen Bronze zur Anfertigung der Waffen verwendet wurde, entspricht vermutlich ganz der Eisenzeit bei den Germanen und Galliern. Aus dem folgenden Abschnitt, welcher von den Waffen aus der sogenannten Eisenzeit handelt, wird der Leser ersehen, daß auch die Form der Streitäxte bei den Franken von denjenigen der Sachsen verschieden war.

Genügende Anhaltspunkte für die Feststellung des germanischen Kriegers im Norden und während des 3. Jahrhunderts n. Chr., also in der sogenannten Eisenzeit, bieten besonders die im Thonberger Moor, Torfschichten Holsteins gefundenen Waffen, wahrscheinlich diejenigen eines Anführers, welche weiterhin abgebildet sind. Die kurze Brünne in genieteten Maschen und der runde Schild, wie bei den Franken, nur größer, sprechen von damaligen schon bedeutenden Fortschritten der germanischen Gewerbethätigkeit.

Was die Ausrüstung der Germanen im allgemeinen während der sogenannten Bronzezeit und die der Franken, aus ungefähr gleicher Zeit des abgebildeten holsteinischen Kriegers (III. Jahrh.) anbelangt, so hat der Verfasser weiterhin beide fast lediglich nur nach vorhandenen Waffen ganz sicher bekannten Ursprunges vollständig zusammengestellt.

---

[1]) Abgesehen von nur oberflächlich etwas feststellenden Einstechungen der auf dem Grabfelde bei Hallstadt gefundenen ehernen Schwertscheide, wovon weiterhin einer der Reiter abgebildet ist.

Die kunſtreichſten Waffen, — worunter beſonders die ſilbertauſchierten eiſernen — welche man von den altgermaniſchen beſitzt, ſind die der Franken, ein Name, der erſt ſeit dem Siege Chlodowigs über die Alamannen (496 n. Ch.) den deutſchen Stämmen — beſonders den Katten, Chatten oder Sueven — welche das mittlere Rheinufer, den mittlern und untern Neckar und die Maingegenden bewohnten, gegeben wurde.

Germaniſche Bronzewaffen.

1

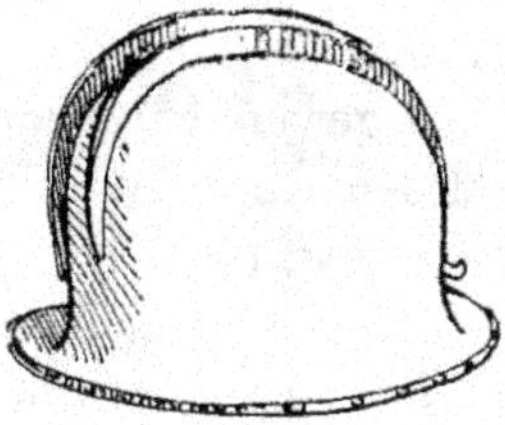

1. Germaniſcher (oder wohl etruskiſcher?) Helm aus Bronze, gef. in einem der Gräber von Hallſtadt in Öſterreich. Dieſer Helm mit doppeltem Kamme hat große Ähnlichkeit mit einem im Muſeum von St. Germain (ſ. Nr. 5, S. 160) befindlichen, der den Etruskern oder den Umbriern zugeſchrieben wird. — Antikenkabinett zu Wien.

2

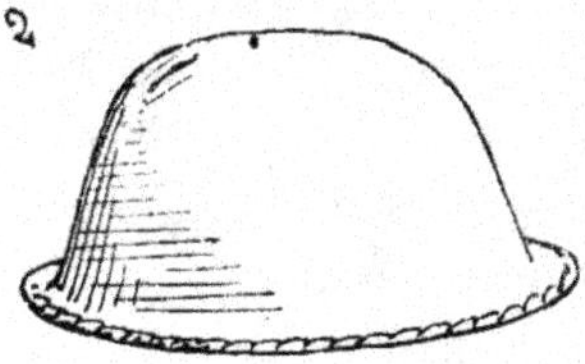

2. Germaniſcher Helm aus Bronze, ebenfalls aus den Gräbern von Hallſtatt. — Antikenkabinett zu Wien.

Dieſe beiden Helme könnten jedoch wohl aus Italien ſtammen.

3

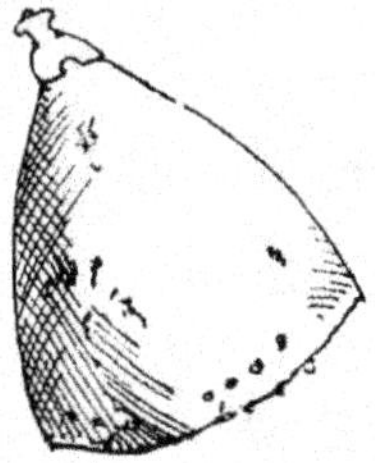

3. Germaniſcher Helm in koniſcher Form aus Bronze, von 18½ zu 19 cm zu Britſch bei Pforten in Sachſen gefunden und in der Klemmſchen Sammlung zu Dresden aufbewahrt. Es iſt dies ein wichtiges Stück, ſelten in ſeiner Art, deſſen Form den aſſyriſchen Helmen im Brit. Muſeum gleicht.

4. Germaniſche Spiralfeder-Armberge[1])

[1]) S. S. 211 die griechiſche Unterarmberge (περιβραχιόνιον) — und S. 258 die nicht durchbrochene Brachiale der Gladiatoren. Die armilla (ψέλλιον) der Meder, Perſer und Gallier, welche auch bei den Römern als Belohnungsgabe für Krieger diente, war zwar auch um den Arm gewunden, aber nur drei oder viermal und wie d. torquis brachialis, ein Armband alſo kein Armſchutz.

4.

aus Bronze, in Winnsbach bei Linz in Öfterreich gefunden und im Mufeum zu Linz aufbewahrt. Ähnliche Exemplare wurden in Dänemark gefunden (f. Mufeum zu Kopenhagen, Sammlung Rofenberg im Germanifchen Mufeum zu Nürnberg — in Lüneburg gefunden). Auch in Ungarn find folche Rüftärmel von über 35 cm Länge gefunden worden S. Nr. 2, Tafel 36 in Hampels Altertümern.

4 Bis.

4. Bis. Germanifcher bronzener fchneckenförmig gewundener Spangen- oder Drahthelm mit Helmzier und Nafenberge, 20/30 cm. Der gewundene (torse), 10 mm dicke, fiebenmal den Kopf fchneckenartig einfchließende Strang hat, die fchlangenköpfige Helmzier und den fchlangenfchwänzigen Nafenfchutz inbegriffen, 4 Meter Länge.

Diefer aus der fogenannten vorrömifchen Bronzezeit ftammende Helm, welcher nur über einer gepolfterten Lederkappe oder einem Bärenfelle, refp. Kopf diefes Thieres getragen werden konnte, ift bei Ottmachau an der Neiffe, einer kleinen Stadt Preußifch-Schlefiens, Regierungsbezirk Oppeln, gefunden worden und ftammt von den mächtigen oftgermanifchen Lygiern oder Lugiern her, welche feit dem II. Jahrh. aus der Gefchichte verfchwunden find.

Auf der Nafenberge befinden fich eingeftochene Strich- und Punktverzierungen. Der ganze merkwürdig gut erhaltene Helm bietet eine große Spannkraft und ift überall mit fchöner ins Grüne fpielender Patina bedeckt.

5.

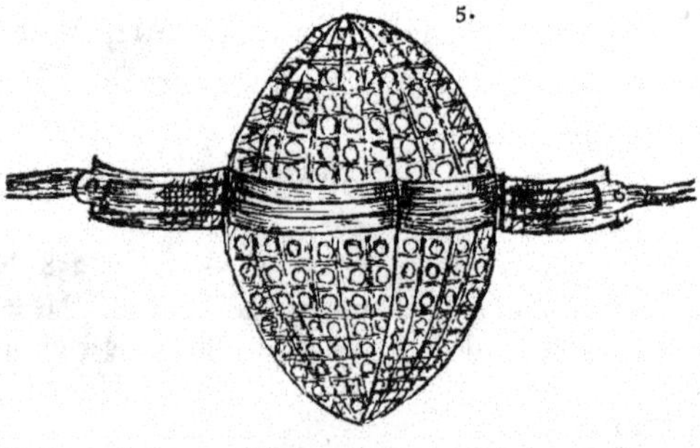

Es ift dies das bis jetzt einzige bekannte Exemplar jenes, nach Art der germanifchen und fkandinavifchen Spiralarmberge angefertigten Spiralhelmes. Samml. Zfchille in Großenhain.

5. Bronzene mit ein-

geftochenen Verzierungen bedeckte Kniekachel mit Bändern einer germanifchen Schutzrüftung, welche mit dem dazu gehörigen Kopffchmuck oder Stirnfchutz zu Althaldensleben bei Magdeburg gefunden und nach England verkauft wurde.

5 1/4.

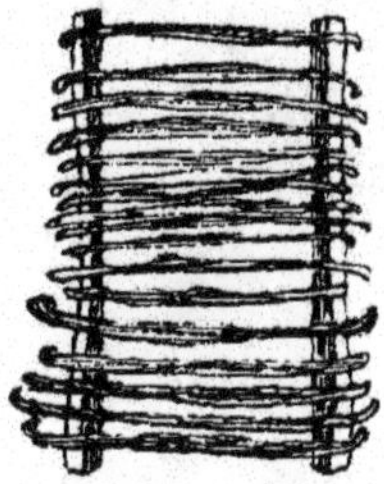

5. 1/4. Aus fiebenzehn 30 cm langen in der Mitte breiteren, Bronzefchienen oder Spangen beftehender germanifcher Bruftpanzer. Diefe an den Enden abwärts gebogenen Spangen waren wahrfcheinlich auf Leder befeftigt. (S. S. 292, Nr. 4 Bis den Lygierhelm.) Fundort Schwaben. — Sammlung Rofenberg im Germanifchen Mufeum zu Nürnberg.

5 1/2.

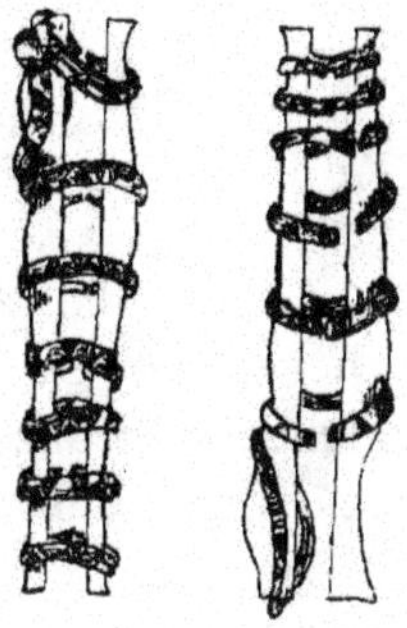

Vorn. Hinten.

5. 1/2. Germanifche, aus offenen, 15 cm Durchfchnitt habenden Bronzeringen beftehende Beinfchutze, welche wahrfcheinlich auf Lederunterlagen aufgenäht, getragen wurden (f. S. 292, Nr. 4 Bis, den Lygierhelm). Fundort: Südweftdeutfchland. — Sammlung Rofenberg im Germanifchen Mufeum zu Nürnberg.

5

5. Germanifche Armberge aus Bronze, in dem Fürftentum Hohenzollern gefunden und im Mufeum zu Sigmaringen aufbewahrt. Ein gleiches Exemplar befindet fich im Maximilians-Mufeum zu Augsburg. Diefer, obfchon undurchbrochene Armfchutz, gleicht entfernt dem griechifchen (S. 211, Nr. 25).

6. Germanifcher oder flavifcher, bei Pforten (Niederlaufitz) gefundener konifcher Bronzehelm. — Sammlung Drove. Bronzehelme in derfelben Form wie diefer hier find auch in

6

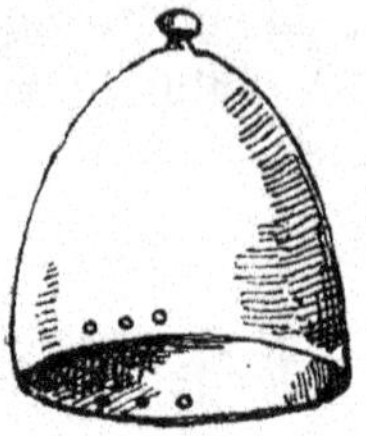

Ungarn gefunden worden und befinden ſich im Muſeum zu Békés-Gyula. S. die Abbildung davon im Abſchnitt der ungariſchen Waffen aus der Bronzezeit. Ein ſolcher Stahlhelm indiſcher Herkunft befindet ſich im Indiſchen Muſeum zu London. (S. S. 149.) (S. weiterhin die ähnlich ſpitzen galliſchen ſowie auch die angelſächſiſchen Helme, ferner Nr. 3, S. 291 den Helm der Klemmſchen Sammlung.)

7

7. Germaniſcher (?) bei Graz gefundener Bronzehelm. Von demſelben Ort ſtammt ein kleiner, bronzener Kultuswagen mit Figuren. — Muſeum zu Graz.

8

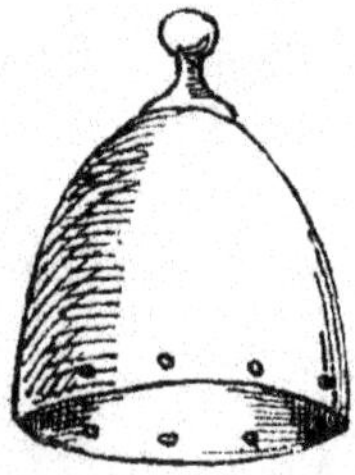

8. Germaniſcher oder ſlaviſcher, bei Dobbertin im Mecklenburgiſchen gefundener Bronzehelm. — Muſeum zu Schwerin. (S. Nr. 3 u. 6.)

9

9. Germaniſcher bei Kreuznach gefundener Bronzehelm. — Muſeum zu Mainz.

10

10. Im Paß Lueg ausgegrabener und im Salzburger Muſeum, wo derſelbe aufbewahrt iſt, den unfindbaren Kelten zugeſchriebener Bronzehelm mit gntriebenen Sturmbändern.

10. Bis. Keltifcher (?) oder germanifcher Bronzehelm mit fpitzer Glocke und Schirm, auf welchem nachfolgende abgepaufte Infchrift mit ftumpfer Punze eingetragen ift. Diefer mit einem ganz ähnlichen zwifchen Marburg und Radkeroburg in Steiermark gefundenen Helm befindet fich im Mufeum zu Wien, wo er als etrurifche Schutzwaffe angefehen wird, obfchon nie fonftwo folche Helmform bei den Etruskern und Römern vorkommt. Unter den griechifchen Helmen hat der S. 149, Nr. 4 abgebildete einige Ähnlichkeit damit.

10 Bis.

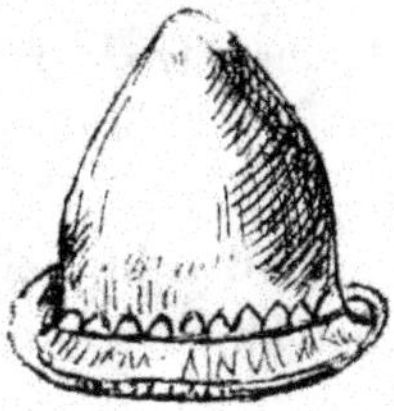

Die Infchriften von Mommfen als nordifch-etruskifch gelefen (Firaku. Ousi. Iarsifoi) wird von Jacques Guillemaud für gallifch (?) gehaltn. Der Verfaffer hält fie aber für eine Abart Runenfchrift, da der Helm feiner Form nach nicht als etrurifch angefehen werden kann.

11

12

13

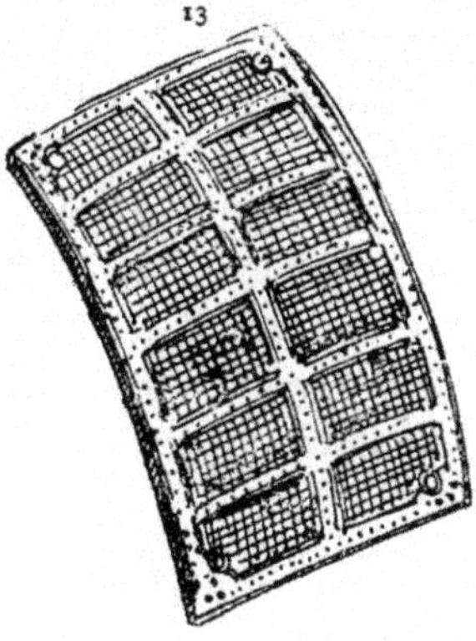

11. Germanifche Speerfpitze mit Öfe, in Bronze, bei Hallftein gefunden. — Mufeum zu Kiel.

12. Bruchftück eines großen viereckigen germanifchen Schildes [1]) aus Holz mit Bronze überzogen, gefunden in einem Grabe bei Waldhaufen. Das bayerifche Nationalmufeum befitzt Bruchftücke von germanifchen Panzern, deren kupferne Verzierungen viel Ähnlichkeit mit denjenigen diefes Schildes haben.

12. Germanifcher Schild, 8 Fuß lang, 2 Fuß breit. id.

[1]) Die Gröfse und die Form diefes Schildes beweifen, dafs fie lange vor der römifchen Herrfchaft im Gebrauch waren, denn die germanifchen Schilde aus der Eifenzeit, die fogenannten fränkifchen find rund und auf eifernem Geftell mit Nabel.

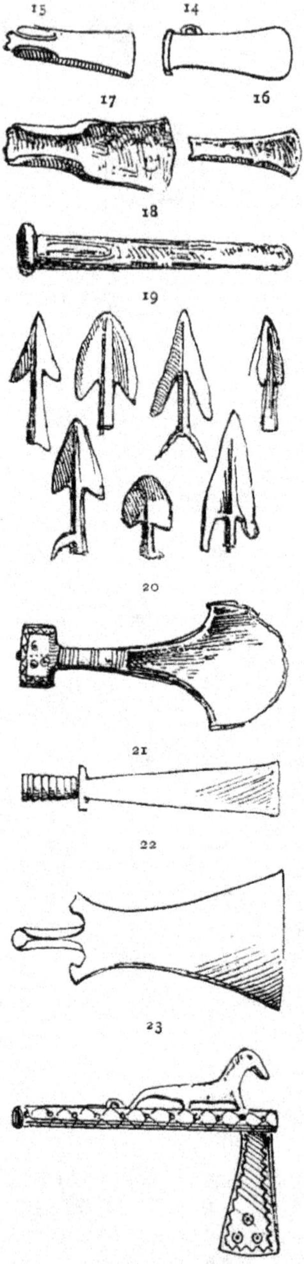

14. Germaniſche Gerklinge oder -ſpitze, in Keltform und mit Öſe[1]), 13 cm lang, gefunden auf dem Gräberfelde von Hallſtadt. — Sammlung Az in Linz.

15. Germaniſche Gerſpitze (ſog. Kelt), in Stade gefunden. — Muſeum zu Hannover.

16. Germaniſche Gerſpitze in Keltform, 10 cm lang, gefunden im Fürſtentum Hohenzollern und im Muſeum zu Sigmaringen aufbewahrt.

17. Germaniſche Gerſpitze in Keltform, 15 cm lang. id.

18. Germaniſche Gerſpitze, 16 cm lang. id.

19. Sieben germaniſche Pfeilſpitzen. id.

20. Germaniſche Streitaxt aus Bronze, 25 cm lang, in der Pfalz gefunden, und im bayeriſchen Nationalmuſeum zu München aufbewahrt.

21. Germaniſche Gerklinge (?) ſog. Kelt aus Bronze, 20 cm lang. Die abeſſiniſchen Lanzen ſind noch heute an ihren unteren Teilen mit dieſen Spateln verſehen. (S. das Kapitel über die Speere.) — Kaſſeler Muſeum.

22. Germaniſche Gerklinge (?). (Auch hierfür gilt die Bemerkung zur vorigen Nummer.) — Muſeen zu Kaſſel u. Erbach.

23. Kleine germaniſche Streitaxt aus Bronze, 30 cm lang, gefunden in dem Gräberfelde von Hallſtatt. Dieſes Stück gleicht, was die Verzierungen betrifft, vielmehr den däniſchen Waffen, — Antikenkabinett zu Wien.

[1]) Keltis — Meiſsel, im Däniſchen Paalſtave. Die Öſe diente den Riemen (amentum), womit der Wurfſpeer zurück geholt wurde, zu befeſtigen.

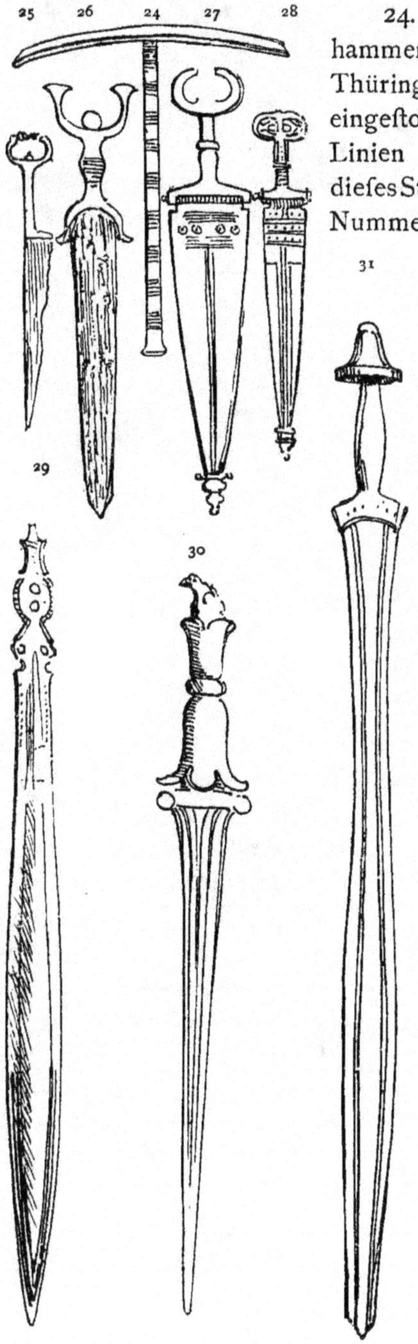

24. Germanischer Doppelkriegshammer aus Bronze, 40—47 cm lang, in Thüringen gefunden. Jeder der neun eingestochenen Ringe ist mittelst sechs Linien dargestellt. Die Verzierungen dieses Stücks erinnern, wie die der vorigen Nummer, an dänische Arbeit. — Sammlung Klemm in Dresden.

25—28. Vier germanische Dolchmesser, wovon 25 in der einschneidigen Saxform, und die anderen in der zweischneidigen Parazonium- oder Ochsenzungenform. — Museum zu Sigmaringen.

29. Germanisches stichblattloses Schwert, 66 cm lang, bei Augsburg gefunden. Die mit Löchern zum Vernieten versehene Platte der Angel deutet darauf hin, daß der Griff mit Knochen, Holz, Horn oder Metall belegt war. — Museum zu Sigmaringen.

30. Germanisches gänzlich aus Bronze angefertigtes Schwert, 55 cm lang. Der Knauf stellt einen Adler vor und der Handgriff ist ohne Quer-Abwehrstange noch Stichblatt. — Kasseler Museum.

31. Germanisches stichblattloses Schwert aus Bronze, 75 cm lang, wie sie in den Gräbern von Hallstatt gefunden worden sind: mit Knauf und Griff aus Knochen und Bronze oder auch vollständig aus Knochen.

33

32

Die Orte ſind nicht ſcharf zugeſpitzt. — Antikenkabinett zu Wien.

32. Kurzes germaniſches Schwert aus Bronze. Die Form weicht hier weſentlich von der des griechiſchen Parazonions ab. — Muſeum zu Hannover.

33. Germaniſche Lanzenſpitze aus Bronze, in Hallſtatt gefunden. — Antikenkabinett zu Wien.

34

34. Gußform aus Bronze. — Muſeen zu Kiel und Stockholm.

Krieger nach der getriebenen Arbeit auf einem der goldenen Krüge des Fundes von Nagy-Szent-Miklos, Ungarn (Torontaler Komitat), dem ſogenannten «Schatze Attilas», welcher Herrſchern der Gepiden vom V. Jahrh. n. Chr., nach andern der Sarmaten angehört haben ſoll, einem Volke, das bereits im III. Jahrh. im öſtlichen Ungarn anſäſſig war und während der Hunnenherrſchaft (in Europa IV—V. Jahrh.) Siebenbürgen beſaß. Der Charakter der meiſt griechiſchen Buchſtaben der Inſchriften deutet auf das IV. Jahrh. und die Verzierungen ſowie die Pferdeart auf morgen-

ländischen, besonders persischen Einfluß. Der Reiter ohne Steigbügel ist im vollständigen Ringpanzerhemd mit Ringhaube, die Unterarme und Beine außerdem noch mit Schienen und der Kopf mit einem spitz zulaufenden, wenig hohen Schienenhelm, sowie mit einem doppelzipflig-gewimpelten Speere versehen. Sein gefangener oder getöteter Feind ist im gegitterten und benagelten (fr. treillissé) Panzerhemd dargestellt. Der oben angeführte Helm hat große Ähnlichkeit mit dem Helme auf einer im Gräberfelde zu Hallstadt gefundenen Schwertscheide (s. die Abbildung weiterhin) ja selbst mehr noch mit den von Kriegern im Codex Aureus von St. Gallen v. VIII. oder IX. Jahrh. (Abbildung weiterhin).

Eine nach hier vorhergehend abgebildeten, noch vorhandenen

Bronzewaffen vom Verfaffer zufammengeftellte Ausrüftung des germanifchen Kriegers der fogenannten vorchriftlichen Bronzezeit. Die Waffenftücke beftehen in auf Leder befeftigten Unterarmbergen (f. Ähnliches bei den Griechen und bei den Dänen) und dem ebenfalls auf Leder gefchäfteten Helm mit Nafenfchutz, — beide aus fchneckenwindigem Draht (f. Nr. 4 Bis, S. 292), — in Bruft- und mit Kniekacheln verfehenem Beinfchutz von gebogenen Spangen (f. Nr. 5 1/4, S. 293), — in dem mit breiter Keltfpitze und Zugriemen[1]) (amentum) verfehenen Speere (Ger) und aus am Hüftengürtel rechts fteckendem, 15—20 cm langem, Sax genanntem Meffer und dem 40—50 cm langen, Skramafax (oder Langfax, auch Kneif) genannten Senfen- oder Krummfchwert, fowie dem links getragenen fpitzortigem Schwerte ohne Stichblatt, Quer- oder Abwehrftange, — ferner in dem langhalfigen Doppelftreithammer und einem großen länglich gebogenen viereckigen 8 Fuß hohen, 2 Fuß breiten Holzfchilde mit Bronzebefchlägen. Die hier beiderfeitig abgebildeten Armfchutze mögen wohl nur für den rechten Arm beftanden haben, da der linke genügend durch den Schild gefchützt war, auch folche Schutzwaffen nirgends paarweife gefunden worden find. Über den Spangenbeinfchutz find die Lenden mit Riemen (femoralia) umwunden.

Kelto-gallifche, gallifche, niederbretonifche etc. Waffen aus Bronze.

Wie bereits angeführt, ift eine ftrenge Einteilung der auf franzöfifchem Boden gefundenen Waffen aus Bronze nicht zuläffig. Der Kelt, die Frameaklinge, für welchen die zur Befeftigung am Schafte, oder auch für die Wurfleine (amentum) dienenden Ringe fo charakteriftifch find, ift felbft in Rußland gefunden worden. Gallifche Waffen, zur Zeit Cäfars noch, waren faft alle von Bronze.

Die Bronzefchwerte (claideb) der fogenannten alten Kelten (?) follen ftumpfortig und auch ohne Abwehrftangen gewefen fein;

[1]) Die Öfen folcher keltförmigen Speerbefchläge waren nicht, wie oft angenommen wird, zum Anbinden am Holze, fondern zum Befeftigen der Zugriemen beftimmt, welche, falls der Speer durch Stofs oder Wurf fich in das Schild oder eine andere Schutzwaffe des Feindes feftgefetzt hatte, den Schaft wieder herauszuziehen, was bei einer äufseren mangelhaften Befeftigung der Spitze nicht allein vermittelft des Zurückziehens der Stange thunlich war, da fich dabei der Schaft vom Befchlage leicht loslöste.

erst später sollen die nun Gallier benannten Kelten (?) das spanische spitzortige Schwert (Gladius hispaniensis) angenommen haben. Auch sollen die Kelten, außer dem mit einer meißelförmigen Bronzespitze mit Ösen zum Wurfriemen beschlagenen Wurfspeer, einen Stoßspeer (Gaisa) geführt haben. Alle diese Waffen waren noch, wie bereits angeführt, aus Bronze. Diodorus' (I. Jahrh. v. Chr.) Angabe über die künstliche Zubereitung eiserner Waffen bei den Kelten ist durch keinen Fund bestätigt.

Es ist schon an anderer Stelle darauf hingewiesen (s. S. 23) worden, wie das Studium von Anlage und Ausstattung der verschiedenen Gräber zur klaren Kenntnis und zeitfolgigen Ordnung der abendländischen Waffen aus den vorgeschichtlichen Abschnitten erforderlich ist, insofern die Erzeugnisse der verschiedenen Völker sich in den Urzeiten mehr als in allen anderen gleichen und die Übergangszeiten, an welchen kein Mangel ist, weniger deutlich hervortreten. Die sehr erhabenen, von mehr oder weniger Riesensteinen umgebenen oder überragten Hügel (Dolmen), deren Höhlungen gewöhnlich durch Steinplatten belegt sind und nur Knochen nebst gemeinlich steinernen Waffen enthalten, können als sehr alte Gräber angesehen werden. Die zweite Klasse kennzeichnet sich in den meisten Fällen durch einen weniger erhöhten Hügel (Kegel), durch das Fehlen großer Steinblöcke, durch eine Grabhöhle, die von rohen, kunstlos auf einander gehäuften Steinen geringen Umfangs gebildet ist, und durch die Urne, welche auf Verbrennung der Leichen hinweist. Diese Begräbnisstätten enthalten gewöhnlich bronzene Erzeugnisse solcher Art, wie die in diesem Abschnitt behandelten.

Die hier nachfolgend abgebildeten Bronzehelme, welche, — mit Ausnahme Nr. 1 vom Triumphbogen zu Orange, — in Frankreich, wo dieselben gefunden worden sind, den Galliern zugeschrieben werden, mögen wohl nur — wie bei den Germanen, — von den in Gallien Brennen genannten Anführern getragen worden sein.

1

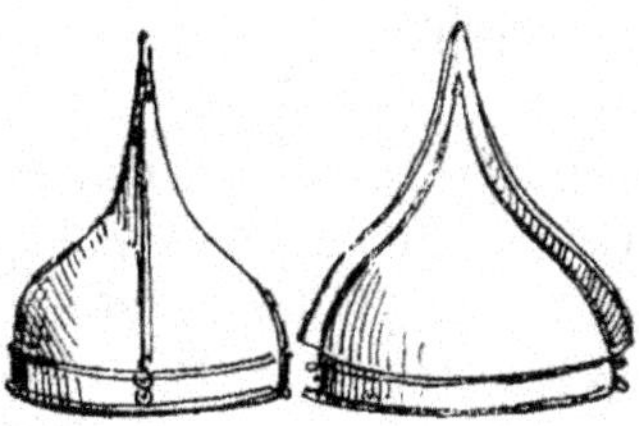

1. Helm aus Bronze, von 27 cm Höhe in Frankreich den Kelto-Galliern zugesc rieben. — Museum zu Rouen. — Ähnliches Exemplar in Posen, ein anderes in Bayern gefunden. Dieser letztere Helm gilt im bayerischen Nationalmuseum für eine ungarische oder avarische Waffe. — Das Museum zu

1 Bis.

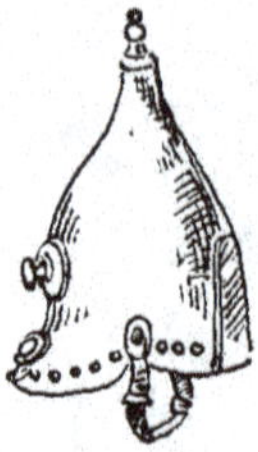

1 Ter.

1 III.

2

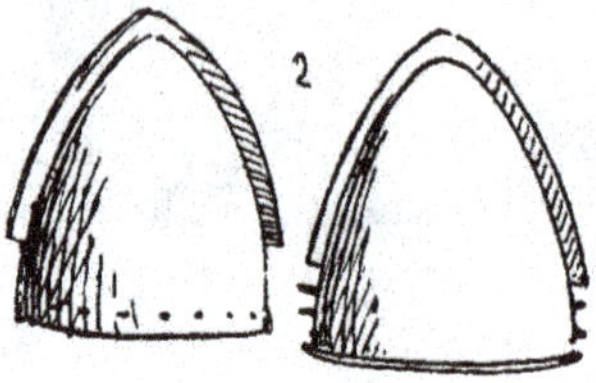

3

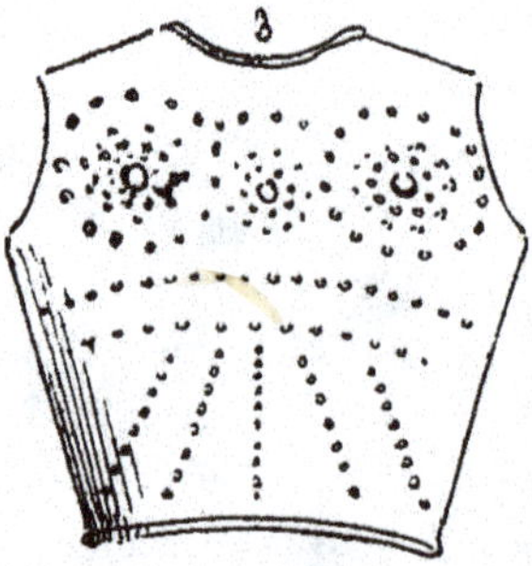

Falaiſe beſitzt 6 ſolche Helme, und das Mainzer Muſeum einen ähnlichen.

1. Bis. Bronzehelm, welcher von Cuperly ſtammt und in der «Double sepulture etc.» Eduard Fourdrigniers (Paris 1878 et Tours) den Galliern zugeſchrieben wird. Die Form dieſes Helmes hat viel Übereinſtimmung mit ähnlichen aſſyriſchen und etrurischen Helmen.

1. Ter. In der «George Aleit» gefundener und den Galliern zugeſchriebener Bronzehelm.

1 III. Galliſcher (?) Helm mit großer ringförmiger Zier, Sturmbändern (Wangenklappen), Augenſchirm und zwei Hörnern (die römiſche corniculum genannte Helmzier). Die Form läßt aber vermuten, daß der römiſche Künſtler hier wohl mehr ſeiner Phantaſie Spielraum gegeben, als treu nachgebildet hat. — Nach dem Triumphbogen zu Orange (v. I. Jahrh. n. Chr.)

2. Zwei Helme aus Bronze im Muſeum zu Saint Germain den Kelto (?) -Galliern zugeſchrieben. Die Form iſt die der aſſyriſchen Helme und des zu Britſch gefundenen und in der Sammlung Klemm zu Dresden aufbewahrten germaniſchen (?) Helmes.

3. Kelto-galliſcher (?) Panzer aus Bronze, in einem Felde bei Grenoble gefunden. — B. 16 im Artillerie-Muſeum zu Paris. Ähnliche in den Muſeen des Louvre und zu Saint Germain.

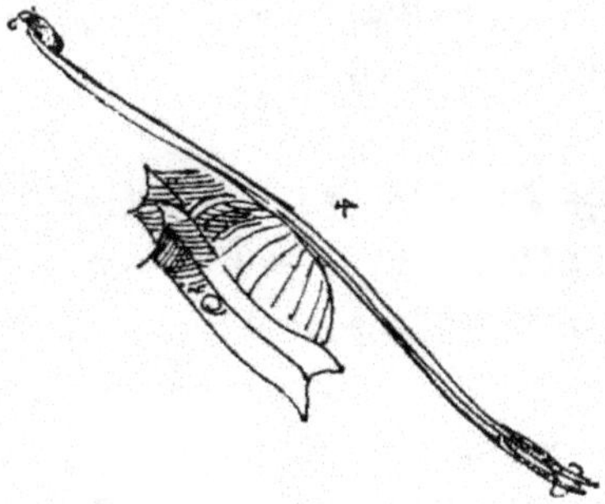

4

4. Kelto (?) -galliſches (?) Rundſchildnabelgeſtell aus Bronze, deſſen Formen ſich denjenigen der eiſernen an den fränkiſchen Schilden nähern; nur iſt nicht zu erklären, weshalb die Leiſte oben angebracht iſt [1]). — Muſeum zu St. Germain.

5. Galliſcher Schild, nach dem Bildwerk am Sarkophag der Vigna Amendola.

5

6

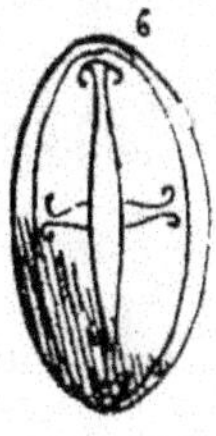

6. Galliſcher Schild, nach einem Basrelief des Triumphbogens von Orange.

7. Signum, oder galliſches Feldzeichen mit Eber, nach einer Flachbildnerei des Bogens zu Orange. Ein ganz ähnliches Feldzeichen aus Bronze, von 13 cm Höhe, iſt in Böhmen gefunden worden und wird im Nationalmuſeum zu Prag aufbewahrt. (S. das germaniſche Helmgeſtell mit Eber, Nr. 1, A im Abſchnitt der Helme.)

8

7

9

8. Galliſches Schwert, nach einer an dem Sockel der Melpomene im Louvre befindlichen Flachbildnerei.

9. Kelto (?) -galliſches Schwert aus Bronze, 45 cm lang, in der Seine bei Paris gefunden. — B. 7 im Artillerie-Muſeum zu Paris.

10

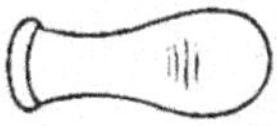

10. Kelt mit Öſen oder kelto (?) -galliſche Speerſpitze aus Bronze, 11 cm lang, deren Typus für einen der älteſten gehalten wird. — Artillerie-Muſeum zu Paris.

[1]) Wohl ein Irrtum des Reſtaurateurs. Dieſe Rundſchilde hatten, wie mehrere römiſche Schildarten, nur einen unter dem Nabel befindlichen Handgriff.

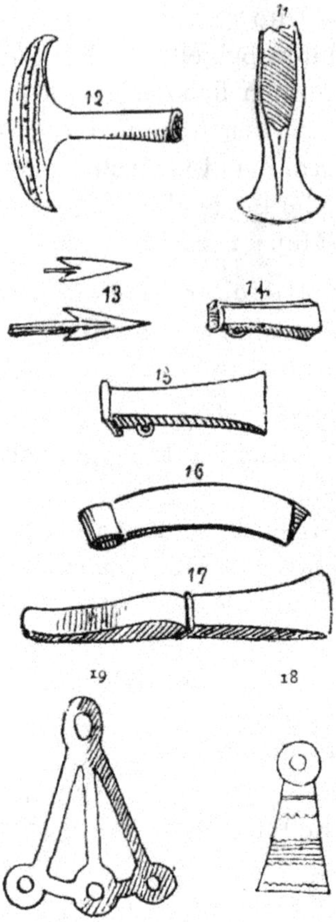

11. *Speerſpitze oder Kelt mit Lappen.* — Artillerie-Muſeum zu Paris.

12. Streitaxt. — Louvre.

13. Pfeilſpitze. — Louvre.

14. Javelotſpitze mit Öſe, Kelt genannt, 9 cm lang. — Sammlung des Verfaſſers.

15. Javelot- oder Ger (?) mit Öſenſpitze, Kelt genannt, 15 cm lang. — B. 20 im Artillerie-Muſeum zu Paris.

16. Kleine Streitaxt, 13 cm lang. — B. 34 im Artillerie-Muſeum zu Paris.

17. Speerklinge. — Louvre-Muſeum.

18 u. 19. Galliſche Pferdegebißſtücke in Bronze, welche Deſor ſowie Longpérier fälſchlich für Amulette gehalten haben. Ganz dieſelbe Art iſt bei Gergovie gefunden worden, wo Vercingetorix die Römer beſiegte.

19½

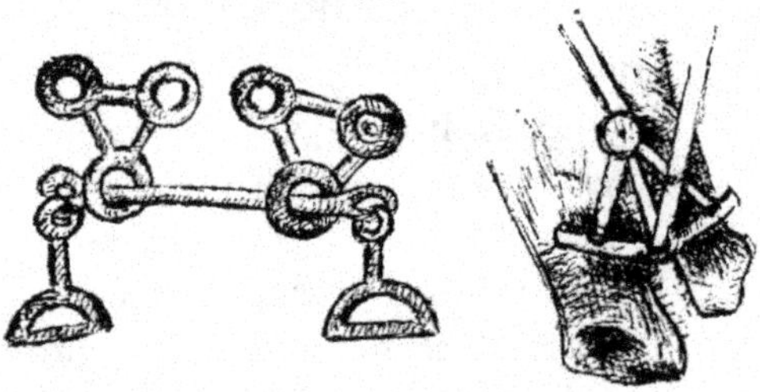

19½. Trenſen-Pferdegebiß in Bronze aus den Pfahlbauten (?) von Möringen im Bielerſee — (lat. Petinesca?). Der Abſtand der Querſtangen voneinander iſt nur 9 cm, was auf ſehr kleine Pferde ſchließen läßt. Der Gebrauch ſolcher Gebißform mit Triangel iſt nach einer Flachbildnerei von Ninive [1]) feſtgeſtellt.

[1]) Nach Rawlinson's »The five great Monarchies of the ancient eastern World« I. 419, 1 u. 5.

19 1/4

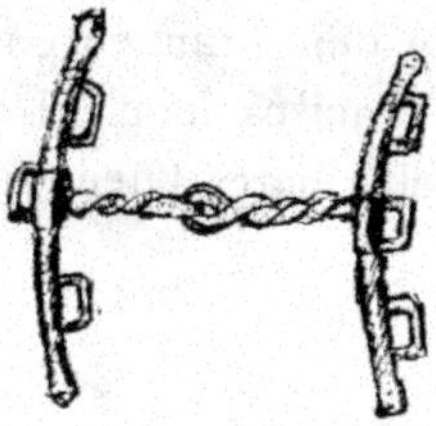

19 1/4. Keltisches (?) — gallisches Kandaren- oder Stangengebiß. Museum zu St. Germain.

20

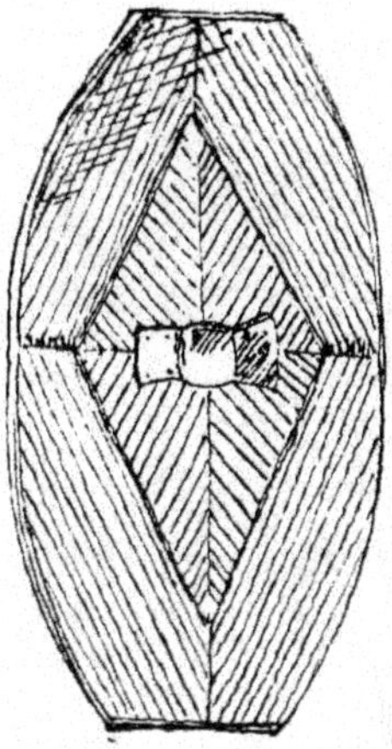

20. Gallischer[1]) Schild nach dem gallischen Standbilde im Museum Calvet zu Avignon. Die Länge dieser Waffe reicht vom Sattel bis zur Brust des Reiters, und man erkennt das Nr. 4, S. 303 abgebildete bronzene Nabelgestell, hier aber in mehrkantiger Form. Dieser Schild bestätigt die Richtigkeit eines ähnlichen (s. Nr. 5, S. 303) nach dem Sarkophage der Vigna Amendola abgebildeten. (S. auch S. 247, den eckigen römischen Reiterschild).

Eine nach den vorhergehend abgebildeten, noch vorhandenen gallischen Bronzewaffen vom Verfasser zusammengestellte Ausrüstung des fast immer mit Armschmuck prangenden gallischen Kriegers während der römischen Besetzung Galliens, wo also Waffenstücke der Gallier noch aus Bronze bestanden. Über den Stückpanzer, welcher bei Grenoble ausgegraben ist, tauchen indessen Zweifel auf, ob derselbe wirklich ein gallischer sei, wo hingegen der hohe spitze Helm mehr Sicherheit bietet, da ähnlich geformte an mehreren Orten gefunden worden sind. Der Helm mag aber wohl nur durch die bei den Galliern „Brennen" genannten Anführer getragen worden sein. Die Form des Schildes, meist oval, mit oben und unten abgeschnittenen Teilen, konnte auch nur nach Denkmalen festgestellt werden, da kein Exemplar davon aufgefunden ist. Das Schwert (Claideb) und vielleicht der Stoßspeer (Gaisa)

[1]) Um 500 n. Chr. sollen, einem römischen Diptychon nach, Alanen und Goten fünf- und sechseckige Schilde geführt haben.

mit platter Meißel- (Kelt-) Spitze mögen wohl die einzigen Angriffswaffen geweſen ſein, wozu ſpäter noch eine den Franken entlehnte, aber weniger lange Streitaxt wie die Francisca kam. Der meißelartige Beſchlag des Speeres, der Hohlkelt, hatte Öſen zur

Befeſtigung des Zugriemens (amentum). — S. darüber S. 202 und die Anmerkung S. 296. Die Unterarme waren nackt und die Beine nicht, wie meiſt bei den Germanen mit Riemen (femoralia) über leinene Hoſen umwunden, ſondern entweder auch nackt oder mit Hoſen, den galliſchen braies (braccae) ohne Wickelriemen bedeckt, wie dies befonders eine Flachbildnerei auf der Nordftirnfeite des Triumphbogens zu Orange (v. I. Jh. n. Ch.) zeigt, wo aber auch die Helme der Gallier nicht mehr fpitz, fondern glockenförmig gleich den römifchen Helmen dargeftellt find und kein einziger gallifcher Krieger bepanzert vorkommt. Sohlenlofe gefchnürte Fellumhüllungen bildeten die Fußbekleidungen.

Daß die Mehrzahl der Bronzewaffen in Gallien felbft angefertigt wurden und nicht durch den Handel vom Auslande eingeführt worden find, ift durch viele aufgefundene Gußwerkftätten feftgeftellt.

Britifche Bronzewaffen.

Diefe Waffen find felten, und es hält fchwer, mit einiger Sicherheit deren Urfprung und Alter feftzufetzen. Mehrere Stücke, die als britifche Erzeugniffe in den englifchen Mufeen aufbewahrt werden, laffen Zweifel. Der Hörnerhelm z. B. Nr. 1, S. 308, fo wie der Schild daneben, auch der lange Schild in der Sammlung zu Goodrich-Court, könnten fehr wohl dänifchen Urfprungs fein [1]).

Das Zeitalter der Bronze in England, das die britifche Kommiffion für die Gefchichte der Arbeit auf der Weltausftellung in Paris im Jahre 1867 als «zweite, dem römifchen Einfall vorhergehende Epoche» bezeichnet, kann nicht in diefer Weife begrenzt werden, weil die anfänglich allgemein übliche Anwendung der Bronze zu Angriffswaffen in England unter Römerherrfchaft nicht aufgehört und fogar teilweife bis zu den Zeiten der Einfälle der Sachfen (5. Jahrhundert) und Angeln (6. Jahrhundert) noch fortgedauert hat [2]).

Die Ausrüftung der Britannier war, Cäfars Angaben nach, befonders reich an Kriegswagen mit eifernen Sicheln und Haken. Das Heer des Kaffibelanus zählt nach feiner Niederlage noch 4000 folcher »couini» genannter Wagen. Gallier und Belgier follen auch Senfenwagen (f. S. 220) im Kriege angewendet haben.

Vergleicht man die dänifchen Schilde, Kriegshörner und felbft die Schwerter, die Speerklingen fowie die Streitäxte aus Bronze, im Mufeum zu Kopenhagen mit den Altertümern derfelben Gattung,

---

[1]) In der Einleitung des über germanifche Waffen handelnden Abfchnittes ift angeführt worden, dafs der Gebrauch von Bronze bei Anfertigung der Waffen in Skandinavien hinfichtlich der Zeit demjenigen des Eifens in Deutfchland entfpricht.

[2]) S. über den Gebrauch von Steinwaffen in England, felbft noch während des 11. Jahrh., S. 138.

welche in England unter den britischen Erzeugnissen aufgeführt sind, so findet man, daß die meisten hinsichtlich der Anfertigung und des Geschmacks einen gemeinsamen Grundzug haben, den ihnen der Zufall oder der Nachahmungtrieb allein nicht zu verleihen vermochte. Es ist wohl daher anzunehmen, daß viele dieser Waffen entweder in Skandinavien selbst oder auch in den Küstenländern Norddeutschlands angefertigt und daß sie also erst später den Inseln durch die normannischen Freibeuter (Nordmannen oder Nordmänner) zugeführt wurden, die niemals die Küsten des Landes zu verwüsten aufhörten, dessen vollständige Eroberung erst ihren Enkeln im Jahre 1066 gelang, also von den Wikingern (v. VIII—XI Jahrh.) keine Rede mehr sein konnte.

Die Ausrüstung der Angelsachsen, von welcher weiterhin, besonders nach dem Teppich von Bayeux Abbildungen gegeben sind, bestand meistenteils in dem gegitterten (treillissée) oder benagelten Plättchenpanzerhemde, dem Glockenhelme und dem Rundschilde. Speer und eine Art gebogener Langsachs mit Abwehrstange, sowie die fast hier damals nur vorkommende Streit- oder Palaxt mit sehr langem Stiel waren die Angriffswaffen, eine Ausrüstung die von der sogenannten normannischen (s. ebenfalls den Teppich von Bayeux) wenig und besonders nur hinsichtlich des Schildes abweicht.

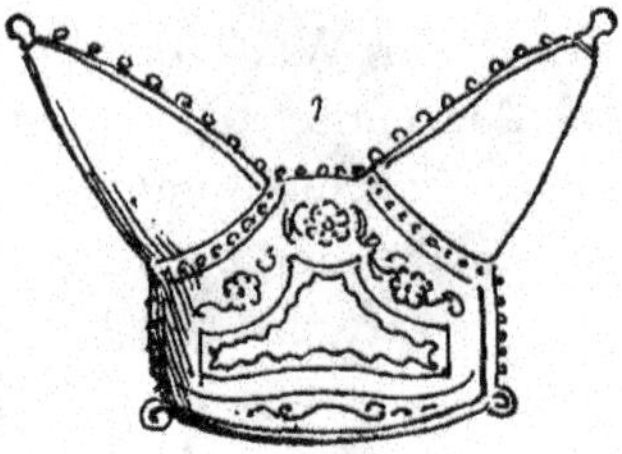

1. Hörnerhelm aus Bronze, in der Themse gefunden und im Britischen Museum aufbewahrt. Getriebene Arbeit, an einigen Stellen mit gefärbtem Mastix belegt, welcher dem Schmelz (Email) ähnelt.

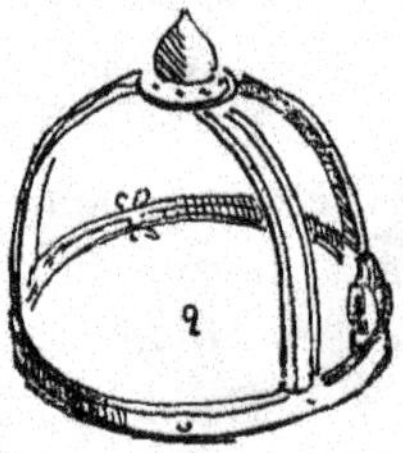

2. Kreuzhelm oder Helmgestell aus Bronze[1]) zu Leckhamtons-Hill gefunden. — British Museum. —

[1]) Das »Eisenkreuz« als Kopfschutz, wovon in den Lex. Franc. Ribuar, til. XXXVI, § 11, die Rede ist, wird wohl dieselbe Form gehabt haben. S. den ganz ähnlichen Kopfschutz der germanischen Leibwache Trajans auf der 117 n. Chr. errichteten Trajanssäule, S. 261 und den Helm des germanischen Anführers von Thorsberger Moor.

3

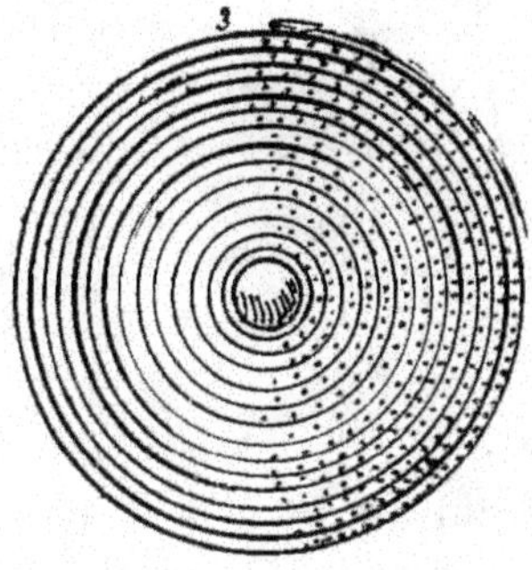

3. Bronzener, runder Schild (ſ. den römiſchen clipeus) — Sammlung Llewelyn-Meyrick. —

4

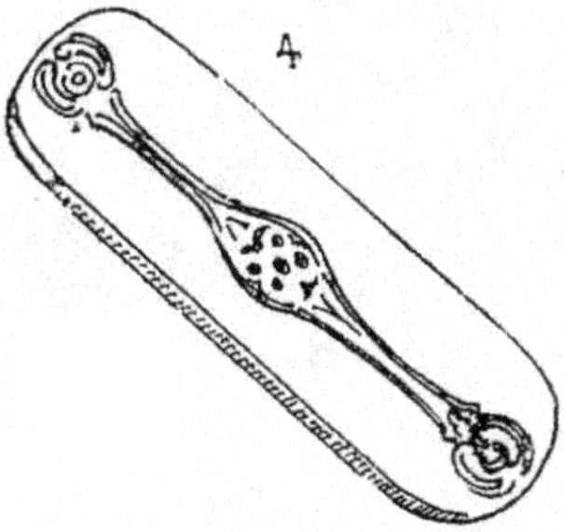

4. Getriebene eingelegte Arbeit aus vergoldeter Bronze, Teil eines bretoniſchen Schildes, Ysgwyd genannt, deſſen ganze Form an den galliſchen Schild erinnert. Gefunden im Fluſſe Witham — Sammlung Llewelyn-Meyrick. S. die Bemerkung S. 308 bezüglich der Übereinſtimmung des Geſchmaks in der Anfertigung ſolcher Schutzwaffen mit in Dänemark gefundenen. — Muſeum von Kopenhagen. —

Aus der Stelle in der Einleitung, wo von deutſchen Waffen die Rede iſt, wird der Leſer erſehen haben, daß die Anwendung des Metalls bei Anfertigung von Waffen in Skandinavien ſpäter als bei den Germanen und Galliern ſtattfand.

5

6

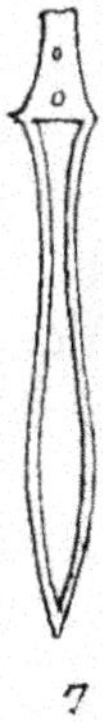

7

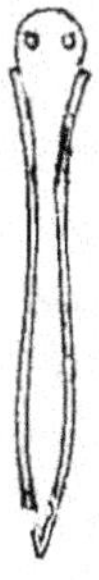

5. Schwert aus Bronze ohne Parierſtange oder Stichblatt; es gleicht völlig den germaniſchen, galliſchen und ſkandinaviſchen Waffen und könnte ſehr wohl ein däniſches ſein. — Tower zu London, 63. — Mehrere ähnliche Schwerter im Britiſchen Muſeum.

6. Schwertklinge aus Bronze, Gwaewfon genannt. — Samml. Llewelyn-Meyrick.

7. Schwertklinge aus Bronze, in Irland gefunden. id.

8 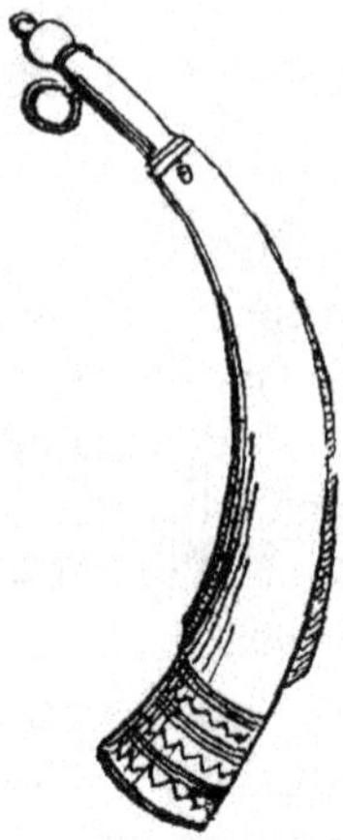

9 

10 

8. Iriſches Kriegshorn Stuic genannt. — Sammlung Llewelyn-Meyrick.

9. Axt aus Bronze. — Britiſches Muſeum.

10. Framea- oder Javelotklinge, Kelt genannt, aus Bronze, mit Öſe und Ring. id.

Die Muſeen zu London beſitzen eine große Anzahl von ſolchen Klingen, Streitäxten, Schwertern, Dolchen, Speer- und Pfeilſpitzen, deren Formen ſich in keiner Weiſe von denen der feſtländiſchen Waffen aus derſelben Zeit unterſcheiden, ein Umſtand, welcher den Verfaſſer abhielt, jene unter die britiſchen Waffen einzureihen. (S. das darauf Bezügliche in der Einleitung dieſes Abſchnitts.)

Skandinaviſche Bronzewaffen.

Skandinaviſche Bronzewaffen des Feſtlandes (Dänemark) ſind, wie die der Franken, gleich den ſteinernen desſelben Volkes, den Waffen der anderen ſogenannten barbariſchen Völker überlegen und ſtehen ſogar denen der Griechen und Römer nichts nach. Dies erklärt ſich ſehr einfach, wenn man mit dem Verfaſſer dieſes Werkes annimmt, daß die Epoche der Verwendung der Bronze in Dänemark ſpäter und zwar gleichzeitig mit der des Eiſens bei den Germanen und Galliern eintrat. (Siehe die Bemerkung in der Einleitung des von den germaniſchen Bronzewaffen handelnden Abſchnittes, ſowie auch S. 50 und 52).

Die beſonders von Mainz aus verbreitete Annahme, daß ſolche Bronzewaffen etruskiſchen Urſprungs ſeien, iſt durchaus hinfällig, da derartige Bronzewaffen und die dazu verwendeten Gußformen faſt überall in ſehr verſchiedenen Geſtaltungen angetroffen werden und demnach die lokalen Anfertigungen unumſtößlich feſtgeſtellt ſind.

Die im Muſeum von Kopenhagen aufbewahrten Stücke, deren Abbildung weiterhin erfolgt, zeigen, mit welcher Kunſt das Metall dort bearbeitet worden iſt. Die Schutzrüſtung des ſkandinaviſchen Kriegers ſcheint damals einzig nur der runde oder längliche Schild, der Panzer und der Helm gewesen zu sein, obschon keine vollständige Waffe der letzteren Gattung im Museum von Kopenhagen vorhanden ist und gefundene Kopfreifen (s. Nr. 2 hier unten und weiterhin) der Vermutung Raum geben, daß, wie auch bei den Franken, und anderen germanischen Völkerschaften, (s. den Spiralhelm S. 292) Helme mehr nur von den Anführern getragen wurden. Ein im vorigen Abschnitt (S. 308) abgebildeter Hörnerhelm könnte wohl dänischen Ursprungs sein. Der Gebrauch der Stein- und Bronzewaffen scheint, wie bereits bemerkt, in Skandinavien länger als anderswo in Europa bestanden zu haben, da Worsaae sich veranlaßt gesehen hat, in seinem mit Abbildungen versehenen Verzeichnis des Kopenhagener Museums als Erzeugnis der Eisenzeit (nach anderen dänischen Archäologen einer zweiten Eisenzeit) aufzuführen, was sonst dem Mittelalter und selbst einem sehr vorgeschrittenen Mittelalter angehört, denn es kommen darin sogar Schwerter aus dem 13. und 14. Jahrhundert vor.

1

1. Dänischer Helmschmuck (?) aus verzierter Bronze, von 22 cm Höhe (Hjelmprydelse auf dänisch), im Museum zu Kopenhagen. Dieser sonderbare Helmschmuk hat die Form eines Leuchters.

2

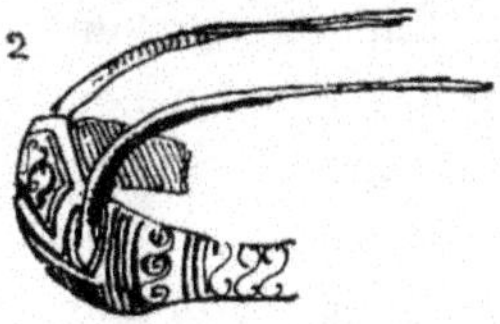

2. Kopfbinde, eine Art Helm von 12 cm Höhe, aus graviertem und getriebenem Kupfer oder Bronze. — Museum zu Kopenhagen.

3

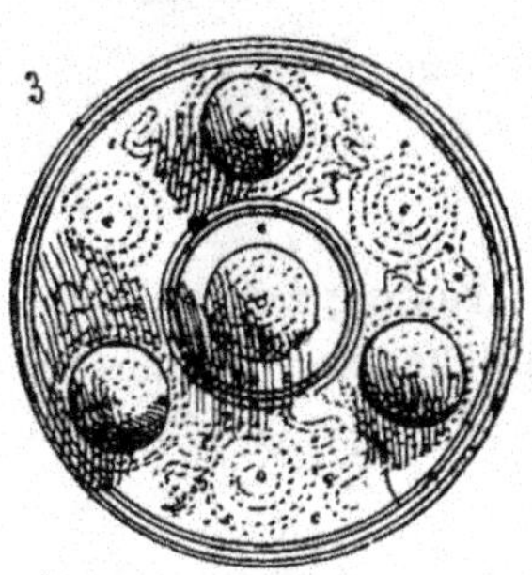

3. Runder dänischer Schild aus Bronze (Bronceskjold auf dänisch), 56 cm im Durchmesser, mit einem Mittel- und drei Randnabeln. — Museum zu Kopenhagen.

4.

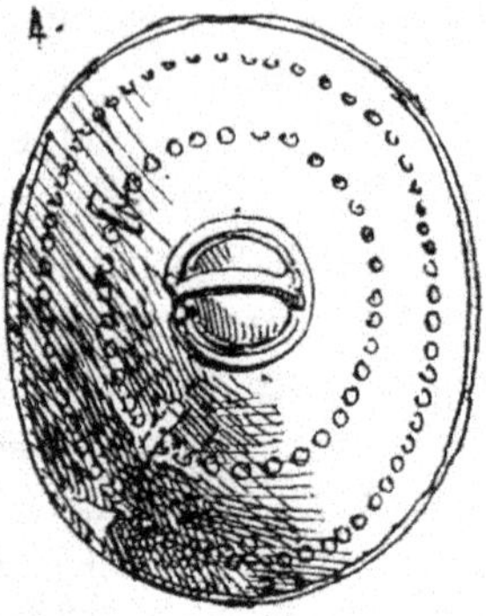

4. Ovaler däniſcher Schild aus Bronze, 46 cm lang, von der inneren Seite geſehen. Die Außenſeite iſt dieſer inneren ganz ähnlich. Die Nabelhöhlung diente zur Anbringung des hier nur einen Handgriffes ohne Armring. — Muſeum zu Kopenhagen.

5

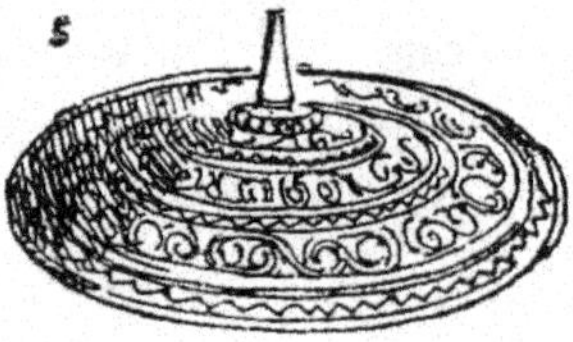

5. Platte eines runden däniſchen Schildes aus Bronze, 44 cm im Durchmeſſer, mit ſpitzem Nabel und reicher Verzierung. — Muſeum zu Kopenhagen.

6

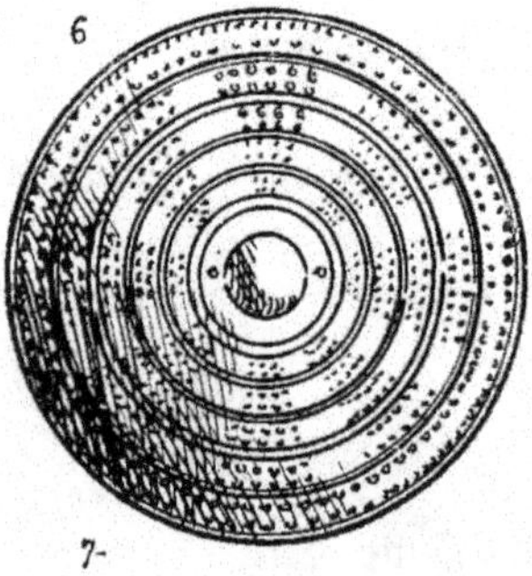

6. Runder däniſcher Schild aus Bronze, 54 cm im Durchmeſſer mit rundem Nabel und mit Nagelköpfen verziert. — Muſeum zu Kopenhagen.

7.

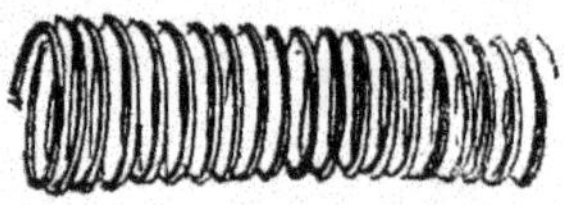

7. Däniſche ſchlangengewundene Armberge aus Bronze, 30 cm lang. — Muſeum zu Kopenhagen. S. dieſelbe Gattung in dem von den germaniſchen Bronzewaffen handelnden Abſchnitt (ſ. S. 292).

8

8. Däniſche Armberge aus Bronze, 15 cm lang. — Muſeum zu Kopenhagen (ſ. S. 211 die griechiſche und 293 die germaniſche).

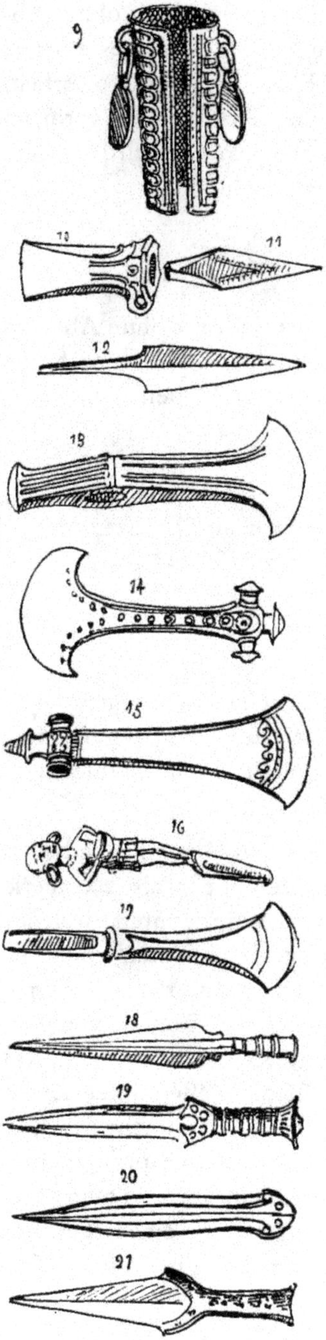

9. Däniſche Armberge aus Bronze, 18 cm lang, mit Medaillen geſchmückt. — Muſeum zu Kopenhagen.

10. Däniſche Javelot- oder Framea(?)klinge aus Bronze, 9 cm lang. (Kelt mit Öſe) Muſeum zu Kopenhagen.

11. Däniſche Pfeilſpitze aus Bronze, 6 cm lang. — Muſeum zu Kopenhagen.

12. Däniſche Pfeilſpitze aus Bronze, 15 cm lang. — Muſeum zu Kopenhagen.

13. Däniſche Streitaxt aus Bronze, 16 cm lang. — Muſeum zu Kopenhagen.

14. Däniſche Streitaxt aus Bronze, 24 cm lang. — Muſeum zu Kopenhagen.

15. Däniſche Streitaxt aus Bronze, 44 cm lang. — Muſeum zu Kopenhagen.

16. Däniſches Meſſer aus Bronze, 16 cm lang. — Muſeum zu Kopenhagen.

17. Däniſche Framea- oder Javelot-(Wurfſpeer)-klinge aus Bronze, 27 cm lang, mit einem Überreſte ihres Schaftes. — Muſeum zu Kopenhagen.

18. Däniſche Speerklinge aus Bronze, 30 cm lang. — Muſeum zu Kopenhagen.

19. Däniſcher Dolch aus Bronze, 30 cm lang. — Muſeum zu Kopenhagen.

20. Däniſcher Dolch aus Bronze, 21 cm lang. — Muſeum zu Kopenhagen.

21. Däniſcher Dolch aus Bronze, 21 cm lang. — Muſeum zu Kopenhagen.

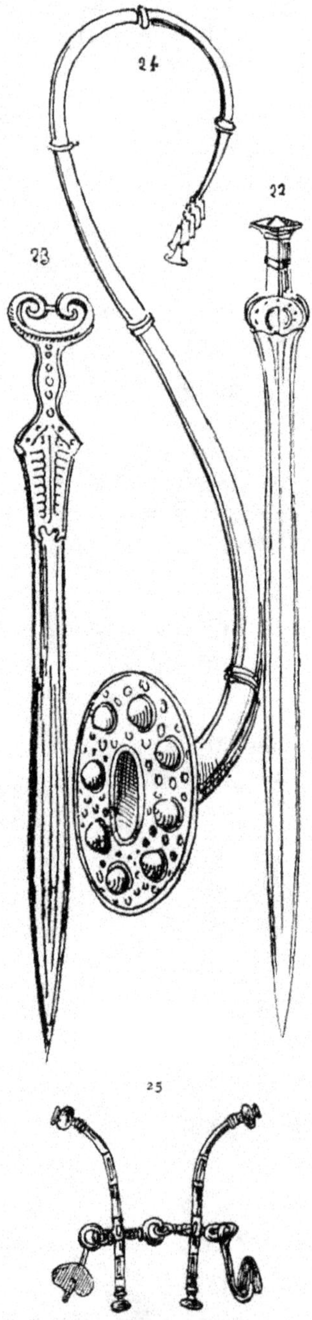

22. Däniſches Schwert ohne Abwehrſtange oder Stichblatt, aus Bronze, 90 cm lang. Eine merkwürdige Arbeit, wie ſie ähnlicher Art in den germaniſchen Gräbern angetroffen wird. — Muſeum zu Kopenhagen.

23. Däniſches Schwert ohne Abwehrſtange oder Stichblatt, aus Bronze, 85 cm lang. — Muſeum zu Kopenhagen.

24. Kriegshorn aus Bronze, 128 cm lang. — Muſeum zu Kopenhagen.

25. Schwediſches gebrochenes Gebiß in Bronze . aus der ſogenannten Bronzezeit. — Hiſtoriſches Muſeum in Stockholm Nr. 7994.

Das Muſeum zu Kopenhagen beſitzt aus der Bronzezeit mehr als 200 merkwürdige Gegenſtände, unter welchen außer den hier abgebildeten noch anzuführen ſind: ein Schwert mit lederner Scheide, Dolche und Meſſer von ſeltſamen Formen, Kopfreifen (ſ. S. 511 u. ſ. w.) und Thongefäße; unter letzteren ſind die Hausurnen ſehr wertvoll für die Beſtimmung der Urſprungszeiten, da die Verbrennung der Toten ſtatt ihrer Beerdigung nur in einem gewiſſen Zeitabſchnitte in Dänemark ſtattgefunden hat.

Bronzewaffen, aus Ungarn, dem römifchen Pannonia, der abendländifchen dacifchen Provinz,

von Daciern (?), Quaden (?) oder Goten (?), den Bewohnern Ungarns vor der 894 ftattgefundenen Einwanderung der Magyaren.

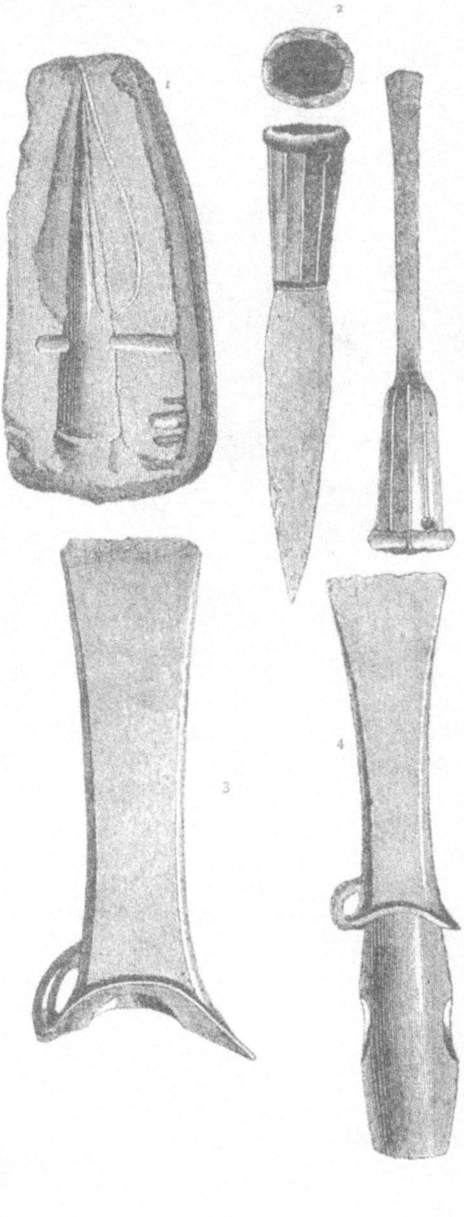

1. Gußform für Speerfpitzen aus Sandftein $^1/_2$ Größe. — Mufeum zu Wien.

2. Zwei Speerfpitzen oder Meißel (?) mit Tüllen in $^2/_5$ Größe.

3. Kelt, d. h. Wurffpeerfpitze, $^2/_5$ Größe. Schatz von Poroszlo.

4. Kelt mit fefter Tülle $^2/_5$ Größe.

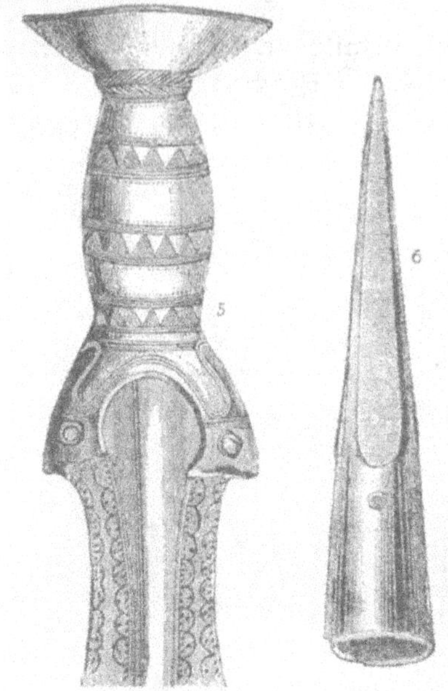

5. Schwert in 1/2 Größe. — Sammlung Dillesz in Ungarn.

6. Speerſpitze in 1/2 Größe. — Muſeum in Zürich.

7. Streithammer 2/3 Größe. — Sammlung Huxtable in Ungarn.

8. Streithammer 2/5 Größe. — Muſeum zu Zürich.

9. Ungariſcher Glockenhelm in 1/2 Größe. — Muſeum in Békés Gyula.

Ganz gleiche Helme befinden ſich in der Sammlung Klemm, (Fundort Pforten, Niederlauſitz) und im Muſeum zu Schwerin (Fundort Dobbertin im Mecklenburgiſchen) ſ. die Abbildung davon S. 294.

10. Achsenkapsel in 1/1 Größe Fund von Komjásh, K. Lipto.
11. Kelt — Streitaxt in 3/5 Größe. Gefunden bei Komáron.
12. Kelt — Streitaxt in 2/5 Größe. Nach dem Archäologen Közl.
13. Doppelarmiger Streithammer, dessen Arme hohl sind. Schatz von Felso-Balogh, C. Gömar.

Diese ungarischen Waffenstücke sind sämtlich Joseph Hampels «Altertümer der Bronzezeit in Ungarn» entnommen, wo auch in Ungarn gefundene bronzene, kleine Wagen, welche Opferbecken trugen, sowie viele Pferdegebisse und Zierbehänge abgebildet sind. Das Museum zu Liverpool besitzt bronzene, zu, Aboz, K. Saros gefundene, 60 cm im Durchmesser messende Speichenwagenräder.

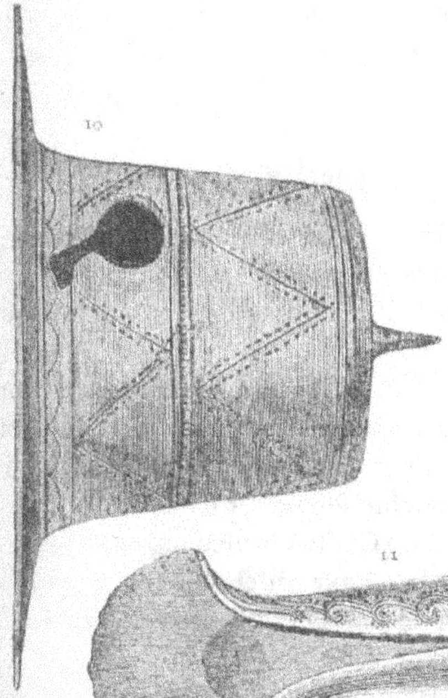

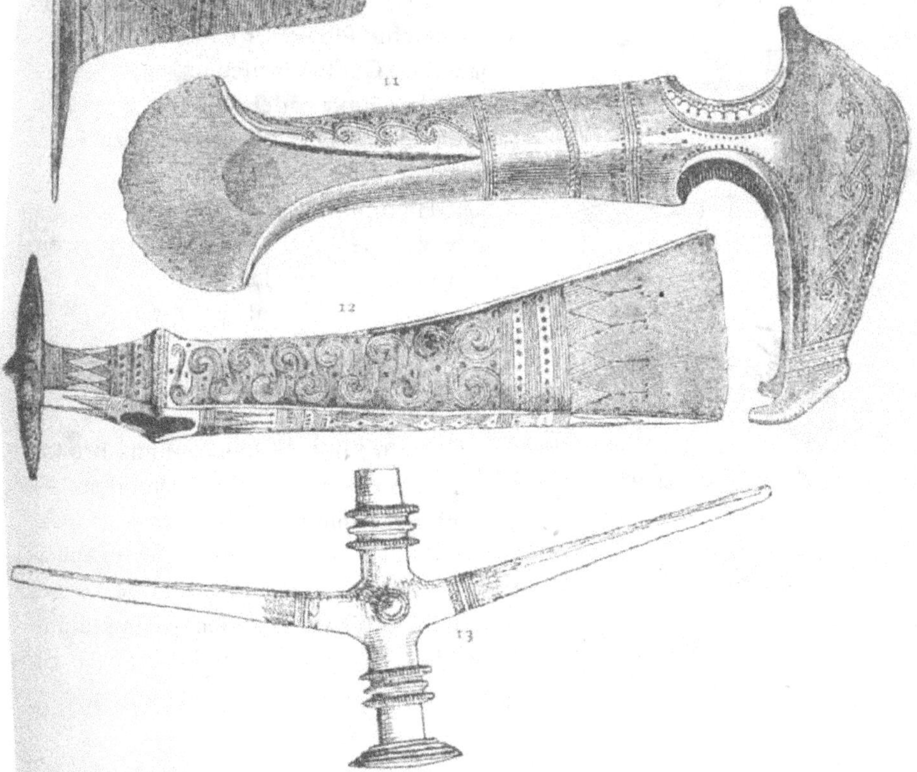

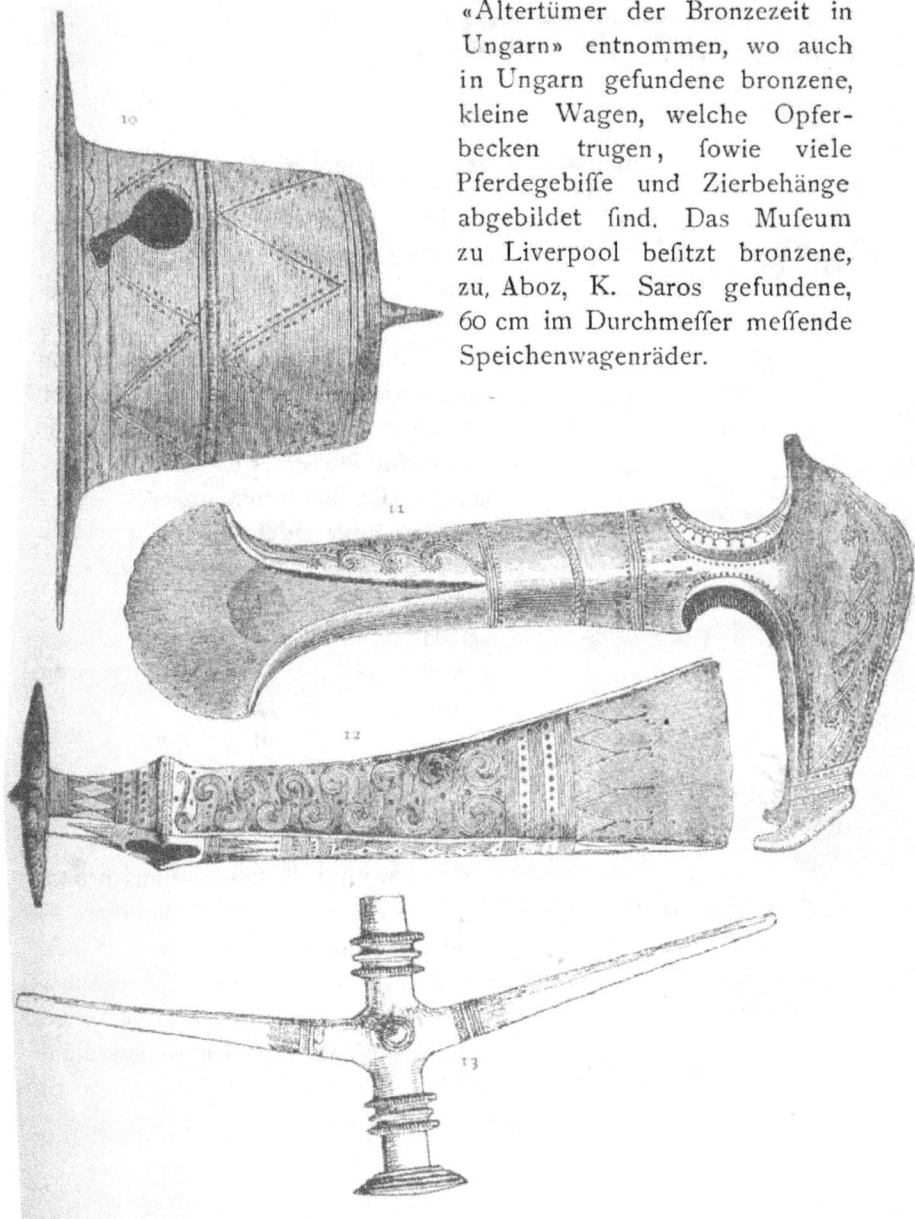

Ein Beweis, daß auch in Ungarn, wie in Skandinavien und Germanien, dieſe Bronzewaffen nicht durch den Handel eingeführt, ſondern angefertigt worden ſind, liefern die über 500 Stück Gußklumpen, Waffen aller Art, Spiralen, Fragmente, Gefäße u. d. m., welche auf den Gußwerkſtätten von Borjas, K. Torontal, Bodrog-Keresztur, K. Zemplin, — Bozsók, K. Baranya; — Lázárpatak, K. Bereg; — Sajó-Gömör, K. Gömör; — Domahida, K. Szatmár und Uj-Szöny, K. Komárom, gefunden worden ſind.

Bronzewaffen verſchiedener Länder.

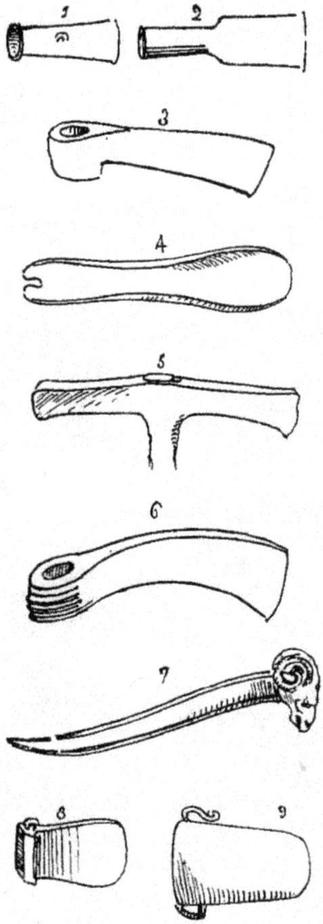

1. Framea- oder Angon-(Wurfſpeer)-klinge aus Bronze, Kelt genannt, in der Schweiz gefunden und im Genfer Muſeum aufbewahrt.

2. Frameaklinge aus Bronze, in der Schweiz gefunden und im Genfer Muſeum aufbewahrt.

3. Kleine ſchweizeriſche Streitaxt aus Bronze. — Genfer Muſeum.

4. Streitaxt oder Speerklinge aus Bronze, 17 cm lang. — Muſeum zu Lauſanne.

5. Hammerſtreitaxt aus Bronze, gefunden zu Lieli bei Oberwil, nicht weit von Bremgarten in der Schweiz, und im Muſeum zu Zürich aufbewahrt.

6. Kleine Streitaxt aus Bronze, in Rußland gefunden. — Abguß im Muſeum zu St. Germain.

7. Meſſer mit Widderkopf aus Bronze 24 cm lang, in Sibirien gefunden. — Sammlung Klemm in Dresden.

8 und 9. Zwei Angon- oder Frameaſpitzen mit Öſen aus Bronze, Kelte genannt, in Rußland gefunden. — Sammlung Oziersky. — Abgüſſe im Muſeum zu St. Germain.

Ausgrabungen, die in den Gouvernements Minsk und Wladimir, fowie auch in Sibirien vergenommen wurden, haben zur Entdeckung einer großen Anzahl Werkzeuge und Waffen aus dem Zeitalter des rohen und polierten oder vielmehr gefchliffenen Steines geführt. Viele von diefen Stücken find in der Sammlung Oziersky in Petersburg aufbewahrt.

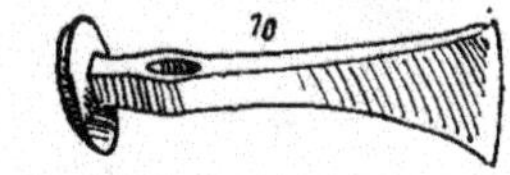

10. Hammerftreitaxt aus Bronze, in Ungarn gefunden. — Abguß im Mufeum zu St. Germain.

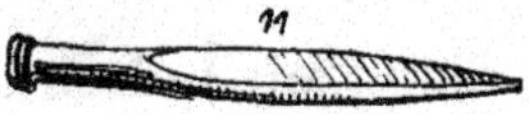

11. Speerfpitze aus Bronze, 20 cm lang, in Böhmen gefunden. — Nationalmufeum zu Prag.

12. Bei Königgrätz gefundener böhmifcher Bronzedolch. Nach den «Grundzügen der böhmifchen Altertumskunde» von Wocel.

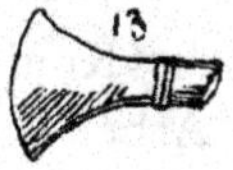

13. Böhmifche Bronzeftreitaxt.

VI.

Waffen aus der ſogenannten erſten Eiſenzeit[1]) abendländiſcher Völker. — Germanen, Gallier, Dänen, Skandinavier u. a. m.

Die ſogenannte Eiſenzeit in England, welche die Kommiſſion der britiſchen Abteilung für die Geſchichte der Arbeit auf der Weltausſtellung zu Paris im Jahre 1867 als „dritte Epoche“, nämlich als diejenige der Römerherrſchaft bezeichnet hatte, beginnt erſt hundert Jahre vor dem Einfalle der Sachſen; denn das bloße Bekanntſein mit der eiſernen Waffe begründet noch nicht die Herrſchaft derſelben. Der Gebrauch der bronzenen Angriffswaffen hat ſich auf den britiſchen Inſeln und in Skandinavien weit länger erhalten als in dem übrigen Europa, ein Umſtand, aus welchem ſich zum Teil die raſche Unterjochung Großbritanniens im fünften Jahrhundert erklären läßt. Die eiſernen Waffen der Römer, Sachſen, Franken, Burgunder und anderer germaniſcher Stämme haben überall weſentlich zur Beſiegung ſolcher Völker beigetragen, deren Schneidewaffen noch aus Bronze beſtanden. Das ſchlecht bewaffnete Gallien wurde von den Römern (welche die Gallia transalpina ſchon ſeit 121 v. Ch. gänzlich beſaßen) erobert, während es ihnen niemals gelang, Germanien[1]), wo die Franken, beſonders v. 3. Jh. n. Ch. ab, wohl die hervorragendſte Stellung einnahmen, zu bezwingen und wo die römiſchen Legionen fortdauernd Niederlagen zu erleiden hatten.[2])

---

[1]) Wozu ſelbſtverſtändlich auch aus dieſer Periode ſtammende Bronzewaffen einzureihen ſind. S. S. 56.

[2]) Die von den Römern unterworfenen germaniſchen Landſtriche waren ſo wenig bedeutend, daſs ſie als dioecesis (διοίκησις) 1 und 2, d. h. als germaniſcher Bezirk der Gallia transalpina zugeſchlagen wurden.

Der Zeitabfchnitt, welchen man, dem getroffenen Übereinkommen gemäß, unter dem allgemeinen Ausdruck Eifenzeit begreift, müßte folgerichtigerweife mit dem Ende des 5. Jahrhunderts, mit dem Falle des abendländifchen Kaiferreichs abgefchloffen werden; man hat ihn jedoch viel weiter ausgedehnt, fogar bis zum Ende der Karlingerherrfchaft (987), ein Syftem, das trotz feiner Mangelhaftigkeit hier zum Teil beibehalten werden mußte, wenn in der zeitfolgigen Einteilung Unordnung verhütet und die Schwierigkeiten des Auffuchens nicht noch mehr vermehrt werden follten, da ja viele Mufeen eine große Anzahl Waffen, die dem Mittelalter angehören, unter die Erzeugniffe des mit dem Namen Eifenperiode belegten Zeitabschnitts eingereiht haben.

Aus der Einleitung geht hervor, daß Eifen zwar überall und zu jeder Zeit bekannt war, aber die allgemeine Verwendung desfelben zur Verfertigung von Schutz- und Trutzwaffen erft auf die der Bronze folgte. Die Römer hatten frühzeitig den Vorzug der eifernen Angriffswaffen vor den bronzenen anerkannt, weshalb denn auch das letztere Metall von ihnen feitdem nur zur Herftellung von Schutzwaffen gebraucht wurde. Im Jahre 202 v. Chr. führte der römifche Soldat fchon keine bronzenen Angriffswaffen mehr, und es ift einleuchtend, daß im zweiten punifchen Kriege die beffere Bewaffnung mit zum Siege der Römer über die Karthager beitrug. Die wenigen eifernen Waffen, die gemifcht mit bronzenen in gallifchen Gräbern[1]) gefunden wurden, wie z. B. die auf den katalaunifchen Feldern (Departement der Marne) gefammelten und im Mufeum zu St. Germain aufbewahrten Exemplare, fcheinen viel eher germanifchen Urfprungs zu fein, da fie den in der Schweiz zu Tiefenau und Neuenburg gefundenen Schwertern außerordentlich ähneln. Weiterhin find von folchen Waffen Abbildungen gegeben, die der Verfaffer den in der Bearbeitung des Eifens fo berühmten Burgundern zufchreibt. Helvetien, das im J. 450 infolge der fyftematifchen Metzeleien der Römer faft zur Einöde geworden war, wurde gegen

[1]) Wenn Tacitus behauptet, dafs die Gallier fich fo in der Eifenarbeit auszeichneten, dafs fie felbft nach Italien Schuppenpanzer, Senfen u. d. m. verfandten, fo ift dies durchaus nicht ftichhaltig.

Die in der Aeneis Vergils (1. Jahrh. n. Chr.) cateja genannte ellenlange fchwere mit Nägeln befchlagene Wurfkeule, welche oft irrtümlich mit dem in Auftralien als Parkan vorkommenden Bumerang wilder Völker verwechfelt wird, ift felber noch von Ifidor (4. Jahr. v., 6. und 7. Jahrh. n. Chr.) als eine Waffe der Gallier (?) angeführt worden.

500 wieder bevölkert und zwar zunächft durch die Burgunder, deren Heerhaufen fich des Weftens bemächtigten, ferner durch die Alamannen, welche die Landftrecken einnahmen, die noch jetzt von der deutfchen Zunge beherrfcht werden, und durch die Oftgoten, die fich im Süden, in den Teilen niederließen, wo heute italienifch, franzöfifch und romanifch gefprochen wird.

Die Burgunder gehörten einem großen und ftarken Gefchlechte an; die lange Angel ihrer Schwerter deutet auf eine breite und große Hand. Die Streitaxt und die beiden eifernen Speerklingen welche bei dem Dorfe Onswala (Bara-Schonen) in der Schweiz gefunden wurden (f. weiter unten die Zeichnung), laffen ebenfalls an der abweichenden Form erkennen, daß fie einem anderen Volke als den Franken, wahrfcheinlich eben auch den Burgundern angehört haben.

Bretonifche Schwerter waren fpäter übertrieben lang, und fogar länger noch als die Schwerter der Kimbern und Markomannen.

Form und Charakter der meiften dänifchen (fkandinavifchen) Waffen, die im Mufeum zu Kopenhagen, als einer fog. Eifenzeit angehörig, eingeordnet find, tragen fchon die Zeichen des Mittelalters an fich, und nichts berechtigt dazu, fie dem eigentlichen Zeitalter des Eifens zuzuweifen, welches mit dem Ende des 5. Jahrhunderts. mit dem Falle des abendländifchen Kaiferreichs (476), als abgefchloffen betrachtet werden muß.

Übrigens find viele diefer Waffen, befonders die Schwerter in echtem und falfchem Damaft, deutfchen Urfprungs, d. h. Ergebniffe der Wikinger- (VIII.—IX. Jh.) Plünderungen. (S. weiteres darüber im Abfchnitt der Marken der deutfchen Waffenfchmiede.) Schon Karl der Kahle (840—877) verbot ja, Waffen an Normannen zu verkaufen, was berechtigt anzunehmen, daß die Anfertigung der eifernen Waffen in Skandinavien noch nicht fehr vorgefchritten war.

Wie in England, fo hat auch in Dänemark die Herrfchaft des Eifens erft fpät begonnen und ift nur um ein weniges dem Mittelalter vorausgegangen, deffen Gepräge germanifchen Charakters von da ab den Waffen und fonftigen Altertümern aufgedrückt ift.

Die Bewaffnung des Kriegers hat bei den zahlreichen Zweigen der großen germanifchen Völkerfamilie wenig Änderung erfahren. Überall find als Angriffswaffen befonders beliebt der Skramasax[1]) — eine Art Sensenschwert, mit ausgekehlter Klinge und einer einzigen Schneide —, die Framea, d. h. der Wurfspeer und das Ger, der Stoßspeer, welcher letztere die Form des römischen Pilums hatte oder annahm, aber mit Widerhaken, was bei den römischen erst in späterer Kaiserzeit vorkommt, und das lange Schwert ohne Abwehrstange und Stichblatt, die nach Gullielmus Pugliese und Nicetas Choniates in der Hand des Teutonen[2]) so furchtbare Spatha oder der Ensis. Der Sax war ein kleineres, wie der Skramasax, einschneidiges Messer (s. S. 58 u. 32).

Das nicht selten mit dem in Runenschrift eingegrabenen Namen seines Eigentümers bezeichnete große Schwert hat eine wichtige Rolle in dem Leben dieser Völker gespielt, welche ihren durch vorzügliche Härte berühmten Waffen Eigennamen beizulegen pflegten. So unter anderen: der Mimung Wielands; der Balmung Siegfrieds; die Durndart oder Durnadal Rolands; der vergiftete Hrunting (Beowulf); der Dainleif Hagens, des Vaters der Gudrun; der Tryfing, die Waffe des Swafrlamis; der Mistelstein, der 2400 Männer vernichtete; die Skeop Liufiogi und Hwittin-gi, aus der dänischen Geschichte des Saxo Grammaticus; die Joyeuse Karls des Großen; der Almace des Turpin; der Altecler Oliviers; der Chlaritel Englirs; die Preciosa des Königs Poligan; die Joyeuse Oraniens; der Mal Rothers; der Calibarn des Königs Artus und der englische Quersteinbeis Hakons, der wie sein Name andeutet, wirklich Steine zerbiß, da er mit einem Hiebe den ungeheuren Mühlstein entzwei schlug; der Danisleif König Hognis von Südschweden, die Balisade Rüdigers (Rasender Roland); der Eckesahs oder Sahs Dietrichs von Bern; die Fineguerre Gerards v. Nevers; der Floberge Bejous; die Florence des Fier de Bras; der Freisant und der Brinnig Hildebrands; der Fusberta Reinholds (Rasender Roland); der Hauteclaire Pippins; der Lovi Biarkos; die Merveilleuse Doolins von Mainz; der Mulagir oder Murgall oder

---

[1]) Siehe die Etymologie dieses Wortes S. 57. Der Skramasax scheint sich bis spät erhalten zu haben, da in Eckhard I „Waltharius manu fortis" v. X. Jh. noch davon die Rede ist:

Gürtet die Hüfte links mit doppelschneidigem Schwerte
Und nach pannonischem Brauche die rechte zugleich mit dem zweiten,
Welches mit einer Seite nur schlägt die tödlichen Wunden.

[2]) Die in Deutschland gefundenen Schwerter messen gewöhnlich 90—95 cm und haben eine abgerundete Spitze, während das auf gallischem Boden gefundene fränkische Schwert gewöhnlich 70—75 cm mißt und einen spitzeren Ort hat.

Minnene Ganelons; der Nagelring Heimes; die Serracine Brunamons; der Recuit Alexanders; die Wasce oder Wasche Walters von Spanien; der Welsung oder Wolsung von Biterwolf und dessen Sohn Dietlieb; endlich der Tyrfing der gewaltigen nordischen Saga, auf dessen breiter Klinge in Runen eingegraben stand:

„Draw me not, except in fray
Drawn I pierce, and piercing slay"

muß hier erwähnt werden (s. im Abschnitt der Schwerter die Namen der Schwerter Mohammeds).

Durch Grabfunde, besonders den Mittelrhein entlang, ist die Bewaffnung der Franken die einzige unter den germanischen Stämmen, welche einigermaßen vom Anfange der sogenannten Eisenzeit festgestellt werden kann. Dieser Volksstamm hatte bekanntlich nach der Schlacht von Zülpich (496 n. Ch.) da die ansässigen Alamanen, welche ihrerseits bereits im III. Jh. n. Ch. die Römer vertrieben, zurückgeworfen. Der Franke war mit dem Ger genannten Stoßspeer, welcher die Form des römischen Pilum angenommen, aber hier mit Widerhaken versehen, und dem Framea genannten breiteisigen Wurfspeer, einem zweischneidigen Schwert, einem einschneidigen Dolch- oder Haumesser, dem Skramasax, dem kleinen Sax genannten Messer, dem langgeschweiften Wurfbeil, der Franziska und einem runden mit Buckel und Handfaß versehenen Schilde bewaffnet. Auch Helme wurden, wie bereits angeführt, von Anführern getragen, da ja u. a. bekanntlich Chlotar II. (v. 584) und Dagobert (v. 622 ab) behelmt waren. Wahrscheinlich bestanden die meisten germanischen Helme dieser sogenannten Eisenzeit anfänglich aus den Eisenkreuzen, wovon in der Lex Franc. Ripuar. (511—536) T. XXXVI, § 11 die Rede ist. S. darüber S. 56, sowie 261 — auch Nr. 1a im Abschnitt der Helme solche Helmgestelle.

Die Germanen, besonders der fränkische Stamm, waren auch die einzigen unter den Europäern, welche das Tauschieren von Silber in Eisen kannten und betrieben, wie die von ihnen hinterlassenen herrlichen Arbeiten, besonders an Pferdegeschirren und Gürtelschnallen beweisen. Griechen wie Römern scheint diese Kunst gänzlich fremd gewesen zu sein; nichts derartiges ist von ihnen bekannt. Da solche Tauschierarbeit aber in Persien, mehr noch in Indien, selbst in den ältesten Zeiten, betrieben wurde, so ist anzunehmen, daß diese Werkweise eine Überlieferung der germanischen Vorfahren, der Indogermanen war. Daß diese silbertauschierten

Arbeiten der Merowinger (Franken) und nicht der Karlinger Zeit angehören, ist festgestellt, da in den Gräbern des letzteren Zeitabschnittes keine Beigaben oder Ausstattungen mehr vorkommen.

Eigentümlich ist, daß das Schwert und der Degen im Norden sächlichen und männlichen Geschlechts ist, während ihn der Südländer dem weiblichen Geschlecht zuteilt. Diese Waffe, die unter den Merowingern viel kürzer als zur Zeit der Ritterherrschaft war, spielt eine wesentliche Rolle bei jener Frevelthat Chlotars II. (v. 615), den die Geschichte anklagt, daß er alle besiegten Sachsen, Männer, Frauen und Kinder, die die Höhe seines Degens überragten, habe umbringen lassen. Der Skramasax, obwohl der Name durchaus sächsisch ist und von diesem Sax der Name der Sachsen abgeleitet wird, ist kaum in einem sächsischen Grabe, wie überhaupt nicht in den Gräbern Norddeutschlands angetroffen worden. Es scheint, als ob diese Waffe vorzugsweise bei den burgundischen, alamannischen und fränkischen Stämmen eingebürgert gewesen sei. Was die Streitäxte der Sachsen anbelangt, so waren dieselben kürzer und breitschneidiger als die der Franken.

Die je nach den germanischen Stämmen in ihren Formen abweichenden Äxte, unter denen die Franziska der letzten Eroberer Galliens eine der bekanntesten ist, bildeten die für die germanischen Völker am meisten charakteristische Waffe; diese Äxte finden sich sowohl in Skandinavien, als auch in Großbritannien wieder, wohin sie von Dänen und Sachsen gebracht worden waren.

Die Irländer bezogen auch schon, Geraldus Cambrensis (Girald Barry † 1220) nach, ihre Äxte von Norwegen, ebenso wie König Knut der Große (1014—1036) noch. Bei den Wikingern war die Axt wohl die altzeitigste Angriffswaffe.

Für das Studium der Bewaffnung aller dieser sogenannten barbarischen Völker sind sehr wenige Urkunden vorhanden, und diese haben überdem nur auf die Franken Bezug. Alles, was sich an authentischen Waffen aus dem Ende der Merowingerherrschaft noch vorfindet, ist die Franziska und das Schwert Childerichs I., die im Louvre aufbewahrt werden. Das Karl dem Großen zugeschriebene Schwert nebst Sporen bilden wahrscheinlicherweise die einzigen authentischen Waffen, die aus den ersten Zeiten der Karlinger noch übrig sind.

Wikinger-Schwerter aus der karlingischen Zeit sind indessen in

Norwegen und Schweden gefunden worden (Museum zu Bergen u. a.) wovon weiterhin die Abbildungen und Marken.

Die Handschriften, deren Malereien immerhin einige Auskunft geben könnten, gehen bis zur Regierungszeit Karls des Kahlen (840—877) zurück. Jedoch sind die Buchmalereien der Bibel dieses Königs wenig zuverlässig und scheinen lediglich das Produkt künstlerischer Phantasie zu sein, insofern sie den auf einem Throne sitzenden König von Wachen umgeben darstellen, die geradezu römisches Kostüm tragen; die ledernen Panzerriemen und die übrigen Stücke gleichen so ziemlich der Ausrüstung der Prätorianer. Der Codex Aureus zu St. Gallen, der Deckel des Antiphonariums St. Gregors, die Leges Longobardorum der Stuttgarter Bibliothek, die Wessobrunner Handschrift der Bibliothek zu München von 810, die Flachbildnerei der Kirche St. Julien in Brioude und einige andere Urkunden und Denkmale stehen übrigens mit den Abbilbildungen der Bibel im Widerspruch.

An Bildnereien, welche zur Feststellung der karlingischen Bewaffnung dienen können, sind außer dem Becher der Kirche zu Brioude (Haute-Loire) noch Karls des Großen im Pariser Medaillenkabinett aufbewahrte Schachfiguren vorhanden. Davon weiterhin abgebildete Fußvolk- und Reiterfiguren stellen fest, daß die Bewaffnung bereits eine weit vorgeschrittene war.

Späterhin ist weder eine geschichtliche noch archäologische Spur mehr zu entdecken, bis hundert Jahre nachher das Martyriologium aus dem 10. Jahrhundert, eine Handschrift der Stuttgarter Bibliothek, sowie auch die Flachbildnerei des Reliquienkastens der Schatzkammer von St. Moritz aus dem 9. Jahrhundert den Krieger in derselben Bewaffnung zeigt, wie die Bayeuxer Tapete aus dem Ende des 11. Jahrhunderts.

Den Beschreibungen einiger Schriftsteller (Sidonius Apollinaris, gegen 450 unserer Zeitrechnung; Procop, Agathias, Gregor von Tours u. a.), sowie den in den merowingischen Begräbnisplätzen vorgenommenen Nachgrabungen ist es zu verdanken, daß man dennoch imstande ist, die ehemalige Bewaffnung der Franken fast vollständig wieder herzustellen. Wie bei der Mehrzahl der anderen germanischen Stämme derselben Zeit, bestand auch bei ihnen die Schutzrüstung nur aus dem kleinen runden, konvexen Schild mit Nabel, von 50 cm Durchmesser, der aus Holz gemacht und mit Haut überzogen war. Es sind aber doch auch einige Helme und

Panzer[1]) gefunden worden. Der gemeine Krieger hatte einen Teil ſeines Kopfes, wie der Chineſe, kahl geſchoren; den Überreſt ſeines grellrot gefärbten Haares trug er geflochten auf dem Stirnteile über einander gelegt, ſo daß auf dieſe Weiſe eine Art den Helm erſetzender Kopfbedeckung gebildet wurde, die gewöhnlich mit einer Lederbinde umgeben oder mit dem Eiſenkreuze[2]) bedeckt war. Seine Angriffswaffen beſtanden, wie ſchon angeführt, aus dem Ger genannten Stoßſpeere, welcher dem Pilum der Römer glich, aber Widerhaken hatte, was bei dieſem erſt in der Kaiſerzeit nachgeahmt worden war; dem Framea genannten Wurfſpeere (dem altzeitigen jaculum, fr. javelot), welcher anfangs die ohne Grund mit Kelt bezeichnete breitſchneidige Spitze hatte, der länglich geformten Franziska benannten Streitaxt, dem Schwert[3]) ohne Abwehrſtange, dem langen einſchneidigen vom Langſax abſtammenden Skramaſax genannten Senſenſchwert und dem Sax, einem kleinen Meſſer ſowie dem Bogen, welcher letztere aber meiſt nur zur Jagd dient, da Franziska und Framea die eigentliehen Kriegswurfwaffen waren (ſ. S. 54—59).

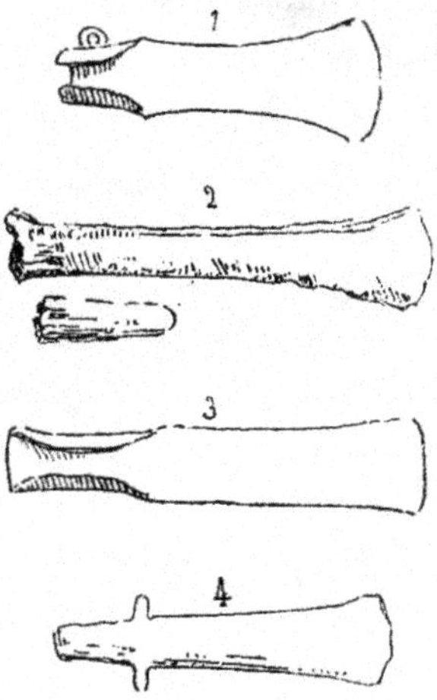

1. Germaniſche Frameaklinge aus Eiſen und mit Ring und Zapfen, Kelt genannt, 28 cm lang. — Nationalmuſeum zu München.

2. Germaniſche Frameaklinge mit Tülle aus Eiſen, 28 cm lang, mit dem Überreſt der Schaftſpitze, 10 cm lang, in einem der Gräber von Hallſtadt gefunden. — Sammlung Az in Linz.

3. Germaniſche Frameaklinge aus Eiſen mit Lappen, 28 cm lang, id.

4. Germaniſche Frameaklinge mit Querſpitzen aus Eiſen, 28 cm lang. — Ein anderes Exemplar derſelben Herkunft

---

[1]) U. a. ein alemanniſcher, S. 251 die Abbildung davon.

[2]) Wohl der altzeitigſte germaniſche Helm.

[3]) In germaniſchen ſowie auch in ſkandinaviſchen Gräbern ſind Schwerter gefunden worden, deren Klingen zuſammengedreht waren. Sollte dies nicht eine Anſpielung auf die beendigte Laufbahn ihrer Träger geweſen ſein? Eine dieſer Klingen iſt weiterhin abgebildet. Man glaubt aber auch, daſs ſolche Zuſammenbiegungen nur deshalb ſtattfanden, um die Klinge zur Vermeidung der Grabberaubung unbrauchbar zu machen.

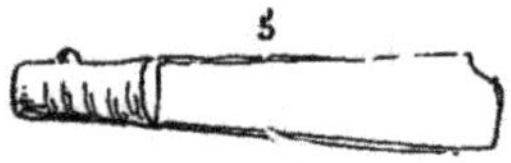

befindet ſich im Antikenkabinett zu Wien, ein drittes, in Lüneburg gefunden, im Muſeum zu Hannover.

5. Germaniſche Frameaklinge mit Tülle aus Eiſen, 28 cm lang, aus dem Gräberfelde von Hallſtadt herrührend. — Sammlung Az in Linz.

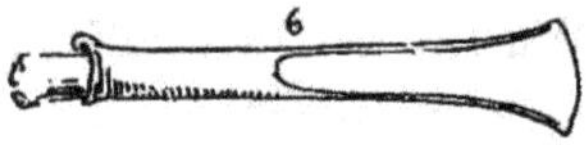

6. Germaniſche Frameaklinge mit Tülle aus Eiſen; es befindet ſich daran ein Ring, wie an den Speerklingen, die man Kelt nennt, ſie mißt 36 cm und rührt aus den Gräbern von Hallſtadt her. — Antikenkabinett zu Wien.

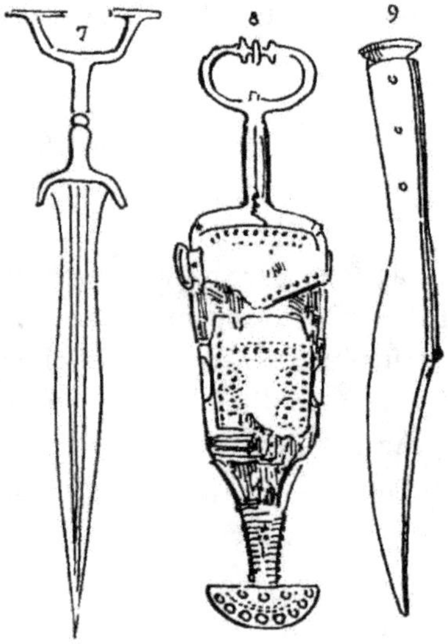

7. Kleines germaniſches Schwert, 40 cm lang, mit eiſerner Klinge und bronzenem Griff, ebenfalls in den Gräbern von Hallſtadt gefunden. — Antikenkabinett zu Wien.

8. Germaniſches Sax[1]) genanntes einſchneidiges Kriegsmeſſer aus Eiſen, 36 cm lang, in einem Grabe in Bayern gefunden. Dieſe Waffe hat faſt die Form des Parazonium. — Muſeum zu Sigmaringen.

9. Germaniſches Sax oder Achat genanntes kleines Kriegsmeſſer aus Eiſen, 34 cm lang, in Ringenbach gefunden. — Muſeum zu Sigmaringen.

[1]) Solche Meſſer, die bedeutend kleiner ſind wie die gemeinlich 50—60 cm langen Skramaſaxen werden mit dem Namen Sax bezeichnet und kommen auch von Bronze vor. In der Roſenbergſchen Sammlung (Germaniſches Muſeum zu Nürnberg) befindet ſich ein ſolcher 24 cm meſſender Bronze-Sax mit durchbrochenem Griff, welcher zu Unterfrieden in Franken gefunden worden iſt. Andere ſolcher Sax verſchiedener Länge ſtammen aus dem Friedhofe von Bellicau in der Schweiz, aus Selzen am Rhein u. d. m. S. weiteres S. 57 u. 58.

10

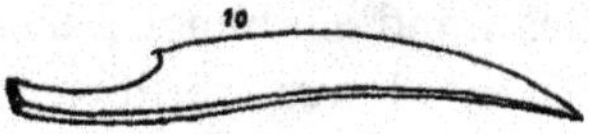

10. Germaniſches Sax oder Achat genanntes Kriegsmeſſer aus Eiſen, 28 cm lang. — Bayer. Nationalmuſeum zu München.

11. Kurzes Senſenſchwert oder fränkiſche Semiſpatha aus Eiſen, Skramaſax genannt. Dieſe Waffe hat nur eine Schneide mit Auskehlungen, die durch Fugen (Blutrinnen) an dem Rücken hervorgebracht ſind. Einſchließlich der Angel mißt ſie 62 cm und iſt bei Châlons gefunden worden. — Nr. E. 19 im Artillerie-Muſeum zu Paris.

11

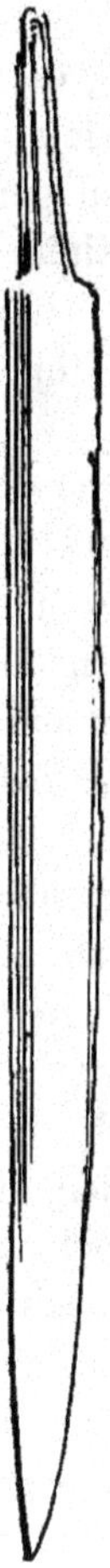

12

Die bedeutende Länge, welche die Angeln (Griffe) der in der Schweiz und Deutſchland gefundenen Skramaſaxe haben (15 bis 25 cm), hat Dr. Keller in Zürich auf die Vermutung gebracht, daß es keine Waffe, ſondern ein für zwei Hände beſtimmtes Hackmeſſer zur Bearbeitung des Holzes ſei. Dies iſt jedoch nicht ſo, es iſt der wirkliche Skramaſax der Franken und anderer germaniſcher Völkerſchaften, da dieſe Waffe häufig in den Gräbern der Krieger neben dem langen Schwerte gefunden worden iſt.

12. Eiſerner Skramaſax, 46 cm lang, in der Schweiz gefunden. — Sammlung des Verfaſſers. Einer dieſer aus Mannheim herrührenden Skramaſaxen befindet ſich im Tower zu London, $\frac{1}{181}$. Auch das Muſeum zu Genf beſitzt ſolche Waffen, die in einem Grabe zu Bellecau (Kanton Waadt) gefunden worden ſind. Im Muſeum zu Lauſanne andere, deren Angeln (Handhaben) 15 cm meſſen und auf die burgundiſche Raſſe zu deuten ſcheinen. Ein Skramaſax des Muſeums zu Wiflisburg, der in dieſer Stadt ſelbſt ausgegraben

13 14 14 Bis.

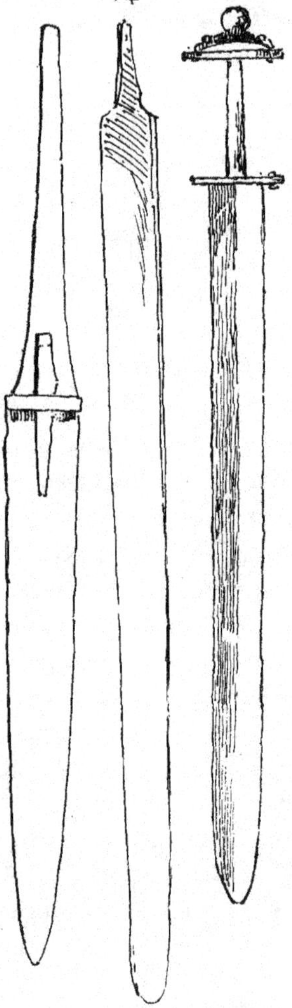

wurde, könnte leicht ins dritte Jahrhundert hinaufreichen, da im Jahre 264 die Alamannen in dies Land eindrangen und Aventicum von Grund aus zerftörten. Auch in Grüningen-Windifch ift eine folche Waffe gefunden, die im Mufeum zu Zürich aufbewahrt wird; die Angel derfelben mißt 22 cm. Ein in Hohenzollern gefundenes Exemplar befitzt das Mufeum zu Sigmaringen; der 25 cm meffende Griff ift aus Kupfer und mit einer hölzernen Hülfe verfehen, die mit Leinwand und Lederriemen bewickelt ift; die Klinge mißt 40 cm, was im ganzen 65 cm ausmacht. Ein am Rhein bei Bingen gefundenes Skramafax in des Verfaffers Sammlung mißt — Klinge 34, Angel 24 cm.

13. Skramafax aus Eifen, deffen Klinge 38 cm und deffen Angel 22 cm mißt. Diefe zu Wulflingen gefundene und im Mufeum zu Sigmaringen aufbewahrte Waffe zeichnet fich vor anderen derfelben Gattung dadurch aus, daß fie am Oberteil der Scheide mit einem kleinen Meffer (dem Sax) verfehen ift.

14. Germanifches Schwert aus Eifen, 94 cm lang, deffen Klingenfpitze (Ort) abgerundet wie die römifche Spatha und in Langeneslingen gefunden ift. — Mufeum zu Sigmaringen. Ähnliche Schwerter, unter denen einige über einen Meter lang waren, find im Begräbnisplatz zu Selzen bei Nierftein gefunden worden, wo infolge von Nachgrabungen achtundzwanzig Gräber aufgedeckt wurden, die fämtlich Skelette enthielten; und zwar lagen in manchen, neben diefen langen Schwertern, noch Streitäxte fächfifcher und fränkifcher Form. (S. S. 336 u. 337 beide Formen.)

14. Bis. Eifernes germanifches Schwert von 95 cm Länge und 5 cm Breite ohne Abwehrftange und mit fpitzem Ort. Der

ebenfalls eiſerne Griff mit eiſernem Knauf mißt 16 cm — die Klinge alſo 77 cm. Da in demſelben Grabe zu Andernach unter den ſonſtigen Funden ſich auch eine Streitaxt in ſächſiſcher Form (alſo keine Franziska) befand, ſo kann dies Schwert wohl einem ſächſiſchen Krieger zugeſchrieben werden. — Germaniſches Muſeum zu Nürnberg.

Der Codex Aureus von St. Gallen, aus d. 8. Jahrh., ſowie viele angelſächſiſche Handſchriften des 9. bis 11. Jahrhunderts zeigen dieſelbe nicht ſpitze Schwertform in ihren Kleinmalereien.

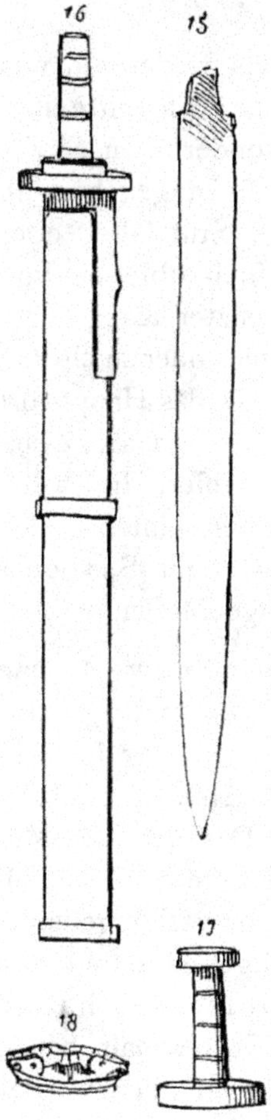

15. Fränkiſches Schwert aus der Zeit der Merowinger, 73 cm lang, mit ſcharfem Ort, in der Moſel gefunden. — E. 14 im Artillerie-Muſeum zu Paris. Ähnliche Schwerter ſind den Gräbern von Fronſtetten entnommen worden.

16. Schwert ohne Abwehrſtange oder Stichblatt aus dem Grabe Childerichs I. (457—481), das im Louvre aufbewahrt wird. Bei der Schäftung dieſer merowingiſchen Waffe hat ein Verſehen ſtattgefunden. Von dem mit ihrer Wiederherſtellung beauftragten Waffenſchmiede iſt das Stichblatt vermittelſt des Knopfes verdoppelt worden. Dieſer Knauf muß nämlich am Ende der Hülſe ſitzen, wie man es in Handſchriften und auch hier bei der Zeichnung Nr. 17 angegeben findet. Derſelbe Irrtum iſt im Artillerie-Muſeum bezüglich einer fränkiſchen Spatha begangen worden. Im Medaillenkabinett zu Paris befindet ſich der Abguß eines ähnlichen, vielleicht derſelben Epoche angehörenden Schwertes, deſſen Totallänge 90 cm iſt und vom Schlachtfelde bei Pouan, Departement der Aube herrührt. Das Stichblatt dieſes Schwertes geht kaum über die ſehr breite und ſpitze Klinge hinaus.

17. Merowingiſches Schwertgefäß, nach handſchriftlichen Urkunden.

18. Knauf eines Schwertes, gleichfalls dem Childerich zugeſchrieben.

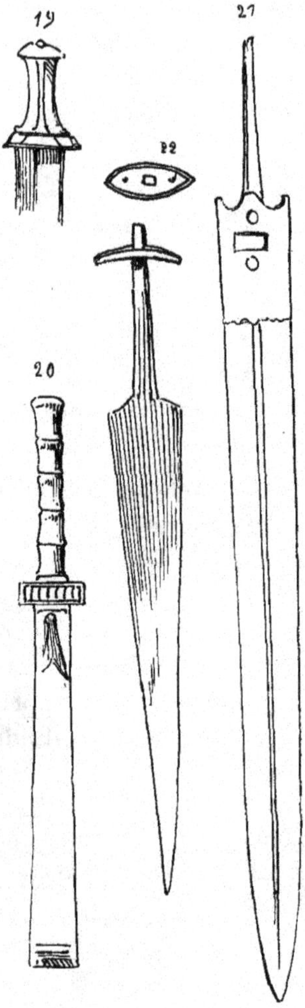

19. Germaniſcher Schwertgriff, bei Peiting in Bayern gefunden.

20. Germaniſches oder ſlaviſches, am Orte (Spitze) eckiges Schwert aus dem 6. Jahrhundert, nach der Flachbildnerei eines Diptychon, welches ſich in der Schatzkammer des Domes zu Halberſtadt befindet. Die außerordentliche Länge des Griffes erinnert an die in der Schweiz gefundenen burgundiſchen Schwerter. (Siehe die folgende Nr. 21.)

Es ſei hier nochmals wiederholt, was bereits im geſchichtlichen Abſchnitte über die Wortableitung der ſonderbaren, Skramaſax genannten Waffe angegeben iſt. Sax heißt ſo viel als Stutzſäbel oder Meſſer; ſcrama läßt ſich ableiten von ſcramma, ein abgegrenzter Kampfplatz für griechiſche Kämpfer, oder auch von scarsan (ſcheren), woraus das Hauptwort Schere abzuleiten iſt. Skramaſax, Zweikampfmeſſer oder Schermeſſer. Mit Langſax wurde das noch längere einſchneidige Schwert bezeichnet, wie mit Sax oder Achat das einſchneidige Meſſer.

21. Burgundiſches Schwert ohne Stichblatt aus Eiſen, 98 cm lang, einſchließlich der Angel, die ſehr lang iſt und auf ein kräftiges Geſchlecht mit breiten Händen hinweiſt. Das Artillerie-Muſeum zu Paris beſitzt unter D. Nr. 42 die Abgüſſe von elf ſolchen zu Tiefenau in der Schweiz auf einem Schlachtfelde gefundenen Schwertern, die in dem Werke Troyons abgebildet ſind, wo ſie jedoch nicht unter den Waffen der Pfahlbauten hätten aufgeführt werden ſollen. Das Muſeum zu St. Germain beſitzt ähnliche Schwerter, die im See von Neufchâtel gefunden worden ſind und die Sammlung Zſchille ein in Niederbayern gefundenes.

22. Germaniſcher Dolch aus der Zeit der Merowinger, 42 cm

24 Bis.

23

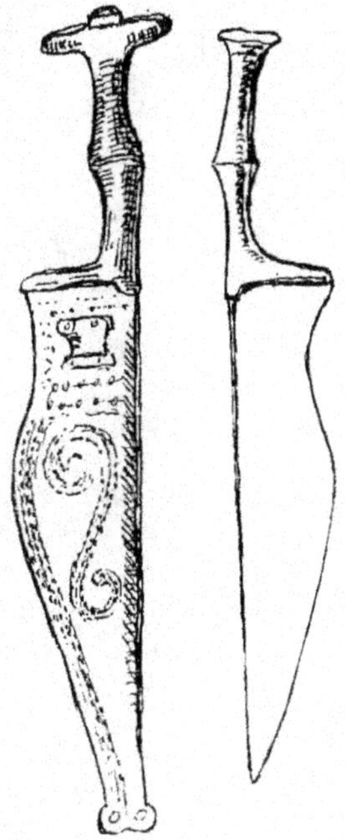

24

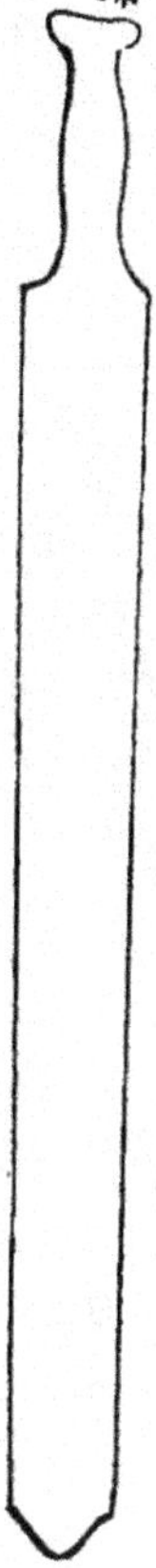

25

lang, in einem Grabe zu Hettingen gefunden und im Mufeum zu Sigmaringen aufbewahrt.

23. Germanifcher Dolch aus der Zeit der Merowinger, 41 cm lang, zu Rothenlachen gefunden und im Mufeum zu Sigmaringen aufbewahrt. Diefe Form ift über 800 Jahre beibehalten worden, denn fie kommt noch im 15. Jahrhundert vor.

24. Germanifches Schwert ohne Stichblatt aus Eifen, 85 cm lang, aus den Gräbern von Hallftadt herrührend. — Antikenkabinett zu Wien. (S. bezüglich der Klingenfpitze die Bronzewaffen und die römifche Spatha).

24. Bis. Germanifches eifernes Meffer (Sax?) mit bronzenem Griff und Scheide (Klinge 18 cm, Griff 10 cm.) aus fpätfränkifcher d. h. aus merowingifcher Zeit (418—752). Fundort zwifchen Innsbruck und Meran. — Sammlung Zfchille.

25. Germanifches Dolchmeffer (Sax?), 33 cm lang, aus der Zeit der Merowinger, in einem Grabe bei Sigmaringen gefunden und im Mufeum dafelbft aufbewahrt. Ein wegen der Form feltenes Exemplar; ein ähnliches befindet fich im bayerifchen Nationalmufeum zu München.

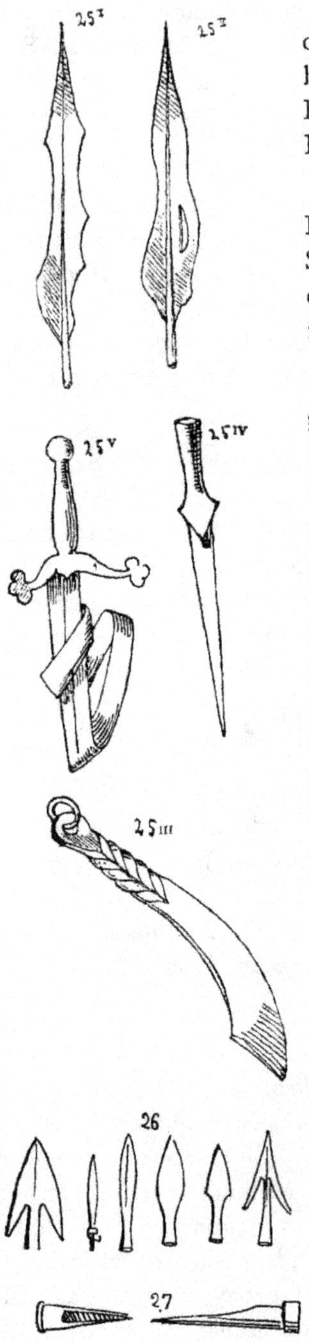

25 I und II. Speereiſen, 40 cm, deren Form bereits auf das Mittelalter hinweiſt, obſchon dieſe Waffe in einem Pfahlbau der Schweiz, bei Les Tènes, von Desor gefunden worden ſein ſoll.

25 III. Fränkiſche eiſerne Waffe mit Ring zum Anhängen, in der Form des Säbelhackmeſſers vom XV. Jahrh., aus einem Grabe bei Gau-Allgesheim. — Muſeum zu Mainz.

25 IV. In einem germaniſchen Grabe gefundene eiſerne Speerenſpitze. — Muſeum zu Wiesbaden.

25 V. Germaniſches $^2/_3$ m langes Schwert, deſſen Grift mit doppeltem Stichblatt, aber nur $8^3/_4$ cm mißt, alſo eine ſehr kleine Hand bekundet. Der Form des Griffes, beſonders der dreilappigen Abwehrſtangen nach wäre die Waffe dem 13. Jahrhundert zuzuſchreiben. Statt der gewöhnlich ſolchen Degen eigenen Blutrinne hat hier die Klinge eine Kante. Das Schwert ſoll zuſammengedreht in einer Aſchenurne (?) eines Grabes der Eiſenzeit bei Guffefeld in der Altmark mit Glasperlen gefunden worden ſein. S. darüber S. 165. «Mitteilungen des Thüringer Altertumsvereins», den Auffatz von Förſtemann. Halle 1835. V. II C. L. P. 108. und die Anmerkung hier S. 327.

26. Sechs verſchiedene germaniſche Pfeilſpitzen aus Eiſen, Zeitalter der Merowinger. — Muſeum zu Sigmaringen.

27. Zwei vergiftete Pfeilſpitzen in natürlicher Größe. — Muſeum zu Sigmaringen.

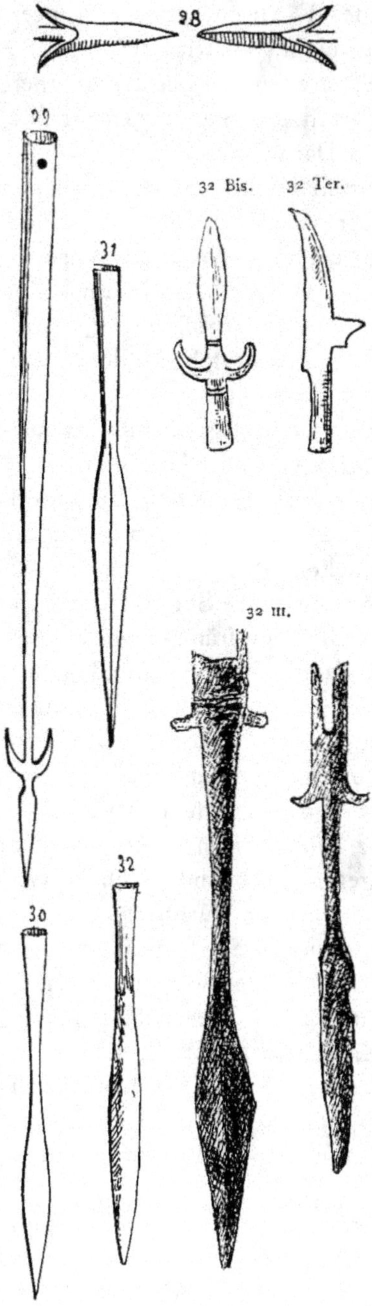

28. Zwei germaniſche Wurfpfeilſpitzen im Fürſtentum Hohenzollern gefunden und im Muſeum zu Sigmaringen aufbewahrt.

29. Fränkiſches Stoßſpeer- oder Gereiſen in der römiſchen Pilumform aber mit Widerhaken, welches von den Römern unter dem Kaiſerreiche angenommen worden ſein ſoll. — E. 23 Artillerie-Muſeum zu Paris.

30. Späteres fränkiſches Wurfſpeer- oder Frameaeiſen, welches nicht mehr die Form des ſogenannten Kelts, ſowie die des noch ſpäteren Ahlſpeereiſens hat. — E. 7. Artillerie-Muſeum zu Paris.

31. Wie Nr. 30. Es iſt 39 cm lang und in einem Grabe zu Selzen (Heſſen) gefunden.

32. Burgundiſches Wurfſpeer- oder Frameaeiſen, 34 cm lang, in dem Dorfe Onswala (Bara-Schonen) in der Schweiz gefunden und im Muſeum zu Lund in Schweden aufbewahrt. Ein ähnliches, nur etwas kürzeres Eiſen iſt in dem Grabe Childerichs I. (457 bis 481) gefunden worden und befindet ſich im Louvre.

32. Bis. Fränkiſches Speereiſen mit nach der Spitze gekehrtem Widerhaken (lat. mora), aus einem Frankengrabe bei Andernach.

32. Ter. Fränkiſche (?) Senſenwaffe mit Haken. Fund bei Mertloch. Germaniſches Muſeum zu Nürnberg.

32. III. Fränkiſches ſpäteres aus

den Gräbern von Beſſungen ſtammendes Framea- oder Wurfſpeereiſen, deſſen Doppelhakenſpitzen nicht, — wie die römiſche Mora und das davon abſtammende Speereiſen, 32 Bis. hier vorhergehend — nach der Spitze, ſondern nach der Stange geneigt ſind. — Großherzogliches Privatkabinett zu Darmſtadt.

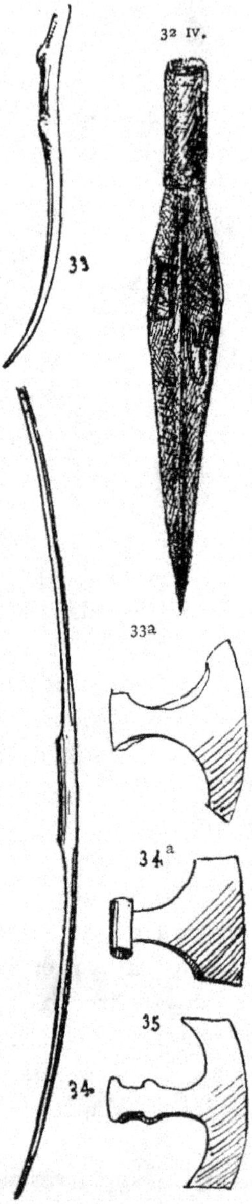

32 IV. Germaniſches Silber tauſchirtes Framea- oder Wurfſpeereiſen mit Runenzeichen, aus einem gehügelten Verbrennungsgrabe vom IV. Jahrh. in Granowko bei Liſſa, Provinz Poſen. Abbildung $^1/_4$ natürlicher Größe. Die darauf befindlichen Zeichen ſind nicht zu entziffern.

33. Überreſt eines germaniſchen (alamanniſchen?) Bogens aus Holz, in einem Pfahlbau der Schweiz gefunden. Dieſer Teil mißt 105 cm, was für den ganzen Bogen faſt 2,30 m ausmachen würde.

33 a. Germaniſche Streitaxt, ſächſiſche Form, in dem fränkiſchen Begräbnisplatz zu Selzen (Heſſen) gefunden, woſelbſt Lindenſchmit im Jahre 1848 achtundzwanzig Gräber unterſuchte. Die Reſultate dieſer Nachforſchungen ſind von ihm veröffentlicht worden. — Muſeum zu Mainz.

Ein ganz ähnliches, in einem Grabe zu Andernach gefunden, befindet ſich im Germaniſchen Muſeum zu Nürnberg.

34. Germaniſcher Bogen aus der Regierungszeit der Merowinger, in einem Grabe am Lupfen bei Overflucht gefunden. Er iſt von Eibenholz und mißt 1,70 m.

34 a. Germaniſche Streitaxt, ſächſiſche Form, 16 cm lang, im Departement der Moſel gefunden. — E. 5 im Artillerie-Muſeum zu Paris.

35. Germaniſche Streitaxt, ſächſiſche Form, 24 cm lang. — Muſeum zu St. Germain und Sigmaringen. Sammlung Zſchille.

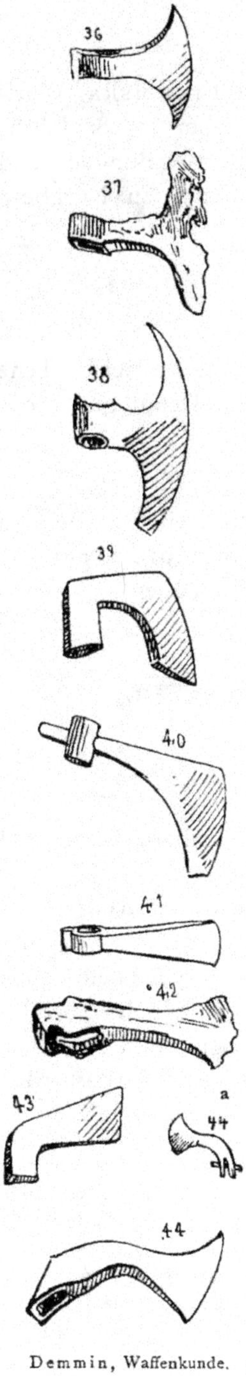

36. Alamanniſche Streitaxt, ſächſiſche Form, in der Schweiz gefunden. Antikenkabinett zu Zürich.

37. Angelſächſiſche Streitaxt, ganz ähnlich der ſächſiſchen, in der Themſe gefunden. $\frac{1}{187}$ im Tower zu London.

38 u. 39. Alamanniſche Streitaxt aus dem Ende der Merowingerherrſchaft. — Muſeum zu Sigmaringen.

40. Germaniſche Streitaxt, 16 cm lang. — Muſeum zu München.

41. Kleine germaniſche Streitaxt, zu Schlieben in Sachſen gefunden. — Sammlung Klemm in Dresden.

42. Streitaxt, allem Anſcheine nach eine britiſche (pole-axe), die in der Themſe gefunden wurde. — $\frac{1}{187}$ im Tower zu London.

43. Burgundiſche Streitaxt, ähnlich der Franziska, 42 cm lang, zu Onswala (Bara Schonen) in der Schweiz gefunden. — Muſeum zu Lund in Schweden.

44. Fränkiſche Streitaxt, Franziska genannt, gefunden zu Envermeu, Artillerie-Muſeum zu Paris. Andere bei Augsburg (Muſeum zu Augsburg); zu Selzen in Heſſen (Muſeum zu Mainz); in Hohenzollern (Muſeum zu Sigmaringen) gefunden. Ein Exemplar dieſer Axt, das ſich im Tower-Muſeum zu London befindet, wird dort taper-axe genannt. Das Louvre beſitzt die Franziska Childerichs I. Andere in der Sammlung des Verfaſſers.

44 a. Komplizirtere Franziska, Gipsabguß im Muſ. zu Mainz.

44 Bis.

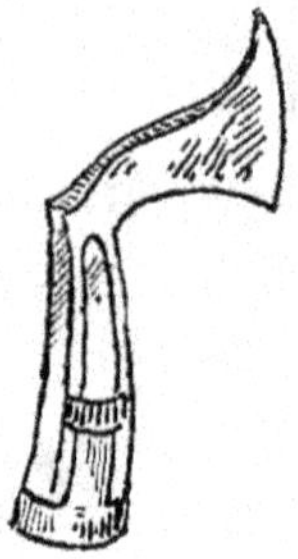

44. Bis. Abart der Franziska, Wurfaxt, wahrfcheinlich vom 7—8. Jahrh., welche zu Kaltenengers gefunden und im Germanifchen Mufeum zu Nürnberg aufbewahrt ift.

44 I.

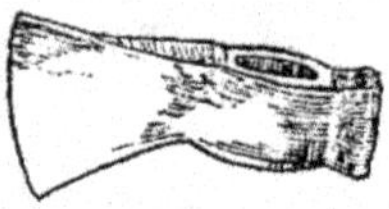

44 I. Germanifche eiferne, bei La Tène in der Weftfchweiz von Deffor gefundene Hammerftreitaxt.

44 II.

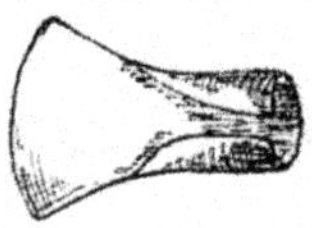

44 II. Germanifche eiferne bei La Tène gefundene hammerlofe Streitaxt mit offener keltenartige Tülle.

44 III.

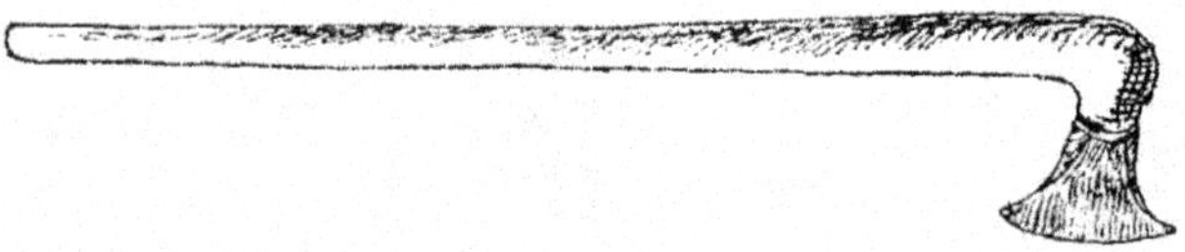

44 III. Germanifche eiferne grade hammerlofe Streitaxt von La Tène in der Weftfchweiz.

45

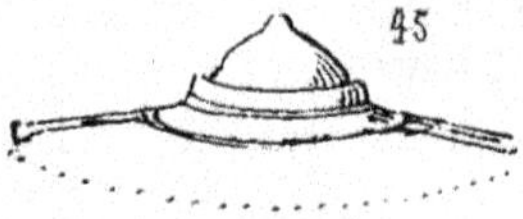

45

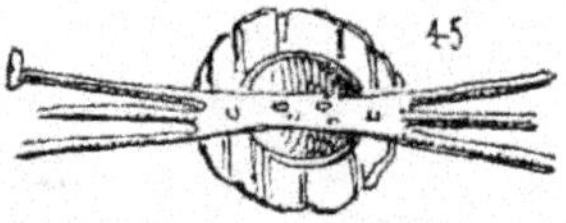

45. Eifernes Rundfchildnabelgeftell eines fränkifchen Schildes[1]), gefunden zu Londinières und von dem Abbé Cochet befchrieben. Ähnliche Schildnabelgeftelle, aus Nachgrabungen im Fürftentume Hohenzollern herrührend, werden im Mufeum zu Sigmaringen aufbewahrt.

[1]) Diefe Schildform fcheint auch bei den Sachfen im Gebrauch gewefen und felbft von diefem germanifchen Stamme bis ins 14. Jahrh. beibehalten worden zu fein. Man lieft im „Sachfenfpiegel" (mit Abbildungen verfehene Handfchrift der Wolfenbüttler Bibliothek), „dafs diefer aus Holz und Leder beftehende Schild einen eifernen Buckel hatte". Gleiches findet man im Kampfgedicht der Nürnberger Burggrafen (Jungen, Miscell. I. 177), „auch Schilde wie die der Franken". Die fächfifchen wie die angelfächfifchen Rundfchilde (f. Nr. 50 u. 51, S. 339 ebenfo wie die dänifchen Schilde der

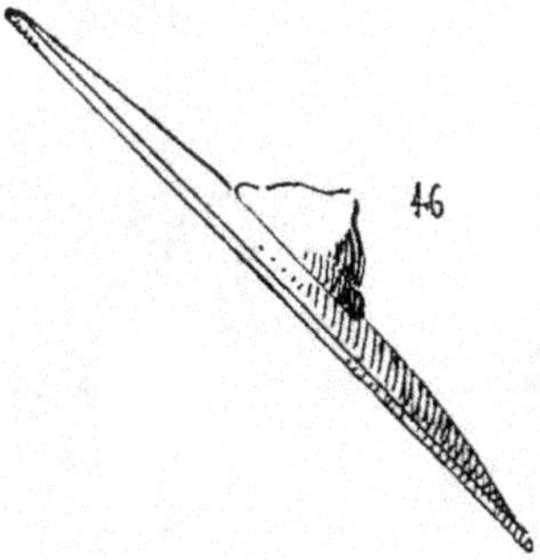

46. Fränkiſcher Rundſchild, gewölbt, von 50 cm Durchmeſſer, aus Holz mit Haut überzogen und mit eiſernem Schildnabel von 17 cm Durchmeſſer. Nach einem wieder hergeſtellten und im Artillerie-Muſeum zu Paris befindlichen Schilde gezeichnet.

47. Angelſächſiſcher Rundſchildnabel (fr. ombilic), aus Eiſen, in Lincolnſhire gefunden und in der Sammlung zu Goodrich Court aufbewahrt.

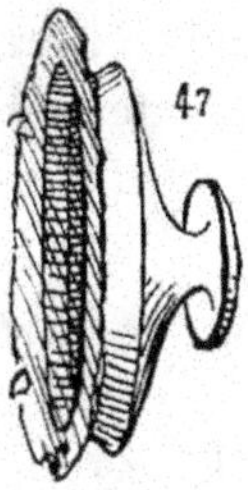

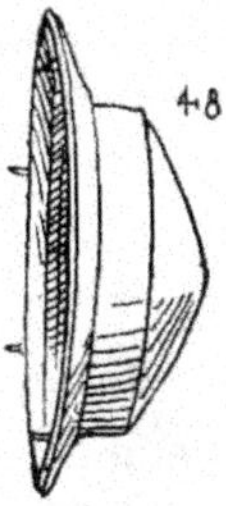

48. Germaniſcher (fränkiſcher) Schildnabel aus Eiſen, in Selzen (Heſſen) gefunden. Ähnliche in dem Muſeum zu Mainz, Wiesbaden, ſowie in des Verfaſſers Sammlungen.

49. Germaniſcher Schildnabel aus Eiſen, wie ſie in Bayern gefunden ſind und im Maximilian-Muſeum zu Augsburg aufbewahrt werden.

Mehrere Schildnabel dieſer ſelben Form, dem Darmſtädter und dem bayeriſchen Nationalmuſeum in München angehörend, ſind in Gräbern gefunden worden, welche bis in das 6. Jahrh. hinaufreichen.

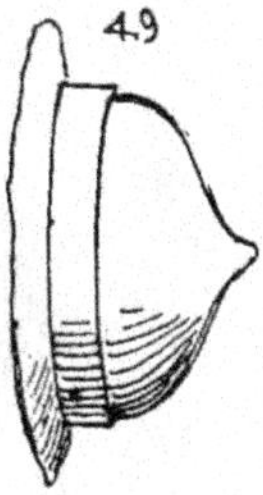

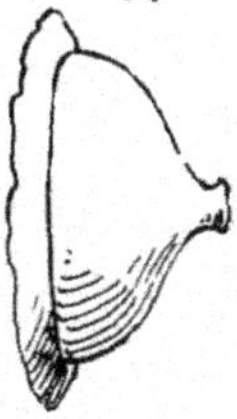

50. Angelſächſiſcher Schildnabel aus Eiſen.

51. Germaniſcher (ſächſiſcher?) Schildnabel aus Eiſen, zu Groſchnowitz (Oppeln) gefunden und im Muſeum zu Berlin aufbewahrt. Ein ähnlicher, in Lüneburg gefundener Schildnabel gehört dem Muſeum zu Hannover an. — Nr. 492 im Muſeum zu Kopenhagen

erſten Eiſenzeit (ſ. Nr. 9, S. 344) hatten gemeinlich einen ſpitzen trichterförmigen Nabel, alle aber auch, wie einige römiſche Schildarten, nur einen, unter dem Nabel befindlichen Handgriff.

52

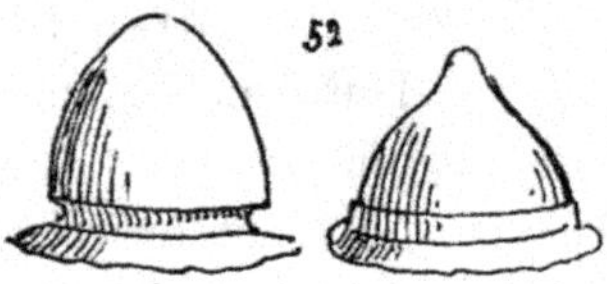

52 Bis.

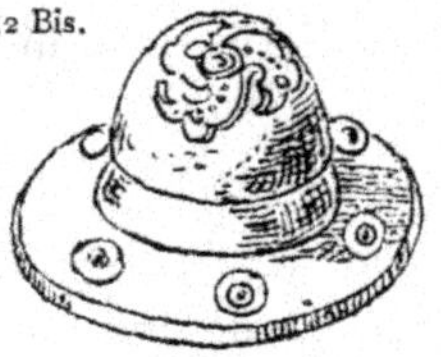

52 Ter.

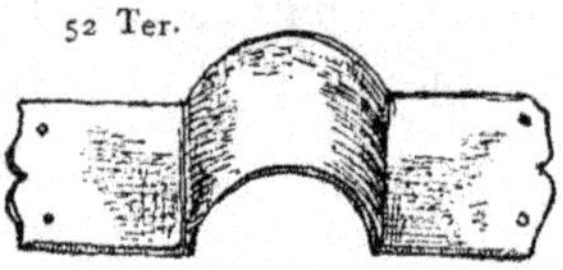

52 III.

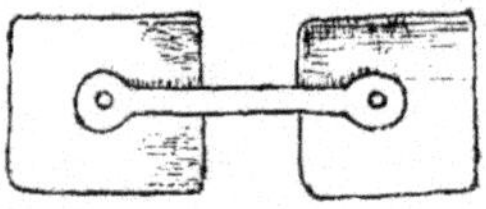

53

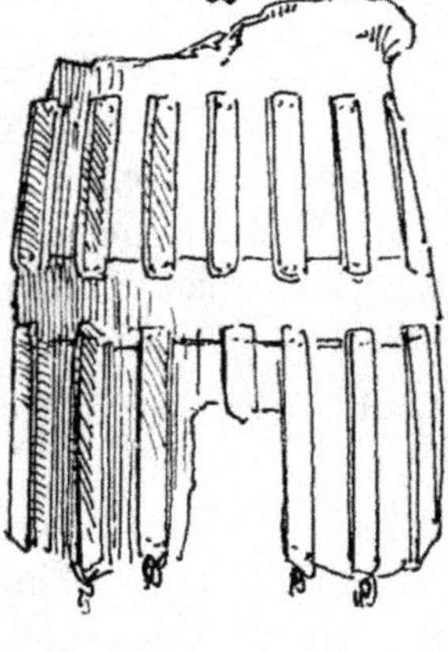

54

findet man diefelbe Gattung von Waffenbruchftücken.

52. Germanifche Schildnabel aus Eifen, im Mufeum zu Sigmaringen aufbewahrt.

52. Bis. Eiferner langobardifcher Rundfchildnabel mit aufgenieteter Bronzeverzierung aus einem langobardifchen Grabe zu Mailand (von 526—788?). Die Form folcher langobardifcher Schilde war alfo gleich den der Franken und hatte, wie diefe und mehrere römifche Schildarten, nur einen unter dem Nabel befindlichen Handgriff. — Germanifches Mufeum zu Nürnberg.

52. Ter. Germanifcher eiferner äußerer Schildbefchlag (ftatt des gewöhnlichen runden Buckels), von Deffor bei La Tène in der Weftfchweiz gefunden.

52 III. Germanifche eiferne Schildhandhabe, bei La Tène, in der Weftfchweiz von Deffor gefunden.

Es ift dies die einzige bis jetzt gefundene Handhabe folcher germanifcher Schilde.

53. Bruchftück eines eifernen, in der Schweiz gefundenen Panzers [1]), der wahrfcheinlich von den Alamannen herrührt, die im 3. Jahrh. das Land befetzten. — Antikenkabinett zu Zürich. Diefes koftbare Unikum befteht aus länglichen Platten, die untereinander vernietet find. (S. S. 293 den germanifchen bronzenen Panzer.)

54. Germanifcher Sporn aus Eifen,

[1]) Es ift dies der einzige bis jetzt bekannte germanifche Panzer, könnte aber auch wohl ein römifcher fein. Diefes Rüftftück hat auch wegen feiner herunterlaufender Schienen Ähnlichkeit mit der von 1230—1390 über der Brünne getragenen Platte (f. S. 66—69).

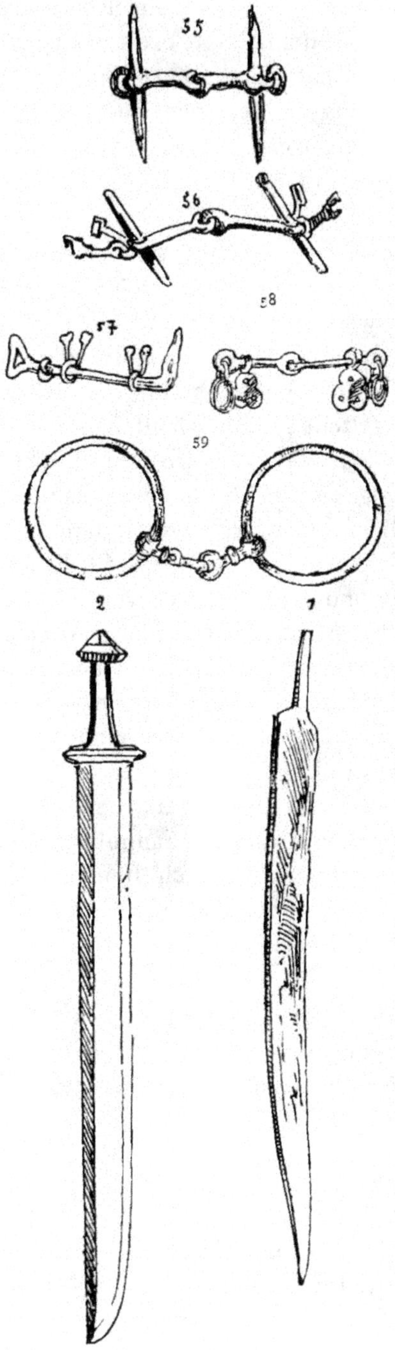

aus der Zeit der Merowinger. — Muſeum zu Sigmaringen. Da die Sporen aus dieſer Zeit nie paarweiſe gefunden worden ſind, ſo iſt anzunehmen, daß auch hier — wie bei den Griechen und Römern — der Sporn nur an einem Fuße getragen wurde.

55. Germaniſches Trenſengebiß aus Eiſen, aus der Zeit der Merowinger. — Muſeum zu Sigmaringen.

56. Germaniſches Trenſengebiß aus Eiſen, der Zeit der Merowinger angehörend. — Muſeum zu Sigmaringen.

57 und 58. Galliſche Kandaren- (Stangen) und Trenſen-Pferdegebiſſe aus Eiſen, bei Gergovia, unweit des Schlachtfeldes gefunden, wo Vercingetorix die Römer ſchlug. (Sammlung Charveet in Grenoble).

59. Germaniſches eiſernes Trenſengebiß von La Tène in der weſtlichen Schweiz.

1. Däniſches Krumm- oder Senſenſchwert aus Eiſen, einſchneidig, 90 cm lang, in mit dem Skramaſax übereinſtimmender Form, Nr. 496 Muſeum zu Kopenhagen.

2. Däniſches Schwert aus Eiſen, 108 cm lang; das Gefäß gleicht in der Form ſeines Stichblattes und Knaufes dem Gefäße des fränkiſchen Schwertes aus der Zeit der Merowinger. Nr. 493 im Muſeum zu Kopenhagen.

3

4

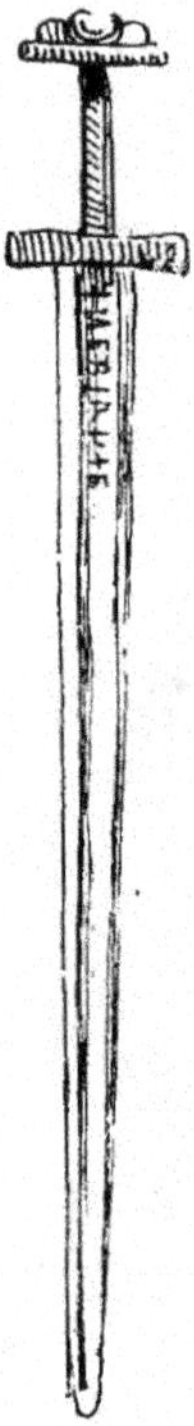

3. Däniſches Schwert aus Eiſen, 107 cm lang. Die zweiſchneidige, breit auch ausgekehlte Klinge hat keine ſcharfe Spitze und erſcheint faſt abgerundet, wie bei dem altgermaniſchen Schwert. — Nr. 494 im Muſeum zu Kopenhagen.

4. Däniſches Schwert aus Eiſen, 107 cm lang. Der Knauf iſt dreiteilig, wie bei den Schwertern, die in der angelſächſiſchen, aus dem 11. Jahrhundert herrührenden Handſchrift Aelfrics im Britiſchen Muſeum dargeſtellt ſind; auch iſt hier ſchon das Stichblatt oder die Abwehrſtange, obſchon wenig entwickelt, auch vorhanden. — Ein ähnliches Schwert in der Sammlung des Grafen Nieuwerkerke. Sobald der Knauf mit fünf gerundeten Anſätzen (Loben) an Stelle der drei verſehen iſt und die beiden äußeren Enden der Quer-Abwehrſtange ein wenig gegen den Ort (Spitze) geneigt ſind, gehört das Schwert dem 13. Jahrhundert an. (S. im Abſchnitt über die Schwerter des Mittelalters ein ſolches im Muſeum zu München.) Das Schwert in der Sammlung des Grafen Nieuwerkerke hat auch fünf Loben, jedoch ſind die äußeren Enden der Abwehrſtange nicht gebogen.

4 Bis.

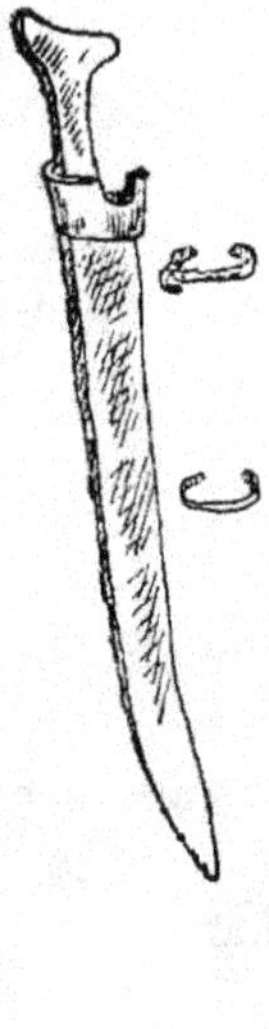

4 Ter.

4. Bis. Däniſches eiſernes Krumm- oder Senſenſchwert, 60 cm lang, im Muſeum zu Kopenhagen, aus einem Feuerbeſtattungsgrabe der Inſel Bornholm.

4. Ter. do. 60 cm. Länge. id.

S. S. 266 das römiſche, Falx genannte Senſenſchwert, ſowie die ſpäteren des Mittelalters, worunter mit Runeninſchriften.

4½ 4¼

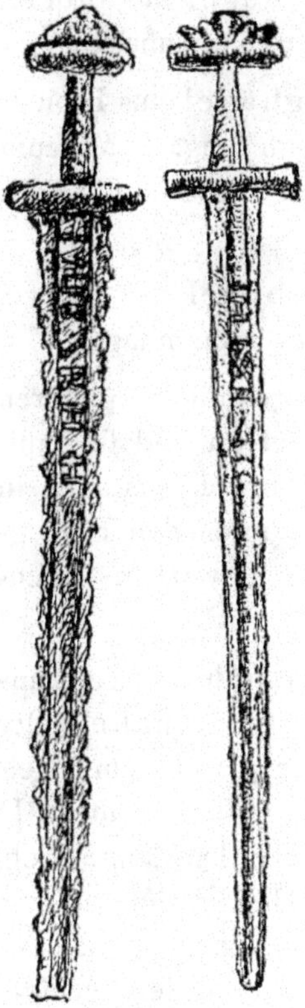

$4^1/_2$. Wikinger eiſernes Damaſtſchwert, 65 cm lang, mit Inſchrift. Die Anfertigung davon wird deutſchen Klingenſchmieden zugeſchrieben. Der Handgriff (10 cm) und die Abwehrſtange ſind ſehr kurz, der Knauf aber entwickelt und der Ort nicht ſpitz. — Muſeum zu Bergen in Norwegen.

$4^1/_4$. Wikinger eiſernes Damaſtſchwert, 85 cm lang, mit Marke; wie Nr. $4^1/_2$, mit Ausnahme des Knaufes, welcher fünflappig iſt. — Muſeum zu Bergen.

$4^1/_8$. Eiſerner Knauf, 8 cm breit, eines Wikinger Schwertes mit ſkandinaviſchen Verzierungen und 20 roten eingelaſſenen Steinen. — Muſeum zu Bergen.

4⅛

(S. im Abſchnitte des Verzeichniſſes deutſcher Waffenſchmiede 14 auf Wikinger Schwertern befindliche Marken und Inſchriften und hinſichtlich der Bereitung des Damaſtſtahls den Abſchnitt: Die Kunſt des Waffen- und Büchſenſchmiedes.)

5

5. Däniſcher Sporn aus Bronze. — Muſeum zu Kopenhagen.

6

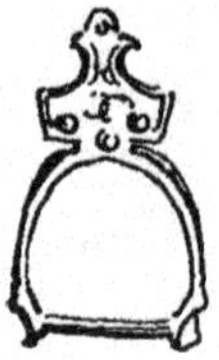

7

6. Däniſcher Steigbügel aus Bronze, 21 cm lang. — Muſeum zu Kopenhagen.

7. Däniſcher Steigbügel aus Bronze, mit Silber eingelegt, 24 cm lang. — Muſeum zu Kopenhagen. Uneingelegte im Kieler Muſeum.

8

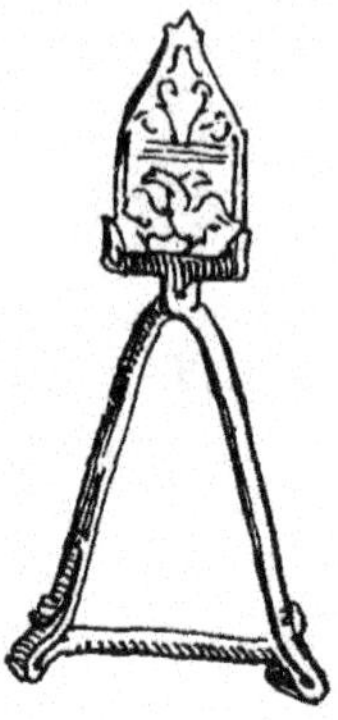

8. Däniſcher Steigbügel aus Bronze, 38 cm lang. — Muſeum zu Kopenhagen.

Faſt alle dieſe Gegenſtände gehören dem chriſtlichen Mittelalter an und ſind mit Unrecht in dem Muſeum ſowohl als auch in dem Kataloge Worſaees unter den Erzeugniſſen einer ſogenannten zweiten Eiſenperiode aufgeführt.

9

9. Däniſcher, einer früheren Zeit angehöriger, eiſerner Rundſchildnabel oder Schildbuckel (fr. ombilic), 12/12 cm, welcher den Mittelpunkt des runden, 1 m im D. meſſenden, Schildes bildete. Die lange trichterförmige[1]) Spitze unterſcheidet ihn von dem ſpäteren fränkiſchen, welcher gemeinlich oben abgerundet (ſ. S. 339) oder weniger ſpitz iſt. (S. den ſpäteren angelſächſiſchen Nr. 50 und den ſpäteren ſächſiſchen No. 51, S. 339). — Aus einem Feuerbeſtattungsgrabe der Inſel Bornholm. Muſeum zu Kopenhagen.

Nebenſtehender Helm und Panzerhemd, wahrſcheinlich aus Leder und Eiſen, ſind nach der Theodoſiusſäule in Konſtantinopel[2]) abgebildet. Da dieſe Waffen durchaus nichts Römiſches haben, ſo

[1]) Aus Gräbern der in Dänemark und Schweden als „zweite Eiſenperiode" (frühes Mittelalter von 490—700) bezeichneten Zeit ſind, ebenfalls auf der Inſel Bornholm, ganz abgerundete, ſpitzenloſe Schildnabel, noch platter wie No. 48. S. 339, ausgegraben worden, welche ſich ebenfalls im Muſeum zu Kopenhagen befinden.

[2]) Konſtantinopel, ſchon vorher Reſidenz des Kaiſers Konſtantin (330), wurde zur Zeit der Teilung des römiſchen Reiches die Hauptſtadt des morgenländiſchen Kaiſerreichs und 1204 von den Kreuzfahrern und 1453 von den Türken genommen. Der römiſche Kaiſer Theodoſius I., der Groſse genannt, wurde 346 geboren und ſtarb im Jahre 395.

läßt ſich annehmen, daß ſie Schutzrüſtungen bundesgenöſſiſcher Krieger oder barbariſcher Söldner darſtellen. (S. die perſiſchen Reiterhelme.)

Dieſes Panzerhemd hat in der That nichts von dem, was die antiken Waffen kennzeichnet; auch iſt es von zu ſonderbarer Form, um ohne weiteres einer beſtimmten Zeit oder Völkerſchaft zugeſchrieben werden zu können.

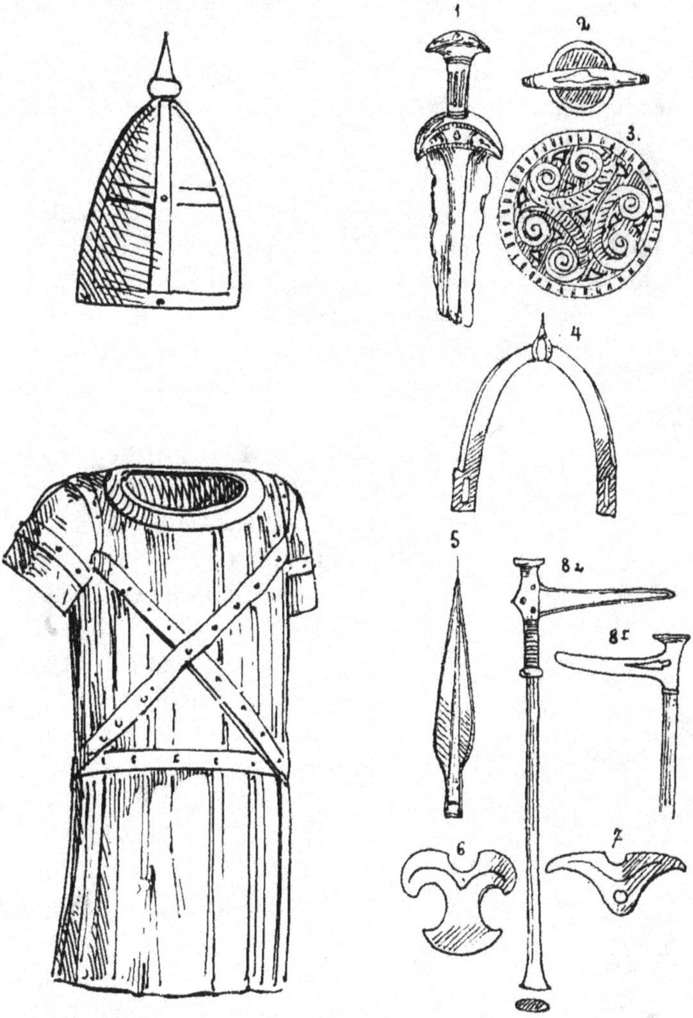

1 bis 3. Germaniſcher Bronzedolch aus der ſog. Eiſenzeit. Die Arbeit ſchließt ſich der ähnlicher däniſcher Waffen an. Der Ver-

zierungsſtil, ja ſelbſt die Form erinnert an griechiſche Erzeugniſſe. — Bei Altenburg unweit Quedlinburg (Harz) ausgegraben und im Rathauſe zu Quedlinburg aufbewahrt.

4. Bei Dalle (Seine Inférieure) gefundener fränkiſcher Sporn aus Bronze, 11—14 cm.

5. Spitze eines germaniſchen Wurfſpießes aus Bronze, aus der Periode dieſes Metalles oder der Eiſenzeit. — Muſeum zu Kiel.

6 u. 7. Germaniſche Schwertſcheide-Ortbänder aus Bronze. — Muſeum zu Mainz.

8 I. Germaniſcher Streithammer aus Bronze, aus dem Anfange der ſogenannten Eiſenzeit, von einigen Archäologen Schwertſäbel (?), ja ſelbſt „Königſtäbe" genannt und als Symbole des Kriegsgottes Ziu angeſehen und zwar beſonders deshalb, weil dieſe Waffe hohl gearbeitet iſt. Da aber die ſogenannten Kelte, ſowie andere Waffen aus derſelben Zeit ebenfalls hohl ſind, ſo wird dieſe Anſicht hinfällig. Wahrſcheinlich war das Innere mit einer harten, eingeſchmolzenen Maſſe angefüllt, welche die Zeit hat verſchwinden laſſen. — In einem Grabe bei Oſterberg unweit Walsleben gefunden in der Sammlung Erbach-Erbach aufbewahrt. Im Mansfeldiſchen ſind ähnliche gefunden worden.

9 10

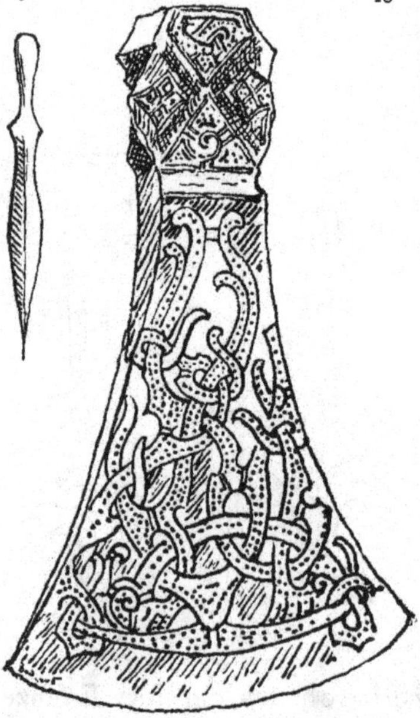

8 II. Dasſelbe im Muſeum zu Kiel.

9. Eiſernes Schwert ohne Stichblatt aus einem Grabe bei Roſtok in Böhmen. — Sammlung Pachel.

10. Streitaxt, 18 cm lang, in ſilbertauſchiertem Eiſen, aus einem Grabe bei Mammen, 12 km von Viborg (Dänemark), welche wahrſcheinlich dem VIII. Jh. angehört. Die Form dieſer Axt iſt weder die der fränkiſchen Franziska (ſ. Nr. 44, S. 248), noch die der alamanniſchen und angelſächſiſchen (ſ. Nr. 36 u. 39, S. 337), hat aber Ähnlichkeit mit einer in der Themſe gefundenen (ſ. No. 42, S. 337). Die eingetriebenen Ver-

zierungen mit ihren inneren Punkten haben einen ausgefprochenen fkandinavifchen Charakter. — Mufeum zu Kopenhagen.

11. Vollftändiger fränkifcher Gürtelbefchlag, beftehend aus der Schnalle, dem Riemenende und den viereckigen Agraffen, alles

11

in filbertaufchiertem Eifen mit zehn kupfernen vergoldeten Nagelköpfen. Die eingelegten Silberverzierungen bilden Flechtwerk. Aus einem Grabe v. IV. Jh. des fränkifchen Leichenfeldes zu Cobern an der Mofel, hinter Koblenz. — Sammlung des Verfaffers.

Germanifcher Krieger aus der vorchriftlichen (?), fogenannten Eifenzeit. Der, wahrfcheinlich aus auf Leder befeftigten viereckigen Erzplättchen mit Kreuzchen beftehende Panzer (gegittert oder treillissé) mit rundum laufenden Faltenfchurz (ähnlich den Panzerflügeln

der Griechen) für den Unterleib, ift dem auf einem weiterhin abgebildeten Siegelringe Childerichs I. (457 bis 481) dargeftellten, faft gleich. Ein bereits auch fchon hier vorhandener Glockenhelm hat Randverftärkung, aber weder Sturmbänder noch Nacken- wie Nafenfchutz; die Beine zeigen einen mit Riemen befeftigten Schutz, wenn nicht nur mit Riemen (femoralia) bewundene Hofen. Ein kurzes, etwas ftumpfortiges, wahrfcheinlich Bronzefchwert hängt unter dem linken Arm, dies, mit dem langen Stoßfpeer, deffen Spitze nicht mehr durch den fogenannten Kelt gebildet ift, machen die Angriffswaffen aus. Auch dem Pferde fcheinen die Beine mit Riemen befeftigte Schutzftücke verfehen und der Zaum vom Gebiß ab, auf jeder Seite mit drei großen runden Scheiben verziert oder gefchützt zu fein. Befonders eigentümlich und den germanifchen Gebräuchen widerfprechend erfcheint die Stutzung des

Roßfchweifes. Steigbügel find nicht vorhanden. — Nach den Einftechungen einer bronzenen Schwertfcheide vom bekannten Gräberfelde bei Hallftadt, am See gleichen Namens, im Salzkammergut, unweit Ifchl.

Eine nach den hier vorhergehend abgebildeten Eifenwaffen vom Verfaffer zufammengeftellte Ausrüftung des germanifchen Kriegers im allgemeinen, des Franken der fogenannten Eifenzeit oder beffer hier des vor- oder früh-merowingifchen Zeitabfchnittes im befonderen. Das Eifenkreuz[1]) als Kopffchutz (wo-

[1]) S. im Abfchnitt d. „Bogen" das noch im X. Jh. gebräuchliche Helmeifenkreuz fowie (S. 261) das bereits von der germanifchen Leibwache Trajans (auf der 114 n. Ch. errichteten Siegesfäule) getragene, welches in dem 911—934 abgefafsten Gefetze der ripuarifchen (niederlothringifchen) Franken, T. XXXVI, § 11, angeführt ift.

von in der von 511—534 abgefaßten Lex Franc. Ripuar. t. XXXVI, § 11 die Rede, hier aber nach einem zu Leckhampton-Hill gefundenen bronzenen dargestellt ist), — der in der westlichen Schweiz gefundene Brustpanzer, — der 50 cm Durchmesser habende Rundschild von Lindenholz und Leder mit eisernem Untergestell und Buckel, worunter die einzige auch für den Arm weit genug dargestellte Handhabe, bilden die Schutzrüstung. Die Angriffswaffen sind das gemeinlich 70—95 cm messende Schwert (Spatha) mit kurzer querer Abwehrstange und nicht spitzem Ort, — der 50—60 cm lange Skramasax, ein einschneidiges Sensenschwert mit sehr langer Angel, — der 15—30 cm lange Sax, ein ebenfalls einschneidiges Handmesser, — die Franziska, eine länglich gebogene Hammerwurfstreitaxt, — der Ger (pilum), ein langer Stoßspeer mit langem breitem Eisen, ähnlich dem römischen Pilum mit seinem von den Römern erst in der späteren Kaiserzeit dafür angenommenen Widerhaken und dem Wurfspeer, die germanische Framea. Das Schwert wurde an der rechten Seite, Skramasax und Sax an der linken Seite in dem oft mit silbertauschierten Eisenstücken beschlagenen Hüftgürtel getragen. Nach Sagathias II., v. VI. Jh., hatten die Franken auch noch kleinere, 1 1/4 m lange, Frameen, Wurfspeere oder Angone (ἄγγων) mit Widerhaken, die hinter dem Rundschilde getragen wurden, wo dieselben selbstverständlich in irgend einer Art befestigt sein mußten. Exemplare sind aber davon bis jetzt nicht aufgefunden worden, denn die so mit Widerhaken versehenen Eisen aus Frankengräbern sind Oberteile des germanischen Pilums oder größerer Wurfspeere. Die Framea (Aliger, Atzger, auch Schäfflin später genannt) diente, Tacitus nach, dem Germanen im Handgemenge auch wohl als Stoßwaffe. Die Beine und die Arme waren schutzlos, da die leinenen Hosen nur mit Riemen (femoralia) umwunden wurden. Wie die Gallier trugen auch die Franken meist nur den Knebelbart.

1. Darstellung eines germanischen Anführers Schleswig-Holsteins aus dem 3. Jahrhundert n. Chr., wie daselbe von J. Mestorf („Die vaterländischen Altertümer Schleswig-Holsteins“) nach Fundstücken aus dem Thorsberger Moor (Kieler Museum) gegeben

---

S. ferner S. 308 das bronzene Helmkreuz sowie Nr. 1a Ab. d. Helme. Im angelsächsischen Beówulfliede, welches ursprünglich weit hinter das VIII. Jh. zurückreicht, heifst es auch (398): „So kommt nun unter den Kampfhelmen etc.“ und (407): „Da mit Helmen gingen etc.“

ift. Ein Larvenhelm von Silber [1]), deffen Gefichtskreis nur Mund, Nafe und Augen unbefchützt läßt. (S. das Helmgeftell aus Bronze von Leckhampton-Hill u. Nr. 301 IV, S. 261 d. röm. Larvenhelm) Eine eiferne mit Spangen edlen Metalls gefchloffene Ringbrünne (Ifer Katze) und einem Sporn. Ein aus Holz angefertigter Rundfchild mit Metallbefchlägen; Größe wie der der Franken. Ein langes burgundifch-deutfches Schwert ohne Spitze und Abwehrftange, ähnlich den in Hallftatt gefundenen. Gürtel- und Bruftplattenzierate in

[1]) Wagner („Handbuch d. in Deutfchland entdeckten Altertümer", Weimar 1842, S. 97, Abb. 62) giebt auch die Abbildung eines folchen Helmgeftelles „von goldähnlichem Rofteifen-Metall", welches in einem germanifchen Hügelgrabe (Leichenverbrennung) bei Auffee in Baiern gefunden wurde.

bewunderungswürdiger Arbeit. Sandalen in zierlicher Schlitzung. Kleid und Unterbrünne (Gambesson) von Wollstoff. Was dem Verfasser in der Bewaffnung dieses deutschen Heerführers (?) unrichtig erscheint, ist Pfeil und Bogen, welche bei den Germanen nur zur Jagd dienten. Sicherlich waren auch die Schleswig-Holsteiner mit Wurfspeeren versehen.[1])

2. Sporen.

3. Abbildung der Maschen der Ringbrünne in natürlicher Größe.

---

[1]) Gregor von Tours spricht indessen von sich im Jahre 388 n. Ch. ausgezeichnet habenden fränkischen Pfeilschützenabteilungen. Auch kämpften in der Schlacht zwischen Chlodowich und Alarich beiderseitig Bogner mit.

VII.

Waffen des christlichen Mittelalters (476—1453), des Rückgriffs (Renaiffance, 1453—1600) und des 17. und 18. Jahrhundert.

Byzantiner 395—1483. — Mittelalter 476—1453. — Merowinger 418—752. — Karlinger 715—987. — Capetinger 987—1328. — Pulverfeuerwaffen groben Kalibers (Mörfer, Kanonen) traten, mehr allgemein, in Europa anfangs des 14. Jh. auf. — Das Erfcheinen der längeren tragbaren oder Hand-Pulverfeuerwaffen fand um 1450 ftatt und das der erften kurzen tragbaren Feuerwaffen (Fauftröhren, Piftolen) um 1460. — Der Rückgriff schließt das 15. u. 16. Jh. in fich. — Maximilian I., 1493—1519 (Landsknechte, „Weiß Kunig“ u. d. m.) — Guftav Adolf, 1611—1632. — Friedrich der Große 1740—1786.

In der gefchichtlichen Einleitung diefes Werkes ift die nach und nach fortfchreitende Entwickelung und Vervollkommnung der Waffen dargelegt. Wenn es da mitunter nur Vorausfetzungen fein konnten, welche den Waffenbefchreibungen zu Grunde gelegt find, foweit es fich um das klaffifche Altertum und die vorgefchichtlichen Völker handelt, fo konnte doch die Waffengefchichte des Mittelalters (V.—XV. Jh.) für zwei Drittel wenigftens, auf noch vorhandene Stücke geftützt werden. Von den Merowingern (418—752), d. h. aus dem letzten Zeitabfchnitte der eigentlichen Frankenherrfchaft, ebenfo wie von den Byzantinern oder Romäern (395—1453) ift aber auch nur Unbeftimmtes und felbft aus der karlingifchen Zeit nichts Vollkommenes feftzuftellen. Von da, dem X. Jh. ab, läßt fich aber Schritt vor

Schritt die allmäliche Umwandlung der Schutzwaffen verfolgen, bei denen eine Änderung ſtets früher zu Tage tritt, als bei den Angriffswaffen zu Hieb und Stoß. Sarwat, Wiegewandt, Wiegeserwe ſpäter Rüſtung und in der zweiten Hälfte des 16. Jh. Harnaſch — Harniſch (fr. bis zur Zeit Ludwig XIV., armure, engl. armour und harness, sp. u. it. armadura) waren die Bezeichnungen für vollſtändige Schutzausrüſtungen. Über fünf Jahrhunderte hat die Brünne (fr. haubert) ihren Platz behauptet, und erſt nachdem die Platte[1]) als über der Brünne getragene Verſtärkungsrüſtung und damit die Übergangsrüſtung, teilweiſe aus eiſernen oder ledernen Schienen beſtehend, aufgekommen war, konnten ſolche Brünnen durch eine vollſtändige Metallſchienenrüſtung verdrängt werden. Dieſer Abſchnitt wird, nachdem er dem Auge des Leſers die vollſtändigen Rüſtungen der verſchiedenen Perioden vorgeführt hat, eine Sondergeſchichte jeder Art von Waffen geben, bei welcher die Abbildung ſelbſt des geringſten Einzelſtücks ebenſo lehrreich iſt wie der Wortlaut. Was die geſchichtliche Entwickelung im allgemeinen anbetrifft, ſo iſt der Leſer auf den Abriß der Geſchichte der Waffen (S. 20—133) verwieſen.

Childerichs I. (459—481) Siegelring, aus ſeinem Grabe zu Doornick, wo dieſer Frankenkönig im — aus wahrſcheinlich auf Leder befeſtigten viereckigen Plättchen (ſog. gegitterten, fr. treillissée) beſtehenden — Panzerhemde mit dem Speere bewaffnet dargeſtellt iſt.

Kämpfende, nach dem Elfenbeindeckel des Antiphonariums St. Gregors, einer Handſchrift aus dem 8. Jahrh., die in der Bibliothek von St. Gallen in der Schweiz aufbewahrt wird.

Allerdings trägt dieſes Bildwerk in mancher Hinſicht noch byzantiniſchen und ſogar römiſchen Charakter und könnte wohl von einem Diptychon herrühren.

Die Form der Schilde iſt jedoch nicht römiſch und die Art von Moſeshörnern, welche man auf den Köpfen der Krieger bemerkt, erinnert an die Kopfſchutzwaffen der nordiſchen Völker.

[1]) Im Titurel werden die in Heſſen angefertigten Platten hoch gerühmt.

Die beiden Streiter tragen keinen Bart; ihre einzige Schutzwaffe iſt der Schild, die Angriffswaffe das kurze Schwert und die Lanze. Am Schilde befindet ſich nur ein Griff wie an manchem römiſchen.

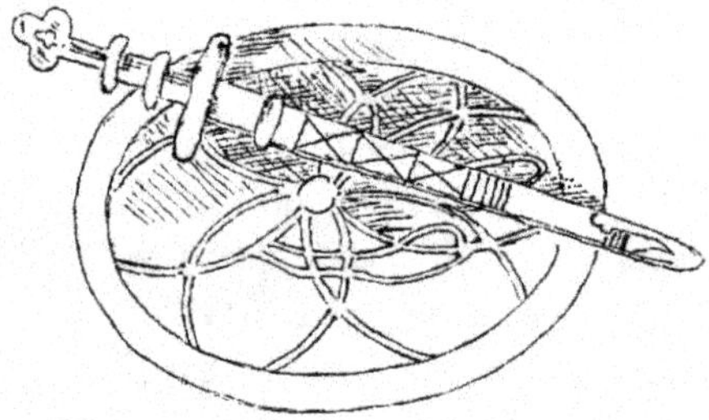

Schwert und Schild Karls des Kahlen († 877) nach der Buchmalerei einer Bibel, welche ſich in der Kirche St. Caliſto zu Rom befindet. Der Rundſchild iſt nabellos und gewölbt. Der Handgriff mit Stichblatt des Schwertes mit ſtumpfem Ort ſcheint aber ein Phantaſieſtück des Malers, da drei kleine Abwehrſtangen die Faſſung der Hand unmöglich machen.

Zwei Kämpfende, nach einem Moſaik im Dom zu Cremona, die für Theſeus und den Minotaurus gehalten werden.

Die Bewaffnung beſteht allein in Rundſchild und Schwert, deren Klinge noch die rein römiſche Form zeigt, wie dieſelbe weiter oben abgebildet iſt, mit Ausnahme der hier ſchon verlängerten Stichblätter oder Querabwehrſtangen. Der Schild, ſowie deſſen Verzierung hat aber nichts Römiſches mehr und die Hörner des Theſeus gleichen denen der auf der vorhergehenden Seite abgebildeten Figuren vom Antiphonarium.

Merowingiſcher Ritter, nach einem dem 8. Jahrhundert zugeſchriebenen Basrelief der Kirche St. Julien in Brioude (Haute-Loire). Der Krieger iſt mit der kleinen Brünne, d. h. der Panzerjacke, aber aus Schuppen beſtehend, bekleidet, welche Jazerans oder Korazins genannt wird. (S. die Erklärung im Kapitel über die Panzerhemden und Stückpanzer.) Dieſe kleine Brünne zeigt ſich mit daran haftender Helmbrünne, d. h. der Kapuze mit Kinn- und Nackenſchutz in Maſchenwerk. Rüſthoſen und Rüſtſtrümpfe trägt er nicht, jedoch Ärmel, die den Arm bis zur Fauſt bedecken. Der Helm iſt koniſch, wie der in Frankreich als normanniſch bezeichnete des 11. Jahrhunderts; indes fehlt noch der Naſenſchutz. Der allgemeine Charakter dieſer Bewaffnung paßt mehr auf das 10. oder das 11. Jahrhundert, ſo daß der Verfaſſer die Tagzeichnung hier nur unter Vorbehalt zu geben vermag. Hinſichtlich der Steigbügel, welche nur aus Steigbügelriemen (fr. étrivières) zu beſtehen ſcheinen, ſ. den Sonderabſchnitt dafür.

Auf ſeinem großen ovalen Schilde ſchlafender Krieger, welcher bereits Vorderbeinſchienen, aber ſonſt keine Schutzwaffen aufweiſt. Die einzige Angriffswaffe iſt der mit dreieckigem Eiſen beſchlagene

Speer. — Nach einer Handſchrift v. 8. Jahrh. in der Bibliothek zu Wolfenbüttel.

Zwei Krieger höheren Standes nach einer Porphyrbildſäule v. VIII. oder IX. Jh. in der Markuskirche zu Venedig. Der Tracht und der Ausrüſtung nach können dieſe Krieger nicht unter den Byzantinern eingereiht werden. Die Panzer mit Armſchutz und Lendenſchurz ſind teilweiſe geſchient und bebuckelt, die Helme ganz flach, ohne Naſenſchutz noch Sturmbänder, die Schwerter breit, ſtumpfortig und die Handgriffe daran zweihändig und mit Adlerköpfen verziert.

1

2

1. Deutſcher Krieger aus dem Anfange des 9. Jahrhunderts, nach einer Miniatur der Weſſobrunner Handſchrift v. J. 810, in der Münchener Bibliothek. Dieſer nur mit dem Speere Bewaffnete trägt keinen Bart;

er führt als Schutzwaffe den runden Schild mit ſpitzem Nabel und hat einen gewölbten Glockenhelm. Das Quereiſen des Speeres nach Art der antiken morae erſcheint hier ſehr frühzeitig für das Mittelalter.

2. Lombardiſcher König nach den Leges Longobardorum des 9. Jahrhunderts in der Bibliothek zu Stuttgart. Wegen des eckig-länglichen und konvexen (dem römiſchen scutum ähnlichen) Schildes intereſſante Buchmalerei; — eine Form, die ſich in der langen deutſchen Tartſche des 14. Jahrhunderts wiederfindet.

Reiter (Saul) und Fußvolk, nach den Buchmalereien des in St. Gallen aufbewahrten Codex aureus, aus dem 8. oder 9. Jahrhundert. Der Reiter und einer der Fußſoldaten tragen Kinn- und Schnurrbart. Der niedrige glockenförmige Helm mit überſtehendem Rand, das kleine Schuppenpanzerhemd ohne Handſchuhe, der Speer mit Quereiſen des Reiters, ſowie der runde Nabelſchild und die ſtumpfortigen Schwerter ohne Stichblatt der letzteren ſind alſo für die Zeit bezeichnend.

Karlingiſcher Krieger (782—987) nach der Bibel von St. Paul und St. Caliſto zu Rom. Intereſſant iſt hier der mit gewaltigen Sturmbändern verſehene Helm und der merowingiſche Nabelrundſchild.

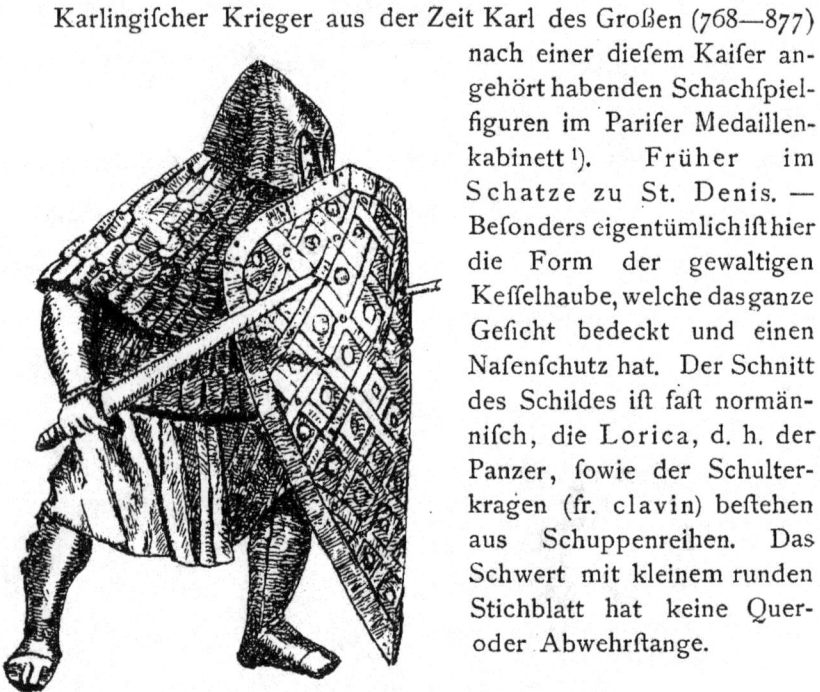

Karlingiſcher Krieger aus der Zeit Karl des Großen (768—877) nach einer dieſem Kaiſer angehört habenden Schachſpielfiguren im Pariſer Medaillenkabinett[1]). Früher im Schatze zu St. Denis. — Beſonders eigentümlich iſt hier die Form der gewaltigen Keſſelhaube, welche das ganze Geſicht bedeckt und einen Naſenſchutz hat. Der Schnitt des Schildes iſt faſt normänniſch, die Lorica, d. h. der Panzer, ſowie der Schulterkragen (fr. clavin) beſtehen aus Schuppenreihen. Das Schwert mit kleinem runden Stichblatt hat keine Quer- oder Abwehrſtange.

[1]) Van der Linde, Verfaſſer einer Geſchichte des Schachſpiels, erklärt das elfenbeinerne Schachſpiel, welches der Kalif Harun-Raſchid Karl dem Groſsen geſchenkt haben ſoll, für ungeſchichtlich. Die archäologiſchen Beweiſe dafür bleibt v. d. L. aber ſchuldig.

Das Alter dieſer 16 Schachfiguren wird, teilweiſe mit Unrecht, teilweiſe mit Recht, angezweifelt. Merſan wie auch Pottier und Chambouillet wollen, beſonders der koniſchen Helmform wegen, dieſe Figuren nur bis zur Anfertigungszeit der Teppiche von Bayeux (1100) hinaufreichen laſſen, was aber nicht ſtichhaltig iſt, da ja ſo geformte

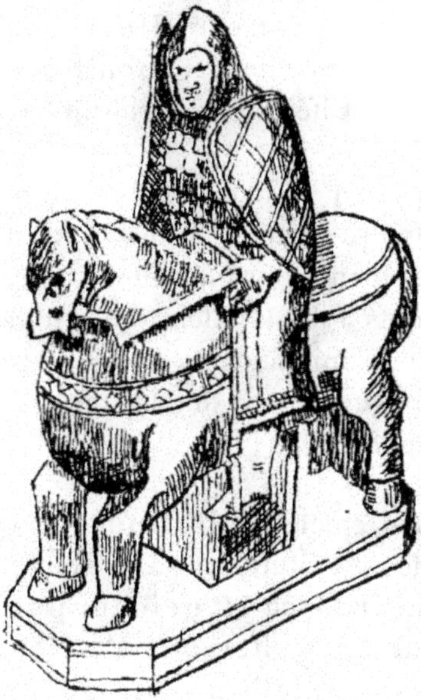

Karlingiſcher Reiter unter Karl dem Großen (768—877), nach des Kaiſers Schachſpielfiguren im Medaillenkabinett zu Paris (ſ. die Anmerkung auf der vorhergehenden Seite). Die Keſſelhaube iſt hier mit der Barthaube vereinigt, die Brünne oder Lorica geſchuppt und der Schild in der ſpäteren normänniſchen Mandelform, aber viel kleiner. Der Sattel ſcheint ohne Rückenlehne zu ſein und die bereits vorhandenen Steigbügel ſind dreieckig.

Krieger nach dem Codex aureus zu St. Gallen vom 8. oder 9. Jahrh. (Toddes Pompejus). Schuppenpanzerhemden. — Beine mit Lederriemen (femoralia), Kopfbedeckungen niedrig-kegelförmig — ſpitz; — wahrſcheinlich wohl eine Abart der ſchon in dem 511—534 abgefaßten Geſetze der ripuariſchen (niederlothringiſchen) Fran-

Helme ſchon in merowingiſcher Zeit auftreten (ſ. u. a die S. 355 abgebildete Flachbildnerei zu Brioude v. VIII. Jh.)

Van der Lindens Anſicht (Geſchichte der Schachſpiele, Berlin 1874, S. 32) hinſichtlich einer dieſer, einen Elefanten mit Männern darſtellenden Figur, welche ſichtlich nicht urſprünglich zum Spiele gehörte, iſt allem Anſchein nach begründeter, weil eine hier in arabiſch-Kufiſch befindliche Inſchrift („gemacht v. Joseph aus dem Stamme Bahull“) durchaus keinen Beweis für die Anfertigung der Figur v. XII.—X. Jahrhundert, wo fürs Arabiſche die kufiſche Schrift herrſchte, liefert. Kufiſch iſt ja teilweiſe viel ſpäter noch im Gebrauch geblieben.

ken, T. XXXVI, § 11, angeführten rundbogigen Eiſenkreuzhelme[1]). — Großer nach unten ſpitz zulaufender Schild. — Knebelſpeere (d. h. mit unter dem Eiſen befindlicher Querſtange).

Krieger aus der «Cleopatra, C. Vivis», Handſchrift vom 9. Jahrh. in der Cottonbücherei. Die Helme, obwohl ohne Naſenſchutz, ſind bereits ſpitz-koniſch, die Schilde aber ſind rund und mit Buckel. Die Schwerter ſind lang, ſpitzortig und mit kurzen graden Abwehrſtangen.

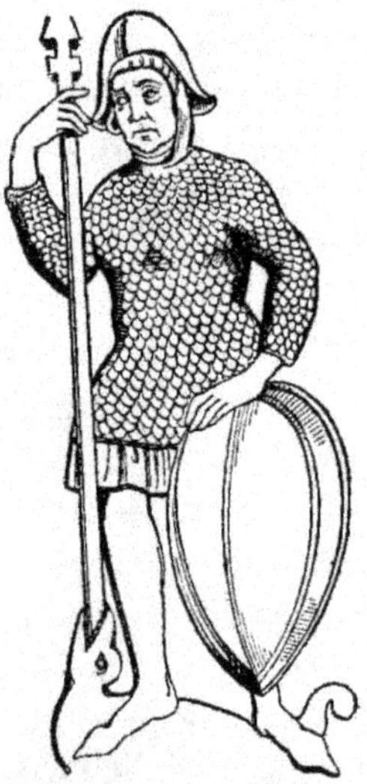

Krieger nach einem Pſalterium vom 9. Jahrh. Bibliothek zu Stuttgart. Die Brünne iſt hier langärmlig und ſcheint geſchuppt (ſ. Nr. 5 im Abſchnitt Panzerhemden), der Helm bereits Salade, d. h. Schallern- oder ſchalenförmig und der Schild oben oval, unten ſpitz zulaufend, ſcheint in der Mitte grätenartig zu ſein. Die Schnabelſchuhe, welche gemeinlich auch ſpäter vorkommen, ſind beſonders beachtungswert. Auch das Quereiſen des Speeres (la. mora) weiſt mehr auf das 11. wie auf das 10. Jahrh. hin, obſchon dies auch ſchon im 9. Jahrh. vorkommt (ſ. S. 262).

Krieger vom 9. Jahrh. Lange bis über die Kniee gehende Schuppenbrünne, deren Ärmel nur den Oberarm bedeckt. Ein glockenförmiger Helm (Eiſenkreuzhelm? ſ. S. 261 und 308) ohne Schirm und Naſenſchutz bedeckt teilweiſe die Helmbrünne (Kapuze mit Barthaube in Maſchen). Außer dem langen ſtumpfortigen Schwert mit nach dem Ort gebogener kurzer Abwehrſtange, wie dieſelben gemeinlich erſt im XIII. Jh. vorkommen, beſtehen die Angriffswaffen in Speer und Streitkolben, welch letzterer nur von ganz roher Art zu ſein ſcheint. — Nach der im XIII. Jh. ausgeführten Kopie einer Handſchrift v. 816. — National-Bibliothek zu Paris.

---

[1]) S. S. 261, wo mit einem ſolchen Kopfſchutz die germaniſche Leibwache Trajans auf deſſen Siegesſäule abgebildet iſt u. S. 308 das Bronzekreuzhelmgeſtell v. Leckhampton-Hill, ſowie S. 350 das Helmgeſtell des ſchleswig-holſteiniſchen Kriegers.

1. Deutſcher Ritter aus dem 10. Jahrhundert. Er trägt den koniſchen Helm mit Naſenſchutz, die Helmbrünne (Kapuze) und die große Brünne (Panzerhemd), mit langen Ärmeln aber ohne Handſchuhe. Nach dem Martyriologium, einer Handſchrift aus dem 10. Jahrh., in der Stuttgarter Bibliothek.

2. Ritter im großen Maſchenhaubert (Brünne) mit kurzen Ärmeln und mit Helmbrünne, ohne Helm, nach der Flachbildnerei eines Reliquienkaſtens aus getriebenem Silber, von dem Ende des 9. Jahrhunderts. — Kloſterſchatz von St. Moritz, im Kanton Wallis in der Schweiz. Dieſe Ritter ſind bartlos. Ihre Schwerter haben Stichblätter. Hände ſind unbedeckt.

3. Krieger aus dem 10. Jahrhundert, der Figur nachgebildet, die

3

fich auf einem diefer Zeit angehörigen Kupferdeckel in der Sammlung des Grafen Nieuwerkerke befindet. Der konifche Helm zeichnet fich durch die Form feines in dem untern Teile fehr breiten Nafenfchutzes und die Sturmbänder aus. Das Schwert ift fpitz, das lange Mafchenpanzerhemd hat noch nicht die zur normannifchen Rüftung des 11. Jahrhunderts gehörigen Fußriemen und Rüfthofen. Der lange herzförmige fogenannte normannifche Schild ift unten fpitz und mit einem Nabel verfehen.

1

2

1. Angelfächfifche Krieger nach dem Prudentius Pfychomachia u. f. w., einer angelfächfichen Handfchrift des 10. Jahrhunderts in der Bibliothek des Britifchen Mufeums. Die ganze Schutzrüftung befteht in dem runden Schild mit Nabel und einem Glockenhelm, welchem man fpäter noch auf dem Siegel des Königs Richard Löwenherz begegnet (1157—1173). Die Speereifen find breit entwickelt. Über der Mafchenbrünne trägt einer der Krieger bereits den fonft nur erft im XI. Jh. auftauchenden wallenden Waffenrock von Zeug (fr. hoqueton).

2. Ritter vom 10. Jahrhundert (?), nach einer Handfchrift aus diefer Zeit, der Biblia sacra, in der Nationalbibliothek zu Paris.

Diefe Kleinmalerei ift merkwürdig wegen der Form des Schwertknopfes, der dreilappig ift, wie in dem Aelfric, einer angelfächfifchen Handfchrift des Britifchen Mufeums, des Stichblattes und des Schildes wegen, des kleinen Dreifpitz (petit Ecu), der befonders unter der Regierung Ludwigs des Heiligen (1228—1270) im Gebrauch war. Diefelbe Form des Sattels mit hoher Rücklehne findet fich auch auf dem Teppich von Bayeux vom Ende des 11. Jahrhunderts wieder. Der glockenförmige Helm ohne Nafenfchurz zeigt eine kreuzförmige Wulftverftärkung.

1

2

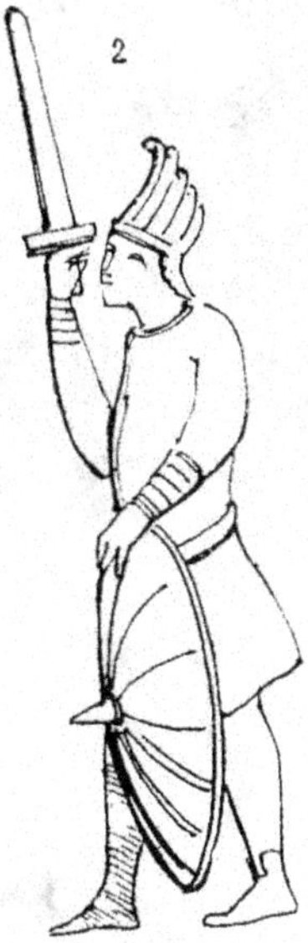

1. Herzog Burkhard v. Schwaben (965), Flachbildnerei in der Bafilika der Stadt Zürich, die gegen Ende des 11. Jahrhunderts an Stelle der im Jahre 1078 abgebrannten Kirche erbaut wurde. Der Schild hat die normannifche Form, ift aber kleiner. Helm und Schwert erinnern an die in dem fchon erwähnten Martyrologium des 10. Jahrhunderts der Stuttgarter Bibliothek vorkommenden.

2. Angelfächfifcher Krieger, nach den Kleinmalereien einer angelfächfifchen, in der Bibliothek des Britifchen Mufeums aufbewahrten Handfchrift, des Aelfric, von dem Ende des 11. Jahrhunderts. Der runde Schild mit Nabel hat mit dem länglichen, unten fpitzen normannifchen anderen Schilde nichts gemein und der Helm weicht von allen fonft vorkommenden Helmformen ab.

Rüſtzeug aus dem X. Jh., worunter der runde mit ſpitzem Nabel verſehene Schild und das germaniſch-ſächſiſche Helmgeſtell oder das Eiſenkreuz [1]), ähnlich dem bei Benty-Gronge (Derbyſhire) gefundenen v. VIII. Jh., auch die Schuppenbrünne hervorzuheben ſind. Das Pferd iſt bauchgurtlos und der Reiter ohne Steigbügel. — Nach der Buchmalerei eines Pſalteriums v. X. Jh. in der Bibliothek zu Stuttgart.

1. Angelſächſiſcher Ritter oder König, nach der auf der vorigen Seite erwähnten Handſchrift, dem Aelfric, aus dem 11. Jahrhundert.

---

[1]) S. S. 261 und 308.

Dasfelbe Schwert und derfelbe runde Schild mit Nabel. Die Brünne ift geringt und auch ohne Rüftftrümpfe. Zu beachten ift, daß der Angelfachfe einen Kinnbart trägt.

2. Franzöfifcher Ritter nach einer Flachbildnerei des Klofters St. Aubin in Angers. Konifcher Helm mit Nafenfchutz, herzförmiger Schild, die germanifche Framea (Speer) und der große gegitterte oder benagelte Haubert (Brünne) mit langen Ärmeln und Ringhaube, fowie unter dem Spitzhelm mit Nafenfchutz die Helmbrünne. Der Schild zeigt Malerei, wahrfcheinlich ein perfönliches Wappen.

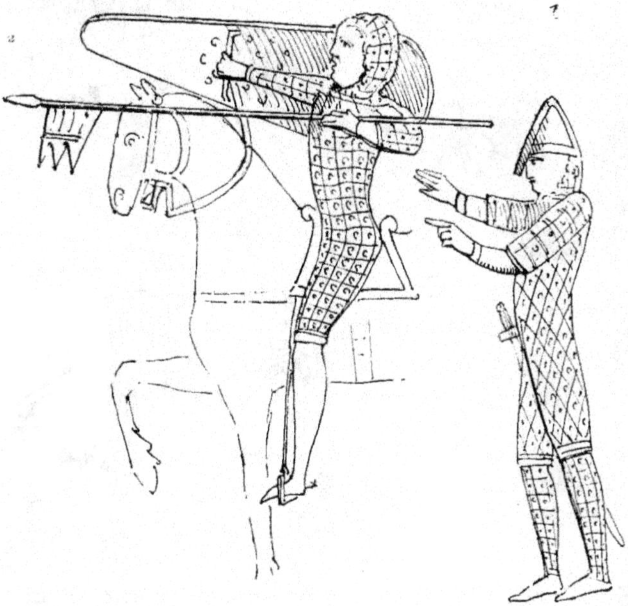

1. Normannifcher Ritter aus dem 11. Jahrhundert in großer gegitterter (treillissée) Brünne, mit Ärmeln und dazu gehörigen Rüfthofen und -ftrümpfen nebft Ringhaube. Diefe Figur wird für Wilhelm den Eroberer gehalten, weil bei ihr allein auch die Beine wie der übrige Körper bewaffnet find. Der konifche Helm mit Nafenberge weicht von denen der anderen Ritter nicht ab. — Teppich von Bayeux.

2. Normannifcher Ritter, ohne Helm, nur mit der Ringhaube bedeckt kämpfend. Die Bewaffnung ift diefelbe und intereffant für das Studium des langen Schildes, des noch ohne Rückenlehne dar-

gestellten Sattels, der Trense und des Fähnchens, mit welchem die Lanze versehen ist. — Teppich von Bayeux.

Skandinavischer Krieger in gegitterter und benagelter kurzer Brünne (v. 8.—11. Jh.?), nach einem doppelt so großen bronzenen Fundstück. — Museum zu Kopenhagen.

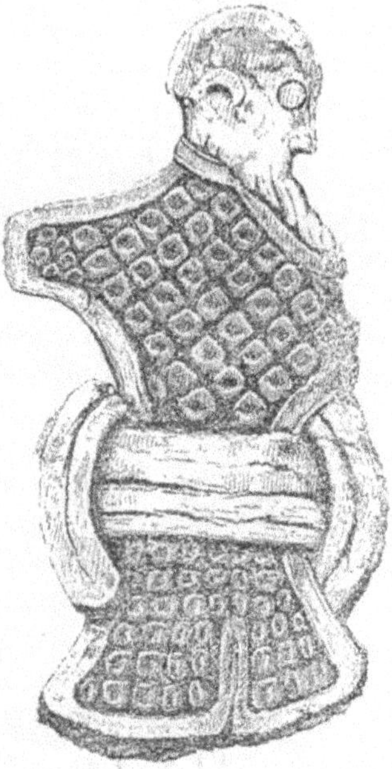

1

2

1. Skandinavischer Ritter, vom Ende des 11. oder dem Anfang des 12. Jahrhunderts, nach dem Holzschnitzwerk einer isländischen Kirchenthür, die im Museum zu Kopenhagen aufbewahrt wird. Die Bewaffnung ist merkwürdig wegen des kegelförmigen Helms mit Nasen- und Nackenschutz und wegen des kleinen dreieckigen Schildes und des Schwertes in Säbelform, das der Ritter nebst dem Schilde über der rechten Schulter, ersteres an der Schildfessel (fr. guige) trägt. Über die wahrscheinlich aus Maschenwerk bestehende Brünne hat der Krieger den im XI. Jh. auftauchenden wallenden Waffenrock von Zeug (fr. hoqueton) gezogen (s. S. 68). Für diese Tracht bietet diese Holzschnitzerei eines der ältest bekannten Denkmale.

2. Der Graf von Barcelona, Don Ramon Berengar IV. (1140), nach einem Siegel. Der kegelförmige Helm iſt mit Naſenberge verſehen. Der übrige Teil der Rüſtung ſcheint in einer Brünne mit dazu gehörigen Rüſthoſen und -ſtrümpfen und der Ringhaube, alles aus Maſchen angefertigt, zu beſtehen. Der lange Schild zeigt ſich auf einem der Siegel mit Wappen, auf dem andern mit Rinnen verziert. Die Lanze iſt befähndelt, das Pferd ſattellos.

1. Normanniſcher Ritter aus dem 11. Jahrhundert im großen gegitterten (treillissé) Haubert mit Ärmeln und dazu gehörigen Lendenhoſen nebſt Ringhaube oder Helmbrünne unter dem kegelförmigen Spitzhelm mit Naſenſchutz. Die Beine ſind mit Riemen (femoralia) umwunden. Der Schild hat Schulterhöhe. Kampfhandſchuhe ſind nicht vorhanden. — Teppich von Bayeux.

2. Angelſächſiſcher Ritter, durch ſeinen runden Nabelſchild kenntlich, im übrigen weicht jedoch dieſe Schutzrüſtung nicht von der der Normannen ab. Das Schwert hat eine ſehr lange Klinge mit geraden Abwehrſtangen und einen einfachen Knauf. Die Hände ſind ohne Kampfhandſchuhe. — Teppich von Bayeux.

1. Skandinaviſcher (?) Krieger v. 13. Jh. (?) in gegitterter und benagelter Brünne mit beſonders kleinem Rundſchilde. Das Schwert hat eine gerade, ganz kurze Abwehrſtange. Beſonders eigentümlich für den Zeitabſchnitt iſt hier das da ſonſt, außer Frankreich (ſ. d. rondachers), nicht mehr vorkommende Rundſchild. — Beinerne 10 cm große Schachfigur im Muſeum zu Kopenhagen.

2. Kämpfende Krieger. — Speere, ſpitzortige kurze Schwerter, koniſche Helme, lange vollſtändige Brünnen und Rundſchilde in Form der angelſächſiſchen (ſ. den Teppich von Bayeux v. 11. Jh., ſowie die fränkiſchen Rundſchilde) bilden die Ausrüſtung, wo das in dieſem Zeitabſchnitt nicht mehr vorkommende Rundſchild Zweifel über die richtige Zeitangabe auftauchen läßt. — Brettſtein im Muſeum zu Baſel.

1. Krieger aus dem Ende des 12. Jahrhunderts, nach den Stickereien auf der Mitra des Kloſters Seligenthal bei Landshut in Bayern, die Marter des heiligen Stephan (997) und des Erzbiſchofs Thomas Becket von Canterbury (St. Thomas † 1170) darſtellend. — Nationalmuſeum zu München. Beſonders iſt hier die hohe eigentümliche Helmform zu berückſichtigen.

2. Deutſcher Ritter, nach einer Steinbildnerei aus dem 12. Jahrhundert, an dem Thore von Heimburg in Öſterreich. Die Brünne mit anſchließenden Ärmeln und Ringhaube oder Helmbrünne ſcheint aus eiſenbeſchuppten Lederſtreifen zu beſtehen und von unbekannter Art zu ſein. Die vollſtändig gewölbte Helmglocke läßt den Unterſchied zwiſchen deutſchen und normanniſchen Schutzwaffen

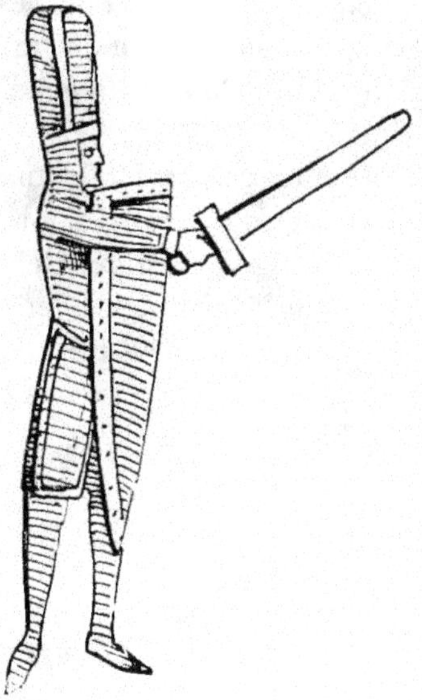

2

deutlich hervortreten. Die Armſchienen mit Achſelſtücken und Ellbogenkacheln, welche den Hinterarm beſchützen, ſind auch beſonders charakteriſtisch für dieſe Zeit. Die Schwertklinge in der Hand des Standbildes ſcheint zerbrochen zu ſein, ſo daß deren Form nicht zu erkennen iſt. Sie gleicht dem daciſchen Säbel.

3

3. Wikinger v. 11. Jh., mit ſpitzortigem Schwert, kurzem Handgriff und kurzer gerader Abwehrſtange, kurzem normanniſchen Schilde und dem koniſchen Helme mit Nacken- und Naſenſchutz, Waffenſtücke, die denen auf dem Teppiche von Bayeux ähneln, mit dem Unterſchiede nur, daß da die Schwerter nicht ſo ſpitzortig vorkommen. — Nach einer ſkandinaviſchen Holzſchnitzerei vom Portale der Hylleſtad-Kirche.

Schwediſcher Ritter, wahrſcheinlich vom Ende des 11. oder 12. Jahrhunderts, nach dem auf einem Reliquienſchrein (in Geſtalt einer Kirche) aus Holz und beſchmelztem Kupfer dargeſtellten. — Aus der Kirche von Spänga in Upland.

Die lange Maſchenbrünne mit Ärmeln, Hoſen und Ringhaube, aber ohne Fäuſtlinge, der ſchulterhohe Schild ſowie der kegelförmige niedrige Helm, aber hier ohne Naſenberge, erinnern an die normanniſche Ritterrüſtung des Teppichs von Bayeux aus dem 11. Jahrhundert (ſ. S. 365).

3. Friedrich Barbaroſſa (1152—1190) im Maſchenpanzerhemd mit anſchließenden Ärmeln, Lenden- und Rüſthoſen, langem dreieckigen Schilde und Standarte. Das Pferd hat Vorderſchutz und Satteldecke. Hohlmünze (Brakteat) aus der Regierungszeit des Kaiſers im Münzkabinett zu Berlin.

Engliſcher Krieger vom XII. Jahrh. in vollſtändiger Lederrüſtung (corium bulitum, fr. cuir bouilli). Nur der Helm und die Helmbrünne ſind hier von Eiſen. Die einzige Angriffswaffe iſt die Streitaxt kurzen Stiels — weder Schild noch Schwert.

1

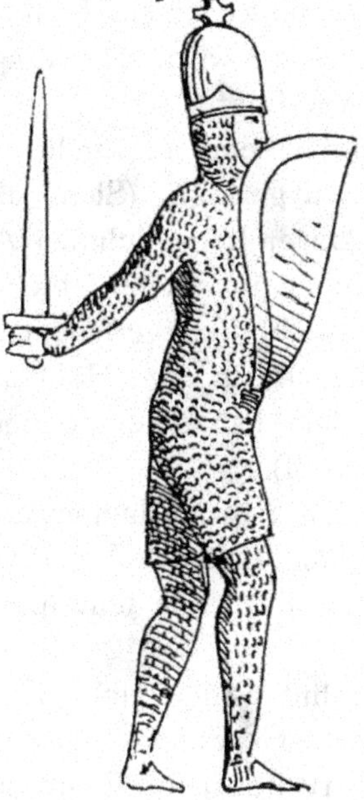

2

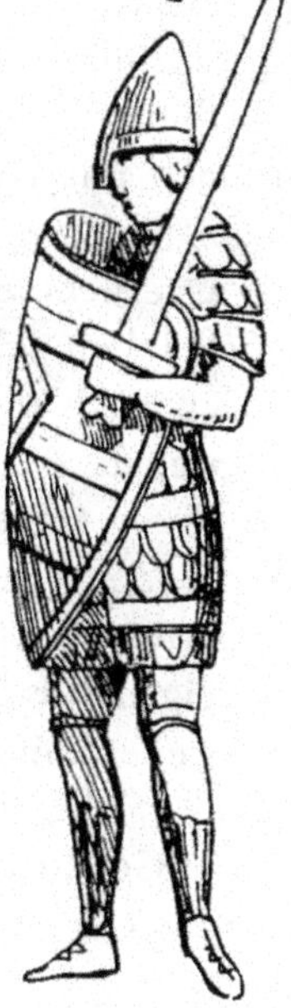

1. Ludwig VII., der jüngere (1137—1180), nach ſeinem Siegel. Das Maſchenpanzerhemd iſt mit Rüſthoſen und -ſtrümpfen, Ringhaube oder Helmbrünne und anſchließenden Ärmeln, aber nicht mit Fäuſtlingen verſehen. Auf dem runden Glockenhelm (ohne Naſenſchutz) befindet ſich als Helmſchmuck ein Kreuz; der herzförmige Schild weicht von dem normanniſchen Schilde bedeutend ab.

2. Deutfcher Ritter, nach den Wandmalereien im Dome zu Braunfchweig, die unter Heinrich dem Löwen, geft. 1195, ausgeführt wurden. Die Bewaffnung ift intereffant wegen des an die römifche Squamata erinnernden Schuppenpanzerhemdes und des noch kegelförmigen Helmes mit Nafenfchutz, wegen des außerordentlich breiten herzförmigen und konvexen Schildes, des zweilappigen Schwertknopfes und des eigentümlichen Beinfchutzes.

(S. auf S. 379 die Bewaffnung Richard Löwenherz' [1186—99], welche, der Ordnung gemäß, hier ftehen müßte.)

Die Abbildung auf der folgenden Seite ftellt böhmifche oder deutfche Ritter vor, nach einer in der Bibliothek des Prinzen von Lobkowitz zu Raudnitz in Böhmen aufbewahrten Handfchrift des Weleslaw aus dem 12. Jahrhundert.

Der zweiten Gruppe voraus reitet ein Anführer, deffen Bewaffnung derjenigen der folgenden Ritter ähnelt und bei welcher man fchon die große Keffelhaube bemerkt, einen Helm, der gewöhnlich dem 14. Jahrhundert zugefchrieben wird. Die Ringhaube oder Helmbrünne ift mit der Brünne vereinigt.

Alle Brünnen mit langen anfchließenden Ärmeln mit Rüfthofen und -ftrümpfen find augenfcheinlich geringt. (Siehe die Erklärung in dem die Panzerhemden und Panzer behandelnden Abfchnitt.)

Die Keffelhauben fcheinen nicht aus einem Stück gemacht zu fein, fo viel fich nach der mit Nagelköpfen verfehenen Vernietung urteilen läßt, welche die fpitze Glocke in zwei Hälften teilt.

Mehrere Ritter tragen über dem Panzerhemde den wallenden Waffenrock von Zeug (fr. hoqueton).

Die Schwerter find mit geraden Abwehrftangen und nicht fehr fpitz, doch zeigen die Sättel fchon eine erhöhte Rücklehne; die Füße find entweder mit Schnabel- oder doch fehr fpitzen Schuhen bekleidet und in Steigbügeln.

Das für die Gefchichte der Schutzwaffen wichtigfte Stück diefer durch ihre Feinheit und gewiffenhafte Genauigkeit bewundernswerten Buchmalerei ift der Eifenhut mit breitem Rand und fpitzer, der Keffelhaube gleichender Glocke. Von Helmen diefer Art ift ein Exemplar bekannt (Germanifches Mufeum zu Nürnberg). Die Eifenhüte des 14. und 15. Jh., welche man fonft in Sammlungen antrifft, haben keine fo fpitzen Glocken.

Nur die beiden Anführer tragen Kinnbärte, und die mit Wappen verzierten herzförmigen Schilde gleichen in ihrer Form demjenigen

Ludwigs VII. (1137—1180), der auf S. 371 dargeſtellt iſt. Die oberen Lendenteile, die untere Vorderſeite der Beine und die Füße haben Maſchenſchutz.

Böhmiſchen Schriften v. XV. Jh. nach waren die gebräuchlichen Waffen in Böhmen und Mähren Schwerter (meci), Stoßſpeere (kopi), Wurfſpeere (oštipi), Streithämmer (palcaty), Hallebarden (sudici) und Kriegsflegeln (cepy). Auch fchon Armbrüfte (samostrely), Handfeuerröhre (rucnice), fowie Haken-

büchfen (hakownice). Von den Schutzwaffen wird auch als fehr wichtig das Setzfchild oder die eigentliche Setztartfche (die pawezy) erwähnt.

J. Trocznow, d. h. Johan Ziska's (1360—1424) Lieblingswaffe ſoll der Streitkolben geweſen ſein, welcher auch über ſein Grabdenkmal zu Czaslau aufgehängt wurde.

Im Abſchnitt X, die Panzer, befindet ſich ferner die Abbildung von Ziskas Maſchenpanzerhemd nach einem alten Gemälde in der Genfer Bibliothek.

Die zu der Bewaffnung der Huſſiten gehörende Armbruſt (samostrely) wurde von denſelben Kuse genannt.

3. Krieger des 12. Jahrhunderts. Die Bewaffnung beſteht aus der großen Maſchenbrünne (grand oder blanc haubert) mit kurzen Ärmeln und Maſchenhaube unter einem Eiſenhute von ſehr ſeltener Form. Nur die oberen Lenden, die untere Vorderſeite der Beine und die Füße zeigen Maſchenſchutz. Über der Brünne ein ärmelloſes Zeugwaffenhemd (hoqueton). Der Schild iſt noch größer als der ſpäter erſcheinende Petit Ecu oder der Dreiſpitz vom 13. Jahrhundert. Die Angriffswaffen beſtehen allein in Speer und einer Art Keule oder des Seymitar. — Aus dem Album des Architekten Villard de Homecourt vom 13. Jahrhundert, welcher die Figur wahrſcheinlich nach eine Kleinmalerei des 12. Jahrhunderts wiedergegeben haben wird.

1. Deutſcher Waffenſchmied, den Topfhelm ſchmiedend, nach einem in der Bibliothek zu Berlin aufbewahrten Manuſkripte (der deutſchen Äneide von Heinrich v. Veldecke). Das am Fuße des Amboß liegende, jedoch ungenau kopierte Panzerhemd erſcheint in der Originalzeichnung gegittert und mit Nagelköpfen beſetzt, wenn es nicht etwa geringt iſt. Der Topfhelm hat ein feſtes Viſier und einen flachen Boden.

2. Deutſcher Ritter in Turnierrüſtung, nach derſelben Handſchrift. Der Topfhelm hat ſchon den Helmſchmuck, der Schild iſt der ſogenannte Dreiſpitz (petit Ecu), wie er zur Zeit Ludwigs des Heiligen allgemein getragen wurde, aber hier herzförmig. Die Rüſtung ſcheint ſchon aus Schienen, wahrſcheinlich von Leder zu beſtehen, ſo viel ſich nach den Arm-, Schenkel- und Beinſchienen und den Eiſenſchnabelſchuhen urteilen läßt, die alle, wie deutlich zu ſehen, nicht mehr in Maſchen ſind. Die ſchon vollſtändige Rüſtung des Pferdes (keine Parſche, fr. housse), gleich dem zu den Füßen des Amboß liegenden Panzerhemd gegittert und mit Nagelköpfen beſetzt oder geringt, wird aber wohl nur ein Gelieger geweſen ſein. Das Zeugwaffenhemd (fr. hoqueton) mit ſeinen langen Schößen, welches der

1

2

Ritter über der Rüſtung trägt, ähnelt ganz einem modernen Leibrock und findet ſich auch an der holländiſchen, auf S. 380 dargeſtellten Figur derſelben Epoche.

4

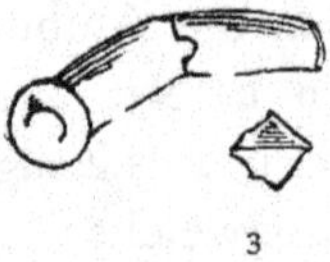

3

3. Kniekachel einer Schienenrüſtung des 14. Jahrhunderts aus einem Werke der Wolfenbüttler Bibliothek.

4. Ganzes Armzeug, ebendaher.

Franzöfifcher Turnierritter von 1300, deffen Mafchenpanzerhemd durch keinen Bruftfchild, aber durch Bein- und Armfchienen

mit Kacheln verftärkt ift. Die Flügelchen, Wappenfchildchen oder Wappenplatten (fr. ailettes) fcheinen hier vielleicht auch mit beftimmt, die Schultern zu fchützen (?). Der wallende Waffenrock von Zeug (hoqueton) hängt über der Rüftung. Der Schild hat die Form des Dreifpitz (petit Ecu), ift aber größer und gewölbt. Der Sattel gehört zu denen, worin die Ritter noch ftehend ihren Speer brachen. Der Topfftechhelm ift von einer kugelförmigen Zier gekrönt. Das Pferd ift mit dem Gelieger (fr. housse) bedeckt. — Nach einer franzöfifchen Handfchrift vom Anfange des XIV. Jahrhunderts.

1. Deutfche Bewaffnung aus dem 13. Jahrhundert, deren Charakter aber noch an das 11. erinnert, nach dem Standbilde eines der Gründer des Naumburger Domes. Der Helm gleicht faft demjenigen des Codex aureus von St. Gallen. Herzförmiger Langfchild in Schulterhöhe mit Wappen; große Brünne. Schwert mit fpitzem Ort. Hände ohne Fäuftlinge. Sonderbarerweife ift das linke Bein ohne Schutz. Kinn mit Vollbart. Einen ganz dem hier ähnlichen Schild zeigt auch der S. 287 abgebildete byzantinifche Leibwächter vom XII. Jh.

Zwei dem Naumburger Standbilde ähnliche, den Dom zu Verona fchmückende Standbilder (Roland und Olivier?) fcheinen von demfelben Künftler ausgeführt zu fein.

2. Deutfcher Ritter aus dem 11. Jahrhundert. Glockenhelm mit Nafenfchutz. Faft mannshoher gewölbter, unten fpitz, oben breit abgefchnittener Schild. Langes ftumpfortiges Schwert mit kurzer Abwehrftange, bewimpelter Speer, Helmbrünne, Brünne mit langen Ärmeln, Mafchenrüfthofen und Rüftftrümpfen. Der lange Schild ift

1 2

hier vermittelſt der Schildfeſſel (fr. guige) über der Schulter hängend. — Nach einer Handſchrift der Düſſeldorfer Bibliothek, welche die Klagelieder des Jeremias und die Apokalypſe enthält.

Deutſcher Ritter im Maſchenpanzerhemd, der großen Brünne ohne Fäuſtlinge und Glockenhelme mit Naſenſchutz, welcher hier noch eine Querſchiene aufweiſt. Belangreich ſind auch der halbrunde, gebogene, lange, unten zugeſpitzte Schild, die ſchon hohe Sattellehne, die ausgeſchnittene Satteluntерdecke, ſowie der die Fußſpitzen bedeckende Steigbügel. — Nach den Kleinmalereien der Handſchrift „Rolandslied des Pfaffen Conrad“ vom Ende des XII. Jh. in der Univerſitätsbibliothek zu Heidelberg.

Richard I. Löwenherz (1189—99)[1]), nach einem Siegel. Das Maschenpanzerhemd hat Fäustlinge (Hentzen), anschließende Ärmel und Ringhaube oder Helmbrünne, aber keine Lendenrüsthosen. Die gleichfalls aus Maschen angefertigten Rüststrümpfe reichen nur bis zum Knie und in dem Schild sieht man schon einen Vorläufer des kleinen Dreispitz vom 13. Jahrhundert. Der Glockenhelm nordgermanischen Ursprungs hat den konischen, franko-normannischen Helm ersetzt, jedoch scheint er in erhöhter Form und erinnert an die Helme der Seligenthaler Stickerei, die gleichfalls aus der zweiten Hälfte des 12. Jahrhunderts stammt.

1. Deutsche Ritter in Schienenrüstung mit geschientem Arm- und Beinzeug und geschienten Eisenschnabelschuhen. Auf dem Haupte der Stechhelm, über der Rüstung das Zeugwaffenhemd (fr. hoqueton). Das Pferd trägt die Parsche, d. h. den ganzen Körper bedeckenden Zeugbehang (fr. housse). — Deutsches Manuskript Tristan und Isolde (im 13. Jahrhundert von Gottfried von Straßburg verfaßt), in der königlichen Bibliothek zu Berlin aufbewahrt. Die Schilde sind hier größer wie der kleine Dreispitz (petit Ecu) aus derselben Zeit.

---

[1]) Dieser Holzschnitt, der, gemäß der für dieses Werk in Anwendung gebrachten Ordnung auf Seite 372 hätte gesetzt werden sollen, konnte aus typographischen Gründen erst hier seinen Platz finden.

2. Bronzene Reiterfigur vom Ende des 13. Jahrhunderts; Vorder- und Rückſeite. (Sammlung Six in Amſterdam.) Dieſer holländiſche Ritter im Maſchenpanzerhemd mit anſchließenden Ärmeln, Schenkel- und Beinſchutz mit Schienen, letztere wahrſcheinlich von Leder, bietet mit den langen Schößen ſeines wallenden Waffenrocks von Zeug (hoqueton) und der eigentümlichen Form des Topfhelms, auf dem eine unverhältnismäßig große Helmzier (wahrſcheinlich von Leder oder Pappe, nur für Turniere) angebracht iſt, eine groteske Erſcheinung.

3. Belgiſche Rüſtung des 13. Jahrhunderts, nach einem kleinen zerbrochenen Standbilde in gebranntem Thon und gelber Bleiglaſur, von 38 cm Höhe, beim „Marché Vendredi" zu Gent 1864 gefunden. Der Stechhelm hat platten Boden, wie die engliſchen Helme aus dem Anfang des 14. Jahrhunderts im Tower zu London (ſ. den Abſchnitt der Helme), aber der Schild ähnelt den in der Wandmalerei im Dome zu Braunſchweig unter Heinrich dem Löwen († 1195) dargeſtellten.

3

Engliſcher Ritter aus der zweiten Hälfte des 13. Jahrh., nach einem Grabmale des Sir Johan d'Aubernoun in der Kirche von Stoke d'Abernon (Surrey). Nach Schultz.

Die Rüſtung beſteht aus dem vollſtändigen Maſchenpanzerhemd mit Rüſthoſen, -ſtrümpfen, enganſchließenden Ärmeln und Kragenringhaube oder Helmbrünne. Die Sporen ſind einſpitzig geflammt. Auch die Kniee zeigen bereits Schutzkacheln. Das wohl 1 m 25 cm lange und ſpitze Schwert iſt mit kurzer Angel oder Griff dickem Knauf und einer an beiden Enden gegen den Ort zu gebogenen Abwehrquerſtange verſehen; dasſelbe hängt bereits in einem den Römern ſchon bekannten Hüftwehrgehenk (fr. boudrier de hanche), welches im Mittelalter Dupſing hieß und gewöhnlich erſt von 1320 an, und um 1420 nicht mehr, vorkommt.

Der kleine Schild, Dreiſpitz (petit Ecu) iſt beiderſeitig gebalkt und der kurze, dünne Speer gewimpelt. Schulterriemen tragen den überdies noch gegürteten wallenden Zeugwaffenrock oder -hemd (fr. hoqueton).

Betender franzöſiſcher Ritter aus der Mitte des XIII. Jahrh. Maſchenpanzerhemd mit daran ſitzender Ringhaube ohne Helm, Fäuſtlingen, Hoſen und Strümpfen. Beſonders intereſſant ſind die Schulterflügel oder Schulterwappenſchildchen (fr. ailettes, ſ. S. 70) wegen des darauf befindlichen Lilienkreuzes, welches auf einen Kreuzritter Ludwigs IX. hinweiſt. Auch die runde Form der Spornbügel — ſpäter bei den Schienenrüſtungen ſpitzwinklig — iſt zu beachten, ebenſo wie der wallende Zeugwaffenrock (fr. hoqueton). — Nach einem Reliquiarium der Sammlung Arendel zu Paris.

Turnierrennender Ritter vom Ende des XIII. Jh. Auf dem Topfſtechhelm zeigt die ſchöne Helmzier daſſelbe Wappen wie der Dreiſpitz (petit ecu). Die ganze Figur des Ritters iſt mit dem wallenden Zeugwaffenrock (fr. hoqueton) ſo bedeckt, daß von der darunter befindlichen Rüſtung nichts ſichtbar bleibt. Auch das Roß hat vom Kopf bis zum Schwanz den Gelieger (fr. housse) d. h. eine Zeugdecke und keinen Panzerſchutz. Die Speere (fr. rocs auch rochets) ſind hier nicht mit ſtumpfen (rochets courtois),

ſondern mit drei ſcharfen Spitzen beſchlagen. — Aus dem Balduineum nach Frſt. Hohenlohe.

5. Franzöſiſcher Waffenſchmied, einen Topfhelm ſchmiedend. — Nach einer Kleinmalerei der Handſchrift „Romans d'Alixandre" vom Ende des XIII. Jh. in der Nationalbibliothek zu Paris.

5

4. Deutſcher Ritter vom Anfange des XIII. Jh. Maſchenpanzerhemd oder Brünne mit Helmbrünne oder Ringhaube, — Ärmeln mit Fäuſtlingen (fingerloſe Handſchuhe), — Rüſthoſen mit Strümpfen ohne Sporen, — dreieckiger Schild, viel größer wie der Dreiſpitz oder petit Ecu, — breites Schwert mit ſtumpfem Orte, mit Ortband und ohne Querſtange, — Topfhelm und wallender Zeugwaffenrock (fr. hoqueton) über der Brünne (ſ. S. 68). — Nach einer Bildnerei von 1220 im Kapellchen zum heiligen Grabe des Domes zu Konſtanz.

Diether III., Graf zu Katzenelnbogen († 1276) iſt auf ſeinem aus Sandſtein gehauenen Grabdenkmal zu Kloſter Eberbach (ſeit 1830 in der Burg des Parkes zu Bibrich-Mosbach) ganz in ähnlichem Maſchenpanzerhemd mit Helmbrünne und daumenloſen Fäuſtlingen dargeſtellt.

1. Franzöſiſcher Ritter des 13. Jahrhunderts, nach einer kleinen, 10 cm langen, in Kupfer beſchmelzten (champlevé) Hochbildnerei

der Sammlung des Grafen Nieuwerkerke. Es ist abwechselnd in blauen, citronen- und orangegelben Farbentönen emailliert und vergoldet. Die Querstange des Schwertes mit ihren gegen den Ort zu geneigten Enden, der Topfhelm mit seiner Helmzier, die mit dem wallenden Waffenrock von Zeug (hoqueton) bedeckte Rüstung und die Decke, der Gelieger (fr. housse), welche das Pferd gänzlich behängt, alles dies ist dem 13. Jahrhundert gemäß.

1

2

3

2. Französischer Ritter aus dem 13. Jahrhundert (Pferd mit Gelieger), nach einer Schmelzarbeit (champlevé) jener Zeit (Leuchter). Besonders ist hier die breite Form des kleinen Schildes hervorzuheben. — Sammlung des Grafen von Nieuwerkerke.

3. Französischer König aus dem 14. Jahrhundert (?), nach der gepreßten und ciselierten Arbeit eines Lederkoffers jener Zeit, in der Sammlung des Grafen von Nieuwerkerke. Die daran befindlichen französischen Inschriften in gotischen Minuskeln weisen eine spätere Zeit auf als das Jahr 1360. Über der Figur steht: CHARLES. LE. GRAND. Die Rüstung ist eine vollkommene Schienenrüstung, die Eisenschuhe haben Schnäbel und die Handschuhe getrennte Finger. Der Hinterteil des Pferdes ist gerüstet und das Schwert zeigt dem Ort zugebogene Querstangen.

Drei schwedische schildlose Krieger, wahrscheinlich aus dem 13. Jahrhundert oder dem frühen Mittelalter (das man in Schweden die „neuere Eisenzeit" nennt), nach in Schweden gefundenen und im Museum zu Stockholm aufbewahrten Bronzeplatten in Flachbildnerei. Diese Figuren sind hoch interessant wegen der kurzen Schwerter (in Form des römischen Gladius) mit stumpfem Ort und faſt ohne Querſtange; wegen der gewaltigen Spießbeſchläge, wovon einer mit Schwerknöpfen belaſtet iſt; vor allem aber wegen

der zwei Helmformen. Der dritte Krieger ſcheint über der Riembrünne eine vollſtändige Tierhaut zu tragen. Beſonders der Schwertformen wegen könnten dieſe Ausrüſtungen auch wohl einer bedeutend früheren Zeit angehören.

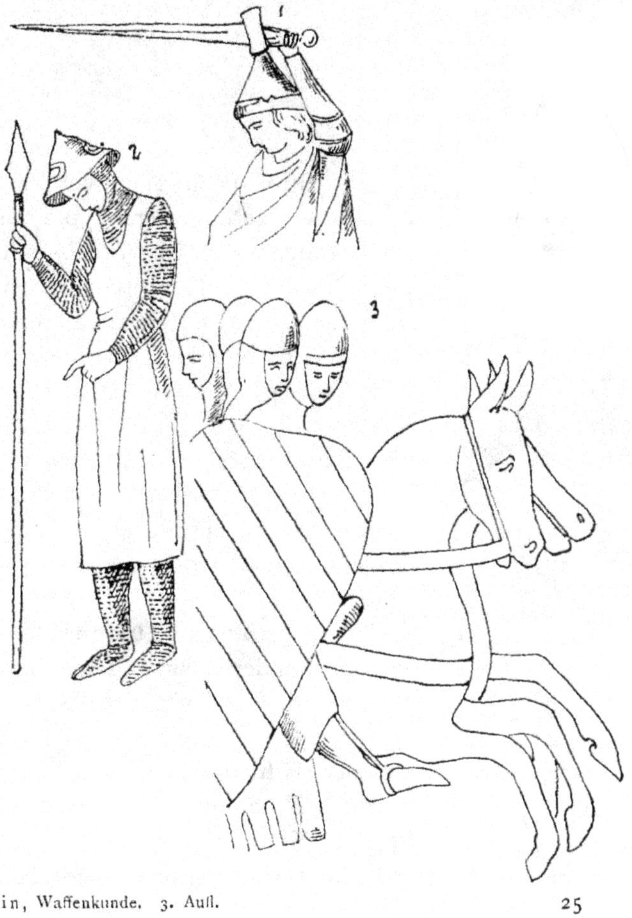

Krieger (ſchwediſche?) vom Ende des 12. Jahrhunderts, nach Wandmalereien aus dieſer Zeit in einer Kirche romaniſchen Stils in Schweden. Man ſieht hier den runden Glocken- neben dem kegelförmigen Helm und den ſchulterhohen, herzförmigen Schild normänniſcher Form. Brünne mit Ringhaube, Hoſen und Ärmeln. Langes Schwert mit Querſtange und ſpitzem Ort. Schnabelförmige Fußbekleidung in halbrunden Steigbügeln. Waffenrock (hoqueton) über der Brünne.

1

1. Ritter nach einer vor 1235 ausgeführten Bildnerei in der Krypta des Domes zu Brandenburg. Der Stech- oder Topfhelm (heaume de joute) hat ein Viſier in dreieckiger Schildform und bedeckt die Ringhaube oder Helmbrünne (camail). Eine Bruſtplatte (pectoral mamillier) iſt über Waffenrock und Brünne befeſtigt, aber eine Platte iſt nicht vorhanden. Die runde Form des kleinen Schildes wird ſelten ſonſtwo im 13. Jahrhundert angetroffen, wo faſt überall der „Dreiſpitz" im Gebrauch war.

3

2. u. 3. Zwei deutſche Ritter vom 13. Jahrhundert nach dem Speculum humanum im Muſeum zu Köln.

Die Bewaffnung bietet viel Intereſſantes hier. Erſtlich der Topfhelm mit Hörnerzier (Nr. 2) und die große Keſſelhaube (Nr. 3) Der kleine Dreiſpitz (petit écu) trägt ein Wappen. Beide Maſchenbrünnen ſind vollſtändig mit Fäuſtlingen, auch bereits mit Lendnern bedeckt. Die kleinen Schilde, Dreiſpitze zeigen verſchiedene Wappen; das Schwert (Nr. 3) hat nach der Klingenſpite zu geneigte Querſtangen. Der Ritter Nr. 2 ſcheint ſchon eine Platte mit Schößen über die Brünne zu tragen.

Einer der Mörder von Tkomas Becket, nach der engliſchen Handſchrift ohne Jahreszahl, welche Strutt veröffentlicht hat. Die Bewaffnung beſteht noch allein aus der Maſchenbrünne mit Maſchenkapuze ohne Helm, ſo wie Richard Löwenherz auf einem Siegel (ſ. S. 379), aber mit hohem Helm abgebildet iſt, obſchon der kleine dreieckige Schild, der Dreiſpitz (petit écu), ſowie die breite ſpitze Schwertklinge das 13. Jahrhundert anzeigen. Die Beine ſind umwickelt (femoralia).

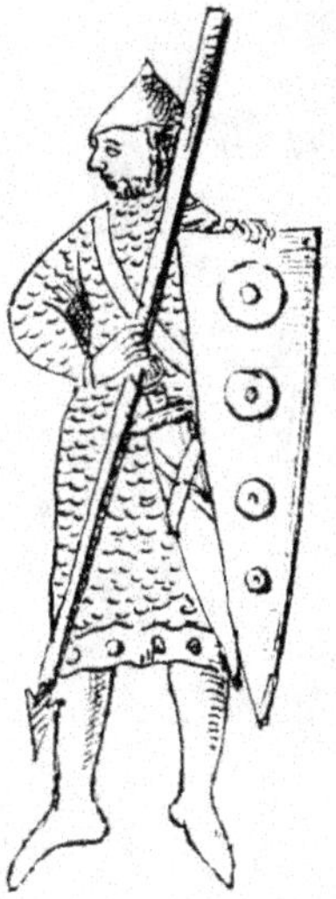

Krieger nach der Kleinmalerei einer Handſchrift „Visiones Sanctae Hildegardis" in der Bibliothek zu Wiesbaden, wo dieſelbe dem 12. Jahrhundert zugeſchrieben wird, während ſie nach der Meinung des Verfaſſers wohl dem Ende des 13. Jahrhunderts angehören mag. Die gotiſchen Minuskeln ſowie der Charakter der Figuren berechtigen zu dieſer Zeitbeſtimmung.

Die Bewaffnung beſteht noch aus der großen Maſchenbrunne mit langen engen Ärmeln aber ohne Beinſchutz oder Helmbrünne in der Art des Manuſkriptes vom 11. Jahrhundert zu Düſſeldorf (ſ. S. 378.) Der kegelförmige Helm iſt ohne Naſenſchutz; der lange Schild, oben breit, unten ſpitz und von zweidrittel Manneslänge, ſowie das kurze Schwert ſprechen ebenſo für das 11. oder 12. Jahrhundert. Der Speer hat einen Widerhaken.

Schenkgeher (Donateur) im mit Wappenſchilden verzierten, ärmelloſen Zeugwaffenkittel oder -hemde (fr. hoqueton) mit geteilten Schößen und an den Schultern befeſtigten aufrecht

ftehenden Wappenfchildchen (ailettes) — welches das mit Ärmeln verfeheneKettenpanzerhemd faft überall fichtbar läßt. Unter letzterem zeigt fich außerdem noch eine vollftändige Schienenrüftung mit Arm- und Beinzeug. Diefe Abbildung einer Handfchrift v. XIV. Jahrh., in der Bücherei zu Cambray, entnommen, ift befonders intereffant wegen der Stellung der Wappenfchildchen, da diefelbe die Anficht des Verfaffers, — daß folche «ailettes» nicht als Achfelfchutz gedient haben können —, wiederum beftätigt.

Italieniſche Ritter aus dem 14. Jahrhundert, nach einer mit Holzformen aus freier Hand[1]) in roten und ſchwarzen Ölfarben bedruckten Leinwand, im Beſitz des Herrn Odet in Sitten. Die Anführer ſind mit herzförmigen, gebogenen Schilden und Topfhelmen bewaffnet, während die übrigen Ritter die gerippte Keſſelhaube tragen, von der ſich kein Exemplar mehr vorfindet. Alle haben ſchon geſchientes Beinzeug mit Kniekacheln, dagegen als Leibrüſtung noch den Maſchen-Haubert, welcher zu dieſer Zeit in Deutſchland bereits außer Gebrauch war, ſowie allem Anſchein nach auch darüber Platten, wenn nicht Lendner.

Italieniſche Ritter aus dem 14. Jahrhundert, nach derſelben Leinwand, welcher auch die Zeichnung der vorhergehenden Seite entnommen iſt. Die ungerippte Keſſelhaube iſt bemerkenswert wegen

[1]) Dr. Keller, der die Fakſimiles herausgegeben hat, verwechſelte dieſe ſchon den alten Mexikanern bekannte Art von Handdruck mit dem eigentlichen Holzſchnittdruck, zu deſſen Ausführung eine Preſſe nötig iſt.

ihres Augenſchirms, einer Art Viſier, das den Schirmen der modernen Käppis gleicht und der Vorläufer des Augenſchirms des Burgunderhelms im 15. Jahrhundert geweſen zu ſein ſcheint. Dem Turnierſpeere fehlen hier die gewöhnlich daran angebrachte eiſerne Scheibe und der Handgriff. Die gotiſchen Majuskeln, die von 1200—1360 in Gebrauch waren, ſind auch wohl ein Beweis, daß die Leinwand nicht nach dem 14. Jahrhundert entſtanden ſein kann.

Schlafende Krieger in langärmeligen und behoſten Maſchenbrünnen. Die Schallernhelme weiſen auf das 14. Jahrhundert, die Schilde auf das 13. hin, obſchon das Schwert mit einer der Spitze nur wenig zugekehrte Abwehrſtange dargeſtellt iſt.

Von dem Grabe Chriſti in einer Seitenkapelle des Domes zu Konſtanz, die wahrſcheinlich im 14. Jahrhundert eingerichtet worden iſt.

Deutſche Söldner v. XIV. Jahrh., nach einem durch Hefner-Alteneck veröffentlichten Altarbilde von Schwäbiſch Hall. Eiſenhut mit hoher aufgeſtülpter Krempe, Spangenhelm oder Helmgeſtell (ſ. Nr. 261, 308, 350, 396) vor allem aber die

Mußeiſen benannten, aus Eiſenſtäben dargeſtellten Oberarmberge mit Schulterſtangen (?) ſind hier beſonders hervorzuheben, da dieſe Mußeiſen in der Limburger Chronik (1330—1380), ſowie in dem großen Ämterbuche des deutſchen Ordens (1387—1396) unter obigem unerklärlichem Namen beſonderer Erwähnung geſchieht. Intereſſant iſt auch die herzförmige Tartſche mit ihren zwei Viſieren, ſowie die untere ausgezackte Kettenbrünne des links abgebildeten Söldners.

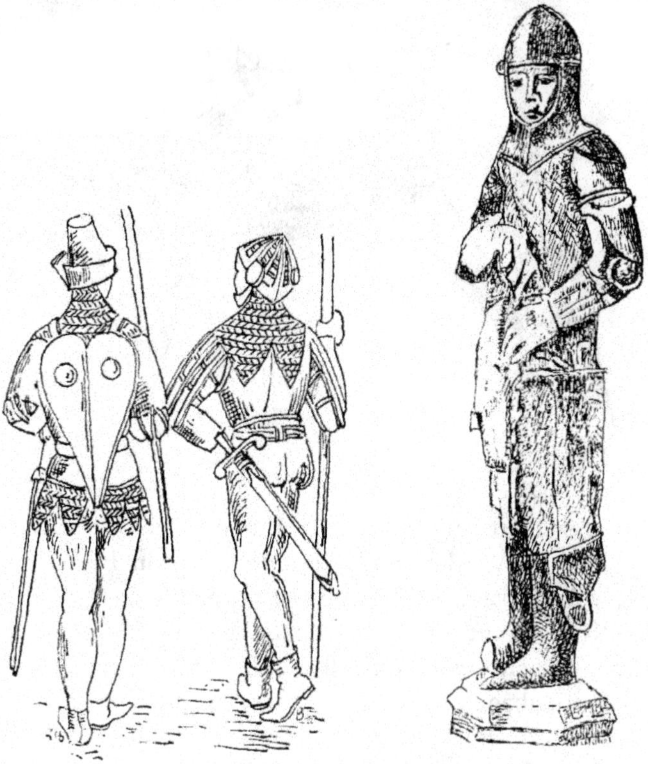

Flämiſcher Krieger der Artevelde-Landwehr v. XIV. Jahrh.; Steinbildnerei vom Beffroi zu Gent, gegenwärtig da in der Baureſte von St. Bavon. Die kleine Keſſelhaube iſt hier mit einer Schienen- oder Plattenhelmbrünne und die Ärmel ſind mit Schienen, Kacheln, — die Schultern mit Schutzplatten verſehen. Die ganze Ausrüſtung zeigt ſchon bedeutende Fortſchritte gegenüber der damals bereits verſchwindenden großen Maſchenbrünne. Der unter dem Schilde hervorragende Schwertſcheideort iſt breit und ſpitzlos.

Däniſcher Ritter aus dem 14. Jahrhundert, deſſen Rüſtung wegen ihres gegitterten Vorder- und Hinterſchurzes, in Form von Sattellehnen [1]), welche das Maſchenpanzerhemd bedecken, merkwürdig iſt. Der Ritter trägt noch den deutſchen Topfhelm des 13. Jahrhunderts. — Nach einem Urceus in Bronze, 30 cm hoch, im Muſeum zu Kopenhagen. (Aquamanile, womit oft fälſchlich dieſe Art Kanne bezeichnet wird, iſt der Name des dazu gehörigen Beckens.)

Engliſche Ritter vom Anfange des XIV. Jahrh. Die Ausrüſtungen beſtehen hier in — über Kettenpanzerhemden mit Kragenringhauben oder Camails — getragenen Stückpanzern, aus Eiſenhüten und vollſtändigen Schnabelſchuh-Schienenrüſtungen mit Armzeug und Meuſeln, Dielingen mit Kniekacheln und Beinſchienen. Der Schild ein Dreiſpitz, iſt aber ſchon größer

[1]) Vielleicht auch Sattelstücke?

wie des «Petit Ecu» vom XIII. Von den Schwertern zeigt das an der Seite hängende auch noch die nach dem Orte zu geneigten Querſtangen v. XIII. Jahrh. Die Schurze ſind mit Schellen behängt (ſ. die nachfolgende Abbildung). Erzbiſchöfliches Siegel von Canterbury mit dem Vorwurf der Ermordung Thomas Beckets im Jahre 1170. — Staatsarchiv in Berlin.

Ritter vom Anfange des XIV. Jahrh., Zeitabſchnitt, welcher beſonders durch die Form der ſpitz über die Helmbrünne geſtülpten Keſſelhaube, den nach dem Orte geneigten Querſtangen des Schwertes, den Schnabelſchuhen, den nur unten gefingerten Handſchuhen und vor allem durch das über die Kettenbrünne getragene Stahlſtück feſtgeſtellt iſt. Das intereſſanteſte aber an dieſer Rüſtung ſind die am Gürtel befeſtigten Schellen (fr. grelots), welche nicht allein ein Teil der damaligen Herzöge von Cleve um 1381 (ſ. die Abbildung des Martinus im Abſchnitte der Schwerter) ausmacht, ſondern im XIV. und Anfang des XV. Jahrh. auch anderweitig zur Ausſchmückung der Gürtel von Rittern und Frauen dienten. (S. die vorhergehende Abbildung, wo engliſche Ritter ſelbſt Schellen an den Schurzen tragen).

Vollftändige polnifche Rüftung des Großfürften von Litauen, Kiejstut, Prinz v. Troki vom XIV. Jahrh., welcher fo unglücklich gegen den Deutfchen Orden ftritt. Die fchon gänzlich aus Schienen dargeftellte Rüftung hat einen befonderen Charakter wegen der breit ausgedehnten Lendenfchürze und des Schulterüberwurfs, welcher die Widerftandsfähigkeit des Harnifchs da verdoppelt. Auch die mit Schirmrändern verfehene Keffelhaube ift von ungewöhnlicher Form. Der Schild ift bereits größer wie der kleine Dreifpitz (petit — ecu). Die Querftangen des überaus langen und breiten Schwertes find noch, wie die vom XIII. Jahrh., dem Orte zugeneigt und die Radfporen fehr langhälfig.

Von der altpolnifchen, refp. flavifchen Bewaffnung vor Boleslaw Chrobry (des Tapferen — 992—1025) weiß man nur, daß der hölzerne Bogen (lucca —, luczke) mit Pfeilen (streta, — strzala), das Meffer (noz), der von diefem abftammende Säbel (nozna) und auch fchon das Schwert (miecz), der Wurffpeer, fowie der längere Speer (Kop, — Kopia) im Gebrauch waren. Die fpäteren Ausrüftungen find den deutfchen verwandt, ja felbft fehr ähnlich, inbegriffen des Litenka genannten Zeugwaffenrocks, des fr. hoqueton. S. auch im Abfchnitt «Helm».

Deutfcher Ritter aus dem Anfange des 14. Jahrhunderts, fchon mit gefchientem Beinfchutz, Kniekacheln und mit Eifenfchnabelfchuhen gerüftet. Den Topfhelm ziert eine Feder und der Schild ift größer als der Dreifpitz (petit écu) des 13. Jahrhrhunderts. Der über die Rüftung getragene Waffenrock (hoqueton) ift fehr kurz und gegürtet. — Handfchrift 2,576 in der kaiferlichen Bibliothek zu Wien: Historia sacra et profana etc.

1. Neuenburger Ritter mit Helm und Helmbrünne oder Ringhaube und mit Lendner in der Tracht von 1372, zu welcher Zeit das Grabmal des Grafen Ludwig in der Stiftskirche zu Neufchâtel ausgeführt wurde. Die Figur ftellt Rudolf II. dar († 1196).

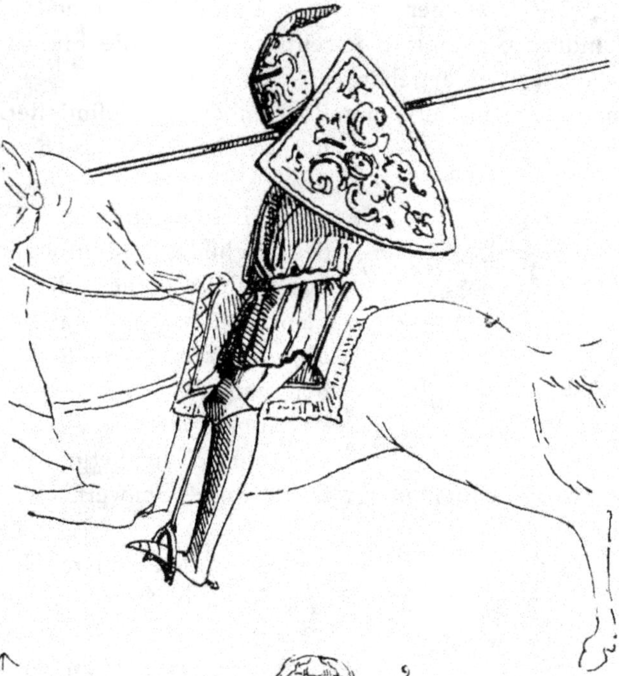

1

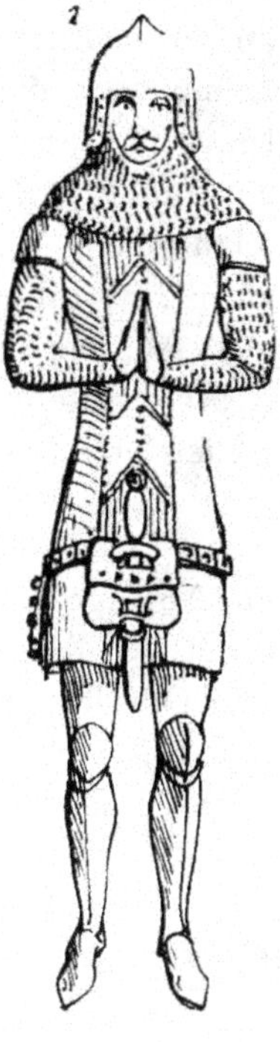

2

2. Rüſtung eines Neuenburger Ritters. Dieſelbe iſt nach der genauen Darſtellung auf dem Grabdenkmal gezeichnet, das dem Grafen Berthold errichtet wurde und bald nach ſeinem Tode († 1258) ausgeführt worden ſein ſoll. Es ſind hier ſchon Beinſchienen aus Eiſenblech zu bemerken, der Schild iſt jedoch faſt noch der Dreiſpitz (petit écu). Der Hüftgürtel,

Dupsing, aber, welcher in diefer Form faft nirgends vor dem 14. Jahrhundert vorkommt, beweift wohl, daß die Bildnerei nicht dem 13. Jahrhundert angehört.

Wandmalerei in der Painted chamber zu Weftminfter, v. XIII Jh., welche hier wegen der Form des durchbrochenen Helmgeftelles gegeben ift. Die Form des Schildes (dreifpitzig, Petit écu), ftellt ficher die Zeit feft. Sämtliche Krieger haben vollftändige Panzerhemden mit Ringhauben und Fäuftlingen, fowie einige davon kegelförmige Helme mit und ohne Nafenberge. Intereffant ift hier auch das einfchneidige fäbelförmige Schwert.

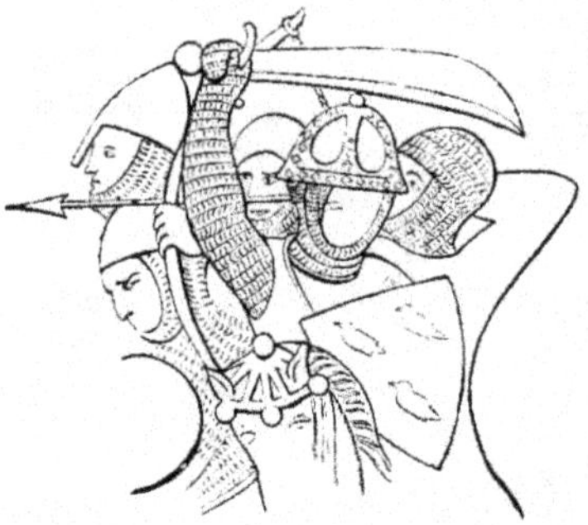

Philippe von Rouvre, Herzog von Burgund, nach feinem Infiegel vom Jahre 1361, welches Damay (Coftumes d'aprés les sceaux, 1880) veröffentlicht hat. Befonders ift hier die über der Brünne getragene Platte, nicht Lendner, der mit Zier (Eule und Flügel) verfehene Topfhelm belangreich, obfchon nicht feftzuftellen ift, ob diefe Helmzier von Metall (f. Ab. Helm Nr. 40 und 41) war. Angekettetes Schwert und Petit écu Pferd gerüftet.

Spanifcher Ritter vom Ende des 14. oder vom Anfange des 15. Jahrhunderts; er trägt noch das Panzerhemd mit der Ringhaube ohne Helm. Schwert mit dem Orte zugekehrter Querftange. Nach dem Bruchftück einer Bildnerei in der Alhambra. Diefes Basrelief ift mit einer Infchrift in kleinen gotifchen Lettern (Minuskeln umgeben, wie fie nicht vor 1360 gebräuchlich waren [1]).

[1]) In einigen Handfchriften kommen Minuskeln doch fchon anfangs des XIII. Jh. vor.

1. Bewaffneter Gildemann mit großer Brünne und Waffenrock von Gent (Belgien). Nach einer Wandmalerei des 14. Jahrhunderts. Intereſſant ſind Schwert, Helmbrünne und Helm. Letzterer iſt die große Keſſelhaube mit Nackenſchutz und einem beweglichen Sturz oder Viſier, welches man gewöhnlich nur bei Helmen des 16. Jahrhunders antrifft[1]). Das Schwert hat eine nach der Klingenſpitze zu gebogene Abwehrſtange, wie dieſelbe beſonders im 13. Jahrhundert vorkommt.

2. Deutſcher Ritter von 1350, ſowie derſelbe in Holz im Dom zu Bamberg dargeſtellt iſt, Über der Maſchenbrünne mit gefingerten Handſchuhen liegt die Platte mit ehernen Nagelköpfen. Außerdem iſt die Bruſt noch gegen Lanzenſtöße durch eine Bruſtplatte oder Stahlſtück geſchützt, an welchem mittels Ketten Dolch und Schwert befeſtigt ſind. Der Hüftſchwertgürtel oder die Hüftkuppel, (altd. Dupſing) welche im Mittelalter von 1320—1420

[1]) S. im Abſchnitt der Helme noch andere derartige Keſſelhauben mit Sturz vom 14. Jahrhundert.

getragen wurde, die bereits im 13. Jahrhundert exiſtirende große Keſſelhaube und vor allem die Platte (ſ. S. 66—69) mit Schulterſtück ſind für die Zeit charakteriſtiſch, ebenſo die ausgeſchnittene

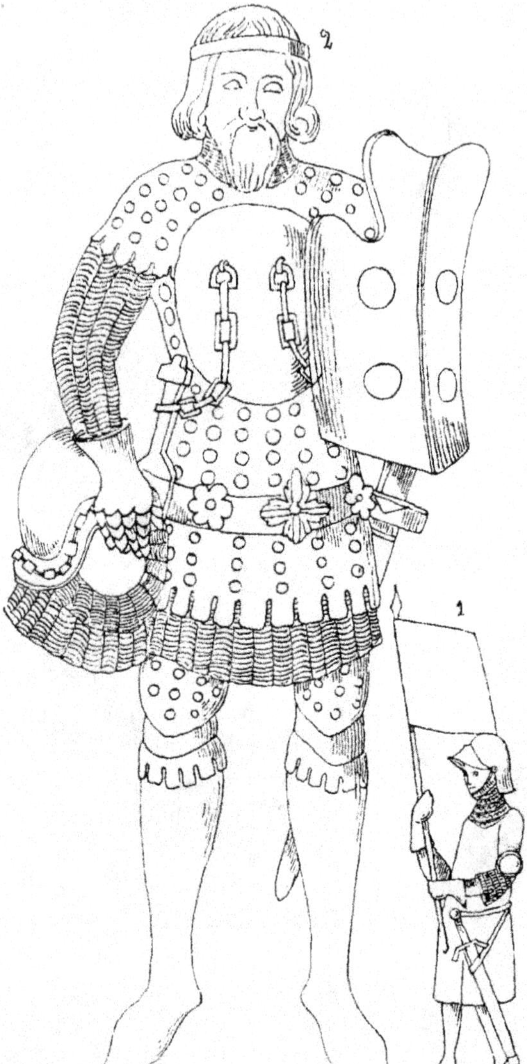

Tartſche. Die Keſſelhaube iſt hier mit Maſchenhalsſchutz verſehen. Der Beinſchutz mit Nagelköpfen beſät geht nur bis über die Kniee und die Kampfhandſchuhe ſind gefingert

ähnlich wie diejenigen auf dem Denkmale Günthers von Schwarzburg, von 1352, im Dom zu Frankfurt a/M. In faſt ganz gleicher Ausrüſtung iſt eine Holzfigur v. 1370 im Dom zu Bamberg dargeſtellt.

Kaiſer Ludwig der Bayer (1314—1347), lebensgroße rote Sandſteinflachbildnerei von den zinnenförmigen Giebelſkulpturen des v. 1314—1317 erbauten Kaufhauſes zu Mainz, welche, nach dem 1812 erfolgten Abbruche, im Mainzer Muſeum aufbewahrt ſind. Der Kaiſer iſt dargeſtellt in vollſtändiger Ketten- oder Maſchenrüſtung mit Helmbrünne oder Ringhaube unter der kleinen Keſſelhaube; vom Ende des XIII. Jh. (welche hier mit Kamm und einem kronenförmigen Schirm verſehen iſt), Fauſthandſchuhärmel und Beinſchutz oder Ringhoſen, an welchen letzteren beſonders die ſchon vorhandenen Kniekacheln intereſſant ſind. Die Brünne iſt nicht mit einem Lendner noch Waffenhemd, ſondern mit der Platte (ſ. S. 66—68) bedeckt, wie dies aus den daran befeſtigten Dolch- und Schwertkettenfeſſeln hervorgeht, welche nur an

einer der Schienen befeſtigt ſein können. Um die mit Achſelſchutz verſehene Platte hängt rundum ein Zeugſchurtz. Der kleine Dreiſpitz (petit écu) zeigt den Reichsadler, nur hinter dem Rücken des Kaiſers ragt ein Stechhelm mit einer gewaltigen Helmzier hervor. Die rechte Hand hält den Turnierſpeer. Das Dolchmeſſer (ſ. Nr.

7 im Abfchnitt der Dolche) hat die einfache gotifche Form, und das Schwert mit gerader Querftange ift ungewöhnlich lang (f. Nr. 12 im Abichnitt der Schwerter). Die rundbüglichen Sporen haben fehr kurze Hälfe aber fehr grofse zwölffpitzige Räder (f. Nr. 161 im Abfchnitt der Sporen).

Grabdenkmal des Marfchalls von Waldeck, † 1364 in der Pfarrkirche zu Lorch a/R. Außer der Ringbrünne zeigt die Schutzrüftung Arm-, Bein- und Lendenfchienen mit befonders kleinen Knie- und Ellenbogenkacheln. Das über der Brünne getragene Gewand fcheint eine Platte alfo kein Lendner zu fein, da ja die daran genietete Kette den von der linken Schulter herabhängenden Stechhelm hält. Die an der Brünne befindliche Ringhaube ift mit der kleinen Keffelhaube bedeckt, welche unter dem Topf- oder Stechhelm getragen wurde. Das fpitzortige lange Schwert ift mit nur ganz kurzer Ouerftange verfehen und auch der Dolch am Hüftengürtel befeftigt. Wie die Platte, zeigt der an beiden Seiten gewölbte Dreifpitz (Schild) als Wappen Adlerflügel. Befonders eigentümlich ift die Lederriemenbewickelung der halbfchnabelförmigen Eifenfchuhe.

Graf Adolf von Naffau I., † 1134. Grabdenkmal fpäter in der Abtei Eberbach (geftiftet 1134) nach dem Tode des Grafen Philipp des Älteren († 1479) im heffifchen Befitz. Befonders felten vorkommend ift die hier am Schurz aus Ringen beftehende Platte, welche allem Anſchein nach in den oberen Teilen aus Schienen beſtehen muſste, worauf die Schwert- und Dolchketten genietet waren. Arme, Lenden und Füße ſind beſchient, haben aber doch noch unter der Beſchienung Ringſchutz. — Nach „Lorch und Wiſperthal“. Handſchriftzeichnungen im Staatsarchiv zu Wiesbaden. (Genealogia oder Stammregiſter der durchlauchtigſten Fürſten etc. des Hauſes Naſſau, durch Heinrich Dorſen, mahlern von Altenweilnau 1632.)

Reiterſtandbild des h. Georg im

Hofe des Schloſſes zu Prag, v. Jahre 1373. Auf dem vollſtändigen Maſchenpanzerhemde mit Ringhaube, Rüſthoſen, Strümpfen und gefingerten Handſchuhen ſind durch Kniekacheln verbundene Beinſchienen (Dielinge) geſchnallt, die Maſchenärmel aber nur mit Meuſel (Ellenbogenkacheln) und Schulterſchilden (keine Wappenplatten) verſtärkt. Die Handſchuhe ſind gefingert wie die

(Nr. 1, ab. Handſchuh) Günthers v. Schwarzburg (1352). Das belangreichſte von der ganzen Ausrüſtung iſt aber der Panzer, welchen man für eine mit Stückpanzer überzogene Platte halten könnte, da der Rüſthacken und die getriebenen Verzierungen den Küraß bekunden, wo hingegen die Nagelköpfe des Vorderſchurzes auf die Platte hin weiſen. Es iſt dies, soartig vereinigt, das einzige bekannte Plattenrüſtſtück.

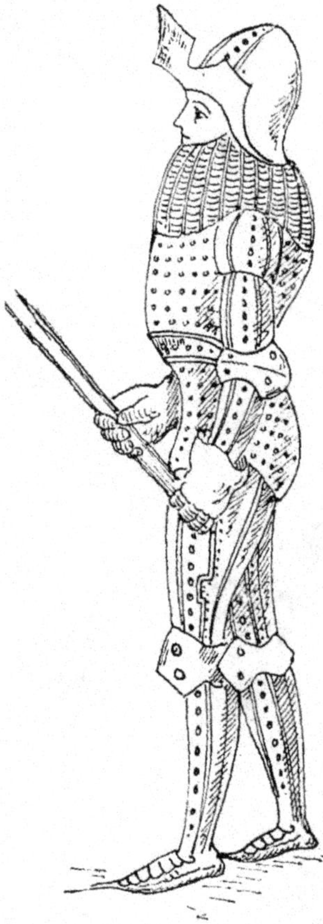

Vollſtändige deutſche Rüſtung vom 15. Jahrh. Fuß- und Armſchienen mit Nagelköpfen, großen Knie- und Ellenbogenkacheln und gefingerten Handſchuhen. Eine Keſſelhaube mit beweglichen Sturze. Ring- oder Kettenpanzerhemd mit Halsberge, darüber eine lange Platte mit Nagelköpfen. Nach den Buchmalereien der Handſchrift des Wilhelm von Oranse (1387) in der Ambraser Sammlung zu Wien.

Franzöſiſcher Ritter v. Ende des 14. Jahrh. Von deſſen Harniſch iſt beſonders die über das Maſchenpanzerhemd hinten zugeſchnallte aus langen Querſchienen dargeſtellte Platte(?) belangreich, da die Platten gewöhnlich hinten zugeſchnürt wurden. Die Helmbrünne iſt unten ſehr breit. — Nach den „Merveilles du Monde“, Handſchrift in der Nationalbibliothek zu Paris.

Engliſche Ausrüſtung v. 14. Jahrh. Die Figur ſtellt den Schwarzen Prinzen Edward von Wales, Fürſt v. Aquitanien vor. Der über die Helmbrünne geſtülpte Glockenhelm gleicht ſchon, beſonders des Nackenſchutzes wegen, den Schallern v. 15. Jahrh. Der Schwertgriff mit faſt gerader Abwehrſtange iſt der Zeit gemäß, aber die nach dem Orte gebogene Querſtange des Dolches hat noch den Charakter des 13. Jahrh. Der über die Brünne getragene Lendner (keine Platte) iſt mit Lilien geziert, die Bruſt ſchützt ein Bruſtſchild auch Stahlſtück und Bruſtplatte genannt.

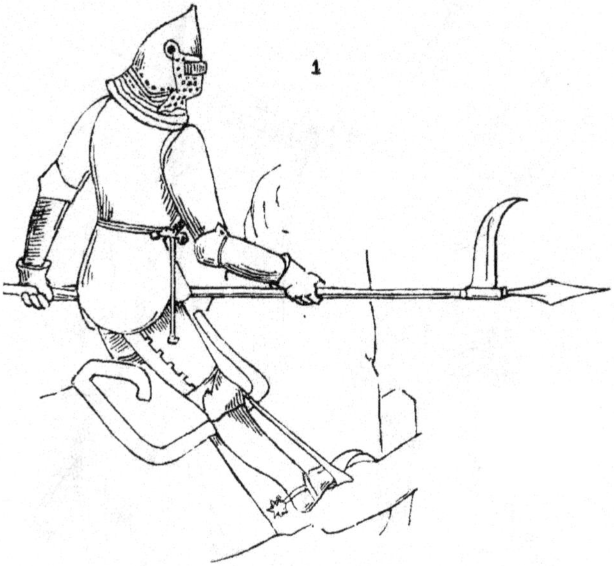

1

Bewaffnung eines deutſchen Ritters a. d. Mitte d. 15. Jahrh. St. Georg darſtellend, nach einer Buchmalerei und Handſchrift aus der Zeit. Von Cleve, gegenwärtig im Wiesbadener Archiv. Intereſſant ist die Platte (wenn nicht Lendner) von Leder, welche eigentlich doch nur dem 14. Jahrh. angehört, sowie die ebenfalls dem 14. Jahrh. angehörige große, spitze Kesselhaube, hier mit Visier, was Zweifel auftauchen läßt, ob die Entstehung der Handschrift nicht ein Jahrhundert früher angesetzt werden muß.

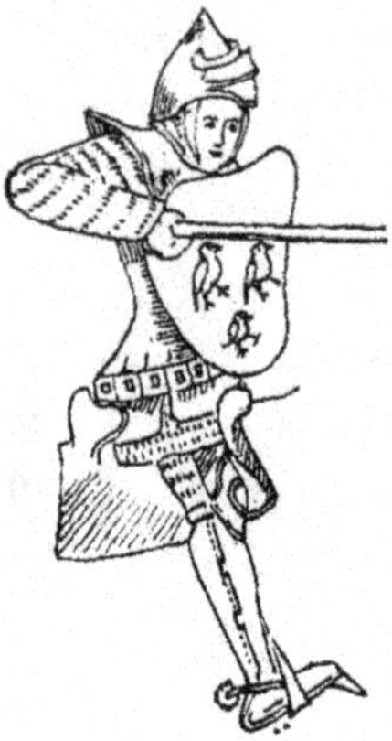

Spanischer Ritter nach einer Wandmalerei im Gerichtssaale der Alhambra, wahrscheinlich vom Ende des 14. Jahrhunderts, wie der Hüftgürtel anzuzeigen scheint, welcher von 1320—1420 im Gebrauch war. Die Darstellung ist bemerkenswert wegen der über der Brünne getragenen Platte und des Visiers an der großen Kesselhaube, ferner wegen der ausgeschnittenen herzförmigen Tartsche (targe à bouche), die man auch während des 14. Jahrhunderts in Deutschland, besonders bei Turnieren, antrifft.

1. Burgundischer Ritter, nach den Buchmalereien einer für den Herzog von Burgund, Johann den Unerschrockenen (1404—1419), verfaßten römischen Geschichte. Die Handschrift wird in der Biblio-

thek des Pariſer Arſenals aufbewahrt. Wie man ſieht, beſtand die Rüſtung noch aus dem Maſchenhaubert mit zurückgeſchlagener Helmbrünne und Fäuſtlingen und einer Art ſpitzglöckigen Schale oder Schaller. Der kleine Dreiſpitz (petit écu), gleichfalls aus dem 13. Jahrhundert, iſt auf dem Rücken des Ritters vermittelſt der Schildfeſſel aufgehängt.

2. Krieger mit Schallerhelm, der hinter dem Setzſchilde die kleine Handkanone abſchießt, nach einer Handſchrift des 15. Jahrhunderts.

Spanifche Krieger, nach einer gegen Ende des 14. Jahrhunderts in der Kathedrale zu Mondonedo ausgeführten Wandmalerei, welche den Bethlehemitifchen Kindermord darftellt. Mehrere Schwerter find fchon mit dem Efelshuf[1]), andere mit gerader Abwehrftange und die Keffelhauben mit beweglichen Kinnftücken verfehen; das gegitterte Panzerhemd bedeckt eine Art Brigantine. Die Schrift auf dem großen fcutumförmigen Schilde des einen Soldaten ift noch in großen gotifchen Buchftaben (Majuskeln), während die unter der Tafel befindliche Schrift fchon die kleinen Buchftaben (Minuskeln) zeigt, welche nicht vor 1360 in Gebrauch waren[2]). Die Beine aller diefer Krieger, fowie auch deren Vorderarme find unbewehrt, die Panzerhemden kurz und reichen nicht einmal bis auf das Knie, auch die Füße haben keine Eifen- oder Waffenfchuhe. Überhaupt ift die ganze Bewaffnung noch fehr mangelhaft für jene Zeit (2. Hälfte oder Ende des 14. Jahrhunderts) und fteht hinter der englifchen, franzöfifchen und deutfchen Bewaffnung derfelben Periode weit zurück; wo hingegen die Efelhufe der Schwerter, wie bereits bemerkt, anderswo viel fpäter auftauchen.

1. Italienifche Rüftung vom Ende des 14. Jahrhunderts, nach dem in Venedig befindlichen Grabdenkmal Jacopo Cavalli's, der im Jahre 1384 ftarb und deffen Steinbild von Paolo di Jacomello delle Maffegne ausgeführt wurde.

2. Italienifche Rüftung vom Ende des 15. Jahrhunderts, Reiterftandbild Bartolomeo Colleoni's zu Venedig, die im Jahre 1495, nach Andrea Verrocchio, von Aleffandro Leopardo vollendet wurde. Diefer Harnifch ift bemerkenswert wegen der ungeheuren Schulterfchilde, die weder mit dem Armzeuge, noch mit dem Rücken-, noch auch mit dem Bruftfchilde verbunden find, zwifchen welchen Stücken das Mafchenpanzerhemdes auf einer ziemlich breiten Fläche fichtbar wird. Der Panzer fowohl, als auch die Schale ohne Vifier bieten einen fehr mangelhaften Schutz, fo daß diefe Rüftung den deutfchen, franzöfifchen und englifchen Rüftungen jener Zeit um vieles nachfteht, fonft aber höchft künftlerifche Formen aufweift.

---

[1]) Man bezeichnet mit dem Namen Efelhuf das zweite untere Stichblatt, welches vor dem Abfatz der Klinge nach der Spitze zu vorfpringt. Gewöhnlich kommt der Efelhuf erft von der 2. Hälfte des 16. Jahrhunderts an vor.

[2]) Nur in einigen Handfchriften kommen Minuskeln fchon Anfangs des 13. Jh. vor.

Krieger im italieniſchen Harniſch, aus einer, am herzoglichen Palaſt zu Venedig befindlichen, Salomos Urteil darſtellenden Flachbildnerei vom 15. Jahrh. Der Stückpanzer iſt hier durch beſchlagene Schulter- und Bruſtriemen getragen. Vom Vorderſchurz ſteigt

1

2

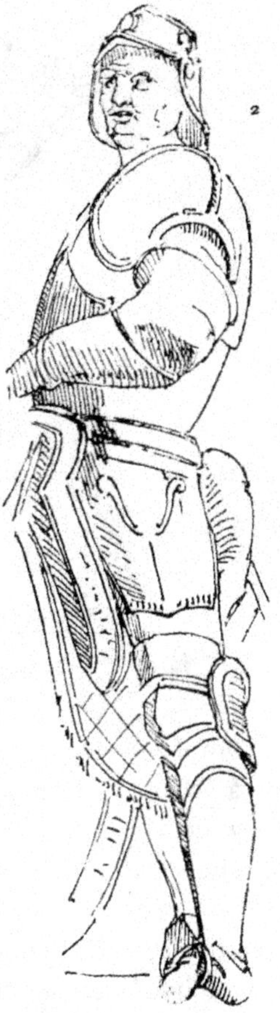

eine dreiſpitzförmige Verſtärkung bis zum Nabel auf; das Armzeug mit Ellbogenkacheln iſt vollſtändig geſchoben und hat am rechten Arm eine runde Achſelhöhlſcheibe. Auch das Beinzeug mit Kniekachel iſt gänzlich geſchient, ebenſo ſind die Eiſenſchuhe geſchoben.

Marmorſtandbild eines italieniſchen Ritters, Werk Donatellos (1383—1466). Die Rüſtung, wahrſcheinlich aus der Mitte des 15. Jahrh. iſt gänzlich geſchient mit nicht mehr ſpitzen Schnabel-Fußbekleidungen und der lange unten ſpitze Schild hat eine ſelten vorkommende Form. — Im Oratorium d'or von S. Michele zu Florenz. —

Franzöſiſcher Ritter vom Ende des 14. Jahrh. oder anfangs des 15. Unter der Keſſelhaube mit beweglichem Sturz (Viſier) die Helmbrünne oder Ringhaube mit daran befeſtigter Hals- und Schulterberge, ein Maſchenwerk, ſowie gefingerte Kampfhandſchuhe. Beſonders intereſſant iſt hier der aus viereckigen Plättchen mit Nagelköpfen und Lederunterlage beſtehende, nur bis an die Armhöhle reichende Panzer, welcher auch wohl zu den Platten gehört haben kann, da der Vorder- und Hinterſchurz damit verbunden zu ſein ſcheint. — Handſchrift Tite. Live in der Nationalbibliothek zu Paris, ausgeführt von 1390—1405. —

Engliſche Schienenrüſtung vom Ende des 14. oder vom Anfang des 15. Jahrhunderts. Nach einer Handſchrift aus jener Zeit, welche 1782 durch Strutt veröffentlicht worden iſt. Die Figur ſtellt den Earl (Grafen) Thomas Montacute (1380—1440) vor. Beſonders beachtenswert iſt an der Rüſtung der breitſchienige Vorderſchurz, und die eigentümliche Form des den ganzen Hinterteil bedeckenden ausgezackten Schutzes, ferner die nur unten geſingerten Kampfhandſchuhe und die lange eiſerne Streitaxt, eine Waffe, welche kein Muſeum beſitzt[1]).

Schwediſcher oder deutſcher Ritter des 15. Jahrhunderts, nach einer Wandmalerei in der Kirche Amenharads in Schweden. Die deutſche, ausgeſchnittene Turniertartſche, die ſpitze Form des Fuß-

[1]) Pole-axer oder Pfahlaxt? S. d. Einleitung im Abſchn. Streitaxt.

ſchutzes ſowie die eigenartige Form der Kniekacheln ſind alle obiger Zeitbeſtimmung nicht entgegen, wohl aber das Lanzeneiſen, welches dem 13. oder 14. Jahrhundert angehört.

1. Das in faſt halbrunder Steinbildnerei ausgeführte Grabdenkmal des Grafen Johann III. v. Katzenelnbogen[1]), † 1444, früher in der 1134 gegründeten Abtei Eberbach, welcher nach dem Tode Philipps d. Älteren (1479) in heſſiſchen Beſitz gelangte. Dieſe lebensgroße Skulptur — ſowie fünf andere ähnliche Grabdenkmale noch (d. Dieter IV † 1226, Eberhard I, † 1342 Philipp d. Jüngeren,

[1]) Man hat dieſen Namen einen lateiniſchen Urſprung: Cattimelibocus, d. h. Melibocus der Katten, anhaften wollen, was ſelbſtverſtändlich nicht ernſtlich zu nehmen iſt. Die Baureſte vom Stammſchloſſe des mit dem letzten Grafen Philipp 1479 erloſchenen Geſchlechts liegt beim Flecken Katzenelnbogen im Unter-Lahnkreiſe.

† 1453, Johann II. v. Naffau und Saarbrücken, † 1472, und Philipp d. Ä.) alle lebensgroße gerüftete Ritter, befinden fich feit 1808 in der Mauer einer «Burg» getauften Spielerei des Parkes Biebrich-Mosbach eingelaffen. Die vollftändige Schienenrüftung mit Rüfthaken am Panzer, Schienenachfelftück, ausgezacktem Vorderfchurz und halbgefingerten Kampfhandfchuhen hat keine Achfelhöhlenfcheiben. Die große Keffelhaube ift mit beweglichen Scharnierfturz und noch mit einer Helmbrünne gänzlich bedeckt. Schwert und Dolch find, etwas Seltenes, ohne Abwehrftange, und der Griff des erfteren ift zweihändig. Der Turnierfpeer hat eigentümlicherweife den Handgriff ganz am unteren Ende.

2. Grabdenkmal Philipp des Älteren von Katzenelnbogen († 1479), ebenfalls von Eberbach und gegenwärtig in Biebrich-Mosbach. Hier zeigt die vollftändige Schienenrüftung runde Palmettachfelhöhlfcheiben, fingerlofe Handfchuhe, Schwert mit Abwehrftange und zweihändigem Griff, einem dünnen Speere mit breiten dreikantigen Eifen und als Kopffchutz bereits den Schallern (Salade) mit Barthaube.

Holländifche Rüftung vom 15. Jahrh., nach dem 1652 durch Brand zerftörten Standbilde des Herzogs Philipp des Guten (1419—1467). Es fcheint hier viel Phantaftifches beigegeben zu fein. Intereffant find die Achfelftücke, der ausgefchnittene Stückpanzer und der Schurz mit feinen herabhängenden Kugeln, wenn nicht Schellen. (S. S. 393.)

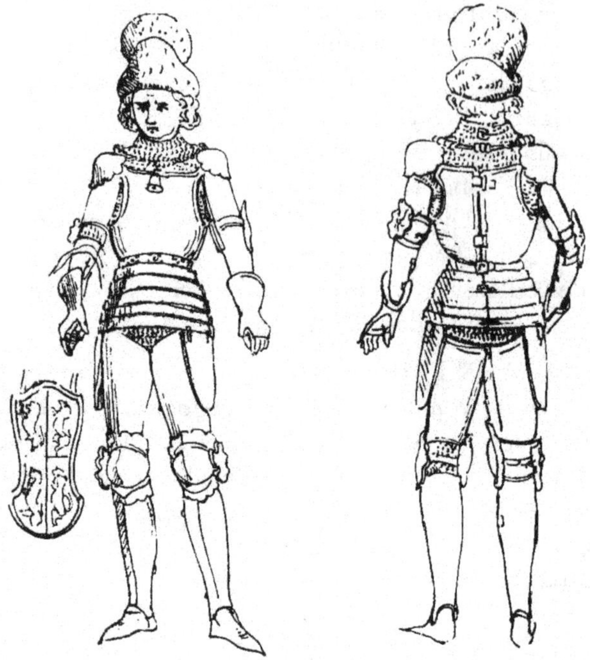

Holländifche Rüftung, in Rück- und Vorderanficht, aus dem 15. Jahrhundert, nach dem kleinen Bronzeftandbilde Wilhelms VI. (1404—1417). Sie rührt von einem Geländer in dem Saale des alten Rathaufes von Amfterdam her, worin der Rat feine Sitzungen hielt, und befindet fich jetzt in der Amfterdamer Altertümer-Sammlung. Auffallend ift diefe Rüftung wegen der übermäßig großen Knieftücke und die pelzartige Kopfbedeckung. Der auf dem Rücken zugefchnallte und über ein Panzerhemd getragene Stückpanzer mit Vorder- Hinterfchurzen und Armfchutze hat nichts von einer Platte, welche faft immer vermittelft auf Querfchienen mit Nagelköpfen befeftigten Leders hergeftellt war, auch gemeinlich nicht hinten zugefchnallt, fondern zugefchnürt wurde und mit dem Schurze ein Stück bildete. Die Kampfhandfchuhe find gefingert, und unter den Kniekacheln bemerkt man Ringfchutz. Statt der Lendenkrebfe hängen zwei nach unten oval zulaufende Platten vom Vorderfchurz herab.

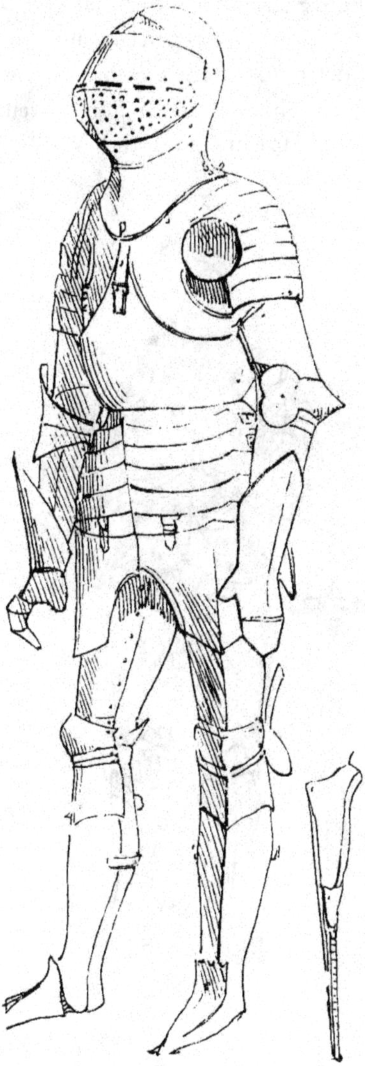

Gotiſche Rüſtung von blankem Stahl, aus dem 15. Jahrhundert, mit einer Art Topfhelm, der mit runder Glocke und Scharniervisier verſehen iſt; ſie wird dem im Jahre 1476 verſtorbenen Friedrich I. von der Pfalz zugeſchrieben. — Ambraſer Sammlung zu Wien.

(Eine ähnliche, in derſelben Sammlung aufbewahrte Rüſtung ſoll Friedrich dem Katholiſchen angehört haben.)

Dieſer Harniſch verrät auf den erſten Blick die Mitte des 15. Jahrhunderts durch die beſondere Form der Krebſe, der fingerloſen Kampfhandſchuhe und der langen Enden ſeiner Eiſenſchuhe, von denen neben dem linken Fuße eine Abbildung beigefügt iſt. Der Kopfſchutz hat bereits den Charakter des Viſierhelmes und ſcheint neuzeitiger als die übrigen Teile der Rüſtung.

Engliſche Rüſtung nach dem Denkmale Richard Beauchamps, Earl von Warwik vom Jahre 1439. Dieſe Schienenrüſtung hat eigentümlich entwickelte Achſelſtücke (eng. shoulder-plate) und mit dem Stückpanzer eng verbundenem, aus geſchobenen Schienen beſtehendem Hinterſchurz. Die Ellbogenkacheln ſind ebenfalls breit, die Kniekacheln beiderſeitig hoch und 8förmig und der Vorderſchutz hat Krebſe.

Deutſche Schienenrüſtung vom 15. Jahrh. nach dem Grabdenkmale zu Weilburg des Grafen Johann II. von Naſſau-Saarbrücken, † 1472. In der: «Genealogia oder Stammregiſter der durchlauchtigen Fürſten des etc. des Hauſes Naſſau, durch Heinrich Dorſen, Mahlern von Altenweilnau (1632»). Handſchriftzeichnungen im Staatsarchiv zu Wiesbaden. Dieſer Harniſch hat viel Regelrechtes und Stilvolles, auch bietet der eiſenhutförmige Helm mit Stirnverzierung Seltenes.

Deutſche Rüſtung des 15. Jahrhunderts, nach F. Vegetius von L. Hohenwang ins Deutſche überſetzt. — Wolfenbüttler Bibliothek.

Der Ritter zeigt ſich hier als Taucher dargeſtellt. Die ſchöne gotiſche Rüſtung mit gewölbtem Stückpanzer iſt vollſtändig. Der Helm allein mit ſeiner ſpitzen Glocke ſcheint beſonders für Taucher angefertigt zu ſein.

Deutſche Bewaffnung des 15. Jahrh., nach der deutſchen Legende: «Ritter Peter Diemringer v. Staufenberg» (1480 bis 1482) von Martin Schott in Straßburg. — Bibliothek zu Wolfenbüttel. Man ſieht hier den Schallernhelm, breite Hüftenſtücke und innen gefingerte Handſchuhe. Die Turnierlanze iſt befähnelt und das Pferd mit Hintergeſchirr verſehen.

Deutſche Schienenrüſtung für Mann und Roß aus der Mitte des 15. Jahrh. Nürnberger Arbeit. Der Stückpanzer, hier ohne Rüſthaken, hat die edle gotiſche, Form ebenſo wie die gefingerten Kampfhandſchuhe, die Meuſeln (Ellenbogenkacheln), Achſelhöhlſcheiben und Eiſenſchnabelſchuhe. Der aus Schienen beſtehende Vorderſchurz iſt in höchſt ſeltener hoſenartiger Form und der

ganze Harniſch über ein mit Ringhaube verſehenem Kettenpanzerhemde getragen. Die „Schale" oder „Schallern" hat vorn einen „Schembart" oder „Barthaube". Das Pferd trägt, wie der Reiter, unter der blanken gekrümmten Eiſenrüſtung, inbegriffen eine Roßſtirne mit Augenöffnungen, den vollſtändigen Kettenpanzer. — Frühere Sammlung des Grafen Nieuwerkerke zu Paris.

Kaiſer Maximilian I. (1459—1519) im Jahre 1480, nach einem im Zeughauſe zu Wien befindlichen Gemälde auf Leinwand. Die Rüſtung für Mann und Roß beſteht aus blankem Stahl. Den Kopf des Monarchen bedeckt eine Pelzmütze. Der Vorhelm oder Kinnſtück, auch Barthaube genannt (fr. mentonière, volant piece im Engl.) iſt mit rotem Samt überzogen. Die Rüſtung des Pferdes iſt, abgeſehen von den Beinen, eine vollſtändige.

Deutſche Schienenrüſtung für Roß und Mann aus dem 15. Jahrhundert, nach einem in der Wolfenbüttler Bibliothek befindlichen Aquarell dieſer Zeit. Beſonders merkwürdig iſt die Pferderüſtung ihrer Fußgelenkſtücke wegen. Auf dem 1480 ausgeführten und im

Wiener Zeughaus aufbewahrten, vorftehendem Bilde Meifter Albrechts, des Waffenfchmiedes Maximilians, find Reiter und Pferd in ähnlicher Weife gerüftet, nur daß die Beine des Pferdes da unbefchützt bleiben.

Reiter- und Pferderüftung Maximilian I. (geb. 1495, geft. 1519) zugefchrieben. Die Schenkel- und Beinfchienen, das Armzeug und die Eifenfchuhe gehören nicht der urfprünglichen Rüftung, fondern dem fpäteren 16. Jahrhundert an. Die Schale hat ein bewegliches Vifier und ein gefchientes Kinnftück, d. h. den Vorhelm oder die Barthaube. Die getriebene Rüftung des Roßes ift befonders reich und vollftändig. — Ambrafer Sammlung. — Der Graf Nieuwerkerke befaß eine ähnliche, in Nürnberg erworbene Rüftung für Roß und Reiter.

Vollständige Stechturnierrüstung für Mann und Roß, welche für letzteres aber nur aus starkem Leder hergestellt ist („das Roß mit ainer liderein tehek".) Nach dem Triumphzug Maximilians I. (1493—1519), welcher v. Dürer, Schäuflein, Springinklee u. a. nach Angabe Treytszsaurweins, Sekretär des Kaisers 1512, in Holzschnitten ausgeführt worden ist. Hier ist die Roßstirne blind und das Vordergebüge mit großen Buckeln geziert.

1. Gotisch-deutsche Rüstung aus der ersten Hälfte des 15. Jahrhundert, dem Sigismund von Tirol zugeschrieben. — Ambraser Sammlung zu Wien. Diese Rüstung mit Schallern oder Schale und Vorhelm, oder Kinnstück (Barthaube) ist unvollständig; die Krebse fehlen daran.

2. Schöne gotische Rüstung mit Schallernhelm, aus der ersten Hälfte des 15. Jahrhunderts, aus blankem Stahl. Sie gehört dem

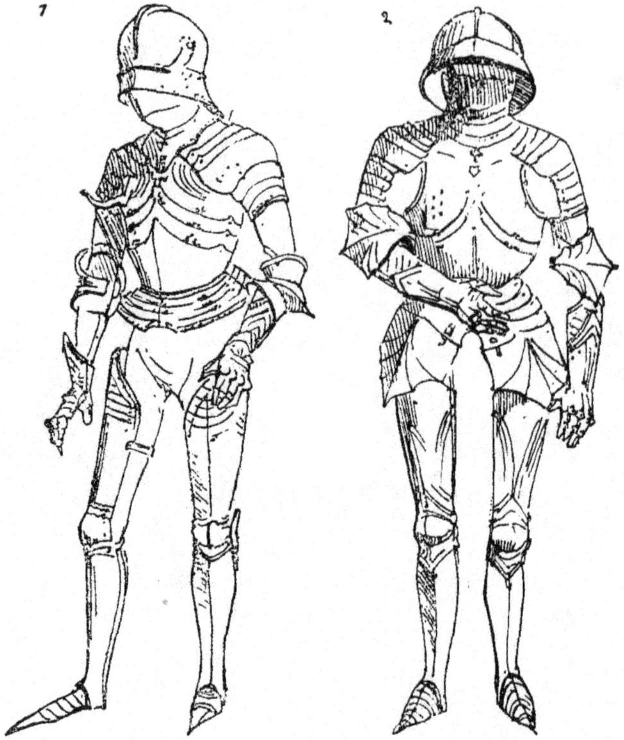

Muſeum zu Sigmaringen an und wird dort dem Grafen Eitel Friedrich I. von Hohenzollern aus dem 15. Jahrhundert zugeſchrieben. Der Schallern iſt mit Vorhelm oder Kinnſtück oder Barthaube verſehen. Dieſe beiden Rüſtungen zu Wien und Sigmaringen ſind einander ſehr ähnlich, ebenſo die der Sammlung Zſchielle.

St. Victor in ſchön gotiſcher, getriebener Rippenrüſtung vom Ende des 15. Jahrh. Der Helm, — Schale oder Schallern (fr. Salade) — dieſes mehrfarbig bemalten Holzſtandbildes iſt beſonders wegen ſeines beweglichen, ſelten an Schallern vorkommenden Viſiers intereſſant. Der Stückpanzer mit Kinnſtück oder Barthaube Vorder- und Hinterſchurz zeigt dasſelbe ſtilvolle, gotiſche Getriebe, wie die Ellenbogenkacheln der vollſtändigen Armbergen und die Meuſeln zwiſchen Dielinge und Beinſchienen. Nur am Ende gefingerte Kampfhandſchuhe, oben beſchiente und wo nur der Daumen gänzlich gelöſt iſt. Der gehöhlte Tarzenſchild ohne Lanzenausſchnitt hat einen unten zugeſpitzten Ausläufer und die Schuhe ſind eigentümlicher Weiſe nicht mehr in der niedrigen Spitzbogen-, ſondern in der anfangs des 19. Jahrh. angenommenen Halbholzſchuhform, was berechtigt, die Anfertigungszeit dieſes Standbildes den letzten Jahren des 15. Jahrh. zuzuſchreiben. Muſeum zu Wiesbaden.

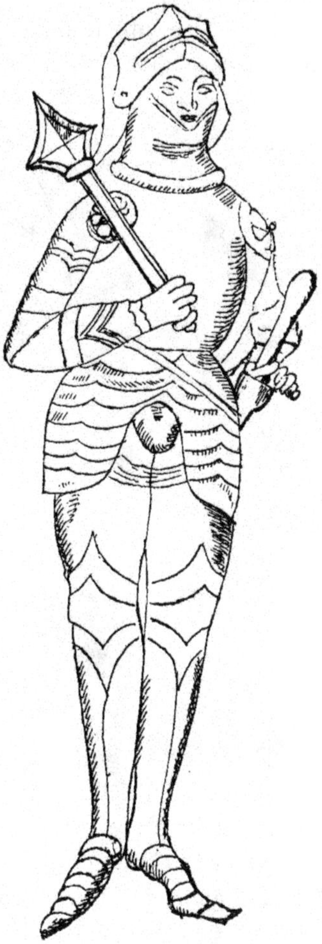

Grabdenkmal des Johann von Eſchbach, Schultheiß † 1513, (gemeißelt neben ſeine Hausfrau Anna v. Roßau † 1493), in der Pfaarkirche zu Lorch a/R. Die Ausrüſtung, welche, dem Zeitabſchnitt gemäß vollſtändig iſt (Schale oder Schallern, getriebene Halsberge mit verlängertem Kinnſtück und Viſier, ſowie der vollſtändige Schienenharniſch), hat im Sattelkolben, welcher ſich auch in den Händen anderer Ritter noch auf Lorchner Grabdenkmalen befindet (Johann von Breitenbach † 1515 u. a. m.) etwas Ungewöhnliches, ebenſo wie am Grabdenkmal Philipp Hicken von Lorch, † 1517, in derſelben Kirche, die Hellebarde.

Ganz eigentümlich iſt ferner der Schwertgriff ohne Querſtange. Die oben anſchwellende Scheide davon ſcheint aber auf ein rundes Stichblatt hinzuweiſen.

Deutſcher gotiſcher Harniſch aus der 2. Hälfte des 15. Jahrh. Bezeichnend für den Zeitabſchnitt ſind hier beſonders die ſchön geformten Achſelhöhlſcheiben, der Grätenpanzer mit ſeiner Maſchenhalsberge, der geſchiente kurze, in der Achſelhöhlſcheibe gleicher Form gehaltene Vorderſchurz, die damit übereinſtimmenden Kniekacheln, ſowie der Fauſthandſchuh mit nur gelöſtem Daumen und die Schnabeleiſenſchuhe. Die ausgehöhlte Stechtartſche zeigt das Banner der Grafen Merode (wenn nicht der Stadt Trier). Das ungewöhnlich lange Schwert mit ſtumpfem Orte hat eine dieſem zugebogene Querſtange. — St. Georg nach einer Kirchenfenſterglasmalerei (vitrail Nr. 53 des Verzeichniſſes) der 1887 verſteigerten freiherrlich von Zwierleinſchen Sammlung zu Geiſenheim.

Gotiſch-deutſche Stechturnierrüſtung, aus der zweiten Hälfte des 15. Jahrhunderts, von blankem Stahl, merkwürdig wegen der großen Achſelhöhlſchilde, der Turniertartſche und des Topfhelms. — Ambraſer Sammlung zu Wien. Napoleon III. beſaß drei ähnliche Rüſtungen und eine vierte befindet ſich im Beſitze des Grafen Nieuwerkerke. Nr. G. 115 im Pariſer Artillerie-Muſeum bezeichnet eine Rüſtung derſelben Gattuug, aus den erſten Jahren des 16. Jahrhunderts.

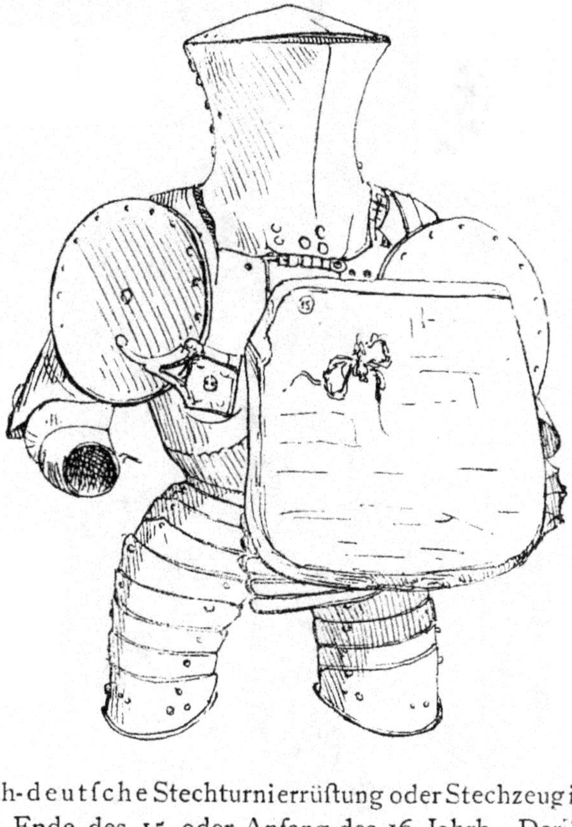

Gotiſch-deutſche Stechturnierrüſtung oder Stechzeug in blankem Stahl vom Ende des 15. oder Anfang des 16. Jahrh. Der Topfhelm mit Vorhelm iſt ähnlich dem der vorhergehenden Abbildung, die runden Achſelſchilde ſind hier kleiner und mit ſpitzen Buckeln

verſehen, die Turniertartſche zeigt lang herabhängende Feſſeln und iſt ſo befeſtigt, daß der linke, unbewegliche Stecharmhandſchuh, die ſogenannte Turniertatze ſichtbar iſt. — Artillerie-Muſeum zu Paris.

Deutſche Stechturnierrüſtung, aus dem Ende des 15. oder aus

den erſten Jahren des 16. Jahrhunderts, von blankem Stahl, 82 Pfd. wiegend. Bemerkenswert iſt die ſchöne Schale oder Schallernhelm — deren Rippen auf das Ende des 15. Jahrhunderts hinweiſen —, die große Turniertartſche mit Barthaube, für das Renn- oder Stechturnier, und der rieſige Hinterrüſthaken (queue), welcher für das Unterlegen des Hinterſchaftes vom Speer diente. — Ambraſer Sammlung. Die geſchienten Krebſe ſind lang und bilden mit dem Vorderſchurz ein Stück. — Im Artillerie-Muſeum zu Paris befindet ſich unter Nr. G. 116 eine ähnliche Rüſtung.

Deutſch-gotiſche Stechturnierrüſtung aus der zweiten Hälfte des 15. Jahrhunders, von blankem Stahl. Sie zeichnet ſich durch ihren Topfhelm, ihr Turnierarmzeug des linken Arms (Tatze) und durch den Beinſchild aus, welcher dazu diente, das rechte Bein vor einer Quetſchung an der (Palia, ſ. S. 83) Schranke zu ſchützen.

Dieſe Rüſtung, welche Maximilian dem Erſten (geſtorben 1519) zu geſchrieben wird, iſt in Augsburg angefertigt worden und befindet ſich im kaiſerlichen Arſenal zu Wien. Eine ähnliche in der Sammlung Zſchille.

Die Ellbogenkacheln haben noch einen ſehr ausgeprägt gotiſchen Charakter, und über den großen Krebſen befindet ſich ein geſchienter und zum Teil gerippter Vorderſchurz. — Eine ſchöne und zierliche Rüſtung aus guter Zeit.

Deutfche, halbgotifche Stechturnierrüftung von blankem Stahl aus der zweiten Hälfte des 15. Jahrh. Helm (Schale) mit Kamm, Vifierfchnitt und Barthaube oder Vorhelm (auch Kinnftück genannt).

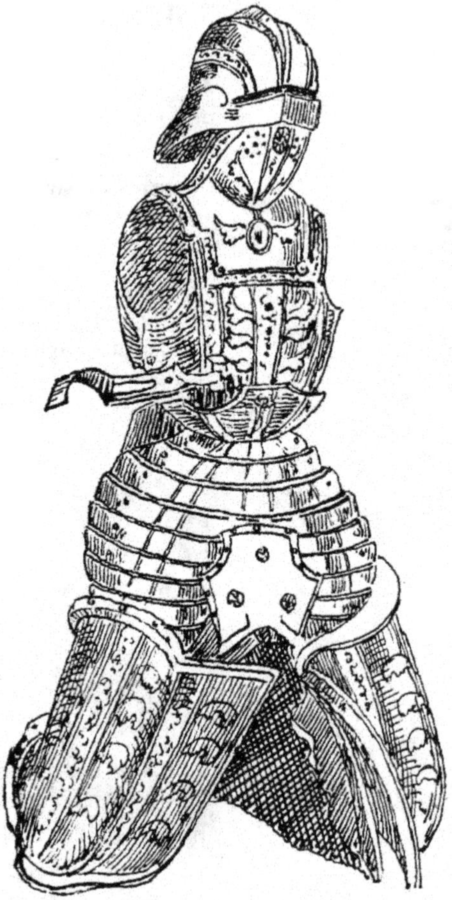

Reich verzierter Stückpanzer mit Rüfthaken für die Turnierlanze Cylinderförmiger Vorderfchurz in Schiebfchienen; beiderfeitige, reich gearbeitete Turnierlendenplatten und Stehfattel mit Schutzfchild für das Gemächte. Artillerie-Mufeum zu Paris.

Deutfche Halbftechturnierrüftung Maximilians I. (1493—1519) von 68 Pfd. Schwere. Die gefchobenen Achfelftücke find mit runden Scheiben zum Schutze der Achfelhöhlen, die linke Zügelhand mit ſchwerer Tatze, die Bruſtplatte mit ſchwerem Vorder- und Hinter (queue)-rüſthaken, die Armzeuge mit verſtärkten Ellenbogenkacheln verſehen. Der Stechhelm hat rechts Luftlöcher mit Gitterform und iſt an drei Stellen mit dem anhängenden Halsſchutz auf dem Bruſtſchilde angeſchraubt. — Artillerie-Muſeum zu Wien. —

Italieniſche Turnierrüſtung, teilweiſe aus dem 15. und teilweiſe aus dem 16. Jahrh. Dieſer Harniſch wird Ferdinand dem Katholiſchen zu geſchrieben. — Armeria Real zu Madrid. —

Schöne gotiſche Rüſtung aus der zweiten Hälfte des 15. Jahrhunderts, von hinten geſehen; ſie zeigt den Stechtopfhelm, wie er an dem Rückenſchilde durch ein ſtarkes Stück mit Scharnier be-

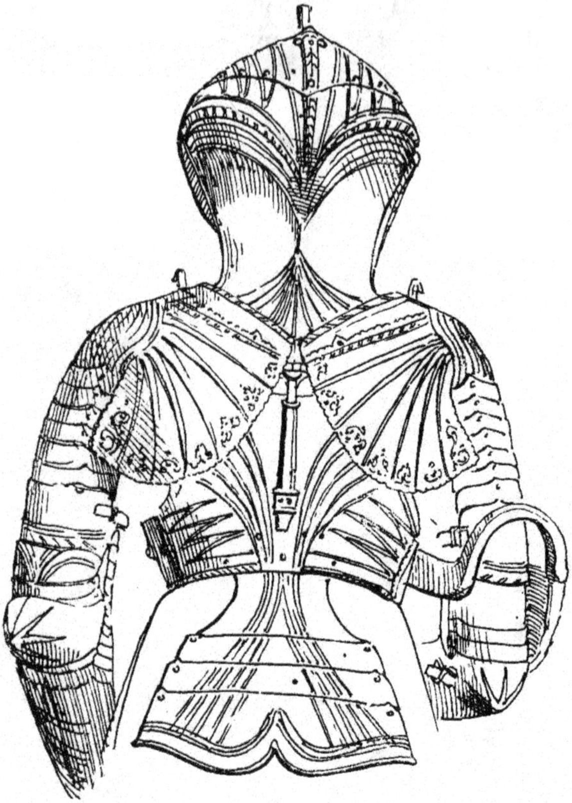

feftigt ift. Der Rüfthaken und die Schulterfchilde find übermäßig groß, dagegen ift der Hinterfchurz zu klein, um das Mafchenpanzerhemd entbehrlich zu machen.

Deutfche Rüftung aus dem Ende des 15. oder dem Anfange des 16. Jahrhunderts, mit Vorhelm oder Barthaube, zwei fehr breiten Krebfen und dem Grätenbruftfchild.

Das Schwert gehört dem Ende des 16. oder Anfang des 17. Jahrhunderts an. Der Helm mit Kamm und mit beweglichem, vermittelft eines auf der Glocke befindlichen Zapfens fich niederfchlagendem Vifier ift noch nicht der eigentliche Vifierhelm, jedoch eine Übergangsform von der Schale zu jenem.

Die Eifenfchuhe in Entenfchnabelform, die Ellbogenkacheln und die Knieftücke von kleinem Umfange, fowie die Form der Schulterfchilde und gefingerten Kampfhandfchuhe weifen deutlich auf die Zeit der Anfertigung dieser Rüstung hin. Das Schwert ist späteren Ursprungs wie die korbförmige = eselshufartige = Abwehrstange feststellt. — Kaiserliches Arsenal zu Wien.

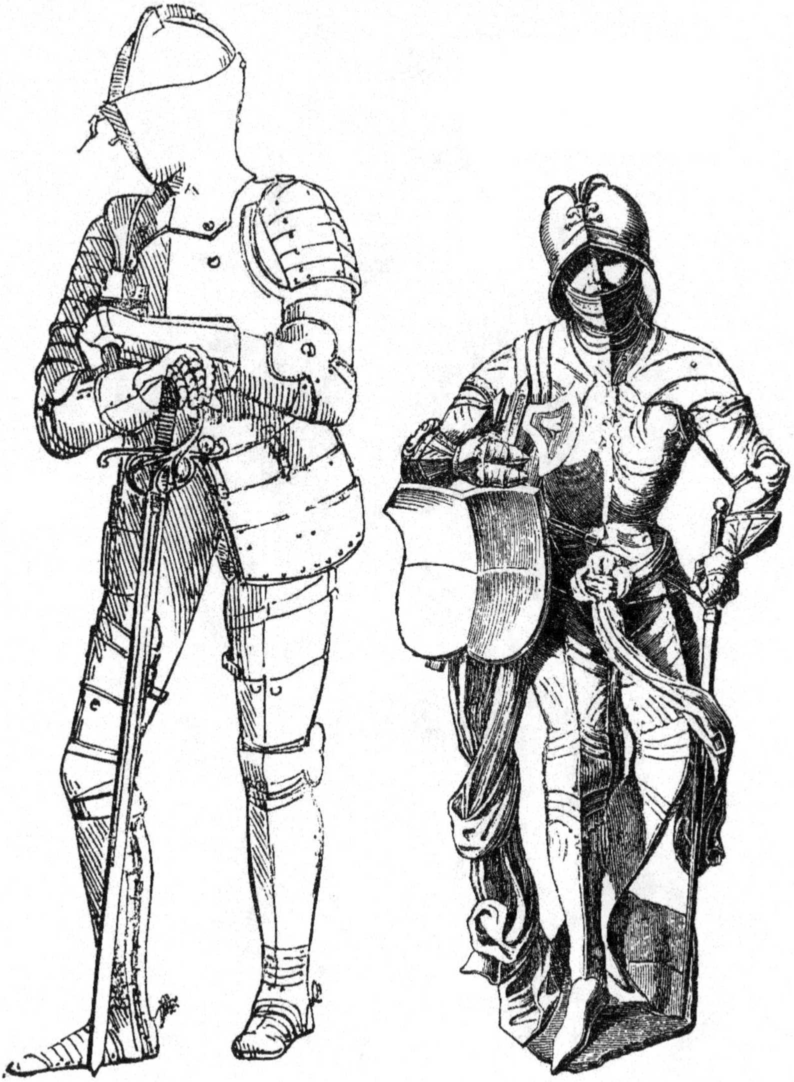

Deutsche Rüstung nach dem Fischkasten zu Ulm, Steinbildnerei von Jörg Syrlin (1482). Die Schale hat eine kleine Helmzier, die Handschuhe sind gefingert und die Eisenschuhe fast noch so zugespitzt, aber geschnäbelt, wie im 14. Jahrhundert. Das Ganze bietet eins der ſtilvollſten Rüſtzeuge vom Ende der Gotik. Auch die Formen der Streitaxt und der Stechtartſche ſind intereſſant.

Gerippte deutſche Rüſtung, gewöhnlich als Maximilianiſche oder Mailändiſche bezeichnet, vom Ende des 15. Jahrhunderts (armure cannelée; eng. fluted armour). Der Stückpanzer iſt gewölbt, und ohne Bruſtgräte, die Schulterblätter ſind noch zierlich und mit rundem Scheibenſchutze aber ohne Ränder (passe-gardes), Armzeug und Schenkelſchutz ſind gerippt, die Beinſchienen glatt; die Eiſenſchuhe in Entenſchnabelform. Gerippter Helm mit breitem

Sturz und gefingerte Kampfhandſchuhe. — Artillerie-Muſeum zu Wien.

Deutſche Rüſtung in noch gotiſchem Stile, obſchon vom Anfange des 16. Jahrhunderts. Sowohl die Fingerhandſchuhe (s. die gerippten, No. 9, im Abſchn. Handſchuhe der getriebene Stückpanzer mit Lanzenhaken, die außergewöhnlich ſchweren Ellbogenkacheln, der Maſchengliedſchirm, die Form der Halsberge wie auch die Schulterſchildränder (passe-gardes) und die außergewöhnliche

Länge des Schwerthandgriffs zeigen alle eine Übergangsarbeit an. Die Fäuſtlinge ſind quergeſchient.

Nach den im Muſeum Schöngauer zu Colmar befindlichen Medaillon von Kehlheimer Stein, 14 c. D., vom Jahr 1522. Die Flachbildnerei bietet das Kniebild des Pfalzgrafen zu Rhein Philipp (1503—1548) in ſeinem neunzehnten Lebensjahre und trägt die Marke des Bildners Johann Daher (H D) [1], oft fälſchlich Dallinger zugeſchrieben.

[1]) S. den Rapport Nr. 2 von 1887 der „Societé Schöngauer" zu Colmar, vom Vorſitzenden Herrn Fleiſchhauer.

Gerippte deutfche Rüftung, gewöhnlich als Maximilianifch oder Mailändifch bezeichnet, aus dem Anfange des 16. Jahrhunderts (armure cannelée; fluted armour).

Der Stückpanzer ift gewölbt, der Bruftfchild daran ohne Gräte und die fehr entwickelten Schulterfchilde mit hohen Rändern verfehen (à passe-gardes).

Die Schenkelfchienen und das Hinterarmzeug find gerippt, wie der übrige Teil der Rüftung; das Vorderarmzeug aber und die Beinfchienen glatt.

Die breiten Eifenfchuhe in Bärenklauenform zeigen an, daß die Rüftung jedenfalls fchon dem 16. Jahrhundert angehört.

Ein folcher, in der Sammlung des Verfaffers befindlicher Harnifch, an welchem die Form der Eifenfchuhe die zweite Hälfte des 15. Jahrhunderts bekundet, zeigt einen Helm, wo das menfchliche Geficht nicht nachgebildet ift, aber 12 kleine Spalten zum Sehen und Atemholen hat. Der Kampfhandfchuh der hier abgebildeten Rüftung, ift nur an dem vorderen Teile der Hand gefingert, wohingegen die Rüftung im Befitz des Verfaffers ungefingerte Handfchuhe hat. — Kaiferliches Arfenal zu Wien. — Zwei ähnliche Harnifche in der Sammlung Zfchille (f. am Ende des Abfchnittes »Die Rüftung in ihren Einzelheiten«, f. Abbildungen von Vorder- und Hinteranficht einer folchen gerippten Rüftung in vollftändiger Bezeichnung aller Einzeltheile).

Gerippte Halbrüſtung des Herzogs Heinrich von Braunſchweig (1542). Der rote gepolſterte Waffenrock iſt geſchlitzt. Dieſe Halb-

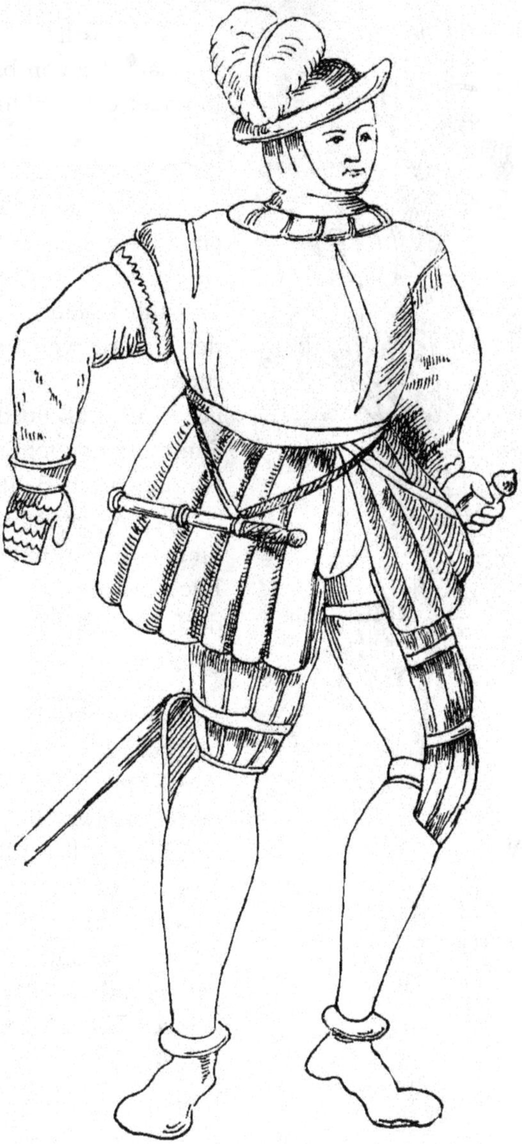

rüſtung beſteht aus Panzer, Halsberge, Maſchenhaube, Lendenſchienen und geſchuppten Fauſthandſchuhen. Außer dem langen

Schwerte hängt mit vom Gürtel ein Panzerbrecher (Dolch) ohne Stichblatt.

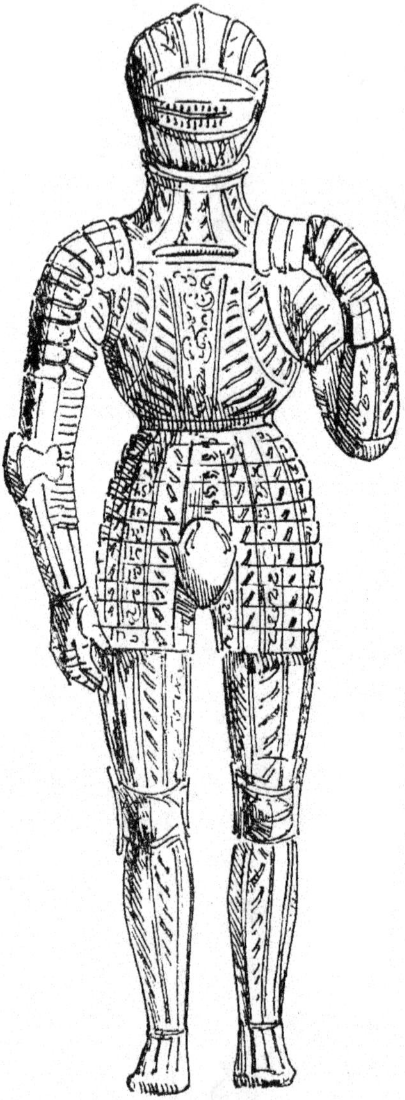

Deutfche Rüftung für Fußkämpfer von blankem Stahl, in Facetten gefchliffen, aus dem Jahre 1515, der Zeit der Thronbefteigung Franz' I. Die Zeitangabe ift auf der rechten Fauft eingravirt. — Artillerie-Mufeum zu Paris. Das Verzeichnis (G. 117) führt diefe Rüftung als aus der Galerie von Sedan herrührend an, während man in Wien ficher ift, daß fie der Ambrafer Sammlung angehört habe. Die Rüftung mit Baufchärmeln (f. S. 435) in der Ambrafer Sammlung, welche mit eben folche Facetten zeigt, ift offenbar aus derfelben Werkftatt hervorgegangen.

Diefer durchweg artikulierte und gefchiente Harnifch, bedeckt den Körper vollftändig, fo daß er nirgendwo Blößen giebt, die eine Vervollftändigung durch Mafchenwerk nötig machte. Zu beachten ift die Form des Gliedfchirms, welche mit der im folgenden Abfchnitte (die Rüftung in ihren Einzelteilen) abgebildet, vom Ende des 16. Jahrhunderts, wenig Ähnlichkeit hat.

Deutſche Stahlrüſtung mit Bauſchärmeln und in Facetten geſchliffen, aus der erſten Hälfte des 16. Jahrhunderts. Dieſer ſchöne Harniſch, welcher Wilhelm v. Rogendorf, einem Hauptmann, der im Jahre 1529, an der Verteidigung Wiens gegen die Türken teilnahm und 1541 ſtarb, angehört hat, läßt, obſchon die Beinſchienen fehlen,

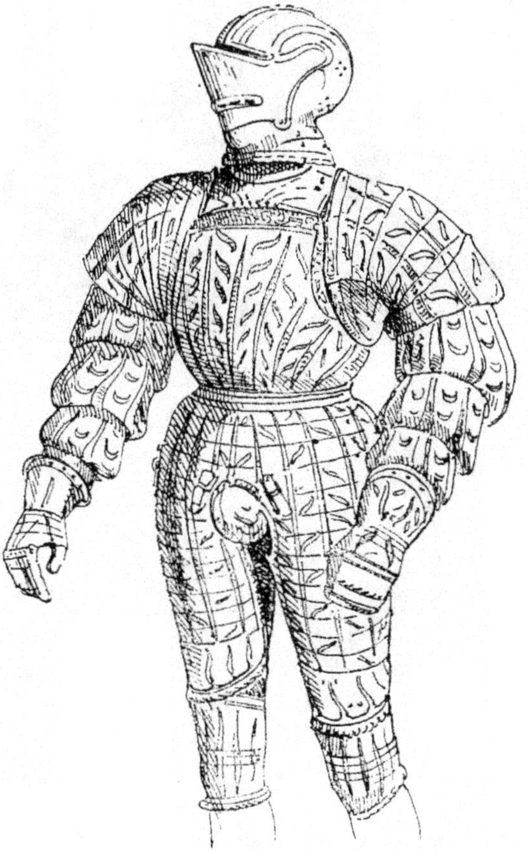

ein für den Kampf zu Fuß beſtimmtes Rüſtzeug erkennen; alles weiſt darauf hin, daß es einen gemeinſamen Urſprung mit der Rüſtung im Artillerie-Muſeum zu Paris habe, deren Abbildung ſich auf vorhergehender Seite befindet. — Ambraſer Sammlung. — Eine gleiche Rüſtung im Tower zu London.

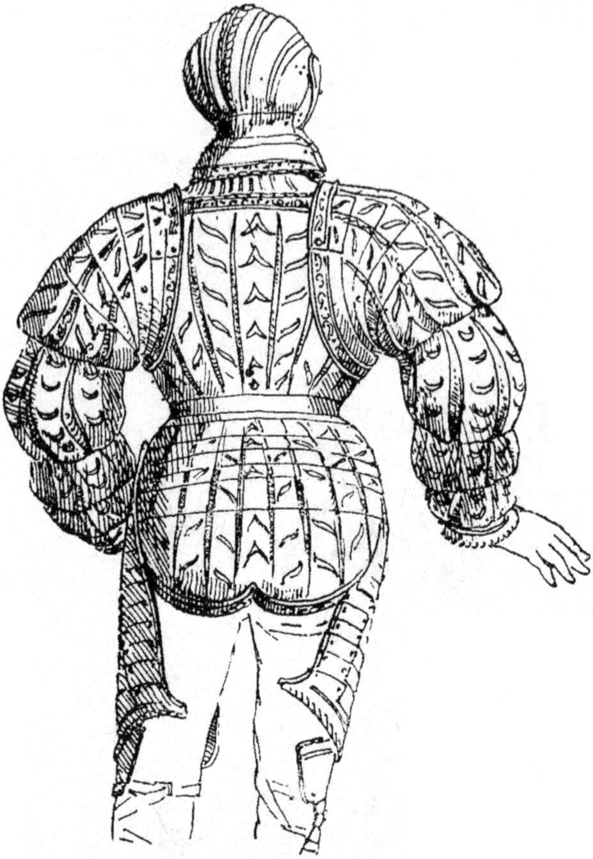

Rückſeite der vorigen Rüſtung. Man wird bemerken, daß der geſchiente Hinterſchurz vollſtändig der zwei Seiten vorher abgebildeten Rüſtung gleicht, welche im Artillerie-Muſeum zu Paris fälſchlich als italieniſche bezeichnet iſt. — Ambraſer Sammlung.

Deutſche Rüſtung in blankem Stahl, mit Facettenſchliff, aus dem Jahre 1526. Der Panzer iſt zur Hälfte gewölbt und trägt den zum Monogramm verſchlungenen Namenszug S. L. Krebſe und Vorderſchurz bilden die dazu gehörigen Stücke; die Schulterſchilde ſind noch mit Rändern (passe-gardes) verſehen. An dem Helm iſt das doppelte bewegliche Viſier beſonders merkwürdig.

Die Eiſenſchuhe in Form von Holzſchuhen oder Bärenklauen und die Beinſchienen ſind glatt und könnten wohl einer anderen

Rüſtung angehört haben. Die unbedeckte Stelle zwiſchen den Krebſen und dem unteren Teile des Vorderſchurzes wird durch Maſchenwerk geſchützt, welches ſich bis auf den Hinterſchurz erſtreckt. — Kaiſerliches Arſenal zu Wien.

Italieniſche noch mit Schulterrändern (passe-gardes) verſehene Vollrüſtung des 16. Jahrhunderts. Die Krebſe des Vorderſchurzes

ſind hier in der Breite ſehr entwickelt und die Form der Eiſenſchuhe noch gleich denen der deutſchen Rüſtungen des 15. Jahrhunderts. Die Abbildung ſtellt Jacopo di San Severino (1516 vergiſtet) dar, deſſen Abbild auf dem in Neapel in der Kirche San Severino von dem Bildner Giovanni Merliano da Nola aus geführten Denkmal befindlich iſt.

Italieniſche Halbrüſtung aus der erſten Hälfte des 16. Jahrhunderts, in der Art der im 15. Jahrhundert gebräuchlichen Brigantinen und der früheren Platten, aber ohne Nägelköpfe. Sie wird dem Herzoge v. Urbino (1538) zugeſchrieben. — Ambraſer Sammlung in Wien.

Reich eingelegte oder tauſchirte Rüſtung aus der zweiten Hälfte des 16. Jahrhunderts; dieſelbe iſt in Nürnberg angefertigt und befindet ſich im kaiſerlichen Arſenal zu Wien. Der mit dem Stückpanzer durch die Barthaube und die Halsberge verbundene Viſierhelm bietet, da das Ganze hermetiſch ſchließt, dem Schwerte keinen Angriffspunkt dar.

Reich tauſchirte Rüſtung, Nürnberger Arbeit, aus der zweiten Hälfte des 16. Jahrhunderts. — Kaiſerliches Arſenal zu Wien. — Der linke Arm iſt mit dem großen Turnierarmſchutz verſehen. Der Viſierhelm, welcher überall hermetiſch geſchloſſen und durch eine Halsberge mit dem Panzer verbunden iſt, gewährt der Schwertſpitze keinen Angriffspunkt.

Deutſche Rüſtung aus blankem Stahl mit eingeſtochenen und tauſchirten Verzierungen bedeckt, aus der zweiten Hälfte des 16. Jahrhunderts. Der Stückpanzer iſt bereits verlängert, dafür ſind die Krebſe um ſo kleiner geworden.

Der Vorhelm (haute-pièce; engl. volant piece) iſt rechts mit einem Rand (passe-gardes) verſehen und auf den gegräteten Bruſtſchild angeſchraubt. Die Kampfhandſchuhe ſind vollſtändig gefingert, die Ellbogenkacheln wenig entwickelt. Die kurzen Krebſe und die ſehr kurzen Schenkelſchienen, ſowie der Mangel eines geſchienten Vorderſchurzes machen einen Maſchenſchurz zur Deckung des Unterleibes, teilweiſe auch der Oberſchenkel nötig. Die Rechte hält einen Reiterſtreithammer, den ſogenannte Papagai. — Kaiſerliches Arſenal zu Wien.

Holzflachbild des Geréon der thebaiſchen Legion zu Köln † 286 mit den h. Gregorius u. a. m. Derſelbe iſt in der Rittertracht der Mitte des 16. Jahrh. dargeſtellt. Die Schienenrüſtung mit Eiſenſchuhen in Bärenklauform, der verzierte getriebene Stükpanzer mit der Maſchenhalsberge u. a. m. ſind in allen dieſen Teilen durch den Tiroler Bildner des 16. Jahrh. fachkundig wiedergegeben. Die längliche, durch ein Kreuz in vier ornamentale Felder geteilte Stechtartſche mit Ausſchnitt, auf welcher des Ritters linke Hand ruht, das ſtatt des Helmes dargeſtellte Barett und der über den Schultern hängende faltenreiche Mantel, ebenſo wie der Ansdruck des Geſichtes dieſer buntfarbigen und teilweiſe vergoldeten Holzbildnerei tragen den Stempel von Künſtlerhänden. Sammlung des Verfaſſers.

Blechharniſch in übernatürlicher Größe, Wetterfahne eines Turmes der Luzerner Befeſtigungen. Nach dem Fußrüſtungs- oder Reifrockartigen Schurz zu urteilen, wird dieſe Figur wohl dem 16. Jahrhundert angehören. Die ſonderbare Form des Helmes könnte freilich auf eine frühere Zeit ſchließen laſſen. Der lange Schurz bezeichnet eine für den Fußkampf beſtimmte Rüſtung.

Deutſcher Tonnen- oder Reifrockharniſch aus der zweiten Hälfte des 16. Jahrhundert, welcher dem Erzherzog Ferdinand, Grafen von Tirol angehört haben ſoll. Die kleinen eingeſtochenen Verzierungen ſtellen Adler vor. Dieſe Rüſtung war für den Kampf zu Fuß beſtimmt; da der Rock jedoch geteilt werden konnte, muß ſie auch zum Reiten benutzbar geweſen ſein. Der Viſierhelm, der Panzer mit Gräte und ſehr langer Taille, die großen runden Achſel-

höhlſcheiben und die Holzſchuh- oder Bärenklauenform der Eiſenſchuhe kennzeichnen deutlich die Zeit der Anfertigung dieſes Harniſchs. — Ambraſer Sammlung.

Oberſt der deutſchen oder Schweizer Fußlandsknechte, deſſen gerippte Halsrüſtung mit Ringkragen die Zeit des Kaiſers Maximilians, «des letzten Ritters», bekundet. Das Gefäß des Schwertes iſt auch hier das bei den Landsknechten allgemein gebräuchliche, ſtatt der Hellebarde aber trägt der Oberſt einen breitſpitzigen

Speer. — Nach H. Holbeins Federzeichnung, im Kupferſtichkabinett zu Dresden. —

Jeder deutsche Landsknecht, deſſen Kleidung nach Belieben ſein konnte, hatte ſich ſeine Waffenſtücke, nämlich Speer, Schwert, Bruſtſtückpanzer und Pickelhaube, ſpäter auch wohl noch das Pulverfeuergewehr, ſelbſt anzuſchaffen. Der Landsknecht des ſogenannten «erſten Blattes», meiſtenteils aus Adeligen, Patrizierſöhnen und angeſehenen Bürgerlichen zuſammengeſetzt, mußten aber Pickelhaube oder Helm, Ringkragen, vollſtändigen Bruſt- und Rückenſtückpanzer, Panzerärmel, Beinſchienen und Schurz, alſo eine vollſtändige Rüſtung beſitzen. Hierzu gehört Schwert, Hellebarde oder Langſpeer, oder ſtatt ſolchen Stangenwaffen, die Hakenbüchſe mit allem Zubehör und Schießbedarf. Bei dieſem erſten Blatt (Prima plana) zählte jedes Fähnlein nur hundert Mann, obſchon ein ganzes Regiment Landsknechte zu weilen aus zehntauſend beſtand. Unter Maximilian I. kam auch ſchon bei den Landsknechten die Arkeley, d. h. die Artillerie zur Geltung. Man führte beſonders lange Kanonen und ungeſtaltete Böller. Die Rondartſchiere mit ihren Rundſchildern und kurzen Schwertern hatten, nach ſpaniſchem Vorbilde, die Aufgabe, in die ſich darbietenden Lücken der feindlichen Haufen zu dringen, und die mit den Zweihändern bewaffneten Schwertfechter, die entgegengeſtreckten feindlichen Speere mittelſt Schwingens in weitem Bogen mit ihren Bihändern, — öfter aber noch indem ſie drehend denſelben auf die rechte Hüfte geſtützt, mit nur einer, hinter dem oberen Abwehrhaken angelegten Hand, rechts und links fuchtelten, — auseinander zu ſchlagen und ſo Gaſſen zum Eindringen der Rondartſchiere zu bilden. Dieſe Schwertfechter gingen deshalb gemeinlich mit den Rondartſchieren ihren Speerhaufen voran. Die Bihänder dienten aber auch beſonders zu Mauerverteidigungen, wo dieſe gewaltigen Schwerter in oben erwähnter Art gegen die feindlichen Hellebarden und Speere des auf Leitern aufklimmenden Feindes gehandhabt wurden. Die ſogenannten Läufer, — anfänglich Armbruſtler, ſeit 1507 aber Hakeniere und Musketiere, befanden ſich ebenfalls außerhalb des feſten Verbandes der Speerhaufen. (S. hinſichtlich der «Fähndriche» und Fahnen der Landsknechte den Abſchnitt «Die Fahne» und für das «Spiel» den Abſchnitt «Feldſpiele».)

Rüstung aus der zweiten Hälfte des 16. Jahrhunderts, Augsburger Arbeit. Dieselbe ist mit reichen Verzierungen in getriebener Arbeit überdeckt, welche an Zeichnungen der Maler Schwarz, van Achen, Brockburger und Milich im Kupferstichkabinett zu München erinnern. — Kaiserliches Artillerie-Museum zu Wien.

Deutsche, geschiente Halbrüstung aus blankem Stahl und der zweiten Hälfte des 16. Jahrhunderts angehörig. Auf dem Bruststchilde ist der Name des Ritters, der sie trug: ADAM GALL (gest. 1574), eingegraben. Kaiserliches Arsenal zu Wien.

Solche Art Harnische waren mehr in Spanien und in Italien als in Deutschland im Gebrauch. Die vielen Knöpfe und der Mangel des Rüsthakens geben ihr eine Ähnlichkeit mit den Rüst-

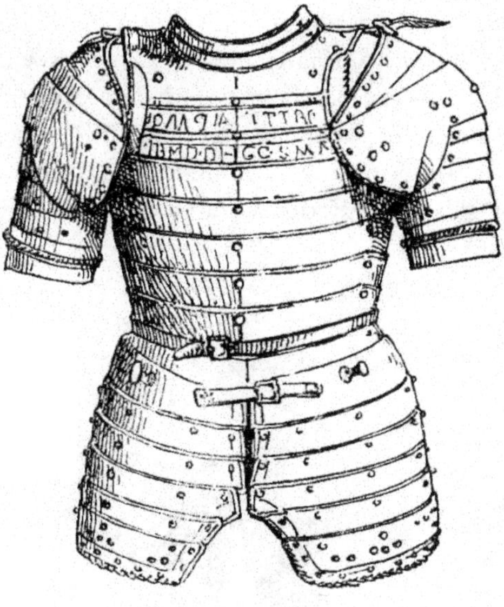

zeugen des 17. Jahrhunderts, beſonders den ungariſchen, an welchen die Krebſe mit den Schenkelſchienen verbunden waren und die deshalb Krebsharniſche genannt wurden.

Halbrüſtung eines Landsknechtes, ihrer Form nach aus dem Anfange des 16. Jahrh., wie die Ätzung auf den Bruſtplatten: «zwei Landsknechte in Pluderhoſen» es auch beſtätigt. Nürnberger Arbeit, wo der Vorderſchurz mit kurzen Krebſen und die Schultern mit hohen Rändern (passe-gardes), das rechte Armzeug außer der großen Ellenbogenkachel mit einer runden Scheibe zum Schutze der Achſelhöhle verſehen ſind. Um dem Hals befinden ſich Stauchen, d. h. runde Halsſchiebſchienen. — Artillerie-Muſeum zu Wien.

Spanifche Schienenrüftung, dem Herzog Alba (1508—1582) zugefchrieben. Die Kampfhandfchuhe find gefingert, der Vifierhelm, eine Art Burgunderhaube, läßt zu wünfchen übrig, da er zu viel Blöße zwifchen dem Kinnftück oder Barthaube und dem Augenfchirm gab. Auf dem Bruftfchilde befindet fich das Bild eines betenden Ritters eingeftochen. — Ambrafer Sammlung zu Wien.

Auch für diefe Rüftung gilt die auf der vorigen Seite befindliche Bemerkung.

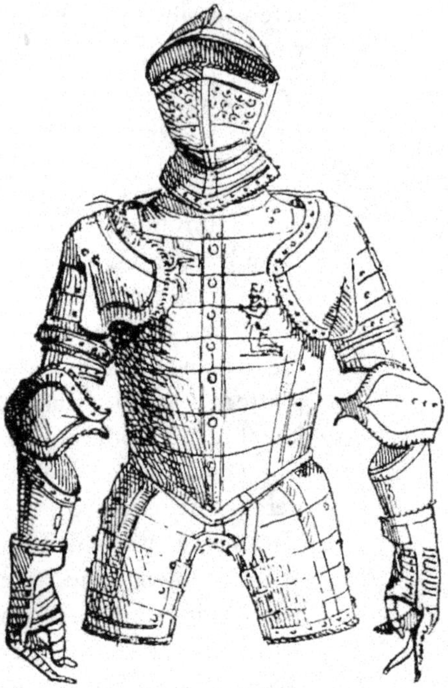

Italienifche Rüftung aus Stahl, mit Silbertaufchierungen, vom Ende des 16. Jahrhunderts. Man glaubt, daß fie dem Herzog Alexander Farnefe von Parma († 1592) angehört habe. Die Rüftung ift prachtvoll und von großer Feinheit, der Bruftfchild auch mit Gräte und Rüfthaken verfehen. Die Lücke zwifchen den Krebfen und der Mangel eines gefchienten Vorderfchurzes erheifcht den Gebrauch eines Mafchenfchurzes. — Kaiferliches Arfenal zu Wien.

Deutſche Rüſtung vom Ende des 16. Jahrhunderts, in reicher getriebener Arbeit, als Werk Münchener oder Augsburger Plattner bekundet. Kaiſer Rudolf II. (1572 bis 1612) ſoll der Eigentümer dieſer Rüſtung geweſen ſein. Das Schwert deutet durch die Form ſeines Stichblattes mit Eſelhuf auf den Anfang des 17. Jahrhunderts.

Die bedeutende Ausbildung der Schulterſchilde und Ellbogenkacheln, die Form des Viſierhelms, die Entenſchnabeleiſenſchuhe, der Mangel eines geſchienten Vorderſchurzes, ſowie die Form des Panzers ohne Rüſthaken ſind Merkmale für die Zeit der Anfertigung dieſes ſchönen Harniſchs. — Ambraſer Sammlung zu Wien.

Italieniſche Prunkhalbrüſtung, welche Ferdinand II. (1678—1637) angehört haben ſoll. Schöne getriebene und ausgeſtochene Arbeit. Helm mit beweglichem Sturz, Sturmbändern und Nackenſchutz; Panzer mit Gräte und ſehr weiten Armhöhlungen. Geſchienter Achſelſchutz. Wahrſcheinlich vom 17. Jahrh. — Ambraſer Sammlung zu Wien.

Deutſcher Landsknecht [1]) aus der zweiten Hälfte des 16. Jahrhunderts, in gerippter Halbrüſtung mit dem bekannten eigentümlichen Landsknechtſchwert und einer Hellebarde. Oben zeigt ſich

---

[1]) Die ſchweizer Söldner zeichneten ſich beſonders durch von ihnen gehandhabte Zweihänder ſowie durch lange Lederhandſchuhe von anderen ſolchen Söldnern aus, weshalb es in einem Liede der deutſchen Landsknechte heiſst:

Das Geld woll'n wir verſchlemmen,
Das der Schweizer um Handſchuh giebt.

(S. auch S. 444 über deren Fechtweiſe.)

unter dem Panzer ein Teil des kurzen Maſchenpanzerhemdes. — Nach den Holzſchnitten Peter Flötners. —

Polniſcher Ritter vom 16. (?) Jahrhundert. Unter der reichen Schienen- und Schuppenrüſtung ſcheint ſich eine vollſtändige Maſchenbrünne zu befinden. Der Glockenhelm mit Naſen- und Nackenſchutz und ohne Sturmbänder iſt auch ohne Zier. Streitkolben und langes ſpitzortiges Schwert mit breiten Abwehrſtangen ſind die Angriffswaffen. — Muſeum zu Tſarskoe Selo. —

Die Bewaffnung der Polen beſtand urſprünglich wie bei allen Weſtſlaven aus dem lucca auch luczka benannten hölzernen Bogen, einem Meſſer (Noz), ſpäter dem Säbel (Nozna) und Wurfſpeeren, die ebenſo wie die Pfeile Strela hießen; Schwerter und Stoßſpeere kamen ſpäter hinzu. Erſt unter Boleslaw Chrobry (der Tapfre) wurde ſo die Bewaffnung vervollſtändigt, welche, von da ab bis Ende des 15. Jahrhunderts ſich faſt in nichts von der deutſchen unterſchied, anfangs des 16. Jahrhunderts aber einen mehr nationalen Charakter annahm. (S. die Rüſtung S. 394).

Sehr beliebt waren auch die Reiter- oder Sattelſtreitkolben in Form des hier oben abgebildeten, beſonders bei der ſchweren Adelsreiterei, der Szlachta, die man als gepanzert »pancirni« (bei den Litauern »poligorci«) bezeichnet und wo Mann und Roß vollſtändig gerüſtet und mit Schutzpanzer bedeckt waren.

Ruſſiſche Strelitzen (ruſſ. Strjëlcy, d. h. Schütze) Rüſtung dieſer in der zweiten Hälfte des 16. Jahrhunderts errichteten, und 1698 durch Peter d. Gr. aufgelöſten Hausmannſchaft (Leibgarde).

Der ganze Körper iſt hier mit der Maſchenrüſtung bedeckt. Die Brünne gehört da zu den ſogenannten orientaliſchen Spiegelrüſtungen (ruſſ. Sercelo); der Wowoden, kann aber auch zu den mit Platten benagelten (ruſſ. Bachterez) Brünnen gehören, da Unterarme, Lenden und Knieſcheiben noch mit Schienen geſchützt ſind. Die Ringhaube zeigt tiefen Nackenſchutz. Außer dem langen nicht ſehr krummen Säbel (Scablja) beſteht die Hauptangriffswaffe in der altruſſiſchen Fußſtreitaxt auf langem Schaft mit ſehr langem Eiſen, ſehr ähnlich der ruſſ. Berdyſche, für Reiter, welche aber da kurzſtielig war und in einer Form, wie ſie in andern Ländern nicht vorkommt. Irrtümlicher Weiſe hat Violet le Duc dieſe Strelitzenaxt dem 13. Jahrhundert zugeſchrieben.

Die altzeitig-ruſſiſchen Rüſtſtücke waren das Ringpanzerhemd (panzyr, dosspechi, Koltſchatyje), wovon es drei Klaſſen hinſichtlich der Feinheit gab, oder die mit den mit Platten bedeckten Brünnen (Bachterez); die Spiegelrüſtung der Woewoden. Der vollſtändige Schienenharniſch hieß Kiriß. Es gab Schelon genannte Helme, mit ſehr breitem Naſenſchutz, Spitzhelme (Kolpak), Eiſenkappen (Missjurka), dreieckige baumwollene Filzhüte mit

Eiſengeſtell (Schapki oumashnyja) und Schilde (Sechtschity), Rundſchild (Kalkan), beſonders die rotledernen Hochſchilde mit bunten Bildern von Heiligen. Die Angriffswaffen waren das Schwert (Metſch), der Säbel (Scablja), die Keule (Palizy), der Streithammer (Tschekan), die Schlagkugel (Kisten), die Fußſtreitaxt (Berchyvhi), der Beilſtock (Topor), der Speer (Kopje), der Wurfſpeer (Ssuliza) und die Strelitzenaxt auf langem Stiele, ferner eine Brussja (Balken?) und eine andere Klewy (Zange?) genannte Waffe, auch der Osslopy (Knüppel?) und der Morgenſtern (Kurdi), auch Meſſer wurden hinten im Stiefel getragen (ſ. weiteres in den Abſchnitten: Panzer, Helm und Schwert u. ſ. w.)

Getriebene und geſtochene italieniſche Prunkhalbrüſtung (Helm mit Backenſchutz, Sturmbändern und Sturz, Grätenſtückpanzer mit Halsberge und Achſelſtücken auf Kettenhemde), welche

Kaiſer Ferdinand II. (1619—1637) angehört haben ſoll. Die getriebenen Vorwürfe des Vorderpanzers (Bruſtſtück, pectorale) ſtellen Thaten des Herkules und der Helmſturz eine phantaſtiſche wilde Thierfratze vor. — Ambraſer Sammlung zu Wien.

Italieniſche Prunkrüſtung (nach der Form des Panzers v. Ende des 16. Jahrhunderts) in reich getriebener Arbeit, angeblich von Giovanni da Bologna (1524—1608) gefertigt, was aber nicht anzunehmen iſt, da Giovanni Standbildner war und niemals Eiſen getrieben hat. — Muſeum Bargello zu Florenz.

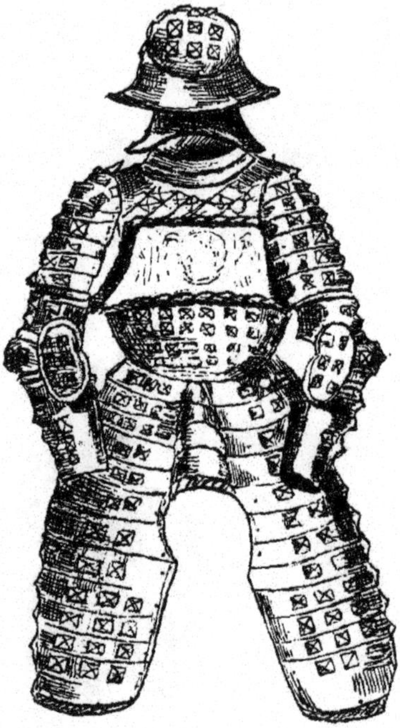

Italieniſche getriebene Prunkrüſtung vom Ende des 16. Jahrhunderts, wie beſonders die ſchon verlängerten Krebſe es anzeigen. Ausgetriebene viereckige Köpfe in Diemarsfacettenſchnitt geben dem Ganzen etwas ungemein Fremdartiges. Der Kopfſchutz beſteht aus einer hutförmigen Burgunderkappe mit breitem Hakenſchutz. — Muſeum Bargello zu Florenz.

Hauptmann des Fußvolks beim Einzug Heinrich II. in Lyon, 1549. Dieſe Prunkrüſtung beſteht aus einem Schuppenpanzerhemde, worüber der Stückpanzer ebenſo wie der Morian und das krumme ſäbelartige Schwert reiche Gravierung zeigt. Der Speer hat an beiden Enden Eiſen. — Livre de Portraiture par Jean Cousin. 1593.

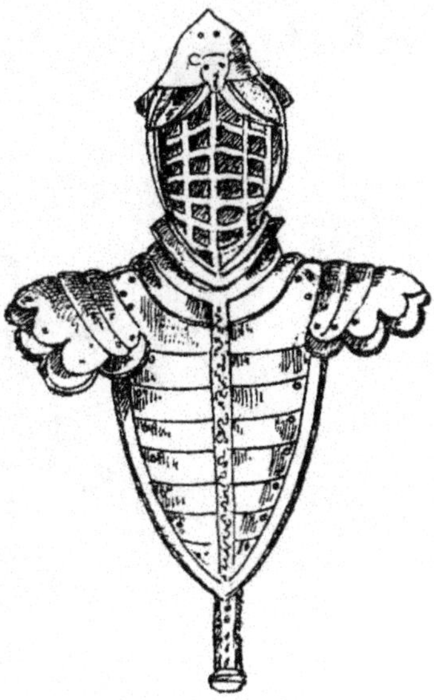

Eine fälſchlich Kaiſer Karl V. (1500—1558) zugeſchriebene Halbrüſtung (?). Dieſe eigentümlichen Rüſtſtücke gehören dem 17. Jahrhundert an und beſtehen aus einem ſpitzglöckigen Spangen- oder Roſthelm und herzförmiger Bruſt- und Rückenplatte mit Achſelſtücken, alles geſchient. Dieſe Halbrüſtung iſt bereits ſo beſchränkt, daß ſie als ein Übergangharniſch zum Koller des 17. Jahrhunderts anzuſehen iſt. — Armeria zu Madrid.

Vollftändige Rüftung in franzöfifch-italienifchem Gefchmack, aus dem letzten Viertel des 16. Jahrhunderts, nach der Skizze des holländifchen Bildners Peter de Witt (Peter Candide, 1548—1628), Schöpfer des Grabdenkmals Herzog Albrechts V. von Bayern, † 1570, in der Metropolitankirche zu München. Der Helm mit hoher Zier ift ein Phantafieftück nach antiken Vorwürfen.

Elfäffifche vollftändige Rüftung nach Wendel Ditterlins Entwurf zu einem Grabdenkmal, aus feinem Architektenbuch von 1594. Diefe Rüftung ift aber nicht in allen ihren Theilen zeitberechtigt. Vifierhelm mit Barthaube oder Kinnftück gehören der Mitte des 16. Jahrhunderts und der Stückpanzer mit Gänfebauchgräte den letzten Jahren davon, die Krebfe oder Schenkelfchienen fowie die

Schnabeleiſenſchuhe aber dem 15. Jahrhundert an. Das Ganze kann alſo nur als eine mangelhafte Malerdarſtellung gelten.

„Arkebuſier-Reiter“ aus dem Zeitabſchnitt von 1580—1590. Das lange Schwert, die Arkebuſe und Piſtolen bilden die Trutzwaffen, Stückpanzer, kurze Maſchenbrünne und Oberarm- und Achſelſchutz das übrige Rüſtzeug. Intereſſant iſt das lang herabhängende Pferdegeſchirr. — Nach Joſt Amman's Kunſtbüchlein. —

Holländiſcher Reiter aus dem Unebhängigkeitskriege, der Zeit der Statthalterſchaft Heinrich Friedrichs (1625—1647), nach einem Fayencegemälde von Ter Himpelen von Delft. Dasſelbe ſtellt den berühmten Kampf vor Herzogenbuſch, auf der Heide von Lekkerbetge, zwiſchen den Holländern und den Spaniern dar, erſtere von dem normanniſchen Hauptmann Bréauté, letztere von dem Lieutenant Abrahami befehligt. Die Rüſtung iſt noch vollſtändig und mit Hinterſchurz verſehen. Merkwürdig iſt es, daß hier ſchon Gewehre und Piſtolen mit Feuerſteinbatterie zu ſehen ſind. — Sammlung des Verfaſſers. Weitere Einzelheiten s. S. 841 der dritten Auflage des Verfaſſers Encyclopédie céramique monogrammique.

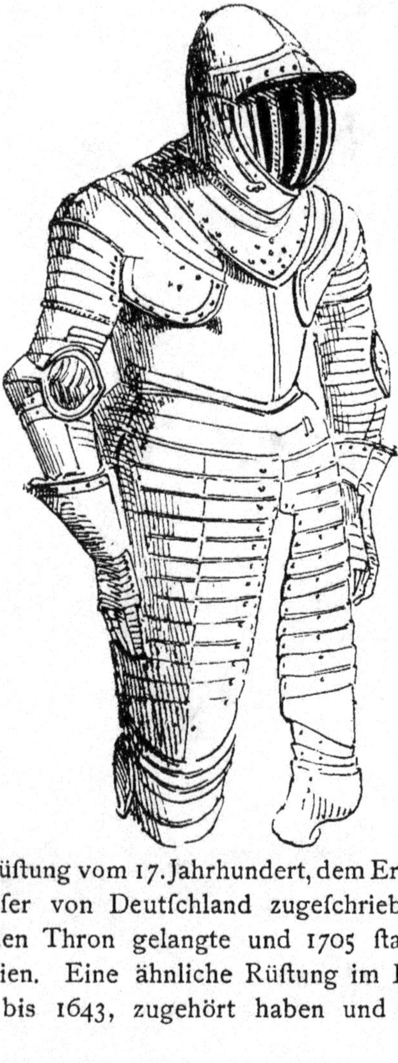

Deutſche Rüſtung vom 17. Jahrhundert, dem Erzherzog Leopold, nachherigem Kaiſer von Deutſchland zugeſchrieben, welcher im Jahre 1658 auf den Thron gelangte und 1705 ſtarb. — Ambraſer Sammlung zu Wien. Eine ähnliche Rüſtung im Louvre ſoll Ludwig XIII., 1618 bis 1643, zugehört haben und mehrere andere

Rüſtungen dieſer Art im Artillerie-Muſeum zu Paris rühren aus den Regierungsjahren Ludwig XIV., 1643 bis 1715, her. Die Perückenzeit der Anfertigung dieſes unſchönen Harniſches iſt übrigens leicht erkennbar an den unverhältnismäßig großen Schulterſchilden, dem verkleinerten Bruſtſchilde und den langen Krebsfüßen, die an Stelle des Vorderſchurzes und der eigentlichen Krebſe getreten ſind.

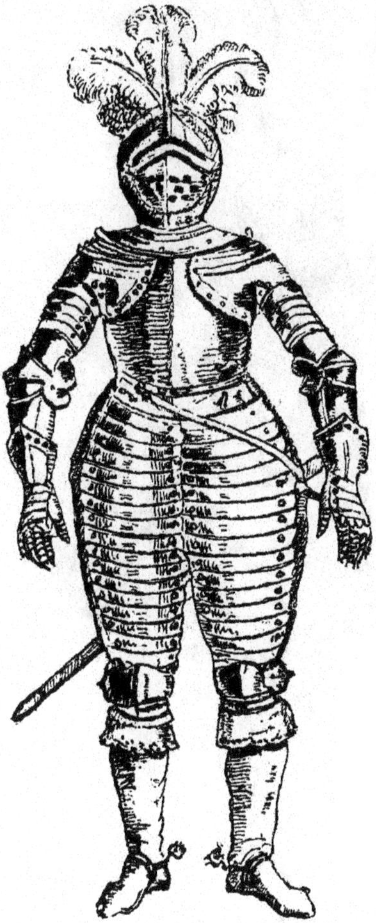

Vollſtändige Pappenheimer Küraſſierausrüſtung vom dreißigjährigen Kriege (1618—1648). Der Stückpanzer iſt kurz und mit Gräte. Vorder- und Lendenſchutz vereinigt bilden die ſogenannten, aus Schiebſchienen beſtehenden Krebſe. Der Viſierhelm hat vollſtändige Halsberge und niedrigen Kamm. Die Beine vom Knie ab ſind ohne Schutzrüſtung und ſtecken in Stiefeln. — Nach der „Kriegskunſt zu Pferdt“ von Wallhauſen. Frankfurt a/M. 1616. — „Ein Gedenkblatt von Wallenſtein“ von 1634, den Grabſtein mit Wallenſtein darſtellend, zeigt eine ganz gleiche Ausrüſtung. S. auch Nr. 128 Abſchn. Helm, die Pappenheimer Kappe, benannt burgundiſche Eiſenkappe.

Ungariſche Maſchen- und Schienenbewaffnung vom Ende des 16. oder Anfange des 17. Jahrhunderts. Auf dem Rundſchilde

(Kalkan), ift eine Malerei, welche eine Armbruft darftellt. Die ganze Bewaffnung hat viel Orientalifches, befonders die Schenkelfchienen, auch die vermittelft Ringe aneinandergefügten Kniekacheln, wie folche in Perfien gebräuchlich. Der Helm, eine fehr niedrige Glocke mit Ringhaube fchützt auch Stirn und Wangen. Diefe Rüftung ift wohl perfifchen Urfprungs. Die ungarifche Reiterei foll indeffen fämtlich mit Panzerhemden ausgerüftet gewefen fein. Das Ganze erfcheint anmutig — malerifch. — Kaiferliches Arfenal zu Wien.

Ammianus Marcellinus (390 n. Chr.) berichtet, dass der Hunne nur mit einem platten Helme gerüftet war und alles übrige noch aus zufammengenähten Bocksfellen beftand, dass seine Pfeile mit Knochenfpitzen verfehen waren, dass er im Handgemenge mit dem Schwert in der Rechten und einem Strang (Schlinge) in der Linken, zum Umwickeln des Feindes, kämpfte[1]).

Attila (434—453) fowie andere hunnifche Heerführer follen aber auch als Lieblingswaffe den Kriegsflegel (?) in Form einer neunftrangigen Geifsel geführt haben (f. weiter darüber im Abfchnitt XXVII.)

Die altungarifche Bewaffnung bis zum 10. Jahrhundert beftand aber im allgemeinen, was die Angriffswaffen anbelangt, doch nur in dem Fokofchen, einem in Spitzen oder Kugeln auslaufenden Streithammer, dem Csákánys-Streithaken, dem Buzegánys oder Puzalikans-Streitkolben (wovon weiterhin die Abbildungen) und dem hörnernen Bogen mit kleinen Pfeilen. Erft unter dem heiligen Stephan, im 11. Jahrhundert, foll das Schwert bei den Magyaren eingeführt worden zu fein, was aber Ammians Schilderung doch widerfpricht.

Vorwürfen eines bei Sz. Miklos im Torenthaler Komitate ausgegrabenen goldenen Trinkgefäfses[1]) vom 4. oder 5. Jahrhundert (?) nach, wovon die Abbildung S. 298, kann aber nicht, wie es oft gefchieht, zu den ungarifchen Ausrüftungen gezählt werden, wo hingegen die hiernach folgende vom 16. Jahrh. (von «Maximilians Triumphzug») nicht erwähnt ift.

---

[1]) S. „Der Goldfund von Nagy-Szent-Miklos etc." von Jofeph Hampel, Budapeft 1886, fowie weiteres im Abfchnitt Helme.

Ungarischer, reich tauschirter Harnisch, deutsche Arbeit aus dem Anfange des 17. Jahrhunderts, besonders charakteristisch durch die Form des Helmes und Schildes. Der Streitkolben, den man

der Figur in die rechte Hand gegeben, ist eine Waffe, welche wohl zu der Zeit, aus der diese Rüstung stammt, nicht mehr in Gebrauch war. Es scheint, als ob diese Halbrüstung über einen Koller getragen wurde, welche an diejenigen der Schweden im dreißigjährigen Kriege erinnert. Säbel in orientalifcher Form. — Kaiferliches Arfenal zu Wien (f. die Anmerkung auf S. 461).

Mongolifches Panzerhemd mit bis zum Ellbogen herabgehenden Achfelftücken und getriebenen vollftändigen Armzeugen, deren handfchuhförmige Handbedeckungen fingerlos find. Zwei Schilde verftärken den Bruftfchutz. Der mit Spitze, Hörnchen, Nafenfchutz und Brünne verfehene flache Glockenhelm hat auch ein die Stirn bedeckendes Kettengewebe. Die beiden Patronentafchen ftellen feft, daß diefe Ausrüftung nicht vor die Zeit der Anwendung des Schießpulvers hinaufreicht; wahrfcheinlich gehört fie felbft nur dem 17. bis 18. Jahrhundert an. — Parifer Artillerie-Mufeum.

Ungarifcher Ritter (?) nach dem „Triumphzug Maximilians“ vom Anfange des 16. Jahrhunderts (Nr. 188), wo fünf ganz gleich fo Gekleidete und fo Bewaffnete abgebildet find mit der Bemerkung: „follen haben ungarifche Pafefen und Eifenkolben“ (die langen Tartfchen und die Buzagany genannten Fauft- oder Sattelkolben). Unter dem Waffenrock fieht man das Schuppenpanzerhemd. Helme fcheinen damals im allgemeinen bei den Ungarn nicht getragen worden zu ſein, ebenſowenig wie Schwerter oder Säbel und Speere. (ſ. die Anmerkung auf S. 461).

Italieniſcher Hakenſchütze (Arkebusier) mit Radſchloßpiſtole und Holzhülſenpatronen, Anfang des 15. Jahrh. Die Schutzwaffen beſtehen aus Stückpanzer, Morian, ſowie einer kurzen Maſchenpanzerjacke mit Ärmel.

Deutſcher Reiter vom Ende des 16. Jahrh. im Schienenhalbharniſch mit Radſchloßpiſtole. Die Burgunderkappe iſt geſchient und mit Wangen- und Nackenſchutz.

Italieniſcher Reiter vom Ende des 16. Jahrhundert ohne Harniſch und mit Radſchloßpiſtole.

Lanzenträger (Pikenier) vom Jahre 1635. Stückpanzer, ſowie der kurze getriebene Vorderſchurz und Krebſe, haben hier noch den Charakter dieſer Schutzwaffen vom Ende des 16. Jahrh.

Musketier vom Jahre 1603. Pulverhorn, Schießbedarfſack und Gabel, ſowie die Form des Stückpanzers weiſen noch auf das Ende des 16. Jahrhunderts hin.

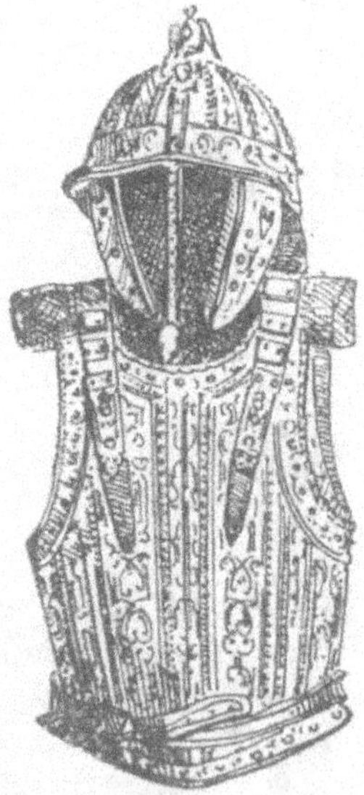

Stückpanzer mit Grätenbruſtſchild, Helm mit Sturmbändern und Stirn- und Nackenſchutz, eine Art burgunder Helmkappe. Reich tauſchierte und gravierte Waffen vom Ende des 17. oder vom Anfange des 18. Jahrhunderts. Kaiſerliches Arſenal zu Wien.

1. Deutfcher Fußfoldat aus der erften Hälfte des 17. Jahrhunderts. Die Schutzwaffen beftehen aus Stückpanzer mit krebsartigem Vorderfchurz und Hinterfchurz, fowie dem Morian mit kleinem Kamm und plattem Schirm. Speer oder Pike und Schwert bilden die Angriffswaffen.

2. Deutfcher Musketier des 17. Jahrhunderts. Er trägt den Birnenmorian, ein Helm mit kleinem Kamm, eine Luntenmuskete[1]), einen mit Holzhülfenpatronen verfehenes Bandelier und den langen Degen. Jakob von Wallhaufen, der Stadt Danzig Obrift giebt in feiner, vor dem dreißigjährigen Kriege erfchienenen «Kriegskunft» — hundertunddreiundvierzig Tempos für die Musketiere.

[1]) S. die Anmerkung S. 124.

Franzöſiſches Fußvolk um 1630. Die Schutzrüſtung beſteht hier aus dem Stückpanzer mit Gänſebauchgräte (fr. cosse de pois) und daran befeſtigtem Vorderſchutz (fr. braconnière), welcher

krebsartig geſchient nur den Bauch bedeckt, und einen morianförmigen Helm mit plattem Schirm und niedrigem Kamm. Trutzwaffen: langer Stoßdegen und Pike. — Nach Jean de S. Igny, Zeichner und Maler geb. zu Rouen um 1600, † zu Paris um 1655. —

Deutfcher Füfilier des 18. Jahrhundert nach dem Buche: Der «Vollkommene teutfche Soldat» [1]) von Friedrich von Flemming 1726. Befonders bemerkenswert find hier die Form des Bajonetts, das kleine am Gürtel befeftigte Zündpulverfäckchen und der lange Degen.

[1]) Soldat ift weder v. lat. solidarius oder v. mtl. noch v. ita. abzuleiten, wie dies die Diktionäre fälfchlich angeben, fondern von der Bezeichnung Soudoyers, den Ribauds, Söldnern Philipp II. August (1180—1223). Da bei der allgemeinen Wehrpflicht die gegenwärtigen Heere nicht mehr aus Söldnern beftehen, fo ift die Bezeichnung Soldat für den Wehrmann jetzt durchaus unpaffend.

VIII.

Der Schienenharnisch in allen seinen Einzelteilen, mit Ausschluss des Helms, vom Mittelalter ab.

Die Platte (s. S. 66–69), — nicht zu verwechseln mit der Brustplatte oder dem Stahlstück (s. S. 69), welche vor dem Auftauchen der Schienenrüstung über die Brünne oder Kettenrüstung getragen aber durch den Stückpanzer unnötig wurde, — bildet keinen Teil mehr vom Schienenharnisch und gehört demnach nicht hierher.

Aus dem geschichtlichen Abschnitt und der Einleitung in dem vorliegenden ist ersichtlich, in welcher Weise die Bewaffnung, vom Beginn des Mittelalters an, eine fortdauernde Umgestaltung zu erleiden hatte. Die in allen Teilen vervollkommnete Schienenrüstung, welche ihren einzelnen Teilen nach in dem Folgenden ausführlich beschrieben wird, gehört dem Ende des 15. und dem Anfange des 16. Jahrhunderts an. Abgesehen von dem Helme, der während dieses Zeitraums stets als ein Stück für sich angesehen wurde, sind ihre Bestandteile:

Die Halsberge (franz. colletin, hausse-col, engl. neck-collar), der den ganzen Harnisch trug und, wenn er nur aus einem einzigen Stück mit langen Schulterschilden bestand, im 16. Jahrhundert im Englischen allecret genannt wurde. Halsberge, eigentlich «Alberc» (alles bergend) und wovon Haubert abgeleitet ist, wird aber auch im Mittelalter die ganze von Fuß zu Kopf den Körper bedeckende Brünne oder das Panzerhemd genannt.

Die Halsberge darf man nicht mit dem darüber angebrachten Kehlstück (franz. gorgerin, engl. gorget) verwechseln, welches ebenfalls aus mehreren Schienen gebildet war.

Mit Halsberg, halberc, haubert, hauberk wurde also auch oft „alles vom Helm bis zu den Knien Bergendes", demnach das ganze Panzerhemd bezeichnet. So nannte man in Frankreich fief de haubert das Lehn, dessen Inhaber verpflichtet war, dem König, mit dem Rechte des Tragens eines vollständigen Panzerhemdes, im Kriege Folge zu leisten. Auch mit haubergeon bezeichnet man im Franz. das Kettenpanzerhemd (maille à maille se fait le haubergeon).

Der Stückpanzer vom Kelt: (?) pantex (franz. cuirasse, engl. cuirass, ital. panciera, span. cota) bestand aus der Brustplatte (altd. Harnischbrust, franz. plastron, engl. breast-plate), die, häufig mit einer das Bruststück von oben nach unten in der Mitte teilenden Linie, der Gräte (franz. tabule, engl. salient ridge oder tapul) versehen, die Brust bedeckte, und der Rückenplatte (franz. dossière, engl. back-plate).

Maldasures, im Franz. die Panzerpolster.

Der Vorderrüsthaken (franz. arrêt oder faucre, engl. lance-rest), welcher an der linken Seite der Brustplatte hervorragte und zur Befestigung der Lanze diente, auch mit Scharnier versehen war.

Der Rücken- oder Hinterrüsthaken, die queue, unter welchem beim Rennen der hintere Theil des Speerschaftes wegging, während derselbe vorn auf dem kürzeren Haken aufgelegt wurde.

Die kleinen Schienen (franz. petites plaques oder lames d'aisselles, engl. small-plates).

Die Achselstücke (franz. épaulières, engl. shoulder-plates) mit oder ohne hohe Ränder (franz. passe-gardes, engl. pass-gards).

Die runden Achselhöhlscheiben (franz. rondelles de plastron, engl. arms-rondels), zum Schutz der Achselhöhlen dienend, deren Gebrauch nicht über die Mitte des 15. Jahrhunderts zurückgeht und mit dem Ende des 16. Jahrhunderts aufhört.

Der Vorderschurz (franz. braconnière, engl. great brayette), welcher den Unterleib bedeckte und gewöhnlich aus Stahlschienen bestand und an den Krebsen endigte.

Der Gliedschirm (franz. brayette) auch Latz genannt (vom lat. latus, — Latus dare — beim Gefecht Blöße geben), welcher den Phallus nachbildete und den ein übertriebenes englisches Anstandsgefühl von allen im Tower zu London bewahrten Rüstungen verbannt hat.

Die Krebse oder Schenkelschienen (franz. tassettes, engl. tassettes, auch large tuiles) bestimmt, den Oberschenkel zu schützen; vermittelst Riemen waren sie an dem Vorderschurz befestigt. Einige deutsche Schriftsteller nennen indes auch unrichtig die ganze, aus Schienen hergestellte Rüstung Krebs (franz. lames, auch taces, engl. almaine rivets) und bezeichnen mit dem Namen halber Krebs oder Krebsfuß den unteren Teil der geschienten und mit langem Schenkelschutz versehenen Rüstung, aus dem Ende des 16. und dem Anfange des 17. Jahrhunderts. (Goethe im Götz von Berlichingen begeht denselben Irrtum.)

Auch Foucher, der gegen Ende des 16. Jahrhunderts schrieb, sagt, daß die gänzlich geschienten Rüstungen in Frankreich mit ecrevisses bezeichnet wurden. Dieselbe Art Rüstung nannte man in England a suit of splints.

Der Hinterschurz (franz. garde-reins, engl. articulated culot), aus Schienen wie der Vorderschurz gebildet.

Das vollständige Armzeug oder die Armschienen (franz. u. engl. brassards, ital. braciale, span. braceral) von dem Vor- und Hinterarmzeug gebildet, das durch die Meufeln oder Ellbogenkacheln (franz. cubitières, engl. elbow-pieces) mit einander verbunden war.

Die Schenkelschienen, Dielingen oder Dichlingen (französisch und englisch cuissards), welche vor 1500 nur den Vorderschenkel bedeckten.

Die Kniestücke oder Kniekacheln, auch Meufeln genannt, (franz. génoullières und boucles, engl. knee-caps).

Die Beinschienen (franz. grèves oder jambières doubles, engl. graeves), die vor 1500 auch nur das Vorderbein bedeckten.

Die Rüst- oder Eisenschuhe (franz. solerets oder pedieux engl. sollerets oder goads) mit spitzem Haken im 11. Jahrhundert, mit Schnabel (à la poulaine) vom Anfange des 12. bis zur Mitte des 14., mit Lanzettbogen oder Halbschnabel von 1350—1470, und aufs neue mit Schnabel im 15. Jahrhundert, aber, auch mit Kleeblattbogen von 1440—1470, Halbholzschuh- oder Halbbärenklauenform gegen 1485, Holzschuhform oder Bärenklaue von 1490—1560 und mit Entenschnabel gegen 1585.

Die Kampfhandfchuhe[1]) (franz. gantelets, engl. gauntlets) mit getrennten Fingern, Fingerhandfchuhe oder gefingerte Tatze (franz. à doigts séparés, engl. articulated gauntlets) im 14. Jahrhundert, Fausthandfchuhe (altd. Hentze, franz. moufle oder miton, engl. inarticulated gauntlets) im 15. Jahrhundert, und wiederum mit getrennten Fingern im 16. Jahrhundert.

Der hirfchlederne und mit Schuppen befetzte Kampfhandchuh des 17. Jahrhunderts, auch Schuppenhandfchuh genannt (engl. gloves armed with scales).

Der kleine Bruftfchild (franz. épaulière-garde-bras à passe-gardes, englifch shoulder-gart with passegard.)

Der große Bruftfchild, auch Scharfrenntartfche (franz. manteau d' armes, engl. tilting-breast-shild), entweder einfach oder auch mit Vorhelm oder Barthaube (fr. haute-piéce, engl. yolant pice) mit oder ohne Vifier, mit Vorhelm und mit Armzeug; dies alles war jedoch meift nur bei Waffenfpielen in Gebrauch.

Die Flügelchen, Wappenplatten oder Wappenfchildchen (f. S. 377, 382 und 388), welche nur Ende des 13. und Anfang des 14. Jahrh. (1280—1390) vorkommen (f. S. 70) und an den Schultern meift aufrecht ftehend getragen wurden, dienten wohl gemeinlich nur, um das Wappen zu zeigen und nicht als Schulterfchutz wie dies auch wohl angenommen wird, da diefelben manchmal, aber felten nur auf den Schultern liegend vorkommen (f. S. 377) und wovon man felbft den Urfprung der neuzeitigen Epaulette ableiten will.

Die Turnierlendenplatte (franz. grand cuissard de joute, engl. great tilting-cuissard.)

Die Brech- oder Schwebefcheibe (franz. rondelle de lance, engl. round lance-plate).

Alle dem Helm zur Verftärkung dienenden Stüeke, die fämtlich in diefem Abfchnitte abgebildet find, waren:

Der oben genannte Vorhelm auch Barthaube, fowie ganzes Kinnftück genannt (franz. haute pièce, englifch volant pièce).

Das halbe Kinnftück (franz. demi-mentonnière mobile, engl. half mentonnière und

[1]) S. auch den „Eifenarm" für Fahnenträger fowie die linkärmige „Tatzen" für Stechturniere. S. S. 424.

der Kinnhelm oder die eigentliche Barthaube (franz. mentonnière mobile, engl. great mentonnière).

Es gab auch Rüftungen mit Knöpfchen, (altfr. brocetes).

Die Rüftung vom Anfange des 16. Jahrhunderts zeigt häufig fchöne rippenartige Auskehlungen; es ist dies die fogenannte Maximilianifche gerippte oder auch mailändifche Rüftung, (fr. armure cannelée), welche in der zweiten Hälfte desfelben Jahrhunderts häufig durch kunftvoll eingeftochene Zeichnungen, geätzt oder mit der Nadel ausgeführt, geziert ift.[1]) Als gegen Ende des 16. Jahrhunderts die Rüftung den höchften Grad ihrer Vollendung erreicht hatte, dabei aber nur noch unzureichenden Schutz gegen die Feuerwaffe zu gewähren vermochte, geriet fie zufehends in Verfall, bis fie in der zweiten Hälfte des 17. Jahrhunderts völlig außer Gebrauch kam. Nachdem die Krebfe durch die unförmlichen Schenkelfchienen[2]) erfetzt worden waren, trat das letzte Stadium ihres Verfalls ein, wo weder noch Schenkelfchienen und bald auch kein Armzeug mehr benutzt wurden; der Stückpanzer (Küraß) allein erhielt fich bis zuletzt und auch dann nur als Spezialwaffe für die Küraffiere. Der Koller (franzöfifch buffletin, englifch buff-coat oder jerkir), über welchem noch eine leichte Halsberge (fr. colletin, hausse col, engl. neck-collar) getragen wurde, nahm feitdem an Stelle der Rüftung ein, deren Beinfchutz und Eifenfchuhe durch Reitftiefeln erfetzt wurden.

Ehe man jedoch bei der Halbrüftung anlangte, waren häßliche, die Mode der Wämfer widerfpiegelnde Bruftplatten die Vorläufer des vollftändigen Verfalls des Harnifch gewefen. Die Bruftftücke ahmten den Polichinelbuckel der Regierungszeit Heinrichs III. nach; bald nachher unter der Regierung Ludwigs XIII. bekamen fie platte Formen; die langen Schenkelfchienen (longues écrevisses) folgten ihnen zu Anfang der Regierung Ludwigs XIV.

Bezüglich der mit Ätzungen (d. h. Radirungen von Wohlgemuth, 1434—1519, wenn nicht von feinem Schüler Dürer, 1471—1528, erfunden) verzierten Rüftungen ift zu bemerken, daß fie fehr felten bis ins 15. Jahrhundert hinaufreichen, da die Echtheit aller nur durch

---

[1]) Im Germanifchen Mufeum zu Nürnberg ein Harnifch v. 1500—1520, worauf bereits Verzierungen geätzt find. (Samml. Sulkowski.)

[2]) Das Zeughaus zu Zürich befitzt gerippte Rüftungen mit gewölbtem Bruftfchilde, an denen die Krebfe fchon durch diefe langen Schenkelfchienen (von einigen Schriftftellern ebenfalls Krebfe genannt) erfetzt find.

Vorausſetzungen den Arabern des 11. Jahrhunderts zugeſchriebenen nicht erwieſen iſt. Von dem zweiten Drittel des chriſtlichen Mittelalters an wurde zwar ſchon zur Verzierung des Schwertes der Grabſtichel angewendet, doch iſt alles daran, was über das 15. Jahrhundert hinausgeht, von geringem künſtleriſchen Wert.

Gegenwärtig hat die Fälſchung, beſonders in Venedig, das Ätzen auch ſtark benutzt, um den Nichtkennern mit ihren maſſenweis im Kunſthandel eingeſchmuggelten nachgeahmten Rüſtungen hinters Licht zu führen.

Eines ſehr ſelten angetroffenen Rüſtſtückes des 14. Jahrhunderts, wovon dem Verfaſſer kein auf uns gekommenes Exemplar bekannt iſt, muß hier noch Erwähnung geſchehen Es iſt dies der Mußeiſen genannte aus Eiſenſtäben hergeſtellte Oberarmſchutz von Söldnern, deſſen in der Limburger Chronik (1330—1350), ſowie in dem großen Ämterbuch des deutſchen Ordens (1387—1396) Erwähnung geſchieht (ſ. die Abbildung S. 391 ſowie weiterhin.)

1. Halsberge auch Ringkragen (franz. colletin, hauss'se-col, engl. neck-collar), welche den ganzen Harniſch trug. Die Schiebſchienen des Halſes hießen Stauchen.

1 a. Desgleichen. (S. das darüber bemerkte S. 470 und 471.)

2. Bruſtplatte, Vorderteil des Stückpanzers (franz. plaſtron, engl. breaſtplate). Die Kante, welche den Bruſtſchild in der Mitte von oben nach unten teilt, wird Gräte (franz. tabule, engl. ſalient ridge oder tapul) genannt. An der rechten Seite ſitzt der bewegliche, dem Speere als Unterlage dienende Vorderrüſthaken (franz. faucre, engl. lance-reſt).

3

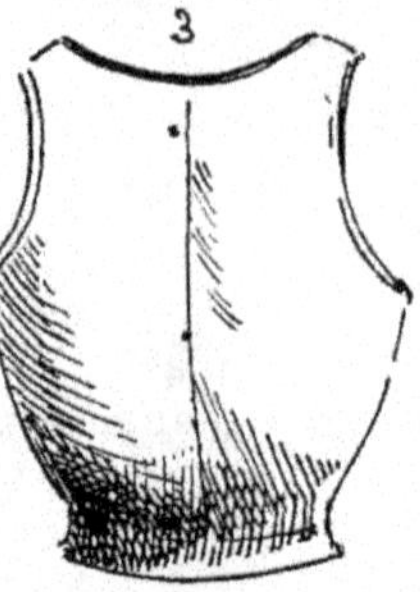

3. Rückenplatte (franz. dossière, engl. back-platte) des Stückpanzers. — Ambrafer Sammlung.

4

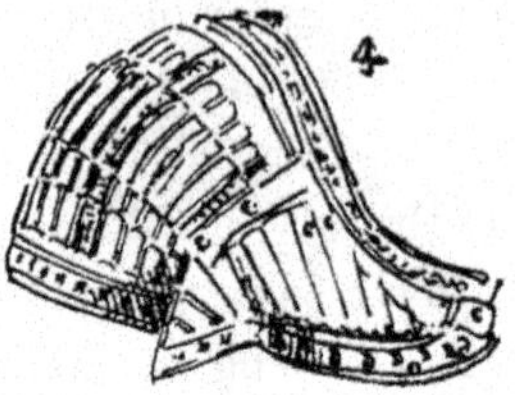

4. Achfelftück (franz. épaulière, engl. fhoulder-plate) von einer gerippten Rüftung aus der zweiten Hälfte des 15. Jahrhunderts. — Sammlung des Verfaffers. Bei nicht gerippten Rüftungen sind die Achfelftücke gemeinlich teilweife gefchoben.

5

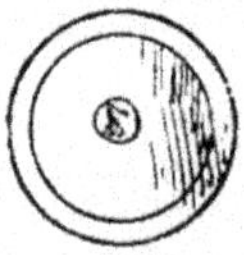

5. Runde Achfelhöhlfcheibe (franz. rondelle de plastron, engl. arm-rondel) einer gerippten Rüftung aus dem Ende des 15. Jahrhunderts.

6

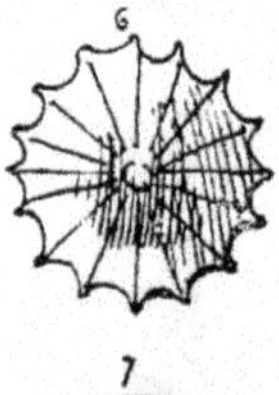

6. Runde Achfelhöhlfcheibe einer gotifchen Rüftung aus dem 15. Jahrhundert.

7

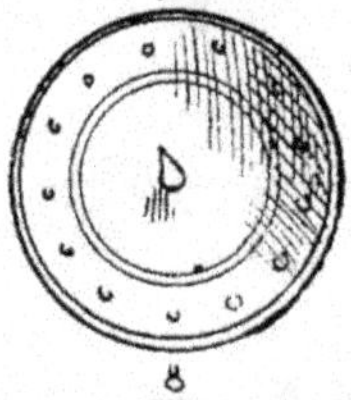

7. Runde Achfelhöhlfcheibe, größer als die vorige, von einer Rüftung aus der Mitte des 16. Jahrhunderts.

8

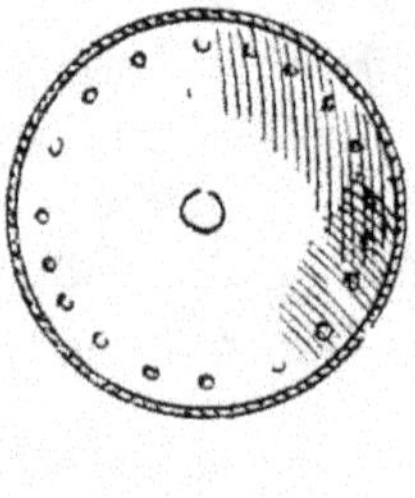

8. Runde Achfelhöhlfcheibe, 26 cm im Durchmeffer, die mit kupfernen Nagelköpfen verziert ift und einer Rüftung vom Ende des 16. Jahrhunderts in der Ambrafer Sammlung angehört. Bei Turnierrüftungen vom Ende des 15. und vom Anfange des 16. Jahrhunderts findet man jedoch auch runde Achfelhöhlfcheiben von gleichem Umfange.

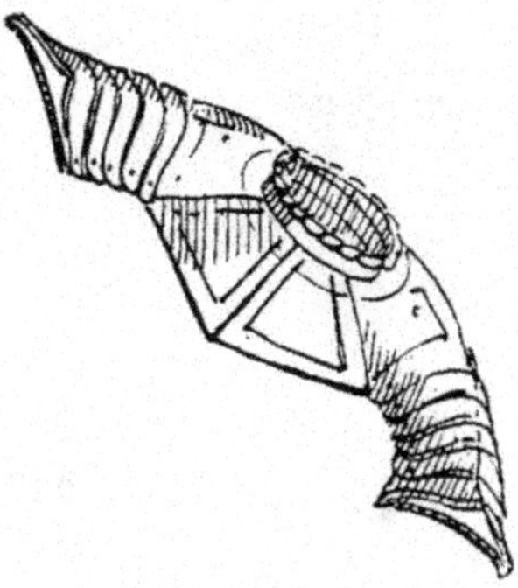

9. Halsberge[1]) (franz. garde-collet) mit dazu gehörigen Achſelſtücken vom Ende des 16. Jahrhunderts. In England wurde eine ſolchergeſtalt zuſammengeſetztes Stück alecret genannt. Ähnliche Achſelſtück-Halsberge unter Nr. G. 256 im Artillerie-Muſeum zu Paris. (S. S. 76 Allegate.)

Man trifft das auf Inſiegeln häufig vorkommende hier abgebildete Halsgeſchmeide auch manchmal an Halsbergen an. Es iſt der von Ludwig, Herzog von Orleans, Bruder Karls VI. († 1685) geſtiftete „Stachelſchweinsorden“ (ordre du camail ou du porc-épic).

10

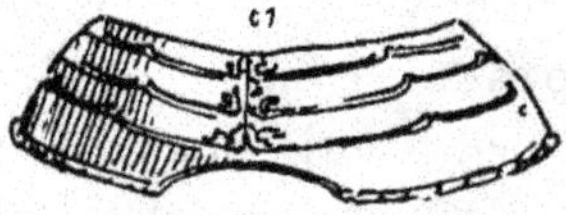

10. Vorderſchurz (franz. braconnière, engl. great-brayette) einer gotiſchen Rüſtung aus dem 15. Jahrhundert, im kaiſerlichen Arſenal zu Wien. Dieſer Vorderſchurz wurde ſtets durch zwei große dachziegelförmige Krebſe, welche die Schenkel bedeckten, vervollſtändigt.

11

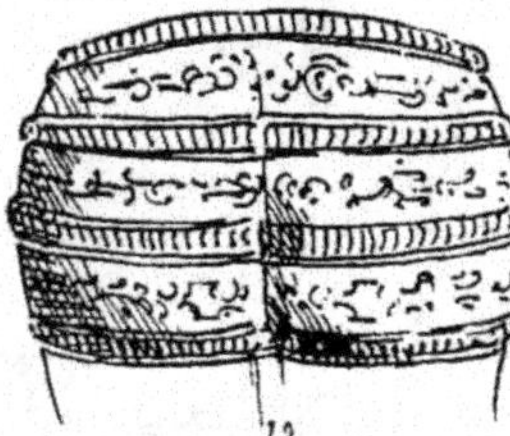

11. Vorderſchurz einer aus gravierter und getriebener Arbeit beſtehenden Rüſtung vom Ende des 15. Jahrhunderts oder vom Anfange des 16., die für den Kampf zu Fuß beſtimmt war. Die Form ſolchen Vorderſchurzes machte die Krebſe überflüſſig.

12

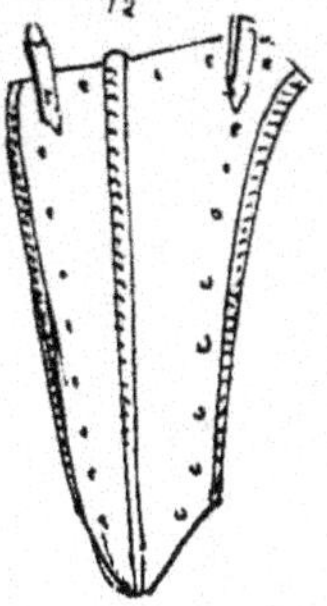

12. Krebs[2]) oder Schenkelſchiene (franz. und engl. tassette lames, taces, auch almaine aivets), in Dachziegelform von einer Rüſtung aus dem 15. Jahrhundert. — Artillerie-Muſeum zu Paris.

[1]) Nicht zu verwechſeln mit Halsberg (fr. halberc, hauberk), d. h. „Alles vom Helm bis zum Knie bedeckende“, alſo das vollſtändige Panzerhemd.

[2]) Während des 15. Jahrhunderts beſtanden die Krebſe, wie Nr. 12, gewöhnlich aus einem Stücke; ſpäter nahmen ſie eine abgerundete Form an, und im 16. Jahrhundert waren ſie meiſtens kleiner und gegliedert, im 17. unförmig lang und geſchient. (S. S. 472.)

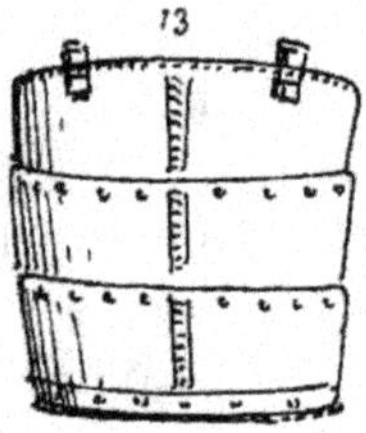

13. Kleiner geſchienter oder geſchobener auch geſtauchter Krebs aus dem 16. oder dem Ende des 15. Jahrhunderts.

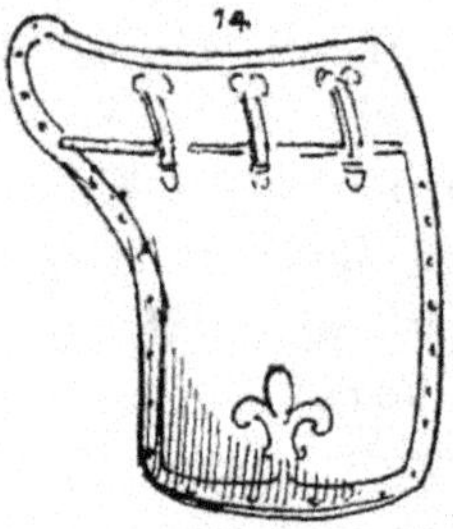

14. Vorderſchurzkrebs von ungewöhnlicher Größe, faſt die beiden Schenkel wie eine Freimaurerſchürze bedeckend; derſelbe gehört einer Franz dem I. († 1547) zugeſchriebenen Rüſtung an.

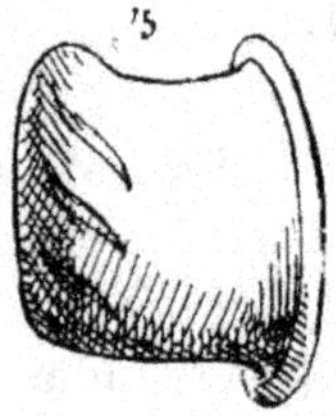

15. Gliedſchirm auch Latz (v. lat. latus) genannt, praesidium mentulae franz. brayette, engl. small-brayette à l'antique) einer Rüſtung aus dem 16. Jahrhundert. Dieſe Form von Gliedſchirmen war nur von 1526 bis um 1576 gebräuchlich.[1])

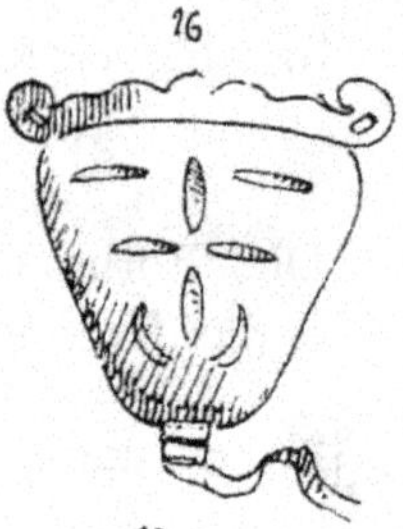

16. Gliedſchirm einer Rüſtung aus dem 16. Jahrhundert. — Nr. G. 119. im Artillerie-Muſeum in Paris. — Häufig ſind auch die Gliedſchirme von Kettengewebe.

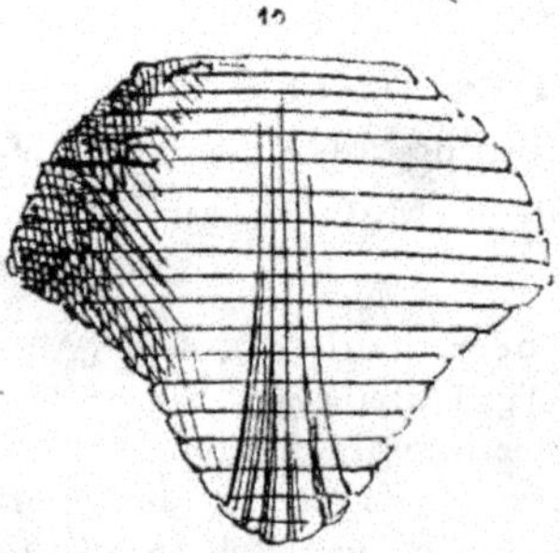

17. Hinterſchurz (franz. garde-reins, engl. articulated culot) einer Rüſtung vom Ende des 15. Jahrhunderts[2]).

[1]) Der an einer von aus nicht zuſammengehörigen Stücken geformten Rüſtung der Samml. Sulkowski im Germ. Muſeum zu Nürnberg befindliche Gliedſchirm mit ſchnurrbärtigem Mannskopf iſt gefälſcht.

[2]) Hinterſchurz und Vorderſchurz zuſammen nennt man im Altfranzöſiſchen hoquine oder houquine.

18. Geschobener Hinterschurz einer gotischen Rüstung in der geschmackvollsten Form des 15. Jahrhunderts.

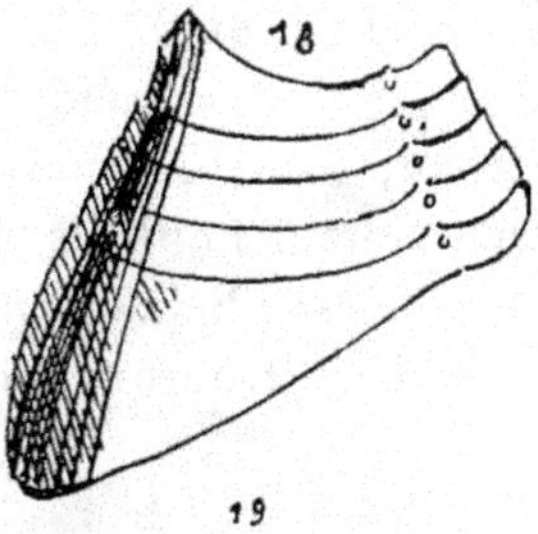

19. Hinterschurz einer gerippten, sogenannten Maximilianischen Rüstung, aus der letzten Zeit des 15. oder dem Anfange des 16. Jahrhunderts.

19

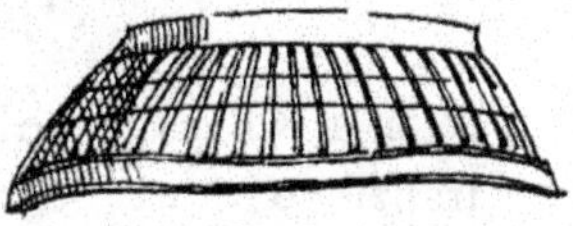

20. Zwei geschobene Hinterschurze von Rüstungen aus dem 17. Jahrhundert. Der kleinere gehört zu einer Rüstung aus der Regierungszeit Ludwigs XIV., die im Artillerie-Museum zu Paris aufbewahrt wird.

20

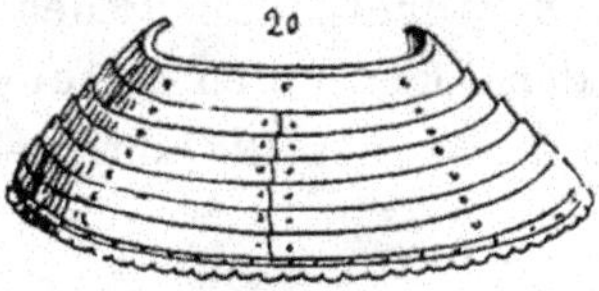

20

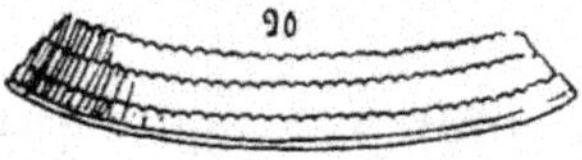

21

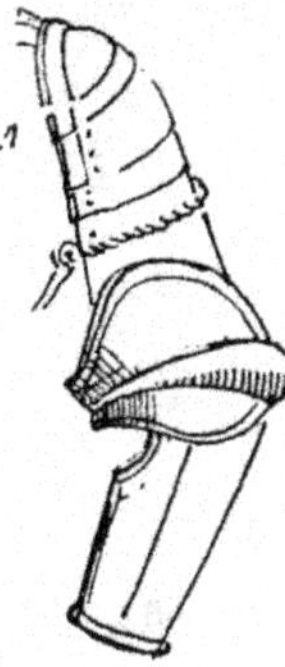

21. Ganzes Armzeug (franz. und engl. brassard complet, ital. braciale, span. braceral). Es besteht aus dem Vorder- und Hinterarmschutz, beide Teile sind durch die Meusel oder Ellbogenkachel (franz. cubitière engl. elbow-piece) mit einander verbunden. Die Form der Ellbogenkachel hat oft gewechselt. Mehr abgerundet ist sie im 15. Jahrhundert und zuweilen auch mit Flügelspitzen versehen und geschient; im 16. Jahrhundert ist sie kleiner. Der Unter- oder Vorderarmschutz wird auch Armröhre (fr. canon) genannt.

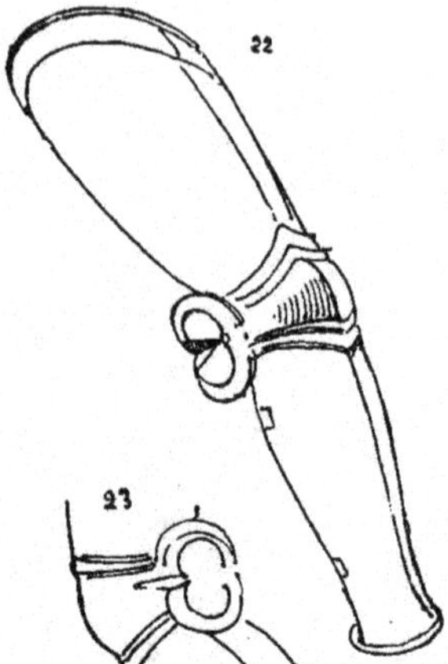

22. Dieling oder Schenkelzeug (franz. und engl. cuissard mit Knieſtück[1]) oder Kniekachel, (franz. genoullière oder boucle, engl. kneecap) und Beinſchiene (franz. grève oder jambière, engl. graeve). Sie iſt entweder einfach oder doppelt und mit Scharnieren verſehen; letztere Art weiſt auf einen jüngeren Zeitabſchnitt als das Jahr 1500 hin. Die lederne Beinſchienen vom 14. Jahrh. hießen Lerſen auch Lederſen.

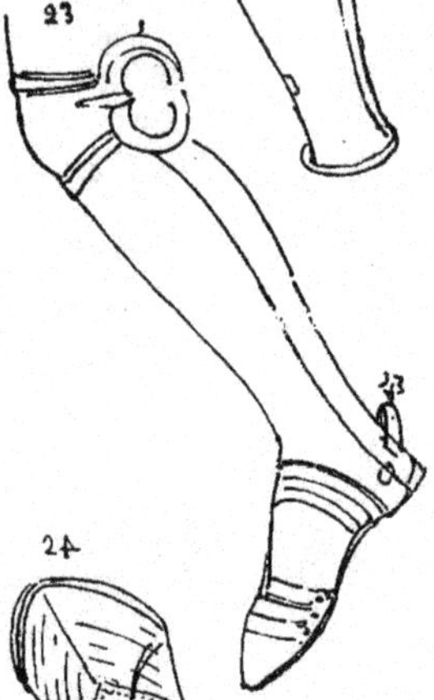

23. Beinſchiene mit Kniekachel und Eiſenſchuh (franz. soleret oder pédieu, engl. solleret). Der Eiſenſchuh hat hier den ſogenannten Entenſchnabel vom Ende des 16. Jahrhunderts.

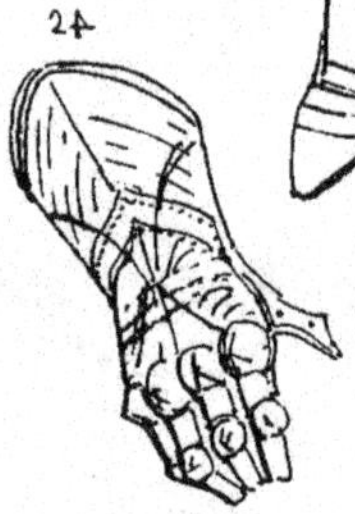

24. Kampfhandſchuh oder gefingerte Handtatze (franz. gantelet à doigts séparés, engl. articulated gauntlet). Derſelbe hat getrennte Finger und gehört einer Rüſtung aus der Mitte des 12. Jahrhunderts an[2]).

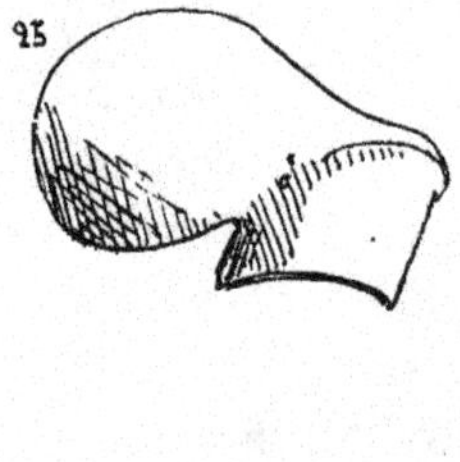

25. Kleiner Schulterſchild (franz. épaulière-garde-bras oder grande garde, engl. shoulder-gard) bei den Turnieren ſchon gegen Ende des 15. Jahrhunderts in Gebrauch.

[1]) S. die Kniekachel v. XIV. Jh. S. 376, Nr. 3.

[2]) S. die linkshändige Stechturniertatze S. 425 u. 427.

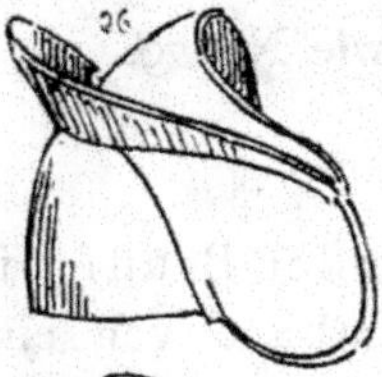

26. Achſelſtück oder Schulterſchild mit Brechrand (franz. épaulière-garde-bras à passe-garde, engl. shoulder-gard with passe-gard).

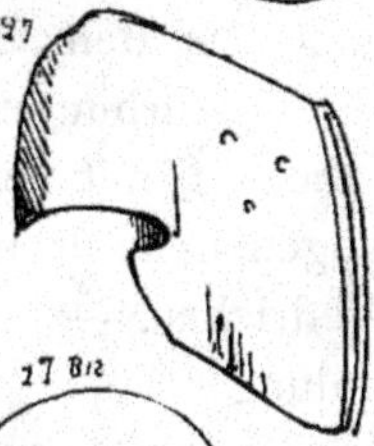

27. Turnierſchulterſchild (franz. grande épaulière, garde-bras) oder grande garde, engl. great-tilting shoulder-gard).

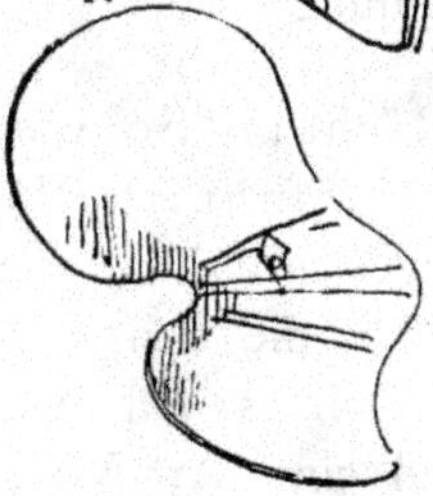

27. Bis. Meuſelſchulterſchild für den linken Arm einer deutſchen Rüſtung aus dem Anfange des 16. Jahrhunderts. — G. 10. im Artillerie-Muſeum zu Paris.

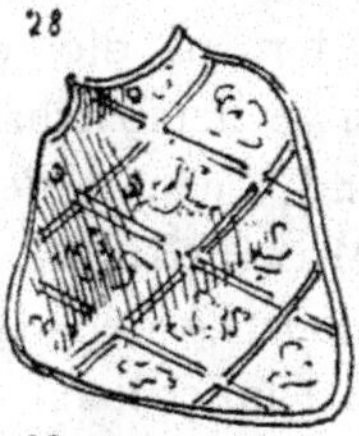

28. Großer Turnierbruſtſchild[1]), auch Scharfrenntartſche (franz. manteau d'armes, engl. tilting-breast-shild) aus Eiſen und reich graviert, deutſche Arbeit einer Turnierrüſtung aus dem Anfange des 16. Jahrhunderts.

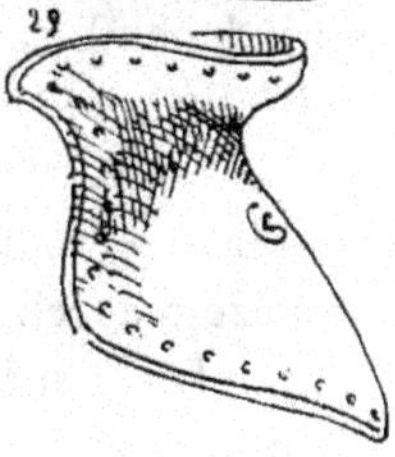

29. Großer Bruſtſchild mit Kinnſchutz oder Schembart (franz. manteau d'armes à mentonnière, engl. tilting breast shild with mentonnière) nach dem Turnierbuche des Herzogs Wilhelm IV. von Bayern (1510—1545).

[1]) Die Bruſtſchilde ſind nicht mit den Bruſtplatten oder den Stahlſtücken (fr. pièce d'acier) (ſ. S. 69) zu verwechſeln.

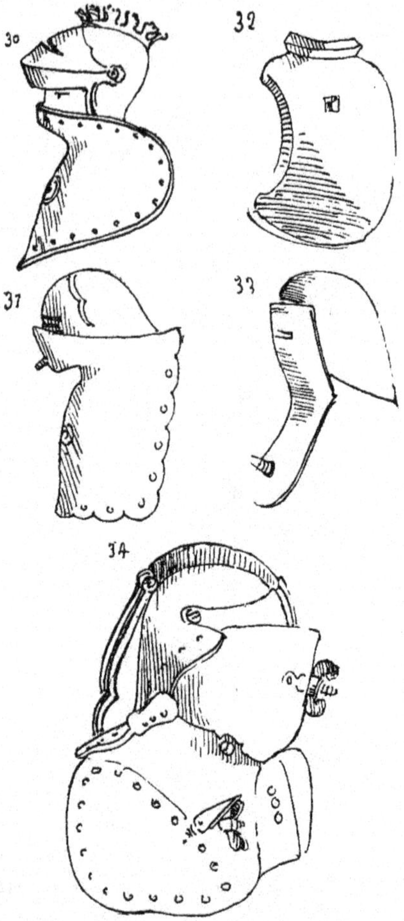

30. Großer Bruſtſchild mit Schembart und mit dazu gehörigem Helm. — Desſelben Urſprungs wie Nr. 29.

31. Ebenſo.

32. Großer Bruſtſchild mit Schembart von einer Turnierrüſtung aus dem Anfange des 16. Jahrhunderts. Er iſt von dickem, mit Leinwand überzogenem Holz und ſchwarz angeſtrichen. — Ambraſer Sammlung.

33. Tartſche mit Schembart und Sehſchnitt (Viſier.) Dieſe Verſtärkung der Turnierrüſtung, die den Vorderteil des Helmes faſt ganz bedeckt und eine Art Viſier bildet, iſt älter als die vorhergehenden Schembartbruſtſchilde und nach dem Triumph Maximilians gezeichnet, einem gegen 1517 ausgeführten Kupferſtich.

34. Großer deutſcher Schembartbruſtſchild nebſt daran ſitzendem Vorhelm mit Lanzenträgerſchraube (Rüſthaken). Der ſchon durch den Vorhelm, Barthaube, Kinnſtück (franz. haute pièce, engl. volant piece), an den er angeſchraubt, geſchützte Helm iſt außerdem an der Rückenplatte des Stückpanzers durch die Rennhutſchraube (franz. crête-échelle) befeſtigt. Die Lanzenträgerſchraube diente zur Befeſtigung oder Unterſtützung dieſes Bruſtſchildes, ſowie auch zum Aufhängen der im Turniere erhaltenen Preiſe und zum Feſtlegen der Lanze. Auch ſoll der Ritter mitunter einen Apfel darauf geſteckt haben, um damit dem Gegner einen Zielpunkt zu geben. — Dresdener Muſeum. (G. 124, Nachahmung deſſelben im Artillerie-Muſeum zu Paris.)

34. Bis. Reich gepunzte Barthaube oder Kinnstück (mentonnière) von 1540, welche mit einem offenen oder visierlosen Helm getragen wird. — Sammlung Beardmore — Uplands — Hampshire.

35. Schembartbruststchild wie Nr. 34, aber ohne den Helm und die Rennhutschraube.

34 Bis.

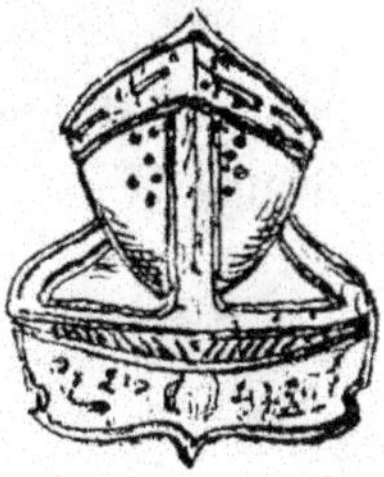

35

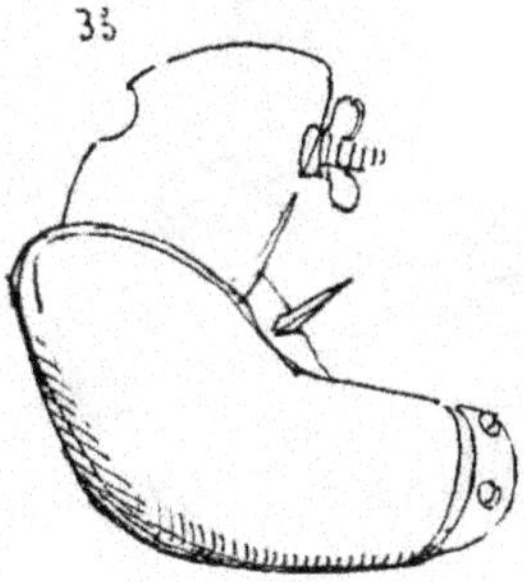

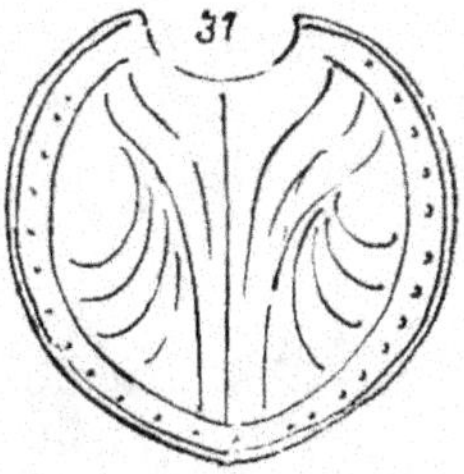

36

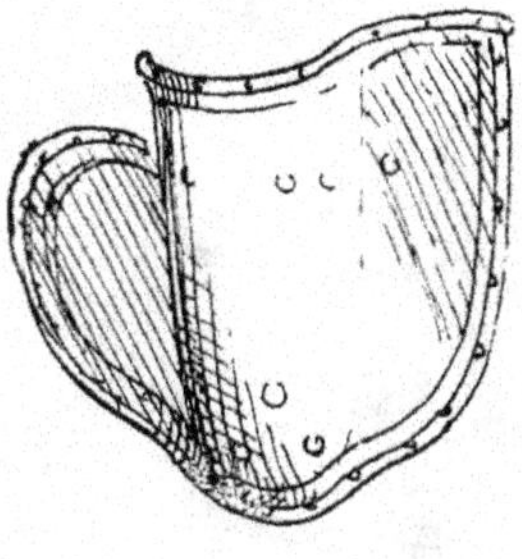

36. Turnierlendenplatte (franz. grand cuissard de joute engl. great tilting cuissard) aus dem Anfange des 16. Jahrhunderts von einer sogenannten Maximilianischen Rüstung. G. 114 im Artillerie-Museum zu Paris.

37. Turnierlendenplatte einer Maximilianischen Rüstung aus dem Anfange des 16. Jahrhunderts. — G. 115 im Artillerie-Museum zu Paris.

38. Deutsche Verdoppelungsbeinschiene (altd. Dilge), auch Streiflatsche[1]) beim Turnier gebraucht, vom Ende des

[1]) S. das Stechen über den Dill oder über die Palia, S. 83.

38

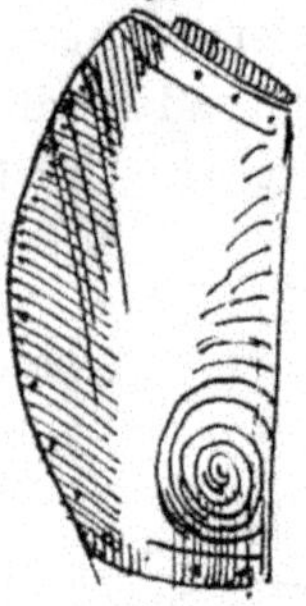

15. Jahrhunderts. Dieſelbe wurde noch über dem Beinſchutz der Rüſtung getragen, um das Bein beim Anprall an die Schranken zu ſchützen. — Kaiſerliches Arſenal zu Wien.

39

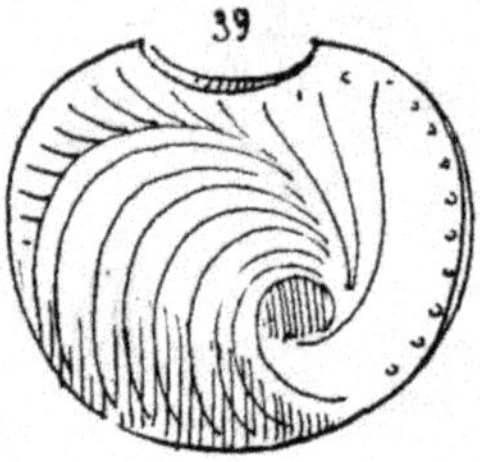

39. Turnierlendenplatte aus dem Anfange des 16. Jahrhunderts. — Sammlung des Grafen Nieuwerkerke.

40

40. Stoß- Brech- oder Schwebeſcheibe (franzöſiſch rondelle de lance, auch rondelle couvre-mains, engl. round lance-plate), beſonders für Turnierſpeere, aus dem Ende des 15. Jahrhunderts. — Artillerie-Muſeum zu Paris.

41

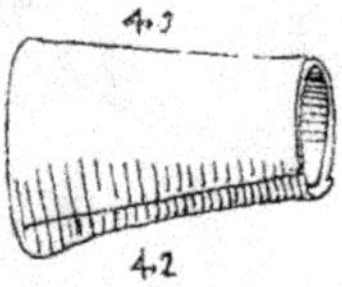

41. Stoß- Brech- oder Schwebeſcheibe aus dem 16. Jahrhundert. Muſeum zu Dresden.

42

42. Stoß- Brech- oder Schwebeſcheibe aus dem 16. Jahrhundert. — Sammlung Llewelyn-Meyrick.

43

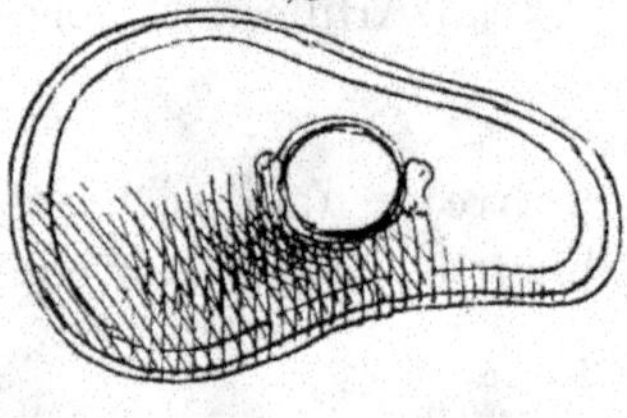

43. Stoß- Brech- oder Schwebeſcheibe aus dem 16. Jahrhundert. — Sammlung Llewelyn-Meyrick.

44
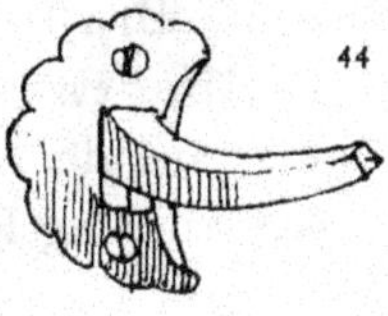

44. Rüſthaken mit Scharnier (franz. fautre, faucre[1]) oder arrêt de lance, engl. lance-rest) aus der Mitte des 16. Jahrhunderts. — Muſeum zu Dresden.

45
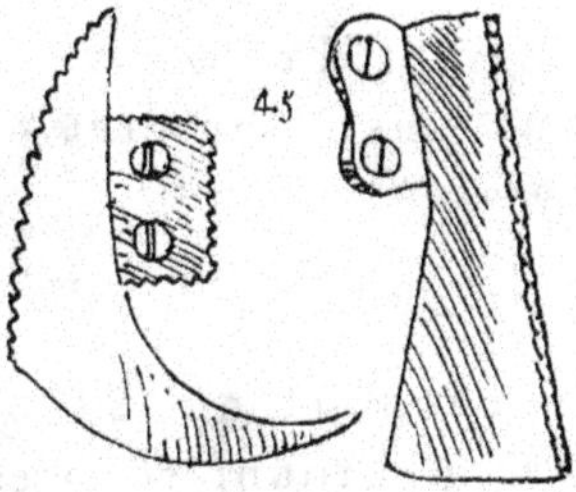

45. Zwei Arten von Rüſthaken aus dem Ende des 16. Jahrhunderts. — Muſeum zu Dresden.

Außer dieſen Vorderrüſthaken gab es auch noch gewaltig größere Hinterrüſthaken (franz. queue) zum Auflegen des Speerendes (ſ. S. 424).

46 47 48
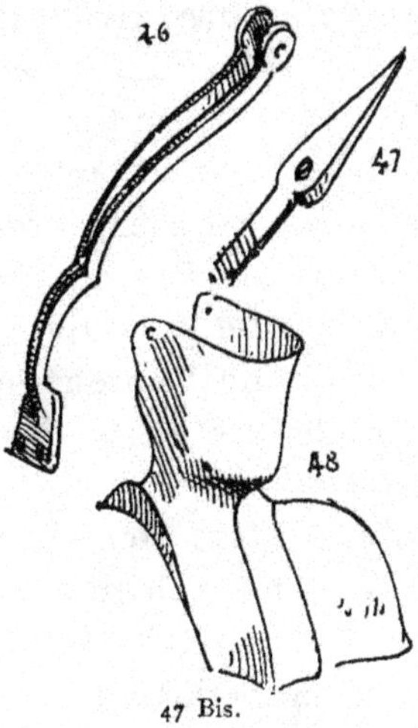

46. Rennhutſchraube. — Muſeum zu Dresden. Vergl. Nr. 34.

47. Lanzenträgerſchraube und Bruſtſchildträger. — Muſeum zu Dresden. Vergl. Nr. 34.

47 Bis.

47. Bis. Stechhelm mit Barthaube und Rennhutſchraube.

48. Vorhelm (franz. haute pièce, auch mentonnière, engl. volant piece). Muſeum zu Dresden.

[1]) Der Name faucre taucht erſt im XIV. Jh. auf, vorher nannte man ihn fautre: „chacun a mis lance sous fautre" (Vers 1242 von „Li Roumans de Coucy" — vom XIII. Jahrhundert.

Rüſthaken waren auch ſchon im Gebrauche, als die Ritter noch mit dem Maſchenpanzerhemd und ohne Stückpanzer rannten. — Der Rüſthaken wurde da an der rechten Schulter, vielleicht auch an dem Stahlſtück oder der Bruſtplatte (pectoral — mamillière) (ſ. S. 69. 393, 394 und 398) befeſtigt.

49
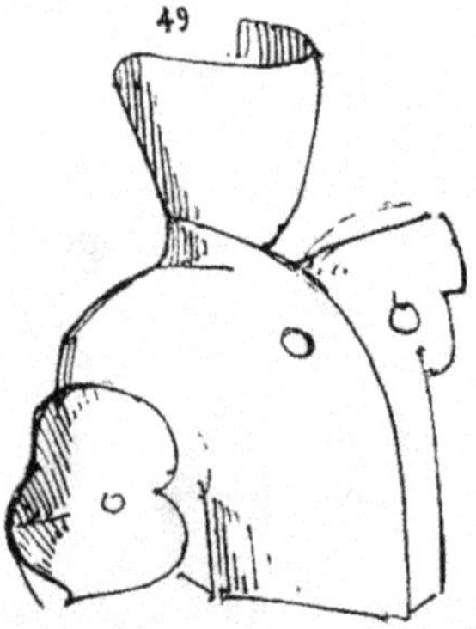

50
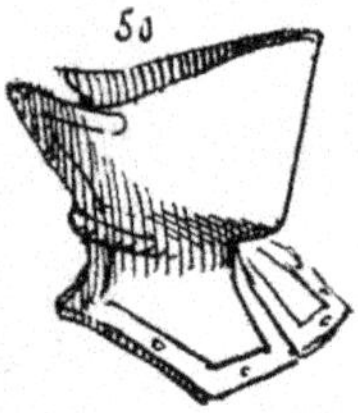

51
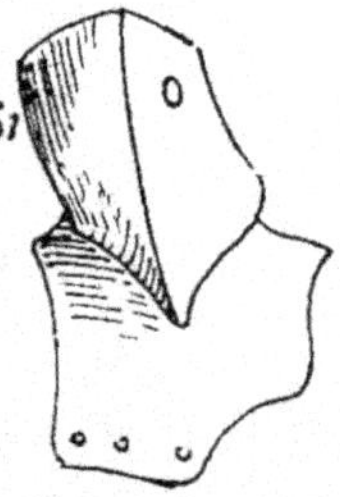

52
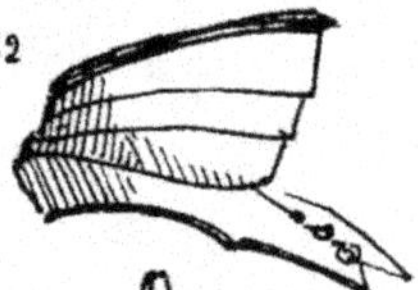

53

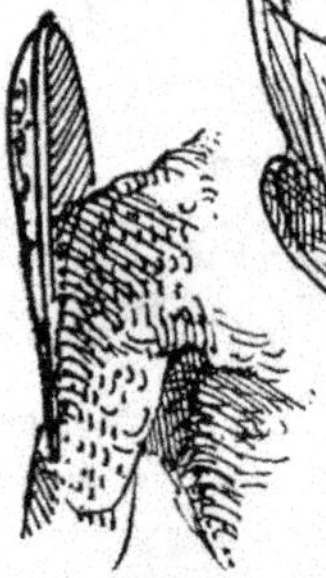

49. Vorhelm nebſt Bruſtſchild mit Achſelſtück und Ellbogenkachel von einer Turnierrüſtung aus dem Ende des 15. Jahrhunderts. — Sammlung Renné in Konſtanz.

50. Große Barthaube oder Vorhelm (franz. haute mentonnière). — Sammlung Nieuwerkerke.

51. Vorhelm. — Sammlung Llewelyn-Meyrik.

52. Geſchobene Barthaube oder Vorhelm (franz. mentonnière oder haute piece lamée à gorgerin, engl. lamed mentonnière), deutſche Arbeit, gegen Ende des 15. Jahrhunderts in Gebrauch, zu welcher Zeit ſie mit der Schale oder Schaller getragen wurde. — Sammlung des Grafen Nieuwerkerke.

53. Halbe Barthaube (franz. demi-mentonnière, engl. half mentonnière) aus dem Ende des 15. Jahrhunderts.

54. I. Wappenplatte, Schulterflügel oder Wappenſchildchen, Flügelchen (franz. ailette), welche, während der Übergangsperiode, auf der Schulter zwiſchen dem Panzerhemde und der Rüſtung mit Lederſchieben oder auf der einfachen Brünne, etwa einige 50 Jahre lang in Gebrauch war (1280—1330). An dem Standbilde Rudolfs v. Hierſtein (geſt. 1318) am Dom zu Baſel ſieht man eine ſolche; auch auf den Schultern platt liegende werden angetroffen[1]).

[1]) Man will davon die heutigen Epauletten ableiten, glaubt auch, daſs ſolche Schildchen als Achſelſchutz gedient haben, was aber beides unannehmbar iſt. S. die Abbildung S. 377, 382 und 388, ſowie den Text S. 71.

54. II. Andere Form diefer Wappenplatten aus derfelben Zeit.

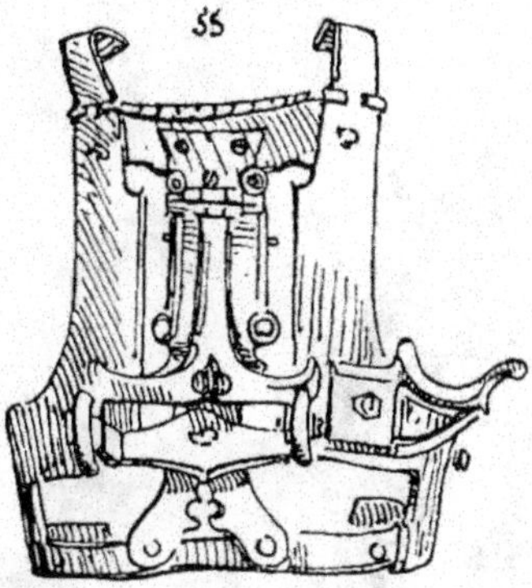

55. Bruftplatte zum Gefchiftfcheibenrennen einer deutfchen Turnierrüftung aus der erften Hälfte des 16. Jahrhunderts. Der Mechanismus diefer Spielerei, von der nur noch zwei Exemplare vorhanden find (in der Ambrafer Sammlung und im Artillerie-Mufeum zu Paris), war fo eingerichtet, daß die Stücke davon in die Luft flogen, fobald der Gegner mit feiner Lanzenfpitze auf die durch ein durchbrochenes Herz bezeichnete Mitte traf. Es war dies auch der Gebrauch in einem von den acht verfchiedenartigen Rennen des Kaifers Maximilian (f. S. 82 bis 92).

---

1. Vifierhelm (armet).
2. Sturz oder Vifier (visière oder vue).
3. Halsberge (colletin oder hausse-col).
4. und 5. Achfelftück mit Rand (epaulière à passe-garde.)
6. und 8. Armzeug für Ober- und Unterarm (brassards pour avant et arrière-bras).
7. Ellbogenkacheln (cubitières).
9. Kampfhandfchuh (gantelets).
10. Vorderftückpanzer (plastron de la cuirasse).
11. Vorderfchurz (braconnière).
12. Krebfe (tassettes).
13. Latz oder Gliedfchirm (brayette) in Stahlmafchen.
14. Schenkelfchiene oder Dielinge (cuissards).
15. Unterdielinge (cuissards inferieurs).
16. Kniekacheln (genouillières oder boucles).
17. Beinfchienen (grèves oder tumelières, auch jambières).
18. Eifenfchuhe (solerets oder pédieux).

19. Schwert mit nach dem Orte geneigter Abwehrftange, (wie die vom 13. Jahrh.)

Vordere Anficht mit allen Einzelbezeichnungen einer gerippten

deutfchen Maximiliansrüftung genannter Harnifch vom 16. Jahrh. — Nach der 1870 erfchienenen «Encyclopédie des arts plastiques» des Verfaffers. —

1. Viſierhelm (armet).
2. Sturz oder Viſier (visiere oder visière).
3. Halsberge (colletin oder hausse-col).
4. Verlängerung der Halsberge (alongement du colletin).

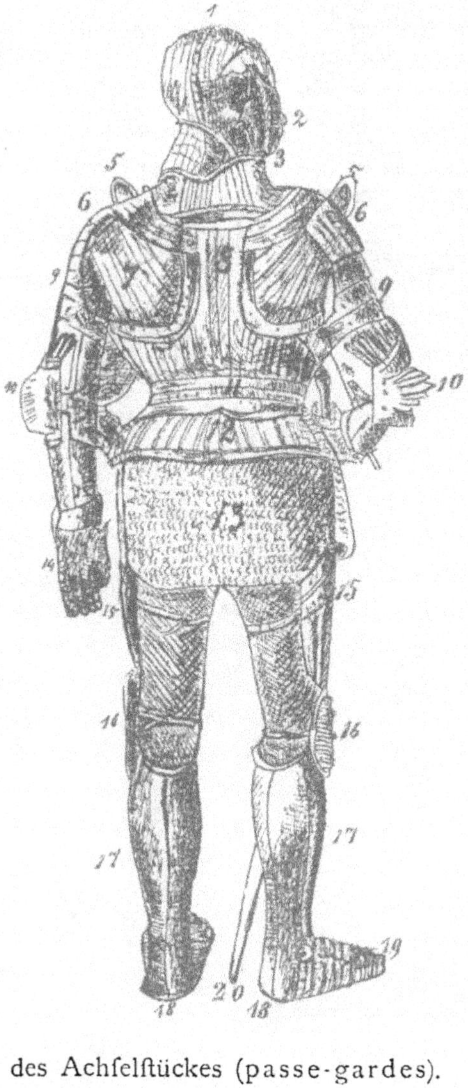

8. Ränder des Achſelſtückes (passe-gardes).
6. Achſelſtücke (epaulières).
7. Hinterſchulterſchild (grandes gardes).
8. Hinterſtückpanzer (dossière de la cuirasse.)

9. Oberarmzeug (brassards de l'arrière bras).
10. Ellbogenkacheln (cubitières).
11. und 12. Hinterfchurz (garde-reins).
13. Stahlmafchenunterfchutz (mailles).
14. Kampfhandfchuhe (gantelets).
15. Dielinge (cuissards).
16. Kniekacheln (boucles).
17. und 18. Beinfchienen (grèves.
19. Eifenfchuhe (solerets oder pédieux).
20. Schwert (épée).

Hintere Anficht des auf vorhergehender Seite befindlichen Harnifch. — Nach der 1870 erfchienenen «Encyclopédie des arts plastiques» des Verfaffers. —

IX.

Der Helm.

Κόρυς, ſpäter *κράνος*, der arkadiſche *αὐλῶπις*, der vierſchirmige *τετράφαλος*, lat. galea ſo wie der niedrigere cataetix oder cataetica war von Leder, cassis von Metall, nlat. cassium, franz. casque von lat. cassis, oder vom Keltiſchen (?) cas, Kaſten oder ked von cead, Kopf; engl. kask auch helmet, ital. elmo und celata, ſpan. yelmed, yelmo, auch celada.

Die gewöhnlichſte Form davon iſt die mit runder Glocke (franz. timbre) mit oder ohne Sturmbänder *φάλαρα*, lat. bucculae, franz. jugulaire, auch mentonnière, engl. jugular, mit oder ohne Naſen- (praeſidium nasus) und Nackenſchutz (praeſidium cervicis) mit oder ohne Helmzierde oder Helmſchmuck (*κῶνος*, lat. apex, franz. cimier, ſpan. cimera, engl. crest), mit oder ohne Busch, von Federn oder Pferdehaaren (*λόφος*, lat. crista, franz. aigrette u. panache, ital. pennachio, ſpan. pennacho, engl. bush), mit oder ohne Schirmrand (*φάλος*, auch *στεφάνη*, lat. projectura), mit oder ohne Visier oder Sturz (*γεῖσον*, lat. auch projectura). Im altd. bezeichnet man auch dem Helm mit Grim, wovon Iſegrim — Eiſenhelm.

Es iſt bereits angeführt worden, in welchen Formen die antiken Helme und die Helme der ſogenannten barbariſchen Völker aus der Bronze- und Eiſenzeit vorkommen, von letzteren nur wenig Arten, worunter der Hörnerhelm, das Eiſenkreuz — ſ. S. 308 — der im British Muſeum den Bretonen zugeſchriebene aber wohl ſkandinaviſche, ſo wie die koniſchen der Gallier (?) und der germaniſch-lygiſche Spiralhelm S. 292. Ähnliche Helme wie das oben angeführte Eiſenkreuz kommen auch bereits bei den Römern vor (ſ. S. 261).

Die älteſten Kopfſchutzbedeckungen der Germanen der ſpäteren ſogenannten Eiſenzeit, beſonders bei den fränkiſchen Stämmen, war wohl das oben angeführte Eiſenkreuz, welches in dem, S. 511—534 abgefaßten Geſetze der ripuariſchen (niederlothringiſchen) Franken angeführt und S. 261, 308, 348 und 359 abgebildet iſt; das auf der Trajansſäule vom 2. Jahrhundert nach Chr. von der germaniſchen Leibwache (S. 261), iſt wohl eins der älteſten.

Der franko-normänniſche Helm vom 11. Jahrh. in Kegel-(koniſcher) Form zeigt einen unbeweglichen, mehrere Finger breiten Naſenſchutz oder Schemenbart (franz. und engl. nasal), einen Beſtandteil, der zur Wehr der Naſe diente und über dieſelbe abwärts hinunter reichte. Dieſer Helm wurde bereits über der Ringhaube oder Helmbrünne (franz. camail, engl. mail-capuchin) getragen, deren metallenes, meiſt aus Ketten oder Maſchen gefertigtes Gewebe häufig die Verlängerung, eine Art Kapuze, des Hauberts oder Panzerhemdes bildete.

Der ebenfalls mit feſtem Naſenberge verſehene Helm der nordgermaniſchen Stämme hatte damals, den Handſchriften zufolge, eine gewölbte Glocke und etwas ſpäter Sturmbänder und beweglichen Nackenſchutz, wie er unter Nr. 20 im Abſchn. der Helme nach einem im Artillerie-Muſeum zu Paris aufbewahrten Exemplare dargeſtellt iſt; die Geſtalt dieſes Helmes nahm mitunter eine übermäßige Höhe an, wie aus der unter Nr. 17. abgebildeten Seligenthaler Stickerei hervorgeht.

Gegen Ende des 12. Jahrhunderts erſcheinen ſchon die erſten topfförmigen Helme (franz. heaume, ital. elmo, ſpan. yelmo, engl. pothelm), von denen das Pariſer Artillerie-Muſeum gleichfalls ein Exemplar unter Nr. H. 1 beſitzt, welches weiterhin unter den Abbildungen (Nr. 28) vorkommen wird. Dieſer Helm zeigt eine Übergangsform, die noch den Naſenſchutz bewahrt hat.

Der echte Topfhelm (heaume) geht nicht über das Ende des 13. oder den Anfang des 14. Jahrhunderts hinauf. Um dieſelbe Zeit oder wenige Jahre ſpäter tritt dieſe Helmgattung mit Helmzier (auch Helmſchmuck und Helmkleinod genannt, altfr. cimier, ſpäter lambrequin[1]) auf, denn mehrere Ritter in der deutſchen

[1]) An den Helmen, beſonders an den Topfhelmen des XIII. Jh. herabhängende Bänder ſind keine Helmdecken (lambrequins), ſondern Wedel (fr. volets) genannte Riemen zum Aufbinden, d. h. zum Befeſtigen des Helmes unter dem Kinn, alſo eine Art von Sturmbändern. Das Helmkleinod beſtand aus der Frauengabe.

Äneide von Heinrich v. Veldeke, einer in der königlichen Bibliothek zu Berlin aufbewahrten Handschrift des 13. Jahrhunderts, sind schon mit Helmzierde[1]) (nicht Kleinoden) von abenteuerlicher Form dargestellt. Solche Zierden bestanden aber nun aus beweglichen Stücken von Holz, Leder oder Pappe, die allein beim Turnier angesteckt wurden. Dieser Topfhelm war der dicke, gewöhnlich mit flacher Glocke dargestellte Helm, welcher am Sattel hing und nur in den Turnieren und während der Schlacht getragen wurde. Reiherbüsche oder sonstige Befiederung (λόφος, lat. crista, franz. aigrette auch panache, span. garzota und pennacho, ital. penne d'airone, engl. bush of feathers) kommen aber erst im 15. und 16. Jahrhundert, besonders bei Turnieren vor. Die (nicht vermittelst eines xylographischen Verfahrens, sondern mittels Handdruckes hergestellte) Tapete aus der Mitte des 14. Jahrhunderts, im Besitz des Herrn Odet in Sitten, zeigt, daß auch in Italien der Topfhelm im Kriege sowohl als bei den Turnieren gebraucht wurde. Er bedeckte die mit der gepolsterten Haube gefütterte Maschenkapuze, d. h. Ringhaube oder Helmbrünne, welche gemeinlich Hals und Schultern umschloß, und worüber dann noch der Ritter den kleineren leichten Helm dieser Periode, die kleine Kesselhaube (franz. petit bacinet[2]), engl. small bassinet) genannt, zu setzen pflegte. Dieser Helm hatte nur sehr schmale Sehschnitte (taillades im Franz.), d. h. Öffnungen für die Augen. Unter der Ringhaube wurde noch ein gestöpfter Härsenier, (franz. chaperon), genannt Wattenkappe, getragen, die vermittelst Riemen an der Ringhaube befestigt war.

Zuweilen erschien der Ritter entweder bloß mit der Helmbrünne oder mit der kleinen Kesselhaube, am häufigsten jedoch trug er die beiden Schutzbedeckungen zusammen unter dem ungeheuren Topfhelme. Kleine Kesselhaube nannte man auch den spitzen Helm von orientalischer Form, welcher dem Kopfe eng anliegend, wie eine Kappe getragen wurde; dieselbe ist jedoch nicht zu verwechseln mit der großen Kesselhaube, franz. barbute, des 14. Jahrhunderts, einer Schutzwaffe von ähnlicher Form, die indes auch die Wangen und den Nacken bedeckte und häufig ein bewegliches Visier hatte,

---

[1]) Es ist zu wiederholen, dass man mit Kleinod im altd. nicht die eigentliche Helmzier, sondern die an Helm, Schild oder Speer befestigte Frauengabe bezeichnete.

[2]) Bacinet, abgeleitet vom keltischen bac (?), bateau, im barbarischen Latein bacinatum.

das ſich gewöhnlich vermittelſt eines Scharniers an der linken Seite öffnete und zuweilen gegen die Spitze der Glocke auffchlug. In einer böhmiſchen Handſchrift aus dem 13. Jahrhundert ſind, wie man bereits geſehen hat, ſchon Ritter mit dieſer großen Keſſelhaube bewaffnet, dargeſtellt. Im 14. Jahrhundert war der Stechtopfhelm (franz. grand heaume de joute, engl. tilting pothelm), der 18—20 Pfund wog, weit mehr bei den Turnieren als im Kriege im Gebrauch, wo er durch den Kriegstopfhelm, der nur 6—10 Pfund wog, und beſonders durch die ſchon erwähnte ſpitze große Keſſelhaube, auch wohl Beckenhaube genannt (fr. bacinet aber auch barbute), erſetzt wurde, unter welcher der Ritter noch eine Zeitlang die Maſchenkopfbedeckung, die Helmbrünne beibehielt. Der Gebrauch der großen Keſſelhaube hörte mit dem Anfange des 15. Jahrhunderts völlig auf, um welche Zeit die Schale (ſalade), ein Helm deutſchen Urſprungs, wie ſchon der Name andeutet, auftritt, den die alten deutſchen Schriftſteller auch Schaller nannten. Dieſe Schale mit Schweif oder Nackenſchutz, deren Namen man unrichtig von celada (verſteckt) ableiten will, zeigte ſich anfangs mit feſter Lichtöffnung und bald nachher mit beweglichen Viſieren, die ſo kurz waren, daß ſie nicht über die Naſenſpitze reichten und das Kinnſtück, Vorhelm oder Barthaube (bavière, haute pièce etc.), welches auf den oberen Theil des Bruſtſchildes geſchraubt wurde, um den Hals, das Kinn und den Mund zu ſchützen, unentbehrlich machten.

Der Eiſenhut (franz. chapel, capel de fer, hanapier und chapeau d'armes, engl. iron hat, ſpan. cervellera, capellina), ein Helm, der weder Viſier noch Nackenſchutz hatte, aber mit breiten Rändern verſehen war, und die Eiſenkappe (franz. pot en tête, engl. scull cap) gehen bis ins 12. oder 13. Jahrhundert znrück, ſind auch noch im 17. anzutreffen.

Schwarz angeſtrichene Eiſenhüte, Hundekappen genannt, hatten beſonders bei den ſogenannten Deutſchen Reitern in der Zeit des Schmalkaldiſchen Krieges (1546—47) und darauf (ſ. S. 73) den Viſierhelm erſetzt.

Eine Art ſolcher Eiſenhüte aber mit gebogener Krämpe und wohl eigentlich nur die mit darin angebrachtem Geſichts- oder Augen-Einſchnitt, hieß in Frankreich „Chapel de Montauban". Wahrſcheinlich bezeichnet dies wohl eher den Turnier-Topfſchalenhelm (ſ. Nr. 60 oder Nr. 87).

Hinſichtlich der ſogenannten Heu- d. h. Strohhüte der Sachſen im 10. Jahrhundert und der baumwollenen Filzhüte auf Eiſengeſtell der Ruſſen ſpäterer Zeit, heute als Kopfſchutz dienend, ſ. S. 62.

Die orientaliſchen und ruſſiſchen etc. Helme dieſer Perioden, wie auch diejenigen neuzeitigerer Abſtammung haben wenig Änderungen erfahren und zum großen Teil die Eiform und den beweglichen Naſenſchutz beibehalten.

Der Burgunderhelm (franz. bourguignote, engl. burgonet) ſtammt aus dem Ende des 15. Jahrhunderts; ſeine Glocke (franz. timbre, engl. bell) iſt gewölbt und mit einem Kamm (franz. crête, engl. crest) verſehen; er zeichnet ſich aus durch ſeinen Augenſchirm (franz. avance, engl. helmet-shade), ſeine Sturmbänder oder Wangenklappen (franz. oreillères, engl. cheek-pieces) und ſeinen Nackenſchutz (franz. couvre-nuque, engl. neckguard). Der Präſident Faucher, der gegen Ende des 16. Jahrhunderts ſchrieb, verwechſelt den Burgunderhelm mit dem Viſierhelm, wenn er ſagt: „Ces heaumes ont mieux représenté la teste d'un homme, ils furent nommés bourguignotes, possible à cause des Bourguignons inventeurs.“

Der Viſierhelm oder Sturzhelm auch Helmlin genannt (franz. armet, engl. helmet), welchen Faucher, wie eben bemerkt, für den Burgunderhelm hielt, iſt der vollkommenſte Helm. Er reicht, wie jener, gewönlich nur bis in die 2. Hälfte des 15. Jahrhunderts hinauf[1]) und iſt gleicherweiſe noch in der Mitte des 17. Jahrhunderts in Gebrauch. Der ganze vordere Teil desſelben wurde im Franzöſiſchen mézail genannt, die Glocke oder der obere Teil war gewölbt, das Viſier oder der Sturz mit dem Naſenberge und dem Helmfenſter beweglich und ſchlug gegen den Kamm vermittelſt eines Zapfens (Helmroſe) auf. Das Kinnſtück (franz. mentonnière oder bavière, engl. beaver) gleich der Halsberge (franz. gorgerin, engl. georget) dazu beſtimmt, die untere Seite des Geſichts zu ſchützen, beide geſchient, bildeten die dazu gehörigen Stücke.

Außer dieſen faſt überall verbreiteten Helmen, die ſozuſagen die Typen der verſchiedenen Zeitabſchnitte des Rittertums bilden,

[1]) S indeſſen einen ſolchen Helm v. XIV. Jahrh. S. 378 u. v. XIII. Jahrh. S. 413, ſowie die Keſſelhauben mit Sturz v. XIV. Jahrh. Nr. 25 I und 54 A bis F., 386, ſowie die Schale mit Viſier Nr. 61 und 62.

beſtand noch eine große Menge anderer Arten Helme, die den Bogenſchützen und Fußſoldaten als Schutzwaffe dienten. Unter anderem:

Der Morian oder Sturmhut, auch Sturmhaube (franz. und engl. morion),[1] ein Helm ſpaniſchen Urſprungs, deſſen Name von morro (runder Körper) abzuleiten iſt; Viſier, Naſenberge, Halsberge und Nackenſchutz beſitzt er nicht, dagegen einen hohen Kamm, der mitunter die halbe Höhe des Helms hat, ſowie Ränder die über dem Geſicht und dem Nackenſchutz in Spitzen auslaufen, derart, daß ſie, im Profil geſehen, einen Halbmond bilden.

Der Birnenhelm (franz. cabasset, vielleicht von calabasse herkommend, engl. pear-kask) hat den Namen von ſeiner birnenähnlichen Form und iſt mit dem Morian verwandt. Ohne Viſier, Halsberge, Nackenſchutz und Kamm, aber mit Schirm und ſpitz zulaufend, wie eine Birne, deren Stengel das kurze Ende des Helmſchmucks bildet, wurde dieſer Helm gleich dem Morian von den Reitern und Fußſoldaten, beſonders in Frankreich und in Italien, bis zur Mitte des 17. Jahrhunderts getragen. Der mit einer ungeheuren Lilie von getriebener Arbeit verzierte Morian befindet ſich auch in vielen Zeughäuſern Deutſchlands, beſonders in Öſterreich und Bayern, wo er von der Gemeindebewaffnung aus dem Ende des Mittelalters herrührt. Dieſe Lilie ſteht jedoch in keiner Beziehung zu dem Wappen der franzöſiſchen Könige, iſt vielmehr das Symbol der heiligen Jungfrau, deren Bild viele Büchſenſchützen- und Hellebardierkorps für ihre Bürgerfahnen angenommen hatten.

Die in Deutſchland ſehr verbreitete Pickelhaube, ein gemeiner Burgunderhelm (franz. armet und bourguignote-commune, engl. soldier-burgonete) auch Burgunderkappe ohne Kamm, war der Helm der Knappen, d. h. der im Dienſte der Burgherren ſtehenden Mannſchaft und zuweilen auch derjenige ärmerer Ritter, der Landsknechte und der leichten Reiterei, beſonders der Pappenheimer (Pappenheimer Kappen). Solche gemeinlich nur aus dünnem Eiſenblech geſchmiedete Helme waren in Nord- und Mitteldeutſchland gewöhnlich blank, in Süddeutſchland aber, beſonders in Öſterreich, eben ſo wie die ſonſtigen Stücke der Halb- und Ganzrüſtungen burgundiſcher Form, teilweiſe oder gänzlich geſchwärzt. Ge-

[1]) Dieſen Namen trug auch eine frühere Kriegsſtrafe (Kolbenſtöſse auf den Hintern).

ſchwärzte Harniſche trifft man übrigens faſt nur im burgundiſchen Stile und höchſt ſelten im Norden an.

Soartige Helme ohne Kamm, werden Burgunderkappen genannt. Dieſe Art Burgunderkappen ſind in Schriften aus der Zeit des dreißigjährigen Krieges auch häufig mit den Namen «Pappenheimer Kappen» und Krebsſchwanz bezeichnet, (ſ. Nr. 128 eine ſolche Kappe mit beweglichem Naſenſchutz).

Es wird ferner, aber wohl nicht erwieſen, angenommen, daß die im Altdeutſchen vorkommende Beggelhübe (Beckenhaube) mit dieſer ſpäteren Pickelhaube übereinſtimmend war, ebenſo wie die mit Hundekappen im dreißigjährigen Kriege bezeichneten Kopfbedeckungen, welche aber vielleicht zu den Eiſenhüten gehörten.

Der ſchon erwähnte Eiſenhut mit Krämpen (franz. chapeau d'armes oder de fer, chapel, capel de fer, auch hanapier, chapel de Montauban, engl. iron-hat), der bis ins 13. Jahrhundert hinaufreicht, wie aus der bömiſchen Handſchrift des Boleslaw in der Bibliothek des Fürſten Lobkowitz zu Raudnitz hervorgeht, hatte ebenfalls weder Sturz noch Kamm. Im 17. Jahrhundert gab es Eiſenhüte von einer der kleinen Keſſelhaube ähnlichen Form, wo der Sturz (Viſier, franz. visière) gewöhnlich in einem beweglichen Naſenberge beſtand. Der Eiſenhut, im Gewicht von 20 Pfd. von Auguſt dem Starken (1670—1733) im Kriege getragen und im Dresdener Muſeum aufbewahrt (No. 101), gehört zu dieſer Gattung, während der 25 Pfund ſchwere Eiſenhut (No. 100), den der große Kurfürſt in der Schlacht bei Fehrbellin im Jahre 1675 trug, wie ein Schäferhut, eine runde Glocke mit breitem Rande hat. Die Kopfbedeckung der von Ludwig XIV. (1643—1715) gehaltenen Hausmannſchaft zu Fuß war ein Hut mit flacher kantiger Glocke und beweglichem Naſenſchutz (ſ. Nr. 114).

Die eigentliche Eiſenkappe (franz. pot-en-tête, engl. scull-cap), die ſehr ſchwer und dick war, diente beſonders im 16. und 17. Jahrhundert bei Belagerungen (Nr. 97). Der Name Eiſenkappe wird indeß auch den leichteren Eiſenhüten gegeben, womit unter anderen die Fußſoldaten Cromwells bewaffnet waren.

Die eiſernen Kappengeſtelle dienten im 17. und 18. Jahrhundert als Futterboden der Hüte; das Muſeum in Monbijou zu Berlin beſitzt ſogar ein dreieckiges Geſtell für Dreimaſter (Nr. 111).

Was die ſchönen Helme vom 16. Jahrhundert, welche antike Formen nachahmen, anbetrifft, ſo ſind ſie mehr Prunkwaffen als

Kriegs- und Turnierhelme gewefen; ihr archäologifcher, aber nicht ihr Kunftwert ift gering. Sie find zumeift von deutfcher, italienifcher oder fpanifcher Arbeit und bilden den Hauptfchatz der Privatfammlungen.

Man begegnet auch fowohl antiken wie mittelalterlichen Helmen von dünnem Blech, welche gegen Hieb und Stich keinen Schutz bieten konnten, folche Exemplare dienten als Grabverzierungen, fowie auch als Mitgaben. Die hier nachfolgende Abbildung trägt dazu bei, dies feftzuftellen (f. auch Nr. 36).

Begräbnisabbildung von 1441 nach einem aus diefem Jahre herrührenden Codex, Nr. 998 der Bibliothek des Germanifchen Mufeums. Der die Bahre krönende Stechhelm mit Zier ift mit feiner Barthaube ganz der Zeit gemäß.

Was die mit den Namen «Heuhüte», wahrfcheinlich aus Stroh angefertigten Kopfbedeckungen im fächfifchen Heere unter Heinrich I. (919—936), anlangt, fo ift Näheres darüber nicht bekannt (f. S. 62), ebenfo wenig über die viel fpäter bei den Ruffen eingeführten Filzhüte mit Eifengeftell (Schapki oumashnyja).

Der Schako oder Chaco im allgemeinen, hat, wie der Dreimafter (franz. tricorne), den Helm erft im 18. Jahrh. erfetzt und foll deutfcher Abkunft fein (?). Der faft bis zur Größe einer Mütze zufammengefchrumpfte, Kepi (arab.) genannte kleine Schako, reicht nur bis zur Zeit der Befetzung Algeriens (1830) durch die Franzofen, deren Truppen allein anfangs in Afrika, feitdem aber auch in Europa wie viele andere dortige Heere, damit ausgeftattet worden find.

Kalpak — auch Kolpak und Colpack (türk. und ungar.) iſt weder der Name eines Helmes noch der eines Schakos, ſondern der Huſarenpelzmütze, die ruſſiſch Schapka heißt.

Die in der deutſchen Heraldik angenommenen Helmformen ſind folgende vier: Topf- oder Kübelhelm (heaume); Stehhelm (grand heaume); Kolbenturnierhelm (grand heaume pour tournois à massettes) und der Spangen- oder Roſthelm.

Die erſten drei Arten bezeichnet man als geſchloſſene, die letzteren als offene Helme.

In der franzöſiſchen Heraldik hat man 12 Formen:

I.	Casque	fermé à joute	VII.	Casque	Comte
II.	„	ouvert à tournois	VIII.	„	Baron
III.	„	Duc	IX.	„	Noble de graces
IV.	„	Empereur	X.	„	d'Anoblis
V.	„	Prince	XI.	„	Batards.
VI.	„	Marquis	XII.	„	à cimier.

2. 3. 7. und 8. ſind gleich den gegitterten Kolbenturnierhelmen.

1 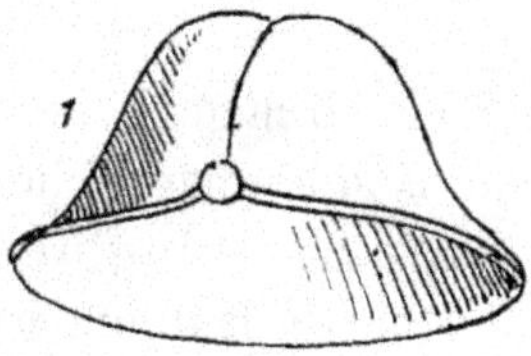

1a 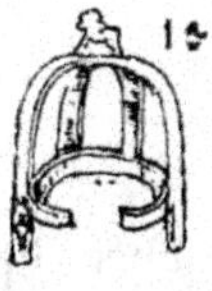

2 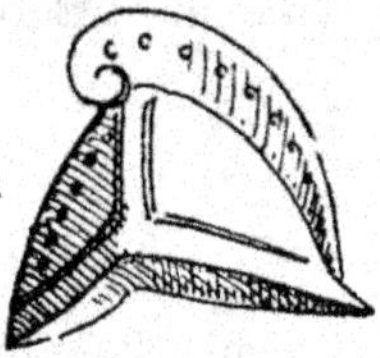

1. Germaniſcher Helm aus dem 8. oder 9. Jahrhundert, aus Bronze oder Eiſen, nach dem Codex aureus, einer in der Bibliothek zu St. Gallen aufbewahrten Handſchrift.

1a. Germaniſch-ſächſiſches Helmgeſtell aus Eiſen, wahrſcheinlich dem 8. Jahrhundert entſtammend. Es war mit Hornplatten bedeckt (ſ. darüber S. 54 und 55). Auf dem rechten Ohrſchutz (Sturmbande) ein ſilbernes Kreuz und als Helmzier ein kleiner Eber[1]) aus Eiſen. Dieſer Helm iſt bei Benty-Grange (Derbyſhire) gefunden worden. (S. auch S. 261, 308 und 364 die Eiſenkreuze).

2. Karlingiſcher Helm mit Kamm

[1]) S. Beowulf: „Das Schwein allgülden, der Eber eiſenhart". — „Geziert mit dem Zeichen des Fro (Eber), wie ihn in fernen Tagen der Waffenſchmied hämmerte und mit Schweinsbildern verzierte, daſs ihn weder Barten noch Beile anbeiſsen konnten." — S. 303, Nr. 7 den Eber auch als galliſches Feldzeichen.

vom 9. Jahrhundert, aus Bronze oder Eisen, nach dem Chronicon des Ademar in der Staatsbibliothek zu Paris.

3
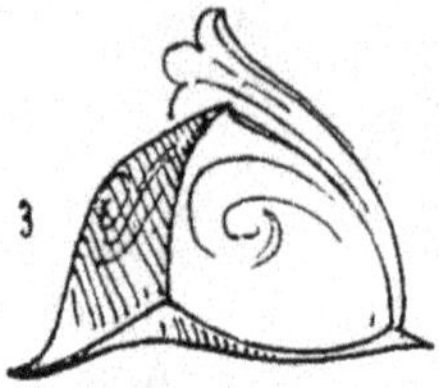

3. Karlingischer Helm mit Kamm vom 9 Jahrhundert, aus Bronze oder Eisen, nach der Bibel Karls des Kahlen, im Louvre.

4
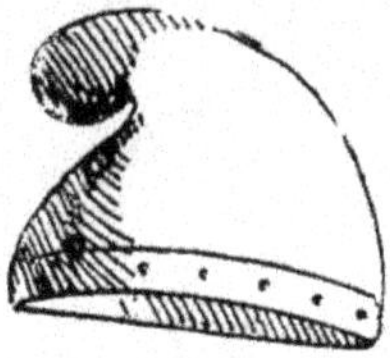

4. Deutscher eiserner Helm mit Kamm aus dem 10. Jahrhundert, nach dem Psalterium, einer in der Bibliothek zu Stuttgart aufbewahrten Handschrift. Siehe dieselbe Form unter den griechischen und japanesischen Helmen.

5
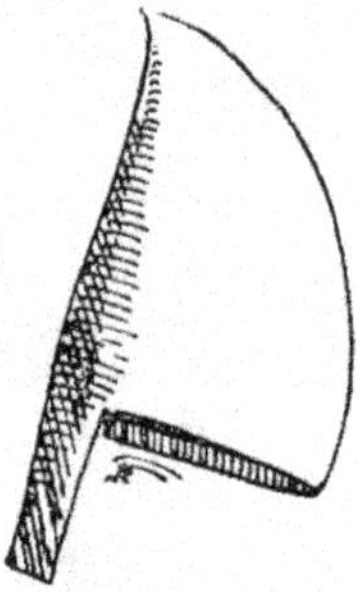

5. Deutscher halbkegelförmiger Helm mit Nasenberge, in Frankreich normannischer Helm genannt, nach dem Martyrologium, einer Handschrift aus dem 10. Jahrhundert in der Bibliothek zu Stuttgart.

5 Bis.

5. Bis. Spitzer schwedischer Facettenhelm vom 10. Jahrh. — Museum zu Kopenhagen. —

6
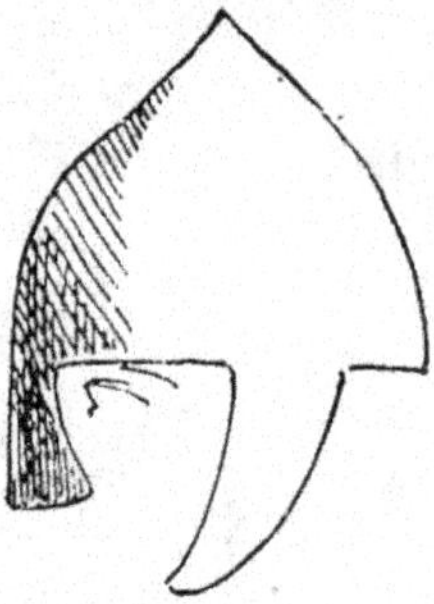

6. Kegelförmiger Helm mit Nasenschutz und Sturmbändern, dessen Nasenberge in dem unteren Teile breiter ist, nach einer Figur aus dem 10. Jahrhundert. — Sammlung des Grafen v. Nieuwerkerke.

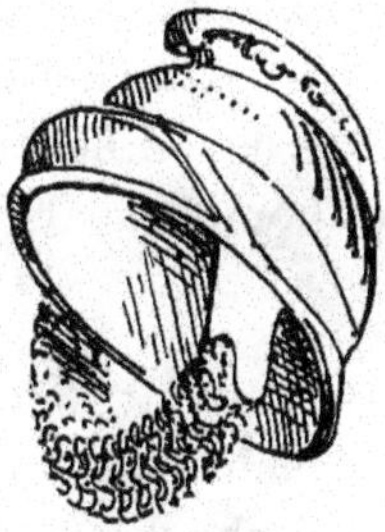

7. Antik römifch geformter Helm mit Kamm und Sturmbändern nach einem lebensgroßen Bruftbilde in getriebenem Silber, aus dem 10. Jahrhundert. — Schatzkammer von St. Moritz, im Kanton Wallis.

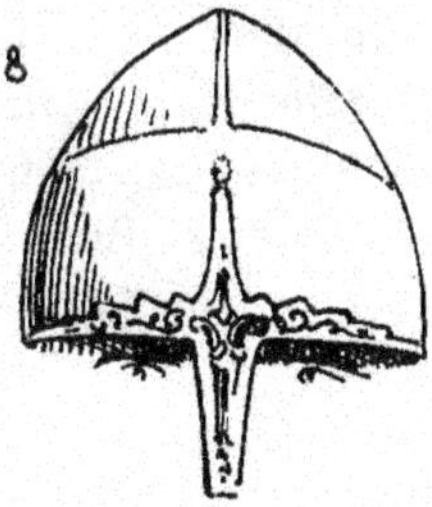

8. Helm mit feftem Nafenfchutz, aus Eifen und mit Silber eingelegt, der dem im Jahre 935 erfchlagenen heil. Wenzeslaus angehört haben foll. — Dom zu Prag.

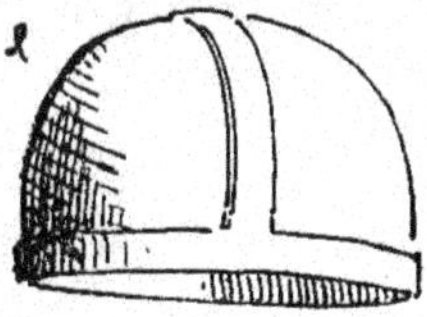

9. Deutfcher Helm mit runder Glocke, aus Eifen, nach einer Buchmalerei der Biblia sacra des 10. Jahrhunderts in der Staatsbibliothek zu Paris und nach dem gleichzeitigen Prudentius im Britifchen Mufeum. Ein folcher Helm ift auch auf der Haupthür der Kirche zu Groffen bei Gießen dargeftellt.

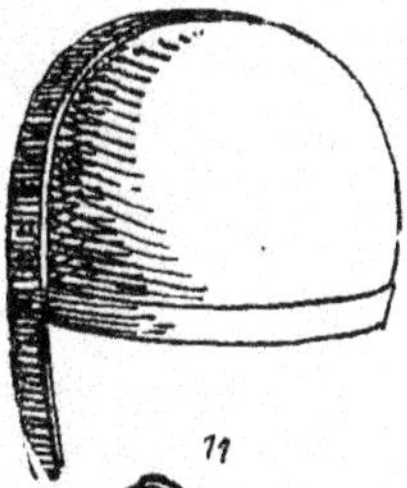

10. Deutfcher Helm aus Eifen mit runder Glocke und fefter Nafenberge, aus dem 11. Jahrhundert, nach einer im Befitz von Hefener-Alteneck befindlichen Handfchrift jener Zeit. Diefelbe Helmform kommt auch in den Kleinmalereien des Jeremias etc., aus dem 11. Jahrhundert in der Bibliothek zu Darmftadt, vor.

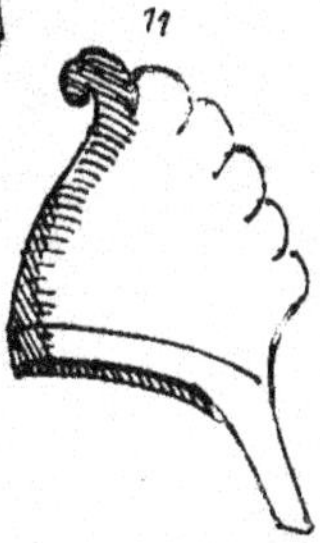

11. Anglo-fächfifcher Helm mit Nackenfchutz, nach dem Älfric, einer in der Bibliothek des Britifchen Mufeums befindlichen Handfchrift aus dem 10. Jahrhundert.

12

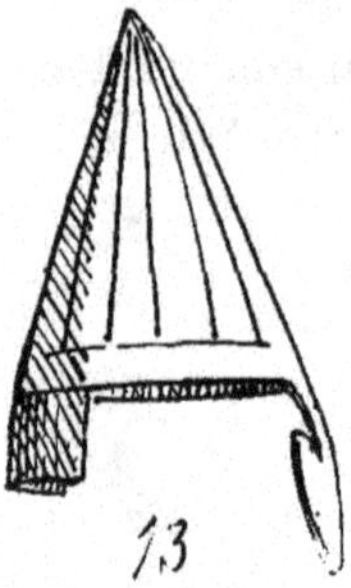

12. Spitzkegelförmiger, normannischer Helm mit Nasenberge und Nackenschutz. Wilhelm der Eroberer ist damit auf dem Teppich von Bayeux bewaffnet. Dieselbe Helmform kommt auch in dem schon erwähnten Älfric vor.

13

13. Spitzkegelförmiger, deutscher mit Nasenberge, über dem Camail oder Helmbrünne, der Ringhaube getragener Helm, nach der bronzenen Flachbildnerei des Taufbeckens im Dome zu Hildesheim, einem Werke des heiligen Bernward, 11. Jahrhundert. Man findet dieselbe Helmform in den Wandmalereien des Domes zu Braunschweig wieder, die unter Heinrich dem Löwen (gestorben 1195) ausgeführt wurden.

14

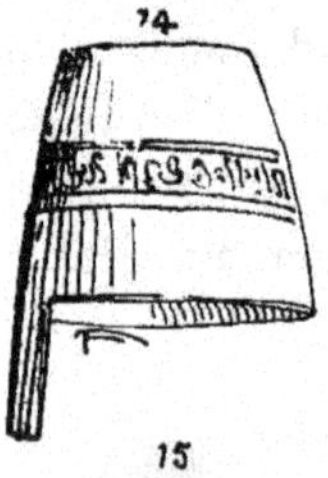

14. Angelsächsischer topfförmiger Helm mit fester Nasenberge, vom Ende des 12. Jahrhunderts, nach einer Kleinmalerei der Harlan Rolle, Bibliothek des Britischen Museums.

15

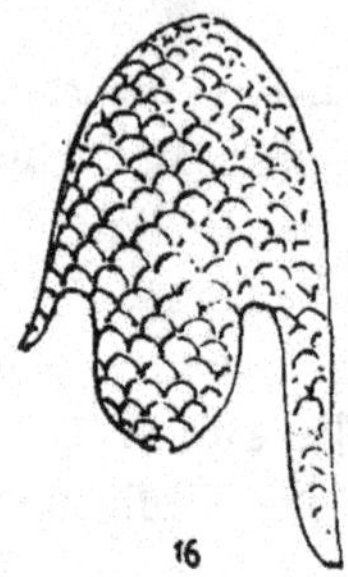

15. Russischer Helm mit kleiner Nasenberge, Sturmbändern und langem Nackenschutz, aus ziegelförmigen Eisenschuppen, in St. Petersburg, wo er aufbewahrt ist, dem 11. Jahrhundert zugeschrieben.

16

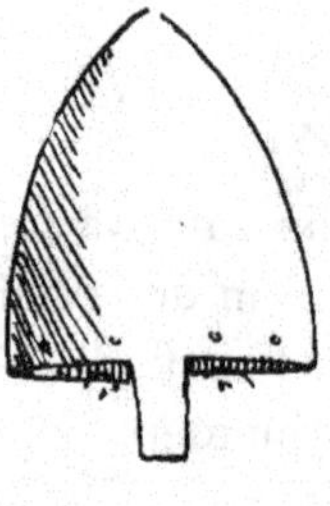

16. Spitz-kegelförmiger Helm aus Eisen, mit kleiner fester Nasenberge, aus dem 11. Jahrhundert, in Mähren gefunden.—Ambraser Sammlung.

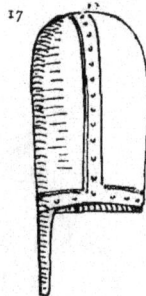

17

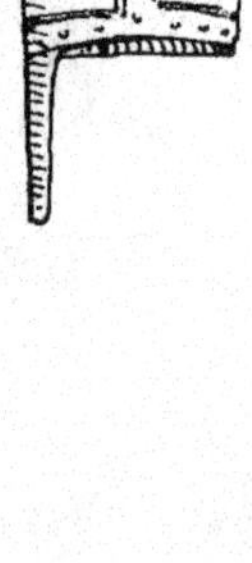

17. Deutscher hoher Glockenhelm mit Nasenschutz aus dem 12. Jahrhundert, nach den Stickereien der Mitra des Klosters Seligenthal. — Nationalmuseum zu München. Ludwig VII. (1137—1180) und Richard Löwenherz sind auf ihren Siegeln mit dieser selben Art Helme dargestellt.

17. Bis. Eiserner Kronenhelm aus dem 12. Jahrhundert, Heinrich dem Löwen, Herzog von Braunschweig (gest. 1195) zugeschrieben. Die eiserne Glocke hat als Verzierung 6 Reifen, nebst einem vergoldeten und gravierten Helmschmuck aus Kupfer und einer gleichfalls aus vergoldetem Kupfer getriebenen Stirnbinde, die, als Hauptzierde, einen Löwen darstellt. — Sammlung des Barons Zu-Rhein in Würzburg, in die er aus der Sammlung der Herzogin v. Berry überging. Abguß im Museum zu Darmstadt. Man will auch diesen Helm dem 10. Jahrhundert zuschreiben, weil das Gestell eines angelsächsischen Bronzehelmes sowie die Form des im Prager Domschatze dem Wenzel zugeschriebenen Helmes ähnlich sind (s. auch den Helm der Wandmalerei zu Westminster vom 13. Jahrhundert abgebildet).

17 Bis

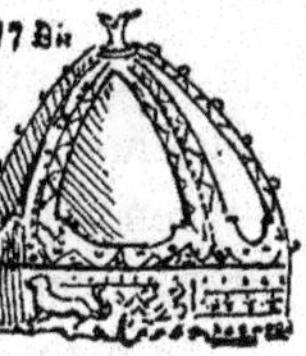

18

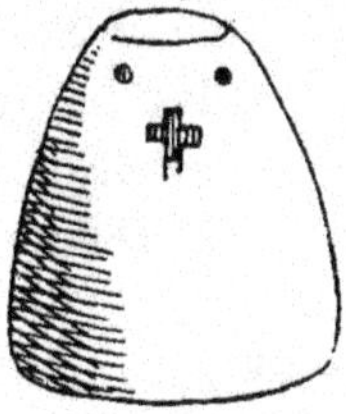

18. Kupferner Helm mit griechischem Kreuz und drei eingebohrten Löchern, aus dem Ende des 12. Jahrhunderts. — In der Saône aufgefunden und im Artillerie-Museum zu Paris aufbewahrt.

19

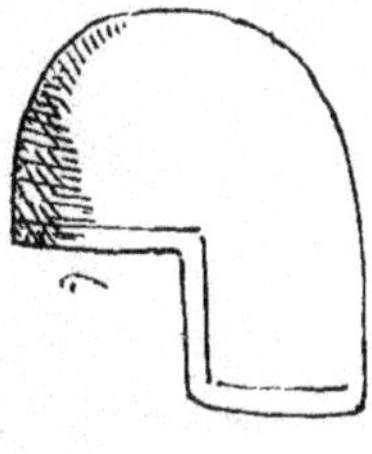

19. Deutscher Glockenhelm mit Nackenschutz, aus dem 12. Jahrhundert, nach einer Wandmalerei im Dome zu Braunschweig, die unter Heinrich dem Löwen (gest. 1195) ausgeführt wurde.

20. Deutscher eiserner Glockenhelm aus dem 12. Jahrhundert mit fester Nasenberge Wangenklappen und beweglichem Nackenschutz. In der Somme aufgefunden. — Pariser Artillerie-Museum.

20

20. Bis. Eiserner Glockenhelm mit Scharniersturmbändern und durch Nagelköpfe befestigten Verstärkungen. Dieses im Altertumsmuseum zu Leiden befindliche Rüststück, wo es fälschlich den Ägyptern (!) zugeschrieben wird, gehört allem Anschein nach dem

12. Jahrhundert n. Chr. an. Überlieferungen gemäß, ſoll der Helm auf einem Mumienkopfe (!) gefunden ſein, was ganz und gar nicht zuläſſig iſt und die irrtümliche Zuſchreibung welche M. C. Lehmans in ſeiner Ausgabe „Ägyptiſche Denkmale“ aufrecht erhält noch mehr herausſtellt. Nirgends hat man bei Mumien ſolche Rüſtſtücke gefunden und die ägyptiſchen Helme waren ſpitzförmige. Wenn dieſe Waffe wirklich aus dem Morgenlande ſtammt, ſo kann ſie da wohl nur von einem deutſchen oder franzöſiſchen Krieger des letzten Kreuzzuges herrühren.

20 Bis.

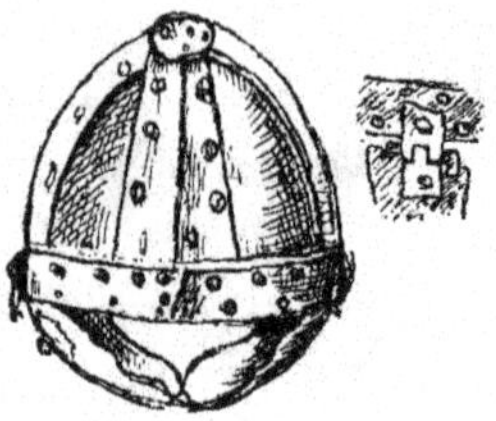

21

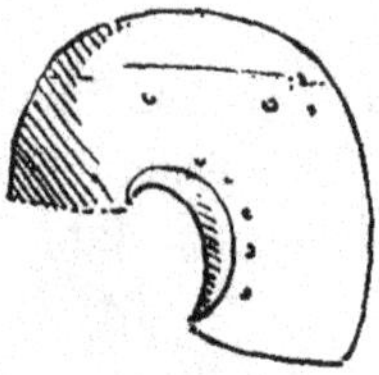

22

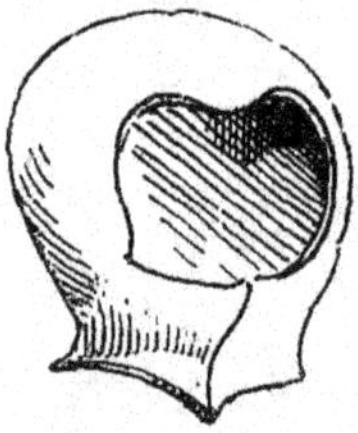

23

24

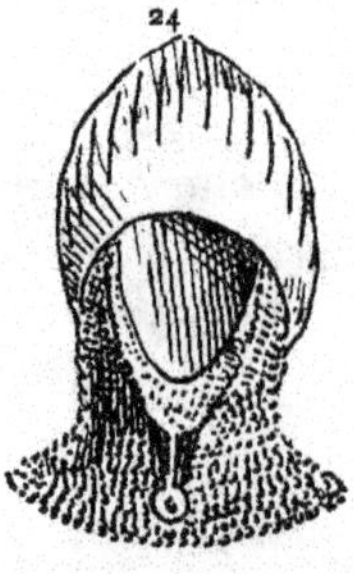

21. Bronzener Helm mit Nackenſchutz, wahrſcheinlich aus dem 12., wenn nicht ſchon aus dem 10. Jahrhundert ſtammend, da er im Lech, nahe dem Schlachtfelde gefunden wurde, wo der heilige Ulrich an der Spitze ſeiner Schar zur Niederlage Attilas beitrug. — Maximilian-Muſeum zu Augsburg. Es giebt aber auch ganz ähnliche römiſche Helme (Worms, Darmſtadt u. a.).

22. Deutſcher Helm mit daranſitzendem Kinnſtück und einem Mezail mit offenem Viſier, aus dem 13. Jahrhundert, nach der deutſchen Handſchrift Triſtan und Iſolde von Gottfried v. Straßburg. — Bibliothek zu München.

23. Franzöſiſche Ringhaube oder Helmbrünne (franz. camail[1]) ſpan. anular-capello) aus genietetem Maſchenwerk, dem 13. Jahrh. angehörend, in einem Grabe zu Epernelle (Côte d'or) gefunden. — H. 7 im Artillerie-Muſeum zu Paris.

24. Kleine deutſche Keſſelhaube aus dem 13. Jahrhundert. Sie wurde, wie hier dargeſtellt, über der vollſtändigen, d. h. der bis auf die Bruſt, außer dem Geſicht, alles

[1]) Name, welcher auch der Helmdecke gegeben wird.

25

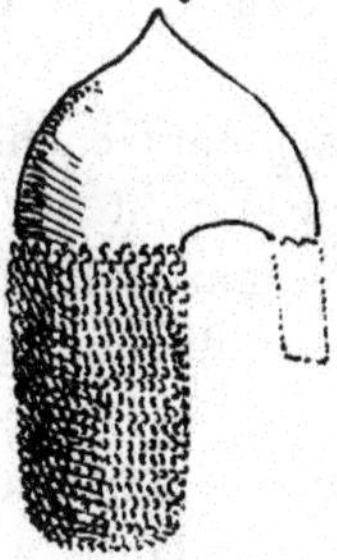

26

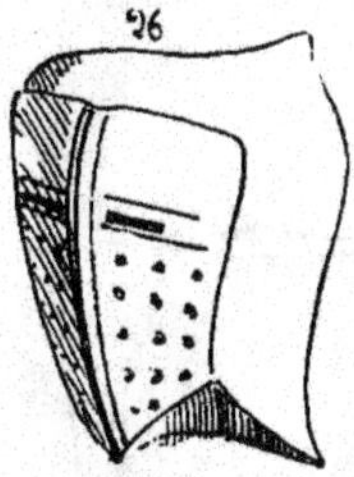

27

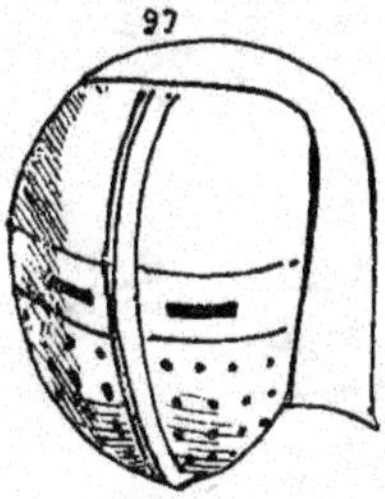

28

29

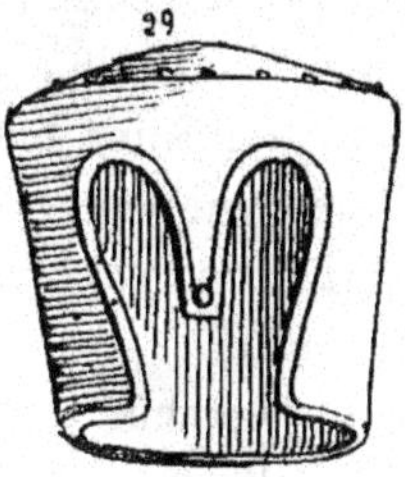

umschließenden Ringhaube oder Helmbrünne, auch Kettenkapuze genannt (franz. camail), und unter dem hier nicht abgebildeten Topfhelme getragen. — Aus einem Grabe jener Zeit.

25¹

25. Kleine, wahrscheinlich französische Kesselhaube aus dem 13. Jahrhundert. Sie hat einen Nackenschutz aus Maschen und eine feste, abgebrochene Nasenberge, der letzten Spur dieses Nasenschutzes der Helme aus dem 10. und 11. Jahrhundert. — H. 18 im Artillerie-Museum zu Paris.

25 1. Kleine belgische Kesselhaube mit Sturz, nach einer Wandmalerei vom 14. Jahrhundert, St. Georg vorstellend. — Gent.

26. Deutscher Topfhelm, auch Faßhelm, Stülphelm, Kübelhelm, Stechhelm und Helmfaß[1]), aus dem 12. Jahrhundert, nach den Wandmalereien im Dome zu Braunschweig, die unter Heinrich dem Löwen (gest. 1195) ausgeführt wurden.

27. Desgleichen.

Dies sind die ältesten Muster, die der Verfasser von derartigen Helmen, welche über der kleinen Kesselhaube getragen zu werden pflegten, kennt.

28. Englischer spitzer Topfhelm von primitiver Form, noch mit Nasenberge, (ähnlich dem des Hoplitenhelms) vom Ende des 12. Jahrhunderts und aus geschwärztem Eisen, 42 cm hoch. — Im Artillerie-Museum zu Paris.

29. Englischer platter Topfhelm von primitiver Form, ebenfalls vom Ende des

---

[1]) In der Heraldik Kübelhelm genannt (fr. heaume, engl. pothelm).

12 Jahrhunderts. — Tower zu London. (Dieſelbe Bemerkung wie für Nr. 28).

29. Bis. Topfhelm vom 12. Jahrh. mit angeſchraubtem Geſichtsſchutz und dem Bruchſtück einer Helmbrünne. Die Tracht dieſes ſchmalen Helmes iſt unerklärlich, derſelbe mag deshalb wohl nur als Grabdenkmal in der Kirche zu Norfolk, woher er ſtammt, gedient haben. — Alexandra-Palaſt. —

30. Topfhelm der Bogener zu Fuß und zu Pferde, aus dem 13. Jahrhundert; nach dem Chronicon Colmarienſe vom Jahre 1298.

29 Bis.

30

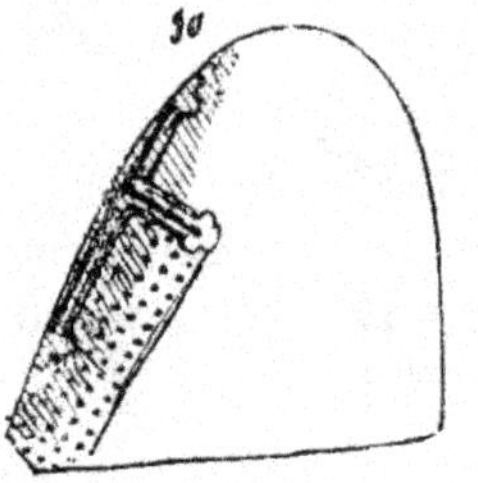

32

31 I.

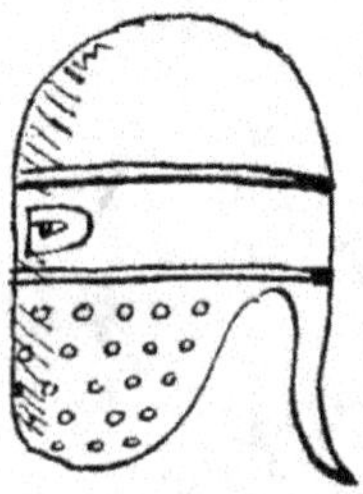

31

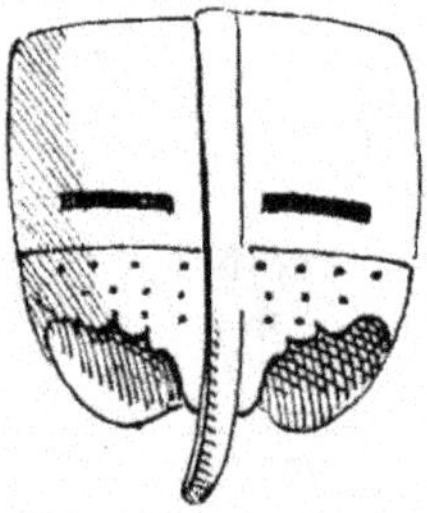

33

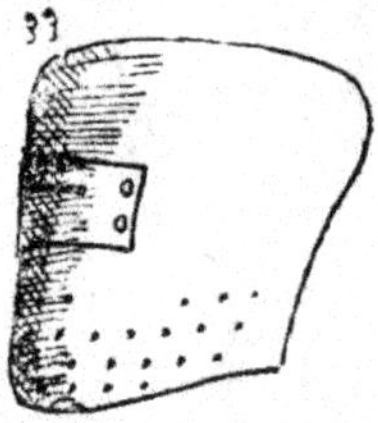

31. Engliſcher Topfhelm aus dem 13. Jahrhundert, wahrſcheinlich der neue Helm, von dem die eidgenöſſiſchen Chroniſten der Schlacht bei Bouvines (1214) ſprechen. Der deutſche Topfhelm des 13. Jahrhunderts der Braunſchweiger Wandmalerei iſt indes ſchon viel vollkommener. — Artillerie-Muſeum zu Paris.

31 I. Deutſcher Topfhelm mit Nackenſchutz nach der deutſchen Äneide, Handſchrift vom 13. Jahrh. in der Bibliothek zu Berlin.

32. Topfhelm oder großer engliſcher Helm in der Sammlung Parham, der er angehört, dem 12. Jahrhundert zugeſchrieben, vom Verfaſſer jedoch für ein gefälſchtes Produkt gehalten, da dieſe unmögliche Form in keiner Handſchrift anzutreffen iſt.

33. Deutſcher Topfhelm vom Anfange des 13. Jahrhunderts, nach Triſtan und Iſolde in der Bibliothek zu München.

33 Bis.

33. Bis. Franzöſiſcher Topfhelm vom 13. Jahrh., nach einem Inſiegel des Coucher von Joigny (1211).

33 Ter.

33. Ter. Franzöſiſcher Topfhelm vom 13. Jahrh., nach einem Inſiegel des Matieu von Beauvois aus dem Jahre 1260.

34

34. Eiſerner Topfhelm aus dem 15. Jahrhundert, mit farbigen Malereien verziert. — Sammlung des Grafen Nieuwerkerke.

35

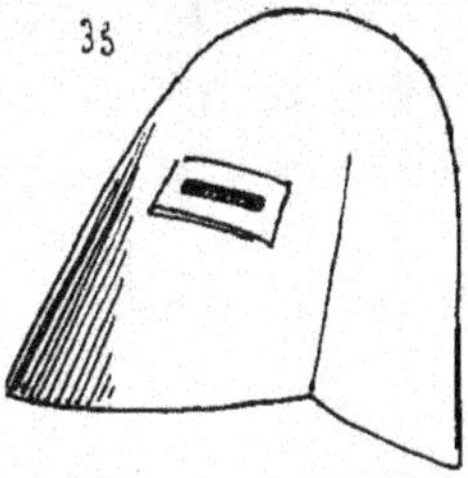

35. Deutſcher Topfhelm aus dem Ende des 13. Jahrhunders, nach einer Miniatur der in der Staatsbibliothek zu Paris aufbewahrten Handſchrift Maneſſis[1]), wo dieſe Buchmalerei den im Jahre 1298 erfolgten Tod Albrechts v. Heigerloch, eines Minneſingers aus dem Stamme der Hohenzollern, darſtellt.

36

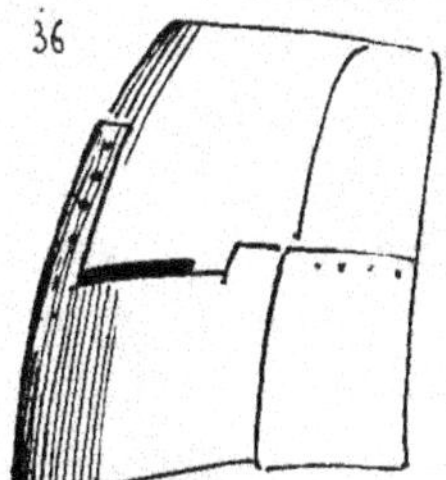

36. Topfhelm, im Muſeum zu Prag, woſelbſt man ihn dem Ende des 13. Jahrhunderts zuſchreibt. Er iſt aus ungemein dünnem Schwarzblech gemacht und ſcheint eher das Produkt eines Fälſchers, wenn nicht eine Grabverzierung zu ſein (ſ. S. 498).

37

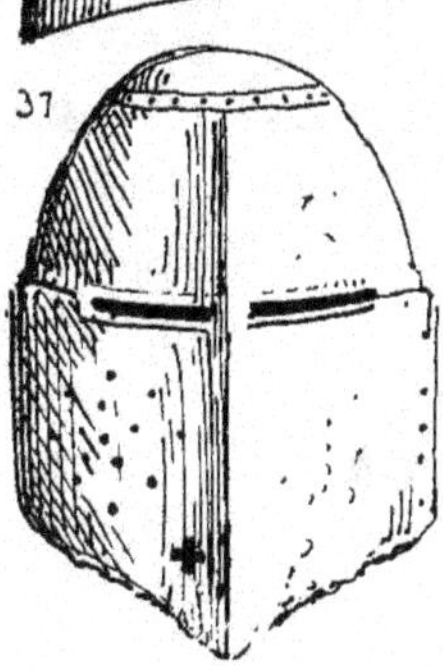

37. Deutſcher Topfhelm aus dem 14. Jahrhundert, neben den weiterhin dargeſtellten Keſſelhauben unter dem Schutte des im 14. Jahrhundert zerſtörten Schloſſes Tannenburg gefunden. — Nr. 579 im Muſeum zu Kopenhagen hat viel Ähnlichkeit mit dieſem Helme, ebenſo ein anderer im Muſeum Francisco-Carolinum zu Linz und ein auf dem Grabmale des ſchwarzen Prinzen zu Canterbury befindlicher Helm.

1) Ein durch Rüdiger Maneſſe von Maneeg bei Zürich im XIII. Jahrh. geſammelter Codex von Gedichten 138 deutſcher Minneſinger u. a. m. „Die geſungen hant nu zemale ſind C und XXXIII.“ (Jetzt wieder in Heidelberg.)

38
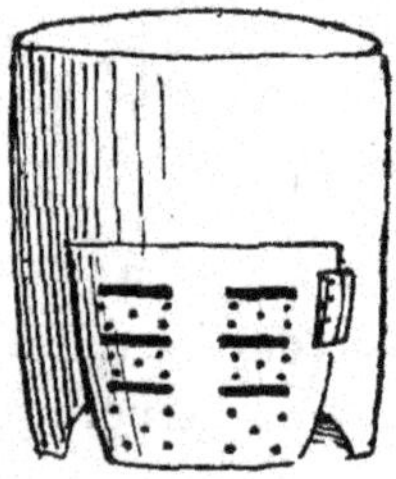

39
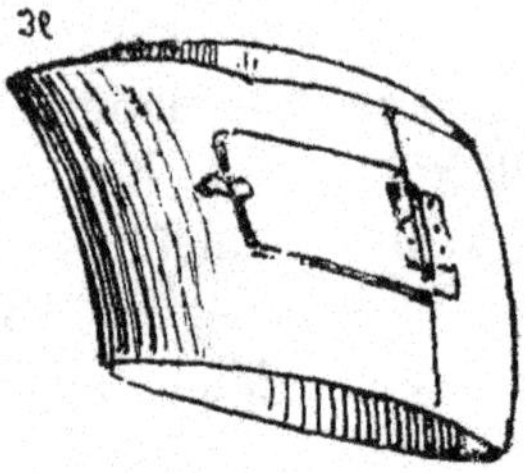

40
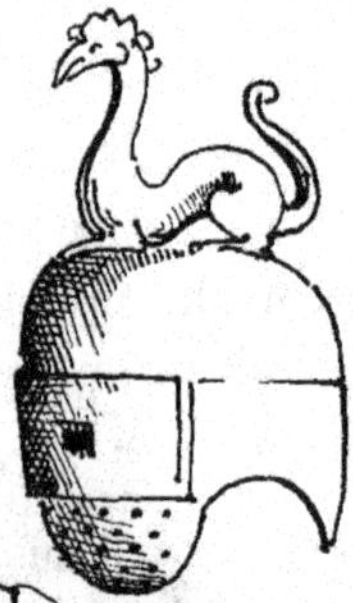

41
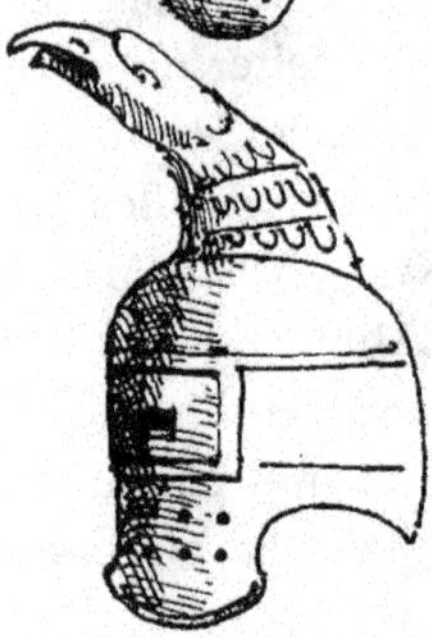

38. Engliſcher Topfhelm mit Scharnierhelmfenſter, aus dem Anfange des 14. Jahrhunderts. — Tower zu London.

39. Deutſcher Topfhelm aus dem Ende des 14. Jahrhunderts. — Artillerie-Muſeum zu Paris.

40. Deutſcher Topfhelm mit Helmzier aus dem 13. Jahrhundert, nach der deutſchen Äneide von Heinrich v. Veldeke. — Bibliothek zu Berlin.

41. Desgleichen.

Dieſe und Nr. 33 Ter. ſind die älteſten Topfhelme mit Helmzier (nicht «Kleinod», im Altd. Ziemier auch Zimierde, vom franz. cimier, lat. apex — κῶνος, ſpan. cimera), die der Verfaſſer kennt. Man war bisher der Meinung, daß die Helmzier wahrſcheinlich um die Mitte des 14. Jahrhunderts für die Topfhelme angenommen worden und die erſten Schutzwaffen dieſer Gattung nicht über das Ende des 13. Jahrhunderts hinauszuſetzen ſeien; die Topfhelme jedoch, welche nach den im 12. Jahrhundert im Braunſchweiger Dome ausgeführten Wandmalereien unter Nr. 26 und 27 gegeben wurden, ſowie die eben erwähnten mit Helmzier verſehenen Helme können zur Widerlegung dieſer Anſicht dienen.

Dieſe Helmzier ſcheint aber auch gewöhnlich nur aus Holz, Leder, ja ſelbſt aus Pappe geweſen zu ſein, da man dieſelbe bloß bei Turnieren anſteckte. Jedenfalls wurde ſie nie im Kriege getragen. Deshalb ſind die auf geſchichtlichen Bildern aus der erſten Hälfte des 19. Jahrhunderts, beſonders von Cornelius', Kaulbachs u. a. hinterlaſſenen Darſtellungen von Helmflügeln u. d. m. auf Kriegsrüſtungen durchaus unbegründet.

42

42. Großer Topfhelm mit Helmzier, nach dem Grabmal des im Jahre 1349 zu Frankfurt vergiſteten Günthers v. Schwarzburg im Dome daſelbſt, wo es 1352 in rotem Steine ausgeführt wurde.

43
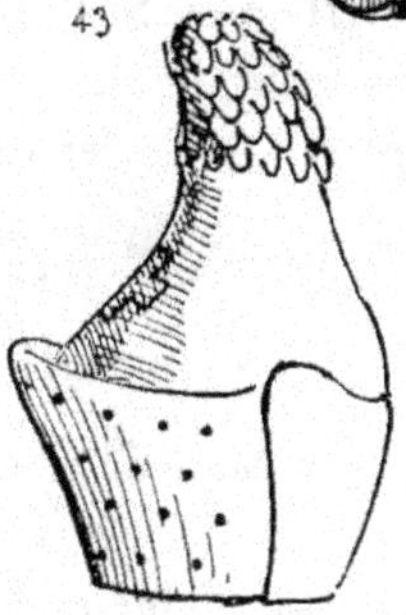

43. Großer Stech- oder Topfhelm, in blankem Eiſen, mit Helmzier, aus dem Ende des 14. Jahrhunderts. Der Fuß der Helmzier beſteht aus dachziegelförmigen Schuppen; der Mezail oder Helmgeſichtsteil iſt unbeweglich. Wahrſcheinlich iſt die Helmzier unvollſtändig und zeigte ehemals einen heraldiſchen Kopf oder irgend ein anderes Bild. — H. 3 im Artillerie-Muſeum zu Paris.

44
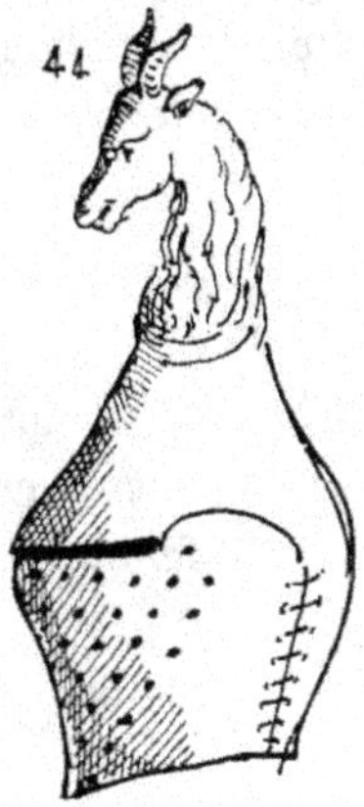

44. Großer engliſcher Topf- oder Stechhelm, aus geſchwärztem Eiſen, mit hölzerner Helmzier, aus dem Anfange des 15. Jahrhunderts. — H. 4 im Artillerie-Muſeum zu Paris.

45

45. Großer deutſcher oder engliſcher Topf- oder Stechhelm aus dem 15. Jahrhundert. Das Scharnierhelmfenſter und die Halsberge ſind noch an dem Vorhelme ſo eingerichtet, daß ſie an den Panzer geſchraubt werden können. — Artillerie-Muſeum zu Paris.

45 Bis.

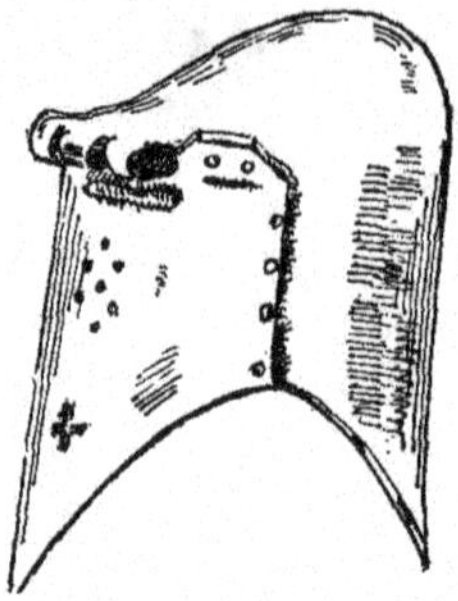

45. Bis. Großer deutſcher Topf- oder Stechhelm vom Ende des 14. Jahrhunderts. Die Glocke iſt rund und hinten mit ſpitzem Nackenſchutze. Das Scharnierhelmfenſter hat an der unteren Spitze einen kreuzförmigen Durchſchlag, welcher zum Einhaken der Helmkette diente.

46

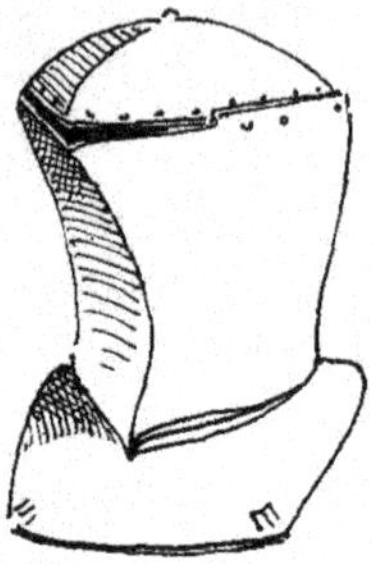

46. Großer engliſcher Topf- oder Stechhelm vom Ende des 15. Jahrhunderts; von blankem Eiſen, mit Halsberge. — Tower zu London.

47

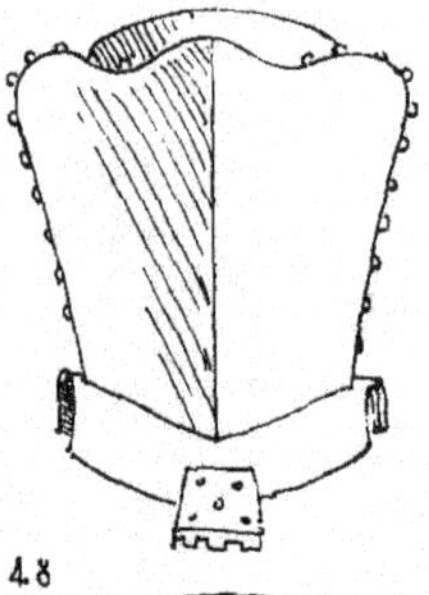

47. Großer deutſcher Topf- oder Stechhelm vom Ende des 15. Jahrhunderts; aus blankem Eiſen, mit Halsberge, einem in Münchener Muſeum befindlichen Exemplare ähnlich. — H. 6 im Artillerie-Muſeum zu Paris.

47. a. Deutſcher großer Topfhelm mit Nackenſchutz des 14. Jahrhunderts aus dem Sachſenſpiegel. — Bibliothek zu Wolfenbüttel.

48

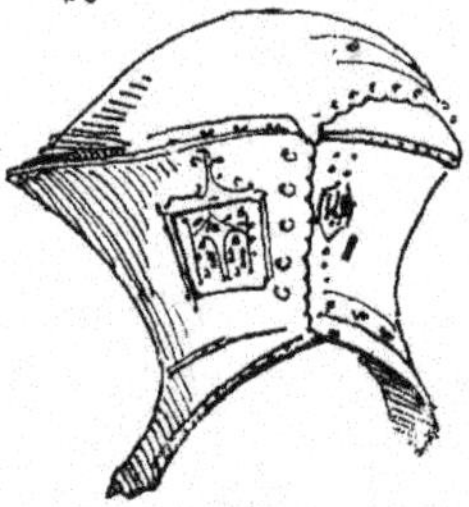

48. Großer Topf- oder Stechhelm, Maximilian I. (geſt. 1519) zugeſchrieben. — K. k. Zeughaus zu Wien. Ein ähnlicher zu Klingenberg in Böhmen gefundener Helm wird im Muſeum zu Prag aufbewahrt und ein dritter im Muſeum zu Berlin. Ferner zu Erbach und in der Samml. Zſchille. Dieſe Form hat ſich, wenn auch mit einigen Abänderungen bis in die Mitte des 16. Jahrhunderts erhalten.

47a

49
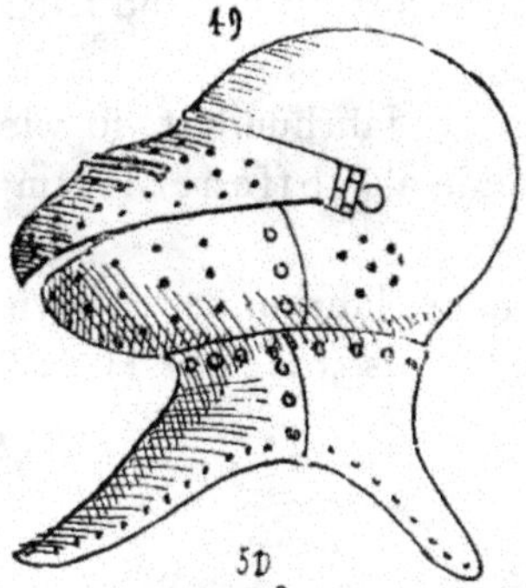
50
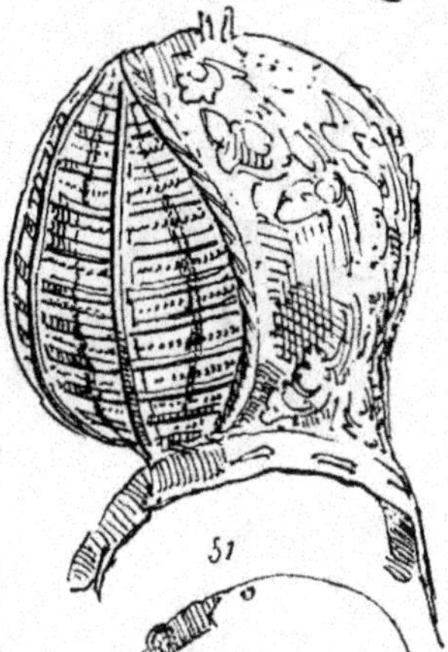
51
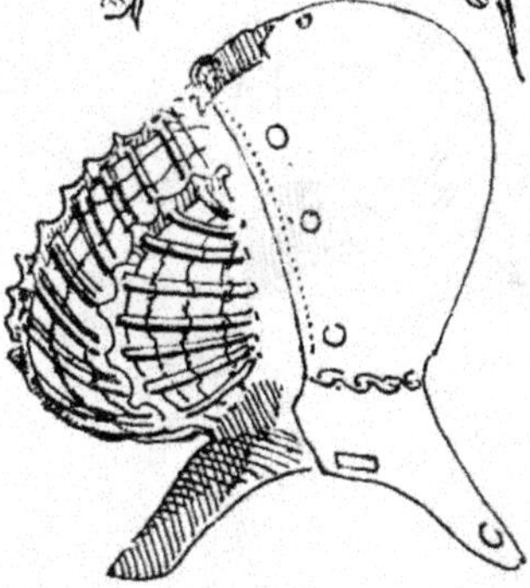

49. Deutſcher Kriegstopfhelm aus blankem Eiſen, mit runder Glocke, Scharniervifier und unbeweglicher Halsberge. Er ſtammt aus dem 15. Jahrhundert und gehört zu einer vollſtändigen, im Zeughaus zu Bern befindlichen Rüſtung.

50. Deutſcher Kolbenturnierhelm [1]) von 50 cm. Höhe, aus dem 15. Jahrhundert. Der hintere Teil der aus Eiſen geſchmiedeten Glocke iſt mit einem Leinwandgewebeüberzogen, auf welchem noch die gemalten Wappen der Freiherren Späth und einige Spuren von Vergoldung zu unterſcheiden ſind. Oben auf der Glocke befindet ſich ein Überreſt der Helmzier (lat. apex, franz. cimier, ſpan. cimera, engl. crest), welche wahrſcheinlich in einer nicht ſehr hohen runden Hülſe beſtanden hat, die zum Einſtecken der Feder reſp. Reiherbuſches (franz. panache auch aigrette und lat. crista) diente. — Muſeum zu Sigmaringen. Eine ähnlicher in der Sammlung Zſchille.

51. Deutſcher Kolbenturnierhelm aus dem 15. Jahrhundert, der dem bei Biberach getöteten Grafen v. Eſendorf angehörte. — Jetzt im Beſitze des Grafen von Wilczek in Wien.

Die große Keſſelhaube, auch wohl Beckenhaube benannt (grand bacinet, franz., auch barbute) erſchien in der 2. Hälfte des 13. Jahrhunderts. Von eiförmiger zugeſpitzter Form hat ſie anfangs weder Viſier noch Naſenberge, dagegen iſt ſie gemeinlich mit Ringnägeln zum Anheften des Maſchenwerkes verſehen, welches die Stelle des Viſiers und des Nackenſchutzes vertrat.

[1]) Die Kolbe und das Schwert wurden gleichzeitig in dieſen Turnieren angewendet, die zugleich Waffengänge zu Fuſs und Reiterturniere waren. S. die Abbildung der Kolben und ſtumpfen Turnierſchwerter in den Abſchnitten der Schwerter und Streitkolben.

51. Bis. Deutscher Kolbenturnierhelm mit Kamm und fester Halsberge, vom 16. Jahrhundert.

51. I. Spangen- oder Rosthelm vom 15. Jahrhundert, so wie derselbe auch später noch in der Wappenkunde als „offener Helm“ gebräuchlich war.

51. II. Spangen- oder Rosthelm vom 16. Jahrhundert, so wie derselbe auch noch später in der Wappenkunde als „offener Helm“ vorkommt.

51 Bis.

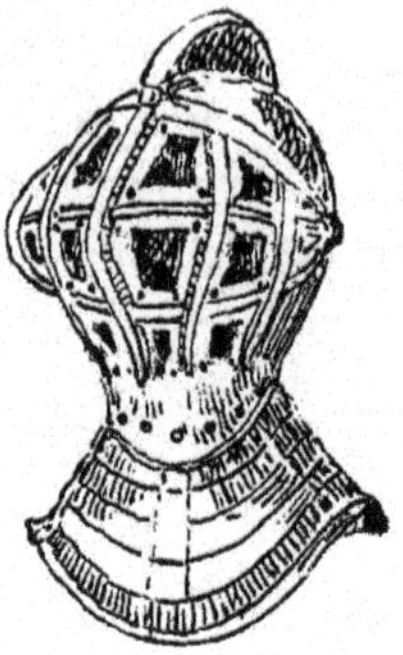

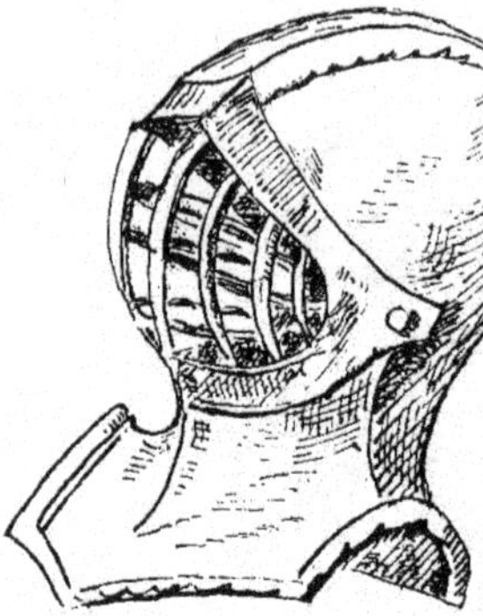

52

51 II.

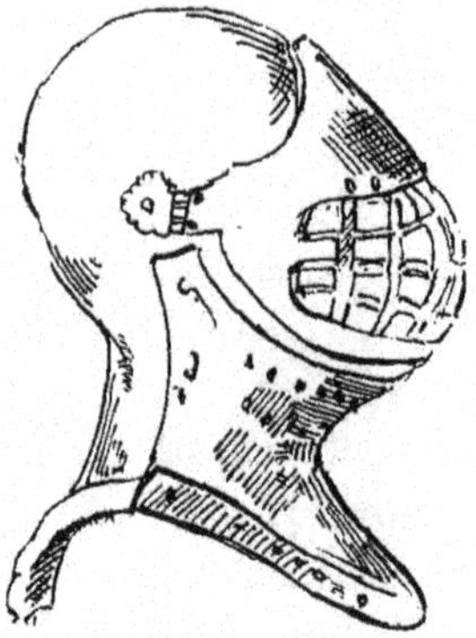

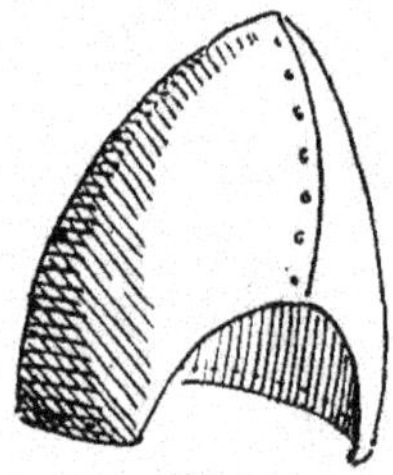

53

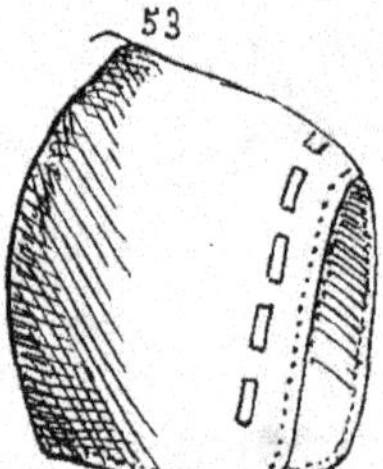

52. Böhmische Kesselhaube, nach der böhmischen Handschrift des Boleslaw aus dem 13. Jahrhundert in der Bibliothek des Fürsten Lobkowitz zu Raudnitz in Böhmen.

53. Deutsche Kesselhaube aus dem 13. Jahrhundert. Sie mißt 28 cm Breite bei 22 cm Höhe und befindet sich im Museum zu Berlin.

Eine derartige mit runder Glocke (alſo anlehnend an den Hoplitenhelm und die venetianiſche Schale), vom Anfange des 14. Jahrhunderts im Germaniſchen Muſeum zu Nürnberg.

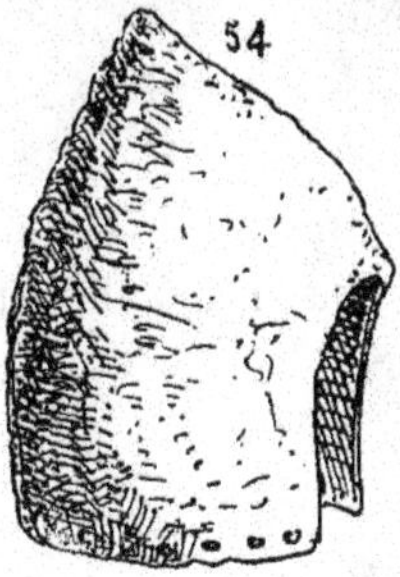

54. Deutſche Keſſelhaube vom Ende des 13. Jahrhunderts, unter dem Schutte des im 14. Jahrhundert eingeäſcherten Schloſſes Tannenburg gefunden, von welchem Hefner v. Alteneck eine Abbildung herausgegeben hat. Ähnliche Exemplare in der Sammlung Zſchille.

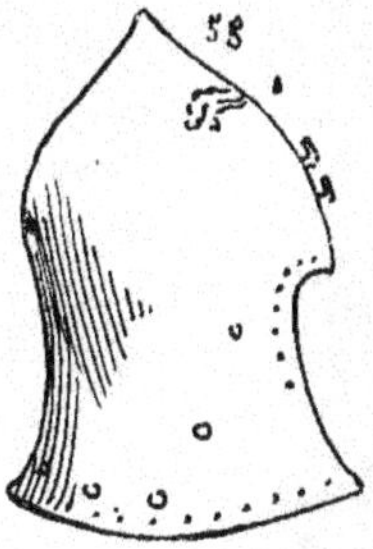

55. Franzöſiſche oder italieniſche[1]) Keſſelhaube aus dem 14. Jahrhundert, mit 12 dicken, mit viereckigen Löchern verſehenen Ringnägeln beſetzt, die zur Aufnahme der Stangen, auf welche die Maſchen geſchoben wurden, dienten. Dieſer Helm ſtammt aus der Sammlung des Grafen Thun zu Val di Non und iſt ſpäter in die des Grafen von Nieuwerkerke übergegangen. Ein ähnliches Stück im Muſeum zu Wiesbaden.

A. u. B. Große deutſche Keſſelhaube, ſchon mit beweglichem Scharnierklappſturz (Viſier, franz. visière). Die Löcher dienten zur Befeſtigung der Ringe des Nackenſchutzes. Dieſes Rüſtſtück wurde aber auch, gleich der kleinen Keſſelhaube unter dem großen Stechhelm getragen, wie es das Grabdenkmal

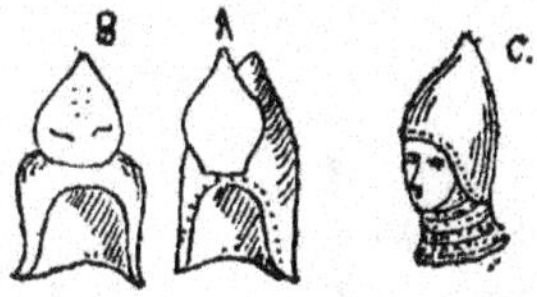

Eberhards I, Graf v. Katzenellnbogen, †1312, früher in der Abtei Eberſtein, jetzt in der ſogenannten Burg des Parkes Biebrich-Mosbach, wo auch die oben abgebildete Keſſelhaube nach anderen Denkmalen der Katzenellnbogner entnommen ſind — feſtſtellen. Nach einer Handſchrift des Grafen v. Katzenellnbogen in der Abtei von Eberſtein (ſ. S. 410).

C. Große deutſche Keſſelhaube mit Helmbrünne nach einem kleinen Holzſtandbilde v. 1350 im Dom zu Bamberg.

[1]) Eher wohl italieniſch. Die Form des Nackenſchutzes erinnert an die celata veneziana des 15. Jahrhunderts, welche vom griechiſchen Hoplitenhelm abſtammt. (S. 207 u. weiterhin Nr. 72).

D. Große deutſche Keſſelhaube mit beweglichem Sturz (Viſier) vom 14. Jahrhundert nach der Hochbildnerei eines Grabmals in der Kirche St. Caſtor zu Koblenz.

E. Große Keſſelhaube mit beweglichem Sturz (Viſier) und der darunter getragenen Helmbrünne aus dem 14. Jahrhundert. — Wandmalerei in der Alhambra.

F. Große Keſſelhaube mit beweglichem Sturz und Helmbrünne nach einem Wandgemälde in Gent vom 14. Jahrhundert, welche St. Georg darſtellt.

E

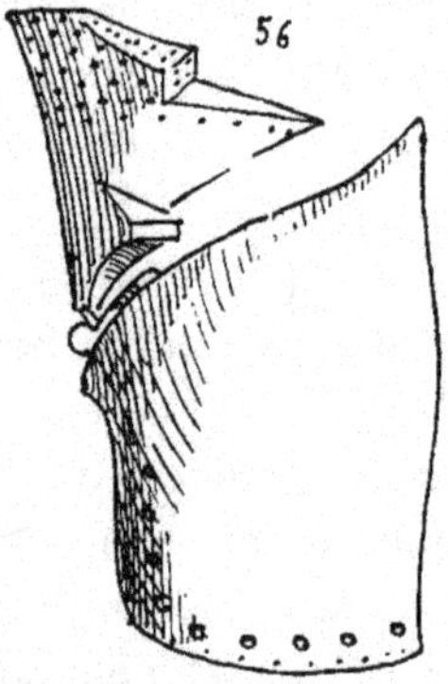

56 Bis.

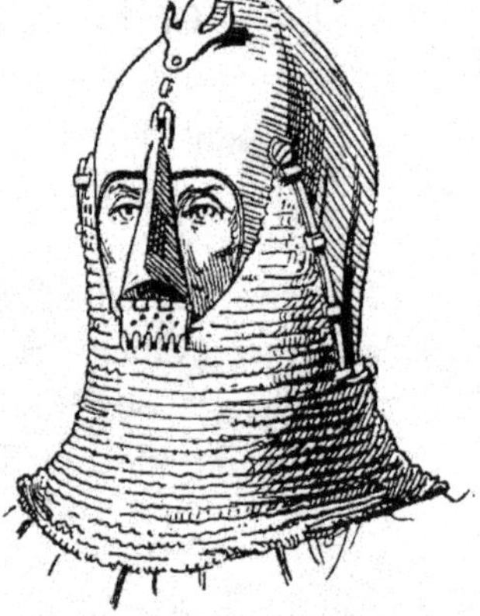

56. Große deutſche Keſſelhaube aus geſchwärztem Eiſen, vom 14. Jahrhundert, mit beweglichem Klappſturz. Die Viſierklappe ſchlägt gegen die Glocke auf. 22 dicke mit eckigen Löchern verſehene Ringnägel dienten zur Aufnahme der Stange, auf welche die Ringe des Kehle und Nacken deckenden Maſchenwerks gereiht waren. Wegen dieſer Viſierform wurden ſolche Helme auch Hundegugel genannt. — Sammlung v. Hefner-Alteneck.

56. Bis. Große franzöſiſche Keſſelhaube vom 14. Jahrhundert. Hier bieten eine bewegliche Naſenberge ſowie Ringnägel mit der daran auf Stangen befeſtigten Helmbrünne eigentümliche Formen. — Nach Violet Le Duc.

57
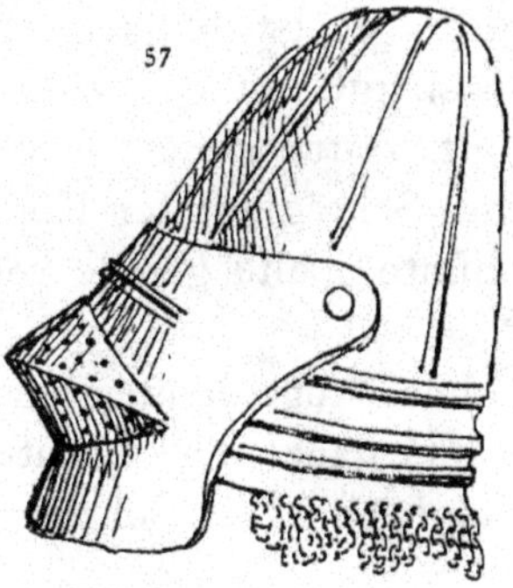

57. Große engliſche Keſſelhaube aus der Mitte des 14. Jahrhunderts. Der Sturz ſchlägt vermittelſt eines Zapfens auf, wie an den Viſierhelmen des 16. Jahrhunderts. Dieſe Art Helme ſind Hundegugel benannt. Ein Überbleibſel von dem gemaſchten Nackenſchutz iſt daran ſichtbar.

58
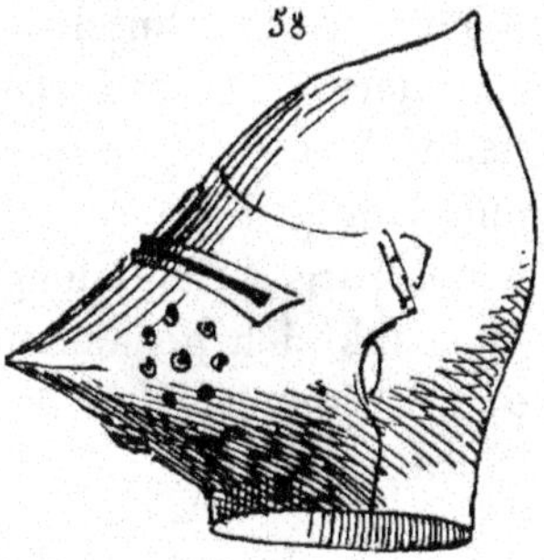

58. Große Keſſelhaube mit Scharnierviſier, aus dem 14. Jahrhundert oder Anfang des 15. — Tower zu London, Artillerie-Muſeum zu Paris, Sammlung des Grafen von Nieuwerkerke und Wiener Zeughaus. Dieſe Helme, auch Hundegugel genannt, ſind aus blankem Stahl; die aus einem Stücke beſtehende eiförmige Glocke iſt oben ſpitz und der weit vortretende Sturz gewährt einen freien Raum, um das Atemholen zu erleichtern.

58 a.
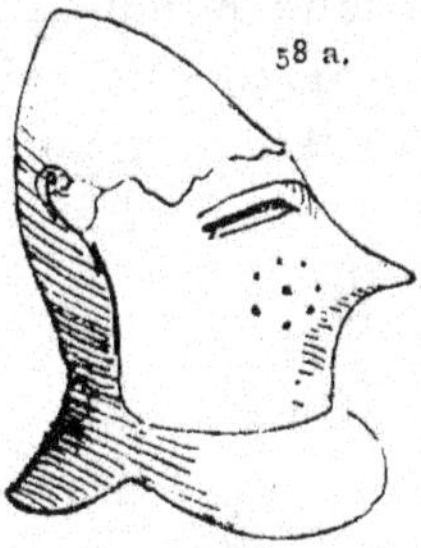

58. a. Große engliſche Keſſelhaube mit Scharnierviſier und feſtſitzender Halsberge aus der Mitte des 14. Jahrhunderts. — Tower zu London und Sammlung v. Renné zu Konſtanz. Dieſer Helm iſt in mancher Beziehung dem vorhergehenden ähnlich.

59
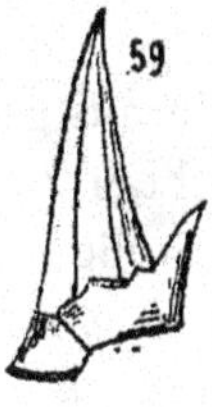

59. Eiſenhelm, wahrſcheinlich italieniſch und dem Mittelalter angehörig. — Muſeum Poldi-Pezzoli zu Mailand.

Die Schalen oder Schallern (franz. und engl. salades), welche im 15. Jahrhundert die Keſſelhauben verdrängten, kennzeichnen ſich beſonders durch ihren Nackenſchutz und haben Ähnlichkeit mit den Eiſenhüten. Dieſe Schale wurde gewöhnlich mit dem Kinnſtück getragen, das mit der Halsberge oft aus einem Stücke oder Barthaube, auch Vorhelm (franz. haute pièce, ſowie bavière, engl. mentonnière) gemacht war. Schräg auf den Kopf geſetzt, befand ſich die für das Licht beſtimmte Spalte gerade vor den Augen.

Eine zweite Art von Schallern ſind ohne Augenſpalten und laſſen beſonders den unteren Teil des Geſichts ganz ohne Schutz. In dieſe Gattung kann man auch den venetianiſchen Schallern bringen.

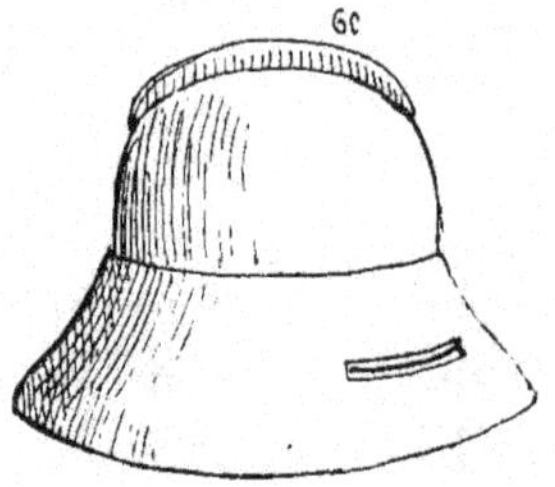

60. Deutſche Turniertopfhelmſchale aus dem 14. Jahrhundert. Sie hat einen Kamm und ein feſtes Viſier und wurde wagerecht auf dem Kopfe getragen. — Artillerie-Muſeum zu Paris. Sammlung Zſchille. — Ein in Frankreich genannter „Chapel de Montauban" hatte wahrſcheinlich dieſe Form.

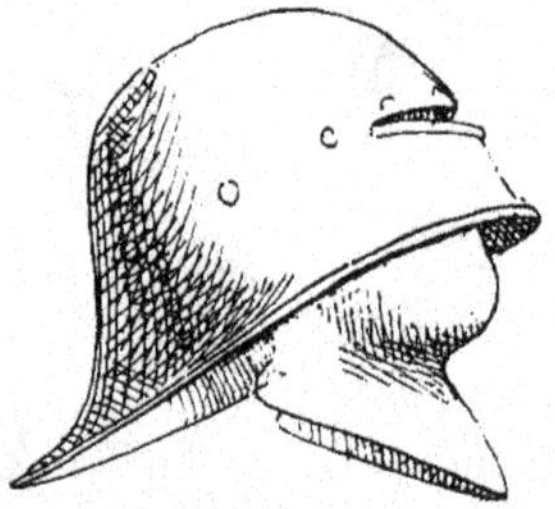

61. Deutſche Schale mit Augenſchnitt und Barthaube, (franz. bavière) aus dem 15. Jahrhundert. — Sammlung des Königs von Schweden, Karls XV. und Sammlung Zſchille.

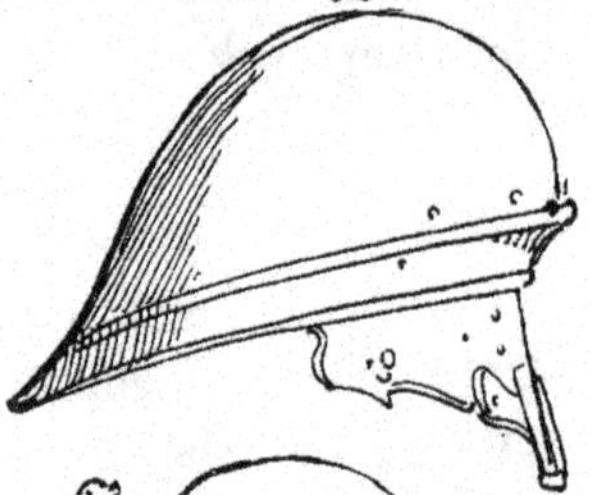

62. Deutſche Schale mit feſter Naſenberge aus dem 15. Jahrhundert. — Sammlung Renné in Konſtanz.

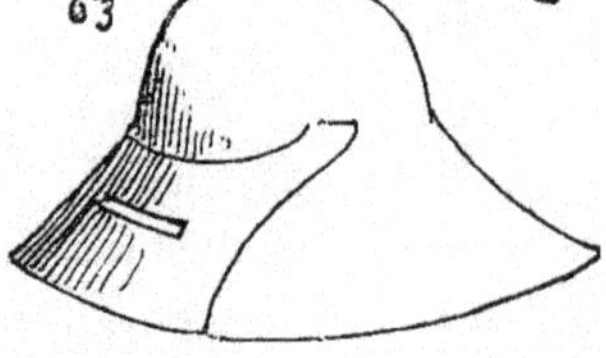

63. Deutſche Schale aus geſchwärztem Eiſen mit beweglichem Zapfenſturz aus dem 15. Jahrhundert. Sie ſtammt aus dem Schloſſe Ort in Bayern und mußte ſchräg mit dem Kinnſtück getragen werden. — Tower zu London. Ein ähnliches Stück, welches aus der Sammlung des Grafen v. Thun in Val di Non herrührt, enthielt die Sammlung Spengel in München.

63. Bis.

63. Bis. Italienischer, bemalter Schallern des Grafen v. Gajazzo († 1487). Dieser Helm soll die Arbeit des Plattners Antonio da Missaglia, um 1480, sein. —

63. 1. Deutsche Schale mit Gräte oder Kamm (à tabule), nach einem Bildwerke von 1440 am Rathause zu Regensburg.

64.

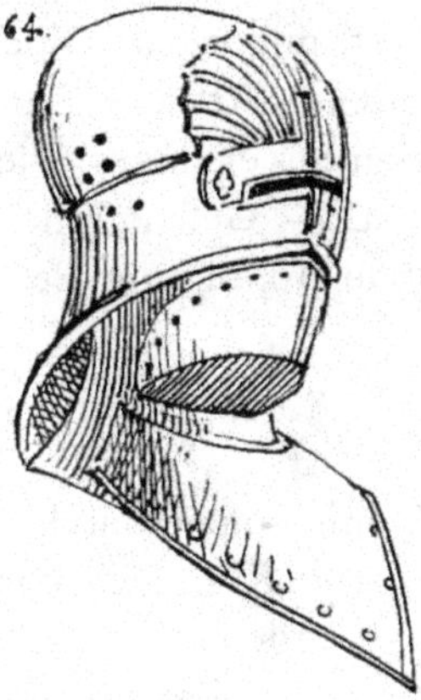

64. Schale mit festem Sturz in Muschelform und einem seltsam geformten eckigen Kinnstück, sowie mit einer Halsberge, aus dem 15. Jahrhundert. — Sammlung Zschille zu Großenhain.

65

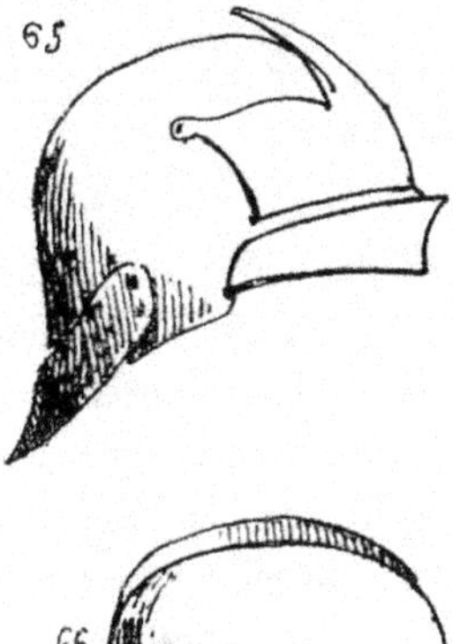

65. Schale mit Visier und beweglichem Nackenschutz aus dem 15. Jahrhundert. Sie mußte gleich der vorhergehenden schräg auf dem Kopfe getragen werden. Der Nackenschutz ist ein angesetztes, nur kurzes Stück. — Museum zu Prag und Sammlung Zschille.

66

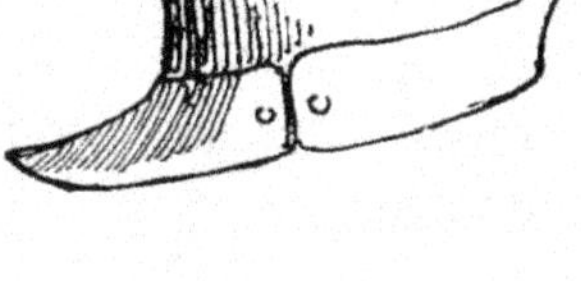

66. Schale mit Kamm aus dem 15. Jahrhundert, von der Insel Rhodos stammend. Dieser Helm mit Scheinvisier und angesetztem Nackenstück schützte das Gesicht nicht und gewährte nur mangelhafte Deckung. Die Arbeit daran deutet auf italienischen Ursprung.

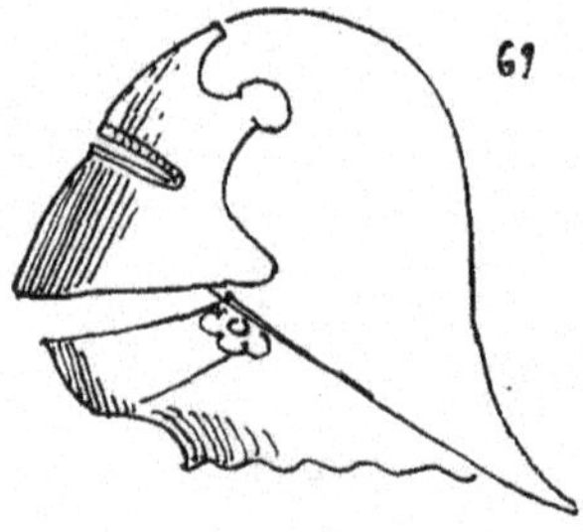
67

67. Deutſche Kriegsſchale oder Schallern (franz. salade) nach dem Standbild des Herzogs Wilhelm des jüngern von Braunſchweig, einem im Jahre 1494 ausgeführten Bildwerke, gezeichnet. Sie hat feſten Sturz, bewegliches Kinnſtück und Halsberge — Hannöveriſch-Münden bei Kaſſel.

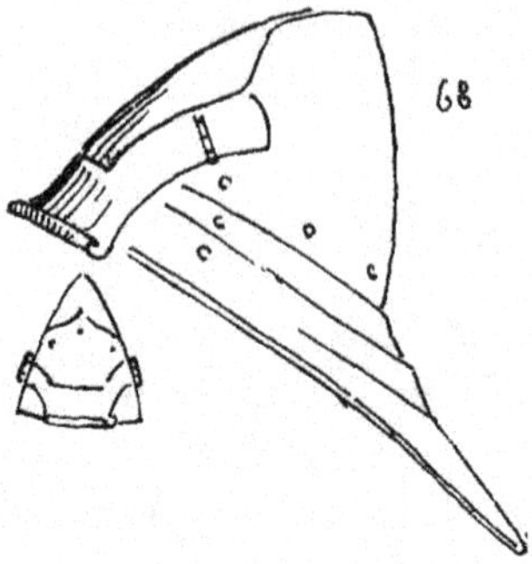
68

68. Deutſche Kriegsſchale aus dem 15. Jahrhundert, mit ſpitzer Glocke und einer ſehr ſeltenen Art von Scharnierſturz. Die kleine Zeichnung giebt ihre Vorderanſicht. — Geſchichtliches Muſeum im Schloſſe Monbijou zu Berlin.

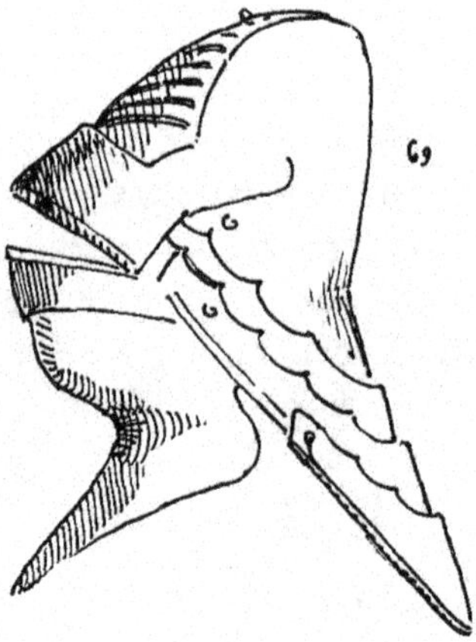
69

69. Dieſelbe, mit einem durch die Halsberge verlängerten Kinnſtück, ebenfalls im Schloſſe Monbijou. Ohne Kinnſtück im Muſeum de la Porte de Hal zu Brüſſel.

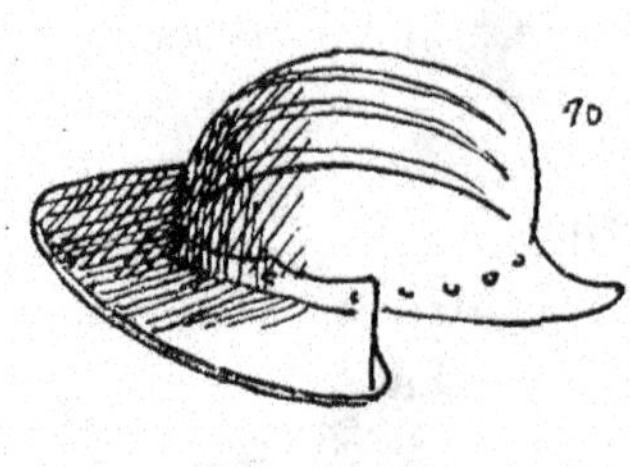
70

70. Gerippte flachrunde Schale mit Augenſchirm, nach des Verfaſſers Meinung aus dem 16. Jahrhundert und von der Inſel Rhodos herrührend. — Artillerie-Muſeum zu Paris, woſelbſt ſie dem 15. Jahrhundert zugeſchrieben wird. Die Form des Augenſchirms und die Rippen berechtigen dazu, ſie in die erſte Hälfte des 16. Jahrhunderts, zu welcher Zeit dieſe Art Schirme ſehr verbreitet waren, zu ſetzen. Vergl. Nr. 125, Burgunderhelm.

71. Engliſche Schale, die im Tower zu London, wo ſie aufbewahrt wird, als dem 15. Jahrhundert angehörig gilt, deren eigentümliche Form mich jedoch veranlaßt, dieſelbe für ein Werk der Fälſchung zu halten.

72. Venetianiſche Schale[1]) (celata veneziana) mit Naſenſchutz, aus der erſten Hälfte des 15. Jahrhunderts. — Sammlungen Llewelyn-Meyrick zu Goodrich-Court; Renné in Konſtanz; Nieuwerkerke zu Paris, und im Tower zu London.

73. Venetianiſche Schale mit kleiner Helmzier und ohne Naſenberge, aus der zweiten Hälfte des 15. Jahrhunderts. Der Nacken-

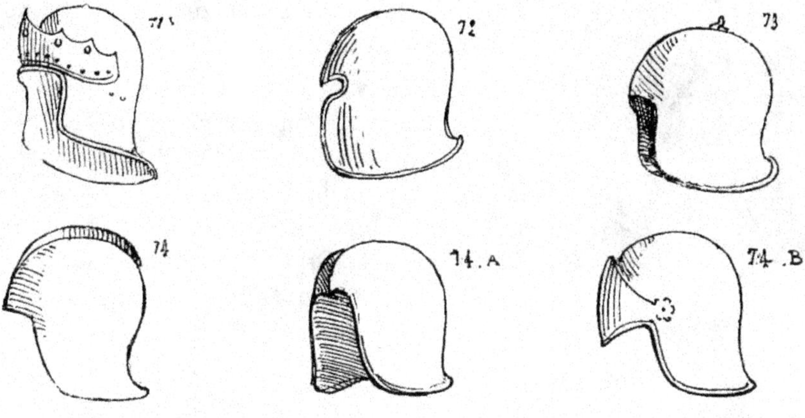

ſchutz dieſes Helmes iſt ausgedehnter als am vorhergehenden Helme. — Sammlung Llewelyn-Meyrick.

74. Venetianiſche Bogenſchützenſchale mit Kamm, ohne Naſenberge, aus der zweiten Hälfte des 15. Jahrhunderts. — H. 22 im Artillerie-Muſeum zu Paris und im Tower zu London.

74. a. Italieniſche Schale aus der zweiten Hälfte des 15. Jahrhunderts, nach den in weißem Marmor ausgeführten Flachbildnereien des Triumphbogens Alphons V., Königs von Aragonien, welche ſeinen Siegeseinzug zu Neapel im Jahre 1443 darſtellen.

74. b. Italieniſche Schale mit Scheinviſier. Ebendaſelbſt.

[1]) Dieſe Waffe nähert ſich in der Form dem griechiſchen Hoplitenhelm (ſ. S. 207), von dem ſie hergeleitet zu ſein ſcheint, doch hatte jener keinen Naſenſchutz wie Nr. 73 hier. Die Spitze auf dem Vorderteil, das eine Art Naſenberge bildet, findet ſich auch nicht mehr in den celati veneziani der zweiten Hälfte des 15. Jahrhunderts. (S. hier Nr. 74 c.)

74 C.

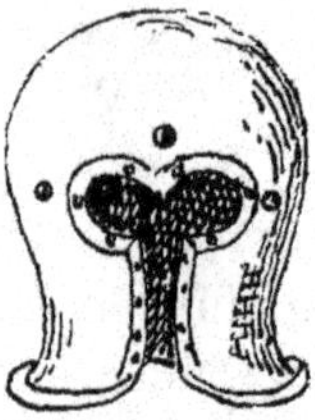

74. c. Italieniſche ſpeciell venetianiſche 27 cm hohe, 25 cm durchmeſſende Schale aus der zweiten Hälfte des 15. Jahrhunderts. Da ſich der Durchmeſſer hier viel bedeutender als der gewöhnliche Kopfdurchmeſſer herausſtellt, ſo iſt dieſes Rüſtſtück nach Art der Topfhelme über einer Ringhaube getragen worden, was auch aus dem unbeweglichen, ſich faſt berührenden Wangenſchutz hervorgeht. Die Ahnen ſolcher Schalen waren die griechiſchen Hoplitenhelme. (S. S. 207.) Sammlung E. Kahlbauer zu Stuttgart und Zſchille zu Großenhain.

74 D.

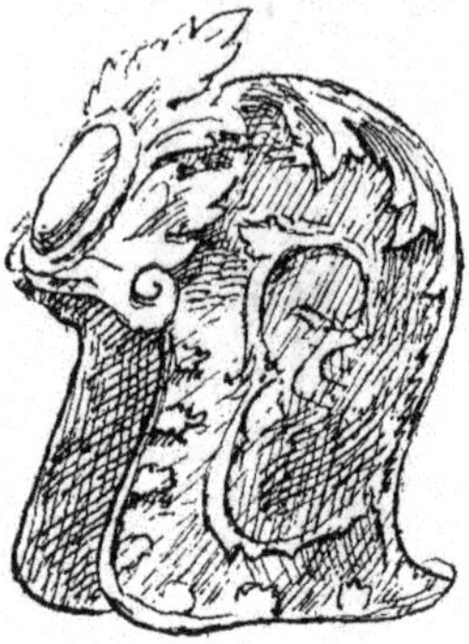

74. d. Venetianiſche Prunkſchale oder Schallern vom Anfange, wenn nicht von Mitte des 15. Jahrhunderts. Dieſelbe hat roten Samtüberzug und vergoldete Bronzeverzierungen. Eine gleiche Helmform, aber glatt, ohne alle Ornamente, hatten noch im 16. Jahrhundert die Helme der Leibwache der Dogen. — Münchner National-Muſeum.

Der Eiſenhut, das Eiſenhutgeſtell und die Eiſenkappe.

75

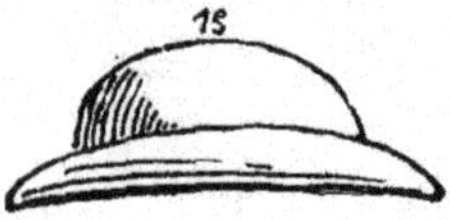

75. Flachrunder Eiſenhut (franz. chapel, hanapier u. chapeau d'armes, engl. iron-hat) aus dem 12. Jahrhundert, nach den im Dome zu Braunſchweig unter Heinrich dem Löwen († 1195) ausgeführten Wandmalereien.

76

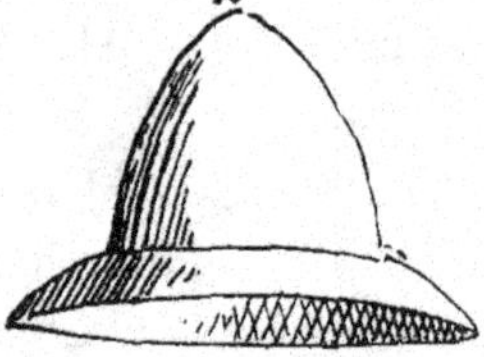

76. Spitzer Eiſenhut, nach der böhmiſchen Handſchrift des Weleslaw, aus dem 13. Jahrhundert. (Ein ähnlicher im Germaniſchen Muſeum.) S. ferner die im Abſchnitt der Bogener.

76 I.

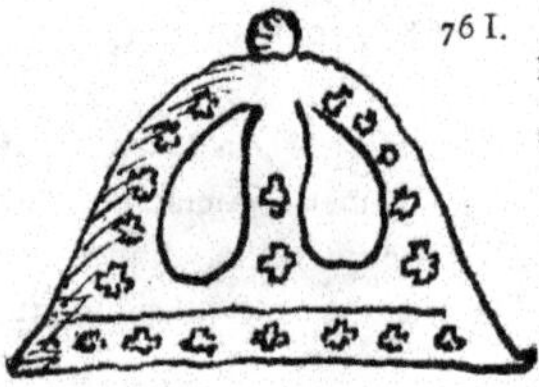

76. I. Engliſche, durchbrochene Eiſenkappe, welche von einem berittenen Krieger über der Ringhaube (camail) getragen, auf

76 II.

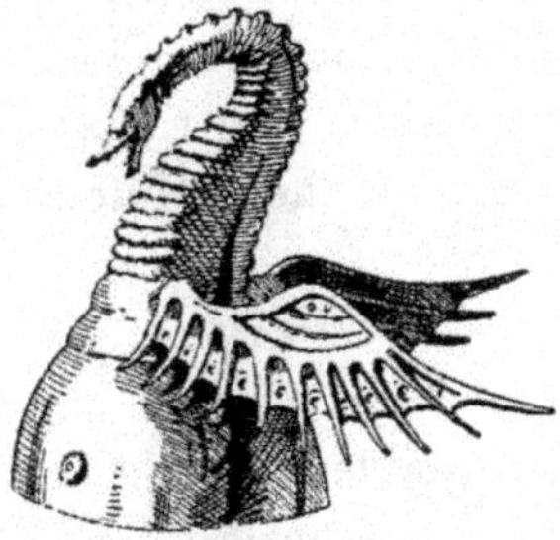

77

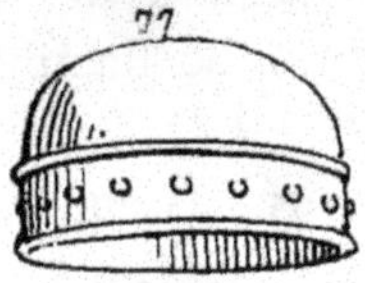

78

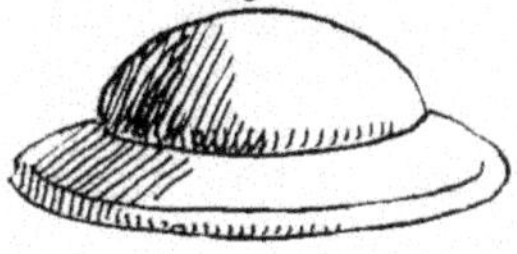

79

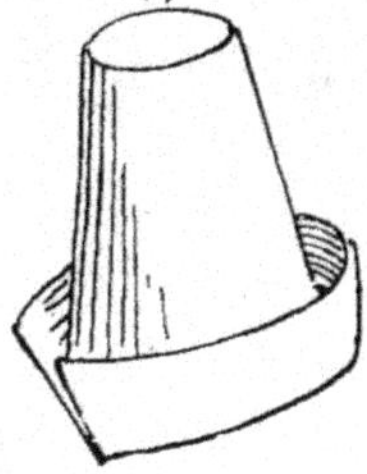

80

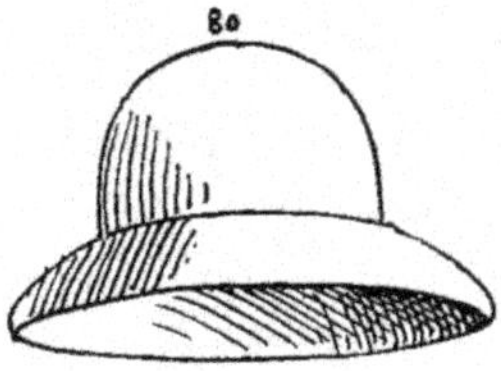

80 I

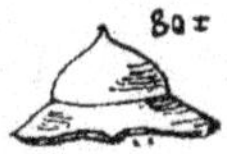

der im 13. Jahrhundert in der „Painter Chamber“ zu Weſtminſter ausgeführten Wandmalerei dargeſtellt iſt.

76. II. Spitzer Eiſenhut mit großer Drachenhelmzier vom 13. Jahrhundert (?) in der Armeria Real zu Madrid, wo derſelbe als Helm des Königs Jakob I. von Aragonien (1206—1276) figurirt, was aber Zweifel auftauchen läßt.

77. Eiſenkappe[1]) (franz. calotte d'armes, engl. scull-cap), nach der deutſchen Äneide von Heinrich v. Veldeke, einer Handſchrift aus dem 13. Jahrhundert, in der Bibliothek zu Berlin.

78. Flachrunder Eiſenhut, nach einer Miniatur der Maneſſiſchen Handſchrift[2]) aus dem 13. Jahrhundert, den Tod Albrechts v. Heigerloch, des Minneſängers aus dem Stamme der Hohenzollern, darſtellend. — Staatsbibliothek zu Paris. — Solche Eiſenhüte mit herabgebogenen Krämpen heißen in Frankreich Chapel de Montauban. S. S. 367.

79. Hoher kegelförmiger Eiſenhut vom Ende des 14. Jahrhunderts, nach einer in der Michaeliskirche zu Schwäbiſch-Hall befindlichen, von Hefner von Alteneck herausgegebenen Malerei.

80. Hochrunder Eiſenhut, vom 14. Jahrhundert.

80. Spitznabelförmiger Eiſenhut. Sachſenſpiegel. — Bibliothek zu Wolfenbüttel.

[1]) Unterſcheidet ſich von dem Eiſenhut durch die Abweſenheit des Randes oder der runden Krämpe.

[2]) S. auch Nr. 35.

80 II.

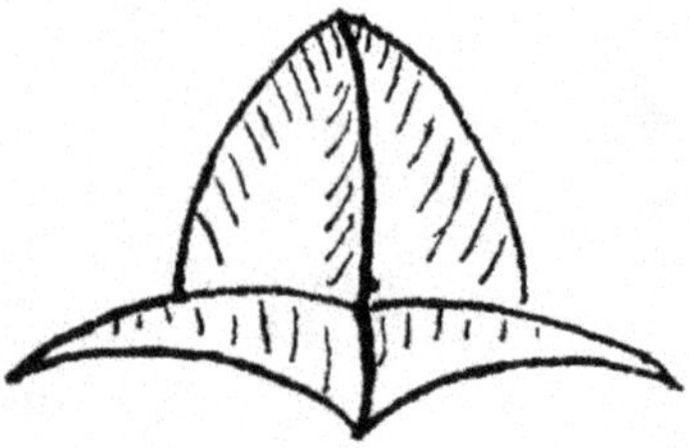

81

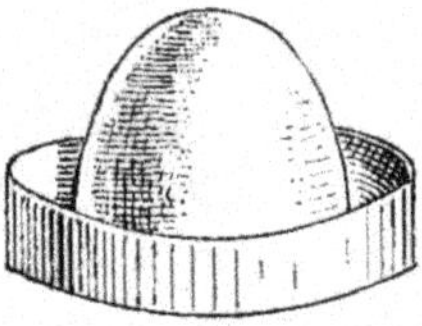

81 Bis.

81 Ter.

82

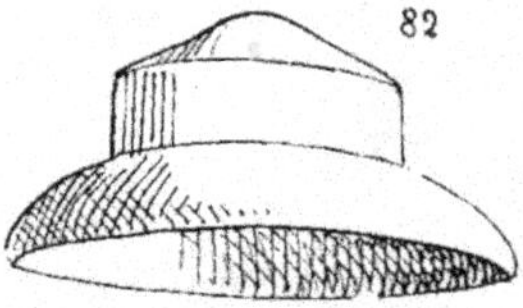

83

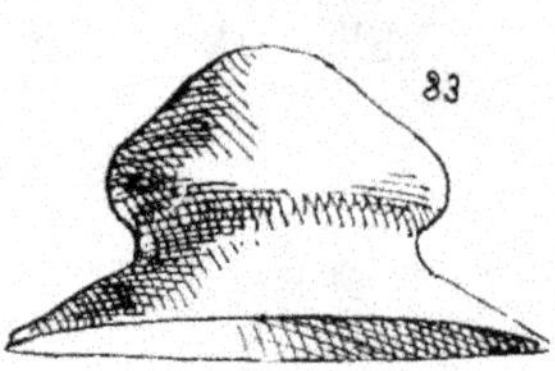

80. II. Spitzer Eiſenhut mit ausgeſchweiſten Krämpen nach einem Holzſchnitte vom Schluß des 14. Jahrhunderts im Germaniſchen Muſeum zu Nürnberg.

81. Runder Eiſenhut, vom Ende des 14. Jahrhunderts, nach derſelben Malerei in Schwäbiſch-Hall von welcher Nr. 79 u. 80 ſtammen.

81. Bis. Eiſenhut (wenn nicht Helm mit Helmzier) des Grafen von Eſtampe, Richard von Bretagne nach deſſen Inſiegel vom Jahre 1427.

81. Ter. Geſchweiſter Eiſenhut nach einem Gemälde vom Ende des 14. Jahrhunderts „Betlehemitiſcher Kindermord.“ — Germaniſches Muſeum zu Nürnberg.

82. Buckelförmiger Eiſenhut nach einer Konſtanzer, in der Bibliothek zu Prag aufbewahrten Handſchrift, aus dem Jahre 1435.

83. Buckelförmiger Eiſenhut, aus dem 15. Jahrhundert. — Muſeum zu Kopenhagen und Sammlung von Hefner-Alteneck in München.

83. Bis. Spaniſcher Eiſenhut mit Sturmbändern, die ſonſt gemeinlich nicht an Eiſenhüten vorkommen; dies Kopfrüſtzeug wird dem Kardinal Ximenes (1490) zugeſchrieben. — Armeria real, Madrid.

84. Hochrunder Eiſenhut aus dem 15. Jahrhundert. — Handſchrift der Sammlung des Ritters v. Hauslaub in Wien. Ein ähnlicher im Muſeum zu Kopenhagen.

84. Bis. Birnenförmiger Eiſenhut von der Mitte des 15. Jahrhunderts. Dieſe eigentümliche Form mit drei Spitzen, wovon die eine die Naſenberge bildet, kommt höchſt ſelten vor. — Nach der Handſchrift: „Miroir hiſtorial“ (1430—1460) Nationalbibliothek zu Paris.

85. Eiförmige Eiſenkappe (franz. pot-en-tête, engl. scull-cap) mit Kinnſtück, aus dem 14. oder 15. Jahrhundert. Handſchrift

83 Bis.

84

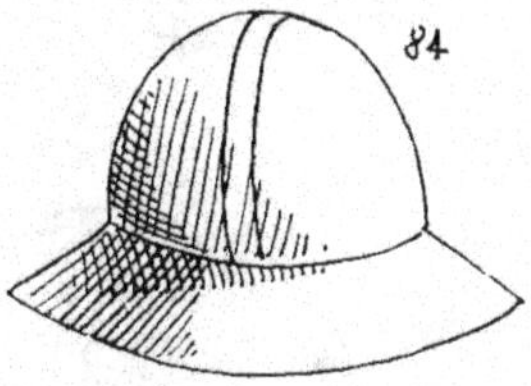

84 Bis.

85

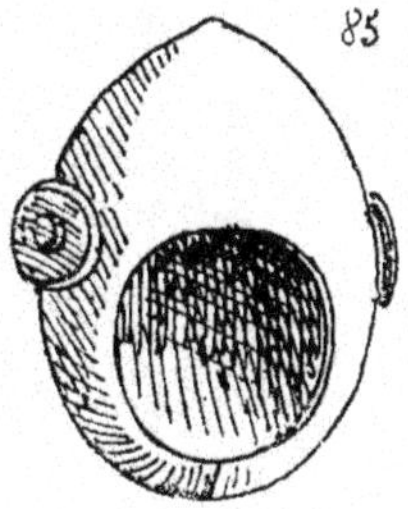

86

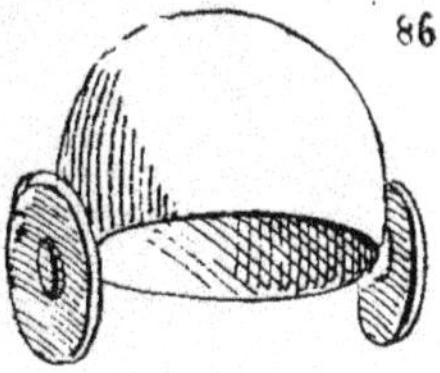

der Sammlung Hauslaub in Wien und Wandmalereien der Kathedrale von Mondonedo in Spanien. Die Form, welche die Maler dieſer Schutzwaffe dem unteren Teile gegeben haben, läßt vermuten, daß ſie hinten aus Stücken beſtehen mußte, die vermittelſt eines Scharniers oder Zapfens beweglich waren, um ſo das Hineinbringen des Kopfes, den ſie hermetiſch einſchließt, zu ermöglichen.

86. Eiſenkappe mit feſten ſturmbänderartigen Ohrenklappen, nach einer Handſchrift des 15. Jahrhunderts. — Sammlung Hauslaub in Wien.

87. Eisenhutschale mit Visier (Chapel de Montauban? S. Nr. 60, Nr. 516) in Schalenart, nach den Aquarellen Glockenthons von 1504, welche die Waffen der Zeughäuser des Kaisers Maximilian I. darstellen. — Ambraser Sammlung.

88. Flacher Eisenhut. Ebenda.

89. Eisenkappengestell id. Dieser Schutz hat wahrscheinlich bei Belagerungen gedient, wo derselbe wie der Topfhelm über einem gewöhnlichen Helme getragen wurde.

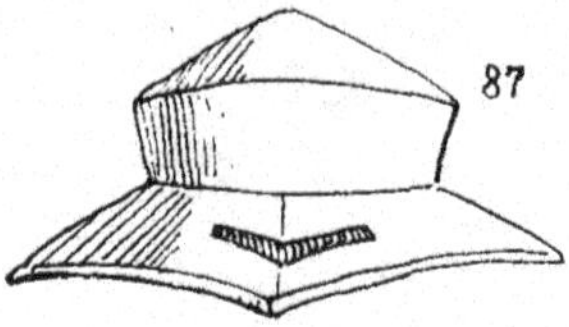
87

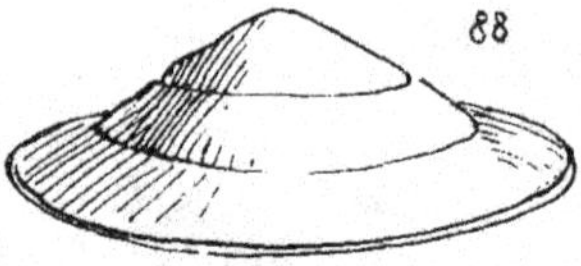
88

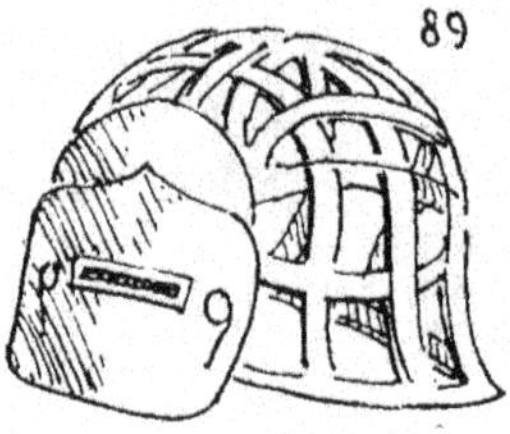
89

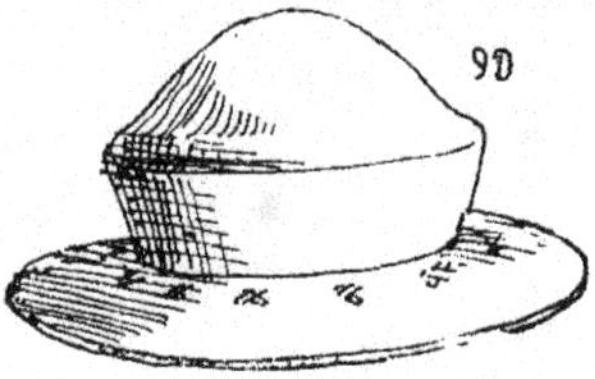
90

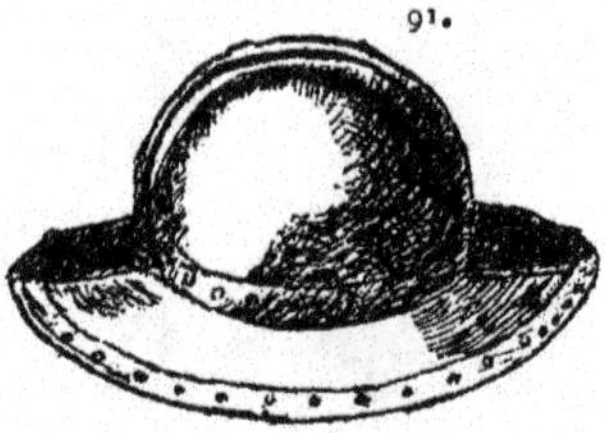
91.

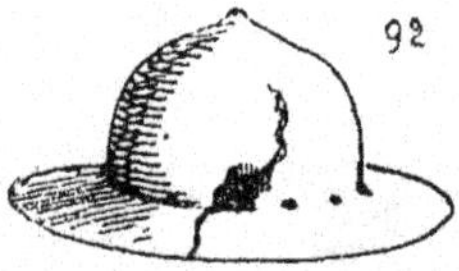
92

90. Deutscher Eisenhut vom Ende des 15. Jahrhunderts, nach einem Abguß im Germanischen Museum zu Nürnberg. Die Form ist fast ganz übereinstimmend mit der des Eisenhutes Nr. 83 aus der Sammlung von Hefner-Alteneck in München und hat gleich diesem eine aus einem Stück gehämmerte Glocke.

91. Eisenhut vom 15. Jahrhundert, runde Glocke mit niedrigem Kamm und doppelter Reihe von Nagelköpfen. Ein gekröntes A. als Schmiedemarke. — Sammlung Ulmann in München.

92. Eisenhut des in der Schlacht bei Kappel im Jahre 1531 getöteten Reformators Zwingli. — Zeughaus zu Zürich.

93

93. Eiſenhut aus dem Ende des 15. Jahrhunderts. Die Hauptroſette von durchbrochenem Kupfer ſtellt das burgundiſche Kreuz vor. — Sammlung Renné in Konſtanz. Ein ähnliches Exemplar, jedoch ohne das Kreuz, enthielt die Sammlung Spengel in München.

94
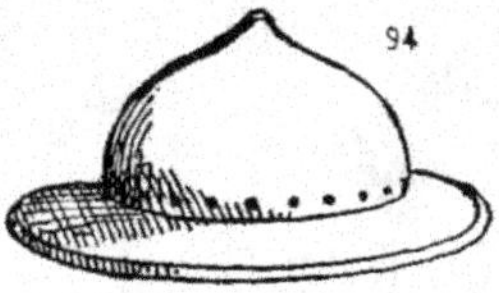

94. Eiſenhut, nach dem im Anfang des 16. Jahrhunderts in Augsburg herausgegebenen Teuerdank.

95
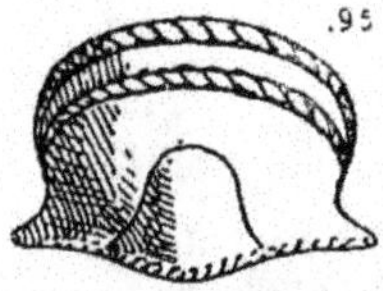

95. Deutſcher Eiſenhut aus dem 16. Jahrhundert, aber mit drei gewundenen Kämmen beſetzt und mit Ohrenſchutz verſehen. Dieſer Helm iſt mit rotem Samt überzogen und diente vorzugsweiſe auf Jagden. — Sammlung Spengel, von Hefner-Alteneck in München, wo das Zeughaus einen ähnlichen Helm, der mit rotem und ſchwarzem Tuche überzogen ſo die Farben der Stadt aufweiſt. Andere Exemplare Sammlung Ambras und Schloß Lauenburg. Ein ähnlicher Helm der Sammlung von Mazis, im Artillerie-Muſeum zu Paris, wird dem Könige Heinrich IV. (1589—1610) zugeſchrieben, deſſen Namensanfangsbuchſtaben und Abbild auf demſelben geſtochen ſind. Die daran befindlichen Kämme bedecken Trophäen und andere Gegenſtände in geſtochener und getriebener Arbeit. Ein anderes ähnliches Exemplar in der Sammlung Zſchille.

96
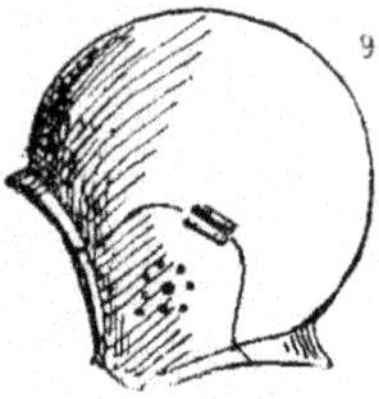

96. Ganz runder Eiſenhut mit Wangenklappen aus dem 16. Jahrhundert. — Münchener Zeughaus.

96 Bis.

96. Bis. Franzöſiſcher Eiſenhut aus der Hugenottenzeit (1674). Die gerippte Glocke mit ſpitzem Knopf iſt, ebenſo wie der breite runde Schirm, mit drei Nagelköpfen verſehen. — Sammlung Ulmann in München.

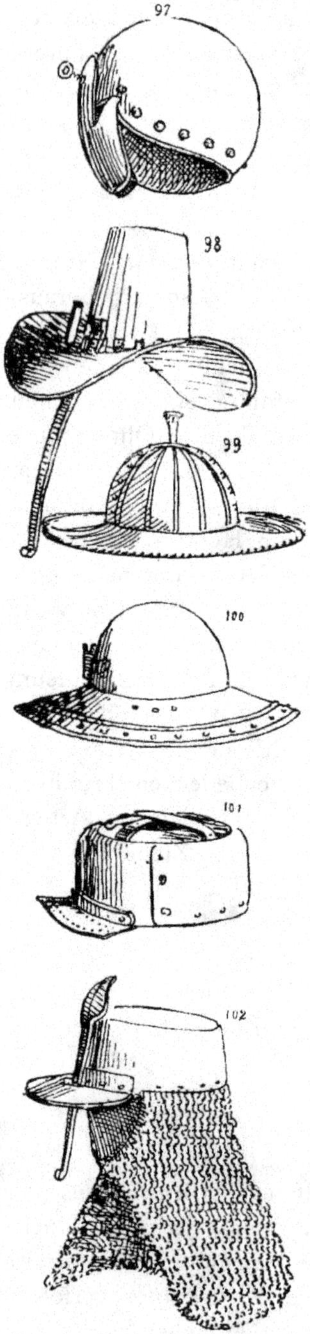

97. Ganz runder Eiſenhut, bei Belagerungen gebräuchlich, aus dem 17. Jahrhundert. — H. 154. im Artillerie-Muſeum zu Paris.

98. Eiſenhut mit Stangennaſenberge Karls I., König von England (1625—1649). Er trägt das Zeichen des Waffenſchmiedes | A. B. O. | — Schloß Warwick.

99. Runder Eiſenhut aus dem 16. Jahrhundert. — Sammlung Az in Linz.

100. Runder Eiſenhut mit Federbuſchträger, 25 Pfund ſchwer; er mißt 40 cm Breite bei 30 cm Höhe und hat dem großen Kurfürſten von Brandenburg angehört, der ihn in der Schlacht bei Fehrbellin trug (1675). — Muſeum zu Berlin.

101. Eiſenkappe mit Schirm; der obere Teil durchbrochen, 20 Pfund ſchwer. Dieſer Helm hat Auguſt dem Starken (1670 bis 1733) angehört. — Muſeum zu Dresden.

102. Deutſche Eiſenkappe mit Schirm und Stangennaſenberge, vom Ende des 17. Jahrhunderts. Der lange Nackenſchutz iſt aus Maſchen angefertigt und die Eiſenkappe äußerlich mit grauer Leinwand überzogen. — Muſeum zu Dresden.

102. Bis. Italieniſche Eiſen- oder Hirnkappe (segretta in testa) mit Stacheln und breiten Sturmbändern, aus der zweiten Hälfte des 14. Jahrhunderts.

103. Eiſenkappe aus dem 17. Jahrhundert; das Eiſen iſt ſehr dick und der Oberteil durchbrochen. — Berliner Zeughaus.

104. Eiſenkappe aus dachziegelförmig ſich bedeckenden Schuppen, nach einer Zeichnung Holbeins aus dem 16. Jahrhundert. — Öſterreichiſches Muſeum zu Wien.

102 Bis.

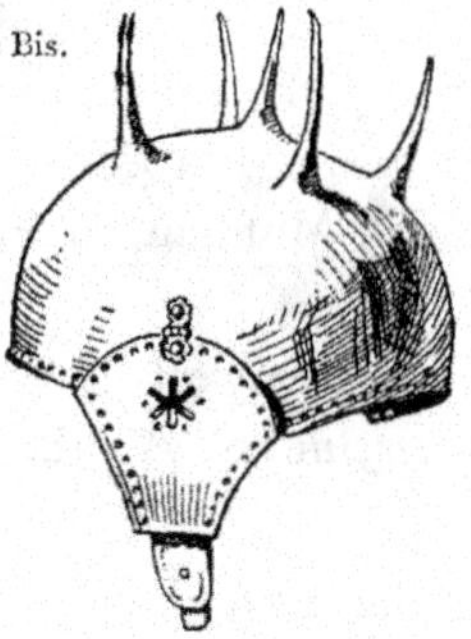

103

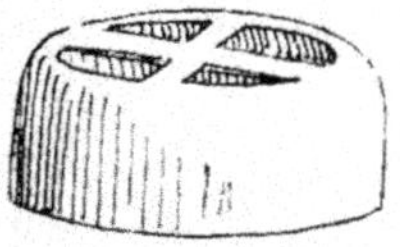

104

105

105 Bis.

105. Waffenkappe aus dachziegelförmig ſich teilweis bedeckenden blanken Stahlſchuppen, mit beweglicher Naſenberge, Sturmbändern oder Wangenklappen und Nackenſchutz; der Federbuſchträger und mehrere andere Stücke ſind aus vergoldetem Kupfer. Sie wurde von Johann Sobiesky, dem Könige von Polen, im Jahre 1683 vor Wien getragen. — Muſeum zu Dresden.

105 Bis. Deutſche eiſerne Prunkhelmkappe mit Elfenbeinſchuppen vom 17. Jahrhundert. Sturmbänder und Zier ſind ebenfalls von

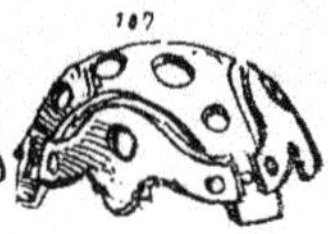

Elfenbein; letztere, einen Dauphin darſtellend, trägt die Lilien (fleur de lis) — Krone. — Sammlung Pichler zu Gratz.

106. Eiſenkappengeſtell[1]) aus dem 17. Jahrhundeit. — Muſeum zu Prag.

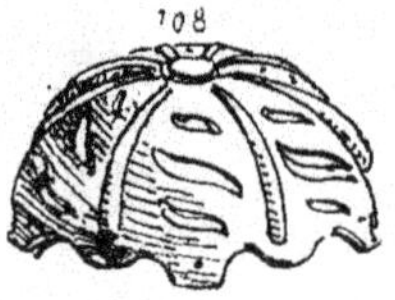

107. Desgleichen. Ebenda.

108. Eiſenkappengeſtell, das zur innern Ausſtaffierung der Waffenhüte franzöſiſcher Carabiniers gegen 1680 gebraucht wurde. — Artillerie-Muſeum zu Paris.

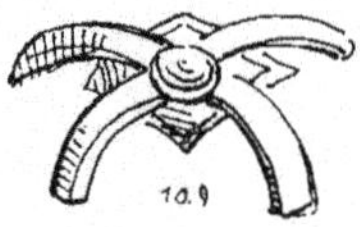

109. Eiſenkappengeſtell aus dem 17. Jahrhundert zur innern Ansſtaffierung der Waffenhüte.

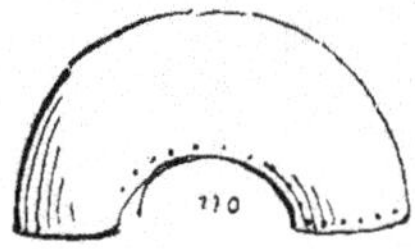

Alle dieſe durchbrochenen Eiſenkappen gehören ſchon dem Zeitabſchnitt an, in welchem der Helm durch den Hut, deſſen innern Schutz ſie bildeten, erſetzt war.

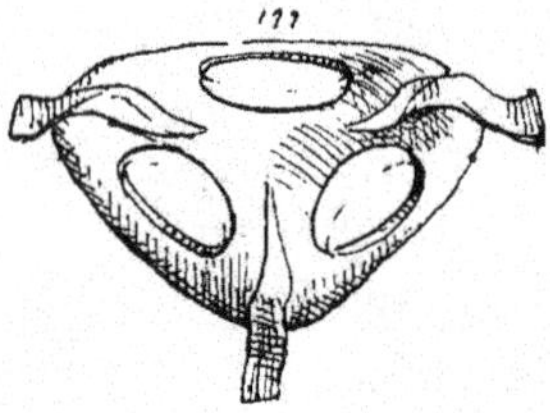

110. Deutſche Eiſenkappe zur innern Ausſtaffierung eines Waffenhutes, aus dem 17. Jahrhundert. — Kaiſerliches Arſenal zu Wien.

111. Eiſengeſtell für die innere Ausſtaffierung eines Dreimaſters, aus dem 17. Jahrhundert. — Geſchichtliches Muſeum im Schloſſe Monbijou zu Berlin.

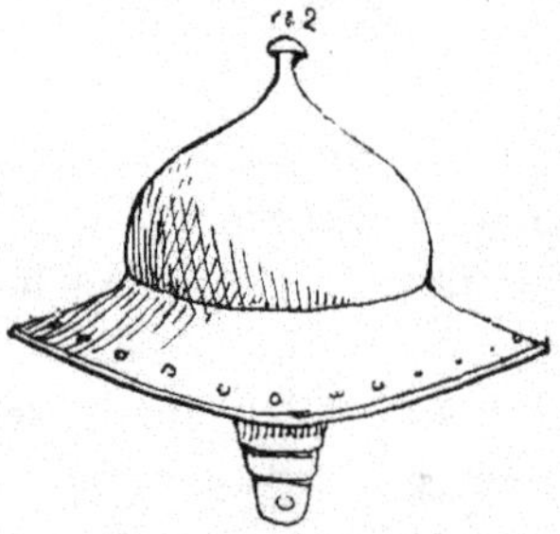

112. Spitzer Eiſenhut, wahrſcheinlich italieniſchen Urſprungs, aus dem 17. Jahrhundert. Er hat Sturmbänder und iſt mit kupfernen Nagelköpfen verziert. — Kaiſerliches Arſenal zu Wien.

[1]) Eiſerne Geſtelle für Soldatenhüte wurden allgemein mit casquet bezeichnet.

113. Deutſcher Stacheleiſenhut, der nach den Angaben im Stadtzeughaus zu Wien, wo er aufbewahrt wird, bei Erſtürmung feſter Schlöſſer und Städte benutzt wurde und deshalb mit breiten Rändern verſehen war, die Kopf und Schultern vor den ſiedenden Flüſſigkeiten ſchützten, deren ſich die Belagerten zur Verteidigung bedienten. Der Verfaſſer iſt jedoch der Meinung, daß dieſer Helm, deſſen Eiſenſpitzen durchaus zwecklos ſind, nur bei öffentlichen Feſtlichkeiten, beim Einzug von Fürſten und dergl., getragen wurde.

114. Eiſenhut mit Stangennaſenſchutz, von den franzöſiſchen Fußſoldaten zur Zeit Ludwigs XIV. (1643—1715) getragen. — H. 152 im Artillerie-Muſeum zu Paris.

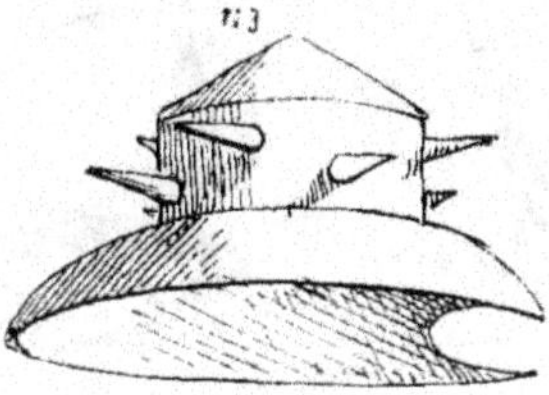

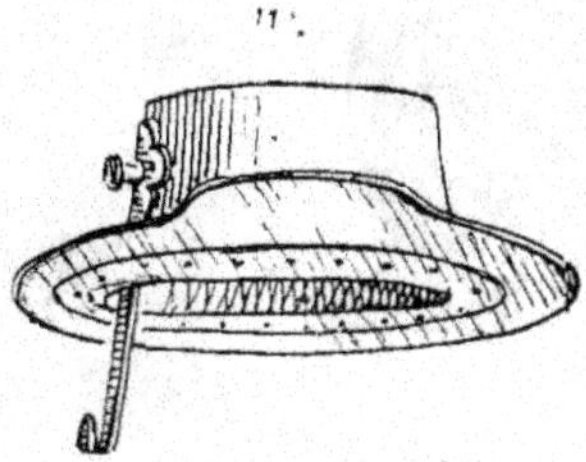

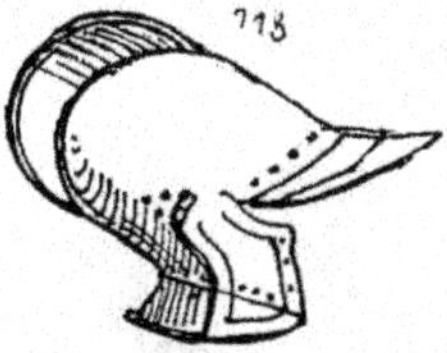

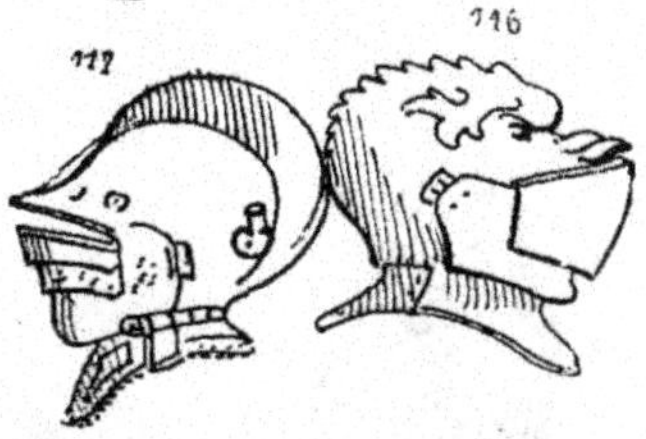

115. Der Burgunderhelm auch Burgunderkappe (franz. bourguignote, engl. casquetel ſo wie burgonet), und Pickelhaube[1]) genannt, aus dem 16. Jahrhundert. Dieſe Art Helme zeichneten ſich durch ihren Kamm (franz. crête, engl. crest), ihren Schirm (franz. avance, engl. shade), ihre Sturmbänder oder Wangenklappen (franz. oreillères, engl. cheekpieces) und ihren Nackenſchutz (franz. couvre-nuque, engl. neckguard) aus.

116. Burgunderhelm aus dem 16. Jahrhundert, mit Halsberge und Barthaube, die ihm einige Ähnlichkeit mit dem Sturzhelme geben. (S. weiter hin.) — H. 35. im Pariser Artillerie-Muſeum.

117. Burgunderhelm aus dem Ende des 16. Jahrhunderts.

[1]) Unter dieſen Namen damals allgem. in Deutſchland verbreitet, ſ. S. 496 das darüber Angeführte.

Auch für diese Nummer gilt die Bemerkung der vorhergehenden. — Zeughaus zu Solothurn.

118. Burgunderhelm des 16. Jahrhunderts, aus der Sammlung im Schlosse Laxenburg herrührend. — Kaiserliches Zeughaus zu Wien.

119. Burgunderhelm mit Halsberge, Barthaube und beweglichen Sturmbändern oder Wangenklappen. Sehöne deutsche Arbeit in eingestochenem Eisen, aus dem 16. Jahrhundert. — Ambraser Sammlung.

118

119

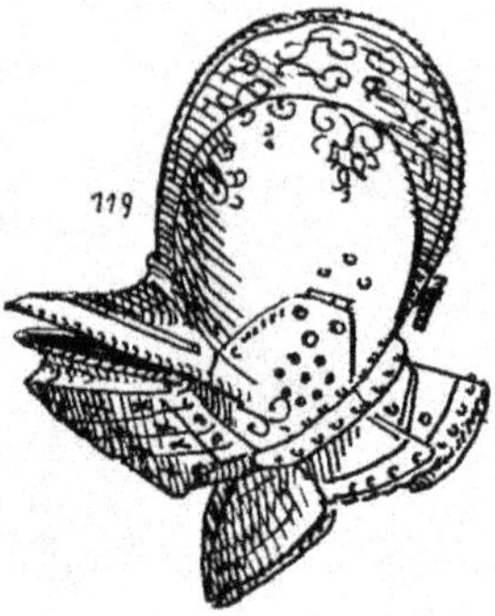

121

120

121 Bis.

120. Deutscher Burgunderhelm nach den „Beschreibungen fürstlicher Hochzeiten etc.“ von Wirzig (Wien 1571), — Gewerbe-Museum zu Wien.

121. Deutscher Kesselburgunderhelm aus dem 16. Jahrhundert, der sich durch seine spitze und kammlose Birnenglocke auszeichnet. — Sammlung Az in Linz.

121. Bis. Deutscher Kesselburgunderhelm mit Krebsnackenschutz wie derselbe in den Abbildungen des „Theatrum Europaeum“ von Merian (1593, † 1690) so wie in S. L. Gottfrieds Chronik (Frankfurt a. M. XVII Jahrh.) überall vorkommt, also im dreißigjährigen Kriege sehr verbreitet gewesen zu sein scheint.

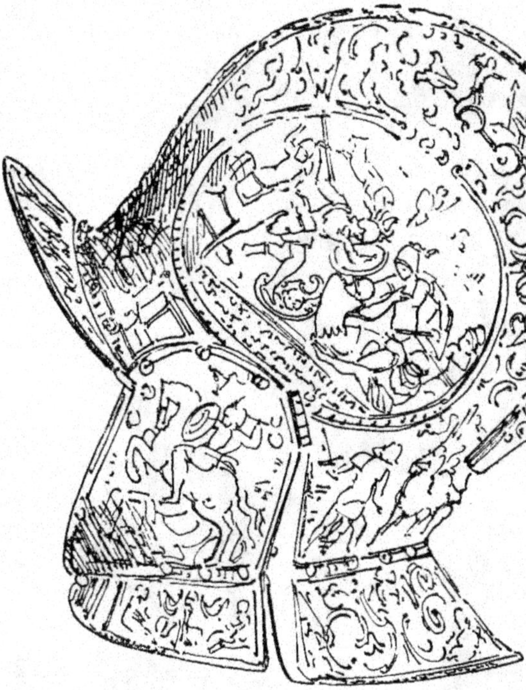

122. Burgunderhelm von prachtvoller italienischer Arbeit in getriebenem Eisen, aus dem 16. Jahrhundert, im kaiserlichen Zeughause zu Wien, aus dem Schlosse Laxenburg stammend. Überhaupt das schönste Stück, das von dieser Art vorhanden ist. — Der Vorstand des Museums hat eine sehr gelungene photographische Nachbildung davon herausgegeben.

123. Burgunderhelm aus dem 17. Jahrhundert. — Tower zu London.

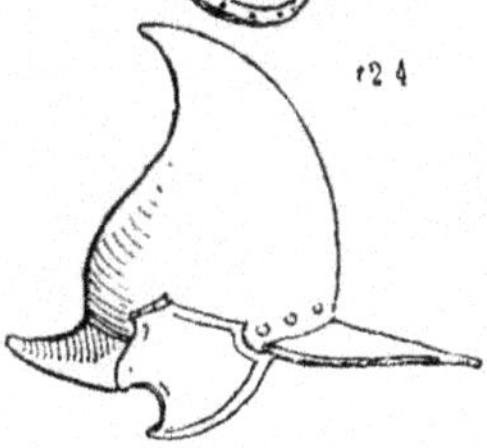

124. Burgunderbirnenhelm in geschwärztem Eisen, aus dem Anfange des 17. Jahrhunderts, mit Augenschirm, Wangenklappen und Nackenschutz, aber ohne Kamm. Die spitze Glocke hat die Form eines Flaschenkürbisses. — Zeughaus zu Genf.

125. Eiſerner Burgunderhelm mit Kamm, derſelbe diente bei Belagerungen, iſt ſehr ſchwer und ſtammt aus dem Ende des 17. Jahrhunderts. — Augenſchirm und Nackenſchutz ſind flach geformt. H. 76 im Pariſer Artillerie-Muſeum.

125. Bis. Abartburgunderhelm mit Kamm, Halsberge, vollſtändigen Wangen- und Nackenſchutz, ſowie drei Eiſenſtäben als Viſier, ein Rüſtſtück vom dreißigjährigen Kriege (1618—1648.) — Muſeum Tſarskoe-Selo.

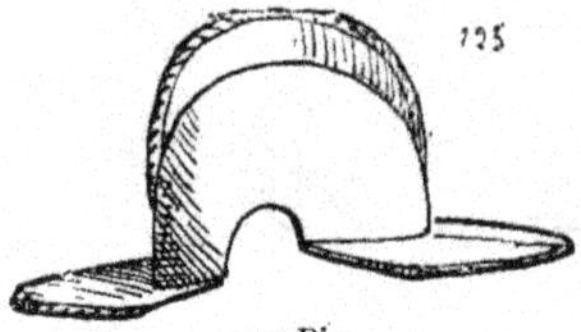

125

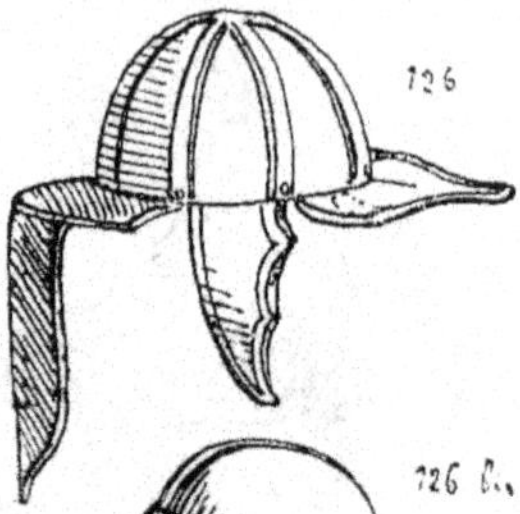

126

125 Bis.

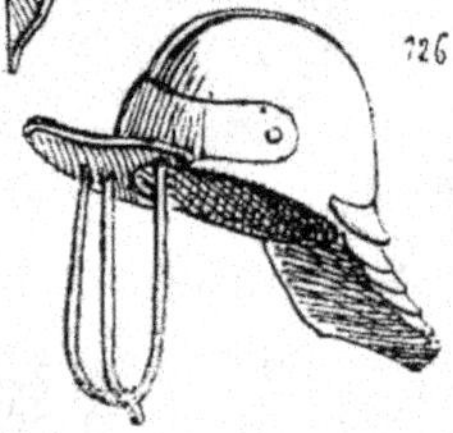

126 b.

126. Deutſche Burgunderkappe, mit rotem Samt überzogen und ohne Kamm [1]), vom Anfange des 17. Jahrhunderts; — Welfen-Muſeum in Hannover.

126. Bis. Burgunderkappe, ohne Kamm, aus dem Ende des 17. Jahrhunderts. Der Augenſchirm iſt mit Stangennaſenſchutz in Form eines geteilten Hufeiſens verſehen und der Nackenſchutz geſchient. — Tower zu London.

[1]) Die Burgunderkappe unterſcheidet ſich beſonders von dem Burgunderhelm, daſs ſie kammlos iſt.

127

128

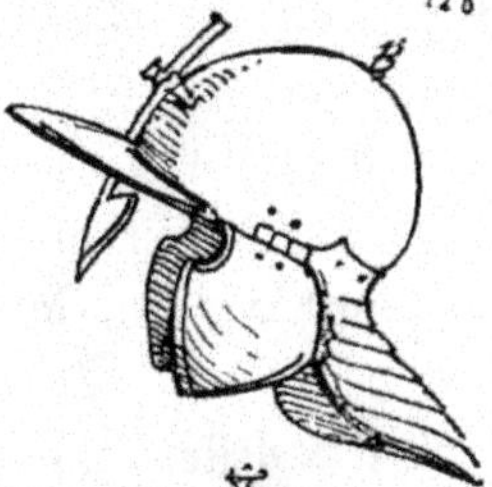

129

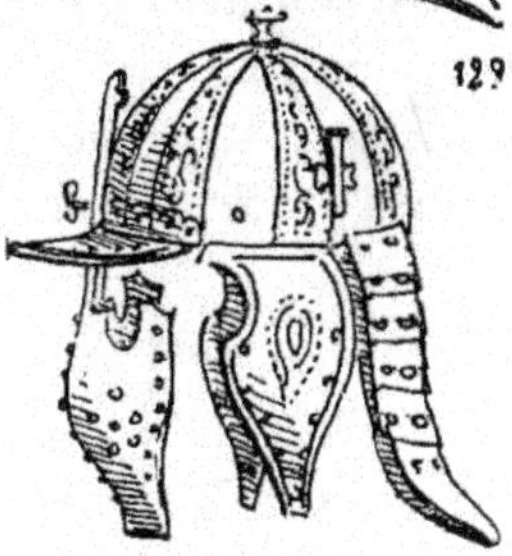

130

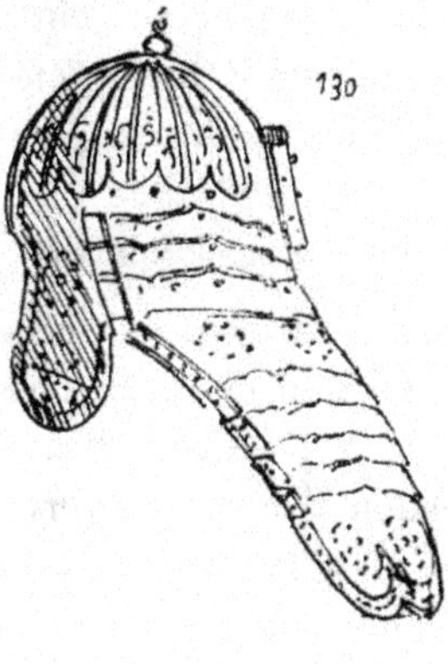

128 Bis.

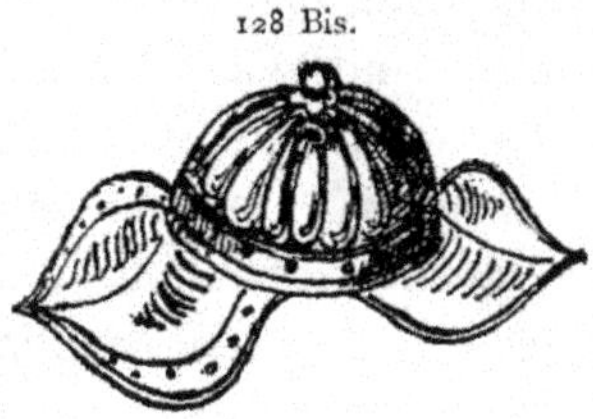

127. Polnische Burgunderkappe mit Stangennasenberge, aber ohne Kamm, aus dem 17. Jahrhundert. Solche Helme mit der fächerartigen Verzierung auf beiden Seiten der Glocke gleichen den Helmen der sogen. geflügelten Reiter (Jazda Skrzydlata) Sobieskys. — Museum zu Dresden.

128. Burgundereisenkappe, mit beweglicher Nasenberge und geschientem Nackenschutz, so wie breiten Sturmbändern, zuchetto oder Zischägge genannt, ein ursprünglich aus Ungarn stammender Helm, der dort unter dem Namen Dschyckse bekannt ist. — Nr. 311 im königlichen Arsenal zu Turin.

Meist ohne den verstellbaren Nasenschutz und oft mit gerippter Glocke sind wohl diese Art Helme auch als „Pappenheimer Kappen", sowie Krebsschwänze (aus der Zeit des dreißigjährigen Krieges) bekannt. (S. indessen S. 496.)

128. Bis. Niedriger gerippter Glockenhelm mit Gesicht- und Nackenschirm aus der Zeit des dreißigjährigen Krieges (1618—1648). Diese andere Art „Pappenheimer Kappe" (?) war eben so verbreitet wie der sogenannte Krebsschwanz. — Sammlung de Leuw in Düsseldorf.

129. Burgunderkappe ohne Kamm, mit Wangenklappen, geschientem Nasenschutz, Nasenbergvisier und Federbuschträger, aus der Mitte des 17. Jahrhunderts. Dieser im Solothurner Zeughaus aufbewahrte Helm wird dort irrigerweise als aus dem Besitz Vengis (1540) stammend bezeichnet; er ist in gravirtem Eisen und mit kupfernen Nägeln verziert.

130. Burgunderkappe ohne Kamm

mit wangenklappartigen Sturmbändern und längerem geſchienten Nackenſchutz; (dem ſogenannten Krebsſchwanz); ſie wird dem im Jahre 1662 geſtorbenen Grafen Ferdinand Karl von Tirol zugeſchrieben. — Ambraſer Sammlung.

131

131. Deutſcher Burgunderhelm mit Kamm, aus dem 17. Jahrhundert. Er hat eine feſte Naſen- und Halsberge; ſein Vorderteil gleicht dem der Viſierhelme mit Barthaube. — H. 56 im Artillerie-Muſeum zu Paris.

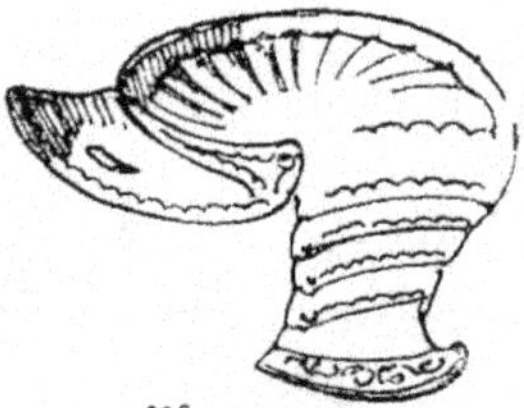

132

131a

130. I. Eiſenhelm (franz.?) vom Ende des 17. Jahrhunderts. — Armeria zu Madrid. (S. Nr. 121. S. 403).

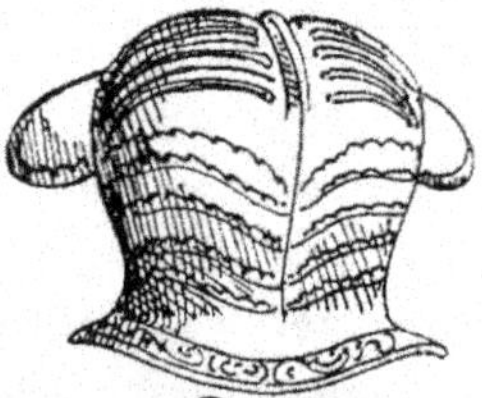

132. Burgunderhelm oder Kappe, aus dem 17. Jahrhundert, mit geſchientem Halsſchutz, in der Sammlung Llewelyn-Meyrick aufbewahrt, wo er für ein Erzeugnis des 15. Jahrhunderts angeſehen wird. Der hier in Rückanſicht dargeſtellte Helm iſt wegen der zwei Reihen rippenartiger Verzierungen bemerkenswert.

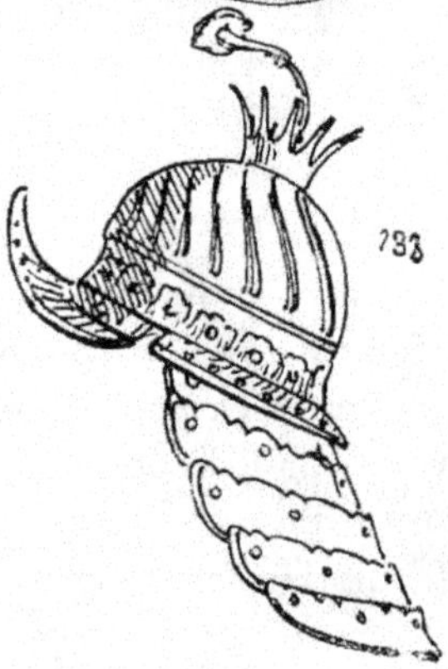

133

133. Engliſcher Burgunderhelm oder Kappe, mit Schirm und Krebsſchwanz aus dem 17. Jahrhundert, im Muſeum zu Dresden, wo er irrigerweiſe Eduard IV. (1461—1483) zugeſchrieben wird. Der Überlieferung zufolge hätte er früher der Waffenſammlung im Tower zu London angehört und wäre Johann Georg IV. von Wilhelm III. zum Geſchenk gemacht worden. Der Augenſchirm, der geſchiente Nackenſchutz und die in vergoldeten Nägeln beſtehenden Verzierungen ſowohl, als auch das

Flitterwerk der Helmzier und des Federträgers verraten auf den erſten Blick die Anfertigungszeit (Mitte des 17. Jahrhunderts).

134

134. Morian, Sturmhut, auch Sturmhaube (franz. und engl. morion), aus dem 16. Jahrhundert. Dieſer italieniſche, aus dem Genfer Zeughaus herrührende Fußvolkhelm hat dem ſavoyiſchen Hauptmanne Chaffardin Branaulieu angehört, der unter den Mauern der Stadt Genf, die er überfallen wollte, ſeinen Tod fand. Die Waffe iſt reich mit Grabſtichelarbeit verziert und ſehr ſauber ausgeführt. — Sammlung des Verfaſſers.

135

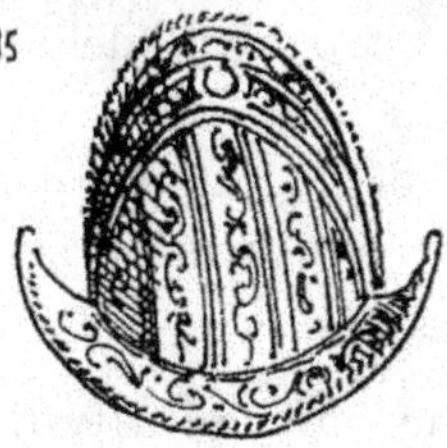

135. Franzöſiſcher Fußſoldatenmorian in mehr birnenhelmiger (cabasset) Form, aus dem Ende des 16. Jahrhunderts. Er iſt ebenfalls mit Grabſtichelarbeit verziert. — Tower zu London.

136

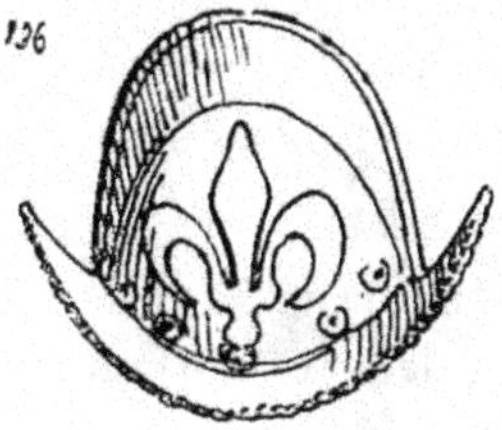

136. Deutſcher Morian aus dem Ende des 16. Jahrhunderts. Die getriebene Lilie, welche ſolche von der Bürgerwehr der Stadt München getragenen Helme verziert, iſt ein Symbol der Jungfrau Maria und ſteht in keinem Zuſammenhange mit dem Wappen der Könige von Frankreich. — Zeughaus zu München, kaiſerliches Arſenal zu Wien und Sammlung des Verfaſſers.

137

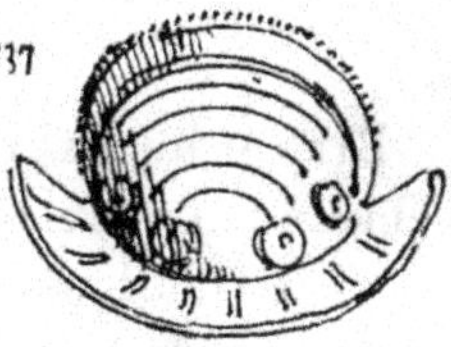

137. Deutſcher Morian, nach den „Beſchreibungen fürſtlicher Hochzeiten" von Wirzig (Wien 1571). — Gewerbe-Muſeum zu Wien.

137 Bis.

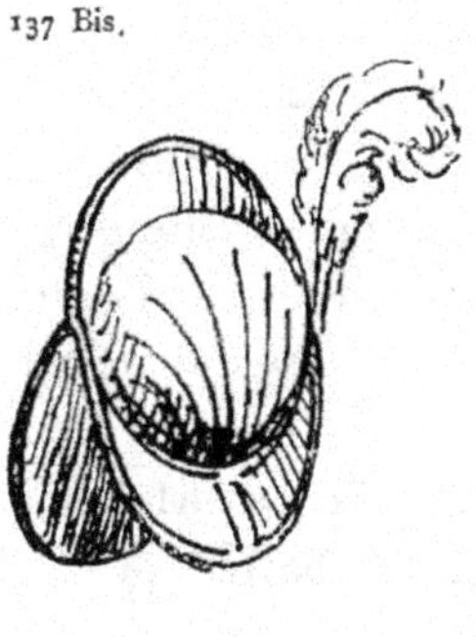

137. Bis. Desgleichen.

Der Morian, welcher zu der dem Könige Heinrich IV. zugeſchriebenen Rüſtung im Louvre gehört, iſt ein wenig höher und ſeine ſchmaleren Ränder haben abgeſtutzte Ecken.

138

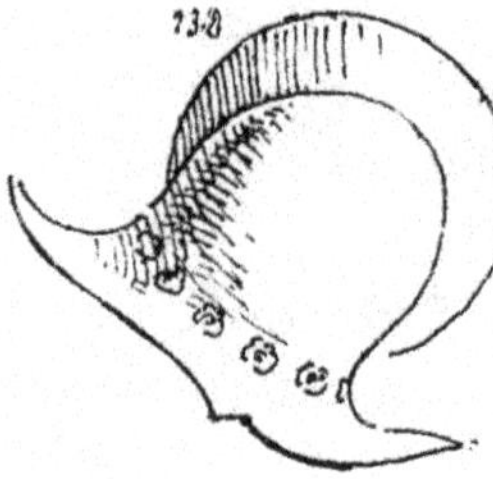

138. Deutſcher Morian aus dem 16. Jahrhundert. Er hat eine wenig gebräuchliche Form. — Münchner Zeughaus.

139

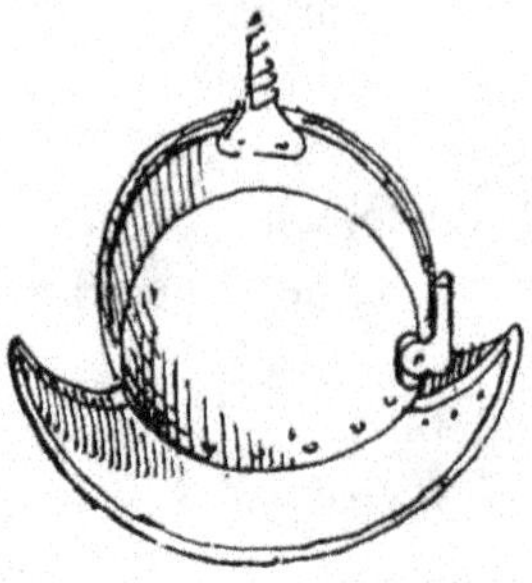

139. Deutſcher Morian aus dem Ende des 16. Jahrhunders im Muſeum zu Braunſchweig, wo er fälſchlich dem 12. Jahrhundert zugeſchrieben wird. Die ſtarke Schraube auf dem Kamme giebt ihm eine von den gewöhnlichen Morianen abweichende Form.

139 Bis.

139. Bis. Zwei franzöſiſche Fußvolkmoriane mit plattem Schirm und ſtarkem Kamm aus der erſten Hälfte des 16. Jahrhunderts. — Nach Jean de S. Igny, Zeichner und Maler geb. zu Rouen um 1600, † zu Paris um 1655.

140

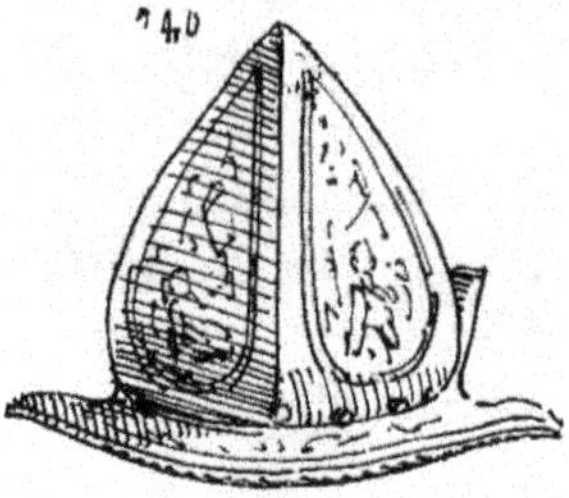

140. Birnenhelm (franz. cabasset, engl. pear-kask) aus dem 16. Jahrhundert. aus reich eingeſtochenem Eiſen und mit Federbuſchträger. — Sammlung des Grafen v. Nieuwerkerke.

141

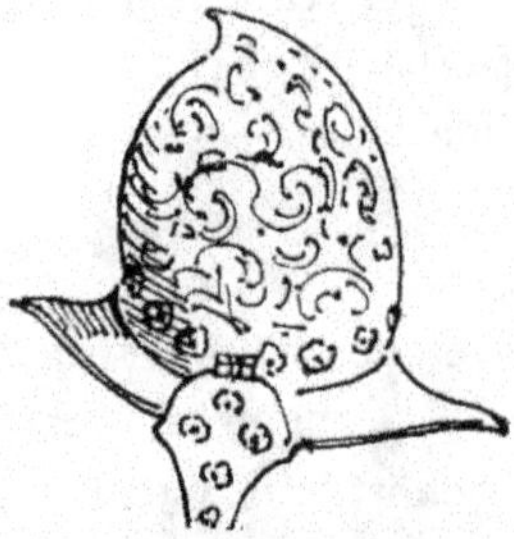

141. Deutſcher Birnenhelm mit Sturmbändern, Wangenklappen, aus eingeſtochenem Eiſen, vom 16. Jahrhundert. Dieſelbe Form, jedoch mit anderen Rändern war in Frankreich und Italien ſehr verbreitet. — Münchener Zeughaus.

Im Zeughauſe zu Zürich befindet ſich ein gravierter und vergoldeter Birnenhelm mit der dazu gehörigen Halsberge von hohem künſtleriſchem Werte. Derſelbe rührt von dem Anführer des Bauernaufſtandes im Jahre 1653, Nikolaus Leuenberger, her, welcher ihn wahrſcheinlich beim Plündern erbeutet hatte.

142

142. Italieniſcher Fußvolkbirnenhelm, vom 16. Jahrhundert, aus getriebenem, geprägtem und mit Gold eingelegtem Eiſen. Die prachtvolle Arbeit ſtellt den Perſeus dar, wie er die Andromeda befreit. — H. 100 im Artillerie-Muſeum zu Paris.

143

143. Italieniſcher Fußvolkbirnenhelm, aus dem 16. Jahrhundert, mit Grabſtichelarbeit reich verziert. — Tower zu London.

144
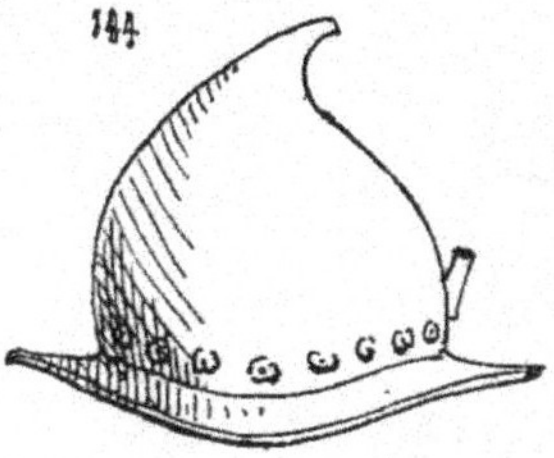

144. Deutſcher Birnenhelm aus geſchwärztem Eiſen, mit Federbuſchträger, aus dem 16. Jahrhundert. Dieſer Helm hat keine anderen Verzierungen als die kupfernen Nagelroſetten. — Sammlung des Grafen v. Nieuwerkerke.

145

145. Italieniſcher Birnenhelm aus getriebenem Eiſen, eine ſehr ſchöne Arbeit aus dem 16. Jahrhundert.

145 I.

145 II.
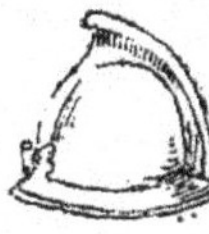

145. I. II. Birnenhelm mit Halbkamm und Sturmbändern von hinten und von der Seite abgebildet. Aus dem 17. Jahrhundert, nach der „Kriegskunſt zu Fuß“ von Wallhauſen. — Bibliothek zu Wolfenbüttel.

Der Sturz- oder Viſierhelm ſo wie ſonſtige verſchiedenförmige Helme.

146

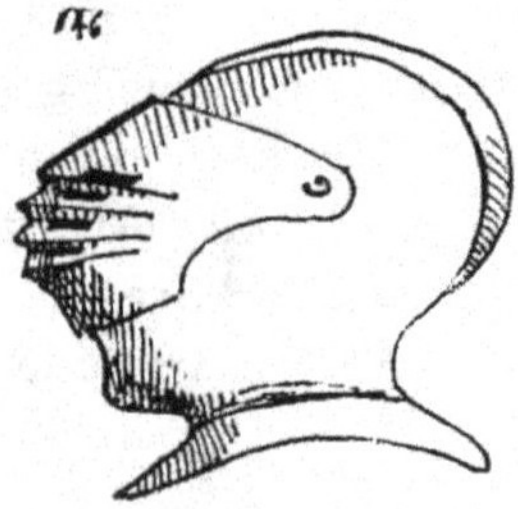

146. Viſier- oder Sturzhelm auch Helmlin genannt, (franz. armet, engl. helmet) aus der zweiten Hälfte des 15. Jahrhunderts[1]. Der Sturzhelm iſt der vollkommenſte Helm und beſteht aus der von dem Kamme überragten Glocke, dem Viſier, Naſenſchutz und Helmfenſter, welche Teile zuſammen Helmgeſichtsteil im Franz. Mézail genannt wurden, und dem Kinnſchutz. — H. 28 im Artillerie-Muſeum zu Paris.

146 Bis.

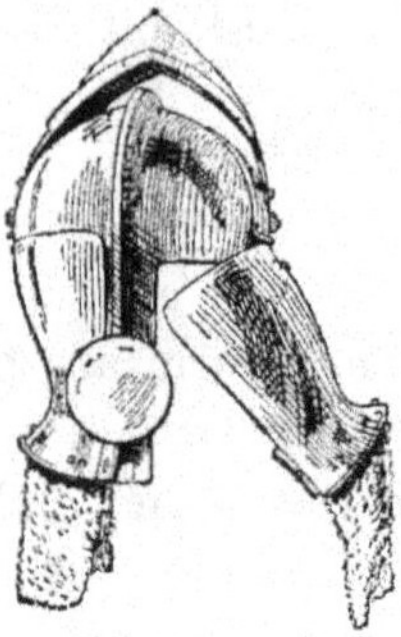

146. Bis. Hintere Anſicht eines italieniſchen Sturz- oder Viſierhelms mit daranhängenden Teilen der Helmbrünne, vom Ende des 15. Jahrh., ein Helm höchſt ſeltener Art wegen der aufklappenden Seitenteile, welche vermittelſt einer großen Schraube im Nacken befeſtigt wurden. — Armeria reale zu Turin. —

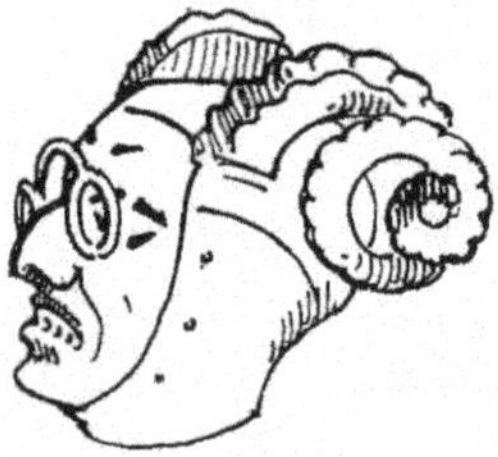

147. Eiſerner Narrengeſichtshelm aus dem 16. Jahrhundert, mit natürlichen Widderhörnern; er gehört zu der Rüſtung des Hofnarren Heinrichs VIII. (1509—1547). — Tower zu London.

147. Bis. Hofnarrengeſichtshelm vom 16. Jahrhundert. Er iſt mit Schellen- und Widderhörnern verſehen, ſcheint für einen ſehr kleinen Kopf beſtimmt geweſen zu ſein, zeigt auch Vergoldung und Spuren von Farben. Sammlung Zſchille.

[1]) S. die Vorgänger ſolcher Helme mit Sturz S. 505, 513, 514 u. 539. Es gab auch koniſch geſtaltete Schembarthelme, welche beim Schembartlaufen oder -ſpielen der ſüddeutſchen Städte, beſonders in Nürnberg vorkamen. Dieſe groſsen Faſtnachtsmaskenaufzüge (Schembart von althochd. Scema, mittelhochd. Schem, d. h. Larve — Schönbart, alſo Geſichtslarve mit Bart) begannen in Nürnberg 1350. Das letzte Laufen wurde da 1539 abgehalten. In Tirol kamen Schönbartſpiele noch im 19. Jahrh. vor.

147 Bis.

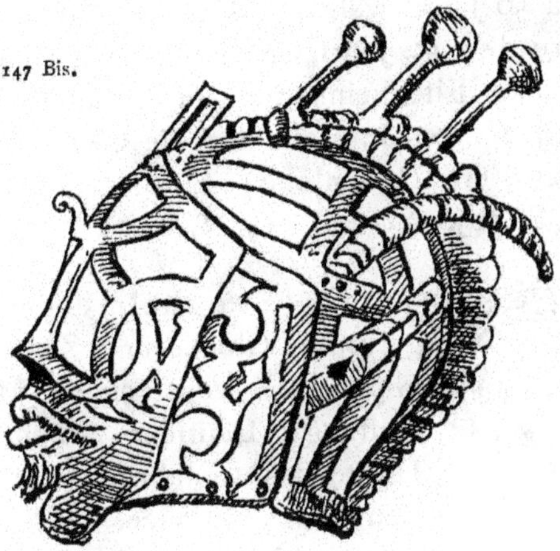

149 a.

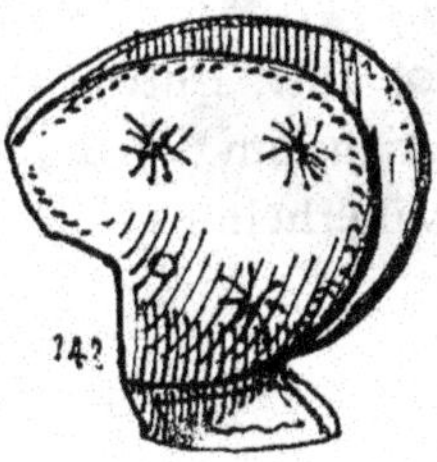

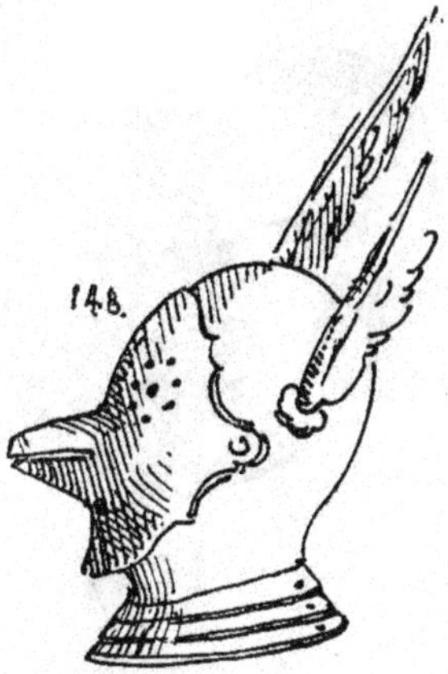

148. Sturzhelm mit Halsſchutz und Federſchmuck, aus dem 16. Jahrhundert, nach dem Weißkunig.

149. Lederner Sturzhelm mit Verzierungen bedeckt, die mittelſt eines Buchvergoldereiſens hervorgebracht ſind. Der untere Teil des Mézails fehlt, ebenſo auch der Sturz. — Genfer Zeughaus. Es iſt dies die einzige Waffe dieſer Gattung, die dem Verfaſſer bekannt iſt.

149. a. Sturzhelm oder Helmlin mit runder Glocke, deſſen Viſier mit Kinnſchutz und Helmfenſter vermittelſt eines Zapfens gegen den Kamm ſich aufſchlägt und auch das dazu gehörige geſchiente Kinnſtück (franz. mentonnière, engl. beaver) zeigt. Die Wappenplatten (ailettes) auf den Schultern weiſen auf das Ende des 13. Jahrhunderts hin, wo in der Übergangsperiode zwiſchen Panzerhemd und Lederſchienenrüſtung der Gebrauch ſolcher

Schildchen etwa 50 Jahre währte. Da der Sturzhelm erſt in der zweiten Hälfte des 15. Jahrh. in allgemeinen Gebrauch kam, ſo iſt dieſes auf einer Elfenbeinkapſel im Darmſtädter Muſeum abgebildete Exemplar von Intereſſe für die Geſchichte der Waffen. (Abbildung nach Fürſt Hohenlohe.) S. auch die Viſierhelme vom 14. Jahrhundert S. 505, 513 und 514.

150

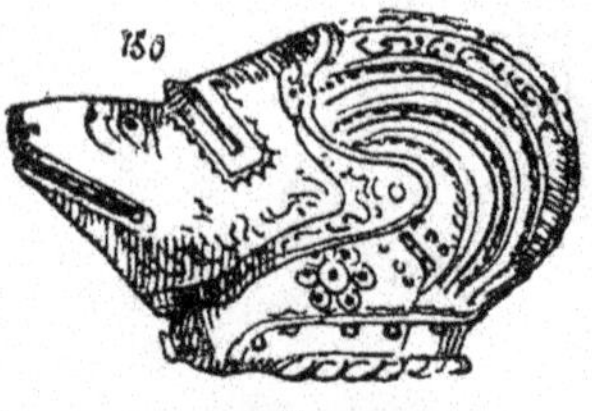

150. Sturzhelm oder Helmlin mit gerippter Glocke und Zapfenviſier in Tierkopfform, von einer Maximilianiſchen Rüſtung. Deutſche Arbeit aus der erſten Hälfte des 16. Jahrhunderts. — Kaiſerliches Zeughaus zu Wien. Ein ähnliches Stück befindet ſich in der Sammlung des Verfaſſers.

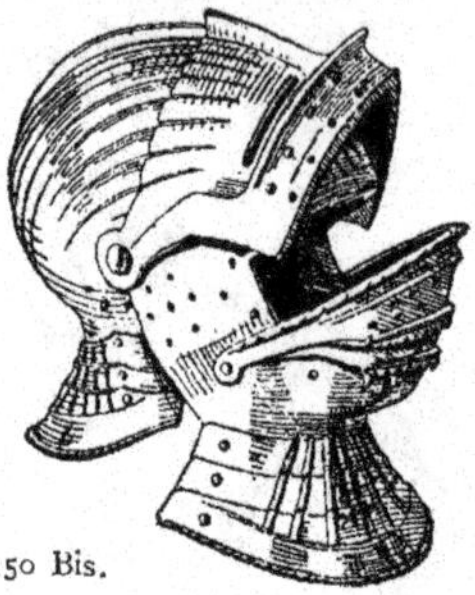

150 Bis.

150. Bis. Entwurf eines vom Kaiſer Maximilian um 1510 ausgeſonnenen Sturz- oder Viſierhelmes mit anhängender Barthaube.

151

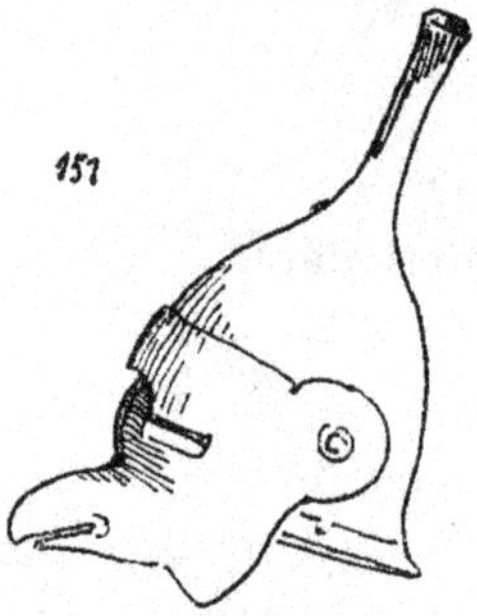

151. Deutſcher Sturzhelm in Trichterform vom 16. Jahrhundert, nach dem «Triumph Maximilians» des Burckmair, aus dem Jahre 1517. Das Zapfenviſier bietet in ſeinem untern Teile einen Adlerſchnabel.

151 Bis.

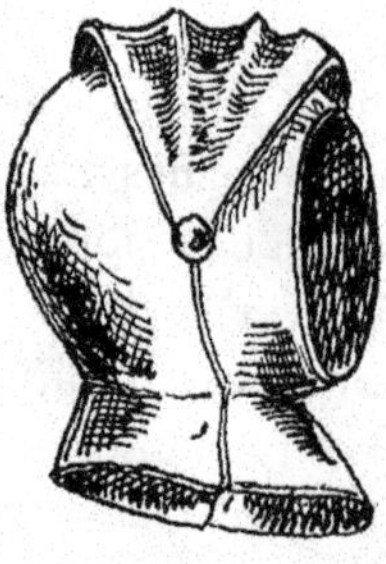

151. Bis. Zweiteiliger franzöſiſcher Sturzhelm aus der zweiten Hälfte des 16. Jahrhunderts. Die beiden Teile, Vorder- und Hinterhelm, haben die daran befeſtigte Halsberge. Nach einem hölzernen Standbilde, welches einen Schenkgeber (donateur), wahrſcheinlich den h. Florian in voller Rüſtung, darſtellt. — Sammlung des Verfaſſers.

152. Sturzhelm mit Zapfenvisier und Barthaube, eine deutsche Arbeit aus der zweiten Hälfte des 16. Jahrhunderts; reich graviert und eingelegt. Kaiserliches Zeughaus zu Wien.

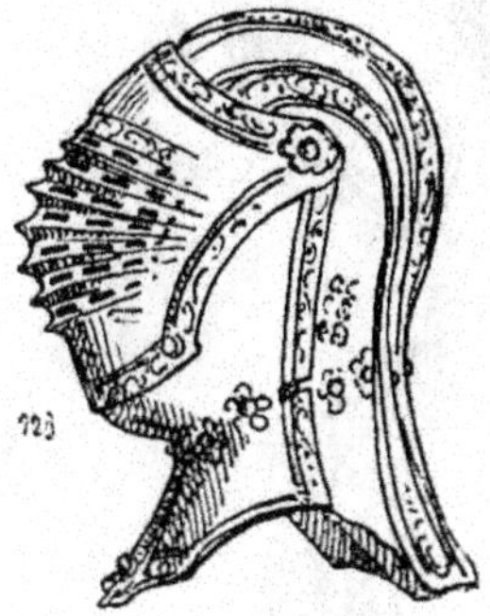

153. Sturzhelm mit Zapfenvisier und Barthaube, eine Arbeit aus der zweiten Hälfte des 16. Jahrhunderts. Dieser Helm ist mit Grabstichelarbeit reich verziert. — Kaiserliches Zeughaus zu Wien.

154. Sturzhelm mit Kinnstück aus dem Ende des 16. Jahrhunderts. Die getriebene Arbeit der Glocke stellt eine Art Seetier dar; das Visier ist gegittert. — Armeria zu Madrid.

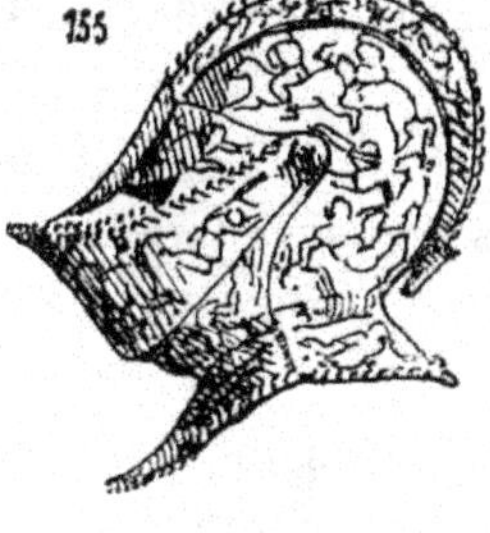

155. Italienischer Sturzhelm mit Kinnstück aus dem Ende des 16. Jahrhunderts. Ein in allen Teilen prächtig gearbeitetes Stück. — Artillerie-Museum zu Paris.

155. I. Sturzhelm mit Vogelſchnabel vom 16. Jahrhundert. — Porte de Hal zu Brüſſel.

156. Italieniſcher Helm, antiker Form, caschetto genannt, aus dem 16. Jahrhundert, in getriebenem Eiſen gepunzt und tauſchiert. Ein prachtvolles Stück. — H. 131 im Artillerie-Muſeum zu Paris.

156

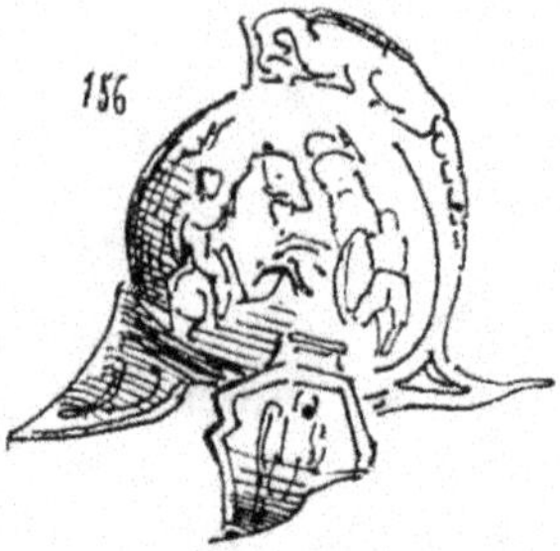

157

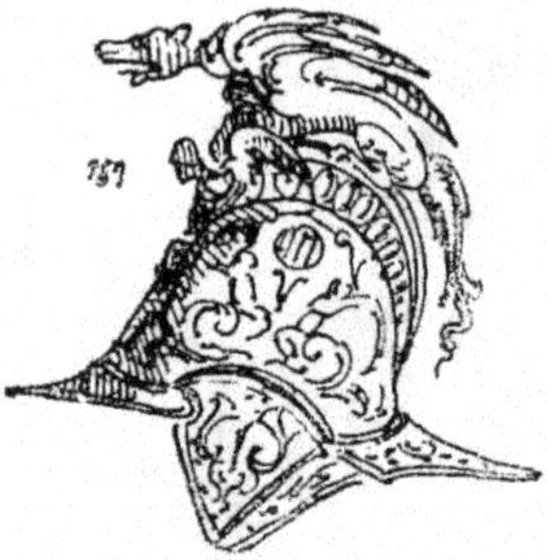

155 I

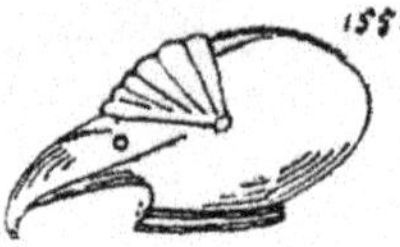

157 Bis

157 I.

157. Italieniſcher Helm, antiker Form, einem Burgunderhelm aus der Mitte des 16. Jahrhunderts entſprechend. — Artillerie-Muſeum zu Paris unter Nr. H. 129 verzeichnet.

157. I. Venetianiſche Sturmkappe mit Nackenſchutz, Kamm und Sturmbändern, aus der zweiten Hälſte des 16. Jahrhunders. In getriebenem, gebräuntem Eiſen mit Vergoldung. — Armeria reale zu Turin.

157. Bis. Italieniſcher Prunkhelm, in antiker Form, mit Vogelhelmzier, vom 16. Jahrhundert. — Museo Bargello in Florenz.

157 Ter.

157. Ter. Italienifcher Prunkbirnenhelm mit Drachenzier und Fratzennafenfchutz. Derfelbe foll dem Könige François I. von Frankreich († 1514) angehört haben. — Mufeum Bargello zu Florenz.

158

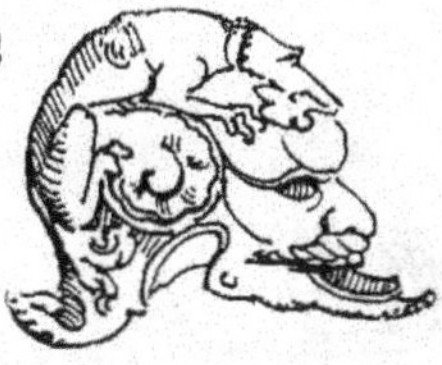

158. Ruffifcher (?) Helm, antiker Form, mit Gefichtsmaske (Schelom?), allem Anfchein nach eine italienifche Arbeit. — Mufeum zu Tfarskoe-Selo bei Petersburg.

159

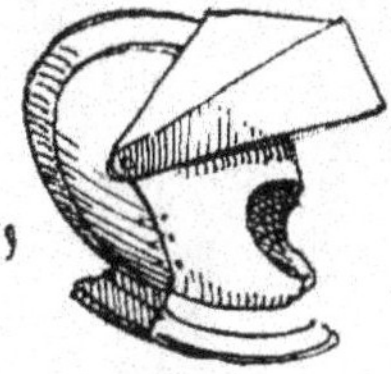

159. Schweizerifcher Sturzhelm mit Halsfchutz aus dem Anfange des 17. Jahrhunderts, in poliertem Eifen, von der Reiterkompagnie der Stadt Genf. — Genfer Zeughaus.

160

160. Deutfcher Sturzhelm in poliertem Eifen, aus der erften Hälfte des 16. Jahrhunderts. Das Vifier ift in Gefichtsform eines Mannes mit Schnurrbart. — Sammlung Llewelyn-Meyrick.

161

161. Eiferner Türkenhelm mit beweglichem Nafenfchutz und eingelegtem Gold, aus dem 15. Jahrhundert; er gehörte Bajazet II. († 1512) an. — H. 173 im Artillerie-Mufeum zu Paris.

162

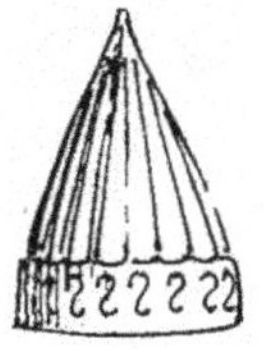

162. Türkifcher Spitzhelm aus dem 15. Jahrhundert, in Rhodus gefunden. — H. 180 im Artillerie-Mufeum zu Paris.

162. Bis. Altzeitiger türkiſcher Spitzhelm mit Naſenſchutz, von Konſtantinopel. (S. den dazu gehörigen Panzer Nr. 56 im Abſchn. Panzer). — Sammlung Beardmore — Uplands — Hampshire. —

163. Albaneſiſcher, dem Fürſten Georg Caſtriota Skanderbeg, geſt. 1467, zugeſchriebener Helm. Der Geißkopf und die Verzierungen ſind aus Kupfer. — Ambraſer Sammlung.

164. Türkiſcher Helm vom 16. Jahrhunderts, der dem Seraskier Solimans angehört hat. Dieſe Waffe iſt mit Stangennaſenſchutz, Wangenklappen und Nackenſchutz verſehen. — Sammlung Llewelyn-Meyrick.

162 Bis.

163

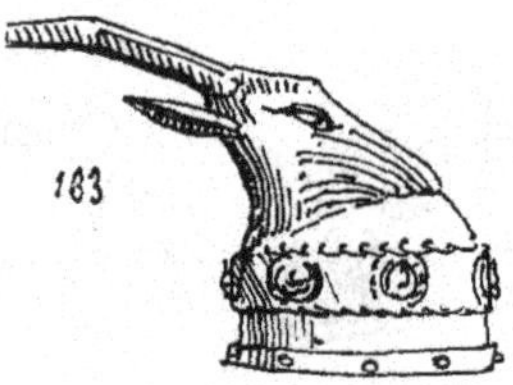

164

165

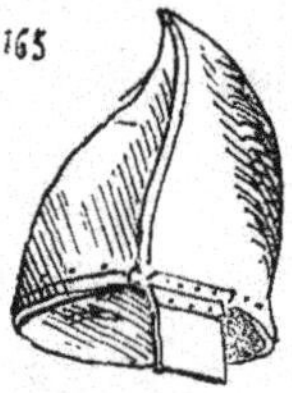

166

165. Eiſerner Helm mit kupfernen Nägeln, wie ihn Johann Ziska auf einem Gemälde in der Genfer Bibliothek trägt. Es iſt ungewiß, ob der Maler dieſen Helm nach einer Zeichnung aus jener Zeit kopiert hat, oder ob derſelbe ein Phantaſieerzeugnis iſt[1]).

166. Perſiſcher Helm mit Stangennaſenberge und Nackenſchutz, nach einer mit Buchmalereien ausgeſtatteten Handſchrift des Schah-Nameh oder Heldenbuches von Firduſi, die um das Jahr

[1]) Ziska (der Einäugige), das Oberhaupt der Huſſiten oder Taboriten, geb. 1360, geſt. 1424, verlor ſein letztes Auge im Jahre 1421. Das Scharnier, welches am Helme bemerkbar iſt, bedeckt die Höhle des rechten Auges, welches Ziska ſchon als Knabe verloren hatte.

1600 angefertigt wurde und ſich jetzt in der Münchener Bibliothek befindet [1]).

167

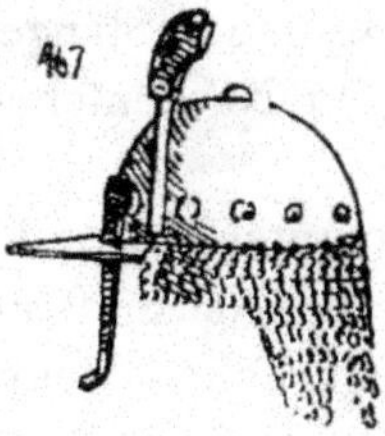

167. Mongoliſcher Helm, mit Stangennaſen- und Kettennackenſchutz, wahrſcheinlich aus dem 15. Jahrhundert. — G. 138 im Artillerie-Muſeum zu Paris.

168

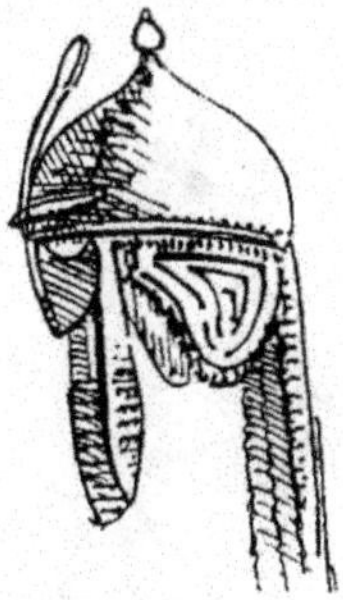

168. Indiſcher Helm aus Delhi; die Stangennaſenberge iſt beweglich und der Nackenſchutz aus kleinen Platten zuſammengeſetzt. So ähnliche perſiſch-arabiſche Helme heißen Rockſtuhl.

169

169. Eiſerner mongoliſcher Helm, mit Gold eingelegt und mit beweglicher Stangennaſenberge und Nackenſchutz verſehen, auf dem Schlachtfelde der Kulikower Ebene (1380) gefunden. — Muſeum Tſarskoe-Selo bei St. Petersburg.

170

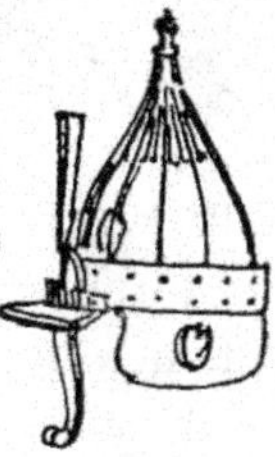

170. Ruſſiſcher Helm (Kolpak) mit beweglichem Stangennaſenſchutz und Wangenklappen, aus dem 15. Jahrhundert. Die reichen Verzierungen ſind von vergoldetem Kupfer. — 176 im Artillerie-Muſeum zu Paris.

170 Bis.

170. Bis. Ruſſiſcher Spitzhelm (Kolpak) in Schraubenform ohne Naſen-, Hals- und Ohrenſchutz.

[1]) S. S. 168, 175, 176 u. 177 andere Waffen der Neu-Perſer (Iran. — Arſaiden oder Parther 255—428; der Saſſaniden 428—652; der Araber 652—1499 und der Sophis 1499—1736).

171. Ruſſiſcher Helm, (Kolpak), mit beweglicher Stangennaſenberge, Wangenklappen und ſehr ausgedehntem Nackenſchutz. — Muſeum Tsarskoe-Selo bei Petersburg.

172. Ungariſcher koniſcher Ziſchägge (?) genannter Helm mit beweglicher Stangennaſenberge, Wangenklappen und Nackenſchutz aus dem 16. Jahrhundert, getragen von dem ungariſchen Helden Zriny, der im Jahre 1566 unter den Trümmern der Feſtung Sigeth ſein Ende ſand. — Ambraſer Sammlung.

171
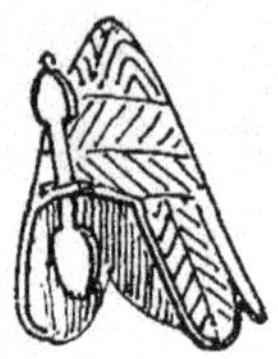

172
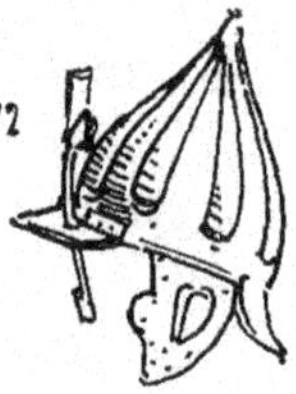

172 Bis.
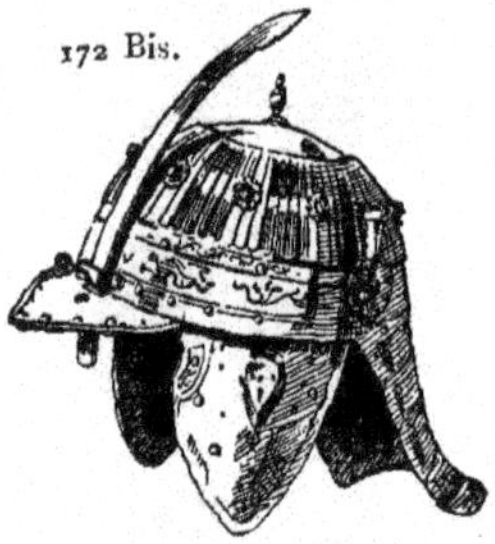

173

174

175
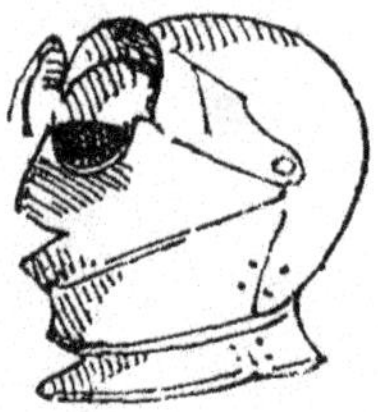

172. Bis. Ungariſche „Ziſchägge“ genannte Helmkappe mit beweglichem Naſenſchutz, Nackenſchutz und breiten Sturmbändern. Alles gerippt und eingeſtochen, ſo wie mit Edelſteinen geziert. Vom Ende des 16. Jahrhunderts. Wird als Karl III. von Lothringen (1540—1608) angehörig angeſehen.

173. Italieniſcher, eine Art Burgunderhelm, mit Halsſchutz, von Kardinal Sforza-Pallavicino († 1667) herrührend. — Muſeum Tſarskoe-Selo bei Petersburg.

174. Helmkappe mit beweglicher Stangen-Naſenberge, Wangenklappen und Nackenſchutz-Kehlſtück aus ſehr dickem Eiſen, graviert, vergoldet, auch mit Muſchelwerk und vergoldeten Nagelköpfen verziert, vom Anfange des 17. Jahrhunderts. Die Schraube der Naſenberge hat die Form einer Lilie. — Solothurner Zeughaus.

175. Savoyiſcher Viſierhelm aus geſchwärztem Eiſen, mit Barthaube und Halsſchutz, vom Anfange des 17. Jahrhunderts; er wurde

einem Krieger von der Truppe des Branaulieu-Chaffardin, welcher (1602) unter den Mauern Genfs seinen Tod fand, abgenommen. — Genfer Zeughaus.

175 Bis.

175. Bis. Beflügelter Sturz- oder Visiergesichtshelm vom 16. Jahrhundert; wahrscheinlich polnischen Ursprungs. — Armeria reale zu Turin.

176

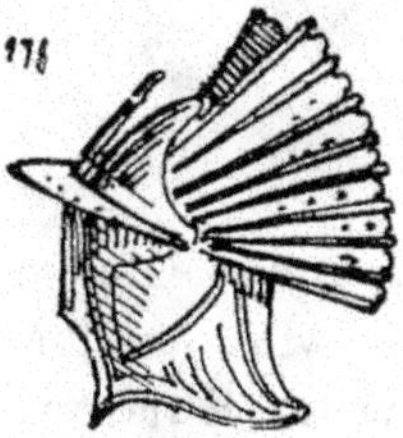

176. Polnische Pickelhaube mit Flügeln, aus dem 17. Jahrhundert, mit dem die unter Sobiesky dienenden Truppen, die sog. geflügelten Reiter (Jazda Skrzydlata) genannt, bewaffnet waren. (Siehe auch Nr. 127, Seite 533.) — Museum Tsarskoe-Selo bei Petersburg.

176 Bis.

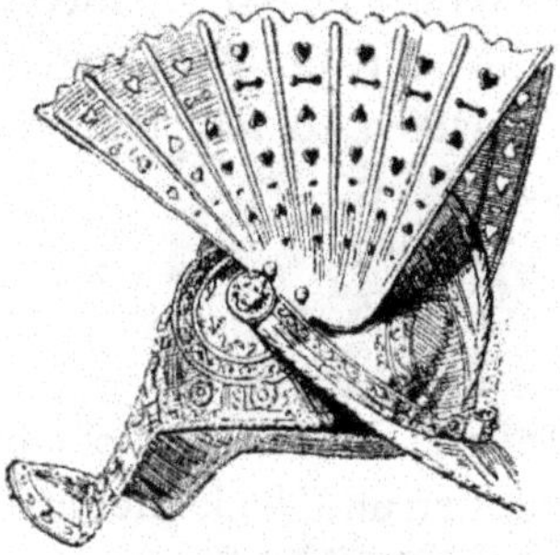

176. Bis. Polnische Pickelhaube mit Flügeln. Die Verzierungen sind geätzt und vergoldet. Aus dem Ende des 16. Jahrhundert. — Museum zu Tsarskoe-Selo.

177

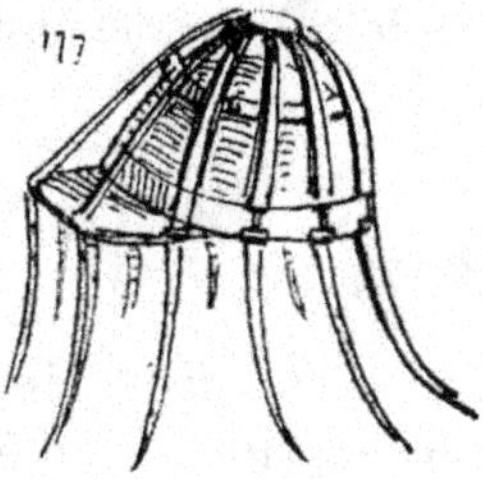

177. Französischer Soldatenhelm unter Heinrich IV. Er ist mit einem Augenschirm versehen und hat ringsum eiserne Stäbe. — Tower zu London und Porte de Hal in Brüssel.

178

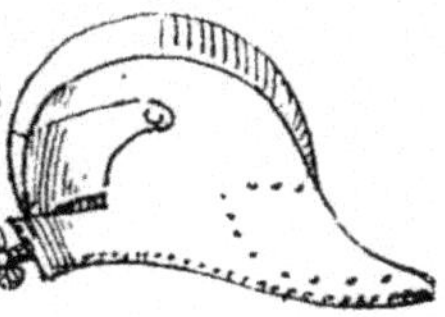

178. Deutscher Turnierhelm vom Anfange des 17. Jahrhunderts. Diese wie eine Schale oder Schallern des 15. Jahrhunderts geformte Waffe hat Kamm, Nackenschutz und Schraube; letztere ist bestimmt, den Brustschild mit seinem Kinnstück festzuschrauben. — H. 135 im Artillerie-Museum zu Paris.

179

179. Viſierhelm vom Anfange des 17. Jahrhunderts. Dieſe Waffe gleicht der oben erwähnten ſavoyiſchen Nr. 175, ſowie dem Helme Nr. 159. — Tower zu London.

179 Bis.

179. Bis. Viſierhelm, runde Glocke mit Kamm und Nackenſchutz, wie derſelbe den Abbildungen des „Theatrum Europaeum“ von Merian (1593—1690) ſo wie in S. L. Gottfrieds Chronik“ (Frankfurt 17. Jahrhundert) überall vorkommt, alſo im dreißigjährigen Kriege ſehr verbreitet geweſen zu ſein ſcheint.

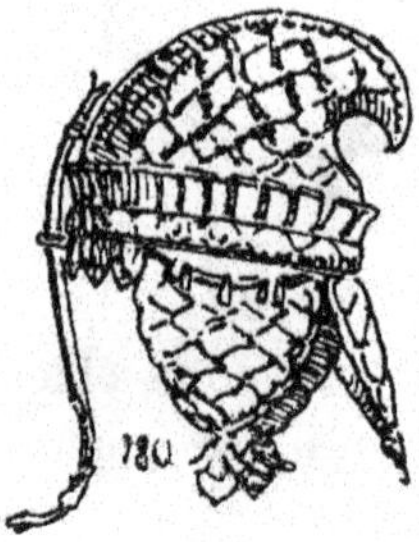

180

180 Indiſcher Helm, mit beweglichem Naſenſchutz, Wangenklappen und Nackenſchutz; ſehr reich gearbeitet und mit Edelſteinen verziert. — Muſeum Tſarskoe-Selo bei Petersburg.

181

181. Polygariſcher (Süd-Hinduſtan) Helm, mit feſter Naſenberge, Wangenklappen und ſehr ausgedehntem Nackenbergcamail. — Sammlung Llewelyn-Meyrick.

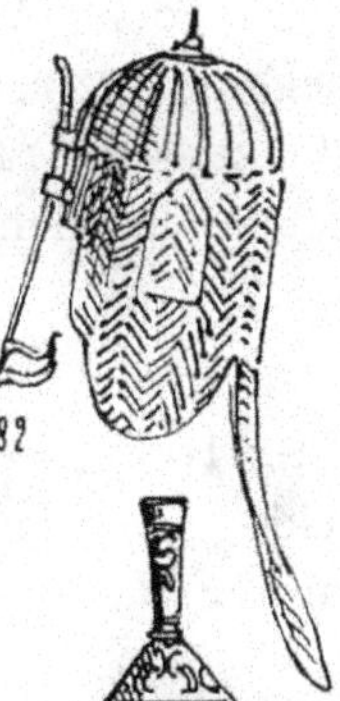

182

182. Mahrattischer (Hindustan) Helm. Diese mit einer langen, beweglichen, sonderbar geformten Stangennasenberge ausgestattete Waffe hat auch einen Maschenschutz, der in allen Teilen sehr entwickelt ist, den Kopf vollständig umschließt und in Form eines Schweifes bis auf die Hüften reicht.

183

182. I. Indischer Helm mit verstellbarem Nasenschutz und einem fünfzackigen Nacken- und Kopfschutz in Eisen mit kupferdurchwebter Maschenarbeit. Dieselbe Art Helme finden sich auch bei den östlichen Slaven (Russen), wo sie Misurka hießen.

183. Mit Schirm und Helmzier- oder Federbuschträger versehener mongolischer Helm; eine sehr schöne, durch eingelegte Arbeit reich verzierte Schutzwaffe. — Museum Tsarskoe-Selo bei Petersburg.

183 Bis.

183. Bis. Mongolischer platter Helm mit breiten Sturmbändern und Helmbrünne. — Museum Tsarskoe-Selo.

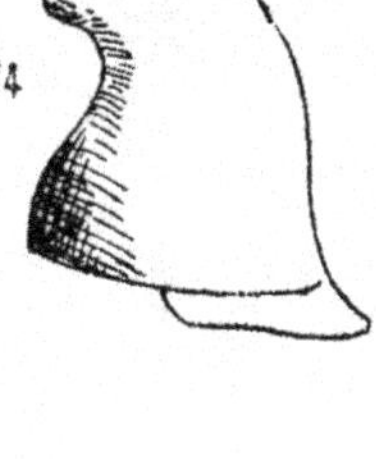

184

184. Japanischer Helm mit Nackenschutz, aus der kaiserlichen Bibliothek herrührend. — 183 im Artillerie-Museum zu Paris. Ein samnitischer bronzener Helm, im Museum zu Erbach, hat in seiner Form viel Ähnlichkeit mit dieser Waffe. (S. S. 255, Nr. 21).

185. Japanischer Helm aus lackirtem Eisen, wie sie noch jetzt in Gebrauch sind. Er ist mit Stangennasenberge, Nackenschutz und einer Larve versehen, die das Gesicht vollständig schützt. — G. 140 im Artillerie-Museum zu Paris. (S. S. 174, den japanischen Harnisch).

186. Chinesischer konischer Helm mit Schirm. — Tower zu London.

187. Goldener und mit kostbaren Steinen besetzter Helm, der dem Kaiser von China angehört hat; eine zu Peking im Jahre 1860 erbeutete Waffe. — G. 142 im Artillerie-Museum zu Paris.

185
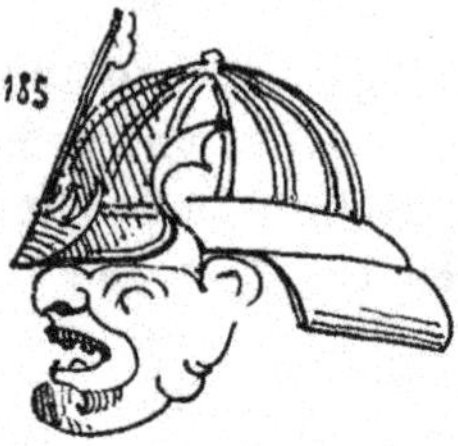

185
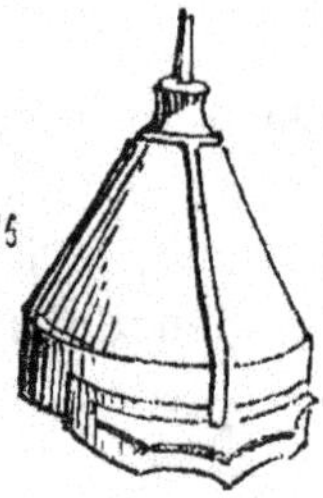

189

184
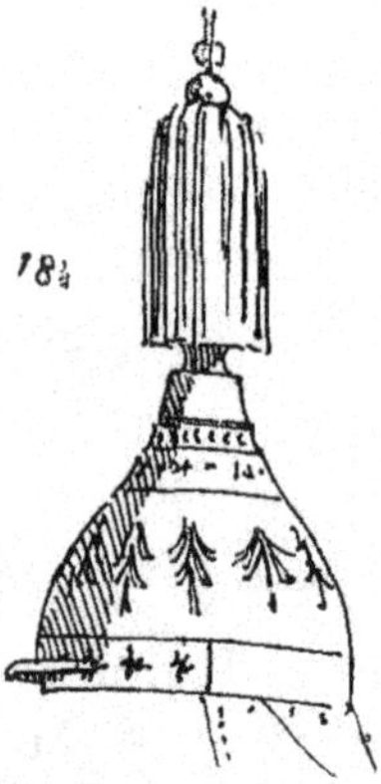

190

188

Augenscheinlich ist die Form der chinesischen und japanischen Helme Jahrhunderte hindurch dieselbe geblieben, weswegen diese Waffen auch von viel geringerem Interesse sind als die europäischen, deren Formenreichtum dem Studium der kriegerischen Ausrüstung in den verschiedenen geschichtlichen Zeitabschnitten ein weites Feld eröffnet. (S. S. 173 die chinesische Rüstung.)

188. Altchinesischer Helm.

189. Desgleichen.

190. Ganz aus Federn angefertigter Helm, klassischer Form, von

einem der früheren Häuptlinge der auftralifchen Sandwichsinfeln. — Nach Keller-Leutzinger.

190. Bis. Runder niedriger Glockenhelm mit Nafenfchutz und Kettennackenfchutz von Nordweft-Indien der englifchen Befitzungen. — Indifches Mufeum zu London.

191. Desgleichen.

190 Bis.

191

192

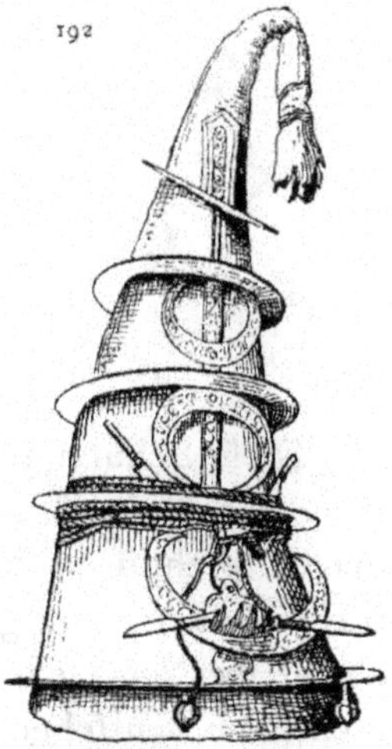

193

192. Spitzhutförmiger Helm mit Reifen und Mondfichelverzierungen von Nordweft-Indien der englifchen Befitzungen. — Indifches Mufeum zu London.

193. Sechskantiger Helm mit vollftändigem Gefichts- und Nackenfchutz aus Kettengewebe. Sindifch-Indifches (Bombai) Rüftzeug. — Indifches Mufeum zu London.

X.

Der Schild[1]).

Diese Schutzwaffe hies anfangs Scild (gr. πέλτη für den großen convexen, auch ἀσπίς u. s. w.; lat. als Schirm im allgemeinen, sowie der Thürschild scutum θυρεός; clipeus ἀσπίς der länglich runde; parma πάρμη, der ganz runde; pelta der halbmondförmige; cetra ein kleiner aus Geflecht gebildeter runder; franz. bouclier, welcher nicht vom deutschen Buckel oder dem mit Nabel versehenen Buckler genannten Rundschild, nicht nach dem Keltischen (?) mit dem deutschen Leder zusammengesetzten bau bedecken, sondern von neul. buccularium abzuleiten ist; engl. shield, buckler; ital. scudo, rotella, targa; span. escudo, broquel der kleine Rundschild und adarga die Tartsche). — S. S. 262—264 weiteres über die römischen Schilde. —

Die Handhabung des Schildes findet vermittelst eins, zweier, ja selbst dreier Schildhenkel oder Griffe (franz. énarmes — von gr. ἐναρμόζω — ich passe an — auch poigné de bouclier) statt.

Die ältesten griechischen wie die etrurischen Schilde hatten nur einen Handgriff so wie die Schilde fast aller morgenländischen Völker. Almählich erst fand der mit zwei Bügeln versehene Schild, welchen die Griechen den Karern zuschrieben und entnahmen, Verbreitung. Vom 6. Jahrhundert v. Ch. ab waren solche zweibügliche Schilde in allen griechischen Heerkörpern eingeführt. Es scheint auch, daß anfänglich die weiter unten angeführte Schildfessel vor Herodot (500 v. Chr.) gleichzeitig als einzige Handhabe diente.

---

1) Schild heisst auch im Kriegswesen bei einer Kasematte die vordere Abschlussmauer mit Schiessscharten.

Bei den ovalen griechifchen Schilden trifft man felbft drei Handhaben, abgefehen von der Schildfeffel an, auch find diefelben häufig mit Vifierausfchnitten verfehen.

Der befonders bei größeren Schilden des Mittelalters zum Aufhängen über die linke Schulter dienende Riemen, die Schildfeffel (schildevezzel — Nibelungen 415, τελαμών, lat. balteus franz. guige oder guiche) befand fich auch an griechifchen Schilden. Mit obigem Worte énarmes wurde früher in Frankreich aber auch oft das ganze Schild bezeichnet.

Der hervorragende Mittelpunkt, befonders bei Rundfchilden, hieß Buckel auch Nabel (ὀμφαλός, lat. umbo, franz. ombilic).

Unter den verfchiedenen antiken Schilden müffen hier wiederum die der klaffifchen Mythologie genannt werden.

Aegide (v. gr. αἴξ, Ziege; — αἰγίς — Ziegenfell, welches auch — fo der Pallas — als Mantel diente; lat. aegis) heißt bei Homer der von Hephästos gefchmiedete Schild, welchen bei ihm ebenfo wohl Zeus wie Athene und Apollo führt und von Jupiter im Zorn gefchüttelt wird. Aegide hieß ebenfalls der von Jupiter feiner Tochter Minerva (Athene, Pallas) gegebene Schild mit dem Medufenhaupt.

Auch find Göttern geweihte Schilde von Griechen und Römern in Tempeln aufgehängt worden. Der erfte römifche davon wurde vom Decemvir Appius Claudius (491 v. Chr.) in Rom geftiftet.

Ancile (ἀγκύλιον) hieß ein, der Überlieferung nach vom Himmel gefallener im Palaft des Numa gefundener Bronzefchild in Geigenform (f. S. 267 die Abbildung).

Der große gewölbte Rundfchild des griechifchen Fußvolkes, der Clipeus (ἀσπίς) fo wie der ähnliche πάρμη und der kleinere Pelta (πέλτη) genannte, meift in Mondfichelform, alsdann mit luna bezeichnet, welcher, wie der Cetra, gewöhnlich aus Holz oder Weidengeflecht dargeftellt war, kamen im griechifchen Heere vor. Der Pelta war auch der Schild der Amazonen. Der Cetra war ein kleiner Rundfchild, wohl mehr nur der Afrikaner, Spanier und alten Bretonen (S. Varro, auch Tacitus), worunter verfchiedene aus Riemen geflochtene beftanden. Der damit Bewaffnete hieß Cetratus. Die fchottifche Tartfche foll von der Cetra abftammen.

Bei den Römern hatte auch der scutum (θυρεός) ein gewölbter länglich-viereckiger, 4 Fuß hoher Schild, den anfänglich gebräuchlichen clipeus erfetzt. Die Reiterei trug aber teilweife immer Rundſchilde und der Velit, beſonders die Parma (πάρμη), den großen Rundſchild, weshalb er beritten Parmatus genannt wurde. Die Parma thredica war der Rundſchild thraciſcher Gladiatoren. Auch kommt der Name Tergum für Lederſchild vor, wovon man die mittelalterliche Tartſche (franz. targe, ſpan. adarga, ital. targa, engl. targe, target) ableiten will, obſchon dieſer Schild vom arabiſchen Dardy — Taſche — ſtammt. Chalkaspiden hießen bei den Römern die mit Erzſchilden Bewaffneten. Außer dieſen Schilden kommen ſchon, ſowohl bei den Griechen (ſ. die Abbildung davon im Abſchnitt «Fahnen»), wie bei den Altamerikanern (ſ. S. 156, Nr. 8 und 9) Fahnenſchilde vor.

Die älteſten Schilde der Völker germaniſcher Raſſen, ſowie Franken, Alamannen, Sachſen, Burgunder u. d. m., waren groß, viereckig, (ſ. S. 295 die Abbildung) von Holz, meiſt Lindenholz (ſ. die Anmerkung S. 54) mit Weidengeflecht und Bronzebeſchlag, ſpäter mit Rindshaut überzogen, während der ſogenannten Eiſenzeit aber rund und mit Schildbuckel in der Mitte, dem Nabel, welcher den Ausläufer des Eiſengeſtelles bildete (ſ. Nr. 45 S. 338). Die Decke war gemeinlich aus mehrlagigen Rindshäuten hergeſtellt und mit phantaſtiſchen Geſtalten bemalt.

Der zu St. Gallen aufbewahrte Deckel von dem Antiphonarium des heiligen Gregors, angeblich vom Ende des 8. Jahrhunderts, ſtellt zwar auch Kämpfer dar, die kleine viereckige, mit ſpitzen Nabeln verſehene Schilde führen; indeſſen erinnert die Arbeit ſo gänzlich an die Antike, daß die Deckel wohl von einem Diptychon herrühren können. Die S. 358, nach einer Schachſpielfigur Karl d. Großen (768—877) abgebildete Karlingſche Krieger hat einen herzförmigen, faſt mannshohen Schild, ähnlich dem ſpäteren normanniſchen, vom 11. Jahrhundert, auf dem Bayeuxer Teppich abgebildeten (ſ. S. 365). Die Leges Longobardorum, eine Handſchrift aus dem 9. Jahrhundert, ſtellen den König mit einer langen deutſchen Tartſche (abkünftig von dem römiſchen scutum) dar. Dieſe Form wird ſelbſt noch manchmal im 14. Jahrhundert angetroffen. Der Codex aureus evangelicus aus dem 9. Jahrhundert, ſowie die Weſſobrunner Handſchrift aus derſelben Zeit, zeigen wieder den Rundſchild mit Nabel der ſich noch in der Pſychomachia des Prudentius in dem Pſalterium des 10. Jahrhunders im Britiſchen Muſeum, in der Bibliothek zu Stuttgart und auf dem aus dem 11. Jahrhundert ſtammenden Teppich von Bayeux wiederfindet. Ein auf letzterem in Form eines länglichen Herzens und zuweilen in Manneshöhe vorkommender Schild erscheint als die Waffe des Normannen, der Rundschild dagegen als diejenige des Angelsachsen. Dieser lange Schild wird deshalb auch in Frankreich als normannischer Schild bezeichnet. (S. S. 367).

Während also nach des Prudentius Psychomachia des 10. Jahrhunderts noch angelsächsische Krieger mit dem Nabelrundschild bewaffnet sind, findet man dagegen in der Biblia sacra, einer in der Reichsbibliothek zu Paris dem 10. Jahrhundert zugeschriebenen Handschrift, schon den kleinen Dreispitz, Petit écu, eine Schildform, die nur während der Zeit Ludwigs des Heiligen (1226–1270 allgemein in Gebrauch war.

Der Herzog Burckhard von Schwaben (965) ist im Münster zu Zürich mit einem Schilde dargestellt, welcher an die normannischen auf dem schon erwähnten Teppiche von Bayeux, erinnert, und dieselbe Gattung Schilde findet sich in den Händen eines Ritters auf einer Flachbildnerei des Klosters von St. Aubain zu Angers und an dem Standbilde eines der Gründer des Naumburger Domes aus dem 11. Jahrhundert wieder. Der Graf von Barcelona, Don Ramon Berengar IV. (1162), trägt auf seinem Siegel dieselbe Art Schilde, die sich auch auf den unter Heinrich dem Löwen, (gest. 1195) ausgeführten Wandmalereien im Braunschweiger Dom wiederfindet. An diesen großen Schilden waren immer zwei Handgriffe (énarmes) während, wie oben angeführt, die antiken Schilde meist, aber nicht immer, nur einen Griff hatten. Außerdem waren die längeren Schilde mit einem Riemen, einer Schildfessel, versehen, welcher dazu diente, sie über die linke Schulter, die Spitze nach hinten gerichtet, zu hängen.

Die ältesten dieser germanischen Schilde, die großen viereckigen nämlich, von denen keiner unversehrt bis auf uns gekommen ist, scheinen an der Innenseite ausgepolstert, das Ganze durch einen eisernen Beschlag verstärkt, bemalt und wie schon bei den Griechen mit bizarren Figuren verziert gewesen zu sein; der Gebrauch persönlicher Wappen ist auf diese Weise entstanden, wie S. 77, im geschichtlichen Abschnitt nachgewiesen ist. Mehrere Überreste solcher Schilde finden sich in dem von den Waffen der Eisenperiode handelnden Kapitel dargestellt, ebenso auch der runde Schild der Franken.

Der Petit écu oder kleine Dreifpitz erfcheint in Frankreich im 13. Jahrhundert unter der Regierung Ludwigs des Heiligen; er war ebenfo hoch als breit. Ende des 12. oder Anfang des 13. Jahrhunderts hatte man aber auch, in den öftlichen Provinzen Frankreichs, ftatt des Dreifpitzes, kleine Rundfchilde wie dies eine Flachbildnerei an dem Dome von Angoulème zeigt. In Frankreich wurde auch der Rundfchild, deffen Träger rondachers hießen, im Mittelalter fowohl vom Fußvolk wie von der Reiterei getragen, und fpäter waren die Fauftrundtartfchen, fowie die viereckigen Fauſttartfchen viel bei Fechtübungen in Gebrauch. Der Schild, deffen man fich zu diefer Zeit in Deutfchland bediente, war fchon größer, wie folches an dem in der Vicenzkirche zu Breslau errichteten Grabdenkmale des Herzogs Heinrich II. (geft. 1241) erfichtlich ift. Es war der fogenannte «Rheinifche Schild» mit oben abgerundeten Spitzen. Im 13. Jahrhundert hing man auch manchmal Schellen an die Schilde (f. das Eckenliet 33, 1). Der englifche Schild aus der Mitte des 14. Jahrhunderts gleicht noch dem kleinen Dreifpitz und mißt nur zwei Fuß. Auf ihn folgt der nicht überall gebräuchliche erfte Fauftfchild, deffen Größe $1^1/_4$ Fuß nicht überfchreitet und der fich bis ins 16. Jahrhundert erhalten hat, wo er im Triumphzug Maximilians Pugkler genannt wird.

Die Schilde, welche auch dem Dreifpitz vorangingen, waren herzförmig und gemeinlich von Stützhöhe (f. hiernach die Abbildung Nr. 10). Der Setzfchild[1]), deutfchen Urfprungs, in welchem die urfprüngliche Form des älteften germanifchen Schildes wiederkehrt, oben ein wenig oval und unten eckig, erfcheint gegen das 14. Jahrhundert. Die lange hölzerne oder lederne Tartfche[2]) desfelben Jahrhunderts ift leicht von der kleinen Tartfche des 15. Jahrhunderts, die ausgebaucht ift, fowie die kleine Turniertartfche mit Ausfchnitt (f. Nr. 33 und 37) zu unterfcheiden. Setztartfchen (f. Nr. 25) fchützten den ganzen Körper.

Während des 16. Jahrhunderts, wo in Deutfchland, als anderswo der Schild faft gar nicht mehr in Gebrauch war, begegnet man indes ihm doch, wohl allein nur noch in ganz kleinem Maße, bei Stech-

---

[1]) Jedoch fchon bei den Babyloniern im Gebrauch.

[2]) Tarasse hiefs auch der grofse Setzfchild, welcher den ganzen Körper verbarg. Tartfche oder Targe, lat. targum, franz. targe, engl. target, alle aus dem arabifchen dardy und tarcha. Noch heute heifst in Toulon und Marfeille der Schild, mit dem der Matrofe in den Seekampffpielen bewaffnet ift, targe.

rennen, wo die Form wiederum der eines Herzens, indes oben mit drei Spitzen, iſt. Derſelben Zeit, ſowie dem Ende des 15. Jahrhunderts gehören alſo die Turnierbruſtſchilde im allgemeinen, ſowie die Rundſchilde, Fauſtſchilde (franz. rondelle à poing, auch pavoisienne, engl. fist shield) und kleinen Hakentartſchen an, auf welchen man bereits künſtleriſche Ausführung antrifft. Die meiſten italieniſchen ciſelierten und getriebenen Rundſchilde ſcheinen nicht für den Kampf beſtimmte, ſondern Prunkwaffen geweſen zu ſein.

Im 16. und 17. Jahrhundert waren auch die kleineren Fauſt- oder Handtartſchen wie die kleinen runden Fauſtſchilde, als Abwehren für die linke Hand, ebenſo wie die linke Hand genannten Dolche, — für die Fechtkunſt wieder allgemein im Gebrauch gekommen.

Rundſchilde ſchweren Kalibers dienten aber auch im Kriege, während des 15., 16. und 17. Jahrhunderts. Zwanzig ſolche im Zeughaus von Luzern und 85 im Zeughaus zu Gratz legen davon Zeugnis ab. Letztere wiegen zwanzig bis fünfzig Pfund und ſtammen von den durch die Landſchaft 1610 angekauften „90 ſchußfreien Rundtartſchen". Dieſe Schilde waren für die erſten Reihen der Angreifenden beſtimmt.

Es gab auch im Mittelalter und anfangs der Rückgriffszeit Schildmoven (v. fr. mouve?) genannte Überzüge zur Schonung der gemalten Wappen.

Die Anſicht, daß ſolche Hüllen auch beim Einritt in die Turnierſchranken auf dem Schilde behalten und erſt nach ſiegreich beendigtem Rennen davon entfernt wurden, iſt nicht berechtigt; bekanntlich mußte ja das Wappen vor dem Einritte erſt durch die Turniervögte geprüft werden, um die „Turnierberechtiger" feſtzuſtellen.

In Rußland hatte man mit bunten Heiligenbildern bemalte Holzſchilde von rotem Leder, welche Stjagi hießen, ſo wie Tartchi genannte Schilde mit Augenſchnitten zum Durchſehen.

Hinſichtlich der auf vorhergehender Seite angeführten Schilde mit Schellen (grelots) iſt zu bemerken, daß dieſelben auch noch im ſpätern Mittelalter bei Turnieren vorkommen. S. ferner S. 395 die Schellen an Rüſtgürtel und Vorderſchurz ſowie im Abſchnitte der Schwerter den mit Schellen verſehenen Dupſing des heil. Martinus.

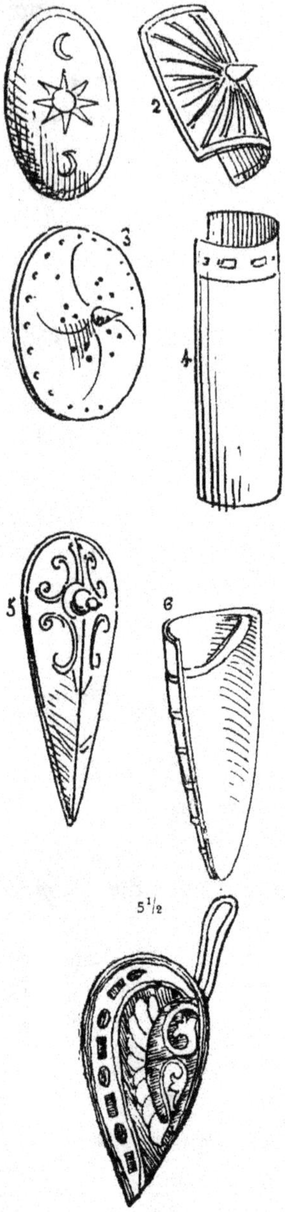

1. Orientaliſcher (?)[1]) Schild nach der Theodoſiusſäule (4. Jahrhundert).

Dieſe ovale Form war aber auch bei den Römern im Gebrauch (S. 262)[2]).

2. Viereckiger gewölbter Schild mit ſpitzem Nabel, nach dem Antiphonarium von St. Gallen aus dem 8. Jahrhundert.

3. Rundſchild mit ſpitzem Nabel, vom 5.—11. Jahrhundert, auch ſchon früher bei den Franken in Gebrauch; nach der Weſſobrunner Handſchrift vom Jahre 810, dem Codex aureus evangelicus St. Emmerans vom Jahre 870, dem Codex aureus des 9. Jahrhunderts, der Handſchrift Pſychomachia des Prudentius vom 10. Jahrhundert, dem Älfric und dem Teppich von Bayeux (Sachſenſchild) etc.

4. Lombardiſch-deutſche halb walzenförmige Schildtartſche aus dem 9. Jahrhundert, nach den Leges Longobardorum. Ähnlich dem römiſchen Scutum (S. S. 261).

5. Schild aus dem 10. Jahrhundert, in Frankreich normanniſcher Schild genannt, nach einem Standbildchen der Sammlung des Grafen von Nieuwerkerke.

5½. Byzantiniſcher herzförmiger Schild mit Schildfeſſel zum Aufhängen an der Schulter, vom 10. Jahrhundert, nach Schmelzmalereien in der Münchener Schloßkapelle.

6. Deutſcher Schild vom 11. Jahrhundert, nach dem mehrfach erwähnten Buche der Düſſeldorfer Bibliothek, welches die Klagelieder des Jeremias und die Apoka-

[1]) Die Halbmonde können nicht mohammedaniſche Abzeichen ſein, da Mohammed erſt 570 unſerer Zeitrechnung geboren iſt.

[2]) Was die antiken Schilde anbelangt, ſiehe in den Abſchnitten für ägyptiſche, aſſyriſche, griechiſche und römiſche Waffen die Abbildungen.

lypſe enthält. Es unterſcheidet ſich von dem vorhergehenden Nr. 5 durch die gradlinige obere Form.

7. Normanniſcher, faſt mannshoher Schild, nach den Stickereien des Teppichs von Bayeux.

8. Der normanniſche Schild von der Kehrſeite, wo die Handgriffe (énarmes) und die Schildfeſſel (guige) ſichtbar ſind.

8½. Normanniſcher Schild, welchen der Reiter, gleichzeitig mit dem Zügel vermöge einer Fauſt handhabt.

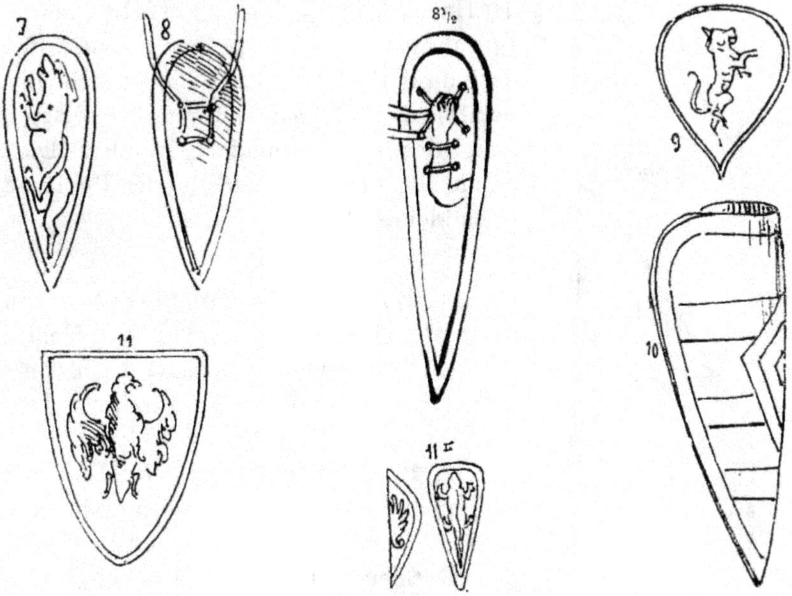

9. Kleiner deutſcher Herzſchild, wahrſcheinlich nur 45 cm hoch, aus dem 12. Jahrhundert, nach einer Goldmünze mit dem Bilde Heinrichs des Löwen.[1])

10. Deutſcher gewölbter Schild, ungefähr 80 cm hoch, oben nicht abgerundet; nach den im Braunſchweiger Dome unter Heinrich dem Löwen (1139—81) ausgeführten Wandmalereien.

11. Deutſcher 60 cm hoher Schild, nach denſelben Wandgemälden.

11. I. Zwei hohe Schilde vom 13. Jahrhundert, nach einem Bildwerk in der Krypta des Domes zu Brandenburg.

---

[1]) In derartiger Form mögen wohl die S. 560 Nr. 12 angeführten ſogenannten «Rheiniſchen Schilde» geweſen ſein.

12

12. Schild aus dem 12. Jahrhundert, 52 cm breit und 74 cm hoch, nach einem Grabsteine im Kloster Steinbach, gegenwärtig in der Kapelle des Schlosses Erbach. Der sogenannte Rheinische Schild vom 13. Jahrh. hatte dieselbe Größe.

13
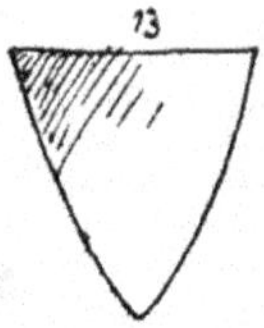

14
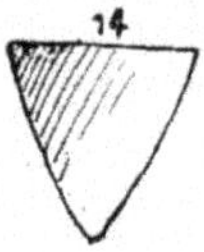

13. Deutscher dreieckiger Schild, nach der Handschrift Tristan und Isolde aus dem 13. Jahrhundert. Nach einer Handschrift in der Bibliothek zu Paris findet sich diese Schildform noch in der burgundischen Bewaffnung des 15. Jahrhunderts wieder. Dieser Schild ist wenig größer als der Petit écu oder kleine Dreispitz.

14 Bis.
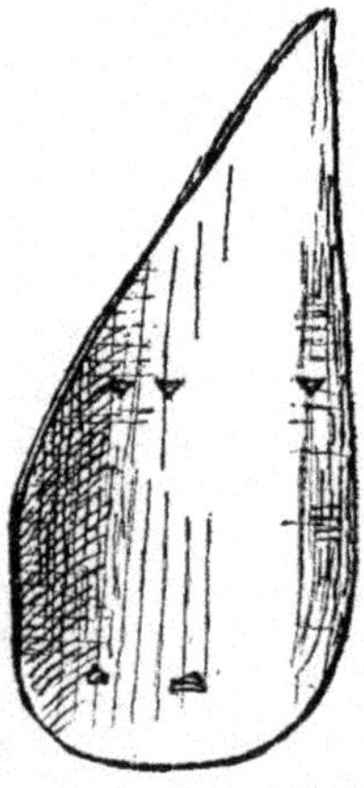

14. Kleiner Dreispitz (Petit écu), unter der Regierung Ludwigs des Heiligen (1226—1270) in Gebrauch, aber auch damals außer Frankreich überall verbreitet.

14. Bis. Flügelförmiger Reiterschild aus leichtem Holze mit Schweinsleder überzogen. Er mißt 64 : 127 cm und stammt aus dem Rathause zu Klagenfurt. — 13 Jahrhundert. — Sammlung Zschille.

15
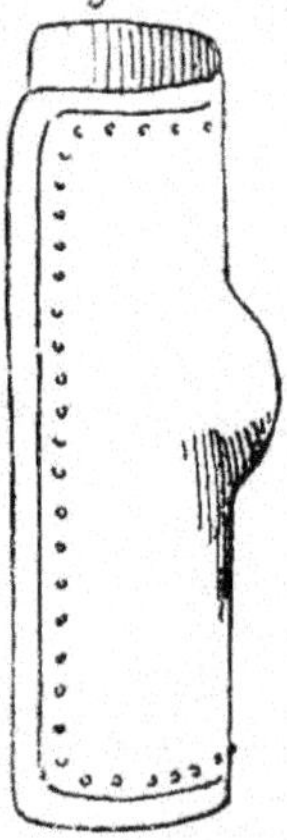

15. Halbwalzenförmige Tartsche in der Form des römischen Scutum, aber mit großem Nabel, aus dem 13. Jahrhundert, nach einer im Britischen Museum befindlichen Kleinmalerei jener Zeit. Diese Tartsche, ohne den Nabel, findet sich in der Bewaffnung des 15. Jahrhunderts wieder, wie ein in demselben Museum aufbewahrtes Exemplar beweist. Siehe auch Nr. 4, lombardische Tartsche ohne Nabel des 9. Jahrhunderts, auf Seite 356.

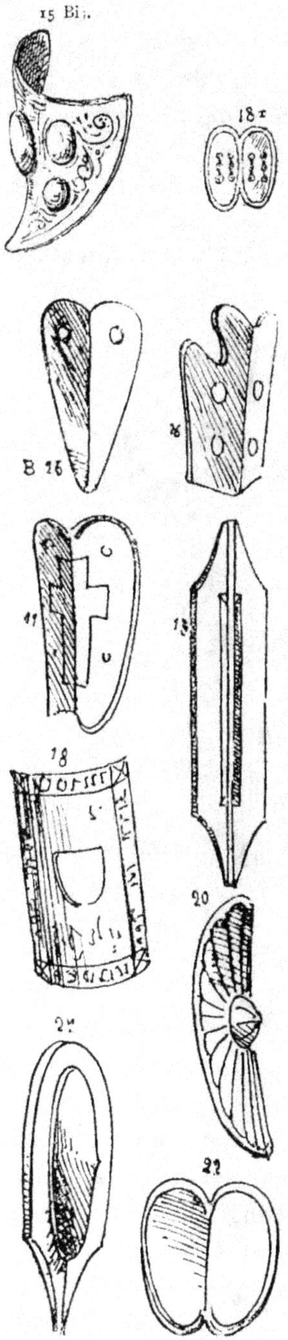

15. Bis. Franz. Turnierſchild mit drei Buckeln. — Handſchrift: «Le Miroir historial» aus der Mitte des 14. Jahrhunderts. — National-Bibliothek zu Paris.

15. B. Deutſche herzförmige Tartſche mit Viſieren, vom Ende des 14. Jahrhunderts, nach einem in der Michaeliskirche in Schwäbiſch-Hall befindlichen Gemälde (ſ. S. 391).

16. Deutſche Tartſche mit Ausſchnitt und Viſieren, vom Ende des 14. Jahrhunderts. — Dom zu Regensburg. (S. Nr. 33 v. 15. Jahrh.).

17. Desgleichen ohne Ausſchnitt.

18. Spaniſche Tartſche, vom Ende des 14. Jahrhunderts, nach einer im Dome zu Mondonedo befindlichen, den bethlehemitiſchen Kindermord darſtellenden Wandmalerei. (S. S. 405.)

18 I. Spaniſch-muſelmaniſche Doppeltartſche vom 14. Jahrhundert, Wandmalerei im Gerichtsſaale der Alhambra.

19. Deutſcher manneshoher Schild aus dem Codex des Fechtmeiſters Tolhofer, vom 15. Jahrhundert. Dieſer Schild wurde bei dem Gottesurteil (Zweikampf) gebraucht.

20. Spaniſcher Schild mit Nabel nach einer Miniatur vom Jahre 1480.

21. Schild nach einem Holzſchnitt a. d. 15. Jahrhundert. — Kupferſtichkabinett zu München.

22. Hiſpaniſch-muſelmaniſche Doppeltartſche vom 15. Jahrhundert. Das Pariſer Artillerie-Muſeum beſitzt ein gleiches Stück aus Leder. (S. auch No. 18 I.)

22. Bis. Kleiner engliſcher Schild, welcher unter der Regierung Heinrich VI. von England, † 1470, hinten am Hals hängend, getragen wurde. — Sammlung Beardmore-Uplands-Hampshire.

23. Deutſcher Schild, nach dem anfangs des 16. Jahrhundert in Augsburg herausgegebenen Teuerdank.

24. Stahlſchild aus dem 16. Jahrhundert, 58 cm hoch, mit zwei vertieften Wappen verziert, und ringsum mit dicken eckigen Schraubenköpfen beſetzt. — Geſchichtliches Muſeum im Schloſſe Monbijou zu Berlin.

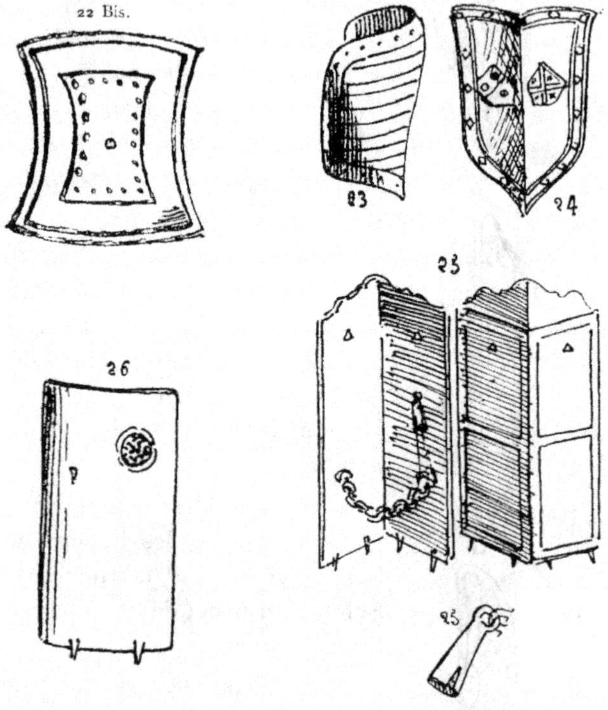

25. Deutſche von innen und außen dargeſtellte Sturmwand, Setztartſche oder Setzſchild mit Viſieren,[1]) 126 cm breit und 188 cm hoch, vom 15. Jahrhundert; aus Holz und mit Haut überzogen, auch rot und gelb bemalt. Die Spitzen und der innere Beſchlag ſind von Eiſen. — Muſeum zu Sigmaringen.

26. Deutſche Sturmwand oder Setztartſche mit großem

[1]) In altdeutſchen Zeugliſten auch Custodier genannt. — Dieſe Setztartſche hieſs im ital. pavese, altfranz. pave ſpäter pavois.

Viſier, 110—180 cm hoch, aus dem 15. Jahrhundert, Holz mit Haut überzogen. Die Malerei ſtellt das Wappen der Stadt Ravensburg in Schwarz auf weißem Grunde dar. — Zeughaus zu Berlin.

27
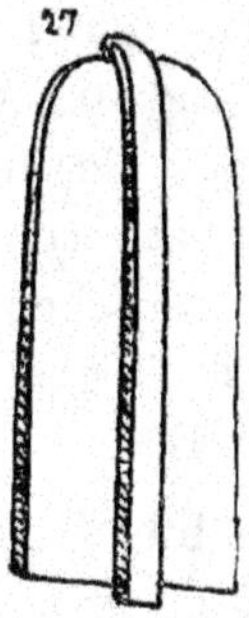

27. Deutſche Sturmwand aus dem 15. Jahrhundert. — L. 1 im Artillerie-Muſeum zu Paris; auch in der Porte de Hal zu Brüſſel.

28
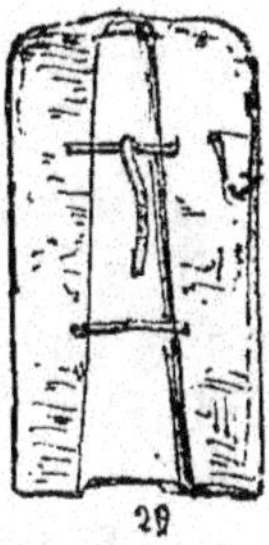
29

28 u. 29. Schweizeriſche Sturmwand mit großem Viſier 180 cm hoch, vom Ende des 15. Jahrhunderts. — Zeughaus zu Bern.

30

30. Deutſche Sturmwand oder Setztartſche, vom 15. Jahrhundert 65 cm breit und 11 cm hoch, aus dem alten Zeughaus zu Enns (Öſterreich) herrührend. Die darauf befindliche Malerei ſtellt den heiligen Georg dar. — Sammlung Az in Linz. Wertvolles Stück wegen ſeiner guten Erhaltung und trefflichen Malerei. Eine faſt ganz ähnliche Setztartſche iſt noch das Eigentum der Gemeinde Enns.

30 Bis.
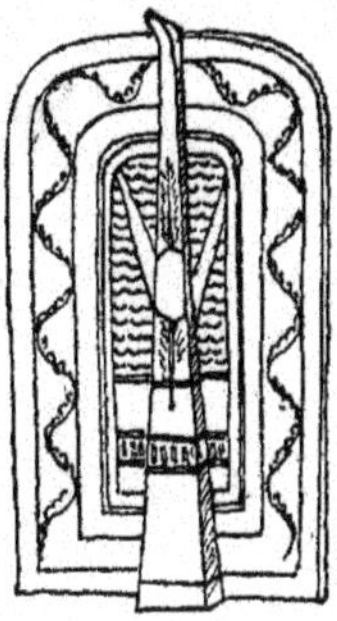

30. Bis. Deutſche Tartſche in Sturmwandform, 85 cm hoch, Holz und mit gotiſcher Inſchrift, aus der Mitte des 15. Jahrhunderts. — Sammlung Beardmore — Uplands — Hampshire.

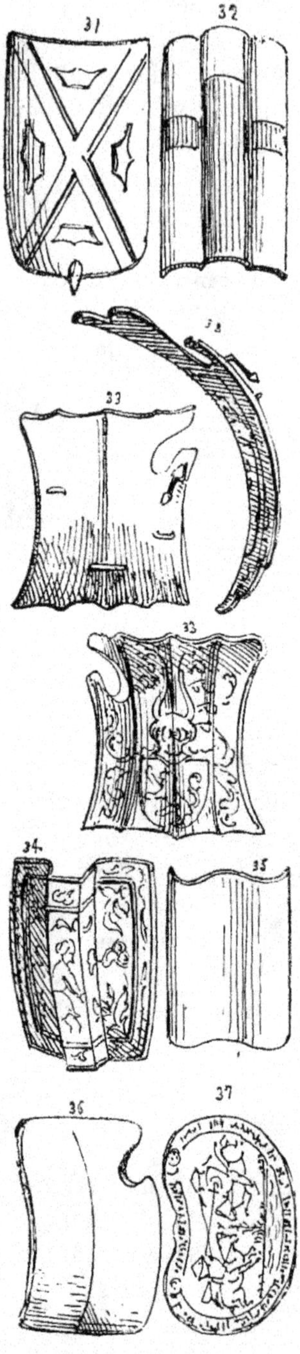

31. Deutſche oder ſchweizeriſche Tartſche, 48 cm breit und 100 cm hoch Holz mit Haut überzogen. Sie iſt kleiner als die Sturmwand, unten abgerundet und mit einer eiſernen Spitze verſehen. Dieſe Waffe hat wahrſcheinlich Bogenſchützen gedient. — Zeughaus zu Bern.

32. Dreiteiliggewölbte, deutſche Tartſche, von mit Haut überzogenem Holz, aus dem 15. Jahrh. — Muſeum zu Sigmaringen.

33. Deutſche Turniertartſche mit Ausſchnitt vom Ende des 15. Jahrhunderts, Seiten-, Vorder- und Rückanſicht. Sie iſt aus Holz und Haut, mit Malereien verziert und hat einem Landgrafen von Thüringen angehört. — Eliſabethkirche zu Marburg. (S. No. 16 die v. 14. Jahrh.)

34. Deutſche Turniertartſche aus dem 15. Jahrhundert, von Holz und Leder, mit Malereien verziert. — Tower zu London.

35. Deutſche wellenförmig gebogene Tartſche aus dem 15. Jahrhundert, aus Holz und Leder angefertigt, 63 cm hoch. — Artillerie-Muſeum zu Paris.

36. Deutſche Turniertartſche mit Ausſchnitt aus dem 15. Jahrhundert, von Holz und Leder, 35 cm breit, 55 cm hoch. — Artillerie-Muſeum zu Paris.

37. Deutſche Turniertartſche vom 15. Jahrhundert, aus Holz und Leder, mit Inſchrift und farbiger Darſtellung eines Turniers, wobei, verſchiedene Gegenſtände, vom archäologiſchen Geſichtspunkte aus, beſonders die Helme der Ritter, Beachtung verdienen. — Artillerie-Muſeum zu Paris.

37. Bis. Franzöſiſche hohlrunde Stechtartſche mit Lederflechten, wodurch dieſelbe am Harniſch befeſtigt wurde, vom Ende des 15. Jahrhunderts. Ein anderes ledernes Flechtwerk, ebenfalls unter der Tartſche am Stückpanzer befeſtigt, diente zur Stütze des Armes.

38. Deutſche Tartſche, aus Holz und Leder, bemalt und mit Silber belegt, nach den Aquarellen Glockenthons, welche Waffen und Rüſtungen der Zeughäuſer Maximilians I. darſtellen und im Anfange des 16. Jahrhunderts ausgeführt wurden. — Ambraſer Sammlung in Wien.

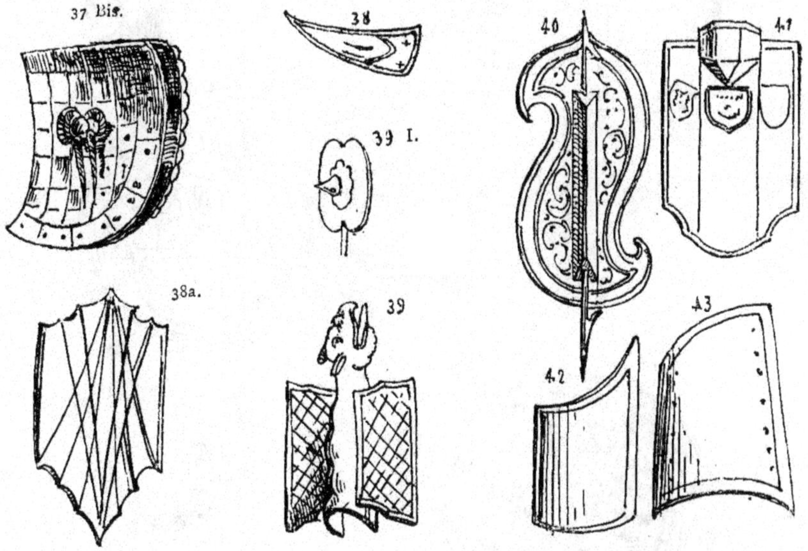

38. a. Huſitentartſche vom 15. Jahrhundert, nach einer Malerei in der St. Lorenzkirche zu Nürnberg. Eine ganz ähnliche mit langer Stoßklinge befindet ſich auch in den Zeugbüchern Maximilian I. abgebildet.

39. Ganz mit Silber belegte Tierkopftartſche, ibd.

39 I. Nabeltartſche mit Schwert.

40. Bemalte und mit Silber belegte Pfeiltartſche (St. Lorenz zu Nürnberg).

41. Bemalte und vergoldete Viſiertartſche daſelbſt.

42. Kleine gewölbte, wahrſcheinlich ſpaniſche Tartſche, aus dem 16. Jahrhundert. — Armeria zu Madrid.

43. Deutſche gewölbte Tartſche aus dem 16. Jahrhundert,

80 cm breit und 90 cm hoch. Holz und Gewebe, mit Malereien. Cluny-Museum in Paris.

44. Gewölbte Maurische Tartsche mit Mondsichel. — Armeria zu Madrid.

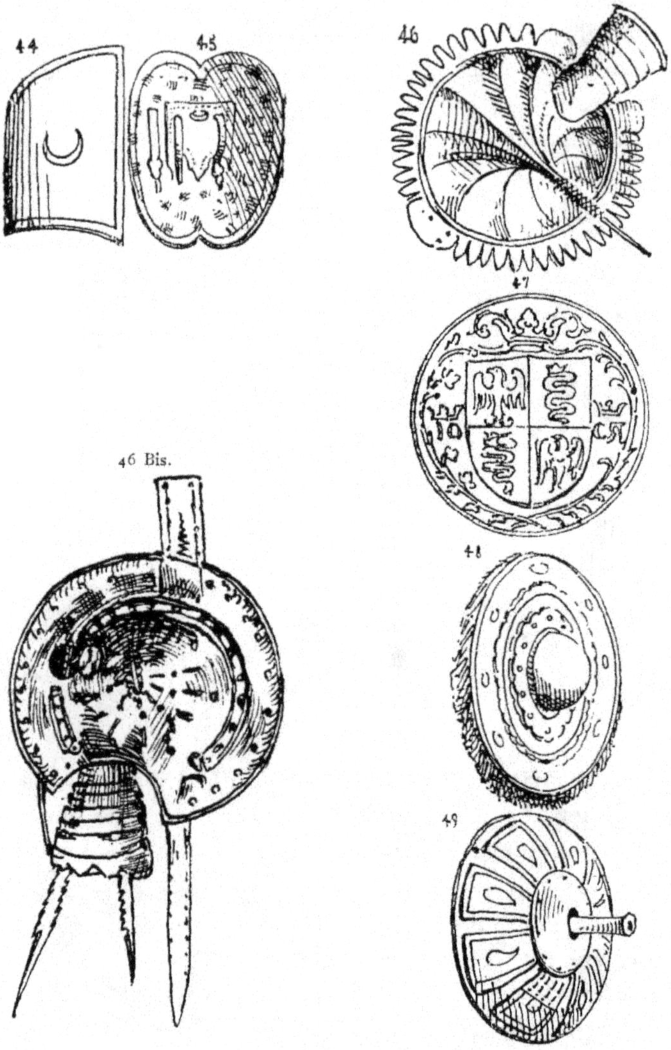

45. Hispanisch-maurische Tartsche (adarga) vom Ende des 16. Jahrhunderts, ganz aus geschmeidigem Leder: 75 cm breit und 95 cm hoch. — Artillerie-Museum zu Paris. (S. auch Nr. 18.)

46. Deutſcher Rundſchild mit Kampfhandſchuh und Laterne, aus dem 15. Jahrhundert; er diente bei nächtlichen Kämpfen. — I. 35 im Artillerie Muſeum zu Paris. Das Hamburger Zeughaus beſitzt ebenfalls einen ähnlichen Rundſchild mit Laterne, jedoch ohne Kampfhandſchuh. (Siehe auch den Fauſtſchild Nr. 61).

46. Bis. Italieniſcher Rundſchild mit Laterne, Degenbrecher, Stoßſchwert und Klingenfangring vom 16. Jahrhundert (Wien). — Im Germaniſchen Muſeum zu Nürnberg befindet ſich eine ähnliche Laternentartſche vom 15. Jahrhundert.

47. Italieniſcher Rundſchild aus dem 15. Jahrhundert aus Holz und Leder und mit mehrfarbigen Malereien bedeckt. Im Zeughauſe zu Gratz befinden ſich 85 ähnliche Rundſchilde und das Luzerner Zeughaus beſitzt 21 ſolcher von Friſchhans Theilig in der Schlacht bei Giornico, im Jahre 1478, eroberten Schilde. Die Verzierung des hier abgebildeten Schildes ſtellt das Wappen des erſten Herzogs von Meiland, Gian Galeazzo Visconti († 1402), dar, deſſen Namenszug mit Krone gleichſalls darauf zu ſehen iſt. Ähnliche Exemplare Sammlung Zſchille. (S. S. 557 über ſolche Rundſchilde im allgemeinen.

48. Deutſcher Nabelrundſchild vom Ende des 15. Jahrhunderts, nach den früher erwähnten Aquarellen Glockenthons. — Ambraſer Sammlung.

49. Engliſcher Rundſchild vom Anfange des 16. Jahrhunderts. Dieſe 45 cm im Durchmeſſer haltende Waffe iſt aus Eiſen und mit einem kleinen Handluntenfeuerrohre verſehen, einer Art Veuglaire, welche vermittelſt beweglicher Büchſe geladen wird. Der Tower zu London beſitzt 25 Stück ſolcher Schilde, deren ſchon in der unter Eduard VI. (1547) ſtattgefundenen Aufnahme Erwähnung geſchieht.

50. Fauſtſchild [1]), Degenbrecher mit Armzeug in Eiſen, aus einem Stück gemacht. — Artillerie-Muſeum zu Paris und kaiſerliches Arſenal zu Wien.

[1]) Der gewöhnliche Fauſtſchild iſt viel kleiner wie der hier vorher abgebildete Rundſchild. S. auch S. 445 über die Landsknecht-Rondartſchiere.

51. Italienischer Gesichtsschild aus dem 16. Jahrhundert, welcher nur zum Prunk gedient zu haben scheint. Er besteht aus einem einzigen getriebenen Stücke. — Museum zu Turin.

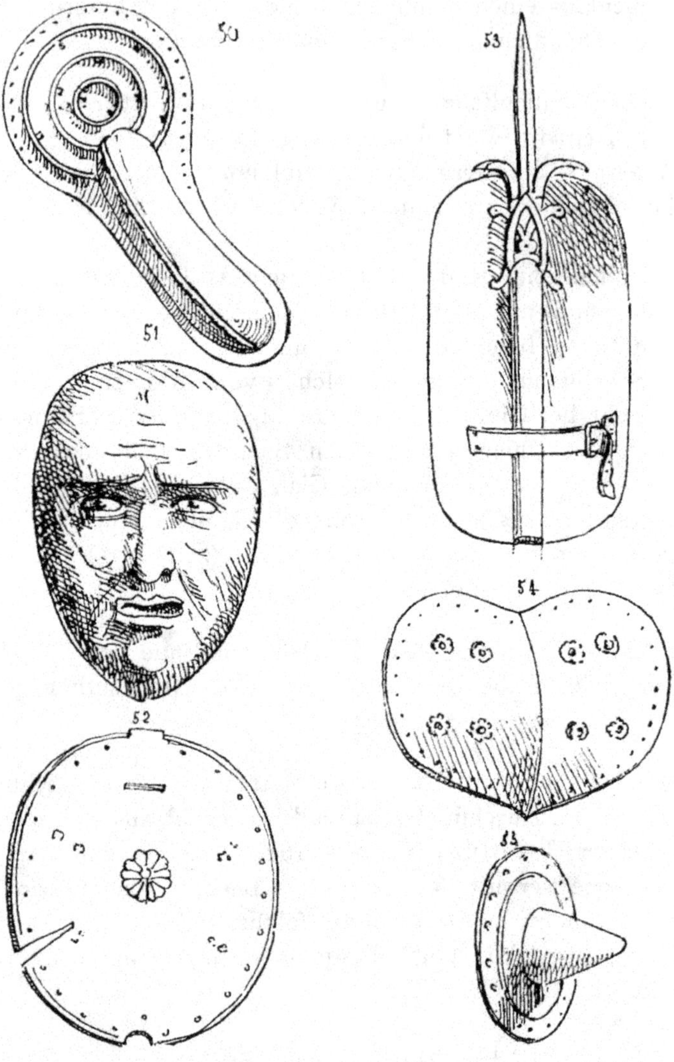

52. Rundschild mit Visier und Einschnitt eines Fußsoldaten in geschwärztem Stahl, 2 Fuß breit und $1\frac{1}{2}$ Fuß hoch, aus dem 16. Jahrhundert. Dieser 12 Pfund wiegende Schild hat Visier und Spalte, um den Degen durchzulassen. Sammlung Llewelyn-Meyrick in Goodrich-Court.

55I

53. Italieniſcher Schwertſchild, 70 cm hoch; ausſchließlich des 50 cm langen Schwertes; vom 16. Jahrhundert. Die nebenſtehende Zeichnung giebt die Rückſeite. — Muſeum zu Dresden.

56

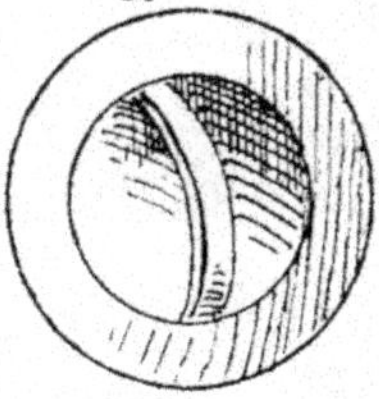

54. Deutſcher Herzſchild; 50 cm hoch und 60 breit; aus geſchwärztem Eiſen vom 16. Jahrhundert. Der Schild iſt in der Mitte ausgebaucht und mit Gräte. — Sammlung im Schloſſe Löwenburg auf der Wilhelmshöhe bei Kaſſel.

57

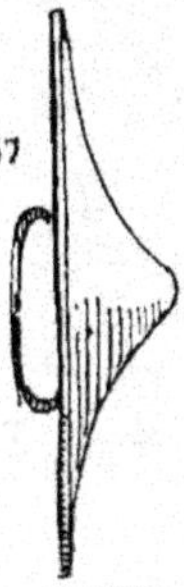

55. Deutſcher Fauſtſchild (rondelle à poing; engl. fist shield) aus dem 16. Jahrhundert, nach Holzſchnitten jener Zeit im Kupferſtichkabinett zu München.

55. I. Deutſcher Fauſtſchild vom 14. Jahrhundert. — Sachſenſpiegel, Bibliothek zu Wolfenbüttel.

58

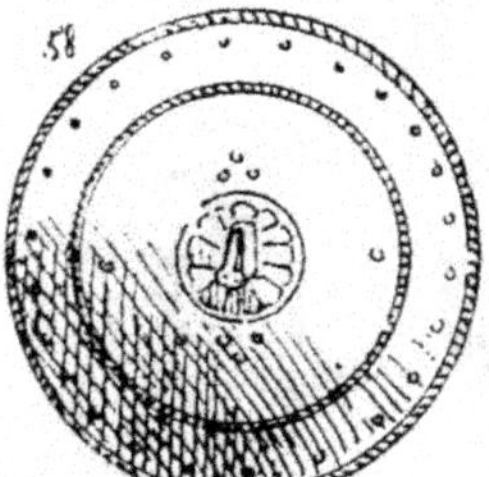

56. Engliſcher Fauſtſchild (ſpan. broquel) aus der Mitte des 14. Jahrhunderts, ſogenannte Pavoiſienne, nur $1^1/_4$ Fuß im Durchmeſſer. Nach dem Schnitzwerke eines Kammes aus jener Zeit.

59

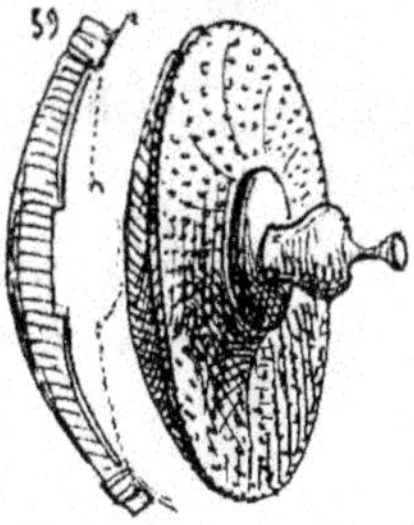

57. Deutſcher Fauſtſchild, nur 30 cm im Durchmeſſer haltend, vom Ende des 15. Jahrhunderts. — Städtiſches Zeughaus zu München.

58. Fauſtſchild mit einem Haken (Degenbrecher); er mißt 27 cm im Durchmeſſer und gehört dem Ende des 15. Jahrhunderts an. — Sammlung Llewelyn-Meyrick.

59. Stählerner Fauſtſchild; 25 cm im Durchmeſſer, vom Ende des 15. Jahrhunderts; wird dem Grafen von Richmond (Heinrich VII. König von England im Jahre 1485) zugeſchrieben. — I. 5 im Artillerie-Muſeum zu Paris.

60. Türkischer Faustschild mit Visier, von Eisen aus dem 16. Jahrhundert, 30 cm im Durchmesser, mit einem Monogramm, welches den Namen Allah bedeutet, und einem Stempelzeichen, das man auf vielen aus dem Zeughause Mahmuds II. herrührenden Waffen vorfindet. — Geschichtliches Museum im Schlosse Monbijou zu Berlin. Ein ähnliches Stück befindet sich im Erbacher Museum.

61. Deutscher eiserner Faustschild von 35 cm Durchmesser, mit Spitze und Laterne für nächtliche Kämpfe. — Welfen-Museum in Hannover. (Siehe den Laternenrundschild Nr. 46. etc.)

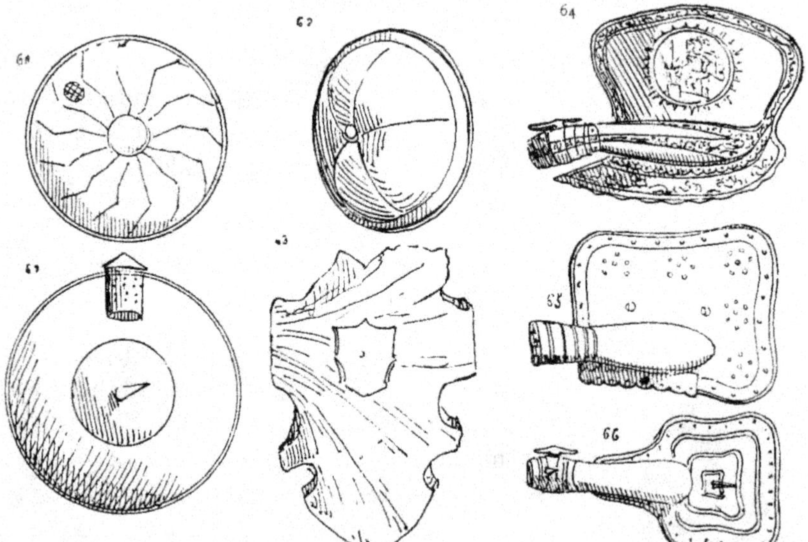

62. Deutscher Faustschild aus dem 16. Jahrhundert, nach dem „Triumph Maximilians“ von Hans Burckmair (1517).

63. Faustschild aus Elenshorn mit eisernem Wappenschildchen; 2. Hälfte des 15. Jahrhunderts. — I. 4. im Artillerie-Museum zu Paris.

64. Kleine deutsche Tartsche mit Armzeug, aus dem 16. Jahrhundert. — Von einem Grafen von Henneberg herrührend; sie wird jetzt in Meiningen aufbewahrt.

65. Kleine deutsche Tartsche mit Armzeug; aus dem 16. Jahrhundert. — Museum zu Turin.

66. Kleine deutſche Tartſche mit Degenbrecher u. Kampfhandſchuh, aus dem 16. Jahrhundert. — Geſchichtliches Muſeum im Schloſſe Monbijou zu Berlin.

67. Kleine deutſche Fauſttartſche mit Degenbrecherhaken; nur 20 cm breit. — Sammlung Llewelyn-Meyrick. Dieſer Schild iſt von beiden Seiten dargeſtellt. Ein ähnliches Exemplar in der Sammlung des Grafen v. Nieuwerkerke.

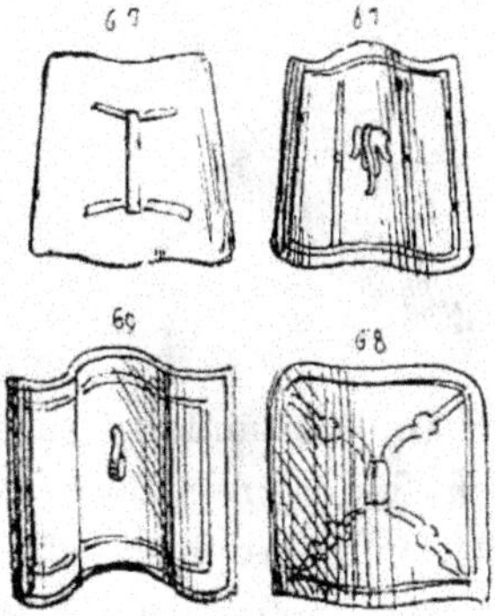

68. Kleine deutſche Fauſttartſche, von der Rückſeite geſehen; vom Ende des 15. Jahrhunderts. — Geſchichtliches Muſeum im Schloſſe Monbijou zu Berlin.

69. Kleine deutſche Fauſttartſche[1]) mit Degenbrecherhaken, vom Ende des 15. Jahrhunderts. — Muſeum zu Erbach und Porte de Hal in Brüſſel.

70. Gewölbter Schild von Nordweſt-Indien der engliſchen Beſitzungen. — Indiſches Muſeum zu London.

[1]) Dieſe Fauſttartſchen ſowie die kleinen runden Fauſtſchilde waren im 16. u. 17. Jahrh. wieder als Linke Hand in der Fechtkunſt im Gebrauch.

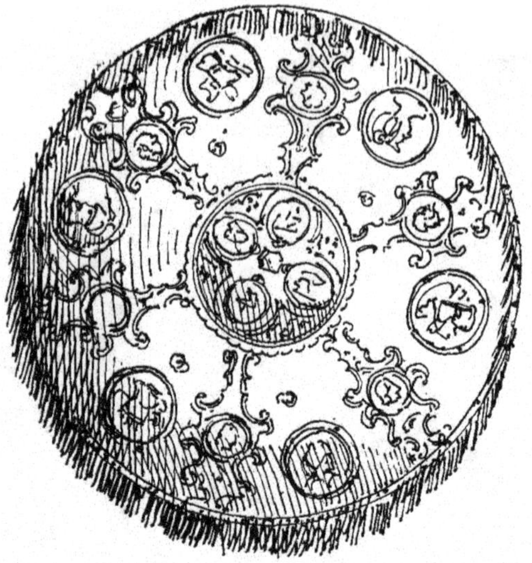

Deutfcher Prunkfchild aus dem 16. Jahrhundert, Augsburger Arbeit. Die getriebenen Verzierungen find von großer Feinheit, Medaillons, gut gezeichnete Bruftbilder und Trophäen enthaltend. Der Fransenbefatz ift mit Schraubenmuttern befeftigt und die Kehrfeite des Schildes gepolftert. -- Ambrafer Sammlung in Wien.

Italienifcher Prunkfchild, 56 cm. diam., in getriebenem, gepunztem und theilweife vergoldetem Eifen, vom 16. Jahrhundert mit der Namenszeichnung: „Geergeus de Ghisys Mantua. F. A. M. D. L. III“, wohl das fchönfte italienifche Erzeugnis diefer Art in Eifen. Es ift kein anderer derartiger Gegenftand aus der Zeit des Rückgriffs bekannt, wo der Stil reiner gehalten und die Einzelheiten prächtiger ausgeführt find. Die Abbildung kann felbftverftändlich nicht die Feinheit, befonders des Gepunzten wiedergeben. — In der 1870 zu Paris verfteigerten Sammlung San-Donato, Nr. 631 des Verzeichnisses.

Deutfcher Prunkfchild aus dem 16. Jahrhundert, wahrfcheinlich Augsburger Arbeit. Die Verzierungen diefes fehr fchön getriebenen Rundfchildes weifen auf die letzten Jahre des 16., wenn nicht auf den Anfang des 17. Jahrhunderts hin und die Trophäen erinnern an Verzierungen franzöfifcher Künftler aus der Regierungszeit Heinrichs IV. — Ambrafer Sammlung in Wien.

Deutſcher Prunkſchild, in getriebenem Eiſen, (Ambraſer Sammlung) aus dem 16. Jahrhundert; ſoll dem Kaiſer Karl V. angehört haben. Dieſe Schutzwaffe, in ihrer Art eines der ſchönſten Werke deutſcher Kunſt, iſt verſchiedene Male nachgeahmt und die

Kopie ſehr teuer an Liebhaber verkauft worden, welche das Original nicht geſehen hatten. Eine dieſer Fälſchungen befindet ſich in Frankreich (gegenwärtig im Pariſer Artillerie-Muſeum), wo es als italieniſches Kunſtwerk erſten Ranges von dem verſtorbenen Baron de Mazis angekauft worden iſt. Die nebenſtehende Skizze vermag nur ſehr unvollkommen alle künſtleriſchen Schönheiten des Meiſterwerkes wiederzugeben.

Wie bereits bemerkt, waren Waffen dieſer Art nicht für den Krieg beſtimmt, ſondern wurden nur bei Feſtlichkeiten getragen, wo die Großen der damaligen Zeit in Pracht und künſtleriſcher Vollendung ihrer Rüſtungen mit einander wetteiferten.

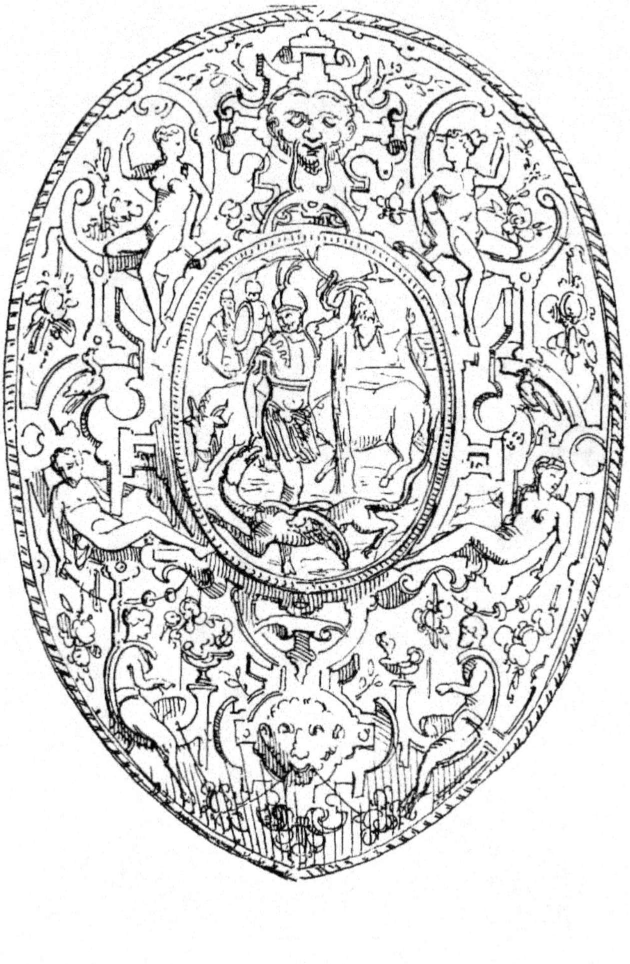

Befonders ftand Italien in der ganzen Zeit des Rückgriffs durch Leiftungen diefer Art in hohem Anfehen, und feine berühmteften Künftler lieferten nicht bloß die Entwürfe zu folchen Prachtwaffen, fondern legten fogar bei der Ausführung felbft Hand an.

Deutfcher, fehr forgfältig ausgeführter Prunkfchild in getriebenem Eifen aus dem 16. Jahrhundert. Die Verzierungsart kann als charakteriftifch für die Vorwurfsweife deutfcher Stecher jener Zeit gelten. — Kaiferliche Sammlung zu Wien.

Panzerhemden und Stückpanzer (Küraſſe).

Haubert oder beringte, bekettete, beſchildete und benagelte Brünnen oder Panzerhemden. — Schuppen- und Maſchenpanzerhemden. — Platten. — Italieniſche Panzerjacken (Brigantinen). — Geöhrte Zeugunterpanzer (Gambesons). — Biſchofskragen oder Maſchenpelerinen. — Stückpanzer (Küraſſe). — Koller etc.

Die Geſchichte der allmählichen Umgeſtaltung der Rüſtung während des Mittelalters, des Rückgriffs, des 17. und 18. Jahrhunderts, iſt ebenſo wie in der Einleitung S. 44 und 45 die Beſchreibung und die Benennungen der verſchiedenartigen römiſchen Panzer, bereits im zweiten Abſchnitt dieſes Buches behandelt worden; es bleibt hier noch übrig, die verſchiedenen Gattungen ſolcher Rüſtſtücke genauer zu beſtimmen.

Das Panzerhemd (fr. cotte vom deutſchen Kutte, ſpan. malla auch lorica und brunica ſowie certinia, ital. giaco di maglia), welches der Leder- und Stahlrüſtung voranging, wurde auch im Franz. haubert, engl. hauberk von der deutſchen Halsberge ſowie in Deutſchland Brünne[1]), auch Brunica genannt. Der kleine Haubert, das kleine Panzerhemd, ſpäterhin die Rüſtung des Schildknappen und wenig bemittelten Edelmanns, war, wie der Codex aureus zu St. Gallen beweiſt, im 8. Jahrhundert von allen Rittern getragen. Dieſer Haubert bildete eine Art Schuppenjacke, die nicht über die Hüften reichte und deren wenig an-

[1]) Altdeutſch, wovon Brun(e)hilde, die gepanzerte Kriegsgöttin, ſowie der Name Bruno (der Gepanzerte).

ſchließende Ärmel etwas unterhalb des Ellbogens endeten. Der große oder weiße Haubert, das lange Panzerhemd, in Kittelform und mit Kapuze oder Ringhaube, (franz. camail), ging anfangs nur bis über das Knie und die wenig anſchließenden Ärmel, das Armzeug oder die Armberge, hörten etwas unterhalb des Ellbogens auf; in ſolcher Weiſe findet ſich dies Waffenkleid im Martyrologium, einer in der Stuttgarter Bibliothek befindlichen Handſchrift vom 10. Jahrhundert, und im Älfric, einem angelſächſiſchen Manuſkript des 11. Jahrhunderts, in der Bibliothek des Britiſchen Muſeums, dargeſtellt. Was die Bewaffnung des deutſchen Ritters in der ebenfalls dem 11. Jahrhundert angehörigen Handſchrift der Düſſeldorfer Bibliothek, welche den Jeremias und die Apokalypſe enthält, anbelangt, ſo iſt die Ausbildung derſelben um fünfzig Jahre allen ſonſtigen aus jener Zeit bekannten Rüſtungen voraus; denn nach der Seligenthaler Mitra und dem Teppich von Bayeux, die beide demſelben Jahrhundert angehören, war die große Brünne, welche jene Handſchrift ſchon mit langen Ärmeln und getrennten Rüſthoſen und Rüſtſtrümpfen darſtellt, noch eng wie ein Tricot anſchließend, mit daran feſt ſitzenden Rüſthoſen und kurzen Ärmeln. Die Schutzrüſtung, welche in der erwähnten Jeremiashandſchrift vorkommt, erſcheint in England, Frankreich und Spanien erſt im 12. Jahrhundert, wie dies auf den Siegeln Richards I. Löwenherz (1189—1199), Ludwigs VII. des jüngeren (1137—1180) und des Grafen von Barcelona, Don Ramon Berengars IV. (1131—1162) dargeſtellt iſt.

Dieſer Haubert, dieſe Brünne oder Panzerhemd wurde vor und während der allgemeinen Anwendung des Maſchenwerks[1]) auf verſchiedene Weiſe von gepolſtertem Stoffe oder dickem Leder angefertigt. Die älteſte Art bei den germaniſchen Völkern, jedoch wohl nach ſchon vorheriger Anwendung von Schutzſtücken aus Bronzedraht (ſ. S. 292, 293 u. 299), iſt wahrſcheinlich die beringte (franz. annelée, engl. ringed) Brünne (la broigne im Franz.), bei welchem der Schutz in Metallringen beſtand, die flach, einer neben dem andern, aufgenäht wurden. Schon im Rolandsliede geſchieht Erwähnung der Broigne: «Helmes lacies e vestues lor bronies» (CCXXII). Das bekettete (franz. rustrée, engl. rustred) Panzer-

[1]) S. S. 236 u. 276 die ſchon bei den Römern gebräuchlichen Panzerhemden von Kettengewebe der hastati und unter der Republik.

hemd hatte an Stelle der einfachen und runden Ringe ovale und flache Ringe, die zur Hälfte immer einer den andern bedeckten.

Das Schildpanzerhemd (franz. macleé, engl. macled) war mit kleinen Metallplatten in Rautenform beſetzt.

Das gegitterte oder benagelte (franz. treillissée, engl. trelliced) Panzerhemd beſtand aus Metallplättchen[1]) oder aus Lederſtreifen, die auf das Zeug oder die Lederhaut netzartig aufgeſetzt waren; jedes auf dieſe Weiſe gebildete Viereck oder jede Raute trug einen vernieteten Nagelkopf.

Jazeran oder Korazin[2]) nannte man die große Brünne, welche wie der oben erwähnte kleine Haubert des 8. Jahrhunderts, geſchuppt, d. h. mit Schuppen beſetzt (lat. lorica serta oder hamis conserta; franzöſiſch imbriqué oder écaillé, engliſch scaled) war.

Das Maſchen- oder Kettenpanzerhemd (ἅλυσις, latein. molli lorica catena — ſ. d. griechiſchen S. 200, wenn nicht geſchuppt? — θώραξ λεπιδωτός, — franz. cotte de mailles, engl. chain-mail haubert, dän. eiſerkotze) beſtand ganz aus Maſchen, meiſt von Eiſen, und hatte weder Stoff noch Lederfutter, auch keine Kehrſeite; ein Metallgewebe, das wie ein Hemd angelegt wurde und deſſen Ringe Stück für Stück vernietet waren, was man Gerſtenkornvernietung (grains d'orge) nannte.

Es giebt zwei Arten dieſes Maſchenwerks; die einfache und die doppelte Maſche, für deren Anfertigung Chambly (Oiſe) Ruf hatte. Die doppelte wie die einfache Maſche weiſt ſtets auf jeden Ring vier andere mit ihm verbundene auf.

Dieſes Maſchenpanzerhemd reicht in Deutſchland weiter als nur bis zu der Zeit der Kreuzzüge zurück, wie es der Schlendrian der Kompilatoren noch immer nachſchreibt. Nicht die Kreuzfahrer ſind es, die daſſelbe bei der Rückkehr von Jeruſalem in ihr Heimatland eingeführt haben; das Maſchenpanzerhemd war hier ſchon lange vor dem 11. Jahrhundert verbreitet. Die byzantiniſche Prinzeſſin Anna Comnena kannte es nur als die Tracht der aus dem Norden gekommenen Ritter. (S. ihre Denkwürdigkeiten.)

So wurden u. a. auch in den Reihengräbern bei Dürkheim

---

[1]) Solche gegitterte (treillissée) oder benagelte Plättchenpanzerhemden mögen wohl morgenländiſchen Urſprungs ſein und gehören zu den älteſten in der europäiſchen Bewaffnung (ſ. S. 347, 353, 366 u. 368, ſowie die byzantiniſchen Panzer S. 286).

[2]) Ein Name, der wahrſcheinlich von Khoraſan, der nordöſtlichen Provinz Perſiens, abzuleiten iſt.

Stücke von Messingpanzergeflecht gefunden, wo die Einlage aus Leder besteht und darauf mittelst einer aus Graphit und kohlensaurem Kalk bestehenden Masse auf beiden Seiten das Messinggewebe gekittet, und über diesem noch Wollenstoff angebracht ist. Jetzt wird in der Technik derselbe Kitt angewendet, der aus Graphit, Ochsenblut und gebranntem Kalk besteht.

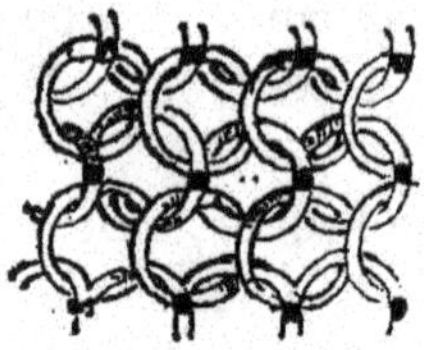

Die hier abgebildeten genieteten Eisenmaschen, 8 mm dick, von einer kleinen deutschen Brünne aus dem 13. Jahrh., sind zu Thorsberg im Holsteinischen gefunden worden). (S. S. 276 die römische Eisenmasche, sowie S. 236 die römischen Kettenpanzer.

Das Maschenpanzerhemd wird immer noch von den Indiern, Persern, Chinesen, Japanern, Mongolen, Mahratten, Polygaren, Tscherkessen und andern getragen; die Maschen sind aber da oft ohne Vernietung, gleich den der gefälschten Pariser Panzerhemden. Es giebt indes auch persische und tscherkessische Panzerhemden mit Vernietung.

Platte, (wovon noch vorhandene nicht bekannt sind), hieß ein aus von oben nach unten laufenden Schienen bestehender, mit Nagelköpfen auf Leder genieteter Panzer, welcher meist, nach Art der Lendner, bis über die Lenden reichte, mit Leinen gefüttert und etwa nur von 1230 bis 1350 im Gebrauch war, weil er nur über die Brünne zur Verstärkung getragen wurde, ebenso wie die Bruststplatte oder das Stahlstück (s. über beide S. 66—69, 340, 398, 400, 401 u. d. m.) Es ist bis jetzt auch kein auf uns gekommenes Exemplar eines Stahlstückes bekannt. —

Die Panzerjacke war eine Art kurze Brünne, die nicht über die Hüften reichte, und wie der weiße oder große Haubert auf verschiedene Weise angefertigt wurde.

Die italienische Panzerjacke oder Brigantine (franz. brigantine, engl. brigandine-jacket) ist aus kleinen Metallschilden gefertigt, in der Art der schild- oder dachziegelförmig geschuppten Panzerhemden; diese Schildchen sind auf der inneren Seite des Stoffes und zwar derartig genietet, daß die zumeist aus (mit Leinwand gefüttertem) Samt bestehende Außenseite nichts als eine Unzahl kleiner aus kupfernen Nagelköpfen gebildeter Vernietungen zeigt, während der eigentliche Harnisch, nach innen gewendet, an den Körper sich anlegt. Die Brigantine, in Italien befonders während des 15. Jahrhunderts in Gebrauch, war auch die Lieblingsbekleidung Karls des Kühnen.

Unter Gambefon oder geöhrtem Unterpanzer verftand man eine Art Wams ohne Ärmel, das über und über mit Schnürlöchern bedeckt und aus Leder oder Leinwand gefertigt war. Der Gambefon oder Gambifon mit daran fitzenden Rüfthofen und Rüftftrümpfen, welcher im 14. Jahrhundert unter den früheften Schienenrüftungen getragen wurde und von dem ein einziges Exemplar nur (im bayerifchen National-Mufeum zu München) bekannt ift, beftand gleichfalls aus leicht gefüttertem Leder oder Leinen; Bruftfchild, Vorderfchurz und die Seiten der Kniefcheiben waren dabei mit Eifenmafchen verfehen, um den Körper auch an den fchwachen Stellen der Rüftung zu fchützen.

Der Bifchofskragen, auch Mafchenpelerine, wurde häufig über dem Panzer getragen und war befonders in Italien im 15. Jahrhundert in Gebrauch. Eine der im Parifer Medaillen-Kabinett aufbewahrte Schachfpielfiguren Karl des Großen († 877) zeigt aber auch fchon den Karlingifchen Krieger mit Schuppenpelerine. (S. die Abbildung S. 358.)

Die auf der vorhergehende Seite bereits erwähnte Platte, welche der Schienenrüftung vorausging und zur Verftärkung des Mafchenpanzerhemdes, worüber fie getragen wurde, diente, befteht aus unter dem Lederüberzug neben einander herunter laufenden Eifenfchienen, welche vermittelft Niete, wovon gemeinlich die Köpfe auf der äußeren Seite des Lederwamfes fichtbar hervortreten, befeftigt find.

Der Stückpanzer, Plattenpanzer oder Küraß aus dem italienifchen corazza, von dem lateinifchen corium, Leder, weil die erften römifchen Stückpanzer wahrfcheinlich aus Leder angefertigt waren (franz. cuirasse) befteht aus zwei Teilen: der Bruftfchild (franz. plastron, auch pectoral-mammelière, engl. breast-platte), welche der Bruft zum Schutze dient, und der Rückenplatte (franz. dossière, auch huméral musquin, engl. back-platte), welche den Rücken fchützt. — Gräte (franz. tabule, engl. centre-ridge, salient-ridge, tapul) nennt man die Linie, welche oft den Bruftfchild in der Mitte von oben nach unten teilt.

Man nannte auch wohl Semi-Lorica den Hals- oder nur Bruftpanzer.

Mit Carrelet (der eigentliche Name des dünnen dreischneidigen Degen), häufiger aber noch mit Halecret, bezeichnet man im Altfranzösischen den kleinen aus Eisen geschmiedeten Stückpanzer, welcher im 15. und 16. Jahrhundert im Gebrauch war. Die Benennung Halecret kommt u. a. verschiedene Male in den „Contes de la reine de Navare“ (Marguerite de Valois, 1492—1549) vor.

Cuirassine hieß im Altfranzösischen der kurze, nur wie der Frauenschnürleib, bis unter die Schultern reichende Stückpanzer.

Rücken- und Bruſtschild wurden gewöhnlich durch Riemen verbunden, die über Schultern und Halsberge reichten. Der Zuschnitt des Stückpanzers gewährt, wie derjenige der übrigen Theile der Rüstung, selbst mehr noch, einen Anhaltspunkt für die Zeitbestimmung. Die gotischen Bruſtschilde sowohl als auch diejenigen aus dem Anfange des 16. Jahrhunderts sind bisweilen scharfkantig, gewölbt und halb gewölbt; im allgemeinen richtet sich ihre Form nach der Kleidertracht der Zeit.

Die Allegrate (franz. wie der obige carrelet, halcret genannt, engl. allecrete) gehört auch zu den Panzern, soll aber ein nur ganz leichter aus Eisenblech und mit anhängenden Maschenkrebsen versehener gewesen sein, welcher von 1520 bis um 1570 bei den leicht bewaffneten Söldnern, besonders den Schweizer Landsknechten verbreitet war. Genaueres darüber ist dem Verfasser nicht bekannt. Wahrscheinlich trug diesen Namen der nur die Brust und den Oberleib bedeckende Panzer ohne Rückenschild, wie man ihn oft in alten Stichen und Zeichnungen als Landsknechtsrüststück dargestellt findet und wo derselbe aus querlaufenden Eisenschienen zu bestehen scheint (oder die S. 477 abgebildete Halsberge?).

Ausführliche Erläuterungen über die Umgestaltung aller solcher Schutzwaffenstücke findet man in dem geschichtlichen Abschnitt, sowie auch in dem Kapitel, welches die vollständige Rüstung in allen ihren Einzelheiten behandelt. — Die Zeichnungen, welche hier dargestellt sind, geben in zeitfolgiger Aufstellung alle Arten Panzerjacken, Panzerhemden, Panzer und Stückpanzer, wie sie bis zur Zeit ihrer Abschaffung (1620—1660) auf einander folgten, um dann durch die gewöhnlich aus Elenshaut angefertigten und mit großem Ringkragen oder Halsberge aus bronzirtem Eisen versehenen Koller (franz. buffletin, engl. buff-coat, auch jeskir) ersetzt zu werden.

1. Stück eines Ringpanzerhemdes, (franz. broigne),[1]) das aus flachen, neben einander auf gepolſterte Leinwand oder auf Leder genähten Ringen zuſammengeſetzt war.

Dieſe Gattung und die folgenden ſind in den Buchmalereien oft kaum von einander zu unterſcheiden. (Vgl. die unter Nr. 4 folgende Zeichnung.)

1

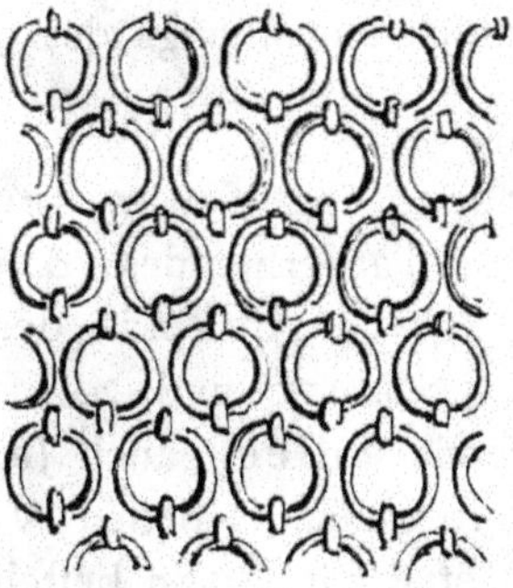

2

4

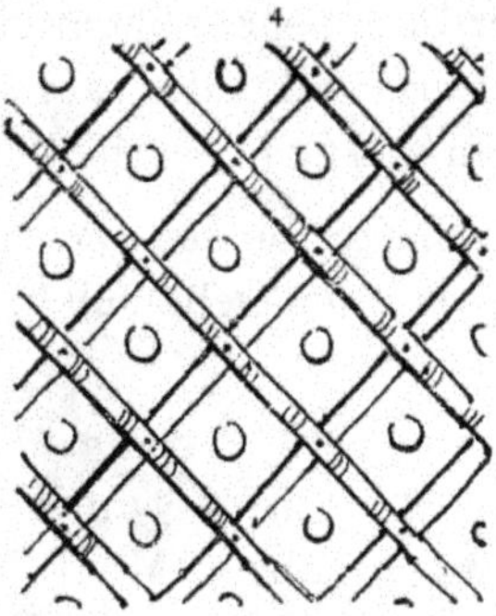

3

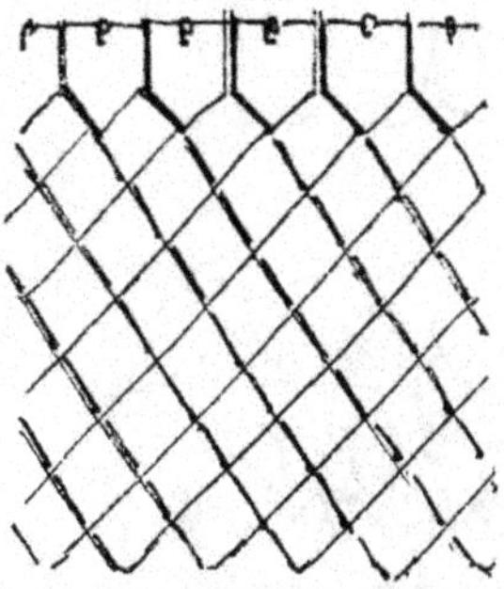

2. Stück eines Kettenpanzerhemdes; hier ſind die flachen Ringe oval und bedecken einander zur Hälfte.

Dieſe Art, bei welcher die Ringe nicht ineinander verſchlungene Ketten bilden, ſcheint oft in den Kleinmalereien aus wirklichen Ketten zu beſtehen.

3. Stück eines Schildpanzerhemdes (franz. maclée). Die Rüſtung beſteht aus kleinen Metallplatten in Rautenform, welche ebenfalls auf eine Unterlage von Zeug oder Leder genäht ſind und zuweilen einander zur Hälfte bedecken.

[1]) Hewitt giebt die Abbildung eines elfenbeinernen Reiterſtandbildchens vom 14. Jahrhundert, wo die Brünne ſowie die Parſche des Pferdes mit Lederſtreifen auf welcher Ringe genäht ſind, Verſtärkungen erhalten.

4. Mufter des gegitterten und benagelten Panzerhemdes (franz. treillissée.) (Diefe ebenfalls aus gepolfterter Leinwand oder Leder hergeftellte Schutzwaffe ift mit dicken, gitterartig aufgefetzten Lederftreifen verfehen, in der Mitte jeder Raute fitzt ein vernieteter Nagelkopf.

Es hält fchwer, diefe Art in den Kleinmalereien von dem Ringpanzerhemd zu unterfcheiden, da folche benagelte Hemden mit (wie hier) aber auch ohne die Schienenftreifen anfangs des 9. Jahrhunderts vorkommen. (S. Nr. 9).

5

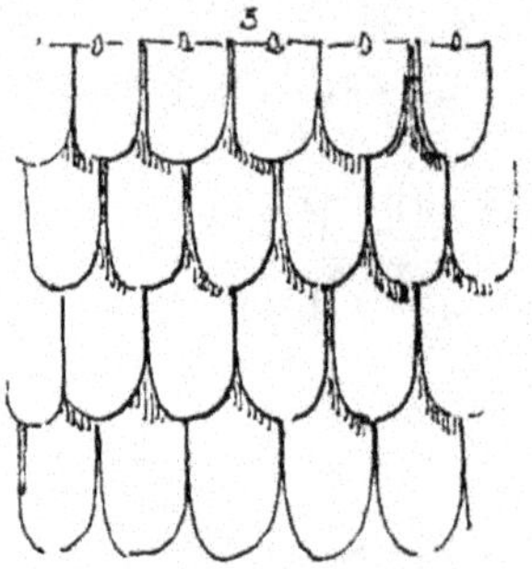

5. Probe des gefchuppten oder beziegelten Panzerhemdes (d. Θώραξ λεπιδωτός, lorica squamae der alten Griechen, S. S. 177 und 201, franz. écaillée fowie fuilée), auch Jazeran und Korazin genannt, deffen Verkleidung aus Metallfchuppen befteht, die nach Art der Dachziegel reihenweife auf gepolfterte Leinwand oder auf Leder genäht wurden und fich teilweife deckten.

Solche Schutzrüftungen waren auch bei den Affyrern im Gebrauch[1]).

6

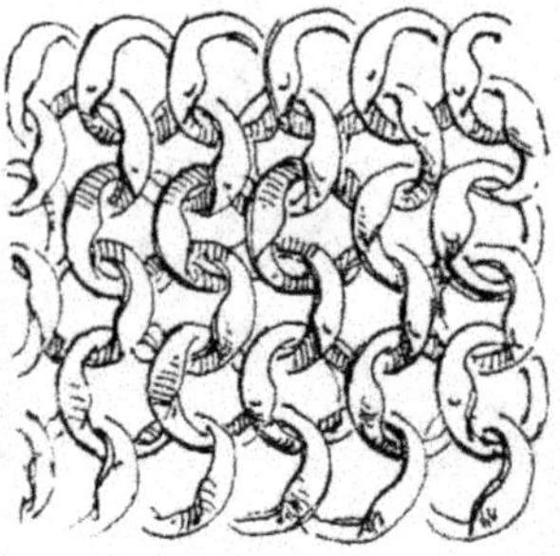

6. Probe des genieteten Ketten- oder Mafchengewebes. (Molli lorica catena der Römer, f. S. 236.) Ein folches nur aus Metallmafchen angefertigtes Mafchenpanzerhemd hat keine Fütterung. Die Außen- und Innenfeite find einander völlig gleich.

Das Ungenietete ift dem Genieteten fehr ähnlich, nur daß die Nietftellen fehlen.

Das Mafchenpanzerhemd (franz. cotte de mailles) war anfangs des 12. Jahrhunderts allgemein.

7. Kleines Panzerhemd oder kleine Brünne (jacque) des

---

[1]) Magdeburger Heller aus den Jahren 1150 und 1160, fowie einige ältere deutfche Heller zeigen Panzerhemden, an denen man deutlich die Dachziegelformlage unterfcheidet, welche aus gröfseren Schuppen gebildet, auch an den Hauberten der Ritter auf den im

8. Jahrhunderts, aus dachziegelförmig über einander gelegten Schuppen, eine Art Waffenkleid, das auch unter dem Namen Jazeran oder Korazin bekannt war. — Codex aureus aus dem 9. Jahrh. von St. Gallen.

8. Benagelter großer oder weißer Haubert, oder Brünne oder ganzes Panzerhemd, mit daranſitzender Ringhaube oder Kettenkapuze und kurzen Ärmeln. Nach dem Martyrologium, einer Handſchrift aus dem 10. Jahrhundert in der Stuttgarter Bibliothek.

7

8

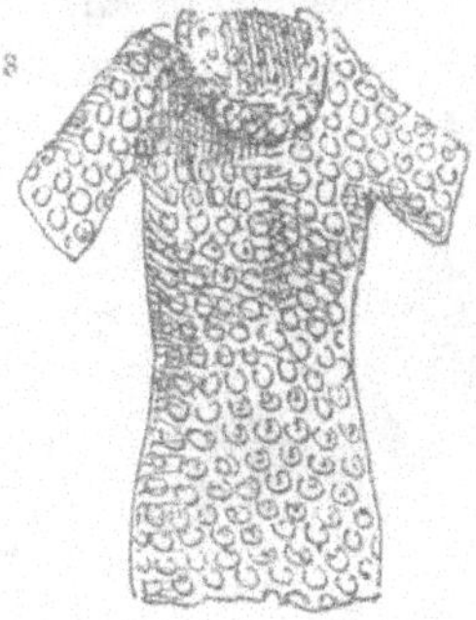

9

10

9. Normanniſcher gegitterter großer oder weißer Haubert, eine Brünne aus dem 11. Jahrhundert, mit loſer Kettenhaube und kurzen Ärmeln. Teppich von Bayeux.

10. Ruſſiſche kurze Brünne, welche von Wladimir Staritza dem Großen (herrſchte v. 973—1015) getragen worden iſt. Die Eiſenmaſchen

11. Jahrhundert ausgeführten Wandmalereien im Braunſchweiger Dom zu erkennen iſt. Die älteſte bekannte Brünne mit ziegelförmigen Schuppen iſt die oben dargeſtellte des Codex aureus von St. Gallen, aus der Zeit zwiſchen dem 8. und 9. Jahrhundert. Die Brünne auf Childerichs I. (447—481) Siegelringe (ſ. S. 353) ſcheint gegittert, wenn nicht beſchildet (franz. maclé) wie Nr. 3 und 8 hier.

ſind hier mit Mengen viereckiger Plättchen verſtärkt, welche alle Kreuze zeigen.

11. Deutſche Brünne aus dem 11. Jahrhundert mit daranſitzender Ringhaube, Rüſthoſen und Rüſtſtrümpfen, nach der mehrfach erwähnten Handſchrift: „Klagelieder des Jeremias und Apokalypſe," in der Düſſeldorfer Bibliothek.

12. Gambeſon oder Gambiſon, geöhrter leinener Unterpanzer, eine Waffenjacke aus dem 16. Jahrhundert, von durchſtochener und nach Art der Schnürlöcher ausgenähter Leinwand. Der Gambeſon wurde meiſtens unter dem Stückpanzer getragen. — Cluny-Muſeum in Paris und Sammlung Renné in Konſtanz.

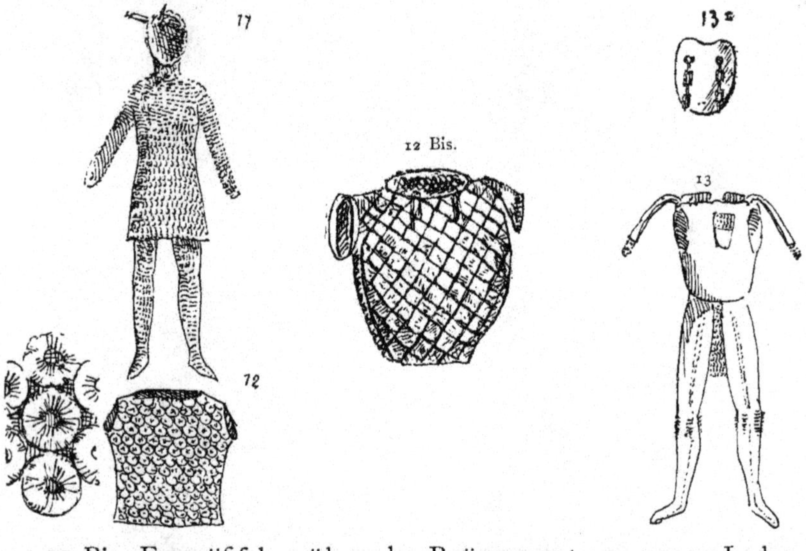

12. Bis. Franzöſiſcher über der Brünne getragener, aus Lederriemen geflochtener Oberpanzer (franz. Gambiſon treslé) vom Ende des 14. Jahrhunderts. Franzöſiſche Handſchrift: „Tite-Live" von 1395. — National-Bibliothek zu Paris.

13. Gambeſon oder Gambiſon (ſpan. gambax — velmez — perpunte) aus dem 14. Jahrhundert, mit daranſitzenden Rüſthoſen und Strümpfen. Er iſt aus gepolſterter Leinwand gefertigt und auf der Bruſtplatte, am Vorderſchurze und an beiden Seiten der Knieſcheiben mit eiſernem Maſchengewebe beſetzt. Das einzige

[1]) In Frankreich wurden ſolche Gambiſons (gambeson, wambison, gambais, gambaisen) verſchiedener Art, während des 12., 13. und 14. Jahrhunderts, ſowohl über wie auch unter der Brünne getragen.

bekannte Exemplar, nach welchem diese Zeichnung angefertigt ist, befindet sich im National-Museum zu München.

13. I. Bruſtplatte oder Stahlſtück (franz. plaſtron, — pectoral mammelière auch pièce d'acier) in Eiſen, welche vom 13. bis 14. Jahrhundert über der Platte und Brünne getragen wurde. (S. S. 398.)

Die Ketten dienten zur Befeſtigung von Schwert und Dolch.

13. II. Hintere Anſicht der vom Verfaſſer reſtaurirten hier innererſeits dargeſtellten Platte, einer von 1230—1350 über die Brünne, zur Verſtärkung gegen Speerſtöße, oft auch gleichzeitig mit den Bruſtſchilde oder Stahlſtücke, getragenen Schutzwaffe.

13 II.

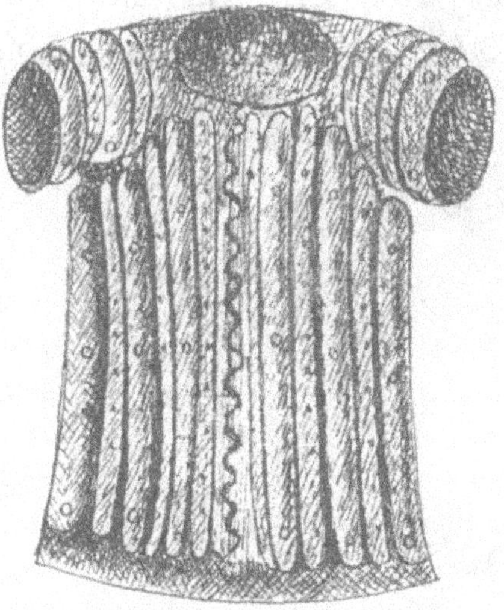

(S. S. 69.) Neben jeder der breiten herablaufenden Eiſenſchienen befindet ſich ein ſchmaler, der mit kleinen, wie die breite mit großen Nietnagelköpfen, unter dem lendnerförmigen Lederüberzug befeſtigt iſt, ſo daß äußerlich die Platte nichts von den Schienen, ſondern allein die Nietnagelköpfe, oft aber auch ſelbſt dieſe nicht zeigt, da es auch Platten gab, welche doppelten Lederüberzug hatten. Gemeinlich wurden die Platten auf dem Rücken zugeſchnürt. Ein S. 251 abgebildeter germaniſeher (?) Panzer der ſogenannten Eiſenzeit hat wegen ſeiner ebenfalls herablaufenden Schienen Ähnlichkeit mit der mittelalterlichen Platte, wovon kein Exemplar mehr vorhanden iſt.

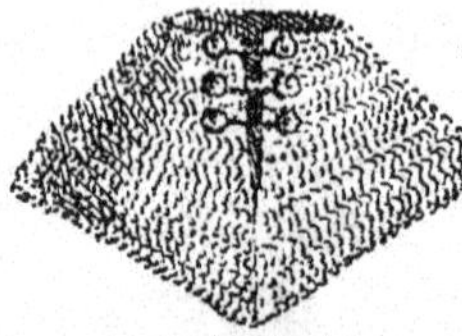

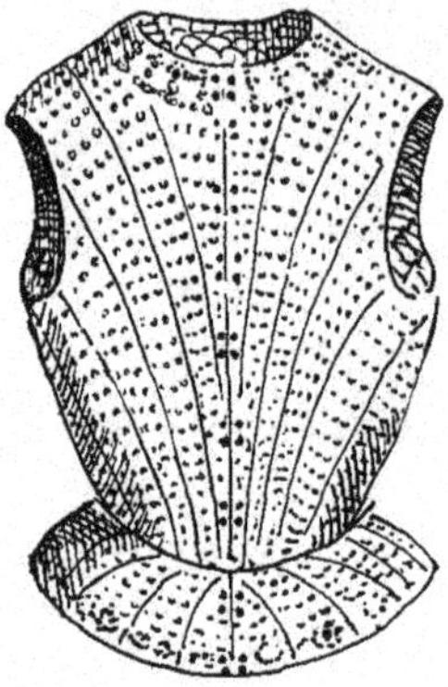

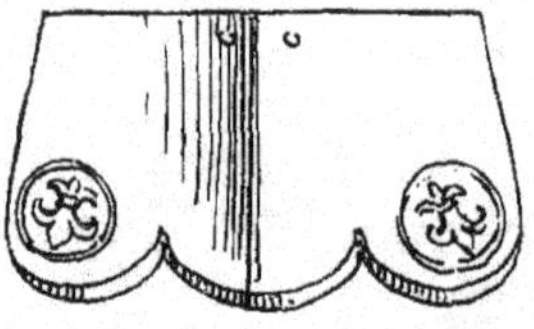

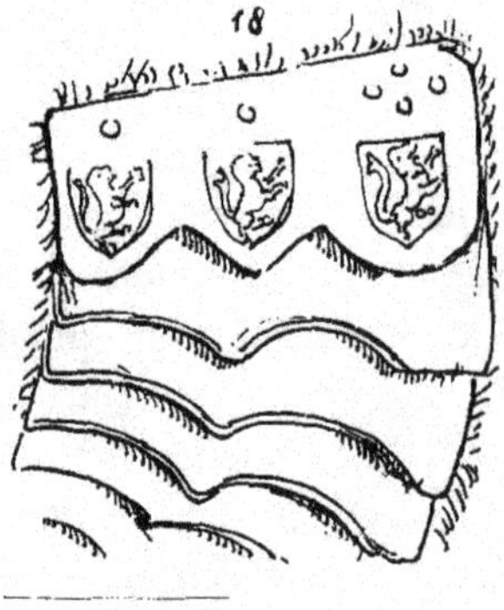

14. Venetianiſche Maſchenpelerine[1]) auch Biſchofskragen genannt, mit der die Dogen bewehrt waren. Dieſelbe wurde auch in Deutſchland im 15. und 16. Jahrhundert getragen. — Sammlung Renné in Konſtanz. (Das Exemplar ſtammt aus dem Dresdener Muſeum.)

14. I. Halsbergebruſtſtück (wahrſcheinlich mit Achſel und Rückenſtück), eines deutſchen Ritters von 1365. — Nach Ausgrabungen in der Tannenburg, von Hefner-Alteneck.

15. Maſchenhalsberge mit Ärmeln aus dem 15. Jahrhundert. — Dresdener Muſeum.

16. Italieniſche Panzerjacke oder Brigantine[2]) aus dem 15. Jahrhundert. Die dreilappigen mit Lilien bezeichneten Schuppen (Nr. 17) ſind dachziegelförmig aufgeſetzt und unter das Samtwams genietet, deſſen Innenſeite ſie bilden. — Darmſtädter Muſeum.

17. Dreiblättrige Schuppe der ebengenannten Brigantine, in nahezu natürlicher Größe.

18. Brigantinenſchuppen, mit Stempel, einen Löwen vorſtellend, aus der Sammlung des Verfaſſers.

Viele Muſeen haben ſolche Brigantinen mit ihrer Kehrſeite aufgeſtellt. Der Irrtum rührt daher, daß die Konſervatoren der Meinung geweſen ſind, der Stoff, Samt oder Leinen, müſſe dem Körper zugewendet geweſen ſein. Die Biegung der Schuppen weiſt jedoch darauf hin, daß

[1]) Clavin auch colletin hieſs im Franz. ein ähnlicher Bruſt- und Halsſchutz.
[2]) Nicht zu verwechſeln mit der Platte (ſ. darüber S. 69 u. 587).

dieſe Rüſtung anders getragen wurde. Jene irrige Auffaſſung hat ſich in die Muſeen zu Dresden, in das Cluny-Muſeum zu Paris und in die Ambraſer Sammlung eingeſchlichen.

19. Brigantinenbruſtplatte aus dem 15. Jahrhundert, aus kleinen Stahlplatten zuſammengeſetzt. Sie iſt im Cluny-Muſeum, ebenfalls mit der Kehrſeite nach außen, wie ſie hier gezeichnet, ausgeſtellt.

19

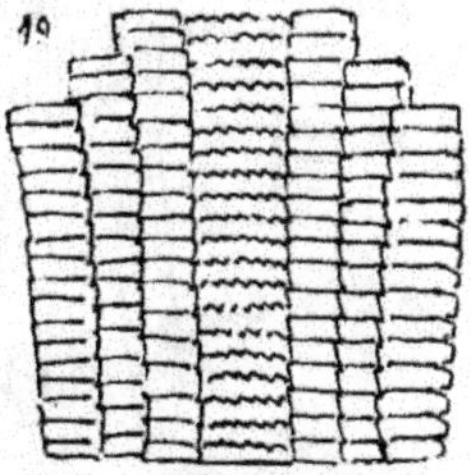

20

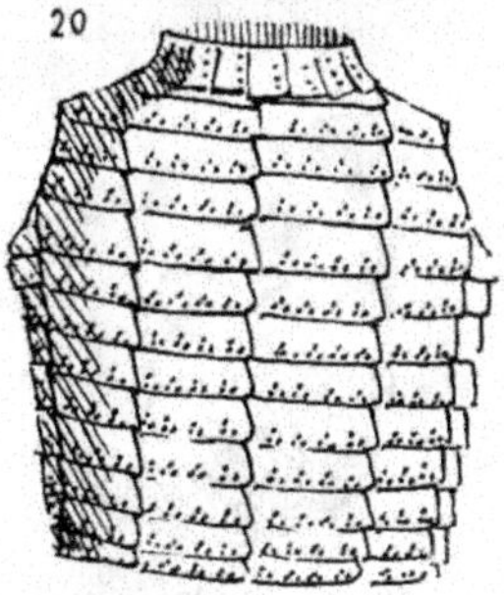

21

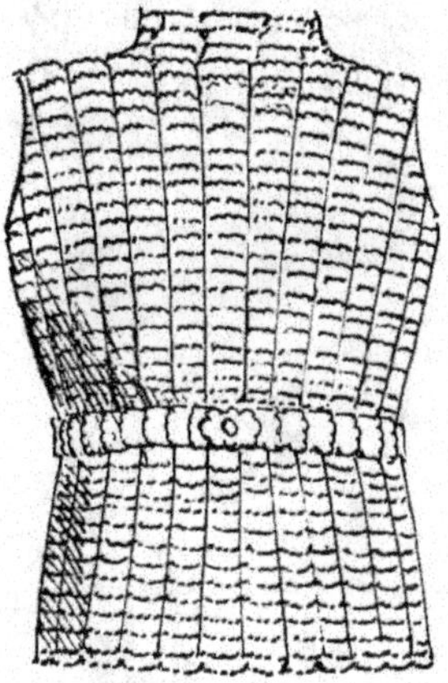

20. Brigantine aus dem 15. Jahrhundert, aus kleinen Stahlplatten zuſammengeſetzt und im Artillerie-Muſeum zu Paris unter Nr. 127, wiederum mit der Kehrſeite nach außen geſtellt. — In den Muſeen zu München und Sigmaringen ſind ähnliche Exemplare.

21. Brigantine aus dem 15. Jahrhundert, aus dreiblättrigen, zur Hälfte einander bedeckenden Schuppen zuſammengeſetzt. Dieſes Exemplar iſt wegen ſeines Vorderſchurzes bemerkenswert, der einen Teil der Schenkel, von den Hüften an, umgiebt. — Muſeum zu Dresden. Die Ambraſer Sammlung beſitzt eine ähnliche Brigantine. In beiden Muſeen ſind wieder die Kehrſeiten nach außen gewendet.

22. Rüſtjacke aus dachziegelförmigen Stahlſcheiben mit Halsberge und Maſchenarmzeug, aus dem 15. Jahrhundert. Die

Schuppen dieſer Rüſtung ſind nicht, wie die der Brigantinen, auf den Stoff, ſondern unter einander vernietet. Dieſe Jacke hat wie ein Maſchenpanzerhemd, weder Zeug- noch Lederfutter. — Sammlung Erbach in Erbach.

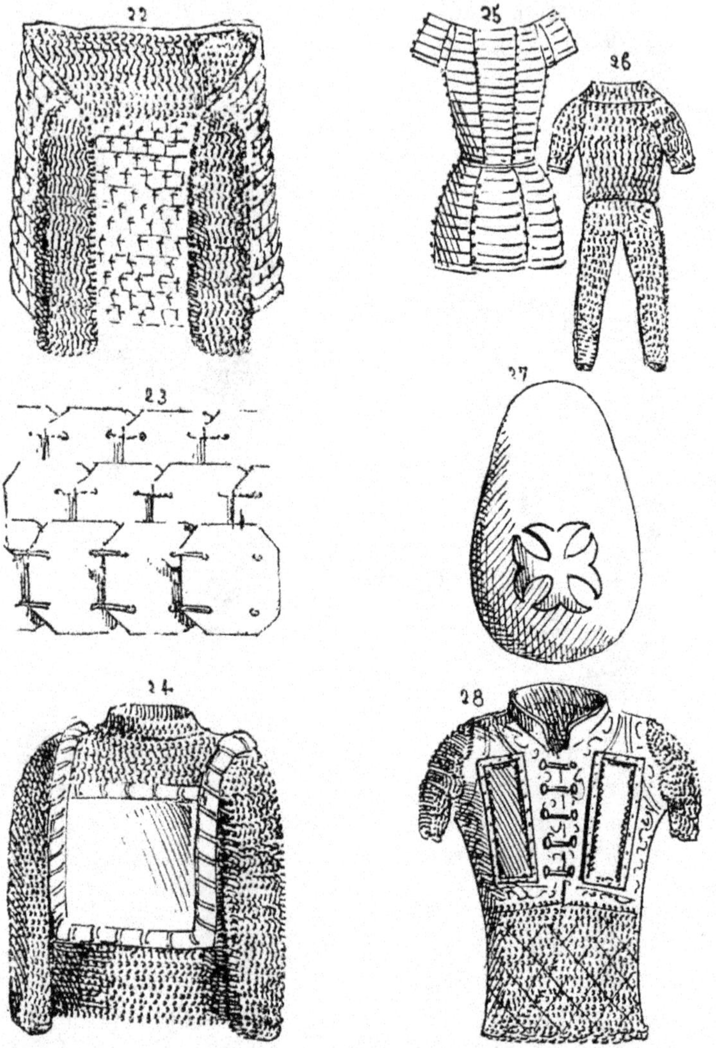

23. Schuppen obiger Jacke, in halber natürlicher Größe.

24. Maſchenpanzerjacke, dem Johann Ziska (geſt. 1424) zugeſchrieben, auf einem alten, wahrſcheinlich nach Zeichnungen aus jener Zeit gemalten und in der Genfer Bibliothek aufbewahrten

Bilde. Jacke und Bruftplatte find aus Eifen, die Mafchen der Halsberge und die Wülfte dagegen aus Kupfer.

25. Rüftung aus Stahlfcheiben, nach einer perfifchen, um 1600 angefertigten Handfchrift. Diefe Kopie des Schah-Nameh oder Heldenbuches, ift mit 215 prächtigen Miniaturen ausgeftattet und befindet fich in der Bibliothek zu München.

26. Perfifche Mafchenbrünne mit Ärmeln und Rüfthofen nach derfelben Handfchrift.

27. Geglättete Stahlfchuppe in beinahe natürlicher Größe von der Jazeran, d. h. der dachziegelförmig gefchuppten Rüftung Sobiesky (1674—1696), die im Mufeum zu Dresden aufbewahrt wird. Eine große Anzahl diefer Schuppen ift mit vergoldeten und darauf feftgenieteten Kupferkreuzen verziert. — S. im die Helme betreffenden Abfchnitte die zu diefer Rüftung gehörige Eifenkappe.

28. Mongolifches Panzerhemd mit Stahlfpiegeln vom Anfange des 18. Jahrhunderts. Die Mafchen find ohne Vernietung. — G. 138 im Artillerie-Mufeum zu Paris.

29

29. Polygarifches Mafchenpanzerhemd. — Sammlung Llewelyn-Meyrick in Goodrich-Court.

Für diefe Rüftung find die Spitzen, welche von dem Halskragen herabgehen, charakteriftifch.

30

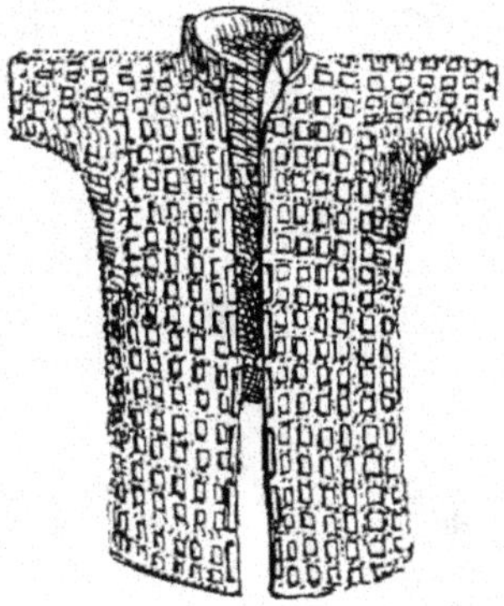

30. Indifches (?) Panzerhemd — Sammlung Llewelyn-Meyrick. Der ftehende Halskragen und die viereckigen Plättchen fcheinen auf einen nicht fehr alten Urfprung zu deuten.

31. Indiſches Rüſtzeug aus Rhinozerosfell [1]). Dieſe Rüſtung, die mit damaszierten Scheiben beſetzt iſt, hat einen ſehr neuzeitigen und wenig gefälligen Charakter. Das Artillerie-Muſeum zu Paris beſitzt einige ähnliche morgenländiſche Rüſtzeuge. — Sammlung Llewelyn-Meyrick.

31. Bis. Sindiſch-Indiſches (Bombay) Rüſtzeug in Schienen, Schuppen und Kettengewebe. — Indiſches Muſeum zu London.

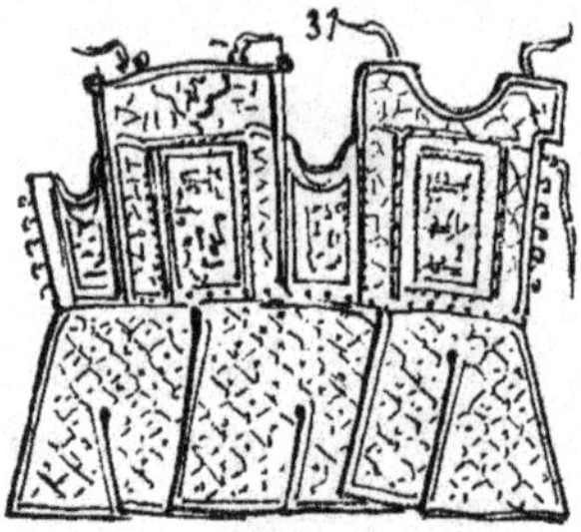

32

31 Bis.

33

32. Sarazeniſches Maſchenpanzerhemd, aus dem 16. Jahrhundert. An ſeinem hintern hier ſichtbaren Teile iſt es mit einer Art einfacher und unten gezackter Ringhaube verſehen, die zugleich als Schulterſchutz und als Camail dient. Dieſe im Artillerie-Muſeum zu Paris befindliche Rüſtung iſt kurz und reicht nur wenig über die Hüften hinab.

33. Gotiſcher Gräten-Stückpanzer oder Grätenküraß (franz. Cuirasse) mit Vorderrüſthaken (franz. faucre, — S. S. 424 u. 427 den Hinterrüſthaken, franz. queue), aus dem 15. Jahrhundert. — Ambraſer Sammlung und Sammlung Zſchille zu Großenhain. Dieſe Form iſt überhaupt die ſchönſte, die es giebt.

[1]) Nach dem Meyrickſchen Kataloge werden zu Mandavie, am Golf von Cutch, dergleichen Rüſtungen angefertigt. Die Panzer ſowie die runden Schilde ſollen dort aus den in Öl geſottenen Häuten der Rhinoceroſſe und Büffel hergeſtellt ſein.

34. Gotischer Stückpanzer aus dem 15. Jahrhundert, ohne Rüsthaken, mit geschientem Vorderschurz. — Zeughaus in Zürich.

35. Grätenstückpanzer aus dem 15. Jahrhundert; er ist aus sehr schwerem Eisen und mit rotem, durch eiserne Nagelköpfe befestigten Samt überzogen. — Bayerisches National-Museum zu München.

36. Gotischer Stückpanzer ohne Gräte, vollständig gewölbt und von einer deutschen Rüstung vom Ende des 15. Jahrhunderts stammend. Nach den im Jahre 1505 ausgeführten Zeichnungen Glockenthons. — Ambraser Sammlung.

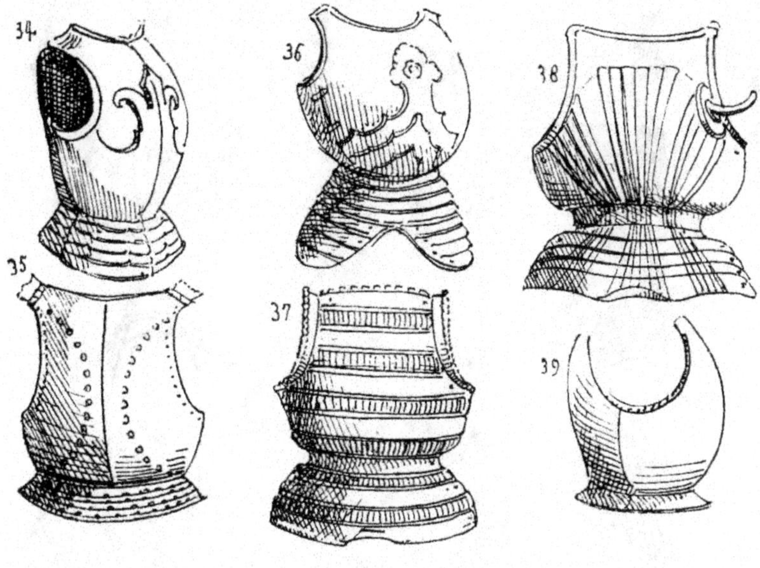

37. Halbgewölbter Stückpanzer ohne Gräte, von einer deutschen Rüstung, vom Ende des 15. Jahrhunderts, aus getriebenem Eisen. — Sammlung Llewelyn-Meyrick.

38. Halbgewölbter Stückpanzer ohne Gräte, mit Vorderrüsthaken, von einer deutschen, sogen. Maximilianischen, gerippten oder Mailändischen Rüstung vom Ende des 15. Jahrhunderts. Der sehr große Vorderschurz von gefälliger Form endigt nicht in Krebsen, wie das sehr häufig bei diesen Rüstungen vorkommt. Panzer und Vorderschutz sind hier vereint. — Arsenal zu Wien und Sammlung Zschille.

39. Halbgewölbter Stückpanzer ohne Gräte, von einer deutschen Rüstung von dem Ende des 15. oder Anfang des 16. Jahrhunderts. —

G. 5 im Artillerie-Mufeum zu Paris und Sammlung des Grafen von Nieuwerkerke.

40. Halbgewölbter Stückpanzer mit Gräte und Vorderfchurz aus der erften Hälfte des 16. Jahrhunderts, von einer deutfchen Rüftung, die dem Landgrafen Philipp dem Großmütigen, geft. 1567 angehört hat.

40

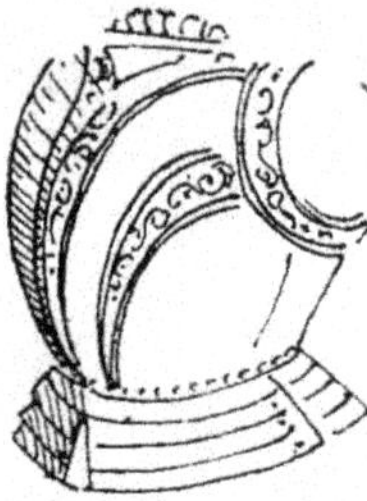

41

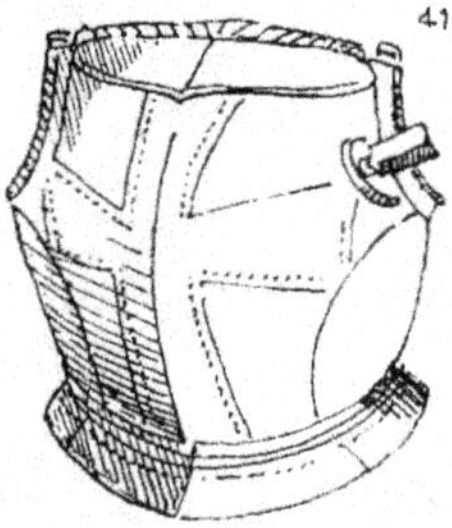

41

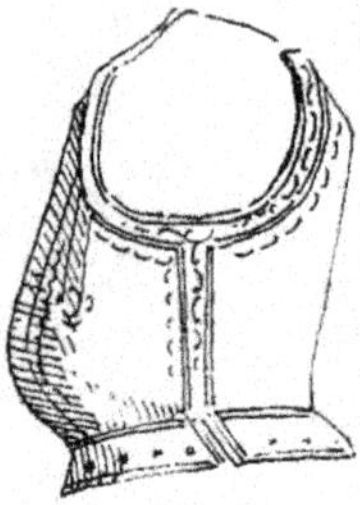

42 I.

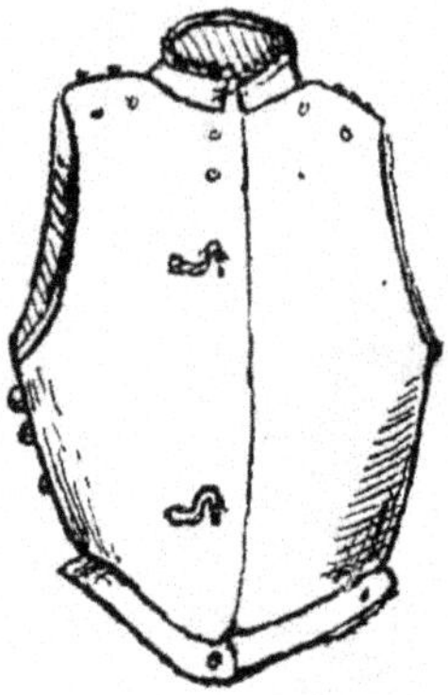

42 II

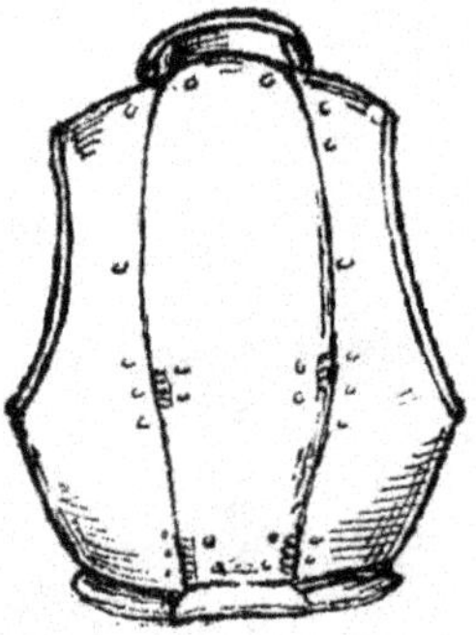

41. Halbgewölbter Stückpanzer mit Gräte und Rüfthaken aus der erften Hälfte des 16. Jahrhunderts, von der Rüftung eines Ritters vom Orden des heiligen Georg. — Sammlung Llewelyn-Meyrick.

42. Stückpanzer mit Rüfthaken ohne Gräte, einer deutfchen Rüftung, von der Mitte des 16. Jahrhunderts. — Sammlung des Grafen von Nieuwerkerke und im Stadtzeughaus zu Wien, wo viele folche von der Bürgerwehr herrührende und mit der Jahreszahl 1546 bezeichnete Rüftungen aufbewahrt find.

42. I. und II. Stückpanzer (curasse. — Breast and backplate in

one) vom Jahre 1580, deſſen aus zwei Teilen beſtehender Vorderſchild (42 I) ſich wie eine Weſte öffnet, deſſen Hinterſchild (42 II) aber aus drei durch Scharnier verbundenen Teilen beſteht. — Sammlung Beardmore — Uplands — Hampshire. —

43

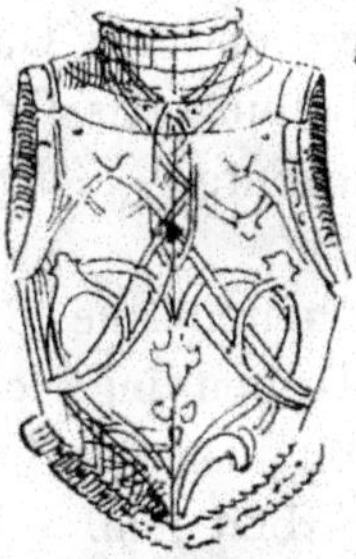

43. Grätenſtückpanzer einer Nürnbergiſchen Rüſtung aus dem Jahre 1570[1]). Kaiſerliches Arſenal in Wien und Sammlung Zſchille.

44

44. Italieniſcher Grätenſtückpanzer mit eingeſtochener Arbeit, vom Ende des 16. Jahrhunderts. — Ambraſer Sammlung.

45

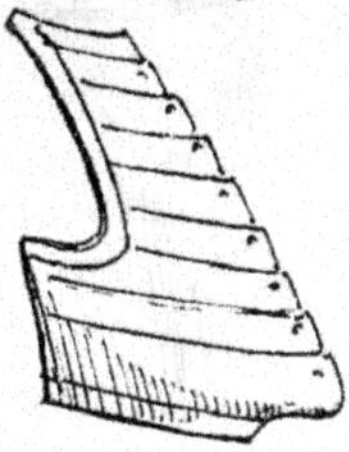

45. Geſchienter Stückpanzer mit ſogenannter Gänſebauchgräte (franz. cosse de pois, engl. pease-cod), vom Ende der Regierungszeit Heinrichs III. († 1589).

Im Gratzer Zeughaus, wo ſich eine Menge ſolcher geſchienter Panzer befinden, ſind dieſelben alle als «ungariſche Küraſſe» bezeichnet.

46

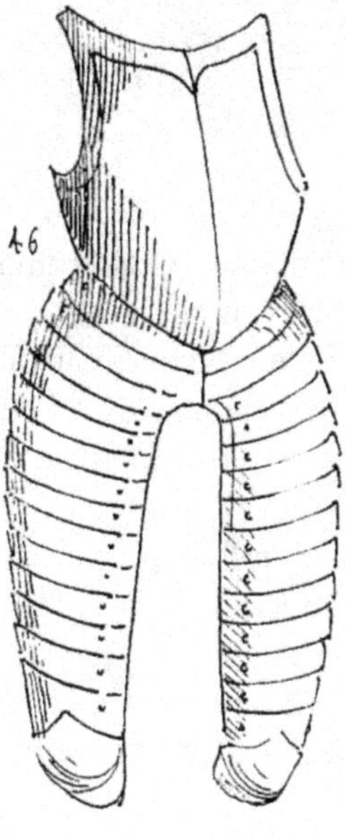

46. Stückpanzer mit Gänſebauchgräte und langen Krebsſchenkelſchienen an Stelle der Krebſe. — Regierungszeit Ludwigs XIII. (1610—1643).

---

[1]) Der Panzer, welcher einer im Louvre dem König Heinrich IV. von Frankreich zugeſchriebenen Rüſtung angehört, iſt ähnlich geformt; ſein Vorderſchurz beſteht aber aus drei breiten Schienen.

47. Italieniſcher Stückpanzer mit Knöpfen und mit Gänſebauchgräte. Ende des 16. Jahrhunderts. — Sammlung des Grafen von Nieuwerkerke und Sammlung Soeter in Augsburg. (S. Nr. 49 den ſchwediſchen Stückpanzer.)

47. Bis. Stückpanzer mit Halsberge. Hier beſteht die Bruſtplatte aus zwei Stücken und iſt zum Auseinanderklappen eingerichtet. Dieſes Rüſtſtück wird einem Turnierharniſch Don Juan von Öſterreich (1575) zugeſchrieben und ſoll italieniſche Arbeit ſein.

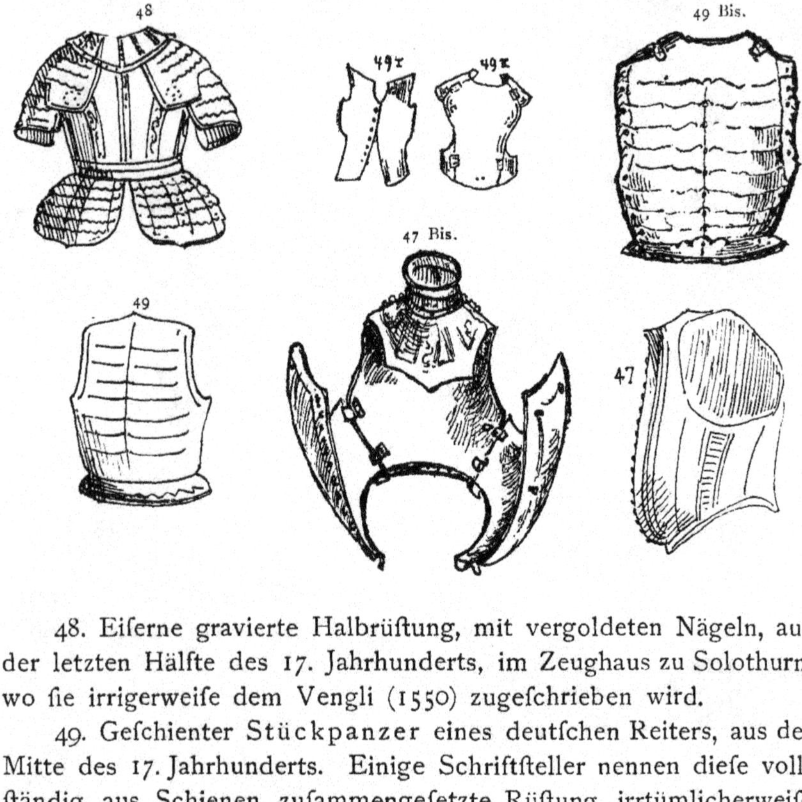

48. Eiſerne gravierte Halbrüſtung, mit vergoldeten Nägeln, aus der letzten Hälfte des 17. Jahrhunderts, im Zeughaus zu Solothurn, wo ſie irrigerweiſe dem Vengli (1550) zugeſchrieben wird.

49. Geſchienter Stückpanzer eines deutſchen Reiters, aus der Mitte des 17. Jahrhunderts. Einige Schriftſteller nennen dieſe vollſtändig aus Schienen zuſammengeſetzte Rüſtung irrtümlicherweiſe Krebſe (écrevisses, ſ. S. 472).

49. Bis. Aus 12 Schienen beſtehender Vorderſtückpanzer vom 17. Jahrhundert. In England nannte man dieſe Schutzwaffe Splints. — Sammlung Beardmore — Uplands — Hampshire.

49. I. und II. Vor- und Hinterſtückpanzer aus Eiſen und mit Knöpfen, ſchwediſcher Herkunft (ca. 1618—1640). — Muſeum zu Überlingen.

50. Koller oder Büffelkoller auch Büffelwams (franz. buffletin, engl. buff-coat oder jerkir) von Elensleder, aus der Zeit des dreißigjährigen Krieges. — G. 162 im Artillerie-Muſeum zu Paris. Das kaiſerliche Arſenal in Wien beſitzt einen ſolchen Koller, den Guſtav Adolf in der Schlacht bei Lützen, wo er fiel, getragen hat. Solche ärmelloſe Wämſer hießen auch im Franz. colletins, und mit collet de buffle bezeichnete man ferner den büffelledernen Wams mit langen Schößen und Ärmeln, welchen früher in der franzöſiſchen Kavalerie getragen wurde.

50

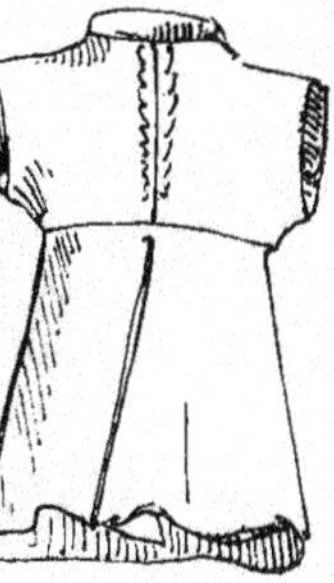

51

52

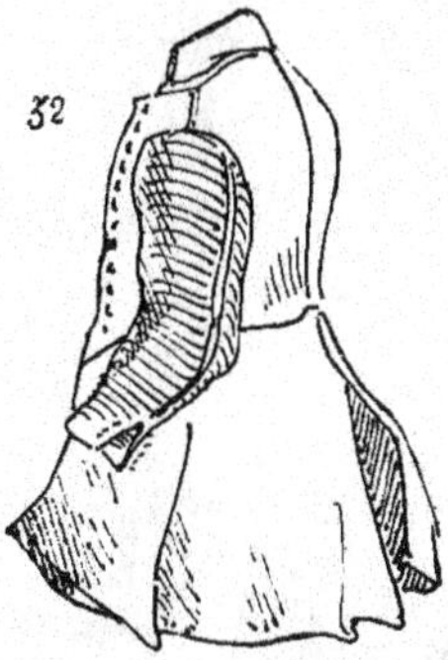

52 Bis.

51. Halsberge, Bruſtkoller oder Ringkragen[1]) (franz. haussecol auch gorgerin, engl. gorget auch gorgin, ſpan. gola, ital. gorgiera) aus bronziertem Stahl zu dem Koller Nr. 50 gehörig, die altzeitigere Halsberge—franz. garde-collet. (S. auch Nr. 9, S. 477.)

52. Küraſſier-Koller mit Ärmeln, von dem Jahre 1650. Im Zeughaus zu Zürich ähnliche Koller von Truppen dieſer Stadt aus dem 17. Jahrhundert ſtammend. Dieſelben ſind mit großen vergoldeten, kupfernen Agraffen beſetzt.

52 Bis. Halsberge, 15:20 cm, aus dickem, durchbrochenem, blankem Stahl mit oben am Halſe vorgebogenen, ausgezackten Kanten, vom 17. Jahrhundert für Büffelkoller und wahrſcheinlich öſterreichiſcher Herkunft.

---

[1]) Wovon die bei den gegenwärtigen Militärausrüſtungen gebräuchlichen Bruſtſchildchen abſtammen.

52 Ter. Ungewöhnlich große Leibgürtelplatte, 15 : 18 cm, welche zu obiger Halsberge gehört, ebenfalls in dickem, durchbrochenem, blankem Stahl, wo der Durchbruch den Doppelreichsadler darſtellt. Beide Stücke im Beſitz des Fräuleins Goldſchmidt v. Ulm.

52 ½. Arabiſcher dem Könige v. Kairevan († 1565) zugeſchriebener Panzer. Es ſoll die Arbeit des Waffenſchmiedes Ali ſein.

52 Ter.

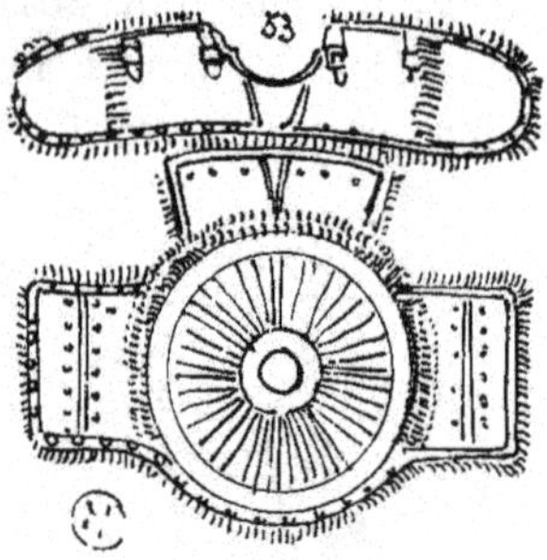

52½

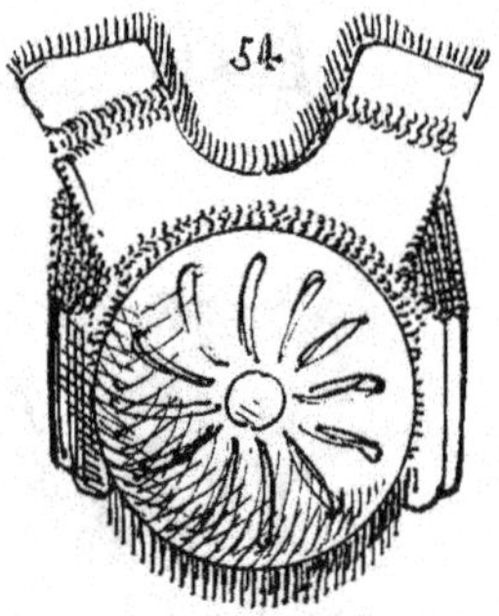

53. Perſiſcher Lederſtückpanzer mit damaszierten Platten wahrſcheinlich aus dem 16. oder 17. Jahrhundert. Dieſe innen gepolſterte Waffe gleicht ſehr den folgenden Janitſcharen-Panzern[1]) — Sammlung Llewelyn-Meyrick.

54. Janitſcharen[2])-Panzer aus dem 16. Jahrhundert. — G. 134 im Artillerie-Muſeum zu Paris. Dieſe Waffe iſt mit dem neben

[1]) S. einen von ähnlicher Form als griechiſchen im Muſeum zu Karlsruhe, abgebildet S. 211.

[2]) Die Janitſcharen (verunſtaltet aus dem türkiſchen ieni tschieri d. h. neue Soldaten) bildeten die Miliz der türkiſchen Infanterie, die im Jahre 1362 durch Murad I. geſchaffen, 1826 aufgelöſt und faſt vollſtändig niedergemetzelt wurde. Janitſcharen und Landsknechte machten die erſten ſtehenden Heere der Feudalzeit aus, da die „Brabaçons“ (14. Jahrhundert), die „grandes Compagnies“, die „Armagnacs“ und die „Francs-Archers“ (1448) in Frankreich, ſowie die „Condottieri“ in Italien

No. 53 befindlichen Zeichen verſehen, mit welchem die Türken den Namen Allah ausdrücken. (Vergl. die dieſes Zeichen betreffende Bemerkung unter den Schilden No. 60.)

55. Janitſcharen-Panzer aus dem 17. Jahrhundert. — G. 133 im Artillerie-Muſeum zu Paris. Die Bemerkung zu den vorhergehenden Nummern 53 und 54 gilt auch für dieſe.

55

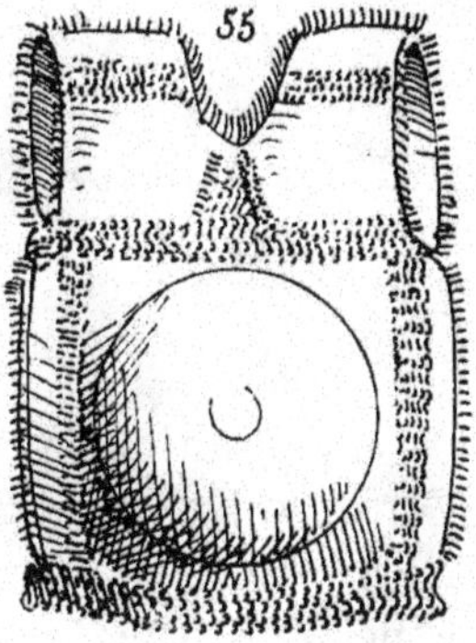

56

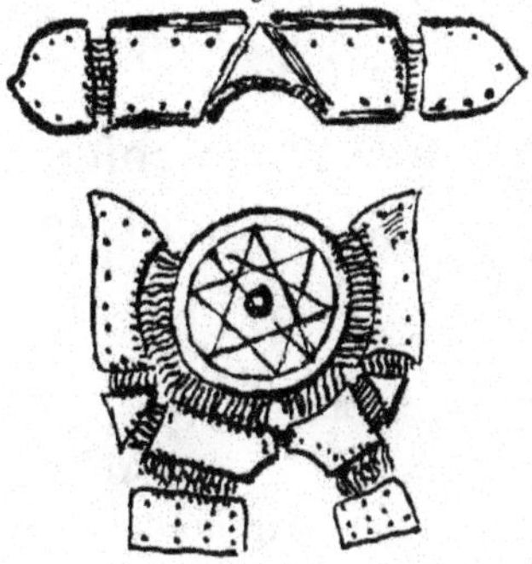

57

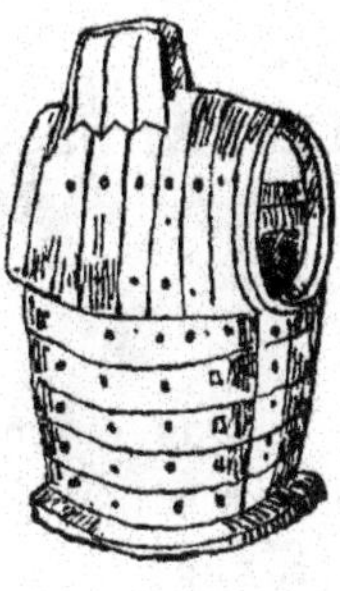

56. Altzeitiger türkiſcher Panzer mit Schulter- und Rückenſtücken aus Konſtantinopel. — Sammlung Beardmore. — Uplands-Hampshire.

57. Schienenpanzer der Bornuer (Bornu, Negerreich des Sudan in Mittelafrika). Die Arbeit an dieſer Schutzrüſtung iſt, hinſichtlich des doch noch wenig vorgerückten Geſittungsſtandpunktes von Bornu, bewunderungswürdig.

alle viel späteren Zeitabschnitten angehören. Die Kopfbedeckung der Janitscharen war nicht der Helm, noch der Turban, sondern eine runde huthohe weisse Filzmütze (Börk) mit daraus herabhängendem Ärmel und weissem Musselinschleier; ſie rührte vom Sultan Murad I. her, welcher den Ärmel seines weissen Filzrockes segnend auf das Haupt eines der Befehlshaber dieser Miliz gelegt hatte. Die Mütze der Hauptleute war zipflig spitz, in Form der heutigen Nachtmützen und mit einem Sgurzis-Federbusch versehen. Die Angriffswaffen der Janitſcharen waren Säbel und Bogen, wo hingegen die der Spahis (die von den Timarioten und Zaims, Inhaber der Kriegerlehen geſtellte Reiterei, — alles Europäer) langes gerades Schwert und Speer. Aus Säbel, Bogen und Streitaxt, ſowie dem Wurfſpieſs (djerid) beſtanden die Waffen der Anatolier.

XII.

Die Armzeuge oder Armſchienen und die Eiſenarme (Fahnenträger).

Das eigentliche Armzeug (lat. manuela und manica — S. Front. ad. M. Caes. Ep. IV. 3; — braciale d. Vorderarmſchuz, franz. brassards, engl. brassard auch armlet, ital. braciale, ſpan. braceral, armadura del braccio) machte bei den Alten zwar keinen feſten Beſtandteil ihrer Bewaffnung aus, demungeachtet findet ſich aber bei ihnen ſowohl als auch bei den ſogenannten barbariſchen Völkern der Bronzeperiode ein ſpiralfederartiger Armſchutz vor, von welchem bereits im Vorhergehenden Abbildungen gegeben ſind. In der Frühzeit des Mittelalters, als die Schienenrüſtung noch nicht erfunden war, wurden die Panzerhemden oder Brünnen oft mit Ärmeln angefertigt (Armſchutz mit Maſchenfauſthandſchuh), die ſpäter aus geſottenem Leder beſtanden, welche alsdann wieder durch Stahlſchienen erſetzt wurden. Es gab einfache, doppelte und vollſtändige Armſchienen, mit welch letzteren die Rüſtung des Unter- und Oberarms durch die Ellbogenkacheln verbunden war. Die großen, Tatzen genannten Turnierarmberge mit daran ſitzendem, nicht gefingertem Kampfhandſchuh vom Ende des 15. und aus dem Verlauf des 16. Jahrhunderts waren nur für den linken Arm beſtimmt. Man bediente ſich ihrer gewöhnlich an Stelle des Turnierbruſtſchildes. Auch die Form und Größe der Kacheln und Schulterſchilde können zur Beſtimmung der Zeit eines ganzen Armzeuges beitragen, das, gewöhnlich mit Scharnieren verſehen, den Arm an allen Teilen ſchützte.

Man kennt auch ſogenannte „Eiſenarme“ (ſ. Muſeen Sigmaringen, München und Poldi-Pezzoli-Manſoni in Mailand), welche oft

Götz von Berlichingen zugeſchrieben werden, was aber Myſtifikationen ſind. Dieſe maſſiven Armhandſchuhe täuſchten den Gegner und dienten ſo dazu, die Hand des Fahnenträgers zu ſchützen. (S. im Abſchnitt „verſchiedenes Kriegsgerät", die Abbildung davon, ſo wie die des echten künſtlichen Eiſenarmes Götz' von Berlichingen, welcher zu Jagſtfeld im Württembergiſchen aufbewahrt iſt.)

1. Armſchutz eines Panzerhemdes oder Brünne mit Maſchenfäuſtlingen oder Hentzen (franz. brassard-à-moufle en mailles, engl. mitten oder inarticulated gauntlet of mail, ſpan. manguilla, ital. guanto di catene) ſ. d. Armzeug vom 14. Jahrhundert S. 376.

1 Bis.

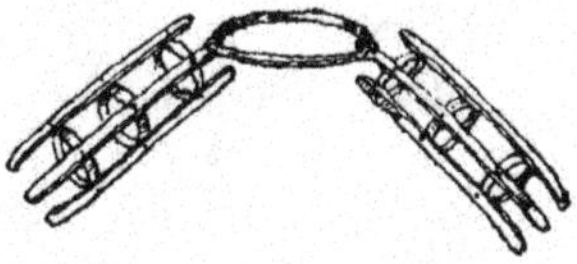

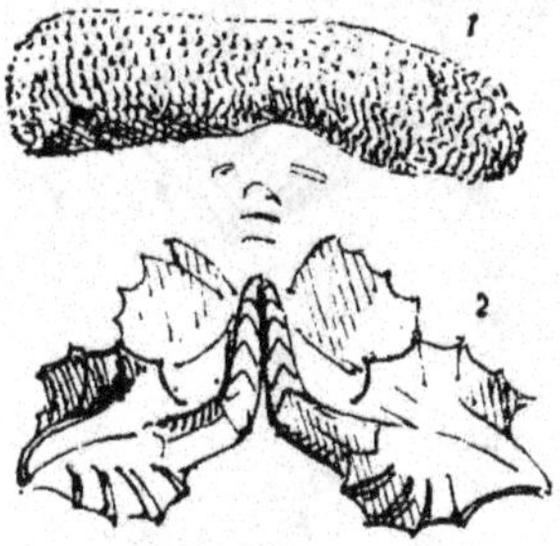

2 Bis.

1. Bis. Vom Verfaſſer rekonſtruierte, Mußeiſen benannte, aus Eiſenſtäben dargeſtellte Oberarmberge mit Schulterſtangen (?) vom 14. Jahrhundert (ſ. die S. 391 abgebildete Figur eines Altarbildes von Hall. Noch vorhandene Exemplare ſolcher Rüſtzeuge ſind nicht bekannt. Im ſelben 14. Jahrhundert ſollen auch Mußeiſen für Beinſchutz beſtanden haben.

Mit dünneren Mußeiſen wurden ferner die engeren Ärmel des Söldnerwamſes im 15. Jahrhundert benäht.

2. Gotiſches vollſtändiges Armzeug mit Meuſeln oder Ellbogenkacheln. Oberarm und Kampfhandſchuh, nach einem Grabdenkmal in Oxfordshire, vom Jahre 1469. Die Kacheln haben eine ungewöhnliche Größe.

2. Bis. Über das Maſchenpanzerhemd befeſtigt, Ober- und Unterarmſchienen mit runden Ellbogenkacheln oder Meuſeln (franz. cubi-

tières) und gleich geraden runden Achſelhöhlſcheiben. Vom 13. Jahrhundert. — Nach dem Grabdenkmale des Ritters Baion in der Kirche zu Charleſton.

3. Gotiſches Armzeug mit Achſelſtück, Ellbogenkacheln für Ober-, Vorder- und Hinterarm, aus der Mitte des 15. Jahrhunderts.

4. Desgleichen.

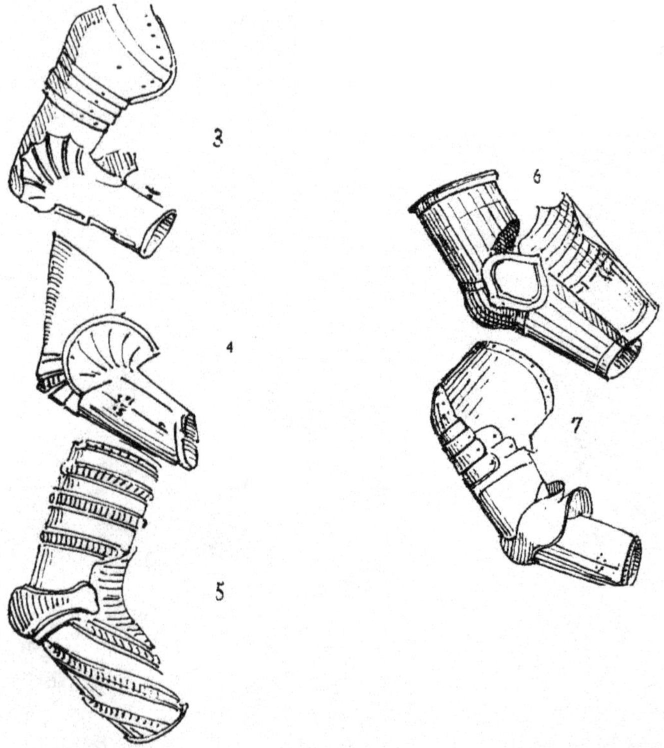

5. Vollſtändiges Armzeug, das wie die vorigen den Vorder- und Hinterarm ſchützt. Es iſt mit getriebenen Wülſten verziert die ebenſo wie die Form der Ellbogenkacheln auf das Ende des 15 und den Anfang des 16. Jahrhunderts hinweiſen; dieſe Art Rüſtungen waren gleichzeitig mit den gerippten, ſogenannten Maximilianiſchen oder mailändiſchen Rüſtungen im Gebrauch.

6. Armzeug, mit Ellbogenkachel und Oberarm, von einer gerippten, ſogenannten Maximilianrüſtung, aus dem Ende des 15. oder dem Anfang des 16. Jahrhunderts.

7. Armberge oder Armzeug mit Ellbogenkachel und Oberarm vom Ende des 16. Jahrhunderts.

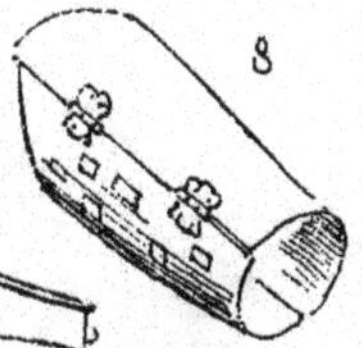

8. Unter- oder Vorderarmberge, bei der die Hinterarmplatte mit acht viereckigen Löchern durchbohrt ist. — Sammlung Spengel in München.

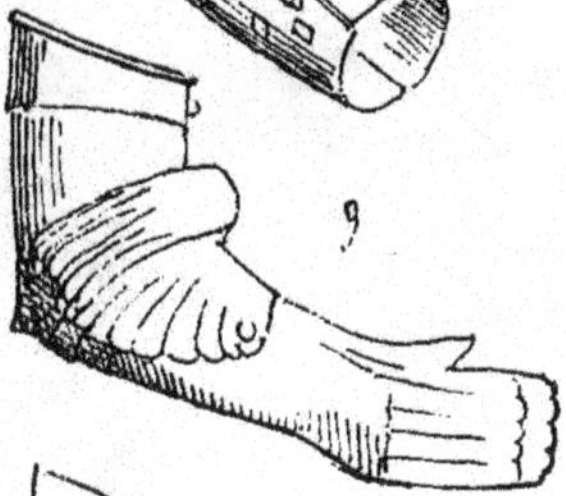

9. Deutsch-gotische Armschiene oder Turniertatze (s. S. 425 und 427) mit ungefingertem Kampfhandschuh für den linken Arm vom Anfang des 16. Jahrhunderts.

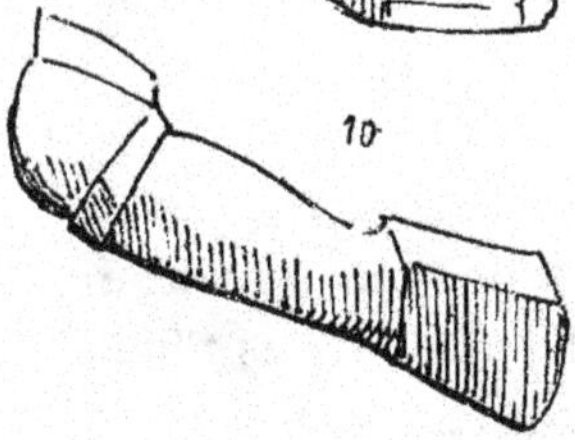

10. Deutsche Turnierarmschiene oder Turniertatze (s. S. 425 und 427) mit ungefingertem Kampfhandschuh für den linken Arm, vom Anfang des 16. Jahrhunderts.

11. Aus viereckigen, in Reihen aneinander befestigten Plättchen dargestelltes Ober- und Unterarmzeug. Die Ellbogenkachel bedeckt

11

dabei hier äußerlich gänzlich so den Ellbogen, wie beim Beinzeug das Kniestück die Kniescheibe. — Nach dem Musterbuche eines Waffenschmiedes um 1550. Thunsche Bücherei im Schlosse zu Tetschen.

XIII.

Der Kampf- oder Harnifchhandfchuh.

Die Form des Kampfhandfchuhes oder der gefingerten Handtatze (πύκτης caestus, der Kampfhandfchuh des römifchen Boxers — pugil, neulat. wantus, chirotera ferri, franz. gant d'armes, ital. guanto di combattimento, fpan. guanto de combata, engl. articulated gauntlet), die außer der Hand noch einen Teil des Vorderarms bedeckte, ift ebenfo wie die Form der Eifen- oder Waffenfchuhe von Wichtigkeit für die Klaffifizirung einer Rüftung, fofern beide zahlreiche Umgeftaltungen erlitten haben. Es fcheint feftgeftellt, daß der Gebrauch des eigentlichen Kampfhandfchuhes nur bis zum Ende des 13. Jahrhunderts zurückgeht. Das Martyrologium, des Prudentius Pfychomachia, die Biblia facra, der Alfric, die Handfchrift Jeremias und Apokalypfe, die Stickerei der Seligenthaler Mitra, der Teppich von Bayeux, alle diefe fchon wiederholt angeführten, aus dem 9. bis 11. Jahrhundert ftammenden Urkunden ftellen die Bewaffneten mit unbedeckter Hand dar; doch zeigt das Siegel von Richard Löwenherz (1189—1199) die Hand des Königs fchon mit einer Mafchenbedeckung, dem Mafchenfäuftling, die vermittelft einer fackartigen Verlängerung des Ärmels einen Faufthandfchuh (franz. brassard à moufle, engl. inarticulated gauntlet of mail) bildete, an dem nur der Daumen zuweilen abgetrennt erfcheint. Ein Ritter, der in den Illuftrationen der deutfchen Äneide von Heinrich von Veldeke, aus dem 13. Jahrhundert, im Topfhelm mit Helmzier und auf feinem Roffe mit geringter oder gegitteter Panzerdecke dargeftellt ift, hat die Hand ebenfalls fchon oder noch mit mit dem Mafchenfaufthandfchuh, einer Verlängerung der Ärmel feines Panzerhemdes, das gegittert, wenn nicht fchon gefchient zu fein fcheint, bedeckt. Gegen Ende des 13. Jahrhunderts kommen auch fchon mit Fifchbein belegte Kampfhandfchuhe vor (f. Guiart 11, 4654 und 9369).

Der erfte eigentliche Kampfhandfchuh hatte getrennte Finger und war mit Schuppen, Scheiben oder anderen dachziegelförmig über einander gelegten Eifenplättchen überzogen; der Oberteil der Hand wurde von einer Metall- oder Lederdecke gefchützt, wie aus der Darftellung auf dem Grabfteine Günthers von Schwarzburg im Dome zu Frankfurt a/M. erfichtlich ift. Auch erfcheint diefer Kampfhandfchuh auf der aus dem 14. Jahrhundert ftammenden bedruckten italienifchen Leinwand der Sammlung Odets in Sitten. Die in der Bibliothek des Parifer Arfenals aufbewahrten Buchmalereien der Handfchrift einer römifchen Gefchichte, welche wahrfcheinlich im Anfange des 15. Jahrhunderts für den Herzog von Burgund angefertigt wurde, ftellen die Hände fämtlicher Krieger noch mit Fäuftlingen bedeckt dar, d. h. mit einer Umhüllung, die aus der fackartigen Verlängerung des Mafchenärmels befteht, was beweift, wie weit die burgundifche Bewaffnung fich noch im Rückftand befand.

Der Fäuftling oder Faufthandfchuh, altd. Hentze (franz. miton oder moufle, span. manguilla, engl. mitten oder inarticulated gauntlet), mit ungetrennten Fingern, aber mit Stahlfchienen, die nur in der Richtung der Hauptgliederungen der Hand angelegt find, erfcheint im 15. Jahrhundert.[1]) Die Rüftung der Jungfrau von Orleans (im Kataloge von Dezeft), eines kleinen Bronzeftandbildes, die Wilhelms IV. zu Amfterdam (1404—1417) und der in der Ambrafer Sammlung zu Wien aufbewahrte Harnifch des Pfalzgrafen Friedrich I. (1439—1476) beweifen, daß der Faufthandfchuh in der erften Hälfte des 15. Jahrhunderts überall im Gebrauch war; doch ift es der gefingerte Kampfhandfchuh, auf den das Lieblingsdiktum Bayards fich bezieht: „Ce que gantelet gagne, gorgerin le mange" (was der Handfchuh erringt, die Kehle verfchlingt), fowie auch die Redensarten „den Handfchuh hinwerfen" und „den Handfchuh aufheben" etc.

Es find indeffen gotifche Rüftungen aus den erften Jahrzehnten des 15. Jahrhunderts mit gefingerten Handfchuhen vorhanden, wie

[1]) In der Aufgebotsordnung des Markgrafen Albrecht Achilles von 1478 heisst es aber noch: „Sollen die Wappenhandschuhe von Tuch, Barchent oder Leder und aussen über die Hände mit Ringharnasch überzogen sein."

das Mufeum zu Sigmaringen folche aufweift, während eine große Anzahl Harnifche aus der zweiten Hälfte des 15. Jahrhunderts und dem Anfange des 16. Jahrhundert, befonders Turnierrüftungen, mit Faufthandfchuhen verfehen find. — (S. die Harnifche Maximilians I. [1493—1519] in der Ambrafer Sammlung und im k. k. Arfenal zu Wien.)

Gegen Ende des 15. Jahrhunderts, nicht erft um die Mitte des 16., zur Zeit des Erfcheinens der Piftole, wie gewiffe Kompilatoren behaupten, findet der gefingerte Kampfhandfchuh fchon allgemeine Verbreitung; faft alle gerippten Rüftungen haben jedoch noch ungefingerte. Die Kampfhandfchuhe mit getrennten Fingern an denen gemeinlich der Zeigefinger fünfzehn, der Ringfinger sechzehn und der Mittelfinger zweiundzwanzig Schienen oder Schuppen hatte, während der Teil, welcher die Oberhand fchützte, nur aus drei oder vier Schienen zufammengefetzt ift, waren damals eine Zeitlang neben den Faufthandfchuhen in Gebrauch, die bald daranf völlig verfchwanden. Manche der erfteren find auch mit einer Zapfenfchraube verfehen, vermittelft deren die gefchloffene Hand an dem Schwertknauf oder dem Knauf des Kriegshammers befeftigt werden konnte; das kaiferl. Arfenal in Wien befitzt ein merkwürdiges Mufter diefer Gattung, welches zu der Karl V. zugefchriebenen Rüftung gehört.

Verfchiedene diefer Kampfhandfchuhe haben auch Druckknöpfe, mit auf der entgegengesetzten Seite befindlichem Scharniere, zum Öffnen und Schließen beim Ab- und Anlegen; andere zeigen an ihrem oberen Teil nagelknopfähnliche Verzierungen, deren Zweck unbekannt ift. Die zuweilen zum Schutze der Knöchel angebrachten Buckel oder Stacheln hießen gads, auch gadlings.

Der linke unbewegliche Stechhandfchuh, die fogenannte Tatze, für Turnierrüftungen, teilweise auch ein Armzeug (f. S. 603) gehört der zweiten Hälfte des 15. Jahrhunderts an. Außerdem find noch der Turnierbruftfchildhandfchuh, der Schwerthandfchuh und der Kampfhandfchuh für die Bärenjagd bekannt; alle gehören der zweiten Hälfte des 16. Jahrhunderts an. Der letzte gefingerte Kampfhandfchuh wurde bald durch den hirfchledernen Manfchettenhandfchuh, wie er zur Zeit des dreißigjährigen Krieges im Gebrauch war, erfetzt. (S. S. 450 die Anmerkung über die langen ledernen Handfchuhe der fchweizer Söldner.)

Auf den Grabdenkmalen englifcher Könige vom 12. Jahrhundert kommen, wie bei der hohen Geiftlichkeit, mit auf der Rückenhandfläche von großen Edelſteinen beſetzte Handſchuhe vor, deren Erhöhungen manchmal in den Kampfhandſchuhen ausgeprägt ins Auge fallen.

In England erhielten ſich jedoch auch während eines Teiles des 17. Jahrhunderts noch lederne, mit Schuppen beſetzte Kampfhandſchuhe (gloves armed with seales), von denen die Sammlung Llewelyn-Meyrick ein Exemplar beſitzt.

(S. auch im vorhergehenden Abſchnitt das über die ſogenannten „Eiſenarme“ Bemerkte.)

A.

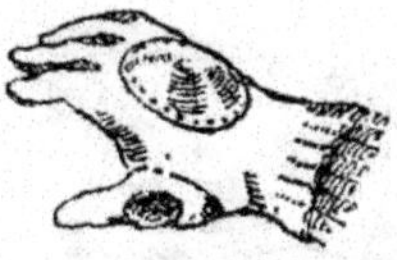

A. GefingerterKampfhandſchuh mitBuckelbeſchlägen und wahrſcheinlich eiſernem Maſchenwerk. — Nach der Manuſer Apokalypſe von 1290, in der Nationalbibliothek zu Paris.

A B.

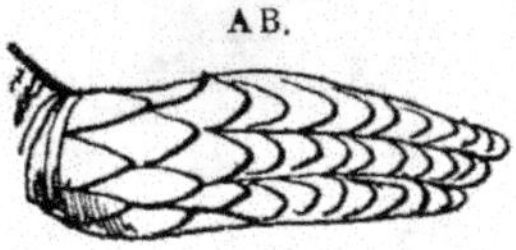

B. Gefingerter Schuppenkampfhandſchuh nach dem Grabdenkmal Richards von Burlinthorpe († um 1310).

1

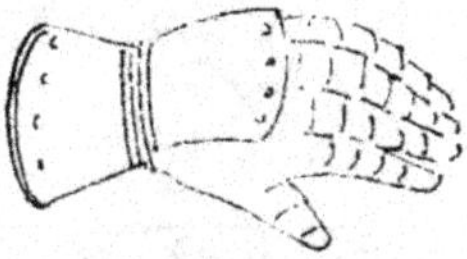

1. Gefingerter Kampfhandſchuh, nach dem Denkmal Günthers von Schwarzburg, vom Jahre 1352.[1])

1½

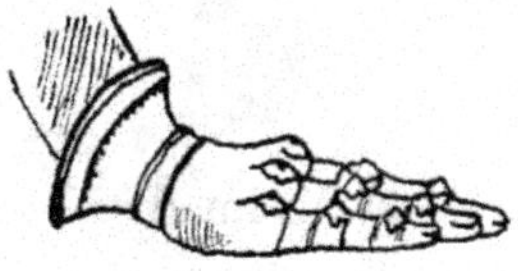

1½. Gefingerter Kampfhandſchuh nach dem Grabdenkmal eines der Eresby († um 1410) in der Spielsbykirche zu Lincolnſhire.

2

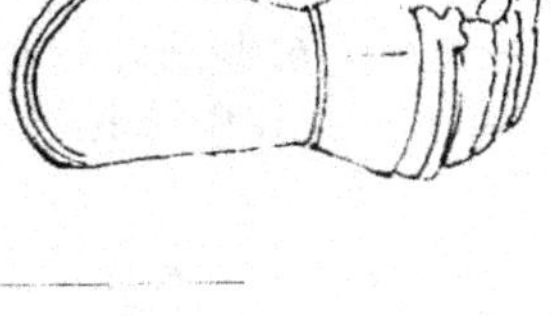

2. Geſchienter Fäuſtling oder Fauſthandſchuh (altd. Hentze, franz. miton) aus dem 15. Jahrhundert. Der Daumen allein iſt gelöſt.

[1]) S. S. 601, No. 1 den Brünnen-Fäuſtling.

2½. Durchbrochene Hentze oder fingerloſer Kampfhandſchuh von um 1480, und einem Harniſch Kaiſer Maximilians I. zugeſchrieben. —

3. Geſchienter Fäuſtling oder Fauſthandſchuh, auf dem die Finger angegeben ſind, aus der zweiten Hälfte des 16. Jahrhunderts.

4. Geſchienter Fäuſtling oder Fauſthandſchuh aus dem 16. Jahrhundert.

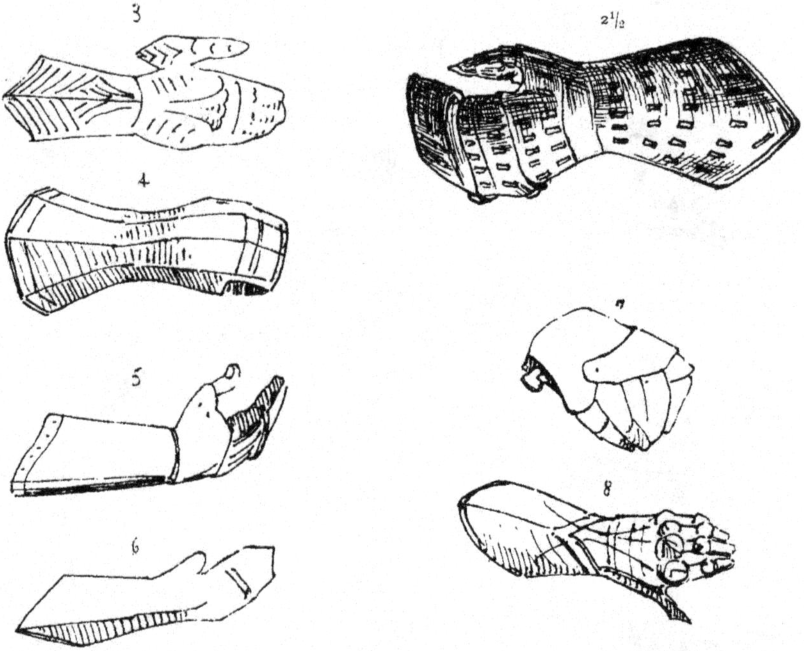

5. Desgleichen. — Sammlung des Barons de Mazis im Artillerie-Muſeum zu Paris.

6. Gotiſcher Kampfhandſchuh aus der erſten Hälfte des 15. Jahrhunderts.

7. Gefingerter Kampfhandſchuh aus dem 16. Jahrhundert, der ſich vermittelſt eines Schraubenzapfens ſchließt. Er gehört einer Rüſtung im kaiſerlichen Arſenal zu Wien an.

8. Gotiſcher gefingerter Handſchuh von der Mitte des 15. Jahrhunderts.

9. Gerippter Fausthandschuh einer Maximilianrüstung aus der zweiten Hälfte des 16. Jahrhunderts[1]). — Sammlung des Verfassers.

9½. Deutscher Brigantinenhandschuh, 16. Jahrhundert nach italienischer Art, d. h. aus — auf Kettengewebeunterlage — zusammengereihten Plättchen dargestellter gefingerter Kampfhandschuh. —

9

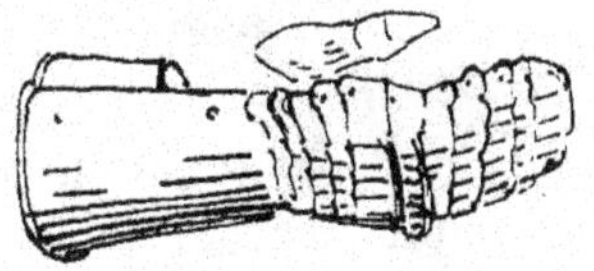

10

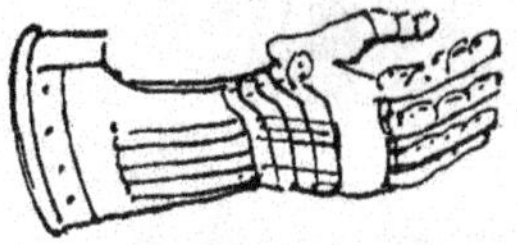

11

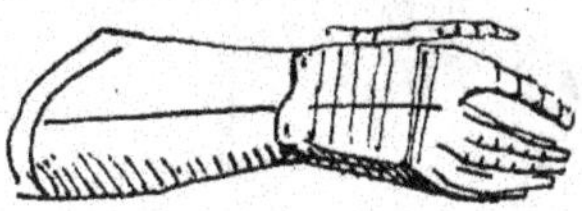

9½.

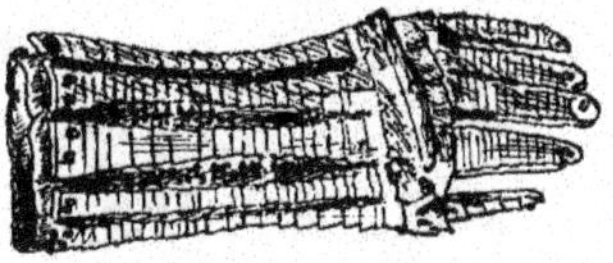

12

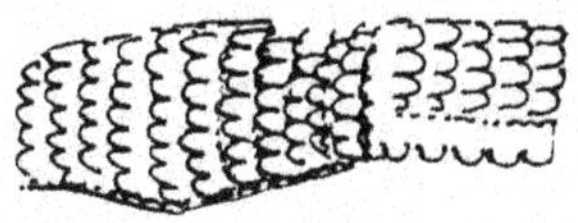

10. Gerippter gefingerter Handschuh einer Maximilianrüstung vom Anfange des 16. Jahrhunderts.

11. Deutscher Reiterhandschuh (Pikenierhandschuh) mit bis an den Ellbogen hinaufreichender Stulpe, vom Anfange des 17. Jahrhunderts.

12. Englischer Fäustling, geschuppter Kampfhandschuh vom 17. Jahrhundert, aus Hirschleder, mit Schuppen besetzt.

13. Linker eiserner Handschuh für die Bärenjagd. Er ist mit Stacheln und zwei sägeförmig ausgezahnten Dolchmessern bewehrt. — Ambraser Sammlung.

[1]) Die gerippten Rüstungen vom Anfange des 16. Jahrhunderts sind gewöhnlich mit gefingerten Kampfhandschuhen und mit Eisenschuhen in Holzschuh- oder Bärenfussform versehen. (S. No. 11 u. 13 in dem von den Eisenschuhen handelnden Abschnitt).

Eine Waffe, die fehr felten angetroffen wird und wahrfcheinlich rein lokal war.

13

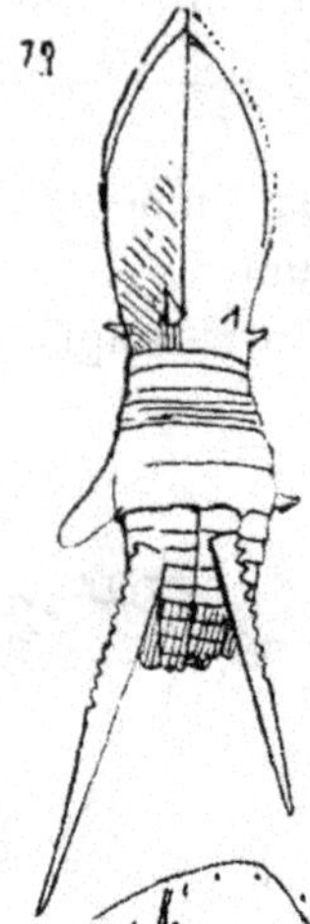

14. Eiferner deutfcher Jagd- oder Kampfhandfchuh für die linke Hand mit kleiner Tartfche und langem Schwerte. Diefer Handfchuh, aus dem 16. Jahrhundert, fcheint ebenfalls für die Bärenjagd beftimmt gewefen zu fein. — Ambrafer Sammlung. Seltene Stücke; fcheinen wohl wenig und nur im Norden verbreitet gewefen zu fein.

14

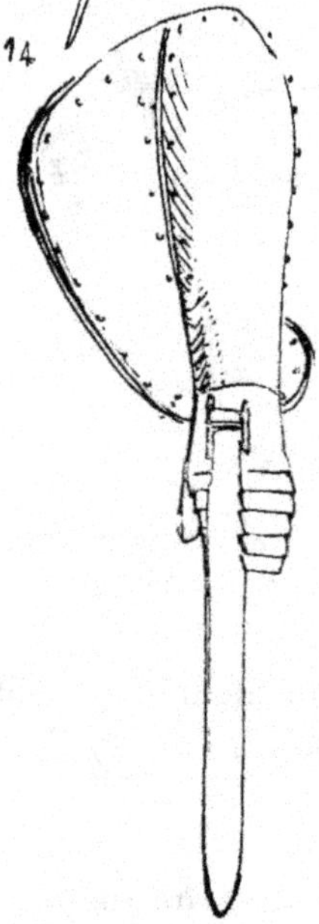

15

16

14. Fäuftling mit Armfchiene, ein Rüftftück der Nordweft-Indier der englifchen Befitzungen. — Indifches Mufeum zu London.

16. do. do.

XIV.

Beinſchienen und Fuſsbekleidung.

(Jambières et chaussures.)

Riemen- (femoralia), Ketten- und Maſchenſtrümpfe. — Beinſchienen. — Eiſen- oder Waffenſchuhe. — Reiter- und Kamaſchenſtiefel.

Grèves ou jambières. — Bas de chausses lanièrés et maillés. — Chaussures en fer dites solerets et pédieux. — Bottes de guerre et housseaux.)

Alle Handſchriften vom 8. bis zum 10. Jahrhundert zeigen den Krieger ohne Beinſchienen und Kettenſtrümpfe, und wenn die Beine auch nicht immer ohne allen Schutz ſind, ſo beſteht dieſer doch gemeinlich nur aus umgewickelten ledernen Riemen (femoralia) Sogar auf dem Teppich von Bayeux, der indeſſen nicht über das Ende des 11. Jahrhunderts hinaufreicht, ſind nur die Beine Wilhelms des Eroberers bewehrt, während keiner ſeiner Ritter Maſchenſtrümpfe oder einen andern Beinſchutz als Riemen trägt. Vom 11. Jahrhundert an treten die Rüſthoſen und Rüſtſtrümpfe und die, wie es ſcheint, mit denſelben aus einem Stücke angefertigten Fußbekleidungen faſt immer aus Eiſenmaſchen auf.

Gegen Ende des 13. Jahrhunderts kamen in Frankreich die erſten Beinſchienen (*κνημίς*, — lat. ocreae, franz. tumelières auch grèves, ſpan. esquinela, ital. steca, engl. tasses) die Knieſtücke oder Kniekacheln[1]) (franz. boucles oder poulaines, engl. knee-caps) und die Dielinge oder Schenkelſchienen

[1]) S. die vom 13. u. 14. Jahrhundert S. 376, 377, 381 u. 388.

(engl. und franz. cuissots und cuissards) in Gebrauch, anfangs aus geſottenem Leder (Lersen franz. cuiries), ſpäter aus Eiſen und Stahl angefertigt. In Deutſchland dagegen erſcheinen Beinſchienen ſchon mit dem Ende des 11. Jahrhunderts, wie dies ein Denkmal zu Merseburg beweiſt.

Anfangs war es wohl nur der vordere Teil des Beines, der durch die mit Riemen auf dem Maſchenrüſtſtrumpf befeſtigte Schiene geſchützt wurde. Das im Jahre 1347 errichtete Grabmal Sir Hugh Haſtings ſcheint darzuthun, daß um dieſe Zeit der engliſche Ritter noch Hoſen und Beinſchutz aus Maſchengewebe trug, während das Merſeburger Denkmal aus dem 11. Jahrhundert, die in der Berliner Bibliothek befindlichen Buchmalereien einer Handſchrift aus dem 13. Jahrhundert und der Lancelot du Lac vom Jahre 1360 ſchon Schienenrüſtung darſtellen. Dieſe wurden wohl in Deutſchland und in der Schweiz zuerſt eingeführt, da nächſt dem Merſeburger Denkmal und der Berliner Handſchrift aus dem 13. Jahrhundert das Grabmal des im Jahre 1258 geſtorbenen Berthold (zu Neuenburg) das älteſte Denkmal iſt, auf dem man dieſe neue Rüſtung findet.

Die geſchienten oder gegliederten Eiſenſchuhe (franzöſiſch pédieux, engliſch solerets und goads) ſcheinen nicht über das 12. Jahrhundert hinaufzureichen. Die Fußbekleidung, mit der Rudolf von Schwaben auf ſeinem Denkmale vom Jahre 1080 in dem Merſeburger Dom bewehrt iſt, zeigt noch keine derartige Fußbekleidung. Der erſte bekannte Eiſenſchuh iſt ſpitz und nähert ſich dem Schnabelſchuh (Schiffsſchnabel), von dem irrtümlicherweiſe angenommen wird, daß er nur dem 15. Jahrhundert angehöre.

Ein unwiderlegbarer Beweis dafür, daß dieſe Mode ſchon im 12. Jahrhundert herrſchte, findet ſich in folgender Stelle der Denkwürdigkeiten der byzantiniſchen Prinzeſſin Anna Comnena (1083—1148): «Der Franke iſt furchtbar, wenn er zu Roß ſitzt; ſobald er aber herunterfällt, erſcheint der Reiter nicht mehr derſelbe, denn ſchwerfällig durch ſeinen Schild und die langen Eiſenſchuhe, die ihn am Gehen hindern, iſt es leicht, ihn zum Gefangenen zu machen.» Die deutſche Handſchrift «Triſtan und Iſolde» aus dem 13. Jahrhundert zeigt die Ritter auch ſchon in Schnabelſchuhen, einer Mode, die aus Ungarn, wo ſie im 13. Jahrhundert allgemein herrſchte, verpflanzt zu ſein ſcheint. Sie wurde indes auch dem Grafen v. Anjou, Falco IV. (1087), und dem König Heinrich II. von England (1145—1189) zugeſchrieben; letzterer ſoll ſie aufgebracht haben, um ſeine ungeſtalten Füße zu verbergen, daher des Königs Beiname: Cornadu oder Cornatus. In der Schlacht bei Sempach (1386) ſchnitten die öſterreichiſchen Ritter, nachdem ſie abgeſeſſen waren, die langen Enden von ihren Eiſenſchuhen ab. Die Schnabelſchuhe, welche gegen Mitte des 14. Jahrhunderts verſchwunden waren, um dem Halbſchnabel oder der Lanzettbogenform Platz zu machen, erſcheinen gegen Ende desſelben Jahrhunderts wieder und erhalten ſich aufs neue im Laufe des 15., zu welcher Zeit, von 1440–1470, jedoch auch die niedrige Spitzbogenform (franzöſiſch arc tiers-point) und gegen 1485 der Halbholzſchuh oder Halbbärenfuß (camus) in Gebrauch waren. Der Holzſchuh oder Bärenfuß, die den gerippten Rüſtungen eigene Fußbekleidung, hat von 1490—1560 geherrſcht; ihm folgte der Entenſchnabelſchuh (arc tiers-point). Dieſer letzte Eiſenſchuh wurde durch den Reitſtiefel und den Kamaſchenſtiefel verdrängt. Die Kenntnis der von den chriſtlichen Völkern Europas während der verſchiedenen Zeiten des Mittelalters und des Rückgriffs angenommenen Fußbekleidungsformen iſt ſehr wichtig für die Klaſſifizierung der Buchmalereien, Bildwerke und Waffen, da die militäriſche Kleidung ſtets dem Einfluß der die bürgerliche Tracht beherrſchenden Mode ausgeſetzt geweſen iſt.

1. Riemen-Rüſtſtrümpfe oder Riemenbewickelung (femoralia), vor dem 11. Jahrhundert in Gebrauch. Feminalia hieß die Bewickelung des Oberſchenkels.

2. Eiſerner Maſchenrüſtſtrumpf oder Beinberge (franz. chausse de mailles, engl. bainberg), der zu Anfang des 11. Jahrhunderts aufkommt und bei Beginn des 13. teilweiſe verſchwindet, wo an ſeine Stelle die Beinſchienen treten.

3. Der erſte bekannte Eiſenſchuh nebſt Beinſchiene, nach dem Grabmal Rudolfs von Schwaben, vom Jahre 1080 im Merſeburger Dome.

4. Eiſenſchnabelſchuh des 12., 13. und der erſten Hälfte des 14. Jahrhunderts.

4 Bis. Schnabelſchuh mit ſchmalen Eiſenſchienen und rundbüglichem Radſporn, nach dem, in dem neuzeitigen Burgbaureſte im Bibrikmosbacher Park eingemauerten, aus der Abtei Eberbach ſtammenden Grabdenkmal Graf Eberhards I. v. Naſſau, † 1311. (S. auch S. 386, 388, 391, 392, 393, 394 und 400 vom 12. Jahrhundert).

5. Halbſchnabel oder lanzettbogenförmiger Eiſenſchuh vom Ende des 14. Jahrhunderts.

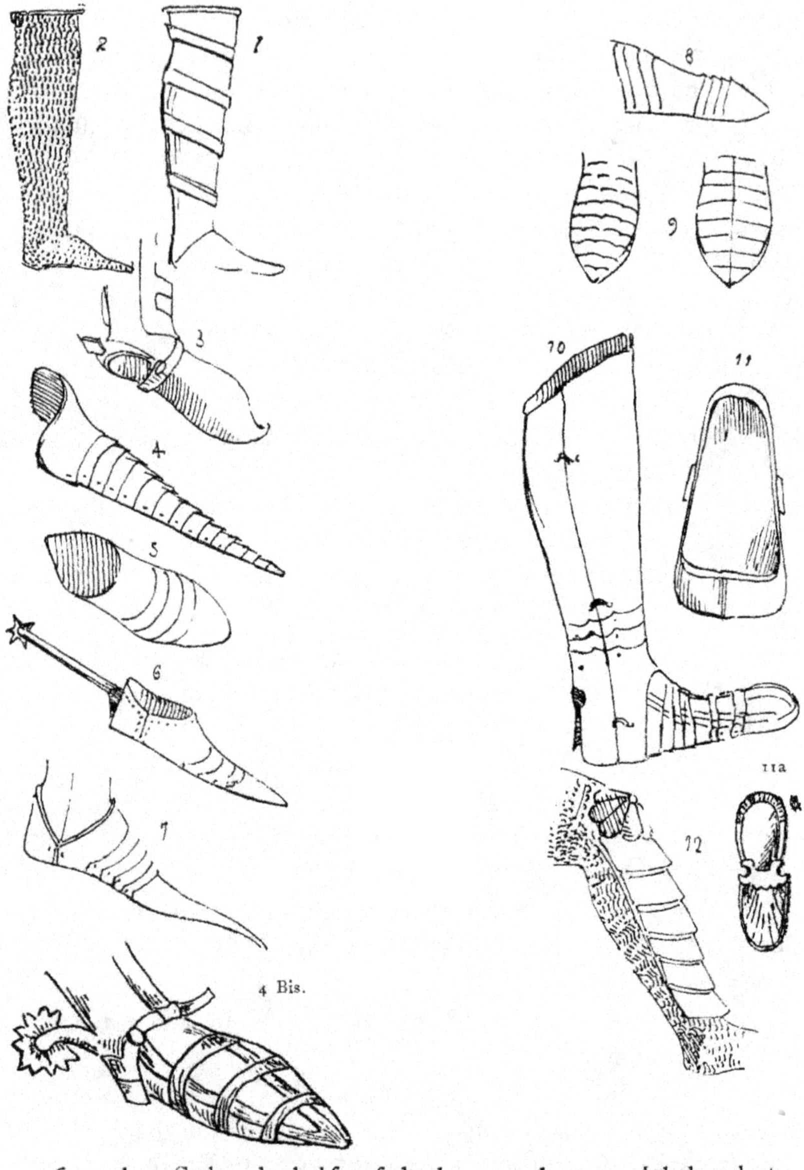

6. und 7. Schnabeleiſenſchuhe aus dem 15. Jahrhundert.

8. Niedriger ſpitzbogiger (franz. arc tiers-point) Eiſenſchuh, in den Jahren 1450—1485 im Gebrauch.

9. Eiſenſchuh von der Mitte des 15. Jahrhunderts, nach den Marmor-Flachbildnereien des dem Könige Alphons V. von Aragonien bei ſeinem Einzug in Neapel, im Jahre 1443, errichteten Triumphbogens. Dieſelbe Form eiſerner Fußbekleidung ſieht man auch an einer Nürnberger Thonfigur aus dem 15. Jahrhundert, welche der Sammlung des Verfaſſers angehört und Karl den Großen darſtellt.

10. Beinzeug mit Eiſenſchuh in Halbholzſchuhform, war 1480—1485 in Gebrauch; es gehört zu einer deutſchen gerippten ſog. Maximilianiſchen Rüſtung der Sammlung des Verfaſſers; die Fauſthandſchuhe dieſer Rüſtung ſowohl als auch die Form der Eiſenſchuhe zeigen das Ende des 15. und die erſten Jahre des 16. Jahrhunderts an.

11 Bis.

12½.

11. Eiſenſchuh in Holzſchuhform aus dem 16. Jahrhundert (1490—1560). — Artillerie-Muſeum zu Paris.

11 a. Eiſenſchuh vom Ende des 15. oder Anfang des 16. Jahrhunderts. — Muſeum Porte de Hal zu Brüſſel.

11 Bis. Kurze Dielinge oder Schenkelſchiene (franz. u. engl. cuissard) und kurze Beinſchiene (franz. grève auch jambière, engl. greave) mit Kniekachel (franz. genouillière auch boucle, engl. knee-kap) auf mit Nagelköpfen verſtärktem Beinſchutz, vom Anfange des 15. Jahrhunderts. — Sammlung Zſchille.

12. Perſiſche Beinſchiene mit hoher Kniekachel, nach einer Handſchrift aus dem 16. Jahrhundert, der Kopie des Schah-Nameh. — Bibliothek zu München.

12½. Vorbild (Modell) eines italieniſchen durchbrochenen Prunk-

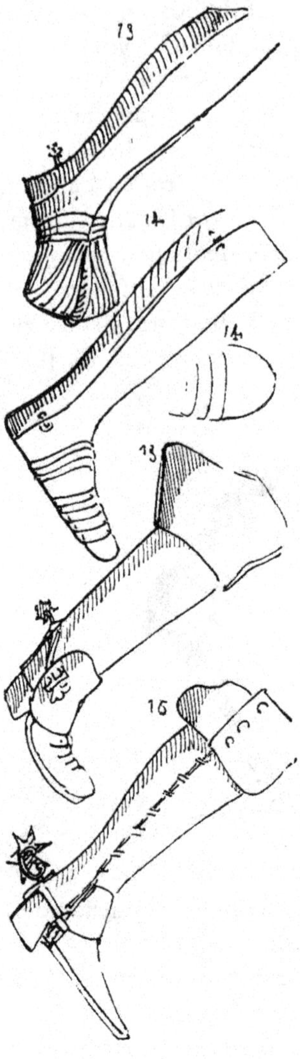

Beinzeugs aus der zweiten Hälfte des 16. Jahrhunderts. Der Edle konnte behoſt und beſchuht ſchnell dieſe Beinrüſtung anlegen. — Muſeum Poldi-Pezzoli zu Mailand.

13. Beinzeug mit Bärenfuß (camus), von einer deutſchen gerippten Maximilianiſchen, ſog. mailändiſchen Rüſtung, vom Jahre 1490—1560 in Gebrauch.

14. Beinzeug mit Entenſchnabelſchuh einer um 1510 in Gebrauch geweſenen Rüſtung. Man darf dieſe Form von Eiſenſchuhen nicht mit der niedrig-ſpitzbogigen (franz. arc tierspoint) aus dem 15. Jahrhundert verwechſeln.

15. Karabiner-Reitſtiefel vom Jahre 1680.

16. Lederner franz. Kamaſchenſtiefel aus der Regierungszeit Ludwigs XV. (1715—1774). Er hat Kamaſchenform und an den Überſchlägen drei Knöpfe. Der Beinſchutz iſt geſchnürt, die Zehenſpitze iſt eckig und der Absatz hoch. Die Sporen rühren aus dem Ende der Regierungszeit Ludwigs XIV. her und gleichen ſehr den mexikaniſchen Sporen. — A. 325 im Artillerie-Muſeum zu Paris.

XV.

Der Sporn.

Der Sporn (lat. calcar, franz. éperon, vom ital. sperone, span. espuela, engl. spur) ist zusammengesetzt aus dem Bügel (franz. branche, engl. branch oder shank), dem Halse (franz. tige auch collet, engl. spur-neck) und dem Stachel (franz. pointe, engl. nick) oder dem Rade (franz. molette, engl. rowel),[1]) welches am Ende des Halses durch den Kopf (franz. collet) gehalten wird, auch die Stiefelspornkette (franz. porte-éperon) des späteren Sporn ist ein Teil desselben.

Der Sporn scheint eine Erfindung der späteren Griechen (s. No. 41 u. 42, S. 215) oder der Römer (s. No. 66 u. 67, S. 275) zu sein, bei welchen er, aber ohne Rad, häufig schon vorkam. Wahrscheinlich wurde der Sporn bei Griechen und Römern, wie auch am Anfange des Mittelalters, in der Karlingischen Zeit, nur am linken Fuße getragen.

Auf Denkmalen der Ägypter, der Babylonier, der frühzeitigen Perser und der Inder, wohl auch nicht auf Überlieferungen der alten Chinesen, kommt nirgend der Sporn schon vor.

Die ältesten Sporen des Mittelalters waren auch mit nur einem einzigen kurzen Stachel, in der Form eines Zuckerhutes und sehr dick, versehen und selbst ohne Bügel (s. No. $8^1/_2$) mit nur einer an ihm haftenden Platte zum Befestigen am Maschenschuh, (Plattensporn genannt), eine Art, die nur sehr selten vorkommt. Gegen das 10. Jahrhundert zeigt der Sporn noch den ganz kurzen Hals,

[1]) S. S. 215 griechische, und S. 275 römische Sporen; 340, 343 und 345 die germanischen und dänischen Sporen.

welcher gegen Ende des 11. Jahrhunderts ſich verlängert und m 12. Jahrhundert ſchräg aufſteigt. Das Rad erſcheint erſt gegen Ende des 13. Jahrhunderts. Man will indeſſen, 1639 zu Mailand, in dem Grabe des 811 verſtorbenen Königs von Italien Bernard ein Paar meſſingene (?) Sporen mit Rädchen gefunden haben.

Dieſes kleine ſich drehende Rad zeigt durch die Zahl und Länge ſeiner Spitzen ebenſo gut die Zeit an, welcher der Sporn angehört, als die Form des Bügels und Halſes. Die engliſche Heraldik läßt den mullet oder heraldiſchen Stern dem fünfſpitzigen Spornrade entſtammen, wiewohl der größte Teil dieſer Räder dem 17. Jahrhundert angehört und in England das ſechsſpitzige Rad ſogar vor der Regierung Heinrichs VI. (1422) unbekannt war, doch ſieht man es ſchon auf den Kleinmalereien der mehrmals erwähnten burgundiſchen Handſchrift vom Anfang des 15. Jahrhunderts, in der Bibliothek des kaiſerlichen Arſenals zu Paris.

In Deutſchland kommen ſchon im 14. Jahrhundert achtſpitzige Räder vor, wie an Sporen im Münchener Nationalmuſeum erſichtlich iſt, die den Rittern v. Heideck und dem Herzoge Albrecht II. von Bayern angehört haben. Dieſe Sporen, von überaus vollendeter und für jene Zeit bemerkenswerter Arbeit, zeichnen ſich noch durch die Form ihrer Bügel aus, welche erkennen laſſen, daß der Sporn an einer eiſernen, den ganzen Fuß beſchützenden Beinſchiene getragen wurde, wo der die Ferſen bedeckende Teil ſtets einen ſpitzen Winkel bildete. Vor Einführung der Beinſchienen, bis Ende des 13. Jahrh. wie auch wieder gegen Ende des 17. Jahrhunderts, als der Stiefel die Beinſchiene verdrängt hatte, ſind die Bügel rund. Dieſer erſte rundbügliche Sporn, welcher nur bis ins 13. hinaufreicht, weil bis dahin die mit Maſchenſtrümpfen oder Maſchenhoſen bekleideten Füße die natürliche Rundung des Hakens behielten, hat bis dahin alſo auch nur einen Stachel, wohingegen die Sporen mit ſpitzwinkligen Bügeln, welche zuerſt Ende des 14. Jahrhunderts mit den Schienenrüſtungen (wo die hintere Beinſchiene immer ſpitzwinklig war) ſchon meiſt ſechsſpitzige Räder aufweiſen.

Der vom Verfaſſer S. 399 nach einer zu Mainz befindlichen Steinflachbildnerei vom 14. Jahrhundert dargeſtellte Kaiſer Ludwig v. Bayern hat aber, wohl ausnahmsweiſe, zwölfſtachlige Sporenräder, an ſeinen, wegen der Maſchenſtrümpfe noch rundbügligen Sporen.

Der Hals der Sporen, der zur Zeit der höchften Entwickelung der Turnierwaffen, im 15. Jahrhundert, fich übermäßig verlängert hatte, wird gegen Ende des 16. Jahrhunderts aufs neue kurz, zu welcher Zeit der Sporn häufig Räder mit 12, 15 und 18 Spitzen darbietet.

Die übermäßige Verlängerung des Halfes beim Sporn kommt indeffen auch manchmal fchon im 14. Jahrhundert vor, wie die Ausrüftung des S. 594 abgebildeten Litauer Großfürften zeigt.

Der Sporn aus Ludwigs XIII. Zeit ift klein und häufig durch Einkerbungen verziert, während unter der Regierung Ludwigs XIV. der mexikanifche Sporn mit breiten, durchbrochenen Hälfen und ungeheuren oft mit neun Spitzen verfehenen Rädern das Vorbild der franzöfifchen gewefen zu fein fcheint. Vom 15. Jahrhundert an kann jedoch die Zahl der Spitzen allein nicht mehr als Führer dienen, da diefelben von 6 bis 20 je nach den Ländern und den Zeiten wechfeln. Von allem Rüftzeug ift der Sporn dasjenige Stück, welches in Hinficht der zeitfolgigen Ordnung die meiften Schwierigkeiten darbietet.

Im Mittelalter war der Sporn ein Standesabzeichen, da dem zum Ritter Gefchlagenen, befonders in Frankreich, goldene Sporen[1]) angefchnallt wurden, die aber wohl auch oft nur von vergoldetem Eifen waren. Bei der „Swertleite, d. h. der Schwertnahme oder Schwertumgürtung des Ritterfchlages wurde auch der Sporn angefchnallt. Der Schildknappe (franz. écuyer) durfte nur filberne (oder auch wohl oft nur verfilberte eiferne) Sporen tragen. Konftantin foll bereits 312, zum Andenken feines Sieges über Maxentius, einen goldenen Sporenorden (Ordre de l'éperon d'or) gegründet haben, welcher vom Papft Pius IV. 1559 erneut und von Gregorius XVI. 1841 mit der Hinzufügung der Benennung „vom heiligen Sylvefter" umgebildet worden ift. Außerdem hatte auch Charles d'Anjou, König v. Neapel. 1266 einen Sporenorden geftiftet. Zwei Schlachten tragen den Namen „Sporenfchlacht", nämlich die von Courtray (Kortryk) 1302, wovon 700 Sporen erfchlagener Ritter in der Kirche zu Notre Dame aufgehängt wurden, und die von Quinegate (Journée des éperons), in welcher 400 franzöfifche Ritter zu Gefangenen gemacht wurden. In der zweiten Hälfte des 16. Jahrhunderts

[1]) Wovon keine, wohl aber eiferne vergoldete bis auf uns gekommen sind, was alfo berechtigt anzunehmen, dafs die Ritterfporen im allgemeinen wohl nur vergoldet, aber nicht von gediegenem Golde waren.

kommen auch an Steigbügeln angebrachte Sporen oder Sporensteigbügel vor.

1 u. 2. Eiserner rundbügliger, einstachliger deutscher Sporn aus dem 8. Jahrhundert, zu Groschnowitz bei Oppeln gefunden. —

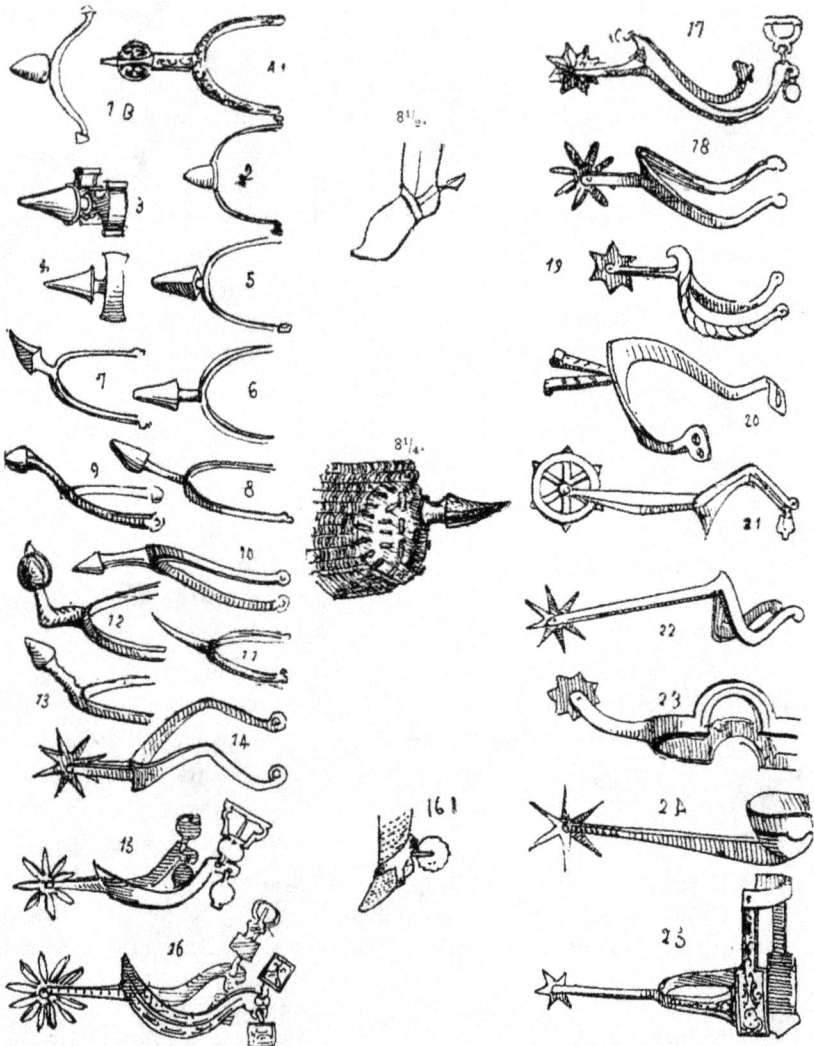

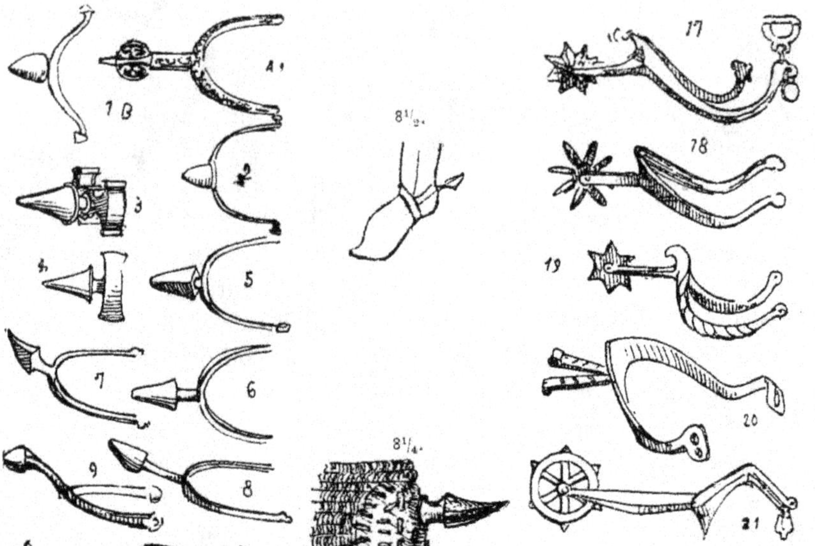

Berliner Museum. Dem No. 1 ähnliche Sporen sind auch in einem Grabe der Karlingischen Zeit bei Immenstedt im Dithmarschen gefunden worden und ein germanischer einstachliger Eisensporn mit

Bronzebeschlag am Ende des runden Bügels in einem Grabe vom 5. oder 6. Jahrhundert der Pfalz.

1 B. Einstachliger rundbügliger Sporn Karls des Großen. — Louvre.

3. Bronzener dänischer rundbügliger, einstachliger Sporn mit eiserner Spitze, aus dem 8. Jahrhundert. — Museum in Kopenhagen.

4. Eiserner einstachliger rundbügliger deutscher Sporn aus dem 8. Jahrhundert, zu Gnewikon bei Ruppin gefunden. — Berliner Museum.

5. Eiserner deutscher rundbügliger einstachliger Sporn aus dem 10. Jahrhundert, bei Brandenburg gefunden. — Sammlung des Verfassers.

6. Angelsächsischer oder normannischer einstachliger rundbügliger Sporn aus dem 10. oder 11. Jahrhundert [1]. — Tower in London.

7. Deutscher einstachliger rundbügliger Sporn aus dem 10. Jahrhundert, in Konstanz gefunden. — Museum zu Sigmaringen.

8. Eiserner deutscher einstachliger rundbügliger Sporn aus dem 11. Jahrhundert. — Museum zu Sigmaringen.

8½. Einstachliger rundbügliger Bronzesporn mit dessen Befestigung. Grabdenkmal Rudolfs v. Schwaben, vom 11. Jahrhundert im Dome zu Merseburg. (S. den Sporn No. 14½ vom 14. Jahrhundert.)

8¼. Einstachliger bügelloser mit Platte am Maschenschuh befestigter Sporn vom 11. oder 12. Jahrhundert. — Sammlung Rigs.

9. Eiserner deutscher einstachliger rundbügliger Sporn aus dem 12. Jahrhundert nach den im Braunschweiger Dome unter Heinrich dem Löwen (gest. 1195) ausgeführten Wandmalereien.

10. Eiserner englischer einstachliger rundbügliger Sporn vom Ende des 12. Jahrhunderts, bei Chesterford gefunden. — Museum Neville in Audley-End.

11. Rundbügliger einstachliger Sporn, nach einem Reliquienkasten aus dem 12. Jahrhundert, in der Sammlung des letzten Königs von Hannover.

12. Eiserner rundbüglicher, einstachliger Sporn aus dem 13. Jahrhundert. — Museum in Hannover.

13. Eiserner rundbüglicher einstachliger schweizerischer Sporn aus dem 13. Jahrhundert, im Murtener See gefunden. — Sammlung des Gymnasiums zu Murten.

---

[1] Das Wiesbadener Museum besitzt einen bei Katzenellnbogen gefunden Bronze Sporn dieser Art, wo aber der Stachel vierkantige Aushöhlungen hat.

14. Eiſerner deutſcher rundbüglicher Radſporn vom Anfange

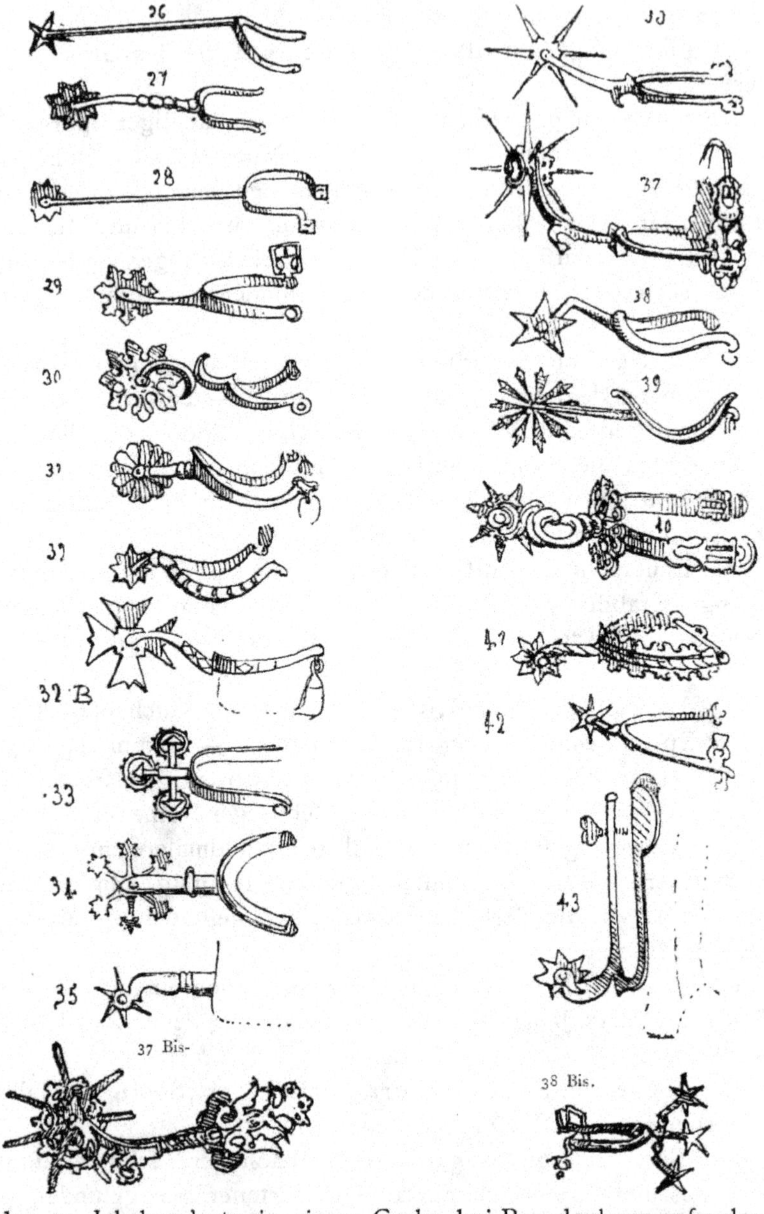

des 14. Jahrhunderts, in einem Grabe bei Brandenburg gefunden. — Sammlung des Verfaſſers.

15. Deutſcher ſpitzwinkliger Sporn vom Ende des 14. Jahr-

hunderts mit achtſpitzigem Rade, im Grabe des Ritters von Heideck gefunden. — Münchener Muſeum [1]).

16. Deutſcher ſpitzwinkliger Sporn vom Ende des 14. Jahrhunderts, deſſen Rad mit zwölf Spitzen verſehen iſt. Er hat dem Herzoge Albrecht II. von Bayern angehört. — Münchener Muſeum.

16 I. Deutſcher Sporn mit noch rundem Bügel für Kettenrüſtung und ſehr kurzem Hals aber ſehr großem Rad mit 12 Spitzen. Anfangs des 14. Jahrhunderts, nach einer Steinflachbildnerei vom Kaufhaus in Mainz. — Aufbewahrt im dortigen Muſeum (ſ. S. 399).

17. Eiſerner italieniſcher ſpitzwinkliger Sporn aus dem 14. Jahrhundert. — Muſeum in Sigmaringen.

18. Eiſerner deutſcher ſpitzwinkliger in Konſtanz gefundener Sporn, aus dem 14. Jahrhundert. — Muſeum in Sigmaringen.

19. Kupferner ſpitzwinkliger Sporn, aus dem 14. Jahrhundert — Sammlung Llewelyn-Meyrick.

20. Eiſerner ſpitzwinkliger bei Mainz gefundener Sporn mit doppeltem Halſe aus dem 14. Jahrhundert. — Muſeum in Sigmaringen.

21. Eiſerner ſpitzwinkliger Sporn mit ſechsſpitzigem Rade, aus dem 15. Jahrhundert. — Sammlung Widter in Wien.

22. Eiſerner deutſcher ſpitzwinkliger Sporn aus dem 15. Jahrhundert, mit achtſpitzigem Rade, auf der Inſel Rügen gefunden. — Berliner Muſeum.

23. Eiſerner ſteigbügelartiger Sporn vom Ende des 15. Jahrhunderts. — Muſeum in Sigmaringen.

24. Mauriſcher Steigbügelſporn, vom 15. Jahrhundert. — Artillerie-Muſeum zu Paris. — Ähnliche Sporen werden in der Ambraſer Sammlung als polniſch und dem 16. Jahrhundert angehörig bezeichnet.

25. Steigbügelſporn, in vergoldetem Kupfer, aus dem 15. Jahrhundert. Er hat dem Herzoge Chriſtoph v. Bayern angehört und befindet ſich im Bayeriſchen Nationalmuſeum.

26. Kupferner deutſcher Sporn, 25 cm lang, vom Ende des 15. Jahrhunderts. — Sammlung Soeter und Ambraſer Sammlung.

27. Kupferner engliſcher Sporn, 12 cm lang, vom Ende des 15. Jahrhunderts. — Sammlung Llewelyn-Meyrick.

28. Eiſerner vergoldeter Sporn vom 16. Jahrhundert. — Artillerie-Muſeum zu Paris.

---

[1]) Dieſe Form kommt auch im Sachſenſpiegel (Wolfenbüttler Bibliothek) vor.

28 I. Deutſcher Eiſenſporn vom 16. Jahrhundert. — Port de Hal in Brüſſel.

29. Eiſerner Sporn aus dem 17. Jahrhundert. — Muſeum zu Sigmaringen. Der Bügel iſt gerundet.

30. Stählerner engliſcher Sporn aus dem 16. Jahrhundert. — Sammlung Llewelyn-Meyrick.

31. Eiſerner deutſcher Sporn aus dem 16. Jahrhundert. — Muſeum zu Sigmaringen.

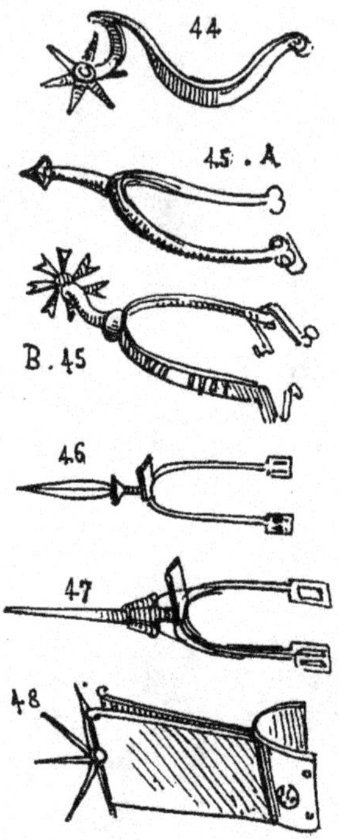

32 a. Eiſerner vergoldeter engliſcher Sporn. Er hat dem Ralph Sadler unter der Regierung Eduards VI. (1437—1553) angehört. — Samml. Llewelyn-Meyrick.

32 b. Deutſcher Sporn, welcher einer Reiter- und Pferderüſtung angehört.

33. Deutſcher dem 16. Jahrh. zugeſchriebener Sporn mit drei Rädern; eine ſehr ſeltene Art, die meines Erachtens wegen des gerundeten Bügels dem 17. Jahrh. angehört.

34. Großer Sporn aus geſchwärztem Eiſen, mit hohlem Bügel. Er diente als Feldflaſche oder wohl eher um Depeſchen darin zu verbergen. Der Abſatz des angeſchraubten Halſes bildet den leeren Raum. — Ambraſer Sammlung in Wien und Sammlung des Francisco-Carolinum in Linz.

35. Deutſcher Sporn aus dem 16. Jahrhundert. — Muſeum in Dresden.

36. Engliſcher Sporn vom Ende des 16. Jahrhunderts oder der Mitte des 17. Jahrhunderts, in der Sammlung Llewelyn-Meyrick, woſelbſt er dem 15. Jahrhundert zugeſchrieben wird, eine Annahme, welche die Rundung des Bügels widerlegt.

37. Spaniſcher Sporn vom Ende oder aus der Mitte des 17. Jahrhunderts, nach einem ſpaniſchen Werke, das ihn dem Alphons Perez v. Guzmann, geb. 1278, geſt. 1320, zuſchreibt.

37 B. Spanischer aus Mexiko stammender Sporn mit Adlerverzierung, wie der vorhergehende vom 17. Jahrhundert. — Sammlung P. J. Becker in Darmstadt.

38. Englischer Sporn aus dem 16. Jahrhundert. — Sammlung Llewelyn-Meyrick.

38 Bis. Englischer Sporn aus der Zeit Karls I. von England (1625—1649). Jedes der drei Räder auf kurzem Halse hat fünf Stacheln, also ein fünfzehnstachliger Sporn. — Sammlung Beardmore-Uplands-Hampshire.

39. Sporn aus dem 16. Jahrhundert von vergoldetem Kupfer, mit Unrecht Ludwig XIV. (1643—1715) zugeschrieben. — Louvre.

40. Eiserner Sporn aus der Zeit der Regierung Ludwigs XIV. (1643—1715). Er ähnelt den mexikanischen Sporen. — Sammlung des Verfassers und Museum zu Wiesbaden.

41. Eiserner deutscher Sporn aus dem 17. Jahrhundert. — Museum in Sigmaringen.

42. Englischer, sogenannter Kamaschensporn. Ende des 17. Jahrhunderts. — Sammlung Llewelyn-Meyrick.

43. Polnischer Sporn aus dem 17. Jahrhundert. — Museum zu Prag und Sigmaringen.

44. Deutscher Sporn aus dem 15. Jahrhundert. — Berliner Museum.

45 a. Persischer Sporn aus dem 15. Jahrhundert. — Sammlung des Verfassers.

45 b. Deutscher Sporn aus dem 17. Jahrhundert. Die Ausdehnung der Bügelarme, ihre halbkreisförmige oder ovale Krümmung deutet darauf hin, daß dieser Sporn einer Zeit angehört, wo es keine Beinschienen mehr gab. Die Bügel des an den Beinschienen getragenen Sporns schlossen sich der Form der Flechse oberhalb der Ferse an und konnten deshalb nicht halbkreisförmig gebogen sein.

46. Alter afrikanischer Sporn aus Eisen; dieselbe Form ist noch jetzt in Gebrauch.

47. Arabischer Sporn; desgl.

48. Brasilianischer Sporn; desgl.

Die Pferderüſtung vom Anfange des Mittelalters ab.

Die Rüſtung oder die Panzerdecke des Schlacht- und Turnier-
roſſes (altd. ors auch kaſtelan ſowie deſtrier von dextarius)
engl. horse-armour, franz. brides du destrier oder armure
du cheval und nicht, wie häufig unrichtigerweiſe geſagt wird, caparaçon, vom ſpan. cape, was die reiche über die Schienenrüſtung
des Handpferdes[1]) gehängte Stoffdecke [la housse im Franz., lat.
ursa, Bärin] bedeutet) erreichte im chriſtlichen Mittelalter, gleich
der des Reiters, erſt gegen Mitte des 15. Jahrhunderts, den höchſten
Grad ihrer Vollendung.

Im Mittelalter bezeichnete man den ganzen Pferdepanzer mit
Parſche, das Halsſtück davon mit Kanz, das Bruſtſtück mit Vorbug und den Kreuzpanzer mit Gelieger (im Muſeum zu Dresden
befindet ſich das einzig davon noch beſtehende Exemplar), welcher
letzter Name, eben ſo wie Parſche, den flatternden ganzen Pferdedecken (lat. scordiscus, franz. housses) gegeben wurde.

Auch die Prunkſtoffdecken (lat. stragulum, ſpan. caparazon,
abgeleitet von cape, wovon das franz. caparaçon, auch la housse,
vom lat. ursa, Bärin, weil anfänglich meiſt aus einem Bärenfelle
beſtehend, altfr. garnache) in ihren verſchiedenen Größen wurden
im Mittelalter mit dem Namen Parſche bezeichnet (ſ. S. 382).

Der „Große Gelieger" wie auch die Trauerpferdedecke
heißt im Franz. „housse trainante", das „Kreuz-Gelieger, wodurch nur der Rücken des Pferdes bedeckt war, „housse en botte"

[1]) Das Handpferd (fr. destrier, vom lat. dextra, rechte Hand) bezeichnete das
zum Wechseln beſtimmte Pferd, das der Schildknappe a dextra, oder an der Leine
mit der rechten Hand führte.

und der „Seitenhang-Gelieger", welcher teilweiſe nur das Kreuz bedeckte, aber auf beiden Seiten über die Fußlängen des Reiters herabhing, „housse de pied" auch „housse en soulier" ſowie flancherie.

Unter housse, ſowie unter bisquains verſteht man aber auch in Frankreich die mit ihrer Wolle noch verſehenen Schaffelle (Fließe), welche als Überzüge der Kummete von Laſtzugpferden dienen. Die eigentliche Unterſatteldecke oder Schabracke (türk.), lat. sagum, welche heute noch bei der Reiterei angewendet iſt, heißt ebenſo chabraque im Franz., obſchon man auch dafür oft, aber unrichtig das Wort housse gebraucht, da hiermit ja nur ein Überzug und nicht eine Unterlage, wie die Schabracke, bezeichnet werden kann. Im Ital. heißt die Satteldecke gual drappa auch copertina della sella, die Pferdedecke aber copertina di cavallo, im Span. manta del caballo und die Satteldecke mantillo; im Engl. wird die Schabracke mit horse-cloth, die Pferdedecke und der Gelieger mit caparison bezeichnet.

Eine das Pferd faſt ganz einhüllende Stoffdecke, nach Art des Geliegers, kommt außer dem stragulum bei den Alten nicht vor. Lat. hieß die Pferdedecke im allgemeinen tegumentum und die mehrfach zuſammengelegte und mit einem Gürtel (cingulum) befeſtigte Decke, welche vor der Anwendung des Sattels dieſen bei den Griechen und Römern erſetzte, ephippium (*ἐφίππιον*). Dieſes Ephippium war aber auch oft ſchon ein Kiſſen, welches meiſt unter einer leichteren Oberdecke (lat. stragulum, *στρώμα*, franz. housse) lag, die gemeinlich aus einer Tierhaut beſtand und manchmal ſo groß war, daß ſie den ganzen Rücken des Pferdes bedeckte. Die Römer hatten ferner lederne, mit Metallplatten verzierte stragula (Virg. Aen. XI, 770), wovon die Theodoſiusſäule eine Abbildung giebt. Sonſtige panzerartige Roßdecken wurden scordiscus genannt.

Vom 15. Jahrhundert an beſtand die Pferdeſchutzrüſtung aus nachfolgenden Stücken:

Die Roßſtirne oder das Stirnblech (franz. chanfrein, engl. chanfrin), der Teil, welcher den Vorderkopf des Pferdes bedeckte und entweder Augenöffnungen hatte oder blind[1]) war; das Kopf-

[1]) Die blinde Roſsſtirne hatte keine Augenöffnungen, um das Scheuwerden des Pferdes, besonders beim Turnierrennen zu vermeiden. Die offenen Stirnen waren auch wohl vergittert oder mit gewölbten und durchbrochenen Buckeln (Buckel-Sieb-

ſtück (franz. testière, engl. head-stall), mit welchem Namen das Verbindungsſtück zwiſchen Roßſtirne, Mähnenpanzer und den beiden Kinnbackenſchienen, aber auch oft die ganze Pferdekopfrüſtung[1]) bezeichnet wird; der Mähnenpanzer oder die Kanze (franz. barde de crinière, engl. crinet) oder die Kammkappe, gemeinlich mit Schellen; der Bruſtpanzer oder das Vordergebüge (franz. barde du poitrail, engl. peytrel) mit Scharnier oder mit Rock (franz. tonne, auch jupe); der Krupp- oder Lendenpanzer oder das Hintergebüge (franz. und engl. croupière), entweder aus einem Stück, alſo in einem Rock (Tonne) verbunden oder geteilt, d. h. unter dem Schwanze getrennt; der Schwanzriempanzer (franz. garde-queue, engl. steel-reins); der Flankenpanzer oder die Seitenblätter (franz. flançois, engl. flanchards), welche den Bruſtpanzer mit dem Hintergebüge und dem Lendenpanzer verbanden; das Halsſtück (cervical); der Sattel mit ſeinen Steigbügeln; der Zaum mit ſeinem Kandaren- oder Trenſen-Gebiß mit Buckeln[2]) (bosettes), welchen Stücken noch der Maulkorb oder das Naſenband (franz. muserolle, engl. nose-band of a bridle oder horse-muzzle) hinzuzufügen iſt, das beſonders während des 16. Jahrhunderts in Deutſchland in Gebrauch war und laut der Schrift: Diversarum gentium armatura equestris von 1617, bei der geſamten deutſchen Reiterei eingeführt geweſen ſein ſoll.

Dies ſcheint jedoch zweifelhaft. Der Maulkorb war mehr Zierde als Kriegsrüſtung; er diente wahrſcheinlich dazu, bei feſtlichen Gelegenheiten den Glanz der Schabraken zu erhöhen, wie es die von Joſt Amman ſeiner Bürgerlichen Reitkunſt beigefügten Stiche zu beweiſen ſcheinen.

Die Parſche (franz. housse) genannte Decke war keine Schutzdecke, da ſie immer nur aus Zeug oder Leder angefertigt wurde, der Rückenteil allein davon hieß Gelieger, das Halsſtück Kans und der Bruſtteil Vorbug. Zu der Pferdeſchutzrüſtung, beſonders in den Turnieren, gehörten noch die im Franz. hours genannten

---

Augenſchirmen) über die Augen verſehen. Auch hatten die Roſsſtirnen meiſt Ohrenbecher.

[1]) Wovon dem Verfaſser noch vorhandene aus einem Stücke, wie die unter 142 nach Buchmalereien abgebildete, nicht bekannt ſind.

[2]) Die an beiden Seiten des Gebiſſes befindliche Verzierung. Man nennt Buckel auch das Stückchen Leder, welches dazu dient, das Auge des Maultiers zu bedecken.

Bruſtpolſter (ſ. S. 88), welche auch oft mit Stahlplatten verſehen waren (ſ. S. 90).

Der deutſche Waffenſchmied hatte dieſe Rüſtungen zu einer ſolchen Vollendung gebracht, daß den Pferden ſogar auch gegliederte Beinſchienen angelegt wurden, wie ſolches auf einem in der Bibliothek zu Wolfenbüttel befindlichen Aquarell vom 15. Jahrhundert (ſ. S. 417), ſowie auf dem im Wiener Arſenal befindlichen Porträt vom Jahre 1480 des Waffenſchmiedes Maximilians dargeſtellt iſt.

Bei den Ägyptern ſcheinen die Streitwagenpferde den Rücken entlang Rüſtdecken gehabt zu haben (ſ. S. 182), wo hingegen bei den Aſſyriern dieſe Decken wohl nur zum Prunke dienten (ſ. S. 159 u. 160), obſchon es doch auch vorkommt, daß die Reitpferde vom Kopfe bis zum Schwanz durch Lederpanzer geſchützt ſind. Nach dem Xenophon zugeſchriebenen *περὶ ἱππικῆς* (Kap. XII, v. 9—11) ſollen die Ägypter ſpäter, um 400 v. Chr., ihre Wagenpferde mit doppelten geſteppten Decken, welche am Halſe noch mit Metall gedoppelt waren, geſchützt haben.

Wie die Abbildung S. 168 zeigt, war bei den Perſern bereits im 4. Jahrhundert n. Chr. das Vordergebüge des Streitroſſes gänzlich durch Panzer geſchützt.

Von den Römern kennt man nur die Pferdeſchuppenpanzerrüſtung der Cataphracti (ſ. S. 249), dieſer ſchweren aus perſiſchen parthiſchen und ſamnitiſchen Hilfstruppen gebildeten Reiterei, welche auch ebenſo ſchon bei den Griechen, unter Alexander dem Großen bewaffnet war.

Obſchon bereits das Streitroß Karls des Großen (742—814) gänzlich gerüſtet geweſen ſein ſoll, ſo trifft man doch erſt in Abbildungen des 13. Jahrhunderts (ſo u. a. in der Äneide von H. v. Veldeke — ſ. S. 376) Pferdeſchutzrüſtungen an.

Im Anfange des 14. Jahrhunderts beſtand die Pferderüſtung (lat. scordiscus) noch aus Maſchenwerk, über welches jedoch eine Decke gelegt wurde.

Die eigentliche Roßſtirne war ſchon den Griechen (ſ. S. 214) und Etruskern bekannt, ſcheint indes nicht vor Ende des 14. oder vor Anfang des 15. Jahrhundert in Europa Aufnahme gefunden zu haben, denn vor dieſer Zeit wird das Kopfſtück des Pferdes ſtets in Maſchengewebe oder in Schienen aus geſottenem Leder dargeſtellt. Neul. hieß das Pferdeſtirnblech Camus, auch wohl wie der Zaum frenum.

Auch der flatternde Zeugbehang (altd. Parfche, franz. housse) deffen das Kreuz des Pferdes bedeckender Teil Gelieger hieß, ein Überwurf, welcher oft mit Wappen und fonftigen Verzierungen bedeckt war, blieb vom 12. Jahrhundert (f. S. 87 u. 382) ab bis Ende des 16. Jahrhunderts (f. S. 89), in Polen aber noch viel fpäter im Gebrauch (f. S. 79 über die älteren bekannten europäifchen Schuzrüftungen). Mit Waltrappen bezeichnet man Decken oder Überwürfe für Kutfcher und Sättel (f. die Aufnahme von 1599 der «Rüft- und Sattelkammer des Herrn Max Fugger»).

Alphane hieß bei den Spaniern ein gerüftetes Streitroß.

Der Schmuck der Damenfättel (cambuca, sambuca) mit feinem Tritte (franz. planchette) und feinem Horn war befonders Ende des Mittelalters fehr reich verziert, ebenfo wie Steigbügel und Decken.

Hinfichtlich der Nagelhufeifen f. den Abfchnitt darüber, fowie S. 276 die eifernen Pferdefchuhe.

1. Kopfftück mit Ohrenbecher, nach einer Handfchrift aus dem 14. Jahrhundert.

2. Desgleichen aus dem 15. Jahrhundert.

3. Roßftirne mit Ohrenbecher und Augenöffnungen, aus der Mitte des 15. Jahrhunderts.

4. Vollftändiges Kopfftück, deffen Stirne Augenlöcher hat.

5. Blinde oder geblendete Roßftirne mit Ohrenbecher für Turniere, aus dem 16. Jahrhundert.

6. Deutfche Roßftirne mit Ohrenbecher und Augenöffnungen aus dem 16. Jahrhundert, in reich getriebener Arbeit; fie gehört einer Rüftung im kaiferlichen Arfenal zu Wien an. Die Sammlung Llewelyn-Meyrick, die Ambrafer Sammlung, die Armeria in Madrid, die Sammlung in Tower zu London, die Sammlung des Grafen v. Nieuwerkerke, das Artillerie-Mufeum zu Paris befitzen fämtlich gute Exemplare diefes Teils der Pferderüftung, an welchem die Waffenfchmiede jener Zeit gern ihre Kunftfertigkeit zeigten.

6½. Sogenannte Klepper- oder Halbroßftirne aus der Mitte des 16. Jahrhunderts auf dem Schilde die Jahreszahl 1549. — Augsburger Arbeit. —

6. I. Roßftirne mit Seitenklappen, Ohrenbecher und Buckelfiebaugenfchienen der Regierungszeit Heinrich VII. von Eng-

land, († 1509), zugeſchrieben (?). Sammlung Beardmore — Uplands — Hampshire.

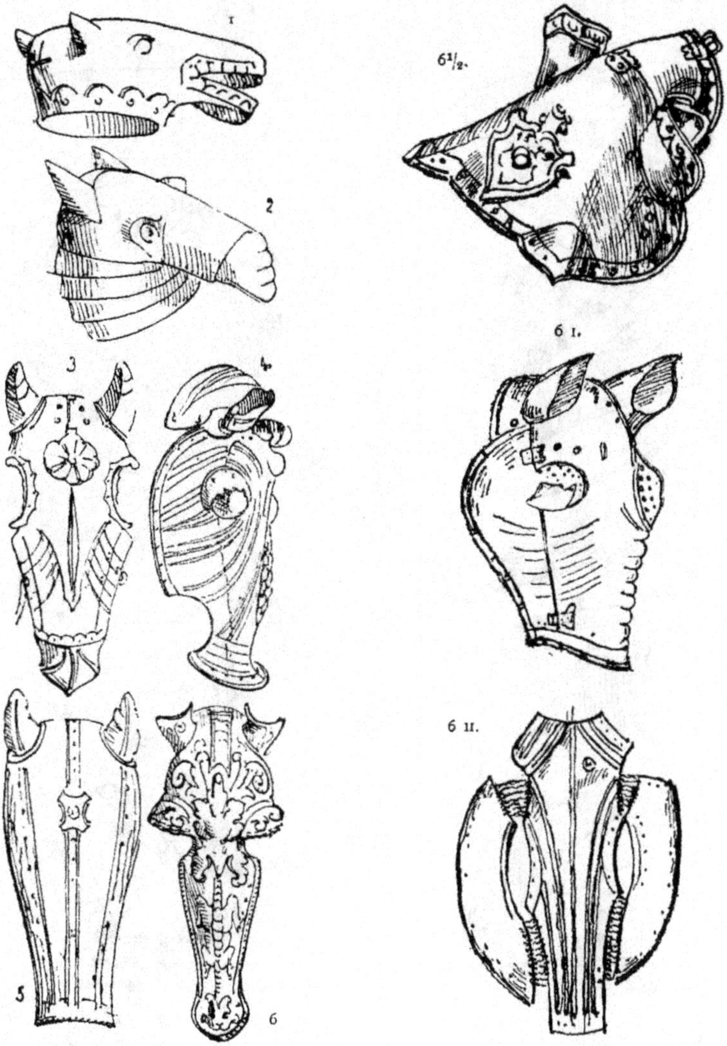

6. II. Altzeitige türkiſche Roßſtirne aus Konſtantinopel ſtammend. Mit Seitenklappen, welche ſtatt mit Scharnieren mit Maſchenwerk befeſtigt ſind. Sammlung Beardmore — Uplands — Hampshire.

7. Mähnenpanzer oder Kanze vom Ende des 15. und vom Anfange des 16. Jahrhunderts.

8. Mähnenpanzer oder Kanze mit Halsftück aus Schienen

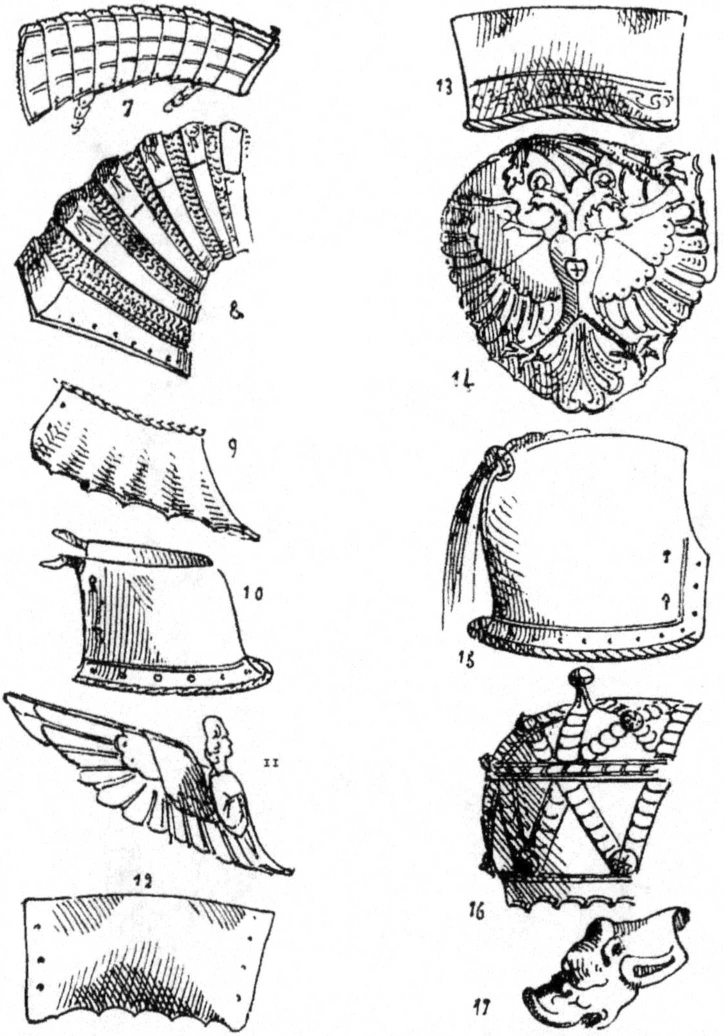

und Mafchenwerk von einer Rüftung aus dem Ende des 15. Jahrhundert, Maximilian I. zugefchrieben. — Ambrafer Sammlung. Eine ähnliche Rüftung in der Sammlung Nieuwerkerke. In einer Aufnahme von 1599 «der Rüſt- und Sattelkammer des Herrn Max Fugger» iſt dieſes Rüſtſtück unter dem Namen Geiger aufgeführt.

9. Bruſtpanzer oder Vordergebüge aus der Mitte des 15. Jahrhunderts.

10. Bruſtpanzer oder Vordergebüge in Reifrock- oder Tonnenform (franz. tonne oder jupe) aus dem 16. Jahrhundert.

11. Bruſtpanzer einer Pferderüſtung vom Ende des 15. Jahrhunderts, Maximilian I. zugeſchrieben. Ambraſer Sammlung.

12. Flankenpanzer oder Seitenblatt aus der Mitte des 15. Jahrhunderts.

13. Flankenpanzer einer ſogenannten Rockpferderüſtung.

14. Krupp- oder Lendenpanzer, auch Hintergebüge genannt, von einer Rüſtung aus dem Ende des 16. Jahrhunderts, Maximilian I. zugeſchrieben. Ambraſer Sammlung.

15. Krupppanzer in Rock- oder Tonnenform (franz. tonne oder jupe) aus dem 16. Jahrhundert.

16. Gegitterter Krupppanzer in Rockform (tonne oder jupe), aus der zweiten Hälfte des 15., wenn nicht vom Anfange des 16. Jahrhunderts. — Ambraſer Sammlung.

17. Schwanzriempanzer (franz. armure de croupière). — Sammlung Llewelyn-Meyrick.

18. Deutſche Pferdebeinſchiene, nach einer im Wiener Arſenal befindlichen Malerei vom Jahre 1480, welche Meiſter Albrecht, den Waffenſchmied des Erzherzogs Maximilians, zu Pferde darſtellt. (S. auch S. 417.)

19. Maulkorb oder Naſenband (φιμός — lat. fiscella, franz. muserolle, ſpan. bozal, ital. musoliera, engl. nosa-band of a bridle). — Muſeum in Sigmaringen, Tower zu London, Arſenal zu Turin, Artillerie-Muſeum zu Paris. Ähnliches Exemplar Sammlung Zſchille.

20. Vorderrüſtung des Pferdes mit Schellen (Kopfſtück, Bruſt- und Mähnenpanzer), vom Turnierſattel, welcher einen Teil der Bruſt und die Beine des Reiters bedeckte. Nach dem Stich eines Turnierbuches vom Anfange des 16. Jahrhunderts.

XVII.

Der Sattel.

Der zum Reiten mit gespreizten Beinen, d. h. rittlings oder reitlings (franz. à califourchon[1], engl. astraddle[2]), span. à horcajadas, auch à horcajadillas, ital. à cavalcioni, wofür im Griech. keine besonderen Bezeichnungen vorhanden sind) dienende Sattel (altd. satul, lat. sella equestris, franz. selle, span. und ital. silla, engl. saddle), dieser den Rücken des Reittieres angepaßte Sitz für Reiter — oder das einem solchen Sitze ähnliche Gestell zum sonstigen Lasttragen besteht aus nachfolgenden Teilen: dem Holzgestell (franz. chapuis) oder dem Sattelbaum — (franz. arçon, span. arzon, beide vom lat. arcus, asciones, engl. saddlebows), auch nur Baum oder Bogen, — aus dem daran befestigten Verbandeisen, dem Sattelblech (franz. bande d'arçon), — der vorderen Spitze, dem Sattelknopf (lat. fulcrum auch asciones, franz. pommeau de selle, sowie pointe d'arçon, span. pome del arzon), — dem Rückenstück, dem Sattelpausche oder Pausch (franz. trousse-quin), — den beiderseitigen Lederklappen, den Satteltaschen (altd. Goginleder, franz. cartiers) und dem

---

1) A califourchon (v. nlat. calofurcium) („A califourchon sur sa marotte" — auch à chevauchon, s. u. a.: „Auf seinem Steckenpferde reitend" u. d. m.) Rittling ist auch der veraltete Name einer Art Seitengewehr. („Als nun in der Stube sein Harnisch und ein Rittling dabei hing". — Haltaus 1546 — auch bei Luther u. a. auch. „Einen Schweizerspiess und einen Reutling an der Seite".)

2) Vom lat. astraba?

Gurt (franz. sangle, ſpan. cincha) genannten Bauchbefeſtigungsriemen. — Der Sattel hat ferner Sattelpolſter (franz. batte), ein Hinterzeug d. h. einem Schwanzriemen (lat. postilena, franz. croupière auch avaloire und reculement) und einen Bruſtriemen (lat. antilena, franz. poitrail). Die an beiden Seiten des Sattels befindlichen Piſtolenbehälter heißen, wie die gebißloſen Zäume (ſ. S. 279) Halfter auch Holfter und Hulfter (franz. fontes). Die Unterſatteldecke (lat. ſagum auch stragulum, franz. chabraque v. türk. tschaprak, ſpan. cubierta), gehört, ebenfalls, ſowie der hier noch einen beſonderen Abſchnitt einnehmende Steigbügel zur Ausſtattung des Sattels, welcher im Altertum, vor Beginn unſerer Zeitrechnung kaum bekannt geweſen zu ſein ſcheint. Die ägyptiſchen und aſſyriſchen Flachbildnereien weiſen keine Sättel auf, da das Pferd hier meiſt nur als Zugtier dargeſtellt iſt. Den Griechen, die anfänglich keine Reiterei beſaßen (ſ. S. 38), mußte der Reitſattel ebenfalls unbekannt ſein, da erſt die Römer um das 4. Jahrhundert n. Chr. den Gebrauch desſelben einführten, in welcher Zeit Kaiſer Theodoſius I. der Große (379—395) verbot, Pferdeſättel (sella equestris) anzuwenden, die mehr als ſechzig Pfund wiegen. Obige Bezeichnung muß demnach als aus dem oſtrömiſchen ſtammend angenommen werden. Der heilige Hieronymus (340 n. Chr.) iſt der erſte, welcher den eigentlichen, im angelſächſiſchen Beowulfliede vom 8. Jahrhundert, Heerſeſſel genannten Reitſattel erwähnt. Die zweite älteſte Anführung davon findet ſich ferner in den Schriften des byzantiniſchen Schriftſtellers Zonaras (11.—12. Jahrhundert), wo ſchon von ſolchen Sätteln, gelegentlich der Beſchreibung des im Jahre 340 von Conſtans ſeinem Bruder Conſtantin gelieferten Gefechtes die Rede iſt. (S. S. 277—280 über die römiſchen Pferdeſättel und Geſchirre, ſowie die römiſchen Reitkiſſen, dem ephippium). Der S. 277 nach der Theodoſiusſäule abgebildete oſtrömiſche Sattel hat bereits eine nur niedrige Rückenlehne oder einen Pauſch und einen Sattelknopf.

Mit sella clitella, ſowie mit sella bajulatoria (v. bajulus Laſtträger) bezeichneten die Römer auch den Saum- oder Packſattel (franz. bat) wie man deren in einer Wandmalerei Herkulaneums auf Pferden abgebildet gefunden hat. Sagma hieß aber der nur aus Holzwerk ohne Überzug hergeſtellte rohe Packſattel (σάγμα und κανθήλια, — ſpan. und ital. basto, engl. packsaddle.

Die Anwendung des Sattels ſcheint in Skandinavien, nach den im Kopenhagener Muſeum aufbewahrten bronzenen Sattelknöpfen und Steigbügeln zu urteilen, bis in die ſogenannte erſte Eiſenzeit, d. h. bis in die etwa dem 6. Jahrhundert vorausgehende Periode, hinaufzureichen, und der Codex aureus aus dem 8. oder 9. Jahrhundert ſtellt ſchon das deutſche Roß mit Sattel und Steigbügeln dar. In Frankreich kennt man eine derſelben Zeit (?) zugeſchriebene Flachbildnerei in St. Julien zu Brioude (Haute-Loire) ſowie den Teppich von Bayeux (11. Jahrhundert), wo ebenfalls Sättel und Steigbügel vorkommen. Die Flachbildnerei zu Brioude ſtellt aber die Steigbügel nur in Riemenformen dar. Erſt im 8. Jahrhundert erhielt der Sattel die eigentliche Rücklehne, welche bei den oſtrömiſchen Sätteln nur wenig herausragend war (ſ. S. 277).

Der Kriegsſattel hatte bei ſeinem erſten Erſcheinen, abgeſehen von der weit weniger hohen Rücklehne («Hinterſteg», die Vorderlehne hieß «Vorderſteg»), faſt dieſelbe Form wie gegen Ende des Mittelalters. Der Turnierſattel beſtand im 13. und 14. Jahrhundert oft aus Holz und war mit zwei Arten von Futteralen (franz. hours) verſehen, welche die Beine und Schenkel völlig bedeckten und ſogar die Hüften und einen Teil der Bruſt des Reiters ſchützten. Dieſe Futterale wurden ſpäter durch die eiſernen Turnierſchenkelſchienen erſetzt. Gemeinlich ſtachen die Ritter aus feſtſtehendem Sattel (ſ. d. Sattel mit hochſtehender Rückenlehne vom 13. Jahrhundert, worin ſo ſtehend der Speer gebrochen ward, S. 377, vom Ende des 12. Jahrhunderts S. 376, 378 und 426 den ſchönen Stehſattel mit entwickeltem Lenden- und Fußſchutz, ſowie dem Stehſattel S. 419).

Alle bekannten bis auf uns gekommenen Exemplare dieſer ſonderbaren weiterhin abgebildeten Sättel befinden ſich in Regensburg, Konſtanz, Schaffhauſen, im Tower zu London, im Wiesbadener und im Germaniſchen Muſeum zu Nürnberg.

Gegenwärtig werden im allgemeinen die Reitlingsſättel in nur drei Hauptklaſſen eingeteilt, in deutſche oder Schulſättel, (franz. selle de manège) in engliſche oder Reitſättel, (franz. selle à l'anglaise) ſowie in Bridge (Pritſche?) genannte Sättel.

Dieſen drei Hauptklaſſen ſind noch der, — beſonders bei den deutſchen Reitergeſchwadern eingeführte aus Ungarn ſtammende Bock-Huſaren- oder Ungariſche Sattel (franz. selle hongroise auch selle à la hussarde) hinzuzufügen, welcher ſich beſonders durch eine Gepäcksaufnahmevorrichtung auszeichnet, da hier das Hinterquerſtück, der Hinterzwiebel den dazu geeigneten ſogenannten Löffel bildet, — ſowie ferner der türkiſche Sattel (franz. selle à la turque). Bei ſolchen morgenländiſchen Sattel gehen die Zwiebeln oder Querſtücke noch höher wie beim Bockſattel und geben dem Ganzen eine ſeſſelartige Geſtaltung. Die Steigbügel ſind da in fußlangen Trittformen (ſ. Nr. 5, 13 und 26 im Abſchnitt Steigbügel).

Sattel und alles Riemenzeug des Reitpferdes wurde zuſammen im Altdeutſchen mit Gereite und der Reiterſattel allein mit Heerſattel (ſ. Beow. 1050) bezeichnet. Im Altdeutſchen hieß das Sattelkiſſen — d. h. ein Polſter unter dem Sattel gegen den Druck desſelben, Panel, der Bruſtriemen Füsbuoge, der Gurt Darmgürtel, der Schwanzriemen Afterreif. Alles Riemenzeug bildet die Schirrkammer (franz. sellerie).

Was den Quer- oder Damenſattel — (neulat. cambuca auch sambuca vom althd. sambuh, die Sänfte, franz. selle pour femme, auch selle à l'anglaise und selle d'amazone[1], ſpan. sella de sennora, ital. sella della dama, engl. ladies saddle auch side saddle), d. h. worauf nicht rittlings oder mit geſpreitzten Beinen, ſondern quer mit beiden Beinen auf einer, gemeinlich der linken Seite geritten wurde (lat. muliebriter equitare und equo insidere — ſ. Ammian XXXI, 2, 6; cf. Ach. Tat. amor clitoph und Lescup 1, 1; Agathias III. — franz. à l'amazone, wohlgeeigneter en travers, ſpan. de traves, ital. da traverso, engl. sidewise) — anbelangt, ſo tauchte derſelbe viel ſpäter als der Reitlingsſattel auf.

Im Altertume ja ſelbſt noch bis ins Mittelater hinein ritten die Frauen oft quer, d. h. ſeitwärts nur. Bei den Römern müſſen auch Männer viel quer geritten haben, da u. a. auf einer zu Pompeji ausgegrabenen Landſchaft ein ſo reitender Landbewohner dargeſtellt iſt.

Der Damenſattel, welcher nur einen Steigbügel, den Tritt (franz. planchette), aber das zur Aufnahme des rechten Beines der Reiterinnen beſtimmte Horn (franz. fourche) hat, ſoll zuerſt

[1]) Durchaus unpaſſende Bezeichnung; die der Fabel angehörigen Amazonen, wenn zu Pferde, ſind immer reitlings dargeſtellt worden. Amazone wird ferner das Reitkleid benannt.

in England, 1135, von Stefanie, Gemahlin eines angelsächsischen Königs, nach anderen durch die Königin Anna von Böhmen angewendet worden sein. Bis dahin, wie auch selbst viel später noch ritten meist die Frauen doch auch ganz so wie die Männer mit gespreizten Beinen, d. h. rittlings. Auf einem Spiegelrahmen vom 14. Jahrhundert der Sammlung Sneyd sieht man noch die Dame mit so gespreizten, aber, vermittelst sehr hoch geschnallter Steigbügel (à la genette) hoch gehobenen Beinen reiten. Die für Frauen dienende Sattelart war selbst im 15. Jahrhundert im allgemeinen noch eine festgeschnallte Decke und hieß im Franz. Sambues.

Die Frauen des Orients, welche gewöhnlich auf Eseln ritten, saßen gemeinlich auch links- oder rechtsseitwärts. Bei den Römern wurde besonders die Asstraba für Frauen zum Reiten benutzt, auch soll bereits der Tritt, ein Brett zur Stütze der Füße bestanden haben (s. Isidorus: «Astraba, tabella in qua pedes requiescunt»). Das Quersitzen des Mannes fand selbst oft bei den Skythen statt (s. Ammian).

Auch Damensättel mit Rückenlehnen sind, besonders während des 17. Jahrhunderts, im Gebrauch gewesen.

Das Germanische Museum zu Nürnberg besitzt einen Damensattel vom 16. Jahrhundert, der schon in keiner Weise von dem heute gebräuchlichen abweicht.

Der jetzige Damensattel neigt sich in seinem Baue dem englischen Reitsattel zu, weshalb man denselben auch im Franz. selle à l'anglaise nennt.

Barkhane (vom pers.) heißt ein vollständiger Packsattel, eine Benennung, die aber auch für Reisezelte angewendet ist.

Mit Froschsattel (franz. selle à basque auch selle polonaise, angl. burr-saddle) bezeichnet man eine Art Reitkissen ohne Sattelbaum

Mit patine bezeichnet man im Franz. den von Zwillich angefertigten und mit Rehhaaren gefütterten Gurtsattel für junge Pferde.

Sonderbarerweise heißt das Reiten mit kurz oder hoch geschnallten Steigbügeln «à la genette reiten», obschon das franz. genette der Name eines Gebisses ist.

Das Satteltragen (lat., wie das Hundetragen angaria, franz. La hachèe), eine jetzt nur noch im deutschen Heere bestehende militärische Strafe, ist rein germanischen Ursprungs und war schon zeitens der Karlinger im Gebrauch. Ihm verfiel allein der Dienstmann, gleich dem bei den Franken und Sachſen vorkommenden Hundetragen (im Franz. ebenfalls La hachèe genannt) der adlige Landfriedensbrecher, welcher, vor der Vollſtreckung des Todesurteils, — wie im gleichen Falle der Bauer das Pflugrad und der Pfaffe den Codex, — einen Hund von Gau zu Gau tragen mußte. Unter Kaiſer Otto I., im Jahre 938, wurde u. a. dieſe entehrende Strafe den Anhängern des aufrühreriſchen Herzogs Eberhard, ſowie unter Kaiſer Friedrich I., 1155, dem rheiniſchen Pfalzgrafen Hermann und deſſen Genoſſen auferlegt.

Hinſichtlich der Sattel- und ſonſtigen Pferdedecken iſt der Leſer auf den vorhergehenden Abſchnitt „Pferderüſtung“ verwieſen.

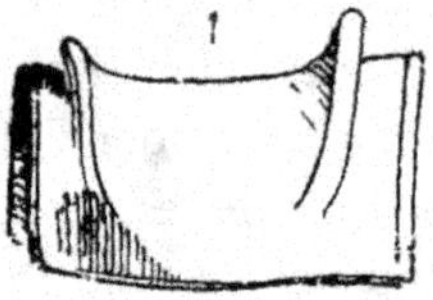

1. Deutſcher Rüſtſattel aus dem 8. oder 9. Jahrh. — Codex aureus von St. Gallen.

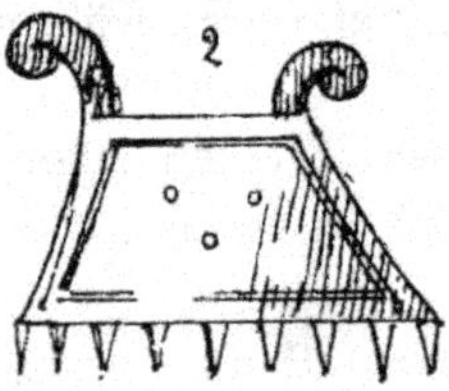

2. Normanniſcher Rüſtſattel aus dem 11. Jahrh. — Teppich von Bayeux. Auch in einer Biblia sacra, Handſchrift vom 10. Jahrhundert in der National-Bibliothek zu Paris, iſt bereits dieſer Kriegsſattel abgebildet. (S. auch S. 362 u. 365).

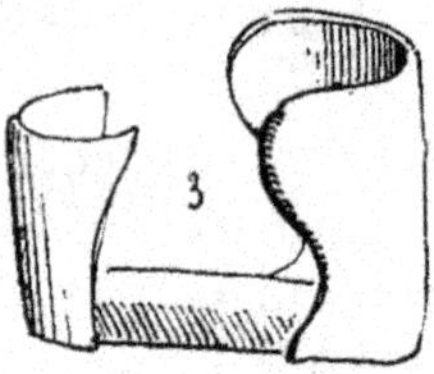

3. Böhmiſcher Kribben- oder Rüſtſattel aus dem 13. Jahrh. — Weleslawſche Handſchrift in der Bibliothek zu Raudnitz [1]). (S. S. 373.)

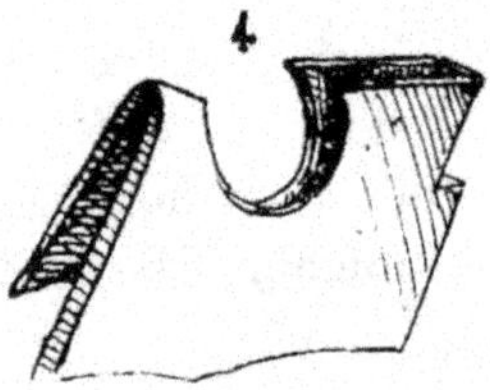

4. Deutſcher Kribben- oder Rüſtſattel aus dem 13. Jahrh. — Triſtan und Iſolde, Handſchrift in der Münchener Bibliothek. (S. S. 373.)

[1]) Kribbenſattel, d. h. mit Vor- und Hinterlehne befinden ſich bereits auf Siegeln des 12. Jahrhunderts, ſo u. a. auf den von Philipp v. Elſaſs und Peter v. Courtenay, abgebildet in den „Costumes au moyen-age d'après les sceaux“ par Demay.

4. Bis. Sattel mit Seiten-Schnallriemen und einer hohen Hinterlehne nach Art der Rüſtſattel vom 14. Jahrhundert (ſ. Nr. 6). Es kann angenommen werden, daß dieſer Sattel auch für Damen gedient hat, welche durch den Schnallriemen geſicherter waren. — Nach „Roumans d'Alixandre" Handſchrift v. 13. Jahrhundert in der National-Bibliothek zu Paris.

4. Ter. Deutſcher Packſattel vom 12. Jahrhundert. — Aus dem Hortus Deliciarum der Herad v. Landsperg. — (S. d. röm. S. 279.)

4 Bis.

5

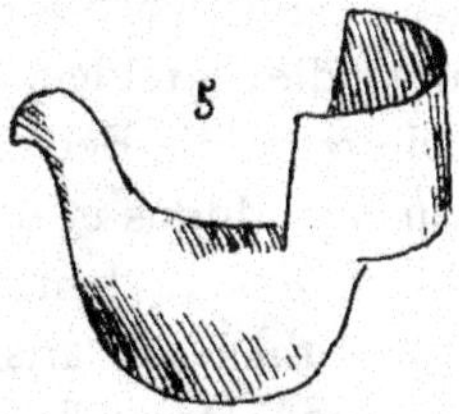

6

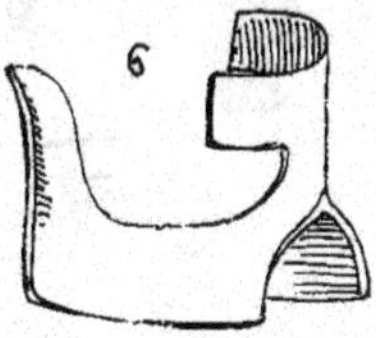

5½.

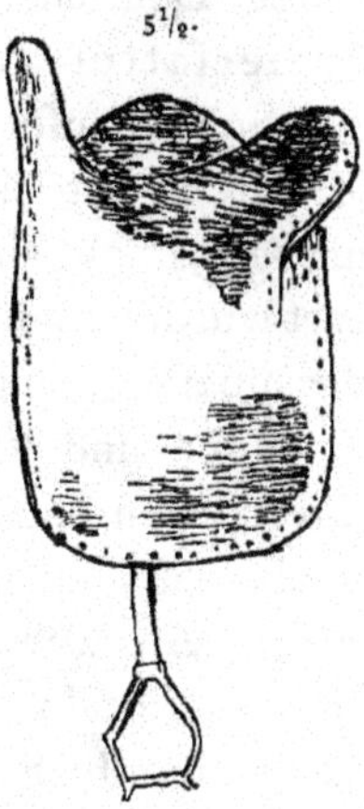

4 Ter.

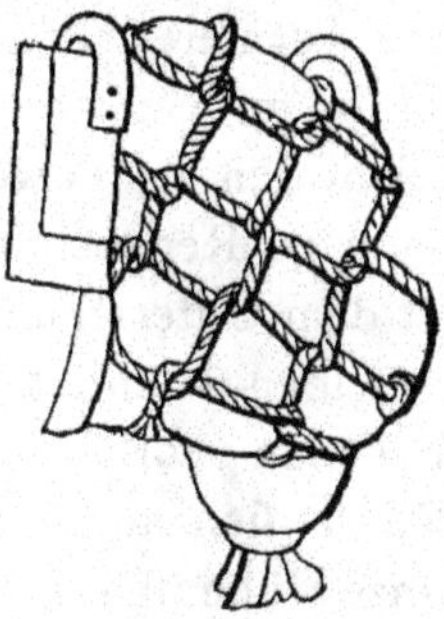

7

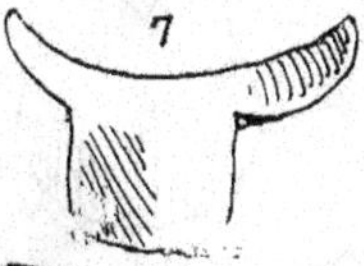

8

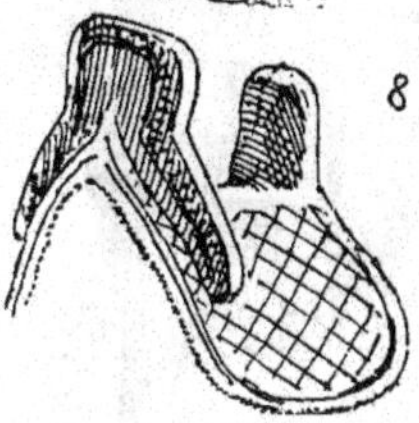

5. Deutſcher Rüſtſattel aus dem 13. Jahrhundert. — Handſchrift der deutſchen Äneide. — Berliner Bibliothek.

5½. Damenſattel vom Anfang des 15. Jahrhunderts, wo bereits das Horn (franz. fourche) zum einſeitigen Querreiten am Widerriſt angebracht iſt. — Franzöſiſche Handſchrift: „Lancelot du Lac" vom Anfang des 15. Jahrhunderts. — National-Bibliothek zu Paris.

6. Rüſtſattel, nach einer Elfenbeinarbeit aus dem 14. Jahrhundert.

7. Italieniſcher Rüſtſattel, nach einer bedruckten Leinwand aus dem 14. Jahrhundert. — Samml. Odet in Sitten. (S. d. oſtr. S. 277.)

8. Italieniſcher Rüſtſattel von der zweiten Hälfte des 16. Jahrhunderts. — Reiterſtandbild Bartolommeo Colleoni's in Venedig (ſ. S. 407).

9. Deutſcher Rüſtſattel aus der Mitte des 15. Jahrhunderts. — Artillerie-Muſeum zu Paris.

10. Deutſcher Rüſtſattel vom Anfange des 16. Jahrhunderts, aus Straßburg ſtammend. — Artillerie-Muſeum zu Paris.

11. Perſiſcher Rüſtſattel, nach der um 1600 ausgeführten Kopie des Schah-Nameh. — Bibliothek zu München.

9

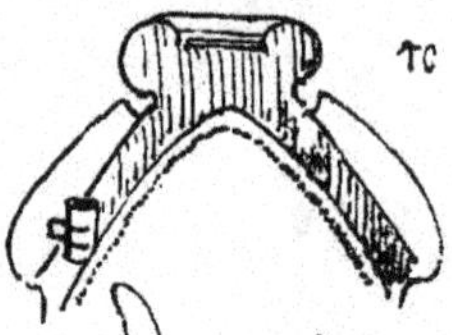
10

11

11 1.

11 1. Franzöſiſcher Turnierſattel vom 14. Jahrhundert, in welchem der Ritter wie in einem Korbe eingeſchloſſen ſaß. Die über die Satteldecke herabhängenden Stücke ſchützten die Beine. — Handſchrift: „Le livre du roy Modus et de la royne Racio“, aus der Mitte des 14. Jahrhunderts in der National-Bibliothek zu Paris.

12. Deutſcher oder ſchweizeriſcher Turnierſattel aus dem 14. Jahrhundert, dem Schaffhauſer Zeughaus entſtammend, woſelbſt er ſeit einem in dieſer Stadt im Jahre 1392 abgehaltenen Turniere aufbewahrt wurde. Er iſt aus Holz, mit Schweinsleder überzogen und gleicht den im Tower zu London und im Muſeum zu Regensburg aufbewahrten Sätteln, mit dem Unterſchiede jedoch, daß ſich auf demſelben ſitzend turnieren ließ, während bei den vorher erwähnten Sätteln der Ritter ſich aufrecht erhalten mußte. Seine ganze Höhe iſt 1,07 m. doch mißt der obere zum Schutz des Bauches und der Bruſt beſtimmte Teil nur 56 cm, während dieſer ſelbe Teil bei den andern Sätteln 75 cm hoch iſt. — Ähnliche im Muſeum der geſchichtliſchen Geſellſchaft zu Schaffhauſen, Sammlung Renné in Konſtanz, Muſeen zu Darmſtadt und Wiesbaden.

13. Deutſcher Turnierſattel vom Ende des 14. oder vom Anfange des 15. Jahrhunderts, aus der Sammlung Peucker in Berlin herrührend. Er mißt 1 m 70 cm Höhe und 1 m 14 cm Länge und ſchützte vollſtändig die Beine und Bruſt des Ritters, der in ſeinen Steigbügeln ſtehend turnieren mußte. — Tower zu London.

14. Ein dem vorigen ähnlicher Sattel, herrührend aus der im J. 1622 erloſchenen Familie Paulstorfer, deren rote und weiße Farben

er trägt. Dies Exemplar hat nur einen Meter Höhe und ſcheint nicht weiter als bis zur zweiten Hälfte des 15. Jahrhunderts zurückzugehen. Ehemals in der Minoritenkapelle zu Regensburg, welche

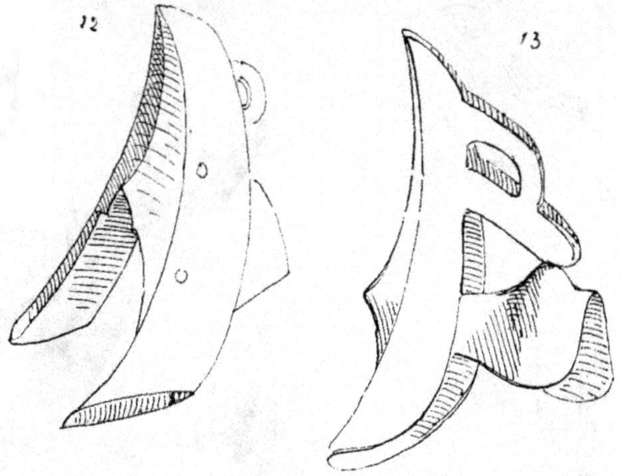

die Grabgewölbe der Familie Paulstorfer enthält, aufgehängt, gehört er jetzt dem Muſeum jener Stadt an, woſelbſt Hr. Hans Weiningen

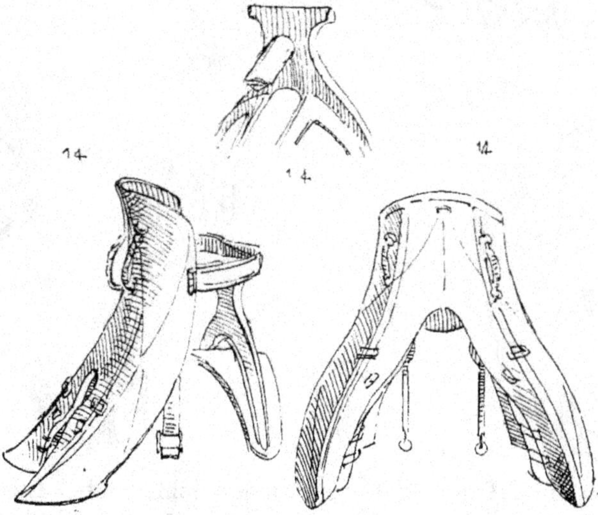

die Güte gehabt hat, ihn für mich zu zeichnen. Das Germaniſche Muſeum beſitzt einen ähnlichen, aus derſelben Familie herrührenden Sattel. (S. den Turnierſattel mit Lendenplatten S. 419 und den S. 426 abgebildeten hohen Vorderſteg.)

15. Deutscher Sattel aus Elfenbein, vom Ende des 15. Jahrhunderts. — Sammlungen Nieuwerkerke und Meyrick, Ambraser Sammlung und Museen zu Monbijou in Berlin und Braunschweig; der

15

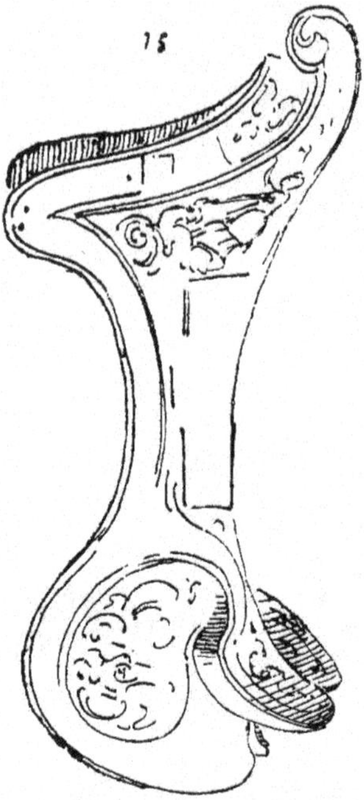

15 Bis.

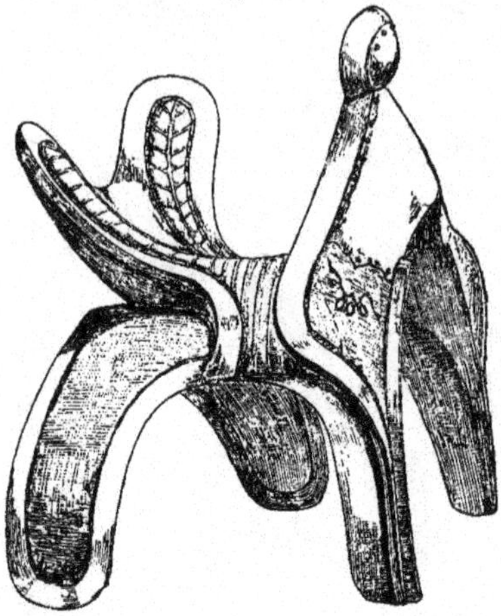

15 II.

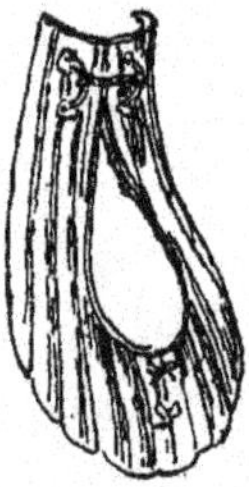

15 III.

16

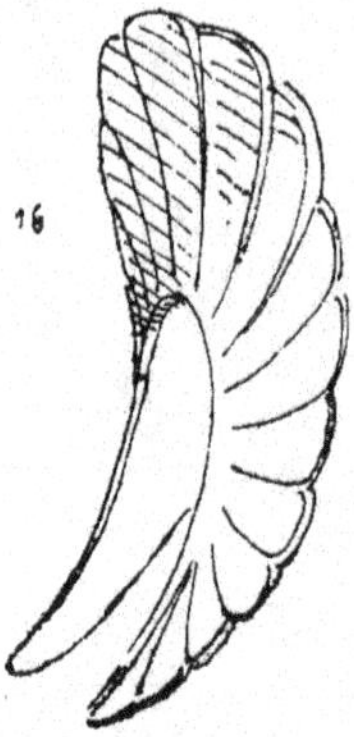

15 IV.

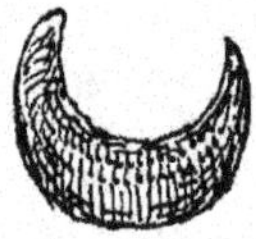

des letzteren Museums hat dem in der Schlacht bei Liefenhausen (Leveste), 1373, gefallenen Herzoge Magnus II. angehört. Der Sattel im Tower zu London trägt folgende Inschrift:

„Ich hoff des pesten Hilf Got wal auf Sand Jorgen Nam."

Ähnliche Sättel in den Museen zu Sigmaringen, Brünn und in der Galerie zu Florenz.

15 Bis. Turnierſattel mit hoher Rücklehne und Schutzknauf vom 15. Jahrhundert. — Germaniſches Muſeum zu Nürnberg. —

15. II. Franzöſiſcher Hours d. h. Bruſtſchutz oder Kamm des Turnierpferdes, vom 15. Jahrhundert.

15. III. Innere, mit lange, zwiſchen Leinwand genähtem Stroh und Rohr gepolſterte Seite des Kammes.

15. IV. Halspolſter zu obigem Kamm gehörig.

17

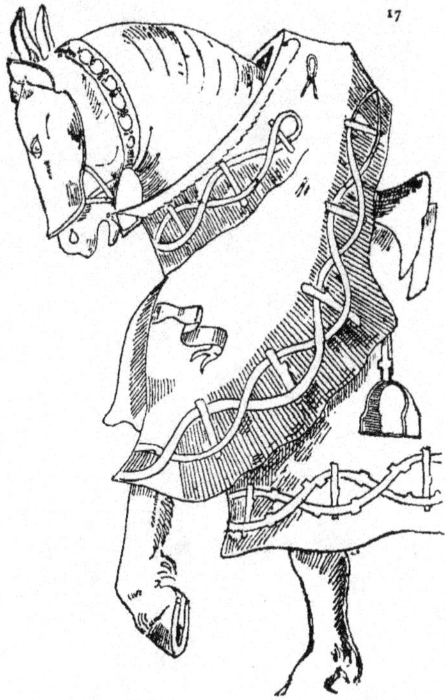

17 Bis.

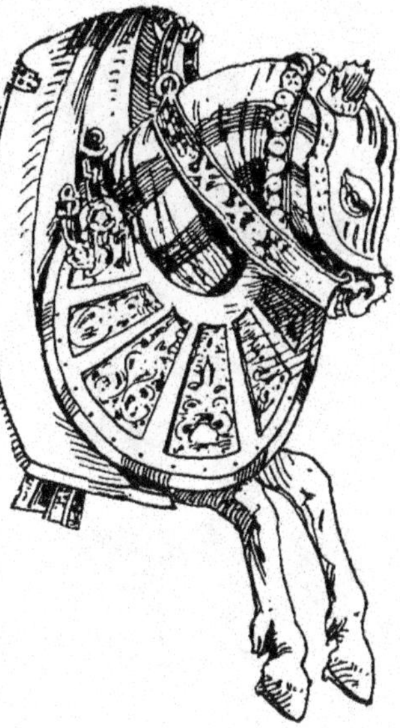

16. Deutſche Turnierſattel-Diechlinge, aus dem 16. Jahrh. nach einem Turnierbuche. Sie gleichen den Nrn. 12, 13 und 14, weichen jedoch inſofern von den Sätteln des 14. Jahrhunderts ab, als ſie weniger hoch ſind und weder Bein noch Bruſt vollſtändig deckten.

17. Deutſcher Turnierſattel mit Kanze (Halsſtück) Vorbug, und Gelieger (Vor- und Hinterdecke), vom Ende des 16. Jahrhunderts. — Handſchrift in der Bibliothek zu Wolfenbüttel.

17 Bis. Dichlinge (hölzerne) vom Steigbügel bis zur Hüfte aufſteigender Turnierſattelſchutz, (ſtatt der auch gebräuchlichen Streiftartſchen oder der Dilgen), ſo wie der Kanze (franz.

hours), ein gepolſterter Bruſtſchutz des Pferdes, welches ein Stirnblech mit Augenöffnungen, (alſo keine blinde Roßſtirn) und über den Hals auch den Vordertheil der Parſche mit Schellen trägt. Intereſſant iſt hier noch der Doppel-Steigbügel — Buchmalerei aus dem von Leitner veröffentlichen Freidal. Das hier abgebildete

17 Ter.

18½.

18.

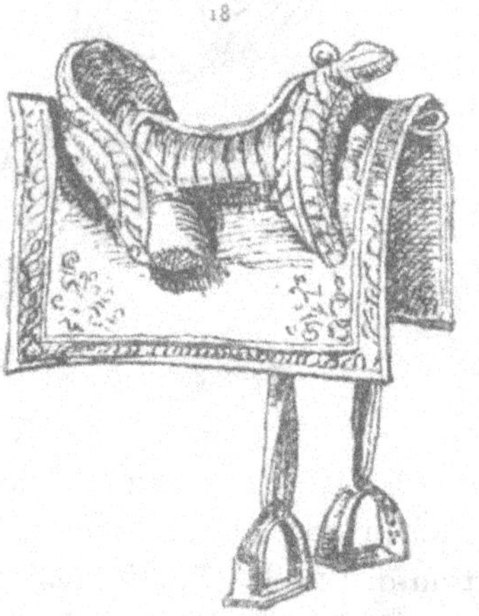

18 II.

Pferd iſt da vom Kaiſer Maximilian I. (1459—1519) im «hohen Zeug» geritten.

17 Ter. „Panzerreiter-(Küriß")-Sattel ſchweren Kalibers; zugeſchrieben den Otto Heinrich, Pfalzgraf am Rhein (um 1523).

18. Deutſcher Sattel aus der Zeit des dreißigjährigen Krieges (1618—1648), wo der rechte Steigbügel eine Dille für den Speer

hat. — Nach: „Kriegskunſt zu Pferde, von Joh. von Wallhauſen". Frankfurt a/M. 1616.

$18\frac{1}{2}$. Deutſcher Militärſattel mit Schwanz- und Bruſtriemen und Stangelſteigbügeln. Aus derſelben Zeit wie der vorhergehend abgebildete.

18 II. Tſcherkeſſiſcher Sattel vom 18. Jahrhundert. — Muſeum Zarskoe-Selo.

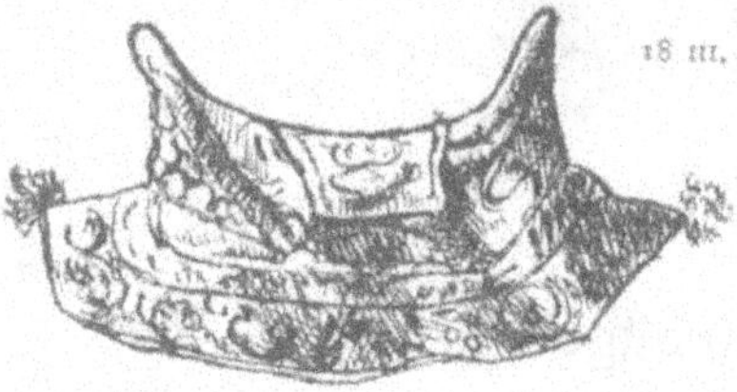
18 III.

20

$18\frac{1}{4}$.
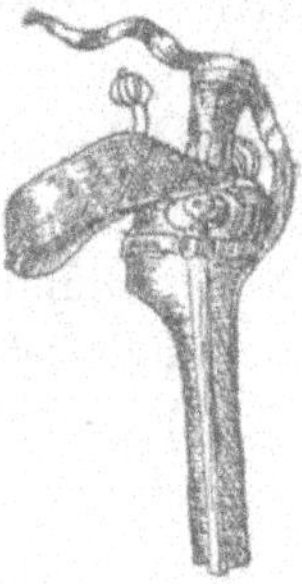

19
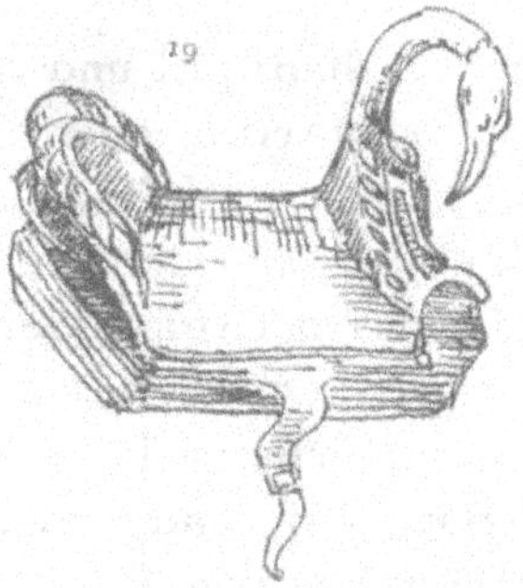

18 III. Mauriſcher Sattel (Burda) auf Deckenunterlage. Zweite Hälfte des 16. Jahrhunderts. — Armeria Real zu Madrid. —

$18\frac{1}{4}$. Sattelhalfter (auch Halfter und Hulfter, franz. fonte) oder Sattelpiſtolenbehälter vom Anfang des 17. Jahrhunderts. — Halfter (franz. licou) heißt auch der gebißloſe Zaum.

19. Sattel des Tippo-Sahib von Myſore (Indien) vom 18. Jahrhundert.

20. Nordafrikaniſcher (der Tuaiken) Kamelſattel mit nur einem Steigbügel zum Aufklimmen und geſchnitzter Vorder- und Rückenlehne.

XVIII.

Der Steigbügel.

Der Steigbügel auch einfach Bügel und Stegreifen genannt (lat. strepae, Mönch lat. strivarium oder streparium, wovon das franz. étrier, engl. stirrup, ital. staffa, ſpan. estribo) beſteht aus der Stange (franz. planche) oder dem Teile, auf welchem der Fuß ruht, dem Bügel, und dem Auge (franz. oeil), d. h. der Öffnung für den Riemen, mit welchem der Steigbügel an den Sattel- oder Steigbügelriemen (franz. étrivières auch porte-étriers) gehängt wird, welche auch zur Verlängerung und Verkürzung (franz. ralonger et racourcir les étriers) dienen.

Der Gebrauch des Steigbügels mag vielleicht bis ins 4. Jahrhundert, wahrſcheinlicher aber wohl nur bis ins 6. Jahrhundert hinaufreichen (S. S. 198, 188 und 508). Die erſte bekannte Erwähnung davon befindet ſich in der «Kriegskunſt etc.» des Mauricius vom 6. Jahrhundert, eine andere jüngere in den Schriften Iſidors vom 7. Jahrhundert, eine noch ſpätere bei Leo dem Taktiker vom 8. Jahrhundert.

Die Form der Steigbügel hat nach Zeit und Volk ſehr gewechſelt. Anfangs beſtand dieſes Sattelſtück nur aus einem einfachen Bügelriemen, dem man ſpäter die Stange entweder aus Holz oder Metall beifügte, und endlich machte man ein Triangel daraus.

Dieſe älteſte trianguläre Form iſt auch frühzeitig ſchon in Skandinavien im Gebrauch geweſen, was ſowohl bronzene wie eiſerne Steigbügel in dortigen Muſeen (ſ. S. 344), beſonders der mit Silber tauſchierte des Muſeums zu Kiel feſtſtellen.

Im 15. und 16. Jahrhundert kommen auch Doppelsteigbügel vor, wie die Abbildung Nr. 9 zeigt, so wie Steigbügelsporen (s. im Abschnitt der Sporen S. 620).

Das älteste dem Verfasser bekannte Denkmal mit riemenartigen Steigbügeln ist das hier abgebildete Flachbildwerk in Elfenbein an der Domkanzel zu Aachen. Herr Professor Aus'm Weerth, dem der Verfasser die Mitteilung davon verdankt, weist die Schnitzerei dem 9. Jahrhundert zu. Da aber im achten schon der spitze Helm und die Schuppenrüstung, d. h. das Panzerhemd (s. S. 355), im Gebrauch waren, der Mönch von St. Gallen auch berichtet, daß Karl der Große (8. Jahrhundert) bereits mit Helm, Armzeug und Schenkelschuppenschutz bewaffnet und sein Pferd selbst mit Eisen bedeckt gewesen sei (s. auch dessen Schachfiguren S. 358), so wird diese Skulptur ohne Zweifel einer früheren Zeit, der des Übergangs von der römischen zur mittelalterlichen Rüstung zuzuschreiben sein. Auch die Randverzierungen sowie der ganze Charakter des Bildwerkes, welche mit den merowingischen Reliefs in den Kirchen zu Bierstadt bei Wiesbaden, Pfaffenhoven, Ingolstadt und Oberingelheim[1]), alle drei in Rheinhessen, übereinstimmen, sprechen für obige Zeitbestimmung.

Da sich auch unter diesen Elfenbeinreliefs eine Nachbildung des Theodorich-Standbildes zu Ravenna (5. Jahrhundert) befindet, so könnten die Schnitzereien selbst noch etwas weiter hinaufreichen.

Das zweitälteste Denkmal, an welchem ein Riemensteigbügel vorkommt, bildet das S. 355 dargestellte Flachbildwerk vom 8. Jahrhundert, in der Kirche zu Brioude.

Diesem ungefähr gleichzeitig ist der bei Immenstedt im Dithmarschen auf dem dortigen Begräbnisplatze 1880 ausgegrabene eiserne, mit Erzfäden tauschirte Steigbügel (s. die Abbildung dessen hier nach Nr. 1). Wenn im allgemeinen die germanischen Gräber des Karlingischen Zeitabschnittes keine Beigaben mehr enthalten, so scheinen doch, wie es diese Immenstedter Funde feststellen, im Norden auch nach der merowingischen Periode noch solche den Toten mitgegeben worden zu sein.

---

[1]) S. S. 32 in des Verfassers I. Folge der „Studien über die stofflich-bildenden Künste" im Abschnitte Bildnerei (Leipzig 1887) Abbildungen davon.

Ein in der bereits angeführten Biblia sacra, vom 10. Jahr

9. Elfenbeinflachbildnerei von der Domkanzel zu Aachen (6. od. 7. Jahrh.), einen merowingifchen Anführer darftellend. Unter diefen Schnitzereien befindet fich auch eine Nachbildung des Theodorichftandbildes zu Ravenna (vom 5. Jahrhundert).

hundert (National-Bibliothek zu Paris) abgebildeter Ritter (f. S. 362) hat fchon den wirklichen Steigbügel, in dreieckiger Form am Fuße.
Der Reiter S. 385, nach fchwedifchen Wandmalereien vom 12.

Jahrhundert, ſowie das Siegel Richard Löwenherz' aus gleicher Zeit (ſ. S. 379), zeigen die ſeitdem beſtehende halbrunde Steigbügelform, welche auch in einer Malerei des Buches Triſtan und Iſolde Handſchrift vom 13. Jahrhundert zu erkennen iſt.

Der Feuerträger (Pyrophor) war ein Steigbügel mit Laterne, die zur Erleuchtung diente und zugleich die Füße des Reiters erwärmte; doch befindet ſich kein Exemplar desſelben in den Muſeen. Die Frauenſteigbügel ſowohl als die wenigen Rüſtſteigbügel aus dem 15. Jahrhundert, welche Erſatz für die Eiſenſchuhe boten, ſind vorn geſchloſſen, um den Fuß am Ausgleiten zu hindern.

Fahnenſchuh (talonnière im Franz.) hieß der Steigbügel, welcher zum Einſtecken der Fahne diente. S. ferner im Abſchnitt der Armbrüſte den Steigbügel = Armbruſt.

Auch Sporenſteigbügel ſind im Gebrauch geweſen (S. Nr. 25 im Abſchnitt der Sporen die Abbildung eines ſolchen dem Herzog Chriſtoph von Bayern zugeſchriebenen Exemplars vom 15. Jahrhundert, im Bayeriſchen National-Muſeum zu München).

Krieger in vollſtändiger Maſchenbrünne mit Fäuſtlingen und zurückgeſchlagener Ringhaube, vom 11. Jahrhundert. Die Abbildung figuriert hier, um die Form des Steigbügels aus dieſer Zeit beſonders feſtzuſtellen (s. auch den Steigbügel in noch ganz derſelben Form des reitenden franz. Bogenſchützen vom 15. Jahrhundert.) — Aus dem Skizzenbuche des Villard von Hennecourt. (Schultz.)

1. Eiſerner mit Erzfäden tauſchirter germaniſcher Steigbügel

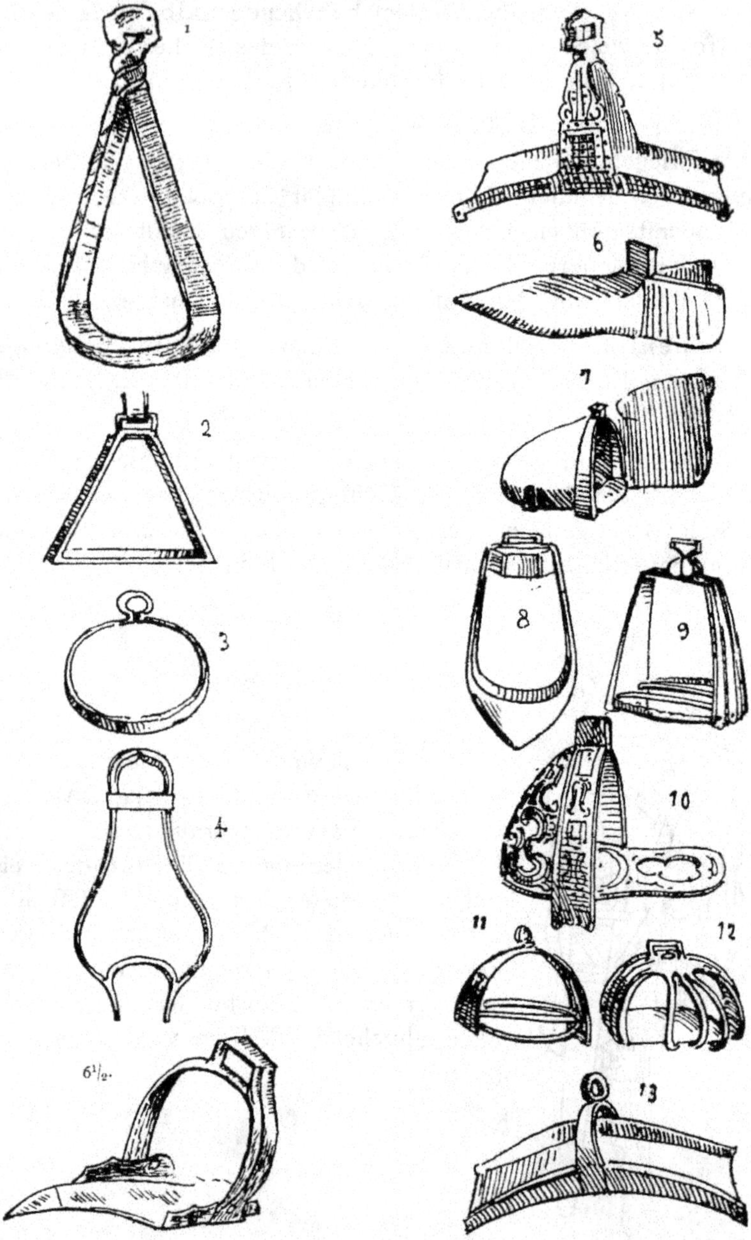

vom 8. Jahrhundert, wie die in demſelben Grabe dabei gefundenen 90 Silberdenare von Karl dem Großen beitragen feſtzuſtellen. Dies

auf dem Begräbnisplatze bei Immenſtedt im Dithmarſchen geöffnete Grab gehört zu den ſeltenen aus der Karlingiſchen Zeit, welche noch Bei- oder Mitgaben enthalten.

Die Abbildung hier iſt $^1/_4$ der Größe. (S. auch S. 344 den dreieckigen Steigbügel aus derſelben Karlingiſchen Zeit.)

2. Deutſcher Steigbügel aus dem 12. Jahrhundert, nach den im Braunſchweiger Dome unter Heinrich dem Löwen († 1195) ausgeführten Wandmalereien.

3. Eiſerner deutſcher Steigbügel aus dem 13. Jahrhundert. — Muſeum in Sigmaringen.

4. Eiſerner ſpaniſcher Steigbügel, wahrſcheinlich vom Ende des 14. Jahrhunderts, jedoch in der Armeria zu Madrid dem Könige Don Jakob I., dem Eroberer, † 1276, zugeſchrieben.

5. Eiſerner arabiſcher Steigbügel vom Anfange des 15. Jahrhunderts; reich in Silber und Gold nielliert. — Sammlung des Verfaſſers.

6. Eiſerner engliſcher Eiſenſchuhſteigbügel (Damen?) aus dem 15. Jahrhundert. — Schloß Warwick.

6$^1/_2$. Gebogener Schnabelſchuhſteigbügel in vergoldetem Eiſen vom Anfange des 15. Jahrhunderts. — Sammlung Riggs zu Paris.

7. Eiſerner engl. geſchloſſener (Damen?) Steigbügel, aus der Mitte des 15. Jahrhunderts. — Sammlung Meyrick.)

8. Eiſerner Steigbügel vom Ende des 15. Jahrhunderts, der zu einem in Elfenbein geſchnitzten Sattel gehört; im geſchichtlichen Muſeum des Schloſſes Monbijou zu Berlin.

9. Eiſerner Doppelſtangenſteigbügel vom Ende des 15. Jahrhunderts. — Muſeum Sigmaringen.

10. Turnier- (oder Frauen?)Steigbügel (étrier à cage) aus dem 15. Jahrhundert; von durchbrochener Arbeit, mit Wappen verziert. — G. 361 im Artillerie-Muſeum zu Paris.

11. Koloſſaler eiſerner Steigbügel, 20 cm breit und 16 cm hoch, aus dem 16. Jahrhundert. — Prager National-Muſeum.

12. Geſchloſſener Steigbügel (franz. étrier à cage:) von einer Reiter- und Pferderüſtung, aus dem 16. Jahrhundert. — Berliner Zeughaus.

13. Großer eiſerner, mit Silber tauſchirter, ſarazeniſcher Steigbügel, vom Anfange des 16. Jahrhunderts. — G. 130 im Artillerie-Muſeum zu Paris und Sammlung des Verfaſſers. (S. d. ähnliche N. 5 und Nr. 26.)

13 Ter. Steigbügel mit Fußbiege oder Fußſpannſchutz, vom 15. Jahrhundert. — Sammlung Riggs zu Paris.

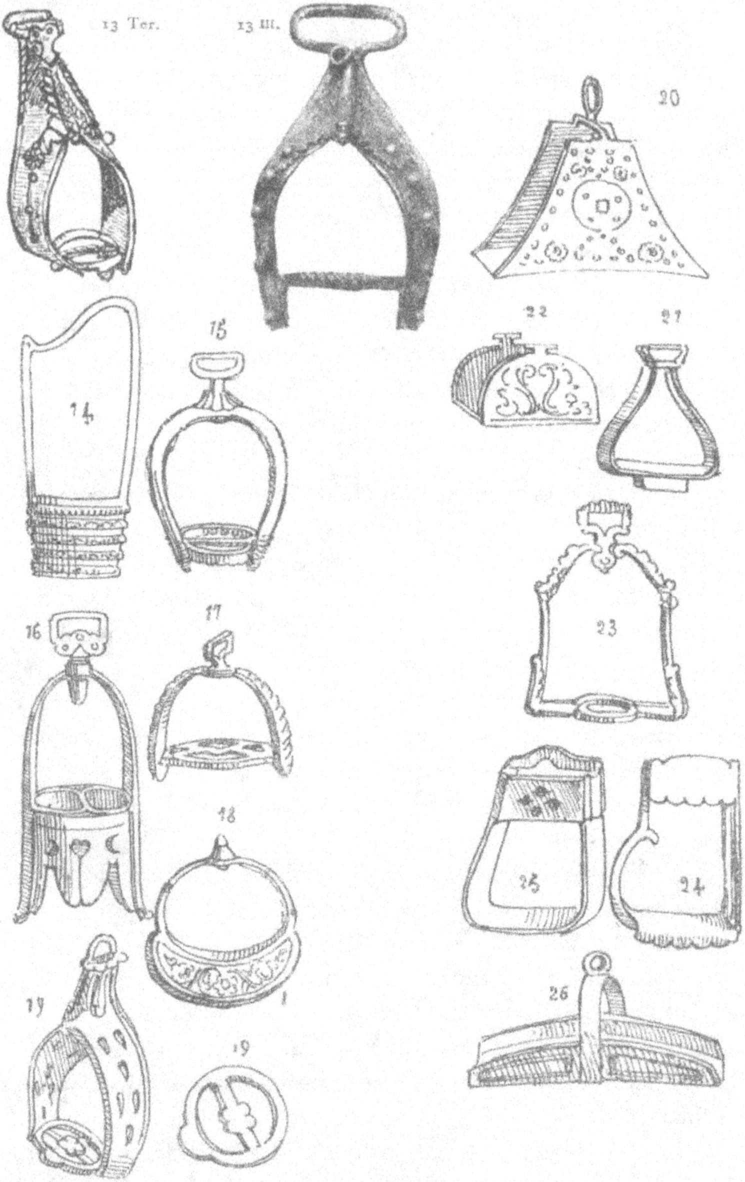

13 III. Gotiſcher Damenſteigbügel in Spitzbogenform, wo die Seitenteile mit Blattwerk und Kugeln beſetzt ſind. 15. Jahrhundert. — Sammlung Fröhlig in Bonn.

14. Eiferner polnifcher Steigbügel von durchbrochener Arbeit, vom Anfange des 16. Jahrhunderts. — Ambrafer Sammlung.

15. Steigbügel für Entenfchnabeleifenfchuhe, 1585.

16. Eiferner cifelirter Steigbügel wahrfcheinlich für Maultiere. — Sammlung des Verfaffers.

17. Desgleichen.

18. Desgleichen.

19. Eiferner Steigbügel in getriebener und durchbrochener Arbeit, 16. Jahrhundert. — Tower zu London.

20. Ungarifcher Steigbügel aus dem 16. Jahrhundert mit Silberfiligran bedeckt und mit vergoldeten Rofetten und Edelfteinen befetzt. — Ambrafer Sammlung.

21. Perfifcher Steigbügel. Nach einer Handfchrift des 16. Jahrhunderts.

22. Eiserner arabifcher Steigbügel, von durchbrochener Arbeit. — Artillerie-Mufeum zu Paris.

23. Meffingener Steigbügel. — Ende des 17. Jahrhundert.

24. Eiferner deutfcher Steigbügel, 17. Jahrhundert bei Dielfort gefunden. — Mufeum zu Sigmaringen.

25. Eiferner deutfcher Steigbügel, 17. Jahrhundert. — Mufeum zu Kaffel.

26. Eiferner Steigbügel im nördlichen Afrika im Gebrauch.

27. Mexikanifch-fpanifche Steigbügel aus dem 16. Jahrhundert. Das nebenftehend abgebildete Exemplar mißt 45 cm Höhe und 30 cm Breite; es rührt aus der Hinterlaffenfchaft des Kaifers Maximilian her, der es kurz vor feinem Tode nach Öfterreich gefchickt hatte, wo es der Ambrafer Sammlung einverleibt wurde. Die Ornamentirung diefer koftbaren Eifenarbeit hat etwas Romanifches. Ahnliche Steigbügel befinden fich in der Sammlung Culemann zu Hannover, im Lyoner Mufeum, im Befitz eines Genfer Antiquitätenhändlers fowie im Mufeum Cluny zu Paris[1]) und in der

[1]) In der „Historia de las Conquitas de Hernando Cortes", früher von Francisco Lopez de Gamara verfafst, aber erft 1826 in Mexiko durch Carlos de Baftamente veröffentlicht, wird berichtet: „dafs die fpanifchen Anführer während der Schlacht von Otumba die noch nicht unter den Streichen und Stöfsen ihrer Schwerter und Lanzen gefallenen Azteken mittelft ihrer ungeheuren eifernen, Mitras genannten Steigbügel, deren Form eher einem Kreuz als einer Bifchofsmütze glich und fehr fchwer war, niedermähten". Eine ähnliche Art Steigbügel ift noch heute in Mexiko gebräuchlich, wo fie Estriberos de Crux (alfo Kreuz-Steigbügel) genannt wird. Man kann annehmen, dafs die von Lopez de Gamara erwähnten Steigbügel die hier abgebildeten waren.

Sammlung Becker zu Darmſtadt, wo dieſelben aber im Muſeum ausgeſtellt ſind. Zu bemerken iſt hier noch, daß im feſtländiſchen Indien Steigbügel weniger gebräuchlich geweſen ſein müſſen, da

27

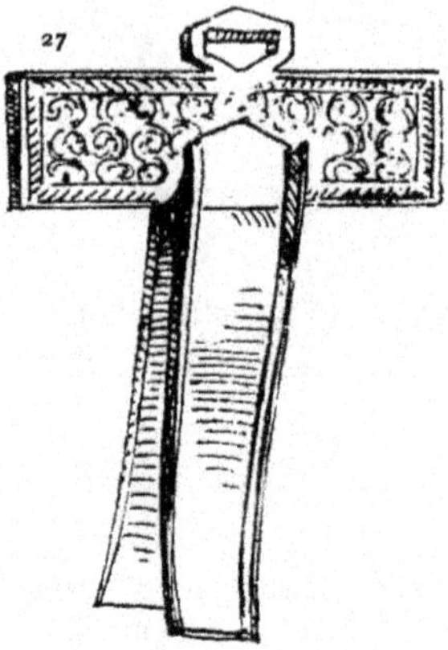

27 I.

Sivaji — ein Mogul vom 17. Jahrhundert — noch beim Reiten die Füße nur in Schnuren ſteckend hat (ſ. die Abbildungen S. 153.)

27. I. Damenſteigbügel vom 17. Jahrhundert. — Sammlung Fröhlig in Bonn.

XIX.

Der Zaum, die Gebiſſe, das Geſchirr.

Vom Pferdegeſchirr (neul. helcium, franz. harnais, ital. ornimento di cavallo, ſpan. jaez auch aderezo del caballo, engl. horse-trappings) iſt der Zaum wohl der Teil, welcher allein in ſeiner geſchichtlichen Entwickelung verfolgt werden kann. Pferdegeſchirre überhaupt ſind in zwei Klaſſen einzuteilen, in Zug- und Reitgeſchirre. Erſteres, ſei es mit Siele, d. h. mit Bruſtblättern (lat. helcium, franz. poitrail), ſei es mit den ſchon den Griechen bekannten Kummet, (vom ſlaw. chomatu, griech. *ταινία*, lat. taenia, franz. collier auch bourlet), das um den Hals liegende eigenartige Ziehgeſtell mit ſeiner Kummetkette, (franz. mancelle), beſteht ſonſt noch aus den Strängen (lat. restis, franz. traits, ſpan. tira) von Stricken, Ketten oder Riemen, den Leinen (griech. *ἱμάς*, — lat. lorum, franz. rênes), dem Halsriemen beim Bruſtplattgeſchirr, dem Kammdeckel (franz. surdos auch sellette), dem Lendenriemen (franz. avaloir), dem Schwanzriemen (griech. *ὑπουρίς*, lat. poſtilena, franz. croupière), dem Gurte (lat. cingula, franz. sangle), den Scheuklappen (franz. oeillières), — nämlich den Lederdeckeln am Zaume, welcher die Augen des Pferdes vor dem Scheuen ſchützen und nicht mit den die Augen gänzlich bedeckenden Maultierbuckeln zu verwechſeln ſind, ſowie noch anderen Teilen. Im ganzen beſteht ein ſolches Zuggeſchirr aus Vorder- und Hinterzeug. Die Kummetkappe (franz.

housse de collier) und das Kummethorn (franz. attelle) gehören felbftverftändlich nur zum Kummetgefchirr.

Das Reitgefchirr befteht aus Zaum, Sattel und Satteldecke oder Schabracke — (türkifch — σάγος, lat. sagum, franz. chabraque) Gurt, Sprungriemen (franz. martingale) und Schwanzriemen; außerdem trugen die Pferde fchon bei den Römern wie bei den Franken Bruftfchmuck (lat. balteus, franz. baudrier auch bandeau de parure). Bei den Römern hing derfelbe unter dem oft mit Schellen verfehenen Halsfchmuck (lat. monile). Bei den Franken war das Lederzeug fchon mit Befchlägen, Schnallen, Nabel oder Buckel (franz. bossettes) und mit filbertaufchiertem Eifen geziert, eine Arbeit, die weder Griechen noch Römer gekannt zu haben fcheinen.

Der Zaum (χαλινός, lat. frenum auch fraenum, franz. bride, vom Keltifchen (?) brid, engl. bridle, ital. briglia, fpan. brida) wohl der hauptfächlichfte Teil der Befchirrung um dnn es fich hier handelt, befteht aus dem Kopfgeftell (franz. têtière) mit Stirnband (franz. frontal), den Zügeln (franz. rênes) und dem Gebiß oder Mundftück (franz. bouchure auch mors vom lat. morsus, engl. horse-bit, with curb), fei es einfach oder in Kandaren (franz. mors non brisè) d. h. in Stangenform. Das Trenfengebiß (χαλινος — lat. oreae, franz. bridon) allein angewandt, dient gegenwärtig wohl nur zum Einreiten (Dreffur der Pferde. S. S. 214 u. 279).

Der Kappzaum (franz. cavecon), welcher bei Pferden nur zum Einreiten, bei Maultieren aber auch als regelmäßige Zäumung in Anwendung ift, hat einen auf der Nafe des Tieres befindlichen eifernen Bügel.

Die Langleine (franz. allonge) dient, am Zaume befeftigt, dem Pferde Rundläufe machen zu laffen und Spanifche Reiter[1]) nennt man ein auch für die Dreffur hergerichtetes eifernes Geftell, welches, ftatt des Reiters, auf dem Sattel befeftigt, die Zügel hält.

Gebiffe oder Mundftücke giebt es fehr verfchiedene Formen und Benennungen, befonders im Franzöfifchen: Stangengebiß (mors de bride), Knebelgebiß (mors de bridon), Knebeltrenfengebiß (mors mastigadour), welche fich von der gewöhnlichen Trenfe durch ihre Knebel (franz. ailes d. h. Querftangen), unterfcheiden. Ferner Trenfengebiß (mors de filet) und Olivengebiß (mors à berge).

---

[1]) S. weiter hinten das auch fogenannte Hindernis- oder Sperr-Geftell.

Der «mors à bronches tournées ou à sous barbes» (wo das Gebiß mehrere krumme Winkel bildet), «der mors à canon simple», der «mors à pas d'ane» (wo das Zungenſtück die Form des Eſelhufes hat), der «mors à porte» (deſſen Form die einer Thüre iſt), der «mors à tire-bouches ou à nestier» (in Korkzieherform), und der «mors à la turque» (gerade Stangen ohne Unterangeln) ſind noch andere ſolcher, beſonders in Frankreich gebräuchlichen Gebiße. Mit Genette bezeichnet man das Gebiß türkiſcher Art, wovon ein Ring als Kinnkette dient.

Die Kandare (franz. mors non brisé, engl. horse-bit with curb) iſt ein Stangengebiß ohne Bruch.

Der Name Trenſe (vom niederdeutſchen Schnur oder vom ſpan. trenza, Flechte, lat. oreae, franz. filet oder bridon, engl. snaffle) bezeichnet entweder das gebrochene Gebiß ohne Stangen oder auch den ganzen Zaum mit ſeinen Zügeln und ſeinem leichten Gebiß. Es giebt Zäume mit doppelten Zügeln, d. h. mit Kandare und Trenſe.

Der Halfter (*φορσεια*, lat. capistrum, franz. licou)[1]) iſt ein gebißloſen Zaum.

Die Anwendung des Zaumes reicht bis ins höchſte Altertum hinauf und verliert ſich in der Dunkelheit der Vorzeit; die Kandare mit Querſtangen, alſo das Stangengebiß, dagegen ſcheint im allgemeinen nur bis zur Frühzeit des Mittelalters zurückzugehen, da die Handſchriften des 9. und des 10. Jahrhunderts allein Gebiſſe ohne Querſtangen (Trenſen) darſtellen, obſchon das hier Nr. 1 abgebildete germaniſche oder galliſche Gebiß doch bereits ſtangenförmig angefertigt iſt. Die Trenſen oder gebrochenen Stangengebiſſe, im Kopenhagener Muſeum der Eiſenperiode zugeſchrieben, gehören allem Anſcheine nach dem Mittelalter an, und das ungebrochene römiſche Gebiß, in der Sammlung Llewelyn-Meyrick, hat keine Querſtangen. — S. die S. 304 und 341 abgebildeten aſſyriſchen, galliſchen, ſkandinaviſchen und germaniſchen Gebißſeitenſtangen oder Bäume in dreieckigen Ausläufern ſowie die S. 305 abgebildeten Trenſengebiſſe aus Pfahlbauten, auch die S. 280

[1]) Das franz. licou (altfranz. licol) kommt vom lat. ligare, — binden und collum, — Hals. Halfter — Holfter oder Hulfter (franz. fontes) heiſsen auch die an beiden Seiten des Sattels befindlichen Piſtolenbehälter (ſ. S. 647).

dargestellten römischen und etrurischen Gebisse. S. auch die schwedischen Gebisse aus der Bronzezeit.

Unter Kandare (Gebißstange; Stangenzaum) versteht man überhaupt einen Zaum mit langer Stange sowie diese Stange allein.

Ein Kandarengebiß besteht aus dem Mundstück, den dasselbe zwei, nach oben und unten überragenden Bäumen, dem hieran befestigten Zügelringen, der Kinnkette und dem Kinnkettengebiß.

Die Kinnkette (franz. gourmette) dient um den Zaum unter der Ganasse (franz. ganache), d. h. der Kinnlade des Pferdes zu halten.

Ferner muß hier noch der Zaumstangenbuckel (franz. bossettes de mors) Erwähnung geschehen, die sich fast an allen Gebissen vorfindet.

Schaumketten (franz. tranche-fils) gehören nur an Stangengebisse.

Der Maulkorb (φιμός, lat. fiscella — s. die Theodosiussäule v. 4. Jahrhundert n. Chr., franz. muserole). Der Stachelmaulkorb für Kälber u. a. m. hieß capsistrum.

Die Bremse (lat. postomis oder prostimos, franz. morailles auch torche-nez) d. h. Nasenklemme für Pferde wie für Rindvieh.

Hierbei mag auch die für Abrichtung (Dressur) der Pferde in Reitbahnen (franz. manège, vom lat. manu agere, an der Hand führen oder vom ital. maneggiare — bearbeiten) gebräuchlichen Stücke Erwähnung geschehen.

Reitbahnhalsriemen (franz. collet[1]) de manège) — Laufleinen (franz. allonges, verbastert alonges[2]) und der auch schon angeführte Spanische Reiter (franz. cheval de Frise) früher in Eisen, jetzt in Kautschuk, das am Sattel befestigte Gestell zum Halten der Zügel.

1. Germanisches Stangengebiß in Eisen, welches zu Gergovie, 5 km von Clermont gefuneen worden ist, wo Vercingetorix die Römer schlug, welche bekanntlich da nur germanische Reiterei hatten. — Sammlung Charvet in Grenoble.

---

1) Womit aber auch die Schlingen zum Wildfang bezeichnet werden.

2) Der eigentliche Namen für Halfterriemen.

2. Seitenanſicht von Nr. 1.

3. Gebrochenes, den Rhetenern zugeſchriebenes Trenſengebiß. Es iſt bei Genf gefunden worden. — Sammlung Charvet in Grenoble.

4. Seitenanſicht von Nr. 3.

5. Däniſcher Zaum, nach einer Kirchenthür aus dem 10. oder 11. Jahrhundert, im Muſeum zu Kopenhagen.

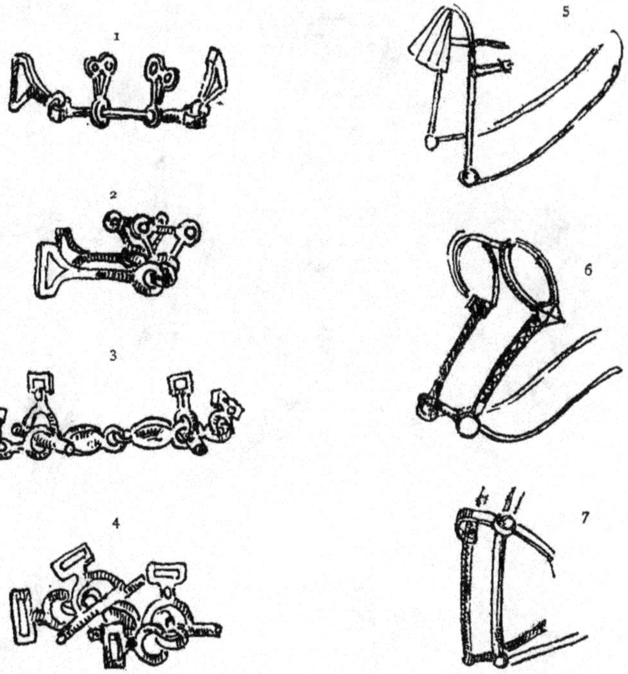

6. Däniſcher Zaum, nach einem Urceus[1]) aus dem 12. Jahrhundert, im Muſeum zu Kopenhagen. Das Kopfgeſtell dieſer beider Zäume hat kein Stirnband und das zweite ſcheint nur allein durch Ohrriemen gehalten zu werden. Nr. 1 hat nicht einmal ein Naſenband.

7. Zaum, nach einer Flachbildnerei der Kirche zu Brioude, aus dem 9. Jahrhundert. (?)

[1]) Urcei hieſsen im mittelalterlichen Latein die Kannen der Aquamanilien. Letztere ſind Becken, die ſowohl in Kirchen wie in Schlöſſern zum Waſchen der Hände dienten.

8. Normannifcher Zaum mit Kandare aus dem 11. Jahrhundert, nach dem Teppiche von Bayeux.

9. Oftrömifches Gebiß ohne Bruch noch Querftange. — Sammlung Llewelyn-Meyrick.

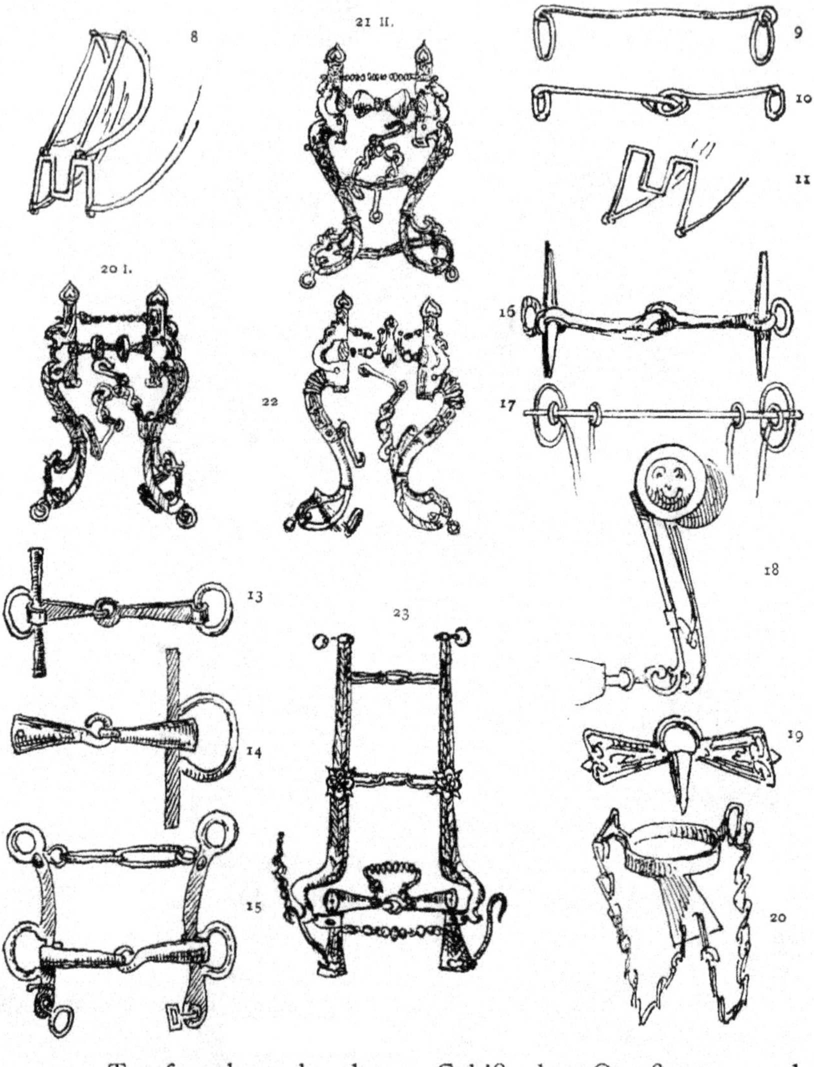

10. Trenfe, oder gebrochenes Gebiß ohne Querftangen, nach Handfchriften des 9. bis 11. Jahrhunderts.

11. Normannifche Kandare, ohne Bruch, mit Querftange, vom 11. Jahrhundert. — Teppich v. Bayeux.

12. Knebelring-Trenſengebiß mit nur einſeitigem Knebel vom 14. Jahrhundert, aus der 1399 zerſtörten Burg Tannenberg.

14. Knebeltrenſengebiß mit Kegelmundſtück aus der 1399 zerſtörten Burg Tannenberg.

15. Kandare mit gebrochenem Gebiß und Bäumen aus der 1399 zerſtörten Burg Tannenberg.

16. Trenſe oder gebrochenes Gebiß mit Querſtangen aus der Eiſenzeit oder dem Anfange des Mittelalters. — Muſeum in Kopenhagen.

17. Deutſches Gebiß ohne Bruch und ohne Querſtangen aus dem 16. Jahrhundert, zu einem Harniſch im Muſeum zu Dresden gehörend.

18. Deutſche Kandare ohne Bruch und mit langen Querſtangen aus der erſten Hälfte des 16. Jahrhunderts. — G. im 62 im Artillerie-Muſeum zu Paris.

19. Eiſerne Baum einer Kandare oder einer Trenſe aus dem 16. Jahrhundert, von durchbrochener Arbeit. — Artillerie-Muſeum zu Paris.

20. Kettengebiß mit Kinnkette (gourmette) von einem arabiſchen Zaum. — Artillerie-Muſeum zu Paris.

21 I. Kandare oder Stangengebiß mit Rollen-, Maul- und Kinnkette, vom 16. Jahrhundert, nach Seutter's „Bißzbuch v. Johann de Fiorenlini" (Augsburg 1584) andere ähnliche „Bißzbücher" beſitzt man noch aus den Jahren 1560, 1570 und 1588.

21 II. Kandare mit Drehzungengebiß, Maul- und Kinnkette. vom 14. Jahrhundert, nach Seutter'S" Bißzbuch v. Johann de Fiorenlini". (Augsburg 1584.)

22. Kandare mit gebrochenem Gebiß, Maul- und Kinnkette, vom 16. Jahrhundert, nach Seutter's „Bißzbuch von Johann de Fiorenlini". (Augsburg 1584.)

23. Kandare mit gebrochenem Gebiß, Maul- und Kinnkette, vom 16. Jahrhundert, nach Seutters „Bißzbuch von Johann de Fiorenlini". (Augsburg 1584.)

24. Geſchloſſenes Mundſtück mit Walzen vom 16. Jahrhundert, nach Seutter's „Bißzbuch von Johann de Fiorenlini". (Augsburg 1584.)

25. Gebrochenes Hohlgebiß vom 16. Jahrhundert, nach Seutter's „Bißzbuch von Johann de Fiorenlini". (Augsburg 1684.)

26. Schwediſches-Stangengebiß, wo das Gebiß aus Holz und die beiden Zaumſtangen von Gemſenhörnern dargeſtellt ſind. Es

24

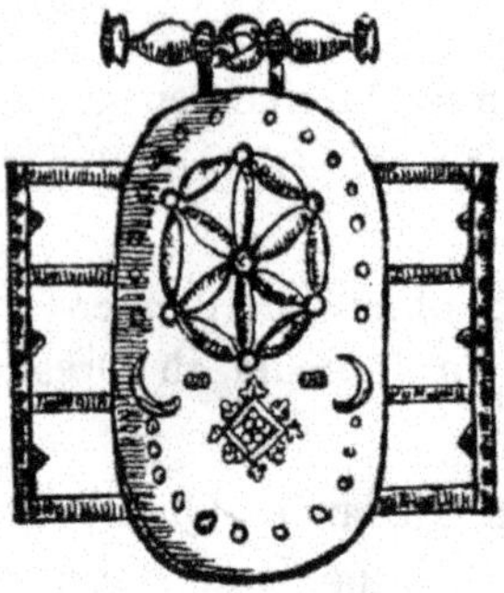

26

25

ſtammt aus der nordiſchen Gemeinde von Helſingland. Derartige Gebiſſe ſollen häufig in Schweden gefunden werden, ja ſelbſt heute noch da in Gebrauch ſein. — Nordiſches Muſeum zu Stockholm.

XX.

Hufbeſchlag und Hufeiſen.

Das Nagelhufeiſen für Einhufer, — den Solidringulae, Solipedes d. i. Pferde, Zebraen, Eſel, Maultiere (von Eſelhengſten und Pferdeſtuten, franz. mulet und mule von lat. mulus) Mauleſel (von Pferdehengſten und Eſelinnen, franz. bardot auch bardeau), und der Eohippus wie der Hipparion aus mitteltertiären Schichten. —

Obſchon ſich in der Zendaveſta eine Stelle befindet, welche auf Hufeiſen Bezug hat, ſo ſind dieſelben in irgend einer Art, doch weder durch griechiſche noch römiſche Schriftſteller nirgends erwähnt, ebenſo wie der Hufbeſchlag (franz. ferrure) d. h. das Beſchlagen (franz. ferrer) und Eiſenablegen (franz. deferrer), dies Eiſen (franz. fer à cheval, ital. ferro da cavallo, ſpan. herradura, engl. horſe-ſhoe), welches germaniſchen Urſprungs zu ſein ſcheint und weder unter griechiſchen und römiſchen noch unter anderen antiken Funden vorkommt. Die wenigen bei römiſchen Ausgrabungen gefundenen Nagelhufeiſen bieten keine ſicheren Anhaltspunkte, da bei ſolchen Aufdeckungen nie genügend die nötigen Vorſichtsmaßregeln gegen Vermengung ſtattfinden. So ſind u. a. die auf der Saalburg bei Homburg a. H. und bei Wiesbaden ausgegrabene Hufeiſen zweifellos teilweiſe fränkiſche, teilweiſe ſelbſt viel ſpätere Erzeugniſſe, ebenſo wie die zu Dahlheim im Luxemburgiſchen und andere in der Schweiz zu Tage geförderten. Das im Muſeum für Völkerkunde zu Leipzig befindliche kleine Bronzehufeiſen, welches mit römiſchen Erzeugniſſen an die Heiden bei Kreuznach ausgegraben ſein ſoll, bietet ebenfalls wenig ſichere Anhaltspunkte wie alles andere derartige den Römern zugeſchriebene. Man kennt auch weder Denkmale noch ſonſtige antike Bildwerke[1]) wo das Hufeisen dargestellt ist, und verschiedene geschichtliche Stellen bezeugen das Nichtvorhandensein des Nagelhufeisens bei den Alten vor dem 5. Jahrhundert (selbst da noch zweifelhaft). So ist u. a. bekannt, wie der griechische Feldherr und Geschichtschreiber Xenophon (445—555 v. Ch.) noch den Rat giebt, man solle, um das Horn der Pferde zu härten, die Pferde auf Steinpflaster stallen; ferner daß Mithridates VI., als er 70 v. Ch. Cycicus berennen ließ, „abgenutzter Hufe wegen“ seine ganze Reiterei heimsenden mußte.

Die Homerischen Dichtungen enthalten nirgends Erwähnung des Hufbeschlags und kein Museum Italiens besitzt weder etruskische noch römische Nagelhufeisen, denn die Behauptung, daß ein solches Eisen zu Pompeii gefunden worden sei, hat sich als irrtümlich herausgestellt. Auch in Diod. Hist. XVII, 94, liest man, also zu „Cäsars Zeit, um 50 v. Ch., — daß die Pferde stark abgetretene Hufe“ beim Zuge Alexander d. Gr. gegen Gandariden hatten; dabei bemerkt Diodorus durchaus nicht, daß zu seiner Zeit Mittel dagegen vorhanden waren.

Napoleon III., welcher kleine Hufeisen anführt, die bei Alesia, wo 52 v. Ch. Caesar und Vercingetorix kämpfte, räumt ein, daß dieselben aus späterer Zeit stammen können. Selbst wenn diese Eisen von der Gallier-Schlacht herrühren, so stammen sie von der germanischen Reiterei her, die bekanntlich kleinere Pferde als die Römer hatte.

Durch Vegetius („De re militari“) ist ferner erwiesen, wie selbst im 4. Jahrhundert den Römern immer noch der Hufbeschlag unbekannt war.

Hinsichtlich der eisernen Pferdeschuhe (lat. solea ferrea, franz. sabots de fer auch hipposandale[2]) für kranke Einhufer,

---

[1]) Auf einem im Museum zu Avignon befindlichem Denkmale vom Anfange des V. Jahrhunderts, wenn nicht spätere Zeit, figuriert in der Flachbildnerei eines Wagens mit Maultieren, die älteste Abbildung eines Nagelhufeisens.

Was andere auf der Saalburg gefundene römische Ziegelsteine anbelangt, wo man glaubt, Abbildungen von Hufeisen zu erkennen, so beruht diese Entdeckung auf Phantasiegebilde, ebenso bei der sehr wenig altzeitigen Rennspielemarke des Herrn v. Vleuten, die man für römische ansehen will.

[2]) «Ferream ut soleam tenaci in voragine mula». Catull 17, 26. »Mulis soleas induere». Plinius, nat. hist. 23, 11, 140. «Mulas calceare». Sueton, Vespas 23. — Außer solchen Sandalen für kranke Hufe wurden bei den Altzeitigen auch noch manchmal die Hufe oben herum bewickelt, wahrscheinlich um das Streifen zu vermeiden. Schon ägyptische Darstellungen (s. d. Pferd d. Ramses II. vom 14. Jahrhundert n. Chr.) zeigen solche Schutzgeflechte.

auch wohl für Zweihufer, Spaltklauer oder Spalthufer (Fissipeden), welche letzteren alle, mit Ausnahme des Schweines, zu den Wiederkäuern (Artiodactylae, ruminantiae) gehören, f. S. 276 und 277 die in den Mufeen zu Paris, Linz, Wiflisburg, Evreux, Ulm befindlichen fich ähnelnden Funde. Auch zu Granges im Kanton Waadt, zu Windifchgarten in Ober-Steiermark, zu Zazenhaufen bei Stuttgart, zu Dahlheim im Luxemburgifchen find dergleichen römifche Pferdefchuhe ausgegraben worden, die alle, gleich den Sandalen bei Menfchen, mittels Riemen befeftigt wurden, ferner find Schuhe von Binfen (soleae spartae) für kranke in Ruheftand befindliche Pferde in Anwendung gekommen. Der Gebrauch bei den Römern von Wirkmeffern (franz. boutoirs oder paroirs), wie deren u. a. ein bronzenes in Mufeen zu Wiesbaden (S. die Abbildung No. 6, 7 u. 8) befindlich ift, fteht in keiner Beziehung zu dem etwaigen Vorhandenfein römifcher Nagelhufeifen, fondern nur zu den Huffchuhen, da dies Werkzeug nicht wie heute beim Befchlage, fondern nur zum Ausfchneiden abgetretener Pferde-, Kuh-, Efel-, Maultier- und Maulefelhufe diente.

Daß die Germanen als Reiter großen Rufes genoffen und fich befonders der Erziehung, der guten Pflege und der Handhabung des Pferdes angelegen fein ließen, geht aus vielen Stellen von Schriften der Alten hervor, auch ift ja bekannt, wie durch das, 53 v. Chr., dem gallifchen Anführer Vercingetorix, einem Arverner, gelieferte Haupttreffen, vor der Belagerung von Alefia, allein durch den unwiderftehlichen Anprall der germanifchen Reiterei von Cäfar gewonnen wurde, nachdem der gallifche Häuptling die Römer bei Gergovie befiegt hatte.

Wenn bei Pferdegerippen germanifcher Kegelgräber des fogenannten Bronzealtars, einer Zeit, wo die Leichenverbrennung bis im äußerften Norden Europas noch üblich war, Nagelhufeifen nie, wohl aber in Leichenfeldgräbern des fogenannten Eifenalters (u. a. auch in Opferhügeln vom 5. und 6. Jahrhundert, bei Würzburg und bei Chavennes, fo wie im Grabe Childerichs, † 481, bei Doornick d. h. Tournay) auf germanifchem wie gallifchem Boden, befonders aus fränkifchen und alamannifchen Gräbern, zu Tage gefördert fein follen, fo könnte dies allein die Anficht beftätigen, daß Nagelhufeifen, auch bei den Germanen, erft anfangs der chriftlichen Zeitrechnung im Gebrauch gekommen waren.

Dem ift aber nicht fo, da auch in einem germanifchen Hügelgrabe mit Leichenverbrennung, bei Aufffee in Bayern, das hier unter Nr. 11 abgebildete Nagelhufeifen, welches innerhalb, wahrfcheinlich kranken Hufes wegen, Eifenblech hat, gefunden worden ift. Ferner hat man in einem vorchriftlichen alamannifchen Grabe bei Ulm ein Eifen mit fieben im Einfchnitte (coulisse) befindlichen Nagellöchern entdeckt.

Falls das oben angeführte Bruchftück mit vier Nagellöchern, (S. Abbildung Nr. 3) aus dem Grabe Childerichs auch nur vom Befchlage des Sattels diefes Königs herrührte, wie einige Archaeologen leichthin, ohne Beweis, annehmen, fo ift alfo doch wohl fchon durch den Aufffeer Fund der frühzeitige Nagelbefchlag bei den alten Germanen erwiefen.

Jedenfalls ift man berechtigt, den Urfprung davon im Norden zu fuchen und es erfcheint ebenfo berechtigt, den Anfang des Hufbefchlages in nur an dem Vortheile des Hufes zuerft angenagelten Kappengriffen oder Kappenftollen[1]), welchen höchft wahrfcheinlich die ebenfalls das Klima erfordernden Eisnägel vorangegangen waren, zu erkennen.

Nachdem hinter einander: Eisnägel, Kappen- oder Vordergriff, wohl auch das Halbhufeifen des Vorderhufes, sich gefolgt hatten, fcheint das Ganzhufeifen erft in Anwendung gekommen zu fein.

Zu diefen Anfängen des Hufbefchlages beim Übergange von den Eisnägeln zum Halbeifen gehören die fchwedifchen Eisnägelbefchläge broddar, im finnifchen viskarf, für Ochfenzangeneifen langskor genannte Halbeifen (S. Ab. 3 Bis und Ter).

Daß bereits unter Kaifer Septimius († 211 n. Ch.) der Nagelhufbefchlag bei den Römern Verbreitung fand, wie man leichthin angenommen hat, ift durch nichts erwiefen, ebenfo wenig der Befchlag mit Nägeln in der Schweiz im 3. und 4. Jahrhundert, alfo vor dem Sturze der römifchen Herrfchaft. Der römifche Urfprung, folcher in der Schweiz vorhandener Eifen ift ganz und gar nicht feftgeftellt.

Die erfte Erwähnung diefes Befchlages gefchieht erft durch einen griechifchen Schriftfteller vom 6. Jahrhundert, die nächft folgende tagzeichnet vom 8. Jahrhundert, wo indeffen am Hofe Conftantinus Porphyrogeneta (f. Reiske) der Befchlag noch zur Seltenheit gehört.

---

[1]) Stolle und Griff find im Hufbefchlag gleichbedeutend.

Eine andere Erwähnung vom nachfolgenden 9. Jahrhundert hat Bezug auf Kaiſer Leo IV. (886—911 n. Chr., Konſtantinopel) getroffene militäriſche Einrichtung für den Nagelhufeiſenbeſchlag. Auch die ſagenhafte Erzählung des Bruches eines Hufeiſens durch Karl den Großen ſowie einige Stellen in franzöſiſchen Schriften desſelben 9. Jahrhunderts über den Beſchlag des Pferdes beim Froſtwetter, ferner die Stelle in der alten Edda (obſchon im 12. Jahrhundert geſammelt doch teilweiſe vom 6. Jahrhundert ſtammend), wo von ungeſchärften (o bryddum) Pferden die Rede iſt — auch das: «Seu saltem ferrata sonum daret ungula equorum» im Walthari Liede aus dem 10. Jahrhundert — mögen wohl das älteſte hierüber Überlieferte ſein.

Vom ſpäteren Mittelalter iſt aus Gottfriedens (11. Jahrhunderts) bekannt: «Je sienlerverai par la jument non ferrée» ſowie daß mit «vollen Eiſen» (ſ. die Abbildung ſolchen Eiſens Nr. 4) die Pferde der in Sizilien zu Hilfe gerufenen Sarazenen (11. Jahrhundert) beſchlagen waren. Auch daß 1034 Herzog Boniface von Toscana die Hufe der Pferde ſeines Brautgefolges mit Silber hatte beſchlagen laſſen; daß Ritter Godebald 1079 beim Nachſehen, «ob das Eiſen richtig ſitze», von ſeinem Pferde erſchlagen worden ſei. (S. Brunos Sachſenkrieg).

Fünfſtollige (wenn nicht mit Eisnägeln befeſtigt) Hufeiſen des Pferdes eines ſtürzenden Reiters aus dem Skizzenbuche des Villard von Hennecourt vom 12. Jahrhundert,

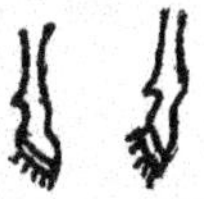

Fünfſtollige (wenn nicht mit Eisnägeln befeſtigte) Hufeiſen des Pferdes eines gefangenen Reiters aus der Handſchrift «Fierrabras» vom 8. Jahrhundert, Bibliothek zu Hannover.

In Spanien war im 11. Jahrhundert, zur Zeit des Cid der Hufbeſchlag eingeführt, denn als der König Alphons aus der Gefangenſchaft flüchtig wurde, gab Graf Anferez ihm den Rat, ſeinem Pferde die Eiſen verkehrt aufſchlagen zu laſſen, um die Verfolger irre zu führen, ein Verfahren, welches bekanntlich bei den Raubrittern in Deutſchland während des Fauſtrechtes auch Anwendung fand[1]).

[1]) Homer's Hymnus in Mercur. 75 und Apollodor III, 10, 2 enthalten die Erzählung wie Hermés die Spuren der geſtohlenen Ochſen auch ſchon dadurch unkenntlich macht, daſs er ihnen σποσήματα unter die Füſse bindet.

Der 1214 gefungene Gaffenhauer, als Ferrand von Flandern nach der Schlacht von Bovines, mit Ketten belaftet in Paris anlangte (Und vier Pferde gut befchlagen, Ziehen Ferrand in Ketten gefchlagen u. f. w.), zeugt auch von dem damals in Frankreich allgemeinen üblichen Hufbefchlage.

Stollenlofe Nagelhufeifen eines ftürzenden Turnierpferdes nach der Handfchrift des «Welfchen Gaftes» vom 13. Jahrhundert. — Archiv zu Erbach. —

Viele, an verfchiedenen Orten Deutfchlands ausgegrabene kleinere als die allgemein gebräuchlichen und diefer Kleinheit wegen fälfchlich den Schweden, man weiß nicht weshalb, zugefchriebenen Eifen, reichen, nach den Fundftätten zu urteilen vom 4. und 5. Jahrhundert bis ins 16., was berechtigt, anzunehmen, daß folche Befchläge von den Pferden der in Deutfchland eingefallenen Hunnen und Magyaren, wie von einer, durch diefe Einfälle hervorgerufenen kleineren Raffe von Pferden, auch wohl von den Pferden der heimgekehrten Kreuzfahrer herrühren.

Ausgefchweifte Nagelhufeifen nach der Abbildung «Schlacht bei Sempach» in der Weltchronik des Rudolf von Hohenems vom Ende des 14. Jahrhunderts zu Kaffel.

Fünflöcheriges Nagelhufeifen ohne Pfalze nach dem «Turnierbuche» Aquarelle von Burckmair (1472—1559), welche der Verfaffer in der «Histoire des Peintres» (Paris) veröffentlicht hat.

In der Pfarrkirche zu Altötting, Bayern, befindet fich ein Grabdenkmal von 1526, welches drei der fogenannten «Schwedeneifen» natürlicher Größe gemeißelt, als Familienwappen zeigt, was feftftellen hilft, daß der folchen kleineren Eifen beigelegte Namen unbegründet ift, da die Schweden ja erft im dreißigjährigen Kriege Deutfchland heimgefucht haben.

Ebenfowenig ift man berechtigt, diefe Eifen nur kleinen Maulefeln zuzufchreiben, welche im Norden Europas nie ftark verbreitet gewefen find, aber im Süden überall, befonders bei den Römern, wo unter Marius (193—86 v. Chr.), die Stöcke der Legionare, auf welchen fie ihr Gepäck trugen, ja auch die Träger «Mariusfche

Maulesel» (muli Mariani) genannt wurden, da ein solches Gepäcktragen erst von Marius eingeführt worden war. Wenn später Maultiere in Frankreich (wo auch ein altes Geschütz «mulet à feu» genannt wurde), wie heute noch in Spanien, zum Luxus gehörten, den sich besonders Magistratspersonen, Ärzte und Priester nicht versagten, so war das Maultier und mehr noch der Maulesel in Deutschland ein viel selteneres Zug- und Reittier.

Zu bemerken ist hier noch, daß die Berber ihre Pferde nur an den Vorderfüßen und mit dünnen Eisen ohne Stollen beschlagen, welche an ihren Enden übereinander greifen (wohl in der Form des Nr. 4 abgebildeten persischen Eisens).

Anfänglich, wo in Deutschland der Gold- und Silberarbeiter einfach Schmied genannt wurde, war wie heute oft noch in Dörfern, ja selbst noch in Städten ein Grob- auch ein Hufschmied. Der eigentliche Beschlag-, Fahnen- oder Hufschmied (franz. maréchal-ferrant, vom Deutschen Mähre und Schalk, d. h. Diener, engl. farrier) erscheint erst später, und gegenwärtig bestehen sogar in Deutschland staatliche Hufbeschlagschulen zu Berlin, Königsberg, Breslau, Gottesaue, München und Dresden. Die zum Beschlagen gebräuchliche Handwerkszeuge sind: Niethammer (franz. brochoir), die Zwickzange (franz. tricoises), das zum Zurückhalten das zum Nagelspitzen dienende Hufstift- oder Wirkmesser (franz. renette), das zum Auswirken (Beschneiden) des Hornes dienende Wirkeisen (franz. boutoir, auch paroir) die Hauklinge, die Raspel (franz. râpe) und das Hufschneidemesser (rogne-pied). Hierzu kommen noch die nicht überall gebräuchlichen nachfolgenden Werkzeuge:

Die englische Nagelstiftzange; der neue Vorhammer, das englische Wirk- oder Rinnmesser, das alte arabische krumme, aber jetzt auch außer Spanien verbreitete Wirkmesser, der Hufräumer, ein platthakiges Werkzeug, die Neuschildsche Nagelstiftzange, der Hufhobel von Erdt und der Ewerlöffsche Hufmesser (Podometer.)

Das von den ältesten Zweihufernagelhufeisen fast in nichts abweichende neuzeitige besteht aus dem nagelgelöcherten Gang- oder Tragbande mit an der Spitze oder dem Vorderbug befindlichen Kappenaufzug und den unter dem Aufzug hervortretenden Vorderstollen (Vordergriff) sowie zwei anderen an den Ausläufern des Eisens befindlichen Hinterstollen oder Hintergriffen. Diese für Glatteis zu schärfenden Griffe sind beim französischen Hufeisen kürzer wie beim deutschen und gänzlich abwesend beim englischen. Die gemeinlich entweder im Falze oder mit Einlassungen für die Köpfe getriebenen Nagellöcher weiten voneinander von vier bis acht ab, und die Länge der oft der Form eines länglichen S sich nähernden Nägel von 45 bis 75 cm. Gute Nagellöcher müssen auf der unteren Fläche des Eisens eine viereckige Versenkung haben, die auf das Nagelloch verjüngt zuläuft, so daß sie einen Teil des Nagelkopfes aufnehmen.

Man teilt die Hufeisen in vordere und hintere, sowohl rechte und linke, ein. Es giebt auch Eisen mit einseitigem Griffe. Für den Winterbeschlag hat man außer der Griffs- oder Stollenschärfung auch Schraubenstollen, welche im Stalle abgeschraubt werden. Eisnägel dienen gemeinlich nur bei plötzlich eintretendem Glatteise.

In neuerer Zeit sind auch sowohl Hufeisen von Gummi wie von Schiffstau angefertigt worden, welche aber den Anforderungen nicht entsprachen, wo hingegen die neupatentierten von Stahl mit elastischen Zwischenlagen Aufnahme finden.

Seit 1889 wird auch ein Hufbeschlag aus Papier hergestellt, welcher so elastisch ist, daß er die Ausdehnung der Hornkapsel des Hufes beim Auftreten des Pferdes mit annimmt auch keines Aufnagelns, sondern nur der Aufklebung bedarf.

Anzuführen sind auch noch das von Brown zu London hergestellte gekorkte Hufeisen, die Winterschraubhufeisen und das von Neuschild in Dresden für stelzhufeisen Pferde erfundene Eisen.

Seit 1828 werden besonders in Amerika und in England Hufeisen mittelst Maschine hergestellt, ebenso wie Hufnägel. Von ersteren brachte eine solche Maschine 2400 Stück in 10 Stunden zu stande. Im Jahre 1889 ist in Chicago eine Fabrik errichtet worden, wo täglich eine Million angefertigt werden, vermittelst 65 Maschinen, deren jede 550 ganz gebrauchfertige Hufeisen in der Minute liefert, also statt der früheren 240—33000!

Zu bemerken ist hier noch, daß dem Spalt- oder Zweihufer an jedem der zwei Klauenteile ein Halbeisen, oft aber auch nur ein den ganzen Unterhuf bedeckendes Blech genagelt wird. Solche Halbeisen von Zweihufern aus früheren Zeiten sind bis jetzt noch nicht durch Ausgrabungen zu Tage gefördert worden.

Ein von J. Schurek, J. Krauſe und H. Zipfl in Remerſtedt erfundener, beſonders eigenartiger Hufbeſchlag iſt 1888 patentirt worden. Derſelbe hat weder Griffe noch Stollen; eine Schneckenfeder von Stahldraht iſt etwa bis zur Hälfte ihres Windungsdurchmeſſers in der unteren Fläche des Eiſens eingelaſſen. Die Schneckenfeder braucht nicht der ganzen Windung des Eiſens zu folgen, ſondern nur an einzelnen Stellen vorhanden zu ſein. Ein durch dieſe Feder gebildete Wulſt ſoll ſich für die Schonung der Beinmuskeln der Pferde ſehr günſtig herausſtellen.

Strickeiſen ſind beſonders in letzter Zeit, in Berlin eingeführt. Hufeiſen, welche auf der unteren Seite eine Hohlung haben, die mit geſchwängerten Seilſtücken ausgefüllt iſt und dadurch zur Schonung des Hufes beiträgt. Papierhufeiſen, die Erfindung eines Weißenſeers (bei Berlin) iſt noch neuer. Solche Hufſchutze werden angeklebt, und ſollen, ihrer Elaſtizität wegen, der Ausdehnung des Horns beim Auftreten nicht hinderlich ſein, ſo wie die Einwirkungen der Feuchtigkeit verhindern.

1

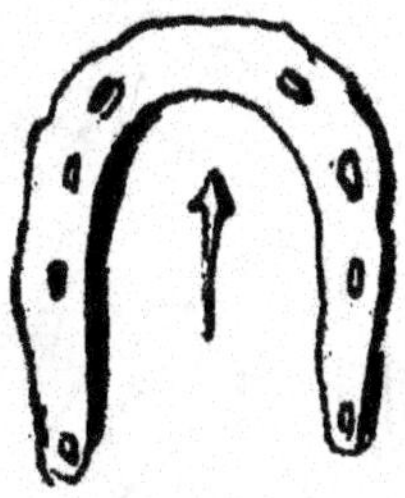

3

2

3 Bis. u. Ter.

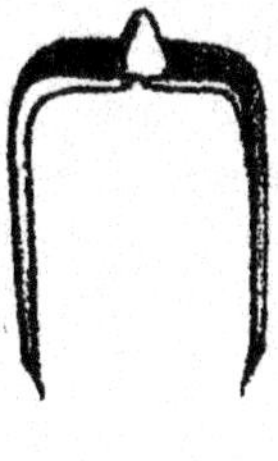

1. Nagelhufeiſen mit 8 Löchern ohne Stollen, ſehr flach und breit, aus fränkiſcher (?) Zeit. Fundort Bellelay (Frankreich), welches Quinquerez veröffentlicht hat. Der dabei gefundene Nagel iſt ein Eishufnagel.

2. Germaniſches Nagelhufeiſen mit Stollen und 6 Nagellöchern. Fundort Salburg bei Homburg a. d. H.

3. Fränkiſches Nagelhufeiſen (?) aus dem Grabe Childerichs († 481). Dieſes Bruſtſtück kann aber auch vom Sattelgeſtell herrühren.

3. Bis. u. Ter. Schwediſche Eisnägelhufeiſen, (broddar, im Finniſchen viskari) aus der Zeit der Wikinger vom 8. Jahrhundert, wie man davon im Schiffsgrabe zu Sandefiord in Schweden gefunden hat. Für Ochſen hießen dieſe Beſchläge Zangeneiſen (tangskov). Seiten- und Vorderanſicht.

3 III. Halbhufeiſen mit viereckigen Nagel- oder Bindlöchern, gefunden bei Hamm. Die Abbildung iſt halber Größe, nach dem Jahrbuch des Verfaſſers Rheinland für und Weſtfalen 1887.

4. Altperſiſches Nagelhufeiſen im Beſitz des Dr. Beck.

5. Mit Blech (für Hufleiden?) ausgefülltes Nagelhufeiſen aus einem germaniſchen Grabe mit Leichenverbrennungsreſten, bei Auffſee in Baiern gefunden. (S. „Wagners Handbuch“ etc. S. 97.)

6. Bei Schwalbach gefundenes (germaniſches?) Nagelhufeiſen mit Hinterſtollen (Griffen) und ſechs Nagellöchern. — Muſeum zu Wiesbaden.

3 Bis. u. Ter.

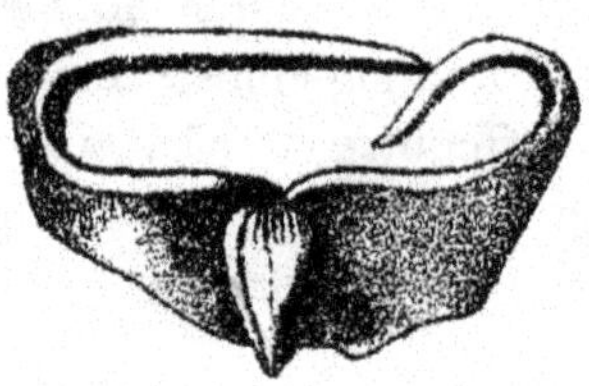

3 III.

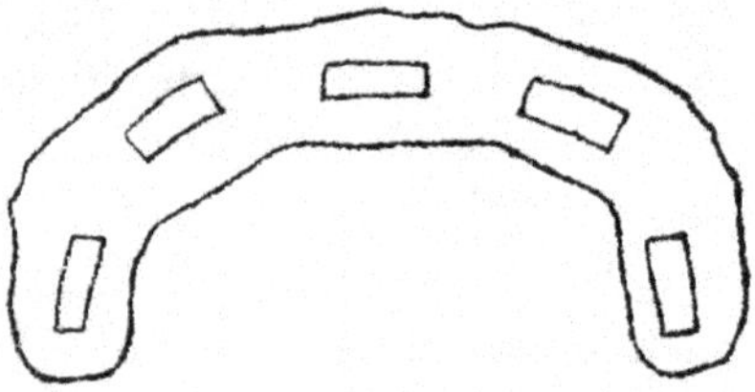

4

5

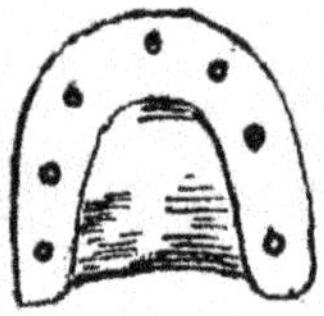

6

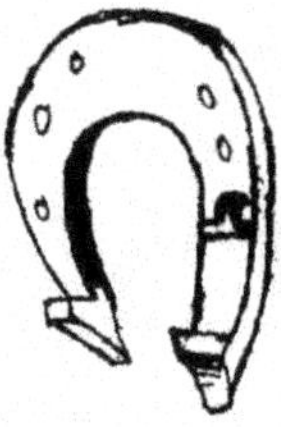

7

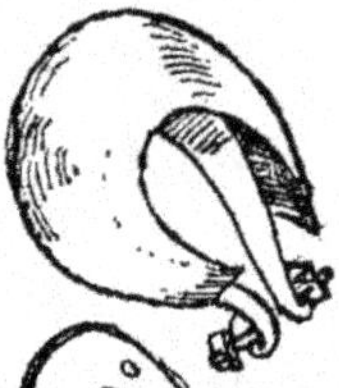

8

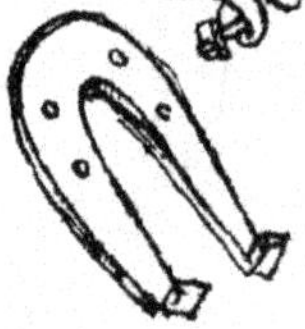

7. Helm- oder Schuh- (germaniſches?) nagelhufeiſen Dieſes mit Doppelſchrauben und Scharnier verſehene Eiſen befindet ſich im Muſeum zu Wiesbaden.

8. Eſelnagelhufeiſen mit hohen Hinterſtollen und vier Nagellöchern. (Germaniſches?) — Muſeum zu Wiesbaden.

9. Mittelalterliches (?) Nagelhufeiſen mit nicht beiderſeitigen gleichzähligen Nagellöchern und einem Hinterſtollen (Griff) ſowie halbrunden Vorderſtollen. Fandort Wiesbaden, wo es im dortigen Muſeum aufbewahrt iſt.

10. Griff- oder ſtollenloſes, mittelalterliches (?) Nagelhufeiſen mit Unterfeder und 8 Nagellöchern. — Muſeum zu Wiesbaden.

11. Rundes mittelalterliches (?) Nagelhufeiſen mit Vordergriff oder Stollen und 8 Nagellöchern.

Genaue Zeitbeſtimmungen über alle dieſe bei Wiesbaden ausgegrabenen falzloſen Nagelhufeiſen ſind nicht feſtzuſtellen.

11 Bis. Deutſches, mit dem gekrönten Reichsapfel geſtempeltes und mit Vor- und Hinterſtollen verſehenes, bei Koblenz gefundenes Hufeiſen, welches Prof. Schafhauſen irrtümlich als römiſches bezeichnet. Wenn den Reichsapfel (orbis terrarum, auch globus imperialis) ohne Kreuz bereits Caracalla (211—217) auf der linken Hand zum

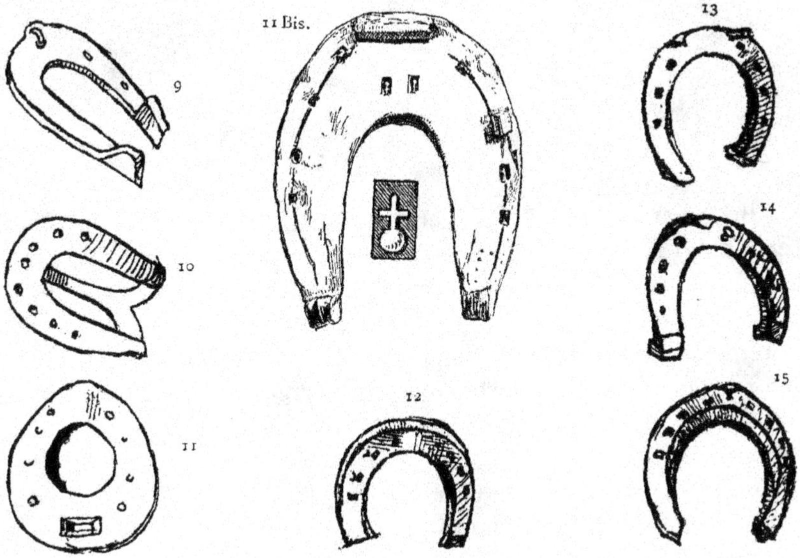

Zeichen der Weltherrſchaft getragen haben ſoll, ſo wurde der mit Kreuz verſehene (globus cruciger) erſt im 5. Jahrhundert bei den chriſtlichen Kaiſern des Morgenlandes gebräuchlich. Übrigens kennt man faſt keine römiſch geſtempelte Eiſenarbeiten aber viele Helmbarten und Zweihänder vom 16. u. 17. Jahrhundert. (Sammlung Zſchille, Muſeum zu Freiburg i. d. Schweiz, u. a. m.) ſo wie Mengen Solinger Klingen vom 18. Jahrhundert mit dieſem Stempel. Das hier abgebildetete Hufeiſen wird wohl auch nicht älter ſein.

12. Engliſches Nagelhufeiſen ohne Stollen und ohne Falz.

13. Engliſches Nagelhufeiſen mit Vorderſtollen und ohne Falz.

14. Deutſches Nagelhufeiſen mit Vorder- und Hinterſtollen und ohne Falz.

15. Deutſches Nagelhufeiſen mit einſeitigem Stollen und ohne Falz.

16. Von Brown in London erfundenes Hufeiſen.

17. Dominiks Patentwinternagelhufeiſen mit Falze. Es iſt dem obigen Berliner Roßarzte unter dem Namen Huffchärfer patentiert worden.

18. Von Neuſchild in Dresden erfundenes Hufeiſen für ſtelzfüßige Pferde.

16

17

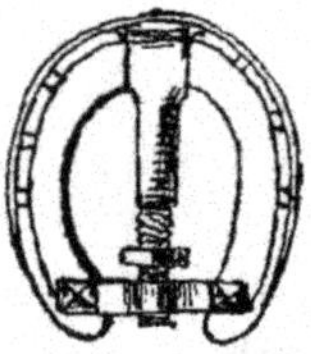

18

19

In Amerika ſollen 1890 Verſuche zur gänzlichen Abſchaffung der Nagelhufeiſen angeſtellt worden ſein, woraus hervorgegangen ſein ſoll, daß ſelbſt unbeſchlagene Zugpferde eine Batterie große Strecken, darunter über 900 km lange, und dies während neunzehn hintereinander folgenden Tagen, — auf ſowohl ſteinigem, wie kieſigem und makadamiſiertem Boden, ohne die allergeringſte (?) Beſchädigung ihrer Hufe, zurücklegen konnten, — woran aber wohl erlaubt iſt zu zweifeln!

19. Wirkeiſen (boutoir im Franz.) für Huffchmiede aus dem Mittelalter. (S. d. römiſche Wirkeiſen S. 276).

XXI.

Die Fahne.

Unter Fahne, auch Feldzeichen (σημεῖον lat. signum militare, franz. drapeau v. barbar. lat. drapellum, — nlat. pannus auch vexillum, got. fana, althd. fano, altfranz. bis zum 14. Jahrhundert, fanen u. drapel, nfr. drapeau, ital. bandiera, span. bandera, auch pannus, engl. colours, — standard, — banner) versteht man den an einem langen Schafte oder Stange befestigten, ein- oder mehrfarbigen Stoff, ohne oder mit darauf gemalten oder gestickten Darstellungen.

Die Fahnenstange (franz. fut d'etendard, span. asta de bandera, ital. asta della bandiera, engl. colours oder standardstock) ist gemeinlich mit einem Speereisen versehen. Das auch wohl daran befindliche Fahnenband hieß im Franz. écharpe. Fahnenschuh (franz. talonnière) wird der Steigbügel genannt, welcher zum Einstecken der Fahne diente.

Mit Fahnenschuh bezeichnet man aber auch das zum Einstecken des unteren Endes der Fahnenstange gebräuchliche lederne Futteral, welches beim Fußvolk am Leibgurt, wie der bei der Reiterei für die Standarte, am Steigbügel befestigt wurde. (S. S. 646 den Steigbügel, Speer- oder Fahnensteigbügel.)

Die Fahnentücher waren nicht immer an den Stangen festgenagelt da ja das Anbinden daran wie das Aufbinden der Helme im Mittelalter ein Angriffszeichen ausmachte.

Schon die ältesten Völker hatten Fahnen. Die Bibel spricht von Fahnen der zwölf Stämme Israels, wovon immer drei eine

Kriegsfahne besaßen. Bei den Ägyptern trug das Feldzeichen gemeinlich ein Götterbild (s. die Ab. Nr. A.) Auf einem ihrer Denkmale, — Vorwurf der in Mesopotamien von Ägyptern erstürmten Burg (s. S. 181), ist auch das feindliche Feldzeichen, ein Schild mit Wurfspeeren, am Turme befestigt. Von den Assyriern sind runde mit Tier- und Menschengestalten versehene, von den Neupersern der Sassanidenzeit (226—652 n. Chr.) aber mit fruchtförmigen Gegenständen behängte, festzustellen. Bei den Indern waren Drachen als Feldzeichen gebräuchlich, so wie bunte Fahnen und Wimpel, welche letzteren selbst an den Streitwagen befestigt wurden. Aus späterer Zeit (17. Jahrhundert n. Chr.) sieht man in einer abgebildeten Buchmalerei dem im Marsche dargestellten Herrscher Hindostans ein mit faltenreichem Stoff umhängtes rundes Feldzeichen vortragen.

Auch altmexikanische Feldzeichen und Fahnenschilder sind bekannt.

Bei den Griechen zeigten die Fahnen entweder Buchstaben des Alphabetes oder Tier- und Verzierungsbilder, worunter mehrere wappenartige s. u. a. den Triquetra (s. S. 193) u. d. m. Wie die Altamerikaner hatten die Griechen selbst Schildfahnen (s. die Abbildung davon weiterhin). Die bei den späteren Griechen und den Römern jeder taktischen Abteilung gegebenen verschiedenen Feldzeichen wurden, — bei letzteren aber auch unter Marius (153—86 v. Chr.) —, durch den Adler für das ganze Heer ersetzt. Auch die Flammula (s. Veget. Milit. II, III, 5), eine Fahne mit am Schafte befestigter Querstange ähnlich den mittelalterlichen Bannern und der ebenfalls Flammula genannten päpstlichen Fahne, war anfänglich dem Fußvolke (s. Liv. VIII. 7), später aber nur den Hülfstruppen (s. auf der Säule des Marcus Aurelius), wie das signum aquilae (Adlerzeichen) das hauptsächlichste Feldzeichen der Legion, weshalb oft vom Vexillum und vom Signum die Rede ist, da wo man gleichzeitig von den Legionen und von den Hülfstruppen spricht (s. Liv. XXX, 20; Suet. Ner. 13; Vit. 11). Der Adler wurde immer mit ausgebreiteten Flügeln dargestellt. Bei den Römern waren also verschiedenförmige Feldzeichen im Gebrauch. Das Signum oder Feldzeichen der Manipula d. h. der römischen Kompagnie, hieß Manipulus oder Maniplus und bestand gewöhnlich aus einer abgebildeten Hand. Die Standarte, das Vexillum diente auch, in roter Farbe, als Signalzeichen auf Feldherrenzelten und Admiralschiffen für den Aufbruch aus dem Lager und den Beginn einer Seeschlacht (Vexillum proponere, Caes. vexillo signum dare, Caes. praetoria navis vexillo insignis Tac.).

Die Römer hatten für die gemeinlich aus 6000 Mann bestehenden Legionen, wovon zwei ein konsularisches Heer ausmacht, drei verschiedenartige Feldzeichen, nämlich für die ganze Legion, (vergleichbar mit dem heutigen Regiment) für die 10, jede 600 Mann starken Kohorten (Bataillone) einer solchen Legion und für die 3 jede 200 Mann zählenden Manipuli (Kompagnie) jeder Kohorte. Diese Feldzeichen hießen im allgemeinen signa militaria und deren Träger signiferi. Für die ganze Legion bestand, wie schon angeführt, das Feldzeichen aus dem Adler, dessen Träger aquilifer genannt wurde, für jede Kohorte in einer Schlange (anguis) oder einem Drachen (draco), deren Träger ohne Unterschied imaginiferi auch draconari hießen und für jeden Manipel aus einer Hand, welche auch manipulus oder maniplus genannt wurde und das ursprüngliche Stroh- oder Heubündel ersetzt hatte. Demnach besaß die Legion im ganzen 41 Feldzeichen.

Bei den Germanen, (s. d. den Drachen des Codex aureus vom 8. Jahrhundert) wie später bei den Angelsachsen (s. den Teppich von Bayeux) waren, wohl den Römern entlehnte Tierbilder, besonders Drachen- und Schlangengestalten (Draco et anguis), als fahnenartige Feldzeichen eingeführt. Solche, bei den Römern erst unter Trajan, aber vor der Besiegung der Parther (115—117) von diesen Asiaten angenommenen Feldzeiehen (s. auf der Trajansäule solche der Hilfsvölker) kamen auch bei den Donauvölkern vor, (s. die Trajansäule). Außer diesen Drachen- und Schlangengestalten führten die Germanen ferner als Feldzeichen Federbüsche auf Stangen (pinna — tuffa — Schwanzfeder und Helmbusch. (S. Sidonius über die Feldzeichen der Vandalen.)

Labarum hieß die mit dem Monogramme Christi ☧ auch wohl mit dem gleichnamigen griechischen Kreuze — + geschmückte Standarde Konstantin des Großen (274—337 n. Ch.) und dessen Nachfolger. Später gab man diesen Namen allen Fahnen katholisch-kirchlicher Aufzüge.

Zur Zeit Theodorichs des Großen (475—526 n. Chr.) waren dessen weißgoldene Fahnen, sowie die grüngoldene seines Gegners Odoaker mit großen Schellen behängt, damit auch durch den Klang der Ort, wo die Fahne sich befand, angegeben wurde, was später oft durch das jede Fahne umgebende Feldspiel stattfand.

In Italien tauchte auch der im Englifchen und Deutfchen Standart genannte Fahnenwagen (ital. gonfalone, althd. gundfano franz. gonfanon), das Carrocio, wohl zuerft bei den Mailändern als Hauptbanner auf (f. Geftis Mediolanenfium zum Jahre 1038). Schon im Anfange des 12. Jahrhunderts brauchte man auch den Fahnenwagen in Deutfchland und Brabant, fo u. a. 1129, wo der Herzog von Löwen in einer Schlacht den feinigen verlor. Von den Dichtern wird der Carrocio Karotfche genannt. Es war ein vierrädriger von Ochfen gezogener Wagen mit einem darauf befeftigten mit Eifen befchlagenen beweglichen Maftbaum, woran das Feldzeichen hing und auf folchen corrocios war auch zuweilen eine große Glocke, die martinella aufgehängt, welche zum Vorwärtsgehen geläutet wurde.

In Italien hatte der Fahnenwagen, gleich der großen Wurfmafchine, immer feinen eigenen Namen fo als: Berta, Gajardus, Blancardus u. d. a. Der ältefte bekannte deutfche Fahnenwagen war wohl der welcher die Schwaben 1086 gegen Kaifers Heinrich IV. mit fich führten.

Das Feldzeichen der Gallier, Germanen und Slaven waren gemeinlich in Standartenart, worunter die fchon angeführten mit Drachen oder fonftigen Tierbildern. Erft im 9. Jahrhundert wurden die mit einer Seite an der Stange befeftigten Fahnen bei den Truppen eingeführt, wo ein Kriegshaufen Fähnlein benannt war. Rennfahne hieß die den Angriff leitende Reiterei.

Bei den Landsknechten im 15. und 16. Jahrhundert, galt das Umkehren der Fahnenftange als Empörungszeichen.

Die gelbe Fahne diente früher als Poftzeichen und die fchwarze ift heute noch das Lazerett-, fowie die weiße in belagerten Plätzen das Übergabezeichen.

Wimpel, Fähnlein auch Speer- oder Lanzenfähnlein (franz. banderole oder barbe, fpan. flamula, ital. flamma auch banderuola, engl. streamer auch bannerol) heißt die kleine an Speeren oder Maften befeftigte Fahne. Das mlat. Banderie oder Banderium bezeichnet aber nicht eine Fahne, fondern eine Schar, ein «Fähnlein» berittener Begleiter ungarifcher Magnaten. Fanon (franz. vom althdeutfchen Fano, Fahne) heißt das auf Lagerplätzen den Kompagnien dienende Fähnlein.

Auch Vogelflügel und Federbüfche kommen als Feldzeichen

vor. (S. die Abbildung Nr. 17 das Feldzeichen der Leibwache Sobiesky's von 1683.)

In der Ambraſer Sammlung zu Wien befand ſich das von Cortez erbeutete Feldzeichen des altmexikaniſchen Königs Montezuma, welches von Karl V. dem Papſte Clemens VII. geſchenkt und von dieſem dem Erzherzog Ferdinand von Tirol, dem Gründer der Ambraſer Sammlung, überlaſſen wurde. Es iſt eine aus goldiggrün ſchillernden blauen und roten Federn gebildete fächerförmige Standarte von 1 m 70 cm Breite. Gegenwärtig hat man dieſes Feldzeichen im Naturgeſchichtlichem Hofmuſeum zu Wien ausgeſtellt.

Abgebildete Fahnen finden ſich nicht ſelten in mittelalterlichen Siegeln vor, ſ. u. a. mit darin abgebildetem Rade im Siegel von Osnabrück, ſowie auf der Mark-Burgmannſchaft von Hamm (ſ. „Die weſtfäliſchen Siegel des Mittelalters von Dr. Georg Tambält.")

Im Altdeutſchen hieß das Feldzeichen der Könige und Fürſten Van, die Benennung Banner (von baniere, altfranz. gonfanen auch pennen) wurde nur für die Feldzeichen der Ritter gebraucht.

Die altdeutſchen Reichsfahnen hatten auf gelbem Grunde den ſchwarzen heraldiſchen Adler. Das Rot der ſpäteren deutſchen Farben kam durch die Griffe des Adlers, das ebenfalls rote Wimpel und durch die rote Stange hinzu. Bis Ende des Mittelalters war das deutſche Reichsbanner ein ſchwarzer einköpfiger Adler im goldenen Felde, alſo die Reichsfarbe ſchwarz und gelb. Das heilige Hauptfeldzeichen des ſächſiſchen Heeres welches den Sturz, des Thüringerreiches bei Burgſcheidingen im Jahre 540 entſchied, hatte bereits einen ſeine Schwingen über einen Löwen ausbreitenden Adler im Felde. Die ſeit 1336 von Kaiſer Ludwig eingeführte Sturm- oder Kriegsfahne beſtand aus an roter Stange mit ſilberner Spitze befeſtigtem langwimplichem Goldbanner mit ſchwarzem Adler. Der an demſelben haftende rote Schwenkel ſollte des Kaiſers Recht über Leben und Tod anzeigen. Die ſchwarz-rot-goldene Fahne (franz. tricolore) kam 1815 durch die deutſche Burſchenſchaft auf. Weiß-rot waren die Reichsfarben der unmittelbaren Reichsſtädte. Gegenwärtig ſeit 1867 ſind die deutſchen Reichsfarben ſchwarzweiß-rot.

Die preußiſchen Fahnenfarben ſind oben weiß und unten ſchwarz, alſo weiß-ſchwarz und nicht ſchwarz-weiß.

Im Jahre 498 dient der blauſeidene Chorrock (chape) den Franzoſen als Fahne, unter Ludwig IV. (936—954) wurde dieſelbe durch die zipfliche Oriflamme oder Oriflambe (v. la auriflamma) als Kriegsbanner ersetzt. Diese ursprüngliche Fahne der Grafen von Vexin und von der Abtei St. Denis ausgehend, bestand aus einem roten Seidenstoffe an vergoldetem Stocke. Unter Philipp August (1180—1223) erschienen daran goldene Lilien auf weißem Grunde und unter Karl VI. (1380—1422) ein weißes Kreuz auf blauem Grunde; unter Karl den IX. (1560—1574) Heinrich III. (1574—1589) und Heinrich IV. (1589—1610) wiederum auf weißem Grunde; von Karl VI. ab war aber oft die Fahne ganz weiß.

Diese sogenannte Oriflamme hatte auch herabhängende Wimpel oder Spitzen; sie tagzeichnet als Reichsfahne also von der Einverleibung der Grafschaft Vexin in Krongut.

Diese Oriflamme mit zwei, drei ja auch mit fünf Zipfeln wird oft in Bannerform mit Querstange dargestellt, soll aber auch als ausgezackte Fahne bestanden haben, (s. aus Froßarts Handschrift vom 15. Jahrhundert die Abbildung weiterhin) und die Inschrift darauf: „Montjoie Saint Denis", im Gebrauch gewesen sein. Bei Enthüllung der Oriflamme wurde meist dieser Schlachtruf angestimmt.

Das der königliche Heeresbanner verschieden von dem Heeresbanner Frankreichs war, geht besonders noch aus der Beschreibung des Leichenbegängnisses Ludwigs XIII. hervor wo es heißt: „Nachdem die Fahne der hundert Schweizer, die Fahne der dreihundert Schützen von der Guardia, und das Fähnlein der hundert schottischen Leibwächter auf dem Sarge geordnet waren, wurde das Feldpanier des Königs, das Heerespanier von Frankreich niedergelegt, ausgenommen die Oriflamme und das Schwert, welche nur mit der Spitze in die Gruft gesenkt wurden u. s. w." Erst die große Staatsumwälzung von 1793 hat die Tricolore eingeführt, welche während der Restauration von dem weißen d. sogen. legitimistischen Drapeau verdrängt wurde, bis 1830 die zweite Revolution die Tricolore wieder aufnahm. Unter Napoleon I. erschienen auf Fahnen- und Standartenstange wieder die Adler, eine der zahlreichen römischen Nachäffungen, welchen der Kaiser bekanntlich unterworfen war.

Unter Ludwig XIV. ist auch ein Fahnenorden (ordre du pavillon) 1423 für den Dauphin (später Ludwig XV.) gestiftet worden. Das rot beschmelzte Kreuz daran zeigt in der Mitte ein Fahnenbild. Beim Regierungsantritt des Dauphin erlosch daselbe.

Banner oder Panier (franz. Bannière, auch Pennon und

Pannon ſowie Panonceau, lat. pannus, Stoffſtück, ital. bandiera, ſpan. bandera) bezeichnet nur die Kriegsfahne. Im Mittelalter war dieſelbe viereckig Für Banner- oder Lehnsherren, welche bis 100 ſtreitbare Männer als Kriegsgefolge hatten, war ein eigenes Banner erlaubt, was aber auch ein Drittel länger wie die der Könige und Kaiſer ſein mußte. In Frankreich durften Banner überhaupt nur von von mindeſtens 50 Streitern gefolgten Lehnsherren geführt werden. Bei weniger zahlreicher Folgmannſchaft von 20 Mann hatte der Ritter nur Anrecht am Pennon, einer Spitzfahne. Bandum war der Name für die Fahne des Fußvolkes. In Deutſchland zeigte anfänglich das deutſche Reichsbanner ein Bild des Erzengels Michael, ſpäter den Adler, deſſen heraldiſche Form aber erſt unter Kaiſer Sigsmund (1386—1437) herausgebildet wurde. Die Herzöge von Schwaben führten die Reichsſturmfahne.

Bandum wurde im Mittelalter die Fahne des Fußvolkes genannt und Banderi ſpäter das Fähnlein berittner ungariſcher Magnaten.

Die Lehnsfahnen zeigen ſich ſehr verſchieden und ſcheinen keiner beſonderen Vorſchrift unterworfen geweſen zu ſein, da ſie ſowohl gewimpelt wie ungewimpelt, in regelmäßigen wie in ganz länglichen Vierecken vorkommen. Die Ritterfahne, welche auch Rennfähnlein genannt wurde, war bis Ende des 16. Jahrhundert meiſt länglich viereckig und nicht ſehr groß. In den Reiterregimentern der angeworbenen Heere hieß der Fahnenträger Renn-Fähnrich, auch Kornett, (franz. Cornette[1]), Name, womit aber früher auch die gehörnte Standarte mit der Fahne des Hauptmanns bezeichnet wurde und Rennfahne nannte man die leichte Reiterabteilung, welche dem Heere den Weg bahnte.

In der Schweiz hies der Fahnenträger Venner.

Fahnenlehne nennt man im alten deutſchen Reiche die Fürſtenlehne, bei deren Übergabe dem Belehnten vom Kaiſer eine Fahne als Wahrzeichen des zu leiſtenden Heerbanners übergeben wurde.

Im Ringe der Landsknechte hielt der Oberſt beim Übergeben des „Fähnleins", d. h. der gewaltigen Fahne des 400 Mann ſtarken „Fähnleins" an den „Fähndrich" immer folgende Anſprache: „Hier Fähndrich, ich befehle Euch dies Fähnlein mit der Bedingung, daß Ihr werdet ſchwören und geloben, Leib und Leben bei dem

[1]) Nicht Cornet (ein Tonwerkzeug), wie dies oft irrtümlich geſchrieben wird.

Fähnlein zu laſſen. Alſo wenn Ihr werdet in eine Hand geſchoſſen, daran Ihr das Fähnlein traget, daß Ihr es werdet in die andere nehmen; werdet Ihr auch an der Hand geſchädigt, ſo werdet Ihr das Fähnlein ins Maul nehmen und fliegen laſſen. Sofern Ihr aber vor ſolchem allen von den Feinden überrungen und nimmer erhalten werdet, ſo ſollt Ihr Euch darin wickeln und Euren Leib und Leben dabei und darinnen laſſen, ehe Ihr Euer Fähnlein übergebt oder mit Gewalt verliert.“ Daß der geleiſtete Eid auch wohl in vielen Fällen gehalten ward, bezeugt ſelbſt der italieniſche-deutſchenfeindliche Geſchichtſchreiber Paul Jovius, welcher erzählt, wie ein deutſcher Landsknecht-Fähnrich mit abgehauener Rechten und verſtümmelter Linken ſeine Fahne mit den Zähnen feſthaltend, auf der Wahlſtatt aufgefunden worden iſt.

Hinſichtlich ſolcher Armverſtümmelungen ſcheint es, daß die Eiſenarme zum Schutze der Hand des Fahnenträgers (ſ. S. 600 und im Abſchn. Kriegsgeräte) nicht bei den deutſchen Landsknechten eingeführt waren. Zu jedem der oben angeführten „Fähnlein gehörten zwei Spiele, welche immer nur je aus einem Trommler und einem Pfeifer beſtanden. Die deutſchen Landsknechte marſchierten meiſt alſo mit Trommelſchlag wobei Trommelreime geſungen wurden.

Die Sandſchakſcherif genannte heilige Fahne des Propheten, welche in der Schatzkammer des Eskiſerails aufbewahrt wird und der Sage nach von den erſten Kriegen abſtammen ſoll, iſt von grünem Seidenzeuge mit goldenen Franzen auf einer Stange, deren Spitze das Wort Alem (Fahne) trägt. Der Urſprung davon ſoll vom Feldherrn Boreida herrühren, welcher mit ſeinem aufgelöſten Turban eine ſolche Fahne darſtellte. Mahomeds eigenes Feldzeichen, Okäb (Adler) benannt, bildete ein Stück kamelharenes Zeug weißer Farbe. Der echte eigentliche Sandſchakſcherif, welcher ebenfalls heute noch unter den Reichskleinodien zu Stambul aufbewahrt wird, zeigt aber neben den weißen auch ſchwarzen Stoff wie die preußiſche und die Freiburger Schweizer Fahne.

Die Fahnen der Veziere und Paſchas, Feldzeichen, welche nicht mit den ſolchen Beamteten dieſen früher vorgetragenen Ehrenzeichen zu verwechſeln ſind, hatten keine Querſtangen nach Art der Standarten und waren zugeſpitzt. (S. die Abbildung davon No. 19).

Der Roßſchweif (türk. Tuj.) war ein der älteſten osmaniſchen

Abzeichen höchster Befehlshaber, welches indessen bereits von Murad I. (1389 gefallen in der Amselfeldschlacht „Kossowo-Polje") abgeschafft worden ist. Dieser rotbraun gefärbte Roßschweif wallte von einer an der Stangenspitze angebrachten vergoldeten Mondsichel übereine ebenfalls vergoldete Kugel herab. Sechs solcher Abzeichen wurden dem Sultan, drei dem Vezier und ein auch zwei geringeren Paschas vorangetragen. Das Reichswappen (Mondsichel und Stern zwischen Hörnern in Silber, alles auf grünem Grund) scheint niemals auf der türkischen Fahne vorzukommen.

Auch der Docholeng genannte Halsbehang in der türkischen Pferdeausrüstung dient als Tapferkeitsauszeichnung (s. den altosmanischen Kanûn-i-tes-chrifât, — Kanon der Ehrenzeichen aus der Zeit Suleimans des Großen (15. Jahrhundert). Auch bei den Polen war dieser Behang unter dem Namen Bunczuk (Fahne) eingeführt. Von allen Ländern der Welt war China bis 1890 der einzige Staat, welcher statt einer viereckigen eine dreieckige Flagge — gelb mit blauem Bande und Drachen — führte. Seitdem erst ist durch kaiserlichen Erlaß nun auch in China die viereckige Flagge da eingeführt werden.

Guidon wird im Franz. das kleine Reiterfähnlein oder die kleine Standarte, ebenso wie mit Kornette oder Cornette im 16. und 17. Jahrhundert die Fahne einer jeden Reiterkompagnie und mit Fähnlein jeder Fußvolkkompagnie bezeichnet. Cornette blanche war im französischen Heere der Name der Leibtruppenstandarte des Reiterregiments des «Colonel général de la cavalerie». Diese Standarte hatte goldne Lilien auf weißem Felde.

Flagge (franz. pavillon, span. und ital. bandera, engl. flag heißt das am Schiffsmast oder Flaggenstock (franz. mât de pavillon) befestigte viereckige Fahnentuch, welches auf- und niedergezogen werden kann und deren Farben und Figuren anzeigen, welchem Lande das Schiff angehört. Wenn die Flagge auf dem Bugspriet (franz. beaupré) aufgehisst wird, so zeigt sie die Befehligung des Schiffes durch den Schiffshauptmann (Capitain) an, wenn viereckig am Besanmast (franz. mât d'artimon) flatternd den Kontreadmiral, am Fockmast (franz. mât de misaine) den Vizeadmiral, am Hauptmast aber den Admiral an. Außer den Landesflaggen für Krieg und Handel giebt es noch Privat- und Signalflaggen. Die Flaggensprache, d. h. das aus weiter Entfernung gegenseitige Mitteilen, Anfragen und Antworten der Schiffe untereinander vermittelst verschiedenfarbiger Flaggen, welche immer viereckig sind, ist vom 1848 verstorbenen englischen Kapitän Marryat entworfen und seitdem bei allen gesitteten seefahrenden Völkern eingeführt worden. Wimpelscheibe (franz. gaine de flamme) nennt man den Saum eines Wimpels, — zum Einschieben.

Die bereits angeführte Standarte oder Reiterfahne (franz. étendard, vom barbar. lat. standartus oder standardus, vom keltischen (?) estange oder deutschen Stange, lat. vexillum, σήμειον,) war anfänglich allein die Fahne des Herrschers und schon bei den Römern im Gebrauch (s. Tertull. apol. 16) sowie bei deren Hilfstruppen (s. d. Dacier). Während der Kreuzzüge von 1188 wies die französische Fahne ein rotes Kreuz auf und in den Kämpfen gegen die Herzöge von Burgund ein weißes Kreuz. Früher nannte man auch Standarte die Flagge auf den Galeeren. Gegenwärtig bezeichnet man nur damit die Reiterfahne, sowie mit Banderillera in Spanien das Fähnlein mit Wurfspießen bei Stierkämpfen. Kirchenfahne (franz. gonfalon auch gonfanon) sind die bei den Prozessionen getragenen Kreuzfahnen, welche dieselbe Form wie die päpstliche Fahne (gonfanon papal, ähnlich dem früheren labarum) haben. Solch Kirchenpaniere haben wie die Banner des Mittelalters am Stocke sitzende horizontale Querstangen gemeinlich mit 3 Spitzen, wovon der Name Flammula.

Wind- oder Wetterfahnen auch Wetterhahn (franz. girouettes, vom lat. gyrare, drehen, altfranz. vanes auch fanes, span. valeta, ital. banderuola, engl. weatercock sowie vane), welche sehr frühzeitig schon im Mittelalter vorkommen, wo sie gemeinlich von Blei jetzt aber von Zink angefertigt werden, dienten auch mehrmals als Wappenfahne. In Lehnszeiten war dem Bürgerlichen nicht erlaubt, die Wetterfahne auf ihren Häusern anzubringen, und die auf Kirchtürmen, Palästen und Schlössern zeigten oft das Wappen der Städte oder der Besitzer davon. «La lourde et criarde girouette était autrefois un attribut feudal qui ne pouvait figurer que sur les châteaux et dont le manant n'eut osé se permettre de décorer son humble toit» (ourry). — S. S. 422 d. gr. Wetterfahne.

A. Ägyptisches Feldzeichen, ein Götterbild darstellend. — Nach Rosellini. (S. S. 177 die assyrische Feldzeichen.)

AA. Zwei mexikanische Feldzeichen, — Heuschrecke (chapouline) und Adler, — in Gold vom 15. Jahrhundert n. Chr.

B. Griechischer Fahnenschild (oder Schild mit Decke?) — Nach einem Vasenbilde — S. S. 139 d. ähnlichen amerikanischen.

B.B. Griechische Fahne, nach einem Wandgemälde, „heimkehrende Krieger“ vorstellend. — Aus Paestum. 5. Jahrhundert v. Chr.

A.

B.

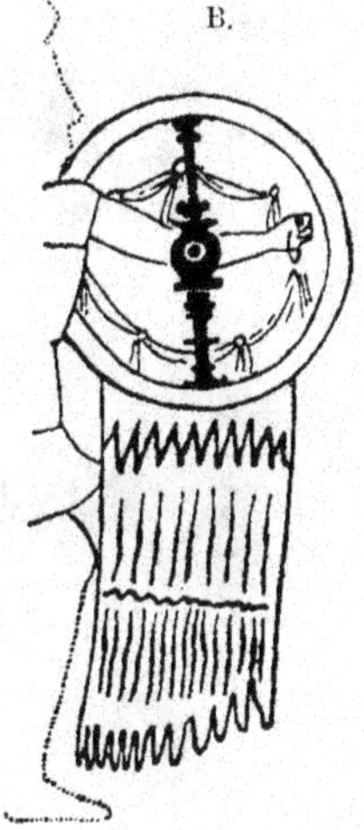

B.B.

A.A.

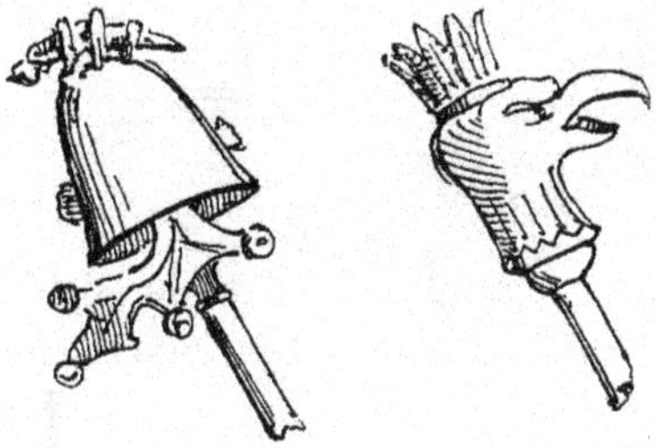

1

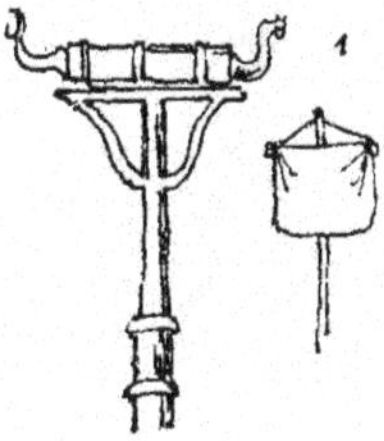

(S. auch d. Hindufeldzeichen des Mongolen Sivaji vom 17. Jahrhundert n. Ch. — Buchmalerei einer Handschrift aus der National-Bibliothek zu Paris. S. S. 153.)

1. Römischer Standarte (vexillum) in Bronze, mit der daneben abgebildeten, daran befestigten Fahne. Supparum war der Name des auf einer Querstange wie das Vexillum befestigten Banners oder der Standarte für die Reiterei.

2. Römischer Standartenträger (vexillarius) der Reiterei, nach der Antoniussäule.

3. Römiſches Banner (flammula), nach dem Triumphbogen des Septimus Severus. (Unterſcheidet ſich v. vexillum durch ſeine Wimpel.)

4. Römiſche Feldzeichen (signa militaria.) Der Adler (aquila) war das Legionszeichen, die beiden anderen aber Kohortenzeichen. (S. auch S. 281.)

5. Anguis oder draco mit metallenem Kopf und beweglichem Schweif. Römiſches Feldzeichen der Kohorte (Cohors der zehnte Teil einer Fußvolklegion von 6000 Mann) in Schſangenform nach der Trajasſäule (114 n. Ch.; — ſ. Claud. in Rufin. 11, 5, 177 und Sidon. Apoll. 5, 40). Man nennt es ebenſowohl draco — Drachen

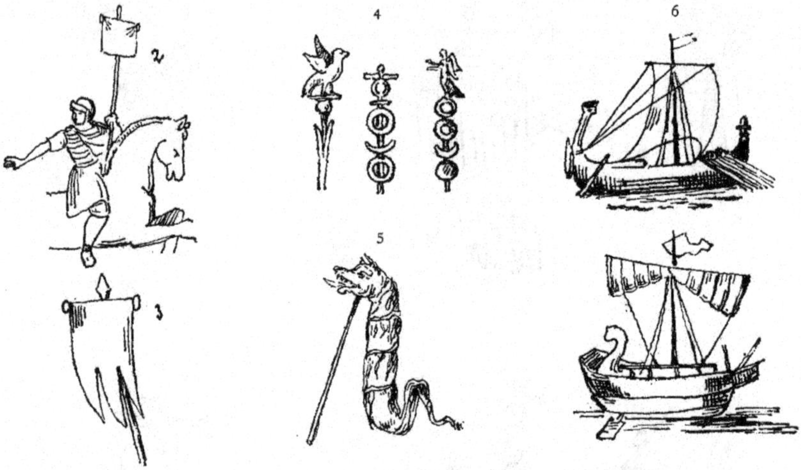

wie angius Schlange, weil es auch und wohl meiſt ſtatt der Schlange einen Drachen darſtellte. — S. auch S. 282 die Reiterſtandarte der römiſch-germaniſchen Hilfstruppen auf einer Silbermünze von Druſus d. ä. († 9 v. Ch.).

6. Römiſches Schiff, auf deſſen Maſt die römiſche flammula, das Banner, flattert. Nach einer Flachbildnerei aus Pompeji.

8

7. Römiſches, die Segel aufhiſſendes Schiff mit Vexillum, nach einer Darſtellung vom Grabe der Naevelia Tyche von Munatius.

8. Labarum (v. gal. lab., erhaben) Standarte der römiſchen Kaiſer von Conſtantius II. (323—361 ab; ſie hatte die Form des vexillum, war aber mit einem Kreuze und dem Monogramme Chriſti ausgeſtattet.

Die Ableitung des Namens vom Gallifchen hatte zur Urfache, daß Conftantius in Gallien erzogen war. Die Träger des Labarum und der mit dem Bilde des Kaifers übermalte Standarten, während des Kaiferreichs, hießen Imaginarii. — Nach einer Medaille Conftantius.

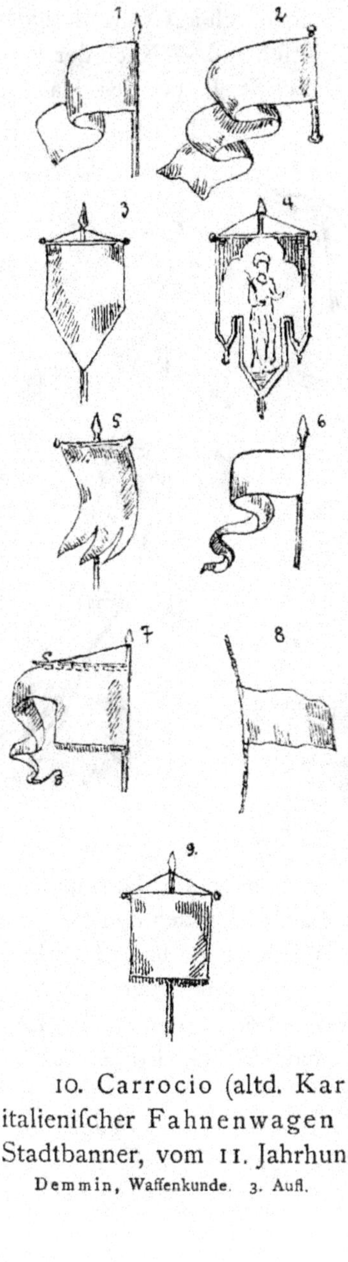

1. Die mittelalterliche Fahne (drapeau).

2. Landsknechtsfahne mit ganz kurzer Stange nach Stichen des 16. Jahrhundert.

3. Banner oder Panier (bannière) auf Querftange.

4. Kirchenbanner. (Mit Helmdecken, f. lambrequins) auf Querftange.

5. Oriflamme auf Querftange und mit 3 Spitzen (Wimpeln) aus frühefter Zeit (f. auch No. 16 vom 15. Jahrhunhert.)

6. Fähnlein, Wimpel oder Lanzenfähnlein (banderole oder barbe im Fr.).

7. Fähnlein der Ritter im Mittelalter, welche 20 Mann, ein Fähnlein. führten.

8. Flagge (pavillon).

9. Standarte oder Reiterfahne (étendard) auf Querftange.

10. Carrocio (altd. Karrotfche, auch wie im engl. standart) italienifcher Fahnenwagen mit Glocke (martinella) und dem Stadtbanner, vom 11. Jahrhundert. — Nach Ant. Campi. (S. S. 679.)

11. Carrocio, im Engliſchen und Deutſchen Standart, im Deutſchen aber auch von den Dichtern Karrotſche genannter Fahnenwagen ohne Glocke, welcher ebenfalls aus Italien ſtammt und zuweilen von Arnulphus von Mailand 1038 in ſeinen Geſtis Mediolaneſium erwähnt wird. Anfangs des 12. Jahrhunderts erſcheint dieſer aus einem Maſtbaum mit Fahnentuch auf vierräderigen Wagen befeſtigten carrocio auch in Deutſchland. — Nach der von Tuysden herausgegebenen „Hiſt. Ang. Script. I, 339 des Haguſtaldenſis.“

10

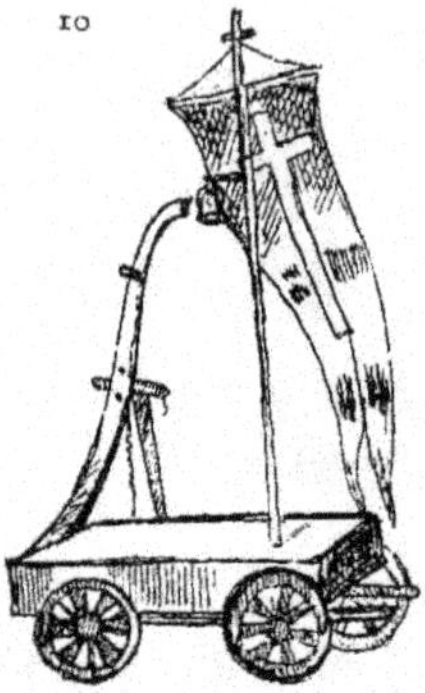

11 Bis.

12

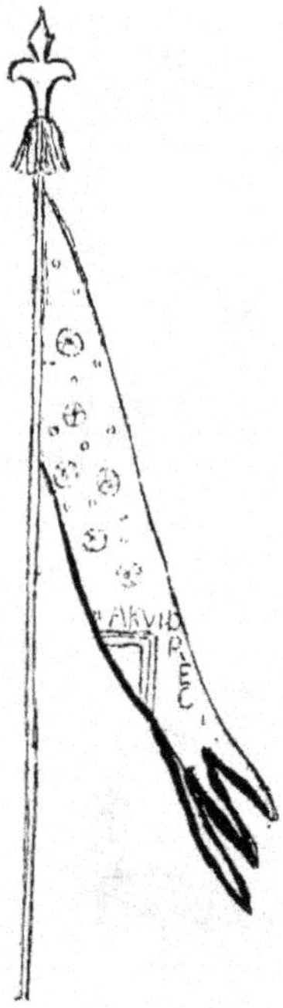

11 Ter.

11

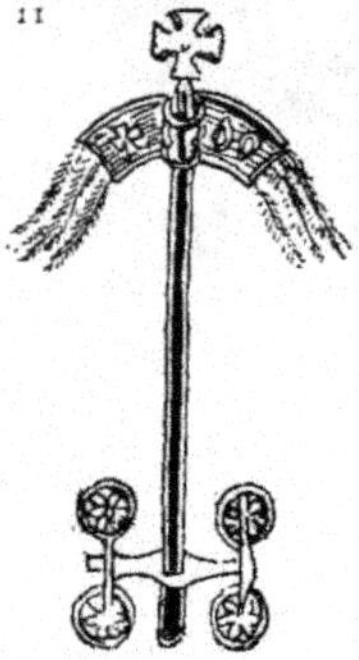

11 I.

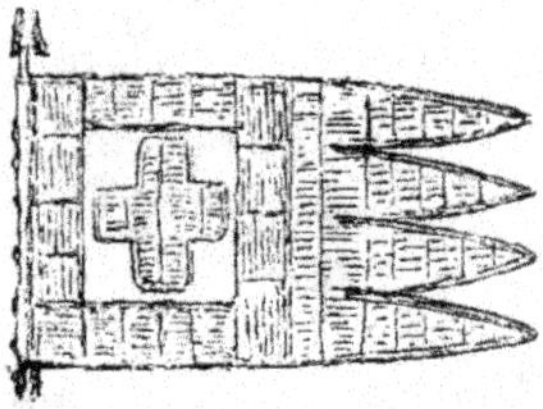

11. Bis. Deutſches Drachenfeldzeichen vom 9. Jahrhundert, welches ſichtlich dem römiſchen von den Parthern entlehnten anguis und draco, Schlangen- oder Drachenfeldzeichen der römiſchen Kohorte nachgebildet iſt (ſ. S. 679). Es könnte ſich aber auch hier um eine Falarica, d. h. ein Handbrandpfeil oder Brandfackel (Liv. 21. 8—10. — S. auch im Abſchn. Kriegsmaſchinen. — Codex aureus (Pſalterium) von St. Gallen) handeln.

11. Ter. Drachenfeldzeichen der Angelſachſen nach dem Teppich von Bayeux vom 11. Jahrhundert. Der im Abſchnitt XXXX

abgebildete feuerſpeiende Drache mag, wie oben angeführt vielleicht, auch nur ein Feldzeichen darſtellen ſollen. (S. S. 370 — Barbaroſſa.)

11. 1. Vierwimpliches Banner an grader Stange des Herzogs der Normandie vom 10. Jahrhundert. — Gabe des Papſtes. — Teppich von Bayeux.

12. Fahne Kaiſer Karls des Großen vom 10. Jahrhundert. — Nach den lateraniſchen Muſivbildern aus Karlingſcher Zeit.

13. Langbefähnelte Kampflanze mit ſpitzem dreikantigem Eiſen vom 12. Jahrhundert. Nach «Carmon de Bello Siculo inter

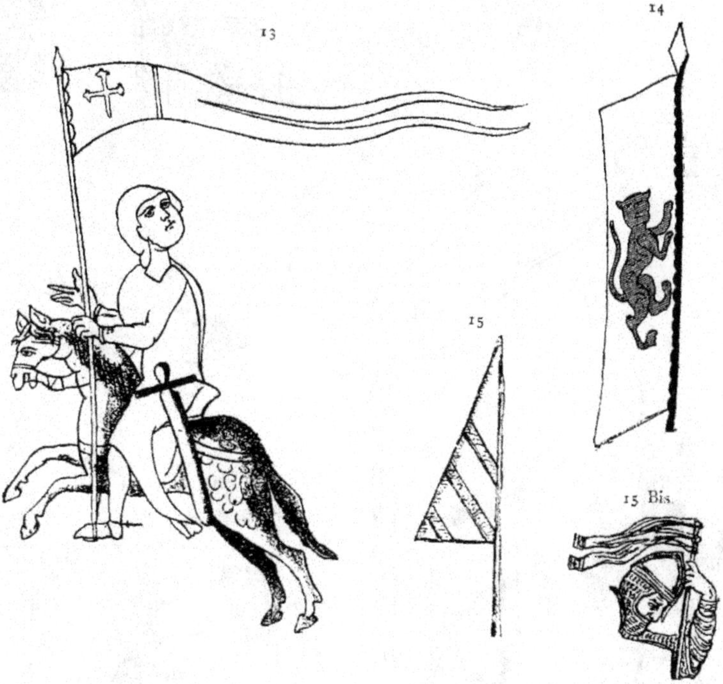

Henricum VI. Imp. et Tancredum» von Petro d'Ebulo, in der Bibliothek zu Bern. (Durch Fürſt Hohenlohe.)

14. Befahnter Speer mit Wappenbild, nach der Pariſer Handſchrift «Lazarius Gerardinus» der Genueſer Annalen vom 13. Jahrh.

15. Pennon oder dreieckiges Halbbanner vom Ende des 13. Jahrhunderts. Nach der Handſchrift «Guerre de Troie» in der National-Bibliothek zu Paris.

15. Bis. Wimpel vom 12.—13. Jahrhundert. — «Abraham und Melchiſedek.» — Kloſter Neuburg. (S. auch S. 370.)

15. Ter. Wimpelſpeer eines kreuzfahrenden Ritters vom 12. Jahrhundert. Buchmalerei in Roy, Mſ. 2 A. XXij. fol. 219.

15. I. Speerwimpel vom 12.—13. Jahrhundert. — Krieger aus dem Buche des Kloſters Muri. —

15. II. Mit großen Lilien bedeckter Van oder Banner des heil. Ludwig (1226—1270). — Nach einem Glasgemälde vom Ende des 13. Jahrhunderts im Dome von Chartres. —

15 Ter.

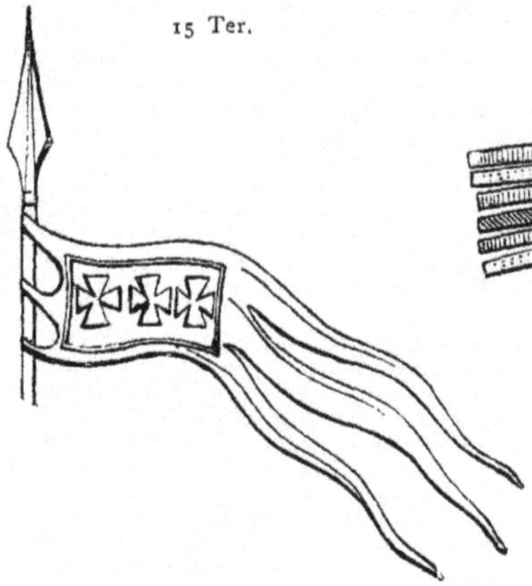

15 I.

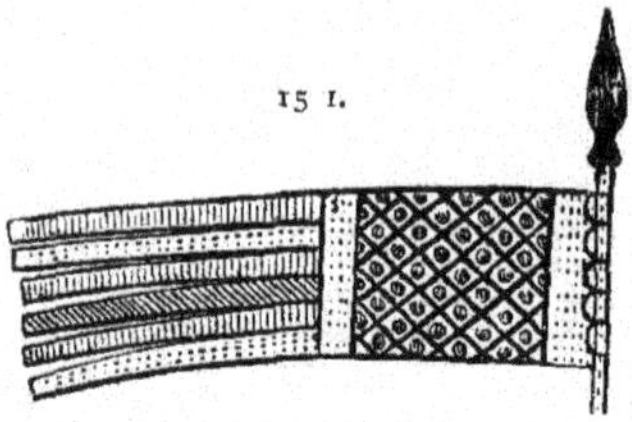

15 II.

15 II½.

15 III.

15 IV.

15 V.

15. II ½. Franzöſiſcher Drachenbanner vom 13. Jahrhundert. — Histoire du saint Gral etc. Franzöſiſche Handſchrift von 1270 — im National-Muſeum zu Paris.

15. III. Kriegsbanner mit Wappen vom Ende des 13. oder Anfang des 14. Jahrhunderts. Die auf dem Banner befindlichen Abzeichen trägt auch der Dreiſpitzſchild (petit écu) ſowie der Topfhelm. — Nach einer Buchmalerei der Weingartner Liederhandſchrift zu Stuttgart. —

15. IV. Längliches franzöſiſches Banner vom Anfange des 15. Jahrhunderts. — Handſchrift «Godefroy de Bouillon» von 1310. — National-Bibliothek zu Paris.

15. V. Viereckiges franzöſiſches Banner aus der Mitte des 14. Jahrhunderts. — Franzöſiſche Handſchrift «Tite-Live» von 1350. — National-Bibliothek zu Paris.

15 VI.

15 VII.

16.

Eine ganz ähnliche viereckige Fahne mit darauf abgebildetem Reichsadler, das Ritter- oder Rennfähnlein des Ritters Döring von Epſtein, iſt auf dem Schlachtfelde von Sempach (1386) aufgefunden worden und befindet ſich im Zeughauſe zu Luzern.

15. VI. Van (altd). d. h. Feldzeichen des Herzogs Johann III. von Brabant († 1358). Zwei weiße Felder haben hier rote heraldiſche Löwen, zwei ſchwarze Felder gelbe. — Nach den in Gold und Farbendruck von Starke und Siebert (Görlitz und Heidelberg) auf 55 prächtigen Tafeln herausgegebenen «Wappen, Helmzierden, und Standarten der großen Heidelberger Minneſinger-Handſchrift» (Maneſſe-Codex vom erſten Drittel des 14. Jahrhunderts). — S. auch Nr. 35, S. 507.

15. VII. Ritterfähnleine vom 13. oder 14. Jahrhundert. Aus dem «Balduineum» in Koblenz (Fürſt Hohenlohe.)

16. Zweizipfliche Oriflamme auch Oriflambe benannt mit der Inſchrift «Montjoie Sanit-Denis» vom 15. Jahrhundert. Nach der

16 Bis.

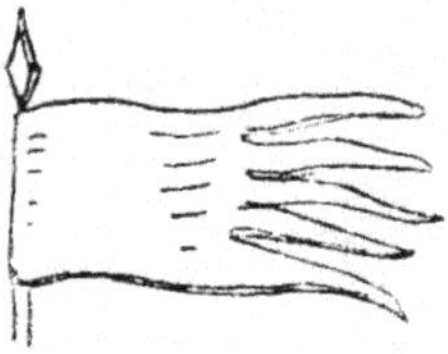

17

18

19

20

21

Handſchrift von Froissart aus der Mitte des 16. Jahrhunderts. — (S. Nr. 5 Oriflamme früherer Zeit (?)). — National-Bibliothek zu Paris.

16. Bis. Oriflamme, welche auf einer Glasmalerei vom 13. Jahrhundert in dem Dome zu Chartres von Heinrich von Metz getragen wird.

17. Polniſches Federfeldzeichen der Leibwache des Königs Sobiesky im Jahre 1683. — Kupferſtich der Schlacht bei Wien.

18. Zweiwimpliche Reiſigenfahne vom 16. Jahrhundert. — Nach Joſt Amman im «Kriegsbuch».

19. Landsknechtsfahnenträger (franz. enseigne), deſſen ungeheuerlich lange Fahne ganz kurzſchaftig iſt, alſo nicht im Kriege, ſondern nur als Prunk gedient haben kann. — Nach Köbels «Wappen etc.» von 1515. —

20. Deutſcher Landsknechtsfähnrich von 1526. Hier iſt die Fahne ohne Knauf noch Spießeiſen an längerem Stocke. — Radierung von H. S. Beham. —

21. Deutſcher Landsknechtsfähnrich, deſſen Fahne mit Knauf und Speereiſen verſehen iſt. — Nach H. S. Beham.

22. Landsknechtsfahne mit dem doppelköpfigen Reichsadler nach Joſt Ammans «Vorleſung des Artikelbriefes» im Kriegsbuche.

23. Roßſchweif (türk. Tuj), Abzeichen türkiſcher Befehlshaber von den älteſten Zeiten, das bis unter Murad I. († 1389) im Gebrauch war.

24. Standarte mit Vollmond der türkiſchen Veziere und Paſchas ſeit der Eroberung von Byzanz.

25. Standarte des preußiſchen Garde-du-corps-Regiments 1740 bis 1806.

XXII.

Die Kriegstonwerkzeuge. — Das Feldſpiel.

Von allen Tonwerkzeugen im Kriegsweſen, im Feldſpiel (franz. instruments de musique militaire) iſt das, urſprünglich aus einer gewundenen Muſchel (lat. murex auch concha d. h. Trompetenſchnecke oder Schneckenſchale, franz. conque auch triton) beſtehende Horn der Fabeltritonen (Plin. H. N. IX, 4) und Neptuns, weiches von Ovid (Met. I. 9) unter dem Namen Bucina (auch Buccina, βυκάνη, das ſchneckenförmig gewundene) als Hirtenhorn angeführt iſt und woraus ſich die Trompete (lat. tuba, σάλπιγξ franz. trompette verkleinert aus trompe) entwickelt hat, das altzeitigſte.

Gebogen und mit größerm oder weiterm Trichter diente, dies alsdann Bucina incurva militaris genannte Tonwerkzeug, im Heerweſen (ſ. Polyb. u. Veget). Der römiſche Lituus, eine nur am Ende gebogene Art Bucina oder tuba war wohl nur bei Trauerfeierlichkeiten (praeco) gebräuchlich. Gekrümmte Hörner oder Trompeten, welche bei den Ägyptern (ſ. Champollion jun) und bei den Römern beſonders zum Zeichengeben (ſignaliſieren) gebraucht wurden, kommen auch in der Bibel vor (ſ. die Trompeten von Jericho, „dann mache zwei ſilberne Trompeten“ ſowie das „Trompetenfeſt“ am Jahrestage). Dieſe auch Poſaunen in der Bibel genannten Trompeten werden aber mehr grade, d. h. tubaförmige geweſen ſein. Ein durch Homer gebrauchtes, vom Hauptworte σάλπιγξ abgeleitetes Zeitwort berechtigt anzunehmen, daß auch bereits im 10. Jahrhundert v. Ch. Trompeten bei den Griechen im Gebrauche waren.

Das lange gerade Trompeten, alſo tubae, lange vor Chriſtus im griechiſchen Heerweſen vorkommen, beweiſt die weiterhin gegebene Abbildung einer Vaſenmalerei vom 6. Jahrhundert v. Chr. —

ſpäter hatten die Griechen vier verſchiedenförmig tubaartige „grade“, „leichtgebogene“ und „ſtark zuſammengebogene Blastonwerkzeuge“. Letztere aus Gallien ſtammend, in Form eines gekrümmten drachenartigen Thieres“, hieß Carnon, auch Carnix und bei den Römern Cornuum. Dieſe faſt kreisrund gebogene Trompete mit einem Durchſchnittsſtab, ähnlich den frühmittelalterlichen Waldhörnern wie die Trajanſäule und der Conſtantinbogen davon Abbildungen giebt (ſ. hier No. 6) war das Tonwerkzeug der Cornicines, obſchon eigentlich der Cornicularius als der Bläſer des keinen Horns, des Corniculums, bezeichnet wird. Die vierte Art lief in einen ochſenkopfförmigen Trichter aus; man nannte ſie Paphlagonienne. Die römiſche Tuba (der Tubicinis — Tubabläſer) war eine ſehr dünne Trompete von Bronze in grader Trichterform und auch wie die Trompete der Ausrufer (Ceryx), ſo wie dieſelbe ſpäter noch durch chriſtliche Maler in ihren „Jüngſten Gerichten“ etwas länger dargeſtellt iſt. Auch poſaunenförmige Trompeten (Tuba ductilis, die Poſaunen der Bibel?) gab es bei den Römern, welche alle Blastonwerkzeuge ſpielenden Muſiker, inbegriffen die Buccinatores, die Cornicinis und die Tubicinis — Aeneatoris nannten. Claſſicum hieß das durch das Feldſpiel gegebene Zeichen zum Angriff, beim Beginnen der Schlacht. („Cornua ac tubae concinuere.“. — Tac. Ann. I, 68. — „tubicinis et cornicinis pariter canunt“. — Veg. 2, 22) Dies claſſicum ertönte auch bei Ausführung der Todesſtrafe im Heere.

Das Horn, (franz. Corne) und die Trompete (franz. Trompette, altfranz. Araine) waren früher ſchon zu den Germanen, Galliern, Skandinavern, Britten (ſ. S. 310 die Abbildung des Stuic genannten Kriegshorns) etc. übergegangen. Im Mittelalter hatte man das große Horn (franz. Busine — auch buisone) eine mehr als einen Meter lange Art etwas gebogene Trompete, womit u. a. in den Feldlagern zum Abbruch geblaſen wurde. Das mittelgroße Horn, der Olifant, im Anfange faſt nur aus dem Elefantenzahne dargeſtelltes Hüft-, Hief- oder Flügelhorn (franz. Huchet oder Cornet de chasse), ein Tonwerkzeug auch fahrender Ritter, maß gemeinlich 50 cm; es diente im Kriege wie auf der Jagd. Dieſe Art Trompete hatte den Umfang einer Octave. Das kleine Horn oder Rufhorn (franz. Cor oder Cor d'appel) war gemeinlich ſtärker gebogen und von Meſſing, es diente auch in den Schlöſſern zum Mahlzeitrufen. Das Jagd- oder Waldhorn (engl. buglehorn) diente ebenfalls ſchon frühzeitig den Jägern.

Bronzene Kriegshörner treten selbst schon in Skandinavien während der sogenannten Bronzezeit auf, wie dies N. 24, S. 314 abgebildete feststellt; ein riesiges, mit acht Knöpfen verziertes, mit flachem Trichter versehenes Horn, es mißt 128 cm. Das S. 222 abgebildete irische Kriegshorn (Stuic) ebenfalls in Bronze, mag wohl von den skandinavischen Eroberern abstammen.

Das Jagd- und Kriegshorn soll eine besonders kriegerisch-religiöse Bedeutung bei den Ungarn gehabt haben. Die Saga berichtet, daß „Arpád sein Hüfthorn mit Donauwasser angefüllt und dabei der Götter Beistand zur Eroberung der Donauländer angerufen habe.“ Kriegsflöten dienten auch in Ungarn, die nicht dienstpflichtigen Edlen zur Heeresfolge aufzufordern, wo hingegen die Lehnspflichtigen durch Herumtragen eines blutigen Speeres oder Schwertes dazu angehalten wurden. Ferner spricht der Biograph der hl. Udalrich von Leel's Horn, „welches 955 bei der Bestürmung Augsburgs alle Ungarn zur Schlachtversammlung rief.“

Bei den Schweizern waren gewaltigere aus besonders großen Ochsenhörnern angefertigte Tonhörner (franz. trompes de boeuf) im Gebrauche, deren geheulartige Klänge anfänglich so furchterregend auf die feindlichen Haufen wirkten, daß dieselben oft dadurch in wilde Flucht gerieten. Im Abendlande, wo fast noch bis ins 13. Jahrhundert allein das große Horn (la trompe) überwiegend war, taucht wieder zu dieser Zeit eine dünne, grade Trompete mit weitem Trichter, die frühere römische Tuba, auf, erscheint aber bald darauf in der Form eines *v*, also doppelt gekrümmt. Im 14. Jahrhundert, bis anfangs des 15. hinein, tritt wiederum die grade tubaförmige, oft mit Wappenfahne behängte Trompete auf. Die geschobene Posaune (lat. tuba ductilis — bucina? — franz. trombonne, ital. trombone, span. sacabucha, engl. sack-but), welche in ihrer jetzigen Gestaltung schon Ende des 16. Jahrhunderts auftritt und aus einer größeren Hornröhre, welche zwei Hauptteile, das Hauptstück und den Zug oder die Stange hat, wird als Baß-, Tenor- und Alt- sowie als Ventilposaune angefertigt. Erst in der Mitte des 15. Jahrhunderts geriet das Kriegsklarin (franz. clairon de guerre, sowie cornet), die in ihren Biegungen ein langes Oval bildende Trompete, beim Fußvolk wie bei der Reiterei im Gebrauch. Auch dies Klairin war oft mit einer Wappenfahne behängt.

Das Horn, die von ihm abstammende Trompete und vor allem

das Klarin (clairon) ſowie Pfeife und Trommel, dienen auch, beſonders im neuzeitigeren Kriegsweſen, zum Benachrichtigen der Heeresabteilungen (Benennungsſignale) und zum Bezeichnen der Bewegungen derſelben (Ausführungsſignale.)

Ob damals die grade ſenkrechte Flöte (die alte Tibia, αὐλος wegen der Herſtellung aus dem Knochen der Tibia mit Hirſch- oder Eſelsbein, — Tibia curva, longa und dextra, ſowie tibiae pares, tibiae impares dextra und sinistra oder faeva, — ſranz. flûte (vom lat. Fistula, — monaulus die einfache Schäferflöte) auch zu den Kriegstonwerkzeugen gehörte, iſt nicht feſtzuſtellen, aber wohl der Gebrauch des Triangels (Trigonum), welcher ſpäter, beſonders in der Janitſcharenmuſik der Türken wieder auftaucht.

Die Querpfeife (franz. la fifre vom deutſchen Pfeifer) eine kleine altzeitige Querflötenart, von hochgellendem Tone, die eine Oktave höher ſteht wie die gewöhnliche Querflöte, und der Pickelflöte (franz. piccolo) ähnlich, aber nicht wie dieſe mit Klappen verſehen iſt, ſcheint zuerſt bei den Schweizern im Kriegsweſen eingeführt worden zu ſein, da dieſelbe von der Schweiz aus unter François I. (1515—1547) im franzöſiſchen Heere eingeführt worden iſt und beſonders unter Heinrich IV. (1589—1610) bis Ludwig XVI. (1793) allgemein im Gebrauche war, dann aber von der Pickelflöte verdrängt wurde. Die Quer- auch deutſche Flöte, deren Erfindung Deutſchland zugeſchrieben wird, erſchien anderswo, namentlich in Frankreich bereits im XII. Jahrhundert. Unter den kleinen Querflöten gab es eine in Belgien Arigot, in Frankreich Fluttot genannte, die u. a. vom Erzherzog Albrecht als Feldſpieltonwerkzeug der Gilde von S. Sebaſtian zu Lokern 1613 verliehen worden iſt. Czakan heißt die ſlaviſche Stockpfeife. (Im Ungar. d. Soldatenhut.)

Bei den Griechen und Römern war die ſonſt bei allen barbariſchen Völkern des Morgenlandes gebräuchliche Trommel, (franz. tambour, v. ſpan. tambor, abgeleitet v. arab. altambor, ital. tamburo) unbekannt, aber nicht eine Art Tempanum genannt Keſſelpauke (franz. Timbale), welche ſpäter von den Parthern überall im Kriege geführt wurde. Bei den Hebräern war die Anakara genannte Handpauke in Gebrauch. Die von den Türken Darabuka genannte Trommel (Turbuka d. türk. Pauke) iſt durch die Sarazenen in Europa verbreitet und zuerſt von den Spaniern, Italienern, Deutſchen und Engländern angenommen worden.

Im französischen Heerwesen traten die Trommeln, (welche man in 3 Klassen, die große türkische, die Wirbel- oder Roll- und die Militärtrommel einteilte), erst 1347 auf. Lange und Doppeltrommeln kommen indessen bereits in Buchmalerei vom 12. Jahrhundert vor. Nachfolgende Abbildung zweier Feldspieler vom Anfange des 16. Jahrhundert zeigt die Trommel — deren Kasten im 16. Jahrhundert in Deutschland Sarg genannt wurde — damals auch noch viel mehr länglich und weniger dickleibig wie die späteren und die gegenwärtigen preußischen, ganz platten tamburinförmigen. Im „Triumphzuge Maximilians I." kommt eine einzige schon dickleibige Trommel vor, die aber auch eine Pauke sein kann, da von zwei Trommelstöcken keine Spur vorhanden ist, — wohingegen Kesselpauken (mit der Unterschrift paugker), längere Querflöten und eine Art Oboe oder Hochhorn (franz. hautbois) sowie Trompeten („Reichs Trümeten") und Schiebposaunen, mit für alle diese Tonwerkzeuge an den Sätteln hängenden Futteralen, sich da häufig, sowle die bewimpelten und befahndeten Trompeten, auch Kesselpauken, wiederholen. Hieraus geht hervor, daß die Schiebposaune (franz. trombonne, ital. trombone, span. sacabucha) früher als 1600, wie angenommen wird, dargestellt worden ist. In dem „Feldspiele" der Landsknechte zeigen Holzschnitte vom 16. Jahrhundert dickleibige Trommeln und Querpfeifer sowie das „Spiel" der Flachbildnerei des Grabmals Franz I. († 1547) nur Trommler und Pfeifer auf. In Hogenbergs „Einzug Karls V. und Clemens VII. zu Bologna" sind ebenfalls nur Kesselpauken und die in ihren Krümmungen ein langes Oval bildenden Trompeten, also Klarine abgebildet.

Unter den deutschen Lendsknechten in Daniel Hoppers Holzschnitten kommt aber auch eine Trommel in der gegenwärtigen dickbeleibten Form mit zwei Trommelstöcken vor. Im allgemeinen scheint auf den Märschen damals keiu zahlreiches „Feldspiel" bestanden zu haben, da nirgends Abbildungen davon gegebeu sind.

So befinden sich in Hans Tirols Darstellung der Belehnung Ferdinands I. mit den östreichischen Erblanden durch Kaiser Karl V., auf dem Reichstage zu Augsburg 1530, eine Komposition von tausenden Reitern, Turnierern, Zügen zu Fuß und zu Pferde, im ganzen als Feldspieler nur drei Trompeter!

Die zwei zu jedem «Fähnlein», d. h. zu jeder Fahne des aus 400 Mann bestehenden «Fähnleins» von Landsknechten gehörenden Spiele beſtanden immer nur aus zwei Trommlern und zwei Pfeifern, wovon das eine während des Marſches bei der Fahne, das andere aber an der Spitze der «langen Spieße» aufſpielte. Die Trommeln waren groß und wurden auf der linken Seite an Riemen getragen, die Pfeifen lange hölzerne Querpfeifen, eine Art Flöte. Die Trommeln markierten auch dem großen Viereck beim Gefecht, je drei Schritt des Sturmmarſches mit abgeſetzten Schlägen bis der allgemeine Schlachtruf: «Her! Her!» ſtatt des heutigen «Hurra» alles übertönte.

Die in Frankreich ſpäter im Kriege wie im Frieden dienenden Militärmuſiken beſtanden anfänglich auch nur aus 7—8, alle hoboistes benannten Spieler, die ſpäter bis zu 40 heranwuchſen.

In Deutſchland hießen die Paukenſchläger Tumber, die Pfeifer Holibläſer, Zinkeniſten die Bläſer des clairon (franz. cornet à bouquin) oder der Zinke, auch Trumſcheitſpieler. Es gab, aber auch, obſchon ſeltener, unter den Feldtonwerkzeugen das wahrſcheinlich anfangs des 16. Jahrhunderts eingeführtes aus einem 1½ m langen mit Schellen behangenen Schafte beſtehende Schellenſpiel. Im Schloſſe Ambras, ſowie im Heeres-Muſeum zu Wien, befinden ſich Exemplare davon aus dem 16. Jahrhundert.

Das aus einer großen hutförmigen, an langem Schafte befeſtigten Metallglocke mit Mondſichel und anhängenden Glöckchen, auch Schellchen, beſtehende Janitſcharentonwerkzeug, (franz. chapeau chinois), welches gemeinlich Janitſcharmuſik genannt wird und von China aus durch Indien in das Feldſpiel der Türken («Türkiſche Muſik», franz. «Musique Jannisaire») der 1362 errichteten und 1826 aufgelöſten Janitſcharmiliz (von Janitſcheri — neue Krieger) gelangte, erſcheint bei den Geſittungsvölkern Europas wohl auch erſt anfangs des 18. Jahrhunderts. Dies ganze lärmende, beſonders aus großen und kleinen Trommeln, Tamtam, Becken, Triangel und dem oben erwähnten «chineſiſchen Schellenhute» zuſammengeſetzte türkiſche Feldſpiel hatte auch Eingang bei den Italienern nicht nur in ihrer Banda, ſondern ſelbſt in der italieniſchen Inſtrumentalmuſik im allgemeinen gefunden.

Becken oder Cymbeln (franz. cymbale), die bei den Römern beſonders zu Feſtſpielen der Göttin Cybele, auch denen des Bacchus Verwendung fanden, Cymbala (κύμβαλον), welche in den Händen von Beckenſpielern (cymbalista) und Beckenſpielerinnen (cymbalistria) Pompejaniſcher Wandmalereien tiefrund, als hohle Halbkugeln mit Fingerringen vorkommen, ſind in der Janitſcharenmuſik flach-tellerförmig; der türkiſche Name iſt Tſchinellen. Auch befindet ſich an der Außenſeite der Scheibe, ſtatt des Fingerringes bei der cymbala der Alten ein Ledergriff befeſtigt, worin die ganze Hand Platz hat. Becken waren bei den Alten keine Kriegstonwerkzeuge, ſind aber heute in Europa ſowohl im Heere wie in der Oper und in Konzerten gebräuchlich. Ihre Einführung reicht nicht über das 18. Jahrhundert hinaus.

Doppelkeſſelpauken, wie dieſelben in neuer Zeit bei den Reiterregimentern, beſonders bei den gepanzerten, eingeführt ſind, waren ſchon früher im Morgenlande, beſonders bei den Türken und den Sardarnagarern im Feldſpiele vertreten.

Paukendecken dazu bei den Reitern, erſcheinen im 16. Jahrhundert.

Der den Chineſen entlehnte Triangel (trigonum chin. nakara, franz. triangle) iſt alſo aus der Janitſcharenmuſik übergenommen. Den Römern war dies Tonwerkzeug auch ſchon bekannt, wie dies die Aufmeißelung desſelben auf einen zu Rom befindlichen antiken Marmor feſtſtellt. Bei den Ägyptern hatte es eine längliche Hufeiſenform, und hieß Sistrum, welches in den Zeremonien der Iſis diente und mit metallenen Querſtäben (virgulae) verſehen war. Dem Vergil nach wurde das Sistrum auch ſtatt der Trompete im Kriege gebraucht.

In der Berliner «Königlichen Sammlung alter Muſikinſtrumente» befinden ſich viele Kriegstonwerkzeuge vergangener Zeit, zwar nicht ſehr altzeitige aber doch verſchiedene, die bis anfangs des 17. Jahrhunderts hinaufreichen, ſowohl von Landsknecht- wie von ſonſtigen Feldſpielen. — «Trumpeten», — «Schweitzerpfeiflein», — «Puſunen» und «Zinken», d. h. Zinkhörner, helltönende am Ende gebogene Blastonwerkzeuge. Auch eine altzeitige Trompete von Glas und eine andere von Birkenbaumbaſt, wie dieſelbe heute noch im Appenzeller Land geblaſen wird, beſitzt das Muſeum. Unter den graden Trompeten vom Anfange des 17. Jahrhunderts befindet ſich eine des Fabrikanten Friedrich Ehe aus Nürnberg, wovon auch mehrere Prachtſtücke unter den Poſaunen. Die da auch befindliche «Büchſentrompete» in Geſtalt eines «Kaffeetopfes» iſt mit verdeckten Schlangenwindungen verſehen.

A. Ägyptiſcher Symphonia- (— ϱόπτον —) Schläger. Symphonion hieß ein trommel- oder paukenartige Kriegstonwerkzeug der Ägypter und Parther. Man trommelte darauf auch mit Stäben (virgulae). — Nach einer ägyptiſchen Wandmalerei. —

B. Indiſcher Kriegshornbläſer in phantaſtiſcher Auffaſſung, nach einer budhiſtiſchen Rund- und Flachbildnerei des dritten ſymboliſchen Zeitabſchnittes. Hier zeigt bereits das gekrümmte Horn erhabene Verzierungsringe.

A.

1

2

B.

3

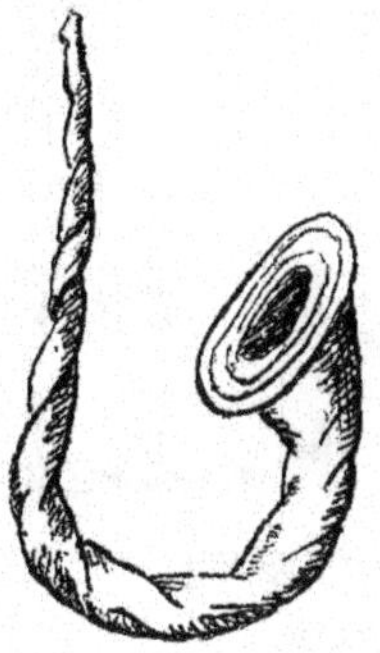

1 Bis.

1. Griechiſcher Trompeten- oder beſſer Tuba- (σάλπιγξ) bläſer. Nach einer Vaſenmalerei vom 6. Jahrhundert v. Chr.

1. Bis. Gewundenes Muſchelhorn (concha, κόγκη, Triton genannt, der Alten.

2. Römiſche Bucina oder Buccina — βυκάνη — ein gewundenes Ochſenhorn der Alten, auch wohl von Thon angefertigt. — Nach einer Bronzefigur der Zeit.

3. Bucina incurva militaris, ein gebogenes Horn der Alten (Nach einer Flachbildnerei in Marmor.)

4. Tuba — σάλπιγξ — gerade dünne römische Trompete. — Nach dem Titusbogen.

5. Lituus, gebogene Tuba der Römer. Nach dem im Flusse Witham gefundenen.

6. Cornum — σάλπιγξ στόγγυλη — römische Bogentrompete der Cornices. — Trajansfäule. —

4

6

6 Ter.

6 Bis.

5

6 I

7

6. Bis. Die graden Tempeltrompeten (tubae) des von Titus († 81) 70 n. Chr. eingenommenen Jerusalem. — Nach Titus Triumphbogen.

6. Ter. Tiefrunde römische Becken (lat. Cymbala, κύμβαλον, franz. cymbale, wovon das türk. cinella). — Nach einer Pompejanischen Wandmalerei.

6. 1. Römischer Rohrbläser, d. h. Tubabläser (tubicen, — σαλπίγκτης); nach einer Flachbildnerei des Triumphbogens Kaiser Konstantins II. († 361 n. Chr.)

7. Römischer Gladiator mit der römischen Bogentrompete oder Horn, dem Cornum.

7. I. Skandinaviſch-däniſches gegoſſenes bronzenes Kriegshorn (Lurer) aus der ſkandinaviſchen Bronzezeit, vom Anfang der neuen Zeitrechnung, wenn nicht ſpäter noch, Länge 1 m. — Muſeum zu Kopenhagen.

7. II. Iriſches Stuic genanntes Kriegshorn aus der britiſchen Bronzezeit, vom Anfang der neuen Zeitrechnung, wenn nicht ſpäter. — Sammlung Llewelyn-Meyrick. —

7 I.

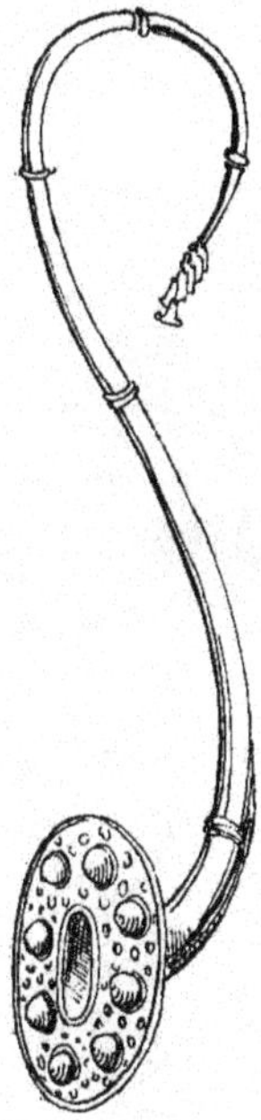

7 II.

8

7 III.

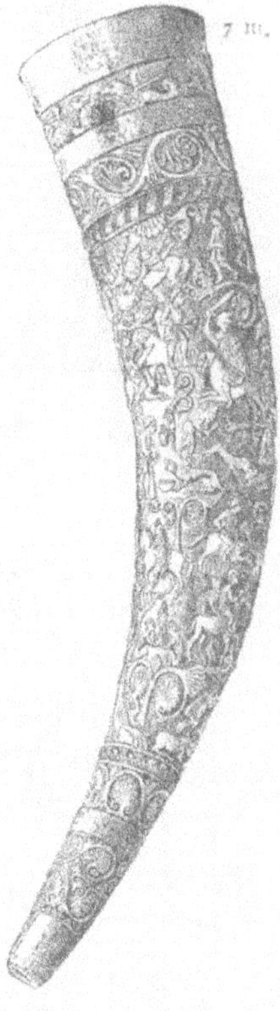

9

7. III. Skandinaviſches, Olifant benanntes Kriegs- und Jagdhorn in Elfenbein, den darauf abgebildeten Ausrüſtungen nach vom 11. Jahrhundert, Länge 55 cm. — Muſeum zu Kopenhagen.

8. Deutſcher Hornbläſer (franz. sonneur de busine). — Nach einer deutſchen Buchmalerei vom 11. Jahrhundert zu Leipzig.

9. Gekrümmtes Horn nach einem Säulenknaufe im Schiffe der Abteikirche zu Vézelay. Ende des 12. Jahrhunderts.

10. Hornbläſer (franz. sonneur de busine). — Handſchrift von 1294. Bibliothek des corps legistatif zu Paris.

11. Grade Trompete (nach Art der römifchen Tuba) mit Wappenbehang. — Minnefinger-Handfchrift vom 13. Jahrhundert. — Paris. In der Handfchrift «Apokalypfe» vom felben Jahrhundert, Sammlung Deleffert, kommt eine ähnliche Trompete, aber ohne Fahne vor.

11. Bis. Gerade Trompete (nach Art der römifchen Tuba)

10

11

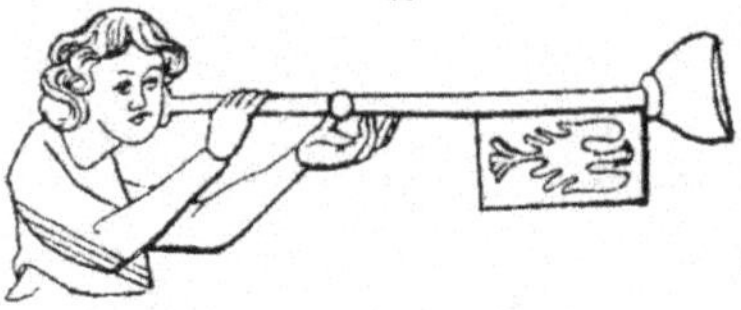

11 Bis.

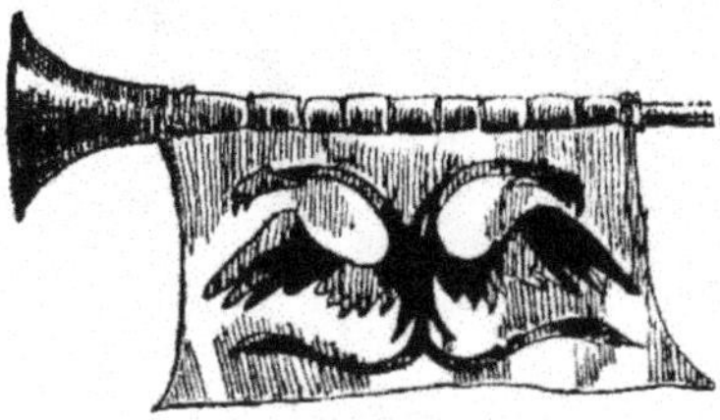

13

12

mit Wappenbehang. — Handfchrift «Passage d'outre-mer» vom 13. Jahrhundert. — National-Bibliothek zu Paris.

Gekrümmte Kriegstrompeten mit folchen Wappenfahnen kommen auch im 14. Jahrhundert vor, wie dies eine Handfchrift in der Bibliothek von Troyes zeigt.

12. Hornbläfer auf der Jagd. — Handfchrift vom Welfchen Gaft, vom 13. Jahrhundert. — Heidelberg.

13. Trompeter mit blitzförmig gekrümmter Trompete. Handſchrift des trojaniſchen Krieges von 1441. — Germaniſches Muſeum zu Nürnberg.

14. Trompeter auf einer doppeltgewundenen Trompete blaſend, welche die Vorgängerin des im 15. Jahrhundert entſtandenen Klarin (franz. clairon) zu ſein ſcheint. — Hagada vom 14. Jahrhundert. — Germaniſche Muſeum zu Nürnberg.

14

16

15

17

15. Kriegsklarin (franz. clairon de gueree) mit Fahnenbehang aus der zweiten Hälfte des 15. Jahrhunderts. Hier bildet die doppelte Krümmung ein geſchloſſenes langes Oval. — Handſchrift «Traité sur les tournois» vom König René. —

16. Klarinbläſer eines deutſchen Scharfrennens vom 15. Jahrhundert. — «Mittelalterliches Hausbuch», herausgegeben vom Germaniſchen Muſeum zu Nürnberg.

17. Gradflöten- (eine Art Oboe oder Hochhorn- franz. hautbois)-ſpieler. — Handſchrift «Trojaniſcher Krieg» von 1441. Germaniſches Muſeum zu Nürnberg.

18. Trommler («Das Spiel») deutſcher Landsknechte von 1524.

19. Trommler und Pfeifer («Das Spiel») nach der Flachbildnerei des Grabmals Franz' I. († 1547).

20. Deutſcher Trommler und Pfeifer nach einem in Horn geſchnizten Waffenaufhänger aus der Mitte des 16. Jahrhunderts. — Sammlung des Verfaſſers.

21. Sardarnagara — Zwillingskeſſelpauken. (S. auch im «Abſchnitt der verſchiedenen Jagd- und Kriegswaffen» Nr. 9, eine im 17. Jahrhundert erbeutete türkiſche Trommel.)

22. Schellenſpiel nach Jakob Sutors künſtlichem Fechtbuch von 1612. Von ſolchen ſchon im 16. Jahrhundert erſcheinenden Kriegsmuſikwerkzeugen beſitzen das Muſeum im Schloſſe Ambras und das Heeres-Muſeum zu Wien, Exemplare.

23. Berittener Trompeter vom 16. Jahrhundert, deſſen Tonwerkzeug das Kriegsklarin, d. h. die gebogene Trompete iſt. — Nach J. de Gheyn. —

24. Deutſche Landsknecht- Pfeifer- und Trommler (Das Spiel) vom 16. Jahrhundert. — Nach einer Radierung v. D. Hopper.

XXIII.

Das Schwert[1]), das Krumm- oder Senfenfchwert und der Säbel.

Das Schwert oder der Degen (ξίφος — poetifch ἄος — lat. gladius auch spata, franz. glaive[2]) auch épée, altfranz., aber mehr für kleine, alumelle, lemele, alemelle, ital. spada, poetifch cuchilla und espadilla für das Jagdfchwert, engl. sword, poln. miez) ift eine Waffe, die bei allen Völkern vorkommt und deren Beftehen bis in das höchfte Altertum hinaufreicht. Griechen und Römer umgürteten fich nur zur Kriegszeit mit dem Schwerte, während Perfer, Germanen, Skandinavier und Gallier es zu jeder Zeit trugen. Das Wort Schwert ift jetzt nur noch in der Dichterfprache oder zur Bezeichnung der breiten und fchweren Hiebwaffe des Rittertums fowie des Scharfrichters üblich.

Seitengewehr und blanke Waffe (franz. arme blanche) bezeichnet faft ausfchließlich nur Schwert, Degen und Bajonnet. Für Seitengewehr wurde früher aber auch, befonders im 16. Jahrhundert, der Name Reuting, Rittling, Reutling fowie Reutingklinge und

---

[1]) Bezüglich der gefchichtlich berühmten Schwerter fei auf die Einleitung zu dem von Waffen aus der Eifenzeit handelnden Abfchnitt (S. 223) verwiefen, fowie auf S. 715 der Schwerter Mohammeds.

[2]) Die altdeutfche Benennung «Gläve» wurde fowohl für Schwert, für Speer wie fpäter auch für eine Art Hellebarde, dem Rofsfchinder, angewendet. Das franz. glaive ift vom deutfchen Gleve, dem 4—6 m langen Speer des Mittelalters, abgeleitet, welche fowohl die Ritter wie deren Knappen (Glever) trugen. Hiervon auch die Benennung von Glevenburger für die berittenen, mit Speeren bewaffneten Patrizier. Das deutfche Gleve fcheint aber wiederum vom lateinifchen Gladius abgeleitet zu fein, da die Germanen oft Schwerter an Stangen befeftigten und damit Speere bildeten. S. die eigentliche Gläfe, eine Langfchaftwaffe im Sonderabfchnitte derfelben.

Reutlingsklinge (Schwert oder Säbel) angewendet. (S. weiteres darüber im Abſchnitt der Sättel, da rittlings oder reitlings auch für das Sitzen zu Pferde mit geſpreitzten Beinen gebraucht wird.)

Der Säbel gehört eigentlich nicht zu den Schwertern. Außer dem graden Schwerte mit zwei- oder einſchneidiger Klinge hat man das einſchneidige Krumm- oder Senſenſchwert, deſſen Schneide ſich, wie bei der Senſe, an der inneren Krümmung befindet. Irrtümlicher Weiſe wird dieſe Waffe oft mit dem ebenſo irrtümlich Krummſchwert genannten Säbel verwechſelt, deſſen Schneide ſich an der äußeren Krümmung befindet. Der Scramaſax der alten Germanen gehört zu dieſer Art Krummſchwerter, ebenſo wie der römiſche Enſis falcatus und der Falx (ſ. S. 266) aber nicht das einſeitigſchneidende ſpartaniſche Seitengewehr (μάχαιρα), ein Vorgänger des Säbels, da die Schneide ſich hier auf der äußeren Krümmung befindet (ſ. S. 215 Nr. 38 III). Der Falx, ein am Ende faſt ſo ſtark gekrümmtes Schwert (ſ. Cic. Mit. 33; Stat. Ach. II, 419), wie die Hippe (Falx arboria et silvatica), deſſen Namen es trägt, kann alſo wie das Supina auch Sica genannte Schlachtmeſſer der Thracier (ſ. Val. Max. III, 2, 12. — Juv. Sat. III, 201) als einer der Ahnen des Krumm- oder Senſenſchwertes angeſehen werden. Die Sica oder Supina war aber weniger gekrümmt und hatte mehr die Form des Eberhauers (ſ. Plin. H. N. XVIII, 1. — «apri dentium exacuant»). Die osmaniſchen Yatagan, Kandja und Fliſſa gehören alle zu den Krumm- oder Senſenſchwertern. Bei den Römern waren im allgemeinen nur zwei Arten von graden zweiſchneidigen Schwertern im Gebrauch, das kurze, gladius genannte und das lange, die Spata.

Das Schwert beſteht aus zwei Hauptteilen: der Klinge (lat. lamina, franz. lame, engl. blade), deren unteres Ende Spitze oder Ort (lat. mucro, franz. pointe, engl. point), deren oberes, neben dem vorſpringenden Abſatz (franz. talon) in den Griff tretendes Ende, Angel (franz. soie) genannt wird; — und aus dem Griff oder Gefäß (lat. capulus, franz. poignée, engl. handle). Dieſer umfaßt: den Knauf (lat. bulla, franz. pommeau, engl. knop oder pommel), die gewöhnlich aus Holz oder Horn gemachte und mit Eiſen oder Kupferdraht umwickelte Hülſe (franz. fusée engl. spindle), welche die Angel überdeckt; ferner die (zuweilen doppelten und dreifachen) Abwehrſtangen oder Stichblätter (lat. mora, franz. gardes, engl. hilts); die Hinterabwehrſtangen (franz. contre-gardes, engl. afterhilts), welche ſich an der den Abwehrſtangen entgegengeſetzten Seite befinden und die untere Seite der Fauſt ſchützen; den Eſelshuf (franz. pas d'âne), die unter dem Abſatz vorſpringende und die Hand nach der Klinge zu beſchützende krumme Abwehrſtange, welche erſt um die Hälfte des 16. Jahrhunderts allgemeine Verbreitung fand[1]); die großen geraden Abwehrſtangen (franz. quillons, engl. right-hilts), die horizontal zwiſchen Abſatz und Angel die Klinge kreuzen. Das Stichblatt (franz. plaque) iſt eine Abwehrplatte. Alle dieſe Teile bilden das Gefäß. Schild (franz. écusson) nennt man die Platte, die ſich häufig an dem untern Teile der Hülſe, nämlich da befindet, wo die Querabwehrſtangen ſich mit dem Anfang der Angel vereinigen; Korb (franz. corbeille oder coquille, engl. shell oder husk) iſt der Name für die an Rapieren und den meiſten ſpaniſchen Degen vorkommende halbkugelige Form des Stichblattes, welches die Hand nach der Klinge zu bedeckt; Blutrinnen oder Couliſſen (franz. évidements, engl. sloping-cuts) heißen die zur Verminderung des Gewichts dienenden Auskehlungen der Klinge.

Die platten Seiten der Klinge heißen Degenflächen (franz. plats de l'épée), und die Troddel am Griff Degenquaſte (franz. dragonne). Die Schneide (lat. acies, franz. tranchant, engl. edge, ital. und ſpan. filo) wurde im altd. Ecke, der mittlere Teil der Klinge Valz, der Griff mit ſeiner Abwehrſtange Netze und der Knauf Appel genannt. Schwertfeſſel hieß im Mittelalter das Schwertgehänge. Die Schärfe oder auch ſcharf geſchliffen (engl. sharp, ſpan. agudeza, ital. acuto) drückt man im Franz. mit «qui a le fil», aber auch mit afilé aus. — So: «Allzuſcharf macht ſchartig» — «lame trop affilée s'ébreche».

Die Scheide (ξιφοθήκη, κολός, lat. vagina, franz. fourreau, engl. case auch scabbard, ſpan. vaina, ital. guaina) iſt gemeinlich von Leder. Metallene Scheiden für zweiſchneidige Schwerter des Mittelalters kommen vor Anfang des 14., meiſt auch ſpäter noch nirgends vor[3]). Mit Mundbeſchlag (franz. monture d'embou-

[1]) Vergl. indes die durch den Holzſchnitt S. 405 wiedergegebene Wandmalerei vom Ende des 14. oder Anfang des 15. Jahrhunderts, wo die Krieger ſchon Schwerter mit einer Art Eſelshuf führen.

[2]) Von unwiſſenden Kompilatoren lächerlicherweiſe «Giftzüge» benannt.

[3]) S. S. 216 die nur bei den Griechen vorkommende Scheiden welche auch den Schwertgriff mit bedeckten.

chure) bezeichnet man die Metallfassung des eingangs des Mundstücks der Scheide, mit Ortband oder Ohr (franz. bouterolle) den Beschlag der Spitze und mit Schlepper (franz. dard) den am Ende der Scheide, am Ortband, besonders längerer Säbel, angebrachten, meist eisernen Rand, welcher die Scheide beim Schleifen auf dem Erdboden schützt, und mit Schwertgehenk, Schwertgürtel, Wehrgehenk (franz. boudier), auch Degenkoppel (franz. cinturon) den über den Hüften geschnallten Tragriemen für Seitengewehre, wo hingegen Bandelier (franz. bandoulière) der Name des über Schulter und Brust heruntergehenden Tragriemens, — sowohl für Seitengewehre wie für Patronentaschen, — ist.

Schlagschwert, auch Bohr- und Stoßschwert (franz. espadon, v. ital. espadone) nannte man ehemals hauptsächlich das lange für zwei Hände eingerichtete, späterhin jedoch das große und breite zweischneidige Schwert (altfranz. fabre).

Der Stoß- oder Bohrdegen (franz. estoc, vom deutschen Stock, oder vom keltischen stoc) war der lange, schmale, mehr zum Stoßen als zum Einhauen geeignete Degen. Der Ausdruck: auf den Stoß und auf den Hieb gehen ist demnach nur auf den breiten und langen Degen anwendbar, weil die dünne, spröde, oft drei- oder viereckige, ausgekehlte und sehr spitze Klinge des Rapiers und des Stoßdegens im allgemeinen nur für den Stoß tauglich ist.

Carrelet (vom franz., in welcher Sprache man damit aber auch die Ahle und die vierschneidige Nähnadel bezeichnet) sowie Bayonne (von der Stadt gleichen Namens) wird der Degen mit dreischneidiger Klinge genannt[1]).

Die Fechtschulschläger und die Rapiere (franz. rapieres) überhaupt, welche dieser Gattung Hieb- (espadons) Stoß- (fleuret) Degen angehören, deren in Toledo, Sevilla und Solingen angefertigte Klingen berühmt sind, gehen kaum über die Regierungszeit *Karls V. hinaus, unter welchem in Spanien die moderne Fechtkunst (franz. escrime, vom deutschen «schirmen») aufgekommen[2]) ist.*

[1]) «à trois carrés». Mit la carré (v. quadratus) wird nämlich jede Klingenseite bezeichnet. Eigentümlicherweise nannte man auch im 15. und 16. Jahrhundert carrelet den Halcret, d. h. den kleinen Stückpanzer, und auch die Fangnetze für Vögel und Fische, sowie der Kantel zum Liniieren tragen diesen Namen.

[2]) S. S. 95 über die Fechtkunde.

Das Rapier hat ein Stichblatt in Form des vollen oder durchbrochenen Korbes und lange, gerade Querabwehrſtangen. — Der Königsmarkdegen (colichemarde) iſt an ſeinem ſehr breiten Abſatz in Form einer Ahle ausgeſchnittenen Klinge kenntlich. Dieſe Art Rapier war unter Ludwig XIV. vornehmlich bei Zweikämpfen in Gebrauch. Die franzöſiſche Benennung colichemarde iſt nichts anderes als eine Verunſtaltung des Namens Königsmark.

Der Fechtſchulſtoßdegen (fleuret im Franz.) iſt ein dünnes Rapier, ohne Schneiden und als Übungswaffe mit einem Knöpfchen (fleuret-moucheté) an der Spitze verſehen. Bei den Osmanen hieß ein mit krummer, die Hand bedeckender Abwehrſtange verſehener dünner Panzerſtecher Megg. Die Klinge desſelben war dreiauch vierkantig nach Art gewiſſer Rapiere.

Der Säbel, (ſ. weiterhin) — mit gebogener Klinge, — welcher bereits bei den Römern unter dem Namen Copis, aber wohl nur als Waffe bei den Morgenländern in Bildnereien (u. a. bei einem pompejaniſchen Standbilde) vorkommt, war beſonders im Altertum bei den Daciern und Scythen im Gebrauch (ſ. S. 195 Nr. 35.) Dieſer Copis (κόπίς) genannte Säbel, welcher auf der äußeren, lind gebogenen Krümmung (leniter curvatus) die Schneide hat, eine orientaliſche Waffe (ſ. Xen. Cyr. II, 9; VI, 2, 10), ſowie der ſpartaniſche (μάχαιρα, ſ. S. 215) ebenfalls etwas gekrümmte und nur auf der äußeren Krümmung ſchneidige Säbel ſind die älteſten bekannten derartigen Waffen, wovon die neuzeitigen Säbel abſtammen.

Der türkiſche und chineſiſche Seymitar, eine Abart des Säbels (aus dem perſiſchen chimchir oder chimichir, franz. cimeterre, engl. scimitar), war im Altertume auch nur bei den orientaliſchen, ſogen. barbariſchen Völkern, ſpäter vorzugsweiſe bei den ſpaniſchen Mauren, wie überhaupt bei den Sarazenen und beſonders bei den Türken in Gebrauch. Der Griff dieſer Waffe hat kein Stichblatt, die kurze und breite, gekrümmte auch eckig zugeſpitzte Klinge hat die Schneide, nicht wie das Krumm- oder Senſenſchwert auf der innern, ſondern auf der äußern Krümmung. Bei den Römern waren die Venatores, eine Abteilung der Gladiatoren mit ſeymitarförmigen Hauſäbeln bewehrt (ſ. S. 252.)

Die Karabela oder Karabella, der polniſche ſtark gekrümmte Säbel, hat weder Stichblatt noch Abwehrſtange.

Der Säbel (aus dem ſlavoniſchen sabla, poln. nozna, franz. und engl. sabre) war wohl ſchon den Weſtgoten und Arabern bekannt. Er war auch die Hauptwaffe der Dacier zur Zeit Trajans (101—106 n. Chr.), wie dies aus den Flachbildnereien der Säule, welche Epiſoden aus den Feldzügen dieſes Kaiſers darſtellen, erhellt. Dacien, das im Süden an die Donau, im Nordoſten an die Karpathen und im Norden an den Dnieſter grenzte, umfaßte das Gebiet der heutigen Donaufürſtentümer, ſowie Siebenbürgens und zum Teil noch Ungarns. Der Säbel erſcheint in Deutſchland gegen Ende des 4. Jahrhunderts und findet erſt vom Beginn des erſten Kreuzzugs an allgemeine Verbreitung. Der Huſarenſäbel mit Säbel- oder Huſarentaſche (neulat. perna, ephippium, franz. sabretache) ſtammt wie der Huſar aus der Regierungszeit des Königs Matthias I. Corvinus von Ungarn (1458—1470). In Frankreich wurde 1747 bei der Artillerie, ſowie für Unteroffiziere der Infanterie und für die Kerntruppen davon im allgemeinen der sabre-briquet eingeführt, aber 1831 durch den sabre-poignard erſetzt und dabei für die Marine der sabre d'abordage angenommen. Der Säbel, von Meyer, in ſeinem im Jahre 1570 herausgegebenen Buche über die Fechtkunſt, unrichtigerweiſe Duſack[1]) genannte und eine in den Kupferſtichen Hans Burgkmairs häufig vorkommendes Rüſtſtück war die Lieblingswaffe der Mohammedaner, welche ihm allerlei Schmeichelnamen beilegten. Mohammed hatte deren zehn, wovon auch die Namen bekannt ſind: Mahur (der Mandelſpitze), Al-Adhab (der Geſpitzte) Daulfakar (der Durchhauer), Al-Kola (ſogenannt nach der Stadt Kola wo damals viel Waffenfabriken beſtanden, Al-Ballar (der Scharfſchneidige), Al-Hatif (der Große), Al-Medham (der Wahlſchneidige), Al-Roſub (der Tiefeindringende) und Al-Kadhib (der zierlich Schneidende); dies letztere war das Schwert ſeines Vaters. Der Dauſakar oder Doulfakar ſoll, überlieferten Abbildungen nach, dieſe Form hier gehabt haben, deſſen ebenfalls hier abgebildete

Schwertfegemarke oder Zeichen ſich auch oft auf ſpäteren arabiſchen Schwertern vorfindet. Was die Namen von Schwertern in den

[1]) Der Duſack iſt eine Art hunniſches Senſen- oder Krummſchwert eigentümlicher Form, faſt ohne Griff noch Stichblatt; man handhabte dieſe Waffe mittels

ſkandinaviſchen und germaniſchen Sagas, ſowie derartiger berühmter engliſcher und franzöſiſcher Waffen anbelangt, ſo ſind dieſelben wie ſchon angegeben S. 323 und 324 alle aufgeführt.

Die alte ſchottiſche Claymore hat einfache Querabwehrſtangen, aber kein die Hand korbartig bedeckendes Gitterſtichblatt. Mit letzterem verſehene, fälſchlich Claymore genannte Degen und Säbel waren bei den Venetianern im Gebrauch und wurden Schiavone genannt, weil ſie während des 16. und 17. Jahrhunderts die Waffe der ſlavoniſchen Leibwache der Dogen war, wie aus Gemälden jener Zeit hervorgeht. In Schottland erſchienen ſie erſt im 18. Jahrhundert.

Der Yatagan, Khandjar, (auch Kantſchar und Handſchar genannt), die Fliſſa, Kabrilenſäbel, Kouky, Kampak etc. (ſ. S. 80) ſind gewöhnlich ohne Stichblätter und Abwehrſtangen. Dieſe orientaliſchen Waffen gleichen ſich derart und ihre Formen haben ſich Jahrhunderte hindurch ſo wenig verändert, daß ſie für das geſchichtliche Studium des Waffenweſens nur geringes Intereſſe bieten, während das dem chriſtlichen Mittelalter angehörende Kriegsſchwert eine viel belangreichere Entwickelungsgeſchichte hat. Dieſe Waffe war in dem 8., 9., 10. und 11. Jahrhundert breit, ziemlich lang, zweiſchneidig, mit abgerundeter, nur für den Hieb geeigneter Spitze, mit einfachen, geraden Abwehrſtangen, die mit Klinge und Griff ein lateiniſches Kreuz bildeten. Der Knauf war gewöhnlich rund oder abgeplattet und im 11. und 12. Jahrhundert zuweilen zwei- und dreiblättrig. Die ſtets geraden und einfachen Abwehrſtangen, ſind Ende des 13. Jahrhunderts mit den Spitzen ein wenig gegen die Klinge geneigt, welche ſpitz und gewöhnlich 90—95 cm lang iſt.

Das Schwert des 13. Jahrhunderts war in Deutſchland eine gewaltige Waffe. Ein im Dresdener Muſeum aufbewahrtes, von Ritter Konrad, Schenk v. Winterſtetten (1209—1240) herrührend, hat die gerade Querſtange ohne jede Biegung, mißt ausnahmsweiſe 1,40 m und der Knauf 10 cm im Durchmeſſer; der Griff iſt 15 und die Abwehrſtangen 25 cm lang.

---

eines Eiſenhandſchuhes (ſ. die Abbildung Nr. 31, ſowie das Runenſenſenſchwert Nr. 34 Bis.) Die Schneide iſt alſo auch hier nicht wie beim Säbel an der äuſseren, ſondern an der inneren Krümmung.

Das Schwert des 14. Jahrhunderts zeigt ſich noch länger als das der vorhergehenden Zeiten, gewöhnlich 110—120 cm. Die Abwehrſtangen bilden auch hier noch meiſt ein einfaches Kreuz.

Das doppelgriffige zweihändige ahlſpießartige Schwert für Fußturniere, war wohl nur in Frankreich im 15. Jahrhundert gebräuchlich.

Bei dem Schwerte des 15. Jahrhunderts iſt die Hülſe häufig länger, als es vordem der Fall war; im 16. Jahrhundert wird die Form des Stichblatts verwickelter und die Abwehrſtangen hören auf, ein einfaches Kreuz zu bilden. Von dieſer Zeit an hat das Schwert häufig den Eſelshuf, Hinterabwehrſtangen etc.

Bei den Turnieren bediente man ſich auch 4 m langer Rennpanzerſtecher genannter Degen, deren Klingen dreikantig waren. Exemplare davon befinden ſich im Muſeum zu Dresden und in der Sammlung Zſchille.

Braquemart, Malchus, coustil à croix, épée de passot ſind alles Namen, welche den kurzen Degen italieniſchen Urſprungs mit oben ſehr breiter und ſpitz zulaufender Klinge, einer Art Ochſenzunge, bezeichnen, der Form von dem antiken Parazonium (ſ. S. 42, 157, 169, 195, 203, 212) herzukommen ſcheint. Dieſe Waffen gehören dem 15. Jahrhundert an.

Der Flamberg oder Schweizerdegen (altd. Flatsſche), der nicht mit dem zweihändigen Flamberg verwechſelt werden darf, war eine während des 16. Jahrhunderts gebräuchliche Waffe, welche auch Espadon (v. ital. spadone) genannt wird, da wo es ſich um langgriffige Schlagfechtdegen handelt.

Braquemart (Verkürzung v. Brakmachera, v. gr. bracheia kurz, und machara, Schwert, (ſ. Iſidor Orig. XVIII, 6, 2) nannte man beſonders im 15. Jahrhundert ein kurzes, breitklingiges und einſchneidiges Säbelſchwert morgenländiſchen Urſprungs in der Seymitarform, welche auch ähnlich der des römiſchen Culter venatorius, d. h. dem römischen Jagdmeſſer iſt, womit die Beſtiarii und Venatores genannten Gladiatoren bewehrt wurden. (S. S. 252).

Malchus hieß ein dem Braquemart ähnliches, kurzes Säbelſchwert oder vielleicht ganz dasſelbe. Der Name dieſes im Mittelalter, beſonders aber zu Zeiten Maximilian I. (1459—1510) u. a. viel im »Weiskunig«, auch des in Abbildungen auftretenden Stutzſäbels (franz. coutelas) mag wohl von dem in der jüdiſchen Geſchichte vorkommenden arabischen König Malchus abgeleitet ſein, dem Diener des Hohen Prieſters Haiphas, welchen Petrus mit ſolcher Waffe das rechte Ohr ſoll aubgehauen haben.

Paſſot (franz. épée à passot) wurde ein breites und ſehr langes Schwert genannt, deſſen Name vielleicht von paſſo dem über 1,12 m langen ſpaniſchen und italieniſchen Maße abſtammen. Sicheres iſt aber darüber nicht feſtzuſtellen.

Mit Fauchon (ſ. Joinville 116 und Guiart 11, 22, 41) bezeichnet man das ſeymitairförmige Säbelſchwert, beſonders im 13. Jahrhundert, welches weiterhin, unter No. 15 IV, nach der Kleinmalerei der Fierabrashandſchrift zu Hannover abgebildet iſt. Fauchon (v. Kelt (?) falx, — franz. faux, wovon faucille) iſt ein durchaus ungeeigneter altfranzöſiſcher Name für dieſe Waffe, deren Schneide ſich nicht, wie bei der Sichel und allen Krumm- oder Senſenſchwertern in der innern, ſondern wie beim Säbel in der äußeren Krümmung befindet.

Vom Coutil à croix, einem im 15. Jahrhundert in Texten vorkommenden Seitengewehr, iſt die Form nicht feſtzuſtellen, wird aber wohl auch die des Brapuemart und des Malchus geweſen ſein.

Der Zweihänder (altd. Bidenhänder) oder das oft mannshohe Schlagſchwert iſt nicht über das 15. Jahrhundert hinaus gebräuchlich. In der Schweiz, wie auch in Schottland wo er claidheamb genannt wurde, war er die Waffe des Fußſoldaten und diente in Deutſchland und Holland vornehmlich zur Verteidigung der Mauern belagerter Städte. Die deutſchen Landsknechte hatten den Bidenhänder von den ſchweizer Soldaten übernommen.

In den Landsknechtsbanden befand ſich indeſſen auch immer eine Anzahl mit Zweihändern Bewaffnete [1]).

Was die Anſicht anbelangt, daß Ritter ſelbſt ſolche Zweihänder geführt und am Sattelbogen (arcon) hängen gehabt hätten, ſo iſt dies nirgends beſtätigt und ganz und gar nicht annehmbar, da der linke Arm des Ritters den Zügel und den Schild halten mußte.

Es iſt hier noch zu bemerken, daß faſt hundert Jahre lang (1320—1420) die Ritter den Dolch, auch wohl dabei das Schwert, an einem Hüftengurt oder Hüftenwehrgehenk (altd. Dupſing [2]), lat. balteus, boudrier de hanche) trugen, was auch be-

[1]) S. über die Fechtweiſe der Landsknechte mit ſolchen „Bindenhändern" S. 445.

[2]) Dupſeng hieſs im Altdeutſchen der Frauengürtel (ſ. Limburger Chr. von 1389 Tr. 1 212).

reits bei den Römern ſtattgefunden hat. Eins dieſer ſehr ſeltenen Stücke befindet ſich im National-Muſeum zu München (ſ. d. Abbildung eines römiſchen S. 191).

Das Schwert der Landsknechte, die franzöſiſche lansquenette des 16. Jahrhunderts, war kurz, breit, zweiſchneidig und ziemlilch ſpitz. An ſeiner abgeſtutzten Hülſe iſt das dicke, den Knauf bildende Ende platt abgeſchnitten.

Der Verdun war eine lange ſchmale Waffe, deren Name von der Stadt, wo ſie gemacht wurde, herkommt.

Eſpadila und Eſpadon war der Name großer und kleiner ſpaniſcher Degen.

Der Schwertgriff des 17. Jahrhunderts iſt noch komplizierter als der des 16. Es kommt eine Menge verſchiedener Stichblätter, Hinterabwehrſtangen und Eſelshufe vor. Die Formen verraten den Verfall und laſſen die Einfachheit und Reinheit der Linien vermiſſen. Einige Degen des 16. und 17. Jahrhunderts ſind auch an dem unteren Teile des Gefäßes mit Daumringen verſehen. Koukri, Paiſeuſch, Kona, Kunda und Johur ſind Namen indiſcher, Siobookatana japaniſcher Säbel. Vembie heißt das lange zweiſchneidige Schlachtſchwert der Araber. Pedang, Secin, Sandio, Klebang und Golok ſind Namen javaniſcher Schwerter.

In faſt allen Teilen Südamerikas bezeichnet man mit Machete, ſowohl kurze Säbel wie Hackemeſſer und Negerhauer, die eigentlichen Hackemeſſer wie auch die Meſſerklingen im allgemeinen aber mit Cuchilla. Das ſpaniſche Azuela — für Axt wird in Amerika für ein breitſchneidiges Zimmermannswerkzeug gebraucht und die Axt Hacha genannt, ein Wort, welches im Spaniſchen Wachsfackel bedeutet. Calabozo (im ſpaniſchen »Kerker«) nennt der Amerikaner auch Aquinche, — eine nach innen wie der Handſchar gekrümmte beilartige Haue.

Man nannte Olinde die in Olinda in Braſilien angefertigten feinen Klingen und Pandure die krumme Hirſchfängerklinge.

Kaddareh iſt der Name eines kurzen türkiſchen Seitengewehrs mit breiter Klinge.

Kummur hieß das Tſcherkeſſenſchwert.

Pallaſch (ruſſ.) nennt man den langen Degen mit Korbgefäß der ſchweren Küraſſiere.

Schaſchka heißt der Koſakenſäbel.

Klich ist auch bei den Osmanen der Name eines Säbels.

Mit Pistolese bezeichnet man in Italien ein kurzes Schwert und mit Latte im französischem Heere den langen graden Kürassierdegen.

Tschopke ist der Name bei Völkern des Kaukasus und Kleinasien für sogenannte Wolfhauer, d. h. Degen, dessen Klingen das Wolfszeichen tragen.

Der Hirschfänger oder das Weidmesser (franz. couteau de chasse, engl. hanger, span. cuchillo de monte, ital. coltello da caccia) ist gemeinlich gerade und bildet ein Mittelwaffe zwischen Schwert und Dolch.

Der kurze und breite Säbel (franz. coutelas) wird auch Stutzsäbel genannt.

Faschinenmesser heißen die zum Fällen von Strauch wie zur Faschinenanfertigung dienenden Seitengewehre mit gerader Klinge und Säge der Pioniere.

Von Degen- und Dolchinschriften hat Ziegler (»Alte Geschützinschriften«, Berlin 1886) über 100 veröffentlicht.

A

A. Schwert d. S. 356 abgebildeten fürstlichen Kriegers vom 8. Jahrhundert, (Flachbildnerei einer Porphyrsäule in die Markuskirche zu Venedig). Angeblich soll dies Bildwerk aus Ptolemais (aus einer der von Ptolemäern in Pamphylien, Phönizien, in der Cyrenaica und in Ägypten gegründeten Städten) abstammen. (?) Da mit Ptolemäer die macedonisch-griechischen Beherrscher Ägyptens seit dem Tode Alexanders bezeichnet werden und die Form des ortlosen Schwertes etwas griechisches hat, so kann es auch byrantinisch sein.

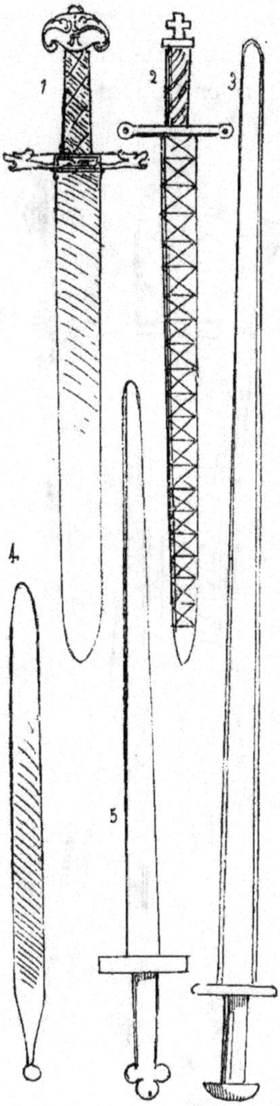

1. Schwert Karls des Großen (771—814), 90 cm lang. — Louvre. Das Gefäß iſt aus getriebenem Golde, die Klinge ſehr breit und wenig ſpitz.

2. Schwert in der Scheide, aus dem 9. Jahrhundert, nach der in Louvre befindlichen Bibel Karls d. Kahlen (840—877). Der Knauf ſtellt ein Kreuz dar.

3. Schwert in der Scheide, aus dem 8. oder 9. Jahrhundert, nach dem Codex aureus zu St. Gallen. Es mißt ungefähr 120 bis 125 cm und hat einen abgerundeten Ort.

3¹

3 I. Das dem hl. Stephan, König von Ungarn (997—1038) zugeſchriebene Schwert, welches eine ſehr ſchneidige Klinge hat und in Prag aufbewahrt wird.

4. Angelſächſiſches, in der Grafſchaft Fairford gefundenes und im Britiſchen Muſeum aufbewahrtes Schwert aus denen 10. Jahrhundert, 60 cm lang.

5. Angelſächſiſches Schwert aus dem 11. Jahrhundert, nach einer Handſchrift des Britiſchen Muſeums. Es mißt ungefähr 85 cm und hat einen dreiblättrigen Knauf. Die angelſächſiſchen Schwerter ſind kürzer als die germaniſchen.

6. Eiſernes Schwert aus dem 11. Jahrh. 95 cm. lang, der Knauf iſt von Kupfer. — F. 1 im Artillerie-Muſeum zu Paris. Dieſes mit ſcharfer Spitze verſehene Schwert iſt von derſelben Art wie diejenigen, mit dem die Ritter auf dem Teppich von Bayeux bewaffnet ſind.

Ein Schwert von ſeltener Form und wohl aus derſelben Zeit, aber mit damascirter Klinge und in Silberſchäftung, iſt in Sümpfen der Inſel Laland gefunden wurden. — Muſeum zu Kopenhagen.

---

¹) S. S. 287 das byzantiniſche Schwert und die Schwerter aus der merowingiſchen Zeit S. 331, 332 auch die der Wickinger S. 342 und 343.

7. Mufelmanisches Schwert aus dem 11. Jahrh. ungefähr 85 cm lang.

8. Deutfches oder franzöfifches, zu San Agato de'Goti im Neapolitanifchen gefundenes Schwert aus dem 11. oder 12. Jahrhundert, 96 cm lang. — Mufeum zu Erbach.

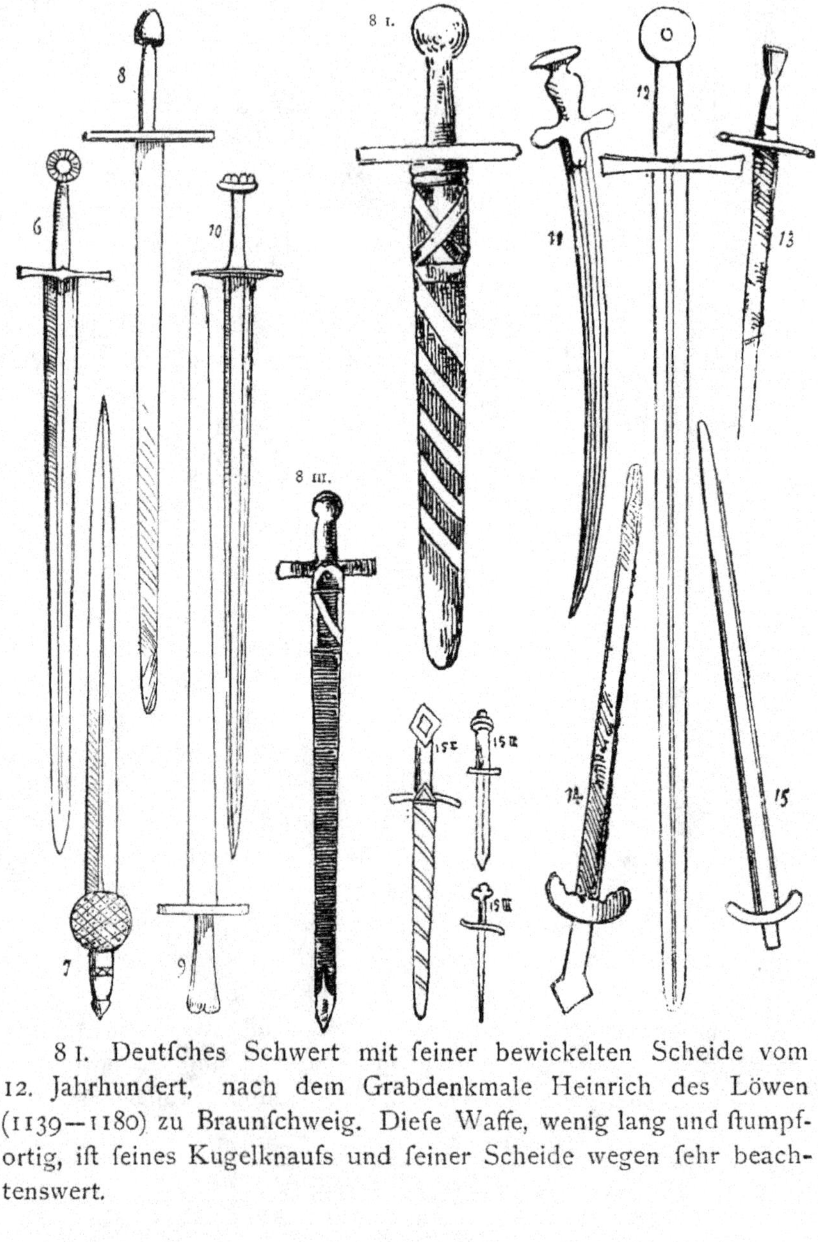

8 I. Deutfches Schwert mit feiner bewickelten Scheide vom 12. Jahrhundert, nach dem Grabdenkmale Heinrich des Löwen (1139—1180) zu Braunfchweig. Diefe Waffe, wenig lang und ftumpfortig, ift feines Kugelknaufs und feiner Scheide wegen fehr beachtenswert.

8 II. Schwert nach einer Buchmalerei, der während der Belagerung Straßburgs verbrannten Handſchrift der »Herrade von Landsberg« vom 12. Jahrhundert.

9. Deutſches Schwert aus dem 12. Jahrhundert, nach den im Dome zu Braunſchweig unter Heinrich dem Löwen (geſt. 1195) ausgeführten Wandmalereien. Dieſes wenig ſpitze Schwert hat einen zweiteiligen Knauf.

10. Deutſches Schwert aus dem 11. oder 12. Jahrhundert, 95 cm lang, mit fünfteiligem Knaufe. — Muſeum zu München. Graf Nieuwerkerke beſaß ein ähnliches, aber mit geradem und längerem Stichblatt. Noch ein anderes derartiges Schwert, jedoch mit dreiteiligem Knaufe wird im Muſeum zu Kopenhagen aufbewahrt.

11. Indiſcher Säbel, wahrſcheinlich aus dem 12. Jahrhundert. Dieſe Waffe, deren Gefäß reich mit Silber ausgelegt iſt, wurde zu Neumark in Bayern ausgegraben und ſcheint aus den Kreuzzügen herzurühren. Ähnliche Handgriffe ſind noch gegenwärtig im Gebrauch in Indien. — Bayriſches National-Muſeum.

12. Deutſches Schwert aus dem 13. Jahrhundert, welches dem Ritter Konrad, Schenk von Winterſtetten (1209—1240), angehört hat. Bei einer übermäßigen Länge von 1,40 m iſt die Breite 10 cm im Durchmeſſer, der Griff iſt 15 und die Abwehrſtange 25 cm lang, Auf der Klinge folgende Inſchrift:

«Konrad viel werter Schenke
Hierbei Du mein gedenke
Von Winterſtetten hochgemut
Laſs ganz keinen Eiſenhut.»

13. Schwertbruchſtück aus dem 13. Jahrhundert. — Sammlung Nieuwerkerke.

14. In einem Grabe in Livland gefundenes Schwert aus dem 13. Jahrhundert. — Britiſches Muſeum. Es rührt aus der Zeit her, wo ſich der durch die Litauer bezwungene Orden der Schwertritter mit dem Deutſchen Orden verſchmolz. Die an beiden Enden gegen den Ort geneigte Abwehrſtange weiſt ganz ſicher auf das 13. Jahrhundert hin.

15. Eiſernes britiſches Schwert, 72 cm lang, aus dem 13. Jahrhundert, wie die beiden gegen die Spitze gebogenen Enden des Stichblattes erkennen laſſen. Dieſe Waffe befindet ſich im Tower zu London, wo ſie unrichtigerweiſe als angelſächſiſches Schwert bezeichnet wird.

15 I. Deutſches Schwert aus der Mitte des 13. Jahrhunderts, nach einer Flachbildnerei an dem Bronzeweihkeſſel des Domes zu Hildesheim.

15 II. Deutſches Schwert aus dem 13. Jahrhundert, deſſen Abwehrſtange aber noch das 12. Jahrhundert anzeigt. Nach einer Skulptur auf einem Säbelknauf der Krypta des Doms zu Braunſchweig.

15 III. Schwert mit dreilappigem Knauf (die Abwehrſtange iſt hier falſch gezeichnet, da beide Enden davon der Spitze zugewendet ſein ſollten). — Speculum humanae etc. vom 13. Jahrhundert. — Muſeum zu Köln.

15 VI. Kurzes geflammtes Säbelſchwert (Fauchon?), welches ein gut gerüſteter Streiter in dem vom Fürſten Hohenlohe aus dem «Balduineum» (13. Jahrhundert) zu Koblenz gegebenen Reitergefecht führt.

15 IV.

15 V.

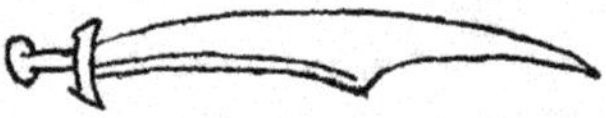

15. V. Fauchon (ſ. Joinville 116 und Guiart II, 22, 41, ſ. auch S. 718 unten darüber) genanntes, ſeymitarförmiges Säbelſchwert vom 13. Jahrhundert, nach der Kleinmalerei der Fierabrashandſchrift zu Hannover. In derſelben Handſchrift iſt aber auch ein ſpitzenloſer Fauchon abgebildet.

16. Britiſches Schwert aus dem 13. Jahrhundert; der Griff mißt nur 7 cm. Dieſe Waffe wird, gleich Nr. 15, mit Unrecht dem angelſächſiſchen Zeitabſchnitt zugeſchrieben. — Nr. $\frac{1}{174}$ Tower zu London.

17. Schwert in der Scheide, wahrſcheinlich aus dem 13. Jahrhundert, wenn nicht aus einer noch näher liegenden Zeit. Dieſe in Jeruſalem aufbewahrte Waffe wird dort fälſchlich dem Gottfried von Bouillon († 1100) zugeſchrieben.

18. Schwert aus dem 13. Jahrhundert, 95 cm lang. Die Klinge iſt in der Mitte abgeſchliffen und ohne Blutrinne. Die Neigung der äußern Enden der Querabwehrſtangen nach der Spitze zu giebt die Urſprungszeit an. — J. 2 im Artillerie-Muſeum zu Paris.

19. Schwert vom Ende des 13. Jahrhundert oder vom Anfang des 14. Jahrhundert, 1,10 m lang. Die Inſchrift „Maria", welche der

abgeplattete Knauf in gotischen Majuskeln trägt, beweist, daß es vor 1350 entstanden ist und nicht dem 15. Jahrhundert angehört, wie der Katalog des Artillerie-Museums zu Paris, wo es aufbewahrt

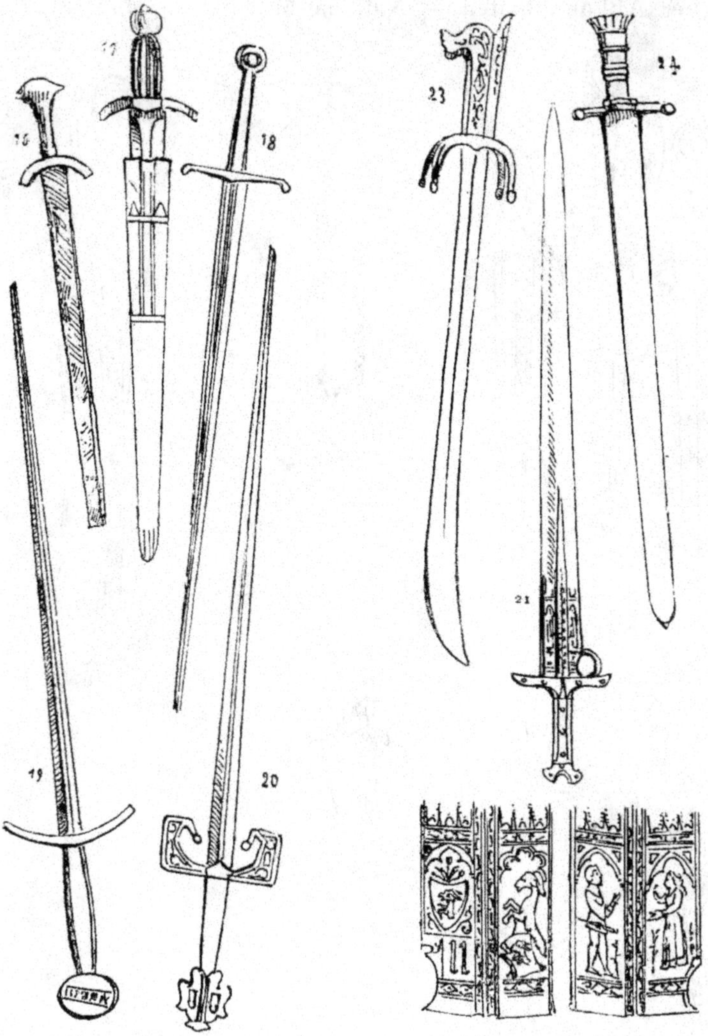

wird, angiebt. Dieses schöne Schwert ist im Wäldchen von Satory gefunden worden.

20. Eisernes gotisches Schwert, 90 cm. lang, mit einem kupfernen Knaufe, vom Ende des 14. Jahrhundert, bei Brunnen am Vierwaldstätter See gefunden. — Sammlung Buchholzer zu Luzern.

21. Deutſches Schwert aus dem 14. Jahrh. 83 cm lang, mit Daumring. Wenn die gravirten Verzierungen und Wappen nicht ſeinen Urſprung andeuteten, könnte man es für eine Waffe orientaliſcher Abkunft halten. — National-Muſeum zu München.

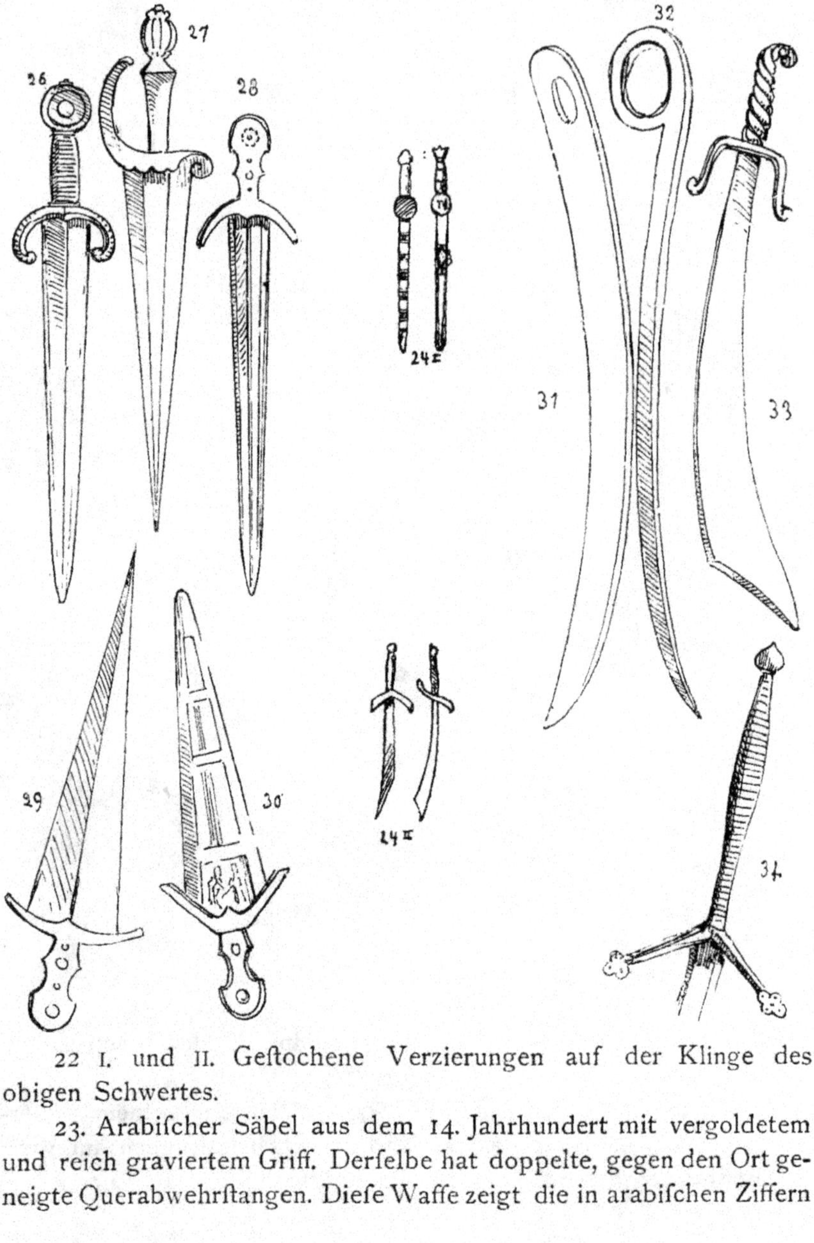

22 I. und II. Geſtochene Verzierungen auf der Klinge des obigen Schwertes.

23. Arabiſcher Säbel aus dem 14. Jahrhundert mit vergoldetem und reich graviertem Griff. Derſelbe hat doppelte, gegen den Ort geneigte Querabwehrſtangen. Dieſe Waffe zeigt die in arabiſchen Ziffern

eingegrabene Jahreszahl 1323 und gleicht in ihrer Form den marokkanifchen Schwertern. — Sammlung Nieuwerkerke.

24. Richtfchwert aus dem 15. Jahrhundert, 68 cm lang, deffen Griff und Knauf denen der Landsknechtfchwerter des 16. Jahrhundert gleichen. Die Klinge zeigt einen Galgen und die Jahreszahl 1409.

24 I. Zwei arabifche Schwerter nach der im 14. Jahrhundert ausgeführten Wandmalerei im Gerichtsfaal der Alhambra.

24 II. Zwei Huffitencimeterren vom 15. Jahrhundert. — Wandgemälde im Presbyterium der St. Lorenzkircke zu Nürnberg.

26. Schwert aus dem 15. Jahrhundert, breite und kurze Klinge[1]), 65 cm lang, zweifchneidig, ohne Blutrinne. Die Querabwehrftangen find ftark gegen die Spitze der Klinge gebogen. — J. 13 im Artillerie-Mufeum in Paris.

27. Italienifches Schwert aus dem 15. Jahrhundert, breite fechskantige und kurze Klinge, 65 cm lang.

28. Italienifches Schwert aus dem 15. Jahrhundert mit 11 cm breiter und 65 cm langer Klinge, zweifchneidig und mit Blutrinnen. Der Griff ift von Elfenbein, das Stichblatt trägt das Wort Solla. — Ambrafer Sammlung. Ähnliche Schwerter in den Sammlungen Nieuwerkerke, Soeter zu Augsburg und im Mufeum zu München.

29. Ein dem vorhergehenden ähnliches Schwert, mit 60 cm langer und breiter Klinge, Ochfenzunge[2]) genannt. — Sammlung des Fürften Lobkowitz zu Raudnitz.

30. Ähnliches Schwert, wie unter voriger Nr., 55 cm lang. — J. 476 im Parifer Artillerie-Mufeum und Porte de Hal zu Brüffel.

31. Böhmifcher Dufack auch Tefack genannter Senfenfcwert aus dem 15. Jahrhundert, 95 cm lang und gänzlich von Eifen. Bei Handbabung desfelben wurde ein eiferner oder hirfchlederner Kampfhandfchuh getragen der bis zum Ellbogen reichte. Diefes Krumm-

[1]) In England pistos und anelaces genannt, pflegt in Frankreich mit dem Namen braquemart, malchus, coustils à croc und épées à passot bezeichnet zu werden.

Ein im Zeughaus zu Venedig vorhandenes ganz ähnliches ift dafelbft als Stocco bezeichnet und gilt als «Befehlshaberswaffe» (?).

[2]) Dies ift ganz dem Parazonium oder dem kleinen an der linken Seite getragenen Dolchfchwerte der Alten ähnlich.

gehört alſo zu den echten Senſenſchwertern, die aus Senſeneiſen dargeſtellt wurden und die wie der Duſack ihre Schneiden auf der inneren Krümmung haben, wo hingegen bei den Säbeln ſich dieſelbe auf der äußeren Krümmung befindet (ſ. den römiſchen Falx, Copis, Enses falcatus, ſowie andere ſoförmige Senſenſchwerter. S. 266, 329 u. a. m.[1])

32. Eiſerner Säbel aus einem Stück, aus dem 15. Jahrhundert. Dieſe 90—95 cm lange, in Deutſchland gebräuchliche Waffe gleicht dem böhmiſchen Duſack, hat aber die Schneide auf der äußeren Krümmung. — Dresdener Muſeum.

33. Seymitar, 80—85 cm lang, ein Abkömmling des griechiſchen μάχαιρα, der römiſchen Machera, nach einer in Augsburg im 15. Jahrh. bemalten Tiſchplatte. — Öſterreichiſches Muſeum zu Wien.

34. Die echte Claymore[2]) oder ſchottiſches Schwert aus dem 15. Jahrhundert, 90 cm lang, — Schloß Warwick (ſ. Nr. 101 Bis den ſchottiſchen claidheamb genannten Zweihänder.

34 Bis. Aus einem Senſeneiſen hergeſtelltes Krumm- oder Senſenſchwert, d. h. ein auf der inneren Krümmung einſchneidiges, alſo kein Säbel. Der Griff davon iſt eine neuzeitige Hinzufügung. Dieſe ſeiner Zeit Thomas Münzer angehörige, — jetzt im Dresdner Muſeum aufbewahrte Waffe zeigt, — wie einige andere ſolcher Schwerter in den Muſeen zu Berlin (ſ. Nr. 48), Wien, Paris,

---

[1]) Während des 16. Jahrhunderts war der Duſack aber auch in Deutſchland ſo ſtark im Gebrauch, daſs Meyer in ſeiner 1570 erſchienenen Fechtſchule die hier ab-

gebildeten, ſich mit Duſack-Handgriffen verſehene ſeymitarförmigen Seitengewehr übenden Fechter darſtellt.

[2]) Die fälſchlich mit «Claymore» bezeichneten Schwerter des 16. Jahrhunderts, an denen das Stichblatt die ganze Hand wie ein Eiſennetz umgiebt, ſind venetianiſchen Urſprungs und werden schiavona genannt; (ſ. No.69.) Ähnliche, mit ſolchen Stichblättern verſehene Schwerter und Säbel mit langer Klinge gehören dem Ende des 17. oder dem Anfange des 18. Jahrhunderts an, wo ſie eine der Reiterei aller Länder gemeinſame Waffe geworden waren.

München, Graz und Luxemburg, — auf beiden Seiten der Klinge eingeſtochene Runen, welche Dr. E. Schnippel zu Oſterode

34 Bis.

34 I

(Oſtpreußen), dem ich auch die obenſtehende Abbildung[1]) mit der Sommerſeite, verdanke, als Runenkalender entziffert hat.

34 I. St. Martinus oder St. Georg nach einer Buchmalerei vom Ende des 14. oder Anfang des 15. Jahrhunderts, aus der in Cleve aufgefundenen Handſchrift, jetzt im Archiv zu Wiesbaden. Die

---

[1]) Berichte d. K. S. Geſ. d. Wiſſ. Phil. — hiſt. Kl. 1887.

zahlreichen Schellen (franz. grelots) um den Kopf und auf dem Hüftengürtel (Dupsing) ſind für die Zeitbeſtimmung maßgebend,

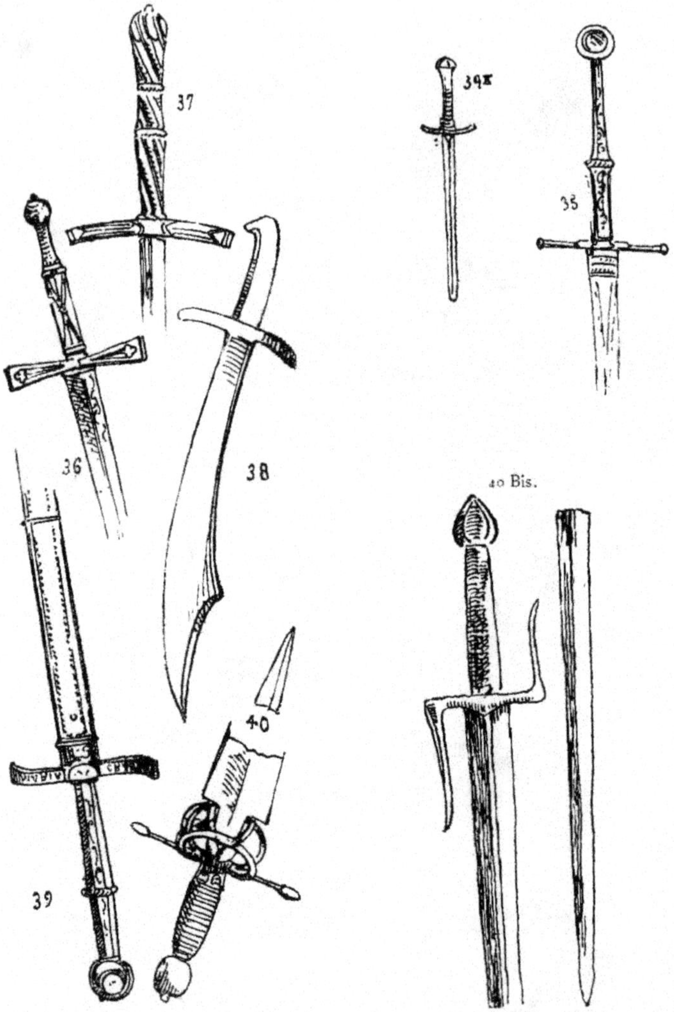

da ſie einen Hauptbeſtandteil in der Tracht der Herzöge von Cleve[1]) bildeten und ſpäter auch in die der Herzöge von Bur-

[1]) Dieſe Tracht rührt von Graf Adolf zu Cleve im Jahre 1381 her, welcher ſie bei der Stiftung der «Geckengeſellſchaft» zu Cleve in Anwendung brachte. Im 14. und 15. Jahrhundert wurden Schellen (franz. grelots) an Frauen- und Rittergürteln mehr allgemein Mode (ſ. S. 393 und 411). Solcher Schellentracht wegen hieſs auch der Herzog Johann von Cleve «Jan mit de Bellen». S. ferner S. 556, 557 und 633.

gund übergingen. Die Figur ift hier wegen der Degen- und Dolchformen abgebildet (f. über das Tragen von Schellen (franz. grelots) im allgemeinen die Abbildungen S. 556, 557 u. 633).

34 II. Deutfches Schwert vom Anfang des 15. Jahrhunderts, nach einem der bekannten datierten Holzfchnitte (v. 1418) in der Bibliothek zu Brüffel. Diefer der kölnifchen Schule angehörige Stich ftellt die heilige Katharina in St. Barba vor.

35. Deutfches Schwert aus dem 15. Jahrhundert, 98 cm lang. — Mufeum zu München.

36. Deutfches Schwert aus dem 15. Jahrhundert, 96 cm lang. Der Knauf ift von Kryftall. — Mufeum zu München.

37. Deutfches Schwert aus dem 15. Jahrhundert, 1,20 m lang. Hülfe und Knauf find von Kupfer. — Mufeum zu München.

38. Säbelhackmeffer in Seymitarform aus dem 15. Jahrhundert, von beträchtlicher Größe, ungefähr 1 m 10 cm bis 1 m 20 cm lang, nach einem Kupferftich. — Kupferftichkabinett zu München.

39. Deutfches Schwert eines Ritters vom heil. Georg, 1.15 m lang, aus dem 15. Jahrhundert. — Kaiferliches Arfenal zu Wien.

40. Schweizerfchwert aus dem Ende des 15. Jahrhunderts [1]), mit breiter Klinge und Griff mit Efelshuf [1]), (franz. pas d'ane) Querabwehrftangen und Hinterabwehrftangen. Die vollftändige Länge beträgt 90 cm. — Sammlung des Verfaffers.

40 Bis. Franzöfifches Fußvolk- (Coutilliers) Schwert mit fpitzer dreikantiger (franz. carrelet; f. 713) Klinge von nur 60 bis 80 cm Länge, vom 15. Jahrhundert. Die rechte, nach dem Orte zu gebogene Abwehrftange diente, das Schwert des Gegners zu faffen. — Nach der Handfchrift «Froiffart» vom 15. Jahrhundert.

40. Schwert vom Anfange des 16. oder dem Ende des 15. Jahrhunderts, nach den mehrfach erwähnten, drei Bände füllenden Glockenthonfchen Aquarellen, welche die merkwürdigften in Zeughäufern des Kaifers Maximilian aufbewahrten Waffen darftellen.

---

[1]) Das ältefte Exemplar eines Schwertes mit Efelshuf, das dem Verfaffer bekannt ift. Die in der Kirche zu Mondonedo ausgeführten Wandmalereien, aus dem Ende des 14. oder dem Anfange des 15. Jahrhunderts herrührend, zeigen indeffen Ritter, welche bereits mit ähnlichen Schwertern bewaffnet find (f. S. 405).

Efelshuf wird das kleine über die Klinge hinausrückende Stichblatt genannt. Gewöhnlich pflegt der Efelshuf erft gegen die zweite Hälfte des 16. Jahrhunderts zu erfcheinen.

Siehe auch die Erklärung des Wortes Efelshuf in der Einleitung diefes Abfchnitts.

41. Schwert vom Anfange des 16. oder dem Ende des 15. Jahr-

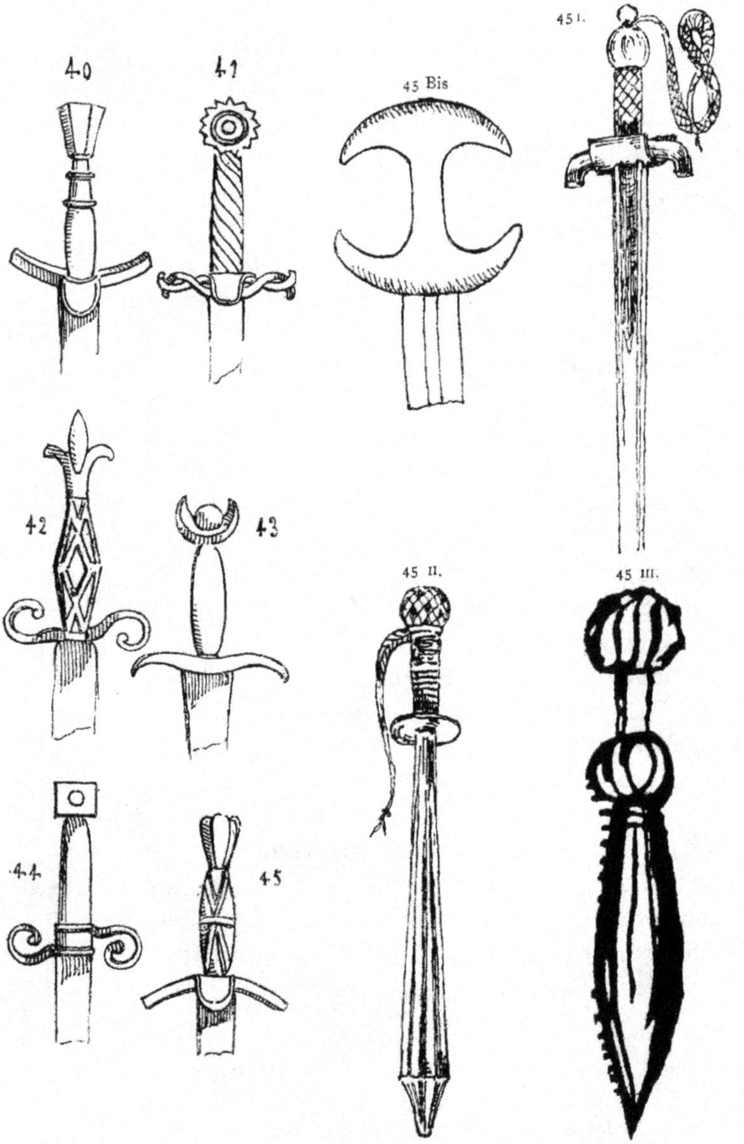

hunderts, nach den mehrfach erwähnten, drei Bände füllenden Glockenthonſchen Aquarellen.

42. Desgleichen; ebenda.

43. Schwert vom Anfange des 16. oder dem Ende des 15. Jahrhunderts, nach den mehrfach erwähnten, drei Bände füllenden Glockenthonſchen Aquarellen.

44. Desgleichen; ebenda.

45. Desgleichen; ebenda.

45 Bis. Schweizer Schwert vom Ende des 15. oder Anfang des 16. Jahrhunderts. — Nach dem einen Berner Fahnenträger, der Schweizer Kantone darſtellenden Holzſchnitte eines unbekannten Meiſters.

45 IV.

45 I. Franzöſiſches Turnierſchwert ohne Spitze und ohne Schneide, vom 15. Jahrhundert. Nach Abbildungen aus dieſer Zeit. Solche ſtumpfe Turnierſchwerter wurden gracieuses, auch courtoises genannt. (S. auch unter den Dolchmeſſern die rochets courtois.)

45 II. Franzöſiſche hölzerne Turnierkolbe (franz. Masse auch Massette vom 15 Jahrhundert, nach Abbildungen der Zeit. Noch vorhandene Exemplare dieſer beiden Waffen ſind nicht bekannt (ſ. S. 90 das Kolbenturnier, ſowie «Livre des tournois» der Königs Renée vom 15. Jahrhundert.)

45 III. Deutſcher ſpitzer und ſchwertförmiger Turnierkolben nach Hans Burgkmayrs († 1559) Turnierbuch, wo der darin abgebildete Herzog von Bayern — Landshut beim Kolbenturnier zu Heidelberg (am 18. Auguſt 1554) dieſe an einer Kette befeſtigte Schlagwaffe führt.

45 IV. Schwert des letzten mauriſchen Königs von Granada, Boabdil oder Abdu-Ardallah (1431—1492.) Der Griff iſt mit Schmelz, Filigran und Elfenbein eingelegt. (S. Nr. 55 S. 542.) — Sammlung der Alhambra.

46. Schwert vom Anfange des 16. oder vom Ende des 15. Jahrhunderts, ebenfalls wie die Nrn. 41—45 nach den Glockenthonſchen Aquarellen dargeſtellt. Ein ähnliches Exemplar in der Sammlung Zſchille.

47. Schwert vom Ende des 15. oder vom Anfange 16. Jahrhunderts; ebenda.

47 Bis. Schwert des Ritters von Raveneck (um 1503) in Oberbayern. Länge der Klinge 94 cm, Breite der Klinge 6 cm, Grifflänge 25 cm. — Sammlung Zſchille.

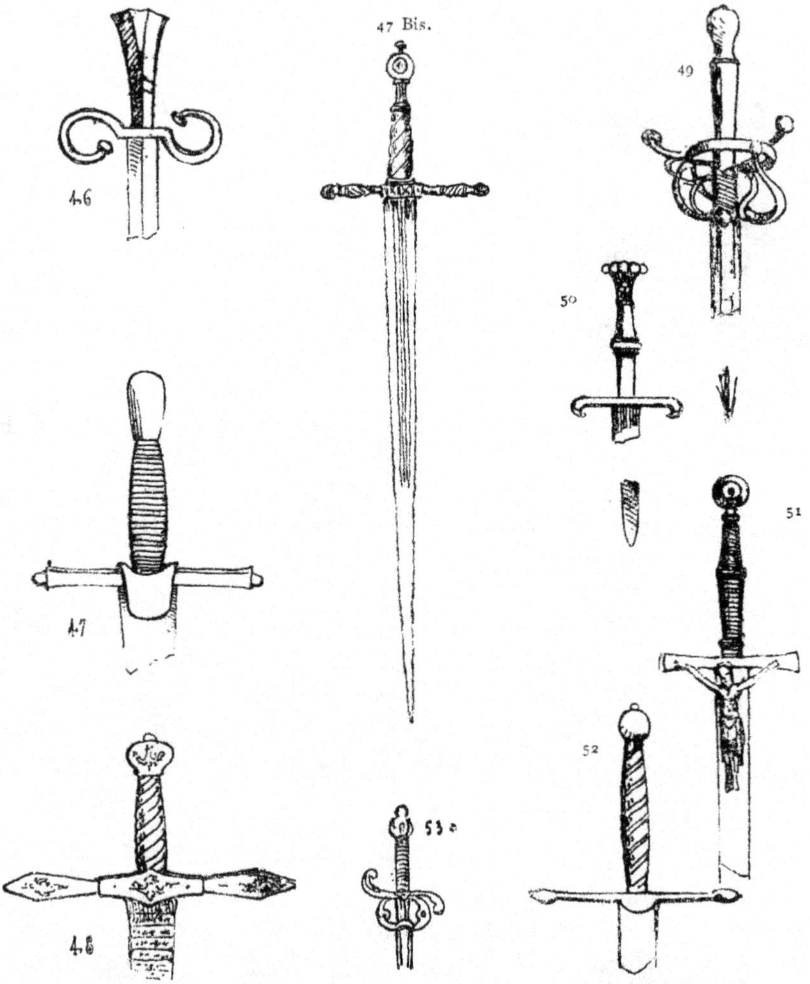

48. Schwert, deſſen Handgriff und Abwehrſtange mit Figuren von vergoldetem Kupfer geziert ſind. Ein ſehr merkwürdiges Stück iſt die Klinge, auf welcher in feiner geſtochener Arbeit der Kalender des Jahres 1506 in Runenſchrift dargeſtellt iſt. — Berliner Zeughaus.

49. Deutſches Schwert aus dem 16. Jahrhundert, mit Eſelshuf und Hinterabwehrſtangen von fünf Zweigen. Er mißt 1,15 m. — J. 52 im Artillerie-Muſeum zu Paris.

50. Schweizer Schwert, durchweg aus Eiſen; die Klinge mißt 80 cm und das Gefäß 25 cm, 1,05 m im ganzen. Dasſelbe hat dem in der Schlacht bei Kappel (1531) gefallenen Reformator Zwingli angehört. — Zeughaus zu Zürich.

51. Deutſches Schwert vom Anfange des 16. Jahrhunderts, 1,25 m. Die mit vollrund gearbeitetem Kruzifix verzierte Klinge war zum Einſtecken in die Scheide nicht geeignet. — Muſeum zu Sigmaringen.

52. Holländiſches Schwert mit langer und breiter Klinge, das dem im Jahre 1548 ermordeten Wilhelm dem Schweigſamen angehört hat. — Zeughaus zu Berlin.

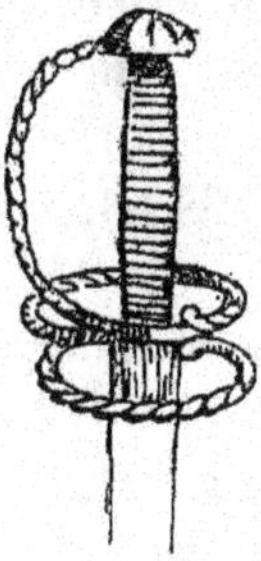
54

55

56

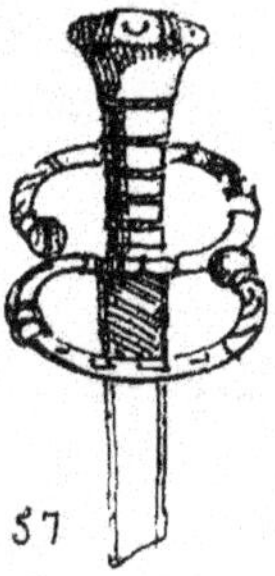
57

53. Spaniſcher Degen mit auf- und niedergebogener Stichplatte und Eſelshuf. Nach der «Heirat der heil. Katharina», Gemälde v. Alonſo Sanchez Coello (1515—1580).

54. Deutſches Landsknechtſchwert aus dem 16. Jahrhundert, einfaches Modell mit Hinterabwehrſtange. Die ganze Länge beträgt 88 cm; die Klinge mißt 73 cm bei 5 cm Breite. — Muſeum zu Sigmaringen.

55. Spaniſches Schwert mit ſpaniſch-mauriſchen Verzierungen, aus dem 16. Jahrhundert, der Sammlung des Marquis di Villaſeca angehörend, wo es fälſchlich Boabdil, dem letzten mauriſchen, im Jahre 1492 entthronten Könige von Granada zugeſchrieben wird. (S. No. 43 II.) Dieſe Waffe gleicht ſehr dem in der Armeria real zu Madrid autbewahrten Schwerte, angeblich aus dem Beſitz Don Juan d'Auſtrias († 1587). Zwei ähnliche Schwerter befinden ſich im Medaillenkabinett zu Paris und im Beſitz des Don Ferdinand

Nunez. Das im Medaillenkabinett befindliche trägt eine Inſchrift, welche überſetzt heißt: Gott allein iſt Sieger.

56. Deutſches, in Augsburg angefertigtes Schwert, aus dem 16. Jahrhundert, 1,10 m lang; Knauf und Querabwehrſtangen ſind gepunzt. — Muſeum zu Sigmaringen.

57. Deutſches Landsknechtſchwert aus dem 16. Jahrhundert, 1,10 m lang. Das doppelte Stichblatt, (ſ. obige No. 54) die Hülſe und der Knauf ſind aus mit Kupfer verziertem Eiſen. — Karlsruher Muſeum und Sammlung Zſchille.

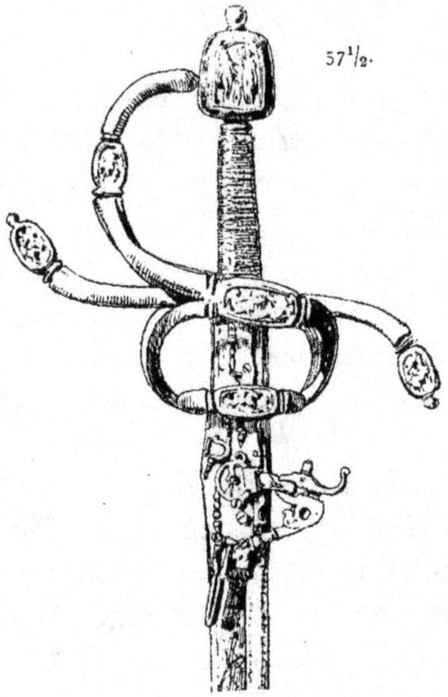

57½.

57½. Deutſches Radſchloßbüchſenſchwert vom 16. Jahrhundert. — Muſeum zu Dresden. In Hans Francolins 1560 zu Wien erſchienenen «Turnierbuch» kommt ein geharniſchter Ritter zu Pferde vor, welcher im Geſteck ſein Büchſenſchwert abfeuert.

Ein ähnliches, dem kaiſerlichen Feldoberſten Ulrich von Schellenberg († 1558) zugeſchriebenes Landsknechtſchwert, hat eine Lederſcheide mit Beſteck von 8 Meſſern mit gravierten Minneſprüchen und einem Pfriem.

58. Franzöſiſches Stoßſchwert, 1,22 m lang, mit dünner, rappierartiger ſehr langer Klinge, in der Art der ſpaniſchen Rapiere. Die vorgeneigten Querabwehrſtangen und das Stichblatt ſind mit einem H. geziert; das Gefäß hat einen Eſelshuf und einen durchbrochenen Knauf. Dieſer Degen ſtammt von dem König Heinrich II. her. Die Ornamente des Knaufes zeigen ebenfalls verſchlungene H. und diejenigen des Schildes werden durch ein zu einem Herzen verſchlungenes H. gebildet. — Sammlung des Verfaſſers.

59. Deutſches Schwert aus dem 16. Jahrhundert. Die ſchmale zweiſchneidige Klinge hat eine Gräte; der Griff iſt aus geſchwärztem Eiſen. Die Querabwehrſtangen ſind gegen die Spitze geneigt; eine Art von Eſelshuf. — Nr. J. 27 im Artillerie-Muſeum zu Paris.

60. Sächſiſcher Kriegsſtoßdegen vom Anfange des 16. Jahrhunderts. Die Klinge hat drei Gräten. Zwei Abwehrſtangen und eine

Hinterabwehrſtange. Gerade Querabwehrſtangen. Hülſe mit genarbtem Leder überzogen. Eſelshuf. — Nr. 47 im Artillerie-Muſeum zu Paris.

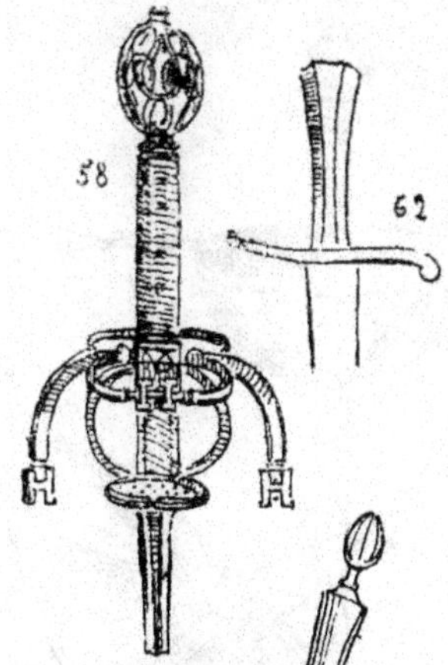

61. Schwert aus der Mitte des 16. Jahrhunderts, mit ſpaniſcher, das Zeichen des Waffenſchmiedes Alonzo von Sahagon zu Toledo tragender Klinge. — Nr. J. 56 im Artillerie-Muſeum zu Paris.

62. Turnierſchwert aus dem 16. Jahrhundert, nach einem Gemälde aus jener Zeit in der Sammlung des Grafen von Engenberg.

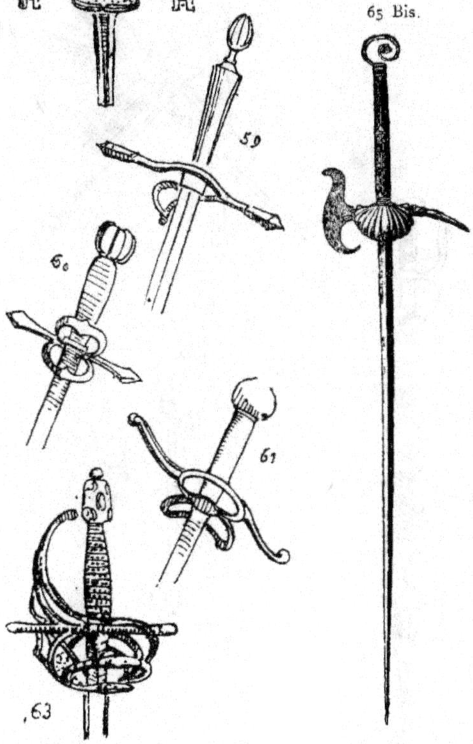

63. Deutſches Schwert aus dem 16. Jahrhundert. Es mißt 1,15 m und der reich mit Silber ausgelegte Griff mit Eſelshuf zeigt die allegoriſchen Figuren der Donau, des Rheins etc. Die Klinge iſt bezeichnet: PETER. MÜNSTER. ME. FECIT. SOLINGEN. — Muſeum zu Sigmaringen.

64. Deutſches Schwert aus dem 16. Jahrhundert, nach den Beſchreibungen fürſtlicher Hochzeiten etc. von Wirzig. — Gewerbe-Muſeum zu Wien.

65. Sogenanntes ſpaniſches Rapier[1]) vom Ende des 16. Jahrhunderts. Großer Korb, gerade Querabwehrſtangen. — J. 85 im Artillerie-Muſeum zu Paris und Sammlung Zſchille.

65 Bis. Deutſches 1,50 m langes Schwert vom Ende des 16. Jahrhunderts oder anfangs des 17., mit geripptem Stichblatte und

[1]) S. im Abſchnitt der Dolche die dazu gehörige «Linkehand».

eigentümlich geformter Abwehrſtange. Die Rapierklinge iſt ſehr dünn und vierkantig. — Muſeum zu Kopenhagen.

65 Ter. Sogennantes ſpaniſches Rapier d. h. langer, dünn-

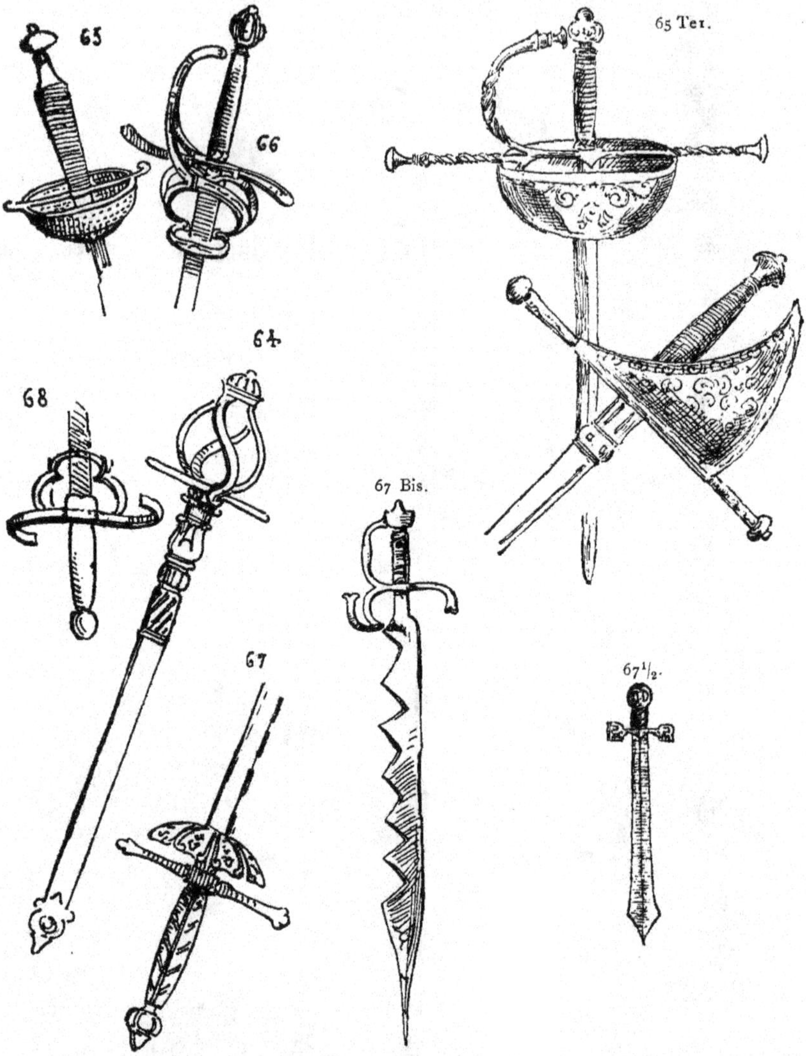

klingiger Stoßdegen mit einer die Hand bedeckenden, durchbrochenen Stichblattglocke (Korb) und geraden Abwehrſtangen vom 16. Jahrhundert, (ſ. die dazugehörige linke Hand mit beſanſegelförmigem Stichblatt hier und S. 571) Klingenlänge 97 cm, Abwehrſtangenlänge 25 cm. — Sammlung Zſchille.

66. Deutſches Schwert, mit Gold eingelegt und emailliert, vom Anfange des 17. Jahrhundert. Querabwehrſtangen und Eſelshuf. — Muſeum zu Sigmaringen.

67. Sogenanntes Rapier. — J. 102 im Artillerie-Muſeum zu Paris.

67 Bis. Venetianiſches 46 cm langes Schiffsſchwert mit Säge auf dem Rücken und nach dem Orte geneigte Abwehrſtangen, vom 16. Jahrhundert aus Belluneſer Werkſtatt. — Zeughaus zu Venedig.

67$^{1}/_{2}$. Irländiſches Schwert mit ſehr breiten Abwehrſtangen und großem durchbrochenen Knauf. — 16. Jahrhundert.

68. Skizze eines deutſchen Schwertes vom Anfange des 17. Jahrhundert, mit Eſelshuf und der Inſchrift: «Ich halte Jeſus und Maria.» Es befindet ſich in der Armeria von Madrid, wo es dem heil. Ferdinand (1217—1252) zugeſchrieben wird, ſo daß zwiſchen dem wirklichen Datum der Anfertigung und dem dieſem Schwerte zugeſchriebenen angeblichen Alter nicht mehr als 400 Jahre Unterſchied beſtehen.

69. Venetianiſches Schwert, Schiavona[1]) genannt, 84 cm lang, vom Anfang des 17. Jahrhundert. Dieſes Schwert nebſt der Gläfe (guisarme franz.) waren die Angriffswaffen der Slavonier oder Leibwachen der Dogen. Faſt in allen Sammlungen werden ſie unter der falſchen Bezeichnung Claymore (einer ſchottiſchen Waffe mit einfachem Kreuze — S. Nr. 34 — aufgeführt). — Muſeum zu Sigmaringen und Sammlung Failly. In letzterer iſt eine Schiavona mit dem geflügelten Löwen Venedigs geſtempelt. In der Sammlung Blell zu Tüngen befindet ſich ein Exemplar mit der Inſchrift: «Soli deo gloria 1580.»

70. Desgl. im Artillerie-Muſeum zu Paris, wo auch die Waffe unter der falſchen Bezeichnung Claymore verzeichnet iſt.

71. Reiterſchwert vom Ende des 17. Jahrhundert. — J. 96 im Artillerie-Muſeum zu Paris.

72. Schottiſcher Reiterſäbel aus dem 18. Jahrhundert, ebenfalls unrichtig Claymore genannt. — J. 118 im Artillerie-Muſeum zu Paris.

72 I. Hakenbüchſenſchützen- (Arkebuſier-) Degen mit Taſche (Name des unten ſehr breiten Trägers), vom 17. Jahrhundert, nach

[1]) Gemälde Pietro della Vecchia's zeigen oftmals mit dieſer Esclavona (?) bewaffnete Perſonen. Eines der Schwerter trägt die Bezeichnung des Waffenſchmiedes: «JOHANNES me fecit».

der „Kriegskunſt zu Fuß“ von Wallenhauſen 1620. — Bibliothek zu Wolfenbüttel. Im hiſt. Muſeum zu Dresden befindet ſich ein Degen mit gerader Abwehrſtange deſſen, Taſche aus geſticktem Samt und vergoldeten Eiſenbeſchlägen beſteht.

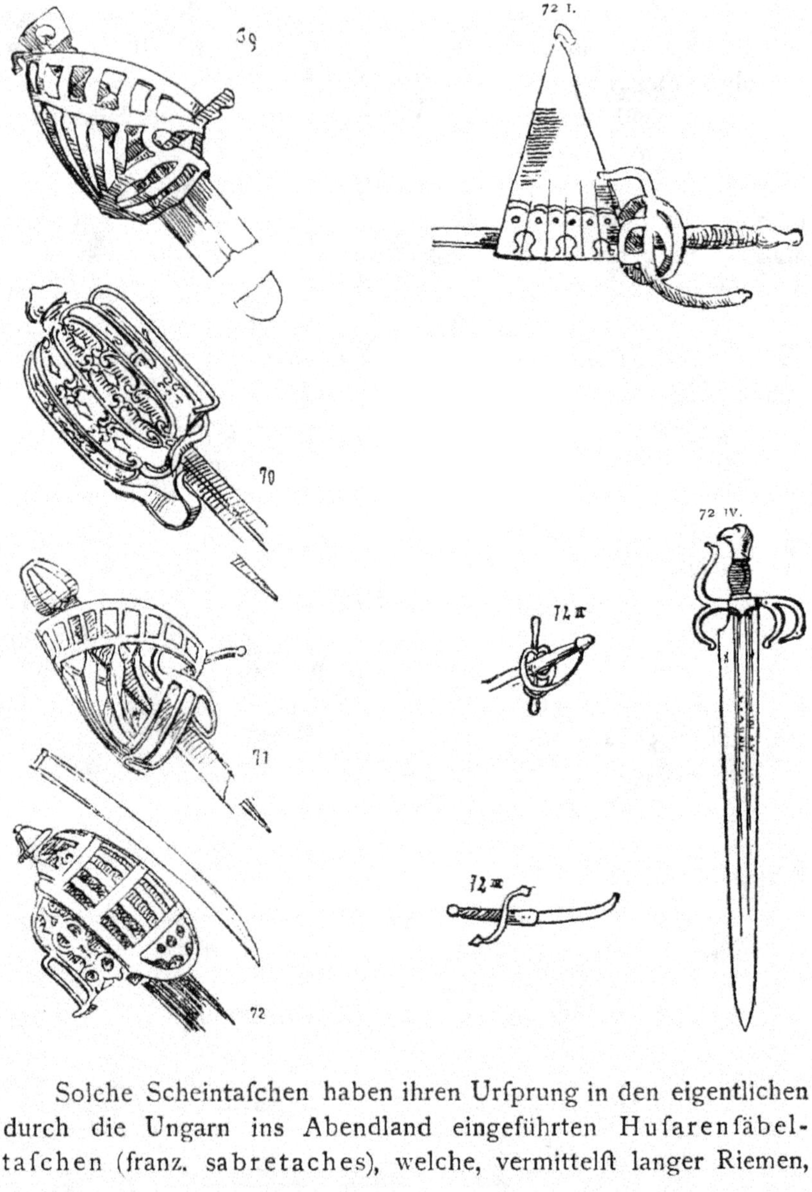

Solche Scheintaſchen haben ihren Urſprung in den eigentlichen durch die Ungarn ins Abendland eingeführten Huſarenſäbeltaſchen (franz. sabretaches), welche, vermittelſt langer Riemen, unmittelbar von dem Gurt neben dem Säbel herabhängen und auf der hinteren Seite einen Aufbewahrungsbehälter bieten.

72 II. Hakenbüchſenſchützen- (Arkebuſier-) Degen mit Taſche (Name des unten ſehr breiten Trägers) vom 17. Jahrhundert nach der «Kriegskunſt zu Fuß» von Wallenhauſen 1620. — Bibliothek zu Wolfenbüttel. (Abbildung ohne Taſche.)

72 III. Trainſoldatenſäbel, wohl fälſchlich in der Grazer Sammlung Duſägge) genannt, vom Ende der 16. Jahrhunderts. Auf der Lederſcheide ein Beſteck mit 5 Patronen. — Zeughaus zu Graz.

72 IV. Italieniſches Fußvolksſchwert vom 17. Jahrhundert, wo auf der 78 cm langen Klinge die Namenszeichnung des Waffenſchmiedes Andraea da Ferrara zu Belluno zu leſen iſt. — Zeughaus zu Venedig, wo es fälſchlich dem 16. Jahrhundert zugeſchrieben wird.

73. Savoyiſches Schwert vom Anfange des 17. Jahrhunderts. Es hat dem unter den Mauern Genfs (1602) getödteten Hauptmann Branaulieu-Chaffardin angehört. — Genfer Zeughaus.

74. Deutſches Schwert vom Anfange des 17. Jahrhunderts, mit Blutrinne, 2,18 m meſſend, mit Querabwehrſtangen und Eſelshuf. — Münchener Muſeum.

75. Schwert aus den letzten Jahren des 17. oder vom Anfange des 18. Jahrhunderts. Es mißt 1,60 m. — J. 135 im Pariſer Artillerie-Muſeum, kaiſerl. Arſenal zu Wien und Sammlung Forſcher in Hautzenbücher[1]).

76. Marineſäbel aus dem 17. Jahrhundert, mit Quer- und Hinterabwehrſtangen. — Erbacher Muſeum.

77. Schwert aus dem 17. Jahrhundert mit vollem, die obere Hand bedeckendem Stichblatt und Querabwehrſtangen, deren Enden in entgegengeſetzter Richtung gekrümmt ſind.

78. Prunk- oder Hofdegen aus der Zeit Ludwigs XV. (1715—1774), aus Eiſen oder polirtem Stahl, in Facetten geſchliffen. — Sammlung Merville.

79. Prunk- oder Hofdegen aus der Zeit Ludwigs XV. (1715

---

1) Die oben genannte Sammlung enthält auch ſechs türkiſche Säbel ähnlicher Form mit der Jahreszahl 1685 und der Inſchrift: INFRINGIA. — INFINIA und FRINIA.

—1774), aus vergoldetem Stahl; mit Eſelshuf in ſeltener Form. — Sammlung Merville.

80. Stählerner Prunk- oder Hofdegen aus der Zeit Ludwigs

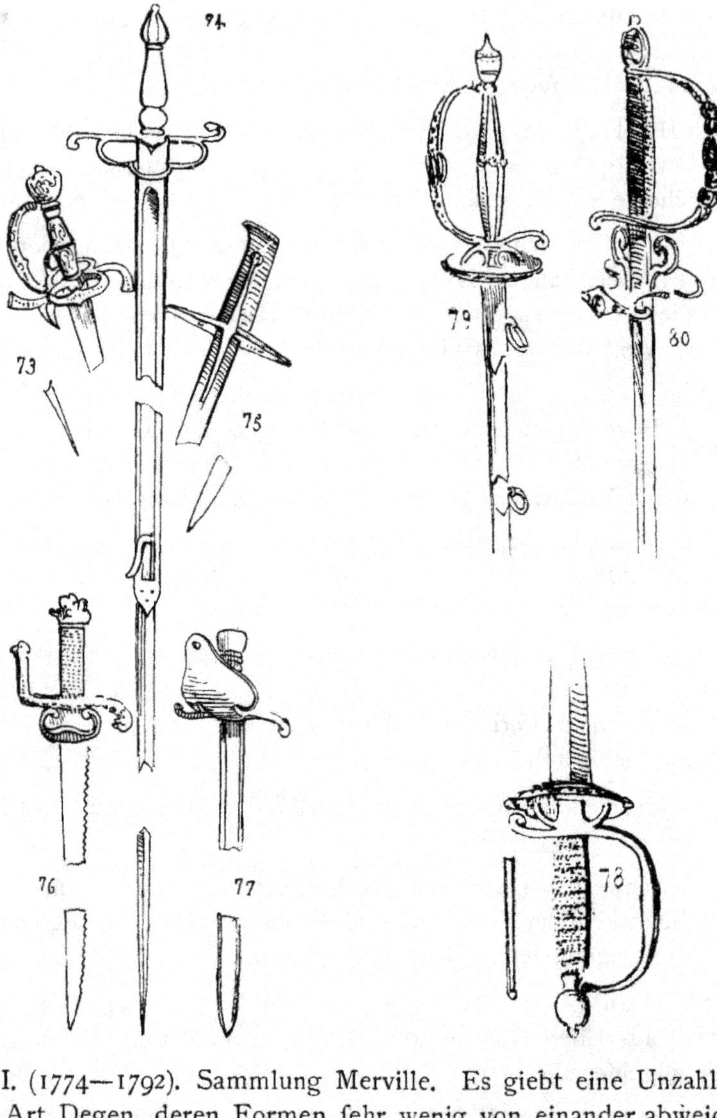

XVI. (1774—1792). Sammlung Merville. Es giebt eine Unzahl dieſer Art Degen, deren Formen ſehr wenig von einander abweichen Verſchiedene darunter bieten einiges Intereſſe ſowohl in künſtleriſcher Hinſicht, wie auch ihres die Zeit der Anfertigung deutlich kennzeichnenden Gepräges wegen.

80 Bis. Indischer Säbel, Rajah-Kundad d. h. Waffe der Rajas[1]), aus dem 16. Jahrhundert, 98 cm lang und durchweg aus Eisen. Die Klinge ist eine Damaszener; der Griff, das Stichblatt und der Knauf zeigen schöne ciselirte und getriebene Ornamente. — Sammlung des Verfassers

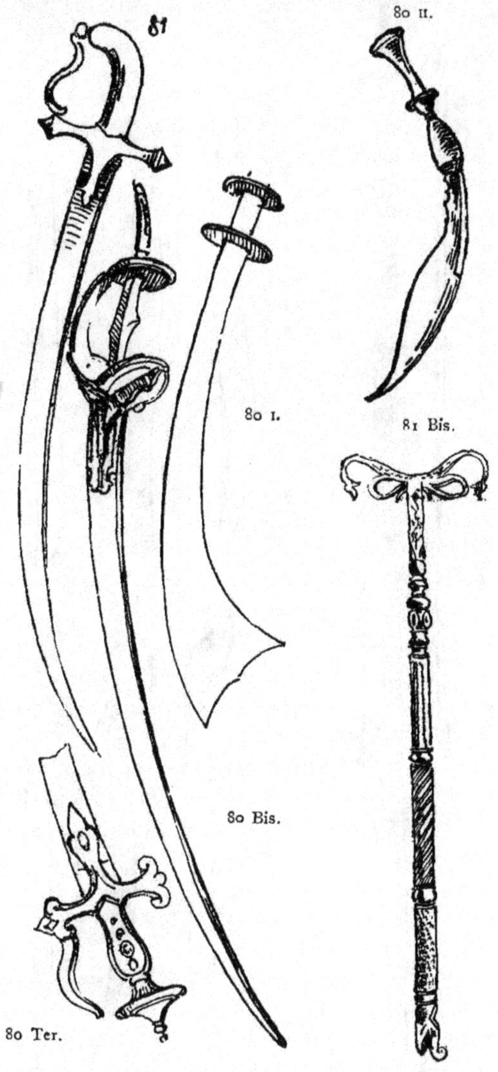

80 Ter. Indischer Säbel, Rajah-Johur genannt, aus dem 17. Jahrhundert. — Museum in Tsarskoe-Selo.

80 I. Säbel aus Nepal oder Neypal, (Indien) Kora genannt. — J. 453 im Artillerie-Museum zu Paris.

80 II. Kukri genannter Säbel von Nepal oder Neypal (Indien).

81. Indisch-muselmanischer Säbel, ein Damaszener aus Khorassan. An der Form des Griffs macht sich der indische Geschmack bemerklich, welcher diese Waffe von der rein türkischen auszeichnet. Die Klinge ist gelblich, eine sogenannte gallfarbige Damaszenerklinge, welche am meisten geschätzt wird. — J. 407 im Artillerie-Museum zu Paris.

81 Bis. Indischer Priesterdegen. — Museum zu Linz.

[1]) Im Museum Tsarskoe-Selo und im Pariser Artillerie-Museum ähnliche. In der Sammlung des Fürsten Johann zu Lichtenstein befindet sich ein solcher Kundad, wo der obere Knaufteil des Griffes einen Papagei darstellt.

82. Perſiſcher Säbel, nach einer Handſchrift etwa vom Jahre 1600, der illuſtrirten Kopie des Schah-Nameh, des unter des Re-

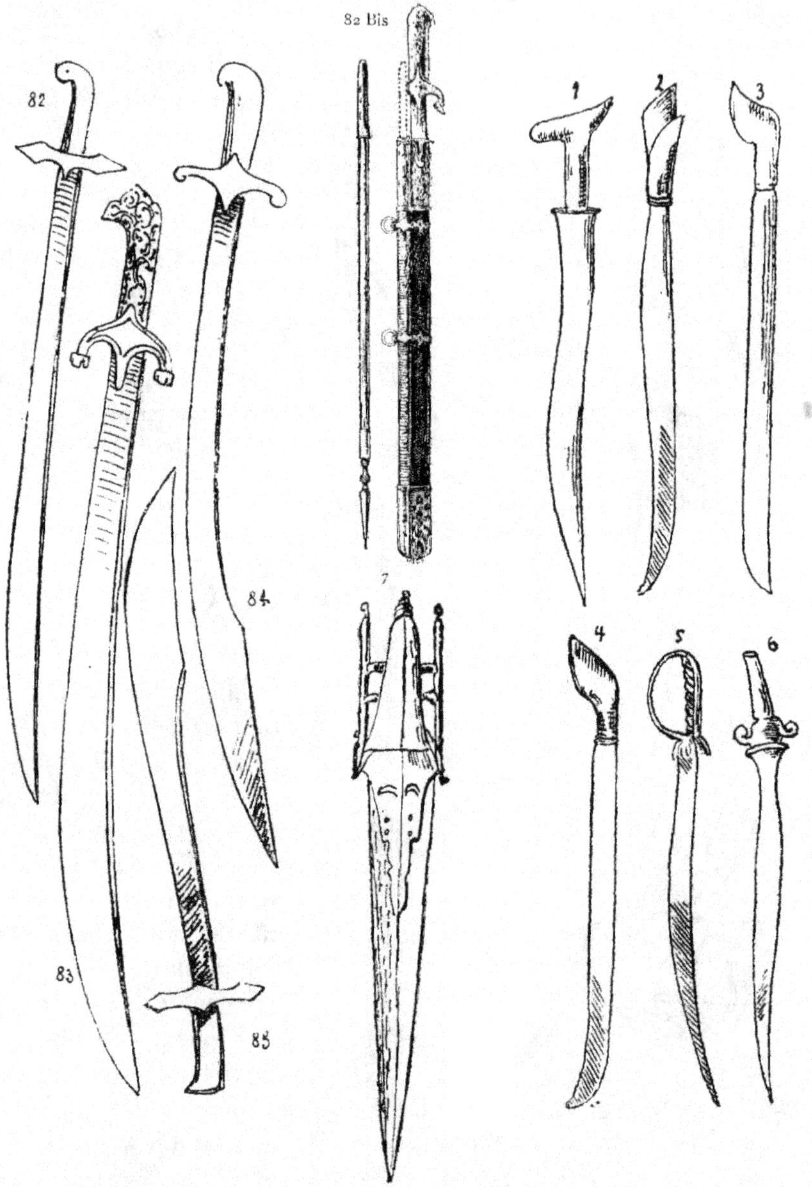

gierung Mahmuds, gegen 999 unſerer Zeitrechnung, von Firduſi verfaßten Gedichts. — Münchener Bibliothek.

82 Bis. Persisches Schwert mit Wurfspeer, wofür an der Scheide eine Nebenscheide befindlich ist. Vom Anfang des 17. Jahrhunder (?)

83. Albanesischer oder arnautischer[1]) Säbel, den man an der besondern Form des oft mit Kettchen besetzten Handgriffs erkennt. Der Griff und die Scheide des hier abgebildeten sind mit reinem getriebenen Silber belegt und die Damaszenerklinge hat eine fast gerade Form. — Artillerie-Museum zu Paris.

84. Türkischer Säbel mit schwarzer Damaszenerklinge, aus der ehemaligen Fabrik in Konstantinopel. — J. 890 im Artillerie-Museum zu Paris.

85. Türkischer Säbel aus dem 17. Jahrhundert. — Museum zu Dresden.

1. Sondio, javanisches Krummschwert, Griff in Horn, Damaszenerklinge mit innerer Schneide.

Das zweischneidige javanische Schwert heißt Kiva.

2. Seein, Damaszenerklinge. — Krummschwert.

3. Golok ebenso.

4. Klewang oder Klebang Damaszenerklinge.—Krummschwert.

5. Pedang, javanischer Säbel, Griff Kupfer, Damaszenerklinge.

6. Pedang-Bonkok, javanischer Degen, Griff Horn, Damaszenerklinge.

Alle diese Waffenarten sind noch gegenwärtig im Gebrauch. — Museum zu Wiesbaden.

7. Indisches, Paiseush genanntes Schwert, wo der mit gradlaufendem Schutz versehene *Griff eine leiterförmige Sprossenform hat. Die* Klinge ist breit und deren Gefäßabsatz lang und spitz dem Orte zuläuft. Der Griff gleicht gänzlich dem des Hindu-Khuttar genannten, Dolches. — Sammlung Beardmore, Uplands, Hampshire.

85 B. Seymitar, nach einer deutschen Handschrift vom Anfang des 15. Jahrhunderts.

86. Türkischer Seymitar, welcher von den abendländischen Seymitaren besonders durch seine Abwehrstange abweicht, deren Enden hier gegen die Spitze geneigt sind. Die Abwehrstange bildet einen Schild gleich den Stichblättern fast aller orientalischen Säbel.

87. Chinesischer Seymitar, wie fast alle chinesischen Säbel, leicht erkenntlich an dem Fehlen von Querabwehrstangen, Hinter-

[1]) Die Türken nennen die Albanesen Arnauten.

abwehrſtangen, Eſelshufe und dem Korbe, ſowie an der Bewickelung des Griffs und an dem Knauf, die an den Kopfputz des Chineſen erinnern.

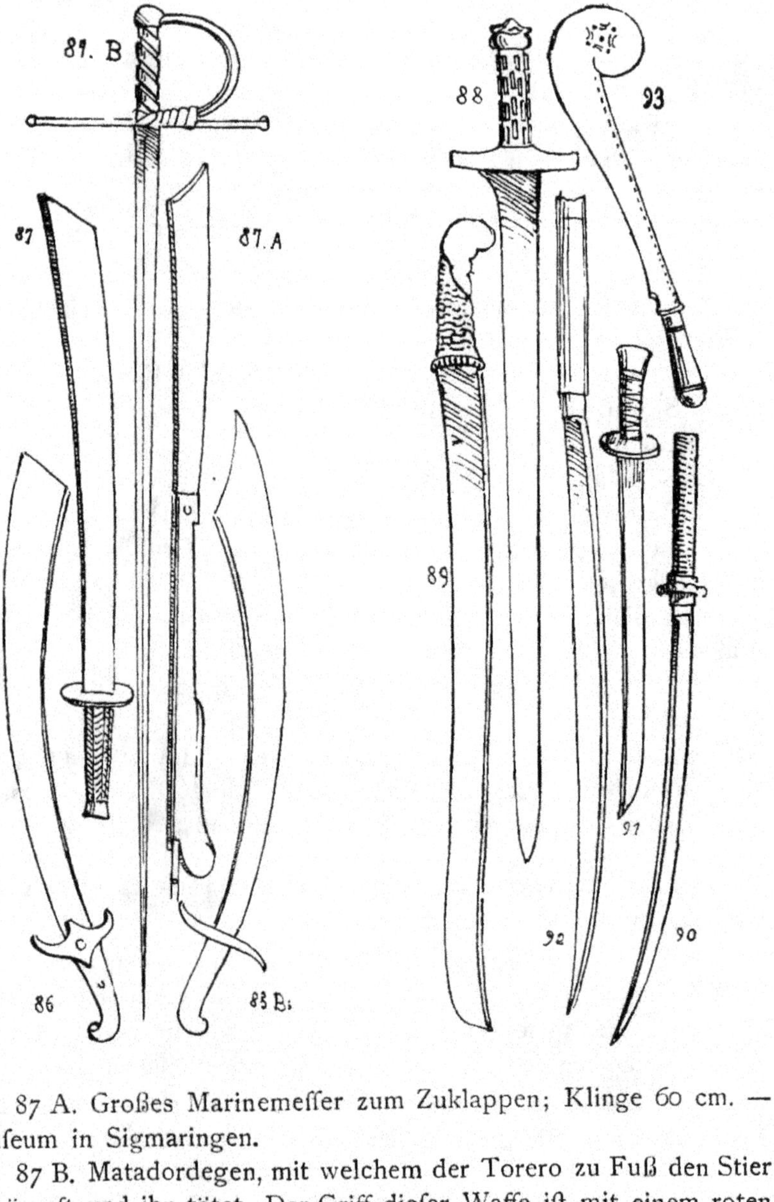

87 A. Großes Marinemeſſer zum Zuklappen; Klinge 60 cm. — Muſeum in Sigmaringen.

87 B. Matadordegen, mit welchem der Torero zu Fuß den Stier bekämpft und ihn tötet. Der Griff dieſer Waffe iſt mit einem roten

wollenen Bande umwickelt. — Sammlung G. Aroſa zu Paris. (S. den Cachtero und den Garocho im Abſchnitt der Dolche.)

88. Japaniſcher Yatagan mit Damaszenerklinge und Rhinozeroshorngriff, deſſen Ornamente ſchachbrettartig aufgelegt ſind. — J. 349 im Artillerie-Muſeum zu Paris.

89. Japaniſcher Säbel, deſſen Spitze in entgegengeſetzter Richtung ausläuft. Der hölzerne Griff iſt geſchnitzt und mit Silber eingefaßt. — J. 414 im Artillerie-Muſeum zu Paris.

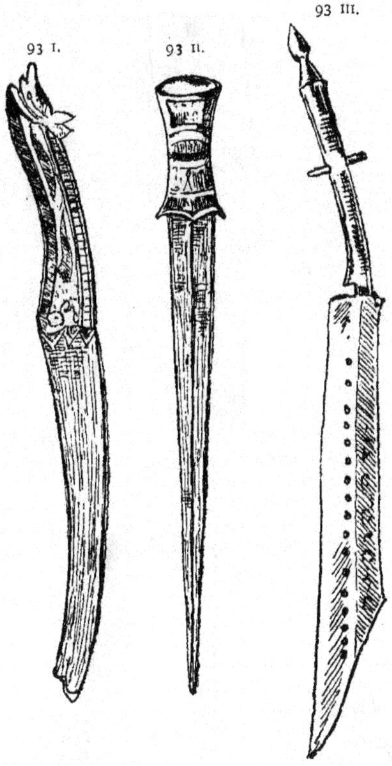

90. Japaniſcher Säbel, Siobookatana genannt.

91. Chineſiſcher Säbel. — Tower zu London.

92. Modernes chineſiſches Krummſchwert mit der Schneide auf der innern Krümmung, der Griff iſt aus weißem Holze. Er rührt von der Einnahme Pekings her und befindet ſich im Artillerie-Muſeum zu Paris.

93. Chineſiſches Säbelmeſſer, das in China zum Bauchaufſchlitzen der Verurteilten dient. — Muſeum in Berlin.

93. I. Altchineſiſches Schwert, deſſen Klinge mit Blutrinne und der Griff ohne Querſtange noch Stichblatt verſehen iſt.

93. II. Altchineſiſcher Säbel. Griff mit Tierkopf und ohne Querſtange noch Stichblatt.

93. III. Dayakenſchwert (von Borneo — in dem oſtindiſchen Inſelmeere) mit eingelaſſenen Meſſingdollen — Angabe der erbeuteten Schädel. Zwei Vertiefungen erwarten noch dieſe Meſſingknöpfe bis zum Erweiſe der zwei fehlenden Schädel. Inländiſche Arbeit der als ausgezeichnete Schmiede gerühmten Dayaken.

94. Türkiſcher Yatagan, ein Krummſchwert, wo die Schneide

ſich alſo in der innern Krümmung der golddamaszierten Klinge befindet. Den Türken[1]) vor Wien im Jahre 1683 abgenommen.

95. Albaneſiſcher Yatagan. Der Griff und die Scheide ſind

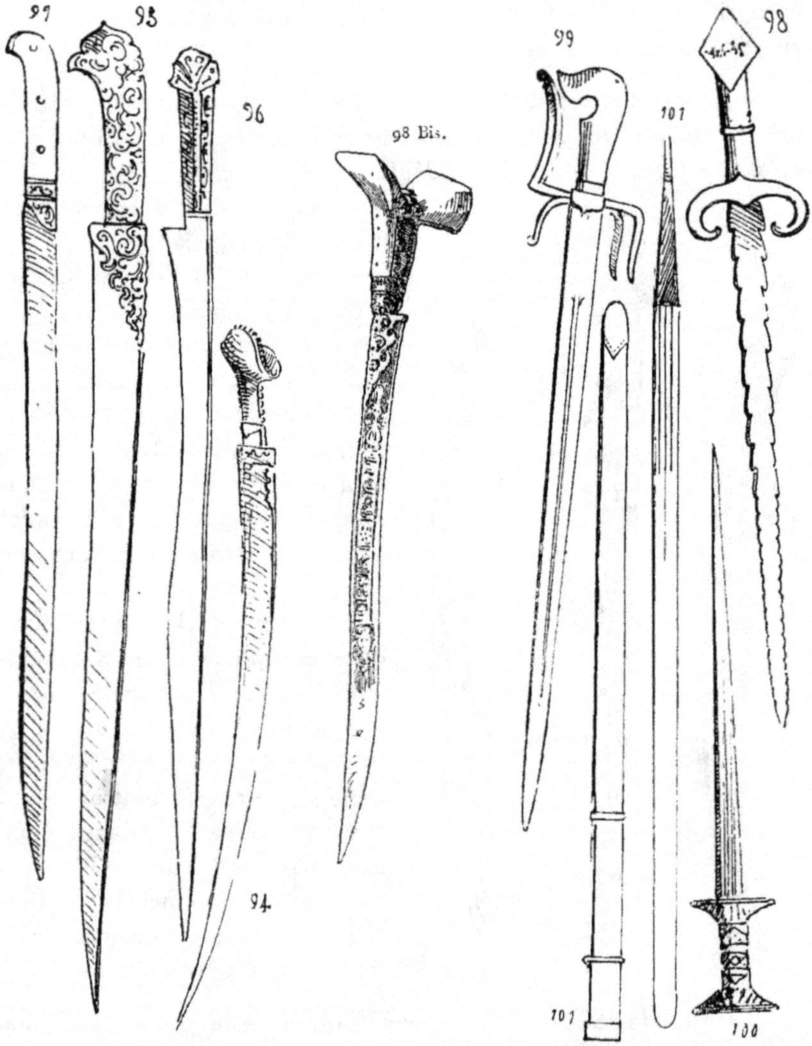

mit reinem getriebenen ziſelierten Silber belegt; Damaszenerklinge mit Schneide in der innern Krümmung — Artillerie-Muſeum zu Paris.

[1]) Medoch heiſst der türkiſche Staatsſäbel und der Degen wie der Säbel im allgemeinen, Kilidſch, Tigh im Perſiſchen und Seif im Arabiſchen.

96. Kabylenflissa, dessen Griff mit Kupfer eingefaßt ist. Die Ähnlichkeit zwischen Flissa und Yatagan ist nicht zu verkennen.

97. Türkischer Khandjar (auch Kandschar und Handschar genannt) mit Schneide in der innern Krümmung. Der hölzerne Handgriff ist mit Kupfer punktiert; Damaszenerklinge. — J. 427 im Artillerie-Museum zu Paris. Yatagans, Flissas und Kandjars sind schwer zu unterscheiden, gehören aber alle zu den Krummschwertern.

Bei der Ähnlichkeit dieser Waffen unter einander ist ihre Klassifizierung schwierig. Der Yatagan sowohl als der Flissa und der Kandjar haben *keine Stichblätter* und *nur eine meist innere Schneide*, sind also eher für Krummschwerter anzusehen. Das kurze osmanische, fast gleichförmige Dolchmesser wird auch Kandjar genannt.

98. Arabisches Schwert unter Nr. G. 413 im Pariser Artillerie-Museum, woselbst es als eine indische Waffe bezeichnet wird. Die Querabwehrstangen sind gegen die gezahnte Klinge geneigt.

98 Bis. Türkischer Kandjar ein Krummschwert. Der doppellappige hörnerne Griff ist in Silber geschäftet und mit Korallen besetzt. Neuzeitige Waffe der Sammlung des Fürsten Milosch Obrenowitsch.

99. Marokkanischer Degen mit Rhinozeroshornhandgriff. Er hat ein Gefäß mit drei gegen die Spitze vorgeneigten Querabwehrstangen und eine Hinterabwehrstange.

100. Degen der Sansibaren[1]) 55 cm lang. Die einschneidige Klinge hat drei Blutrinnen. Scheide wie Gefäß sind aus getriebenem und graviertem Kupfer, auch mit Edelsteinen besetzt. — Sammlung Cristy in London.

101. Großer Degen der Sansibaren mit Scheide aus gepreßtem Leder. Die am Ende sich verjüngende und umwundene Angel hat weder Stichblatt noch Querabwehrstangen. Da der Degen sehr lang ist, so erscheint die Handhabung dieser Waffe schwer erklärlich. — Pariser Artillerie-Museum.

102. Zungenförmiger Degen ohne Abwehrstange der Sansibaren. Artillerie-Museum in Paris.

Das lange zweischneidige Schlachtmesser der Araber heißt Yembie.

[1]) Sansibar nimmt bekanntlich die Mitte von Ostafrika ein und zerfällt in eine Reihe von Staaten mit den Städten Magadosco, Witu, Mombas, Sansibar, Kiloa; die Bewohner sprechen die Banta- oder Kaffernsprache, viele unter ihnen sind jedoch Araber.

103. Yatagankriegsſenſe der Tuariks [1]). — Artillerie-Muſeum zu Paris.

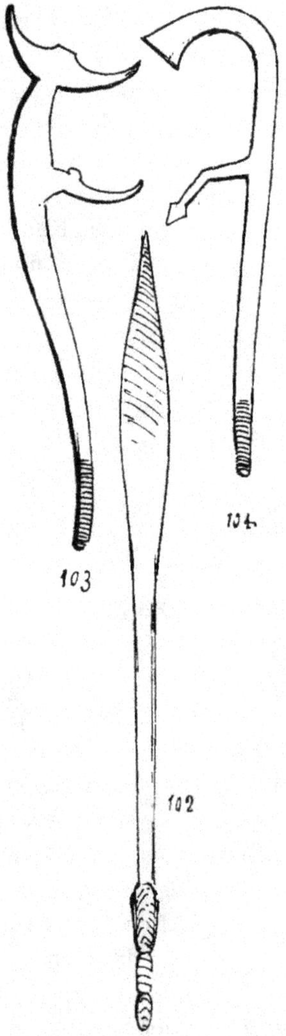

103 Bis.

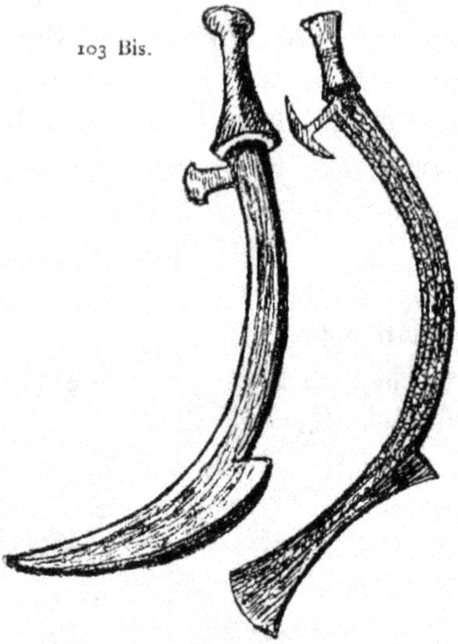

103 Ter.

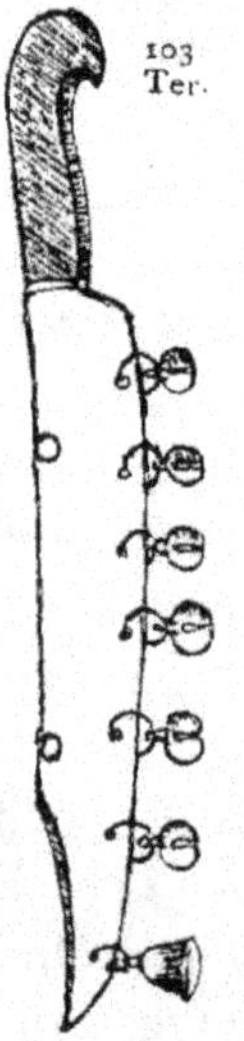

103. Bis. Zwei Säbel mit Holzgriffen der Niam-Niam, eines Nordzentralafrikaniſchen Volksſtammes rotbrauner Hautfarbe.

103. Ter. Sogenanntes Lügenſchwert mit Klingelchen und

[1]) Die Tuariks, Tuaregs oder Surgons bewohnen den ganzen mittleren Teil der Sahara.

Schellen, welches oft für eine von Hofnarren getragene Waffe gehalten wird, aber nur das ganz neuzeitige Spielzeug für Kneipwirtschaften ist, wo dasselbe an der Decke aufgehängt, bei Vorträgen großer Aufschneidereien klingelnd herabgelassen wird und deshalb besser Aufschneidemaschine benannt wäre.

104. Yatagankriegsbeil der Tuariks.

104 I. 104 II. 104 III. 104 IV.

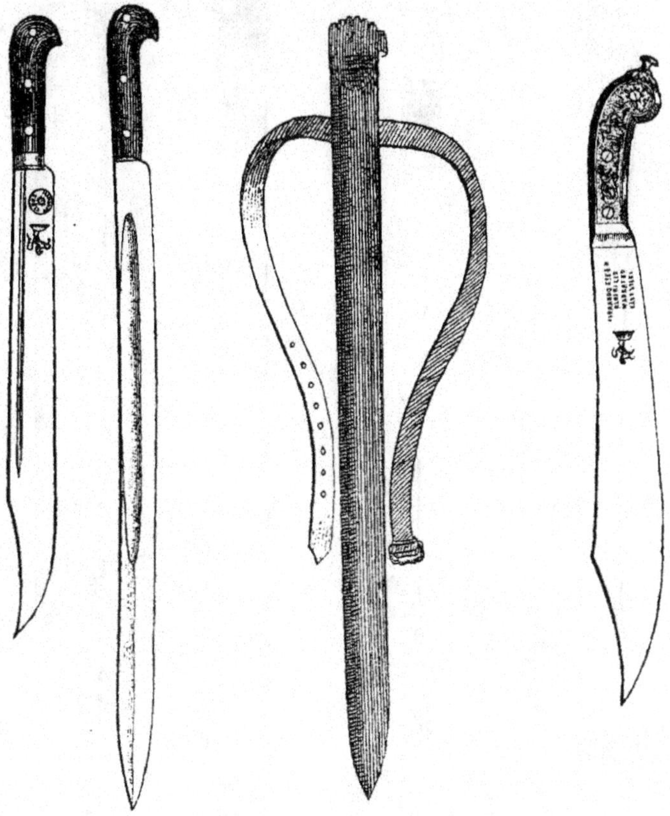

104 I. Südamerikanisches Hackemesser mit Blutrinne «Cuchilla de monte».

104 II. Brasilianischer Säbel («Machete») mit Horngriff («cabo de cuerno»).

104 III. Brasilianische Machetescheide mit Gürtel («vaina con cinturon»).

104 IV. Brasilianisches Hackemesser «Machete».

104 V. Nordbraſilianiſches (Amazonenſtrom) Hackemeſſer «Machete».

104 VI. Südbraſilianiſcher Säbel «Machete».

104 VII. Machete mit Scheide von Kuba und Mexiko.

104 V. 104 VI. 104 VII. 104 VII.

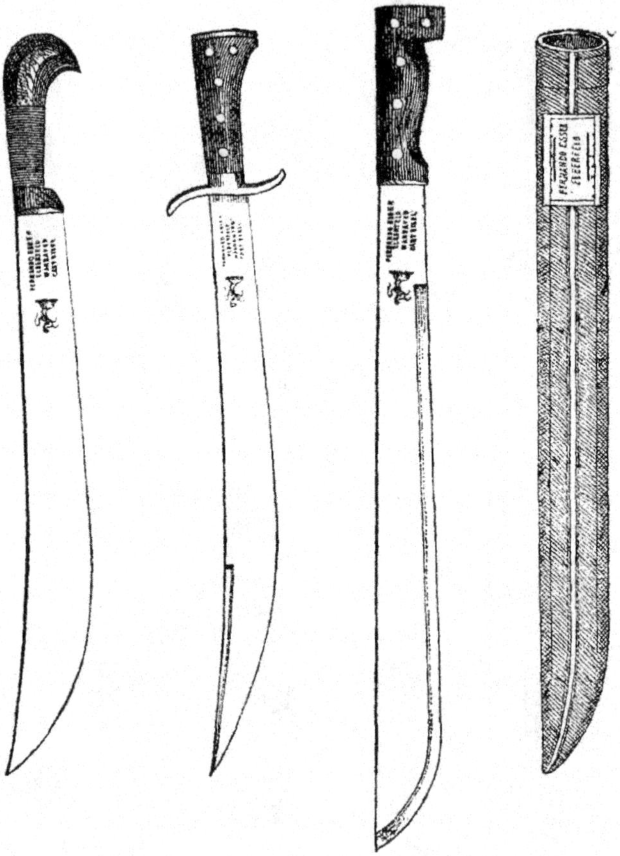

Alle hier abgebildeten cuchillas und machetes werden für Amerika beſonders ſpeziell von Eſſer & Haachaus in Elberfeld angefertigt.

Die «Machetes» de Costa Rica haben die Form der hier oben abgebildeten von Braſilien Nr. II und die von Nicaragua die der Nr. V.

104 VIII. Andere kubanische «Machete».
104 IX. Desgleichen.
104 X. Columbanische «Machete».

104 VIII.

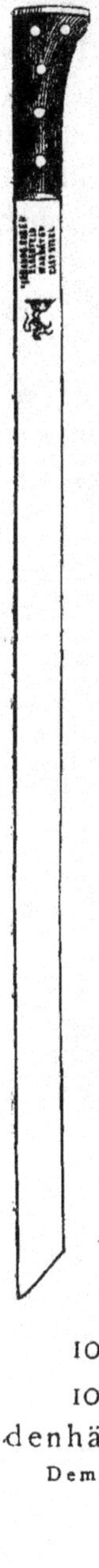

104 IX.

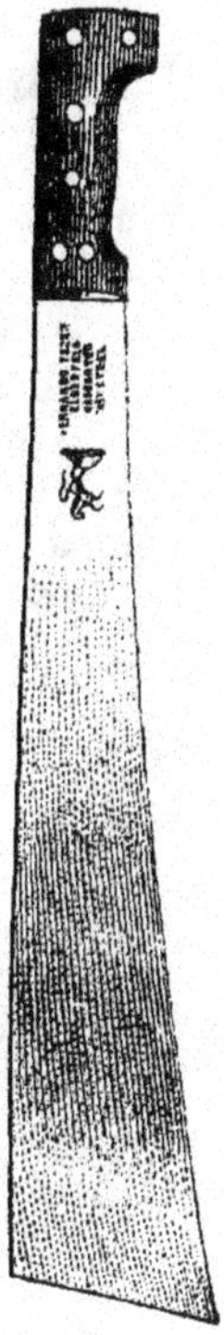

104 X.

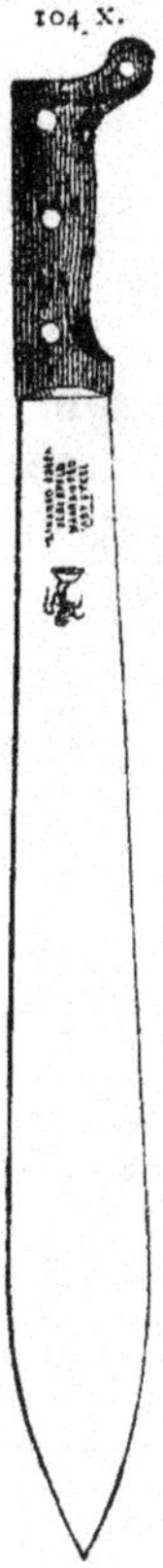

104 XI.

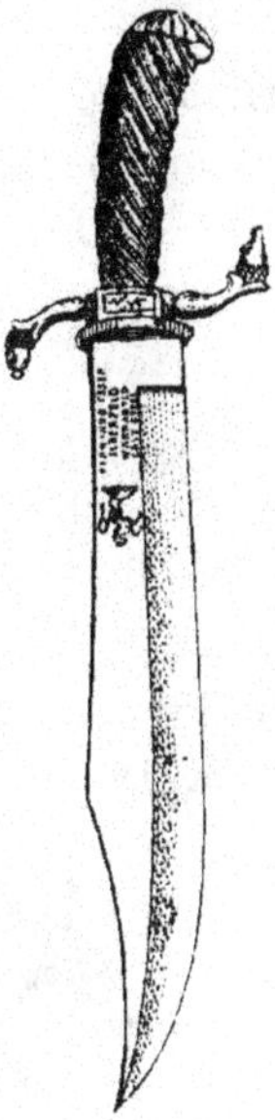

104 XI.

105

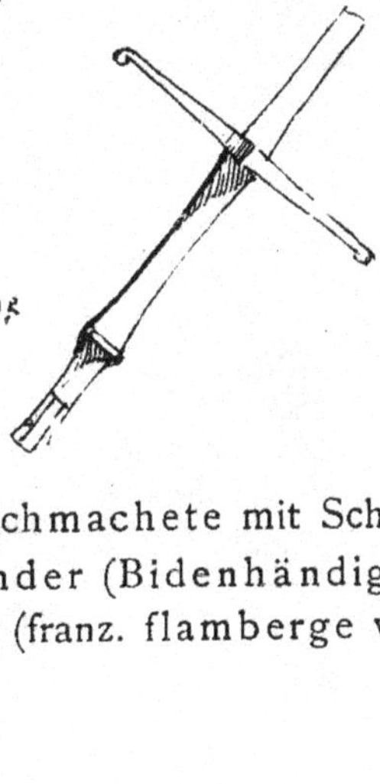

104 XI. Columbanische Dolchmachete mit Scheide (vaina).

105. Deutscher Zweihänder (Bidenhändiger, auch Beidenhänder), sowie Flamberg (franz. flamberge von flanc, und

das deutſche bergen) aus dem 15. Jahrhundert[1]). — J. 143 im Artillerie-Muſeum zu Paris. Das Britiſche Muſeum beſitzt eine ähnliche Waffe die 1.70 m mißt. Sie war das Paradeſchwert (state word) Eduards IV. (1461—1483), Schneide und Knauf ſind bei jenem mit buntfarbigem Schmelz verziert.

106. Deutſcher oder ſchweizeriſcher Zweihänder (altd. Bidenhänder) aus dem 16. Jahrhundert; mit geflammter Klinge und mit Haken. — J. 151 Artillerie-Muſeum zu Paris. Ein ähnliches Schwert in der Sammlung Az zu Linz trägt die Jahreszahl 1590 und die deutſche Inſchrift: Weich nit von mir o treuer Gott (ſ. über den Gebrauch dieſer Waffe.

107. Schweizeriſcher Zweihänder (altd. Bidenhänder) vom Anfange des 16. Jahrhunderts. In der Form wie der hier Nr. 107 abgebildete Bidenhänder waren auch die Renn- oder Panzerſtecher ein ebenfalls zweihändiges bis zu 4 m langes Schwert mit dünner dreikantiger Klinge, Schwerter, welche bei Rennturnieren wie

[1]) Die ganze Länge ſolcher Zweihänder, welche auch bei Mauerverteidigungen, eingeſchloſſener Plätze, wie im offenen Gefechte beſonders den Landsknechten dienten, iſt im Durchſchnitt 1 m 60 cm bis 1 m 75 cm, bei 40—50 cm Breite der oberen groſsen Abwehrſtangen. Derartige gotiſche (vom 15. Jahrhundert) Waffen ſind ſelten und haben gemeinlich breite Klingen mit noch breiter zulaufendem Ort, (Spitze) in der hier abgebildeten Form.

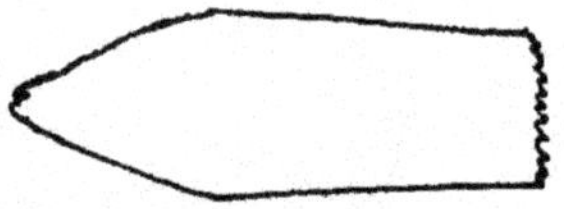

Auf der mit Blutrinne verſehenen ſehr platten, 7 cm breiten Klinge, (wovon oben die Abbildung der Ortsform) eines ſolchen Zweihänders vom Ende des 15. Jahrhunderts und 1 m 75 cm (Klinge 1 m 15 cm, Griff 50 cm) Länge, aus der Umgebung Ulms ſtammend (Deutſche Anfertigung?), hat der Verfaſſer nachfolgende Marke aufgeleſen.

Zweihänder aus dem 15. Jahrhundert haben gemeinlich dickere und ſchmälere Klingen, deren Ort nicht breit ausläuft.

In Frankreich war der Zweihänder (Espadon vom ital. spadone, vom lat. spata) wenig im Gebrauch und wohl nur von einer unter den Hellebardenträgern auserleſenen Truppe geführt, welche man «Espadons» und «joueurs d'epée» nannte.

Die älteſten Zweihänder, wovon aber ſelbſt in den Muſeen zu London keine Exemplare vorhanden ſind, mögen wohl die in England ſchon im früheren Mittelalter ſelbſt bei den Rittern gebräuchlichen geweſen ſein. Von ſolchen claidheaml genannten ſchottiſchen Bidenhändern iſt hier unter Nr. 107 Bis eine Abbildung gegeben. S. über den Gebrauch des Zweihänders in der Hüft-Fechtweiſe der Landsknechte S. 445.

Stoßſpeere gebraucht wurden und wovon Exemplare im Muſeum zu Dresden, ſowie in der Sammlung Zſchille zu Großenhain in Sachſen vorhanden ſind.

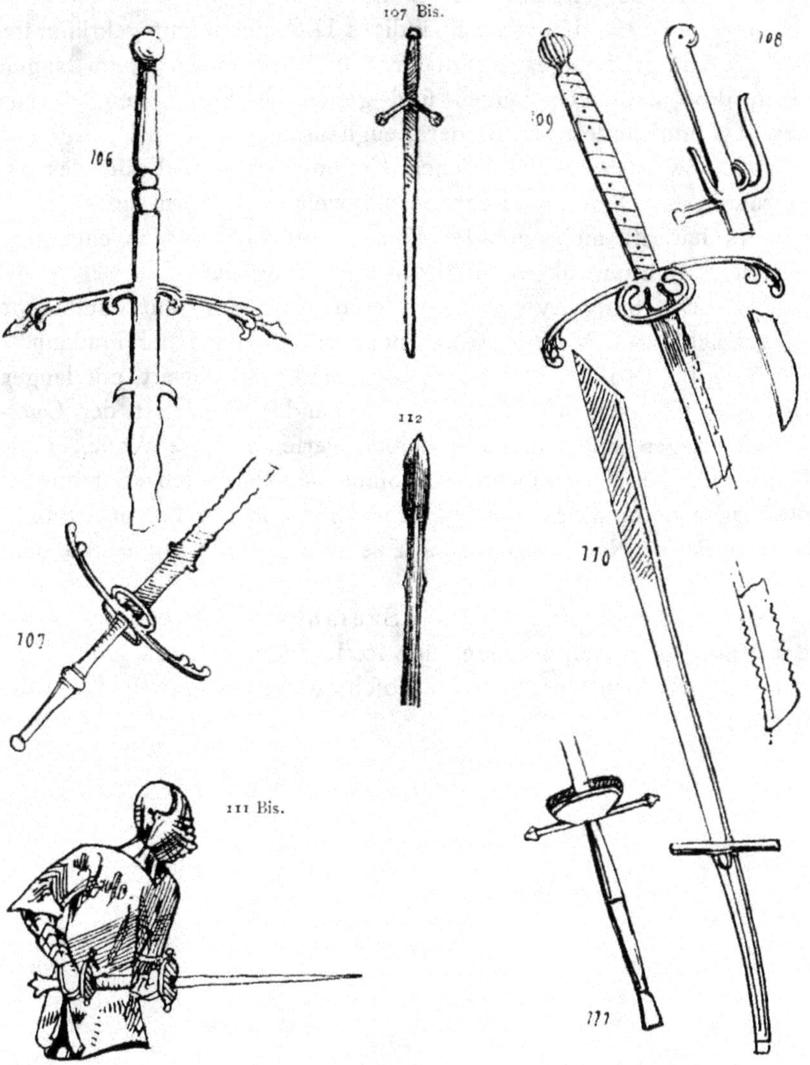

107. Bis. Schottiſcher, claidheaml genannter Zweihänder oder Bidenhänder, deſſen Abwehrſtangen wie beim ſchottiſchen einhändigen claymore (ſ. Nr. 34), ſpitzwinklig grade, in langen Stangen ſtark dem Orte zugeneigt ſind.

108. Zweihändiges Hiebmeſſer vom Ende des 16. oder vom Anfange des 17. Jahrhunderts, wie die Form der gegen den Knauf gekehrten Abwehrſtangen und der Daumring anzudeuten ſcheinen. — J. 169 im Pariſer Artillerie-Muſeum.

109. Schweizeriſches zweihändiges Hiebmeſſer mit gekrümmter und gezahnter Klinge, 1.20 m lang, und mit einem 45 cm langen Griff; die Querabwehrſtangen ſind gegen die Spitze geneigt; aus dem 15. Jahrhundert. — Berner Zeughaus.

110. Zweihändiges deutſches Hiebmeſſer, vom Ende des 15. Jahrhunderts. Dieſe ſonderbare Waffe, welche die Form eines Dolchmeſſers hat, iſt nicht gerade; Klinge und Griff ſind in entgegengeſetzter Richtung abgeſchrägt. Wiener Zeughaus.

111. Deutſcher Zweihänder (Bidenhänder) mit Fauſtkappe oder Stichblatt aus dem 16. Jahrhundert. — Dresdener Muſeum.

111. Bis. Aalſpießartiges zweihändiges Schwert mit langen Doppelgriffen, wie die anderen Zweihänder aber ſtatt der Querabwehrſtangen mit runden Scheiben verſehen, eine Waffe, die in Frankreich bei Fußturnieren vorkommt. — Nach den «Ceremonies des Gages de bataille» vom 15. Jahrhundert in der National-Bibliothek zu Paris. Noch vorhandene Exemplare dieſer Waffe ſind nicht bekannt.

112. Klingenſpitze eines Saufänger-Schwertes, ſowie derartige Jagdwaffen beſonders im 16. Jahrhundert ſtark in Deutſchland im Gebrauch waren. (S. im Abſchnitt der Speere die Knebelſpeere.)

XXIV.

Der Dolch.

Das Dolchmeſſer, der Spitzdolch, der Kuttar, der Kris etc.

Dieſe Waffe, das verkleinerte Schwert oder Kriegsmeſſer, war zu allen Zeiten und bei allen Völkern in Gebrauch. Die Schattierungen, welche den Unterſchied zwiſchen dem eigentlichen Dolche (franz. poignard vom lat. pugio von pungere, ſtechen, oder pungnus, Spitze pungis davon ital. pugnale) und dem großen Dolche oder Dolchmeſſer (franz. dague auch baselard, engl. dagger auch anelace vom keltiſchen dag[1], ſpan. daga) bezeichnen, ſind oft unmerklich und beide Arten Waffen werden beſtändig mit einander verwechſelt. Der eigentliche Dolch hat eine kleinere und kürzere Klinge als das Dolchmeſſer (dague), das alte kurze und breite Schwert der Urvölker. Eigentlich ſollte der Name Dolchmeſſer nur dem Dolche mit einſchneidiger Klinge (Sachs) gegeben werden.

Stilet (ital. stiletto vom griech.) iſt der Name eines kurzen ſchneidigen Dolches. Auch die Benennungen graffe und poinçon ſind im Franz. für kleine Dolchmeſſer gebräuchlich.

Wie früher ſchon bemerkt, hat der Dolch während der Periode des rohen, geſpaltenen und geglätteten Steines, zu welcher Zeit die däniſchen Waffen aus dieſem Stoffe die am meiſten vollendeten und kunſtvollſten waren, ſchon ſeine Rolle geſpielt.

Auch während des Bronzezeitalters herrſchte der Dolch überall; er iſt das an der linken Seite getragene parazonium der Griechen, der pugio der Römer.

[1]) Bei den Jägern bedeutet das franzöſiſche Wort dague das erſte Horn, welches auf dem Kopfe des Hirſches im 2. Jahre wächſt; daher auch der Name daguet für den jungen Hirſch, der das 3. Jahr noch nicht erreicht hat.

Vom Altertume kennt man als die hervorragendſten Dolcharten: Das ägyptiſche zungenförmige Dolchmeſſer (ſ. S. 180 und 185) ſowie ägyptiſche zweiſchneidige Dolche (S. 185 und 186); den babyloniſchen graden Spitzdolch (ſ. Nr. 11, S. 163); den alt-indiſchen auf den Topen von Sanchi (50 v. Ch.) abgebildeten Gupti-Kard benannten (ſ. S. 147); das griechiſche einſchneidige Schlachtmeſſer (μάχαιρα — machera), ähnlich dem chineſiſchen Seymitar; den griechiſchen und römiſchen zungenförmigen parazonion (παραζωνιον — ſ. S. 215); den römiſchen ſchmälern pugio (ſ. Nr. 12 Bis. S. 235) und den von den Römern auf dem Rücken getragenen clunaculum (ſ. auf der Trajansſäule) die auch supina genannte sica, den Krummdolch der Thracier (Gladiatoren ſ. S. 250) und der noch gebogene falx aſiatiſcher Völker (ſ. S. 197); der grade kurze acinaces (ἀκινακης) genannte Dolch der Perſer, Meder und Scythen (ſ. Hor. Od. 1, 27, 5; — und Curt. III, 3, 18); und der dünne, lange, ſpießartige Dolch, der samis (Gladiatoren, ſ. S. 250).

Wenn das einſchneidige Dolchmeſſer gekrümmt und die Schneide an der inneren Krümmung befindlich iſt, wie u. a. der Falx der Aſiaten (ſ. S. 197) die Sica oder Supina (ſ. S. 273) der Thracier, der osmaniſche, Kandjar, Handſchar oder Kandſchar, der javaniſche Budi-Budi, der oben angeführte Skramaſax, u. a. m., ſo iſt es ein Vorgänger, Abkömmling oder Verwandter des einſchneidigen Krumm- oder Senſenſchwertes, welches die Schneide ebenfalls nur in der innern, hingegen der Säbel an der äußern Krümmung hat.

Die Stichblätter des Dolches und des Dolchmeſſers ſind eben wie die des Schwertes für die Feſtſtellung der Urſprungszeit von weſentlicher Bedeutung; man beachte beſonders, daß während des 13. Jahrhunderts die Enden der Abwehrſtangen eine leichte Neigung gegen die Klingenſpitze (Ort) hatten.

Der Gnadengeber auch Miſericordia auch Stilet oder Stiletto (ital.), iſt ein Dolch, deſſen Name davon herrührt, daß man ſich ſeiner bediente, um dem niedergeworfenen Gegner den Gnadenſtoß zu geben; er war gewöhnlich von dreieckiger Klingenform und ganz geeignet, die ſchwachen Stellen der Rüſtung zu durchbrechen, weshalb er in Deutſchland, Panzerbrecher, auch Panzerſtecher (Koutſchar im Ruß.) genannt wurde. Die franzöſiſche Miſericordia des 14. und 15. Jahrhunderts war jedoch weit größer als der deutſche Panzerbrecher; und unter der Regierung Jakobs I. (1603 bis 1625) pflegte man die Waffe in England auch zum Anbinden des Pferdes zu benutzen, nachdem ſie zuvor in den Boden geſtoßen worden war.

Im 16. Jahrhundert nannte man auch den Panzerſtecher «Troſter». Rochet hieß im Mittelalter eine Art Dolchmeſſer, worunter der rochet courtois (ſ. die ſtumpfe auch courtoiſe im allgemeinen genannte Turnierwaffe ſowie auch im Abſchnitt der Schwerter die langen Turnierpanzerbrecher.)

Der Dolch mit Daumring (franz. à rouelle, engl. with thumb-ring), vom Jahre 1410 an gebräuchlich, iſt der lange ſpaniſche Dolch, deſſen Stichblatt oberhalb der Querabwehrſtangen einen ſtarken Ring zum Einlegen des Daumens hat. Gegen Ende des 15. Jahrhunderts wurde er an der rechten Seite oder auch über den Hüften getragen. Mit doppeltem Ringe waren dieſe Waffen im 16. Jahrhundert in Gebrauch, wo man ſie unten an den Piken oder auf Stöcken befeſtigte, um ſich ihrer gegen Reiterangriffe zu bedienen.

Die Ochſenzunge, lat. ligula, altd. gabilot, franz. langue de boeuf, ſpan. punal, in England anelace genannt, wahrſcheinlich weil ſie ehemals an einem Ringe hängend getragenwurde, zeichnet ſich durch die beträchtliche Breite ihrer Klinge aus, deren oben ſehr ausgedehnte, unten ſpitze Form einer Zunge gleicht und vom gr. parazonium abzuſtammen ſcheint. Das kleine, häufig auf derScheide dieſer zum großen Teil in Verona angefertigten Waffen befindliche Meſſer hieß im Franzöſiſchen batardeau.

Gabilot nennt man auch einen ochſenzungen- (wie das parazonium) förmigen Dolch (ſ. Parcival v. 139). Im Kud. 356 wird aber damit wohl eine Art Spieß bezeichnet.

Der große Landsknechtdolch, vom Ende des 15. und vom Anfang des 16. Jahrhunderts, war ziemlich lang und wurde an der Hüfte getragen, wie aus Kupferſtichen jener Zeit hervorgeht. Das Dolchmeſſer des ſchweizeriſchen Landsknechts war kürzer, eine Art Dolch mit ſtählerner Scheide.

Die Bogenſchützen zu Fuß, die Freiſchützen und im allgemeinen alle Fußmannſchaften des Mittelalters waren mit großen Dolchen bewaffnet.

Die ſog. Linkehand vom Ende des 15. und aus dem 16. Jahrhundert, eine Waffe, von der man glaubt, daß ſie ſpaniſchen Urſprungs und nach Italien und Frankreich von Spanien übergegangen iſt, war vorzugsweiſe eine Zweikampfswaffe. Man bediente ſich derſelben, um mit der linken Hand abzuwehren, indes die rechte den langen Stoßdegen führte[1]). Die im Artillerie-Museum zu Paris unter der Nr. J. 485 aufbewahrte und weiterhin (Nr. 68) abgebildete italienische Linkehand stellt eine dieser Waffen dar, deren Klinge in drei Teile auseinander springt, sobald man den am Absatze befindlichen Knopf drückt. Es bildete sich so ein Vorstichblatt von beträchtlicher Ausdehnung, mit welchem man den Degen des Gegners zu erfassen suchte. Viele spanische Linkehände haben basansegelförmige Stichblätter (s. S. 737).

Dieser große Dolch ist indes weder spanischen, noch italienischen Ursprungs, wie die Kompilatoren fortwährend wiederholen; in Deutschland war er schon im 15. Jahrhundert bekannt, wo er auch in den heimlichen Sitzungen der Femrichter, bei Eidschwüren vorkam, welche im Namen der durch die drei Spitzen der Waffe symbolisierten Dreieinigkeit geleistet wurden.

Der Kris, im Dictionnaire de l'Académie française fälschlich crid geschrieben, ist eine javanische Waffe, am häufigsten mit geflammter Klinge, welche die malaiischen Völkerschaften durch Gift noch mörderischer machen.

Der Khuttar, eine bei den Javanesen Yakopu genannte Hinduwaffe, besteht aus einer breiten, der italienischen Ochsenzunge ähnlichen Dolchklinge, welche an einem viereckigen Gefäß befestigt ist. Es giebt Khuttars, an denen die Klinge in zwei Spitzen ausläuft, sogenannte Schlangenzungen, jedoch ist diese Form seltener.

Kindschal ist der Name des langen krummen Dolchmessers mit Scheide, welches von Türken und anderen Orientalen im Gürtel getragen wird.

Der Wag-nuk ist kein eigentlicher Dolch, sondern eine Hiebwaffe, mit der man, wie der Tiger mit seinen Krallen, zuschlug. Er ist gegen 1669 von Sevaja, dem Oberhaupte einer geheimen Verbindung unter den Mahratten, erfunden worden und diente den Banditen zu ihrem nächtlichen Morden. Da die von dieser Waffe verursachten Wunden denen glichen, welche von den Krallen eines Tigers herrühren, so wurde dadurch der Verdacht abgelenkt.

Die italienischen Dolchmesser sind wegen ihrer schönen, in geschmiedetem Eisen bestehende Arbeit berühmt, auch häufig mit

---

[1]) S. in «Fabri's italienische Fechtkunst», Leiden, Isack Elzevier, 1692, zwei verschiedene Abbildungen über den Gebrauch dieser Waffe.

Silber eingelegt und haben durchbrochene Klingen. Es giebt Dolchmeſſer und italieniſche und deutſche Dolche, deren Preiſe auf Pariſer Verſteigerungen bis auf 1000 Francs ſteigen.

Almarada iſt der Name eines dreiſchneidigen ſpaniſchen Dolches.

Handſchar, Kandjar auch Kandſchar hieß das kurze nach innen gekrümmte und einſchneidige Dolchmeſſer der Osmanen, (ſ. d. größern Handſchar) und Dſchenbie bei den Araben ein derartiges etwas längeres.

In neuerer Zeit pflegt man Meſſer, Säbel und Bajonette in Dolchform, deren Klinge ſpitz und an beiden Seiten ſcharf iſt, Meſſerdolche, Säbeldolche und Flintenſpieße oder Bajonettdolche zu nennen.

Der ſchon, bei den Römern bekannte und da Cludon genannte Dolch, wo ein Teil der Klinge in den Dolch zurückſpringt iſt ein Theaterdolch mit Knöpfchen.

Faſchinenmeſſer wird ein zweiſchneidiges Seitengewehr der Pioniere, früher Schanzgräber (franz. fouilleurs) genannt.

Bowie Knife (ſo nach dem Erfinder Bowie genannt) heißt das amerikaniſche breite Jagd- und Dolchmeſſer (franz. coutelas).

A. Deutſcher Dolch an Kette, mit abgerundetem Ort, grader Abwehrſtange und ſichelförmigem Knauf. Von einem Grabdenkmale des 13. Jahrhunderts. Nach v. Eye.

B. Deutſcher Dolch an Kette, in Scheide mit Ort- und Mundband. Spitzer Ort. Die gemeinlich im 13. und 14. Jahrhundert dem Ort zugeneigte Abwehrſtange iſt hier dem Knauf zugebogen. — Auf einem Grabſtein vom 13. Jahrhundert im Kloſter Zimmern bei Nördlingen. — Nach v. Eye.

C. Deutſcher Dolch mit abgerundetem Ort, nach dem im Dome zu Bamberg befindlichen Holzſtandbilde von 1350. Dieſer Dolch hängt da, wie auch das Schwert, an einer auf dem über der Platte getragenen Stahlſtück genieteten Kette.

D. Britischer Dolch nach einem Denkmale des «schwarzen Prinzen», Eduard von Wales, Fürst von Aquitanien (1330—1376). Die Enden der Abwehrstange sind hier nach dem Orte zugeneigt.

C. D. E.

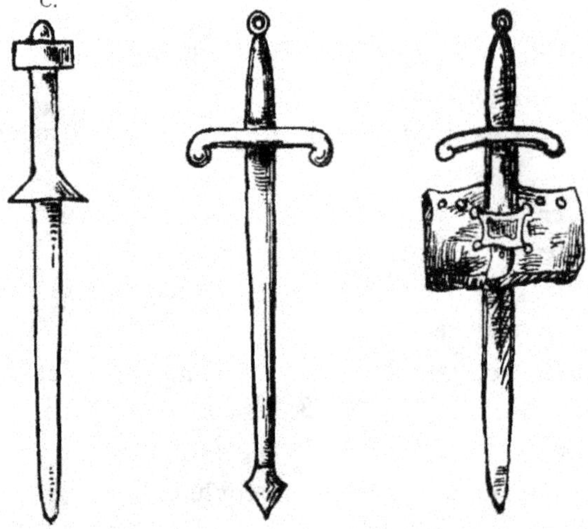

E. Dolch in Scheide, mit spitzem Ort und diesem zugeneigten Abwehrstangenenden. Diese Waffe steckt hinter einer am Dupsing d. h. am Unterhüftenwehrgehänge befestigten Ledertasche — Nach dem 1372 für den 1196 verstorbenen Grafen Ludwig in der Stiftskirche zu Neuenburg errichteten Denkmale. (S. S. 395.)

1. Britisches gebogenes Dolchmesser, aus dem 13. Jahrhundert. Auf der Klinge: Edwardus prins agile. Es wird Eduard II. (1307—1327) zugeschrieben. — Machelsche Handschrift.

2. Eisernes Dolchmesser, 30 cm lang, aus dem 13. Jahrhundert. — Lausanner Kantonal-Museum.

3. Eisernes Dolchmesser aus dem 13. Jahrhundert, dessen Klinge 30 cm und dessen Angel 12 cm mißt. — Lausanner Kantonal-Museum.

4. Eisernes, wahrscheinlich schottisches Dolchmesser, 3,36 m lang, aus dem 14. Jahrhundert. — Sammlung des Prinzen Karl v. Preußen. (S. Nr. 13 auf Seite 764.)

5. Desgleichen.

6. Dolchmesser aus dem Anfange des 14. Jahrhunderts.

7. Eiserner Dolch, 38 cm lang, vom Anfang des 14. Jahrhunderts. Die Angel ist sehr lang. — Lausanner Kantonal-Museum.

8. Eifernes Dolchmeffer 48 cm lang, vom Ende des 14. Jahrhunderts. — Tower zu London.

9. Eiferner Dolch, 36 cm lang, vom Ende des 14. Jahrhunderts; im Murtener See gefunden; der Stil ift aus Knochen gefchnitzt. —

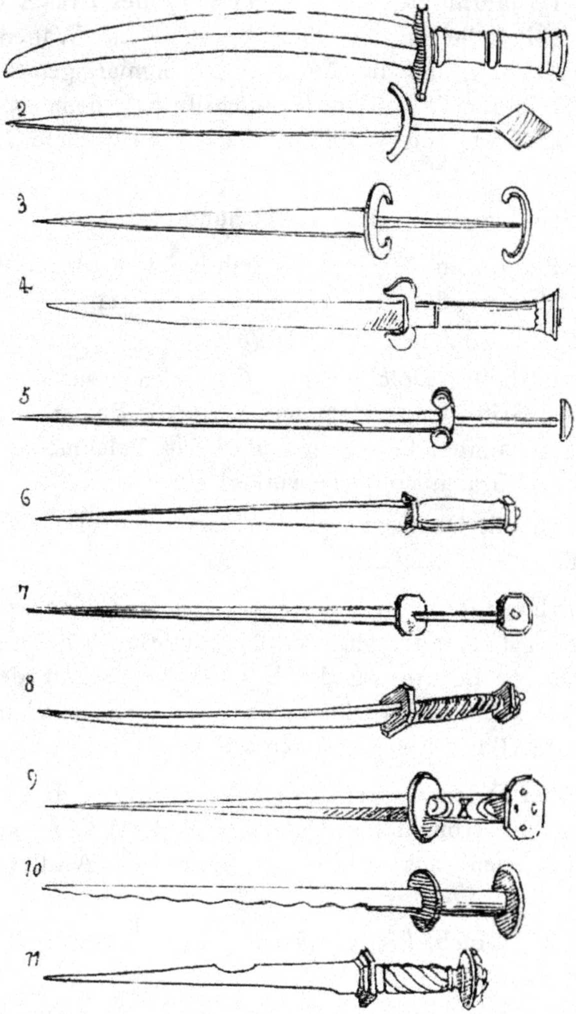

Zeughaus zu Genf. Diefe Dolchform hat fich bis zum 16. Jahrhundert erhalten, denn das zu diefer Zeit in Frankfurt a. M. von Egge ftammende und im Kupferftichkabinett zu München aufbewahrte Feldbuch giebt noch eine Darftellung derfelben.

In dem Holzschnitte — eines unbekannten Meisters vom Ende des 15. oder Anfangs des 16. Jahrhunderts — den Zweikampf von Rittern darstellend, kommt ebenfalls noch diese Form vor.

10. Eisernes Dolchmesser, vom Ende des 14. oder von der ersten Hälfte des 15. Jahrhunderts. — Sammlung des Grafen von Nieuwerkerke. Ähnliche in der Themse gefundene Waffen sind im Britischen Museum und im Museum zu Sigmaringen vorhanden. Eine von Zeitblom illustrierte Handschrift aus dem 15. Jahrhundert, die der Fürst von Waldburg besitzt, weist diese Dolchform auch auf.

11. Dolch vom Ende des 14. Jahrhunderts.

12. Großer Dolch aus dem 15. Jahrhundert, dessen Form sich schon im 14. vorfindet. (S. Nr. 7, 9, 10 und 11.) — Arsenal zu Wien.

13. Schottisches Dolchmesser, 36 cm lang, aus dem 15. Jahrhundert. Der Griff ist aus Heidenholz. (S. die Bemerkung über die Claymore genannten Degen und über das Dolchmesser Nr. 4) — Sammlung des Grafen von Nieuwerkerke.

14. Dolch mit Daumring, 37 cm lang, aus dem 16. Jahrhundert. — Sammlung des Verfassers.

15. Dolch mit doppeltem Daumring, einen am Knopfe und einen zweiten am Absatz, aus dem 16. Jahrhundert. Die beiden Ringe dienten auch zur Befestigung des Dolches am Schaft der Lanzen, um damit die Reiterei zurückzuwerfen. Dieser Dolch kann also als Vorgänger des Bajonetts angesehen werden.

16. Großer Dolch, Ochsenzungen (franz. langue de boeuf, engl. anelace) auch Veronesischer Dolch genannt (ähnlich dem Parazonium der Griechen), aus dem 15. Jahrhundert. — Artillerie-Museum zu Paris.

17. Großer Dolch, sog. Ochsenzunge, (engl. anelace) aus dem 15. Jahrhundert.

18. Großer Dolch aus dem 15. Jahrhundert. — Artillerie-Museum zu Paris.

19. Deutscher Landsknechtdolch aus dem 16. Jahrhundert. — Er ist 55 cm lang; Scheide aus polirtem Stahl. — Artillerie-Museum zu Paris.

20. Deutſcher Landsknechtdolch aus dem 16. Jahrhundert — Sammlung Soeter im Maximilian-Muſeum zu Augsburg.

21. Deutſcher Dolch aus dem 16. Jahrhundert.

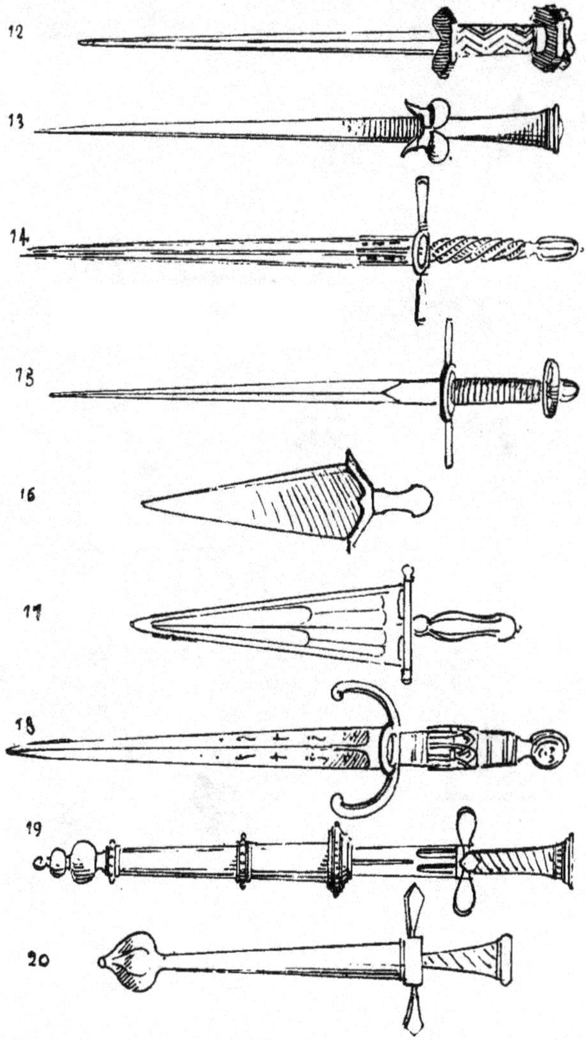

22. Dreikantiger Spitzdolch (Stilett), 26 cm lang, vom Ende des 16. Jahrhundert. In Deutſchland nannte man dieſe Art Waffe auch kleiner Panzerbrecher (ſ. S. 560).

23. Großer Schweizer Dolch, mit getriebener Scheide, wo der Vorwurf eine Jagd darſtellt; aus der Sammlung Soltikoff herrührend.

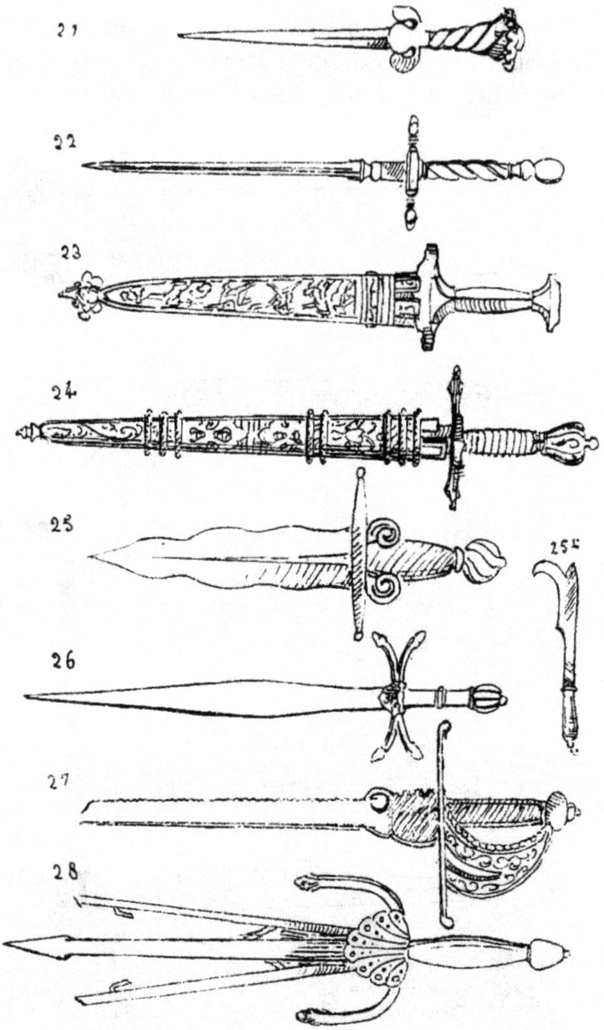

28 Bis.

Ähnliche, den Sammlungen Buchholzer in Luzern und Nieuwerkerke in Paris angehörende Dolche ſtecken in Scheiden, auf denen an Stelle der Jagdſtücke Totentänze in getriebener Art dargeſtellt ſind. Dieſe Dolchmeſſer haben auch Batardeaux oder kleine Meſſer, welche zum Durchſchneiden der Riemen an den Rüſtungen, zum Einbohren von Löchern, ſowie zu ſonſtigen Zwecken im Felde dienten. Die Zeichnungen ſind nach Holbein (1491—1543).

24. Deutſches Dolchmeſſer aus dem 16. Jahrhundert. — Ehemalige Sammlung Soltikoffs.

25. Deutſcher Dolch mit ſehr breiter und ſehr kurzer Flammenklinge. — Arſenal zu Wien.

25 I. Roßſchinder, 50 cm lang mit der Marke X. — Sammlung Lilienthal (ſ. den römiſchen Sparum S. 273 und die Harpe S. 217).

26. Deutſcher Dolch aus dem 16. Jahrhundert. — Das Stichblatt beſteht aus vier Querabwehrſtangen. — Sammlung des Königs von Schweden, Karls XV.

27. Spaniſche Linkehand mit baſan- oder ſtagſegelförmigem, durchbrochenem Stichblatt, graden Querſtangen und breiter Klinge vom 16. Jahrhundert. — Artillerie-Muſeum zu Paris. Ähnliche Exemplare Sammlung Zſchille ſ. weiter über Linkehände (franz. Main-gauche) im allgemeinen und die dazu gehörigen Rapiere S. 737.

28. Deutſche Linkehand mit dreiſpaltiger Springklinge aus dem 16. Jahrhundert. — Artillerie-Muſeum zu Paris und Muſeen in Prag, Nürnberg und Sigmaringen. Ein ähnliches Exemplar im Muſeum zu Dresden, ſowie im Germaniſchen Muſeum zu Nürnberg. (Siehe die Waffen der Femrichter.)

28 Bis. Mit Stoßdegen und Linkehand bewaffnete Fechter nach dem «Italieniſche Fechtkunſt» von Fabri — (Leiden, Iſack Elzevier, 1619), im Germaniſchen Muſeum zu Nürnberg.

28½.

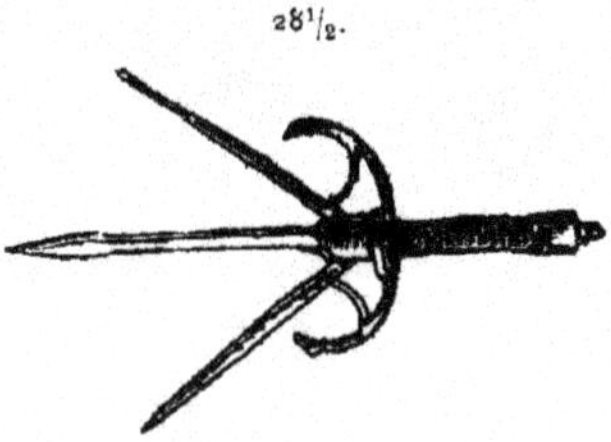

28½. Deutſche Linkehand, ähnliche und in der ſeltenen Art wie die vorhergehenden nur mit dem Unterſchiede, daß hier auch die Stichblätter noch zwei nach dem Orte zugeneigte Abwehrſtangen bilden. — V. Fechenbachſche Sammlung im Schloſſe Laudenbach a. M.

29. Deutſches Dolchmeſſer, ſogenannte Linkehand mit zwei Abſpringern zum Faſſen des feindlichen Stoßdegens, 50 cm lang aus dem 16. Jahrhundert. Der Griff iſt reich ciſelirt. — Muſeum zu

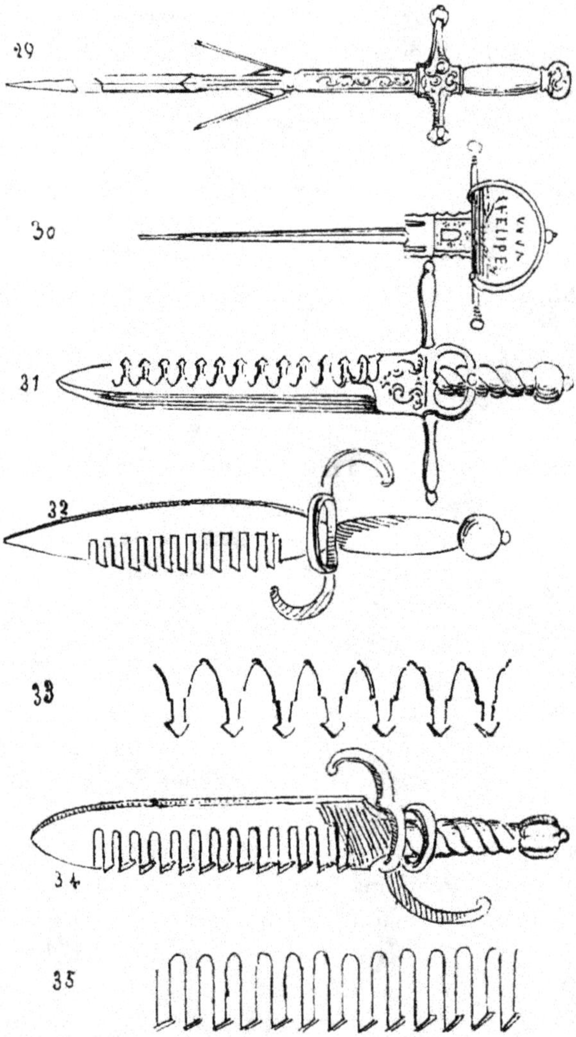

Sigmaringen. (S. Nr. 28 und 28½, ſowie die Waffen der Femrichter und des dreiklingigen Bajonetts No. 2.)

30. Großer ſpaniſcher Dolch, Linkehand mit der Inſchrift: VIVA FELIPE V., woraus erhellt, daß dieſe Waffe noch zu Anfang

des 18. Jahrhunderts (Phil. V. 1701—46) in Gebrauch war. — Sammlung Llewelyn-Meyrick. Ein anderes Exemplar trägt: «haſta la muerte.»

31. Großer deutſcher Dolch, Linkehand, Degenbrecherklinge mit Auszahnung aus dem 16. Jahrhundert.— Sammlung Nieuwerkerke.

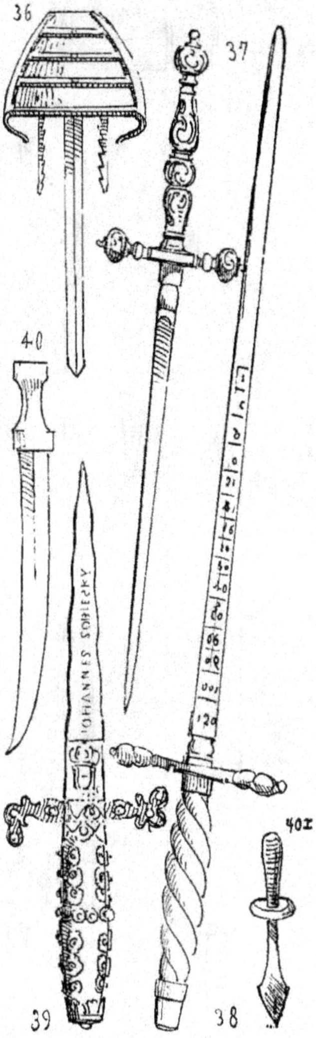

32. Großer deutſcher Dolch, Linkehand mit Degenbrecherklinge, die ausgezahnt iſt, mit Daumring und in S-Form gebogener Querabwehrſtange aus dem 16. Jahrhundert. — Dresdener Muſeum.

33. Auszahnung von Nr. 31.

24. Großer deutſcher Degenbrecher mit ausgezahnter Klinge, aus dem 16. Jahrhundert. — Sammlung Llewelyn-Meyrick.

35. Auszahnung der vorhergehenden Nummer.

36. Deutſcher Dolch, große Linkehand mit ausgezahnten Querſtangen und Degenbrechergitter, aus dem 17. Jahrhundert. Er mißt 60 cm Länge bei 25 cm Breite. — Bayeriſches National-Muſeum zu München.

37. Deutſches Stilett oder kleiner Panzerbrecher, 30 cm lang aus dem 16. Jahrhundert. — Muſeum in Sigmaringen.

38. Deutſcher Dolch, ſog. Panzerbrecher, deſſen numerirte Klinge wahrſcheinlich dazu diente, die Kaliber der Kanonen zu meſſen. — Muſeum in Sigmaringen.

39. Dolch 23 cm lang, reich mit edlen Steinen verziert. Dieſe Waffe hat Sobiesky angehört. — Muſeum zu Sigmaringen.

40. Perſiſches gebogenes Dolchmeſſer. — J. 533 im Artillerie-Muſeum zu Paris.

40 I. Cachtero, Dolch der Matadoren bei den ſpaniſchen Stier-

kämpfen, womit das Tier, welches der Torero mit dem Degen (f. 87B, S. 552) zu Fuß bekämpft, vollends getötet wird. — Sammlung G. Arofa zu Paris.

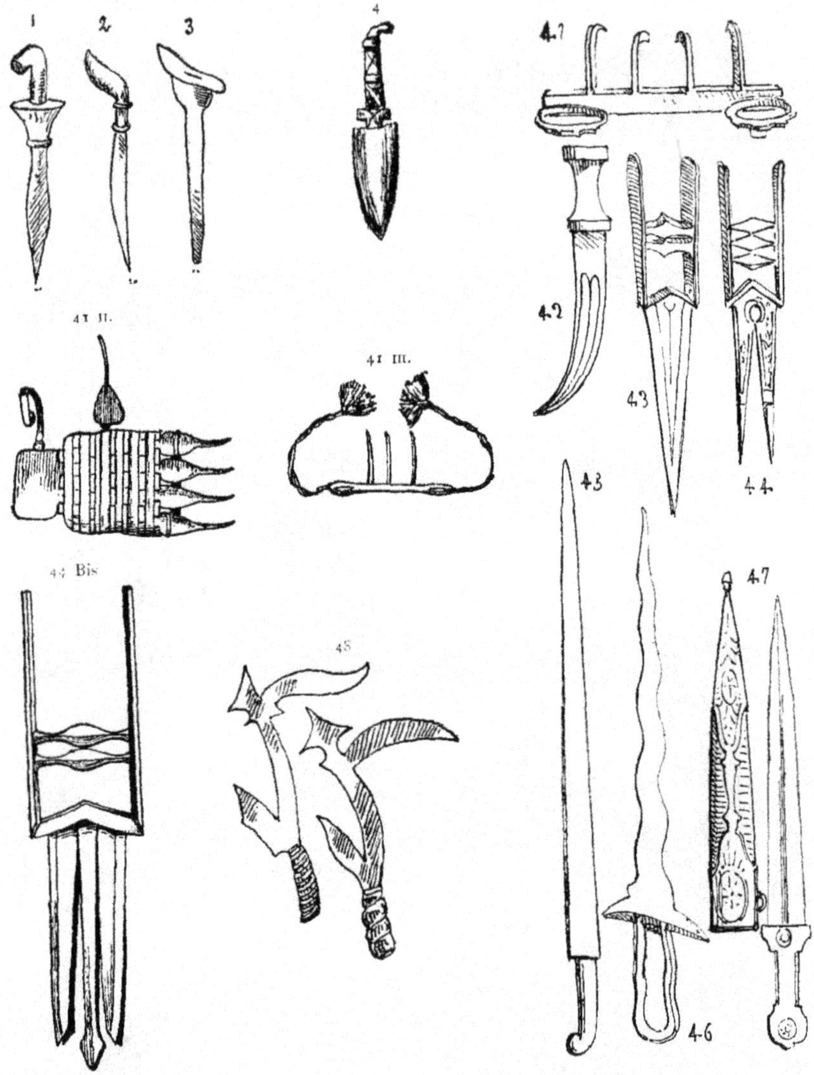

1. Kris oder Sampanna, javanifcher Dolch, deffen Klinge gewöhnlich damasziert (f. S. 744), auch oft flammend geformt ift. Griff in Horn, Elfenbein, Leder oder Knochen. Scheide aus Holz.

2. Badi-Badi, javanifches Dolchmeffer mit damaszierter Klinge und Horngriff.

3. Holzfcheide des Kris, gewöhnlich aus einem Stück angefertigt.

4. Skalpiermeffer der amerikanifchen Rothäute, welche als Hauptangriffswaffe den Tomahawk, eine Hammerftreitaxt, führten.

41. Wag-nuk oder Tigerklaue, 72 cm groß; indifche Waffe einer geheimen Gefellfchaft, um das Jahr 1659 von dem Hindu Sevaja erfunden. Da die von folchen Eifenzähnen gefchlagenen Wunden den durch die Tigerklauen verurfachten ähnlich waren, fo bedienten fich ihrer die Raubmörder (nicht die Thugs), um den Verdacht abzulenken. — Sammlung Llewelyn-Meyrick.

41 II. Indifcher Wag-nuk oder Tigerklaue (Sattara). — Indifches Mufeum zu London.

41 III. Desgleichen.

43. Perfifcher krummer Dolch. Damaszenerklinge mit Elfenbeingriff.

44. Hindu-Khuttar auch Katar mit fog. Ochfenzungenklinge, von den Javanern Yakopu genannt. Diefe Waffe findet fich auch bei den Perfern vor. Parifer Artillerie-Mufeum.

44. Hindu-Khuttar mit fog. Schlangenzungenklinge — Mufeum in Tfarskoe-Selo.

44 Bis. Dreizüngiger fchlangenzungen-Khuttar der Nordweft-Indier der englifchen Befitzungen. — Indifches Mufeum zu London.

45. Kandjar- (oder Kantfchar- auch Handfchar-) Dolch, türkifche Waffe.

46. Javanifcher flammenförmiger Kris oder Sampanna.

47. Javanifcher Dolch, indifche oder perfifche Arbeit, 43 cm lang. Die Klinge ift mit Blutrinnen verfehen, der Griff aus maffivem Elfenbein und mit Nägelköpfen aus damasziertem Eifen befetzt, die Scheide aus genarbtem Leder mit niellirten Platten verziert. — Sammlung des Verfaffers. Die Form des an der inneren Krümmung nur fchneidigen Kandjar, Handfchar auch Kandfchar genannten osmanifchen Dolchmeffers ift dem No. 40 abgebildeten Dolchmeffer ähnlich.

48. Pingah auch Trumbafch fowie Kulbeda genanntes eifernes Wurfmeffer oder Wurffichel der Niam-Niam Afrikas.

49. Bumerang, Kriegswurfmeffer aus Eichenholz der Auftralier.

50. Eine andere hölzerne Wurfdolchwaffe der Auftralier.

49

50

XXV.

Der Speer im allgemeinen.

Der zum Stoß wie zum Wurfe dienende Speer (ἔγχος, zu Homers Zeit, ſpäter δόρυ, λόχη — lat. ſ. S. 202—204, Kelt (?) gaisa, ital. lanzia, bigordo, ſpan. lanza, asta, engl. lance,[1]) spear) auch Spieß, Pike, Lanze u. d. m. benannt, reicht bis ins hohe Altertum hinauf; ſo nannten ſchon die Hebräer einen bedeutenden Speermann Methuſalem. Die verſchiedenen Arten des Speeres ſind da unter ſo zahlreichen Benennungen vorhanden, daß die ſogenannte «Speerfrage» bis heute noch verwickelt geblieben iſt. Von den S. 202 bis 204 und 265 aufgeführten: Angon, Contus, Falarica, Framea,[2]) Ger, Hasta, Jaculum, Javeline, Inculatum, Lancea Pilum, Sariſa, Spiculum, Trajula, Vericulum, und Verutum haben die Formen von mehreren endgiltig nicht feſtgeſtellt werden können.

Die Sariſa (σάρισσα) der Makedonier (ſ. Liv. u. a.), der römiſche Centus (ſ. Nonius, ſ. v. Arian. Tact. S. 15; Liv. Verg. u. a.) war auch die Volkswaffe der Sarmaten, und 5—6 m lang, alſo wohl der längſte je bei den Alten im Gebrauch geweſene Speer, welcher an Länge nur von den ſpäteren 7—8 m langen der Landsknechte überboten wurde.

Die Jaculum (franz. javelot), Angon und Pilum benannten Wurfſpieße des Altertums, ſowie die Framea, eine von Tacitus beſchriebene Waffe der Germanen, welche gewöhnlich mit breiten

---

[1]) Mit Lance fournie bezeichnete man unter Karl VII. (1422—1461) ein Schar von 100 Mann mit 3 Bognern, Coutillier (Knappen), 1 Pagen und 1 Diener.

[2]) Framea nannte man im Mittelalter auch den Dolch und den Stockdegen.

[3]) Im Altd. Atiger, Atzger auch «Schäfflin» genannt.

Kelt, aber auch mit ſpitzen Eiſen beſchlagen war, verſchwinden in der Ausrüſtung der europäiſchen Völker — Ende des 7. Jahrhunderts, bei den Böhmen allein ausgenommen. — Der lange Speer hieß bei den Polen Kop auch Kopia. Nur der Ger bleibt bis zum 13. Jahrhundert beſtehen. Durchaus Sicheres, hinſichtlich des Unterſchiedes der Beſchlagformen von Ger und Framea iſt man nicht imſtande zu geben, da bei beiden bald breite, bald ſpitze Eiſen vorzukommen ſcheinen und beide zum Schleudern wie auch zum Stoßen dienten. Tacitus berichtet, daß die Germanen die Framea im Handgemenge als Stoßwaffe gebrauchten, ſowie durch Werfen derſelben Schilde zertrümmerten. Auch der Angon (v. lat. uncus, Haken,) eine Art kleineres Pilum, deſſen Eiſen Widerhaken hatte, ſoll wohl nur von den Franken als Wurfwaffe gebraucht worden ſein, wie Sagathias II. (vom 6. Jahrhundert) berichtet hat Auf der Antonius- oder Marcus-Aureliusſäule (ca. 172 n. Chr.) iſt eine Germane abgebildet, deſſen geſchleuderter Wurfſpieß (Ger oder Framea) mit dreieckigem, ſehr ſpitzem Eiſen ohne Widerhaken beſchlagen iſt. Wie dem nun ſei, die Wurfwaffen zeigen ſich aber vom Anfange des 8. Jahrhunderts ab mit immer ſpitzem Eiſen und verlängertem Schaft als Speer (Spieß, Lanze[1]) — vom lat. lancea, der ſpätrömiſchen Wurfwaffe, vgl. d. franz. lancer = ſchleudern), welche ebenſowohl zum Stoße, als zum Wurf dienen[2]). Vom 8. bis 13. Jahrhundert behielt der Speer dieſelbe Form; es war ein einfacher, 3½ m langer Schaft aus glattem cylinderförmigen Holze, bewehrt mit einem Eiſen mit Dille. Im Mittelalter kommt auch die Benennung „Harniſchahl“ für Speer vor.

Der Turnierſpeer, deſſen Erſcheinung nur bis ins 13. Jahrhundert zurückgeht und der bald auch im Kriege benutzt wurde, hatte einen Griff, ähnlich dem römiſchen Pilum; er war oben und unten ſpitz und verdickte ſich unmittelbar an der Stelle, wo dieſer Griff angebracht war. In Frankreich wurde der Speer unter der Regierung Heinrichs IV., im Jahre 1605 abgeſchafft.

---

[1]) Lances heiſsen auch im Franz. die mit Bleinitrat getränkten Holzzündſtäbe für Kanonen.

[2]) Im Nibelungenliede wird Siegfried (12. Jahrh.) noch mittels Werfens des Speers ermordet.

Im Waltharilied (10. Jahrh.) ſchleudert Kimo ſeine Lanzen vergeblich nach Walthari; dieſer ſtöſst dagegen dem mit dem Schwerte angreifenden Werinhard den Speer in den Rücken.

Turnierſpeere welche gemeinlich 15 Fuß (5 m) lang waren und über dem Handgriff meiſt eine Stoß- oder Brechſcheibe (franz. rondelle) hatten, gab es beſonders in Frankreich, vier Arten: Gebrochene (lances brisées), welche halbeingeſägt, beim Stoße leicht am Ende knickten; hohle (lances creuses) die auch eben ſo leicht zerbrachen; ſtumpfe (lances courtoiſes oder gracieuses, auch lances mornées und frettées genannt), deren Eiſen ſtatt der Spitze eine frette oder morne genannte Art Ring hatte, und Todeskampfſpeere (lances à outrance auch lances émoulées) wo das Eiſen ganz gefährlich ſpitz war. Die Beſchläge der «ſtumpfen Speere» (lances courtoises) wurden, wenn ſie nicht ringförmig waren, rocs auch rochets genannt und hatten bis Ende des 14. Jahrhunderts, wo das Maſchenpanzerhemd meiſt ohne Platte und Bruſtplatte noch überwiegend war, zwei ſtumpfe hakenförmige Umlagen, bis Ende des 15. Jahrhunderts, aber drei auch vier kurze ſtumpfe Spitzen. Auf den deutſchen Turnieren, welche gemeinlich ernſtlicher abliefen, gab es Speere, deren Dicke oft 15 cm überſtieg (ſ. in der Ambraſer Sammlung).

Ahle-Speere oder -Spieße (altd. „Aalſpieß“ franz. lance alène), von welchen, außer in der Wiener Rüſtkammer, nur ſehr wenige in anderen Waffenſammlungen vorhanden ſind, waren im 15. Jahrh. ſehr verbreitete Angriffswaffe der Söldner. (S. No.6 Bis.)

Reisſpieß (von Reiſiger?) bezeichnete den leichten Speer. Hinſichtlich des deutſchen Gleve für die Bezeichnung des deutſchen mittelalterlichen Speers ſ. die Einleitung zum Abſchnitte der Schwerter S. 710.

Die Speere des 10. und 11. Jahrhunderts kennzeichnen ſich durch den unterhalb der Dillenſpitze angebrachten Wimpel[1]). Die Speere der unter dem Namen Landsknechte bekannten Söldlinge hatten gewöhnlich kleine Spitzen, deren Dillen zuweilen mit langen Lappen, die über den Schaft herabgingen, an dem man ſie mittels Schrauben befeſtigt, verſehen waren; dieſe Speere maßen 7—8 m Länge. Die Lanzen des ſchweizeriſchen Fußvolks waren gewöhnlich nur 5 m lang; denn die ſchweizeriſche Taktik beſtand darin, nur in vier eng geſchloſſenen Reihen zu kämpfen.

Als Palladium der burgundiſchen Könige bis 1032 und von da

---

[1]) Der Teppich von Bayeux aus dem 11. Jahrhundert, ſowie mehrere Miniaturen derſelben Zeit ſtellen den Speer mit Wimpeln (franz. banderole) dar.

ab als eine der Reichsinſignien deutſch-römiſcher Kaiſer muß hier auch des heiligen Mauritius- (Moritz) Speeres Erwähnung geſchehen.

Der Speer kam aber ſchon Ende des 16. Jahrhunderts in Verachtung als 1591 in der Schlacht bei Pontcarra der letzte franz. Connetable (von comes stabuli, — Marſchall) mit dem Schwert einem ſavoyiſchen Hauptmann entgegentritt, um ſeine Behauptung zu beweiſen, daß: «nichts leichter ſei, als einen Speerſtoß abzuwehren», und den Hauptmann, nach Abwehrung deſſen Speeres, mit Degenſtiche tötete.

Speerreiter (franz. lanciers, ſpan. lancero, ital. lanzia, engl. lancer) wozu in neuerer Zeit beſonders die Ulanen (tartariſchen Urſprungs) gehören, von welchen auch in Frankreich 1734 ein Corps eingeführt, aber nur ſehr kurze Zeit beſtanden hat, ſind indeſſen wieder ſtark in Aufnahme gekommen.

Im Jahre 1889 iſt ſelbſt unter Kaiſer Wilhelm II. der bewimpelte Speer, der nicht nur wie früher bei den Ulanen, auch für die ſonſtige Reiterei in jedem Regiment für mehrere hundert Mann, eingeführt worden, was Frankreich auf Vorſchlag des Generals v. Gallifet nachgeahmt hat. Es wurden ſofort 8000 Stück Königsbambus aus Tonking angekauft für Lanzen, 2 m 90 cm und 3 m 15 cm Länge zur Ausrüſtung von 100 Mann bei jedem Reiterregiment. Die Länge der deutſchen Lanzen beträgt 3 m 15 cm. Zur Zeit werden auch Verſuche gemacht, die Schäfte für die Lanzen, mit welchen die deutſche Kavallerie ausgerüſtet werden ſoll, aus Aluminiumbronze nach dem Mannesmann verfahren herzuſtellen.

Der Saufänger oder die Saufeder (épieu im Franz.) iſt ein bei der Eberjagd gehandhabter Knebelſpeer[1]) (ſ. Nr. 19 und 20.)

Der Garoche iſt der beim Stiergefecht gebräuchliche Speer.

Im Mittelalter war auch ein Knotenſpieß genannter Speer beſonders beim Landvolke im Gebrauch über deſſen Form aber nichts Sicheres bekannt iſt. So beſtand u. a. die ganze Schutz- und Trutzbewaffnung der Stedinger[2]) (Geſtadebewohner im vor-

[1]) Der Knebelſpeer, deſſen Name von dem mehr oder weniger langen Quereiſen (Knebeln) unter der Eiſenſpitze herrührt, war beſonders bei den Angelſachſen verbreitet, von welchen in der Schlacht bei Haſtings (11. Jahrhundert) viele damit bewaffnet waren. Der bereits oben angeführte Saufänger (franz. épieu) gehört ebenfalls zu den Knebelſpeeren.

[2]) Den Helden Bolke von Bardenfleth, Thammo von Huntorp und Detmar von Dreke iſt im Stedinger Lande ein Denkmal errichtet worden.

maligen Weſtedingen jetzt Stedingerland im Oldenburgiſchen, einem tapferen, im 13. Jahrhundert durch Adel und Geiſtlichkeit dem Untergange zugeführten Bauernvolke), aus dem kurzen Schwerte, einem Lederſchilde, — wahrſcheinlich der gewölbten Tartſche (ſ. Nr. 15 Abſchnitt der Schilde) — und ſolchem Knotenſpeere.

Dſcherid iſt der Name des Wurfſpießes der Araber bei Reiterkampfſpielen.

Agligak heißt der grönländiſche Wurfſpieß.

In neueſter Zeit (1890) ſind auch in Rußland vom Oberſten Apoſtoloff, — zur ſchleunigen Darſtellung von Brückenſchiffen (franz. pontons), — Koſakenſpeere in Anwendung gebracht worden. Jede Koſakenſchwadron einiger Regimenter führt das auf zwei Pferden verpackte geteerte Segeltuch zur Deckung zweier ſolcher, vermittels der Speere in wenig Minuten zuſammengeſtellte Boote, welche 36 Mann tragen können.

Der Speer hat ſelbſt in Turnierfußzweikämpfen als beiderſeitige Waffe gedient, wie der Hans Burgkmair'ſche Holzſchnitt Nr. 112, im «Weißkunig» es feſtſtellt.

1

1. Germaniſcher Speer, nach dem Codex aureus zu St. Gallen aus dem 8. und 9. Jahrhundert.

2

2. Germaniſcher Speer aus dem Anfange des 9. Jahrhunderts ſpäter Knebelſpeer genannt, nach den Miniaturen der Weſſobrunner Handſchrift vom Jahre 810, in der Münchener Bibliothek.

3

3. Normanniſcher[1]) Speer mit Widerhaken aus dem 11. Jahrhundert, nach dem Bayeuxer Teppich.

4. Desgleichen ohne Widerhaken mit Wimpel, id. (ſ. Abſchnitt der Fahnen).

5. Desgleichen mit Widerhaken und Feldzeichen (ſ. Abſchnitt der Fahnen).

---

[1]) Der Speer ſowohl als das Schwert waren bei den Normannen Waffen der freigeborenen Männer, da in den Geſetzen Wilhelms des Eroberers hinſichtlich der Freiwerdung eines Leibeigenen folgendes vorkommt: Tradidit illi arma libera, scilicet lanceam et gladium.

6. Angelfächfifcher Speer mit drei Widerhaken, nach den Miniaturen des Älfric, einer Handfchrift aus dem 11. Jahrhundert im Britifchen Mufeum.

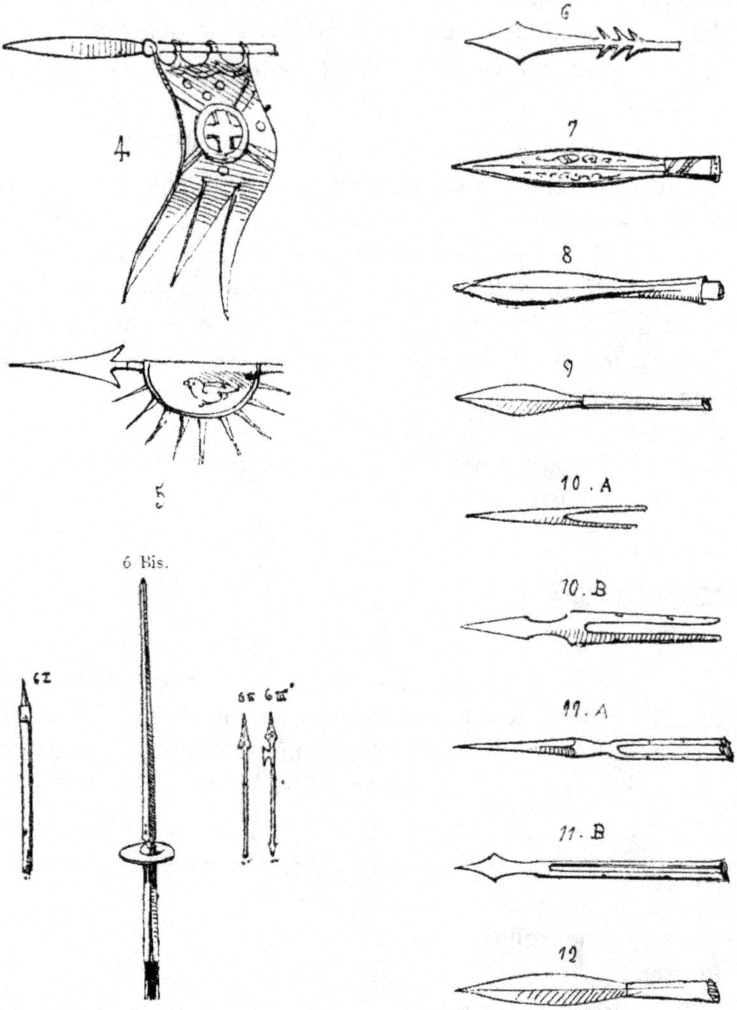

6 I. Pike oder Speer mit langem Stachel aus dem 14. Jahrhundert, von den Zünften in Gent, die außerdem mit der kleinen Keffelhaube und dem kleinen Dreifpitz, dem kleinen dreieckigen Schilde (petit écu) und der Mafchenbrünne bewaffnet waren, wie dies Wandmalereien in Gent bekunden.

6 II. Hussitenwurfspieß, im Böhmischen Ostip, vom 15. Jahrhundert, nach einem Gemälde aus dieser Zeit, im Bapisterium der St. Lorenzkirche in Nürnberg.

6 III. Hussitenhellebardenspeer (Oscepy oder Oscp) vom 15. Jahrh.

6 Bis. Ahle-Speer oder -Spieß («aalspies» franz. lance alêne) vom 15. Jahrhundert. — Wiener Zeughaus. — S. auch Nr. 32 den diesen ähnlichen chinesischen Speer. —

Der Lange Knotenspeer[1]) der Stedinger[2]) vom 13. Jahrhundert, war nach den Buchmalereien der bremischen Handschrift der Sachsenchronik, in der Stadtbibliothek zu Bremen ganz glatt.

7. Großes Kriegsfangeisen aus dem 15. Jahrhundert, 37 cm lang; die Klinge mißt 26, die Dille 11 cm und ist mit Gold tauschiert. — Sammlung Renné in Konstanz.

8. Großes Kriegsfangeisen aus dem 15. Jahrhundert, auf einem langen Schafte. — Züricher Zeughaus.

9. Langspeer (Landsknechtspeer) mit blattförmigem Eisen vom Ende des 15. Jahrhunderts. Der Schaft ist 7—8 m lang (also 2—3 m länger wie die makedonische 5—6 m lange *σάρισα* — Sarisa — s. S. 203) und hat 4 cm im Durchmesser. Das Salzburger Museum überließ, da es eine nicht unbedeutende Anzahl dieser Waffen besitzt, einige derselben dem Kaiser Napoleon III., der sie dem Pariser Artillerie-Museum einverleibt hat. In der Sammlung Az in Linz befinden sich ebenfalls verschiedene solcher Exemplare.

10 A. und B. Speere österreichischer Fußsoldaten vom Ende des 15. Jahrhunderts. Ambraser Sammlung. Man findet diese Waffe in den Zeichnungen des Nic. Gloekenthon nach den in den Zeughäusern des Kaiser Maximilian vorhandenen Stücken (1505) wieder. Dergleichen Beschläge waren auch nichts Seltenes an Landsknechtsspeeren.

11 A. Speer schweizerischer Söldner aus dem 15. und 16. Jahrhundert. Solothurner und Luzerner Zeughaus.

11 B. Desgleichen; ebenda.

---

[1]) Eine unerklärliche in der Chronik vorkommende Benennung da weder der abgebildete braune Holzschaft noch die Schäftung des dreieckigen Eisens irgend einen Knoten aufweist (s. S. 282 den römischen Sicilis, welchem geeigneter dieser Name zukäme). Die ursprüngliche Sachsenchronik von 1232, von Eike von Repgow, dem Verfasser des Sachsenspiegels, ist von Eccard auszugsweise in seinem Corpus historicum etc., als chronicon Luniburgicum, gedruckt.

[2]) S. ferner darüber in der Einleitung dieses Abschnittes S. 776 über den Untergang der Stedinger sowie «Die Stedinger», Beitrag zur Geschichte der Wesermarschen von Dr. Schuhmacher, Bremen 1865.

12. Leichter Speer, Affagai genannt, aus dem Zeughaus auf Rhodus und von den Johannitern herrührend. — F. 43 im Pariser Artillerie-Museum.

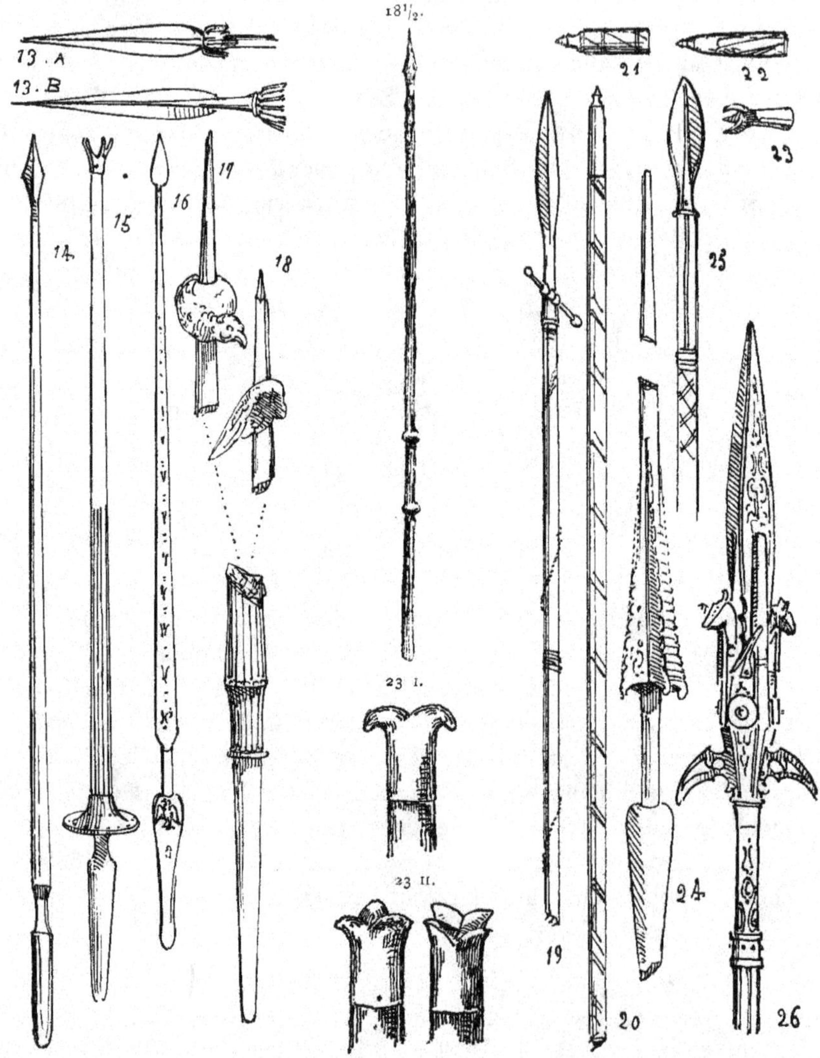

13 A. Langer leichter Speer vom Anfange des 16. Jahrhunderts. Das Eisen ist ca. 40 cm lang. Kommt in den Zeichnungen Glockenthons, die in der Ambraser Sammlung sich befinden, mehrfach vor.

13 B. Desgleichen; ebenda.

14. Kriegsſpeer mit Turnierſpeerhandgriff aus dem 15. Jahrhundert, nach einem aus dem Zelte Karls das Kühnen herrührenden Teppiche.

15. Turnierſpeer, (In Hans Burgkmairs «Weißkunig» auch Reisſpieß genannt), mit dreiſpitzigem Eiſen (franz. émoulée) und eiſerner Schwebe-, Stoß- oder Brechſcheibe (franz. rondelle). Von dem 16. Jahrhundert. — Sammlung Llewelyn-Meyrick.

16. Kriegsſpeer aus dem 16. Jahrhundert; er iſt überall mit dem Innsbrucker Wappen, dem rotem Adler auf weißem Felde, verziert. — Sammlung Llewelyn-Meyrick.

17. Kriegs- und Turnierſpeer, nach den ſchon erwähnten Zeichnungen Glockenthons vom Jahre 1505.

18. Desgleichen; ebenda.

An allen dieſen Speeren iſt eine Stelle für den Handgriff (ähnlich wie beim römiſchen und germaniſchen Pilum), welche erſt an den aus dem Ende des 13. Jahrhunderts herſtammenden Stücken erſcheint, alſo in einer Zeit, wo die Turniere ſchon regelrecht nach beſtimmten Satzungen abgehalten wurden.

18 $^1/_2$. Fußkampfſpeer (franz. darde) der abgeſeſſenen Ritter. — Nach Violet le Duc. —

19. Deutſcher Knebelſpeer für die Jagd (franz. épieu) kommt auch in «Maximilians Triumphzug» vor, nach den Zeichnungen Glockenthons vom Jahre 1505, in der Ambraſer Sammlung (ſ. S. 776).

Dieſer Speer iſt von der römiſchen mora (ſ. S. 286) abſtammend, welcher ſeinen Namen wohl von dem Knebel- oder Quereiſen erhielt, da ja die Querabwehrſtange des Schwertes auch mora hieß.

20. Deutſcher Jagdſpieß aus dem 16. Jahrh. — Dresd. Muſeum.

21. Deutſche Kriegs- und Turnierſpeerſpitze aus dem 16. Jahrhundert; ſie iſt 18 cm lang. — Dresdener Muſeum.

22. Desgleichen 20 cm lang. — Berliner Zeughaus.

23. Desgleichen mit drei Spitzen (franz. lance à outrance oder lance èmoulée) 14 cm lang. — Berliner Zeughaus.

23 I. Eiſerne Stechrennenſpeerenden (franz. roc auch rochet) mit ſtumpfen Umlagen, wie ſolche Beſchläge bis Ende des 14. Jahrhunderts gebräuchlich waren, wo das Maſchenpanzerhemd meiſt noch ohne Platte getragen wurde.[1])

---

[1]) Solche Turnierlanze mit ſtumpfer Spitze hiefs Krönling (franz. lance gracieuse, auch courtoise ſowie mornée und frettée, engl. tilting lance), ſ. weiteres darüber S. 84.

23 II. Eiserne Stechrennenspeerenden (franz. roc auch rochet) mit drei und vier kurzen Spitzen, vom Anfang bis Ende des 15. Jahrhunderts, ein Zeitraum, in welchem die Schienenrüstung gegen diese Beschläge mehr Schutz bot.

Rochets hießen aber auch gewisse Dolchmesser, worunter es rochets courtois gab, (s. solche Turnierschwerter).

23 III. Speerenden (franz. rocs auch rochets) mit Zahnspitzen. Nach einer Handschriftsmalerei vom Ende des 13. Jahrhunderts, im Germanischen Museum zu Nürnberg.

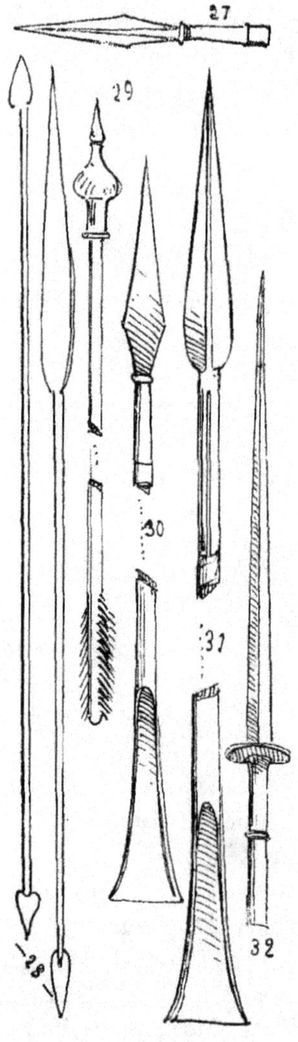

23 III.

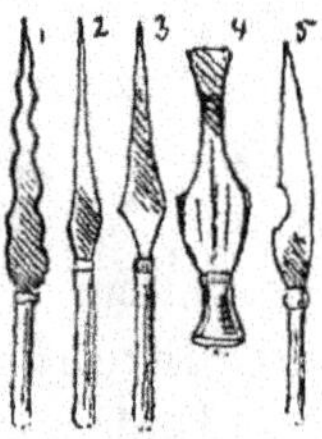

33

24. Ringrennenspeer (franz. lance de caroussel) Regierungszeit Ludwigs XIII. (1610—1613). — K. 262 im Pariser Artillerie-Museum. Dasselbe Modell befindet sich in Pluvinels Abhandlung über die Reitkunst.

25. Deutſcher Saufänger, auch Schweinsfeder (epieu) genannt, aus dem 16. Jahrhundert. Er diente beſonders zur Eberjagd.

26. Saufänger mit drei Radſchloßpiſtolen und zwei Hellebardenhaken. Dieſe aus dem 16. Jahrhundert herrührende Waffe hat der Sammlung Soltikoff angehört[1]).

27, Speer aus dem 17. Jahrhundert.

28. Perſiſcher Speer mit Doppeleiſen (beidendig) nach einer Handſchrift von etwa 1600 nach Chr., einer Kopie des von Firduſi (999) verfaßten Schah-Nameh zu München.

29. Wurfpfeil mit Kugelſpitze (lance flèche à jet), für die Jagd — Berliner Zeughaus.

30. Abeſſiniſcher Speer[2]), leicht erkenntlich an dem eiſernen Beſchlage ſeines untern Teils. Die breite Spitze erinnert ganz und gar an die bronzenen und eiſernen Frameaſpitzen des Bronze- und Eiſenzeitalters, worunter mit einem Ringe verſehene und die alle unter dem Namen Kelt bekannt ſind. — Pariſer Artillerie-Muſeum.

31. Desgleichen ebenda.

32. Chineſiſcher Speer mit runder Scheibe; ſehr ähnlich den deutſchen Ahlſpieß.

33. In Gold tauſchierter ägyptiſcher Mameluckenſpeer des 1517 getöteten Sultans Tuman Bey. Die an der Schnur hängende Kapſel ſoll früher einen geſchriebenen Koran enthalten haben. — Muſeum Tſarskoe-Selo.

1. Aſſagais oder Aſſagie (vom ſpan. azagaga), Wurfſpeer und gleichzeitig Handwerkszeug der ſüdlichen Kaffernvölker. Dieſe Waffe iſt 4 bis 7 Fuß lang und das flammenförmige Eiſen oft mit Widerhaken verſehen. Der Name davon kommt, wenn nicht vom Spaniſchen, von dem harten Holze der Aſſagaie (castisia fagiaea), woraus der Schaft hergeſtellt iſt.

2. 3. 5. Drei Tomboc oder javaniſche Speere mit drei verſchiedenen Eiſen. Auch giebt es darunter mit geflammter Klinge wie Nr. 1.

4. Holzfutteral oder Scheide für die javaniſchen Tombocs.

---

1) S. auch die Jagdknebelſchwerter S. 750. No. 117.

2) Kaffern und Neger nennen ihre dieſem ähnlichen Speere Saga e.

XXVI.

Die Kriegskeule und der Streitkolben.

Die Keule (ῥόπαλον, φάλαγγες und φαλάγγια, — phalanga oder palanga, — clava, — κορύνη —, franz. massue, ſpan. maza und clava, ital. mazza und clava, türk. tapuse, engl. club und mace), mit welcher im Altertum der claviger — κορυνήτης — bewaffnet war (qui clavam gerit) und die ſchon von Homer, auch von Herodot (500 v. Chr.) als Kriegswaffe, ſo u. a. als die der Aſſyrier des Xerxesſchen Heeres angeführt wird, iſt der Vorfahre des Streitkolbens.

Mit einem Ringe verſehen für Tragriemen kommt ſie bereits bei den Griechen vor (ſ. die Abbildung der des Grabes von Paeſtum S. 217). Mit Stacheln verſehen iſt die Keule, aber ſchon mehr ſtreitkolbenförmig, in einer Wandmalerei der Villa Albani dargeſtellt. Zu dieſer Art Waffe kann ferner wohl eine in der Aeneide Vergils (1. Jahrhundert v. Chr.) cateja genannte, ellenlange und ſtark beſchlagene, welche Iſidor (5. Jahrhundert n. Chr.) noch als galliſche (?) Waffe anführt, gerechnet werden. Auch auf der Trajansſäule (147 n. Chr.) ſieht man Dacier, wie im Vergil des Vatikan die Bewohner Latiums damit bewaffnet.

Der kurzgeſchäftete Streitkolben (clava? — κορύνη? franz. masse d'armes, altfranz. tinel[1]), ſpan. maza herrada, ital. mazza ferrata, engl. mace) war bereits bei den Griechen (ſ. S. 200 die Krieger 300 v. Chr.) im Mittelalter und in der Rückgriffszeit aber

[1]) Die römiſche clava (ῥόπαλον, ſ. Soph. Tr. 513. — alſo nicht macia) deſſen Herkules und Theſeus ſich bedient haben ſollen, war mit und ohne Knoten (irrasa) S. S. 282. — Man begegnet dieſer Waffe auch ſchon bei den Griechen mit einem ſtachlichen Kopfe, wie der mittelalterliche Morgenſtern beſchlagen. (S. Nr. 40 S. 215 im Abſchnitt der griechiſchen Waffen, ebenfalls im Lat. clava, im Griech. κορύνη, ῥόπαλον benannt.

wohl nur bei der Reiterei gebräuchlich. Man findet ihn u. a. auf dem Teppich von Bayeux (11. Jahrhundert) abgebildet und das Museum zu Stockholm besitzt bronzene Streitkolbenköpfe vom 13. oder 14. Jahrhundert (?). S. auch die am Rhein gebräuchlichen Reiterkolben auf der S. 421 abgebildeten Grabdenkmal zu Lorch.

Hölzerne Turnierkolben waren auch im 15. und 16. Jahrhundert bei den Kolbenturnieren verschiedenförmig im Gebrauch (s. S. 90).

Rainvars, im franz. Roman der Alicans vom 13. Jahrhundert, führt gegen die Sarazenen einen 15 Fuß langen, «Tinel» benannten Streitkolben.

Streitkolben waren aber bei den orientalischen Völkern, besonders bei Persern, sowie bei den Slaven, viel mehr im Gebrauch, kamen indessen auch oft, namentlich in der Rückgriffszeit und anfangs des 17. Jahrhunderts unter dem Namen Sattelkolben im nördlichen Europa vor. Zu diesen Streitkolben sind auch die hölzerne schwertförmigen Turnierkolben (s. S. 732 Abbildung davon) einzureihen. Reiter- oder Sattelkolben waren besonders bei den Polen beliebt.

Tapuse ist der Name des Streitkolbens im Türkischen, Kerri der Name desselben bei den Kaffern.

Buzogánys oder Puzdikans hießen die Streitkolben der alten Magyaren (s. Nr. 15).

Der Streitkolben war auch die Lieblingswaffe Johann Ziskas, von Trocznow, — (1360—1424), welche nach dem Tode diese Anführers der Taboriten über seinem zu Czaslau errichteten Grabdenkmale aufgehängt wurde.

Bei den deutschen französischen nnd englischen Rittern, wo der Sattelstreithammer häufig vorkommt, scheint der Streitkolben außer den Kolbenturnieren wenig im Gebrauch gewesen zu sein. Wie die Abbildung hier Nr. $4^1/_4$ und S. 431 Ter. zeigt, kommt indessen diese Waffe doch ausnahmsweise im 14. und 15. Jahrhundert bei der Ritterschaft des Rheinlandes vor. Vom Ende des 16. bis Ende des 17. Jahrhunderts gehörte der Sattelstreitkolben aber mit zu den Angriffswaffen der deutschen Kürassiere, wie dies Dillichs Kriegsbuch von 1607 feststellt.

1. Eiserner Streitkolben vom Ende des 11. Jahrhundert. — Bayeuxer Teppich.

2. Eiſerner Streitkolben vom Ende des 11. Jahrhunderts. — Bayeuxer Teppich.

3. Desgleichen.

4. Streitkolben nach der deutſchen Äneide von Heinrich v. Veldeke, aus dem 13. Jahrhundert. — K. Bibliothek in Berlin.

$4\frac{1}{2}$. Franzöſiſcher Streitkolben (masse d'armes oder Tinel) vom 13. Jahrhundert. Nach der Handſchrift «li Romans d'Alexandre» von 1280, in der National-Bibliothek zu Paris.

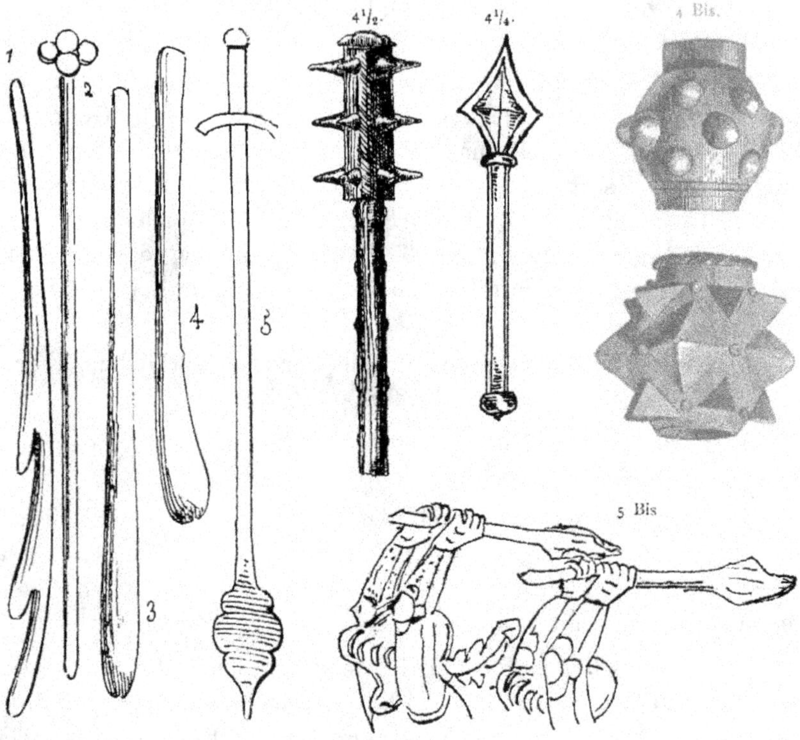

4 Bis. Zwei bronzene Streitkolbenköpfe vom 13. oder 14. Jahrhundert (?) — Muſeum zu Stockholm.

$4\frac{1}{4}$. Streitkolben vom Grabdenkmal des Johann Marſchalk von Waldeck, † 1364, in der Pfarrkirche zu Lorch a. Rh. Auf den in derſelben Kirche befindlichen Grabdenkmalen des Johann von Eſchenbach, † 1493 und des Johann von Breitenbach, † 1511, ſind ganz ähnliche Kolben in den Händen der abgebildeten Ritter dargeſtellt, was vorausſetzen läßt, daß in dortiger Gegend ſowohl ſchon im 14. wie bis ins 16. Jahrhundert hinein der Sattelkolben eine beliebte Ritterwaffe war.

5. Burgundiſcher Streitkolben vom Ende des 15. Jahrhunderts, nach einer Handſchrift, welche dem Herzog von Burgund angehört haben ſoll. Bibliothek des Pariſer Arſenals.

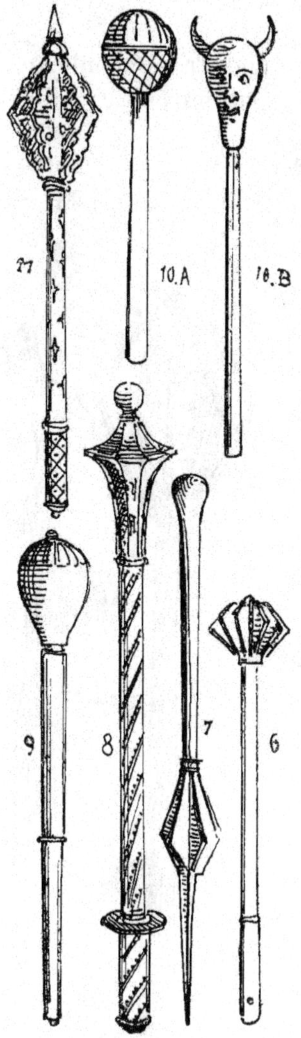

5 Bis. Turnierkolben nach der Handſchrift 998 von 1441 im Gewerbe-Muſeum zu Nürnberg.

6. Engliſcher Streitkolben aus der Regierungszeit Heinrichs V. (1413—1422), von Eiſen und Holz. — Sammlung Llewelyn-Meyrick.

7. Eiſerner engliſcher Streitkolben, von der Mitte des 15. Jahrhunderts.

8. Deutſcher Streitkolben aus dem 15. Jahrhundert, von ciſelirtem Eiſen und am Griff bewickelt; er mißt 65 cm. — Luzerner Zeughaus.

11½.

9. Eiſerner türkiſcher Streitkolben aus dem 15. Jahrhundert; den Kopf bildet eine damaszierte Einſetzroſe. — Pariſer Artillerie-Muſeum.

10 A. Streitkolben nach einer Handſchrift von ca 1600, der mit zahlreichen Miniaturen illuſtrierten Kopie d. Schah-Nameh. — Münchener Bibliothek.

10 B. Desgleichen.

11. Franzöſiſcher Streitkolben aus dem 16. Jahrhundert.

11½. Sattelkolben eines deutſchen Küraſſiers vom Ende des 16. und Anfang des 17. Jahrhunderts. Nach Dillichs Kriegsbuch. Frankfurt 1607.

12 Indischer, Gargaz genannter Streitkolben mit Schwertgriff, dessen Form dem Gefäße des indischer «Rajah-Kundad» genannten Säbels gleicht. Sammlung Beardmore-, Uplands-, Hampshire und Indisches Museum zu London.

12 1/2. Indischer Streitkolben. — Sammlung Egerton.

13. Altslavischer Streitkolben.

14. Desgleichen. — Nach Handschriften und Privatsammlungen.

15. Der Buzagány auch Puzilikan genannte, altungarische Streitkolben. — Museum zu Pest.

16. Kriegsruder, Ruderkeule oder Ruderstreitkolben der Polynesier, also der Malaien von den Inseln des stillen Meeres und den Samoainseln.

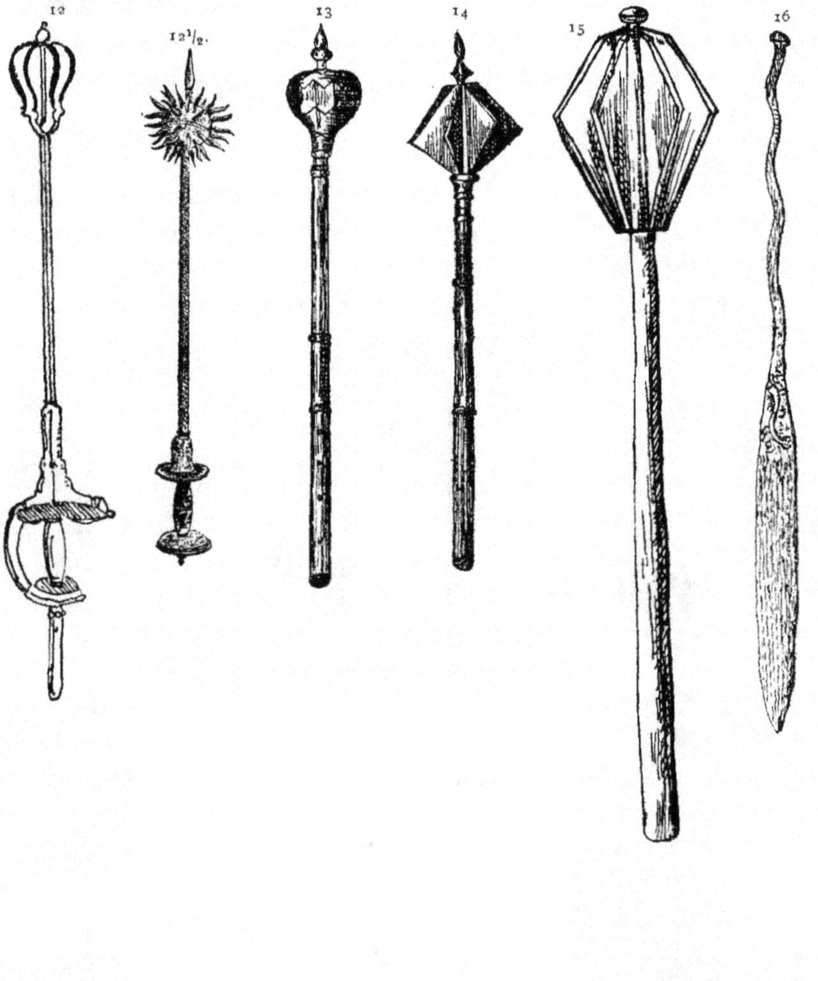

XXVII.

Der Morgenſtern.

Dieſer Streitkolben, am häufigſten mit langen Stangenſchaft verſehen und mit eiſernen oder hölzernen Stachelſpitzen bedeckt, war auch ſchon bei den Alten, aber wohl meiſt kurzſchäftig, gebräuchlich, ſowie davon im vorhergehenden Abſchnitte der Streitkolben die Rede geweſen iſt (clava — cateja u. a. m.) Mehrere metallene Überreſte ſolcher Waffen aus der ſogenannten Bronzezeit ſind in verſchiedenen Muſeen vorhanden. Der S. 176 abgebildete langſchäftige und auch eiſenbeſtachelte Streitkolben des Adjemiters (Adjemi, perſiſche Provinz) kann wohl auch unter den Morgenſternen eingereiht werden (ſ. die griechiſchen S. 215 und die römiſchen(?) S. 282.

Der in Deutſchland und der Schweiz ſehr verbreitete Morgenſtern (franz. masse d'armes herissée de pointes, morningstar im Engl.) hat ſeinen Namen durch ein trauriges Wortſpiel erhalten: mit Stachelſpitzen wurde der auf dem Felde oder in der Stadt überraſchte Feind am Morgen — begrüßt.

Wegen der Schnellichkeit und Leichtigkeit ihrer Herſtellung war dieſe Waffe ſehr volkstümlich. Der Landmann verfertigte ſie ohne Mühe mittels einer Handvoll dicker Nägel und eines jungen Baumſtammes. Man findet ſie maſſenhaft in den Bauernkriegen, von denen Deutſchland wiederholt heimgeſucht worden iſt, verwendet und die Schweizer Zeughäuſer beſitzen eine große Zahl ſolcher Waffen.

Es giebt auch Reitermorgenſterne, d. h. Streitkolben mit Stacheln und kurzem Stil wie ein Hammergriff; ſie ſind gewöhnlich beſſergearbeitet als die mit langem Schaft verſehene, für das Fußvolk beſtimmte Waffe. Einige kurze mit Eiſenſtacheln bedeckte Streitkolben haben ſogar Feuerrohre und werden alsdann Schießprügel genannt. (S. Nr. 8.)

Synagogendachkrönungen wie die hier abgebildete in gegoſſener Bronze werden oft auch irrtümlicherweiſe für Morgenſterne gehalten.

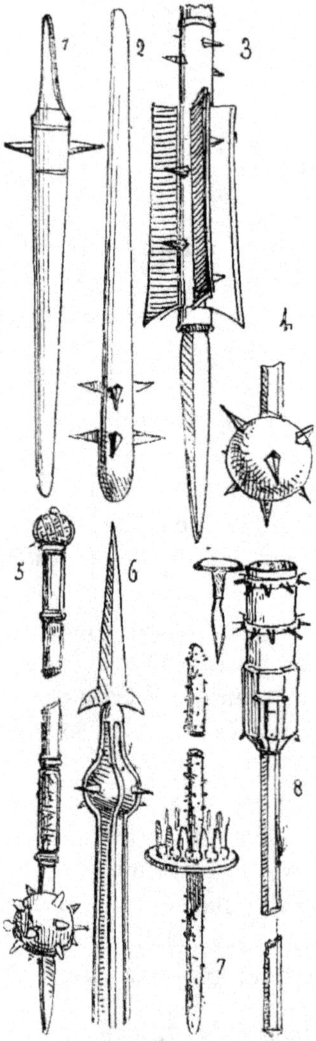

1 und 2. Morgenſterne, die eigentlich den Waffen der ſogenannten Eiſenzeit hätten eingereiht werden müſſen, inſofern ſie nach der aus dem 4. Jahrhundert herrührenden Theodoſiusſäule in Konſtantinopel abgebildet ſind.

3. Schweizer Morgenſtern aus dem 15. Jahrhundert auf langem Schaft. Die mit vier Klingen und einem Speereiſen beſetzte Oberſchäftung mißt 45 cm. — Gymnaſium zu Murten.

4. Schweizer Morgenſtern aus dem 15. Jahrhundert, mit einer auf langem Schaft befindlichen und mit eiſernen Stachelſpitzen geſpickten Kugel. — Berner Muſeum.

5. Kurzer Morgenſtern, wahrſcheinlich für die Reiterei, durchweg aus ciſelirtem Eiſen, mißt 65 cm und iſt mit einem Schwert verſehen, das vermittelſt einer Feder in den Stiel gleitet. — Muſeum in Sigmaringen.

6. Morgenſternkorſeke auf einem langen, mit Eiſen beſchlagenen Schafte. — Sammlung Az in Linz.

7. Morgenſtern, $3^{1}/_{2}$ m lang, mit Klingenkorb, vom Ende des 15. Jahrhundert. — Wiener Stadtzeughaus.

8. Morgenſtern mit Feuerrohr, auch Schießprügel genannt, vom Ende des 14. und vom Anfange des 15. Jahrhunderts. Sammlung des Prinzen Karl in Berlin, Meyrick, Ambraſer Sammlung ſowie im Muſeum zu Sigmaringen. — Man beſitzt auch ganz ſo gleichförmige Morgenſterne mit im Innern angebrachten vierfachen Schießvorrichtungen, welche oben mit einen Scharnierdeckel verſchloſſen ſind.

XXVIII.

Der Kriegsflegel, auch Erozis, Trummel[1]) *Ziskaftern* (im Oftr. auch Drifchel, in Rufsland Kiften) genannt.

Diefer Kriegsflegel mit an den Enden der Ketten befindlichen Metallkugeln hieß bei den Alten *μάστιξ*, lat. flagrum fimbriatum, auch scorpion (nicht zu verwechfeln mit dem scorpio, us und os, einer Art Manubalista oder Gastrafetes, wahrfcheinlich in der Form der fpäteren Armbruft — f. Ab. Kriegsmafchinen). S. 152 ift ein folcher altindifcher, S. 185 ein ägyptifcher, und S. 217 ein griechifcher Kriegsflegel abgebildet.

Diefe Waffe, deren Name die Form andeutet (lat. flagellum, franz. fléau, engl. military-flails und auch holy water-springlers[2]), fpan. trillo de guerra, ital. trebbia de guerra, d. i. Sprengwedel, in Anfpielung auf die Form und auch auf das Blut das fie vergießen läßt), befteht aus dem Schafte und dem Schläger mit oder ohne Eifenfpitzen, oder dem Schafte und der in eine eiferne oder hölzerne, mit Nägeln befpickte Kugel endigenden Kette. Im »Weiskunig» wird diefe, da an langem Schaft dargeftellte Waffe, Tryfchl genannt.

Der Urfprung des Kriegsflegels geht, wie angeführt, bis ins Altertum zurück.

Bei den Alten dienten folche Flegel, welche die Römer alsdann flagrum nannten, auch zum Züchtigen der Sklaven. Diefes flagrum talis tesselatum hatte aber keine Kugeln an den Enden der

---

1) «8 Trumeln mit 8 Schlegel darzu. Inventarium über das obere und untere Zeughaus aus dem Fürftl. Bifchofl. Olmütz. Schlofs Mirau Aprilis 1691»

2) Man giebt diefen Namen ebenfo, aber mit Unrecht dem Morgenftern.

Riemen oder Ketten, ſondern nur Knochenſtücke. Das flagrum fimbriatum hatte ſelbſt gar keine Knoten.

Attila (Etzel, Godegieſel, Gottesgeißel, fléau de Dieu; 434—453) König der Hunnen, des Volkes, von welchem die Magyaren, ungariſchen Überlieferungen vom 12. Jahrhundert nach, abzuſtammen glauben, ſoll als Lieblingswaffe, ebenſo wie andere hunniſche Heerführer noch einen gewaltigen neuſträngigen Kriegsflegel geführt haben, weshalb man für denſelben auch die Bezeichnung Hunica und Attila begegnet. Sicheres iſt aber über die Hunnengeißel nicht bekannt.

Das Standbild im Naumburger Dom (11. Jahrhundert) des Gründers dieſes Bauwerkes iſt damit bewehrt, desgleichen das Standbild des Paladins Olivier am Dome zu Verona.

Die Abtei Roncevaux glaubt ſelbſt zwei Kriegsflegel zu beſitzen, welche Roland und Olivier (8. Jahrhundert) angehört haben ſollen. Jede der davon mit Ketten an den Kolben befeſtigten Kugeln wiegt acht Pfund.

Der in der Schweiz und in Deutſchland während des 15. Jahrhunderts ſehr verbreitete Kriegsflegel war in England ſeit der normanniſchen Eroberung (11. Jahrhundert) bekannt und findet ſich noch unter der Regierung Heinrichs VIII. (1509—1548) vor; indes wurde er zu dieſer Zeit wenig und nur in Laufgräben und auf Schiffen gebraucht. Die Kriegsflegel mit kurzem Stiel ſind beſonders in Rußland und in Japan in Gebrauch geweſen.

Daß ſich der Kriegsflegel auf langem Schafte ſelbſt in der

Fechtkunſt eingebürgert, geht aus der hier überſtehenden Abbildung (J. Sutor, «künſtliches Fechtbuch» u. ſ. w. 1612) hervor.

Der Ziskaſtern ſcheint von der kalmückiſchen oder ruſſiſchen Knute abzuſtammen. Er war eine der beliebteſten Waffen der Böhmen während des Huſſitenkrieges, da ja bekanntlich der ſchreckliche Ziska ſelbſt den Kriegsflegel neben dem Schwerte trug. Die Gewandtheit der Huſſiten im Gebrauch dieſer ihrer Nationalwaffe war

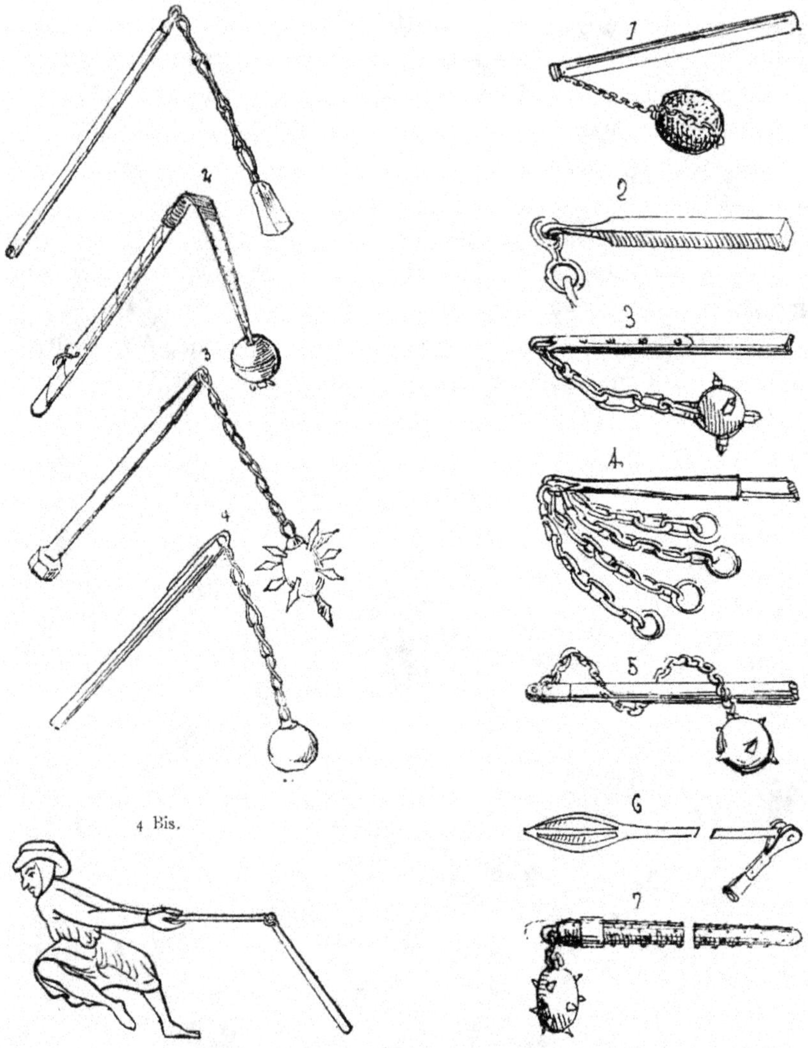

ſo groß, daß ſie 20—30 Schläge damit in einer Minute austeilen konnten.

Der Skorpion iſt eine Art Kriegspeitſche oder Knute mit drei oder vier Ketten.

1. Kriegsflegel aus dem frühen Mittelalter. Der Stiel aus Eifenholz, alles übrige von Eifen. Gefunden im Schloßberg bei Tilfit. — Sammlung Blell, früher zu Tüngen.

2. Kalmückenknute von Leder mit Eifenkugel.[1])

3. Ziskaftern, 57 cm lang, achtkantiger Stiel, Holzkugel mit 13 Eifenfpitzen. — Sammlung Blell, früher zu Tüngen.

4. Erozis oder Trummel. Holzftiel mit Kette und Kugel von Eifen, bei Pilten gefunden. — Sammlung Blell, früher zu Tüngen und Mufeum zu Mittau.

4 Bis. Kriegsflegelfchläger vom 13. Jahrhundert. — Handfchrift des Math. Paris.

1. Deutfcher Kriegsflegel aus dem 11. (?) oder 13. Jahrhundert, mit Kette und Kugel ohne Stachel, nach der Bildfäule eines der Gründer des Naumburger Domes.

2. Eiferner Kriegsflegel ohne Stacheln auf einem langen Schafte, wahrfcheinlich aus dem 14. Jahrhundert. — K. 83 im Artillerie-Mufeum zu Paris.

3. Kriegsflegel mit Kette und Stachelkugel, an langem Schaft, wahrfcheinlich aus dem 14. Jahrhundert. — Artillerie-Mufeum zu Paris.

4. Kriegsflegel mit vier Ketten, ohne Kugel auch Skorpion genannt, Huffitenwaffe des 15. Jahrhunderts. — National-Mufeum zu Prag.

5. Englifcher Kriegsflegel mit Kette und Stachelkugel, au langem Schafte, aus der Regierungszeit Heinrichs VII. (1485—1509). — Sammlung Llewelyn-Meyrick

6. Schweizerifcher Kriegsflegel mit Eifenfchläger auf langem Schafte. — Genfer Zeughaus.

7. Kriegsflegel mit kurzem Griff, 78 cm lang. — Bayerifches National-Mufeum zu München.

8. Deutfcher Kriegsflegel aus dem 15. Jahrhundert, an einem fehr langen Schafte befeftigt. Der Schläger ift mit 12 Stachelfpitzen befetzt.

9. Schweizerifcher Kriegsflegel aus dem 15. Jahrhundert, mit viereckigem Schläger ohne Spitzen. Er hängt an einem langen Schafte.

[1]) Eine ähnliche Schlagkugel, aber zum Kriegsgebrauch, welche früher in Rufsland zu den Angriffswaffen gehörte, hiefs Kiften.

9 Bis. Schweizeriſcher Kriegsflegel mit hängender Eiſenkeule, vom 15. Jahrhundert. — Muſeum zu Naumburg.

10. Altruſſiſche Knute[1]) mit kurzem Stiel. — Dresdener Muſeum.

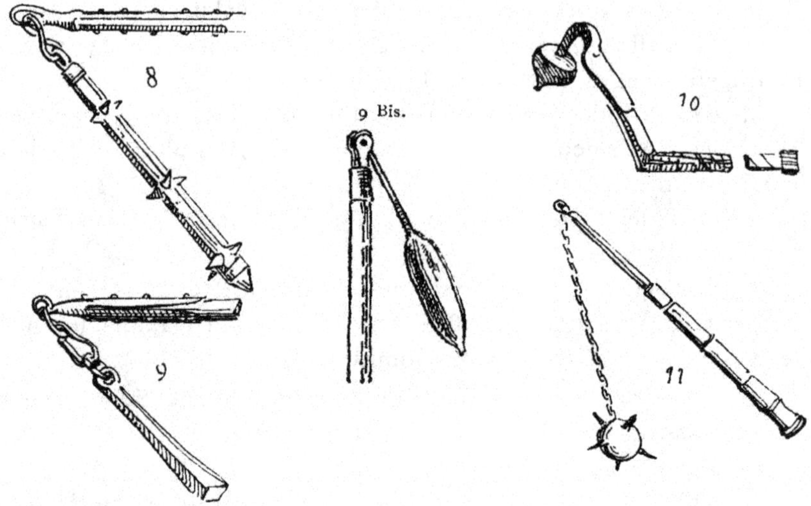

Der Kantſchu, ſlav., iſt eine kurze aus Riemen geflochtene Peitſche wie auch die katariſche Karbatſche; ſie dienen wie die Knute zu Geißelungen.

11. Japaniſcher Kriegsflegel. Der Stiel mißt nur 65 cm und die am Ende der Kette befindliche Kugel iſt mit ſehr ſcharfen Stachelſpitzen verſehen.

---

[1]) Die gegenwärtig in Rufsland als Strafwerkzeug angewendete Knute weicht wenig von der alten ab. Dafs bei dem heutigen Stande der Zivilifation ein folches Inftrument noch in Gebrauch fein könne, ift kaum glaublich.

XXIX.

Die Kriegsſenſe.

Die Kriegsſenſe (δρεπάνη, δρέπανον, ἅρπη, lat. falx, ital. falce combatimunta, ſpan. guadana de combata, franz. faux de guerre) iſt die gerade gerichtete Ackerſenſe; ihre Klinge bildet eine etwas gebogene Linie über dem langen Schafte. Sie hat nur eine innere Schneide, gegen welche die Spitze leicht geneigt iſt, wo hingegen bei der ebenfalls einſchneidigen Sichel (lat. auch falx) die gekrümmte Spitze gegen den Rücken der Klinge wie beim Säbel zurückweicht und das Eiſen der Gläfe oder Schwertgläfe, was ſchon der Name Schwert andeutet, gleich dem Hieb- und Stoßſchwert zwei Schneiden hat.

Senſenwaffen, beſonders die ſogenannten Senſenſchwerter, wo auch, ſtatt daß die Schneide wie beim Säbel auf der äußeren Krümmung, an der inneren Krümmung lief, kommen bei Römern unter den Name Ensis falcatus oder hamatus (S. 196), mehr aber noch als Krummſchwerter im Mittelalter vor (ſ. S. 536 Bis das Senſenſchwert mit Runenkalender u. a. m.)

Auch die Franken hatten bereits ſenſenförmige Waffen mit Haken. Während des Bauernkrieges wurden in Öſterreich die Schmiede, welche ſich dazu hergaben, die Ackerſenſen in Waffen umzugeſtalten, mit dem Tode beſtraft. Die polniſchen Senſenmänner von 1791 hießen Kosziniere.

1. Rechtwinklig vom Schafte ab gerichtete Kriegsſenſe aus dem 9. Jahrhundert. — Weſſobrunner Handſchrift vom Jahre 819 in der Münchener Bibliothek.

2. Sichelartige böhmiſche Kriegsſenſe aus dem 13. Jahrhundert. — Handſchrift Weleslav in der Bibliothek des Fürſten Lobkowitz in Raudnitz.

3. Kriegsſenſe aus dem 14. Jahrhundert. — K. 145 im Artillerie-Muſeum zu Paris.

4. Schweizeriſche Kriegsſenſe aus dem 14. und 15. Jahrhundert. — Arſenale zu Solothurn und Zürich. Kriegsſenſen von ungeheurem Umfange (Klingen von 1,30 m bis 140 m Länge) dienten den öſterreichiſchen Tſchaikiſten, um die Bemannung der feind-

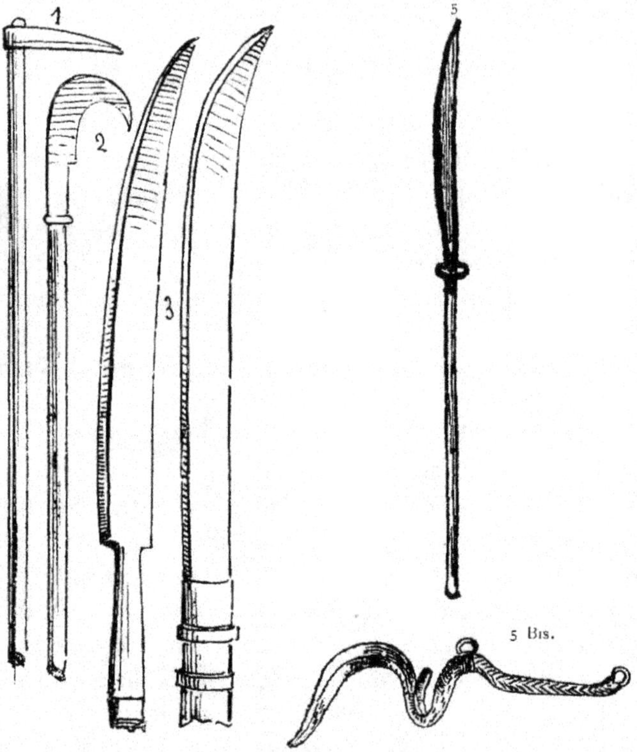

lichen Boote auf der Donau wegzumähen. Die dieſen Namen führenden öſterreichiſchen Soldaten hatten denſelben von den Tſchaiken, einer Art Pontons. — Kaiſerl. Arſenal zu Wien.

5. Franzöſiſche Kriegsſenſe vom 15. Jahrhundert, nach der Handſchrift «Chronique de Froiſſart» 1440—1450) in der National-Bibliothek zu Paris.

5 Bis. Kampfſenſe der Bornuer (Bornu Negerreich des Sudan in Mittelafrika).

XXX.

Die Sichel.

Die Sichel, oder geeigneter Kriegsſichel genannt, (lat. auch falx wie die Senſe, wovon franz. fauchard, engl. war-siokle, ſpan. falce de guerra, ital. falciuolo diguerra) worunter eine Art auch Brechmeſſer heißt und, mit der Gläfe verwechſelt wird, hat gleich der Kriegsſenſe von der ſie abſtammt, nur eine, aber wie der Säbel, an der gewölbten Seite befindliche Schneide, deren Spitze nach dem Rücken zurückweicht, während ſich bei der Kriegsſenſe die Schneide an der ausgehöhlten (konkaven) Seite befindet. Der obere Teil des Eiſens oder ſeine Spitze iſt zuweilen doppelſchneidig und ſein Abſatz hat oft einen Haken. Die Sichel war beſonders im 13. Jahrhundert in Frankreich in Gebrauch, wie deren Erwähnung in dem Gedichte «Trente» beweiſt. Im 17. Jahrhundert wurde auch dieſe Waffe, aber unter dem Namen Koſa (v. Couse?, couteau?) von der Leibwache des polniſchen Hofes geführt. Beſonders ſtark ſcheint dieſe Stangenwaffe aber auch in Italien während des 16. Jahrhunderts verbreitet geweſen zu ſein. da im Hogenberger: «Einzug Karls V. und Clemens' VII. zu Bologna» die zahlreiche Folge Leons I. mit Kriegsſicheln auf langem Schafte wie die Karls V. mit Gläfen bewehrt ſind.

Sichelförmige Waffen reichen ebenſo wie die hier vorhergehend behandelten Senſenwaffen ins Altertum hiuauf, wo u. a. eine auf den Kriegsſchiffen zum Zerſchneiden des Tauwerks feindlicher Schiffe eingeführte Stangenſichel Drepanon hieß.

1. Burgundische Kriegssichel aus dem 15. Jahrhundert. — Handschrift in der Bibliothek des Arsenals zu Paris.

1 Bis. Französische Kriegssichel nach einer Kleinmalerei der Handschrift: «Le Romuléon, histoire des Romains» vom 15. Jahrhundert, in der National-Bibliothek zu Paris.

2. Schweizerische Kriegssichel mit Hellebardenaxt aus dem 16. Jahrhundert. — Museum in Sigmaringen.

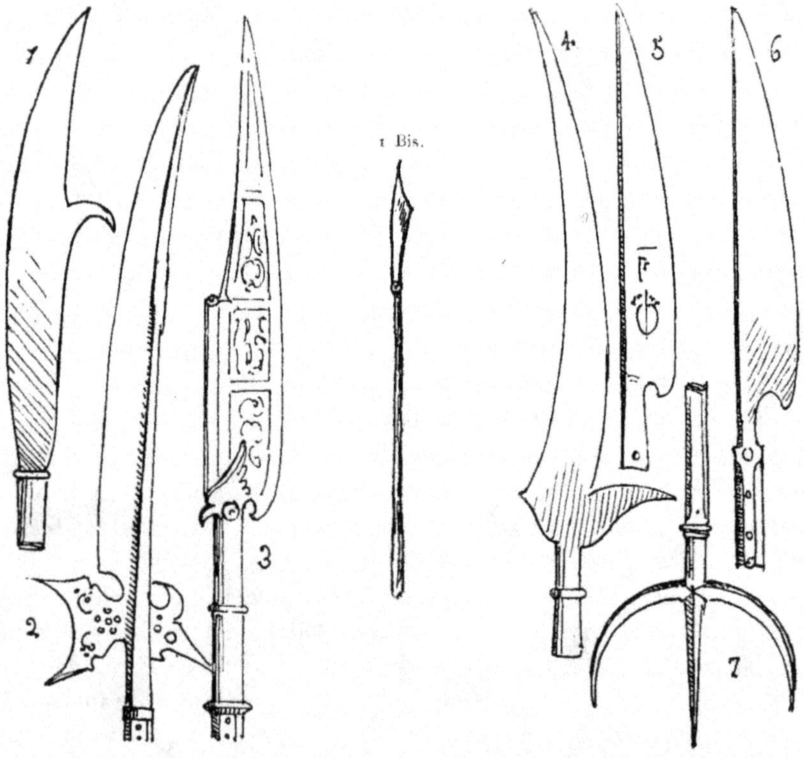

3. Deutsche Kriegssichel aus dem 13. Jahrhundert, mit Radpistole. Sie ist reich tauschirt. — Münchener National-Museum.

4. Kriegssichel, Krakuse genannt, aus dem 16. Jahrhundert. — Sammlung Klemm in Dresden.

5. Deutsche Kriegssichel[1]) mit dem Wappen des Königs Ferdinand, dem Orden des goldenen Vließes und mit einem F. verziert. — Sammlung Llewelyn-Meyeick.

[1]) Diese Gattung Sichel wird auch Brechmesser genannt. Sie war besonders in Österreich und anderen Teilen Deutschlands in Gebrauch, wo sie sich bis ins 18. Jahrhundert erhalten hat.

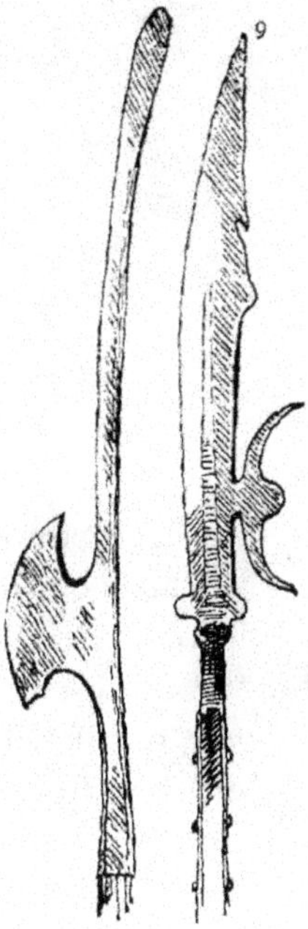

6. Deutſche Kriegsſichel, großes Modell aus dem 16. Jahrhundert. Sie trägt die Jahreszahl 1580 und das bayeriſche Wappen. — K. 156 im Artillerie-Muſeum zu Paris.

7. Dreizackige Sturmſichel[1]) aus dem 17 Jahrhundert. Deutſche Waffe, deren Eiſen von ungewöhnlicher Größe iſt. (Breite 1,60 m.) — Kaiſerl. Arſenal zu Wien.

8. Sturmſichel mit Beil vom 16. oder 17. Jahrhundert, welche unbegründet, auch in einigen Sammlungen als Krakuſe figurirt. — Sammlung Ulmann.

9. Sturmmondſichel, vom 16. oder 17. Jahrhundert. — Sammlung Ulmann, München.

[1]) Auch Magdeburger Sturmsichel genannt und zur Verteidigung der Brechen benutzt.

XXXI.

Die Gläfe oder Glefe.

Wie anfangs des Abfchnittes der Schwerter (S. 710) bereits angeführt ift, wurde im Mittelalter auch ein 4—6 m langer Speer Glefe genannt. Die hier behandelte Glefe (v. lat. gladius) oder beffer Schwertglefe auch Panzer- oder Stangen-Roßfchinder[1]) fowie spectum (v. lat. sparum oder sparus[2]) genannt (franz. guisarme oder glaive-guisarme, engl. gisarme), welche von englifchen Schriftftellern faft durchgängig mit der Hellebarde, die erft fpäter erfcheint, verwechfelt wird, war anfänglich ein auf langem Schaft befindliches Schwert. Hauptfächlich unterfcheidet fich diefe Waffe von der Kriegsfenfe und der Kriegsfichel dadurch, daß fie meift, (aber nicht immer) zweifchneidig ift, eine Krümmung nach der einen, der fchneidigen Seite, und oft dabei noch eine fpießartige Spitze oben, an anderen unten auch Haken hat. Der Urfprung der Schwertgläfe reicht in die keltifche (?) und germanifche Zeit der Bronzeperiode hinauf, während welcher bei mehreren Völkern der Brauch herrfchte, Schwerter oder Degen von der Form der Skramafaxen, aber fowohl ein- wie zweifchneidig, an langen Schäften befeftigt zu tragen. Die Bewohner von Wales nannten fie Llawnawr, welcher Name von cleddyr oder gleddyr abzuleiten ift. In einigen Teilen Deutfchlands hat der Name Gläfe demjenigen des Senfener mit Spitzen Platz gemacht. Der franz. Name Guisarme fcheint von Guisards oder Anhänger der Guifen, die damit bewaffnet waren, herzukommen. Jedoch legt der Chronift Olivier de la Marche, geb. 1426, dem Namen guisarme ein hohes

[1]) Rofsfchinder ift eine Benennung, die fich auf die Gewohnheit des Fufsvolkes bezieht, die Kniekehlen der Ritterpferde mit diefer Waffe zu durchfchneiden. S. S. 766 No. 25 II. den kurzen Rofsfchinder.

[2]) Bei den Römern die Waffe des Landvolkes, welchen fie zum Stofs und Wurf diente. S. Verg. Aen. XI, 682: «Agrestes sparus», fowie Serv. ad. l.:«telum rusticum». (f. S. 273, und auch S. 217 die griechifche Harpe — ἅρπη)

Altertum bei und meint auch, daß diefe Waffe von dem ehemals beftehenden Gebrauch, einen Dolch an das Ende einer Axt zu befeftigen, herzuleiten fei.

Im 16. Jahrhundert fcheint die Gläfe in Deutfchland fehr verbreitet gewefen zu fein, wie dies aus vielen Abbildungen hervorgeht, fo u. a. aus der Darftellung des Einzuges Kaifer Karls V. und des Papftes Clemens VII. zu Bologna 1530, wo die ganze kaiferliche Umgebung mit Gläfen bewaffnet ift.

Eine im Mittelalter unter den Namen fränkifcher Hocken (Haken?) vorkommende Waffe mit kurzem Stiel, einer Eifenfpitze mit Widerhaken, wovon kein Exemplar mehr vorhanden zu fein fcheint, mag wohl auch zu dem gläfenförmigen Waffen gezählt werden.

Glaive fowohl wie das franz. Glaivefchwert find vom lat. gladius — (ξίφος), kurzes Schwert, — abgeleitet. Gleve wurde auch oft in Deutfchland während des Mittelalters der 4—6 m lange Ritterfpeer genannt, wovon die Benennung Glevner, für den Knappen des Ritters und Glevenbürger für den unberittenen, befonders mit einer Glaive oder auch wohl mit einer Hellebarde bewaffneten Ptarizier der Städte herrührte.

1. Englifche Gläfe, welche man fchon an Standbildern der Weftminfterkirche aus dem 12. Jahrh. vorfindet. Noch in unfern Tagen bedienen fich die Chinefen diefer Waffe. Artillerie-Mufeum zu Paris.

2. Schweizerifche Gläfe aus dem 13. Jahrhundert. — Sammlung Troyon im Laufaner Kantonal-Mufeum.

3. Schweizerifche Gläfe aus dem 15. Jahrhundert. — Arfenal zu Solothurn.

4. Schweizerifche Gläfe vom Ende des 15. Jahrhunderts. — Mufeum in Sigmaringen.

5. Englifche Gläfe vom Ende des 15. Jahrhunderts.

6. Schweizerifche Gläfe vom Ende des 15. Jahrhunderts. — Arfenal zu Zürich und Sammlung Wittmann in Geifenheim.

7. Italienifche, reich gravierte Gläfe vom Ende des 15. Jahrhunderts. — Sammlung Llewelyn-Meyrick.

8. Gläfe mit einem 75 cm langen und auf einem eifenbefchlagenen Schafte befeftigten Eifen. Die Klinge trägt die Infchrift X. IVANI X. — Sammlung Az in Linz.

9. Schweizerifche taufchirte Gläfe aus dem 16. Jahrhundert. — Mufeum in Sigmaringen.

10. Italienifche Gläfe (auch zweifchneidig) der flavonifchen Garde der Dogen von Venedig. — Sie wurde nebft der Schiavona, einem Schwerte mit Korb, von jener Truppe getragen.

11. und 12. Desgleichen Mufeum Correr zu Venedig.

13. Pike mit Widerhaken aus dem 14. Jahrhundert, von belgifchen Archäologen Saquebute genannt. Nach einem Wandgemälde zu Genf, welches bewaffnete Männer der Fleifchergilde darftellt.

XXXII.

Die Kriegshippe.

Diese heutigen Tages ziemlich seltene Waffe (franz. vouge auch voulge, aber nicht serpe oder faulx, der Name der Hippe) lat. falx auch falculo, engl. war-hedging-bill, span. podadera de guerra, ital. ronca di guerra,) hat eine beilförmige oben zugespitzte Klinge. Oft tritt oder treten auch hier, wie bei der ebenfalls auf langer Stange geschäfteten Gläfe eine oder mehrere Stacheln am Rücken da heraus, wo bei der Hammeraxt der Hammer angebracht ist und deren Eisen am und nicht auf dem Stangenschafte haftet. Es ist dies eine der ältesten schweizerischen Waffen, die sich während des 15. Jahrhunderts auch in Frankreich stark verbreitete, wo sogar ein ganzes Korps Fußsöldner bestand, die den Namen Voulgiers führten. Viele Bogenschützen waren ebenfalls mit derselben ausgerüstet. Einige Schriftsteller belegen unrichtigerweise den Jagdspieß mit dem Namen Vouge, dessen Form jedoch nichts mit derjenigen dieser alten Kriegswaffe gemein hat.

1. Schweizerische Kriegshippe 35 cm lang, auf dem Schlachtfelde bei Morgarten (1315) gefunden. — Arsenal zu Luzern. Ähnliches Stück Sammlung Zschille in Großenhain.

2. Schweizerische Kriegshippe mit Haken aus dem 14. Jahrhundert.

3. Schweizerische Kriegshippe aus dem 14. Jahrhundert. — Züricher Zeughaus. Diese kommt auch noch in den Zeichnungen einer Handschrift aus dem 15. Jahrhundert der Sammlung Hauslab vor.

3 Bis. Deutſche Kriegshippe vom 15. Jahrhundert im Germaniſches-Muſeum zu Nürnberg.

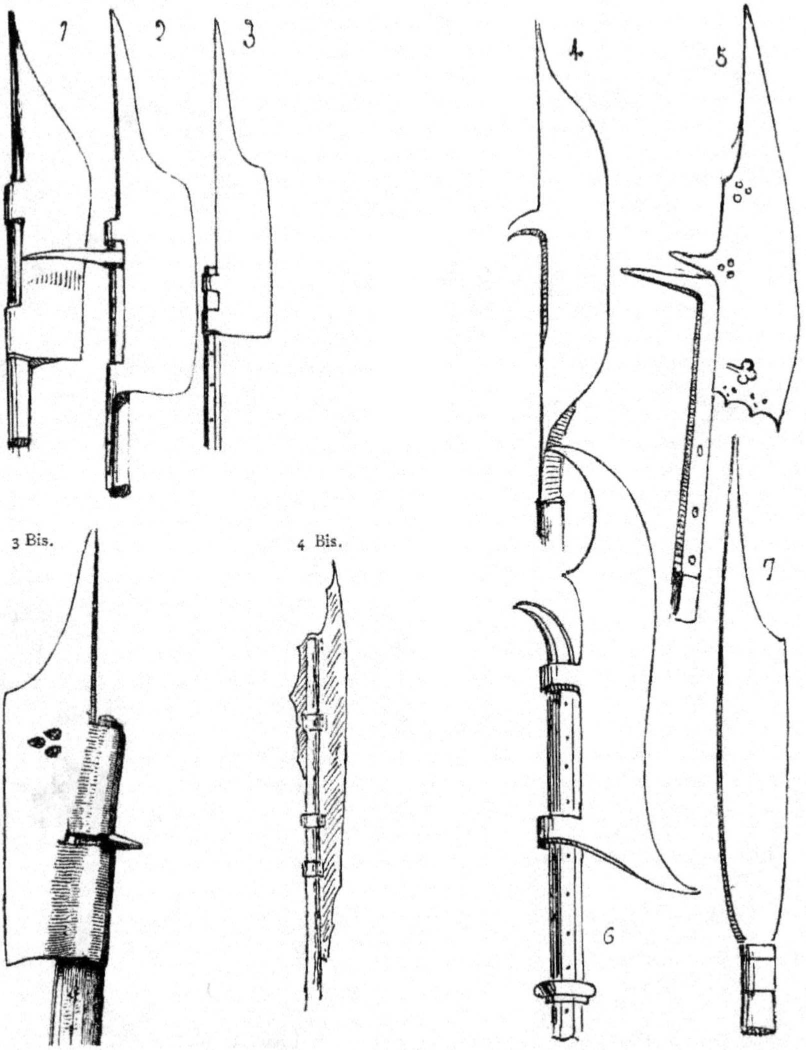

4. Schweizeriſche Kriegshippe vom Ende des 14. Jahrhunderts. — Sammlung Meyer-Biermann in Luzern.

4 Bis. Schweizeriſche Kriegshippe vom 15. Jahrhundert. Dieſe Waffe hat Ähnlichkeit mit der im Abſchnitt «Streitaxt» No. 9 und 9 Bis. abgebildeten Strelitzenaxte. — Zeughaus zu Genf.

5. Deutſche Kriegshippe vom Ende des 15. Jahrhunderts. — Sammlung Az in Linz.

6. Sächſiſche in der Schlacht bei Mühlberg (1547) erbeutete Kriegshippe. — Kaiſerl. Arſenal zu Wien.

7. Öſterreichiſche Kriegshippe, 60 cm lang. Sie rührt aus dem Bauernkriege (1620–1625) her, zu welcher Zeit ſie vermittelſt eines Pflugſchareiſens angefertigt worden iſt.

XXXIII.

Der Streithammer.

Der Streithammer (σφῦρα, lat. malleus, franz. marteau d'armes, altfranz. mail, ſpan. hachuela de mano, ital. mazza, engl. knocker). Bei den Alten kommt dieſe Waffe faſt nur in den Händen der Scythen, beſonders der fabelhaften Amazonen dieſes Volkes, aber mehr noch in Axthammerform oder mit Papageienſchnabel, (ähnlich der pipennis, δίστυμος πέλεκυς, ἀξίνη), vor. (S. die Abbildung und die Anmerkung S. 196.)

Wie viele ſonſtigen Hämmer hat dieſe Waffe gemeinlich eine Spitze (franz. tête), eine Haube (franz. oeil) genannte Stielöffnung und einen Schlag (franz. panne) d. h. eine der Spitze entgegengeſetzte Breitung und einen Stiel (franz. manche). Der Streithammer kommt einfach d. h. nur mit einem Schlage (einer Breitung) faſt gar nicht vor. Gemeinlich befindet ſich auf der dem Schlage entgegengeſetzten Seite ein gerader oder gekrümmter Spitzdolch (Stilet), außerdem auch noch über der Haube ein zweiter grader, bald kurzer, bald langer Spitzdolch oder eine Speerſpitze.

Der Streithammer ſcheint nicht bei den klaſſiſchen Alten gebräuchlich geweſen zu ſein, denn ihr σφῦρα., — malleus, diente, abgeſehen von der handwerklichen Anwendung nur den Schlächtern und dem popa zur Betäubung des zu opfernden Stiers, bevor hier der cultarius dem Tiere die Gurgel durchſchnitt, wie ſolches Ovid und Sueton bekunden. Dieſer hölzerne Schlächterhammer war kugelrund, was durch eine Abbildung davon auf der zu Rom durch die Fleiſcherinnung dem Septimus Severus (193—211 n. Ch.) errichteten Baulichkeit feſtgeſtellt iſt.

Miölnir oder Thorhammer war aber auch die Waffe des Donnergottes Thor der Germanen und anderer weniger gesitteten Völker während der sogenannten Stein- und Bronzezeitalter. Der frühfranzösischen Benennung, des im 14. Jahrhundert allgemein verbreiteten Streithammers verdankte schon Karl Martel seinen Kriegsnamen, und das Gedicht «Der Kampf der Dreißig» führt die Waffe wie folgt an:

Cil combattait d'un mail qui pesoit bien le quart
De cent livres d'acier, si Dieu en moi part.

Dieser 25 Pfund schwere Hammer war derjenige Tommelin Belforts. Man bediente sich selbst des Streithammers in den Zweikämpfen, wie Olivier de la Marche, geb. 1426, in seinen Denkwürdigkeiten an der Stelle bemerkt, wo er von der Begegnung Hautbourdins und Delalains spricht.

Englische Bogner führten auch als sonstige einzige Waffe einen dicken Holzhammer, der wahrscheinlich von innen zur stärkeren Wuchtigkeit Bleiguß enthielt. (S. d. Abbildung im Ab. «Bogen.»)

Selbst ein bleierner Reiterstreithammer war Zeitlang, besonders am Ende des Mittelalters, im Gebrauch, da derselbe im 15. Jahrhundert in England, Schottland und Frankreich, besonders aber in Burgund unter den Angriffswaffen eine hervorragende Rolle spielte (s. die Stücke im Museum zu Bonn, abgebildet hier No. 6III).

Mit dem Zigeunerworte Czakan bezeichnet man im Slavischen (ungarisch Czakany) eine Art Streithammer oder Bergstock. Auf kurzem Knüttelstiel ist hier der Hammer, welcher einen beilartigen oder spitzen Ansatz auf der entgegengesetzten Seite hat, mit Zwingen befestigt. Beim kaiserlichen Heiduckenkorps war derselbe Ende des 17. und Anfang des 18. Jahrhunderts im Gebrauch. «Teutscher Czakan» hieß dieser Bergstock, wenn er mit einer Schießvorrichtung versehen war.

Solche im Ungarischen auch Puzikan, und Pusdogan, im Russischen Tschekan genannte kurze Hammerstöcke wurden ferner, früher sowohl in Ungarn wie in Polen, von den höheren Offizieren als Zeichen ihres Standes geführt (s. die Abbildung weiterhin). In der Aufnahme vom Jahre 1691 der Waffensammlung auf dem Bergschloße Mürau in Mähren kommen türkische mit Edelsteinen eingelegte Pusikane, sowie eines davon mit vergoldeter Mondsichel und aus dem Stiele hervortretendem Dolche vor, auch ähnlich mit gekörnter Faden- (Filigran-) Arbeit.

Fokos hieß bei den Magyaren ein in Spitzen und Kugeln auslaufender Streithammer dessen Abbildung weiterhin No. 15 gegeben ist.

Der Reiterhammer (Palcut bei den Hussiten) mit kurzem Schaft, den die Ritter, gleich dem Streitkolben, an dem Sattel hängend mit sich führten, ist von fast ebenso alter Herkunft wie der Hammer mit langem Schaft. Antike Basreliefs im Louvre zeigen Amazonen, die ihre Feinde mit Äxten von kurzem Stiele und doppelter Schneide angreifen, von denen eine die Form hat, welche in der Waffenschmiedsprache Papageischnabel heißt; Falkenschnabel nannte man dagegen einen solchen auf langem Schafte befestigten Hammer mit weniger gebogener Spitze.

Der Reiterhammer war auch eine Hauptwaffe des um 1367 gegen den Kaiser und die Reichsstädte errichteten Schleglerbundes oder der Martinsvögel schwäbischer Ritterschaft (s. S. auch den S. 440 mit einen Papageienschnabelhammer Bewaffneten.)

1. Luzerner Hammer (franz. marteau d'armes, engl. polehammer) von Stahl aus dem 14. Jahrhundert, mit langem Schafte. — K. 84 im Artillerie-Museum zu Paris.

2. Stählerner, auf langem Schafte befestigter Streithammer aus dem 18. Jahrhundert.

3. Stählerner, auf langem Schafte befestigter schweizerischer Streithammer, aus dem 15. Jahrhundert. Diese Waffe, von der das Luzerner Arsenal eine ganze Anzahl Stücke besitzt, stellt den Typus des Luzerner Hammers vollkommen dar. — Sammlung Meyer-Biermann in Luzern und Museum in Sigmaringen.

4. Stählerner Streithammer mit langem Schafte vom Ende des 15. oder Anfange des 15. Jahrhunderts. Das daran sitzende Schwert hat über 90 cm Länge. — K. 88 im Artillerie-Museum zu Paris.

5. Stählerner, auf langem Schafte befestigter schweizerischer Hammer, nach einer Zeichnung Hans Holbeins (1497—1543), welche den Kampf Thiebauds v. Arx darstellt. — Österreichisches Museum in Wien.

6. Pikenhammer. Diese auf langem Schafte befestigte Waffe wurde von den Fähnrichen des ersten Kaiserreichs (1804—1814) getragen. — K. 275 im Artillerie-Museum zu Paris.

6 I. Streithammer, nach einem gotischen Bildwerke vom Jahre 1440, an der Thür des Rathauses zu Regensburg. Das daran

befindliche Wappen zeigt zwei gekreuzte Schlüſſel und die Ritterfiguren ſind mit Schallern behelmt.

6 II. Bleiſtreithammer, 1 kg ſchwer, 12/15 cm lang, eines

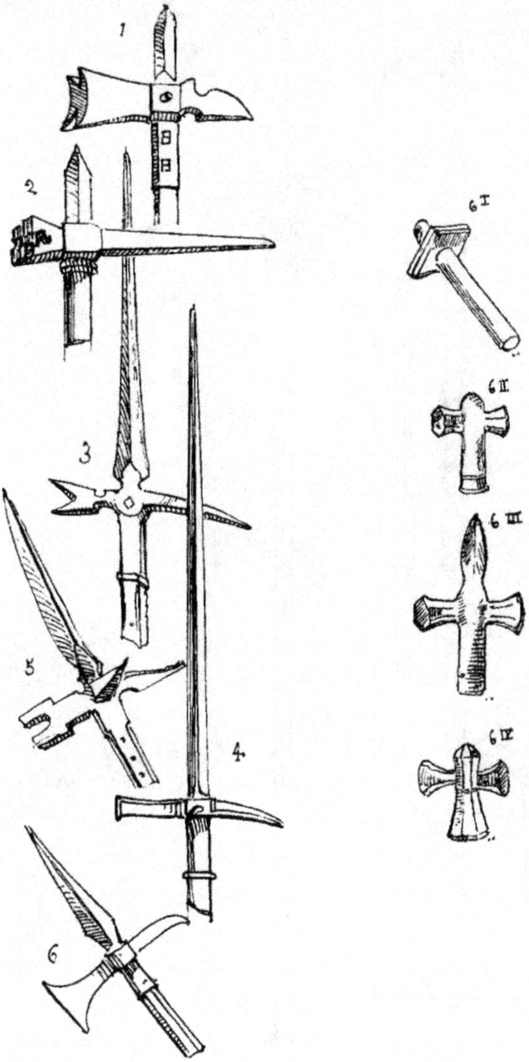

burgundiſchen Ritters. Das darauf abgebildete Emblem, durch Briquets (Feuerſteine) gebildete Orden des goldenen Vließes und das Andreaskreuz ſprechen für den burgundiſchen Urſprung. Dieſer Hammer iſt bei Neuß, auf welches Karl der Kühne (1474) vergeblich 56 Angriffe unternahm, gefunden worden.

6 III. Bleistreithammer eines burgundischen Ritters, aber oben mit einer Stahlspitze versehen.

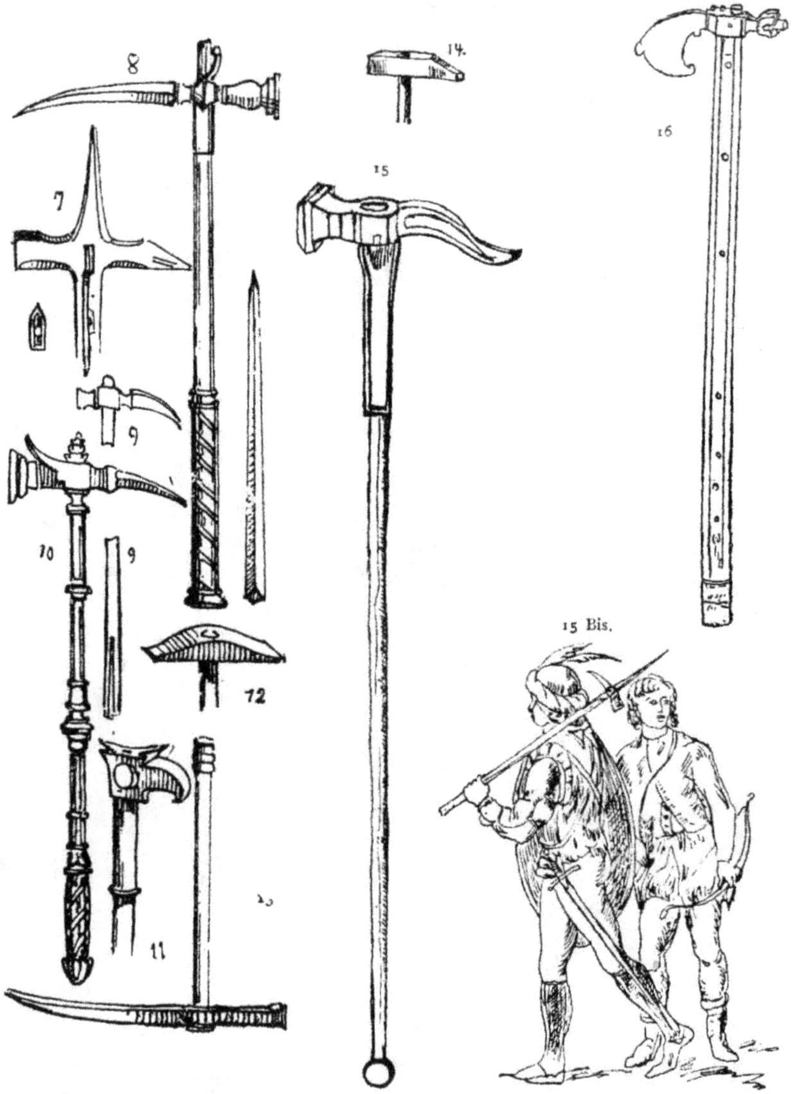

6 IV. Desgleichen. Die Waffe zeigt gotische Minuskeln: **hdboer.** Alle drei im Museum zu Bonn.

7. Eiserner Sattel- oder Fausthammer (franz. marteau d'armes de cavalier, engl. horsemen-hammer), 60 cm lang, mit hölzernem

Griff, mit in Kupfer ausgelegten gotifchen Verzierungen bei denen die Form des Efelrückenbogens auf das Ende des 15. Jahrhunderts hinweift. — Sammlung Renné in Konftanz.

8. Fauftftreithammer (1 m lang) eines Huffitenanführers aus dem 15. Jahrhundert, zugleich als Waffe und als Kommandoftab dienend. Der 40 cm lange Griff ift mit rotem Samt überzogen. Ein 75 cm langes Schwert tritt aus dem Hammer hervor, fobald auf einen Knopf an der Dille gedrückt wird. — Mufeum zu Sigmaringen.

9. Sattel- oder Faufthammer, fog. Falkenfchnabel, vom Ende des 15. Jahrhunderts. — Sammlung Llewelyn-Meyrick.

10. Sattel- oder Faufthammer, fogen. Falkenfchnabel aus dem 16. Jahrhundert, ganz aus cifeliertem Eifen; er ift 55 cm lang und mit Lilienverzierung. — Berner Zeughaus.

11. Sattel- oder Faufthammer aus dem 16. Jahrhundert, fogen. Papagei. — K. 69 im Parifer Artillerie-Mufeum.

12. Sturmhammer, den durch Branaulieu-Chaffardin befehligten Savoyarden im Jahre 1602 unter den Mauern Genfs abgenommen. — Genfer Zeughaus.

13. Sattel- oder Faufthammer mit fehr langer Rute, aus Eifen und Kupfer, mit hölzernem Schaft und Handgriff aus Elfenbein, aus dem 16. Jahrhundert. — Dresdener Mufeum.

14. Langer perfifcher Kriegshammer (Topor im Perfifchen.)

15. Fokos genannter ungarifcher Streithammer — Mufeum zu Peft. —

16. Cfákany genannter altungarifcher Streithammer oder Streithaken. — Mufeum zu Peft. — Eine ähnliche Waffe hieß in Galizien Topor.

15 Bis. Condottiere d. h. Anführer von italienifchen Söldnern mit der noch fehr mangelhaften Ausrüftung diefer Plünderer vor der Rückgriffszeit. Großer ovaler Schild, eine Art Brigantine, langer grader Stoßdegen mit nach dem Orte zugeneigten Querftangen und dem auf langem Schafte befindlichen Streithammer mit Falkenfchnabel und langer Dolchfpitze. Der dem Condottiere folgende Bogner ift felbft ganz fchutzrüftungslos. — Nach einem Gemälde vom 15. Jahrhundert. —

XXXIV.

Die Streitaxt.

Die Streitaxt im Mitteld. morthacke (*πέλεκυς*, securis d. h. Doppelaxt des Kriegers, auch *δίστομος*, *ἀξίνη*, bipennis d. h. zweischneidig, — f. Verg. Aen. V. 307; Plin. H. N. VIII, 8, fowie Tac. —, denn *σκέπαρνον*, ascia bezeichnet die Zimmeraxt; — franz. hache d'armes, fpan. hacha de armas, ital. azza, engl. battle-axe).

Abgefehen von den Stiellängen, welche auch Einteilungen erheifchen, giebt es fechs Hauptklaffen von Streitäxten. Einfache Äxte, zweifchneidige Äxte, welche wohl nur im Altertum im Gebrauch waren; Hammeräxte, wo der Schneide gegenüber, auf der Rückfeite dem fogenannten Schlag (franz. panne), ein Streithammer befindlich ift; Schnabeläxte, bei welchen ftatt des Hammers eine gerade oder gekrümmte Spitze hervorragt; Stachelhammeräxte, wo der Stachel über der Haube (Stielöffnung, franz. oeil) angebracht ift, und die Mondficheläxte (franz. hache croissart), deren meift halbmondförmiges Eifen fehr verfchiedenartige Größen, Längen und Ausfchweifungen darbietet.

Bei den altzeitigen Völkern kommt die Streitaxt wovon bereits S. 136 v. d. Steinzeit, S. 152 für Indier und 185 für die der Ägypter, befonders die Tem genannte Keulenftreitaxt, S. 163 für die Affyrer, S. 267 für die der Amazonen und S. 272 für die der Römer Abbildungen gegeben find, oft vor. Sowohl die Amazonen (Vafenbildern nach) wie die Römer hatten außer den einfchneidigen auch zweifchneidige, von den letzteren bipennis genannte Streitäxte, wonach die damit bewaffneten Bipennifer genannt wurden. Die franzöfifche Benennung hache d'armes ift nicht vom lat. ascia, fondern vom deut. Haken abzuleiten. Das altd. Pusikan wird zur Benennung der Streitaxt in Wappen gebraucht.

Im Mittelalter hatten gemeinlich die Reiterſtreitäxte einen kurzen Stiel (engl. battle-axe) und die Fußſtreitaxt einen langen Schaft (engl. pole-axe d. h. Pfahlaxt, auch Lochhaber).

Wie das Beil, von dem ſie abſtammt, iſt dieſe Waffe eine der älteſten; während der ſogenannten Stein- und Bronzeperioden war ſie die am meiſten verbreitete und die Lieblingswaffe der germaniſchen Stämme.

Die Axt der Franken, die berühmte längliche Franziska (ſ. S. 337 Nr. 44), hatte einen kurzen etwas gebogenen Stiel, während ſie bei den Sachſen in breiter, ganz anderer Form (ſ. S. 336 Nr. 34 a) auf einem langen Schaft befeſtigt war, der bei den Angelſachſen eine ſolche Länge hatte, daß ſie, wie oben angeführt, pole-axe oder Pfahlaxt genannt wurde, denn das Wort pole bedeutet ebenſowohl Pfahl als Haken. Auch die Streitaxt der Burgunder (ſ. Nr. 43 S. 337) waren der Franziska ähnlich in Form und Handhabe.

In der Schlacht bei Haſtings im Jahre 1066, wo Harald II. von Wilhelm dem Eroberer beſiegt wurde, ſchlugen die Sachſen anfänglich mit Erfolg die wiederholten Angriffe der Normannen ab, die ſie in großer Anzahl mit ihren langen Kriegsäxten (den Pol- oder Pfahläxten?) töteten; dieſe Äxte hatten eine Länge von $1\frac{1}{2}$ m. Auch auf dem Teppich von Bayeux ſind Streitäxte dargeſtellt, welche aber weder Spitze noch Haken haben und ebenſo einfach wie das Hausbeil und die Franziska zu ſein ſcheinen.

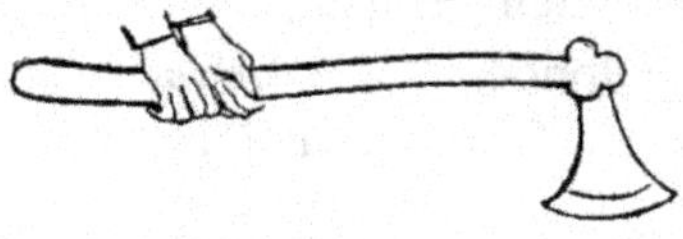

Angelſächſiſche Streitaxt mit kurzem Schaft. 11. Jahrhundert. — Teppich von Bayeux.

Unter Karl III. von Frankreich (898—929) waren deſſen «gens d'armes» mit Streitäxten bewaffnet, welche keinen Hammer, aber eine an der Haube (franz. oeil), d. h. der Stielöffnung aufliegende Spitze (wie die unter No. 31 hier abgebildete Sattelaxt) hatte.

Die Fußſtreitaxt des 14. Jahrhunderts gleicht denen der vorhergehenden Jahrhunderte in keiner Weiſe mehr. An der einen Seite Axt, bildet ſie an der entgegengeſetzten Seite entweder einen Hammer mit Diamantſpitzenſchaft oder die ſcharfe Spitze eines Streithammers, nur gewöhnlich mehr gekrümmt und umfangreicher, was man Falkenſchnabel nannte, während ſie Papageiſchnabel hieß, sobald sie, wie bei so formigen Streithämmern, einen ganz krumm auslaufenden Teil der kurzgestielten Waffe ausmachte und die Spitze gekrümmter war.

Mitunter hat derselbe auch einen längeren Speer, eine Art Schwert, am oberen Ende der Haube (franz. oeil), d. h. an der Stielöffnung.

Im 16. und 17. Jahrhundert führten die Reiter oft Stechschnabelstreitäxte, welche Satteläxte hießen, wovon hier unter Nr. 31 1/5 die Abbildung gegeben ist.

Die kurzgestielte Reiteraxt, auch Barte genannt, die Waffe der Ritterschaft, zeigt vom Ende des Mittelalters an bisweilen ein in den Stiel eingefugtes Feuerrohr — sei es die anfängliche oder die Radpistole.

Die kurzgestielte Streitaxt war, wie schon angeführt den Alten wohl bekannt. Man sieht sie nicht selten und in verschiedener Form an den Streitwagenkämpfern, aber auch bei dem Fußvolk der Assyrer und Ägypter; ebenso in den Händen von Amazonen und Scythen in griechischen Vasenmalereien.

Eine eigentümliche, sehr langschneidige Form hatten in Rußland die auch auf langem Schafte befestigten Streitäxte der Strelitzen (s. Nr. 9) ähnlich den anderen länglichen, Bardyche genannten ebenfalls russischen Streitäxten.

Topor ist der Name des, besonders in Galizien, bei den Huzulen noch im 18. Jahrhundert gebräuchlichen Beilstockes, und Fokos heißt der kurze ungarische Beilstock mit mondsichelförmiger Schneide und breitem, dieser gegenüber angebrachten Schlag (Hammer), in Eisen oder in Messing, dessen sich besonders als Wurfwaffe die Hirten bedienen und wovon bereits im Abschnitt Streithammer die Rede gewesen ist.

Die Prunkaxt (Bergbarte) der sächsischen Bergknappen, sowie die Schiebarte der Weiß- oder Faßbinder sind keine Kriegswaffen.

Tomahawk heißt die Hammerstreitaxt der nordamerikanischen Rothäute. Derselbe mit noch kürzerem Stiel ist auch manchmal mit der Friedenspfeife, dem Calumet, verbunden. Die von den Rothäuten geführten Wurfkugeln heißen Bolas.

Gegenwärtig werden in den europäischen Heeren nur die Pioniere mit Äxten versehen, aber in der Marine sind immer noch die Enteräxte (franz. haches d'abordage) im Gebrauch (s. im Abschnitt der amerikanischen Waffen die Bronzeäxte S. 157).

A. Mit der Fußſtreitaxt auf langem Schaft (pole-axe) bewaffneter Angelſachſe vom 11. Jahrhundert. — Teppich v. Bayeux.

1 und 2. Fußſtreitaxt mit langem Schaft, vom Ende des 11. Jahrhunderts. — Teppich v. Bayeux.

$1\frac{1}{2}$. Mondſichelförmige Fußſtreitaxt nach einer Handſchrift vom 13. Jahrhundert.

2 Bis. Eiſerne mit Kupfer tauſchirte Streit- (?) Axt vom 11. oder

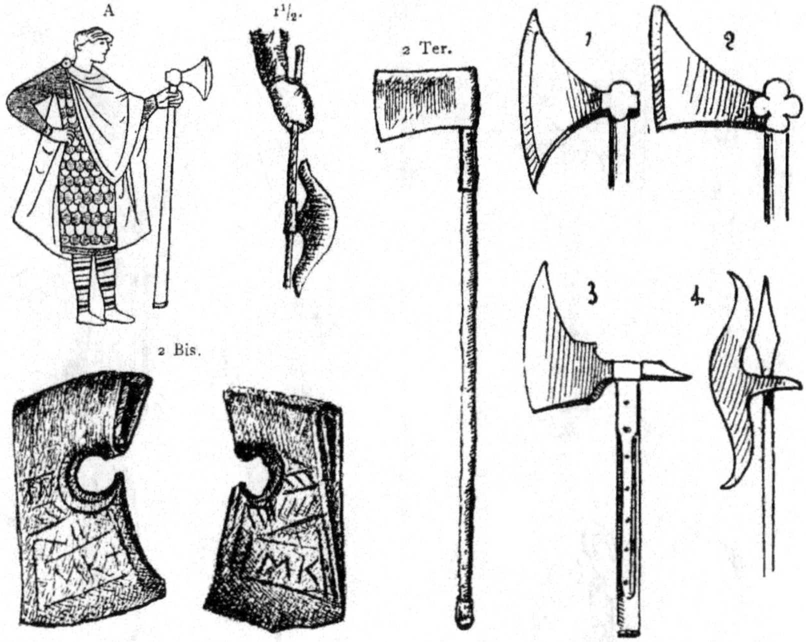

12. Jahrhundert. Fundort Biezdrowo, Kreis Samter, Provinz Poſen. Beiderſeitige Abbildung $^{1}/_{1}$ d. Größe.

2 Ter. Fußſtreitaxt mit langem Schaft vom 12. Jahrhundert. Flachbildnerei in der Kirche St. Nazaire zu Carcaſſonne.

3. Deutſche Fuß-Schnabelſtreitaxt mit langem Schaft, vom Ende des 14. Jahrhunderts. — K. 93. im Pariſer Artillerie-Muſeum.

4. Deutſche mondſichelförmige Fuß-Schnabelſtreitaxt mit langem Schaft, vom 15. Jahrhundert. — Holzſchnitt im Münchener Kupferſtichkabinett.

5. Deutſche Mondſichel-Fußſtreitaxt mit langem Schaft, aus dem 15. Jahrhundert. — Münchener Muſeum; Sammlungen des Königs Karl XV. von Schweden und von Llewelyn-Meyrick.

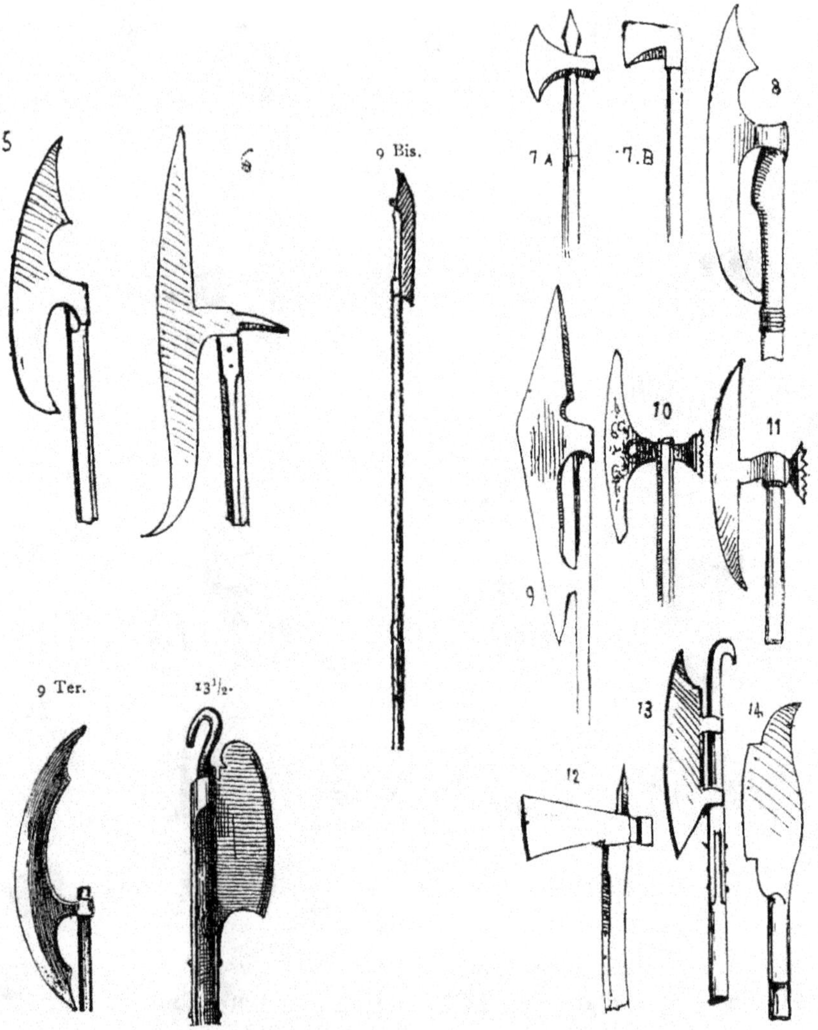

6. Schweizeriſche ſichelförmige Fußſchnabelſtreitaxt mit langem Schaft aus dem 15. Jahrhundert.

7 A. Deutſche Fußhammerſtreitaxt mit langem Schaft vom 15. Jahrhundert. — Holzſchnitt im Münchener Kupferſtichkabinett.

7 B. Deutſche Fußhammerſtreitaxt mit langem Schaft, vom 15. Jahrhundert. — Holzſchnitt im Münchener Kupferſtichkabinett.

8. Ruſſiſche Fußmondſichelſtreitaxt mit langem Schaft, Berdyche genannt. — K. 95 im Pariſer Artillerie-Muſeum und Muſeum zu Kopenhagen.

9. Ruſſiſche[1]) Fußſtreitaxt mit langem Schaft, mit der die Streliten oder Strelitzen bewaffnet waren. — Muſeum in Tſarskoe-Selo.

9 Bis. Langſchäftige, Tuaghcath genannte ſchottiſche Streitaxt, welche noch in der Schlacht von Culloden im Jahre 1747 im Gebrauch war (ſ. die Hippe No. 4 B. S. 806). — Nach einem Gemälde aus dieſer Zeit.

9 Ter. Andere Art Strelitzenſtreitaxt auf langem Schafte aus der Regierungszeit Peter des Großen (1682—1725) — Nach einem derzeitigen Gemälde.

10. Venetianiſche Hammerſtreitaxt mit langem Schaft und Hammer mit ſogenannten Diamantſpitzen, aus dem 16. Jahrhundert Sammlung Meyrick.

11. Schweizeriſche mondſichelförmige Hammerſtreitaxt mit langem Schaft, mit Hammer und Spitze. — Berner Zeughaus.

12. Schweizeriſche Stachelhammerſtreitaxt mitlangem Schaft, mit Hammer und Spitze. — Berner Zeughaus.

13. Streitaxt mit langem Schaft, der Lochhaber, eine ſchottiſche Nationalwaffe, welche der Kriegshippe (ſ. S. 806) ähnelt. — Sammlung des Prinzen Karl in Berlin.

13½. Lochhaber vom 15. Jahrhundert. — Frühere Sammlung Meyrick.

14. Desgl. deutſche aus dem 15. Jahrhundert[2]). — Hiſtoriſches Muſeum Monbijou in Berlin.

15. Parteigängerfußſtreitaxt mit langem Schaft Jedburgaxt genannt, aus dem 16. Jahrhundert. — Sammlung Meyrick.

---

[1]) Die modernen Streitäxte der Kaukaſusbewohner haben noch heute dieſelbe Form wie die gleichfalls im Muſeum zu Tſarskoe-Selo aufbewahrte Waffe von Schamyl beweiſt; auch iſt dieſelbe auf deutſchen Kupferſtichen des 15. Jahrhunderts im Münchener Kupferſtichkabinett zu ſehen. (S. S. die Strelitzenrüſtung S. 452).

[2]) Dieſe beiden Arten Beile könnten wohl unter die Vougen oder Kriegshippen gezählt werden.

16. Wahrſcheinlich engliſche oder ſchottiſche ſichelförmige Fuß-Schnabelſtreitaxt, mit langem Schaft. — K. 96 im Artillerie-Muſeum zu Paris.

17. Kurzgeſtielte Reiterſtreitaxt, auch Barte genannt, vom Ende des 15. Jahrhunderts. — Dresdener Muſeum.

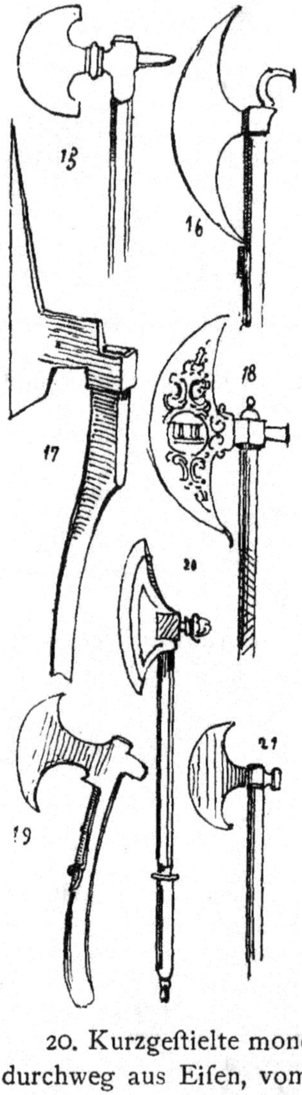

Auf dem Verdunner Altar von 1181 zu Kloſterneuburg (Niederöſterreich) iſt ein Krieger mit ſolcher, auch wie die hier auf langer Stange befeſtigten Fußſtreitaxt mit mondſichelförmigem Eiſen, aber ohne den Haken, bewaffnet. Auch in der Buchmalerei der Handſchrift «Alexandri minoritae Apocalypsis explicata» der Bibliothek zu Breslau befindet ſich eine ſonſt unbewaffnete, mit dieſer Fußſtreitaxt auf langer Stange verſehene Figur. Schultz der in ſeinem «Höfiſches Leben» davon die Abbildung giebt, nennt dieſe Waffe irrtümlich Hellebarde.

18. Kurzgeſtielte türkiſche ſichelförmige Reiter-Hammerſtreitaxt, vom Ende des 15. Jahrhunderts, die einem Sultan der Mamelucken, Mohamed Ben Kaitbai (1496—1498) angehört hat. Die Inſchrift in durchbrochener Schrift ſagt folgendes:

«Der Sultan, der ſiegreiche König, der Vater des Glücks; möge der Beiſtand Gottes in ihm verherrlicht werden.»

Außerdem iſt in kufiſchen Buchſtaben fünfmal der Name Gottes zu leſen. — Ambraſer Sammlung.

19. Kurzgeſtielte ſlaviſche Mondſichel-Reiteraxt. Handzeichnung von Albrecht Dürer.

20. Kurzgeſtielte mondſichelförmige Reiter-Hammerſtreitaxt, durchweg aus Eiſen, vom Anfange des 16. Jahrhunderts.

21. Kurzſtielige engliſche mondſichelförmige Reiter-Hammerſtreitaxt, vom Anfange der Regierung Eliſabeths (1558).

22. Öſterreichiſche Streitaxt, mit 1 m langen Stiel, ſie trägt die Jahreszahl 1623 und ein Rad als Loſungszeichen der aufrühreriſchen Bauern, welche mit Hilfe der bayeriſchen Ritterſchaft beſiegt wurden. — Sammlung Az in Linz.

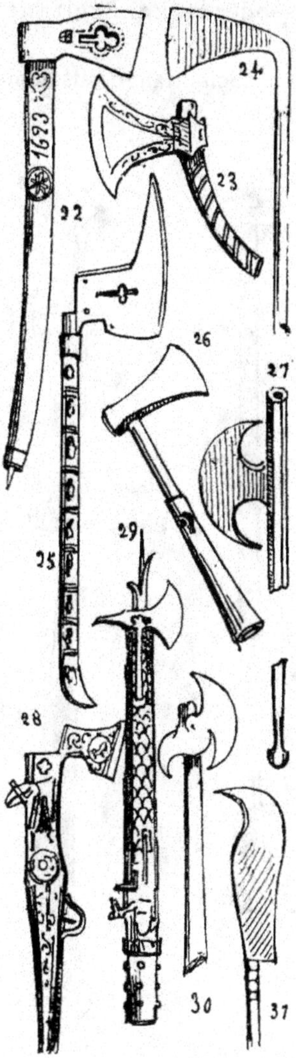

23. Kurzſtielige polniſche Streitaxt, der Stiel mit Lederſtreifen umwickelt, vom Anfange des 17. Jahrhunderts. — Sammlung Llewelyn-Meyrick.

24. Engliſches Richtbeil, vom Ende des 16. Jahrhunderts, mit welchem Graf Eſſex unter der Regierung Eliſabeths 1601 enthauptet wurde. Tower in London.

25. Prunkaxt ſächſiſcher Bergknappen, Bergbarte auch Barte und Parte genannt und 1685 datirt. Der Stiel iſt mit Elfenbein ausgelegt und die Klinge durchbrochen. Dieſe Waffen, welche einzig nur für die feſtlichen Umzüge der Knappſchaften beſtimmt ſind, eignen ſich nicht zum Kriegsgebrauche.

26. Reiteraxt mit Feuerrohr, aus dem 15. Jahrhundert.

27. Sichelſtreitaxt mit Feuerrohr, aus dem 16. Jahrhundert, 86 cm lang, die dem in der Schlacht bei Kappel 1531 gefallenen Reformator Zwingli angehört hat. — Züricher Zeughaus.

28. Deutſche Streitaxt mit Radpiſtole vom Ende des 16. Jahrhunderts, mit Elfenbein und Silber ausgelegt. — Muſeum Szokau (Ungarn), Muſeum Sigmaringen und Tſarkoe-Selo.

29. Streitaxt, mit Feuerſteinbatteriepiſtole, vom Ende des 17. Jahrhunderts. Ähnliches Exemplar im Muſeum zu Dresden.

30. Chineſiſche Streitaxt. — Pariſer Artillerie-Muſeum.

31. Desgleichen.

$31\,{}^{1}/_{1}$. Deutſche Sattelaxt (Spieß-Stachelaxt) vom Ende des 16. und Anfang des 17. Jahrhunderts. Nach Dillichs Kriegsbuch.

Frankfurt 1607. S. auch die dieſer ganz ähnlichen Bronzeaxt der Alt-Amerikaner.

31¼. Schottiſche Stachelſchnabel- oder Hakenſtreitaxt vom Ende des 16. Jahrhunderts.

32. Polniſche Hammerſtreitaxt von 83 cm Schaftlänge aus dem

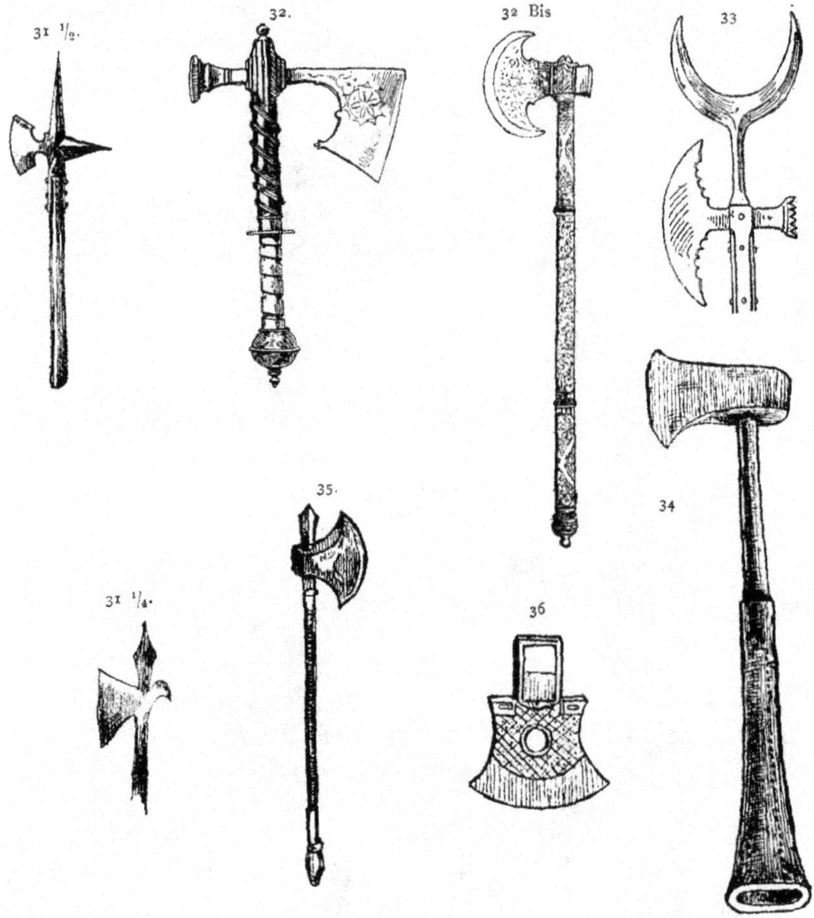

17. Jahrhundert. Der mit Knopf verſehene Griff iſt von Silber. — Muſeum zu Dresden.

32 Bis. Sindiſch-Indiſche (Bombai) Fauſtſtreitaxt. — Indiſches Muſeum zu London.

33. Hammerſtreitaxt auf langem Schafte und an der Spitze mit einer Sichel zum Durchſchneiden der Kniekehlen von Pferden und Menſchen verſehen. Ihrer Form nach vom 17. Jahrhundert.

34. Deutſche Streubüchſen-(tromblon) Streitaxt, wo der Schaft den trompetenförmigen Lauf bildet. Erſte Hälfte des 15. Jahrhundert. — Dresdener Muſeum.

35. Altchineſiſche Streitaxt mit Lanzenſpitze an den beiden Enden des Schaftes.

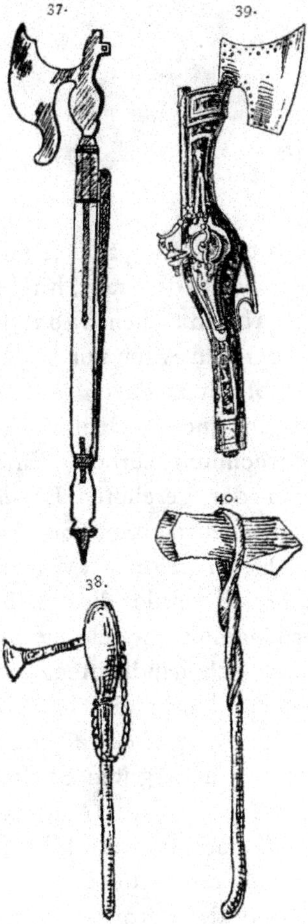

36. Altzeitige chineſiſche Hacke — Streitaxt mit Hammer und Stielöffnung in der Mitte.

37. Fauſtſtreitaxt (Topor?) mit hohl geſchliffenem Scharnierklappſpieß in Bajonettform; Eiſen auf Eichenholzſchaftung. Länge, wie hier abgebildet 99 cm; mit aufgeklapptem Spieß 146, Gewicht 3 kg. Dieſe ſchöne Waffe ſtammt aus der Oberlauſitz und aus der letzten Hälfte des 17. Jahrhunderts. — Geſchichtliches Muſeum des Dr. Moſchkau auf der Burg Oybin¹) bei Zittau im Lauſitzer Gebirge.

38. Streitaxt der Bornuer (Bornu) Negerreich des Sudan in Mittelafrika.

39. Ruſſiſchpolniſche mit Bein eingelegte Streitaxt mit Feuerſteinſchloßpiſtole, vom Anfang des 16. Jahrhundert. — Muſeum Tſarskoe-Selo.

40. Auſtraliſche Doppelſtreitaxt in geſpaltenem Stein, ähnlich den vorgeſchichtlichen Steinwaffen dieſer Gattung.

¹) Dieſe 1312 erbaute und romantiſch auf hohem Felſen gelegene Feſte iſt gröſstenteils zerſtörte und ſpäter nach 1577 ein Raub der Flammen geworden. Alle von Dr. Moſchkau gegründeten, auch fortwährend noch durch denſelben bereicherten Sammlungen ſind im Saale des dortigen ſpäteren Kloſters aufgeſtellt und äuſserſt vielſeitig. An Waffen bieten beſonders die aus den Huſſiten- und Bauernkriegen intereſſante Stücke.

XXXV

Die Hellebarde.

Die Hellebarde oder Halbbarte (v. altd. barthe, Speer, und hell, leuchtend, wenn nicht vom arabifchen alabarde; franz. hallebarde, fpan. alabarda auch guja, ital. alabarda auch labarda engl. halberd) eine Stangenwaffe, welche bei den Alten nur in den römifchen Sparum oder Sparus (f. die Abbildung davon S. 273) etwas Ähnliches hat, reicht in Skandinavien und in Deutfchland bis in die erften Jahrhunderte unferer Zeitrechnung zurück. Ende des 13. Jahrhunderts kommt diefe Waffe in der gereimten Erzählung «Herzog Ernft», fowie in «Ludwig der Kreuzfahrer», vom Anfang des 14 Jahrhunderts vor (f. darüber Quérin Leitners «Waffenfammlung etc.» Wien 1866—70). In Frankreich wurde die Hellebarde ums Jahr 1420 durch die Schweizer eingeführt, welche fie bereits 1315 bei Morgarten und 1386 bei Sempach handhabten. Der Präfident Fouchet, der gegen Ende des 16. Jahrhunderts lebte, fchreibt die Einführung derfelben Ludwig XI. (1461—1483) zu. «Diefer Fürft», fagt er, «ließ in Angers und andern guten Städten de nouvaulx férremens de guerre appelés hallebardes machen.» Diefe Angabe findet ihre volle Beftätigung durch Buchmalereien aus dem Anfange des 15. Jahrhunderts, in denen fchon die Hellebarde, die je nach Zeit und Land in der Form bedeutend gewechfelt hat, erfcheint.

Gemeinlich wird irrtümlich angenommen, daß die Hellebarde keine Ritterwaffe, fondern immer nur die des Fußvolkes war. In altzeitigen Buchmalereien und Holzftichen begegnet man aber doch mit Hellebarden bewaffneten Rittern zu Fuß und zu Pferde. Auch Maximilian ift in einem Holzfchnitt Hans Burgkmairs mit diefer Stangenwaffe kämpfend dargeftellt.

1, 2 und 3. Drei Arten Hellebarde, von der Gattung der Korſeken, aus dem 11. Jahrhundert. — Pſalterium, Handſchrift der Stuttgarter Bibliothek.

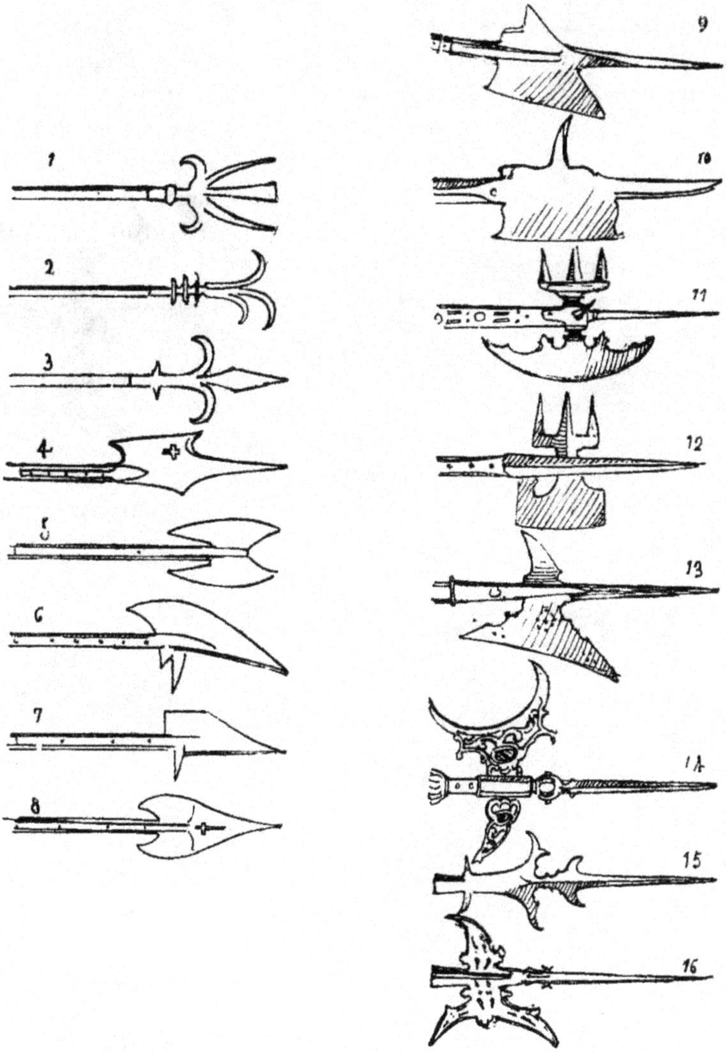

4. Schweizeriſche Hellebarde aus dem 14. Jahrhundert.

5, 6, 7 und 8. Vier deutſche Hellebarden aus dem 14. Jahrhundert. No. 5 könnte auch als eine doppelſchneidige Stangen- oder Fußvolk-Streitaxt gelten. — Bayeriſches National-Muſeum in München.

9. Schweizerische Hellebarde vom Anfange des Jahrhunderts. — Sammlung des Verfassers.

10. Schweizerische Hellebarde vom Ende des 15. Jahrhunderts. — Berner Zeughaus.

Dieselbe Form war indessen auch bis ins 16. Jahrhundert in der Schweiz im Gebrauch, da die Stadt Basel bei einem deutschen Waffenschmiede in Kempten, Names Anton Lerch, anfangs desselben Jahrhunderts noch mehrere tausend Stück davon bestellte.

11. Schweizerische Hellebarde mit dreizackiger Gabel vom Ende des 15. Jahrhunderts.[1]) — Berner Zeughaus.

12. Deutsche Hellebarde mit dreizackiger Gabel vom Anfang des 16. Jahrhunderts. — Kaiserl. Arsenal in Wien.[1])

13. Schweizerische Hellebarde von der Mitte des 16. Jahrhunderts. — Sammlung des Verfassers.

14. Deutsche Hellebarde aus dem 16. Jahrhundert, sehr reich vergoldet und ciseliert.

15. Deutsche Hellebarde aus dem 16. Jahrhundert. — Sammlung Soeter, im Maximilian-Museum in Augsburg.

16. Venetianische Hellebarde vom Ende des 16. Jahrhunderts. — Sammlung Llewelyn-Meyrick.

---

[1]) Diese Hellebarde wurde auch Godendac genannt. Irrtümlicherweise ist dieselbe oft unter die Streitäxte rangiert und dem 13. oder 14. Jahrhundert zugeschrieben worden.

XXXVI.

Die Korſeke.

Dieſe Waffe, eine Art dreiſpitzige Partiſane korſiſchen Urſprungs, welche gegen Ende des 15. Jahrhunderts in Deutſchland
ſtark verbreitet war, wird auch R o n c o n e, R o n s a r t, R a n ſ e u r-
w a f f e und R u n c a ſowie auch S t u r m ſ e n ſ e genannt. Im «Cere-
m o n i e l f r a n ç a i s» kommt ſie als: «J a v e l i n e à f e r l o n g e t à d e u x
o r e i l l o n s» vor, und ihre Abkunft kann wohl von der M o r a,
κνώδων, πτέρυξ, dem römiſchen Jagdſpieß (ſ. S. 268) abzuleiten ſein.
Auch die S. 800 abgebildete M a g d e b u r g e r S t u r m ſ i c h e l ſowie
verſchiedene Sturmgabeln gehören eigentlich zu den Korſeken.

In der Sammlung Meyrick befindet ſich unter den Namen:
«S p a n i ſ c h e r P i l g e r ſ t a b und ſ p a n i ſ c h e r S t o c k r e i t e r eine
ſolche in dem Stabe verborgene dreiſpießige Waffe, welche hervor-
ſchnellt, ſo bald die in dem muſchelförmigen Knopf befindliche
Feder gepreßt wird. Eine ganz gleiche Waffe war auch in der
Sammlung des «fünfeckigen Turmes» zu Nürnberg vorhanden.

In Deutſchland wurden ſolche da Sturmſenſen genannte Waffen
mit 3 nach oben gewendeten Spitzen (ſ. No. 9) oft zu vieren anein-
andergeſchraubt, dem ſtürmenden Feinde entgegen gehalten.

Die Korſeke unterſcheidet ſich von der P a r t i ſ a n e beſonders
durch ihre meiſt d ü n n e r e S p i t z e und ihre ebenfalls dünneren,
dabei gewölbteren, m e h r h e r a u s ſ p r i n g e n d e n w i d e r h a k e n f ö r-
m i g e n Q u e r e i ſ e n.

1. K o r ſ e k e oder burgundiſche R o n c o n e, nach den Miniaturen einer Handſchrift aus dem 15. Jahrhundert. — Bibliothek des
Pariſer Arſenals.

2. K o r ſ e k e vom Ende des 15. Jahrhunderts. — K. 98 im Pariſer
Artillerie-Muſeum.

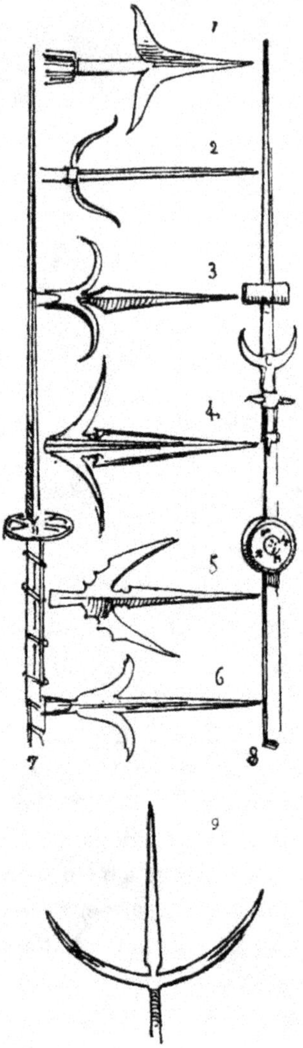

3. Deutfche Korfeke vom Anfange des 16. Jahrhunderts. — Glockenthons Miniaturen in der Ambrafer Sammlung.

4. Deutfche Korfeke aus dem 16. Jahrhundert. — Sammlung Nieuwerkerke.

5. Italienifche Korfeke aus dem 16. Jahrhundert.

6. Korfeke aus dem 17. Jahrhundert. — Berliner Arfenal.

7. Vierkantige Korfeke mit Rad aus dem 16. Jahrhundert. Die Spitze ift faft 1 m lang. Arfenal der Stadt Wien. Diefelbe Korfeke befindet fich auch in den durch Glockenthon im Jahre 1505 ausgeführten und die Waffen der Arfenale des Kaifers Maximilian I. darftellenden Zeichnungen. Auch bei den Schweizern foll diefe Waffe im Gebrauch gewefen fein.

8. Korfeke mit Rad vom Anfange des 17. Jahrhunderts. — Mufeum in Sigmaringen.

9. Deutfche Korfeke oder Sturmfenfe. — Heeres-Mufeum in Wien.

XXXVII.

Die Partiſane.

Die Partiſane, auch böhmiſcher Ohrlöffel (franz. pertuisane, aus dem ſpaniſchen partesana, oder von pertuis Öffnung, weil ſie große Wunden macht, oder vielleicht einfach von dem franz. partisan, ital. partigiana, engliſch partisan = alſo von Parteigänger), iſt eine Abart der Hellebarde und ähnlich der Korſeke. Ihr Eiſen iſt lang, breit und ſchneidend; ſie hat keine Axt, jedoch Flügelſpitzen nach Art derjenigen der Korſeke oder Roncone. Die Partiſane unterſcheidet ſich von der Korſeke oder Roncone beſonders durch ihre gemeinlich breitere Spitze und weniger breites, weniger herausſpringendes, weniger gewölbtes und nicht widerhakenförmiges Quereiſen. In Frankreich ſeit Ludwig XI. (1461) bis zu Ende des 17. Jahrhunderts bekannt, reicht ihr Urſprung nicht über 1400 hinauf. Pietro Monti, der in ſeinem Buche: «Exercitiorum atque artis militaris collectanea Mailand, 1509», von dieſer Waffe, mit der die Garden Franz I. und ſeiner Nachfolger bewehrt waren, eine Beſchreibung gegeben, hat ſie mit der Korſeke und den Hellebarden verwechſelt, ein Irrtum, der ſich noch bis heute in dem Kataloge der berühmten Sammlung Llewelyn-Meyrick in Goodrich-Curt erhalten, wo ſogar Spontons und Ochſenzungenbajonette in die Klaſſe der Partiſanen eingereiht worden ſind.

1. Deutſche Partiſane oder böhmiſcher Ohrlöffel, deren Eiſen 36 cm mißt. Wahrſcheinlich ſtammt ſie aus den erſten Jahren des 15. Jahrhunderts. — Münchener National-Muſeum.

2. Schweizeriſche Partiſane aus dem 15. Jahrhundert, mit Waffenſchmiedmarke. — Sammlung Meyer-Biermann in Luzern.

2 Bis. Partisane der Leibwache des Kaisers Friedrich III. (1440 bis 1493) mit der Inschrift: «dux frederic dux austrie», also aus der Zeit seiner Erzherzogschaft.

3. Schweizerische Partisane aus dem 15. Jahrhundert, mit Waffenschmiedzeichen. Sammlung Meyer-Biermann in Zürich.

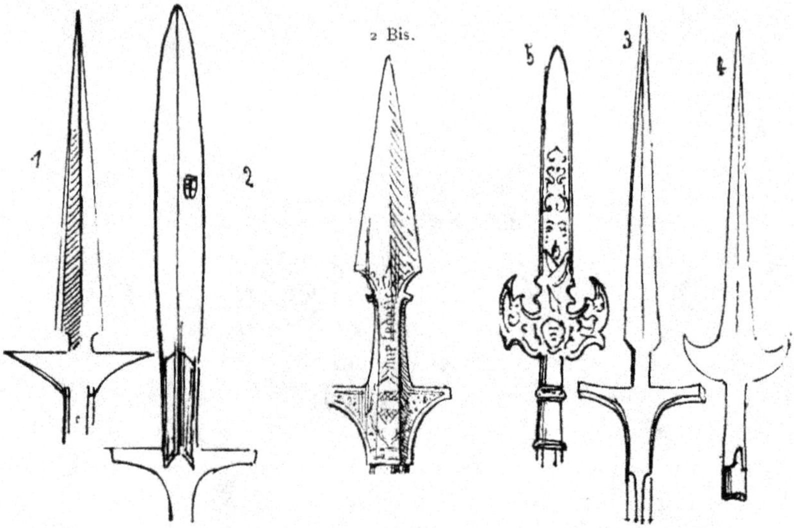

4. Französische gravierte Partisane aus dem 16. Jahrhundert, aus der Regierungszeit Franz I. — K. 166 im Pariser Artillerie-Museum.

5. Deutsche reich gravierte Partisane mit der Jahreszahl 1615. Sie trägt die Insignien des goldenen Vließes und rührt von den Truppen des Pfalzgrafen bei Rhein her. — Sammlung Llewelyn-Meyrick.

XXXVIII.

Das Bajonett oder der Flintenſpieſs.

Faſt alle Verfaſſer von Encyklopädien haben, indem ſie gewöhnlich von einander abſchrieben, wiederholt, daß von Puyſégur, † 1682 in Bayonne, das Bajonett (franz. baionette, ſpan. bayoneta ital. baionetta, engl. bayonet) erfunden und zuerſt angefertigt worden ſei. Allein dieſe Art Dolche oder Stoßdegen waren nicht bloß am Ende der eigentlichen Flinten angebracht, ſondern auch die Arkebuſe und vielleicht ſogar die erſten tragbaren Feuerwaffen ſind damit verſehen geweſen. Schon ums Jahr 1570 wird das Bajonett in Frankreich erwähnt, wo es jedoch erſt 1640 allgemein eingeführt wurde und bei einigen Truppenabteilungen an Stelle der Pike trat. In dem Schreiben eines gewiſſen Hotmann an Jakob Capellus zu Sedan, vom Jahre 1575 iſt auch ſchon die Rede von einem vergoldeten, «Bajonett» genannten Dolch. Im 16. Jahrhundert befeſtigte man auch Dolche mit doppelten Daumringen am Schafte der Lanzen (ſ. Nr. 15 S. 765).

Das in neuerer Zeit aus der Klinge (lame), der Dille (douille) mit Ladeſtockring (virole) Hülſe (bouterolle) und Zapfenloch (enlaçure) beſtehende verbeſſerte Bajonett, für deſſen Erfinder in Holland Coehoorn[1]) († 1704), in England Mackay 1691 und in

[1]) Menno van Coehoorn (1641—1704) berühmter holländiſcher Feſtungsbaukünſtler welcher von Fachmännern Vauban gleichgeſtellt wird. Er hatte den Titel: «Generaldirektor aller Feſtungswerke» und Generalleutnant. Er war der Erfinder von nach ihm benannten kleinen Mörſern und berühmt durch ſein neues, dem Vauban entgegengeſtelltes Syſtem der Befeſtigung mit niederen Wällen, auch Verfaſſer von «Versterkinge des Vyſhoeks et» (1682), ſowie «Nieuwe Vestingbau» (1685).

Frankreich Vauban (1633—1707[2]), alle aber mit Unrecht, gehalten werden, hatte anfangs einen Holz-, Eisen- oder Hornstiel, die Hülse, (bouterolle), der in den Lauf gehoben wurde. Die besonders oft Vauban zugeschriebene, aus der Verbindung der Flinte mit dem Bajonett bestehende Waffe, welche sein Nebenbuhler Coehoorn ums Jahr 1680 auch bei der holländischen Infanterie einführte, wurde Flintenmuskete oder Musketenflinte genannt.

In der Vesterkinge des Vyshoeks etc., Leuwarden, 1681 von Coehoorn), dem obengenannten holländischen Militär, liest man: «Diese von mir erfundenen Bajonette können auf die Muskete so befestigt werden, daß sie nicht beim Schießen hindern u. s. w.»

Es wurde selbst damals ein lebhafter Streit zwischen Coehoorn und dem holländischen Ingenieurhauptmann L. Paen (s. das zu Leuwarden 1681 bei Reutjes erschienene Werk) wegen des Vorgangsrechtes dieser Dillen-Erfindung geführt.

Eine in der früher Culemannschen Sammlung zu Hannover aufbewahrte Radmuskete vom 16. Jahrhundert widerlegt aber gänzlich die Annahme, nach welcher die Erfindung des Dillenbajonetts in das 17. Jahrhundert fällt; denn obige Waffe ist mit einem langen Dillenbajonnett versehen, deren Dillenring einen Einschnitt hat und deren Klinge zugleich als Krätzer dient. (S. Nr. 1.)

Indessen bleibt noch durch einen sachverständigen Arbeiter festzustellen, ob nicht etwa in späterer Zeit die Dille oder das ganze Bajonett auf den frühzeitigeren Lauf da hinzugefügt worden ist.

Im Passauer «Zeughausregister von 1488» heißt es selbst bezüglich einer Büchse: «hat die einen Ahlspieß in ihrem Schaft». Ob dies nun auf den Ladestock, welcher zu dieser Zeit nur von Holz war, oder schon auf ein Bajonett Bezug hat, ist indessen nicht festzustellen.

Es giebt Ochsenzungenbajonette, spanische Bajonette in Messerform, dreieckige Bajonnette, böhmische Sensenbajonette, Säbel- und Haubajonette etc. Das Säbelbajonett, eins der neuzeitigsten, wird gewöhlich als Seitengewehr am Riemen getragen.

[1]) Einführer, 1703, in der französischen Infanterie des Steinschlossgewehres mit Bajonett und Verfasser mehrerer Schriften in dem von Frossard veröffentlichten «Oeuvres militaires».

1. Deutſches Bajonett mit Dille, Einſchnitt und Krätzer aus dem 16. Jahrhundert. — Sammlung Culemann in Hannover.

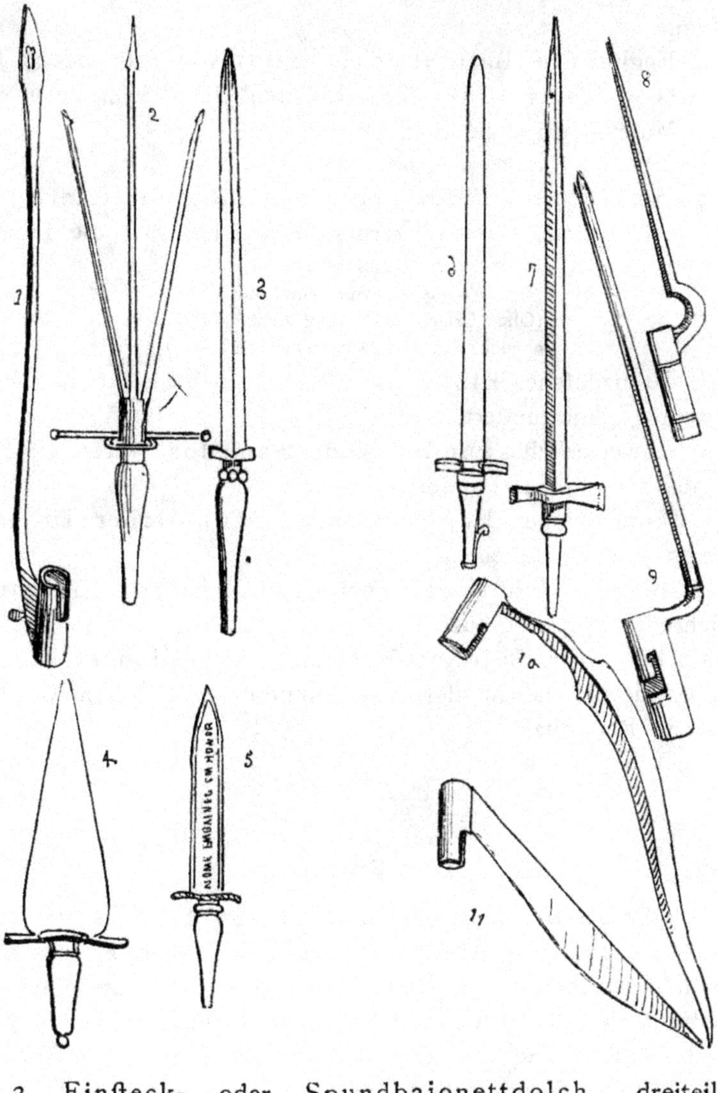

2. Einſteck- oder Spundbajonettdolch dreiteiliger Degenbrecher, mit Heft, vom Ende des 16. Jahrhunderts, 37 cm lang. — Sammlung Soeter zu Augsburg.

[1]) S. Nr. 28 und 29, die Linkehänder mit ſolchen Springklingen im Abſchnitt der Dolche.

3. Dreieckiger Einſteck- oder Spundbajonnettdolch mit hölzernem Heft, in einer Totallänge von 35 cm, aus dem 17. Jahrhundert. — Sammlung Soeter in Augsburg und in ſchweizeriſchen Zeughäuſern.

4. Engliſches Pflugeinſteckbajonett, vom Ende des 17. Jahrhunderts. — Tower zu London. Ein ähnliches Exemplar in demſelben Muſeum trägt die Inſchrift:

«God save king James the 2d. 1686».

5. Spaniſches Einſteck- oder Spundbajonettmeſſer aus dem 17. Jahrhundert, mit hölzernem Heft. Es trägt die Inſchrift:

«No me saches sin rason,
«No me embainez sin honor.»
(Ohne Urſache zieh mich nicht heraus,
ohne Ehre ſteck mich nicht wieder ein.)

6. Franzöſiſches Einſteck- oder Spundbajonett mit Feder aus dem 17. Jahrhundert.

7. Schweizeriſches Einſteck- oder Spundbajonnett, mit Holzheft aus dem 17. Jahrhundert.

8. Franzöſiſches Bajonett mit gewöhnlicher Dille, im Jahre 1717 in Gebrauch.

9. Franzöſiſches Bajonett, mit Dille mit Einſchnitt, im Jahre 1768 in Gebrauch.

10. Böhmiſche Bajonettſenſe mit gewöhlicher Dille, vom Anfange des 18. Jahrhunderts. — Sammlung des Fürſten von Lobkowitz in Raudnitz.

11. Desgleichen.

Das Sponton.

Das Sponton (vom italieniſchen spuntone, ſpitz, franz. esponton, engl. sponton auch half-pike) auch Kurzgewehr (vom ſchwediſchen Kors, Kreuz), war die vom Ende des 17. bis zum Ende des 18. Jahrhunderts von den Infanterieoffizieren getragene Halbpike. Die unſchöne und groteske Form dieſer Waffe iſt für die Zeit der Perücken und Dreimaſter charakteriſtiſch. Das letzte franzöſiſche Sponton, deſſen Modell im Artillerie-Muſeum zu Paris zu ſehen iſt, wurde von den Garden im Jahre 1789 getragen.

1. Öſterreichiſches Offizierknebelſponton vom Ende des 17. Jahrhunderts.

2. Offizierſponton eines der kleinen deutſchen Fürſtentümer vom Ende des 17. Jahrhunderts.

3. Preußiſches Knebelſponton aus der Regierungszeit Friedrichs II. (1740—1786).

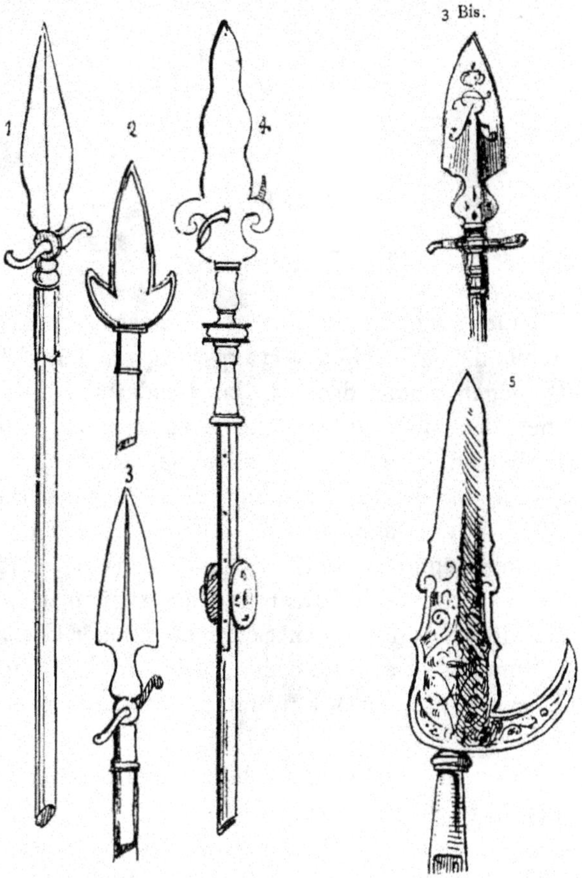

3 Bis. Anderes preußiſches Offizierſponton aus der Regierungszeit Friedrichs des Großen; es war ſelbſt noch bis 1806 im Gebrauch war.

4. Radſponton aus dem 17. Jahrhundert. — Muſeum in Sigmaringen.

5. Sponton mit Haken, auf deſſen Eiſen der Wahlſpruch des Herzogs Victor Amadeus von Savoyen († 1637) eingeätzt iſt. — Sammlung Bazzero in Mailand.

XXXIX.

Die Sturmgabel.

Diese Waffe (franz. fourche de guerre, engl. miltitary fork; f. auch die griechifche Harpe, ἅρπη, mit Widerhaken S. 238) tritt gegen Ende des 15. Jahrhunderts auf. Im Genfer Zeughaus befinden fich italienifche Sturmleitergabeln, die den Savoyarden im Jahre 1612 abgenommen wurden. Die Sturmgabel wird auch in den Befchreibungen der Belagerungen von Mons im Jahre 1691 erwähnt, wo die von Vauban befehligten Grenadiere des Dauphinregiments eine Schanze ftürmten und fich der Sturmgabeln der Öfterreicher bemächtigten u. f. w. Ludwig XIV. bewilligte deshalb den Sergeanten jener Grenadiere das Recht, eine Sturmgabel an Stelle der Hellebarde zu tragen. Verfchiedene Exemplare diefer Waffe find mehr oder weniger der Korfeke ähnlich.

1. Sturmgabel aus dem 15. Jahrhundert. — Inkunabel im Kupferftichkabinett zu München.

2. Sturmleitergabel vom Anfange des 16. Jahrhunderts. — Aquarelle von Glockenthon, ausgeführt im Jahre 1505 nach den Waffen in den Zeughäufern Maximilians I.[1]

3. Italienifche doppelte Sturmleitergabel, den favoyifchen Soldaten im Jahre 1612 unter den Mauern Genfs abgenommen. — Genfer Zeughaus.

3 Bis. Schweizer(?) oder italienifche Doppelfturmgabel vom Anfang des 17. Jahrhunderts. — Sammlung Meyer-Bielmann zu Luzern.

4. Sturmleitergabel, aus der zweiten Belagerung Wiens im Jahre 1683 herrührend.

4 I u. II. Javanifche Fangeifen für Opiumberaufchte (Amokläufer) des indifchen Archipels. S. die Fangeifen S. 622.

5. Doppelte Sturmgabel aus dem 17. Jahrhundert.

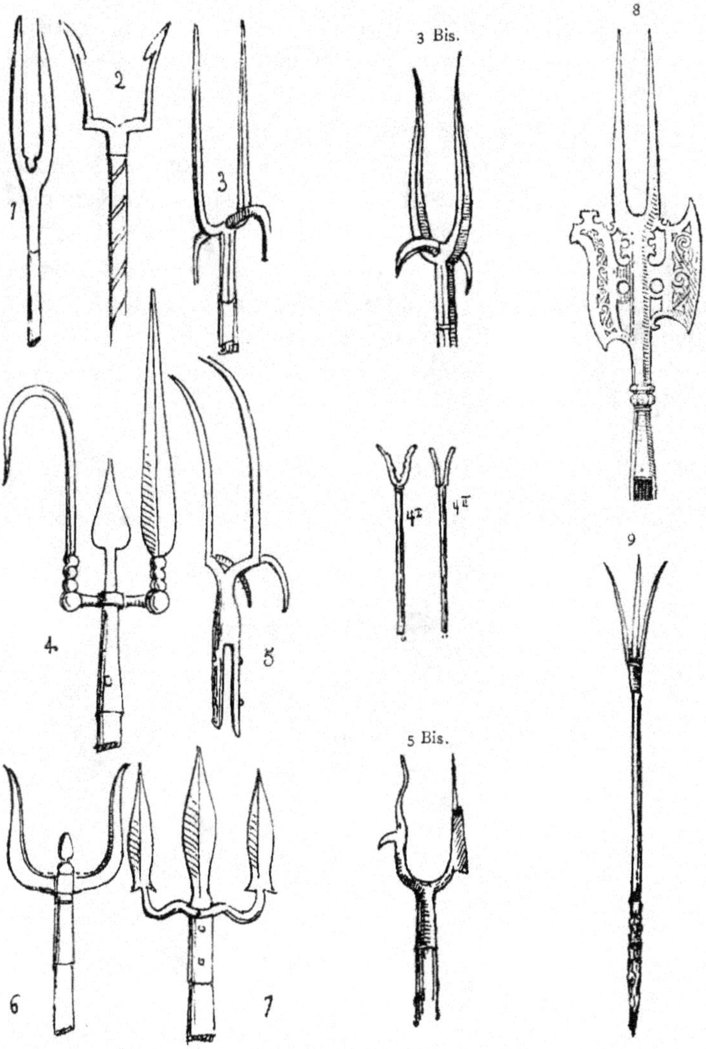

5 Bis. Schweizerifche Sturmgabel mit Haken vom 17. Jahrhundert. — Mufeum zu Neuenburg.

6. Einfache Sturmgabel aus dem 17. Jahrhundert. — Genfer Zeughaus.

7. Dreizacksturmgabel[1]) aus dem 17. Jahrhundert. — Sammlung Az in Linz.

8. Italienische Hellebardensturmgabel vom 16. Jahrhundert. — Sammlung Poldi-Pozzoli in Mailand.

9. Stabkorseke, Stabronsart oder Stabsturmgabel, eine verborgene Waffe, welche in einem Holzstock durch die obere Eisenkapsel zurückgehalten wird und von Meyrick (T. 92, 4) als Spanischer Pilgerstab bezeichnet ist. Der untere Teil des Stabes ist mit Nagelköpfen gespickt. — Sammlung Ulmann, München.

Der S. 783 angeführte Stoß- und Wurfspeer der Kaffern, — der Assagai oder Zagaje (v. span. Azugaya — Wurfspieß), — mit welcher bekanntlich die Zulukaffern Prinz Louis — Napoleon IV. — im Zululande töteten, hat nicht, wie oft angenommen wird, ein diesen Sturmgabelspitzen ähnliehes Eisen, sondern eine degenförmige, zweischneidige 16—18 cm lange und unten 3—6 cm breite zweischneidige Klinge.

[1])Im Wappen der fränkischen Heyen (s. Wappenbuch von P. Fürsten, V 5 S. 98. — Nürnberg 1657) figuriert eine dreizinkige Sturmgabel, sowie der gleichen, aber mit Widerhaken, also mehr harpunenartig sowie im Wappen des braunschweigischen Geschlechts der von Streithorst (s. Schmelzers Wappenbuch von 1605 S. 182). Diese letztere dreizackige Gabelform ist dem Neptun im Altertum zugeschrieben, wo dieselbe auch zum Fischfang als Harpune diente. Die dreizackige Gabel ohne Widerhaken war auch die Waffe der Retiarii, einer Klasse der römischen Gladiatoren.

XL.

Verſchiedene Waffen-, Jagd- und Kriegsgeräte.

Abgeſehen vom Bogen, Armbruſt, Speer, Blasrohr, Schleuder, Laſſo und den Schießpulverwaffen, gehören beſonders hierher die auch Saufedern und Saufänger (franz. épieux) genannten Knebelſpeere (ſ. S. 780 No. 19) und Knebelſchwerter (ſ. S. 755 No. 112), beide zum Saufang beſtimmt, ſowie die Schlingen (franz. lacets, laces und collets), gemeinlich von Kupferdraht zum Fangen, auch die Falkenkappe (chaperon).

1. Gegliederte, dem Götz von Berlichingen(?) zugeſchriebene eiſerne Hand, aus dem 16. Jahrhundert. — Muſeum zu Sigmaringen. Eine ähnliche Hand befindet ſich auch im National-Muſeum zu München.

Solche linke Eiſenärmel dienten aber nur den Fahnenträgern als hohe Schutzhandſchuhe und Täuſchungsvorrichtung, da der Feind immer die Hand des Fähnrichs abzuhauen trachtete, um die Fahne zu erbeuten.

Die echte eiſerne rechte Hand des Götz von Berlichingen († 1562) die ihm von einem nicht bekannten Inſtrumentenmacher in bewundernswürdiger Weiſe nach dem Verluſt der rechten Hand bei der Belagerung von Landshut angefertigt worden und hier abgebildet iſt,

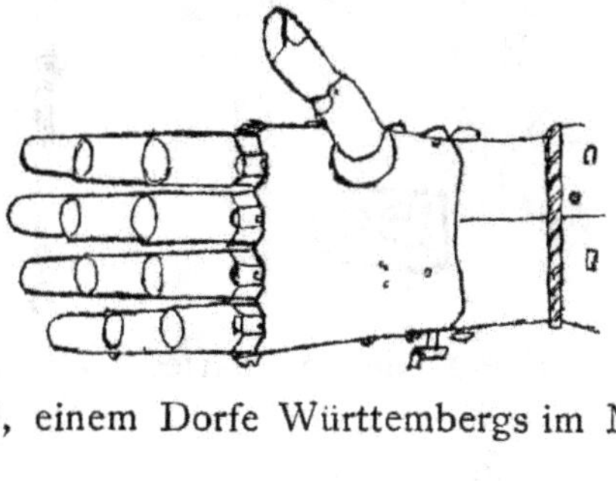

wird zu Jagſtfeld, einem Dorfe Württembergs im Nekarkreiſe, aufbewahrt.

2. Belagerungshaken auf langem Schafte, um die Falariken oder Brandpfeile wegzureißen; nach dem Walturius vom Jahre 1472 und nach einer Handſchrift vom 15. Jahrhundert in der Bibliothek

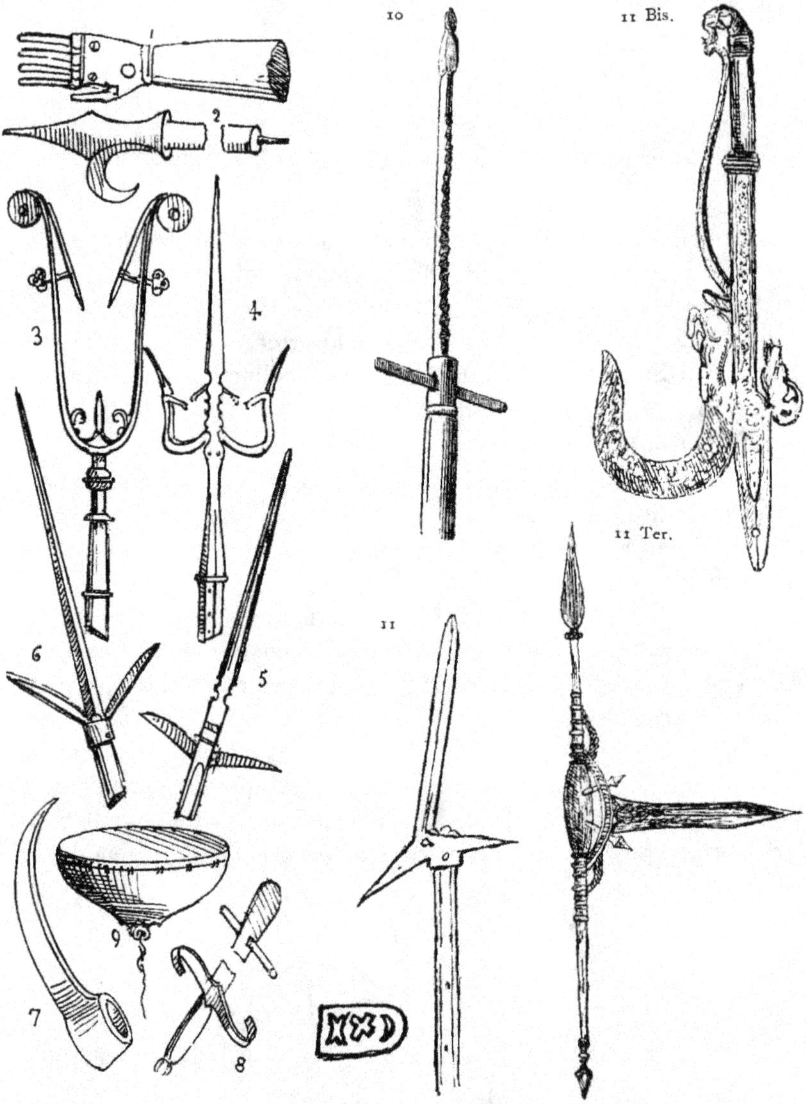

Hauslab in Wien. (Vergl. den die Kriegsmaſchinen behandelten Abſchnitt.)

3. Deutſches Fangeiſen aus dem 15. und 16. Jahrhundert; es iſt an einem langen Schaft befeſtigt und mißt 35 cm. Dieſe gefähr-

liche Waffe mit doppelter Feder diente dazu, den Hals des Ritters zu fassen und ihn vom Pferde zu reißen. — Museum zu Sigmaringen. Tower zu London, kaiserliches Arsenal zu Wien (s. die javanischen Fangeisen S. 837).

4. Doppeltes deutsches Fangeisen aus dem 16. Jahrhundert. — Dresdener Museum.

5. Jagdwaffe, ähnlich dem Knebelspeere, mit doppeltem Messer und Feder, tauschiert, aus dem 16. Jahrhundert. Das Eisen hat 50 cm Höhe. — Dresdener Museum.

6. Jagdwaffe mit doppeltem Messer und Feder, aus dem 16. Jahrhundert; Bartolam Biella gestempelt. — Dresdener Museum.

7. Kriegshaken aus dem 16. Jahrhundert, unter dem Schutte des von den Schweden zerstörten festen Schlosses Erperath bei Neuß d Düsseldorf gefunden. — Museum in Sigmaringen.

8. Jagdspeer mit Querleiste (Knebelspeer)[1]) am Ende der Klinge, aus dem 16. Jahrhundert. — J. 171 im Artillerie-Museum zu Paris, sowie im Museum zu Darmstadt. Ist auch in dem Triumphzuge Maximilians abgebildet.

9. Kleine türkische mit Menschenhaut(?) überzogene Trommel, die unter der Regierung des Großen Kurfürsten von dem die brandenburgische Brigade in der Schlacht bei St. Gotthard in Ungarn (1664) befehligenden General Rauchhaupt erbeutet wurde. Berliner Museum. (Ähnliche Tonwerkzeuge im Abschnitte «Feldspiele.»)

10. Thorsägbohrer, 28 cm lang, Stiel 1,20 m, wahrscheinlich vom 17. Jahrhundert. Die Querstange diente zum Drehen des Bohrers. Stammt aus dem Dresdener Zeughaus und befindet sich jetzt im Germanischen Museum zu Nürnberg.

Springstecken, auch Pinnen und Schweinsfedern hießen zuerst in den niederländischen Freiheitskriegen gebrauchte speerartige Stangenwaffen mit an beiden Enden pfriemartigen Spitzen. Das untere Ende schief in den Boden gestoßen, diente diese Waffe namentlich dazu, Schutz vor der Reiterei zu gewähren. Besonders sind solche Pinnen unter Prinz Eugen in den Türkenkriegen verwendet worden.

11. Hellebardenartige Waffe vom 15. Jahrhundert mit der daneben abgebildeten Fabrikmarke. Schaftlänge 1,50 m, Spießlänge 31 cm, Hakenlänge 12 cm. — Sammlung Zschille.

---

[1]) S. S. 780 den Knebeljagdspeer.

11 Bis. Prächtiger indiſcher Kornakhaken in gepunztem Eiſen vom 16. Jahrhundert. — Sammlung Salomon von Rothſchild. — Gleichförmige aber einfachere Kornakhaken befinden ſich in verſchiedenen anderen Sammlungen.

11 Ter. Mauriſche Adarque vom 16. Jahrhundert. Dieſe Waffe

11 III.

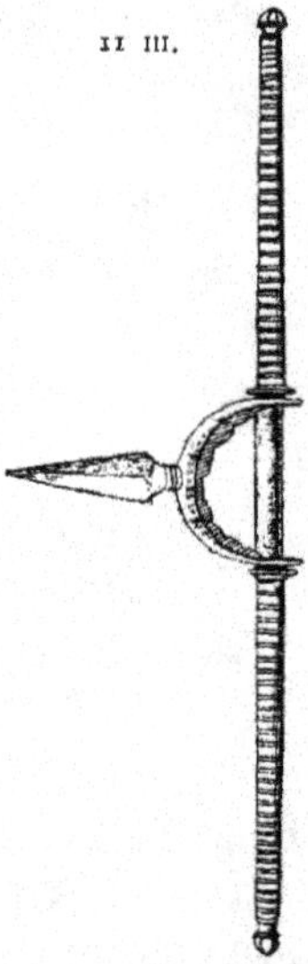

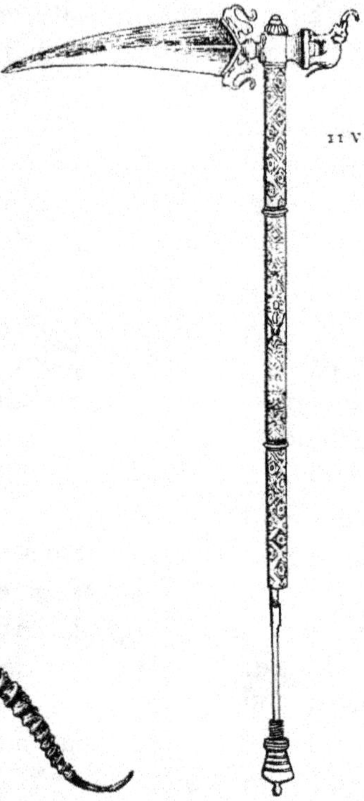

11 V.

11 VI.

11 IV.

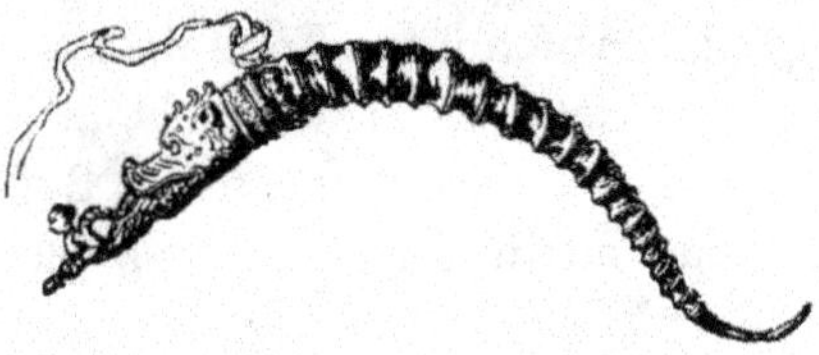

beſteht aus dem vereinigten Wurfſpieß, dem Fauſtſchilde und dem breiten Dolchmeſſer.

11 III. Sainte genanntes Abwehrſchild. Dieſe Waffe iſt auch von den Arabern in Spanien eingeführt worden. Die Armeria-Real zu Madrid beſitzt eine vom 15. Jahrh. — Indiſches Muſeum zu London.

11 IV. Indiſches Pulverhorn. — Indiſches Muſeum zu London.

11 V. Gebogenes Dolchmeſſer auf Schaft, eine ſindiſch-indiſche Waffe (Bombai) — Indiſches Muſeum zu London.

11 VI. Beilmeſſer auf Schaft, eine ſindiſch-indiſche Waffe Bombai). — Indiſches Muſeum zu London.

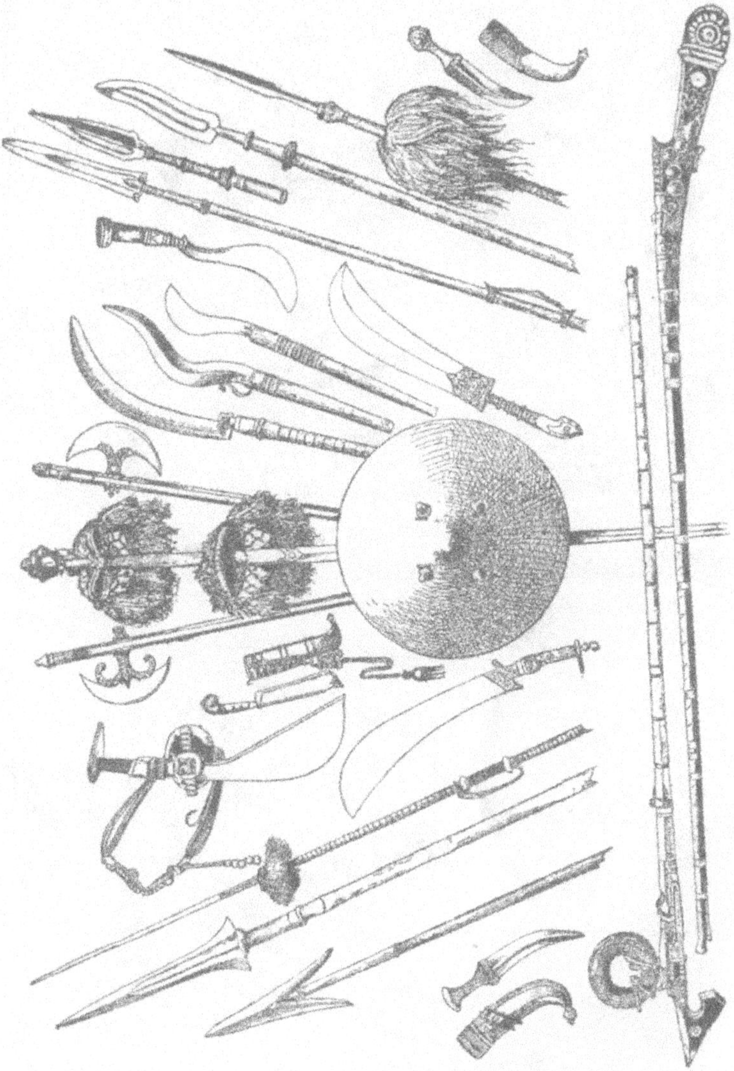

Gruppen indiſcher Waffen der Aboriginal- und Dravidianracen des ſüdlichen Indiens. — Indiſches Muſeum zu London.

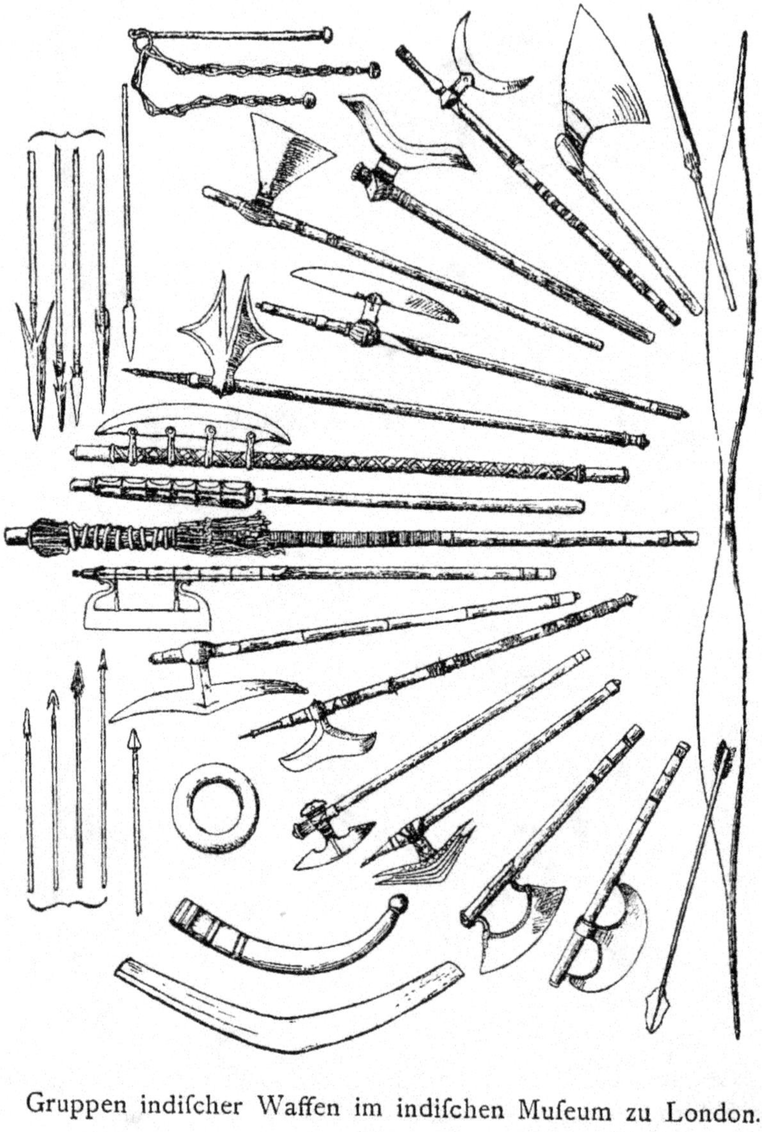

Gruppen indiſcher Waffen im indiſchen Muſeum zu London.

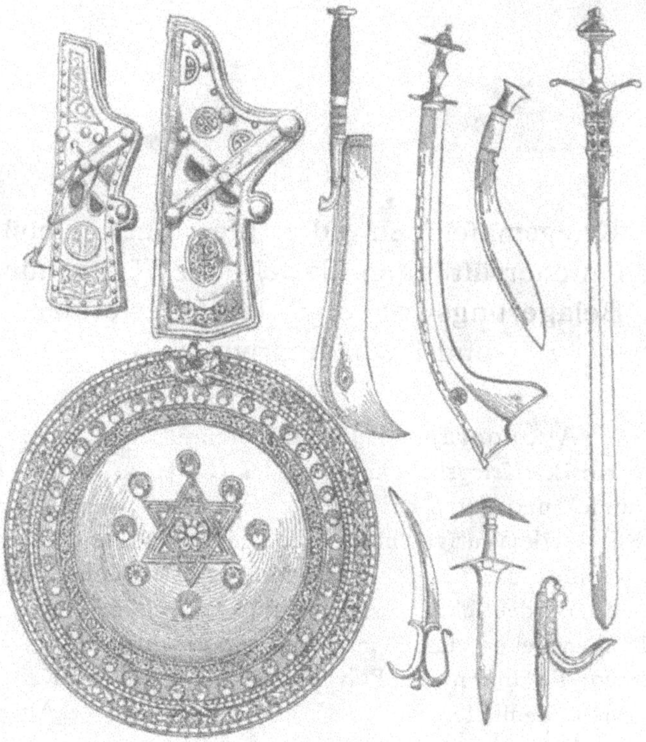

Indiſche Waffen von Nepal. — Indiſches Muſeum zu London.

XLI.

Die Kriegsmaſchinen oder Maſchinengeſchütze, die Taucherrüſtungen, Sattelräder, Kriegshunde, Belagerungswaffen, Pulverfeuertonnen, und Fernkampfwaffen.

In der Agonographie (Kampfbeſchreibung) ſowie in der Areotektonik (Kriegsbaukunde) in der Castrametation (Lagerabſtechkunde) und der Poliorketik (Belagerungskunde) ja ſelbſt in der Ballistik (Wurfgeſchützkunde) des Altertums iſt ſehr wenig Beſtimmtes über die Kriegsmaſchine zu finden. Solche Geſtelle im allgemeinen (altdeutſch antwerke) inbegriffen der S. 147 angeführten arabiſchen Feuergeſchoßmaſchinen, deren man ſich im Mittelalter, bevor ſie durch die Pulverfeuerwaffen großen Kalibers erſetzt wurden, bediente, ſind meiſt den Maſchinen der Alten nachgebildet worden (ſ. darüber S. 160, 172, 181, 188, 219, 271 und 272).

Mehrere dieſer Kriegstriebwerke waren ſchon den Agyptern und Aſſyrern bekannt, beſonders der Sturmbock oder Widder (ſ. S. 172) den auch die Bibel anführt; ſie zerfallen in zwei Hauptklaſſen: in Deckungs- und in Angriffs- und Zerſtörungsgeſtelle. Zu erſterem gehören vor allen die oben offenen, auch beweglichen, bei den Römern plutei (θωρακεῖον) genannten Sturmſchirme, Schutzwände von Brettern und auf Blockrädern, welche zur Sicherung der Angriffsſchützen dienten, — ſowie die Sturmdächer lat. vineae, beſtimmt die Belagerer beim Ausfüllen der Gräben und Brechen der Mauern zu decken.

Vinea (S. Caes. B. C. II, 2; Liv. XXXVII, 26; — Veg. Mil. IV, 15) wurde bei den Römern allein die viereckige, 1½ bis 3 m große, aus von Fell oder Tierhaargeweben gegen Feuergeſchoſſe bedeckten Brettern dargeſtellte Holzſchirmdachhütte genannt, deren Dachdeckung abſchüſſig und wo die eine Seite nur offen war. Unter dem Schutze dieſes Zimmerwerkes, welches den Mauern des belagerten Platzes entlang oft eins an das andere in ununterbrochener Reihe aufgeſtellt war, konnten die Angreifer, ſowohl Brech- wie Grubenarbeiten, geſchützt vornehmen.

Man kennt viele Namen und Bezeichnungen aber ſehr wenig Techniſches von ſolchen Maſchinen. Die bekannteſten und hauptſächlichſten waren der Widder — aries κριός — ſ. S. 219 und die catapulta, καταπέλτης und die ballista κιφοσώλος. Außerdem findet man noch Erwähnungen über nach folgende Geſtelle: Die forfex — ψαλίς — μάχαιρα — Schere oder Steinzange zum Emporheben. Der δορυδρέπανον — falx muralis welche zum Niederſchlagen von Verſchanzungen aber auch im Seekriege zum Abſchneiden der Maſte diente (ſ. Caes. B. G. III, 14; VII, 86; Strabo, IV, 4, 1; Liv. XXXVIII, 5). — Der κόραξ — corvus, die Hängzange, eine Art Kran. — Die an Ketten befeſtigte χείρ σιδηρέα — manus ferrea, ſowie der lupus ferreus, und der an einer Stange befeſtigte Krallenhaken, die Teufelskralle, ὅρπαγη, ἅρπαξ — harpago, welche als Mauerheber und auch als Enterhaken dienten. Die terebra, τέρετρον — d. h. Bohrer genannte Schlag- und Brechmaſchine. Der obenerwähnte κριός — aries — Widder (ſ. Cic. d. Off. 1, 11; Verg. Aen. II, 492; XII, 704) hatte meiſt ein Schutzdach — χέλυς — testudo, Schildkröte (ſ. bei Vit. d. testudo arietaria, 13, 2 und 15 und 16, Caes. B. G. V. 43 und 52, ſowie die Abbildungen auf dem Triumphbogen des Severus (193—211 n. Ch.) auch das Werk v. Rhodios). — Der ericius — Stacheligel, eine Art ſpaniſcher Reiter (ſ. Caes. u. Sallust) und die cataracta, ähnlich dem neuzeitigen Fallgatter (franz. herse). — Der πύργος, pyrgus oder turris mobilis auch turris ambulatoria genannt, ein Wandelbelagerungsturm. Der von Polyorcetes erfundene helepolis war ein hoher vier- eckiger Turm auf Rädern ebenfalls für die Einnahme feſter Plätze beſtimmt. Tolleno nannten die Alten den Hebekaſten, welcher Belagerer in die berannten Plätze verſetzte. Das von Caeſar beſchriebene Geſtell, der musculus, zur Deckung der Grundarbeiter, welcher identiſch mit der ſchon angeführten vinea war. Das ἄτρακτος, fusus auch colus genannte, mit Zündſtoffen gefüllte Gefäß in Kunkelform (colus) und mit Speerſpitze, um Schiffe und feindliche Belagerungsgeſtelle in Brand zu ſtecken. Die carroballista, die fahrende auf Wagen von Pferden gezogene, λιθοβόλος oder λιθοβόλον, ballista oder balista, — ein Name, der auch dem Kriegswagen beigelegt wurde, und über welchem die libratores (vom Genie) walteten. Die oben angegebene catapulta und der damit geworfene, vier und einen halben cubitus (franz. coudée, d. h. die Länge des Vorderarms) meſſende, trifax genannte Pfeil mit Widerhaken (ſ. darüber Feſtus, Ennius und Ant. ſowie die Abbildung davon auf der Trajansſäule).

Die Sambuca[1]), σαμβύκη, eine auf Wagen geführte Sturmbrücke (ſ. Feſtus, S. v; Veg. Mil. IV, 21; Vitruv. X, 16, 0), welche u. a. Marcellus bei der Belagerung von Syracus anwandte. Plutarch leitet ihren Namen von der in Geſtalt ähnlichen Tetracorde oder der dieſer gleichförmigen Sambuca (ſ. Scipio Afric. ap. Macrob. Sat. II, 10; Pers. V, 95; Porphyr. in Ptol. Harm.) ab, zwei harfenartige Tonwerkzeuge, wovon erſteres mit nur vier, letzteres aber mit ſechs bis zehn Saiten bezogen war.

Die petraria, eine nur zum Steinewerfen geeignete Maſchine.

Zu ſolchen zum Schleudern von Geſchoſſen beſtimmten Geſtellen, deren allgemeiner Name tormentum (Cic. Caes. Liv.) war, (womit man aber auch alle Folterwerkzeuge bezeichnete) und im Altfranz. onagre hieß, gehörten die ſchon angeführte balista oder ballista, eine Bogenſchnellermaſchlne, welche auch oft auf Rädern, d. h. Wagen ruhende wie der bereits angeführte carrobalista genannte ballista. Der fundibalus oder fundibalum, welcher auch zu den Balliſten gehörte und ſchleuderartig wirkte. Der scorpio — us — und os, σκορπίος, (ſ. Veget. Mil. VI., 22; Ammian XXIII 4; Vitruv. X. 1, 3) womit die Alten eine nur von einem Mann gehandhabte Schleuderwaffe für kleine Speere, Pfeile und Bleikugeln, auch Steine bezeichneten, und die wohl gleichartig mit dem gr. gaſtropheten, (ſ. S. 219) und der römiſchen Handbaliſta, der Manubaliſta oder Arcubaliſta (ſ. S. 270) geweſen ſein wird. Dieſer Scorpio iſt nicht mit dem Skorpion oder flagrum fimbriatum, μάστιξ — der Streitgeißel, zu verwechſeln (ſ. darüber S. 152 No. 24 den indiſchen S. 185 den ägyptiſchen, S. 217 den griechiſchen ſowie den Abſchnitt Kriegsflegel).

Den — corvus — κόραξ, eine Art Kran, — welchen Vitruv. X 13, 8, als wenig brauchbar bezeichnet wird von Polybios (1,22) als Schiffskriegsmaſchine angeführt.

---

[1]) Nicht zu verwechſeln mit Saquebute, womit ein widerhakiger Speer zum Herunterreiſsen des Feindes vom Pferde, ſowie die altzeitige Poſaune bezeichnet wurden. (S. Abſchnitt Sturmgabel und Abſchnitt der Kriegsgerätſchaften.)

Malleoli waren Handbrandpfeile, Falaricae, die durch Geſchütze geworfenen.

Die auch Palitone genannte Balliſta (franz. baleste) eine Hochſchleuder, welche den Römern durch die Griechen bekannt geworden war, diente denſelben bereits in den puniſchen Kriegen und blieb von da ab wohl bis ins 3. Jahrhundert n. Chr. ihr einziges Wurfgeſchütz. Heron vom 3. Jahrhundert v. Chr. nach, wurde die Balliſta bei den Griechen von 10 Mann und einem Geſchützführer (decurio) bedient. Derſelbe Schriftſteller führt auch an, daß die Maſſilier ſchon glühende Bolzen mittelſt ihren Geſchütze ſchleuderten. Vom 3. Jahrhundert n. Chr. wurde die Balliſta mit Onager (v. griech. ὄνος ἄγριχος — wilder Eſel) bezeichnet und dem mit einem Bogen verſehenen Geſchütze der Name Balliſta beigelegt. Die vierräderigen, auch Carroballiſten genannten Balliſten tauchen erſt in der ſpäteren Kaiſerzeit auf, wo die mächtigſten davon 2—6 Centner wiegende Geſchoſſe auf 1000 Schritt Abſtand warfen. Die Balliſta ſcheint unſern Mörſern geglichen zu haben, d. h. beſtimmt geweſen zu ſein, Steine und Kugeln im ſtark gekrümmten Bogen zu werfen, wo hingegen die auch Euthytone genannte Katapulte einen armbruſtartigen Bogen hatte und zum mehr wagerechten oder beſſer flachen Bogenſchleudern von großen Pfeilen diente. In kleinerer Form für Feldgebrauch hieß er scorpio auch manuballiſta d. h. Handballiſte (ſ. weiter oben).

Das im Franzöſiſchen Angon catabalistique genannte Wurfgeſchütz war wohl die einfachſte Art von allen. Es beſtand nur aus einem entaſteten, friſch wieder in der Erde befeſtigten Baume, welcher vermittelſt Stricken gebeugt, beim Loslaſſen derſelben Wurfſtücke ſchleudert.

Solche Maſchinengeſchütze, deren man ſich im Mittelalter, bevor ſie durch die Pulvergeſchütze großen Kalibers erſetzt wurden, bediente, ſind, wie ſchon angeführt, faſt alle mehr oder weniger umgeändert, den Kriegsmaſchinen der Alten nachgebildet worden (ſ. S. 48, 49).

Die balliſtiſche Wiſſenſchaft hat ihren Ausgang von der Anwendung obiger Wurfgeſchütze, ſie iſt eine auf die Mathematik und Phyſik geſtützte Lehre von der Bewegung geworfener und ſeit der Anwendung des Pulvers geſtoßener Körper, ſchließt alſo beſonders die Berechnung der Wurfkraft, die der Wurflinien u. a. m.

ein. Biton (200 v. Chr.) Philon und Heron, Tartaglia, Belidor, Blondel, Martillière, Montalembert, Piobert u. A. haben sich um dieser Kunde Verdienste erworben. Neuere Werke darüber sind von Sinner, Poisson, Didion, Otto, Prehn, Haupt, Hentsch und Jähns herausgegeben worden.

Die vor der Einführung der Pulvergeschütze im Mittelalter, auch schon bei den Arabern (s. S. 147) angewendeten Maschinengeschütze, welche den bei den Römern und Byzantinern gebräuchlichen entnommen waren, bestanden hauptsächlich in zwei Arten Wurfmaschinen, der Blyde oder Bleide, auch nach dem franz. trébuchet, Tribock genannt und der Mange, welche beide bis anfangs des 16. Jahrhunderts vorkommen, da ja noch 1585 Herzog Albrecht von Sachsen bei der Belagerung des Schlosses Rieklingen durch einen Blydensteinwurf getötet wurde. Die Einrichtung, welche viel Ähnlichkeit mit der Katapulta oder mehr noch mit dem Onager und Petraria hatte, bestand darin, daß ein zweiarmiger Wagebalken an einer in senkrechten Ständern ruhenden drehbaren Achse befestigt war, mittelst welcher der am Ende löffelförmige Hebel, worauf das Geschoß lag, losgeschnellt wurde (s. die Abbildung weiterhin). Das Gewicht der durch eine solche Blyde geworfene Steine stieg bis zu 30 Centner.

Die Konstruktion der Mange (mittelalt. Manga v. gr. magganon, franz. Mangonneau), welche das Mittelalter den Byzantinern entlehnt hatte, ist nicht genau festzustellen, scheint aber wippenartig gewesen zu sein und von der Katapulte abzustammen. In Frankreich bezeichnet man sogar die Mange wie deren Geschoß mit Mangonneau (s. auch Parcival von Wolfram v. Eschenbach).

Hinsichtlich der sonstigen Kriegs- und insbesondere der Belagerungs- wie der Verteidigungsmaschinen fester Plätze, worunter der Widder oder Sturmbock (d. aries d. Römer) eine der bekanntesten ist, kann auch nichts ganz Sicheres festgestellt werden, da die von einigen Schriftstellern des 15. und 16. Jahrhunderts in großer Anzahl angeführten verschiedenartigen Gestelle größtenteils Phantasiegebilde gewesen zu sein scheinen. Demungeachtet sind fast alle davon nachfolgend in Abbildungen gegeben.

Die Namen Tanten, Igel,[1]) (franz. hérissons, ein auf vier Rädern ruhendes Gestell) Katzen (Mauerbrecher unter Schirm-

[1]) Auch der Name einer Angriffswaffe wie der einer bei den Landsknechten gebräuchlichen Schlachtaufstellung.

dächern), Butten, Tummler, Bergfriden,[1]) oder Ebenhöhen (Wandeltürme, helepolis? — ſ. Parcival und Titurel, die röm. turris mobilis) und eine Menge andere Namen noch, kommen für Kriegsmaſchinen im Mittelalter vor, wo die Waſſerſchleuder Hydropult hieß.

Das Artillerie-Muſeum beſitzt zwei Balliſtenbogen aus der Feſte Damas, wahrſcheinlich aus der Zeit der Kreuzzüge, und das Züricher Antikenkabinett eine Menge eiſerner Balliſtenpfeilſpitzen, die mit andern Trümmern dieſer Maſchinen unter dem Schutte des gegen das Ende des 13. Jahrhunderts zerſtörten Schloſſes Ruffikon gefunden wurden. Dies und die Geſchütze zu Quedlinburg iſt wohl alles was derartiges noch vorhanden iſt.

Im Mittelalter bildeten die Gezeug- und Blidenmeiſter mit ihren Geſellen eine eigene Zunft, von welcher im 14. Jahrhundert Raf. Ermelyn, im Heere Albrechts I. von Öſterreich eines großen Rufes genoß. Wahrſcheinlich beſtanden damals noch antike Geſtelle zur Nachbildung.

Die Monſer Archive, aus dem Jahre 1406, ſprechen auch von ſolchen Kriegsmaſchinen, denen man in allen möglichen Zeichnungen in den Handſchriften jener Zeit, beſonders in den Zeitblomſchen aus dem 15. Jahrhundert in der Bibliothek des Fürſten von Waldburg-Wolfegg begegnet.

Die Aufgabe, welche die Erfinder von Kriegsmaſchinen zu jener Zeit vorzugsweiſe beſchäftigte, war, neue Mittel zu erſinnen, um belagerte Plätze in Brand zu ſtecken; man ging dabei ſogar ſo weit, daß man Vorrichtungen für Hunde und Katzen und ſogar für Vögel und anderes Federvieh erfand, um dieſen Zweck zu erreichen. Selbſt der arme Hahn, dieſe beliebte und lebendige Uhr der Landsknechte, der ſie auf ihren Feldzügen begleiten mußte, konnte dem Schickſale nicht entrinnen, von jenen hartnäckigen Erfindern als Brandleger benutzt zu werden.

Auch Schwalben wurden dazu verwendet. Nach der Erfindung der Zauberlaterne (laterna magica) im Jahre 1671 durch Kircher ſollen ſelbſt die vermittelſt Glasbilder ſolcher optiſchen Geſtelle erzeugten Scheingeſtalten als Geiſtererſcheinungen Verwendung gefunden haben, um die Verteidiger von den Mauern zu treiben.

[1]) Bergfriede oder Bergfryd hieſs auch im Mittelalter der Hauptturm (franz. Donjon) in Burgen. Die ſo benannten hölzernen Belagerungstürme ſollen durch Heinrich den Löwen (1139—1192) in Deutſchland eingeführt worden ſein.

Zu den Hindernisgestellen im Heerwesen gehören, außer dem weiterhin abgebildeten spanischen Reiter- und Fußangeln, auch Schanzpfähle (franz. Palisades), grade, wagerechte und geneigte Grabensturmpfähle, Verpfählungen oder Cäsarstäbchen, Verhaue und Drahtziehungen.

Das Sattelrad[1]) (Velocipede, v. lat. velox, schnell, reißend, und pes, pedis, Fuß, — v. ital. Veloce geschwind), welcher als vierräderiger Laufwagen, bereits in einer Handschrift des Sachsenspiegels vom 14. Jahrhundert (Bibliothek zu Wolfenbüttel) dargestellt ist (s. weiterhin die Abbildung), und, — wohl auf dieser Zeichnung fußend, von Karl v. Drais (1785—1851) zu Mannheim zweirädrig, unter dem Namen Reitmaschine, (franz. draisine sowie wagonet de tournée, engl. dandy-horse und trolly), erfunden worden ist, sowie die in den sechziger Jahren von Amerika als vervollkommnete Draisinen verbreiteten ein-, zwei- und dreirädrigen (Monocycle, Bicycle, Tricycle); auch die Sociable-Tricycle für zwei Personen und die mit den Händen bewegten Manupeden, scheinen in obiger angeführter einfacher Art — wie jetzt wieder in ihrer Vervollkommnung im Heer- und Eisenbahnwesen — auch früher schon im Wehrtum Verwendung gefunden zu haben. Gegenwärtig bestehen 15 verschiedene Arten solcher Sattelräder.

Wie im russischen und französischen Heere, ist das Sattelrad auch in England, daselbst massenhaft, in den Regimentern eingeführt worden, wo da Abteilungen von 15—20 jedem derselben zugeordnet sind.

Auch des Kriegshundes, wovon weiterhin ein mit einem Feuertopf versehener, sowie ein glockenläutender abgebildet ist, muß hier ausführlicher Erwähnung geschehen.

Die Benutzung des Hundes zum Kriegsdienst reicht ins hohe Altertum hinauf, woselbst bereits seine Mitwirkung als Kämpfender und Depeschenträger, also als wirklicher Kriegshund, abgesehen von seiner Anwendung nur als Wächter, stattgefunden hat. Aeneias

[1]) Fahrrad ist ein durchaus unpassender Name, da ja alle Räder zum Fahren dienen, auf der Velocipede aber rittlings, d. h. mit gespreizten Beinen, so zu sagen geritten wird und dies Gestell deshalb richtiger mit Sattel- oder Reitrad zu bezeichnen ist. Ein vierräderiger vom Insitzer fortbewegter Wagen ist 1649 von Hautsch in Nürnberg und ein solcher zweirädiger für gelähmte Personen vom Uhrmacher Farfler zu Nürnberg, ebenfalls im 17. Jahrhundert erfunden worden, (s. die Abbildungen davon in der Encyklopédie des Beaux-Arts Plastiques S. 427 des Verfassers; deutsche Ausgabe «Handbuch der bildenden und gewerblichen Künste S. 449).

(6. Jahrhundert v. Chr.) der uns bekannte altzeitigste Kriegsschriftsteller Griechenlands spricht von Hunden, welchen man in den Halsbändern Briefe einnäht und so zum Überbringen von Nachrichten gebraucht. Kampfhunde aber scheinen die Griechen nicht gehabt zu haben, jedoch die Perser, die Jonier von Kolophon, die Hyrkanier (Mazanderan), die Magnesier (vom morgenländischen Thessalien) die Kimbern, die Kelten,[1]) die Berber und die Tripolitaner Afrikas, welche alle, gemeinlich Cynomynen genannte, Hundelegionen hielten, wovon verschiedene Rüden mit Schutzrüstungen versehen waren, wie dies durch nach vorhandenen antiken Bronzen festgestellt, wo u. a. Hunde gepanzert dargestellt sind. Cyrus, Masinissa König von Numidien (3. Jahrhundert v. Chr.) und Vercingetorix der gallische von Cäsar besiegte Arverner Häuptling, hatten alle zahlreiche Koppeln von Kriegshunden. Bei den Galliern waren die Blut- oder Kriegshunde nicht allein gepanzert, sie trugen auch breite langspitzige Stachelhalsbänder und dienten, wie später im Mittelalter, besonders zum Angriff der feindlichen Reiterei. Der «Hund von Marathon (490 v. Chr.), welcher sich so tapfer mit den Persern balgte, daß er von Wunden bedeckt war, teilte selbst auf dem Gemälde Mikons den Ruhm mit Cynegir, Episel und Kallimachus.

Im Mittelalter waren die mit Kettenpanzer, dabei auch wohl noch mit Spießen oder Sicheln, auch Feuertöpfen (s. die Abbildung weiterhin) bewaffneten Kriegshunde oft der Schrecken der Reiterei, deren Pferde sie niederrissen. Bei den Johanniterrittern auf Rhodos dienten solche Hunde für Vorposten und Streifwachen.

Die mit Brandstoffen ausgestatteten Hunde, ebenso wie die damit versehenen Katzen und Vögel wurden wohl mehr ausschließlich nur zur Inbrandsteckung von Feldlagern als von belagerten Städten verwendet.

In der Schweiz spielte der Hund während des ganzen Mittelalters, sowohl gegen Deutsche wie gegen Brabanter und Franzosen eine nicht unerhebliche Rolle, da die Eidgenossen stets Kriegshunde mit sich führten, was von den Burgundern nachgeahmt wurde. Die Schlacht bei Granson (1476) begann selbst gänzlich durch den Kampf der waadtländischen und burgundischen Hunde ebenso wie bei Murten (1476) wo die Burgunder Rüden von den Alpenhunden gänzlich zerrissen wurden.

[1]) Straboa spricht auch von den für Kampfzwecke abgerichteten Bluthunden der Gallier, bei welchen dieselben besonders zur Verteidigung der Wagenburgen mithalfen.

Auch Kolumbus (+ 1506) fowie Vasco Nunez hatten Kriegshunde, wovon ein Regiment des letzteren über zwei Taufend Indier erwürgte. Bercillo hieß einer diefer Hunde, welcher feiner Tapferkeit wegen «doppelten Sold» empfing u. a. m. Sicherlich haben die Kriegshunde viel zur Eroberung Mexikos und Perus beigetragen.

Heinrich VI. von England (1527—1547) fandte dem Kaifer Karl V. 4000 Hunde mit nur ebenfo viel Söldnern als Hilfstruppen gegen den König von Frankreich. Bei der Belagerung von Valence durch den Kaifer trafen, bevor beide Heere zum Angriff fchritten, die franzöfifchen und fpanifchen Hunde, welche beiderfeitig als Plänkler dienten, zufammen und lieferten das Vordertreffen, in welchem die fpanifchen Rüden Sieger blieben. Auch in Kroatien wie in Dalmatien wurden Hunde, Ende des 17. Jahrhunderts, gegen die Türken als Kundfchafter gebraucht; die neuzeitigen Griechen follen in Kriegszeiten felbft Hunde haben Briefe verfchlucken laffen, die der Empfänger erft nach Tötung des armen Tieres erlangte. In neuerer Zeit ift die Anwendung der Kriegshunde wieder aufgekommen, fo u. a. in Amerika, wo der General Taylor ganze Brigaden von Bluthunden auf den Feind warf.

Bekanntlich erntete felbft ein riefenartiger Hund Lorbeeren während der Expedition von Sir Garnet Woolfeley gegen die Afhantis ein, da er fowohl diefe wie deren Krieghunde mit großem Erfolg bekämpfte, und der Pudel Mouftache unter Bonaparte in Italien felbft noch größeren Ruhm, namentlich bei Marengo, durch fein ficheres Auskundfchaften und Finden von Geländen. Auch die franzöfifchen Truppen in Algier bedienten fich der Hunde nicht als Wächter, fondern als Kundfchafter. Gegenwärtig find den franzöfifchen Regimentern wieder Hunde beigeben.

Man benutzt fie da zum Überbringen von Briefen in umgehängten Tafchen auf Entfernung bis zu 1000 Meter. Als Schildwachen zeigen fie die Annäherung jedes fremdartig Gekleideten auf mehr als 100 Meter an. Die Streifwache führt einen oder mehrere Hunde mit fich. Bei der Abrichtung hierzu ftehen Leute in fremder Uniform im Hinterhalt, um die Hunde zu der Streife zurückzufcheuchen. Ferner finden fie Verwendung zum Auffuchen Verwundeter und Nachzügler, auch als Träger von Schießbedarf, von Meldungen, als Nachtpoftengefellfchaft u. d. m., weshalb ihnen um den Hals eine Tafche befeftigt wird.

Ob wie bereits in den älteften Zeiten in China, auch in Europa fchon früher die Taubenpoft bekannt war, ift nicht feftzuftellen. Die Chinefen befitzen felbft ein Mittel, um vor den Angriffen der mörderifchen Stoßvögel ihre brieftragenden Tauben zu fchützen, indem fie denfelben Rohrpfeifchen am Schwanze befeftigen, deren beim Fliegen ertönendes Pfeifen den Habicht verfcheucht.

Ganz Zuverläffiges läßt fich nach den alleinigen Befchreibungen und Benennungen alter Schriftfteller über die griechifchen und römifchen Kriegsmafchinen nicht feftftellen. Mit Ausnahme des Widders oder Sturmbockes (κριός, aries, f. S. 172 den ägyptifchen und S. 219 den römifchen nach dem Triumphbogen des Septimus Severus 193—211), des Mauerfchlägers (τέρετρον, terebra, f. S. 160 d. affyrifchen) des großen und des kleinen Bauchfpanners (arcuballifta oder manuballifta, f. Veget. mil. II, 15; IV, 22, fowie S. 219 d. griechifchen f. S. 270 die Abbildung der römifchen), ift keine genügende Darftellung bis auf uns gekommen. Nach den Befchreibungen hat man zwar verfucht, folche wieder herzuftellen aber Sicheres ift nicht erreicht worden. (S. S. 17 über die v. Napoleon III. hergeftellten, auch d. onager S. 272. d. terebra S. 27 u. d. m.)

Die Bezeichnungen ballifta und catapulta find befonders überall verwechfelt oder oberflächlich angewendet, fo daß hier faft ganz und gar nichts Beftimmtes aufgeftellt werden kann. Im allgemeinen ift anzunehmen, daß die ballifta (λιθοβόλος — S. Lucil. Sat. XXXVII, 61, 23 Gerlach; Cic. Tusc. II, 24; Tac. Hist. IV, 23) welche ja den Palitonen — παλίντονα — auch Lithobolen — λιθοβόλοι genannten Steinwerfern eingereiht wird, ebenfo wie der Onager (f. Ammianus vom 4. Jahrhundert n. Chr., S. XXIII, 4) nur Steine oder Felsblöcke, die zu den Euthytonen — ἐυθύτονα d. h. den Pfeilgefchützen gerechnete catapulta (καταπέλτης, f. Paulus ex Teft. S. Trifax; Vitruv S. 15; Cäfar B. C. 290; fowie die auf der Trajansfäule v. 115 n. Chr. fechsmalige jedoch durchaus unklare Abildung davon),

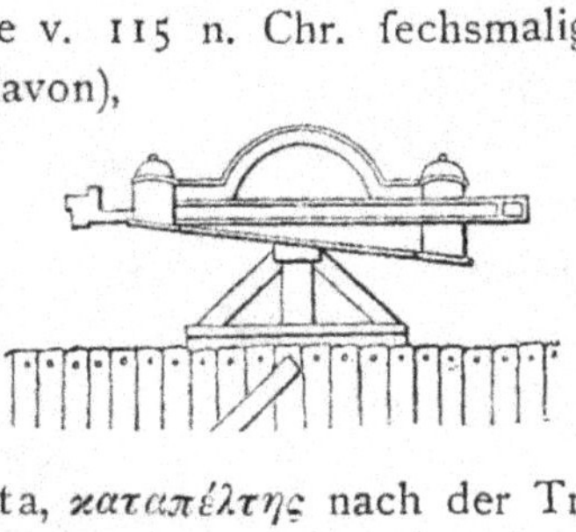

(Catapulta, καταπέλτης nach der Trajansfäule)

aber nur riefige Pfeile oder Speere (pilum catapultarium) fchleuderten, obſchon beide Arten faſt gleicharmige Bogenarme hatten. Solcher Annahme treten indeſſen auch wieder die Bezeichnungen von arcuballiſta und manuballiſta für den nur von einer Perſon gehandhabten Bauchſpanner (den griech. Gaſtrapheten S. 219 abgebildet) entgegen, da dieſer Ahne der Armbruſt, wohl nur zum Pfeilſchießen beſtimmt ſein konnte.

Nachfolgende Abbildung ſtellt zwei Falariken oder Handbrandfackeln nach dem Codex aureus von St. Gallen aus dem 9. Jahrhundert dar. Die Maſchine, die der Reiter auf der Lanzenſpitze

trägt, hat die Fom eines Fiſches. Die Handſchrift zeigt ihn ſchon Feuer ſpeiend, bevor die Truppe den in Brand zu ſetzenden Platz erreicht hat; demnach iſt dabei weder an das Pulver, noch an einen anderen explodierenden Stoff zu denken. Das Feuerſpeien des Drachens kann aber auch nur in einer Nachahmung beſtanden haben, in welchem Falle es ſich hier nur um ein Feldzeichen handelt, wie dies unter Trajan ſchon bei den Römern (der den Parthern entlehnte auch bei den Donauvölkern gebräuchliche Draco für Kohortenfeldzeichen) und ſpäter bei den Germanen, ja ſelbſt noch bei den Angelſachſen im 11. Jahrhundert (ſ. den Teppich von

Bayeux) vorkommt. Dieſe Fackeln ſcheinen bloß aus einer harzigen Subſtanz beſtanden zu haben.

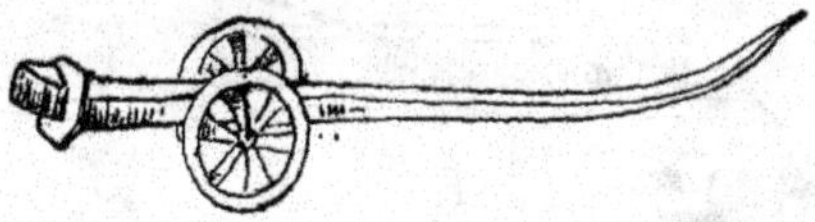

Widder oder Sturmbock (κριός, lat. aries, franz. bélier), nach einer Kleinmalerei der kaiſerl. Bibel vom 10. Jahrhundert. — F. v. St. Germain.

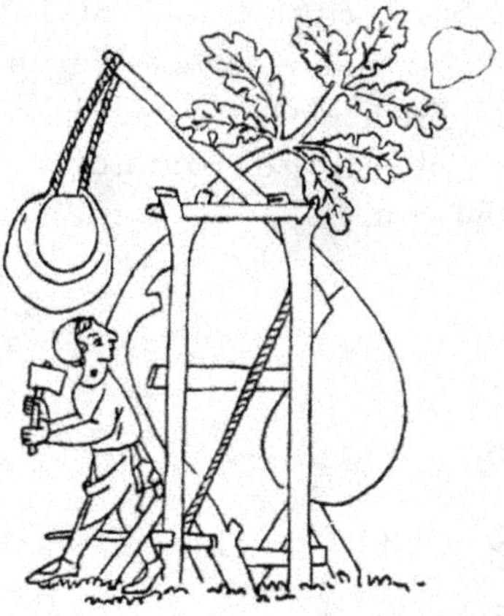

Schleuderkriegsmaſchine vom 13. Jahrhundert. Nach Buchmalereien des Romans Fierabras. — K. Bibliothek zu Hannover.

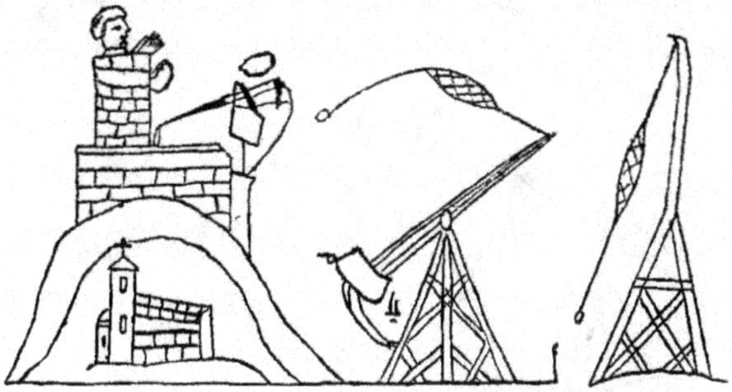

Brechmaſchinen und Verteidigungsſteinſchleuder. Nach Buchmalereien der Pariſer Handſchrift «Genueſer Annalen» vom 13 Jahrhundert.

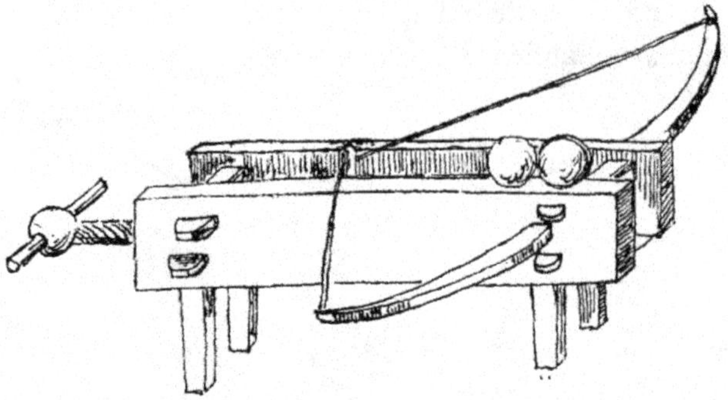

Große deutsche Steinkugeln-oder Steinschleuder, Ballište (λιθοβόλος, ballista) genannt, eine Art Wagenarmbrust von 1,50 m Länge, mit Bogen aus Fischbein. Aus dem Jahre 1350. — Bibliothek von Quedlinburg. Solche Bogenspanner dienten vielmehr zum Pfeil und Kugelschleudern.

Deutsche Wurfmaschine, Katapulte (καταπέλτης — catapulta) genannt, von 2,30 m Länge, welche Steinblöcke u. Steinkugeln von 20 cm Durchmesser schleuderte, vom Jahre 1350. — Bibliothek von Quedlinburg.

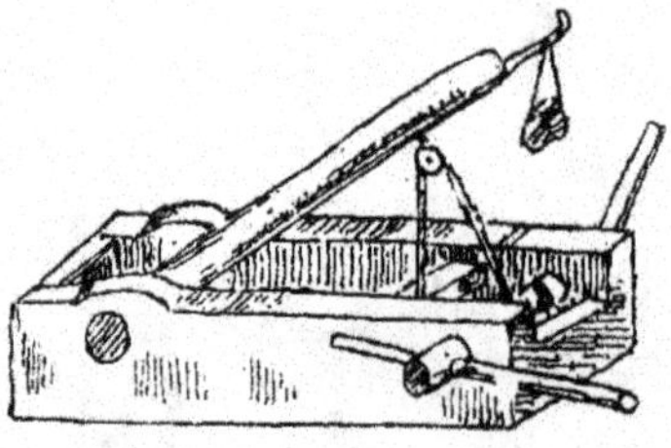

Frühmittelalterlicher Waldesel, auch Skorpion genannt, (lat. onager, S. S. 272.). Nach Marquart.

Katapult, — Gradspanner (lat. tormentum). Nach Heidelb. Philo. von 1865. T. I.

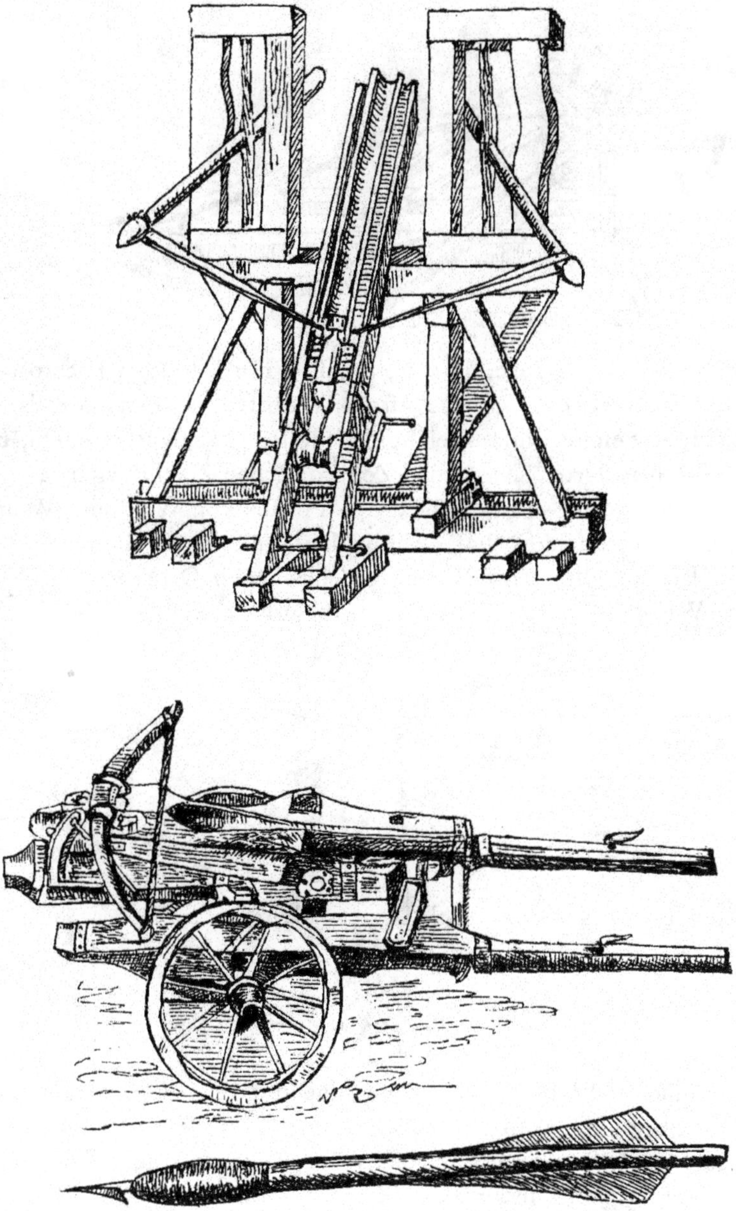

Große deutſche Pfeilſchleuder, eine Wagenarmbruſt, welche zu der Gattung der Balliſten gehört. — Nach dem Cod. germ. in der Münchener Stadtbücherei.

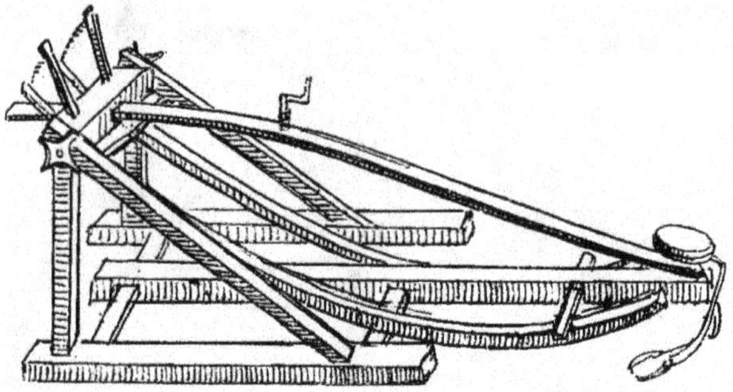

Bleiden, Blinde, Bleide auch Tribock (ὄναγρος, onager oder tormentum, s. S. 272, franz. trébuchet) genannte Kriegsmaschine, welche umfangreiche Geschosse, als Steine, Kugeln, Felsstücke schleuderte. Nach den Zeitblomschen Zeichnungen aus dem 15. Jahrhunderts. — Bibliothek des Fürsten von Waldburg-Wolfegg. Diese Wurfmaschine hat Ähnlichkeit mit dem durch Ammian (XXIII, 4) in allen Einzelheiten beschriebenen Onager der Römer, dem Waldesel oder Skorpion des Mittelalters.

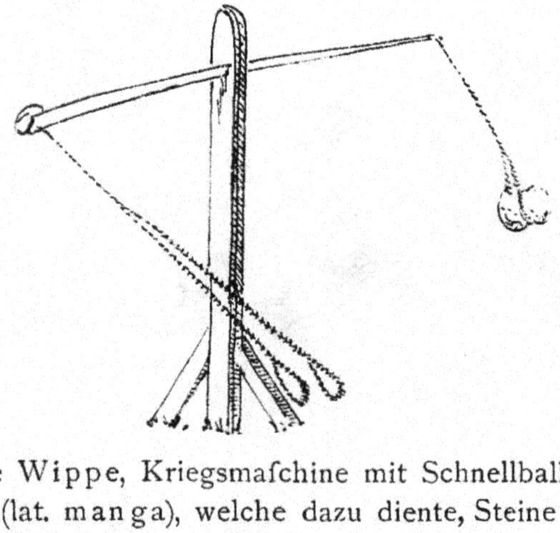

Einfache Wippe, Kriegsmaschine mit Schnellbalken, nach Art der Mange (lat. manga), welche dazu diente, Steine zu schleudern sowie Breschen zu legen. Nach den Zeitblomschen Zeichnungen aus dem 15. Jahrhundert. — Bibliothek des Fürsten v. Waldburg-Wolfegg. Es gab auch doppelte Wippen, die durch das Hin- und Hergehen des Tragbalkens, dessen eines Ende stets beladen war, indes das andere sich hob, ohne Unterbrechung Geschosse schleudern konnten. Die einfachen Wippen wurden durch Stricke, an denen vier Männer zogen, in Bewegung gefetzt. Die Schleuderwippe war faft ebenfo eingerichtet wie die hier gegebene einfache Wippe, nur mit dem Unterfchiede, daß in einem beftimmten Augenblick ein ans äußere Ende des Tragbalkens befeftigter Haken einen Strick der Schleuder fahren ließ und der Stein der Tangente des befchriebenen Kreifes folgte.

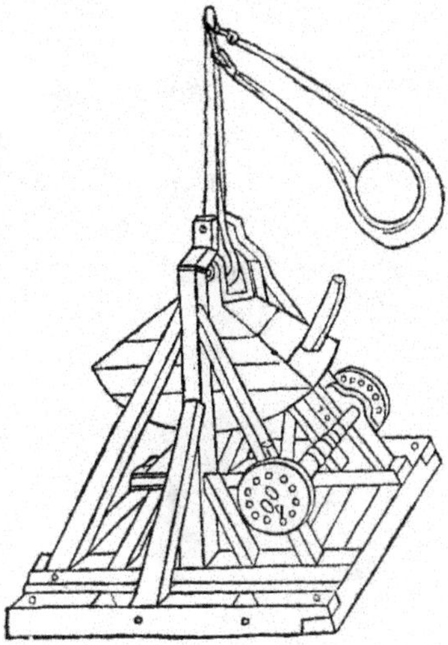

Windewippe mit Schnellbalken, Schleudermafchine, nach einer Handzeichnung des 15. Jahrhunderts, im Germanifchen Mufeum zu Nürnberg.

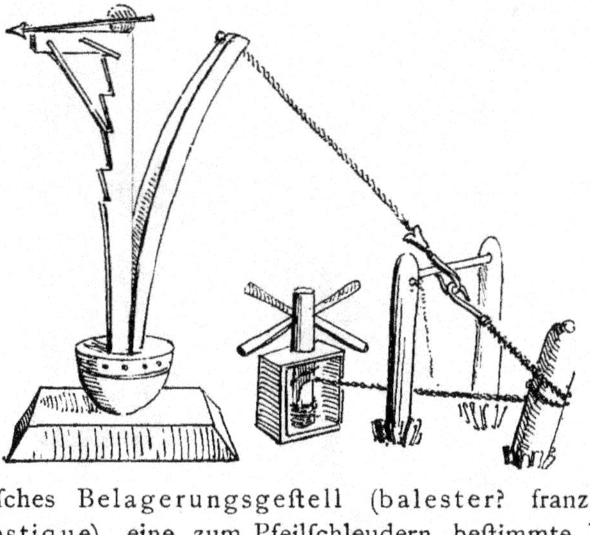

Deutfches Belagerungsgeftell (balester? franz. angon catabalestique), eine zum Pfeilfchleudern beftimmte Mafchine; abgebildet nach dem im Jahre 1472 zu Verona gedruckten Walturius — Bibliothek Hauslab zu Wien. Diefes Mafchinengefchütz empfängt ſeinen Anſtoß von dem rieſigen Schneller, der, durch Stricke, die an Pfählen befeſtigt ſind, rückwärts gebogen, gegen das eckige Geſtell prallt, ſobald die Stricke losgelaſſen werden, und ſo den Pfeil hinaus treibt.

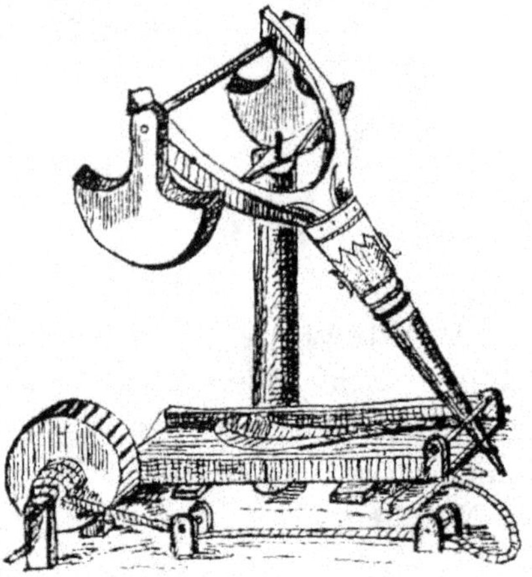

Gewerf benanntes Belagerungsgeſtell mit zwei Beſchwerden vom 15. Jahrhundert. — Nach einer Handſchrift der Münchener Stadtbibliothek. —

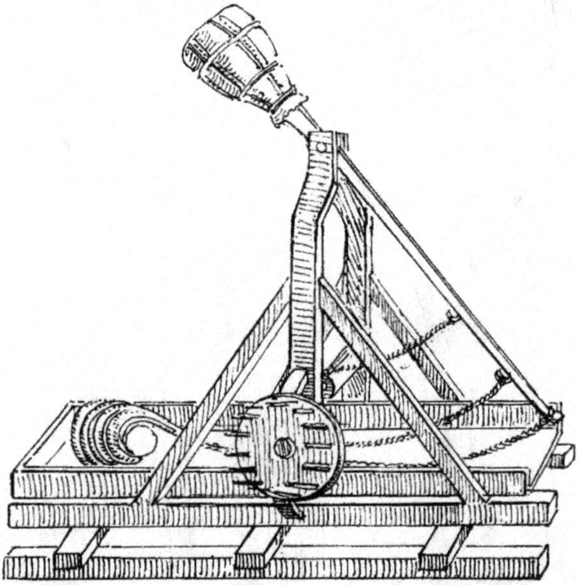

Brechmaſchine mit Räderwerk (der τέρετρον terebra, franz. machine à brêche vom deutſchen brechen oder vom kel-

[1]) Die Breche (franz. breche abg. v. D.), welche beſonders ſeit der Einführung der Artillerie bei den Angriffen feſter Plätze eine Hauptrolle ſpielt, wird gangbar

tischen brech, breca, Loch), deren Schlagwirkung weit bedeutender sein mußte als die durch den Widder hervorgebrachte, da dieser nur Löcher einstoßen konnte, während der Kolben des Baums hier ganze Mauerwände zertrümmerte. Die Zeichnung, nach der Pyrotechnie de l'Ancelot lorrain kopiert, findet sich auch unter den Abbildungen das Walturius der Bibliothek Hauslab in Wien vor.

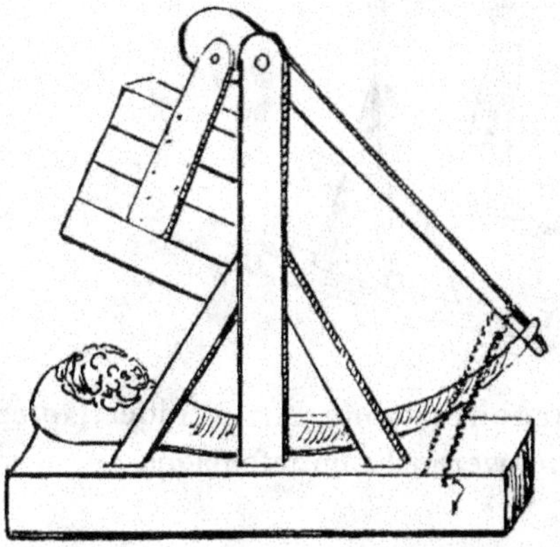

Kriegsgeschütz mit Schnellbalken und Schleuder, nach einer in der Staatsbibliothek zu Paris befindlichen Handschrift: Recueil d'anciens poëtes. Dies ist eins der einfachsten Systeme; das äußere Ende des von seiner Fessel befreiten Tragbalkens wird durch das ihn aufschnellende schwere Gewicht rasch in die Höhe getrieben und reißt so die Schleuder nebst dem Geschoß mit sich fort. Eine ganz ähnliche Schleuder ist in dem Skizzenbuche des Villard de Hennicourt vom 14. Jahrhundert (Bibliothek zu Paris) abgebildet.

Vierräderige Balliste (ballista quadrirota), nach der Notitia utraque cum Orientis tum Occidentis etc., Basel 1552. Den Notizen über die Verwaltung der römischen Heere des Morgen- und Abendlandes aus dem 15. Jahrhundert sind dort Stiche von Ballisten beigegeben, die nach Maschinen oder Zeichnungen jener Zeit kopiert zu sein scheinen.

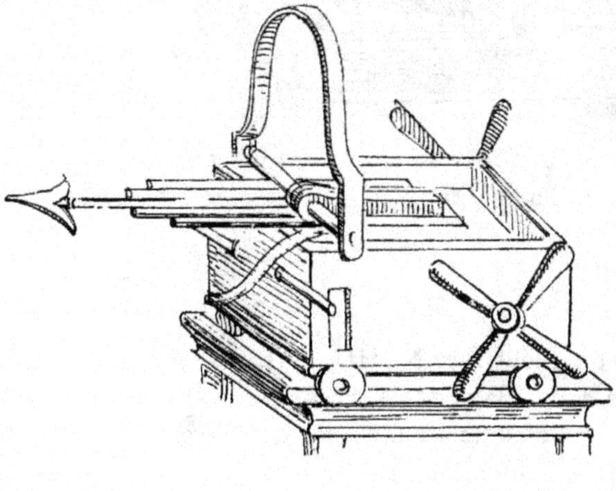

(franz. praticable), wenn sie 30—40 breit gemacht ist. Man armiert gemeinlich die Brechbatterien mit 24 Pfündern.

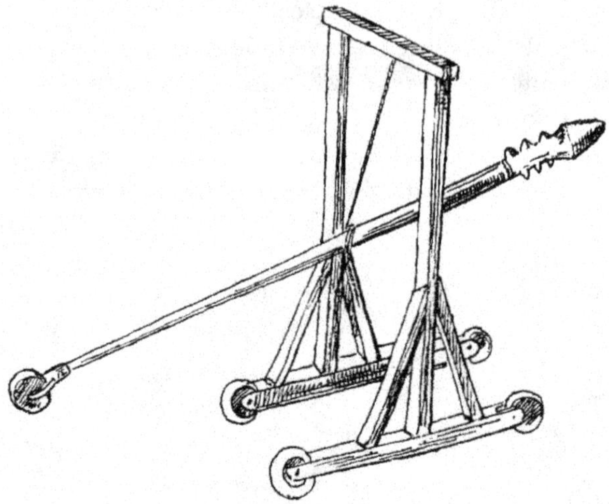

Mittelalterlicher Mauerbrecher, eine Art Widder (κριός, aries, ſ. S. 172, 219 u. 271) mit ſchweren Eiſenbeſchlägen.

Mittelalterliche Steinſchleuder, in Frankreich Onagre genannt, ähnlich der römiſchen Onager — ὄναγρος ſ. S. 272.

Kriegsmaſchine, nach der Notitia utraque cum Orientis tum Occidentis u. ſ. w., Baſel 1552, wo ſie ballista fulminatrix genannt wird. Dieſes Geſchütz iſt merkwürdig wegen ſeiner Triebräder, welche mit Tretmühlenrädern Ähnlichkeit haben und durch Männer in Thätigkeit geſetzt werden. In demſelben Werke iſt auch die Zeichnung eines Räderbootes enthalten, das der Verfaſſer Liburna nennt; die Räder werden durch Ochſen in Bewegung geſetzt.

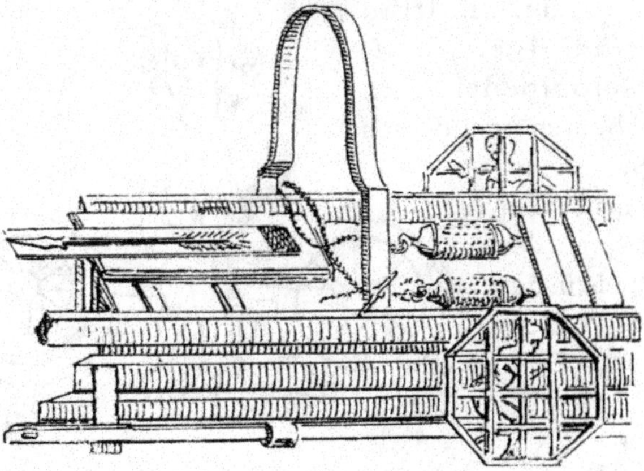

Sturmwand nach einer Handſchrift vom 15. Jahrhundert im Germaniſchen Muſeum. Außer dem Speereiſen hat das Gerüſt noch ein gewaltiges Senſeneiſen auf jeder Seite.

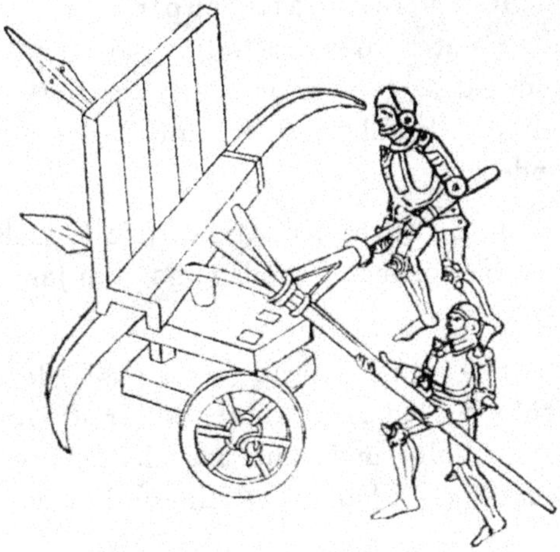

Phantaſtiſche Kriegsmaſchine: «Ein wunderbarlich groß Arabiſchwerk» — nach Walturius: «de re militari». L. XII und Dtſch. Vegetius von 1534. Dieſes ſonderbare Geſtell zeigt zwei Läufe (Kanonen?) und iſt ſicher nur ein nie ausgeführter Entwurf.

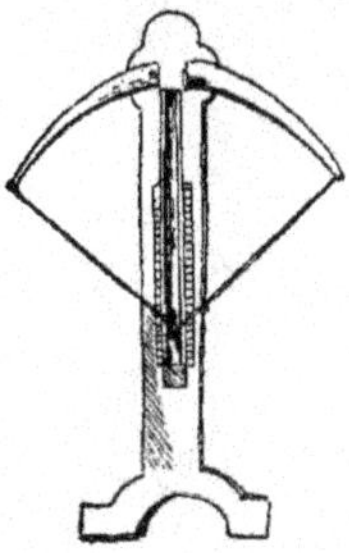

Bauchſpanner, nach Rüſtow — (ſ. S. 219 die griechiſche Gastraphetae).

Sattel- oder Reitrad oder vierräderiger Laufwagen (Velocipede) nach einer mit bunten getuſchten Zeichnungen verſehenen Handſchrift vom 14. Jahrhundert des Sachſenſpiegels in der Bibliothek zu Wolfenbüttel.

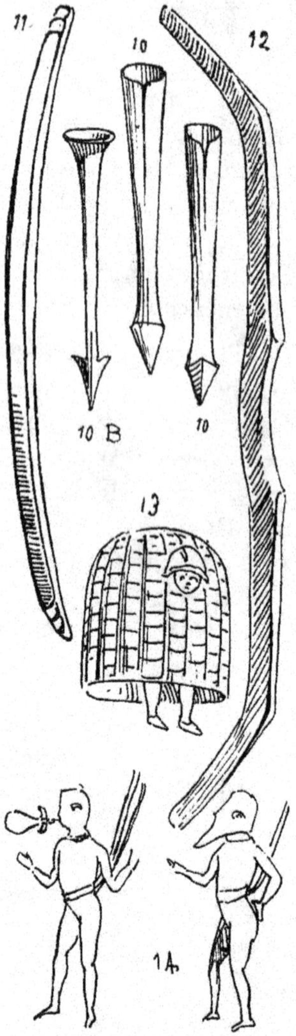

10. Eiſerner Balliſtenpfeil, 14 cm lang, unter dem Schutte des gegen Ende des 13. Jahrhunderts zerſtörten Schloſſes Ruffikon im Kanton Zürich gefunden.

10 B. Eiſerner Balliſtenpfeil, nach dem Kriegsbuch Frondsbergs vom Jahre 1573.

11. Balliſtenbogen aus dem Schloſſe Damas herrührend. Er iſt aus Palmenholz und mit Hornleiſten bedeckt [1]). — Pariſer Artillerie-Muſeum.

12. Desgleichen.

13. Belagerungs-Gräberkorb von Weiden nach einer Handſchrift des 15. Jahrhunderts in der Hauslabſchen Sammlung zu Wien.

14. Taucherzurüſtung, nach einer in der Ambraſer Sammlung befindlicen Handſchrift aus dem 15. Jahrhundert. Die Zeichnung des Manuſkripts ſtellt die Taucher ganz in Schwarz dar, wahr-

---

[1]) Im Muſeum zu Köln ein ähnlicher von Fiſchbein, welcher aus Gersburg ſtammt, ſowie ein anderer in Holz, im Rathauſe zu Quedlinburg, vom Jahre 1336.

scheinlich um das Leder oder den Kautschuk anzudeuten; (s. auch S. 177 den assyrischen Kellek).

15. Taucherzurüstungen nach den Abbildungen des im Jahre

15

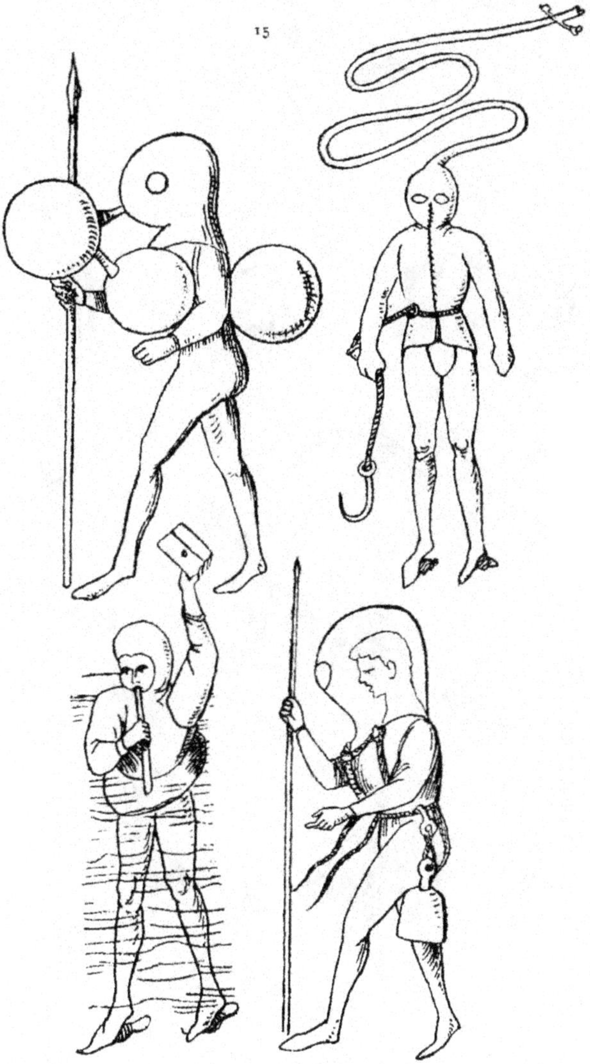

1500 durch Ludwig von Eyb verfaßten «Kriegsbuchs». — Universitäts-Bibliothek zu Erlangen (Anzeiger des Germanischen Museums).

15 Bis. Taucher- und Schwimmzurüſtungen nach den Abbildungen des im Jahre 1500 durch Ludwig von Eyb verfaßten

15 Bis.

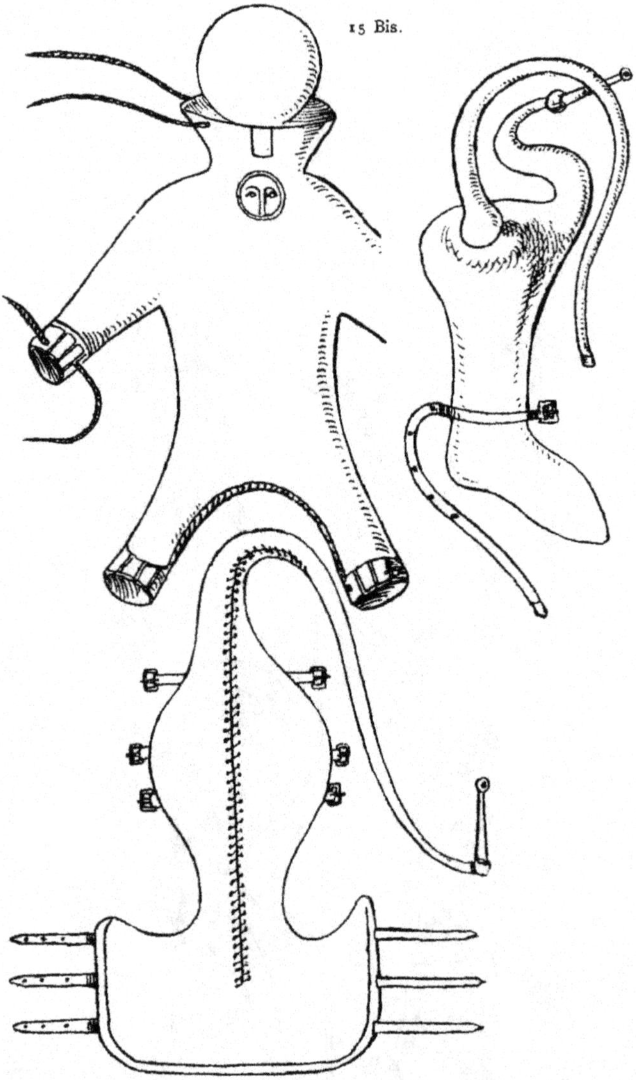

«Kriegsbuches». — Univerſitätsbibliothek zu Erlangen — (Anzeiger des Germaniſchen Muſeum.

141. Taucherzurüſtung[1]). Hier iſt der Taucher beſchäftigt,

[1]) Die Griechen hatten bereits λέβης genannte Taucherglocken.

Ketten an einer Kanone zu befeſtigen, mittelſt welcher dieſelbe hinaufgezogen werden ſoll. Aus dem «Gründlichen Berichte von Geſchützen von Diegum Uffanum nach Archeley Zütphen 1630». — Bibliothek zu Wolfenbüttel.

14 II. Spaniſcher oder frieſiſcher Reiter[1]) (cheval de frise, früher hérisson franz.) für Verſchanzungen und Belagerungen nach Th. Vegetii Renativiri etc., Paris 1535. — Bibliothek zu Wolfenbüttel.

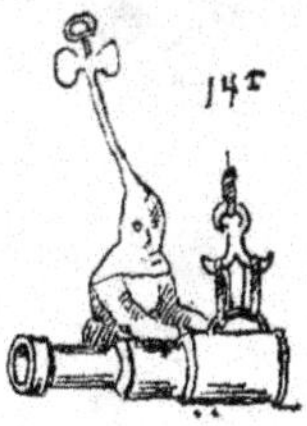

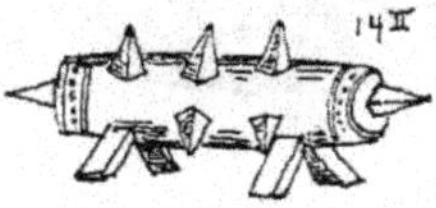

15 III.

15 III. Glockenruf gegen Überfälle, vermittelſt Hunde. Nach einer Handzeichnung des Mittelalters.

15 VI. Hund mit Küraß und Brandtopf bewehrt, um die Felder in Brand zu ſtecken. — Bibliothek Hauslab in Wien.

Bepanzerte Hunde kommen auch ſpäter vor, wo denſelben die Schutzrüſtungen bei der Wildſchweinsjagd gegeben wurden.

Das Stachelhalsband für Jagdhunde war ſchon bei den Römern im Gebrauch, bei welchen dasſelbe unter zwei Benennungen vorkommt millus — und melium (Varro) — «clavis ferreis eminentibus». In einer zu Herculanum ausgegrabenen Malerei «Die Jagd des Meleager» iſt einer der Hunde damit bewehrt. Dieſer millus iſt nicht mit dem einfachen ſtachelloſen armilla genannten römiſcher Hundehalsband zu verwechſeln. Auch die Hundekoppel (copula) war für Jagdhunde ſchon bei den Römern bekannt.

---

[1]) S. S. 658 das auch ebenſo genannte Geſtell zum Einreiten der Pferde.

16. Katze mit Brandflaſche, um die belagerten Plätze in Brand zu ſtecken, desgleichen.

17. Federvieh, desgleichen [1]).

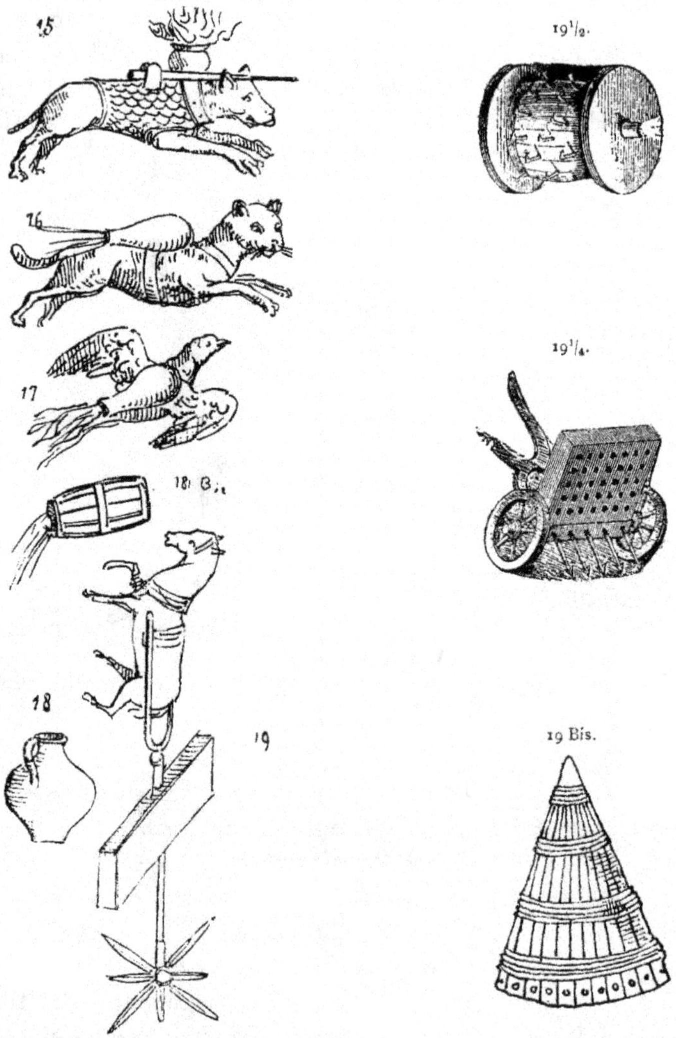

In Stariciis «Heldenſchatz» (Frankfurt und Leipzig 1720) Ab-

[1]) In ganz neuer Zeit ſind auch, zuerſt in Frankreich, Kriegsbrieftauben gezüchtet worden, wozu 1890 im deutſchen Reichshaushaltsüberſchlag 50 000 Mark feſtgeſtellt wurden. Dieſe Summe dient zur Abrichtung von 6—8000 Tauben.

schnitt «De ingenio», wo auch solche Thiere für Brandstiftung dargestellt sind, heißt es:

«Viel Dings zeig ich dir jetzund an
Ein Katz und Taub verrichten kan;
Wan du damit weisst umzugehn
Dein Feind muss grosse Noth ausstehn.»

«Das geschiecht wenn du ein brennend Feur
Dieser Thierlein eins mit Abendtheur
Thust hänken an und lässt sie schnell
Laufen und fliegen an Ort und Stell.»

Im 1584 erschienenen «Feuer Buch durch einen gelehrten Kriegsverständigen u. d.m.» wird ebenfalls dies Belagerungsmittel beschrieben.

18. Thongefäß ohne Deckel, mit ungelöschtem Kalk gefüllt, dessen sich die Belagerten zur Abwehr bedienten. Es ist im Züricher Ketzerturm gefunden. — Antikenkabinett zu Zürich. Leonhard Frondsberg erklärt den Gebrauch dieses Verteidigungsmittels in seinem zu Frankfurt im Jahre 1575 erschienenen Kriegsbuche folgendermaßen: «Soll man fullen ein Theil mit Aschen und ungelöschtem Kalk, der klein ist wie Mehl, derven unter die Feinde geworfen mit Krafften, daß die Hafen zerbrechen und unter sie streuen, gleich wie man das Weihwasser giebt — kommt in den Mundt» u. s. w.

Selbst Kot aus den Abtritten diente, um die Belagerten hinfällig zu machen, so u. a. bei der Belagerung Karlsteins in Böhmen, 1422. In Stariciis «Heldenschatz» vom 18. Jahrhundert geschieht auch solcher Belagerungsmittel folgendermaßen Erwähnung:

«Füll Häfen an mit Menschenkoth,
Wirf die, wohin du wilt, ohne Spott;
Wirst du erfahren in der That,
Dass darvon wird der Mensche matt.»

18 Bis. Brandfaß, von den Belagerern im Mittelalter gebraucht; nach einer Handschrift vom Anfange des 15. Jahrhunderts. — Bibliothek Hauslab zu Wien.

19. Verschanzungswagen, noch im 17. Jahrhundert zur Zeit des Krieges gegen die Türken in Gebrauch. (S. S. 874 No. 30 und 31 andere Hindernisse oder Speergestelle, sowie S. 658 über den ebenfalls spanischen Reiter genannten Zügelhalter.)

19½. Sturmfaß vom Anfange des 17. Jahrhunderts.

19¼. Deutsches Feuerschild mit Speerschutz. Die Öffnungen dienten zum Durchstecken der Hakebüchsen. Vom Anfange des 17. Jahrh.

19 Bis. Rüſtſtück zum zu Grunderichten von Wällen und Befeſtigungsmauern nach «Precetti della militia moderna etc.» von G. Ruscelle — Venecia — 1583.

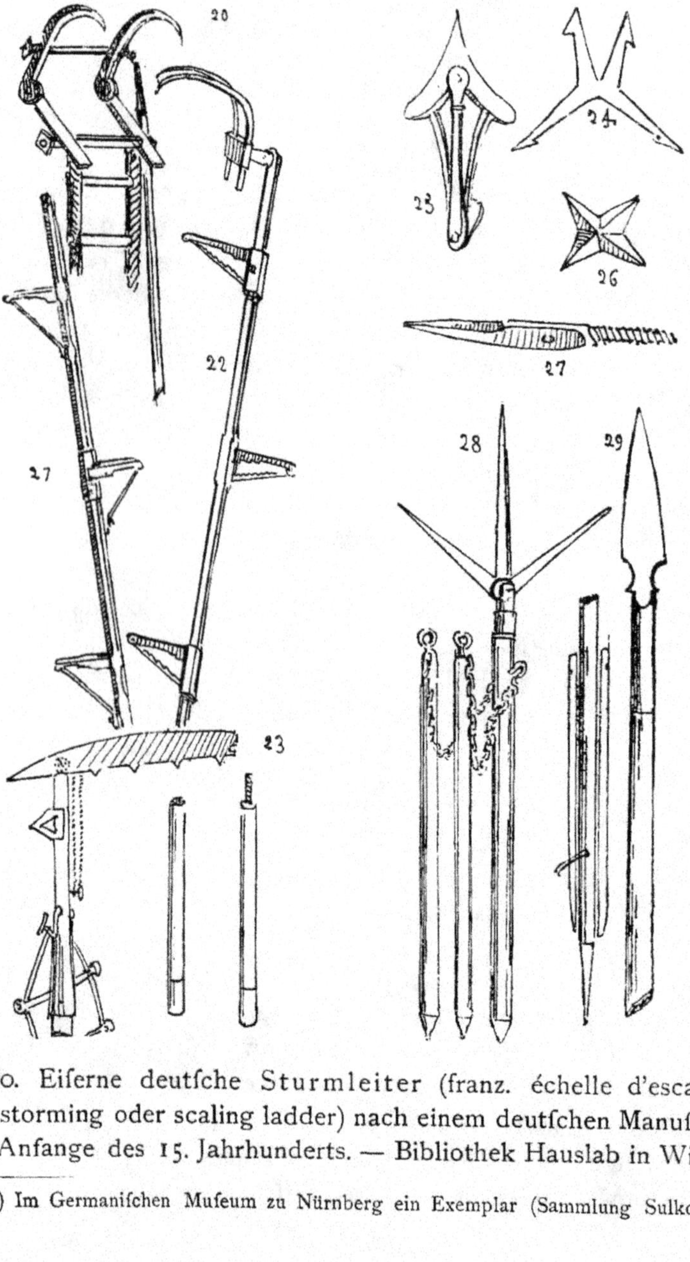

20. Eiſerne deutſche Sturmleiter (franz. échelle d'escalade, engl. storming oder scaling ladder) nach einem deutſchen Manuſkript vom Anfange des 15. Jahrhunderts. — Bibliothek Hauslab in Wien [1]).

[1]) Im Germaniſchen Muſeum zu Nürnberg ein Exemplar (Sammlung Sulkowski).

21. Eiserne dänische **Sturmleiter** (Stormstige), zum Zusammenlegen eingerichtet. — Kopenhagener Museum.

22. Eiserne deutsche **Sturmleiter** zum Zusammenlegen eingerichtet. Sie rührt vom 17. Jahrhundert, aus dem Kriege gegen die Türken her. — Dresdener Museum und Museum zu Kopenhagen.

23. Deutsches **Steigzeug oder Sturmleiter** (franz. couteau d'escalade à bascule et à échelle, engl. storming-ladder with fauchard) vom Anfange des 17. Jahrhunderts. Diese sinnreich ausgedachte und im Münchener National-Museum aufbewahrte Waffe ist an einem langen Schaft befestigt, dessen unteres Ende ein Schraubengewinde hat, das sich auf andere ähnliche Schäfte aufschrauben läßt, so daß die Leiter nach Belieben verlängert werden kann, um damit die Mauern der belagerten Plätze zu erreichen, worin sie sich vermittelst der Zähne des Schlagsmessers, welches 60 cm lang ist, einhakt.

24. **Fußangel** (lat. **hamus ferreus**, franz. **chausse-trappe**, engl. **caltrop**), zu Rosna gefunden. — Museum zu Sigmaringen.

25. **Fußangel**, durch Glockenthon im Jahre 1505 nach den in den drei Zeughäusern des Kaisers Maximilian I. angehäuften Waffen gezeichnet. — Ambraser Sammlung[1]. S. S. 273 und 275 die römische Fußangeln.

26. **Fußangel** nach einer in der Bibliothek Hauslab in Wien aufbewahrten Handschrift des 16. Jahrhunderts.

27. **Fußangelmesser** vom 18. Jahrhundert, 18 cm lang, in Sachsen während des siebenjährigen Krieges gebraucht. Sie wurde an unter dem Wasser verborgene Balken geschraubt, mit denen der Boden der Laufgräben belegt war. Das Loch hatte den Zweck, eine Querleiste aufzunehmen, mittelst der sich das Messer leichter festschrauben ließ. — Sammlung Klemm in Dresden.

28. **Spanischer oder friesischer Reiter** (franz. cheval de frise), vom 17. Jahrhundert, aus dem Prager Zeughaus herrührend. Diese Schutzwaffe hatte den Zweck, die Überfälle der Reiterei abzuwehren. — Berliner Zeughaus. **Spanischer Reiter** hieß auch ein, früher aus Eisen jetzt aus Kautschauk, angefertigtes am Sattel befestigtes Gestell zum Einreiten von Pferden. (S. S. 658.)

---

[1]) Eine kettenartig, mit Gelenken und mehreren 8 cm langen Spitzen versehene Fussangel vom Schlosse von Ferrusac bei Prêmirol, welche im Clanz-Museum aufbewahrt ist, wird dort als «Foltergürtel» im Verzeichnis aufgeführt (Nr. 6126).

29. Spaniſcher Reiter vom 18. Jahrhundert, aus den Kriegen der franzöſiſchen Republik herrührend. — Berliner Zeughaus.

30. Aus Speeren zuſammengeſtellter Spaniſcher Reiter vom 18. Jahrhundert. — Landzeughaus zu Graz.

30

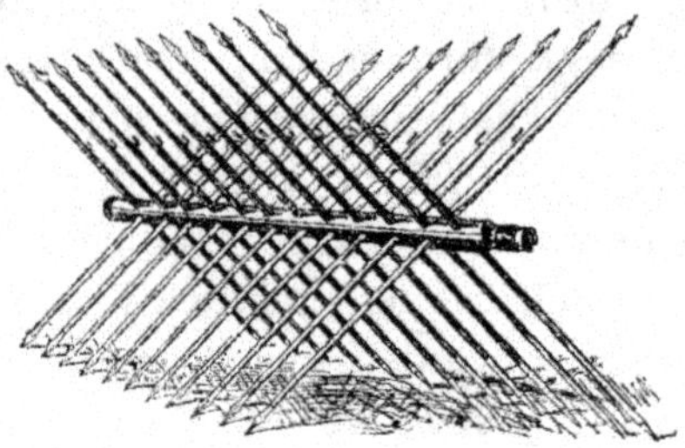

31

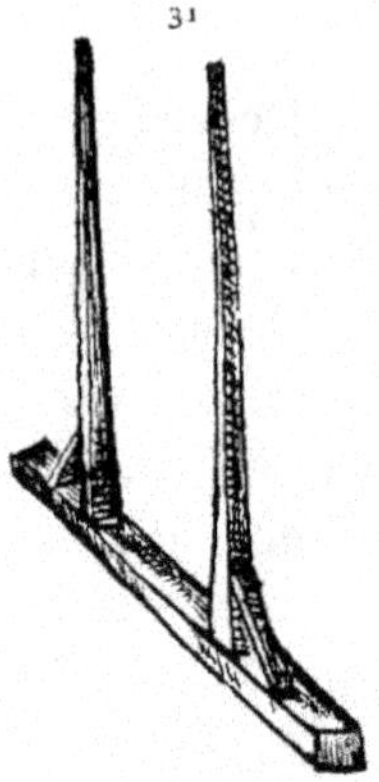

31. Faſchinenblendung oder Leuchter (franz. chandelier de tranché ou de blende). — Nach Diego Uſano's «Artillerie». — Rouen 1628 in der Königlichen Bibliothek zu Berlin.

XLII.

Die Schleuder, die Stockschleuder, die Wurfschlinge oder das Fangseil (lasso auch lazo), das Fangnetz (Rete), die Wurfkugeln (bolar), die Wurfstäbe und Wurfbretter.

Die Schleuder (*σφενδόνη* — lat. funda davon d. franz. fronde, altfranz. fonde, engl. slinge, ital. fromba auch frombola span. honda) ist eine Waffe, deren Ursprung, gleich dem des Bogens ins höchste Altertum hinaufreicht (s. S. 39, 99 und 184). Bei den Römern war es die achäische Wurfwaffe und im 14. Jahrhundert tritt die Schleuder noch als Kriegswaffe in Deutschland auf, wo bekanntlich die Heinrich VII. (1308—1313) nach Italien begleitende Ritterschaft von, im 13. Jahrhundert «Eslinger» auch «Schlinger» benannte Schleuderer, begleitet war. In Frankreich gab sie der Volkspartei[1]) (la fronde) während der Minderjährigkeit Ludwigs XIV., (1648—1652), ihren Namen (frondeurs). Es ist eine Waffe, deren Ursprung, gleich dem des Bogens, bis ins höchste Altertum hinaufreicht. Sie ist aus Seilen oder Stricken angefertigt und dient zum Schleudern von Steinen und Kugeln. Hat der Schleuderer das Geschoß in die Höhlung der Schleuder gelegt, so läßt er letztere mit wachsender Geschwindigkeit sich drehen, um, sobald diese den höchsten Grad erreicht hat, die eine Schnur der Waffe loszulassen, während er die andere in der Hand behält.

Die Schleuder, deren Tragweite gewöhnlich 500 Schritt übertraf, war die im Altertume und in der Frühzeit des Mittelalters am meisten verbreitete Wurfwaffe, da Schleuder und Bogen die Be-

---

[1]) D. h. gegen die Regentin Anna von Österreich mit deren erstem Minister Mazarin. Im Altfranz. nannte man den Frondeur also auch Erlingur und im Englischen Slinger.

waffnung des größten Teils des Fußvolkes ausmachte. Die Bewohner der Balearischen Inseln hatten einen weitverbreiteten Ruf wegen ihrer Geschicklichkeit in Handhabung der Schleuder ebenso wie der Stamm Benjamin bei den Hebräern.

Ägypter (s. S. 184), Griechen, Römer, Karthager, sowohl als Germanen wandten die Schleuder an, deren Gebrauch ebenso wie die Stockschleuder bei den europäischen Heeren noch bis ins 16. Jahrhundert fortdauerte, wo sie zum Werfen glühender Kugeln und der Granaten diente. Die wilden Völkerschaften haben sie stets beibehalten, und einige derselben vermochten sogar mit ihrer Hilfe dem Feuer der Karabiner Widerstand zu leisten.

Die griechischen und römischen Schleuderer bedienten sich meistenteils länglicher eichelförmiger Bleigeschosse. (S. die Abbildung Nr. 49, 5. 170) sowie kurzer Kugelpfeile (martioboli). Homer spricht auch in den Iliade (XIII 712—717) von «Lockrern, die in ihre wollegeflochtenen Schleudern und in die Bogen und Pfeile vertrauenden» etc. Besonders wurde die Schleuder im Altertum von den Spaniern, Persern und Ägyptern der römischen Heere gehandhabt.

Außer den länglichen Bleigeschossen (glandes) wurden auch bei den Alten runde Kiesel zum Schleudern verwendet. Bei den Römern kam die schon von den Tuskern gehandhabte Schleuder nach dem zweiten punischen Kriege in Anwendung. Die dattel- und eichelförmigen, von den Römern glandes (Eicheln) genannten Schleuderbleie (s. S. 218) kommen, besonders in Deutschland und in Norditalien, noch im Mittelalter häufig vor. Die darauf gegossenen Inschriften waren meist Städtenamen.

Die Schlinge (lasso vom lat. laqueus s. S. 47) scheint besonders bei den alten Sarmaten im Gebrauch gewesen zu sein (s. Pausanias) und abgesehen von den Wilden kommt sie aber auch bei den Ägyptern und bei den Asiaten vor. Mit dem spanischen Namen Lasso, — mexikanisch Rinta, bezeichnet man besonders die zum Einfangen der Pferde gebrauchten Schlingen. Solche Wurfleinen kommen ferner mit Kugeln (Bolas) an den Enden vor und waren so eingerichtet auch den alten Ägyptern bekannt sowie den alten Persern (s. S. 168 d. Doryphoren), besonders aber bei den alten Sarmaten (s. Pausanias). Gegenwärtig dient der Lasso, namentlich in Amerika, zum Einfangen der Pferde, Stiere u. a. m. aber auch bei Kämpfen — Fangnetze (*δικτυον* — lat. rete und wie die Schleuder funda sowie jaculum) für Männerkämpfe, gab es wohl nurbei den Römern, wo die retiarii genannten Gladiatoren, damit bewaffnet waren (ſ. S. 252).

Wurſkugeln ſind nur bei den Indianern Nordamerikas im Gebrauch.

Die Stockſchleuder (franz. fustibale, vom lat. fustibalus, fustis, Stock, und dem griechiſchen ballein, ſchleudern, engl. staff-sling) beſtand gewöhnlich aus einem einen Meter langen Stab und einer an deſſen Ende befeſtigten Schleuder. Sie wurde mit beiden Armen gehandhabt, und ihre Kraft war darum viel ſtärker als die der einfachen Schleuder. In ſpäterer Zeit diente ſie zum Werfen von Granaten.

Mit dem Namen Stockſchleuder (fundibalus, fundibalum) wurden auch größere Maſchinen, eine Art Katapulte, bezeichnet, die umfangreichere Geſchoße warfen und zu der Klaſſe der Balliſten gehörten. Bei den Römern hießen die Stockſchleuderer unter Trajan fundibalatores (ſ. auch die Ceſtrophondones, die vier Fuß langen, von fuſtib ullatores gehandhabten Schleuderſtöcke beſonders bei den Römern während der Kaiſerzeit. (S. Veg. Mil. III, 14.)

Bei den Makedoniern, um das Jahr 170 v. Chr., war auch eine größere Schleuder im Gebrauch, womit die den Perſern entlehnten, zwei Palmen lange, Kestros, lat. cestres genannten Pfeile, in großer Entfernung geſchleudert wurden.

Wurfſtäbe zum Schleudern der Wurfſpeere ebenſo wie Wurfbretter kommen nur bei den wilden Völkern vor. Letztere Fernwaffe ſoll indeſſen bereits auch den alten Azteken unter dem Namen Atlatl bekannt geweſen ſein.

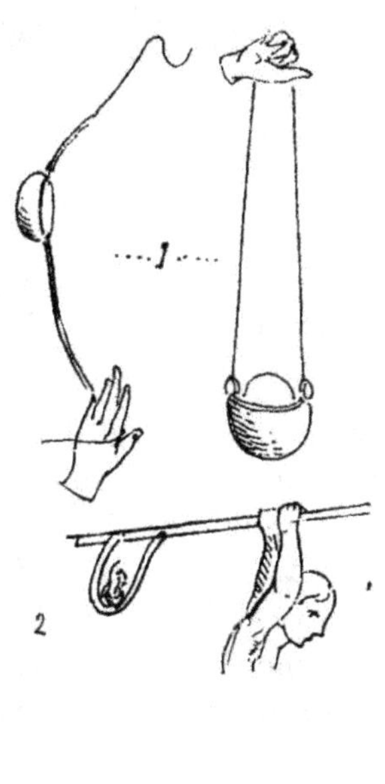

1. Zwei Schleudern, die eine mit losgelaſſenen, die andere mit feſtgehaltenen Stricken, dargeſtellt nach einer Handſchrift aus dem 10. Jahrhundert.

2. Ein die Stockſchleuder ſchwingender Mann, nach der Handſchrift des zu Ende des 12. oder Anfang des 13. Jahrhundert geborenen und im Jahre 1259 geſtorbenen engliſchen Chroniſten Matthäus Paris, von dem eine Historia major Angliae vom Jahre 1066—1259 vorhanden iſt. — Auch im Fierabras v. 13. Bibliothek zu Hannover.

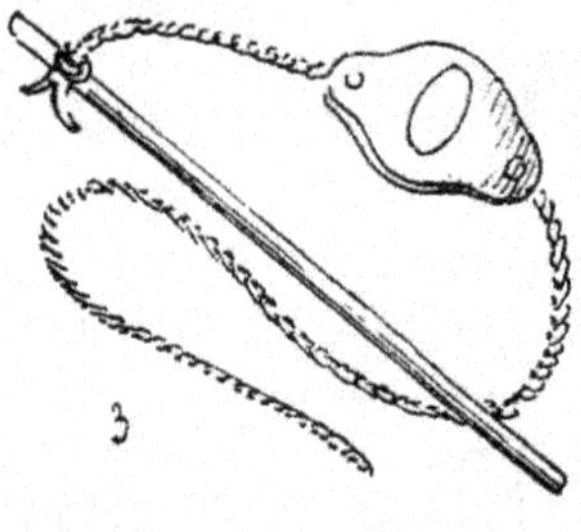

3. Stockſchleuder, nach einer Handſchrift vom Anfange des 15. Jahrhunderts. — Ambraſer Sammlung.

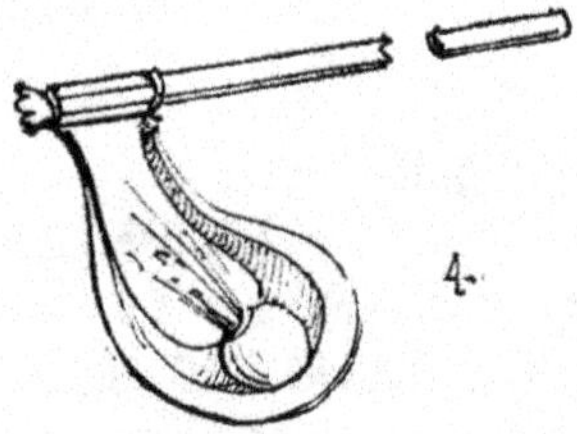

4. Stockſchleuder mit langem Schaft, zum Schleudern der Granaten, nach einer Handſchrift aus dem 16. Jahrhundert — Bibliothek Hauslab in Wien.

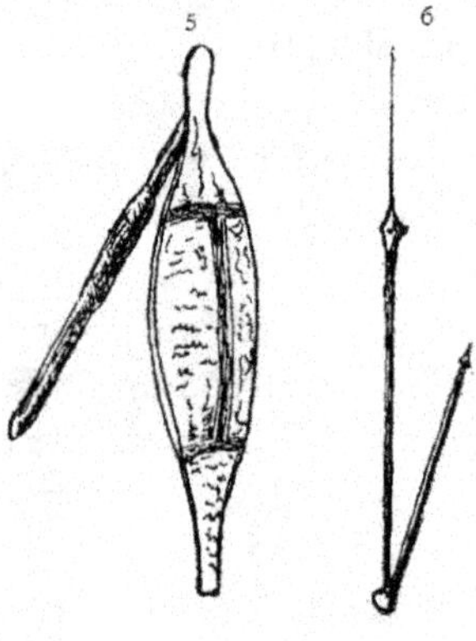

5. Wurfbrett, wie es noch gegenwärtig bei den wilden Volksſtämmen im Gebrauch iſt und bereits unter dem Namen Atlatl den alten Azteken bekannt geweſen ſein ſoll.

6. Wurfſtab zum Schleudern des Wurfſpeers wie er noch bei einigen wilden Völkerſtämmen vorkommt.

Das Blaſerohr

ſpan. cerbatana, engl. shooting-tube, deſſen franzöſiſcher Name sarbacane ſowie der ſpaniſche, vom italieniſchen cerbottana abkünftig und aus dem Namen der modeniſchen Stadt Carpi, einem früheren Hauptanfertigungs- wenn nicht dem Erfindungsort dieſes Schleuderwerkzeuges, mit dem lateiniſchen canna, Rohre gebildet iſt. Wie gegenwärtig noch, diente es früher ſchon zur Vogeljagd, ſoll aber auch als Kriegswaffe zum Werfen vergifteter Pfeile und kleiner dragées d. h. Zuckerkörner genannter Kugeln, ja ſelbſt des griechiſchen Feuers(?) gedient haben. Auf der Inſel Borneo wird das Blaſerohr auch gebraucht, um mit dem Könige zu ſprechen, da dies anders nicht erlaubt iſt. Das franzöſiſche Sprichwort «parler par la sarbacane» iſt hiervon abgeleitet. Die neuzeitigen Blaſerohre werden meiſt aus zwei an einander geleimten Halbrohren dargeſtellt, was das ſonſtige Leichtkrümmen derſelben verhütet. Die langen zur Vogeljagd beſtimmten, beſtehen jetzt meiſt wie die Angelruten aus mehreren an einander ſchraubbaren Teilen.

Die, nach einigen dem Lateiniſchen entnommene Benennung, Cerbatana kommt in keinem älteren Werke vor. Bei den braſilianiſchen Naturvölkern wird das Blaſerohr Esgravatana auch Scurabutana genannt.

Das hier dargeſtellte Blaſerohr iſt das zum Pfeilſchießen gebräuchliche der Javaner.

XLIII.

Bogen, Pfeile, Köcher etc.

Der Bogen, bezeichnender Pfeilbogen (altd. Flitzbogen, griech. βιός, τόξον, lat. arcus auch cornu, wenn von Hörnern angefertigt, ſpan. arco, fr. arc, engl. bow, holl. footbog, in welcher letztere Sprache die Armbruſt handbog genannt wird) warfaſt bei allen Völkern des hohen Altertums im Gebrauch, wie dies u. a. ägyptiſche, aſſyriſche und perſiſche Denkmale feſtſtellen. Auch die Griechen der heroiſchen Zeit bedienten ſich dieſer Waffe, damals aber wohl mehr nur in Patulus- (breit ausgedehnt) d. h. mehr grader Form. (ſ. d. Abbildungen S. 269).

Das aber auch ſchon mehr rundlich gebogene (κόλπος) im Gebrauch waren, geht aus einer Stelle der Iliade (IV. 105) hervor, wo Pandaros den Menelaus verwundet, eine Schilderung, wodurch auch feſtgeſtellt wird, daß damals ſelbſt manchmal eines der Enden beim Spannen (τανύειν) und Losſchießen auf den Erdboden geſtemmt wurde.[1]) Der da von Homer beſchriebene Bogen war mittelſt 16 Palmen (4 Fuß) langen Hörnern einer wilden Ziege hergeſtellt, hatte alſo 8 Fuß Länge, d. h. 2 Fuß mehr wie ſelbſt der engliſcher Bogenſchützen vom 16. Jahrhundert, wo das Holz 6 Fuß oder 1 Klafter — Manneslänge — maß.

Für die Anwendung des Holzes auch wie des Hornes zur Bogenanfertigung ſpricht die Stelle in der Odyſſee (19,592) wo der heimkehrende Odyſſeus ſeinen Bogen beſchaut, nur um zu ſehen ob die Würmer das Holz nicht während ſeiner langen Abweſenheit durchlöchert hatten.

---

[1]) Die alten Orientalen hatten ſelbſt ſo ſtarke Bogen, daſs dieſelben mit den Füſsen abgeſchoſſen werden muſsten (Kasijj abrigl walrokäb). S. über alle hier behandelte Bogen des Altertums S. 39, 44, 146 und 150, 160—164, 168 und 170, 173, 181 und 184, 196, 248 und 269.

Später waren fowohl bei den Griechen wie bei den Römern allein ausländifche Hilfstruppen, Bogenfchützen, (Sagittarii) deren Waffe die Sinus- (κόλπος) alfo eine halbrunde Form hatte (f. S. 269 No. 51). Die fcythifchen berittenen Bogenfchützen die hippotoxotae der römifchen Hilfstruppen führten aber ihren eigentümlichen, viel weniger gekrümmten Bogen, (f. S. 269 No. 52 fowie die dortige Anmerkung). Der auf S. 248 abgebildete römifche Bogenfchütze (Sagittarius) des rheinifchen Denkmals aus der fpäteren Kaiferzeit hält einen Bogen, welcher aber grader ift, alfo fich noch mehr der oben angeführten Patulusform nähert, ebenfo wie der eines auf der Antoniusfäule des Kaifers Mark Aurel dargeftellten Bogenfchützen der germanifchen Hilfstruppen. (S. Nr. 17 Bis. S. 248.)

Der Bogen, deffen Kunde, ebenfo wie die Kriegskunft, bei den Indianern Dhanurveda hieß, ift immer aus elaftifchem Holze oder Metall, feltener aus Horn angefertigt, wo an beiden Enden des mehr oder weniger gebogenen Schaftes, eine Sehne befeftigt ift, welche gefpannt d. h. angezogen wird und den Pfeil abfchleudert, fobald der Schütze die Schnur losläßt.

Bei den Ägyptern, Perfern, Griechen, Römern u. a. waren auch fchon zwei Arten Köcher (mittelhochd. tärkis, mittlat. tarkasius, tarchasius, tarcasia, griech. φαρέτρα, lat. pharetra, franz. carquois, couire auch curie, engl. guiver), der Bogenköcher (lat. Corylus, griech. γωρυτός) und der Pfeilköcher (lat. Pharetra, wovon Pharetratus — Köcherträger) gebräuchlich. Diefe zwei Behälter trug gemeinlich auch noch der Bogenfchütz des 12. Jahrhunderts n. Chr., zu welcher Zeit der Pfeilköcher im franz. couin, im engl. guiver hieß.

Solche Köcher beftanden oft nur in Lederfäcken, aber auch aus in Holz mit Leder überzogenen Behältern, wie der hier nachfolgend abgebildete angelfächfifche und der englifche und fchottifche Bogenfchütze vom 16. Jahrhundert feftftellen. Die Chinefen und Türken tragen ebenfalls Bogenköcher.

Man kennt ferner Spanner, (f. den No. 50, S. 218 abgebildeten griechifchen) fowie Spannarmbänder (f. No. 9 und 10 S. 45) und Pfeillenker, Daumringe auch Daumleder (S. 10 Bis I und III hier nachfolgend.)

Im Griechifchen hieß der Bogenfchütze τοξευτής oder τοξόται — Von den lateinifchen Bezeichnungen dafür, sagittarii und arciarii ift von letzterer d. franz. archers, das ital. arciere und d. deutfchen Hartfchiere (Leibgardiften verfchiedener Staaten) abgeleitet.

Scythen, Kreter, Parther und Thracier waren im Altertum berühmt wegen der Führung diefer Waffe, im chriftlichen Mittelalters aber befonders die Engländer, welche fich darin befonders auszeichneten. Mehrere Kleinmalereien und der Teppich von Beyeux liefern den Beweis, daß der Bogen bei Bretonen und Normannen, wie bei Kelten und Galliern eine Kriegswaffe war, während die Germanen ihm faft nur auf der Jagd gebrauchten.

Gregor von Tours (540—594) fpricht indeffen von fränkifchen Pfeilfchützenabteilungen, welche fich im Jahre 388 n. Chr. ausgezeichnet hätten.

Die Hunnen wandten diefe bei ihnen gänzlich aus Horn dargeftellte Waffe im Kriege wie auf der Jagd an. Von den «Horn bogen» der Etzelfchen Mannen ift im Nibelungenliede die Rede, und Chroniken erzählen von den vermittelft «Hornbogen», gefchleuderten vergifteten Pfeilen der Ungarn.

In Italien allein fcheint man im Mittelalter Stahl zur Anfertigung der Bogen fowohl vor dem Holze wie dem Horne vorgezogen zu haben. Orientalifche Stahlbogen kommen aber auch vor.

Im Türkifchen heißt der große Bogen perwâné Kemân, der kleine Jaj.

Der Pfeil (vom lat. Pilum, altd. Flitz, griech. τόξευμα, ὀίστος lat. sagitta, franz. flêche, fpan. flecha vom altd. Flitz, engl. arrow), welcher in den mittelalterlichen Chroniken von St. Denis pille und sayette genannt wurde, hatte verfchiedenartige Spitzen. Es befteht aus dem Stock (franz. baguette), der Spitze (lat. sagittae, mucro, aculeus oder ferrum) und dem Fluge (franz. ailes), welcher fowohl aus Federn wie aus Holz dargeftellt werden kann. Es gab auch Pfeile mit Widerhakenfpitzen (lat. sagitta, hamata oder adunca, franz. barbues. Im Mittelalter bewahrte der Bogenfchütze gemeinlich die Pfeilfedern in einem befonderen Teile des Köchers auf, um die Pfeile erft vor dem Gebrauch mit Federn zu verfehen.

Sagettes, passedoux, eslingues, dardes, gourgons, songnoles, panons, raillons und barbillons find die zahlreichen Bezeichnungen für Pfeile im Altfranzöfifchen, ferner frette (v. fretté, beringt, gegittert, abgeleitet vom lat. fretus — geftützt — fo auch lances frettées — ſtumpfe Speere (ſ. S. 775) für ſpitzenloſe, beſonders zur Papageienjagd dienende Pfeile.

Die Makedonier hatten auch im Jahre 170 v. Ch. eine größere Art Schleuder — *σφενδόνη* — bei ihren Heeren eingeführt, womit ſie die, den Perſern entlehnten 2 Palmen lange Pfeile — die Keſtros, ſtatt mit dem Bogen abſchoſſen.

Pfeilgifte (lat. toxion u. toxicum), wovon man zuverläſſig wohl nur das Curare genau kennt, waren bereits in den früheſten Zeiten, beſonders bei den weniger geſitteten morgenländiſchen Völkern im Gebrauch.

Die eiſernen Pfeilſpitzen glichen im Mittelalter meiſtens denen des Bolzens, den carrels oder carreaux der Armbruſt (die ſpäter an Stelle des Bogens trat); ſie waren eckig, mit zwei, drei und ſogar mit vier Spitzen verſehen, ſelten jedoch mit Widerhaken (franz. barbues), wie die des Altertums. Die Länge des Bogens und der Pfeile wechſelten je nach dem Lande und der Größe des Mannes. In England, wo der Bogenſchütze in einer Minute wenigſtens zwölf Pfeile abſchoß und ſein Ziel auf 220 m ſelten verfehlte, hatte das Holz Klafterlänge, welches Maß bei dem normalen Menſchen ungefähr ſeiner Größe gleichkommt. Durch die Anſpannung wurde der Bogen ungefähr um eine halbe Manneslänge verkürzt. Ein im Germaniſchen Muſeum aufbwewahrter Bogen (vom 15. Jahrhundert) hat mit den beinernen Endſpitzen eine Geſamtlänge von 1.70 m bei einer Stärke in der Mitte von nur 3 cm.

Der ſchottiſche Bogen hatte ebenfalls Klafterlänge, war aber gemeinlich mit ſieben Knoten oder Ringen verſehen (ſ. den hier nachfolgend abgebildeten Schützen vom Ende des 16. Jahrhunderts).

Der normanniſche Bogen maß nur 1 m.

Der Bogen der Wilden auf Ceylon iſt in Länge und Gradheit den ſchottiſchen faſt ähnlich, hat aber ſelbſt $^{5}/_{4}$ Manneskörperlänge.

Der engliſche Pfeil war 90 cm lang. Das in Frankreich für Herſtellung des Bogens am meiſten beliebte Holz des Eibenbaumes diente auch zur Anfertigung der Armbrüſte.

Eine Verfügung Karls VII. (1422—1461) verpflichtete zur Anpflanzung von Eibenbäumen (Taxus) auf den Begräbnisplätzen der Normandie, damit es nicht an Holz zur Anfertigung der Armbruſt fehle, welche damals in großer Gunſt in Frankreich ſtand. Gleichwohl behielt man noch Bogenſchützen zu Fuß und zu Pferde bei, von denen die letzten Ordonnanzkompagnien noch unter Ludwig XII. (1514) beſtanden.

Wie bei den Alten, gab es auch im abendländiſchen Heerweſen, beſonders im franzöſiſchen des ſpäteren Mittelalters, reitende Bogenſchützen, wovon die unter Karl V. (1364—1380) gebildeten Heerhaufen viel kürzere Bogen wie die von Karl VII. (1422—1461) organiſierten «Francs-Archers» (eine Art ſtehende Truppe) hatten, bei welchen die Bogen ebenſo manneslang wie die der Engländer waren (ſ. hier nachfolgend von beiden dieſer berittenen franzöſiſchen Bogenſchützen Abbildungen).

Man begegnet auch in Frankreich dem Wort «Bajonnais» für Bogenſchützen, weil zu Bajonne ſolche Waffen bereits gut angefertigt wurden. In Deutſchland iſt ein Erlaß der «Commissio Dioi Regis in Consilio Cammere» zu Wien, vom 22. Januar 1536 erſchienen, welcher das Schlagen und Handeln des Eibenholzes beſchränkt. Chriſtoph Furer (1479—1537) und Leonhard Srockhamer, († 1550), beide zu Nürnberg, waren berühmte Eibenbogenhändler der erſten Hälfte des 16. Jahrhunderts.

Der Grund, weshalb der Bogen ſich bis zu Erſcheinung der tragbaren oder Handfeuerwaffe und ſogar noch länger neben der vollkommeneren Armbruſt erhalten konnte, liegt in ſeiner Einfachheit und ſeinem leichten und ſicheren Gebrauch. Die weit ſchwieriger zu ſpannende Armbruſt erforderte vielmehr Zeit. Nur drei Schüſſe vermochte ein Armbruſtſchütze in der Minute zu leiſten, während ein gewandter Bogenſchütze zehn bis zwölf Pfeile abſandte. Da der Regen die Sehne der Armbruſt erſchlafft und die Bogenſehne leichter vor Feuchtigkeit geſchützt werden kann als die der Armbruſt, ſo ergab ſich für jene Waffe ein weiterer Vorteil (ſ. hierüber S. 99). In England erhielt ſich der Gebrauch des Bogens länger als bei den Völkern des Feſtlandes; geſchickt in der Handhabung dieſer Waffe, verſchmähten die engliſchen Schützen lange Zeit noch die anfänglich ſchwere und plumpe Handfeuerwaffe. Unter der Regierung Eliſabeths (1569—1603) erreichte die Organiſation der Bogenſchützentruppen, die ſämtlich mit Brigantinen und Helmen verſehen waren, ihre höchſte Höhe.

Der Bogen gab im ſpäteren Mittelalter noch die Entſcheidung in vielen Schlachten, ſo namentlich bei Crecy 1346, Poitiers 1356 und Azincourt 1415. Wenn dieſe Waffe in Deutſchland zum Kriegsgebrauch weniger Anklang wie in England und Frankreich gefunden hatte und nur von dem untergeordneten Kriegsvolk gehandhabt wurde, ſo zeigt ſich derſelbe viel ſtärker in den Niederlanden verbreitet, wo ſich früh ſchon zahlreiche Bogenſchützengeſellſchaften in den Städten, beſonders zur Mauernverteidigung, bildeten und wo auf den Mauertürmen gemeinlich die Bogenmacher (arcutores) und Pfeilſchützen (sagittarii), welche auch ſchon von 1311 ab in Nürnberg eigene Handwerkskörper ausmachten, angeſiedelt waren.

(Vergl. bezüglich eines Teils der älteren Bogen die Abſchnitte, in denen von den Waffen aus der Stein-, Bronze- und Eiſenperiode die Rede iſt.) Auch in Pfahlbauten u. a. in den zu Robenhauſen (ſ. Muſeum zu Zürich) ſind Eibenbogen gefunden worden.

Die im 15. Jahrhundert in Frankreich errichtete Bogenſchützenlandwehr (milice de francs-archers) war von allen Steuern befreit.

1. Deutſcher Bogen aus der erſten Zeit des Mittelalters. Er maß 1.50 m und war am häufigſten aus Ulmen- oder Eichen-, ſeltener aus Eibenholz.

2. Deutſcher Bogen vom Ende des Mittetalters, nach den Zeichnungen Glockenthons in der Ambraſer Sammlung.

3. Italieniſcher Bogen des Mittelalters; er war meiſt aus Stahl und maß 1.50 m.

4. Italieniſcher Bogen aus dem 16. Jahrhundert, nach dem illuſtrirten und zu Verona im Jahre 1472 gedruckten Walturius. — Bibliothek Hauslab zu Wien.

5. Orientaliſcher ſtählerner Bogen, wahrſcheinlich aus der Zeit des chriſtlichen Mittelalters. — L. 85 im Artillerie-Muſeum zu Paris.

6. Deutſcher Pfeilköcher, nach einer Handſchrift der deutſchen Äneide von Heinrich von Veldeke aus dem 13. Jahrhunderts. — Berliner Bibliothek.

6 Bis. Pfeilköcher eines venetianiſchen Bogners vom 15. Jahrhundert. — Nach einem Gemälde Vittore Carpaccios von 1493. — Akademie zu Venedig.

7. Perſiſcher Pfeilköcher, nach der Kopie des Schah-Nameh einer Handſchrift aus dem 16. Jahrhundert. — Münchener Bibliothek.

8. Perſiſcher Bogenköcher. Ebenda.

8 a. Javaniſcher Bogen, welcher der Armbruſt ähnlich zu ſein ſcheint.

9. Elfenbeinernes Spannarmband (franz. brassard, engl. brace), wodurch der Arm gegen das Prallen der Bogenſehne geſchützt wurde; (ſ. S. 270 Nr. 52 den römiſchen).

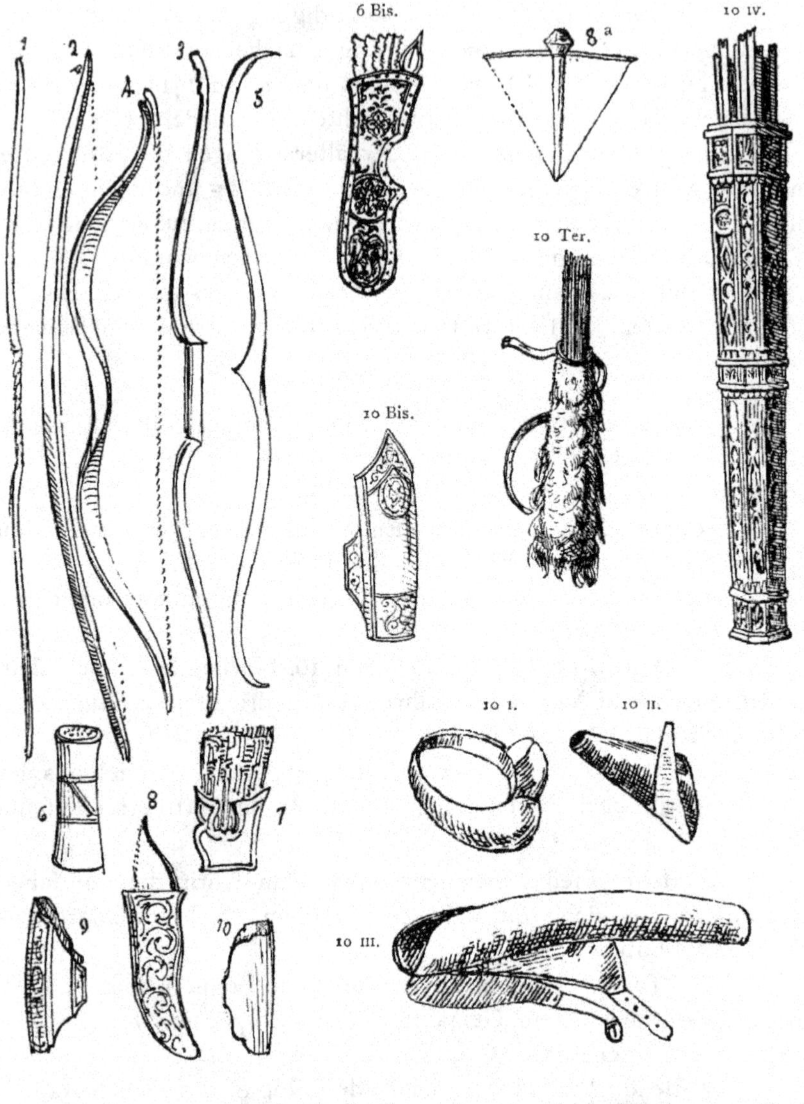

10. Spannarmband, id. — L. 97 im Artillerie-Muſeum zu Paris
10 Bis. Engliſches Spannarmband für den linken Arm von geätztem Eiſen aus der zweiten Hälfte des 16. Jahrhunderts. — Sammlung Meyrick. — (S. S. 290 das bedeutend längere römiſche Spann-

armband nach der Trajansſäule 114 n. Chr. [manica], welches von der Hand bis zum Ellbogen reicht.)

10 Ter. Deutſcher Rauchpfeilköcher vom Anfange des 16. Jahrhunderts. — Zeugbücher (Tirol) des Kaiſers Maximilian I.

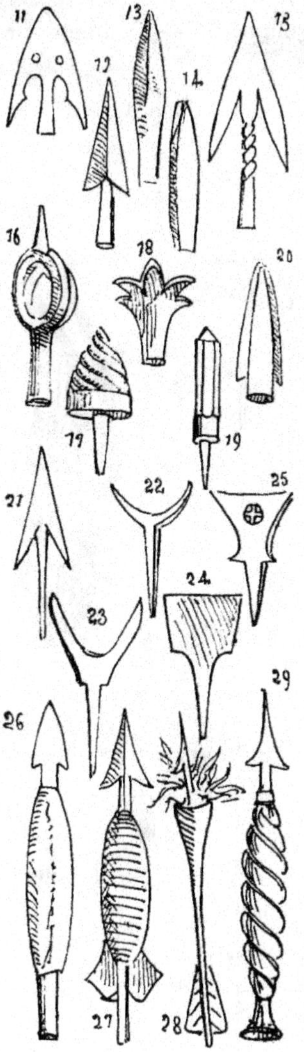

10 I. Daumring von Elfenbein zum Bogenſpannen. — Germaniſches Muſeum zu Nürnberg.

10 II. Daumleder; desgleichen.

10 III. Pfeillenker von Horn; desgleichen.

10 IV. Venetianiſcher Bogener-Pfeilköcher mit unbefiederten Pfeilen, vom 16. Jahrhundert, in geſchnitztem Holze, Gold auf rotem Grunde. — Muſeum zu Tſarskoe-Selo.

11. Gotiſche Pfeilſpitzen mit Widerhaken, 8 cm lang, aus dem 14. Jahrhundert. — Sammlung Klemm zu Dresden.

12. Gotiſche Pfeilſpitze mit Widerhaken, aus dem 14. Jahrhundert. — Sammlung Soeter in Augsburg.

13. Huſſitenpfeilſpitze, aus dem 15. Jahrhundert. — Sammlung des Verfaſſers.

14. Desgleichen.

15. Italieniſche Pfeilſpitze mit Widerhaken aus dem 15. Jahrhundert. — Muſeum zu Sigmaringen.

16. Ringpfeilſpitze. Ebenda.

17. Bohrpfeilſpitze, Eiſen und Kupfer. — Muſeum zu Sigmaringen.

18. Kelchförmige Pfeilſpitze, aus dem 15. Jahrhundert, ebenda.

19. Achteckige Pfeilſpitze, aus Eiſen und Kupfer. Ebenda.

20. Desgl., mit kleinen Widerhaken, id.

21. Desgleichen.

22. Desgleichen, kleiner Halbmond (luna) genannt, ebenda.

23. Gerader Halbmond, ebenda; er diente zum Zerſchneiden der Kniekehlen bei Menſchen und Pferden.

24. Pfeilſpitze in Beilform, aus dem 15. Jahrhundert. — Muſeum zu Sigmaringen.

25. Desgleichen. Dieſe Spitze trägt den deutſchen Reichsadler in gravierter und vergoldeter Arbeit.

26. Deutſcher Brandpfeil, in Wrach gefunden. — Muſeum zu Sigmaringen.

28. Desgleichen, aus dem 15. Jahrhundert. Handſchrift der Bibliothek Hauslab.

30
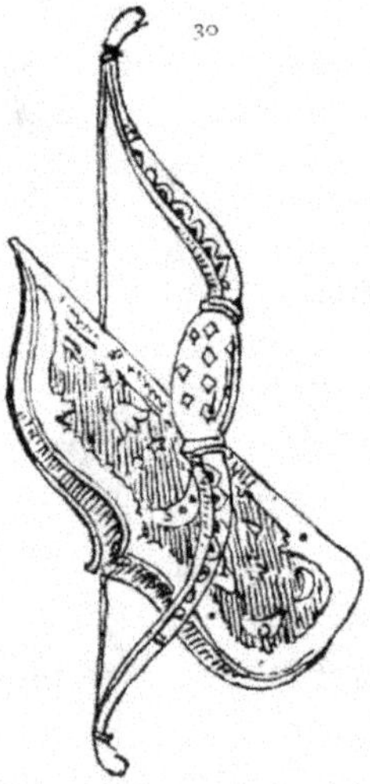
31
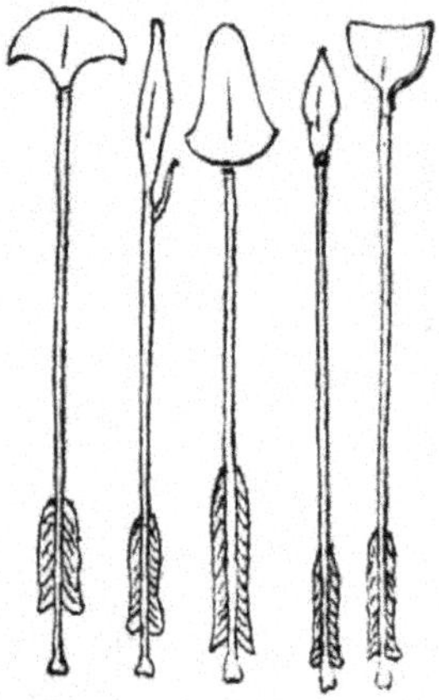
32

28. Desgleichen, von Glockenthon. — Ambraſer Sammlung.

29. Desgleichen, aus dem 16. Jahrhundert. — Kriegsbuch von Frondsberg, vom Jahre 1573.

30. Köcher und Bogen Kara-Muſtafas, Waffenſtücke, welche 1683 vor Wien erbeutet worden ſind. — Muſeum zu Dresden.

31. Fünf perſiſche Pfeile mit verſchiedenen ſeltſamen Beſchlägen worunter einer mit Haken. — Sammlung Beardmore-Uplands-Hampshire.

32. Altchineſiſcher Bogenköcher und zwei Pfeilbogen.

Bogenſchütze aus dem 10. Jahrhundert. Der Bogen iſt hier noch ſehr kurz und ſtark gekrümmt. Außer dem Schuppenpanzerhemde iſt der Kopfſchutz, eine Art Helm, das ſchon in dem Lex. Franc. Ripua. erwähnte Eiſenkreuz (ſ. S. 261, 308, 327, 348, 359 und 364 ſowie die fränkiſche Bewaffnung aus der ſogenannten Eiſenzeit) intereſſant. — Nach von Hefner-Altenecks «Trachten». —

Bogner vom 11. Jahrhundert (Normanne oder Angelſachſe) nach dem Bayeuxer Teppich. Der Bogen hat hier drei Viertel Manneslänge und die Pfeile zeigen beſonders große, breite Spitzen mit Widerhaken. Intereſſant iſt die Form des Köchers. Brünne und Spitzhelm mit Nacken- wie Naſenſchutz ſind die auf dem Teppich am meiſten vorkommenden Arten.

Franzöſiſcher berittene Bogener vom 14. Jahrhundert. Eigentümlicher Weiſe führt hier den Bogen ein Ritter, wie dies ein auf der vollſtändigen Parche (flatternde Zeugdecke, franz. housse) des Pferdes dargeſtellte Wappen bekundet. Die Schutzrüſtung beſteht aus dem Topfhelm mit in einem getriebenen Kleeblattkreuze angebrachten Augenſchnitte und dem vollſtändigem Kettenpanzerhemd oder der Brünne, woran Bein- und Fußſchutz haften. Wie das Pferd trägt auch der Ritter über ſeiner Brünne ein Zeugwaffenhemd (franz. hoqueton). Der Bogen iſt kurz und ſtark geſchweift, der Köcher mit ſchon befiederten Pfeilen gefüllt. Die Steigbügel ſind dreieckig, eine Form, welche bereits im 12. Jahrhundert vorkommt; der Sattel iſt hier auch gänzlich noch lehnlos und die rundbügeligen Sporen haben ganz kurze Stachel. Die dem Orte zugeneigten Abwehrſtangen des unter dem Pferde liegenden Schwertes weiſen aufs 13. Jahrhundert hin. — Nach den von Hewitt veröffentlichten Buchmalereien einer Handſchrift «Histoire universelle» vom Anfange des 14. Jahrhunderts. —

Berittener franzöſiſcher Bogenſchütze eines Heerhaufens Karls V. (1364—1380), deſſen Bogen ungefähr $^2/_3$ Manneslänge hat und wo die Pfeile im Hüftengürtel ſtecken. Die Schutzrüſtung beſteht aus dem Maſchenpanzerhemde mit Ringhaube (camail). Knie und Füße ſind außerdem mehr noch mit Schienen und Kacheln, ebenſo wie durch letzteren auch die Ellbogen geſchützt und die Hände mit

Lederhandfchuhen verfehen. — Nach dem Tite Live von 1394 in der Nationalbibliothek zu Paris. —

Deutfcher Bogenfchütze vom 15. Jahrhundert, deffen Bogen kaum die halbe Länge des Bogens von dem hier vorhergehend abgebildeten franzöfifchen Bogenfchützen hat und ebenfo Köcherlos ift.

Berittener franzöfifcher Bogenfchütze eines Heerhaufens Karl VII. (1422—1461). Der Bogen hat, wie bei den gleichartigen englifchen, volle Manneslänge. Auch hier, wie bei dem vorhergehend abgebildeten franzöfifchen berittenen Bogenfchützen vom 14. Jahrhundert, bemerkt man die Abwefenheit des Köchers. Das Schwert zeigt nach dem Orte zu gebogene Querftangen, wie dies bei den Schwertern des 13. Jahrhunderts ftattfand. Die Schutzrüftung ift vollftändig entwickelt: Lenden-, Bein- und Armfchienen mit Kacheln und Meufeln; kurze Brünne, darüber befindlich eine Art Brigantine; Schale oder Schallern mit Augenfchnitt aber ohne Barthaube. Kurze, einftachliche Sporen an den aus Eifenmafchen beftehenden Fußbekleidungen und wo dreieckige Steigbügel wie Nr. 1 S. 652.

Englischer Bogenschütze vom Anfange des 16. Jahrhunderts, wie dies die Form der Panzerjacke (Brigantine), das Degengefäß und der Morianhelm feststellt, obschon die Form der Schnabelschuhe auf das Ende des 15. Jahrhunderts hinweist. Der Bogen hat Klafter- oder Manneslänge.

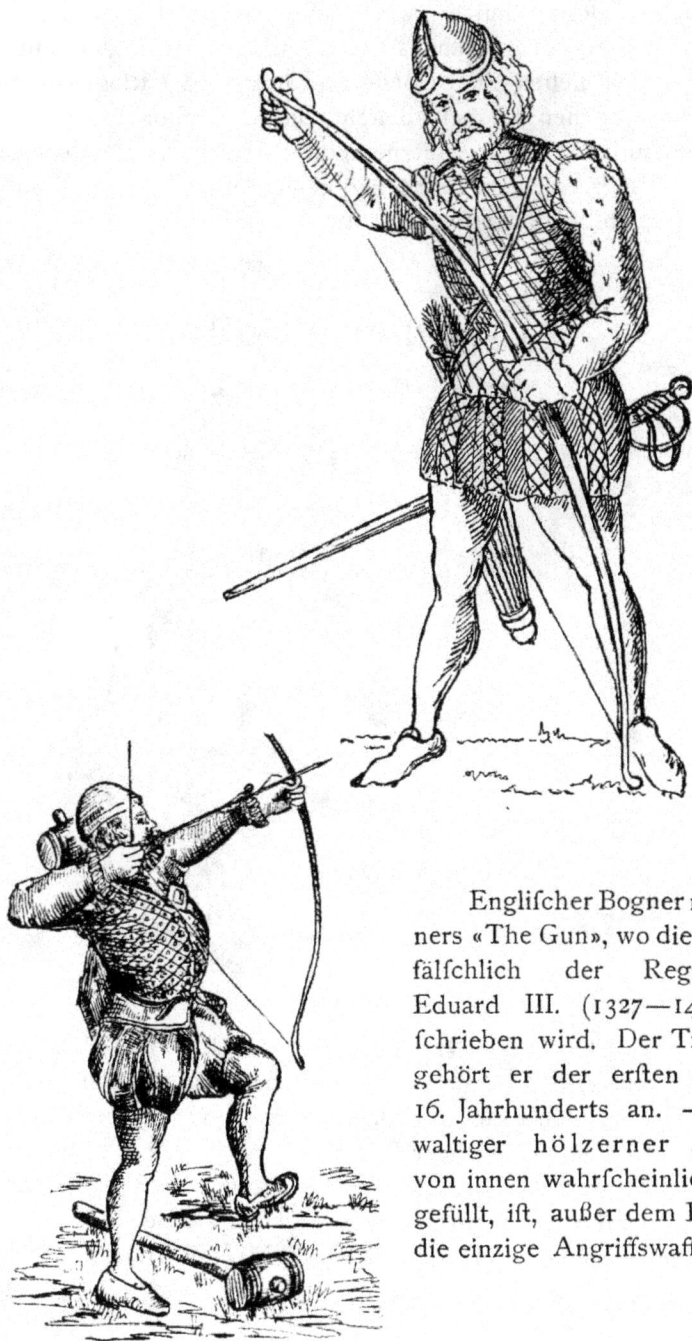

Englischer Bogner nach Greeners «The Gun», wo dieser Krieger fälschlich der Regierungszeit Eduard III. (1327—1477) zugeschrieben wird. Der Tracht nach gehört er der ersten Hälfte des 16. Jahrhunderts an. — Ein gewaltiger hölzerner Hammer, von innen wahrscheinlich mit Blei gefüllt, ist, außer dem Bogen hier, die einzige Angriffswaffe.

Schottiſcher Bogenſchütze vom Ende des 15. Jahrhunderts. Außer dem klafter- oder manneslangen faſt graden Bogen mit, ſeiner Länge nach, ſieben eingearbeiteten Knoten oder Ringen und dem rechts getragenen Köcher, beſteht die Bewaffnung nur aus einem keſſelhaubenförmigen Spitzhelm und einer kurzärmlichen Panzerjacke. Unterarme und Beine ſind ohne Schutz und die Füße mit ledernen Halbſtiefeln verſehen.

Ruſſiſcher Bogenſchütze in mongoliſcher Bewaffnungsart aus dem ſpäteren Mittelalter (14.—15. Jahrhundert). Beſonders intereſſant iſt hier auch der mit Oberarmſchutz verſehene Panzer, welcher eine Unmaſſe viereckiger Plättchen und kleiner Nagelköpfe zeigt. Seymetar (Säbel) und kurzer ſchlangenkrümmiger Bogen mit an der rechten Seite getragenen Pfeilköcher ſind die Trutzwaffen. Der koniſche Spitzhelm (Kolpak) iſt mit Nackenſchutz, Sturmbändern und Naſenberge verſehen. — Rockſtuhl, Musée d'armes orientales.

XLIV.

Die Armbruſt, Armſt oder Rüſte.

Außer obigen Benennungen beſtanden in Deutſchland für dieſe Waffe andere noch; ſo u. a. wird die Armbruſt in einer Aufnahme von 1599 der «Rüſt- und Sattelkammer des Herrn Max Fuggers.» «Stahel» aber auch «Paleſter» gennannt. Das deutſche Wort Armbruſt mag wohl vom lat. arcubalista abſtammen, demnach auch Armbruſter, wie die mit der Armbruſt oder mit der Rüſtung oder dem Baleſter einer größeren Art Armbruſt Bewaffneten hießen. Die Bolzen wurden wie die Bogenpfeile gemeinlich in Bündeln von 24 Stück (engl. sheaf — garbe) im Köcher vorrätig gehalten. Armruſt (von Arm und Rüſte) kommt vor, u. a. in der Eneit von Heinrich v. Waldeke. Der franzöſiſche Name arbalete iſt v. mittelalt. arcaballiſta, dieſer vom lat. arcus, Bogen und balliſta abgeleitet. In der «Charte» eines Grafen von Champagne aus dem Jahre 1222 wird die Armbuſt Aubeleſte genannt (ſ. auch S. 100—101) und die Gaſtraphetae (S. 219). Im Engliſchen hieß dieſe Waffe cross-bow alſo Kolbenbogen und arbaleſte. Die Holländer nennen ſie handbog und armborſt, die Italiener baleſtra, die Spanier balleſta. Bei den Huſſiten kommt ſie als kuse vor.

Ob die Manuballiſta (ſ. S. 49 u. 99) der Römer, welche Veg. von dem Manuballiſtratus handhaben läßt, bereits der ſpäteren Armbruſt gleichartig oder ſehr ähnlich war, ſcheint durch die S. 270 gegebene römiſche Flachbildnerei wohl feſtgeſtellt zu ſein.

Die Armbruſt beſteht aus dem Bogen, der Rüſtung mit Nuß, dem Korn, dem Schlüſſel und der Sehne. Wie der Bogen, wurde auch die Armbruſt oft in einem Köcher getragen, welcher, falls er äußerlich, wie dies beſonders häufig in Polen und Rußland, mit Pelz überzogen war, Rauchköcher hieß. Noch vorhandene Armbruſtköcher ſind dem Verfaſſer nicht bekannt; ſolche Behälter ſcheinen deshalb doch wenig im Gebrauch geweſen zu ſein, mehr aber die Armbruſtbolzenköcher, wovon weiterhin Abbildungen.

Welchem Volke ihre Erfindung zuzuſchreiben ſei, iſt ungewiß. Die früheſten dem Verfaſſer bekannten Denkmale, auf welchen ſich Armbrüſte abgebildet finden, ſind die beiden in Puy aufbewahrten antiken Cippen (S. 270). Wahrſcheinlich wurde hier das Spannen mittelſt der Fauſt allein oder durch einfachen Haken bewerkſtelligt.

Rhodius (nach Philo?) behauptet, daß die Waffe unter dem Namen Gaſtraphetae (ſ. S. 219) ſchon den Griechen bekannt geweſen ſei. Über die arcuballiſta und manuballiſta der Römer vergl. man das auf S. 49 angegebene.[1]) Ammianus Marcellinus vom 4. Jahrhundert n. Ch. läßt ſchon die Goten bereits Armbrüſte führen. Die älteren Orientalen ſollen Armbrüſte (?) (Kaſijj allaulab) gehabt haben, welche Bolzen bis zu 5 Pfund ſchwer ſchoſſen. Den Byzantinern war aber dieſe Waffe unbekannt, wie aus den Denkwürdigkeiten der Prinzeſſin Anna Komnena hervorgeht. (Vergl. S. 99.)

Hatte die Armbruſt mehr als gewöhnliche Größe, ſo wurde ſie in Deutſchland Baleſter und in England, ſobald ſie mit Flaſchenzug verſehen war, latch genannt. Der deutſche Baleſter war meiſtens eine Stein- und Kugelarmbruſt. Kleine leichte Armbrüſte hießen Schnepper (engl. prodds). Man nannte auch in Deutſchland die Armbruſt im allgemeinen Eiben, da zur Anfertigung der Rüſtung ſowohl Eiben- wie Taxusholz verwendet wurde.

Eine in der Bibliothek des Britiſchen Muſeums befindliche angelſächſiſche Handſchrift aus dem 11. Jahrhundert, ſowie die im Dome zu Braunſchweig unter Heinrich dem Löwen, † 1195, ausgeführten Wandmalereien ſtellen ſchon Armbruſtſchützen dar, während der aus dem Ende des 11. und dem Anfange des 12. Jahrhunderts herrührende Teppich von Bayeux nur Bogenſchützen aufweiſt. Unter den Schriftſtellern ihrer Zeit iſt es nicht Anna Komnena (12. Jahrh.) allein die der Armbruſt Erwähnung thut, auch Wilhelm von Tyrus ſpricht davon. (S. auch S. 902 die Abbildung vom 12. Jahrh.)

---

[1]) Cf. Veget. de re milit. II, 15. IV, 22. Liv. XXXVI 47 und 49. Polyb. VIII, 7.

In China erscheint die Armbrust erst unter der Regierung des Kaisers Kien-Long (1736—1796), während sie in Frankreich unter Ludwig dem Dicken (1108—1137) schon sehr verbreitet war. Ein Kanon des im Jahre 1139 abgehaltenen zweiten Lateranensischen Konzils verbietet die Anwendung derselben unter Christen, doch gestattete er ihren Gebrauch zur Vernichtung von Ungläubigen und Ketzern.

In England bewaffnete Richard Löwenherz 1198—1199 einen großen Teil seines Fußvolks mit Armbrüsten, ungeachtet des Breves Innozenz' III., in welchem jenes Verbot vom zweiten Lateranensischen Konzil erneuert wurde. Kurze Zeit darauf schuf Philipp August (1180—1223) die ersten regelmäßigen Armbrustschützenkompagnien zu Fuß und zu Pferde, die später eine große Wichtigkeit erlangten. (S. auch S. 901.)

Berittene Armbrustschützen (Stachelschützen) gab es auch später noch, besonders im burgundischen Heere zeitens Karl des Kühnen (1467—77), wo dieselben mit Windenarmbrüsten (franz. arbalète à cranequins) bewaffnet waren. Abbildungen solcher Krieger sind dem Verfasser nicht bekannt. S. d. deutschen.

Die Armbrustschützen oder Armbruster (lat. balistarius) hießen im Altfranzösischen petaux und bitaux[1])

Es ist überflüssig, das bereits in dem geschichtlichen Abschnitt (s. S. 101—103) angeführte hier zu widerholen, und es wird daher genügen, die verschiedenen Gattungen von Armbrüsten genau zu bezeichnen.

A. Die Hakenarmbrust (franz. à crochet) (s. die Abbildungen S. 902) die älteste und einfachste Art, wo das Spannen mittelst eines Haken stattfand, welcher einfache oder doppelte Klammern hatte Die Hakenarmbrüste waren also anfänglich ohne, später mit Fußbügeln (s. die Abbildung S. 902).

Noch vorhandene Exemplare solcher Fußbügelrüsten, weder mit einfachen noch mit doppelten Haken zum Spannen, sind dem Verfasser nicht bekannt.

---

[1]) «Il y a six bannières et deux cent bacinets, six cent petaux ou bitaux.» Monstael. In Deutschland gab es drei Gewerbe für die Anfertigung der Armbrüste. Köcher und Bolzen: Armbruster, Pfeilschnitzer und Kurbaunern (für die Pelzköcher). Der letzte «Grandmaitre» der Armbruster in Frankreich, wo ein solcher im Range unmittelbar nach dem Marschall kam, war Aymard de Prie. † 1534, da um 1530 in fast allen europäischen Heeren die Handfeuerwaffe eingeführt wurde.

B. Die Geißenfußarmbruſt (franz. à pied de biche, engl. cross-bow-with-goats-foot-lever) deren zum Spannen der Sehne beſtimmter, Geißenfuß genannter Mechanismus entweder in loſer oder feſter Verbindung mit der Rüſtung ſteht, was ſich an der Stellung der beiden, dicht zur Seite der Nuß angebrachten Zapfen (die dem Geißenfuß als Stützpunkt dienen) erkennen läßt.

Dieſe Waffe iſt mit oder ohne Fußbügel angefertigt worden.

C. Die Windenarmbruſt, deren Winde (franz. cranequin, engl. with wind-lass) ein beſonderes Stück bildet. Dieſe Armbruſt unterſcheidet ſich von der Geißenfußarmbruſt beſonders dadurch, daß beide Zapfen gewöhnlich in einer Entfernung von 15 cm unterhalb der Nuß angebracht ſind, weil die Winde einen weit längeren Spanngriff nötig hat als der Geißenfuß. Windearmbrüſte waren noch bis Ende des 17. Jahrhundert teilweiſe im Gebrauch. Man findet getagzeichnete von 1550—60 und 70.

D. Die Flaſchenzugarmbruſt (franz. à moufle, oder à tour, de passe, oder de passot, engl. with. moulinet oder, wenn ſie ſehr groß iſt, latch), die auch Turmarmbruſt genannt wurde, weil der Teil des Flaſchenzuges, welcher der ſog. Rüſtung angepaßt werden muß, ſobald man die Sehne ſpannen will, zuweilen einen Turm mit Schießſcharten ähnlich ſieht. Die Rüſtung dieſer Armbruſt, bei welcher der loſe Mechanismus, der zum Spannen angewendet wird, mit zwei Winden und zwei Drehrollen verſehen iſt, durch welche eine Sehne geht, hat keine Zapfen; ſie hat immer einen Fußbügel.

Die Art, wie der Flaſchenzug (franz. moufle, engl. moulinet) vom franzöſiſchen Armbruſtſchützen im 14. Jahrhundert am Hüftengürtel getragen ward, zeigt die hier nebenſtehende Abbildung aus Froiſſarts Handſchrift in der National-Bibliothek zu Paris. Intereſſant ſind hier auch die bereits erſcheinende Kniekacheln.

Mit dieſer Armbruſt waren die Genter Armbruſtſchützen in der Schlacht bei Azincourt (1415) bewaffnet; in Belgien, wo ſie beſonders bei Verteidigung der Wälle und beim Scheibenschießen diente, war sie allgemein verbreitet. In Deutschland erreichte sie mitunter eine Größe von 6—8½ m.

E. Die Zahnradarmbrust mit spanischer Winde, auch Schnepper (franz. à rouet d'engrenage, engl. wheel cross-bow) eine ungemein seltene Gattung, die dem Verfasser nur in der Ambraser und in der Tornowschen Sammlung aufgestoßen ist, die er aber mehr aus den Handschriften des 15. Jahrhunderts kennt. Das Zahnrad, welches die Stelle der Winde und des Geißenfußes vertritt, ist an der Rüstung in einem Einschnitt befestigt und dreht sich vermittelst eines gleichfalls festen Schlüssels. Ein Schnapper oder Gesperr, wie es bei den Winden vorkommt, verhindert das Rad am Zurückschnellen, sobald der Schlüssel losgelassen wird. Die Zeichnungen stellen diese Armbrüste mit Fußbügel dar.

F. Stein- und Kugelarmbrust (franz. à galet, engl. prodd) auch Balester genannt, aus dem 16. Jahrhundert, welche Kieselsteine oder Bleikugeln an Stelle der Bolzenpfeile schleuderte. Die gewöhnlich zwischen Nuß und Bogen gekrümmte Rüstung ist sehr häufig aus Eisen. Diese auch manchmal Schnepper genannte Armbrust von geringer Stärke wurde vermittelst eines an der Rüstung festsitzenden Hebels oder einfach mit der Hand gespannt.

G. Die Lauf- oder Rinnenarmbrust (franz. à baguette, oder à coulisse, engl. groove cross-bow), so genannt, weil ihre Rüstung mit einem hölzernen oder metallenen Rohr versehen ist, das die Fuge, worin der Bolzen gleitet, bedeckt, und durch welches die Sehne auf- und abgeht. Dieser Halblauf giebt der Rüstung oft das Ansehen einer Flinte. Solche Lauf- oder Rinnenarmbrust, welche während des 17. Jahrhunderts in Gebrauch war, hat wenig Schnellkraft und läßt sich entweder vermittelst eines Stockes, wodurch die Sehne zurückgestoßen wird, oder auch einfach mit der Hand spannen. Bei Anfertigung der neuzeitigen Armbrüste hat sie als Muster gedient. Rinnenarmbrüste wurden auch zum Abschießen von gebranten Thon-, Marmor- und Bleikugeln gebraucht.

H. Feuerrohrarmbrust (franz. arbalète à pistolet, engl. gun-cross-bow) vom 16. Jahrhundert; sie gleicht der vorhergehenden in Form und Mechanismus, hat aber dabei noch einen Faustrohrlauf u. d. m.

I. Die chineſiſche Armbruſt mit Kuliſſenſchublade, die hinter einander zwanzig Pfeile abſchoß und auch Repetirarmbruſt oder Revolverarmbruſt genannt werden könnte.

Es giebt gotiſche Armbrüſte, deren aus Holz oder Horn beſtehende Bogen ſich, ſobald die Waffe nicht geſpannt iſt, in die Höhe richten, anſtatt daß, wie es bei dem Stahlbügel der Fall iſt, ihre Enden gegen den Kolben gebogen ſind. Aus der Art ihres Mechanismus geht hervor, daß der Bogen auf Hervorbringung dieſer Biegung berechnet war, um ihm, wenn geſpannt, mehr Schnellkraft zu geben. Solche gewöhnlich aus verſchiedenartig mit einander verbundenen Holz- und Hornlagen angefertigte Armbruſtbogen galten lange Zeit für Elefantenphalluſſe.

Zu bemerken iſt hier, daß die Armbruſt wohl auch die Übergangswaffe zu der Handfeuerwaffe geweſen zu ſein ſcheint, da aus ihr zuerſt die Raketenbolzen geſchleudert wurden (ſ. S. 121).

Die Geſchoſſe (mit Ausnahme der Stein- und Kugelarmbruſt), welche von den vorgenannten Waffen geſchleudert wurden, hießen Bolzen (mlat. quadrilli, franz. carrels oder careaux, engl. quarels oder bolts).

Beim Drehpfeil (franz. vireton) ſteht der Flug (die Federn, bezw. Holz- oder Lederplättchen (franz. empenné de plumes) ein wenig ſchräg; der Luftwiderſtand ſetzt das Geſchoß in drehende Bewegung. Vogelbolzen hatten an der Spitze eine runde Scheibe, welche tötete, ohne blutige Wunden zu erzeugen. Sie wurden beſonders bei der Jagd auf Wildbret und auf Vögel gebraucht, deren Balg man nicht beſchädigen wollte.

Der zur Armbruſt gehörige Köcher (franz. carquois, engl. guiver) enthielt gewöhnlich ein Bündel von 24 Stück Bolzen, — das engliſche sheaf.

Polnischer Armbrustschütze vom 14. Jahrhundert. Die Schutzrüstung besteht hier in der kleinen Kesselhaube und der Helmbrünne oder Ringhaube und einem vollständigen Panzerhemd oder Brünne mit darüber getragenem ledernen Lendner. Die Hakenarmbrust ist ohne Fußbügel und der Spannhaken im Gürtel des Schützen steckend.

Deutscher Berittener Armbrustschütze vom Ende des 15. oder Anfang des 16. Jahrhunderts, dessen Waffe ein einfacher Handspanner zu sein scheint. Besonders bezeichnend zur Feststellung des Zeitabschnittes ist auch hier die Form des Dolches.

Franzöſiſcher Armbruſtſchütze in vollſtändiger Maſchenrüſtung mit Ringhaube, aus dem 12. Jahrhundert. Hier iſt die Waffe bereits oben mit einem Fußbügel verſehen, mittelſt welcher die Armbruſt durch den Fuß während des Spannens mit dem Doppelhaken zurückgehalten wird. Nebenſtehend eine Abbildung des Doppelhakens, wie derſelbe am Gurt befeſtigt vorn herunterhängend vor dem Gemächte getragen wurde.

Nach den Kleinmalereien der «Hiſtoire du Saint Graal», einer in der National-Bibliothek zu Paris befindlichen Handſchrift.

Armbruſtſchütze vom 13.—14. Jahrhundert, wo der eine ſeine Fußbügelarmbruſt mit dem einfachen Haken ſpannt. Eiſenhut und Keſſelhaube, Helmbrünne oder Ringhaube, ſowie Maſchenpanzerhemden bilden die Schutzrüſtung. Auch die Form des Bolzenköchers iſt intereſſant. — Nach der Kleinmalerei der Welislawer Bilderbibel zu Prag.

Bogen- und Armbruſtſchützen vom 14. Jahrhundert. Der Bogenſchütze trägt den Eiſenhut (Form des 13. Jahrhunderts), gegitterte und benagelte Panzerhemden mit Achſel- und Ellbogenkacheln, ſowie an der rechten Seite einen am Gürtel ge-

hakten kleinen Köcher, wo die darin
enthaltenen Pfeile aber viel zu kurz
für den Bogen ſind. Der Armbruſtſchütze ſpannt mit einem Haken.
Seine Schutzwaffen beſtehen aus der
kleinen Keſſelhaube, dem kurzen
Maſchenpanzer, worüber er eine
Art Platte wenn nicht Lendner
trägt. Knie und Ellbogen ſind mit
Kacheln geſchützt, ſowie der Nacken
an Stelle des Maſchenſchutzes durch
einen hohen Eiſenkragen, welcher
ſonſt nirgends angetroffen wird.

Franzöſiſcher
Armbruſtſchütze
vom 15. Jahrhundert
mit Fußbügel-
windenarmbruſt,
wovon der eine die
Winde am Gürtel
hängen hat und der
andere mit derſelben
ſpannt. Über das
kurze Panzerhemd
ſieht man hier noch
eine Art Platte mit
Nagelkopfnieten und
die Arme durch Muß-
eiſen geſchützt, wie
dies in Deutſchland
hundert Jahr früher im Gebrauch war (ſ. S. 71, 391 u. 601). — Aus
der Chronik des Froiſſard im National-Muſeum zu Paris.

Deutsche Armbrüste, nach einer Handschrift vom Anfange des 15. Jahrhunderts. Hier ist diese Waffe ohne Fußbügel mit Winde (cranequin) und mit Zündpfeilen dargestellt. Einer der Krieger trägt schon ein Pulverfeuerrohr und von den zwei vorderen Armbrustschützen hat einer am Leibgürtel den Spanndoppelhaken herunterhängen, was bekundet daß Winde- und Doppelhakenarmbrust auch beide ohne Steigbügel und in gleichen Zeitabschnitten neben einander im Gebrauche waren. — Sammlung Hauslab in Wien.

Italieniſcher Ambruſtſchütze mit Geißenfußſteigbügelarmbruſt vom 15. Jahrhundert. Nach Matteo Paſti in der Kriegskunſt des Walturius — Verona 1472.

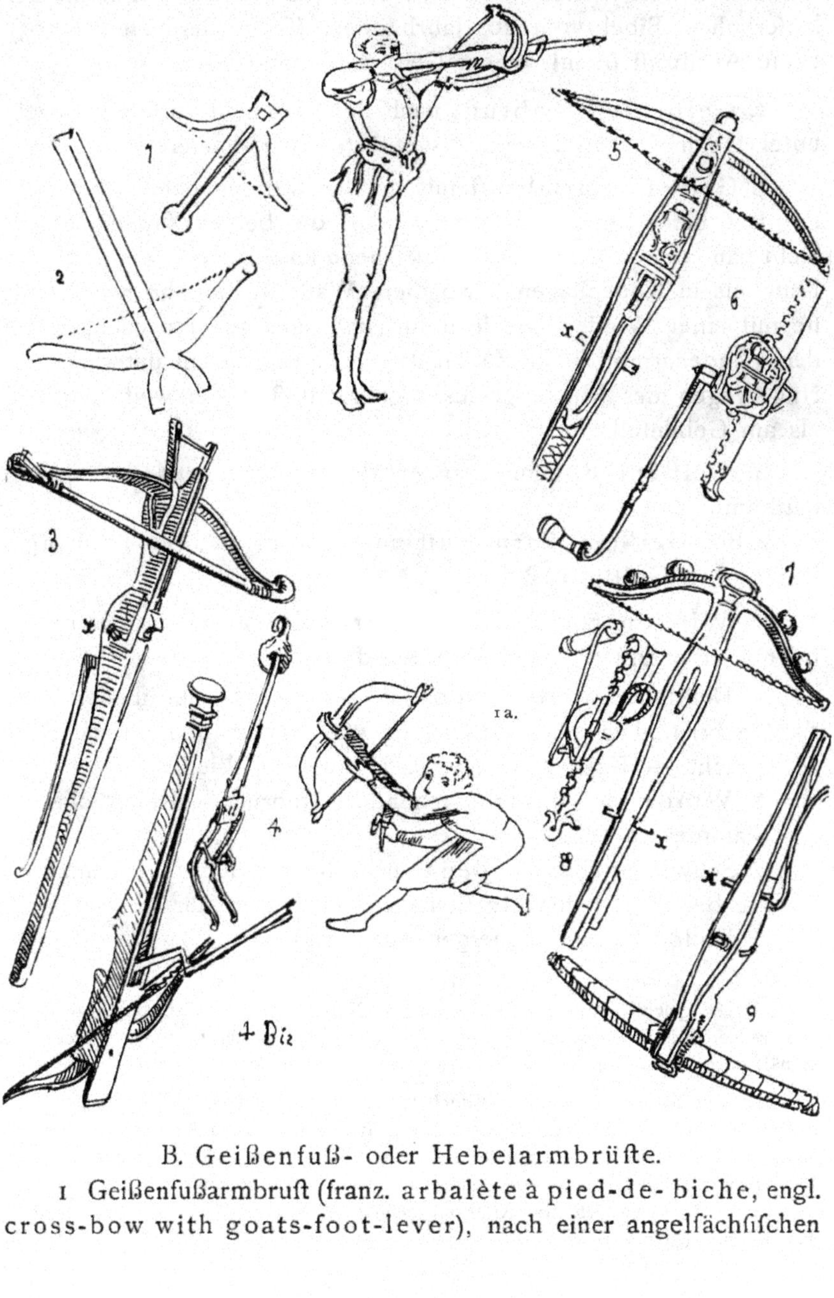

B. Geißenfuß- oder Hebelarmbrüſte.

1 Geißenfußarmbruſt (franz. arbalète à pied-de- biche, engl. cross-bow with goats-foot-lever), nach einer angelſächſiſchen

Miniatur aus dem 11. Jahrhundert. — Bibliothek des Britiſchen Muſeums.

1 a. Geißenfußarmbruſtſchütze nach einer Miniatur der kaiſerlichen Bibel vom 10. Jahrhundert (ſ. St. Germain lat. 303). Dieſe Armbruſt iſt mit eincm Geißenfuß dargeſtellt.

2. Geißenfußarmbruſt, nach den im Dome zu Braunſchweig unter Heinrich dem Löwen ausgeführten Wandmalereien.

3. Geißenfußarmbruſt mit an der Rüſtung befeſtigtem Fuß. Es darf nicht überſehen werden, daß die beiden Zapfen (x) ſich dicht an den Seiten der Nuß befinden.. Der Katalog des Muſeums in Kopenhagen [1]), wo dieſe Waffe aufbewahrt wird, ſtellt ſie mit einer Winde dar, die unmöglich dazu gehören kann, da bei der Windenarmbruſt dle Zapfen (x) wenigſten 15 cm unterhalb der Nuß wegen des Windengriffes angebracht ſind, der weit länger iſt als am Geiſenſuß.

4. Geißenfuß, zum Spannen der vorhergehenden Armbruſt beſtimmt.

4 Bis. Geißenfußarmbruſt mit einem an der Rüſtung [1]) haftenden Geißenfuß.

C. Windenarmbrüſte (franz. arbalète à cric à manivelle oder à cranequin, engl. with wind-lass).

5. Deutſche Windenarmbruſt, aus dem 15. Jahrhundert. Die Zapfen (x) ſind in einer Entfernung von 15 cm unterhalb der Nuß angebracht. — Kaiſerliche Gewehrkammer zu Wien.

6. Winde für die vorhergehende Armbruſt. — Kaiſerliche Gewehrkammer zu Wien.

7. Schweizeriſche Windenarmbruſt, aus dem 15. Jahrhundert. — Die bei Nr. 5 gemachte Bemerkung gilt auch für dieſe.

8. Winde für die vorhergehende Armbruſt.

---

[1]) Die geſchichtliche Waffenſammlung zu Kopenhagen iſt 1604 von Chriſtian IV. mit aus der Zeit Friedrich II. (1534—1588) ſtammenden Waffen gegründet worden und enthält 3000 Nummern.

[1]) Eine ähnliche Waffe aus Eiſenholz vom 16. Jahrhundert die Ferdinand I. angehört hat, wie die auf dem Bogen vertiefte Inſchrift: «Dom Ferdinando rei de Romano», neben vier geſtempelten goldenen Vlieſsen beweiſt, zeigt den Namen des ſpaniſchen Waffenſchmiedes Juan Deneinas. Dieſe koſtbare, früher zu der Sammlung Spengel in München gehörige Armbruſt befindet ſich gegenwärtig in der Sammlung des Grafen Nieuwerkerke.

9. Tiroler Windenarmbrust, vom Ende des 15. Jahrhunderts. — Die bei Nr. 5 gemachte Bemerkung gilt auch hier.

10. Armbrust mit der auf die Rüstung gestellten Winde.

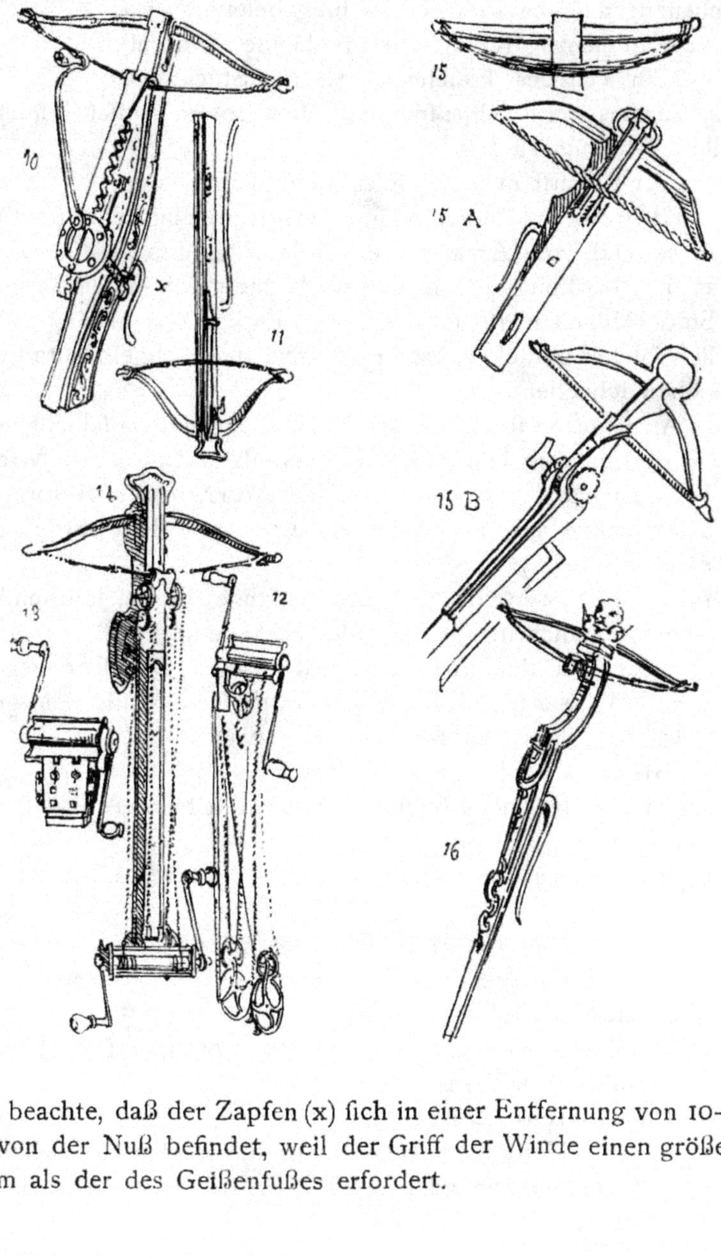

Man beachte, daß der Zapfen (x) sich in einer Entfernung von 10—15 cm von der Nuß befindet, weil der Griff der Winde einen größeren Raum als der des Geißenfußes erfordert.

D. Flaschenzugarmbrüste (franz. à moufle, oder à tours, de passe und de passot, engl. with moulinet oder, wenn sie sehr groß ist latch.

11. Flaschenzugarmbrust. Sie kát keine Zapfen, weil der Flaschenzug auf den Fuß der Rüstung befestigt wird.

12. Flaschenzug für die vorhergehende Armbrust.

13. Ein Teil des Flaschenzuges, das Stück, welches in Form eines Turmes mit Schießscharten den untern Aufsatz bildet. — Artillerie-Museum zu Paris.

15. Armbrust mit angesetztem Flaschenzug.

15. Bogen einer deutschen gotischen Flaschenzugarmbrust, 1,47 m haltend, vom Anfange des 15. Jahrhunderts. Diese kolossale Waffe, deren Rüstung 1,64 m lang ist, befindet sich in dem Zeughaus der Stadt München (siehe die Einleitung zu diesem Kapitel hinsichtlich solcher gotischen Armbrustbogen, deren abgespannte Enden nach oben schnellen).

15 A. Armbrust, die zwei Pfeile zugleich abschießt, nach dem Walturius vom Jahre 1472. — Sammlung Hauslab in Wien.

E. Zahnradarmbrüste mit Gesperr oder Schnepper (franz. arbalète à rouet d'engrènage à encliquetage, engl. wheel cross-bow.)

15 B. Zahnradarmbrust vom Anfange des 15. Jahrhunderts, nach einer Handschrift. — Ambraser Sammlung.

F. Stein- und Kugelarmbrüste, auch Balester genannt. Franz. arbalète à galet, engl. prodd.) Eine Waffe, die gegen Ende des 16. Jahrhunderts im Gebrauch war.

16. Stein- und Kugelarmbrust.

17. Stahlkette einer Steinkugelarmbrust seltener Art. — Sammlung Az in Linz.

18. Eiserne Stein- und Kugelarmbrust vom Ende des 17. Jahrhunderts.

G. Lauf- oder Rinnenarmbrüste (franz. à baguette oder coulisse, engl. groove-cross-bow), wie dieselben auch noch gegenwärtig angefertigt wurden.

19. Kulissenarmbrust, aus dem 17. Jahrhundert. — L. 72 im Artillerie-Museum zu Paris.

H. Chinesische Repetierarmbrust.

20. Chinesische Repetierarmbrust. Sie hat eine Schublade welche 20 Pfeile hintereinander abgiebt. — Artillerie-Museum zu Paris.

I. Feuerrohrarmbrüſte.

21. Feuerrohrarmbruſt (franz. arbalète à piſtolet, engl.

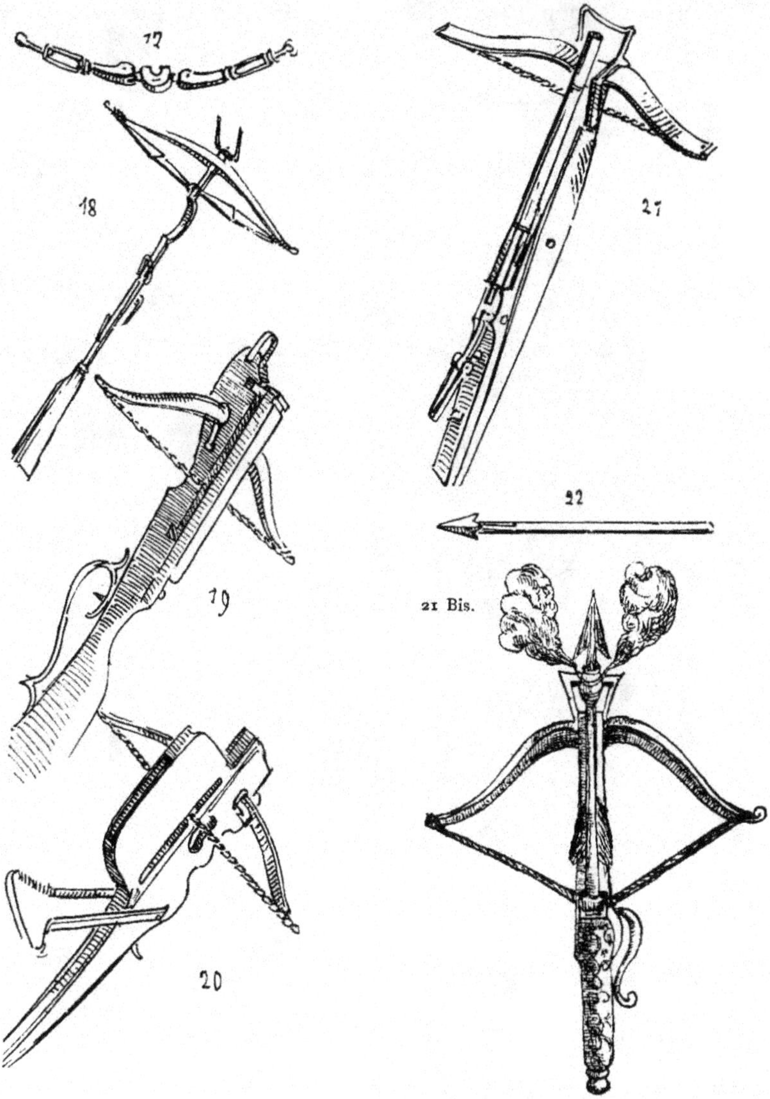

guncross-bow), aus dem 16. Jahrhundert, die Ferdinand I. angehört hat, wie der Name Ferdinandus, ſowie auch deſſen auf dem Lauf und dem ſtählernen Bügel eingravierte Wappen es bezeugen. Dieſe zu doppeltem Zwecke dienende Armbruſt iſt 76 cm lang und 54 cm breit. — National-Muſeum zu München.

21 Bis. Hakenarmbruſt mit Brandpfeil, nach Diego Ufanos «Artillerie» (Rouen 1628). Königliche Bibliothek zu Berlin.

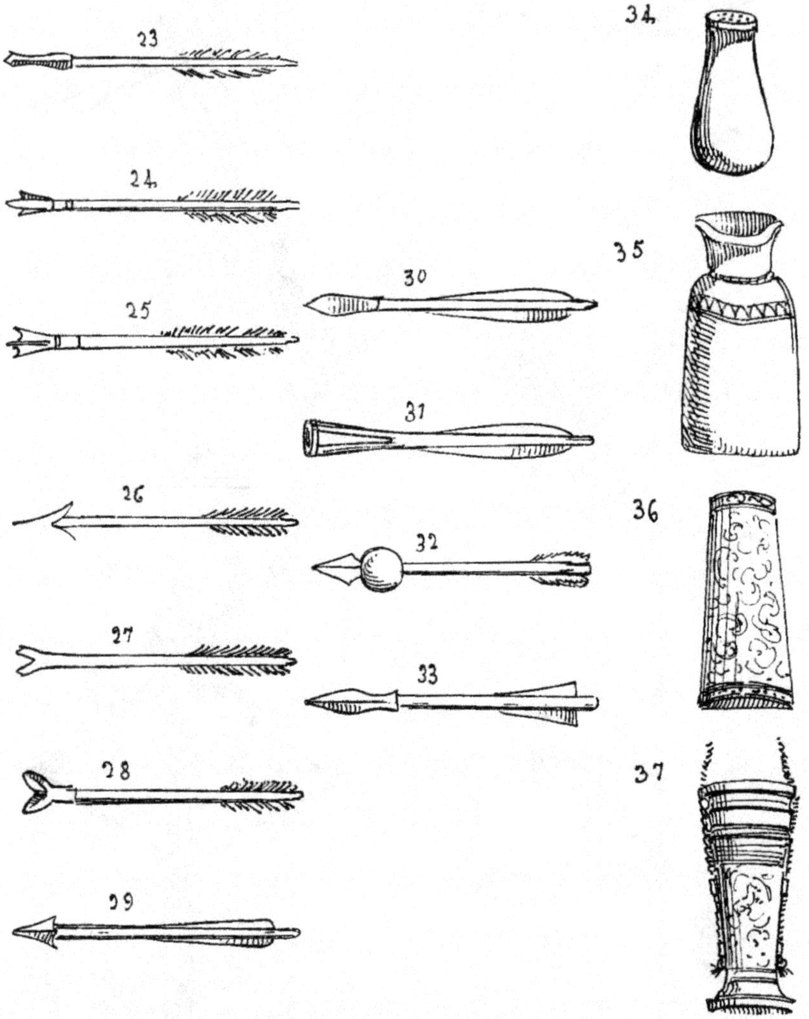

22. Kriegsarmbruſtbolzen (franz. carreau, engl. quarell oder bolt), aus der Schlacht bei Sempach (1386) herrührend. — Zeughaus zu Genf.

23. Befiederter oder beflügelter Kriegsarmbruſtbolzen mit einſpitzigem Eiſen.

24. Befiederter Kriegsarmbruſtbolzen mit dreiſpitzigem Eiſen.

25. Befiedeter Kriegsarmbruſtbolzen mit vierſpitzigem Eiſen.

26. Befiederter Jagd- und Kriegsarmbruſtbolzen mit widerhakiger (franz. barbelé, engl. barbed) Spitze.

27. Befiederter Armbruſtbolzen für die Gemsjagd. Früher in Tirol in Gebrauch.

28. Befiederter Armbruſtbolzen für die Gemsjagd. Tirol.

29. Armbruſtbolzen, ſog. Drehpfeil (franz. vireton, engl. turn-bolt). Die ſtählerne Spitze iſt dreiflächig, die ledernen Flügel haben eine leichte Schneckenwindung, um dem Bolzen eine drehende Bewegung zu geben.

30. Desgleichen mit einer gewöhnlichen Spitze.

31. Vogelbolzen (franz. matras de chasse, engl. bird-bolt). Der runde Kopf iſt flach und in der Mitte mit einem leicht vorſpringenden eckigen Stahlmeſſer verſehen.

32. Falarika oder Brandarmbruſtbolzen. — Zeughaus zu Zürich. (S. S. 197.)

33. 80 cm langer Bolzen einer gotiſchen Kriegsarmbruſt mit breitem Eiſen und befiedert. Die Armbruſt mißt 1,64 m in der Länge und 1,47 m in der Breite. — Im Münchener Stadtzeughaus.

34. Bolzenköcher, aus dem 12. Jahrhundert, nach den im Dome zu Braunſchweig unter Heinrich dem Löwen ausgeführten Wandmalereien.

35. Hölzerner oder lederner Bolzenköcher. — Sammlung des Prinzen Karl in Berlin.

36. Hölzerner oder lederner Bolzenköcher. — Geſchichtliches Muſeum im Schloſſe Monbijou zu Berlin.

37. Stahlköcher für kleine Vogeljagdbolzen, vom Ende des 16. oder Anfang des 17. Jahrhunderts. — Sammlung Llewelyn-Meyrick.

LXV.

Die Brand- und Pulverfeuerwaffen bis zur Gegenwart.

A. **Der Mörser**; B. **Die Kanone und das Orgelgeschütz**; C. **Die Pulverhandfeuerwaffe im allgemeinen**; D. **Die Pistole oder der Faustling.**

Die Kriegsfeuerwerkerei der Morgenländer, wozu auch ſelbſt das griechiſche Feuer gezählt werden kann und bei welcher oft, außer Naphta, auch Schwefel und Salpeter enthaltende Pulver in Anwendung kamen, ſind dem Erſcheinen der eigentlichen Pulverfeuerwaffen großen und kleinen Kalibers, welche ja bei den Chineſen weit über die chriſtliche Zeitrechnung bekannt waren, vorausgegangen.

Die von Klesibios erfundenen Luftſpanner — *ἀερότονον* —, (ſ. Philo um 150 v. Chr.), welche bei den altzeitigen Griechen mit den Bauch-, Keil- und Erzſpannern im Gebrauch waren, können als die eigentlichen Ahnen der Brand- und Pulverfeuerwaffen gelten da hier die Spannkraft von in Trommeln eingepreßter Luft, mittelbar, wie bei der Pulverfeuerwaffe das Gas unmittelbar, die Schleuderkraft erzeugte. Der Übergang zu den Handfeuerwaffen wird wohl — außer der arabiſchen Holzbüchſe, der Madfaa — die Raketenbolzenarmbruſt geweſen ſein. S. 119 iſt bereits die Kriegs- und Luftfeuerwerkskunſt in Betracht gezogen. Erſtere kann ſicher bei den Morgenländern, beſonders bei den Arabern, als die Vorgängerin des Artilleriewefens angeſehen werden. «Hedjin-Eddin-Haſſan-Alrammhs Traktat vom Reiterkampf und von den Kriegsmaſchinen», eine Handſchrift von 1290 in der Pariſer National-Bibliothek; «Schems-Eddin-Mohammeds» Manuſkript von 1320 in St. Petersburg und im Manuſkript des Marianus Jacobus gen. Tacolone — Markus-Bibliothek zu Venedig — geben Abbildungen einer großen Anzahl von Kriegsfeuerwerksgeſtellen, welche wohl ſämtlich in Europa den

Mörſern und Kanonen, vielmehr noch den ſpäteren Handfeuerwaffen vorangegangen ſind. Es befinden ſich darunter «Glasbälle voll Pulver mit Schlagröhren», — «enghalſige Sprengbälle mit eingeſchwefelten Zündfäden» (Ekrirks), — «aus Baumrinde dargeſtellte Geſchoſſe» — «geladene Blumenlanzen», «Wurfpfeile mit Zündern», «Sprengkeulen», — «Sprengbälle in Morgenſternform (Borthab),» — (ſ. auch darüber S. 104 u. 147), «eiſerne Keſſelbomben», — «Feuereie», — «Holzbüchſen (Madfaas) mit mörſerartiger Wirkung,» — «Feuerkolben,» — «Feuerſchiffe», — «Sturmdächer mit Feuerſternen» u. d. m.

Einige Geſtelle der urſprünglichen Brandfeuerwerkerei.

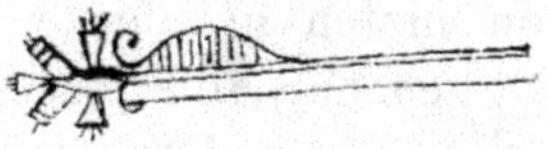

1

2

3

4

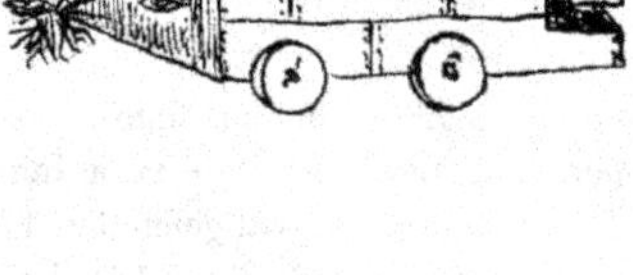

5

1. Morgenſternförmiger Sprengball, Borthab genannt. — Nach Nedjin-Eddin-Haſſan-Alrammahs Traktat von 1260 — Pariſer National-Bibliothek.

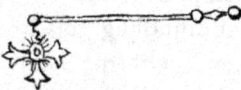

2. Geladener Blumenſpeer. do.

3. Krieger den Madfaa, eine Holzbüchſe mit mörſerartiger Wirkung, abfeuernd. — Nach Schems-Eddins-Mohammeds Handſchrift v. 1320 zu St. Petersburg.

4. Krieger mit Feuerkolben. — Arab. Handſchrift von 1290 in der Pariſer National-Bibliothek.

5. Feuerkolben des Belagerungsgeſtells, welche durch eine endloſe Schraube getrieben wird. — Handſchrift des «Marianus Jacobus, gen. Tacalone» von 1449. — Markus-Bibliothek zu Venedig.

Die Pulverfeuerwaffen.

Die Geschichte der Pulverfeuerwaffe oder des Feuergeschützes (v. altd. Gescuzze) von ihrem ersten Auftreten in Europa im Anfange des 14. Jahrhunderts an findet sich auf Seite 103—133 dieses Werkes. Hier sei nur daran erinnert, daß die Erfindung des Schießpulvers bis ins graue Altertum hinaufreicht, und daß die erste Feuerwaffe vom groben Kaliber der Mörser war. Ihm folgte die Kanone (von Kanne abgeleitet), die von hinten geladen wird; später die Büchsenkanone [Veuglaire[1])] genannt), die ihre Ladung vermittelst einer beweglichen Büchse empfängt, und zuletzt tritt die Vorderladerkanone, auf welche in der Mündung geladen wird.

In Preußen, resp. im Brandenburgischen, geht die Einführung der Pulverfeuerwaffe nur bis 1391, zu welcher Zeit «eine große Büchse» unter Markgraf Jobst für die Unterwerfung von Lehnsleuten in Anwendung kam. Der späteren «Faulen Grete» — (ein ähnlicher Name — «Dolle Grete» — für solches Geschütz kommt auch damals in Gent vor — s. Nr. 2 Bis. S. 924) Friedrich I. von Hohenzollern (1415), folgten vervollkommetere «Steinbüchsen», — «Taraßbüchsen» und «Bombarden».

St. Barbara figurirte als die Schutzheilige der Artilleristen.|

Anfänglich aus Eisen geschmiedet, wurden die Feuerwaffen großen Kalibers seit Ende des 14. Jahrhunderts in Bronze gegossen; bald darauf erschienen auch die zur Befestigung und Unterstützung des Geschützes dienenden Zapfen (franz. tourillons), welche dasselbe im Gleichgewicht halten, den Rückprall auf das Gestell (Lafette) verhindern, den Preller überflüssig machen und ein leichtes Richten in senkrechten Linien gestatten. Ebenso waren an Stelle der unbeweglichen die Rädergestelle getreten, und bald nachher wurden ihnen die Protzwagen (franz. avant-trains) beigegeben. Was die neuzeitigen Orgelgeschütze (mitrailleuses) anbelangt,

---

[1]) Die Ladevorrichtung vermittelst einer beweglichen Zündkammer findet noch gegenwärtig in China Anwendung, da die 3 m langen, aus dem Feldzuge vom Jahre 1860 herrührenden und im Artillerie-Museum zu Paris aufbewahrten Wallgeschütze fast alle Veuglairen sind. Im Musée Chinois im Louvre befindet sich eine chinesische schöne Kanone in Bronze.

von welchen in dem Abriß der Geſchichte der Waffen ſchon die altzeitigen angeführt worden ſind, ſo tauchten dieſelben erſt wieder unter Napoleon III. in Frankreich auf. Weiterhin ſind davon Abbildungen und Beſchreibungen gegeben. Eine der letzterſchienenen iſt die Mettolon genannte, welche von nur drei Mann getragen, 600 Schuß in der Minute abgeben kann. Man hat im April 1890 in Wien Verſuche damit angeſtellt.

Die kleine Handkanone oder die erſte tragbare Feuerwaffe entſtand gleichzeitig mit der großen Hinterladungskanone und reicht wie dieſe bis in die erſte Hälfte des 14. Jahrhunderts.

Die Pulverfeuerwaffen groben Kalibers können alſo auf vier Hauptgattungen zurückgeführt werden, der zahlreichen Benennungen ungeachtet, mit denen die Schriftſteller des 16. Jahrhunderts oft auf zehnerlei Weiſe eine und dieſelbe Waffe bezeichneten. Auch die Einteilung der tragbaren Feuerwaffen läßt ſich dadurch vereinfachen, daß man nur auf die Abweichungen an dem Gewehrſchloß- oder Batteriemechanismus und nicht auf die Verſchiedenheit der Formen und ſeltſamen Namen ſieht. So laſſen ſich denn 13 Arten davon aufſtellen. Die Windbüchſe, deren Wurfkraft durch die Pumpe hervorgebracht wird, bildet eine eigene Abteilung. Was den in Frankreich unzutreffend double détente genannten Stecher anbelangt, ſo iſt derſelbe jeder Arkebuſe angepaßt worden, die auf Genauigkeit Anſpruch machen ſollte.

Als Übergang zu dem erſten Handfeuerrohr kann die Raketenbolzen werfende Armbruſt gelten. Sowie auch die arabiſche Madfaa genannten Holzbüchſen mit mörſerartiger Wirkung wovon hier vorausgehend die Abbildung gegeben.

Hinſichtlich des früheſten Beſtehens von Büchſenſchützengilden in Deutſchland, welchen da die Bogen- und Armbruſtgilden folgten, iſt nur feſtzuſtellen, daß ſolche Geſellſchaften nicht weit vor der Mitte des 14. Jahrhunderts, wo die erſten ſogenannten Knallbüchſen (ſ. S. 123) auftreten, hinaufreichen können. Der Homburger Gilde, welche ihre 500jährige Jubelfeier bereits hinter ſich hat und ſich für die älteſte hielt, wird das Vorgangsrecht durch Naumburg a. d. S. ſtreitig gemacht, wo ſchon im Jahre 1348 bei dem Rathausbrande von der dortigen Schützengilde die Rede iſt.

Dieſe 13 Gattungen unterſchieden ſich durch das Fehlen oder den Mechanismus des Gewehrſchloſſes, ſowie durch die Reibkraft ſtatt der Schlagkraft.

1. Die erste Handkanone oder das Handfeuerrohr von der Mitte des 15. Jahrhunderts. Aus plump geschmiedetem Eisen, auf einen fast ganz rohen Holzstück befestigt, konnte sie nicht zum Zielen geschultert oder an die Wange gelegt werden; ihr oberhalb der Zündkammer angebrachtes Zündloch hatte zuweilen einen kleinen Deckel mit Zapfen, um das Zündpulver vor Feuchtigkeit zu schützen. In kürzerer Form hieß sie Pétrinal und war eine Reiterwaffe, welche oft vermittelst Ketten am Stockpanzer befestigt wurde.

Schon mit Haken, aber noch mit oberhalb angebrachten Zündlöchern versehene Handkanonen vom Anfang des 15. Jahrhunderts befinden sich im Museum zu Zittau sowie in der Burg Oybin im Lausitzer Gebirge.

2. Die Schulter- oder Anlegehandkanone vom Ende des 14. Jahrhunderts. Diese unterscheidet sich von der vorhergehenden durch den Schaft, welcher oft mit einem zum Anlegen bestimmten Kolben versehen ist, sowie dadurch, daß sein Zündloch (franz. trou de lumière, engl. touchhole) sich an der rechten Seite des Laufes befindet.

Diese Waffen wurden vermittelst einer losen Lunte abgefeuert.

3. Die gegen 1424 erfundene Handkanone mit Schlangenhahnlunteträger ohne Feder und ohne Drücker (franz. canon à main à serpentin, sans détente ni gâchette, engl. guncock without trigger and spring). Die Lunte wurde seitdem am Hahn angebracht. Dies war das erste Luntengewehr.

4. Die Handkanone mit Schlangenhahnlunteträger und Drücker ohne Feder (franz. canon à main à serpentin à gâchette, sans détente, engl. guncock for match with trigger but without spring), die schon ein genaueres Zielen[1] erlaubte.

5. Der Haken, eine kleine Handkanone, in veraltetem Deutsch Hakbusse genannt (franz. haquebuse, engl. harquebus), mit Schlangenhahnlunteträger, mit Drücker und Feder, die in der zweiten Hälfte des 15. Jahrhunderts aufkam. Sie war die erste Waffe, die ein genaues Zielen gestattete. Der Lauf hatte gewöhnlich Meterlänge.

---

[1]) In Indien ist diese durch Europäer von der Ostküste eingeführte Waffe bei den Mahratten noch immer im Gebrauch. Der Haen stellt gewöhnlich einen Drachenkopf vor; auch die Chinesen haben diese alte Waffe in ihren Heeren erhalten. Dschingal ist in Japan und Indien die Bezeichnung für solche, da sehr lange Luntenflinten.

6. Der Doppelhaken (franz. haquebuse double, engl. double matchlok). Diese Waffe zeichnet sich vor dem einfachen Haken durch zwei in entgegengesetzter Richtung, mittels zweier Federn und zweier Drücker, niederschlagender Schlangenhähne aus; der Lauf mißt $1^1/_2$ bis 2 m und wurde entweder von einem häufig mit Eisenspitzen oder Rädern versehenen Fuß getragen, oder auch auf die Brüstung der Mauern gelegt. Ihm diente zu diesem Zweck der Haken, wovon der Name Doppelhaken auch herrühren könnte. — Der Doppelhaken, welcher 16 bis 18 Lot schoß, trug auch den französischen Namen Serpinel. Alle diese Waffen hatten weder Visier noch Korn und schossen eiserne Kugeln, Bleikugeln, oder eiserne, mit Blei umgebene Kugeln ab.

Die große Luntenbüchse, unterscheidet sich in ihrer Bauart kaum von der Hakbusse.

Mit Gingals bezeichnet man in England die den Indern zur Verteidigung der Stadtmauern dienende Luntenbüchse.

7. Die im Jahre 1515 zu Nürnberg erfundene deutsche Radschloßbüchse (franz. arquebuse à rouet, engl. harquebus with wheel-lock oder wheel-lock gun). Sie kennzeichnet sich durch ihr schon aus zwölf Stücken bestehendes Radschloß und hat nichts mehr mit den Luntengewehren gemein, da die Zündung anstatt der Lunte durch Schwefelkies bewirkt wird.

Gewehre mit Stecher (franz. double détente, engl. trigger o mecisun) können keine besondere Kategorie bilden, da dieser Mechanismus allen Radschlössern angepaßt werden kann.

8. Die Büchse oder Arkebuse mit gezogenem Laufe (franz. arquebuse à canon rayé, engl. rifle barreled arquebus). Der gezogene Lauf ist in Deutschland, nach einigen in Leipzig, nach andern in Wien oder Nürnberg durch Kaspar Zollner oder Kullner, erfunden worden.

9. Die Muskete (franz. mousquet à rouet, engl. wheellock musket) weicht nur durch ihr gröberes Kaliber von der Arkebuse ab.

10. Die Schnapphahnbüchse (franz. usil à chenapan, engl. snaphaunce gun) von dem verdorbenen deutschen Namen. Sie reicht bis ins 16. Jahrhundert zurück.

An dieser Waffe schlägt bereits der Stahl, aber auf Schwefelkies, (franz. pyrite sulfureuse) während bei der Feuersteinflinte der Feuerstein den Stahl schlägt.

Das noch mittelſt des Schwefelkieſes arbeitende Schnapphahnſchloß war der Vorläufer des Feuerſteinſchloſſes.

11. Die Flinte mit Feuerſtein-, oder mit ſog. franzöſiſchem Schloſſe[1]) (franz. fusil à batterie à silex, engl. flint-lock gun; fusil aus dem italieniſchen focile vom lateiniſchen focus) wurde wahrſcheinlich in Deutſchland oder Frankreich zwiſchen 1630 und 1640 erfunden.

Der Karabiner (aus dem arabiſchen karab, Waffe, franz. u. engl. carabine) ein Gewehr mit gezogenem Lauf, deſſen Name dem kleinen Reitergewehre ebenſowohl als dem Jagdgewehre beigelegt wird, bildet keine beſondere Klaſſe. Es iſt die Büchſe und die Flinte mit gezogenem Lauf.

12. Das Perkuſſions- oder Piſtongewehr, (franz. fusil à percussion, engl. percussion-capped gun) auch Schlagrohrgewehr, von dem ſchottiſchen Waffenſchmied Forſyth im Jahre 1807 erfunden.

13. Das Zündnadelgewehr (franz. fusil à aiguille, engl. reedle gun), im Jahre 1827 von Nicolas Dreyſe erfunden.

14. Das 1890 von Paul Giffard — Bruder des gleichnamigen Urhebers eines an allen Lokomotiven angebrachten «Injectors» — erfundene Jagdgasgewehr in Windbüchſenform, wo die Schleuderkraft für 300 Schüſſe durch den Druck eines verflüſſigten aus der nur $^1/_2$ Pfund wiegenden Stahlhülſe ſtrömenden Gaſes hervorgebracht wird und 100—120 Entladungen in der Minute geſtattet, ohne daß ſich der Lauf im geringſten erhitzt. Zu den S. 132 angeführten Repetier- oder Magazingewehre iſt noch ganz neuerdings das Magazingewehr des Hauptmanns Edward Pallifer mit der ſeinen Namen tragenden Kugel hinzugekommen.

---

[1]) Dieſe zu einer groſsen Vollendung gediehene Waffe hatte folgende Beſtandteile: den Lauf (franz. canon, engl. barrel), an welchem der hintere Teil Zündkammer (tonnère), die vordere Mündung (volée), der innere Raum Seele (âme) und der Durchmeſſer Kaliber heiſst; weiter das Schloſs (franz. platine, engl. lock) und den Schaft (franz. bois, engl. stock). Schwanz (queue, engl. lump) heiſst das eiſerne Endſtück des Laufs, das über die Zündkammer hinausgeht, Zündpfanne (bussinet), wo das Zündpulver eingeſchüttet wird, Zündloch (lumière, engl. touch-hole) die Öffnung, durch welche das Feuer der Zündkammer zugeführt wird, Korn (franz. mire oder visière) der längliche Knopf am Ende des Laufes, woher Kornlauf (ligne de mire), Drücker oder Krappe (gâchette, engl. trigger), der Schlüſſel, vermittelſt deſſen man die Feder (détente, engl. spring) ſpielen läſst, um den Hahn (franz. chien, engl. cock) in Bewegung zu ſetzen.

Teſchine wird das gezogene Büchſenrohr und Teſching die damit verſehene Büchſe von Teſchen (Schleſien) genannt.

Der Mörſer.

Der Mörſer (nlat. mortarium, franz. mortier, engl. mortar, ſpan. escalamote auch morterete, ital. mastico auch mortaretto) auch Mortare, Meertier, Tümmler und Böller genannt, deren Name und Urſprung von dem zum Zerſtampfen feſter Maſſen beſtimmten Gefäß herrührt, beſtand bei ſeinem anfänglichen Erſcheinen gegen Ende der erſten Hälfte des 14. Jahrhunderts aus geſchmiedetem Eiſen und war ohne Zapfen (franz. tourillons), d. h. ohne jenes in der Mitte des Feuerrohres angebrachte Achſenpaar, das den Rückprall auf dem Geſtell verhindert und das Richten des Geſchützes erleichtert.

Dieſe wichtige Verbeſſerung geht bis ins 15. Jahrhundert hinauf. Gleichzeitig oder kurz vorher begann man die Geſchützſtücke, welche bis dahin aus Eiſenſchienen beſtanden, die gleich den Faßdauben durch Reifen mit einander verbunden waren, in Metallguß herzuſtellen.

1. Deutſcher Bombenmörſer, gänzlich aus Hanfſtricken angefertigt, angeblich aus dem Jahre 1380. — Wiener Zeughaus.

1

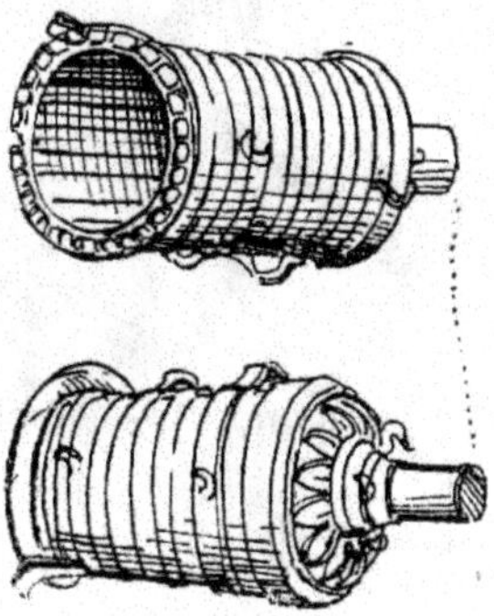
1a.

1 a. Deutſcher Rieſenmörſer aus geſchmiedeten Eiſenſparren oder Schienen, die in der Seele der Länge nach aneinandergeſetzt, außerhalb vermittelſt Reifen verbunden ſind. Dieſes 1,10 m im Kaliber und 2,50 m in der Länge meſſende Stück an dem die Form des zwiſchen den Henkeln befindlichen Schildchens die erſte Hälfte des 14. Jahrhunderts anzeigt, iſt zu Steyr in Öſterreich geſchmiedet und von den Türken erbeutet worden, denen es die Öſterreicher im Jahre 1529 wieder abgenommen haben. — Kaiſerliches Arſenal zu Wien.

2. Mörſer aus geſchmiedetem Eiſen mit Ringen und ohne Zapfen von der Mitte des 14. Jahrhunderts. In Frankreich laquerau genannt. — Muſeum in Epinal.

3. Steinböller oder Steinmörſer aus der Belagerung von Waldshut (1468).

4. Mörſer aus geſchmiedetem Eiſen, 80 cm lang, Kaliber 28 cm

Die Waffe hat bereits Zapfen und kann nicht vor dem Beginn des 15. Jahrhunderts entſtanden ſein. — Berliner Zeughaus.

5. Bronzener Mörſer, ohne Zapfen und mit Ringen, vom Ende des 15. Jahrhunderts. Er befindet ſich unter Glockenthonſchen Zeichnungen vom Jahre 1505. — Ambraſer Sammlung.

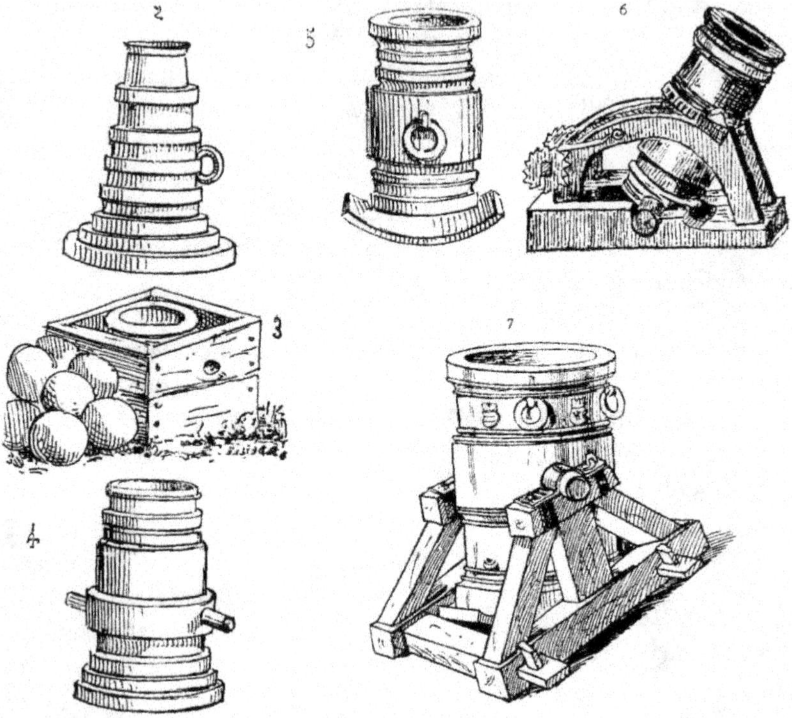

6. Böller im Geſtell (franz. lafette) vom 16. Jahrhundert. — Nach dem Kriegsbuche des Reinhard von Solms 1556.

7. Bronzemörſer auf Geſtell (franz. lafette), vom 25. Jahrhundert. — Nach Nik. Glockenthon von 1505.

Die Kanone.

Der Name dieſes gewöhnlich kegelförmigen Feuerrohres iſt von dem deutſchen Wort Kanne und nicht vom griech. κάννα, Schilfrohr, abzuleiten. Seine vordere Öffnung heißt Mündung (franz. volée), ſein vorderer ganzer weiterer Teil beim Kammergeſchoßrohr Flug, Mündungsfries (franz. bourlet) das ringförmige äußere Geſimſe der Mündung, Bettung (franz. plate-bande) das

Mittelband. Die in der Mitte befindlichen zwei Zapfen (franz. tourillons, engl. trunnions) dienen den Rückprall an das Geftell (franz. lafette, engl. guncariage) zu verhindern und das Richten des Gefchützes zu erleichtern. Die oben, oft delphinförmig an der Kanone hervorragenden Teile heißen Henkel (franz. anses). Seele (franz. ame) nennt man die ganze innere Höhlung, deren Durchmeffer das Kaliber[1]) ift, und Bodenftück (franz. premier renfort) heißt das oft in einem Knauf (franz. bouton, engl. cascaled) endigende Hinterteil (engl. breech), fowie Kanonenwifcher (écouvillon), Kanonenlader (chargeur) auch Stücklader und Kanonenlöffel (lanterne und cuillierè) das Zubehör. Der bei Anfertigung angewendete Bohrer zur Glättung der Seele heißt im Franz. boîte de foreur auch alesoir.

Der S. 912 angeführte griechifche Luftfpanner kann wohl als ein fchießpulverlofer Vorgänger der Kanone gelten, da hier mittelbar, wie beim Schießpulvergefchütz unmittelbar, zufammengepreßte Gafe die Schleuderungskraft bildeten.

Auf die erften Hinterlader (franz. canons se chargeant par la culasse, engl. breech-loading-canon), welche man Bombarden und Steinböller nennt, folgten bald die Gefchütze, welche vermittelft der beweglichen Pulverkammern (franz. boîtes mobiles, engl. moyable-chamber) geladen wurden und franzöfifch Veugloires heißen; hierauf erft der Vorderlader.

Phiola (griech.) wird der mit Granaten gefüllte Sturmtopf genannt.

Die Tragweite (franz. portée) aller oben angeführten Gefchütze ift meift verfchieden.

Zumburuks heißen die Kamelkanonen der oftindifchen Sikhs.

Haubitze böhm., ein kurzrohriges Gefchütz.

Amüfette hieß das vom Marfchall von Sachfen (1695—1750)

[1]) Vom arabifchen franz. calibre, vom lat. equilibrare oder wohl beffer fpan. caliba, vom arabifchen calib = Form. In der Artillerie war das Kaliber gemeinlich nach dem Gewichte der runden Kugeln bezeichnet. Früher fchrieb man qualibre, altfranz. qua libra, wie viel Pfund?

In Frankreich ift das Kaliber in den Belagerungsgefchützen der 24 Pfünder cm, 15254; der 16 Pfünder cm, 13342; der 12 Pfünder, cm, 12123. Die Feldartillerie 8, cm, 10602; 4, cm, 08402. Man hat da Mörfer von cm, 2222, 2777 und 3333; Haubitzen von cm, 1666 und 2222. Für die früheren Steinfchlofsgewehre wurde das Kaliber cm, 017 und für folche feit 1842, 018.

Bei gezogenen Röhren wird das Kaliber an den engern Stellen der gezogenen Theile (nicht von Zug zu Zug, fondern von Feld zu Feld) gemeffen. Georg Hartmann, Erfindung des Kaliberftabs bezeichnet von 1540.

beim Fußvolk eingeführte Feldgeschütz von ungefähr 1 Pfund Kugelgewicht, wovon im Pariser Artillerie-Museum ein Hinterlader vorhanden ist.

Escarpine (franz.) ist der Name eines gewehrartigen Schiffsgeschützes früherer Zeiten, welches zum Beschießen der Takellage diente.

Rotschlangen, Feldschlangen, Halbfeldschlangen, Falken, Falkaunen, Passe-volants, Basilisken, Spiralen, Taraßbüchsen, Bombarden sind mehr oder weniger unbestimmte Namen, mit denen oft dieselben Gattungen Kanonen in verschiedenen Gegenden bezeichnet werden. (S. auch darüber S. 114.)

Sacre nennt man in Frankreich die Viertelfeldschlange und Caronade die kurze eiserne Schiffskanone, 1775 in Carron bei Stirling (Schottland) erfunden.

Berca ist der Name einer kleinen Schiffskanone, Drehbasse des auf einer Spindel ruhenden, und Espignole eines aus Flintenläufen nach Art der Drehorgel zusammengesetzten Geschützes. Mit Kartaune (von quartane, Viertelbüchse) bezeichnet man gewöhnlich die kurze, dicke Kanone und mit Kartaunenpulver das grobkörnigste Schießpulver. Obusier, Haubitze und Haubitzenmörser sind gleichbedeutend. Passe-volant hieß ehemals ein 16pfündiges, sehr langes Geschütz. Obus, d. h. Haubitzengranate ist davon abgeleitet. Granatkanonen sind kurz und glatt; in größerem Kaliber heißen sie Bombenkanonen. Avanzierbaum der Geschützhebebaum, Avanziertau das Protzwagentau, Chevet war der angenommene französische Name für Geschützrichtkeil; mit Madrillbrett bezeichnete man auch das Schlegelbrett der Petarde (Sprengstück, — Thorbrecher), den Mörserblock mit Mortierstuhl, mit Affut das Kanonengestell (Lafette), mit Affutage die Aufprotzung und mit Tourbilon die gefüllte Raketenhülse. Amadou (franz.), wurde auch oft der Zündschwamm ganannt, Corbeille der kleine Schanzkorb, Barbette (franz.), die Geschützbank, Tromolon die Donner- oder Streubüchse. Mousqueton oder Muskete die Stützbüchse.

Die Rakete (vom ital. rochetta, franz. raquete) oder Steigfeuer ist Leuchtgeschoß, ein Treibfeuer, welches aus dem Morgenlande stammt, wo es bereits im 9. Jahrhundert n. Chr. bekannt war. In Vergessenheit geraten, wurde die Rakete im 17. Jahrhundert von den Engländern erst wieder als Kampfmittel in Indien kennen gelernt, wo 1766 der indische Fürst Hyder Ali 1200 Raketenwerfer und dessen Sohn später 5000 hielt. In Europa wurde dieses Leuchtfeuer erst 1804 vom englischen General Congreve, dem Erfinder des farbigen Hochdruckes, als Brandrakete aber 1807 vom dänischen Hauptmann Schuhmacher eingeführt. Mit Fusilière bezeichnet man die kleine Rakete.

Von V. Foß 1830 zusammengestellte Gewehrraketen sind nicht im Gebrauch geblieben.

Die in England erfundene pneumatische Dynamitkanone soll 520 Pfund wiegende Geschoße 4800 Yard weit werfen.

Mit Kugelspitze (franz. mitrailleuse) bezeichnet man das ganz neuzeitig erfundene, gemeinlich Mitrailleuse genannte Geschoß, kanonenartige Waffe, wenn sie nicht zu den Orgelgeschützen, wie die Maximmitrailleuse, sondern zu den Revolverwaffen (vom engl. revolve — rollen — umdrehen) gehört, da dieselbe, wie der Drehpuffer (Handrevolver) nur einen Lauf hat, woraus sich nach einander folgend einzeln die Schüsse lösen. (S. auch darüber S. 115.)

Die ersten zur Zeit Napoleons III. erschienenen Meudon-, Montigny- und Hotchkissmitrailleusen gehören zu den Orgelgeschützen, da hier 25, ja 37 Läufe vereinigt sind (s. Abbildungen weiterhin.

1 a

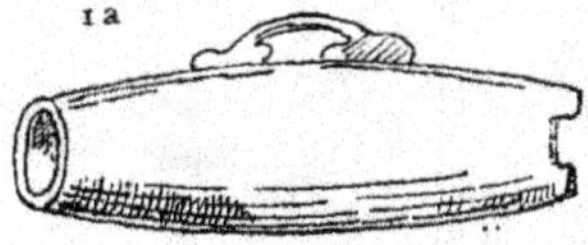

1 a. Kleine bronzene, 15 cm lange javanische Handkanone mit Handhabe oder vielleicht das Ladestück eines Hinterladers oder Veuglaire. In Aksoro-Ponging-Schrift trägt dieselbe die Worte: «Vertilger des Bösen» und die Jahreszahl «1270», welche mit unserem Jahre 1340 gleichbedeutend ist. — Museum zu Darmstadt.[1])

1 b. Kanone oder Bombarde, aus Eisen geschmiedet. Sie ist an beiden Enden offen und wurde von hinten geladen. Englische Waffe aus der Schlacht bei Crécy (1346).

2. Kanone oder Bombarde, an beiden Enden offen, deren Preller sich senkt, während die Ladung von hinten eingebracht wird. Handschrift aus dem 14. Jahrhundert.

2 Bis. Beiderendig offene, «Dolle Gret» genannte, geschmiedete eiserne Kanone oder Bombarde zu Gent, vom 14. Jahrhundert.

[1]) Da die Kanone aus China stammt, so liefert dieselbe von dem dortigen frühzeitigen Gebrauch der Feuerwaffen einen Beweis mehr.

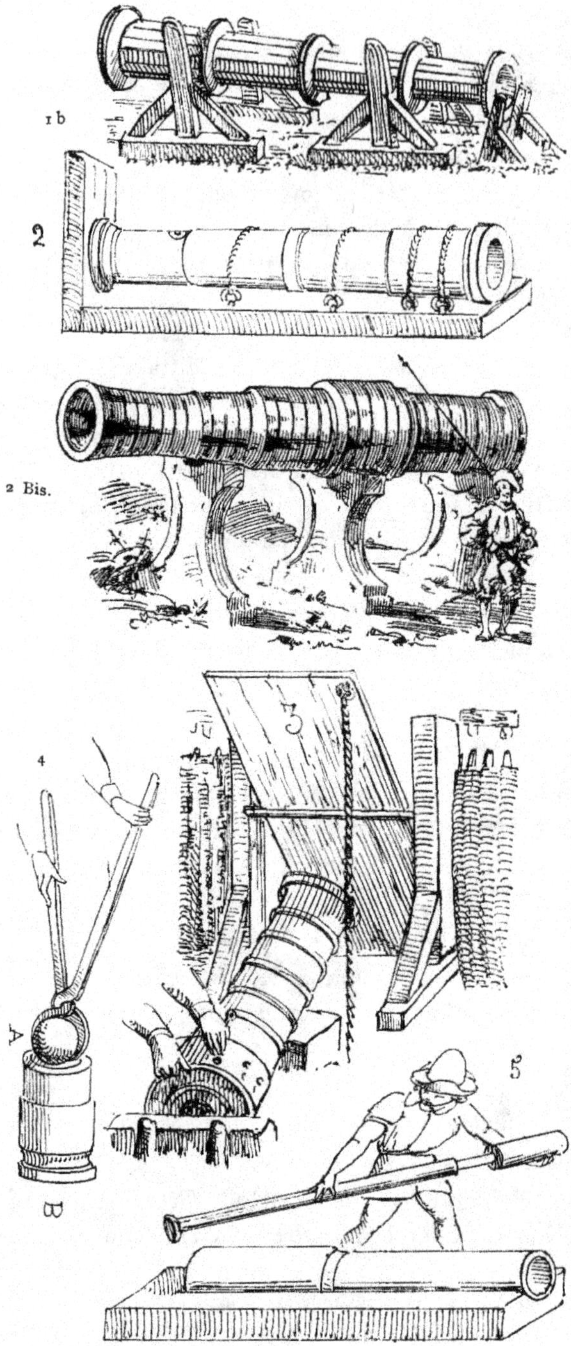
1 b
2
2 Bis.
3
4
A
B
5

3. Kanone oder Bombarde, Hinterlader mit Schirmdach, aus der zweiten Hälfte des 14. Jahrhunderts.

4. Kanone oder Bombarde, welche ein Artillerist mit glühenden Kugeln von hinten ladet. — Handschrift[1]) in der Ambraser Sammlung aus dem Anfange des 16. Jahrhunderts.

5. Kanone oder Bombarde, Hinterlader. — Ambraser Samml.

6. Flamändische Hinterladerbombarde. Dieses merkwürdige, mit feiner Schraubenpulverkammer dargestellte Geschütz ist aus Eisen geschmiedet und zwischen 1404 bis 1419 in Gent angefertigt worden.

7. Deutsche Bombarde aus gegossener Bronze, vom Ende des 15. Jahrhunderts. Sie ist 4 m lang, hat 60 cm im Durchmesser und trägt folgende deutsche Inschrift: Ich heiße Katharine, traue meinem Inhalte nicht. Ich bestrafe die Ungerechtigkeit. Georg Endorfer goß mich. — Sigismund, Erzherzog von Österreich, anno 1494. Dieses, schon Henkel und Spuren eines Schloßdeckels zeigende Geschütz rührt aus Rhodus her und gehört dem Pariser Artillerie-Museum an (No. 18).

8. Kanone, von Eisen geschmiedet, aus der Schlacht bei Granson herrührend (1476). Sie ist 1,50 m lang, hat 5 cm im Durchmesser und hat noch keine Zapfen. — Lausanner Museum.

9. Hinterladerkanone aus geschmiedetem Eisen aus dem 15. Jahrhundert, von einem im Anfange des 16. Jahrhunderts untergegangenen Schiffe herrührend. — Tower in London.

10. Schmiedeeiserne Kanone, aus der Schlacht bei Granson (1476) herrührend. Sie ist 1,50 m lang und hat 50 cm im Durchmesser. — Lausanner Museum.

11. Schmiedeeiserne, burgundische Kanone oder Bombarde, auf einer Rädergestell, aus der Schlacht bei Murten (1476) herrührend. Sie ist 75 cm lang und hat 48 cm im Durchmesser; das Gestell mißt 2 m; die Granitkugel hat 24 cm im Durchmesser. Diese Kanone ist noch ohne Zapfen. — Gymnasium in Murten.

[1]) Die Zeichnung dieser Handschrift beweist, daß weder Franz von Sickingen († 1523), noch der König von Polen, Stephan Bathory (1571—1586), die ersten waren, die sich der glühenden Kugeln bedienten. Übrigens ist es bekannt, daß glühende Kugeln oder in nasse Tücher gewickelte Stücke Eisen schon im 15. Jahrhundert auf belagerte Plätze geschleudert wurden, um diese in Brand zu stecken. Erst im 17. Jahrhundert fanden aber die glühenden Kugeln allgemeine Anwendung.

Der Teil A stellt das Bodenstück und der mit B bezeichnete die Mundung vor.

13. Kanone oder Bombarde. Hinterlader mit Dach und Rädergeſtell (lafette) vom Ende des 15. Jahrhunderts; noch ohne Zapfen.

14. Von Eiſen geſchmiedete Kanone oder Bombarde, Hinterlader ohne Zapfen. Sie rührt aus dem Schloſſe St. Urſane in der

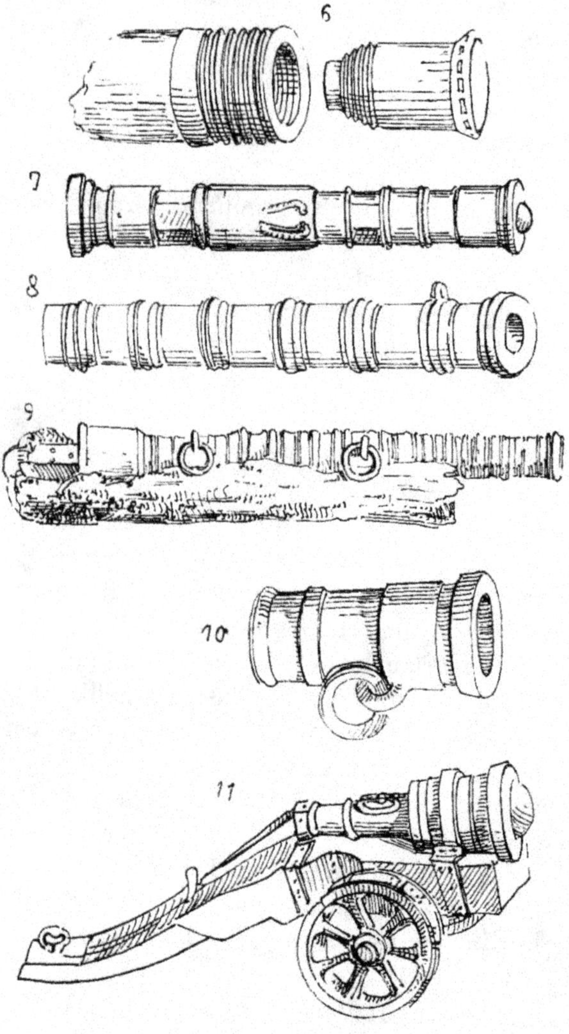

Schweiz her, wo ſie nach der Schlacht bei Murten (1476) aufgeſtellt wurde. — Pariſer Artillerie-Muſeum. Martinus Jacobus (De machinis libri decem 1449[1]) giebt die Zeichnung einer ähnlichen Bombarde.

[1]) Handſchrift der St. Markus-Bibliothek in Venedig.

15. Von Eiſen geſchmiedete Kanone oder Bombarde, Hinterlader ohne Zapfen. Sie rührt aus dem Schloſſe St. Urſane in der Schweiz her, wo ſie nach der Schlacht bei Murten (1476) aufgeſtellt

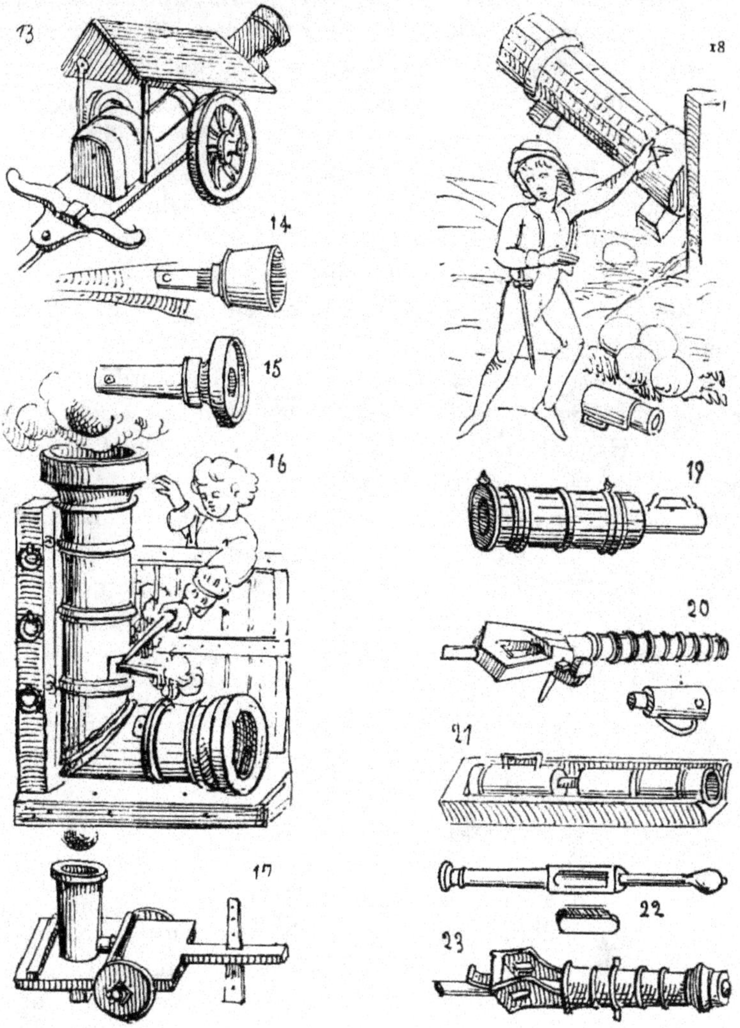

wurde. — Pariſer Artillerie-Muſeum. Martinus Jacobus (De machinis libri decem 1449) giebt die Zeichnung einer ähnlichen Bombarde.

16. Rechtwinklige deutſche Bombarde oder Kanone, aus dem 15. Jahrhundert, Hinterlader mit Zündkammer, nach den Stichen

des zu Roftock im Jahre 1515 gedruckten Werkes: Institutionum reipublicae militaris etc. von Nicolai Marescalei. — Bibliothek Hauslab in Wien.

Solche auch Ellbogengefchütze (franz. coudes, ital. cubito) genannte Feuerfchlünde in Winkelhakenform warfen Sprengkugeln und waren im 15. Jahrhundert fchon viel verbreitet.

17. Rechtwinklige italienifche Bombarde oder Kanone aus dem 15. Jahrhundert, Hinterlader mit Zündkammer, nach Martinus Jacobus (De machinis libri decem. 1449).

18. Bombarde oder Kanone aus dem 15. Jahrhundert, Hinterlader. — Handfchrift der Bibliothek Hauslab in Wien.

19. Büchfenkanone oder Veuglaire (aus dem Worte Vogler und Vogelfänger oder dem flamändifchen vogheler entftanden), fchmiedeeiferne Kanone aus dem 15. Jahrhundert, welche vermittelft einer beweglichen Zündkammer geladen wurde. Die Mündung ift mit Korn verfehen. — Brüffeler Mufeum, Handfchrift der Bibliothek Hauslab in Wien und im Mufeum zu Quedlinburg (vom Ende des 14. Jahrhunderts).

20. Schmiedeeiferne Veuglaire, aus dem 15. Jahrhundert, mit beweglicher Zündkammer. — Tower zu London.

21. Deutfche Veuglaire aus dem 15. Jahrhundert, nach einer Handfchrift der Ambrafer Sammlung zu Wien.

22. Englifche Veuglaire aus dem 15. Jahrhundert, mit beweglicher Zündkammer.

23. Schmiedeeiferne Veuglaire aus dem 15. Jahrhundert, fchon mit Zapfen[1]. Die bewegliche Zündkammer fehlt. — Nr. 1 im Parifer Artillerie-Mufeum.

Veuglairen findet man auch auf einem Stiche von Israel v. Meckenen (B. 8.), aus der 2. Hälfte des 15. Jahrhunderts, wo Scenen aus dem Leben Judiths dargeftellt find.

24. Deutfche Feldfchlange, auch Falcaune[2] genannt, Vorderlader, ohne Zapfen, jedoch auf beweglichem, mit Richtftangen (à crémailière) verfehenem Kanonengeftell (Lafette) mit Speichenrädern, nach einer Handfchrift aus dem 15. Jahrhundert von Zeitblom. — Bibliothek des Fürften von Waldburg-Wolfegg.

---

[1] Siehe die Erklärung davon im Anfange diefes Abfchnittes, fowie weiterhin die Veuglaire Nr. 37.

[2] Die Falcaune oder grofse Feldfchlange Wurfkugeln von 75, die kleine Falconett genannte von 2—3 Pfund.

24 Bis. Holzkanone von Kochinchina, wie dieſe Waffe früher ſowie heute noch da angefertigt wird. — Artillerie- Muſeum zu Paris.

25. Deutſcher, mit kleinen Kanonen beſetzter Kriegswagen. — Bibliothek des Fürſten von Waldburg-Wolfegg.

26. Deutſche, von vorn zu ladende Kanone. Sie iſt noch ohne Zapfen, jedoch auf beweglichem Geſtell (Lafette[1]) mit Richtſtangen.

27. Desgleichen.

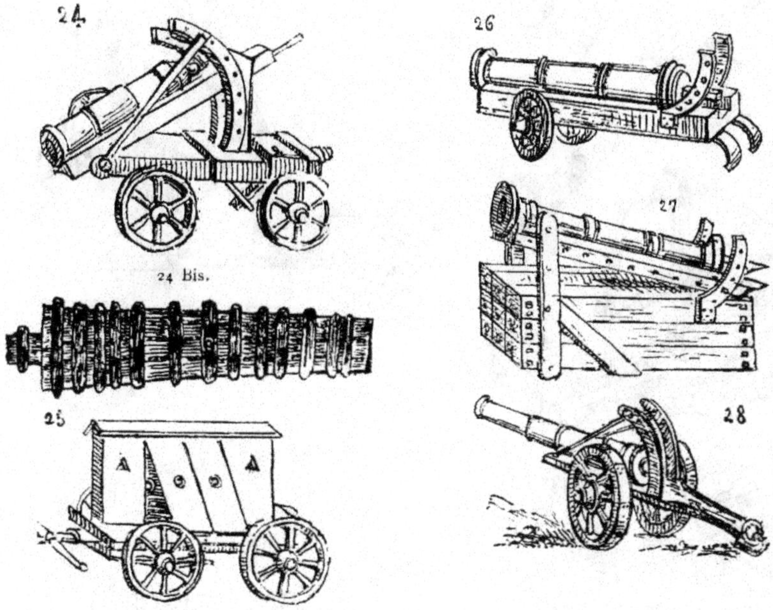

28. Deutſche Feldſchlange, Vorderlader, aus der zweiten Hälfte des 15. Jahrhunderts; immer noch ohne Zapfen, jedoch auf beweglichem Geſtell (Lafette) mit Richtſtangen (à crémaillère).

28 Bis. Frieſacher Geſchützgeſtell (Lafette) mit Richtſtange (à crémaillère), von 1420. — Landesmuſeum zu Klagenfurt.

29. Burgundiſche, von vorn zu ladende Kanone, ohne Zapfen, aber auf einem Geſtell mit Richtſtangen; dieſe Waffe rührt aus der Schlacht von Nancy (1477) her und befindet ſich in Neuenburg.

---

[1]) Mit Bockſtück (franz. pièce de campagne sur affût traineau) bezeichnet man das auf Schleifgeſtell (fremdwörterdeutſch Schleiflafette) liegende Geſchütz und mit Bockgeſtell (fremdwörterdeutſch Bocklafette) das Schleifgeſtell.

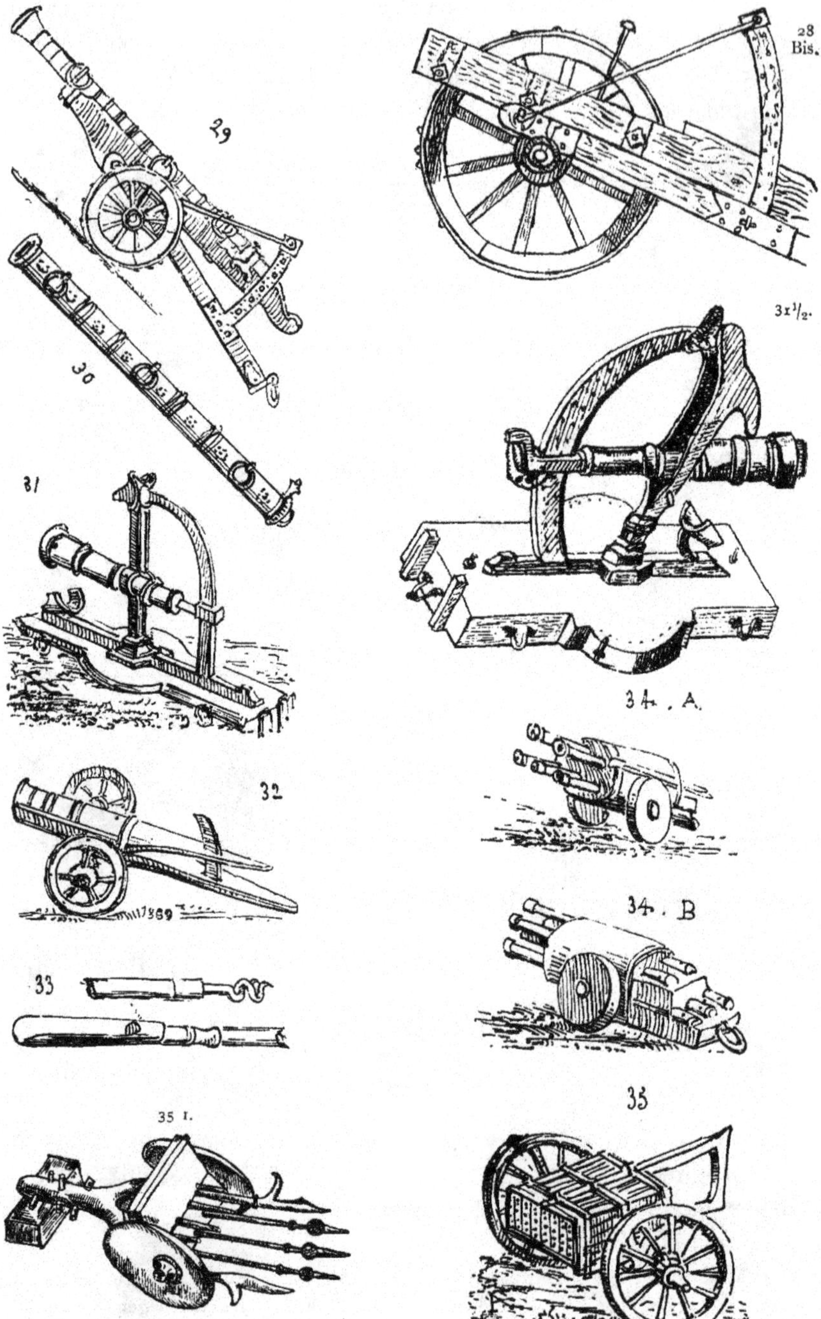
28
Bis.
29
30
31
31½.
32
33
34. A.
34. B
35
35 I.

30. Englifche Kanone, ohne Zapfen, Vorderlader, vom Ende des 15. Jahrhunderts. — Tower in London.

31. Englifche Kanone, Vorderlader, ohne Zapfen und auf einem Geftell mit Schieber.

31½. Feldfchlange, Vorderlader, ohne Zapfen auf Schiebergeftell. — Nach der Handfchrift des Froffard von 1436, in der Breslauer Stadtbibliothek. —

32. Deutfche Kanone, Vorderlader, ohne Zapfen, aus dem 15. Jahrhunderts. — Bibliothek Hauslab in Wien.

33. Schweizerifcher Stücklader, auch Laterne genannt, aus dem 15. Jahrhundert. Er ift aus Kupfer gefertigt, an langem Schaft befeftigt, und am untere Ende mit einem Krätzer verfehen. — Solothurner Zeughaus. Siehe auch weiterhin diefelbe Gattung Stücklader unter Nr. 41, nach dem Buche Frondsbergs aus dem 16. Jahrh.

34 A und B. Deutfches Orgelgefchütz (fiehe auch S. 115 die Totenorgel noch auf Blockrädern [1]) aus gefchmiedetem Eifen, mit fünf von vorn zu ladenden Kanonen, aus der Mitte des 15. Jahrhunderts. — Mufeum zu Sigmaringen.

35. Deutfches Orgelgefchütz mit 40 Läufen, nach den im Jahre 1505 von Nik. Glockenthon ausgeführten Abbildungen. — Ambrafer Sammlung. Siehe weiterhin die Orgelgefchütze [2]) des 17. Jahrhunders.

35 I. Vierläufiges Orgelgefchütz auf Block- oder Trommelrädern, mit Hellebarden und Spießen bewaffnet, vom 15. Jahrhundert. Nach einer altzeitigen Buchmalerei.

35 Bis. Feftftehendes Orgelgefchütz vom 16. Jahrhundert. Die neun langen Läufe ruhen auf einem Wippbrett.

35 Ter. Englifcher Orgelmörfer, welcher gleichzeitig 9 Schüffe abgab, vom 16. Jahrhundert. — Tower Yard in London.

36. Zapfenkanone (franz. canon à tourillons, engl. gun with trunnions). Die zuerft gegen Mitte des 15. Jahrhunderts erfchienenen Zapfen find die beiden auf der Mitte des Rohres befindlichen Anfätze, die den Rückprall des Gefchützes verhüten follen.

---

[1]) Nur mit einer Öffnung in der Mitte, alfo ohne Nabe, Felgen und Speichen.

[2]) Auch die Espingole deren Name, welcher unrichtig oft der Streu- oder Donnerbüchfe (Tromblon) gegeben wird, gehört zu den Orgelgefchützen; fie wurde von den Dänen wieder 1848 und 1864 aufgenommen, hat fich aber, befonders bei Düppel, als wirkungslos erwiefen, In neuerer Zeit bezeichnet man auch die Orgelgefchütze mit den Namen Kugelfpritzen und Mitrailleufen.

35 Bis.

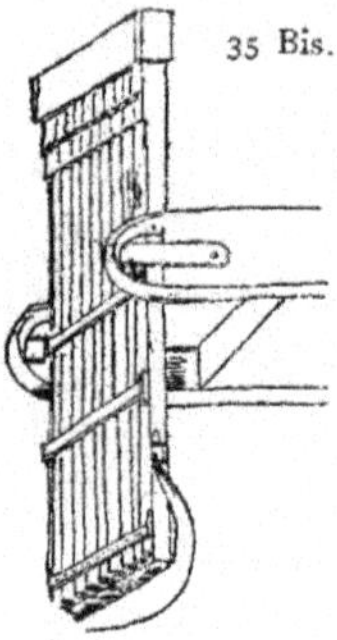

35 Ter.

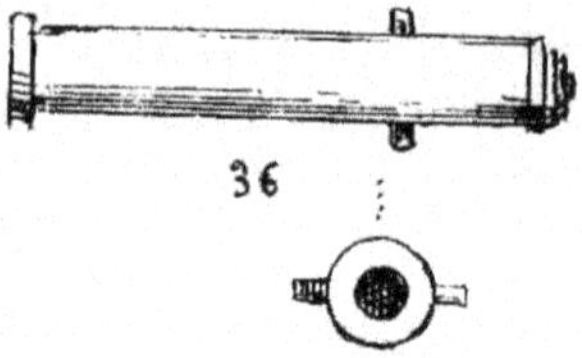

36

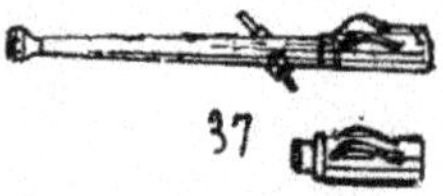

37

38

A

B

C

D

38 Ter.

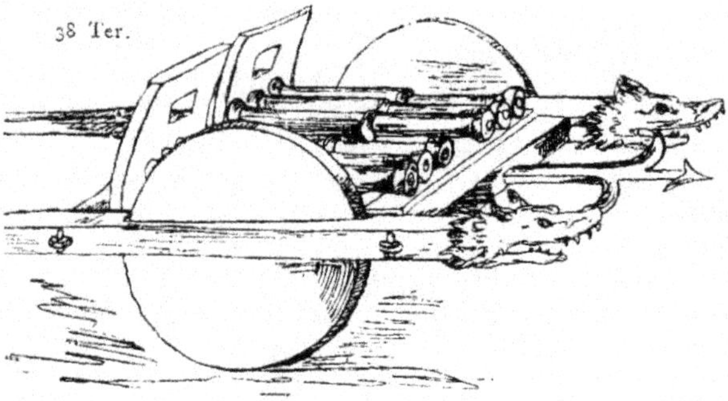

38 III.

Sie machen den Preller überflüſſig, geſtatten es, die Mündung höher und niedriger zu richten, unterſtützen das Gewicht der Kanone und halten ſie im Gleichgewicht.

37. Deutſche Veuglaire, mit Zapfen, nach den oft angeführten Zeichnungen Glockenthons vom Jahre 1505. Siehe auch die Veuglaire Nr. 23. — Ambraſer Sammlung.

38. Sprengmörſer oder Belagerungspetarde zum Thorſprengen. (Der Holzkörper.)

A. Die Kanone.

B. Durchſchnitt.

C. Durchſchnitt.

D. Vollſtändige Petarde. (Siehe weiteres über dies Sprengſtück und Sprengmörſer S. 117.)

38 Ter. Italieniſches Orgelgeſchütz auf Blockrädern und mit widerhakigem Eiſenſpeer, 15. Jahrhundert. Handſchrift in der Pariſer Nationalbibliothek.

38 III. Deutſcher Kriegswagen, franz. ribaudequin [1]) genannt, mit Pfeillanzen und 4 bronzenen Falkaunen und 5 Geharniſchten bewehrt. Nach den Zeichnungen Glockenthons).

39. Eiſerne Zwillingsfalkaunen, ebenfalls nach Glockenthons Zeichnungen. — Ambraſer Sammlung.

40. Zapfenkanone, Hinterlader, nach einer Handſchrift Senftenbergs, welcher die Artillerie Danzigs im 16. Jahrhundert befehligte.

41. Zapfenkanone mit Vorderladung, welche von Frondsberg in ſeinem im Jahre 1573 zu Frankfurt erſchienenen Kriegsbuche angeführt und Baſilium genannt wird. Sie wiegt 75 Ctr., trug 70 Pfd. Eiſen und wurde von 25 Pferden gezogen. Neben der Kanone befindet ſich der kupferne, unter No. 33 ſchon erwähnte Stück-

---

[1]) Unter dieſem Namen verſtand man anfänglich einen groſsen, ſtark geſchäfteten Bogen, ſpäter eine groſse bis 1 k Kugeln ſchieſsende und auf den Ribaudeau reinen mit Eiſen beſchlagenen Wagen) liegende Wallmuskete. Beide Bezeichnungen (ribaudeau wie ribaudequin ſtammen von Ribauds ab, eine Art in Frankreich von Philipp Auguſt um 1189 errichtete Landwehr deren Anführer «Roi des Ribauds» hieſs und die ihrer Ausſchreitungen wegen ſpäter gänzlich wieder aufgehoben wurde.

Ähnliche Wagen waren ſchon im Mittelalter für die Wagenburg im Gebrauch, obſchon im allgemeinen viel einfacher und ohne Senſen. In der Schlacht bei Ravenna (1511) befanden ſich aber doch 30 mit Senſen bewehrte Streitwagen. S. die Wagenburg vom 15. Jahrhundert, im «Mittelalterlichen Handbuche», welches vom Germaniſchen Muſeum herausgegeben worden iſt.

lader, auch Laterne genannt. Der Artilleriſt zielte vermittelſt eines Winkelmaßes. Das öſterreichiſche Heer bediente ſich noch des Stückladers im Jahre 1741 in der Schlacht bei Mollwitz, während

39

40

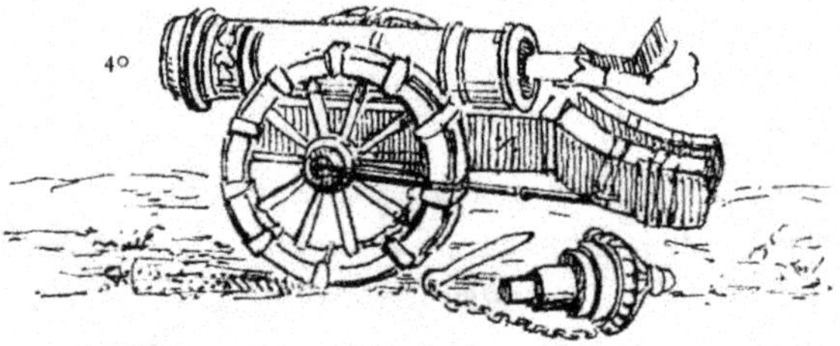

41

42

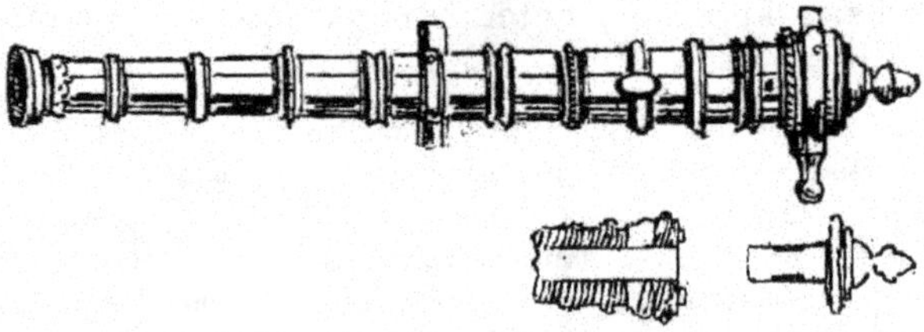

die preußiſche Armee bereits ſeit langer Zeit die vorher zubereiteten Ladungen angenommen hatte. Der Setzkolben oder Setzer, nebſt dem am andern Ende der Stange befindlichen Wiſcher, ſind noch immer bei den Vorderladern in Gebrauch.

42. Gezogene Zapfenkanone, Hinterlader vom Ende des 15. Jahrhunderts. Sie ist 2,10 m lang, hat 18 cm im Durchmesser und ein Kaliber von 8 cm. Die Pulverkammer ist mit Schieber ver-

42 Ter.

$42^1/_4$.

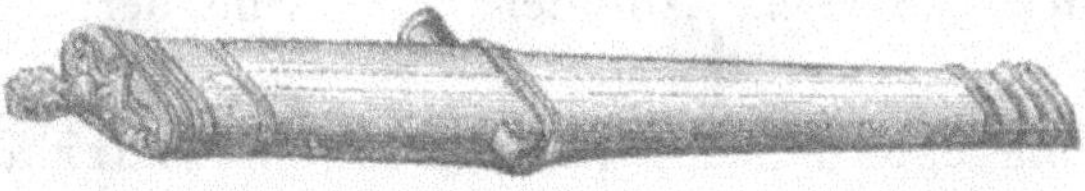

$42^1/_2$.

42 Bis.

sehen und dient zum Schließen der Hinterladung; der Durchschnitt der Zündkammer ist neben der Kanone abgebildet. — Züricher Zeughaus.

42½. Deutſche Kanone mit ovaler Seele, vom Ende des 17. Jahrhunderts.

42¼. Deutſche Hinterladerkanone mit Zapfen, aus der Mitte des 16. Jahrhunderts.

42 Bis. Mörſer mit darin geſtellten Winkelmaß zur Berechnung des Bogenſchußes. Nach Diego Ulfanos Artillerie (Rouen 1628) welcher dieſe Waffe «Mortier de forme moderne» nennt.

42 Ter. An einem zu erbrechenden Thor angebrachtes Sprengſtück (Petarde). — Nach Diego Ulfanos Artillerie von 1628, in der K.-Bibliothek zu Berlin.

42 III. Auf Achſe und Rädern angebrachte Sprengſtofffäſſer mit eiſernen Spitzen vom 17. Jahrhundert, welche in Simiennowicz, eines Büchſenmeiſters zu Frankfurt a. M. 1676 erſchienener Schrift mit den ſonderbaren Namen Barilfaß, d. h. alſo Tonnenfaß vorkommen.

43. Orgelgeſchütz, mit 42 in ſieben Entladungen (Salven) abzufeuernden Kanonen. Aus dem 17. Jahrhundert. — Solothurner Zeughaus.

44. Kleine ſchwediſche Zapfenkanone, Vorderlader aus dem 17. Jahrhundert. Sie hat eine Länge von 1,20 m bei 8 cm Durchmeſſer. Das dünne kupferne Rohr iſt außen mit einem Seile umwickelt und das Ganze mit Leder überzogen. — Berliner und Hamburger Zeughaus, Pariſer Artillerie-Muſeum und Sammlung des Königs von Schweden. Im kaiſerlichen Arſenal in Wien befindet ſich ebenfalls eine mit einem bronzenen Rohr verſehene Lederkanone, welche die Stadt Augsburg dem Kaiſer Joſef I. (1705—1711) anbieten ließ[1]).

Die Sikhs in Indien haben ähnliche kleine Kanonen, Zumburuks genannt, welche auf den Rücken von Kamelen befeſtigt ſind.

45. Zapfenkanone, Vorderlader. Sie iſt aus einem kupfernen, ringsum mit einer dicken Kalklage ausgefütterten Rohre angefertigt und das Ganze mit Leder überzogen; eine ſehr wenig wiegende und in gebirgigen Gegenden leicht fortzuſchaffende Waffe, welche 2,30 m mißt und dem 17. Jahrhundert angehört. — Züricher Zeughaus.

Im Muſeum zu Darmſtadt befindet ſich eine Kanone desſelben Kalibers aber von Pappe; man weiß nicht, woher ſie ſtammt.

---

[1]) Die Oberſalzburg (1525) belagernden aufſtändiſchen Bauern bedienten ſich bereits ſolcher Kanonen von Leder und Holz mit eiſernen Ringen. (S. d. Chronik.)

45 Bis. Karthaune oder Cartaune genannte Vorderladerkanone mit Zapfen, auf Kanonenſattelwagen.

46. Schweizeriſche Rotſchlange, Hinterlader, aus dem 17. Jahrhundert. — Solothurner Zeughaus.

46¼. Deutſcher Mörſer auf Geſtell mit Senſenſchutz. Vom Anfang des 17. Jahrhunderts.

46½. Franzöſiſcher Mörſer mit 8 Nebenläufen um den Mittellauf. Vom Ende des 17. Jahrhunderts.

47. Schweizeriſche Rotſchlange, Hinterlader, gezeichnet: Zell Blasi, 1714. — Baſeler Zeughaus.

48. Kleine eiſerne Kanone, Drehbaſſe genannt; ſie gehört zu den Hinterladern und ruht auf einem drehbaren Geſtell (Lafette). Dieſes Geſchütz iſt von Guſtav Adlof im Jahre 1632 in

München zurückgelaſſen worden. Drehbaſſen hießen auch die leichten Schiffskanonen, ähnlich den heutigen Pivotgeſchützen.

49. Kleine kupferne Schweizer Repetierkanone, Hinterlader, 10 Schüſſe hinter einander abfeuernd. Sie mißt 67/56 cm und trägt

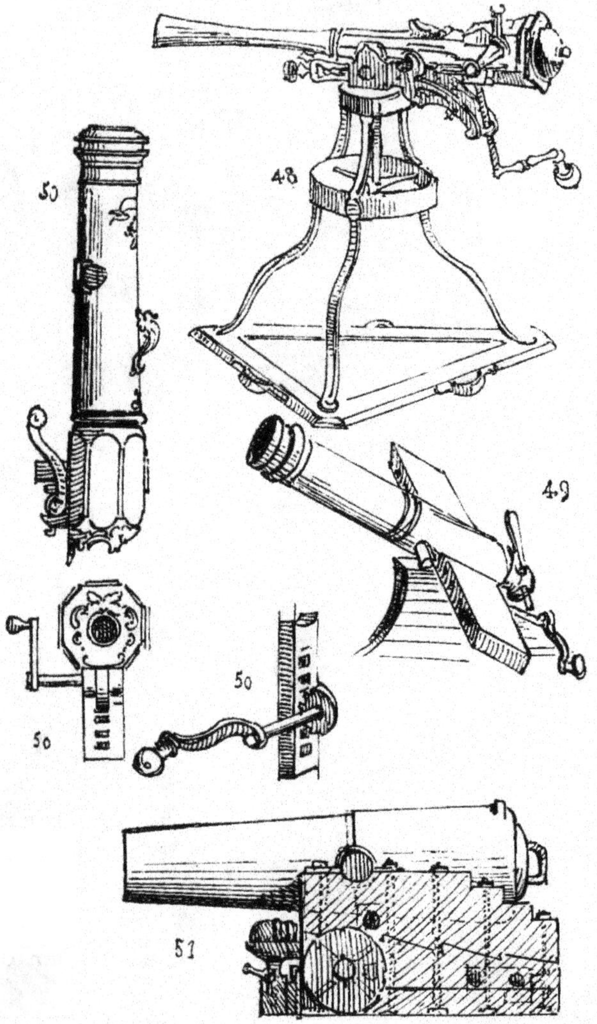

die Inſchrift: Welten. Inventor. mit der Jahreszahl 1742. — Züricher Zeughaus.

50. Kanone aus dem 18. Jahrhundert, Hinterlader, nach den Denkſchriften des Oberſten Wurſtemberger.

51. Haubitzenkanone, nach Paixhans, im Jahre 1822 von dem Bataillonschef im englischen Artilleriekorps H. J. Paixhans[1]) erfunden.

52

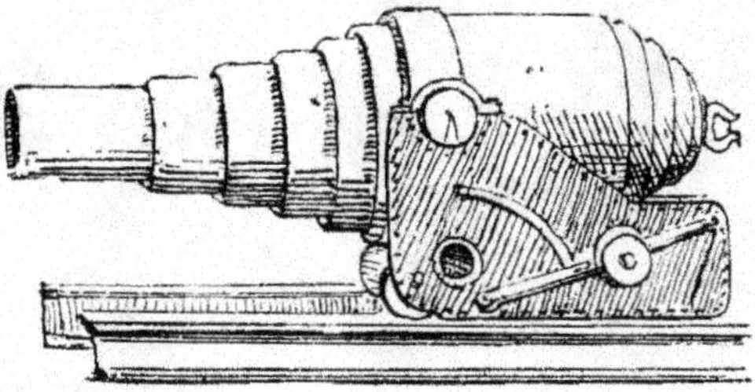

53

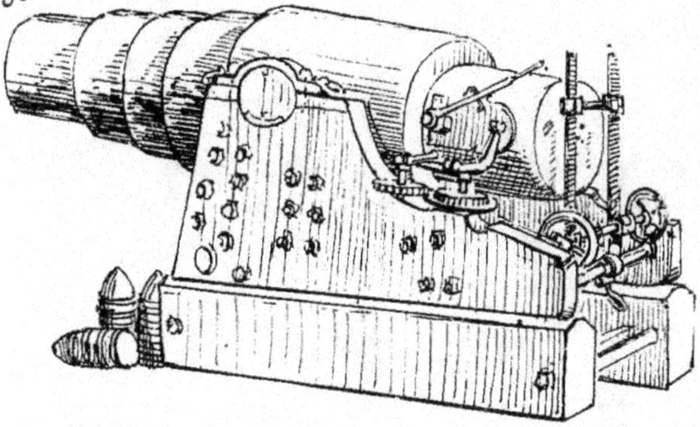

54

55

52. Armstrongkanone, 600 Kaliber, von Sir William Armstrong erfunden.

[1]) Die Bombenkanone (auch nach dem Erfinder [† 1854] Paixhanskanone genannt) ist gegenwärtig gänzlich von der gezogenen Kanone verdrängt worden.

53½

65

66 Bis.

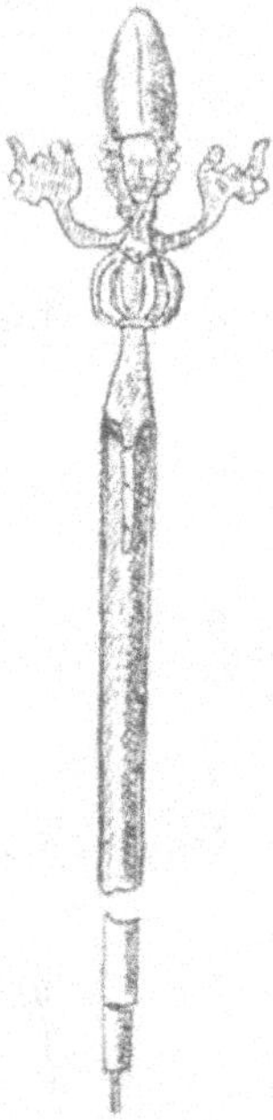

56

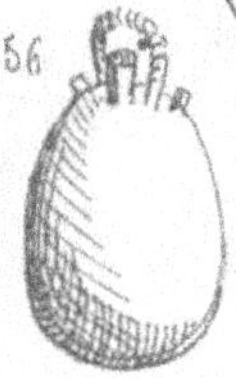

57

66

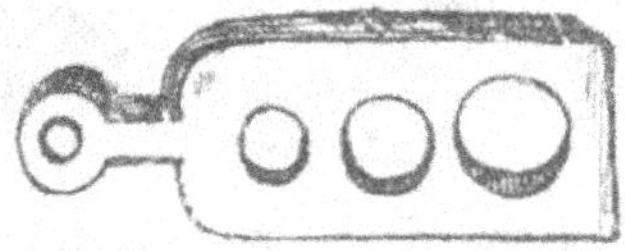

58

59

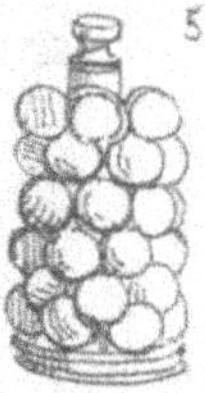

60

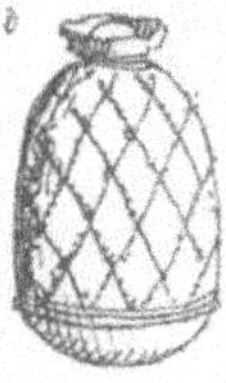

61

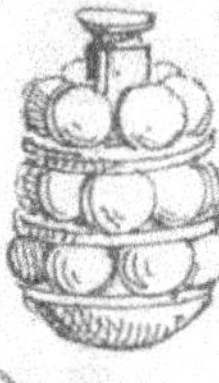

66 t.

62

63

64

53. Preußische Riesenkanone[1]) Hinterlader, aus Gußstahl, von Krupp im Jahre 1867 in Paris ausgestellt. Sie wiegt 1000 Centner und ihre gleichfalls gußstählernen Geschosse 11 Centner. Die ersten gezogenen Geschütze aus Gußstahl sind von Krupp 1846 dargestellt worden.

Die Canetkanone ist ein 6 m langes, 66 Tonnen wiegendes, Geschosse bis 500 kg schwer schleuderndes Geschütz, das mächtigste bisher in Frankreich angefertigte, welches zum Küstenschutz in Japan 1891 ausgeführt und dessen jedesmalige Ladung rauchlosen Pulvers sich auf 10000 Frank stellt.

53½. Hundertpfünder mit komplizierter Dreh- und Zielvorrichtung von Krupp.

54. Gezogene preußische Feldkanone, Hinterlader, aus Gußstahl, von Krupp erfunden. Diese Kanone die ein gleiches Kalibermaß wie das französische Zwölfergeschütz hat, wird mit gefüllten Geschossen geladen, welche von einer Bleihülle umgeben sind, um in die Züge des Geschützes gezwängt werden zu können.

55. Kruppscher Schluß der vorhergehenden Kanone. Dieser Schluß wird mittelst eines Seitenriegels befestigt. Durch Drehung des Schlüssels tritt der Riegel vor und schließt das zum Feuern eingeschobene Bodenstück.

56. Granatenmantel in einem Leinensack, aus dem 16. Jahrhundert; er wurde aus Mörsern geschleudert.[2])

Im Zeughaus zu Zürich befinden sich Glasgranaten aus derselben Zeit.

57. Der Granatenmantel ohne Leinensack.

58. Traubenhagel, aus dem 16. Jahrhundert. Er bestand aus 16, rings um ein hölzernes Gestell befestigten und in einem Sacke eingeschlossenen Kugeln.

59. Innenseite des vorhergehenden Hagels.

---

[1]) Unter dem Namen Bangekanone hat seiner Zeit die Societé Cai in Antwerpen ein Geschütz ausgestellt, welches über 11 m Länge mit einer Pulverkammer von fast 3 m Länge und 144 Züge hatte. Eine Menge von 180 k Pulver und 450—600 k schwere Geschosse waren zur Ladung des Geschützes nötig. Das Rohr war seiner ganzen Länge mit 74 Ringen (Fretten) überzogen. Die Tragweite wurde über 600 m angegeben. Ob wirkliche Proben damit angestellt worden sind, ist dem Verfasser nicht bekannt.

[2]) Das Erscheinen der Granate hat 1536 stattgefunden. Nach den Granatmörsern und vor der Granatkanone tauchten die von Hoyer konstruierten langen haubitzenartigen Granatstücke auf. Handgranaten sollen selbst schon um 1500 vorkommen.

60. Traubenhagel aus 18 Kugeln.
61. Innenſeite des vorhergehenden Hagels.
62. Sogenannte Kettenkugeln.[1])
63. Gepaarte Kugeln.
64. Achſen- oder Stangekugeln.
65. Kanonenluntenſtock[2]) mit Partiſane. — Zeughaus zu Woolwich.

Hierzu gehören noch Kanonenwiſcher (écouvillons), Kanonenlader (chargeur) und Kanonenbohrer (boîte de foreur).

Mit Mauſefalle auch Zündſchachtel bezeichnete, man, wie heute noch, bereits im 15. Jahrhundert das hölzerne in Form einer Mauſefalle ähnliche Geſtell zum Entzünden von Leitfeuern für Minen. (S. weiteres über Geſchützzubehör u. d. m. S. 113—118.

66. Kalibermaß nach Diego Ulfanos «Artillerie» (Rouen 1628) — K.-Bibliothek in Berlin. In der Aufnahme von 1691 der Waffenſammlung des Bergſchloſſes Mürau in Mähren kommen auch ſolche Ausſchnitte in Brettern als Kalibermaße unter der Bezeichnung von «Kugellehre» (Kugelleere) vor.

66 Bis. Italieniſcher Kanonenluntenſtock vom 16. Jahrhundert. — Artillerie-Muſeum Paris.

66 I. Mitrailleuſe von Meudon oder franzöſiſche Infanteriekanone auch Canon à balles genanntes, unter Napoleon III. eingeführtes Revolvergeſchütz, deſſen Verwendung im deutſch-franzöſiſchen Kriege (1870—71) ſtattfand. Hier ſind 25 Läufe, Kaliber 14, zu einem Körper vereinigt, was gewiſſermaßen berechtigt, das Geſchütz wie alle ſonſtigen «Mitrailleuſen» zu den Orgelgeſchützen zu zählen.

Das erſte neuzeitig wieder aufgenommene Orgelgeſchütz iſt aber die Gatlings- oder Batteriekanone, welche von Gatling (1818 †) aus Indianapolis in Amerika erfunden, und bereits im Seceſſionskriege (1860—65) ſeitens der Uniirten im Gebrauch genommen ſowie, als zehnläufiges Geſchütz vom Kaliber der Infanteriegewehre in Rußland bei Plewna (1877), von den Engländern 1882 im ägyptiſchen Feldzuge, angewendet worden iſt.

67. Mitrailleuſe — Montigny, mit 37 vereinigten Läufen. Von Chriſtophe und Montigny in Belgien hergeſtellt und in

[1]) Kommen alle ſchon anfangs des 16. Jahrhunderts vor.

[2]) Im Mittelalter trugen die Büchſenmeiſter als Halbwaffe einen Luntenſpeer.

67

68

69

Öſterreich 1870 angenommen, aber bereits 1875 wieder außer Brauch geſetzt.

68. Deutſche fünfläufige (Kaliber 37 mm) Hotchkiss-Revolverkanone. Das Bodenſtück macht hier, im Gegenſatz zur Gatlingskanone, die Drehung der Läufe nicht mit. Die Hotchkisskanone, ein Ergebnis der Fortbildung des Gatlingſchen Prinzips, iſt im deutſchen Reiche für See- und Befeſtigungsweſen in Frankreich und Rußland nur für die Marine eingeführt.

69. Maximgewehrkugelſpritze (Mitrailleuſe) mit Dreifuß und Stahlſchloß, vom amerikaniſchen Elektrotechniker Hiram Maxim erfunden und 1888 beim öſterreichiſchen Heere eingeführt. Hier dient ſelbſt der Ladungsrückſchlag, die menſchliche Handhabung automatiſch zu erſetzen. Die Abfeuerung kann nach Belieben Schuß auf Schuß, ohne Unter-

brechung bis zu 600 ſtattfinden. Die Kühlung des Laufes findet ebenfalls automatiſch ſtatt. Drei Mann erfordert die Bedienung.

Dieſe Maximkugelſpritze beſteht aus einem gewöhnlichem Gewehrlaufe, welcher faſt über ſeine ganze Länge mit einem bronzenen Mantel umgeben iſt.

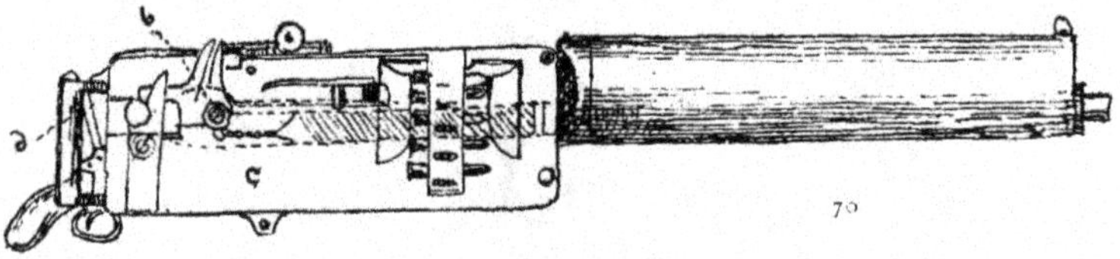

70. Hauptteile der Maximkugelſpritze. Außer der No. 69 abgebildeten giebt es noch fahrbare-, Kaſten-, tragbare- und Schiffsmaximkugelſpritzen, ſowie ferner eine Maximkugelſpritze auf ſtählerner Räderlafette.

Maxim hat auch eine automatiſche Dreipfünderkanone dargeſtellt, mit welcher in Erith Verſuche gemacht worden ſind, worauf das Kriegsminiſterium ſofort zwölfpfündige davon beſtellt hat.

Eine fünfte Klaſſe neuzeitiger Revolvergeſchütze bilden die 10läufige (Kal. 27 mm) von Palmkrantz-Winborg, wozu die Abarten davon, der Nordenfeltkonſtruktion, u. a. eine vierläufige (Kal. 25,4 mm), welche von der engliſchen Admiralität angenommen iſt, gezählt werden müſſen.

71 72 73

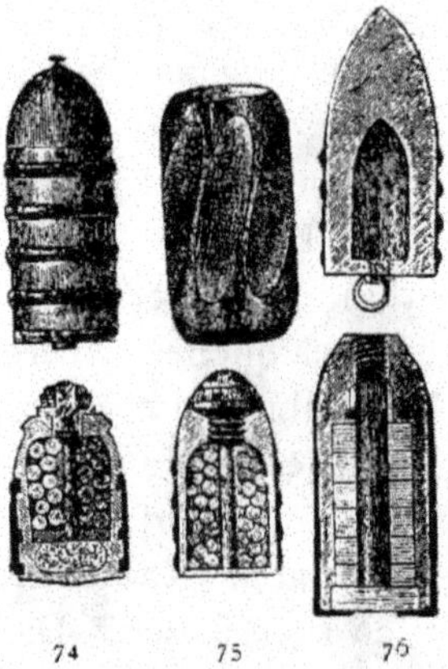

74 75 76

71. Langgranate.

72. Whitworths Stahlgeſchoß.

73. 96pfündige Handgranate.

74. Shrapnel für öſterreichiſche gezogene Geſchütze.

75. Shrapnel für preußiſche gezogene Geſchütze.

76. Armſtrongs Segmentgeſchoß.

Shrapnel und Kartätſchgranate oder Granatkartätſche iſt gleichbedeutend.

Das tragbare oder Pulverhandfeuergewehr.

Die Geschichte des tragbaren Pulverfeuergewehrs ist S. 122 bis 133 gegeben und in kurzer Übersicht am Anfange dieses Abschnittes wiederholt worden. (S. S. 464, 465, 466, 467 u. 489 die Abbildung einiger Schützen vom 17. und 18. Jahrhundert.)

Krieger vom Anfange des 15. Jahrhunderts, wovon einer noch mit der Handkanone (Zündloch oben am Lauf) bewaffnet ist, und alle meist große Kesselhauben als Kopfbedeckung tragen, dabei auch den Bogen und die Armbrust im Gebrauch haben. An den Achsen der Räder des mittelalterlichen Streitwagens sind Sicheln befestigt.[1] — Nach F. Vegetius, ins Deutsche übersetzt von L. Hohenwang. 1472 in Ulm gedruckt. — Bibliothek zu Wolfenbüttel.

1. Eiserne geschmiedete Handkanone für Fußvolk aus der ersten Hälfte des 14. Jahrhunderts (?). Das Zündloch befindet sich oberhalb des Laufes. — Berner Zeughaus und Prager National-Museum.[2]

[1]) S. S. 221 das über den Sensenwagen der Gallier, den corvinus Angeführte, welcher auch bei Belgiern und Bretonen im Gebrauch war.

[2]) Ein achtkantiger Messinglauf solcher Handkanonen, ebenfalls mit oberem Luntenloch ist auf dem 1399 zerstörten Schlosse Tannenberg ausgegraben worden. (S. Die Burg Tannenberg von V. Hefner-Alteneck) Im Museum der Burg Oybin befindet sich eine ähnliche Waffe in Eisen, ebenfalls vom 14. Jahrhundert.

2. Handkanone für Fußvolk, nach einer Handſchrift vom Ende des 14. Jahrhunderts. Das Zündloch befindet ſich oberhalb des Laufes.

3. Handkanone für Fußvolk, nach einer Handſchrift vom Jahre 1472 der Bibliothek Hauslab in Wien.

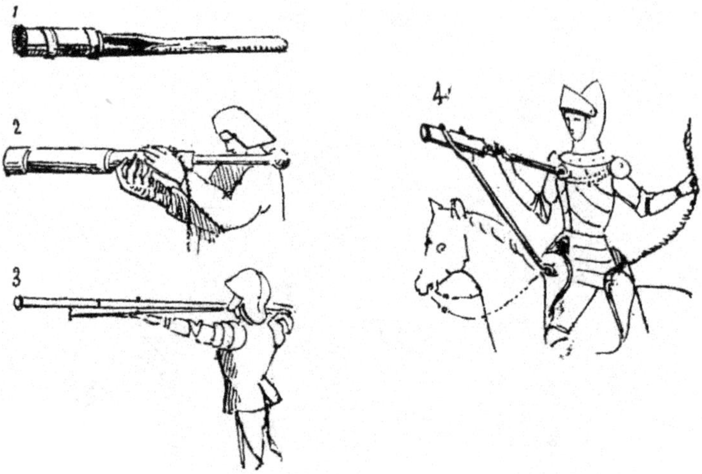

4 Bis.

4. Reiterhandkanone, aus dem 15. Jahrh, Pétrinal genannt (ſ. S. 108), nach einer Handſchrift aus der ehemaligen burgundiſchen Bibliothek. Die ſchon geſchiente und gegliederte Rüſtung des Reiters weiſt trotz einer Art Keſſelhaube mit beweglichem Viſier auf die zweite Hälfte des 15. Jahrhunderts hin. Dieſe Handkanonen haben ſich neben den mit Schlangenhahnhaken verſehenen Feuerrohren und ſogar neben den Arkebuſen oder Radſchloßflinten bis zum Anfange

des 16. Jahrhunderts im Gebrauch erhalten, wie aus den Zeichnungen Glockenthons hervorgeht.

4 Bis. Reiterhandkanone aus dem 15. Jahrhundert. Hier ist schon ein Fortschritt in der frühesten Anwendung der Handfeuerwaffe augenscheinlich. Der ebenfalls mit gegliederter Schienenrüstung dargestellte Reiter hat bereits nicht mehr die Pétrinal genannte Waffe, welche auf die Brust gestützt und vermittelst einer Lunte abgefeuert werden mußte. Das mit freier Hand zu entladende Rohr muß bereits mit Schloß oder Luntenträger versehen gewesen sein. — Nach dem Codex germ. in der Münchener Hof-Bücherei.

4 Ter. Handkanone mit Haken (Hakenbüchse) aus geschmiedetem Eisen und mit oberhalb des Laufes befindlichem Zündloch. Statt des Kolbens ein eingetriebener Holzkeil; vom Anfange des 15. Jahrhunderts. Rohrlänge 1,20 m, Gewicht 30 kg. — Museum zu Zittau.

4 III. Wie No. 4 Ter aber von Messing, Rohrlänge 75 cm Seelenweite 2,4 cm Gewicht 16 kg. — Museum in Zittau.

5. Deutsche Handkanonen auf Zündbrett, vom Anfang des 16. Jahrhundert. Die Zündlöcher befinden sich noch oberhalb des Laufes. Zeichnungen Glokenthons von 1505. — Ambraser Samml.

6. Deutsche Handkanone aus geripptem Eisen, vom Ende des 15. oder Anfange des 16. Jahrhunderts. Sie ist nur 23 cm lang bei 5 cm Durchmesser und an einem 1,44 cm langen Schafte von Eichenholz befestigt. — Germanisches Museum, wo sie mit Unrecht dem 14. Jahrhundert zugeschrieben wird.

7. Eiserne geschmiedete Reiterhandkanone, Pétrinal genannt, vom Ende des 15. Jahrhunderts. — Pariser Artillerie-Museum.

8. Kolbenhandkanone (franz. canon à main et à crosse, engl. gun with butt-end), vom Ende des 14. Jahrhunderts. Das Zündloch befindet sich noch oberhalb der Kanone.

9. Kolbenhandkanone mit eckigem Lauf, zur Verteidigung der Wälle. Sie ist 180 m lang; das Zündloch befindet sich noch oberhalb des Laufs. Dieses Geschütz hat bei der Verteidigung Murtens gegen Karl den Kühnen (1476) gedient. Murtener Gymnasium.

10. Eiserne achteckige Handkanone, mit Kolben. Das oberhalb des Laufes angebrachte Zündloch ist mit einem Zündlochdeckel mit Zapfen versehen. Diese Waffe, die eine Totallänge von

1,35 m hat und Kugeln von 3 cm Durchmeſſer abfeuerte, gehört dem Anfange des 15. Jahrhunderts an. Dresdener Muſeum.

10 B. Perſiſches Luntenhandfeuerrohr, vom Ende des 16.

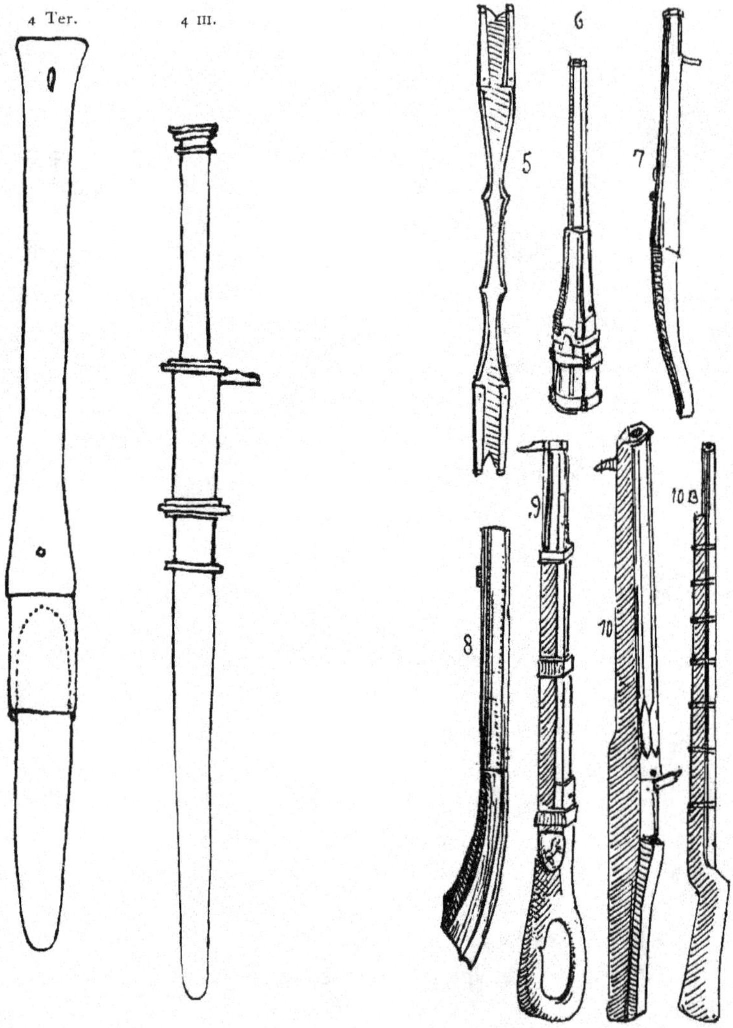

Jahrhunderts, nach dem Schah-Nameh der Münchener Bibliothek.

11. Kolbenhandkanone, vom Ende des 14. oder Anfang des 15. Jahrhunderts. Hier iſt das Zündloch ſchon an der rechten Seite des Laufes angebracht.

12. Feuerrohr mit Schlangenhahnluntenträger ohne Feder und Drücker, gegen 1424 erfunden.

13. Schlangenhahnluntenträger ohne Feder und Drücker.

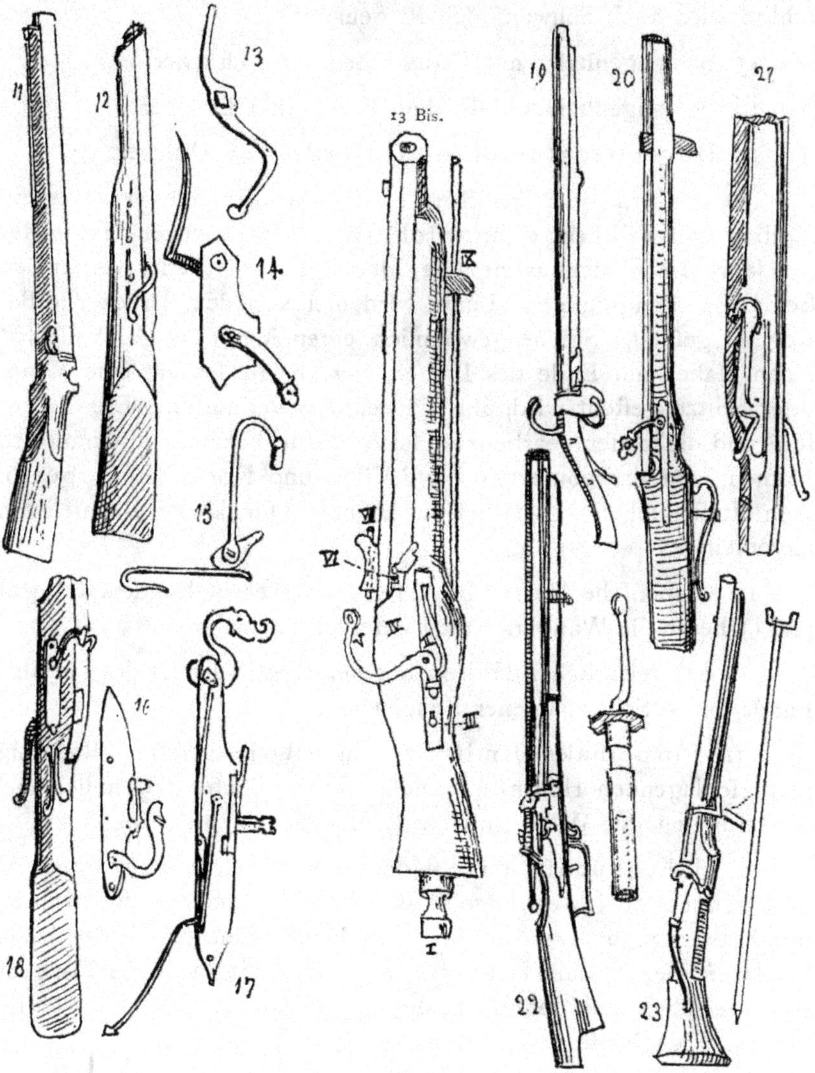

13 Bis. Feuerrohr mit Haken und Schlangenhahnluntenträger mit Knopfdrücker. I. Handhabe, II. Blech, III. Knopfdrücker, IV. Pfanne, V. nach dem Laufe zu ſchlagender Hahn, VI. Viſierröhre, VII. Korn, VIII. Haken, IX. Ladeſtock von Holz.

Gewicht 16 kg, Länge 1,20 m. — Sammlung des Hauptmanns Naundorf in Deſſau.

14. Schlangenhahn ohne Feder, aber mit Drücker. Das Luntenſchloß wird auch Schwammſchloß genannt.

15. Schlangenhahn mit Feder, aber ohne Drücker.

16. Schlangenhahnſchloß ohne Feder und Drücker.

17. Hakenbüchſenſchloß mit Feder und Drücker.

18. Haken oder Hakbuſſe, Feuerrohr mit verbeſſertem Kolben und Schlangenhahnſchloß, aus der zweiten Hälfte des 15. Jahrh. Die nicht mehr loſe, durch den mit Feder verſehenen Schlangenhahn getragene Lunte wird hier von dem Drücker in Bewegung geſetzt. Solche gewöhnlich einen Meter lange Waffe hat einen Haken am Ende des Laufes, der, wenn ſie auf eine Mauer oder Stütze geſtellt wird, ihren Rückprall verhindert. Die hakenloſe und die beſſer gearbeitete Hakenbüchſe bekam bald darauf den Namen Luntenarkebuſe und hatte Viſier und Korn. (Schiopetto, vom Italieniſchen, eigentlich wohl mehr für kleine Büchſen im allgemeinen.)

19. Chineſiſche Hakenbüchſe. — Tower in London. Gingal (engl.) heißt die Wallflinte mit Luntenſchloß in Hindoſtan.

20. Schweizeriſcher Haken aus der zweiten Hälfte des 15. Jahrhunderts. — Schaffhauſener Zeughaus.

21. Doppelhaken, mit zwei in entgegengeſetzter Richtung niederſchlagenden Hähnen. Dieſe Waffe diente gewöhnlich bei Verteidigung der Wälle und ihr Lauf maß $1\frac{1}{2}$ bis 2 m.

22. Hakenbüchſe, mittelſt der beweglichen Zündkammer von hinten zu laden, eine Waffe, die dem Anfange des 16. Jahrhunderts angehört. — Berliner Zeughaus. Eine drei Meter lange Wallarkebuſe, ebenfalls Hinterlader, jedoch mit Rad und Schlangenhahn verſehen, aus dem Ende des 16. Jahrhunderts, befindet ſich im Züricher Zeughauſe.

23. Hakenbüchſe mit ihrer Gabel, nach Glockenthons Zeichnungen. Eine ähnliche befindet ſich auf dem Holzſchnitte: «Triumph des Kaiſers Maximilian I.» Die Hakenbüchſe oder Luntenarkebuſe hat ſich demnach ſehr lange neben der Radarkebuſe erhalten.

24. Hakenbüchſe mit Schlangenhahnlunteträger, auch Muskete[1]) genannt, mit einer Gabel (franz. fourquine, engl. fork.)

25. Luntenhakenbüchſe, auch Luntenmuskete genannt.

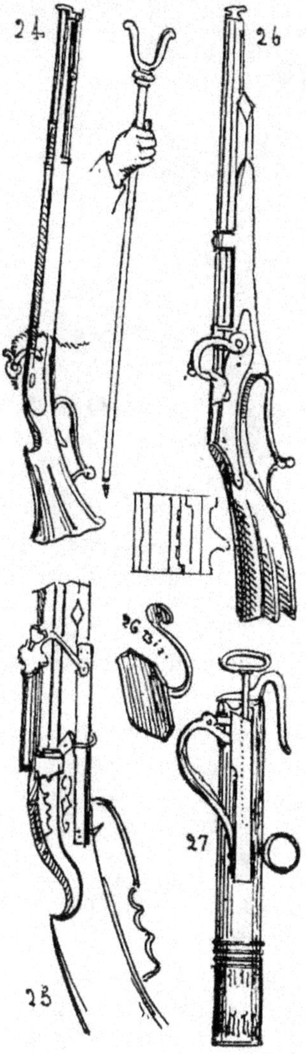

26. Hakenbüchſe mit Schlangenhahnlunteträger, mittelſt beweglicher Zündkammer von hinten zu laden. Sie ſtammt aus dem Jahre 1537 und trägt das Zeichen W. H. neben einer Lilie. — $\frac{12}{1}$, Tower in London.

26 Bis. Augenſchirm einer Muskete, im Genfer Zeughaus.

27. Feuerrohr mit Raſpel, vom Anfange des 16. Jahrhunderts; ſie iſt ganz aus Eiſen und wird Mönchsbüchſe genannt. Die Unwiſſenheit ſah in ihr lange Zeit die erſte, von dem Mönche Berthold Schwarz (ca. 1350) erfundene Feuerwaffe, dem man auch die Erfindung des Schießpulvers zugeſchrieben hat. Dieſe kleine 28 cm lange und ein Kaliber von 12 cm haltende Waffe ſcheint der Erfindung des Rades vorausgegangen und der erſte Verſuch dazu geweſen zu ſein. Die Raſpel bringt durch Reibung an dem Schwefelkies Funken hervor. — Dresdener Muſeum.

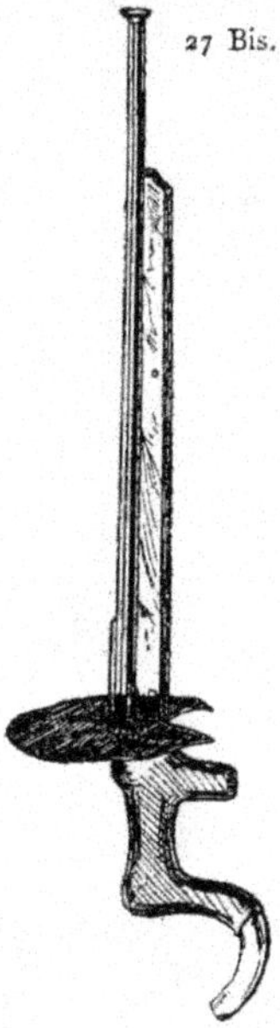

27 Bis. Italieniſches Schulterfeuerrohr in

[1]) Man wird bemerkt haben, daſs der Verfaſſer alle Feuergewehre mit Schlangenhahnlunteträger unter dem Namen Hakenbüchſe aufgeführt hat, wiewohl ſie gewöhnlich mit Unrecht Arkebuſen oder Luntenmusketen genannt werden. Die Muskete unterſcheidet ſich von der Arkebuſe nur durch ihr gröſseres Kaliber.

Messing und mit ledernem Feuerschirme ohne Pfanne, vom Anfange des 16. Jahrhunderts.

28

28. Handkanone[1]) mit Bock oder Gestell (Lafette) und deutsche Hakenschützen, nach Glockenthons Zeichnungen. — Ambraser Sammlung.

Diese Abbildung ist für das Studium der Trachten interessant und beweist, daß die einfache Handkanone groben Kalibers noch neben den Luntenhakenbüchsen und sogar neben den Radarkebusen im Gebrauch war.

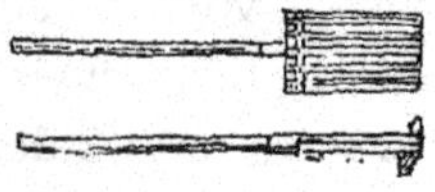

Fünfläufiges, 17 k wiegendes orgelartiges Geschütz aus Bronze, vom 16. Jahrhundert, Laden oder Brettbüchse genannt, weil es auf einem Brette befestigt war. — Germanisches Museum in Nürnberg.

Eine zwanzigläufige Luntenwallbüchse mit drehender Walze, ebenfalls vom 16. Jahrhundert, befindet sich im Zeughaus zu Wien.

29. Handkanone mit Schlangenhahnlunteträger und deutscher Hakenschütze, nach den eben erwähnten Zeichnungen Glockenthons.

Die Waffe scheint 3 Läufe zu haben. Da indes nur ein Schlangenhahn zu sehen ist, so wurden zwei Läufe wahrscheinlich vermittelst der losen Lunte abgefeuert.

30. Deutscher Hakenschütze, gleichfalls nach den Zeichnungen Glockenthons vom Jahre 1505.

[1]) Es gab solche bis zu 3 m Länge.

29

30

Der Schießbedarffack hängt über der «Lansquenette» an der rechten Seite. Die Hakenbüchfe ift mit Schlangenhahnluntenträger verfehen.

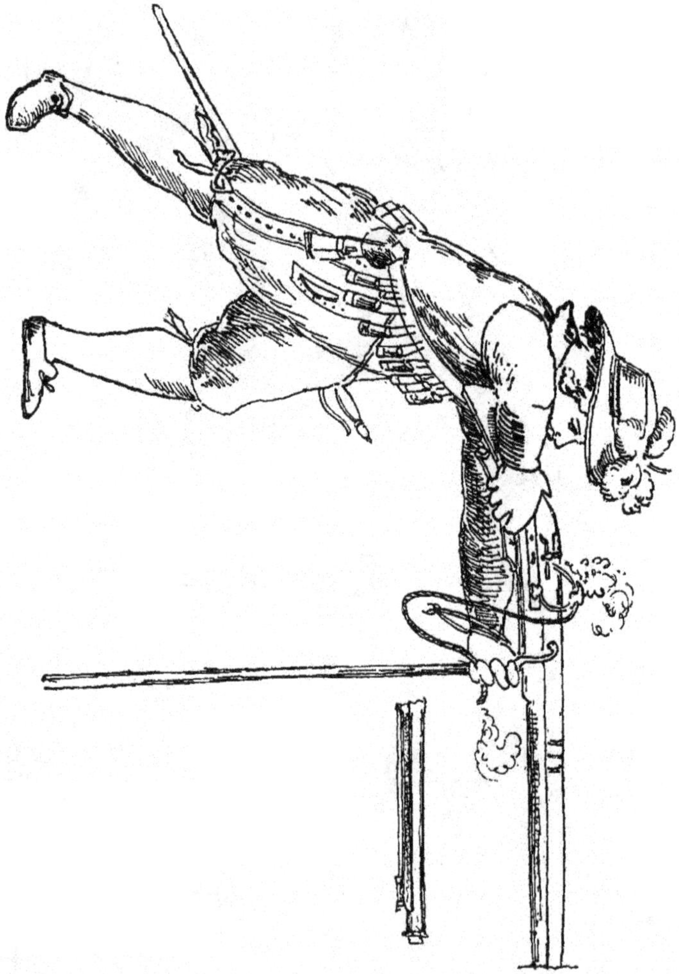

Deutfcher Krieger mit Hakenbüchfe, mit Schlangenhahnluntenträger und der Stützgabel. Hier befteht die Ladung fchon aus Holzhülfenpatronen, welche der Schütze an einem Bandelier trägt. Erfte Hälfte des 17. Jahrhunderts.

Französischer Hakenbüchsenschütze aus derselben Hälfte des 17. Jahrhunderts. Die Büchse hat Schlangenhahnluntenträger und Stützgabel, ihre Ladungen bestehen aus Holzhülsenpatronen, welche, mit dem Kugelsack und Pulverhorn, der Schütze am Bandelier aufgehängt trägt. Dies Bandelier hieß im 16. Jahrhundert und später noch Wetzscher. — Nach dem Buche: «Le maréchal de Bataille contenant le maniment des armes» Paris 1674.

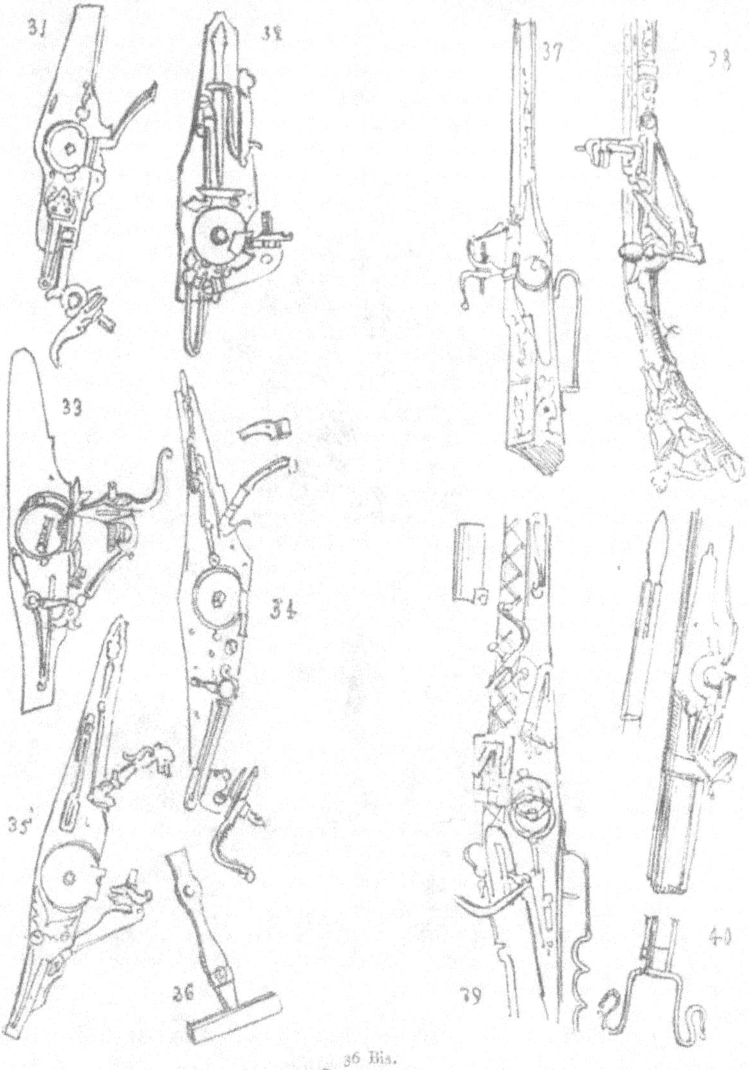

36 Bis.

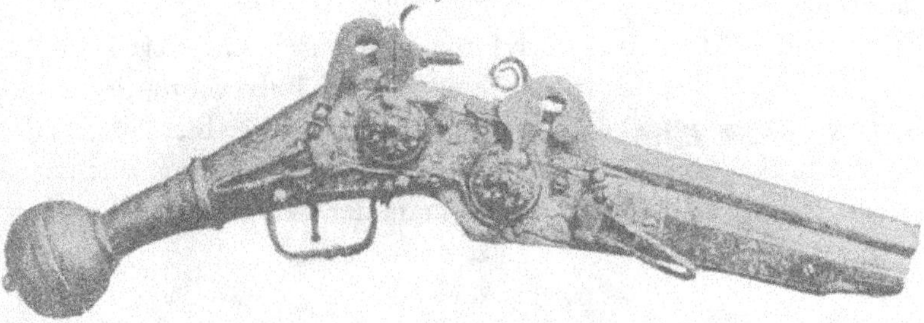

31. Deutſches Radſchloß (franz. platine à rouet, engl. wheel-lock) im Jahre 1515 [1]) in Nürnberg erfunden. Es beſteht aus 12 Stücken und hat nichts mehr gemein mit den Luntenſchlöſſern, indem die Zündung durch Schwefelkies geſchieht.

Man findet auch manchmal das Radſchloß unter dem Namen Feuerſchloß aufgeführt. Laden nennt man bei Radſchloßbüchſen den im Schafte befindlichen Raum für den Schlüſſel.

32. Desgleichen, von der Innenſeite geſehen.

33. Desgleichen, von der Außenſeite geſehen.

34. Radſchloß mit Luntenhahn.

35. Reiches Radſchloß mit Luntenhahn.

36. Radſchloßſchlüſſel.

37. Arkebuſe (Feuerwaffe mit Radſchloß, franz. arquebuse à rouet, engl. wheel-lock-gun) aus dem 16. Jahrundert. — Pariſer Artillerie-Muſeum.

36 Bis. Deutſche Doppelradſchloßpiſtole ohne Holzſchaftung, gänzlich von Stahl mit reicher Einſtechung von Jagdvorwürfen und der Jahreszahl 1595. — Sammlung von Pichler. (S. im Abſchnitt der Monogramme und Marken die Abbildung der ebenfalls ohne Holzſchäftung angefertigten, ganz in Eiſen geſchnittenen Piſtole vom ſpaniſchen Waffenſchmied Zuloaga).

38. Muskete, (franz. mousquet à rouet, engl. wheel-lock-gun) aus dem 16. Jahrhundert. — Pariſer Artillerie-Muſeum.

39 Muskete aus dem 16. Jahrhundert, vermittelſt der beweglichen Zündkammer von hinten zu laden. — Muſeum in Sigmaringen. Das Dresdener Muſeum beſitzt eine ähnliche Waffe.

40. Musketengabel [1]) (franz. fourquine, engl. fork) für das Radſchloßgewehr, vom Anfange des 17. Jahrhunderts. Sie iſt 1,70 m lang. — Muſeum in Sigmaringen.

---

[1]) Ein Sammler in England, Sir Pritchett, beſitzt ein Radſchloſs, das, wie er glaubt, im Jahre 1509 angefertigt wurde.

In der 1889 verſteigerten v. Fechtenbachſchen Sammlung (Schſofs Laudenbach am Main) befand ſich eine engliſche Radſchloſspiſtole vom 17. Jahrhundert mit Kugelkolben, wo das Rad ohne Schlüſſel, nur durch das Aufheben des Hahnes aufgezogen wird und im Laufe drei Pulverkammern vorhanden ſind, ſo daſs drei Patronen zugleich geladen werden können.

[1]) S. S. 124 und S. 466 und 467.

40 Bis. Deutſche Radſchloßbüchſe mit Rauchableiter, wo das Rad im Innern des Schloßes angebracht iſt. Arbeit des Waffenſchmiedes Chriſtian Baier von der Mitte des 17. Jahrhunderts. —

40 Bis.

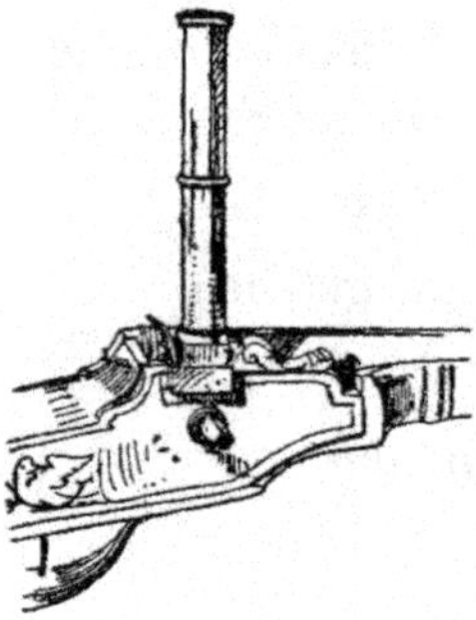

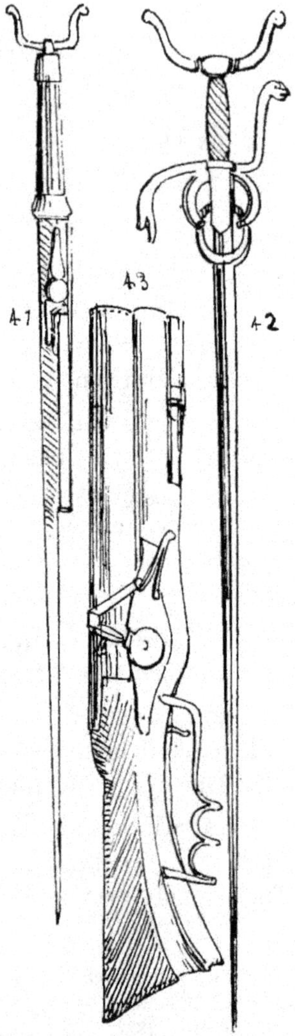

40 Ter.

43 Bis.

40 Ter. Deutſche kurze, Katzenkopf genannte Radſchloßbüchſe mit gezogenem Metalllauf aus der erſten Hälfte des 17. Jahrhunderts. —

41. Musketengabel oder Fourquet auch Fourquine genannt, 1,50 m lang. Sie befteht aus einem dreieckigen Degen, der in Gold nielliert und mit einer Radpiftole verfehen ift. Diefe aus dem Ende des 16. Jahrhunderts herrührende Waffe ift den vorhergehend angeführten ähnlich. — Gefchichtliches Mufeum im Schloffe Monbijou zu Berlin. (S. S. 124 über das preußifche Musketenkommando.)

42. Musketengabeldegen, vom Anfange des 17. Jahrhunderts. — Sammlung des Prinzen Karl von Preußen.

43. Streu- oder Donnerbüchfe (franz. tromblon, engl. blunderbuss) mit Radfchloß und kupfernem, wie die fchwedifchen Kanonen mit dickem Leder überzogenem Lauf. Die Büchfe ift 65 cm lang, und der Lauf hat 4½ cm im Durchmeffer. — Mufeum in Sigmaringen. Unrichtig wird auch wohl diefe Waffe mit dem franzöfifchen Namen Espingole bezeichnet, welcher aber einer Art Orgelgefchütz angehört.

Escopette oder Scopette (aus d. Ital., vom lat. scopus, Ziel, Scheibe) hieß die 1 m lange Stutzbüchfe oder der Stutz mit gezogenem Lauf und 500 Schritt Tragweite der Escopettiers oder Scopetins — Reiterei Karls VIII. (1483—1498) und Ludwigs XIII. (1610—1643) — eine auf dem Rücken des Reiters oder in einem Ringe am Sattel befeftigte Art Karabiner, welche unter Ludwig XIV. (1642—1715) außer Gebrauch kam, aber noch gegenwärtig von fpanifchen Wegelagerern oft geführt wird.

43 Bis. Vierfchüffige Revolverarkebufe vom 17. Jahrhundert. Artillerie-Mufeum zu Paris.

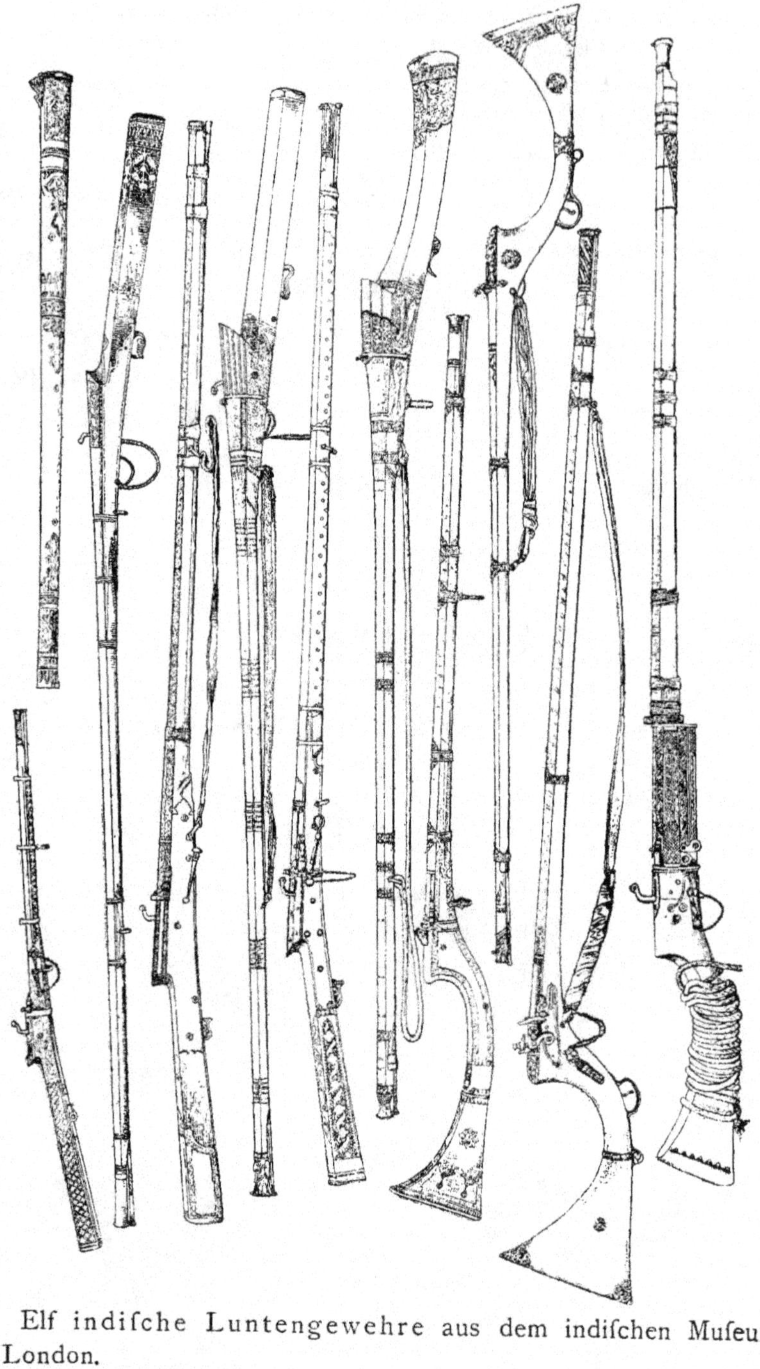

Elf indiſche Luntengewehre aus dem indiſchen Muſeum in London.

44. Stecher (franz. double détente, engl. trigger of precision) in München im Jahre 1543 erfunden. Er iſt ſeitdem allen Arten Radſchloßpräziſionsgewehren angepaßt worden. (Nadelſchneller, Rückſchneller und Abzugsſchneller. Mit Feldſtecher wird das kurze wehrtümliche Doppelfernrohr in Form des Opernglaſes, — franz. jumelles genannt, — bezeichnet. Jumelles heißt aber im franz. auch eine zweiſeelige Kanone ſowie die Doppelrakete welche indeſſen oft fusée genannt wird.

45. Schnapphahnbatterie; ſie arbeitet mit Schwefelkies (pyrite sulfureuse.)

46. Feuerſteinbatterie (franz. à silex, engl. flint-lock), wahrſcheinlich in Frankreich oder Deutſchland zwiſchen 1620 und 1640 erfunden. Altes Modell. Es iſt von der Außenſeite dargeſtellt.

47. Desgleichen von der Innenſeite geſehen.

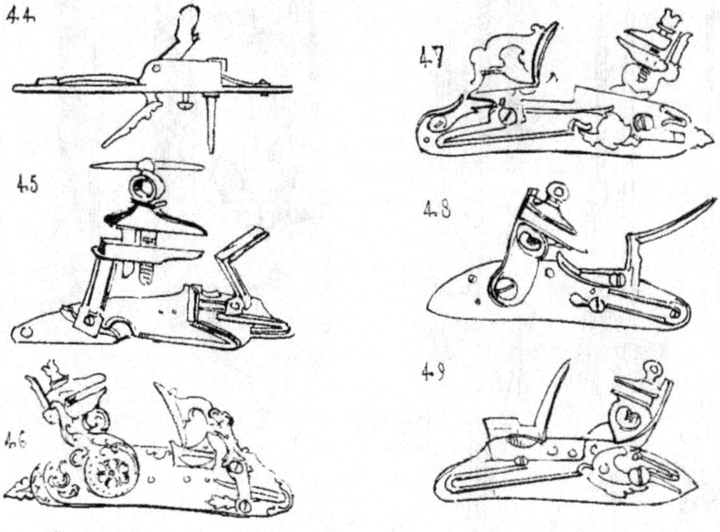

48. Feuerſteinbatterie einer franzöſiſchen Flinte vom Jahre 1670. Außenſeite.

49. Desgleichen, Innenſeite.

50. Franzöſiſche Steinſchloßflinte (franz. fusil à silex, engl. flint-lock-gun) mit Bajonett, vom Ende des 17. Jahrhunderts.

51. Preußiſche Steinſchloßflinte mit Bajonett aus der Zeit Friedrichs des Großen. Dieſe Waffe wurde im Jahre 1730 mit dem eiſernen Ladeſtock verſehen, eine Neuerung, die weſentlich zum Siege bei Mollwitz beitrug. Der Fürſt Leopold I. von Anhalt-

Deſſau, der Organiſator der preußiſchen Infanterie, hatte dieſen Ladeſtock ſchon im Jahre 1698 bei ſeiner Garde eingeführt.

52. Deutſches Repetiergewehr, mit Kuliſſe zu ſechs hinter einanderlagernden Schüſſen, aus dem 18. Jahrh. — Muſeum in Sigmaringen.

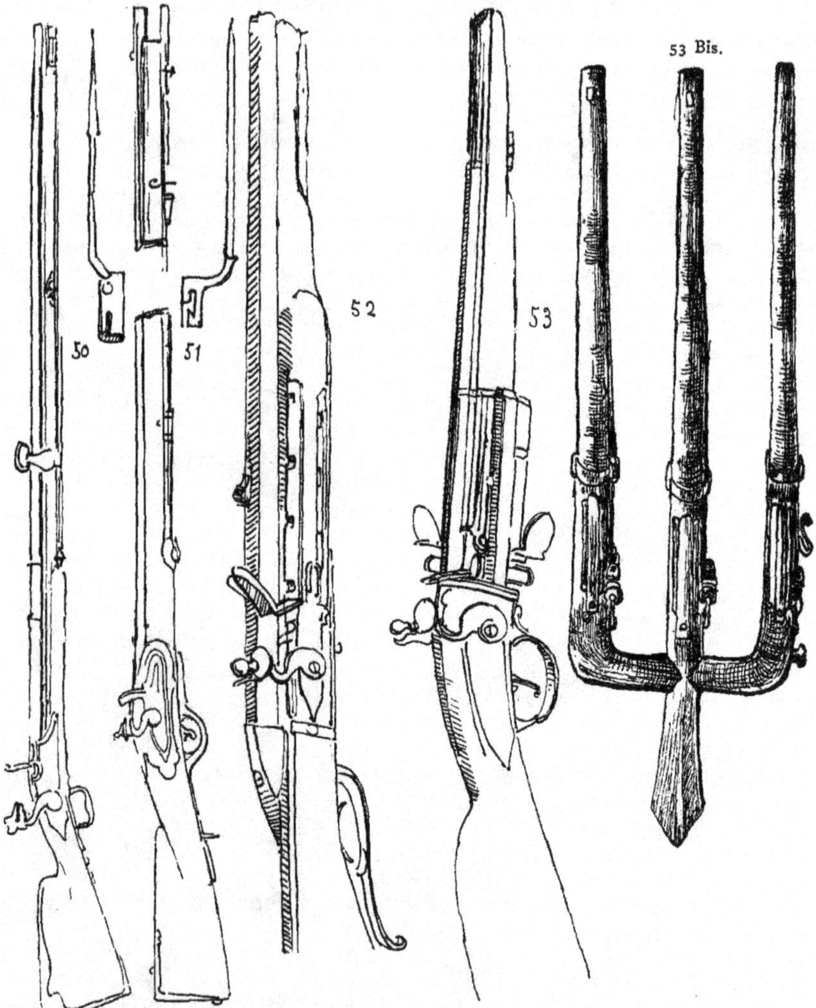

53. Deutſches Revolvergewehr, mit drehender Repetition zu 4 Schüſſen. Ende des 18. Jahrhunderts. — Muſeum zu Sigmaringen.

53 Bis. Franzöſiſches dreiläufiges Wallgewehr mit Feuerſteinſchloß vom Ende des 18. Jahrhunderts. In Frankreich gab es derartige Gewehre von 4, 6, 8, 10 u. 12. Läufen.

54. Karabinerrevolver für die Reiterei zu 8 Schüssen mit drehender Repetition.

55. Raketengewehr, aus dem 18. Jahrhundert. Berliner Zeughaus.[1])

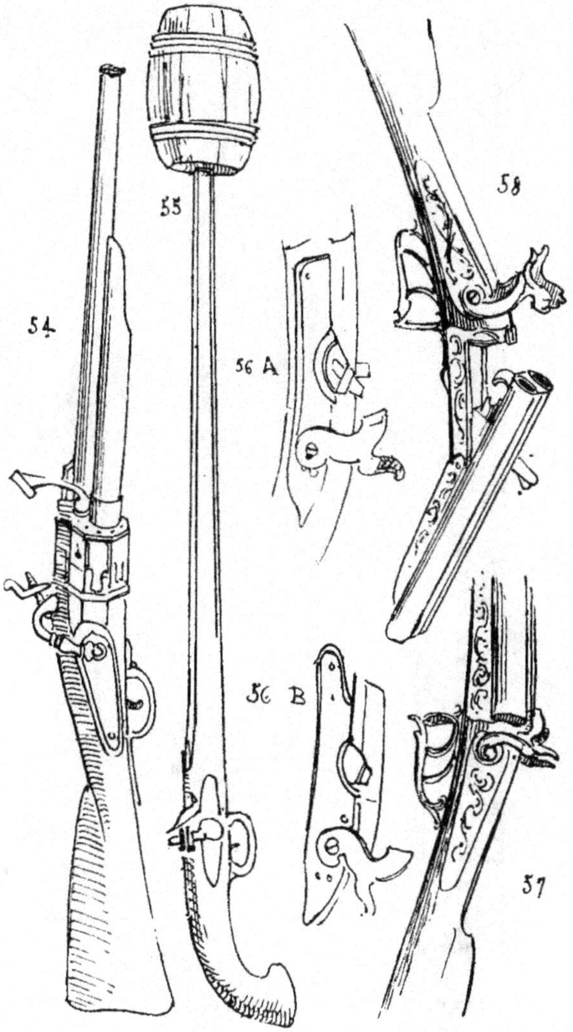

[1]) Auf dem Schlosse Braunfels (Kr. Wetzlar) befindet sich eine Anzahl doppelläufiger Raketengewehre, wo einer der Läufe für gewöhnliche Pulverladung die ganze Länge des Gewehres hat, das dickere oben trichterförmig auslaufende Rohr aber für die Raketenladung dient und zwei Drittel der Länge des Pulverrohres misst.

56. Perkuſſions-[1]), Schlagſchloß- oder Piſtonbatterien, im Jahre 1807 von dem Schotten Forſyth erfunden.

57. Doppeltes Perkuſſionsgewehr, Hinterlader. Syſtem Lefaucheux[2]).

58 Bis.

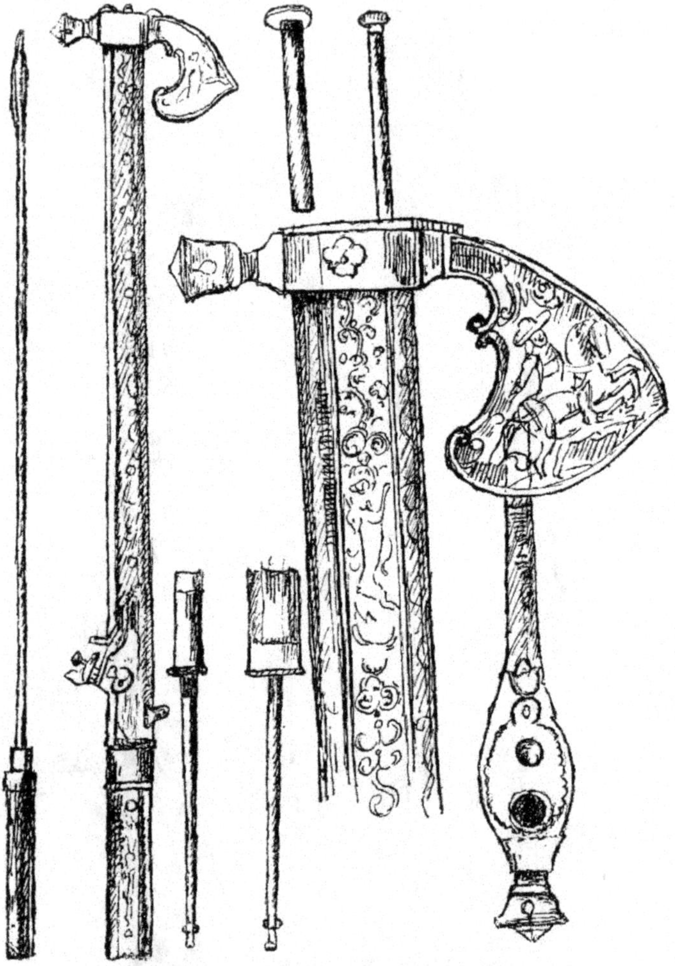

58. Desgleichen. — Man ſieht hier die für die Aufnahme der Ladung geöffnete Zündkammer.

1) Vom lateiniſchen percussio, Schlag.

2) Lefaucheux trat mit ſeinem Hinterladergewehr 1830—1852 und ſpäter mit ſeinem Revolver auf. Der von ihm angewandte ſogenannte Bruch reicht aber bis zum Anfange des 17. Jahrhunderts hinauf.

58 Bis. Befehlshaberſtab (Topor?) mit Schnapphahn- (Schwefelkies-) Batteriegewehr, Stockdegen und Streitaxt.

Die Abbildung rechts ſtellt die Oberfläche der Streitaxt mit ihren Befeſtigungslöchern vor. Wahrſcheinlich öſterreichiſcher Anfertigung vom 17. Jahrhundert. — Sammlung Zſchille. Eine ähnliche, aber weniger komplizierte Waffe befindet ſich im Germaniſchen Muſeum zu Nürnberg. Die Topore d. h. Bleiſtöcke (ſ. S. 816 und S. 822 No. 32) waren ähnliche, aber viel einfachere Waffen, welche beſonders in Galizien den Hajdamaken (empörte Bauern) als Angriffswaffen dienten.

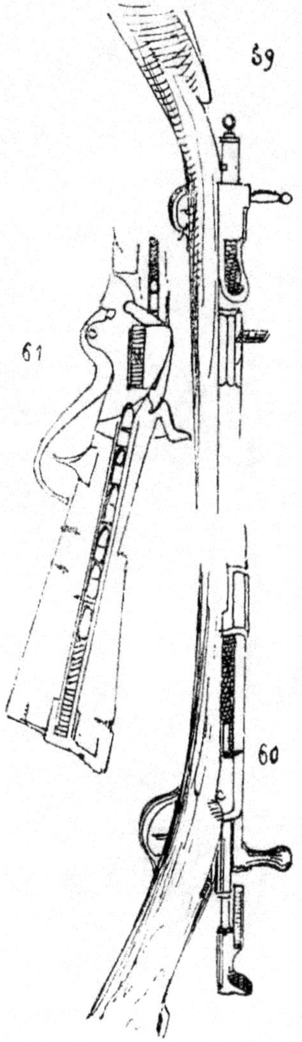

59. Preußiſches Zündnadelgewehr, im Jahre 1827 von Nicolas Dreyſe[1]), geb. 1787, † 1868, erfunden.

Die Waffe iſt offen und zur Aufnahme der Ladung bereit dargeſtellt.

60. Franzöſiſches Chaſſepotzündnadelgewehr, im Jahre 1866 dem Modell Dreyſe's nachgeahmt. Das Gewehr iſt offen und zur Aufnahme der Ladung bereit dargeſtellt.

Gegenwärtig iſt in Frankreich das Lebelgewehr eingeführt.

61. Repetier- oder Magazingewehr Spencer aus der Mitte unſeres Jahrhunderts durch Spencer und Wincheſter hergeſtellt. Dieſes Repetiergewehr iſt eine alte deutſche Erfindung, wie die im Muſeum zu Sigmaringen aufbewahrte Waffe bezeugt. (S. S. 962 Nr. 52.) Dreyſe hatte ſchon im Jahre 1828 verſchiedene Verſuche mit einem von ihm hergeſtellten Repetiergewehre vorgenommen; da er indes

---

[1]) Die v. Dreyſe kombinierte Zündnadelſtandbüchſe 31 mm Kaliber iſt ganz in Wegfall gekommen.

[2]) S. auch Gaſtlings Repetiergewehr tagzeichnet von 1860.

fand, daß es seinem Zündelnadelgewehr nicht gleichkam, so ließ er den Plan wieder fallen.

1. Französisches Chassepotzündnadelgewehr späterer Konstruktion, geöffnet und gespannt dargestellt.

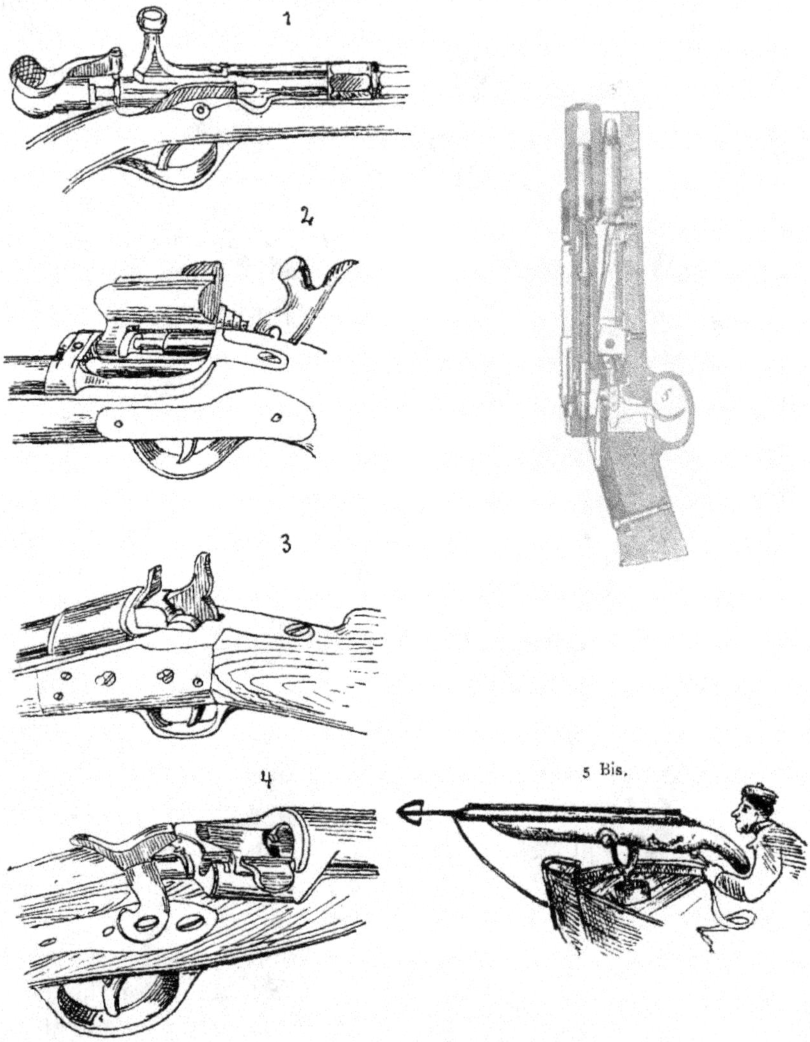

2. Snidersystem zum Laden geöffnet.

3. Remigtongewehr, geschlossen dargestellt.

4. Österreichisches Werdergewehr, geöffnet und gespannt dargestellt.

5. Deutsches Infanteriegewehr M. 71. 84. Das abgedrückte Schloß ist hier zum Magazinfeuer gestellt abgebildet.

5 Bis. Harpunfeuergewehr, wie dasselbe besonders in England zum Walfischfang im Gebrauch ist. — Nach Greeners «The Gun.»

Das bayerische Werdergewehr, das englische Henry-Martinigewehr und das Remingtongewehr sind Abarten der vorhergehenden Gewehre.

Das Lebelgewehr der Franzosen, erfunden vom Obersten Bonnet, konstruiert vom französischen Oberstlieutenant Lebel, hat vom Kolben bis zum Laufe 124 cm Länge, 8 mm Kaliber und einer dem deutschen Zündnadelgewehr ähnlichen Schlagvorrichtung. Das 8 Patronen enthaltende Magazin liegt unter dem Laufe im Vorderschaft. Die Patronen befinden sich in Metallhülsen und geben beim Abfeuern wenig Knall und fast gar keinen Rauch. Das 52 cm lange Bajonett ist vierkantig und das Visier hatte eine bis auf 2000 m berechnete Einteilung.

Ein kürzlich aufgetauchtes neues Geschoß für Gewehre, welches Versuchen in der Spandauer Schießschule unterzogen worden ist besteht aus von Hartblei und Nickelkupferblech zusammengesetzten Ladungen (Patronen).

Die Pistole oder der altdeutsche Fäustling.

Diese auch Faustbüchse genannte Waffe, deren Name wahrscheinlich von Pistallo, Knauf, Besatz, aber weder von der Stadt Pistoja noch vom tschechischen pistala, Rohr, noch von der, Napoleon I. nach, des Kalibers wegen von der Pistole genannten Münze, herrührt, scheint ihren Ursprung in Perugia genommen zu haben, wo schon im Jahre 1364 kleine Handkanonen von der Länge einer Palme[1]) angefertigt worden sind.

So viel dem Verfasser bekannt, besitzt kein Museum Luntenpistolen, und die Mönchsbüchse im Dresdener Museum, eine kleine Handkanone mit Raspel, die Vorläuferin des Radschloßfeuerrohrs, von der in dem geschichtlichen Abschnitt sowie auf S. 951 (Nr. 27) die Rede war, scheint die älteste noch vorhandene Waffe dieser Gattung gewesen zu sein.

Die kleine Pistole, Taschenpuffer, Taschenfäustling oder Terzerol genannt (franz. pistolet de poche und coup de poing, ital. terzetta, span. tercerola), ist keine moderne Erfin-

1) Die römische Palme misst ungefähr 17½ cm.

dung, denn der Verfaſſer beſitzt eine ſolche ganz aus Eiſen beſtehende Waffe, mit Radſchloß aus dem 16. Jahrhundert, deren.Lauf nicht 15 cm mißt. Die Piſtolenrevolver oder beſſer Drehpuffer auch Drehfäuſtlinge, Drehlinge und Drehpiſtolen genannt, haben wie die Gewehrrevolver ebenfalls ſchon im 16., 17. und 18. Jahrhundert unter dem Nameu Drehlinge oder Wendehälſe beſtanden, und die in unſeren Tagen angefertigten, unter welchen der Revolver Colt der am meiſten geſchätzte iſt, können nicht als das Ergebnis einer neuen, wohl aber als das einer wieder aufgenommenen Erfindung angeſehen werden. Hierher gehört wohl auch die im Arſenal zu Zürich befindliche Fauſtorgel, eine Art Revolver von der Form eines kleinen Plätteiſens mit 28 Läufen, angeblich aus dem 15. Jahrhundert (?). Auch Hinterladerpiſtolen ſind bereits m 17. Jahrhundert angefertigt worden. (S. Nr. 72 Bis. S. 970.)

64. Radſchloßpiſtole aus dem 16. Jahrhundert. Mit dieſer Art Piſtole war die deutſche Reiterei bewaffnet.

65. Doppelte Radſchloßpiſtole, vom Ende des 17. Jahrhunderts. — Züricher Zeughaus. Das Dresdener Muſeum beſitzt derartige Waffen mit doppeltem Rade und dreifachem Lauf.

65 I. Jagdorgelpiſtole mit Radſchlöſſern vom 16. Jahrhundert, deren walzenförmiger Körper, von welchem die drei Läufe ausgehen, auf einem Speer befeſtigt wurde. Jeder Lauf hat ſein beſonderes Radſchloß, deſſen Spannung mittelſt einer bis am unteren Teile des Speeres reichenden Schnur ſtattfand. — Nach Racinets Koſtümgeſchichte. S. auch S. 957 Nr. 36 Bis. die Doppelradſchloßpiſtole ohne Holzſchäftung.

Das Germaniſche Muſeum zu Nürnberg beſitzt einen ſolchen Drehling mit acht Ladungen und Luntenſchloß vom 18. Jahrh.

66. Radſchloßpiſtole mit doppeltem Lauf, vom Anfange des 17. Jahrhunderts. — Tower zu London.

67. Radſchloßpiſtole zu ſieben Schüſſen, aus dem 16. Jahrhundert. — Muſeum zu Sigmaringen.

68. Mündung des Laufes der vorhergehenden Piſtole.

69. Mörſerpiſtole, Katzenkopf genannt, mit Radſchloß, aus dem 17. Jahrhundert. — Woolwicher und Berliner Zeughaus.

70. Mörſerpiſtole mit Radſchloß, durchweg aus Eiſen, aus dem 17. Jahrh. — Schloß Löwenburg auf der Wilhelmshöhe bei Kaſſel.

71. Piſtole mit Feuerſteinſchlag (Batterie) vom Ende des 17. Jahrhunderts. — Tower in London.

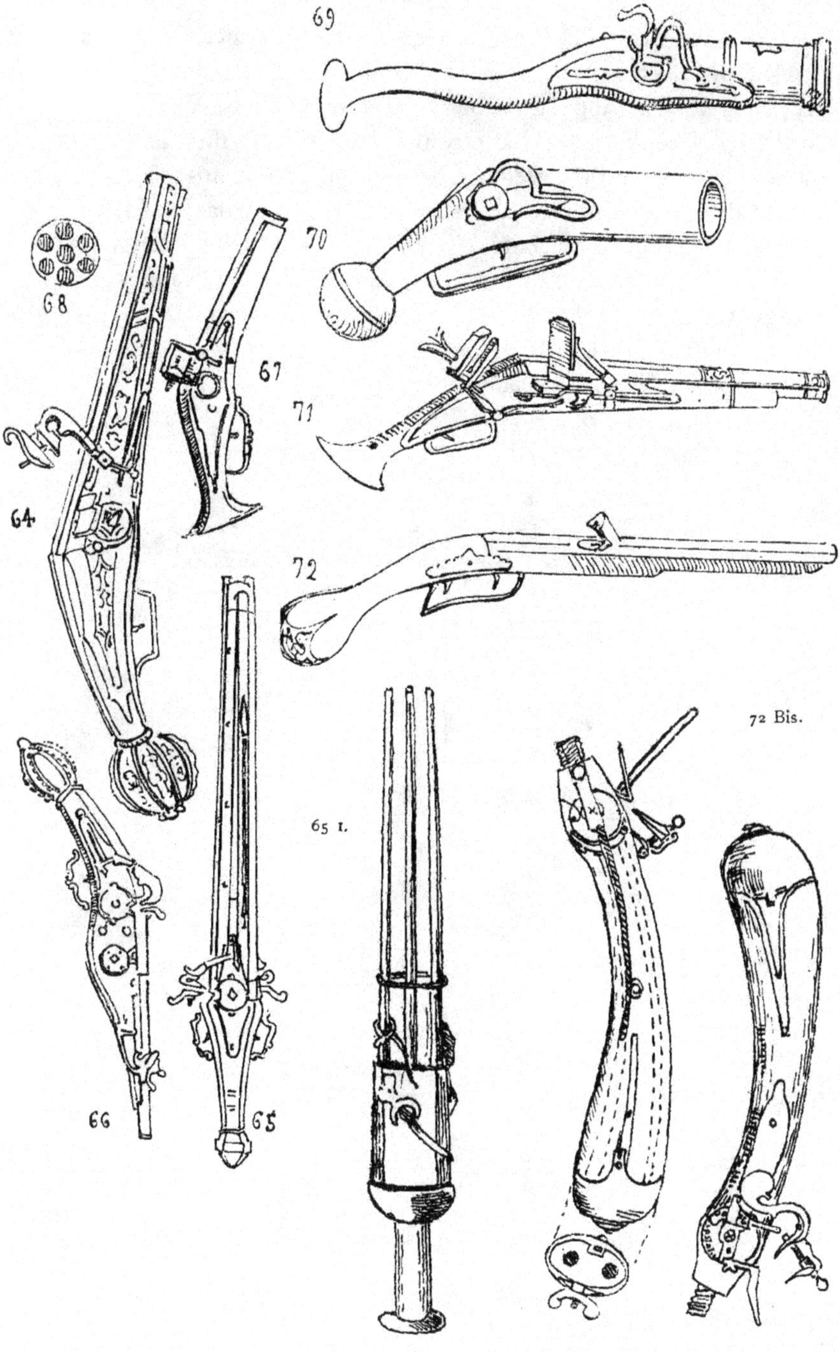
69
68
70
67
71
64
72
72 Bis.
65 I.
66
65

72. Piſtole mit Stößel- und Steinſchloß, vom Anfange des 17. Jahrhunderts. — Prager Muſeum und Dresdener Gewehrkammer.

72 Bis. Älteſte bekannte Hinterladerpiſtole mit Pulver- und Kugellager. Der angeſchraubte Lauf fehlt. Dieſe Waffe wird durch einmalige Drehung der Ladetrommel nach vor- und rückwärts geladen und es werden gleichzeitig auch dadurch aus einem zweiten Lager die Zündpfanne mit Pulver geſpeiſt und das Steinſchloß geſpannt. Dieſer Hinterlader, welcher auch eine Repetier- und Lagerpiſtole bildet, trägt auf dem Schloſſe den Namen des Anfertigers «Conſtantino» und mag dem Ende des 17. oder Anfange des 18. Jahrhunderts angehören. — Sammlung des K. pr. Hauptmanns Fr. Geiger zu Neu-Ulm.

73. Piſtolenrevolver Colt (Drehpuffer) von dem Amerikaner Samuel Colt im Jahre 1835 hergeſtellt[1]).

73

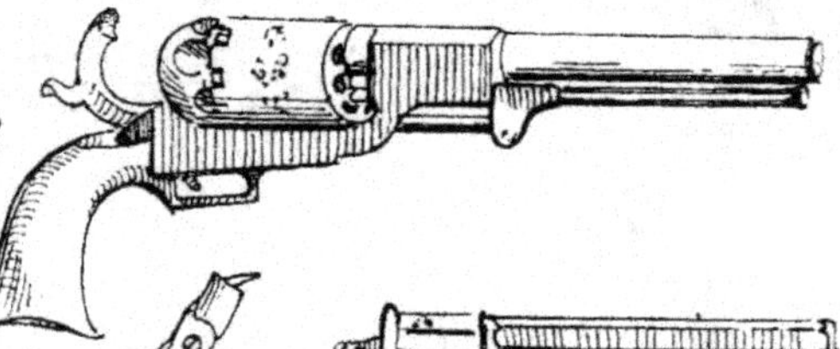

74

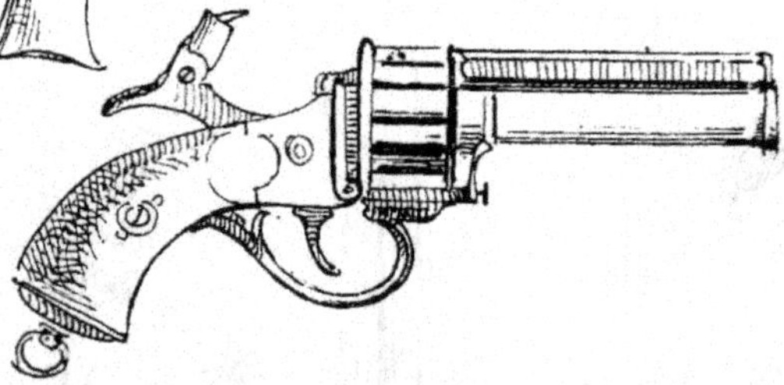

74. Piſtolenrevolver Mat, von Le Mat ca. 1860 hergeſtellt.

75. Schraubenſchlüſſelzündpulverflaſche[2]) für Radſchloßgewehre. — Berliner Arſenal.

76. Desgleichen. — Sammlung Ternow in Berlin.

77. Desgleichen. — Prager Muſeum und Sammlung Spengel zu München.

[1]) Man kennt fünfſchüſſige Drehpufferhinterlader aus dem 16. Jahrhundert, im Zeughaus zu Venedig und im Turm zu Pelz bei Vevay in der Schweiz; ebenſo vierſchüſſige Puffer mit Steinſchloſs, vom 18. Jahrhundert. Jones in Philadelphia hat auch neuerdings Revolver mit Zügen in der Walzenkammer dargeſtellt.

[2]) Schlüſſel zum Aufziehen der Radſchlöſſer kommen auch in alten Aufnahmen unter dem Namen Spanner vor.

78. Pulverprober mit Feuerſtein und Rad.
79. Pulverprober mit Verzahnung.
79 Bis. Pulverprober mit Rad und Hebel.
80. Pulverprober mit Pendel.

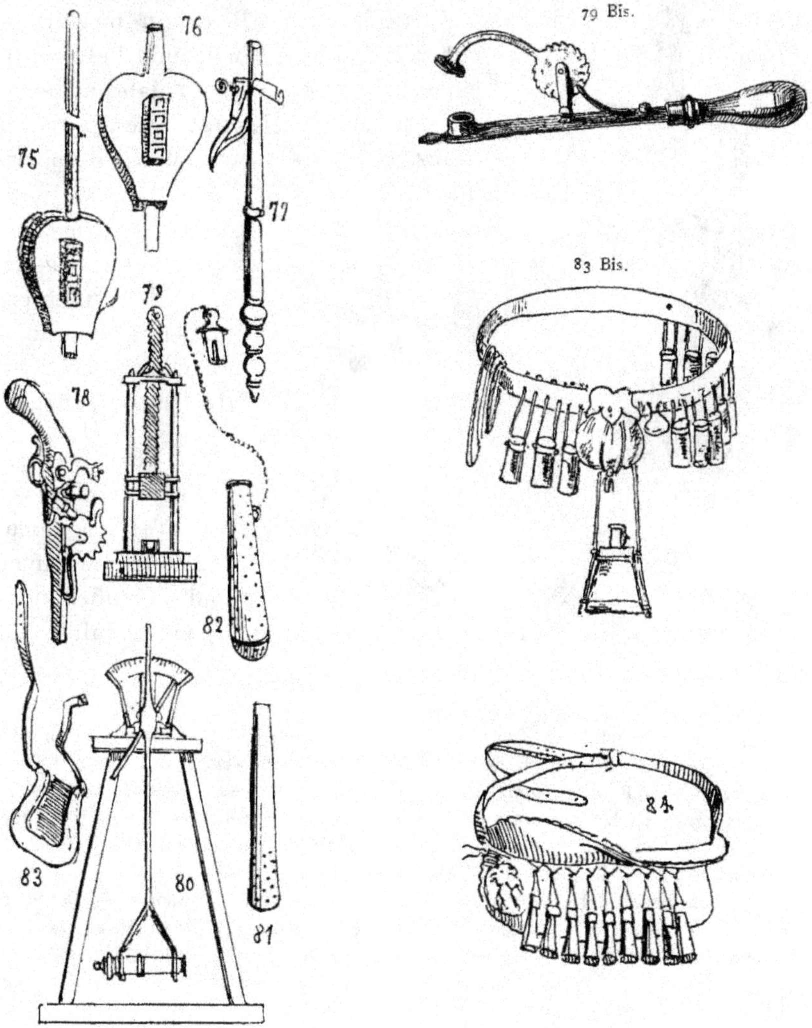

81. Musketierluntenfutteral von den Holländern erfunden.
82. Böhmiſches Grenadierlunten'futteral. — Sammlung des Verfaſſers. Ähnliche Stücke ſind im hiſtoriſchen Muſeum des Schloſſes Monbijou zu Berlin und in der Waffenſammlung des Fürſten von Lobkowitz zu Raudnitz in Böhmen zu ſehen.

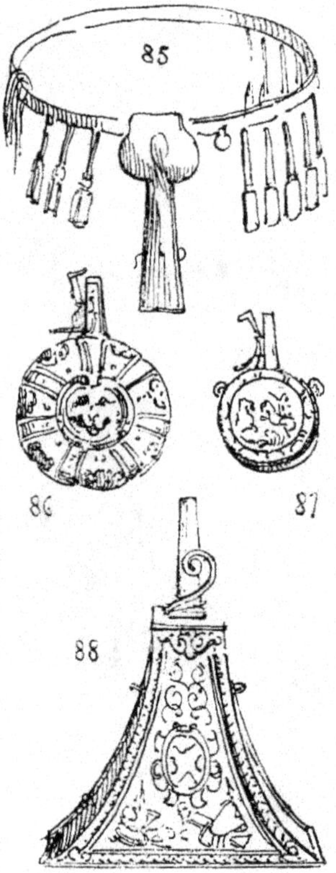

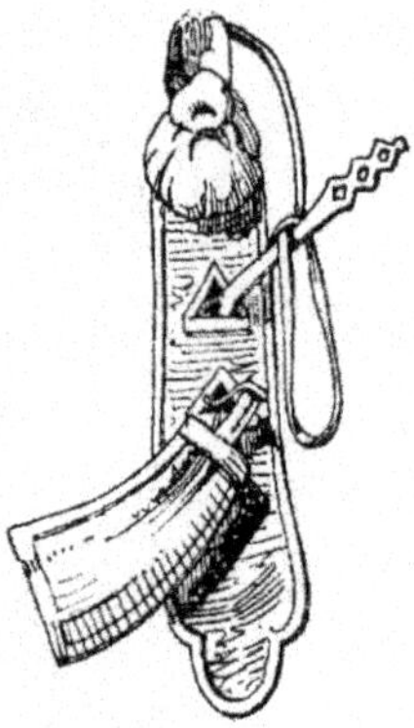

83. Schießbedarfſack für Büchſenſchützen, vom Ende des 15. Jahrhunderts, nach den Zeichnungen Glockenthons. — Ambraſer Sammlung.

83 Bis. Gürtel[1]) (franz. baudrier) mit Holzhülſenpatronen und Pulverhorn eines Musketiers vom 17. Jahrhundert.

84. Musketierpatronengürtel[2]) (franz. baudrier) mit hölzernen Pulvermaßen.

85. Desgleichen. Dieſer Patronengürtel iſt außerdem noch mit Pulverhorn, dem Kugelſack und der Lunte verſehen.

85 Bis. Reiterſchießbedarfshängſel (Kugelbeutel, Zündkrautflaſche und Schlüſſel oder Spanner) alles für Radſchlöſſer. — Nach Schön.

---

[1]) Fälſchlich Bandelier (franz. bandoulière) genannt, eine Bezeichnung, die nur für das Wehrgehenk, gemeinlich ein breiter lederner Riemen, welcher von der Schulter über Bruſt und Rücken getragen wurde, um die Patronentaſche, Bajonett u. d. m. zu halten, gilt. Es hat aber auch Musketenpatronenbandeliere gegeben, die über Bruſt und Rücken, ſtatt des hier dargeſtellten Gürtels getragen wurden. Man nannte ſie beſonders im 16. Jahrhundert «Wetzſcher». (S. S. 955.)

[2]) Zum Laden der Arkebuſe bediente man ſich des Pulverhorns. — Der Musketier iſt demnach leicht an dem Patronengürtel mit den Kapſeln zu erkennen, welche als Pulvermaſse dienten. Im Altdeutſchen hieſs das Pulverhorn Ludelbirne, und die Zündſchnur Ludelfaden. Der Name Patrone für Schuſsladung iſt vom mittl. patronus — Verteidiger — Herr — abgeleitet.

Der Gürtel, welcher in einer Aufnahme der Waffenſammlung des Schloſſes Mürau in Mähren vom Jahre 1691, als «Pantalierladung» vorkommt, hatte gewöhnlich 10 Kapſeln mit Patronen und 1 Kapſel mit Zündkraut (feineres Pulver).

Die ſeit dem Erſcheinen des Steinſchloſsgewehres eingeführte Patronentaſche (franz. giberne, auch für kleinere cartouchière, engl. cartridge-box, ital. tasca di cartucci, ſpan. cartuchera), welche früher auf dem Rücken hing, wird jetzt vorn über dem Bauche getragen.

86. Deutſche Zündpulverflaſche (franz. amorçoir, engl. primer), vom Ende des 16. Jahrhunderts, aus Eichenholz mit Elfenbein und vergoldetem Kupfer eingelegt. — Sammlung Llewelyn-Meyrick.

88 Bis.

89

90

91

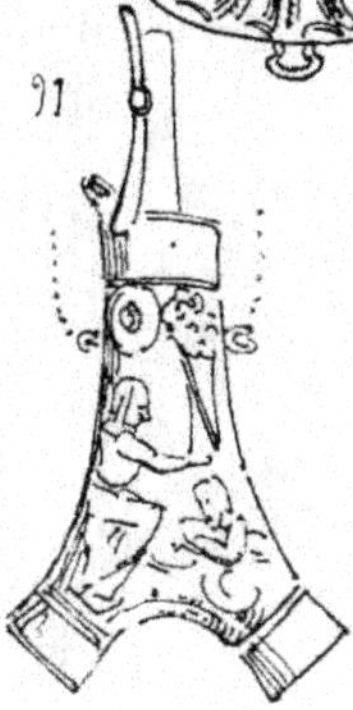

92

88 Ter.

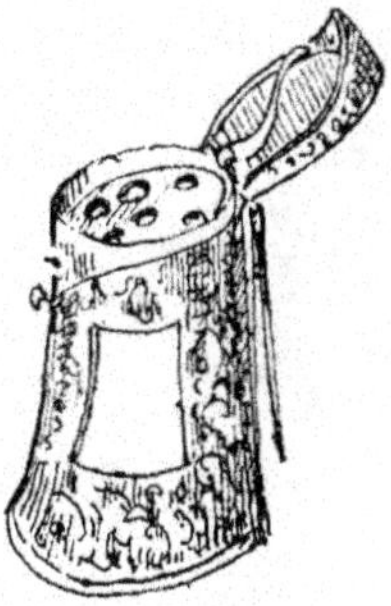

93

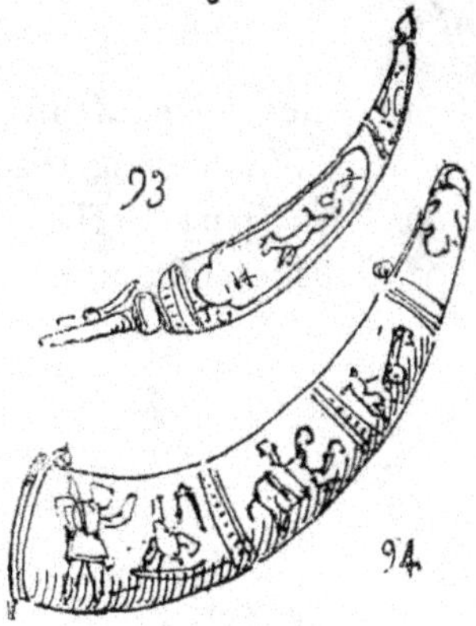

94

87. Italieniſche goldene Zündpulverflaſche, vom Ende des 16. Jahrhunderts. — Sammlung Lewelyn-Meyrick.

88. Deutſches Pulverhorn für Büchſenſchützen aus der zweiten Hälfte des 16. Jahrhunderts.

88 Bis. Spanner, Kugelbeutel und Pulverhorn einer Radſchloßbüchſe, vom Jahre 1589.

88 Ter. Patronenbüchſe eines Radſchloßgewehrs vom Jahre 1580

89. Deutſches, ſog. ſächſiſches Pulverhorn (franz. corbin) 30 cm lang, vom Ende des 16. Jahrhunderts. Das gelbliche Horn iſt mit ſchönen Gravierungen geziert, die Einfaſſung aus Eiſen. — Sammlung des Verfaſſers.

90. Pulverflaſche aus geſottenem Leder mit eiſerner Einfaſſung.

91. Deutſche Hirſchhornpulverflaſche, aus dem 16. Jahrhundert, 22 cm lang. — Muſeum zu Sigmaringen.

95 96 97

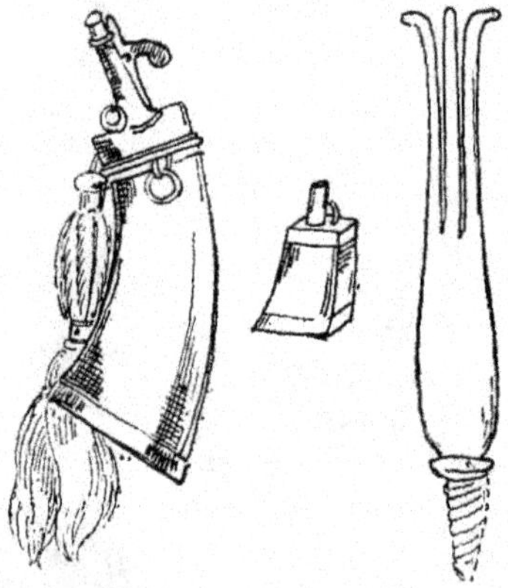

92. Deutſches elfenbeinernes Pulverhorn aus dem 17. Jahrhundert, 17 cm lang. — Muſeum zu Sigmaringen.

93. Deutſches elfenbeinernes Pulverhorn aus dem 16. Jahrhundert, 28 cm lang. — Muſeum zu Sigmaringen.

94. Deutſches Pulverhorn, vom Anfange des 17. Jahrhunderts; es mißt 40 cm. — Muſeum zu Sigmaringen.

95. Hirſchhornpulverflaſche eines Arkebuſenſchützen nach dem Werke «Kriegskunſt zu Fuß», von Wallhauſen, 1620.

96. Zündpulverflaſche (amorçoir).

97. Musketenſtampfer von 17. Jahrhundert.

XLVI.

Die Windbüchse und das Luftgewehr.

Die Windbüchse (franz. fusil à vent, engl. air-gun, span. arcabuz de viento, ital. archibugio auch fucile à vento) wurde im Jahre 1430 durch Guter in Nürnberg erfunden und nach und nach durch Lobsinger 1561, Gerlach und Sars in Berlin, Contriner in Wien, Fachter in Lüttich, Martin Fischer in Suhl, Futter in Dresden, Schreiber in Halle (1760—1769), C. G. Werner in Leipzig (1750—1780), Gottsche in Merseburg, Müller in Warschau, Valentin Siegling in Frankfurt a. M., Vrel in Koblenz, Jean und Nicolas Bouillet in St. Etienne, Bate in England, Facka Speyer in Holland und andere vervollkommnet. Es ist eine Waffe, deren Geschoß durch den Stoß von zusammengepreßter Luft (bis zu 200 Atmosphären) fortbewegt wird. Vermittelst der Pumpe wird die Luft einem besonderen Behälter (Recipient) eingepreßt, welcher sich entweder im Kolben des Gewehrs oder als Kugel über oder unterhalb der Zündkammer befindet. Die Windbüchse ermöglicht, 20 bis 24 Kugeln nacheinander zu versenden. Dies Gewehr, dessen, Gebrauch in Frankreich verboten ist, muß den Repetitionswaffen eingereiht werden, da sein Lauf, wie angeführt, bis zu 24 Kugeln aufzunehmen vermag, die ebensoviele Schüsse ohne wiederholte Ladung gestatten. Zu Ende des 18. Jahrhunderts hat die Windbüchse während des Krieges in Österreich gedient, wo sie die Spezialwaffe einiger Kompagnien war. Es ist ein Gewehr, welches stets beim Laden und auch manchmal beim Schießen die Gefahr des Kolbenspringens bietet.

1. Windbüchse, mit kupfernem Lauf und Behälter; letzterer ist unterhalb des Laufes angebracht. — Arsenal des Fürsten v. Lobkowitz zu Raudnitz in Böhmen.

2. Desgleichen.

Eine Windbüchse gleicher Konstruktion, Nr. 1348 im Pariser Artillerie-Museum, trägt die Bezeichnung: T. C. Sars in Berlin.

3. Windbüchse, deren Behälter oberhalb des Laufes angebracht ist, ein Werk G. Gerlachs aus Berlin. — Berliner Zeughaus. Nr. 1349 im Pariser Artillerie-Museum ist nach demselben System angefertigt.

4. Windbüchse, deren Behälter sich im Kolben befindet; an-

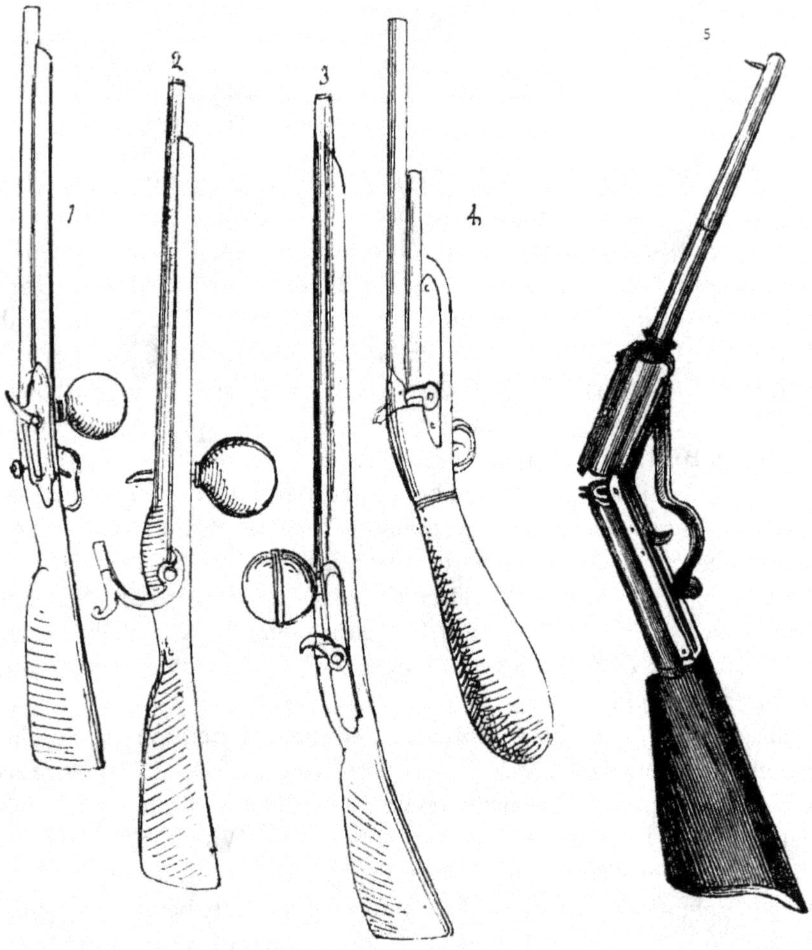

gefertigt durch Contriner in Wien. — Berliner Zeughaus. Das Pariser Artillerie-Museum besizt Windbüchsen, deren Behälter gleichfalls im Kolben angebracht sind.

Das Luftgewehr ist das hier vorstehend, Nr. 5 abgebildete und ein erst vor einigen Jahren dem Erfinder Quakenbusch patentiertes Hinterladungsschlagrohrgewehr für Kugeln und Bolzen.

XLVII.

Waffen, Kreuze und Zeichen der Femgerichte.

Die Femgerichte (auch Frei- oder Weſtfäliſche Gerichte), deren Ausbreitung durch die fortwährenden Unruhen und durch die unglaublichen Land- und Machtzerſtückelungen, in welche die bis aufs äußerſte entwickelten Lehnsverhältniſſe das Deutſche Reich geſtürzt hatten, zu erklären iſt, reichen in ihren Anfängen bis in die germaniſche Urzeit hinein und ſtellten die altgermaniſche Rechts- pflege dar. Daß Karl der Große ſie gegründet habe, wie man im Mittelalter annahm, iſt durch nichts erwieſen; wohl aber waren ſie durch den Kaiſer mit dem Blutbann (dem Recht über Leben und Tod) belehnt worden. Es ſind dies alte Gaugerichte, welche ſich in Weſtfalen erhielten und ihren Gerichtsbann unmittelbar vom Könige erhielten.

Der teilweiſen Anwendung des römiſchen Rechts ungeachtet mußte, ſobald die geſetzliche Rechtspflege durch das Fauſtrecht illuſoriſch gemacht worden war, die Erinnerung an ein durchaus volkstümliches, an hellem Tage und auf offenem Felde von allen freien Männern verwaltetes Recht (der Urſprung unſerer Geſchworenen- gerichte) und der dem germaniſchen Stamme eigene Hang zur Aus- prägung der Einzelweſenheit jene raſche, ſchreckliche, zugleich heimliche und öffentliche Rechtspflege zu neuem Leben erwecken, welche die Romantik mit ſo viel Entſetzlichem ausgeſtattet und mit dem Reiz des Geheimniſſes umgeben hat.

Dieſe ſchreckhaften Erzählungen, welche ſich an dieſe Heim- lichkeit der Femgerichte knüpfen, beruhen zum größten Teil auf Erfindung oder Übertreibung. Das Gericht befaßte ſich nur mit ſolchen Verbrechen, welche nach damaliger Rechtsanſchauung mit dem Tode beſtraft wurden («femvroge» waren); hieran und an die ſichere und ſchnelle Vollſtreckung der gefällten Todesurteile knüpft ſich das Entſetzen, welches das Gericht verbreitete.

Wenn der Angeklagte ein Uneingeweihter war, wurde er ſtets zuerſt vor das »öffentliche Ding» (Verhandlung) geladen; erſchien er nicht, ſo wurde das geheime Verfahren anberaumt. Blieb er abermals aus, ſo galt er für ſchuldig und verfiel dem Tode. Der «Wiſſende» (Eingeweihte) wurde gleich vor das heimliche Gericht geladen; wenn er nach dreimaliger Ladung nicht erſchien, galt er für ſchuldig.

Leugnete der erſchienene Angeklagte vor Gericht, ſo mußte das Beweisverfahren eintreten. In ſpäterer Zeit (gegen Ende des 15. Jahrhunderts) wurde die Macht des Femgerichts indes doch oft mißbraucht. Das Femweſen verfiel deshalb, als eine beſſere obrigkeitliche Rechtspflege eingeführt war.

Bereits 1461 erhoben ſich mehrere deutſche Fürſten und Städte, ſowie die ſchweizeriſche Eidgenoſſenſchaft gegen den Beſtand der «Feme», welche ausgeartet war, ihre Gewalt mißbrauchte und ſich zu perſönlichen Racheakten ihrer Mitglieder hergab. Im 16. Jahrhundert hatte ſie ganz aufgehört, indem ſie zu einfachen landesherrlichen Gerichten herabgedrückt worden war. Die rote Erde, d. h. Weſtfalen kann als die eigentliche Brutſtätte der Feme angeſehen werden.

Mit dem altd. Wyd wurde der beim Femgericht jeder ſeine Rolle ſpielende Dolch und Strick — zuſammengefaßt — bezeichnet.

Die ſolchen geheimen Gerichten zugeſchriebenen Waffen ſind in den Sammlungen viel ſeltener als die Marterwerkzeuge, die ſie zur Erlangung von Geſtändniſſen in Anwendung brachten, und nur unter großem Vorbehalte läßt ſich die Glaubwürdigkeit dieſer Waffen ſowohl, als die der Femalphabete und Zeichen annehmen.

Der den Femrichtern oder Femſchöffen zugeſchriebene Dolch mit drei Zweigen im Muſeum zu Sigmaringen iſt in jeder Beziehung den Linkhändern mit Feder, die vom 15. bis zum 17. Jahrhundert gebräuchlich waren, ähnlich.

1. Femrichtſchwert. Die Klinge zeigt drei kreuzweis ciſelierte Kreiſe, deren mittlerer das griechiſche Kreuz mit vier Halbmonden, das bei dieſen heimlichen Femgerichten übliche ſymboliſche Zeichen und die beiden andern jeder ein S (Sacrificium Sanctum enthält. — Muſeum in Sigmaringen.

2. Freiſchöffendolch mit erloſchener Inſchrift. Die Klinge teilt ſich mittelſt einer Feder in drei Blätter, und der Griff iſt an der Feder entgegengeſetzten Seite mit einer Scheibe zum Einlegen des Daumens verſehen. Dieſe Waffe ſoll bei der Eidesleiſtung im Namen der Dreieinigkeit gedient haben. Die Länge beträgt 43 cm. — Muſeum in Sigmaringen. (Siehe S. 766, 767 u. 768, No. 27, 28, 29, 30, 31, 32.)

3. Eiſernes Femgerichtskreuz(?) 21 cm breit und 38 cm hoch. Es wurde von den Urteilsvollſtreckern gebraucht, um die ſtattgefundene Beſtrafung der Feme anzudeuten. Sie ſtießen es über dem Gerichteten in den Baum; auch kam es bei der Ladung in Anwendung. In letzterem Falle wurde es in die Thür der Wohnung oder dem Thore der Burg über der angehefteten Ladung eingeſtoßen. — Muſeum in Sigmarigen.

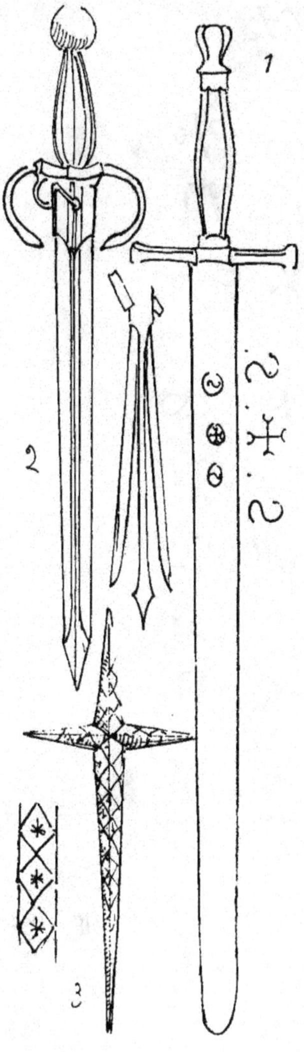

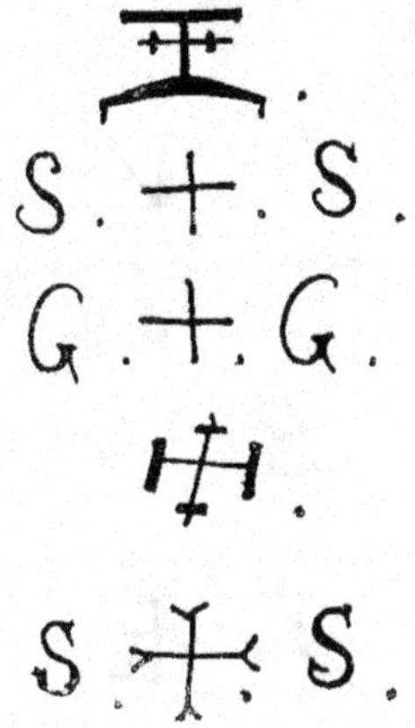

Die durch Kreuze getrennten S. bedeuten nach einigen Archäologen die Worte Sacrificium Sanctum. Die beiden S. und die beiden G. ſollen nach anderen die Anfangsbuchſtaben der Wörter: Strick, Stein, Gras, Grein, ſein; ein von drei in Lederſcheiden ſteckenden flambergigen Dolchbeſteckmeſſer der Sammlung Lilienthal in Elberfeld, ſowie ein Henkerbeil derſelben Sammlung ſind auch mit dieſen Geheimzeichen geſtempelt.

Die drei hier oben dargeſtellten Alphabete werden den Freiſtühlen Weſtfalens zugeſchrieben.

XLVIII.

Die Kunſt des Waffen- und Büchſenſchmiedens.

Monogramme, Initialen und Namen von Waffenſchmieden.

Gegenwärtig bezeichnet das Wort Waffenſchmied (lat. faber armorum, franz. armurier) den Anfertiger der Schutzrüſtung, der blanken und der Feuerwaffe. Urſprünglich hieß nur der Harniſchverfertiger Waffenſchmied oder Plattner (armurier); Büchſenſchmied (franz. arquebusier, engl. gunshmith) nannte man den mit Herſtellung der tragbaren und der Feuerwaffe groben Kalibers beſchäftigten Arbeiter.

Im Morgenlande hatte die Anfertigung von Prunkwaffen ſchon frühzeitig einen hohen Grad von Vollendung erreicht. Man pflegte die Werkweiſe des Niellierens, Inkruſtierens oder Tauſchierens, beſonders aber war der Orient durch die Kunſt des Damaſtens (Bereitung des Damaſtes oder Damaszenerſtahls[1]) berühmt. In Hindoſtan, Perſien (hier beſonders in der Provinz Khoraſſan und in der Stadt Iſpahan), ja ſelbſt in Java bereitete man den Damaszenerſtahl, während in Deutſchland zuerſt das Eiſen mit Silber tauſchiert wurde. Die Kunſt des Eiſentreibens, des Eiſenſchnittes, ſowie das Verfertigen vollſtändig gegliederter Eiſenrüſtungen iſt auch dem chriſtlichen Mittelalter, insbeſondere den nordiſchen Völkern eigentümlicher, als dem Morgenlande und dem Altertume.

Gegen Ende des 15. Jahrhunderts hatten die getriebenen Arbeiten Mitteleuropas hinſichtlich ihrer Zeichnungen die Erzeugniſſe perſiſcher und griechiſcher Waffenſchmiede weit übertroffen und zu-

[1]) S. weiterhin am Ende dieſes Abſchnittes alles Nähere darüber.

gleich den höchsten Grad künstlerischer Vollendung neben größter Zweckmäßigkeit erreicht.

Die älteste bekannte Tauschier- oder Damaszinierarbeit wäre der berühmte ägyptische Tisch Isiaque (Name des damaligen Besitzers), welcher bei einem Schlosser 1527, nach der Plünderung Roms, aufgefunden worden sein soll und welche Montfaucon beschrieben hat. Es bleibt aber zweifelhaft, ob hier das Tauschieren mit dem Einlegen von Holz (Marqueterie) verwechselt worden ist. Nach diesem nicht mehr vorhandenen Tische sind die ältesten bekannten Tauschierarbeiten die fränkischen. (S. deren Schnallen und Pferdegeschirre, u. a. S. 336, 346 u. 347.)

Im Altertum scheint also das Tauschieren außer Deutschland fast unbekannt gewesen zu sein. Erst im 11. Jahrhundert beginnen Araber in Damaskus, die Syrier in Aleppo und die Ägypter so wie auch Araber in Mossul die Tauschiertechnik zu üben. In Italien (Venedig und Mailand) erscheint das Tauschieren im 15. Jahrhundert, zu welcher Zeit es auch wieder in Deutschland aufblühte (Augsburg, Salzburg etc.). Die darin ausgezeichneten italienischen Künstler waren: Giovanni Pietro Figino, Batolommeo Piatti, Francesco Pullizzone, Martino, Ghinello, sämtlich von Mailand. Ferner die von Vasari angeführten Waffenschmiede: Filippo Nigroli, Antonio Biancardi, Bernardo Civo, Antonio Civo, Frederico Piccini, Luecio Piccini, Romeo, Giorgio Ghisi von Mantua, sowie Benvenuto Cellini.

Der Waffenschmied, welcher dahin gelangt war, die Helmglocke aus einem einzigen Stücke ohne jegliche mechanische Hilfe zu hämmern, hatte Rüstungen ersonnen, an deren genialer Auffassung und prachtvoller Arbeit zu aller Zeit die Versuche der Fälscher verzweifeln werden.

Nur wenige die Waffenschmiedekunst des Mittelalters betreffende Urkunden sind bis auf uns gekommen. In dem die vollständigen Rüstungen dieses Zeitabschnittes behandelnden Abschnitt sind die Abbildungen von Kleinmalereien aus dem 13. Jahrhundert (S. 376 u. 383) vorgeführt worden, wo den Topfhelm schmiedende Meister abgebildet sind; außerdem zeigt der gegen Ende des 15. Jahrh. von Kaiser Maximilian I. selbst redigierte Weißkunig die vollständige Werkstätte seines berühmten Waffenschmiedes.

Vor allem haben Italien und Deutschland in hohem Rufe wegen der Anfertigung von Schutzwaffen gestanden, Spanien hingegen war mehr wegen ſeiner blanken Waffen bekannt, unter denen die Klingen von Toledo berühmt geblieben ſind.

In Italien hatte dieſer Fabrikationszweig eine ſolche Höhe erreicht, daß die Waffenſchmiede der einen Stadt Mailand in wenigen Tagen nach der Schlacht bei Macalo (1427) Waffen und Rüſtungen für 4000 Reiter und 2000 Fußſoldaten zu liefern imſtande waren. Filippo Nigroli und ſeine Brüder, die für Karl V. und Franz I. arbeiteten, Gian Ambrogio der ältere, Bernardo Civo und der Mailänder Hieronimo Spacini, der Schöpfer des berühmten Schildes Karls V., waren die bekannteſten Waffenſchmiede jener Zeit, denen noch die Figino die Ghinello, die Pellizoni und Piatti beizufügen ſind. Zur Zeit des Rückgriffs alſo ſtrahlte die italieniſche Waffenſchmiedekunſt in ihrem höchſten Glanze; ihre mittelalterlichen Erzeugniſſe vermögen dahingegen nicht in demſelben Maße den Vergleich mit den deutſchen, hiſpaniſch-muſelmaniſchen und franzöſiſchen Werken auszuhalten. Was das tragbare Feuerrohr angeht, ſo nimmt Italien, auf deſſen Boden die Piſtole erfunden ſein mag, eine der erſten Stellen ein. Antonio Picinio, Andrea da Ferrara, aus dem 17. Jahrhundert für die blanken Waffen; Ventura Cani, Cazarino Cominazzi, Colombo und Badile, ſowie Francino, Mutto, Berſelli, Boniſolo, Giocatane und Cotel aus dem 18. Jahrhundert für die Feuerwaffen ſind keine der Vergeſſenheit anheim gefallenen Namen, denn ſie ſind Signaturen, die Waffen von vollendeter Arbeit entnommen worden ſind.

In Spanien waren Madrid, Cordova, Cuenca, Catugel, St. Clemente, Cuella, Badajoz, Valencia, Sevilla, Valladolid, Saragoſſa, Orgoz, Bilbao und beſonders Toledo die wegen Anfertigung blanker Waffen berühmten Städte, und weiter unten wird man gegen 200 Monogramme finden, die jedoch nicht über die zweite Hälfte des 16. Jahrhunderts hinausgehen, obwohl anzunehmen iſt, daß die Fabrikation an mehreren dieſer Plätze aus dem 13. Jahrhundert tagzeichnet und, wie die geſamten ſpaniſchen Gewerbe, den Arabern zu verdanken iſt. Der dabei benutzte Stahl wurde aus den Bergwerken von Biscaya und Guipuscoa gewonnen.

Deutſchland glänzt ſchon während der ganzen zweiten Hälfte des Mittelalters[1]) und ebenſo während des Rückgriffs durch ſeine

[1]) Deutſche Waffenſchmiede werden oft von den franzöſiſchen Epikern des Mittelalters gerühmt: Platten aus Heſſen, Halsberge aus Cambray, bayeriſche Helme,

prachtvollen Schutzwaffen, von denen viele in Museen und Privatsammlungen noch jetzt für spanische und italienische Arbeiten gelten. Nachdem im Jahre 1306 durch Rudolf von Nürnberg die Kunst des Drahtziehens erfunden worden, welche die Anschaffung eines genieteten oder Gerstenkornpanzerhemdes fast jedem Krieger ermöglichte, ging gegen Ende des Mittelalters und zur „Rückgriffszeit die gegliederte, sogenannte Schienenrüstung, deren auf stärkeren Schutz abzielende Verbesserungen, wenn nicht selbst ihre Erfindung den Waffenschmieden diesseits des Rheins angehört, als Kunstwerk aus den Händen eines Desiderius Kollmann von Augsburg, Lorenz Plattner (der Waffenkünstler Kaiser Maximilians I.), Wilhelm Seusenhofer von Innsbruck (der Waffenkünstler Karls V. und Ferdinands I.) und anderer hervor. Die von diesen Meistern hinterlassenen prachtvollen Werke verraten aber in ihrem Geschmack schon den ausländischen Einfluß. Seusenhofer starb im Jahre 1547 und Kollmann lebte gegen 1532, zu welcher Zeit er u. a. auch Philipp von Spanien viele der jetzt noch vorhandenen schönen Rüstungen lieferte.

Der bewundernswerte vollständige Harnisch für Roß und Reiter im Dresdener Museum ist höchst wahrscheinlich aus derselben Werkstatt hervorgegangen; der Künstler hat auf demselben die

Rüstungen und Schwerter aus Sachsen, Bayern und Lothringen, auch aus Köln, u. d. m. (Vgl. Schultz, das höfische Leben, II, 7, 8.)

Arbeiten des Herkules dargestellt. Kollmann, dem die für damalige Zeit enorme Summe von 42000 M. für eine einzige Rüstung gezahlt wurde, galt als einer der ersten deutschen Waffenschmiede.

Hefner-Alteneck hat in München[1]) die Photographie von 86 der 170

[1]) Originalzeichnungen deutscher Meister zu den für die Könige von Frankreich bestimmten Luxuswaffen, herausgegeben v. J. H. v. Hefner-Alteneck, photographiert im photographischen Atelier von Friedrich Bruckmann in München in.-fol.

in Tusche ausgeführten Originalzeichnungen, Entwürfe zu mehr als 25 für Roß und Reiter bestimmten Rüstungen, herausgegeben, die in halber Größe von den Malern Schwarz († 1597), von Achen, Brockberger und Johann Mielich (geb. in München 1517, † 1592) für die Werkstätten der Waffenschmiede Münchens und Augsburgs erfunden wurden. Diese die Spuren ihrer Verwendung tragenden Zeichnungen, an denen alles an die Vorwürfe der ebengenannten Maler nach den Reminiszenzen deutscher Stecher erinnert (s. die Skizzen der zwei aufs Geratewohl ausgewählten Abbildungen auf den vorhergehenden Seiten), sind die Entwürfe zu allen den Rüstungsstücken Franz' I., Heinrichs II. und des Kaisers Rudolfs II. welche irrigerweise italienischen und spanischen Waffenschmieden zugeschrieben werden.

Auch Spanien hat aus München und Augsburg reiche Rüstungen bezogen, eine Thatsache, die dank den Nachforschungen, welche der preußische Gesandte zu Madrid, Baron von Werthern, 1865 in den spanischen Archiven anstellen ließ, fortan keinem Zweifel mehr unterliegt.

Die Stücke werden in der Armeria real zu Madrid noch immer als italienische und spanische Waffen bezeichnet.

Ein aus den Archiven Simancas gemachter Auszug weist nach, daß im Jahre 1549 bis 1561 an verschiedene Waffenschmiede in Augsburg und München Beträge für Waffen bezahlt worden sind. Es werden darunter folgende Waffenschmiede namhaft gemacht: Peter Pah von München[1]), Bulff[2]), Desiderio Golmann (Kollmann) in Augsburg[3]), Haur in Augsburg[4]), Peter Mallero in München.

Jener Auszug aus den Archiven ist in der ersten Auflage dieses Werkes (1869) in spanischer Sprache abgedruckt worden.[5])

Einige andere dieser Zeichnungen sind im Besitze des Generals Ritters v. Hauslab und des Architekten Destailleur in Paris; sämtlich im Jahre 1840 in der Versteigerung der Sammlung des Staatsrats Kirschbaum erworben.

[1]) Kommt dreimal vor. Er erhält für acht Arkebusen 100 Escudos de oro. Dazu das Datum: Antwerp, 19. Sept. 1549. Am 10. Okt. 1550 erhält er 52 Escudos, am 19. März 1551 nochmals 41 Escudos, alles für gelieferte Arkebusen.

[2]) Erhält am 18. Juli 1550 100 Escudos. Er ist wahrscheinlich identisch mit dem später erwähnten Bolfe und Vulff (2. Mai 1551.)

[3]) Kommt im ganzen dreimal vor.

[4]) «Anton Hauer fecit 1552» befindet sich auf einer schwarzen gravierten im k. k. Zeughause zu Wien. Der oben genannte Hauer erhielt am 10. April 1551 fünfzig Dukaten für gelieferte Waffen.

[5]) S. 567 der 1. Aufl. Die Bezeichnung der Archivstelle ist folgende: Simancas Estado. Leg. 1565, fol. 33.

Eine andere für die Gefchichte der Entftehung von Meifterwerken und für den Ruhm deutfcher Waffenfchmiede aus jener Zeit wichtige Entdeckung ift die des Archivars Schönherr zu Innsbruck.

Derfelbe hat nämlich in den Urkunden der Hauptftadt Tirols den Beweis gefunden, daß Jörg Seufenhofer von Innsbruck, Waffenfchmied und Wappenmeifter Ferdinands I., mit Ausführung eines prächtigen Harnifches beauftragt worden war, den fein Herr dem Könige Franz I. von Frankreich zugedacht hatte. Das fertige Gefchenk wurde indes nicht abgefandt, und es ift dies derfelbe Harnifch, den Napoleon I. aus der Ambrafer Sammlung in Wien wegnehmen und nach Paris führen ließ, wofelbft er in feierlicher akademifcher Sitzung als die Rüftung Franz' I.[1]) empfangen wurde. Zwei andere Harnifche desfelben Meifters wurden jedoch den Söhnen Franz' I. überfchickt; da der Grund diefer Harnifche, der anfänglich aus Gold beftehen follte, nicht zu rechter Zeit beendet werden konnte, fo wurden die Verzierungen auf einem fchwarzem Grunde ausgeführt.

Auch fertigte Seufenhofer fechs andere Harnifche für den Hof von Frankreich und eine beträchtliche Anzahl Rüftungen für die Könige von England und Portugal an.

Paffau und Solingen haben fich frühzeitig in der Anfertigung blanker Waffen ausgezeichnet, deren Güte ebenfo fehr als die der Klingen von Toledo gefchätzt wurde.

Georg Springinklee, der berühmte Waffenfchmied Paffaus, eines wegen feiner Waffen fchon gegen Ende des 13. Jahrhunderts berühmten Ortes, erhielt im Beginn des 14. Jahrhunderts von dem Kaifer Karl IV. ein Wappen (zwei gekreuzte Schwerter) für feine Innung. Ein anderes, fehr verbeitetes Wahrzeichen, der Wolf[2]), von dem die Meinung gilt, daß es der Waffenfchmiedeinnung Paffaus von dem Erzherzoge Albert im Jahre 1349 verliehen worden, befindet fich auch auf altzeitigen Waffen Solingens, wo Clemens Horn und Johann Hopp im Anfange des 16. Jahrhunderts blühten. Die Waffenfabrikation der letzteren Stadt reicht ebenfalls bis gegen das Ende des 12. Jahrh. hinauf, wo fie durch fteyerifche Waffenfchmiede eingeführt wurde. Lange Zeit beftand auf dem

[1]) Es ift die Rüftung, welche fich im Louvre befindet, wo fie für ein italienifches Werk gehalten wird.

[2]) Die folcherart geftempelten Degen werden von den Bewohnern des Kaukafus fehr gefucht. Da man die Wolfsmarke auch auf altzeitigen fpanifchen Waffen antrifft, fo fcheint diefer Stempel nicht allein in Solingen im Gebrauch gewefen zu fein.

großen Marktplatz in Solingen eine Fabrikkontrolle, an der jeder Waffenschmied seine Erzeugnisse beglaubigen und stempeln lassen mußte, eine Einrichtung, die zur Zeit der Franzosenherrschaft abgeschafft wurde, was zu bedauern ist.

Die eingangs dieses Kapitels erwähnte tauschierte oder eingelegte Arbeit ist in Deutschland seit Ende des Mittelalters mit einer Gediegenheit betrieben worden, die, wie die prachtvollen Rüstungen im kaiserlichen Zeughaus zu Wien beweisen, diejenige spanischer Waffenschmiede noch übertrifft.

Bezüglich der tragbaren Feuerwaffen steht Deutschland fast ohnegleichen da.

Fast sämtliche in Museen und Sammlungen aufbewahrten Genaugewehre des 16. Jahrh. sind deutsche — mit Ausnahme weniger italienischer und französischer Prunkstücke, die an ihren gepunzten Arbeiten kenntlich sind.

Seit dem 16. Jahrhundert hatte die Anfertigung von Feuergewehren eine so ausgedehnte Verbreitung in Deutschland erlangt, daß es kaum eine kleine Stadt sonder Büchsenschmiede gab, die nicht eine Büchse ohne alle mechanische Hilfe hätten anfertigen können. Valentin, Stephan Klett und Claus Reitz zu Suhl in des Graffschaft Henneberg hatten schon im Jahre 1586 zwei so bedeutende Werkstätten, daß sie der Schweiz 2000 verschiedene Feuergawehre und 500 Genaumusketen zu liefern vermochten. Man hat gesehen, wie in Deutschland der gezogene Lauf gegen Ende des 15. Jahrhunderts, das Radschloß und die Schnapphahnbatterie im 16. Jahrhundert, auch die Windbüchse und das Zündnadelgewehr erfunden worden sind.

Im 16. Jahrhundert gehörten in fast allen größeren Städten die Waffenschmiedezünfte zu den angesehensten. Frisius hat noch 1712 zu Leipzig ein «Cermonial der Büchsenmacher» mit Titelkupfer herausgegeben, wo das Innungswesen dieser bedeutenden neueren Abteilung der Waffenschmiede in Deutschland behandelt ist.

Frankreich, das wahrscheinlich auch geschickte Waffenschmiede besessen hat[1]), ließ die Namen der Künstler in Vergessenheit geraten, denn, aller Nachforschungen ungeachtet, hatte der Verfasser von Namen

[1]) In Frankreich sind die Werkstätten von Poitiers hoch berühmt. Der feine Stahl, die Helme, die Lanzenspitzen, die Schwerter von Poitiers sind im 12. und 13. Jahrhundert als vorzüglich bekannt. Demnächst gelten die Waffenstücke von Vienne als sehr gut. (Schultz, das höfische Leben, II, 8, 9.)

und Monogramme französischer Waffenschmiede sehr wenig finden können, die über den Anfang des 17. Jahrhunderts hinaufreichten.

Chamblay (Oise) stand im Mittelalter in gutem Rufe wegen seiner Maschenpanzerhemden, die von älteren Schriftstellern mit Unrecht unter dem Namen von Doppelmaschen angeführt werden, weil es nur eine Art dieser mehr oder weniger dichten Maschen giebt. Es ist anzunehmen, daß die das Schnapphahnschloß mit Schwefelkies ersetzende Feuersteinbatterie in Frankreich in der ersten Hälfte des 17. Jahrhunderts erfunden worden ist; doch weiß man nicht wo und von wem.

Unter den neuzeitigen französischen Waffenschmieden sind Delvigne, Minié, Lepage, Gastine-Renette, Lefaucheux und Chassepot anzuführen.

Die englische altzeitige Waffenschmiedekunst hat schöne Turnier- und Kriegshelme, die sog. Topfhelme, hinterlassen, welche durch ihre Gediegenheit und die Dicke des Stahles besonders merkwürdig sind. Leider ist kein Name dieser geschickten Arbeiter erhalten worden und die Monogramme sind ebenfalls sehr selten.

Dieselben Bemerkungen gelten auch für die Schweizer[1]) und Vlamänder, obgleich Flandern eine wichtige Rolle in der Anfertigung der Feuergewehre groben Kalibers seit Erscheinung der Kanone gespielt hat und noch heute wegen der in Lüttich angefertigten Jagd- und Kriegsgewehre sehr berühmt ist. Was Rußland anbetrifft, so hat sich die Stadt Tula durch ihre im Jahre 1712 gegründeten Gewehrfabriken ausgezeichnet.

Die Waffenschmiedekunst der Hindu, die schon im Altertum weit bekannt war, hauptsächlich wegen der zu Delhi kalt geschmiedeten Schilde, die man aus zwei Teilen, nämlich einem, dem Mittelstück, und einem anderen, den Rahmen bildenden Teil, herstellt, hat auch noch in unseren Tagen ihren Ruhm bewahrt. Seltsam! je mehr der Hinduschild mit Verzierungen bedeckt war, desto weniger wurde er geschätzt, da die damaszierten oder eingelegten Blumen nur zum Verstecken der Fehler des Werkes dienten.

Gwalior und Lushkur genossen wegen ihrer blanken Waffen, Nurwur und Lahor wegen ihrer Feuergewehre, und Nurwur und Shahjehanabad wegen der tauschierten Rüstungen und Maschen-

[1]) S. weiterhin die grosse Anzahl von Schweizer Hellebarden entnommenen Stempel, welche aber wohl mehr deutschen Waffenschmieden angehören, da die Schweiz viel aus Deutschland bezog.

panzerhemden, aber auch wegen der schönen blanken Waffen allgemeinen Rufes.

Persien wie Hindostan setzten die Fabrikation dieser tauschierten Rüstungen (Helme, Armschienen, kleine runde Schilde, Bruftschilde, Maschenpanzerhemden, unter denen viele vernietete und gerstenkörnige sind) fort, deren Formen vollkommen so schön sind, als die im 15. und 16. Jahrhundert dort angefertigten Waffen. China und Japan haben auch manche schöne Angriffswaffe, aber durchaus keine künstlichen Schutzwaffen hervorgebracht.

Die ältesten Städte, wo in Deutschland im größern Maßstabe Klingenschmiederei betrieben worden ist, sind wohl Köln (s. «Weriß v. Lothringen», Vers 5393; «Alexander», Vers 3649; Mattheu Paris Erzählung von 1241, u. a. m.), Solingen, Passau, Regensburg, Augsburg, Nördlingen und Nürnberg (wo 1285 bereits eine Schwertfegerzunft bestand). Die erste feststellende Erwähnung des Solinger Klingengewerbes oder der dortigen Sarworter (Waffenschmiede) tagzeichnet aus dem Jahre 1310, um welche Zeit von Solinger Schleifmühlen die Rede ist. Der Chronik nach soll im Jahre 1349 der Passauer Waffenschmiedezunft zuerst der Wolf als Marke verliehen worden sein.[1]) Die älteste bekannte mit solchem Zeichen abgestempelte Waffe, ein Schwert, stammt aber aus dem 13. Jahrhundert und befindet sich im Museum zu Dresden, was die hierauf bezügliche Stelle der Chronik hinfällig macht.[2]) Auch von Jaspar Bongen und Johannes Wundes (Kinderkopfmarke[3]) — 1566—1610 — kennt man mit Wolfzeichen gestempelte Klingen.

[1]) Auch spanische Waffenschmiede hatten, wie bereits angeführt, die Wolfsmarke.

[2])
«Als man 1, 3, 4 und 9 gezählt,
Hat man in Passau gar wohl gewöllt,
Herzog Albrecht umb diese Zeit
Die Klingenschmiede hat befreit.
Begabt mit dem Wolfszeichen;
Seitdem Niemand solch Wehre scharff
In Österreich sonst machen darff
Mit Zeichen — dergleichen.»

[3]) Dies Zeichen hatte der Meister auch auf seinem Thürgesims mit folgender Inschrift ausgemeißelt:

«Der Königs Cop mein Wapen
Ist das mir gantz viel
Missgunst ist 1607.»

(«S. Cronau's Geschichte der Solinger Klingenindustrie.») Früher (Düsseldorf 1808) hat schon Daniel eine «vollständige Beschreibung der Schwert-, Messer- und übrigen Stahlfabriken zu Solingen» herausgegeben.

Weyersberg, Kirschbaum & Co. stempeln gegenwärtig mit diesem sowie mit dem «Königskopfzeichen».

Zu Eilpe, Gevelsberg (Arensberg) und Hagen wurden 1661 durch Solinger Schwertfeger Werkstätten errichtet; andere, von da aus, unter Friedrich Wilhelm I. zu Spandau und Neustadt-Eberswalde ins Leben gerufen. Zu Oberndorf in Württemberg ist ebenfalls von Solinger Arbeitern die Klingenschmiederei eingeführt worden. Der hervorragendste Erneuerer dieses Handwerks in Solingen war Peter Knecht von 1830—1850.

Armata, Bergamo und Mailand in Italien, Toledo in Spanien, Damaskus in Syrien sind die berühmtesten alten Anfertigungsorte für Klingen im Auslande gewesen und teilweise noch.

Auch die Fabriken zu Kaluga an der Oka und zu Slataust, beide in Rußland, wurden durch Solinger im 18. Jahrhundert gegründet, ebenso die unter Napoleon in Frankreich zu Klingenthal und zu Mutzig, beide in Niederelsaß, ferner Chatelleraut, Arrondissement von Vienne, sowie in Belgien die zu Lüttich, ferner zu Kopenhagen, letztere vom Solinger Gottschalk.

Die wichtigsten Fabriken tragbarer Feuergewehre in Europa waren gegen Ende des 18. Jahrhunderts:

In Deutschland die in St. Blasien, im Schwarzwalde, Chemnitz, Danzig (im Jahre 1720 gegründet), Erfurt, Essen, Harzburg in Hannover, Klosterdorf, Linz, Olbernhau, Prag, Remscheid, Solingen, Spandau (im Jahre 1720 gegründet), Suhl, (wo die Gewehrfabriken 1887 von Russland in so grossem Massstabe

Waffenschmiede des 8. Jahrh. Aus Cronau's Geschichte der Solinger Klingenindustrie, nach einer Worsaes Bracteates abgebildeten Holzschnitzerei.

beauftragt worden ſind, daſs die Lieferungen erſt in 5 Jahren beendigt ſein können), Teſchen und Wiener-Neuſtadt;

in Italien die in Brescia, Florenz, Mailand und Turin.

in Spanien die in Equalada, Oviedo, Plascencia, Sililos und Toledo;

in Frankreich die in Abbeville, Charleville, St. Etienne, Maubeuge, Verſailles und Chatellerault;

in England die in Birmingham, Sheffield und London;

in Belgien die in Lüttich;

in Ruſsland die in Tula.

Gegenwärtig beſtehen auch Waffenfabriken in Bosnien zu Banjaluka, Skoblje und Fonjniza.

Von Hans Burgkmair beſitzt man die Abbildung einer Waffenſchmiedewerkſtatt «Maximilian beim Harniſchſchmied».

Die verſchiedenen Werkweiſen des Niellierens, Inkruſtierens, Eintreibens, Tauſchierens oder Damaszierens und des Damastens oder Anfertigung des Damaſtstahls.

Unter Niello (ital., vom mittellateiniſchen nigellum, ſchwarz) verſteht man eine Verbindung von Metallen und Schwefel von grauer bis ſchwarzer Farbe, welche zur Verzierung von Metallgegenſtänden angewendet wird. Die Zeichnung wird in das Metall graviert, das pulverförmige Niello mit Salmiakauflöſung zu einem Teige angemacht; dieſer Teig wird in die Gravierung eingeſtrichen und eingeglüht. Das Verfahren wird oft unrichtigerweiſe Tauſchierung genannt, auch mit Schmelzarbeit (Email) verwechſelt, iſt aber nur «Glühwerk».

Inkruſtieren bedeutet im allgemeinen mit einer Kruſte überziehen; im ſpeziellen Sinne bezeichnet man mit Inkruſtation die Tauſchierung.

Tauſchieren (von ital. taussia, auch tauna, lavorar di tauna) oder Damaszieren (franz. damasquiner, eine Art des Inkruſtierens) nennt man das Eintreiben von Gold- und Silberverziehrungen in Eiſen und Stahl. Auch hier wird die Zeichnung eingeſtochen und das Edelmetall in die Fugen als Draht eingetrieben oder bei größeren Flächen in Blättchenform auf das rauhgemachte Metall aufgehämmert. Häufig werden die Vertiefungen unterſchnitten, ſo daß der Durchſchnitt der Rinnen dieſe Geſtalt erhält: **Z_Z**. In ſolche Rinnen werden die Gold- bez. Silberdrähte eingelegt. Die überſtehenden Ränder halten das Edelmetall feſt. Dieſe Kunſt wurde ſchon früh in Damaskus betrieben, weshalb man ſie auch Damaszierung oder Damaszinierung (franz. damasquinage) nennt. Da man mit dieſem Worte jedoch auch die Bereitung des Damaszener Stahls bezeichnet, so ist der Klarheit halber hier das Wort Damaszierung vermiden und das in Deutschland allgemein übliche «Tauschierung» dafür angewendet.

Die Tauschierarbeit war in Italien, Spanien und Deutschland gegen Ende des Mittelalters in der Rückgriffszeit bekannt und verbreitet. In Frankreich wurde dieselbe erst unter der Regierung Heinrichs IV. eingeführt. Die ältesten europäischen Tauschierarbeiten sind die der Franken (der merowingischen Zeit[1]) — Griechen und Römern war diese Technik unbekannt.

Um die Anfertigungsart des Tauschierens, Eintreibens, Inkrustierens oder Damaszierens noch anschaulicher zu machen, muß hier wiederholt werden, daß diese, von der Erzeugung des Damastes, dem Damasten, gänzlich verschiedene Werkweise folgender Art stattfindet. Nachdem man die Klinge, den Gewehrlauf, die Platte u. d. m. hat am Feuer blau anlaufen lassen (s. w. unten) werden mittels Grabstichel die Vorwürfe eingestochen und in die erlangten Höhlungen Metallfäden, meistenteils silberne, auch wohl goldene, mit Hülfe des Matpunzen (franz. matoire), eines nicht spitzen Meißels, vollständig eingetrieben. Sind Unebenheiten entstanden, so wird das Ganze vermittelst einer feinen Feile geebnet und darauf geglättet (franz. poli). Bei größeren Flächen mit zahlreichen kleineren eingestochenen Vorwürfen wird auch wohl das Edelmetall statt in Fäden, in Blättern eingehämmert. Das Verfahren ist übrigens nicht immer genau gleichartig; die Einzelwesenheit des Künstlers bringt darin Veränderungen in der Ausführung So findet man oft, daß die eingestochenen Vorwürfe in ihren Vertiefungen nach unten zu breiter (s. S. 992), ausgehöhlt sind, um dem Edelmetalle eine dauerhaftere Grundlage zu geben. Auch andere Metalle als Eisen, — besonders die Bronze, — werden derartig verziert. So tauschierte oder besser eingelegte (inkrustierte) Bronzen, wurden schon von den Etruskern dargestellt, aber niemals dergleichen Arbeiten auf Eisen, wovon die europäischen ältesten bekannten, wie bereits angeführt, von den Franken abstammen. Zu solchen nicht auf Eisen ausgeführten Einlagen oder Tauschierungen gehören die unter dem Namen Kooftgariar-Arbeiten von Coojerat und Sealkote im Pedschab (Indien). Hier ist die Silbertauschierungs-

[1]) Was dadurch festgestellt ist, dass ja bekanntlich karlingische Gräber keine Mitgaben an Waffen und Schmuk mehr aufweisen.

arbeit meist auf geschwärztem Zinn ausgeführt; tauschierte Eisen-Stahl- und Bronzearbeiten kommen da aber auch vor, ebenso wie in Persien.

Das Damasten d. h. die Erzeugung des Damasstahls[1] — (auch indischer oder Wootzstahl genannt), dessen Name von der Stadt Damaskus stammt, wo schon im 3. Jahrhundert n. Chr. unter Diokletian große Waffenfabriken bestanden, deren Erzeugnisse hochberühmt wurden, — ist von Tauschieren d. h. d. Eintreiben gänzlich verschieden.

Der echte Metalldamast ist ein Gußstahl, worin die verschiedenen moirierten Zeichnungen allein dem Vorhandensein der krystallisierten und durch Anwendung von Säuren zu Tage geförderten Eisenschwärze ihre Entstehung verdanken. Andere solcher Muster rühren von kleinen Teilen verschiedener Metalle, als Platina, Silber, Palladium her. Es giebt schwarze, braune, graue Damaste. Die Werkweise davon ist folgende. Es werden mehrere Lagen Stahl verschiedener Härte oder Eisengußstahl und Stahl zusammengeschweißt, eng verschmiedet und gehärtet. Eine aus solchem Stahl hergestellte Klinge u. d. m., bekommt bei Behandlung durch Säuren, auf der Oberfläche moireeartige Schattierungen, da

[1]) Eine aus solchem Stahl hergestellte Klinge zeigt bei Behandlung mit Säuren auf der Oberfläche meist eine der hier dargestellten Schattierungen da Eisen und Stahl verschiedener Härte, von Säuren verschieden angegriffen wird. Die weichste Art erleidet die stärkste Einwirkung und erscheint demnach am hellsten. Je nach dem Zusammenschmieden erscheinen diese Moireen streifiger oder wellenförmiger.

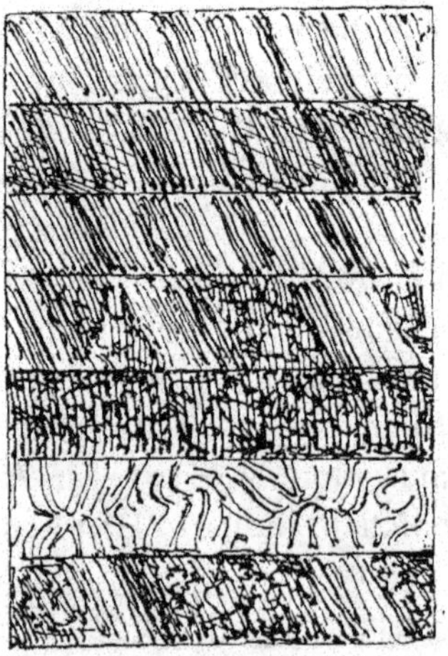

Sieben verschiedene Damastschattierungen

Eiſen und Stahl verſchiedener Härtung verſchiedentlich von den Säuren angegriffen wird. Die weichſten Sorten geben die hellſten, die härteſten, die dunkelſten Abtönungen. Je nachdem die verſchiedenen Eiſenſtahlſorten zuſammen geſchmiedet ſind, erſcheinen die innen etwas flacherhabenen Zeichnungen wellenförmig, ſtreifig oder moſaikartig u. d. m. Beſonders künſtlich verwickelt iſt die Zuſammenſetzung der Gewehrlaufdamaſte, für deren Anfertigung Lüttich ſo großen Rufes genießt. Unter den verſchiedenen Gattungen davon ſteht der Renard-Damaſt als der feinſte und teuerſte oben an. Derſelbe enthält nicht weniger als 1432 Drähte, da jeder der drei für ſolchen Damaſt verwendeten Stäbe aus 72 Drähten Eiſen und 72 Drähten Stahl zuſammen geſchweißt iſt. Nachdem dieſe drei Teile ihrerſeits auch durch Schmieden vereinigt ſind, wird damit über einen Dorn (franz. broche) d. h. über einen Stahlſtock gezogenen Hülſe (franz. cylindre) der Lauf gebildet, indem man die platte Damaſtſtange ſchneckenförmiggewunden um die Hülſe ſchmiedet und dieſe nach Beendigung durch Ausbohren entfernt.

Auch unächter oder Scheindamaſt in dem echten ganz gleichen Muſtern und ebenfalls in Flachbildnerei wird, beſonders in Lüttich, viel für billige Jagdgewehre verwendet. Man erlangt ſolchen Täuſchungsdamaſt, indem auf der Oberfläche des fertigen gewöhnlichen Laufes oder ſonſtiger Gegenſtände, mit lithographiſcher Schwärze Papier geklebt und darüber verdünnte Schwefelſäure verbreitet wird, welche die unbedruckten Teile des Papiers, ſowie die unter denſelben befindliche Oberfläche des Metalls wegfrißt, aber die mit der Schwärze bedeckten Teile davon im Relief ſtehen läßt. Zu dieſer Gattung des unechten Damaſtes gehören auch die Erzeugniſſe (beſonders Kinderſäbelklingen, Papiermeſſer etc.), wo der Täuſchungsdamaſt faſt nur aus Reliefzeichnungen, beſonders in bräunen und bläuen Abtönungen, beſteht, welche teilweiſe vermittelſt verdünnter Säuren und durch verſchiedene Glühungen erlangt werden. Das Bräunen und das Bläuen des Eiſens geſchieht nämlich einfach durch Abglühen, indem man vor dem Feuer genau den Augenblick wahrnimmt, wo das Metall bläulich oder bräunlich glüht, um es ſchnell daraus zurückzuziehen. Schon geglättete (polierte) Arbeit wird aber vermittelſt heißen Sandes gebläut.

Der echte Damaſt kann abgeſchlieffen, immer wieder aufs neue durch die Säuren ins Leben gerufen werden, wo hingegen der unechte oder Täuschungsdamast, einmal abgeschliffen, nicht wieder zum Vorschein kommt.

Das Bräunen oder Bronzieren (v. franz. brunir) der Gewehrläufe findet statt, indem der polierte Gegenstand verschiedene Male mit einer Mischung von Antimonbutter und Öl überstrichen der Luft jedesmal ausgesetzt und dann mit Wachs abgerieben wird Auch eine Lösung von einem Teil Höllenstein und 500 Teilen Wasser giebt dasselbe Ergebnis. Solches Bräunen verhindert besonders das Rosten des Eisens.

Clout war der erste in Frankreich, der den Damast nachmachte (1804). Die Herstellung ist seitdem in vorzüglicher Weise durch Degrand Gurgey, Conleaux und besonders Stodart und Faraday (im Jahre 1822) verbessert worden. Die Manufakturen der Rhonemündungen senden sogar ihre Klingen aus poliertem Damast nach dem Orent. Lüttich versendet schon seit langer Zeit gebänderten und anderen Damast zur Fabrikation der Gewehrläufe seiner Jagdkarabiner, selbst der gewöhnlichsten, die zu ungläublich billigen Preisen geliefert werden.

XLIX.

Monogramme, Initialen, Namen und Marken der Waffenfchmiede.

A.

Namenszeichnungen römifcher Waffenfchmiede.

VMORCI:	auf einem im Moor Nydam bei Oftr. Latrup in Sundewitt gefundenen und im Mufeum zu Kiel aufbewahrten Schwerte.
RICUS:	desgleichen.
RICCIM:	desgleichen im Mufeum zu Kopenhagen.
COCILLVS:	desgleichen.
TASVIT:	auf einer eifernen in Dänemark gefundenen Speerfpitze. — Mufeum zu Kopenhagen.
AMPANI:	desgleichen.
RICUS:	auf einer in Schleswig gefundenen Schwertklinge. — Mufeum zu Kiel.
RICCIM:	desgleichen.
COCILLUS:	desgleichen.
VMORCI:	desgleichen.
AEL. AELIANUS:	auf einem bronzenen in Schleswig gefundenen Schildbuckel. — Mufeum zu Kopenhagen.
MARCIM:	auf einer eifernen in Schweden gefundenen Schwertklinge. — Mufeum zu Stockholm.
RANVICI:	auf einer eifernen in Norwegen bei Einang (Valdres) gefundenen Schwertklinge. — Altertumsfammlung der Familie Lorange in Fredrikshald.
ACIRONI:	auf einer im Diftrikt Valdres gefundenen eifernen Schwertklinge. — Mufeum zu Chriftiania.
SABINI:	auf einem Schwert der Sammlung Sollen.
SVADVBIX:	gallifcher Schmiedeftempel auf einem zu Befançon gefundenen Meffer.

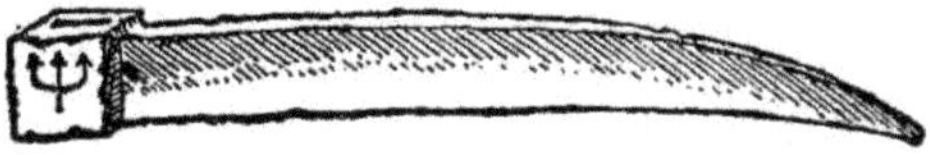

Römifcher eiferner Spitzhammer mit der Marke des neptunifchen Dreizacks. Fundort Bergftollen bei Pleydt (Nach De Witt).

B.

Deutſche Waffenſchmiede.

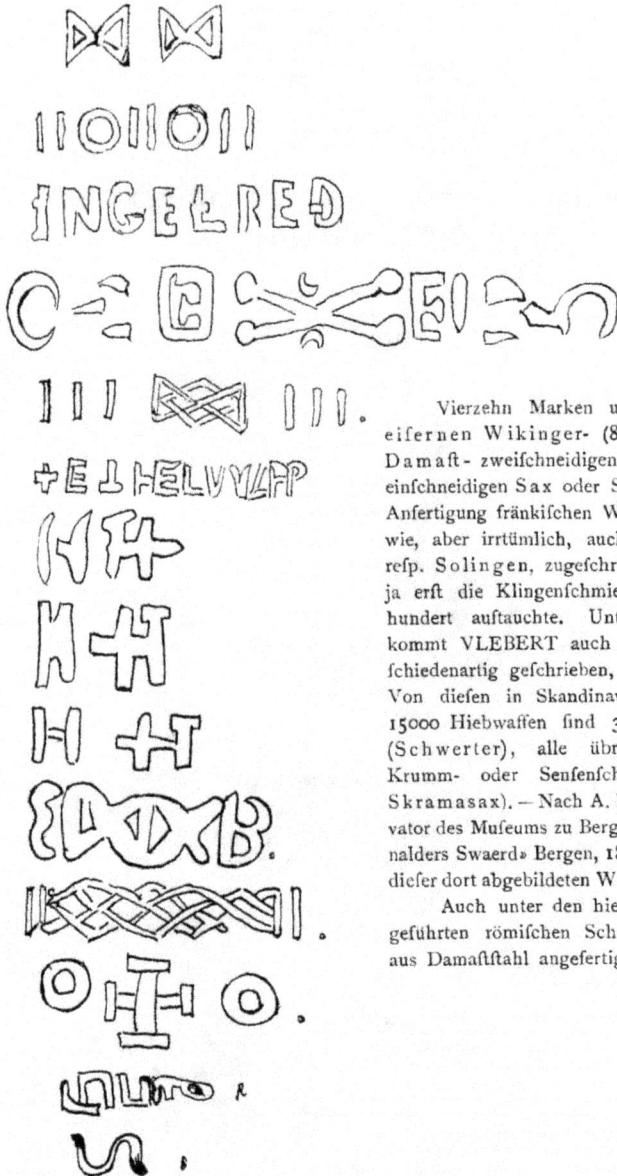

Vierzehn Marken und Inſchriften von eiſernen Wikinger- (8.—11. Jahrhundert) Damaſt- zweiſchneidigen Schwertern und einſchneidigen Sax oder Skramaſax, deren Anfertigung fränkiſchen Waffenſchmieden, ſowie, aber irrtümlich, auch dem Siegerlande, reſp. Solingen, zugeſchrieben wird, da hier ja erſt die Klingenſchmiederei im 14. Jahrhundert auftauchte. Unter den Inſchriften kommt VLEBERT auch INGELRED, verſchiedenartig geſchrieben, am häufigſten vor. Von dieſen in Skandinavien aufgefundenen 15000 Hiebwaffen ſind 3000 zweiſchneidig (Schwerter), alle übrigen einſchneidige Krumm- oder Senſenſchwerter (Sax oder Skramasax). — Nach A. L. Lorange Konſervator des Muſeums zu Bergen: «Den Yngre Jernalders Swaerd» Bergen, 1889. (S. S. 343 zwei dieſer dort abgebildeten Wikingerſchwerter.)

Auch unter den hier vorhergehend angeführten römiſchen Schwertern ſind einige aus Damaſtſtahl angefertigt.

Sonne und Mondsichel befinden ſich als Fabrikmarke, in Goldeinlegung (Inkruſtation), auf der Klinge eines altgermaniſchen Dolches im Muſeum zu Mainz.

Trebuchet, kommt bei Chrétien de Troyes[1]) und Wolfram von Eſchenbach[2]) vor, kann daher ſehr wohl auch für einen franzöſiſchen Waffenſchmied gelten. Sein Sohn **Schoyt von Assigarziunde**[3]) kommt ebenfalls bei Wolfram von E. vor[4]).

Madêlger von Regensburg wird vom Pfaffen Konrad im Rolandsliede erwähnt.

Kiûn von Mûnlêun kommt im Willehalm (429, 28), vor[5]).

Ezelin, Waffenſchmied (Loricator) hat zu Köln gearbeitet (ſ. Merlo) zwiſchen 1056—1075.

Gisilbertus III. Waffenſchmied (Schwertfeger).

Desgleichen 1150.

Gerlacus desgleichen 1212.

Theodorici desgleichen (Balliſtarii) 1238.

Heintzberger (Conrad), Kanonengieſser zu Frankfurt a. M., in den Rat gewählt (ſ. Hüsgen) 1373.

Monogramme von zwei Schwertklingen aus dem 14. Jahrhundert, die im Züricher Zeughaus aufbewahrt werden. Wahrſcheinlich iſt dies das Wahrzeichen des Wolfes[6]), das Paſſau und Solingen[7]) vom 13. Jahrhundert an gleichzeitig führten. Man trifft aber auch dieſe Marke auf ſpaniſchen Klingen an.

Aarau (Johann v.) Geſchützgieſser zu Augsburg 1375—1378.

Monogramm eines deutſchen Waffenſchmiedes, von einer dem Jahre 1476 zugeſchriebenen Rüſtung in der Ambraſer Sammlung, Nr. 37.

Judenkind (Walter), hat 1377 zu Frankfurt a. M. ein Katapult angefertigt, welches 100 Pfund ſchwere Steinkugeln ſchleuderte (ſ. de Lersner I. II. S. 321).

Falk (N.), Arkebuſier zu Frankfurt a. M., 1378.

Georg, desgleichen 1486.

Gerardus (Helmſchläger), zu Köln (ſ. Merlo) um 1296.

Girardi (Spornmacher), desgleichen um 1352.

Zeilanus, desgleichen um 1358.

Henricus (Schwertfeger), desgleichen um 1389.

Thomas von der Tannen (Harniſchmacher), desgl. um 1407.

Dittrich von Berck (Spornmacher), desgleichen um 1427.

1) Perceval 4853 und 41530 ff.

2) Parcival 261, 1; 643 18.

3) Dieſer Ort ſoll nach Schultz, das höfiſche Leben, II, 7 im Orient zu ſuchen ſein.

4) Willehalm 356,20.

5) Hinter dieſem und dem vorigen Namen vermutet Schultz (das höf. Leben, II, 6) geſchichtliche Perſönlichkeiten.

6) Klingen mit Wolfsmarken ſind ſelbſt im Morgenlande berühmt und geſucht.

7) Die Entſtehung des Eiſengewerbes hier ſoll unter Adolf IV. von Bern (1147) durch Damaszener (?) Waffenschmiede, nach anderen wahrſcheinlicher durch Steiermärker gegründet ſein, den Quellenſtudien nach, ſoll aber in ſo früher Zeit die Waffenanfertigung noch nicht in Solingen ſtattgefunden haben.

Pantaleon (Regnard) (Armboftger), desgl. um 1428.
Johann von Münster (Schwertfeger), desgleichen um 1429.
Tyrolff (Peter) (Waffenmacher), desgleichen um 1436.
Tillmann von Haen (Schwertfeger), desgleichen um 1443.
Plattner (Lorenz), Waffenfchmied Maximilians I, 1470.
Boese (Heinrich) Harnifchmacher, desgleichen um 1450.
Johann von Bayrbach (Spornmacher), desgl. um 1463.
Müller (Jean), Kanonengiefser, zu Mühlhaufen um 1467.
Appenzeller (auch Appetzeller) Gefchützgiefser zu Innsbruck 1490—1493.
Spete (Sixte), desgl. zn Colmar um 1493.
Peter von Duren (Armbruftmacher), zu Köln (f. Merlo), um 1491.
Ludovicus v. Vylinckhuysen, desgl. um 1502.
Vaitde (Arnold), Harnifchmacher, desgl. um 1513.
Johann von Swirthen, Panzermacher, desgleichen.
Peter, Thomas, Ernst zu Dannen, Peter von Bayern, Thöns Wilde, Thomas von Molenheim, Hermann von Gladburg, alle zu Köln vom 15. Jahrhundert.
Cran (D.), Namenszeichnung auf einer Streitaxt vom 15. Jahrhundert.
Kemp (Johann), zu Köln um 1514.
Wrede (Chriftian), desgl. um 1539.

Monogramm eines Waffenfchmiedes vom 16. Jahrhundert. — Wiener Zeughaus.

Monogramm eines Zweihänders vom 15. Jahrhundert (f. S. 757)

Monogramm eines Waffenfchmiedes vom 16. Jahrhundert. — Wiener Zeughaus.

Monogramm eines deutfchen Waffenfchmiedes v. 1522.

Zeichen der Augsburger Taufchierer.

Wilhelm v. Worms, Plattner † 1539.

Lochner [Kunz der Jüngere], Plattner zu Nürnberg um 1545.
Lochner, Conrad, Waffenfchmied Maximilians für getriebene Arbeit zu Nürnberg. 1567.
J. A. 1540. Ulm. Auf einer Jagdarkebufe mit Radfchlofs und gezogenem Laufe. — Mufeum zu Freiburg in der Schweiz.
Beheim, Sebald, Kanonengiefser zu Nürnberg, ftarb 1534. Gofs 1505 eine 150 Centner fchwere Kanone, die Eule.

Pegnitzer, Andreas, der ältere Kanonengieſser zu Nürnberg, hat ſich 1543 in Kulmbach niedergelaſſen, wo er zum Waffenſchmied des Kurfürſten Albrecht ernannt wurde.

Lerchly, Anton, zu Kempten. Lieferte 1580 mehrere tauſend Hellebarden nach Baſel.

Danner, Wolf, berühmt wegen ſeiner geſchmiedeten Büchſenläufe und Kugeln, zu Nürnberg, 1552.

Kühfuss, Georg, berühmt wegen ſeiner Radſchlöſſer, Nürnberg, † 1600.

Kotter, Auguſtin, berühmt wegen ſeiner gezogenen Läufe, desgleichen 1630.

Mann, Michel, berühmt wegen ſeiner kleinen ganz eiſernen Arkebuſen und Handpuffer, oder Fauſtrohre zu Nürnberg 1630.

Recknagel, Caspar, zu Lüneburg um 1632.

Oberländer, Johann, geboren daſelbſt 1640, † 1714 zu Nürnberg, wo er ſeit 1661 anſäſſig war. Derſelbe iſt auch berühmt wegen ſeiner Stahlarmbrüſte, Windbüchſen und Windhandpuffer. Er hat die Windbüchſe und Pulverbüchſe mit doppeltem Lauf erfunden.

Muck, Wenzel, zu Brünn. Signatur einer Kurtine mit Radſchloſs. — Sammlung Fleiſchhauer zu Colmar.

M. Merkzeichen vom Anfange des 16. Jahrhunderts.

Marke eines Fauſtrohrs, 16. Jahrhundert, welches dem ſächſiſchen General Täufel (1556) angehört hat.

Prüfungsmarke der Wiener Klingenſchmiede vom 15. und 16. Jahrhundert.

P·V·S  **Peter**, Waffenschmied zu Annaberg um 1560.

Siebenbürger (Valentin), Plattner. Nürnberg nach 1547.

Grünewald (Hans) Plattner. Nürnberg † 1503.

Bebinckhorn, Plattner von Kaſſel, zu Dresden 1577—1581.

Becher (Hans), Plattner, Nürnberg † 1569.

Armgert (Michael), Büchſenmacher Dresden und Leipzig 1588.

Clemens Horn, von Solingen, eine von Schwertern aus dem 16. Jahrhundert aufgenommene Signatur, die in dem Dresdener und Pariſer Artillerie-Muſeum aufbewahrt wird.

Clemens Horum iſt das lateiniſche Merkzeichen desſelben Waffenſchmiedes, das von einem Zweihänder im Pariſer Artillerie-Muſeum aufgenommen wurde.

H. K. Erhabene Initialen auf einer Radſchloſsarkebuſe mit gezogenem Lauf, vom Anfange des 16. Jahrhunderts. — Pariſer Artillerie-Muſeum.

I. et **W.** Erhabene Initialen auf einer Radſchloſsarkebuſe mit gezogenem Lauf, aus der Mitte des 16. Jahrhunderts. — Pariſer Artillerie-Muſeum.

M. W. desgl. desgl.

F. L. F. H. V. ZZ. desgl.

Boest der Junge, der von einer aus dem Jahre 1569 herrührenden, im Tower zu London aufbewahrten Radſchloſspiſtole aufgenommener Name.

P. O. V. G. Erhabene Initialen auf einer Radſchloſsarkebuſe mit gezogenem Lauf und vom Jahre 1590 datiert. — Pariſer Artillerie-Muſeum.

Peter Münster, von einer Degenklinge aufgenommen, die auſserdem das Wolfszeichen trägt. Der Name dieſes Waffenſchmiedes, aus dem 16. Jahrhundert, wie derjenige ſeines Bruders, **Andreas Münster**, befindet ſich auf Degen im Dresdener Muſeum. Peter Münſter hat ebenfalls einen prachtvollen Degen, im Muſeum zu Sigmaringen, bezeichnet.

H. mit Krone, iſt das Zeichen eines Rüſtungswaffenſchmiedes (Plattners), der die Turnierrüſtung Kaiſer Maximilians I. (1550—1519) ſowie auch das in der Ambraſer Sammlung aufbewahrte Schwert dieſes Monarchen angefertigt hat.

Dies iſt kein Monogramm eines Waffenſchmiedes; es iſt aus den Initalen Maximilians II. zuſammengeſetzt und von einer aus dem Jahre 1566 datierten Hellebarde abgenommen. — Pariſer Artillerie-Muſeum. (Siehe weiterhin, ein ähnliches deutſches Monogramm. Auf der Partisane v 1613.)

Lorenz Helmschmidt, Plattner um 1480.

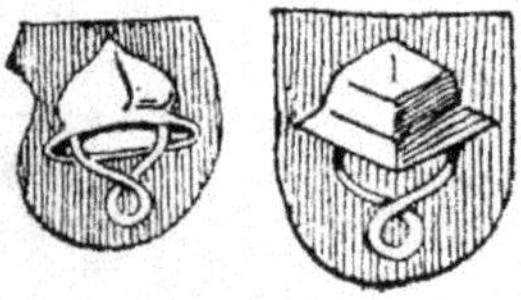

Veit, Plattner zu Nürnberg um 1473.

Treytz, Plattner zu Gratz um 1480.

Monogramm von einer deutſchen, vom Ende des 16. Jahrhunderts herrührenden Hellebarde abgenommen, worauf die öſterreichiſchen Wappen befindlich. — Pariſer Artillerie-Muſeum.

Schönberg (J. A. V.), iſt der Name eines berühmten Münchener Waffenſchmiedes des 16. Jahrhunderts, von dem mehrere Werke ſich im dortigen Stadtzeughaus befinden.

Ambrosius Gemlich und **Wilhelm Seusenhofer** († 1547), beide von München, waren die Waffenſchmiede Karls V. (1516— 1558) und Ferdinands I.

Jörg Seusenhofer und **Kollmann Helmschmidt** (Deſiderius) geb. 1499, Plattner (Rüſtungswaffenſchmiede) von Innsbruck und Augsburg, arbeiteten im 16. Jahrhundert und ſandten viele Waffen nach Spanien.

Franz Grosschedl, in Landshut, der gegen 1568 arbeitete und dem der Herzog von Bayern 1325 Gulden für einen einzigen Küraſs bezahlte, † 1579.

Desiderius. (**Kollmann?**)

Frauenpreis (Matheus), Augsburg † 1549.

Lützenberger (Hans), 1446—1475.
Richter (Conrad).
Neymar (Wolf).
Frisenhofer (Wilhelm).
Seusenhofer (Wilhelm).
Weiss (Pankraz).

Dieſe neun Waffenſchmiedenamen kommen in einem Klein-Folio-Bande (Bibliothek zu Stuttgart, sub Militaria Nr. 23) vor, welches als Muſterbuch eines Harniſchätzers aus der Mitte des 16. Jahrhunderst ſtammt (vergl. Kunſtgewerbeblatt II. Jahrgang Heft 5 S. 81 ff.

Seusenhofer, Hans Plattner zu Dresden um 1550.
Seusenhofer, Jörg Plattner zu Dresden um 1550.

Desiderius iſt der Vorname **Kollmanns,** er, ſowie **Seissenhofer** (Seuſſenhofer) und **Anton Pfefferhauser** ſind bekannte **Augsburger** Künſtler. — Die andern wahrſcheinlich auch.

Martin Hofer, von München, hat gegen 1578 gearbeitet.
Anton Pfefferhausser oder **Pfeffenhaussen,** von Augsburg, gegen 1580.
Paul Schaller, gegen 1606.
Antonin Miller, von Augsburg, gegen 1592.
Paul Vischer, von Landshut, gegen 1600.
Wolf von Speier, Plattner zu Nürnberg um 1562.
Wolf Pickenhorn, Plattner von Kaſſel, zu Dresden um 1577.
Hans Feil, Plattner zu Dresden um 1576.
Gregor Werner, Plattner von Bünau zu Dresden um 1588.
Peter von Speyer (der Jüngere), Plattner um 1580.
Christof Arnolt, Plattner † 1596,
Thomas Goritz, Plattner zu Torgau, 1556—1563.
Egidius Krauss, Plattner zu Dresden, um 1569.
Hans Gensert, Pattner zu Dresden, um 1685.
Mathias Müller, Plattner zu Dresden um um 1590.
Christian Müller, Plattner zu Dresden 1619.
Wolf Hillinger, Plattner zu Leipzig um 1590.
Hans Undeutsch, Plattner zu Dresden um 1590.

Valentin Siebenbürger, Plattner zu Nürnberg um 1531.

Hans Ringler, Plattner, um 1600.

Marke eines Nürnberger Plattners vom Ende des 16. Jahrhunderts.

Do. do.

Nürnberger «Beſchauzeichen».

Brabantar (Heinrich), Solingen, 16. Jahrhundert.
Stam (Clemens), desgl.
Keuller (Clemens), desgl.
Stentler, desgl.
Neuſtad (Neuſtadt bei Wien?) 1587.
Bechella (Lenhartus), 1597.
Kirschbaum (Johannes), Solingen, 16. und 17. Jahrhundert.

Hans Becher, Plattner zu Nürnberg um 1570.

Johann Allich.
Meves Berns von Solingen.
Peter Brock.
Clemens Koller,
Johann Kirschbaum.
Clemens Meizen.
Johann Moum.
Heinrich und **Peter Pather.**
Hans Prum von Mesene.
C. Polz.
Peter Wersberg.
Dieſe elf Namen von Waffenſchmieden befinden ſich im Dresdener Muſeum, zumeiſt auf Waffen, die dem 16. Jahrhundert angehören.

Bartholomes Hachner iſt die Signatur eines Waffenſchmiedes, die von einer Radſchloſsarkebuſe mit gezogenem Lauf abgenommen worden, deren Schaft mit gezeichneten und gravierten Platten eingelegt iſt.

T. iſt ein von einer deutſchen Radſchloſsjagdbüchſe, vom Ende des 16. Jahrhunderts abgenommenes Merkzeichen. — Pariſer Artillerie-Muſeum.

Johann Broch, von einem Degen aus dem 16. Jahrhundert abgenommene Signatur. — Pariſer Artillerie-Muſeum.

Monogramm und Initialen von einer kleinen deutſchen vom Ende des 16. Jahrhunderts herrührenden Büchſe. — Pariſer Artillerie-Muſeum.

Marken zweier deutſchen Waffenſchmiede aus dem 16. Jahrhundert, von Geiſsenfuſsarmbrüſten abgenommen.

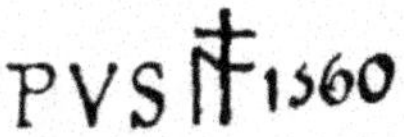

Peter, von Speier. — Artillerie-Muſeum zu Berlin, eine Rüſtung Joachims II. (1539) Soll zu Annaberg gearbeitet haben.

Johannes Hopp, Signatur von einem Richtſchwert aus dem 16. Jahrhundert. — Pariſer Artillerie-Muſeum.

J. P. 1595. Prachtvolles deutſches Feuergewehr der Erbacher Sammlung.

H. S. ✝. 1577. ASSID. befindet ſich auf einer Hellebarde der Leibwache Kaiſer Rudolfs I. (Sammlung Hamburger).

HR. **Hans Rosenberger**, Plattner zu Dresden um 1558.

Siegmund Rosenberger, desgleichen.

H. C. R. Erhöhte Initialen auf einer Radbüchſe mit gezogenem Lauf, vom Jahre 1600 datiert. — Pariſer Artillerie-Muſeum.

H. V. K. Initialen, mit denen eine Radſchloſsbüchſe mit gezogenem Lauf im Pariſer Artillerie-Muſeum gezeichnet iſt.

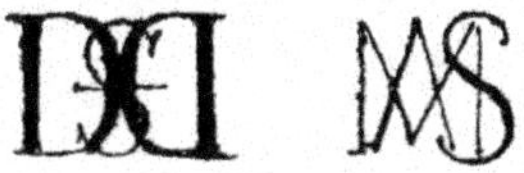

Monogramme zweier Radſchloſsbüchſen mit gezogenem Lauf. (Deutſch?)

Dieſe beiden Waffen im Pariſer Artillerie-Muſeum möchten indes wohl keine deutſchen ſein.

Johann Georg Hoffmann, Signatur auf einer Radſchloſsbüchſe mit gezogenem Lauf, im Pariſer Artillerie-Muſeum.

Andreas M. Sigl.

Georg und **André Seidel.** desgleichen.

H. et S. desgl. desgl.

Johann Hauer, 1612. Signatur eines Waffenſchmiedes von Nürnberg mit Jahreszahl, von einer gravierten Patrizierrüſtung abgenommen, welche ſich im kaiſerl. Arſenal zu Wien durch ihren Rückteil bemerklich macht, an dem der Waffenſchmied Stellen für die Buckel, mit denen der Patrizier behaftet war, ausgearbeitet hat.

M. H. I. B. Initialen auf einer Hellebarde, vom Jahre 1613 datiert. Pariſer Artillerie-Muſenm.

I. K. 1629. Initialen und Datum auf einer Steinſchloſsflinte[1]) in der Erbacher Sammlung.

T. Marke eines deutſchen Waffenſchmiedes vom 16. Jahrhundert.

---

[1]) Die Jahreszahl erſcheint zweifelhaft, da das Steinſchloſsgewehr, welches man für eine franzöſiſche Erfindung hält, erſt gegen 1646 in Frankreich eingeführt wurde.

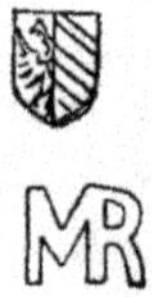

Marken des Nürnberger Plattners Mert. Rothfchmid, † 1597, (auf einem Helm im Landeszeughaufe zu Graz).

Wopper, Clemens, in Solingen, deffen Name auf einem Schwert vom 16. Jahrh.

B. A. S. I. Marke eines deutfchen Waffenfchmiedes vom 16. Jahrhundert. (Porte de Hal zu Brüffel.)

Kühfusz, Büchfenmacher zu Nürnberg im 16. Jahrhundert von deffen Namen man die volkstümliche Bezeichnung von **Kuhfuss** für Gewehr ableiten will.

Petthere oder **Peltherr** zu Wirsberg, auf einem Schwerte vom 16. Jahrhundert. — Porte de Hal zu Brüffel.

Hirschbaum, Clemens, in Solingen. Schwert vom 16. Jahrhundert.

Brack, Jakob, in Solingen, Schwert. — Porte de Hal.

Bach, Jakob, auf einem feiner Degen vom 17. Jahrhundert. M. D R. N. — Porte de Hal.

Drausmiller, G., in München, auf einer Radfchlofsbüchfe. Porte de Hal.

Poth, Johann, desgl.

Pecher, Johann, desgl.

Jo. Caspar Rudolf zu Crems, desgl.

Stenglise, desgl.

Bras, Peter, von Mayen, auf einem Degen vom 17. Jahrhundert. — Artillerie-Mufeum zu Wien.

Woller, Clemens, in Solingen, auf einem fchönen Schwerte Ferdinands III. (1625—1657). — Mufeum zu Wien.

Becher, Leopold, Steinfchlofspiftole. — Mufeum zu Wien.

Hartmann, C. A. B., auf einem Jagdgewehre vom 17. Jahrhundert. — Mufeum zu Freiburg in der Schweiz.

Marke eines Waffenfchmiedes zu Augsburg vom 16. Jahrhundert. Radfchlofspiftole. —

Mamberger, zu Strafsburg.

Schneidewind, Benedikt, † zu Frankfurt a. M. 1694, Kanonengiefser.

Schweigger, Georg, Nürnberg 1613—1690. S. Doppelmeyer.)

Wels, Adam, 1610. Schwert. Sammlung Hammer, Stockholm.

Hoberts, Jakob, 1615. desgl.

Weisberger, Johann, Solingen, desgl.

Monsit, Peter, desgl.

Johanni, Johann, 17. Jahrhundert. Schwert.

Keulle, Thilo, Solingen, 17. Jahrhundert. Schwert.

Tesch, Peter, mit Negerkopf auf Schwertern vom 17. Jahrhundert.

A. van Zuylen.

Mourn, Hans, Solingen. Schwert vom 17, Jahrhundert.

Brach, Paul, Solingen. 1648.

Graonder, Heinrich, Solingen. Schwert vom 17. Jahrhundert.

Tzor (Georg), Plattner zu Wien, welcher um 1670 an die Stadt Wien «80 Reiterkuraſſe und einen ganzen Feldkuraſs der ein Meiſterſtück iſt», verkauft.

Heinrich de Wilme, Plattner zu Nürnberg um 1334.

Roschlaub, Plattner zu Nürnberg 1334.

Bernard, Plattner zu Nürnberg 1420.

Albrecht Speser, Plattner zu Nürnberg 1420.

Heintz Spies, Plattner zu Nürnberg um 1422.

Conz. Flock, Plattner zu Nürnberg um 1533.

Hans von Plech, Harniſchpolierer zu Nürnberg um 1399.

Georg von Plech, Harniſchpolierer zu Nürnberg um 1420.

Hans Derrer, Harniſchpolierer zu Nürnberg um 1496.

Hans Pernecker, Vater Harniſchpolierer zu Nürnberg, um 1483.

Wilhelm von Worms, Vater, Plattner zu Nürnberg, um 1500—1539.

Wilhelm von Worms, Sohn, Plattner zu Nürnberg.

I. A. Marke eines deutſchen Waffenſchmiedes vom 17. Jahrhundert.

M. H. I. B. 1613, desgl.

M. S. Marke, Martin Süsbecker vom 17. Jahrhundert.

Monogramm einer deutſchen Partiſane, die auſserdem die Wappen des Pfalzgrafen, Herzogs von Zweibrücken, und die Jahreszahl 1613 aufweiſt. Pariſer Artillerie-Muſeum. (Siehe ein ähnliches deutſches Monogramm S. 1002.)

Augustinus Kolter, Signatur auf einer Radſchloſsbüchſe mit gezogenem Lauf und mit der Jahreszahl 1616 verſehen. Dieſelbe Signatur befindet ſich auf ähnlichen vom Jahre 1621 datierten Büchſen. Pariſer Artillerie-Muſeum.

H. F. 1638. Von Feuergewehren entnommen.

Johannes Keindt, von Solingen, Signatur auf dem Degen eines Kriegsmann von der erſten Hälfte des 14. Jahrhunderts. Pariſer Arrillerie-Muſeum.

Mierovimus Leger, Signatur auf einer deutſchen Radſchloſsbüchſe mit gezogenem Lauf und vom Jahre 1632 herrührend. — Pariſer Artillerie-Muſeum.

Heinrich Reimer auf einem Doppelhaken der Waffenſammlung des Schloſſes Mürau in Mähren, nach der Aufnahme von 1691.

F. L. L. I. A. Marke eines Waffenſchmieds von Baireuth, vom 17. Jahrh.

H. F. 1638. Marke eines deutſchen Waffenſchmieds. 17. Jahrhundert.

T. A. M. Feuergewehr der Sammlung Erbach.

H. V. Initialen auf einer deutſchen Radſchloſsbüchſe, die auch als Jagdgewehr diente. Sie trägt die Jahreszahl 1656. Pariſer Artillerie-Muſeum.

Jottan Gsel[1]) **Artzberg** iſt die Signatur eines deutſchen Waffenſchmieds auf einer Radſchloſsbüchſe. — Pariſer Artillerie-Muſeum.

Matheus Matl, Signatur einer deutſchen Büchſe mit gezogenem Lauf und mit der Jahreszahl 1661 verſehen. — Pariſer Artillerie-Muſeum.

1) Dieſer Gſel könnte wohl dem Namen nach ein Schweizer ſein.

Hamerl, (Joseph), Wien. Namenzeichnung auf einer schweren Radschlossbüchse vom 17. Jahrhundert. — Sammlung Scharf.
Ancinus (Petrus), Schwertfeger. Regensburg 1660.
Stifter (Hans Cristoph), Büchsenmacher. Prag 1660—1684.
Baur (Wilhelm), Büchsenschäfter. Ellwangen 1690.

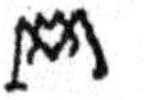

Maucher, Büchsenschäfter zu Schwäbisch-Gmünd 1670.

Zoller (Melchior), Schwertfeger. Augsburg, um 1600.
Zilli (Markus), Büchsenmacher. Memmingen 1670—1690.
Gol (Enrico) von Solingen, Schwertfeger, welcher im 17. Jahrhundert in Spanien arbeitete und handzeichnete: «Spadero del Rey» auch «En Alemania fecit», sowie «Misinsnal Santissimo crucificio».
Hauschke, (S) Büchsenmacher. Wolfenbüttel und Prag, um 1710.

Lorenz, Hofplattner Maximilians I. † 1516.

Heishhaupt (Daniel), Büchsenmacher. Ulm, um 1780.
Hans Heinrich Deiler, zu Frankfurt. 1663. Feuergewehr mit gezogenem Lauf in der Erbacher Sammlung.
Georg Hoch, 1654. Feuergewehr der Erbacher Sammlung.

Initialen, wahrscheinlich die Kaiser Leopolds (1600—1705), auf einem deutschen Brechmesser kopiert. — Pariser Artillerie-Museum.

Kilian Zollner, von Salzburg. Jagdbüchse mit Radschloss im Berliner Zeughaus.
Ich. Sommer, zu Bamberg, 1685, berühmt wegen seiner Büchsen.
Hans Breiten, Signatur einer Büchse mit gezogenem Lauf und mit der Jahreszahl 1666 versehen. — Pariser Artillerie-Museum.
C. P. E. 1663. Auf einem Radschlossgewehr der Sammlung San Donato.
Leygebe, Gottfried, berühmter Eisenciseleur zu Freistadt in Schlesien 1630, ansässig zu Nürnberg und Berlin.
Berger, Adam Hechen, um 1675.
S. S. **Schlick** (Stephan), zu Dresden.
S. R. **Reibon** (Simon), zu Dresden.
Breitenfelder, Feuergewehr der Erbacher Sammlung.
Braunhoffer (Math.), zu Augsburg. — 17. Jahrhundert.
Georg Alt, F. A., Signatur einer Arkebuse mit gezogenem Lauf und von 1666 datiert, im Artillerie-Museum zu Paris.
Dietrich Veban, Signatur einer Arkebuse mit gezogenem Lauf und von 1668 datiert. Pariser Artillerie-Museum zu Paris.
Joh. Ulrich Tilemann, von Marpurg (Marburg), 1676, Signatur einer Steinschlossflinte der Sammlung Erbach.

Marius Linck in Prag, aus der 2. Hölfte des 17. Jahrhunderts. — Tower in London.

H. Nic. Markloff in Hanau, 1680, Steinſchloſsflinte der Erbacher Sammlung.

Wilhelm Eich, aus dem 17. Jahrhundert, im Pariſer Artillerie-Muſeum.

Jan Sander von Hannover, Signatur einer Armbruſt vom Jahre 1669 datiert. — Pariſer Artillerie Muſeum.

Johann Gutzinger, 1677, Signatur eines vom Jahre 1677 datierten Wallgewehrs.

Clemens Poeter, von Solingen, Signatur eines Degens aus dem 17. Jahrhundert im Pariſer Artillerie-Muſeum.

Hans Jakob Stumpf von Moſsbrunn, Waffenſchmied und Ätzer im Jahre 1682.

Johann Martin, Signatur einer Arkebuſe mit gezogenem Lauf und von 1684 datiert. — Pariſer Artillerie-Muſeum.

Leonhardies Bieslinger von Wien, Signatur auf einer Arkebuſe mit gezogenem Lauf und Schlangenhahnluntenträger, vom Jahre 1687 datiert. — Pariſer Artillerie-Muſeum.

Daniel Eck, von Nördlingen, Signatur einer Arkebuſe mit Radſchloſs und gezogenem Lauf und 1688 datiert. — Pariſer Artillerie-Muſeum.

H. **Martin Müler**, Signatur einer Muskete mit gezogenem Lauf, vom Ende des 17. Jahrhunderts.

Andreas Prantner hat einen Karabiner vom Jahre 1675 bezeichnet, der ſich im Tower zu London befindet.

P. V. 1678, von einer Hakenbüchſe im Tower zu London.

Klein (Wilhelm), Schwert im k. Muſeum in Wien.

Weigl (Melchior), auf einem Degen vom 17. Jahrhundert. — Muſeum zu Freiburg (Schweiz.)

Benningh (Albert), Lübeck, um 1669.

Reig, Graz, um 1688.

Mauch, (Joſeph), zu Wien. — 17. Jahrhundert.

Zelner (Markus), zu Wien. — 17. Jahrhundert.

S. H. Marke von **Helwig** (Simon).

Simon Ruef oder **Rvef**, in Filwang (?), iſt die Signatur einer Radſchloſsarkebuſe mit gezogenem Lauf und vom Jahre 1689 datiert.

H. P. zum Monogramm verſchlungen, iſt ein anderer Stempel, der ſich auf derſelben Arkebuſe befindet.

A. **Wasungen**, 1690, Steinſchloſsflinte der Erbacher Sammlung.

Heinrich Keimer, Name eines Waffenſchmieds, der eine Radſchloſsarkebuſe mit gezogenem Lauf vom Jahre 1691 bezeichnet hat. — Pariſer Artillerie-Muſeum.

Okhoff (Andreas), Kanonengieſser zu Moskau. Eine von ihm für den Zar Theodor Joannowitſch gegoſſene Kanone iſt datiert vom Jahre 1694.

Léon Georg Dax, Name auf einer Radſchloſsarkebuſe mit gezogenem Lauf vom Ende des 17. Jahrhunderts, im Pariſer Artillerie-Muſeum.

Reitinger (J. S.), Ottobeuren auf eine Radſchloſsbüchſe im fünfeckigen Turme zu Nürnberg.

ME. FECIT. SOLINGEN auf einer Schwertklinge vom 17. Jahrhundert.

L. B. auf Radſchloſhpiſtolen vom 17. Jahrhundert.

M. K. desgl.

Trank (Johann Chriſtoph), Waffenfabrikant in Nürnberg während des dreiſsigjährigen Krieges (1618—1648).

Ehe (Leonhart) desgl.

Dausmüller (G.), Waffenſchmied in München.

Stang (H), Stecher in München. Auf einem Radſchloſſe vom 16. Jahrhundert.

Hauw 1620 auf eine Radſchloſsſtandbüchſe.

Herman (Joh.), Frankfurt, auf eine Radſchloſsſtandbüchſe.

Moly, Stecher, desgl.

Baissellmanns Schachner, in Innsbruck, Radſchloſsarkebuſe mit gezogenem Lauf, im Pariſer Artillerie-Muſeum.

Johann Adam Alter, der Name eines Waffenſchmieds auf einer Radarkebuſe mit gezogenem Lauf.

Andreas Zaruba, von Salzburg. Name eines Waffenſchmiedes auf einer Radſchloſsarkebuſe mit gezogenem Lauf.

Johann Seitel, mit der Jahreszahl 1704, befindet ſich auf einer Radſchloſsarkebuſe mit gezogenem Lauf, im Pariſer Artillerie-Muſeum.

Jacobi (Johann), goſs 1708 für Kurfürſt Albrecht Achilles.Kanonen, auch das Standbild des Groſsen Kurfürſten zu Berlin.

Georg Dinkl, von Obertirol, vertiefte Signatur einer Radarkebuſe mit gezogenem Lauf. — Pariſer Artillerie-Muſeum.

Joseph Hamerl, von Wien, Signatur einer Radarkebuſe mit gezogenem Lauf, im Pariſer Artillerie-Muſeum.

T. P. C. D. G. E. B. 1702. Initialen auf einer Steinſchloſsflinte der Erbacher Sammlung.

Wichelm Brabender, Signatur einer deutſchen Rüſtung Nr. $\frac{10}{35}$, im Tower zu London.

Stanislaus Paczelt, der auf einem Jagdgewehr vom Jahre 1738 gravierte Name eines Waffenſchmiedes. — Tower in London.

W. Initial auf einem deutſchen Sponton aus der Regierungszeit Karls VI. (1711 — 1740), im Pariſer Artillerie-Muſeum.

Knaleck (Martin), Steinſchloſsgewehr.

Namenszug Karls VI. (1711—1740).

Dieſe beiden Monogramme eines deutſchen Spontons ſind von den Initialen der Maria Thereſia und des Franz von Lothringen gebildet, der ſich mit der Kaiſerin im Jahre 1738 vermählt hatte. — Pariſer Artillerie-Muſeum. Das letztere Monogramm gleicht auch dem des Pfalzgrafen Theodor.

Wappenſchild, einem deutſchen Saufänger aus dem 17. Jahrhundert entnommen — Pariſer Artillerie-Muſeum.

Neureiter (Johann) in Salzburg an einer Steinſchloſsflinte. 18. Jahrhundert.

Schirmer (W.) Bamberg, auf einem Steinſchloſsjagdgewehr und auf einer Windbüchſe. 18. Jahrhundert.

Petri à Maynz 1745. Auf einem Steinſchloſsjagdgewehr.

Hauer (Andreas) auf einem Steinfchlofsgewehr vom 18. Jahrhundert.

Illing (J. C.). Auf einer Steinfchlofsjagdflinte vom 18. Jahrhundert.

Heubach (A) do. do.

Engelhard (J. B.) **Nürnberg**, auf einer Windbüchfe.

Wilfing. Signatur einer Radfchlofsarkebufe, vom Anfange des 18. Jahrhunderts. —

Daniel Anthoine, v. Berlin, Signatur eines kleinen deutfchen Spontons preufsifcher Offiziere aus der Regierungszeit Friedrichs II. (1740—1786).

Utter, in Warfchau etabliert, hat eine Redfchlofsarkebufe mit gezogenem Lauf, vom Jahre 1789, gezeichnet. Parifer Artillerie-Mufeum.

Joseph Graf und I. A. | Signatur und Initialen eines deutfchen Waffenfchmiedes, einem Karabiner entnommen.

Turschen-Reith, Infchrift auf einem Karabiner.

Ulrich Wagner, von Eychftett, desgl.

Hartmann ift der Name eines deutfchen Waffenfchmiedes, der in Amfterdam gearbeitet hat und von dem das Parifer Artillerie-Mufeum ein Musketon mit Feuerfteinbatterie befitzt.

Rewer, in Dresden, Name eines Waffenfchmiedes auf einem Radfchlofskarabiner, vom Jahre 1797 datiert. — Tower in London.

Daniel Heishaupe, in Ulm, ift ein Waffenfchmied von der Mitte des 18. Jahrhunderts, des im Parifer Artillerie-Mufeum unter der Nr. M. 343 aufbewahrten Karabiners mit Feuerfteinbatterie.

Zwalter, Signatur eines Karabiners mit Feuerfteinbatterie.

Eckart, von Prag. . . . . desgl.

Pgerttel, von Dresden. . . desgl.

Johann Hereiter, von Salzburg, Signatur eines gezogenen Karabiners im Parifer Artillerie-Mufeum.

Riegel, in Zweibrücken, Waffenfchmied aus dem 18. Jahrhundert, der ein im Parifer Artillerie-Mufeum aufbewahrtes Feuerfteinbatteriegewehr bezeichnet hat.

Andreas Gans, in Augsburg, hat die unter Nr. M. 1288 im Parifer Artillerie-Mufeum aufbewahrte deutfche Jagdflinte bezeichnet.

Spazirer, in Prag, . . . desgl., . . . M. 1289.

Picart Ohringen, . . . desgl., . . . M. 1291.

T. W. Peter, in Ottingen, desgl., . . . M. 1292.

Ertel, in Dresden, . . . desgl., . . . M. 1294.

und in der Erbacher Sammlung fo wie im Wiener Artillerie-Mufeum.

Christian, in Wien, deutfche Jagdflinte, M. 1297 im Artillerie Mufeum zu Paris.

F. L. L. I. G. find die Initialen eines Waffenfchmieds von Bayreuth der eine im Parifer Artillerie-Mufeum aufbewahrte deutfche Jagdflinte bezeichnet hat.

Georg Kaiser, von Wien, eine dem Parifer Artillerie-Mufeum entnommene Signatur.

Christoph Joseph Frey, in München.

Adam Kulnic, desgl.

Heinrich Kapel, desgl.

Valentin Siegling, zu Frankfurt a. Main, Erfinder einer Windbüchfe, aus dem 18. Jahrhundert, im Parifer Artillerie-Mufeum.

Fi. Bosier, in Darmftadt, desgl.

Vrel, in Koblenz, desgl.

S. Gerlach, in Berlin, desgl.

S. Gerlach, in Meerholz, Windbüchfe. — Sammlung Erbach.

Müller, in Warſchau. Windbüchſe. — Pariſer Artillerie-Muſeum.
Contriner, in Wien, desgl.
Stephan Stockmar, in Potsdam, geſt. 1782, berühmt wegen ſeiner Gewehre.
Stockmar (J. C.), auf einem Karabiner der Sammlung San-Donado.
Qualeck (Joſeph), zu Wien. Steinſchloſs.
Maier, (Felix), Wien. Steinſchloſs.
Liebel, (J. G.), Prag. Degen vom 18. Jahrhundert.
Koppel, in Solingen. Degen.
Demrath, in Berlin. 18. oder 19. Jahrhundert.
Knecht, Wilhelm, Solingen. Degen vom 18. Jahrhundert. (Sammlung Lilienthal in Elberfeld.)
Knecht, P., desgl.
Köller, A. E., oder **Höller**. «De la Marquise de Raisen à Solingen.» Hofdegen vom 18. Jahrhundert. Sammlung Lilienthal.
Röhrig, Solingen. 18. oder 19. Jahrhundert. Sammlung Lilienthal.
Weber, J. H., desgl.
K. und **S.** desgl.
A. und **S.** desgl.
J. und **R.** desgl.
J. Wilhelm Fels, in Pelinghauſen, 1751, auf einem Steinſchloſsgewehr der Sammlung Lilienthal.
Clett, Johann, in Paſſau, auf einer Steinſchloſspiſtole vom 18. Jahrhundert. — Sammlung Lilienthal.

Nicolas Bis, Gold- und Waffenſchmied Philipps V. (1724—1746), welchem Gewehrläufe mit 800 Mark bezahlt wurden.

Hein, Joſeph, Minden. — Sammlung Lilienthal.
Rösle, desgl.
Schlaegl, Franz, zu Innsbruck, Karabiner mit gezogenem Lauf.
Craz, Adam zu Wien, Steinſchloſsgewehr. — Porte de Hal.
Weissbrenner, zu Wien, 1785, Bronzekanone. — Porte de Hal.

ADAM
WEIGEL
ME FECIT
AUGUSTA.

Marke mit Königskopf auf einem Degen vom 18. Jahrhundert im Muſeum zu Freiburg (Schweiz). Auguſta jetzt Agoſta iſt der Name einer Stadt in Sicilien.

Zehenter, zu Ofen um 1724.
Münch, Georg. von Dresden, in der Schweiz um 1725.
Hatil, Leopold, Wien um 1726.
Weinhold, Johann Gottfried, in Sachſen, 1741.
Dietrich zu Michelinice (Öſterreich), 1761.
Dieſe fünf Namen befinden ſich auf bronzenen Kanonen im Wiener Zeughaus.
Stockmann, Hans.
Gessler (G. G. George?), zu Dresden.
Heinrich, Z. S.
J. C. Sars in Berlin, wegen ſeiner Windbüchſen berühmt.
C. Z. mit der Hälfte eines Wagenrades iſt das Zeichen der Fabrik **Ziegler** in Dresden, aus dem 18. Jahrh., berühmt wegen ihrer Degenklingen.

Valentin Makl, deutſcher, in Kopenhagen etablierter Waffenſchmied, hat eine Feuerſteinſchloſspiſtole bezeichnet. Pariſer Artillerie-Muſeum.

J. A. Kuchenreiter von Regensburg, Signatur einer Feuerſteinbatteriepiſtole. Dieſer Waffenſchmied iſt ſehr berühmt in Deutſchland.

Joh. Andreas Kuchenreiter, Signatur desſelben Waffenſchmiedes, einer Steinſchloſsflinte vom Anfange des 19. Jahrh. entnommen. — Muſeum in Sigmaringen.

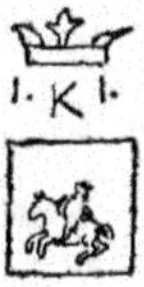

Johann Jakob Kuchenreiter, wahrſcheinlich Bruder oder Sohn des vorhergehenden, auf Piſtolen. — Muſeum zu Freiburg in der Schweiz.

Johann Jakob Kuchenreiter, desgl.

I. I. **Behr**, Signatur eines Wallgewehres aus dem 18. Jahrhundert (ſ. unten).

May in Mannheim, desgl.

Georg Koint, desgl.

Eich, Büchſenmacher 1783, deſſen Namenszeichnung auf verſchiedenen Steinſchloſsgewehren vorkommt, ſo in den folgenden Reimen auf dem Laufe eines ſolchen Gewehres im Beſitze des Groſsherzogs von Heſſen:

Ich habe ſeit vierzigſieben Jahr
Sehr offte dechargiret.
Und als mein Loch verdorben war,
Hat **Eich** mich repariret
Es brauche mich nun Jedermann,
Weil er ganz ſicher ſchieſsen kann. 1783.

Nock hat ein Wallgewehr vom Jahre 1793 bezeichnet.

Stirlets hat ein Wallgewehr bezeichnet.

C. Nuterisch in Wien iſt ein Waffenſchmied der zweiten Hälfte des 18. Jahrhunderts, der einen im Tower zu London aufbewahrten Karabiner bezeichnet hat.

C. E. F. ſind die einem Steinſchloſsgewehr der Sammlung Erbach entnommenen Initialen.

H. T. in Heubach, desgl.

J. **Belen**, **August Hortitz**, **F. G. Gurz**, **Isidor Soler**, **N. O.** und **F. R. Bis**, ſind deutſche Waffenſchmiede, deren Zeichen und Monogramme nach den in der Armeria real in Madrid aufbewahrten Waffen von Don Joſé Maria Marcheſi in einem Verzeichnis der Madrid bewohnenden Waffenſchmiede von 1684—1849 angegeben worden ſind.

Manuel Soler, **Martin Manuel**, **Samuel Til** und **Ferdinand Dez** ſind dem Verzeichnis der Waffenſchmiedsmonogramme von demſelben Verfaſſer aus der Armeria real entnommene Namen ſolcher deutſchen Waffenſchmiede, die in Madrid vorübergehend verweilten.

P. J. Parisis — Aix-la-chapelle auf einer Windbüchſe.

C. Dettenrierder — Ulm, auf einem Steinſchloſsgewehr vom 18. oder 19. Jahrh.

Geronimo Mutte, desgl.

Franz Zellner, Salzburg, auf einem Steinſchloſsgewehr vom 18. oder 19. Jahrh.
Caspar Zellner, desgl.
Wenzel Spazierer Wien, (ſ. Spazierer in Prag) desgl.
Caspar Lindner Mainz, desgl.

Schweitzer (oder deutſcher) Plattner- und Waffenſchmiedemarken von Waffen des Muſeums der Stadt Wien.

Auf Hellebarden vom 15. Jahrhundert.

Auf einem Spieſs vom 16. Jahrhundert.

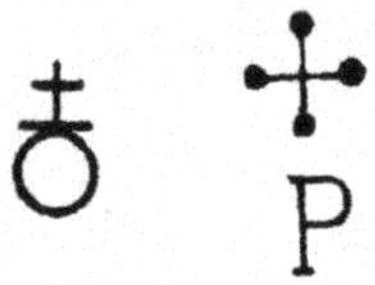

Auf einem Spieſs vom Ende des 16. Jahrhunderts.

Auf Hellebarden vom 16. Jahrhundert.

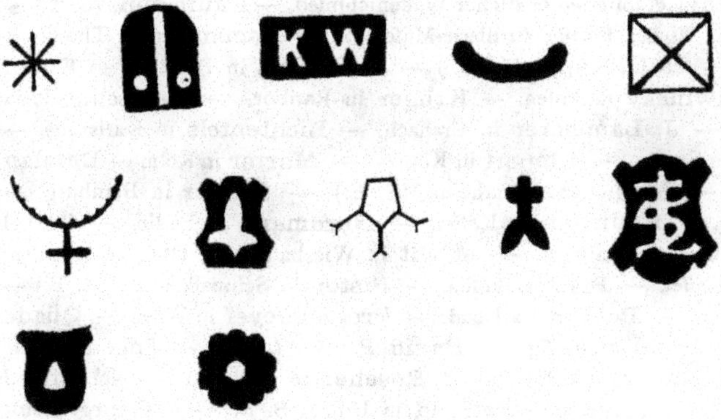

Auf Hellebarden vom 16. Jahrhundert.

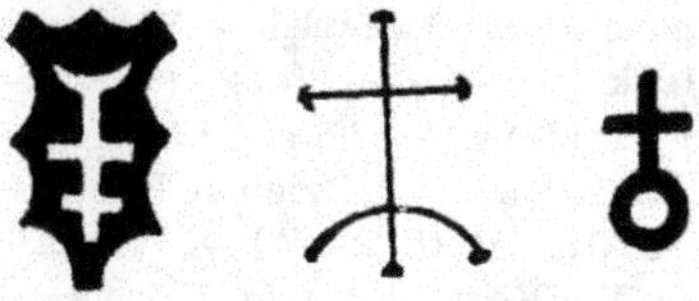

Auf Zweihänder (Bidenhänder) vom 16. Jahrhundert.

Auf einem Reiterſchwert aus der Zeit Maximilians I. (1493—1519).

Namen noch anderer deutſcher Waffenſchmiede aus den letzten Jahren des 18. Jahrh. und dem Anfange des 19., die wegen ihrer Feuergewehre und Windbüchſen mehr oder weniger berühmt ſind.

S. E. bedeutet Sammlung Erbach.

Heinrich Albrecht in Darmſtadt. (S. E.) — **Anschütz** in Suhl. — **D'Argens** in Stuttgart. — **David Arnth** in Mergentheim. — **V. Bartholomae** in Potsdam. — **Baumann** in Villingen. — **Behr** in Wallenſtein. (S. E.) — **Brenneck.** (S. E.) — **Bergsträsser.** (S. E.) — **Bergh.** (S. E.) — **Calvis** in Spandau. — **Claus** in Halberſtadt. (S. E.) — **Cornelius Coster.** (S. E.) — **Dinkel** in Hall. (S. E.) — **S. Dison.** (S. E.) — **Ebert** in Sondershauſen. — **Echl** der ältere, jüngere und jüngſte in Berlin. — **Echl, von der,** in Berlin. — **Leopold Eckart** in Prag. — **J. M. Felber** in Ravensberg. — **Martin Fischer** in Suhl. — **Christoph Wilhelm Freund** in Fürſtenau. (S. E.) — **Carl Freund** in Fürſtenau. (S. E.) — **Fremmery** in Berlin. — **Friedler** in Ulm. — **J. Georg** in Stuttgart. — **Jean Grenet** in Perleberg. (S. E.) — **Gottschalck** in Ballenſtedt. — **J. C. Gorgas** in Ballenſtedt. — **Harz** in Cranach. — **Hauser** in Würzburg. — **Heber** in Karlsbad. — **Christ. Hirsch.** (S. E.) — **Jach** in Speier, Doppelgewehr, damaszierter Lauf. (S. E.) — **F. Jaiedtel** in Wien, Doppelgewehr, damaszierter Lauf. (S. E.) — **Junker** in Grambach. (S. E.) —

Jung, ein in Warſchau etablierter deutſcher Waffenſchmied. — **Kaufmann.** (S. E.) — **Georg Kayser** in Wien. Pariſer Artillerie-Muſeum. — **Kemmerer** in Thorn. — **G. Kalb.** (S. E.) — **H. H. Kappe.** (S. E.) — **J. C. Klett** in Potsdam. — **Knopf** in Salzthal. — **Krawinsky** in Poſen. — **Krüger** in Ratibor. — **Kleinschmidt** in Wiſterburg. (S. E.) — **J. Lammerer** in Cranach. — **Lichtenfels** in Karlsruhe. — **Lippe, van der,** in Stettin. — **Lippert** in Köthen. — **Marter** in Köln. — **Damian Marter** in Bonn. — **Mathe** in Mannheim. (S. E.) — **Müller** in Bernburg. — **Müller** in Steinau. — **Naumann** in Kaſſel. — **Nordmann** in Berlin. — **Oertel** von Dresden, in Amſterdam etabliert. — **M. Oit** in Wiesbaden. — **Otto** in Brandenburg. — **Pfaff** in Kaſſel. — **Pfaff** in Poſen. — **Pistor** in Schmalkalden. (S. E.) — **A. Pötzi** in Karlsbad. — **Polz** in Karlsbad. — **Presselmeyer** in Wien. — **Quade** in Wien. — **Rasch** in Braunſchweig. — **David Reme.** (S. E.) — **Joh. Rischer** in Spandau. — **C. Rener.** (S. E.) — **J. Roscher** in Karlsbad. — **Manfried Reichert.** (S. E.) — **J. Andreas Rechold** in Dolp. (S. E.) — **Georg Reck** 1782—1796. (S. E.) — **Peter Säter** in Lemgo, Lippe-Detmold. (S. E.) — **Schackau** in Bamberg. — **Schedel** in Stuttgart. — **Schirrmann** in Paſewalk. — **Schramm** in Celle. — **Fr. Schulze** in Breslau. — **Spaldeck** in Wien. — **Stack.** (S. E.) — **Stark** in Wien. (S. E.) (Sammlung Hammer in Stockholm.) — **Tanner** in Köthen. Sammlung Erbach und Dresdener Muſeum. — **Töll** in Suhl. — **Ulrich** in Eberndorf. (S. E.) — **Christian Voigt** in Altenburg. — **J. Jos. Vett.** (S. E.) — **Waas** in Bamberg. — **Walster** in Saarbrücken. (S. E.) — **M. Wertschgen** in Willingen. — **Jean Zergh.** (S. E.) — **Zürich** in Wien.

Lebédu à Prague auf einem Paar Perkuſſionspiſtolen mit Schieſsbedarf. — Sammlung des Herzogs von Oſuna zu Dinant.

Namen Solinger Schwertfeger, welche von 1430 bis 1690 thätig geweſen ſind.

Viele dieſer Familiennamen tauchen bis ans Ende des 18. Jahrhunderts wieder auf und mehrere davon figurieren heute noch im Solinger Klingengewerbe. Da für den Sammler dieſe ſpäteren Fabrikanten wenig Bedeutung haben, ſo iſt von dem ganzen Verzeichnis derſelben hier Abſtand genommen, um ſo mehr, da ja Cronau in ſeiner Monographie ſämtliche Namen, faſt 390, angegeben hat.

Pols(o), um 1430. — **Köller** (Johannes), von 1490—1495. — **Boepel** (Johannes), um 1520. — **Wundes** (Johannes), von 1560—1610. — **Boest**, um 1569. — **Lobach** (Peter), um 1580. — **Berns** (Arnold), um 1580. — **Stamm** (Clemens), um 1580. — **Tesche** oder **Tesse** (Johann), 1580. — **Hoppe** (Johann) 1580. — **Tesse** (Clemens), 1585. — **Horn** (Clemens), 1588. — **Kirschbaum** (Johann), 1590. — **Brabanter** Heinrich), 1590. — **Meigen** oder **Meissen** (Clemens), 1590. — **Weyersberg** (Wilhelm), 1573—1591. — **Wette** (Othmar), 1594. — **Munsten** (Peter), 1597. — **Wilms** (Johann), 1600. — **Brosch** (Peter), 1600. — **Mum** (Johann), 1600. — **Hartkopf** (Johann), 1600. — **Mefert** (Johann), 1600. — **Schimmelbusch** (Peter), 1600. — **Pols** (Chriſtoph), 1603. — **Tesse** (Peter), 1604 - 1618. — **Weiersberg** (Peter), 1611—1617. — **Keindt** (Johann), 1620. — **Knecht** (Peter), 1630. — **Krebs** (Chriſtian), 1632. Erfinder des „Solinger Damaſtes". — **Clauberg** (Peter), 1632. — **Wolferts** (Jürgens), 1638. — **Berg** (Johann), 1619—1720. — **Münch** (Peter), mit der **Mönchskopfmarke**, 1649. — **Paster** (Peter), 1650.

Marken und Monogramme Solinger Schwertfeger.

Seit dem Jahre 1350 (Zeughaus zu Berlin).

Desgl. 1400.

Desgl. (Museum zu Dresden).

Desgl. desgl.

Desgl., 1450 (Sammlung des Prinz. Karl, gegenwärtig im Zeughaus zu Berlin).

Desgl. (Zeughaus zu Berlin).

Desgl. (Zeughaus zu Berlin).

Desgl. 1480 (Germanisches Museum zu Nürnberg).

Desgl., 1580 bis 1625.

Seit 1490.

Seit 1490 bis 1550 (Zeughaus zu Berlin).

Seit 1480 oder 1490, desgl.

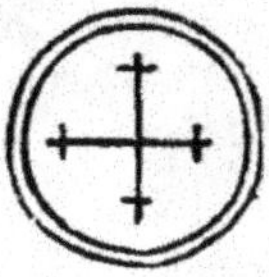

Seit 1500 (Zeughaus zu Berlin und Koburg).

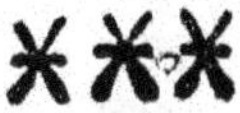

Desgl. (Zeughaus zu Berlin).

Desgl. (Zeughaus zu Berlin).

Desgl. (Museum zu Dresden).

Desgl. (Zeughaus zu Berlin).

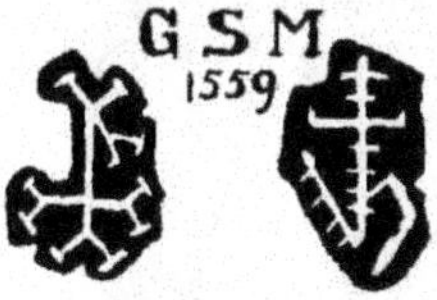

1556 (Museum zu Dresden).

Desgl. 1570.

Seit 1580 (Museum zu Dresden).

Seit 1580 (Museum zu Dresden).

Desgl.

Desgl.

Seit 1580 (Museum zu Dresden).

Desgl.

Desgl.

Desgl.

Desgl.

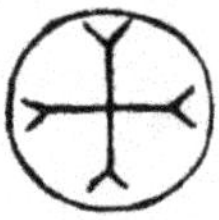
Seit 1590 (Berliner Zeughaus und in Koburg).

Seit 1580.

Desgl. (Museum zu Dresden.)

Desgl. desgl.

Seit 1580.

Von 1580 bis 1600 (Museum zu Dresden).

Seit 1590 (Museum zu Dresden).

Desgl. desgl.

Seit 1597, desgl.

Desgl. desgl.

Seit 1597 (Dresdener Mus.).

Desgl. desgl.

Seit 1600, desgl.

Desgl. desgl.

Seit 1600—1760.

Seit 1600 (Dresdener Museum

Desgl. (Koburg).

Seit 1600 (Museum zu Dresden).

Desgl. desgl.

Desgl. desgl.

Desgl. desgl.

Bis 1600 (Dresden).

Desgl. desgl.

Desgl. desgl.

Desgl. desgl.

Desgl. desgl.

Desgl. desgl.

Desgl. (Koburg).

Desgl. desgl.

Bis 1600 (Koburg).

Desgl. (Dresden).

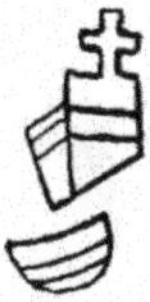

Seit 1603 (Koburg).

Desgl. 1613.

Bis 1680 (Dresdener Museum).

Desgl. desgl.

Desgl. desgl.

Desgl. desgl.

Desgl. desgl.

Desgl. desgl.

Bis 1688. Marke Jonas im Walfisch.

Bis 1700.

 Bis 1700.

 Desgl. (Dresden).

 Desgl. desgl.

 Desgl. 1740 desgl.

 Bis 1750. Marke genannt „Zum Paradieſe“.

 Bis 1750.

 Von 1760 – 1800.

 Bis 1768.

 Desgl. Marke genannt „Der ſüſse Einfall“.

 Bis 1700

 Desgl. 1774.

 Desgl. 1779.

Nachſtehende, aus Rudolf Cronau's Illuſtrirter „Geſchichte der Solinger Klingeninduſtrie“ entnommene Marken ſind Solinger Fabrikzeichen vom 18. Jahrhundert.

 Bis 1775.

 Bis 1780.

 Desgl.

 Bis 1780.

 Desgl.

 Bis 1781.

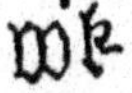

Nürnberger Büchsenmeister, Büchsenschmiede und Feuerschlossmacher des 16. Jahrhunderts. (Anzeiger des germ. Museum.)

Hyrsbach, Bernhard. † 1527.
Götz, Mathes, vor Plassenburg erschossen 1554.
Rennck Sebald, zu Hassfurt † 1554.
Rosner, Linhardt, † 1543.
Rösner, Hans, † 1550.
Rösner, Peter, † 1557.
Hirder, Puchsengiesserin. † 1558.
Herder, Sebald, der jünger, Puchsengiesser. † 1559.
Wonsitzer, Heinrich, † 1554. Feuerschlossmacher.
Streber, Hans, † 1564. Feuerschlossmacher.
Preus † 1570. Feuerschlossmacher.
Reinhart, Hans, † 1565. Feuerschlossmacher.
Hesolt, Zacharias, † 1567. Feuerschlossmacher.
Dentzl, Hans, † 1572. Feuerschlossmacher.
Schot, Hans, † 1569.
Sewezin um 1590.
Stopler um 1590.
Danzlin um 1590.
Scherb, Hans, † 1572.
Wolflyn um 1561.
Reisner um 1561.
Rossner, Hans. † 1557/58.
Rosner, Jorg, aufm Platz. † 1559.
Paur, Cuntz, † 1560.
Strauss, Hans, † 1560/61.
Herder, Sebald, der Elter, † 1563.

C.

Monogramme, Initialen und Namen italienischer Waffenschmiede.

Serafino zu Brescia, um 1320.

Marken der Plattnerfamilie **Massaglia** zu Mailand um 1350; sowie diese Handwerkszeichen im Hofe des von den Missaglia's bewohnten Hause, Via degli Spadari zu Mailand auf einem Säulenknaufe in Flachbildnerei zu finden sind.

Danielo de Castelo Milano, vom Jahre 1378. Name eines Waffenschmiedes, dem Dresdener Museum entnommen, wo nach des Verf. Meinung man ihn mit Unrecht für einen Spanier hält.

A. B. ein Monogramm, gegen 1480.

BAB desgleichen.

S. desgleichen.

Antonio Romero, berühmter Waffenſchmied aus dem 16. Jahrhundert.

Philippi Nigroli, aus Mailand, gegen 1822.

S. P. Q. R. Initialen der Worte «Senatus Populusque Romanus» auf einem italieniſchen Rundſchilde aus der Mitte des 16. Jahrhunderts im Pariſer Artillerie-Muſeum.

Bartolam Billea, Signatnr einer damaszierten Jagdflinte im Dresdener Muſeum.

Johannes de la Orta, Signatur eines Degens von der Mitte des 16. Jahrhunderts, der die Wappen der Montmorency trägt. — Pariſer Artillerie-Muſeum.

Johannes de l'Orta iſt eine von der vorhergehenden etwas abweichende Signatur, die auf einer im Dresdener Muſeum befindlichen, aber mit Unrecht der ſpaniſchen Schule eingereihten Waffe geſtempelt iſt; hat auch manchmal  markiert. (Siehe ferner am Anfange der «ſpaniſchen Waffenſchmiede».

Marke eines italieniſchen Waffenſchmiedes aus dem 16. Jahrhundert.

Ein Sporn mit achtſpitzigem Rade (16. Jahrhundert?) der Sammlung Hamburger trägt im Innern die eingeſtochene Inſchrift: **Fioramani.**

F. R. I. N. G. I. A. (Abkürzungen von Fredericus (III.) Rex. I. IV. GERMANIA, IMPERATOR, AUGUSTUS)
Dieſe Inſchrift kommt auf in Steiermark angefertigten Schwertklingen vor, welche beſonders in Ungarn geſucht waren und weshalb die Fälſchung ſich auch damit beſchäftigte.

Vivat Maria Theresia und

Vivat Franciscus ſo wie

Vivat Pandur u. d. m., meiſt mit dem Reichsadler bezeichnete Klingen, ſind ebenfalls oft ſteiermärkiſcher Anfertigung.

Tacito (Piſanio), Waffenſchmied Guidobaldo's II. von Urbino (1538—1594), wie der auf dem Bildniſſe des Herzogs (früher Sammlung des Schloſſes Ambras) befindliche Prunkhelm, welcher im Muſeum Tſarskoe-Selo (Petersburg) aufbewahrt wird, beweiſt. (Vgl. Zeitſchrift für bildende Kunſt XIX).

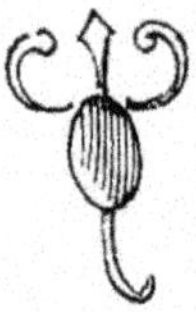

Italieniſches, Skorpion genanntes Waffenſchmiedsmonogramm vom Anfange des 16. Jahrhundert, einer italieniſchen Guiſarme, der Sammlung Soeter in Augsburg entnommen.

Ghisi, Georgio, zu Mantua. — 16. Jahrhundert, eigentlich Georgio von Ghiſys zu Mantua, Graveur, Ciſeleur und Tauſchierer, von deſſen Kunſt ein runder Prunkſchild in der Sammlung San-Donato Zeugnis gab. Dieſer bedeutende Künſtler hat auch zwei Kupferſtiche hinterlaſſen: «Paris mit dem Apfel» und «Centauren» von 1554. — Jahreszahl, die auch auf dem Schilde ſteht.

Caiac, Pietro, zu Mailand, Degen in der Sammlung Hammer zu Stockholm.

Cengo, Lambert, desgl.

Antonio Piccinino, unter der Nr. $^{9}/_{60}$, einem im Tower zu London aufbewahrten Rapier vom Anfang des 17. Jahrhunderts entnommen, ſowie auf einer Damaſtklinge im Muſeum der Porte de Hal.

 ſowie Pichinio auf einem Degen der Sammlung Hammer zu Stockholm.

Pellizoni, berühmt wegen ſeiner Tauſchierarbeit. 16. Jahrhundert.

Nigroli, Philippo, und deſſen Brüder, haben für Franz I., ſowie für Karl V. gearbeitet. S. die zu Wien befindlichen Waffenſtücke, Helm und Brigantine, 1532 angefertigt.

Blancardi, Antonio, 16. Jahrhundert, ſ. Storia della Scultura v. Cicognara.

Piccinini, desgl.

Turcone, Pompeo, desgl.

Vitalis, Hieronymus, zu Cremona um 1571, Bronzekanonen. — Wiener Zeughaus.

Garotto, Francesco, hat mit Cominizi gearbeitet. — Sammlung Lilienthal.

Scacchi — Sandrini — Auf einer Klinge der Sammlung des Prinzen Karl. 16. Jahrh

Abraham de Vilina, desgl.

De Laquobus Bernardiere, desgl.

Lambertini, desgl.

Caino v. Brescia, auf einer Klinge der 2075 Nummern enthaltenden Sammlung Richard's (zu Rom 1890 verſteigert) 16. und 17. Jahrhundert.

Ghinello (Martino il), Tauſchierer, Mailand 1580.

Marchetti (Philippo), Waffenſchmied, Brescia 16. Jahrhundert.

Neron (Damianus de), Waffenſchmied, Venedig 1550.

Parigino, (Gian), Büchſenmacher, Florenz 16. Jahrhundert. Marke: Lilie mit G. P.

und  **Piccino** (Antonio), Schwertfeger, 1509—1589.

Piccino (Frederigo), Sohn des vorigen.

Cantoni (Bernardino), Plattner um 1500.

Valerio (Vincenzo), Tauſchierer, Rom 1520.

Sirrico (Pietro), Waffenſchmied, Florenz 1550.

Giorgiutti (Giorgio), Schwertfeger, Belluno 16. Jahrhundert.

Pillizone, Taufchierer, Mailand, desgl.
Venasolo (Antonio), Büchfenmacher, Brescia, desgl.
Piripe, Treibarbeiter, Florenz 1550.
Visin, Armbruftmacher, Asolo 1560.
Serabaglia (Giovanni), Taufchierer, Mailand 1560.
Zoppo, Schwertfeger, Pifa 17. Jahrhundert.
„Sole, Sole, Gaudet“, Marke des Büchfenmachers **Gavacciola** vom 17. Jahrhundert.
Diomede, Büchfenmacher, Brescia 17. Jahrhundert.
Mitiano, Schwertfeger zu Arezzo — desgl.

Matinni Antanni, Schwertfeger um 1550.

Pedro di Napoli, Schwertfeger, 16. Jahrhundert.

Paratici, (Battiftino), Büchfenmacher, Florenz, 17. Jahrhundert.

Boia (il B.), Büchfenmacher in Brescia. Marke **Bär** mit M. B.

Marke der Waffenfabrik Karls III. zu Neapel, 18. Jahrhundert.

Marke von zu Piftoja im 18. Jahrhundert angefertigten Gewehrläufen.

In Kupfer eingetriebenes italienifches Schwertfegerzeichen vom 13., 14. und 15. Jahrhundert.

Missaglia, da, auch **Negreli** (Antonio), Mailand 1492.

Merate, Plattnerfamilie zu Mailand und Arbois in Flandern im 15. und 16. Jahrhundert.

Petrajolo um 1390.

Gajardo, Armbruftmacher, Venedig 1400.
Pierus, Schwertfeger, Rom — 1446.
Patrolaus, Schwertfeger, 15. Jahrhundert.

Prüfungsmarke Venediger Klingen, anfangs des 16. Jahrhundert.

Camelio (Vittore), Waffenfchmied. Venedig und Brescia um 1500.
Lani (Gebr.), Taufchierer 1530.
Figino (H. P.) Taufchierer, Mailand 1540.
Ferrara (Andrea), Schwertfeger, Belluno, geb. 1530, † nach 1583.
Ferrara (Giandonato), desgl. um 1560.
Guiano, (Lorenzo), Plattner, Brescia — 1550.
Maffia. Piftoja. — 1590. Soll 10 Ellen lange Läufe angefertigt haben.
Motla (Giovanni), Schwertfeger, Neapel — um 1560.

Negroli (Philipp), aus der Waffenfchmiedefamilie der **Missaglia** zu Mailand 1530—1590.

Furmigano, Schwertfeger zu Padua 1570. Marke eines Mailänder Schwertfegers vom 16. Jahrhundert.

Desandri (Juan), Schwertfeger zu Brescia (?), 16. Jahrhundert

Chiesa (Pompeo), Tauſchierer. Mailand 1590.
Cinalti, Schwertfeger, Piſa — 16. Jahrhundert.
Conti (Nicolo), Geſchützgieſser. Venedig 1570.
Biancardi (G.), Plattner. Mailand, 16. Jahrhundert.
Feliciano, Büchſenmacher, markierte mit einer Sonne. Verona, 16. Jahrhundert.
Civo (Bernardo), Plattner. Mailand, 16. Jahrhundert.

Mit dem ganz ausgeſchriebenen Namen **Caino** (Pietro), Schwertfeger. Mailand, 16. Jahrh.

Cenni, Coſimo, hat 1638 die groſse Kanone mit dem Bruſtbilde St. Paul gegoſſen. — Muſeum zu Florenz.

Mazarolli, 1688. Auf einer Feldſchlange der Sammlung San-Donato.
Pietro de Formicano, auf einem Degen vom 17. Jahrhundert. — Kaiſerliches Zeughaus zu Wien.
Spacini, 17. Jahrhundert.
Johanni Pichinio, auf einer Schwertklinge vom 16. oder 17. Jahrhundert.
Picinio, Frederigo, Degen vom 17. Jahrhundert.
Joani, desgl.
Domenico Bonomino }
Pantigi (Fie. Paol) } Namenzeichnungen auf einer Steinſchloſspiſtole vom Ende des 17. Jahrhunderts (Sammlung Scharf).

Marke eines unbekannten italieniſchen Waffenſchmiedes.

Desgleichen auf einem Degen vom 17. Jahrhundert. — Muſeum zu Freiburg in der Schweiz.

Lorenzoni, ein neunläufiges Gewehr im Muſeum zu Florenz iſt gezeichnet: «Maestro Lorenzoni 1704».
Zanoni, D., auf einer Donner- oder Streubüchſe (Tromblon) im Muſeum zu Freiburg in der Schweiz.
Castronovo, Franzesco, zu Panormi 1741. — Muſeum Porte de Hal. Bronzekanone.
Moretto, Antonio, Feuerſchloſs.
Harivel, zu Modena um 1752 (Kanone).
Bouguetro zu Turin 1807 (Kanone).

Waffenſchmiedsmonogramm, einem venetianiſchen der Gattung, die mit Unrecht Claymore[1]) genannt wird, angehörenden Degen entnommen. Muſeum in Sigmaringen.

Lazaro Lazaroni in Venedig, gegen 1640, berühmt wegen ſeiner Feuerwaffen.
Andrea da Ferrara, hat eine ſogen. Claymore aus dem 17. Jahrhundert bez. —

[1]) Dieſe Art Degen wurde von den Wachen der Dogen geführt und hieſsen Chiavoni. Vgl. Zeitſchrift für bildende Kunſt XIX S. 233.

Nr. J. 118 im Pariſer Artillerie-Muſeum, ſowie ein Fuſsvolkſchwert (ſ. Nr. 72.[4] im Abſchnitt der Schwerter).

Ventura Cani, Signatur auf einer italieniſchen Radſchloſsarkebuſe, vom Anfange des 17. Jahrhunderts. — Pariſer Artillerie-Muſeum.

Coninazzo, Lazarino, auf einer Piſtole, die auch die Handzeichnung des berühmten Kuchenreiter trägt und Ferdinand IV., König von Sicilien (1759—1825), angehört hat. — Muſeum zu Freiburg in der Schweiz.

Lazarino Cominazzi (auch Commazzo), Signatur eines berühmten Waffenſchmiedes, die im Muſeum zu Sigmaringen befindlichen Piſtolen entnommen iſt.

Lazarino Comminaco, Signatur desſelben Waffenſchmiedes auf einer Radſchloſsarkebuſe aus der zweiten Hälfte des 17. Jahrhunderts und auf einem Gewehr des 18. Jahrhunderts, Nr. M. 113 und 1285 im Pariſer Artillerie-Muſeum, ſowie auch auf einer Steinſchloſsflinte der Erbacher Sammlung.

Colombo, Signatur einer italieniſchen Muskete aus dem 17. Jahrhundert. — Pariſer Artillerie-Muſeum.

Matteo Badile, Signatur einer Piſtole, einer Muskete und einer Radſchloſsarkebuſe aus der zweiten Hälfte des 17. Jahrhunderts entnommen. — Pariſer Artillerie-Muſeum.

Gio. Bat. Francino, Signatur auf einer Radſchloſsarkebuſe und auf einer Piſtole aus der zweiten Hälfte des 17. Jahrhunderts im Pariſer Artillerie-Muſeum; eine Piſtole mit derſelben Signatur befindet ſich im Tower zu London.

Petrini (Giuſeppe), Florentiner Waffenſchmied des 17. Jahrhunderts. Sein Neffe **Petrini** (Antonio) hat eine Handſchrift vom Jahre 1642 hinterlaſſen[1]), in welcher viele Namen und Daten zeitgenöſſiſcher Waffenſchmiede niedergelegt ſind. Man findet dort folgende ſieben Waffenſchmiede namhaft gemacht:

Francini, Büchſenmacher des 17. Jahrhunderts.

H. Boja, desgl.

Verdiani, desgl.

Lemaitre (Guglielmo; Franzoſe?).
Mola (Casparo).
Loni (Aluigi).
Bianchi (Guido).
} Bekannte Treibarbeiter (Repousseurs) zu Florenz, im 17. Jahrhundert.

Geronimo Mutto oder **Motto**, aus der Mitte des 18. Jahrhunderts.

Borselli, in Rom, hat ein Radſchloſsgewehr bezeichnet.

Laro Zarino oder **Lazaro Lazarino**, Signatur einer Batteriepiſtole, vom Anfange des 18. Jahrhunderts.

Antonio Bonisolo, desgl.

Giocatane, Signatur auf einer Piſtole mit Batterie aus dem 18. Jahrhundert.

Bartolomeo Cotel, Waffenſchmied, der gegen 1740 arbeitete, nach der Signatur eines Gewehres im Tower zu London. (Dem Namen nach Spanier oder Deutſcher.)

Johandy, in Brescia, unp **Postindol** in Specia, aus den letzten Jahren des 18. Jahrhunderts, ſind wegen ihrer Feuerwaffen berühmt.

Carlo Contino, Waffenſchmiedsname, einem Steinſchloſsgewehre der Sammlung Erbach entnommen.

M. Loggia, auf einem Tiroler Stutzen.

---

[1]) Arte fabrile, ovvero Armeria universale, dove si contengono tutte le qualitá e natura del ferro con varie impronte che si trovano in diverse arme cosi antiche come moderne e vari segreti e tempere fatto da me Antonio Petrini. Biblioteca Magliabecchiana, Florenz (Cl. XIX. 9. 16). Vgl. Zeitſchrift für bildende XIX S. 232.

Migona von Piſtoja, 18. Jahrhundert.

D.

Monogramme und Namen ſpaniſcher und portugieſiſcher Waffenſchmiede.

C. A. Mora, gegen 1586, im Dresdener Muſeum.

Sebastian Hernandez, gegen 1599, im Dresdenei Muſeum und Porte de Hal. (S. auch S. 1021.)

Sebastiano Ernandez iſt ein Rapier vom Anfange des 17. Jahrhunderts (Sammlung Scharf) gezeichnet.

Johannes Bucoca, gegen 1599, im Dresdener Muſeum.

Martinez Deivan, desgl.

Martinez, Juan, zu Toledo.

Dieſe Marke, ſowie dieſelbe mit dem Namen Jeſus. . . . . . (?)

Juan Vencinas iſt der Name des Waffenſchmiedes, der die Armbruſt Ferdinands I., früher in der Sammlung Spengel in München, jetzt in der Sammlung Nieuwerkerke bezeichnet und ſie um 1533 hergeſtellt hat.

Thomas di Ajala iſt der auf Waffen aus dem 16. Jahrhundert befindliche Name eines Waffenſchmiedes. Dresdener Muſeum.

Dieſelbe Namenszeichnung: **Tomaso Ajala** auf einem Hofdegen der Sammlung Scharf.

Was die Waffenſchmiede von Toledo angeht, ſo ſind die berühmteſten und ihre Stempel von der zweiten Hälfte des 16. bis zum 18. Jahrhundert, dank der Veröffentlichung des Don Manuel Rodriguez Palomino, der in den Urkunden von Ayuntamiento einen genauen Auszug derſelben gemacht hat, bekannt geworden. Man erfährt daraus, daſs mehrere dieſer Meiſter auch in Madrid, Cordova, Cuença, Catugel, St. Clement, Cuella, Badajoz, Sevilla, Valladolid, Saragoſſa, Liſſabon, Orgoz und Bilbao gearbeitet haben; doch waren die vorzüglichſten, hinſichtlich der Anfertigung ſpaniſcher Waffen berühmteſten Mittelpunkte Toledo, Sevilla, Saragoſſa und St. Clement.

Von den 99 Monogrammen ſind die Schere, der Wolf oder die Ziege (Nr. 59) und das unter Nr. 76, deſſen ſich Lupus Aguado bediente, die beliebteſten. Häufig haben die ſpaniſchen Waffenſchmiede dem Monogramm ihren Namen, entweder auf der Klinge ſelbſt oder auf der Angel (das Ende der Klinge, welches in die Hülſe des Griffes tritt) des Degens beigefügt.

Siehe die hierauffolgende Abbildung der Monogramme.

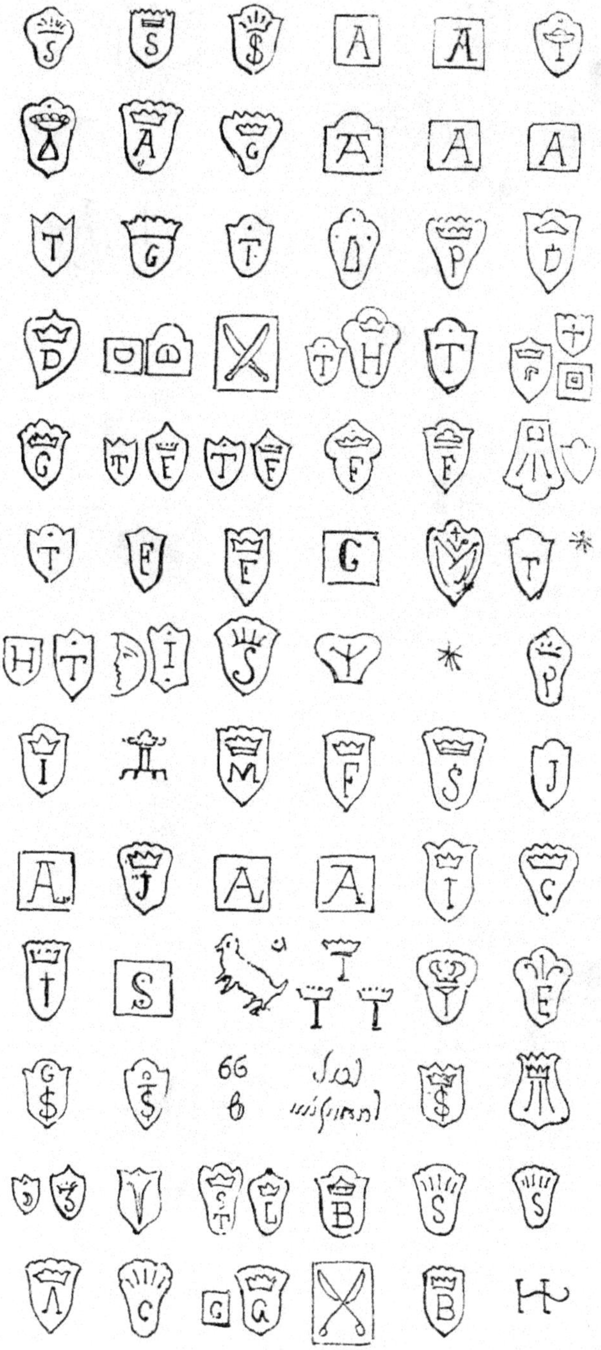

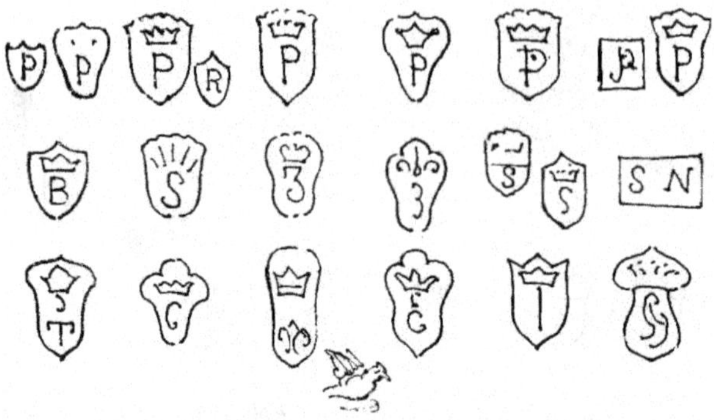

Alle diese den Waffenschmieden von Toledo, Madrid, Cordova, Cuença, Catugel, St. Clement, Cuella, Badajoz, Sevilla, Valladolid, Saragossa, Orgoz und Bilbao angehörenden Monogramme sind nach der Reihenfolge nachstehender Liste aufgestellt.

1. Alonzo de Sahagun, der ältere, genannt der Raffael der Waffenschmiede, gegen 1570. Porte de Hal.
2. Alonzo de Sahagung, der jüngere, gegen 1570.
3. Alonzo Peres.
4. Alonzo de los Rios, der in Toledo und in Cordova arbeitete.
5. Alonzo de Caba.
6. Andres Martinez, Sohn Zabala's.
7. Andres Herraez, der in Toledo und Cuença arbeitete.
8. Andres Munesten, der in Toledo und Catugel arbeitete.
9. Andres Garcia.
10. Antonio de Buena.
11. Ant. Guttierrez.
12. Derselbe.
13. Ant. Ruy, (espadero del Rey), der in Toledo und Madrid arbeitete.
14. Adrian de Lafra, der in Toledo und St. Clement arbeitete.
15. Bartholome de Nieva.
16. C. Alcado de Nieva, welcher in Cuella und Badajoz arbeitete.
17. Domingo de Orosco.
18. Domingo Maestre, der ältere.
19. Domingo Maestre, der jüngere.
20. Domingo Rodriguez.
21. Domingo Sanchez Clamade.
22. Domingo de Aquirre, Sohn des Hortuno.
23. Domingo de Lama.
24. Domingo Corrientez, der in Toledo und in Madrid arbeitete.
25. Favian de Zafia.
26. Francisco Ruiz, der ältere, auch F. R. T. Porte de Hal.
27. Francisco Ruiz, der jüngere. Bruder Antonio's von Toledo.
28. Francisco Gomez.
29. Francisco de Zamora, der in Toledo und Sevilla arbeitete.
30. Francisco de Alcoces, der in Toledo und Madrid arbeitete.
31. Francisco Lourdi.
32. Francisco Cordoi.

33. Francisco Perrez. Porte de Hal.
34. Giraldo Reliz.
35. Gonzalo Simon, um 1617.
36. Gil de Alman.
37. Gil de Alman.
38. Hortuno de Aquirre, der ältere. Porte de Hal und k. Muſeum zu Wien.
39. Juan Martin.
40. Juan de Leizade, der in Toledo und Sevilla arbeitete.
41. Juan Martinez, der ältere, desgl.
42. Juan Martinez, der jüngere, desgl., um 1617. Porte de Hal.
43. Juan de Alman, um 1550.
44. Juan de Toro, Sohn Peter Toro's.
45. Juan Ruiz.
46. Juan Martus de Garata Zabala, der ältere.
47. Juan Martinez Menchaca, der in Toledo und Liſſabon arbeitete.
48. Juan Ros, der iu Toledo und in Liſſabon arbeitete.
49. Juan de Salcedo, der in Toledo und Valladolid arbeitete,
50. Unbekannt.
51. Juan de Maladocia.
52. Juan de Vergos.
53. Joannez de la Horta, der um 1545 lebte.
54. Joannez de Toledo.
55. Joannez de Alquiviva.
56. Joannez Maleto.
57. Joannez der ältere.
58. Joannez Uriza.
59. Julian del Rey, der in Toledo und Saragoſſa arbeitete
60. Julian Gracia, der in Toledo und Cuença arbeitete.
61. Julian Zamora.
62. Joſeph Gomez.
63. Joſepe de la Hera, der ältere.
64. Joſepe de la Hera, der jüngere.
65. Joſepe de la Hera, der Enkel.
66. Joſepe de la Hera der Sohn des Enkels.
67. Joſepe de la Hera, Sylveſters Sohu.
68. Ygnacio Fernandez, der ältere.
69. Ygnacio Fernandez, der jüngere.
70. Luis de Rivez.
71. Luis de Ayala.
72. Luis de Velmonte.
73. Luis de Sahagun I.
74. Luis de Sahagun II.
75. Luis de Nieva.
76. Lupus Aguado, der in Toledo und St. Clement arbeitete.
77. Miguel Cantero, um 1564.
78. Miguel Suarez, der in Toledo und Liſſabon arbeitete.
79. Unbekannt.
80. Nicolas Hortuno de Aquirre.
81. Petro de Toro.

82. Pedro de Arechiga.
83. Pedro de Lopez, der in Toledo und Urgos arbeitete.
84. Pedro de Lopez, der in Toledo und Sevilla arbeitete.
85. Pedro de Lazaretta, der in Toledo und Bilbao arbeitete.
86. Pedro de Orezco,
87. Pedro de Vilmonte.
88. Rogue Hernandez.
89. Sebaſtian Hernandez, der ältere, gegen 1637.
90. Sebaſtian Hernandez, der jüngere, der in Toledo und Sevilla arbeitete.
91. Silveſtre Nieto.
92. Silveſtre Nieto, Sohn.
93. Thomas Ayala, gegen 1625. (Ein ſchöner Degen dieſes Waffenſchmiedes befindet ſich im Münchener Zeughaus und Porte de Hal).
94. Zamorano, el Toledano genannt.
95. bis 99. Fünf Monogramme, gehören Toledanern Waffenſchmieden an, deren Namen unbekannt ſind.

Die hier vorſtehenden Zeichen und Namen ſind die ſolcher Waffenſchmiede, welche Madrid von 1684 bis 1849 bewohnt haben. Dieſelben ſind im Jahre 1849 von Don Joſé Maria Marcheſi in ſeinem Catalogo de la Real Armeria veröffentlicht worden und gehörten nachfolgenden deutſchen und ſpaniſchen Waffenſchmieden an:

(V Iſt keine Waffenſchmiedmarke ſondern der Stempel der Zeughäuser Karl V.

Albarez (Dieg.).
Algora.
Baeza (M. A.).
Cano (J. P.).
Dorcenarro (S. V.).
Fernandez (J. U.).
Gomez (A.).
Lopez (F. R. C.)
Lopez, (G. R. E.).
Santos (S. E. V.)
Soto (Juan de.).
Targarona.
Zegarra.

Zuloaga und einige andere, ſowie auch **August Hortez, Isidor Soler, J. Belen, N. O.** und **F. R. N. Bis**, deutſche in Madrid etablierte Waffenſchmiede. Von **E. de Zuloaga**, welcher noch 1843 thätig war, befinden ſich in der Armeria zu Madrid hochprächtige, ohne alle Holzſchäftung, gänzlich in Eiſenſchnitt ausgeführte Piſtolen, Schwerter, Dolche, Linkhänder und Pulverhörner die von Laurent zu Madrid in Photographien veröffentlicht ſind. Ein anderer noch 1889 zu Madrid und Biarritz anſäſsiger **Plecido de Zuoloaga**, vielleicht der Sohn des vorhergehenden, hatte in der damaligen Pariſer Weltausſtellung ebenfalls, aber faſt nur mit Silber tauſchierte Waffenſtücke ausgeſtellt. S. S. 1035 die Abbildungen von Waffen **E. de Zuloaga's.**

Matheo (auf einem Degen).
Daniel de Com (auf einem Dolche).
Léon desgl.
Joan de Oipe me fecit (auf einer Armbruſt).
Johan desgl.
Salado (auf einem Feuergewehr) ſind die von demſelben Schriftſteller ohne Bezeichnung der Zeit und der Nationalität gegebenen und derſelben Armeria entnommenen Namen von ſechs Waffenſchmieden.

Aporicio (A.).
Barzina (J.).
Cantero (Manuel).
Dez (Ferdinand), ein Deutſcher.
Esculante (Basilio).
Fernandez (P.).
Lopez (Balens).
— (Francisco).
— (Jose).
— (Juan).
Martin, ein Deutscher.
Martinez.

Sahagun (Alonſo de) der ältere. Schwertfeger. Toledo 1570.

Julian del Rey, Schwertfeger zu Granada, Toledo und Saragoſſa, — um 1495.

Delaorta (Johannes) Schwertfeger um 1545.

Aquirre (Hortuno de) Schwertfeger. Toledo 1580.

Domingo, Schwertfeger. Toledo 16. Jahrhundert.

Juanes, Schwertfeger vom 16. Jahrhundert.

Martinez, (Juan), der jüngere. Schwertfeger. Toledo 16. Jahrhundert.

Orozco (Domingo), Schwertfeger. Toledo 16. Jahrhundert.

Martinez (Juan), der ältere, Schwertfeger. Toledo 16. Jahrhundert.

Lazama (Pedro de), Schwertfeger. Sevilla 16. Jahrhundert.

Hernandez (Pedro), Schwertfeger. Toledo 17. Jahrhundert.

Ruiz (Francisco), der jüngere, Schwertfegertoledo 17. Jahrhundert.

Zabala (Andrea Martinez de Garcia), der jüngere, Schwertfeger. Toledo.

Domingo der jüngere, Schwertfeger. Toledo 17. Jahrhundert.

Ruiz (Francisco), Schwertfeger. Toledo um 1617.

Gonzalo (Simon), Schwertfeger. Toledo um 1617.

Ventura (Diego), Büchsenmacher. Madrid 1720.

Esquivel (Diego), Büchsenmacher. Madrid 1720.

Bustindui (Juesepe), Büchsenmacher zu Valencia.

In der Armeria zu Madrid befindliche in Eiſen geſchnittene Waffen von E. de Zuloaga vom 19. Jahrhundert. (S. S. 956 die ebenfalls ohne Holzſchäftung ganz aus Eiſen angefertigte deutſche Doppelradpiſtole.

Mâtheo (Hilario).
Montokeis (Carlos).
Navarro (Antonio).
Ramirez (P.).
Rodrigue (Carl).
Sontos (Z.).
— (L.).
Soler (Mânuel), ein Deutſcher.
Til (M. S.), desgl. ſind 21 in den Monogrammenverzeichniſſe desſelben Werkes aufgeführte Namen ſolcher Waffenſchmiede, die als vorübergehend in Madrid arbeitend bezeichnet werden, — zwar ohne Feſtſtellung der Zeit, doch alle von Waffen entlehnt, die ſich im Madrider Muſeum befinden.

Was die von Degen, Dolchen, Lanzen, Hellebarden, Schilden in der Ameria real ohne allen Unterſchied entnommenen uud von Marcheſi ganz vermengt und kritiklos, weder mit Bezeichnung der Zeit noch der Nationalität gegebenen Stempel und Monogramme anbetrifft, ſo habe ich es nicht für zweckmäſsig erachtet, dieſelben hier wiederzugeben, inſofern dieſe Abbildungen doch zu nichts dienen können.

Bartolam Biella iſt der auf einem Jagdgewehre aus dem 16. Jahrhundert befindliche Name eines Waffenſchmiedes im Muſeum zu Dresden.
Bastian Armando.
De Pedro de Belmonte, Waffenſchmied des Königs.
Hispango.
C. A. Mora (1586).
Francisco und **Antonio** und **Frederico Picino** ſind aus dem Dresdener Muſeum entlehnte Namen von Toledaner Waffenſchmieden aus dem 16. Jahrhundert, die ſich weder in dem von Don Manuel Rodriguez Palamino herausgegebenen Auszuge aus den Archiven des Ayuntamiento, noch in dem Kataloge Marcheſi's vorfinden.

Waffenſchmiedszeichen einer reich mit Gold eingelegten ſpaniſchen Rüſtung, aus dem 16. Jahrhundert, im kaiſerlichen Arſenal zu Wien.

Alonzo de Schagon, vom Ende des 16. Jahrhunderts, war auch, nach Jäger, einer der berühmteſten Waffenſchmiede Toledos; in der aus den Archiven gezogenen Liſte iſt er nicht mit angeführt.
Juan und **Clement Pedronsteva.**
Ayala (Thomas). Degen vom 17. Jahrhundert. (Sammlung van Zuylen).
Petrus zu Toledo (Sammlung vau Zuylen nnd Sammlung van Duyre).
Cromo. Rapier vom 17. Jahrhundert. (Sammlung Vermaerſch).
Sahagom. Degen vom 17. Jahrhundert. (Sammlung van Zuylen.)
Ateus Sierra zu Toledo. 17. Jahrhundert (Porte de Hal.)
Lorevi (Francesco). Desgl.
Moum (Johaninus). Desgl.
Pedro v. Oelmonte. Desgl.
Omorvoz. Desgl.
Aquado (Lupus), zu Toledo; hat unter Karl V. gearbeitet. (Sollte die auch in Solingen gebräuchliche Wolfsmarke nicht auch von dem Waffenſchmiede angewendet worden ſein?)
Juanes zu Toledo. Degen vom Ende des 16. Jahrhunderts. — Sammlung Fayet.

Sandrini-Secachus. Degen vom Ende des 16. Jahrhunderts. — Sammlung Fayet.
Pedro de Toro zu Toledo, um 1580. Desgl.
Camo, Waffenschmiedsname auf einem Degen aus dem 17. Jahrhundert im Pariser Museum.
Thomas Haiala, desgl.
Sahagom, desgl.
Nicolas von Madrid 1693. Porte de Hal.

 V. Monogramm und Initial einer spanischen Partisane vom Anfange des 17. Jahrhunderts. — Pariser Artillerie-Museum.

Lasinto Laumandreu, von Manresa, arbeitete nach seiner Bezeichnnng eines im Tower zu London aufbewahrten Revolvers um das Jahr 1739.
G. Morino, spanischer Waffenschmied, der ein im Tower zu London aufbewahrtes Gewehr bezeichnet und mit der Jahreszahl 1745 versehen hat.

 **Gabriel v. Algora.**

Eudal Pons und **Martin Marchal** waren gegen die letzten Jahre des 18. Jahrhunderts in Toledo sehr berühmt.
Barnola, Joseph, 1744. Kanone, Hinterlader in Bronze.
Legarra, Miguel, 1781. Porte de Hal.
Cano, Joseph, zu Madrid desgl.
Vergarra, Augustin, zu Pampelona.
Aguirre, Pedro Mario, 1846. Flinte. Sammlung San-Donato.
Barranckea, 1846, desgl.
Erraduras, Pistolen.

Nachfolgende Namensaufschriften spanischer Waffenschmiede sind auf Schwert- und Dolchklingen der 1890 in Rom versteigerten, 2075 Nr. enthaltenden Sammlung Richards zusammengetragen.
Johannes (Chil.), Toledo, 16. Jahrhundert.
Johanni, desgl.
Ayala, (Tomaso), desgl.
Delmonte (Pedro), desgl.
Hernandes (Pietro), desgl.
Ruiz (Francisco), desgl.
Sandri, Toledo, 17. Jahrhundert.
Aiola (Da Tomas de), desgl.

Auf Klingen der Sammlung des Prinzen Karl — gegenwärtig in der Ruhmeshalle.
Hortuno (Aevire), 16. Jahrhundert.
Oroxo, desgl.
Hortuno (de Agire), Toledo, desgl.
Como de Leo. Toledo, 17. Jahrhundert.

E.

Monogramme und Namen franzöſiſcher Waffenſchmiede.

Junquyéreo (Guitard), Plattner, Bordeaux 1375.
Lorraine (Ze), Büchſenmacher, Valenca 13. Jahrhundert.
Trebuchet im Parſival, 13. Jahrhundert, angeführter Waffenſchmied.
Barnabo, Waffenſchmied, Paris um 1400.
Villequin (Pierre), Paris 1380.
Michelet, Bogenmacher, Nogent 1380—1400.
Larchier (Guillemin), Büchſengieſser des Königs. Paris 1396.

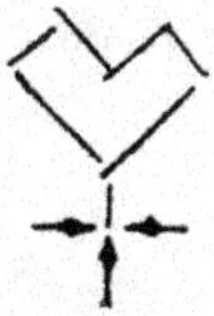

Marke einer Klinge von 14. Jahrhundert.

   Desgl. desgl.

Binago (Antonio de), Lyon 1482.
Tondeux (Johann), Armbruſtmacher, Paris (?) 1480.
Haucher (Pierre), Armbruſtmacher, Paris 1488.
Nolé, (Johann), Schwertfeger zu Tours um 1488.
Cormier (Thomas), Armbruſtmacher, Angier um 1465.
Leloup auch **Le Loup** (Guillaume), Armbruſtmacher, Lyon 1418.
Merment du Perry, Waffenſchmied zu Aix um 1448.
Dumesnil, genannt **Lenormand** (Robert), Armbruſtmacher, Paris 1528.

Marke eines Schwertfegers unter Ludwig XII. 15. Jahrhundert.

Plattnerwerkſtattsmarke von Arbois in Burgund 1498—1509.

Marke eines Lyoner Schwertfegers (Sammlung des Prinzen Karl) 16. Jahrhundert.

Marke eines Waffenschmiedes von Abbeville.

Menil (Robert du), Armbrustmacher, Paris (?) um 1529.
Forcia (Francesbo), Lyon 1537—1538.
Pilon (Germain), Waffenschmied — Paris — um 1550.
Woliriot (Pierre), von Bouzey — Lyon, Waffenzeichner 1532.
„P. Woieriot Lotharingus“.
Mazue (Martin), Büchsenmacher. Vitré um 1612.
Lemoyne (Jehan), Schwertfeger um 1600. („Maitre de l'épée couronnée“.)
Jacquard (Antoine), Büchsenmacher. Poitiers 1619—1650.
Marcou (François), Büchsenmacher und Schriftsteller seines Faches 1595, † 1660.
Caron (Ambroise), Plattner, Bordeaux. 16. Jahrhundert.
Simonia (Jean), Büchsenmacher, Luneville um 1620.
Thomas (Claude), Büchsenmacher.
Epinal um 1620.
Decaplein auch **Le chapelein**, Cherbourg 1624.
Berger oder **Bergier** (Pierre), Büchsenmacher zu Grenoble um 1634.
Renard (Louis), genannt Saint-Malo, Büchsenmacher, Paris. „Arquebusier et garde du cabinet des armes du roy.“ — Im Louvre 1643, Schüler seines Vaters Pierre.
Lecourreur (François), Büchsenmacher, Paris 1653—1658.
— (Jean), Paris † 1697.
Thurenne auch **Thuraine**, Büchsenmacher, Paris um 1660.
Piraube (Bertrand), Büchsenmacher, Paris um 1670.
Bizouard, Büchsenmacher, Marseille um 1850.

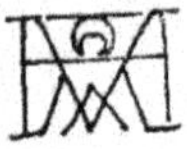

Monogramm einer im Pariser Artillerie-Museum aus der Regierungszeit Ludwigs XIII. (1610—1643) aufbewahrten französischen (?) Rüstung, auf der es dreimal wiederholt ist.

Monogramm auf einer vermutlich burgundischen Hammerstreitaxt mit langem Schafte. — Sammlung des Obersten Meyer-Biermann in Luzern.

Monogramm eines im Pariser Artillerie-Museum unter Nr. J. 133 befindlichen Degens, aus der Regierungszeit Ludwigs XIV. (1643—1713).

Claude Thomas in Epinal, 1623. — Pistolen der Sammlung Erbach.
D. Jumeau, Signatur einer Radschlossarkebuse aus der ersten Hälfte des 17. Jahrhunderts. — Pariser Artillerie-Museum.
Arbois, wahrscheinlich ein von der Stadt Arbois entlehnter Name, auf einem Kürass aus dem 16. Jahrhundert befindlich.
Johanni (Franzose?), Degen vom 16. Jahrhundert mit Namen und Königskopf als Marke.

Micnil, Pierre, Dolchklinge vom 16. Jahrhundert.

Jean Simonin, von Luneville, Name auf einer vom Jahre 1627 datierten Radschloss-arkebuse.

Gabriel, der Name eines Waffenschmiedes aus dem 17. Jahrhundert, einer im Pariser Artillerie-Museum befindlichen Pistole entlehnt.

Pierre Baroy, gest. zu Paris im Jahre 1780, ist der Erfinder eines im Berliner Zeughaus befindlichen, sinnreich ausgedachten Gewehres mit vier Läufen und Feuersteinschloss.

Pierre Bevier, Uhrmacher und Waffenschmied zu Grenoble am Anfange des 17. Jahrhunderts, ist der Erfinder eines besonderen Pistolenschlosssystems mit Doppelfeuer. — Pariser Artillerie-Museum.

Buillet, Gebrüder, von St. Etienne, waren wegen ihrer Windbüchsen berühmte Waffenschmiede, zur Zeit Ludwigs XV. (1715 – 1774).

Caillovel (Jean), Büchsenmacher, Paris (?) 1680.

Bourggois, Büchsenmacher, Lisieux um 1690.

Goulet (Jacques), Büchsenmacher zu Vitré um 1680.

— (Jean), desgl.

Haber, Büchsenmacher, Nancy 1690.

Keller, Geschützgiesser in Douai um 1688.

Colas, Büchsenmacher, Paris (?) 1690.

Lacallombe auch **Collombe**, Büchsenmacher, Paris 1702.

Dalrévil, desgl. 1710.

De Thuraine von Paris hat einen Karabiner mit Steinbatterie aus der Zeit Ludwigs XV. (1714—1774) bezeichnet.

Brezol-Laine zu Charleville, Waffenschmiedsname auf einer Donnerbüchse im Pariser Artillerie-Museum.

Marchan in Grenoble, Waffenschmied des 18. Jahrhunderts, der ein Feuerstein-Batteriegewehr im Pariser Artillerie-Museum bezeichnet hat.

Philippe de Selier, ein Waffenschmied des 18. Jahrhunderts, der zwei im Pariser Artillerie-Museum befindliche Feuerstein-Batteriegewehre und eins derselben Art in der Erbacher Sammlung bezeichnet hat.

H. Renier, von Paris, hat zwei Feuerstein-Batteriepistolen aus dem 18. Jahrhundert bezeichnet.

Liouville, in Paris, desgl.

Lame, in Mézières, Steinschlossflinte der Erbacher Sammlung.

Chateau in Paris. desgl.

Boutet, Waffenschmied in Marseille gegen Ende des 18. Jahrhunderts.

Frappier in Paris, Pistole im Pariser Artillerie-Museum.

Acquis-Grain.

Lamarre, Waffenschmiedsname auf einer Steinschlosspistole im Pariser Artillerie-Museum.

Jean Dubois in Sedan, Signatur eines Waffenschmiedes auf einer Pistole.

Hubert in Bordeaux ist die Signatur eines Waffenschmiedes auf einer von der Citadelle Blaye herrührenden Wallgewehre. — Pariser Artillerie-Museum.

Biquare zu Marseille, Steinschlosspistole. — K. Zeughaus zu Wien.

Piraude aux Galleries à Paris 1663, Steinschlosspistole. — Zeughaus zu Paris.

Dupré Auguste, geb. zu Etienne 1747, † zu Armentier 1833. Berühmter Medaillen- und Waffengraveur.

Dupré, Jean Baptiſte, Bruder des Vorhergehenden, geb. 1754. † 1838 zu Paris, wo er einen Laden rue Jean Jacques Rouſſeau inne hatte.
Rochard, zu Paris, 18. Jahrhundert, Feuerſteingewehr. — Freiburger Muſeum.
Deseller (Gille) auf einer Steinſchloſsflinte vom 18. Jahrhundert.
Pitot, desgl.
Boutet Directeur-artiste, Karabiner. — Sammlung San-Donato.
Doien à Sedan, Feuerſteinpiſtole vom 19. Jahrhundert.
I. D. Meſſerſchmiedmarke (Dubois?).
Giverde, Hilpert und **Rubersburg** in Straſsburg waren wegen ihrer Feuergewehre in den letzten Jahren des 18. Jahrhunderts berühmte Waffenſchmiede.
Vincent, Steinſchloſsflinte der Sammlung Erbach.
Jean Griottier, Gewehr mit Doppellauf in der Erbacher Sammlung.
Jean Renier, Waffenſchmied aus der Mitte des 18. Jahrhunderts, deſſen Name auf einer im Pariſer Artillerie-Muſeum befindlichen Piſtole graviert iſt.
J. B. Dartein commissionaire des fonts de l'artillerie de France à Strasbourg, 14. Sept. 1775. Kanone mit dem Wappen Freiburgs. — Muſeum zu Freiburg in der Schweiz.
Jacques de Balhasar zu Lyon vom 18. Jahrhundert.
Antoin de Bercan, zu Straſsburg, 1714.
Maritz, desgl. 1742.
Jean Baptiste d'Artein, desgl. 1768.
Frerejean zu Pont de Vaux, 1786
Parier frères zu Paris 1793.
Bresin, desgl. 1797.
Beranger, J., zu Douai, 1800. Dieſe Signatur befindet ſich auf Bronzekanonen im Zeughauſe zu Wien.
Bargult, Jagdgewehr. Sammlung Fleiſchhauer zu Colmar.
Donicourt, Beranger, zu Douai 1745, 1808—1811, 1813. Bronzekanonen. — Porte de Hal.
Coulaux frères, Manufacture royale de Klingenthal, Degen, Stil Ludwigs XV. (1715—1774) — Sammlung Lilienthal.
Valette zu Metz, 1809. Mörſer. — Porte de Hal.

 **Languedoc** (J.), Büchſenmacher. Paris 18. Jahrhundert.

Glerd (H. L.), Büchſenmacher. Paris 18. Jahrhundert.
Le Hollandais (Adrien Reynier), Büchſenmacher. Paris 1723.
— Sohn. Paris † 1743.
Chateau oder **Chasteau**, Büchſenmacher. Paris 1790.
Lepage, Büchſenmacher. Paris, um 1750.
Pelouse, Büchſenmacher. Paris, um 1760.
La Roche, Büchſenmacher. Paris † 1769.
Gruché, Büchſenmacher Paris. 18. Jahrhundert.
Deseines oder **De Saintes**, Paris 1763.
De la Bletterie, Büchſenmacher. Paris, um 1785.
Des chassaux, Büchſenmacher. Paris um 1790.
Col, „Arquebusier des Menus-Plaisirs du Roi." Paris 1754.
Bautifar, Schwertfeger, Paris 18. Jahrhundert.
Lepage, Büchſenmacher, Paris, um 1800. (Derſelbe wie der hierüber ſchon angegebene?)

Pessonneau, Büchfenmacher, Lyon. 18. Jahrhundert.
Prevoteau, Schwertfeger, Paris. 1790.
Raoult, Büchfenmacher, Verfailles. 18. Jahrhundert.
Renier (Jean), Büchfenmacher, Paris. 18. Jahrhundert.
— (H.), desgl.
Selier (Philipp), desgl.
— (G.), desgl.
Fannieres frères, haben um 1867, den dem B. Cellini zugefchriebenen Schild nachgeahmt.
Gustave Delvigne, der feit 1826 an der Verbefferung der Ladung gezogener Läufe arbeitete, fo dafs die Kugel nicht mehr mit Hammerfchlägen eingezwängt zu werden brauchte.
Julien Leroy, **Gastine Renette** und **Lefaucheux** find andere Namen franzöfifcher Waffenfchmiede, die wegen der von ihnen verfertigten Hinterlader berühmt find.
Seitdem haben fich **Robert**, **Manceaux** und **Vieillard** und endlich **Chassepot** wegen der von ihnen bewirkten Verbefferung der Gewehre einen Namen erworben.
Pirmet à Paris, auf einer Doppelpiftole der Sammlung des Herzogs von Ofuna zu Dinant.

F.

Monogramme, Initialen und Namen englifcher Waffenfchmiede.

Radoc, Waffenfchmied vom Ende des 16. Jahrhunderts, bekannt durch Erwähnung einer Zahlung im Jahre 1586, die ihm von feiten des Kammerherrn von Norwich für die Umwandlung des Radfchloffes an einer Piftole in Schnapphahnbatterie geleiftet wurde.
A. B. O. Marke eines Waffenfchmiedes auf dem Eifenhute Karls I. (1629—1649) S. S. 526 Nr. 98 die Abbildung davon.
H. Martin Muler ift der Waffenfchmiedname auf einer Muskete mit gezogenem Lauf, deren Kolben mit dem Wappen Englands und andern, wahrfcheinlich aus der Regierungszeit Jakobs II. (1685—1690) herrührenden eingelegten Arbeiten reich verziert ift. — Parifer Artillerie-Mufeum.
Murdoch (H.), Büchfenmacher in Schottland. 17. Jahrhundert.
A. mit einer Krone war der Stempel der Waffenfchmiedeinnung von London unter der Regierung Georgs I. (1714—1727).
A. R. find Initialen auf zwei mit dem Worte **Tower**, 1739 und 1740, geftempelten und im Parifer Artillerie-Mufeum aufbewahrten Wallgewehren.
Stephan, in London, ein Waffenfchmied vom Ende des 18. Jahrhunderts, hat ein Radfchlofsgewehr, fowie eine im Parifer Artillerie-Mufeum aufbewahrte Windbüchfe bezeichnet.
N. Thomson, geb. in England und zu Rotterdam etabliert, war gegen Ende des 18. Jahrhunderts wegen feiner Feuergewehre berühmt.
Bate, ein englifcher Waffenfchmied, deffen Name auf dem Scheinfchlofs einer im Parifer Artillerie-Mufeum aufbewahrten Windbüchfe eingegraben ift.
Forsyth, ein fchottifcher Waffenfchmied, der im Jahre 1807 das Perkuffions- oder Piftongewehr erfand.

Joseph Eggs, ein engliſcher Waffenſchmied, der Erfinder des Zündhütchens.
Klug, H. G., 1813. Bronzekanone. — Porte de Hal.
Azur, J., Gewehr vom Ende des 18. Jahrhunderts.
Wilson, Büchſenmacher, London, 18. Jahrhundert.
Freman (James), desgl.
Clark, desgl.
Stephan, desgl.
Griffin, London. Terzerole. — Sammlung Hammer in Stockholm.
Sans peur et sans repoche iſt als Deviſe auf einer in England angefertigten und für den Prätendenten Charles Edward beſtimmten Waffe graviert.

Zehn verſchiedene engliſche Prüfungsmarken der „Gunmakers-Company“ und der „Guardians“. — Nach Greener's „The Gun.“

G.

Monogramme und Namen Schweizer (?) Waffenſchmiede [1]).

Goets, Kanonengieſser zu Baſel, vom 15. Jahrhundert.
Wolf, Schwertfeger zu Freiburg, vom 15. Jahrhundert.
Jacobus, desgl. Muſeum zu Freiburg.

Stempel auf einer ſchweizeriſchen Hellebarde aus dem 15. Jahrhundert in der Sammlung des Verfaſſers.

1) Viele dieſer Stempel könenn aber auch deutſchen Waffenſchmieden angehören, da bekanntlich die Schweiz häufig ihren Waffenbedarf aus Deutſchland bezog.

Stempel auf einer ſchweizeriſchen Hellebarde aus dem 16. Jahrhundert in der Sammlung des Verfaſſers.

Stempel auf einer Partiſane (wahrſcheinlich vom Anfange des 16. Jahrhunderts) in der Sammlung des Oberſten Meyer-Biermann in Luzern.

desgl. desgl.

Zell Blasi, 1614, Signatur auf einer Rothſchlange im Baſeler Zeughaus.

Wys in Zürich, geſt. 1788, wegen ſeiner Feuergewehre berühmt.

Stranglé und **Michel**, Vater und Sohn, in Zürich, aus den letzten Jahren des 18. Jahrhunderts, wegen ihrer Feuerſteingewehre berühmt.

Frorrer oder **Forer** in Winterthur[1]) und **Husbaum** in Bern, waren in den letzten Jahren des 18. Jahrhunderts wegen ihrer Feuerſteingewehre berühmt.

Vitt in Schaffhauſen, Feuergewehr mit gezogenem Lauf in der Sammlung Erbach.

Michel (Conrad) und Sohn, zu Zürich. Piſtolen. 19. Jahrhundert. Muſeum zu Freiburg.

Zolweger zu Freiburg. Piſtolen. 19. Jahrhundert. Muſeum zu Freiburg.

Pauly aus Genf, der gegen 1808 ein von demjenigen des Erfinders dieſer Waffe, Forſyth, abweichendes und von hinten zu ladendes Perkuſſionsgewehr erfand.

Marke einer Hellebarde v. 15. Jahrhundert. Sammlung Töchtermann, Freiburg.

Desgl.

Desgl. Kriegshippe daſelbſt.

Desgl Partiſane daſelbſt.

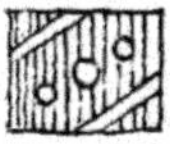

Desgl. Hellebarde vom 15. Jahrhundert. Muſeum zu Freiburg.

Desgl.

Marke einer Hellebarde vom 15. Jahrhundert. Muſeum zu Freiburg.

Desgl. vom Ende des 15. Jahrh

Desgl.

Desgl., Partiſane, desgl.

1) Es beſtand auch in Winterthur vom Ende des 16. bis zum Ende des 17. Jahrhunderts eine berühmte Familie von Kunſttöpfern dieſes Namens. (S. S. 770 u. 701, Tl. II. der: Encyklopédie céramique etc., 4. Auflage des Verfaſſers.)

Marke einer bronzenen Handwallbüchse, vom Ende des 15. Jahrh., Muf. zu Freiburg.

Desgl. Hellebarde vom 16. Jahrh. daf.

Desgl., Samml. Töchtermann.

Marke einer Lanze, desgl.

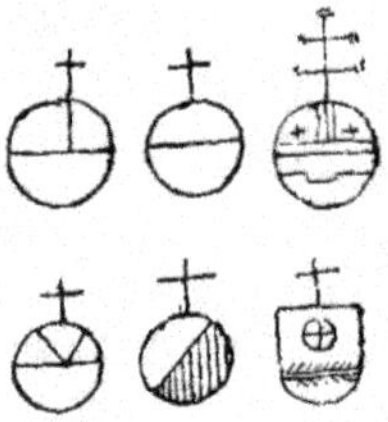

Marken von Zweihändern.

Marke einer Hellebarde vom 16. Jahrh. Samml. Van der Weil zu Freiburg.

Desgl. vom 15. Jahrh.

Marke eines Saufpiefses desgl.

Marke einer Hellebarde vom 16. Jahrh. Samml. Van der Weil zu Freiburg.

Desgl.

Desgl.

Marke einer Hellebarde v. 16. Jahrh. Samml. Van der Weil zu Freiburg.

Desgl.

Desgl.

Desgl.

Desgl., Muf. zu Freiburg.

Desgl.

Desgl.

Marke eines Zweihänders vom 16. Jahrh. Mufeum zu Freiburg. Siehe diefelbe Marke S. 1053

Desgl., Hellebarde vom 17. Jahrhundert.

I.H.S. Desgl., Degen, desgl.

Desgl., Hellebarde, desgl.

(Steigbügel) Marke eines Zweihänders desgl.

Marke einer Luntenbüchfe mit Doppeldrücker; mit Elfenbeineinlagen, vom 17. Jahrh., Muf. zu Freiburg.

Marke einer Hellebarde.

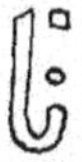

Desgl.

Desgl.

Marke des Waffenschmiedes Zell Blasi mit der Jahreszahl 1614 auf einer Serpentine. Muf. zu Bafel.

Marke einer Arkebuse mit gezogenem Laufe vom 17. Jahrhundert, Museum zu Freiburg.

Desgl., Luntenbüchse desgl.

Marke einer Luntenbüchse vom 17. Jahrhundert, Museum zu Freiburg.

Desgl.

„Die Rose von Estavayer" auf dem Holze eingebeizt, ist das Zeichen des Zeughauses v. der Stadt Estayer.

Marke einer Luntenbüchse vom 17. Jahrhundert zu Freiburg.

Desgl.

Marke eines Säbels. Sammlung Töchtermann zu Freiburg.

Werder (Felix), Büchsenmacher, Zürich. Verfertiger des alten bekannten, 1652 getagzeichneten Flintenschlosses.

Marken, wohl meist nur von Schweizer Waffen der Sammlung Zschille in Grossenhain (Sachsen). Es ist aber auch hier nicht festzustellen, ob diese Stempel Schweizer oder deutschen Waffenschmieden angehören.

Hellebarde 15. Jahrhundert.

Desgl.

Desgl.

Desgl.

Desgl.

Hellebarde 15. Jahrhundert.

Desgl.

Desgl.

Desgl.

Desgl

Hellebarde 14. Jahrhundert.

Desgl.

Desgl.

Desgl.

Desgl.

Desgl.

Kriegsſenſe 14. Jahrhundert.

Kuhſe desgl.

Desgl.

Desgl.

Hellebarde 16. Jahrhundert.

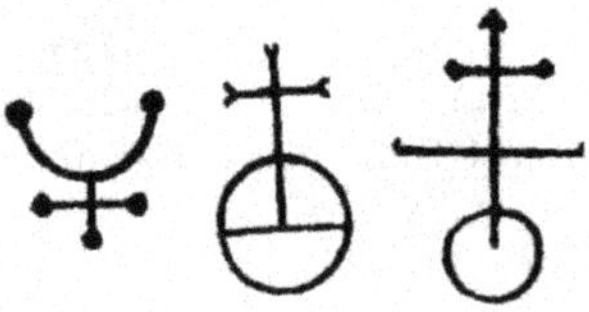
Zweihänder aus der 2. Hälſte des 16 Jahrhunderts.

Zweihänder mit der Jahreszahl 1579.

Geflammte Zweihänder vom 16. Jahrhundert.

Zweihänder vom 16. Jahrhundert.

Auf Ahlspiessen vom 16. Jahrhundert (?).

Auf einer Halbrüstung vom Ende des 16. Jahrhunderts.

Auf Bürgerrüstungen mit der Jahreszahl 1571.

H.

Monogramme und Namen flamändiſcher und holländiſcher Waffenſchmiede.

Voys (Jacques), Plattner, Brüſſel. 14. Jahrhundert.

Henri le Serrurier, Armbruſtmacher, Brüſſel um 1304.
Artilleur (Jean), Bogenmacher, Burgund 1400.
Fourbisseur (Mathieu le), Waffenſchmied, Brüſſel um 1400
Lodeguin (Huges), Waffenſchmied, Brüſſel um 1407.
Mehault (J.), Bogenmacher, Arras um 1419.
Wisseren (Jehan), Plattner, Brüſſel 1423.
Chastel (Thierry), Hofplattner Philipps d. Guten. Brüſſel 1432.
Haye (Loys de la), Armbruſtmacher, Brügge um 1440.
Fromont (Maſſin de), Hofplattner, Brüſſel 1438—1440.
Vestale, (Lancelot de), desgl. 1460.
Gindertale (Lancelot de), desgl.
Valentin, Hofplattner, Valenciennes 1468.
God (Jehan), Schwertfeger, Brüſſel 1460.
Ruphin (Ambroise), Plattner, 1470.
Scroo (Francis), Hofplattner, Brüſſel 1480.
Muldre (Lucas de), Armbruſtmacher, Brüſſel 1496.
Brugman (Hughes), Schwertfeger, Brüſſel 1490.
Watt (Jehan), Plattner, Brüſſel 1496.
Wambaix (Pierre), desgl.
Hogvorst (Jehan), Armbruſtmacher, Mecheln 1501.
Merveilles (Jacques), Plattner, Tours 1510.
Bycker (Martin), Spieſsmacher, Brüſſel 1520.
Breton (Pierre le), Bogenmacher, Lüttich 1538.
Jaghere (Gille), Schwertfeger, Gent 1540.
Alexander, (Jehan), Armbruſtmacher, Brüſſel 1520.
Ettor (Hector?), Waffenſchmied, welchem irrtümlicherweiſe die Erfindung des Radſchloſſes, Mitte des 16. Jahrhunderts zugeſchrieben wird, da ja bereits 1515 das Radſchloſs in Nürnberg gemacht wurde. Es gab auch einen **Ettore** im ſelben Jahrhundert zu Brescia.
Sadder (Jean-Raphael), zu Brüſſel um 1550.
Jacobus von Obby in Antwerpen, Signatur eines im Tower zu London aufbewahrten Wallgewehres aus der Mitte des 17. Jahrhunderts.

Johannes Wyndd, einem Infanteriedegen aus dem 17. Jahrhundert entnommen, der außerdem den Stempel des Windspiels (?) trägt, Nr. J. 103 im Pariser Artillerie-Museum. (Siehe S. 999 den Passauer Wolf.)

Cloede Hiquet in Lüttich, Signatur eines Feuersteinbatteriegewehres und einer Pistole, vom Ende des 17. Jahrhunderts im Pariser Artillerie-Museum.

Gathy in Lüttich, Signatur einer Feuersteinbatteriepistole aus dem 18. Jahrhundert, im Pariser Artillerie-Museum.

L. Gosuni in Lüttich, hat ein Magazingewehr bezeichnet.

Le Clerk in Mastricht. — Sammlung Erbach.

Van Walsen in Mastricht, desgl.

Micharius in Breda, Steinschlossflinte, desgl.

„**Doll**, Fourbisseur à Bruxelles." Auf Degen vom 18. Jahrhundert. — Sammlung Lilienthal.

Jakob, Kanonengießer.

Basse (Julian), Büchsenmacher, Brüssel 1620.

Moniot (Vincent de), Plattner, Namur, † 1632.

Beugen (Pietro van), Büchsenmacher, Utrecht 17. Jahrhundert.

Cant auch **Kant** (Cornelis), Büchsenmacher, Amsterdam desgl.

Ceule (Jean), Utrecht, desgl.

Wyk (Jean), desgl.

La Pierre, Büchsenmacher, Mastricht, desgl.

Franz de la Haye à Mastricht auf einer langen Steinschlossflinte vom 17. Jahrh.

Jossius zu Charleville. Steinschlosspistole. — Sammlung Lilienthal.

Durch ein von Pinchart veröffentlichtes Giessverzeichnis vom 17.—18. Jahrhundert, sind nachfolgende 10 Kanonengießer, deren Namen auf den Stücken befindlich waren, bekannt:

Sithof (Jean), zu Brüssel und Mecheln (Malines), 1627—1634.

Borquerinx (Lambert), Brüssel 1672.

Perdrix (Jacobus), Brüssel 1672.

Cauthals (Jean), Mecheln (Malines), 1672.

Keleri Tigure Helvetii. Douay 1680.

Berenger, Douay 1680.

Batholomé zu Malines (Mecheln) 1701.

B. de Falize zu Douay 1702.

Ouderogge zu Rotterdam 1703.

Nieuport zu Lahaye (Haag) 1703.

Dietricht zu Malines (Mecheln) 1706. Kanone im Museum de la Porte de Hal.

Grans (Adrianus), zu Lahaye (Haag) 1742. Mörser im Museum de la Porte de Hal.

Tendermann in Utrecht, Steinschlossflinte. — Sammlung Erbach.

Mercier in Lüttich, Gewehr mit damasziertem Doppellauf. Steinschloss. Sammlung Erbach.

Fachter in Lüttich, wegen seiner Windbüchse berühmt.

Facka Speyer ist der Name eines holländischen Waffenschmieds auf einer Windbüchse aus dem 18. Jahrhundert, deren Recipient im Kolben befindlich ist und die dem Pariser Artillerie-Museum angehört.

David, Büchsenmacher, Lüttich 18. Jahrhundert.

Niquet (Claude), desgl.

Pentermann, Büchsenmacher in Utrecht, desgl.

Solingen (Pieter van), desgl.

Tanner, Büchsenmacher in Lüttich, desgl.

Thomson & Söhne, Büchſenmacher, Rotterdam. Anfang des 19. Jahrhunderts.
Plomdeur, N. V., in Lüttich, auf einer Flobertpiſtole der Sammlung des Herzogs von Osuna zu Dinant.

I.

Schwediſche, norwegiſche und däniſche Waffenſchmiede.

Zimmermann (Hans), Büchſenmacher zu Kopenhagen, 17. Jahrhundert.
Tommer, desgl.
Neidhart (A.), desgl.
Kohl (C.), Klingenſchmied in Schweden, desgl.
Kapell (H.), Büchſenmacher in Kopenhagen, 17. Jahrhundert.
Dam (Claus), Stückgieſser zu Kopenhagen um 1620.
Entfelder, desgl.
Kalthoff (Peter), Büchſenmacher in Dänemark um 1646.
Burting (B.), zu Foſſum, Jaernvaerk um 1690.
Bars (David), zu Stockholm um 1730.
Froomen, Büchſenmacher in Jönköping (Schweden), 18. Jahrhundert.
Mard (B.), Büchſenmacher zu Stockholm, desgl.
Metzger (J. G. & M.), desgl.
Ostermann (F.), Büchſenmacher zu Kopenhagen, 17. Jahrhundert.

K.

Polniſche und ruſſiſche Waffenſchmiede.

Wilczinski (Lukas), Klingenſchmied, Poſen? um 1610. Kalenderſchwerter.

Viatikin (Gregor), Waffenſchmied des Groſsfürſten zu Moskau. Ein Radſchloſsgewehr mit der Jahreszahl 1654 und dem Namen dieſes Verfertigers im Waffenmuſeum zu Moskau.
Höder (Martin), Büchſenmacher zu Moskau um 1690.

L.

Monogramme und Namen ungariſcher Waffenſchmiede.

Monogramm eines unbekannten ungariſchen Waffenſchmieds.

M.

Monogramme, Marken und Namen ſchwediſcher Waffenſchmiede.

Gortgra, um 1602, Dolch.
Tim (Chriſtian), um 1657. Bronzekanone.
Reuterkranz (Albert), 1658. Gezogene Büchſe.

H. W. Marke einer Radfchlofsbüchfe. — Sammlung Hammer zu Stockholm.
Fleming (Georg), 1678. Arkebufe. (Sammlung Hammer).
M. R. K. Gewehr. (Sammlung Hammer.)
H. u. S. Waffenfchmied vom 17. Jahrhundert.
Montagu (J. A.). Radfchlofs. Desgl.
Cailleud (Jean). Radfchlofspiftole. Desgl.
T. P. C. D. G. E. 1702. Waffenfchmied vom 17. Jahrhundert.
Ippa. 1752.
Leopold (Kurt), hat zu Stockholm Mitte des 18. Jahrhunderts gearbeitet. (Hofdegen.)
Homan (C. F.), zu Stockholm. 1779. Degen.
Reichhardt zu Stockholm. 18. Jahrhundert.

N.

Monogramme, Initialen, Stempel und Namen von Waffenfchmieden und Fabrikationsorten auf morgenländifchen Waffen.

Dsû-l-fakâr darftellende altarabifche Klingenmarke. (S. aber auch die des Zweihänders S. 1046.)

Orientalifche Schwertmarke einer dem h. Mauritius (Wien) zugefchriebene Waffe. 12. Jahrhundert.

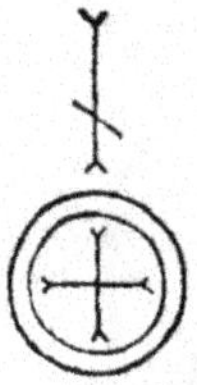

Maurifche in Gold taufchierte Marke vom 13. Jahrhundert (?) eines dem Cid (?) in Madrid zugefchriebenen Schwertes.

Ali, afrikanifcher Waffenfchmied um 1550.

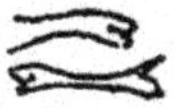

Berühmte fogenannte Fifchmarke türkifcher Klingen.

Türkifche Klingenmarke.

Desgl.

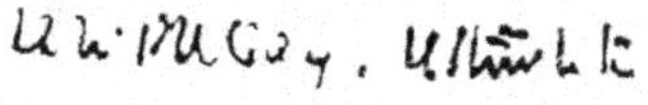

Auf einer grofsen Anzahl, von der alten St. Irenenkirche in Konftantinopel, dem Arfenal Mohameds II. herrührenden chriftlichen und türkifchen Waffen, die bis zum Ende des 15. oder dem Anfange des 16. Jahrhunderts hinaufreichen könnten, findet fich diefes Zeichen, das einem Waffenfchmiede nicht angehört, wahrfcheinlich jedoch der Stempel des Arfenals ift und kufifch Allah ausdrückt. Diefes Monogramm befindet fich auf einem Janitfcharenkürafs, im Parifer Artillerie-Mufeum. G 134.

Hussein ums Jahr 1094 der Hedfchra (1680).

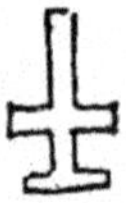

Diefer Stempel wird allgemein den Degenklingen zugefchrieben, welche die Kreuzfahrer in Jerufalem entweder machen oder ftempeln liefsen. Ich habe ihn jedoch einem Degen des Berliner Zeughaufes entnommen, deffen Griff auf das 16. Jahrhundert hinweift.

Stempel, welcher in Nachahmung der Form des Dsulfakar, eines Lieblingsschwertes Mohameds, häufig auf arabifchen Schwertern angetroffen wird. (Siehe S. 1053)

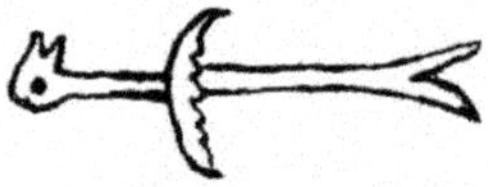

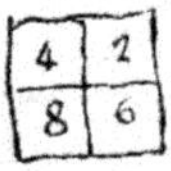

Talismanifche Marke, welche oft neben den Namen der Schwertfeger auf perfifchen Schwertklingen angetroffen wird.

Nurwur ift der Name eines Ortes im englifchen Centralindien, wo im 18. Jahrhundert eine Feuergewehrfabrik beftand. Diefer Name ift mit den Initialen des Waffenfchmiedes

A. D. und der Jahreszahl 1649.

der Hinduzeitrechnung (1786 der chriftl. Zeitrechnung) einem Luntengewehre im Tower zu London entnommen.

Marke eines Degenknaufs vom 16. Jahrhundert. Sammlung Töchtermann.

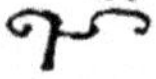

Bascal (Ali Mustapha) türkifcher Büchfenmacher, 18. Jahrhundert.

Ali (Abu Abi), desgl.

J. B. J. H. B. Marke der Janitfcharenfäbel.

Ismael (von der Hedfchra 1201, alfo von 1833). Namenszeichnung einer türkifchen Bronzekanone. — Zeughaus zu Wien.

„**Abdoullah zu Ispahan 1730.**" (Auf einem mit Gold taufchierten Damaftfäbel. — Porte de Hal.

Sogenannte indifche Augenmarke auf Waffen von Gorka in Nepaul.

Shahjehanabad, dieſer auf damaszierten, im Tower zu London aufbewahrten Armſchienen eingegrabene Name bezeichnet die Örtlichkeit in Indien, wo eine Gewehrfabrik beſtanden hat.

Gwalior und **Lushkur** ſind Namen von Gewehrfabrikſtädten, blanken Waffen entnommen, und

Lahore, auf Feuergewehren befindlich.

Fünf verſchiedene Marken von chineſiſchen Säbel- und Speerklingen. Die erſte Marke „Koſtbares Geſchenk“.

Vier verſchiedene auf altzeitigen Klingen abgebauste Marken japaniſcher Schwertfeger.

Jukimitzu (?) japaniſcher Schwertfeger, um 800 n. Ch.

Jukunitzu (?) japaniſcher Schwertfeger, Provinz Soshin, um 1000 n. Ch. — Sammlung von Roretz zu Steyer in der Verſuchsanſtalt für Eiſen- und Stahlgewerbe.

Maisamune (?), japaniſcher Schwertfeger, Provinz Soshin, um 1200. — Sammlung von Roretz.

Sàdajuki, japaniſcher Schwertfeger, Provinz Jámató um 1200.

Sadamune, japaniſcher Schwertfeger, Provinz Soshin, um 1200. Beſonders ſeiner Panzerſtecher („Ken“) wegen berühmt.

Muramassa, japaniſcher Schwertfeger, Provinz Soshin, um 1300.

Idzumi (der Prinz) beſchäftigt ſich mit Klingenſchmieden um 1350.

Jasátzuna, japaniſcher Schwertfeger, Provinz Echiſen um 1500.

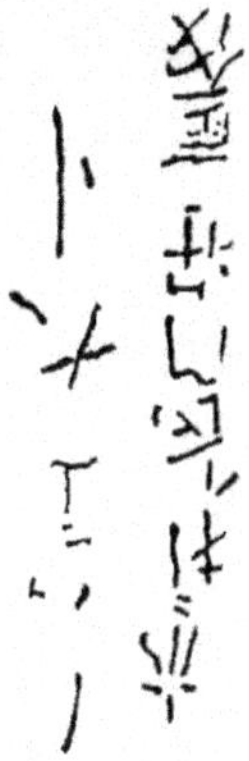

Kuniharu, japaniſcher Schwertfeger, Provinz Janata. Lieferant des Feldherrn Shigeniuri von Nagalo. — Sammlung Roretz.

Komai, Tauſchierer für Waffen, zu Tokio, 16. Jahrhundert.

Dschebdschi-Aga wurde in der Türkei der Befehlshaber der 7000 Waffenſchmiede betitelt.

Yeishodo-soku.
Mitsumasa
Tsune-shigo.
} ſind drei japaniſche Meiſter, die Modelle zu Schwertern geliefert haben und deren Namen nur unter den hervorragendſten Künſtlern vorkommen.

O.

Monogramme und Signaturen, deren Urſprung ungewiſs iſt.

A. F. 1605 Initialen auf einer Hellebarde im Tower zu London.

'ayras, Signatur auf einem Küraſs vom Ende des 17. Jahrhunderts im Tower zu London.

H. K. neben dem einen **Schwan** darſtellenden Fabrikſtempel einer mit ſchönem Schnitzwerk verzierten Piſtole entnommen. — Pariſer Artillerie-Muſeum.

ean-Paul Cleft, Signatur einer Radſchloſspiſtole aus dem 18. Jahrhundert. — Pariser Artillerie-Muſeum.

Rudolstadt (Stadt?) desgl.

A. C. Stempel einem Baionett aus der Zeit Ludwigs XIII. entnommen.

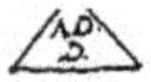
Auf einer damaszierten Degenklinge und auf einer Partiſane vom Jahre 1605. — Beide in der Sammlung Lilienthal.

Auf einer Degenklinge der Sammlung Lilienthal.

Desgl.

Auf Degen des 13., 14. und 15. Jahrhundert aus der Sammlung Lilienthal.

Auf einem Roſsſchinder des 16. Jahrhunderts. Sammlung Lilienthal.

B. Saite. Perkuſſions-Prachtſchaft. — Sammlung Lilienthal.

D. Jazaki Jaz. Rigo. Steinſchloſspiſtole. Sammlung Lilienthal.

ZAOVE. Säbel. Sammlung Lilienthal.

MELINOS. Säbel. Sammlung Lilienthal.

. A. W. Marke vom 16. Jahrhundert.

K. F. 1558.

M. Marke vom 16. Jahrhundert.

M. W. Marke vom 16. Jahrhundert.

M. D. S. Marke eines Waffenfchmieds.

H. G. R. Marke von 1600.

Lazuze. Auf Radfchlofs. — Porte de Hal.

W. S. † Marke eines ebenfalls unbekannten Waffenfchmiedes.

Maram (Gio.). Unbekannter Waffenfchmied.

Deop (Jean), auf einer Donnerbüchfe (Tremblonne) vom 17. Jahrhundert.

Azur (Jo.). Gewehr vom 18. Jahrhundert.

Valada (J. G.). Gewehr vom 17. Jahrhundert.

Damianus d'herve auf einer Damaftklinge vom 16. Jahrhundert. — K. Artillerie-Mufeum zu Wien.

Maillard. Steinfchlofsterzerole.

Handzeichnung eines Schwertes vom Ende des 16. oder Anfange des 17. Jahrhunderts Sammlung Donop.

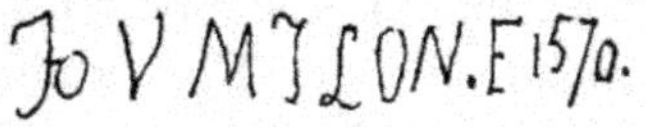

Handzeichnung eines Waffenfchmiedes.

Marke eines unbekannten, aber wahrfcheinlich deutfchen Waffenfchmieds vom 17. Jahrhundert.

a Gili. Kem. Auf einem Steinfchlofsdoppellaufgewehr vom 18. oder 19. Jahrhundert.

Pierre Greverath à Dick. desgl.

J. Raymond. desgl.

L.

Ratschläge und Vorschriften für Waffensammler.

Um öfteres Reinigen einer eisernen oder stählernen Waffe zu vermeiden, muß alles mit einem leichten Anstrich von farblosem Kopalfirnis überstrichen werden, unter dem die Feinheit der Arbeit völlig sichtbar bleibt.

Neueren Versuchen nach soll Eisen und Stahl auch jahrelang vom Rost bewahrt bleiben, wenn man dieselben in einer gesättigten Lösung von kohlensaurem Kali oder kohlensaurem Natron eintaucht und trocknen läßt. Besonders wird dies Verfahren für aufzuhängende Waffen empfohlen. Für gröbere Gegenstände aber die weiter unten angeführte Behandlung mit Ozokerit.

Auf leichteste und rascheste Weise läßt sich der Rost dadurch entfernen, daß man ihn entweder vermittelst einer aus Petroleum oder Benzin — Essenz und Spiritus bestehenden Vermischung, wohl auch mit verdünnter Schwefelsäure, angefeuchtetem Schmirgel, Schmirgelpapier oder Schmirgelleinwand reibt. Die fein tauschierten, polierten, ciselierten oder niellierten Waffen, deren Schönheit durch das Reiben mit Schmirgel leiden würde, müssen 8—30 Tage in Benzin gelegt und dann mit wollenen Lappen abgerieben werden. Jedes gereinigte Stück ist am Feuer zu trocknen und mit Öl anzufeuchten.

Neuerdings ist auch, besonders in den Museen zu Berlin, erfolgreich das aus Steinöl gewonnene Faseline zum Überstreichen von altzeitigen Eisenarbeiten in Anwendung gebracht worden. Nachdem von solchen im Feuer erhitzten Gegenständen der Rost durch leichtes Raspeln beseitigt worden ist, bepinselt man alle Oberflächen mit diesem fettigen Stoff, welcher nach vorhergegangenem

Trocknen, teilweiſe wieder durch ſanftes Abreiben mit wollenem Stoff beſeitigt wird.

Wenn es ſich darum handelt, Eiſen ſo billig als möglich und zugleich auf ſehr dauerhafte Art gegen die Einflüſſe der Atmoſphäre zu ſchützen, giebt es kein einfacheres und zugleich billigeres Mittel, als dasſelbe mit Ozokerit zu behandeln. Ozokerit bildet eine braune, harzige Maſſe, welche bei etwa 60^0 C. ſchmilzt. Um Eiſengegenſtände zu lackieren, ſchmilzt man den Ozokerit in einem Keſſel und erhitzt die geſchmolzene Maſſe etwa bis zum Siedepunkte des Waſſers. Die zu lackierenden Bleche, die man unmittelbar vorher durch Abreiben mit Sand ganz blank geſcheuert hat, taucht man in die geſchmolzene Maſſe, läßt ſie abtropfen und entflammt den Ozokerit dadurch, daß man die Bleche über Kohlenfeuer hält. Nachdem der Ozokerit einige Zeit gebrannt hat, erliſcht die Flamme meiſtens von ſelbſt, und es erſcheint das Eiſen ſodann mit einem ſehr feſt anhaftenden ſchwarzen Überzuge verſehen, welcher der Atmoſphäre vollkommen Widerſtand leiſtet und auch gegen die Einwirkung von Säuren und alkaliſchen Körpern unempfindlich iſt. Soll das Eiſen für Gefäße angewendet werden, welche alkaliſche Flüſſigkeiten aufnehmen ſollen, ſo iſt es zu empfehlen, das Lackieren, ſo wie es eben beſchrieben wurde, noch ein zweites Mal vorzunehmen.

Von Stahl entfernt man den Roſt auch dadurch, daß man den verroſteten Gegenſtand etwa 24 Stunden in einem Bade von Keroſinöl eintaucht oder mit einem von dieſem Öle getränkten Tuche ſo lange bewickelt hält. Nachher Abtrocknen, Abreibung mit Ziegelſteinmehl und dann Abſpülung mit kochendem Waſſer und Abtrocknung.

Will man ausgebeſſerte Gegenſtände raſch mit Roſt bedecken und teilweiſe die durch das Alter hervorgebrachten Höhlungen nachahmen, ſo bediene man ſich dazu der mit Waſſer verdünnten Salzſäure oder $^1/_{10}$ Schwefelſäure mit $^9/_{10}$ Waſſer. Das mit dieſer ätzenden Flüſſigkeit angefeuchtete Eiſen muß einen oder mehrere Tage der Luft ausgeſetzt und das Anfeuchten ſo lange wiederholt werden, bis die Verkalkſäuerung in der gewünſchten Weiſe ſtattgefunden hat; iſt es nachher mit friſchem Waſſer abgewaſchen, ſo muß zur Verhütung weiteren Oxydierens das Einfetten desſelben nicht verſäumt werden. Harn macht noch ſchneller roſten.

Sollen unregelmäßige Vertiefungen hervorgebracht werden, ſo

beſprenge man das Eiſen mit lithographiſcher Tinte; alle davon befeuchteten Stellen bleiben vor dem Roſte bewahrt, während daneben die Säure einfrißt und Löcher erzeugt.

Um Riſſe oder Löcher in Eiſenguß auszubeſſern, dient ein Kitt aus gleichen Teilen von arabiſchem Gummi, gebranntem Gips, Eiſenfeile und ein wenig gepulvertes Glas.

Man unterſcheidet den Stahl von dem Eiſen, wenn man auf die glatte Oberfläche des Metalls einen Tropfen verdünnter Schwefel- oder Salpeterſäure gießt; bringt dieſe Flüſſigkeit infolge des bloßgelegten Kohlenſtoffs einen ſchwarzen Fleck hervor, ſo iſt es Stahl; iſt der Fleck hingegen grünlich und leicht mit Waſſer abzuwaſchen, ſo iſt es Eiſen.

Der Guß, den die Fälſchung ſehr ſchwer unterſcheidbar von dem gehämmerten Eiſen und den ſie ſogar dehnbar gemacht hat, ſetzt den Kunſtfreund oft in Verlegenheit. Er muß deshalb die Feile zu Hilfe nehmen, um das Korn zu erkennen, das beim Gußeiſen unter der Lupe dicker und zugleich glänzender erſcheint.

Namen- und Sachregifter.

Namenverzeichnis der Waffenſchmiede.

www.ingramcontent.com/pod-product-compliance
Lightning Source LLC
Chambersburg PA
CBHW050658190326
41458CB00008B/2617